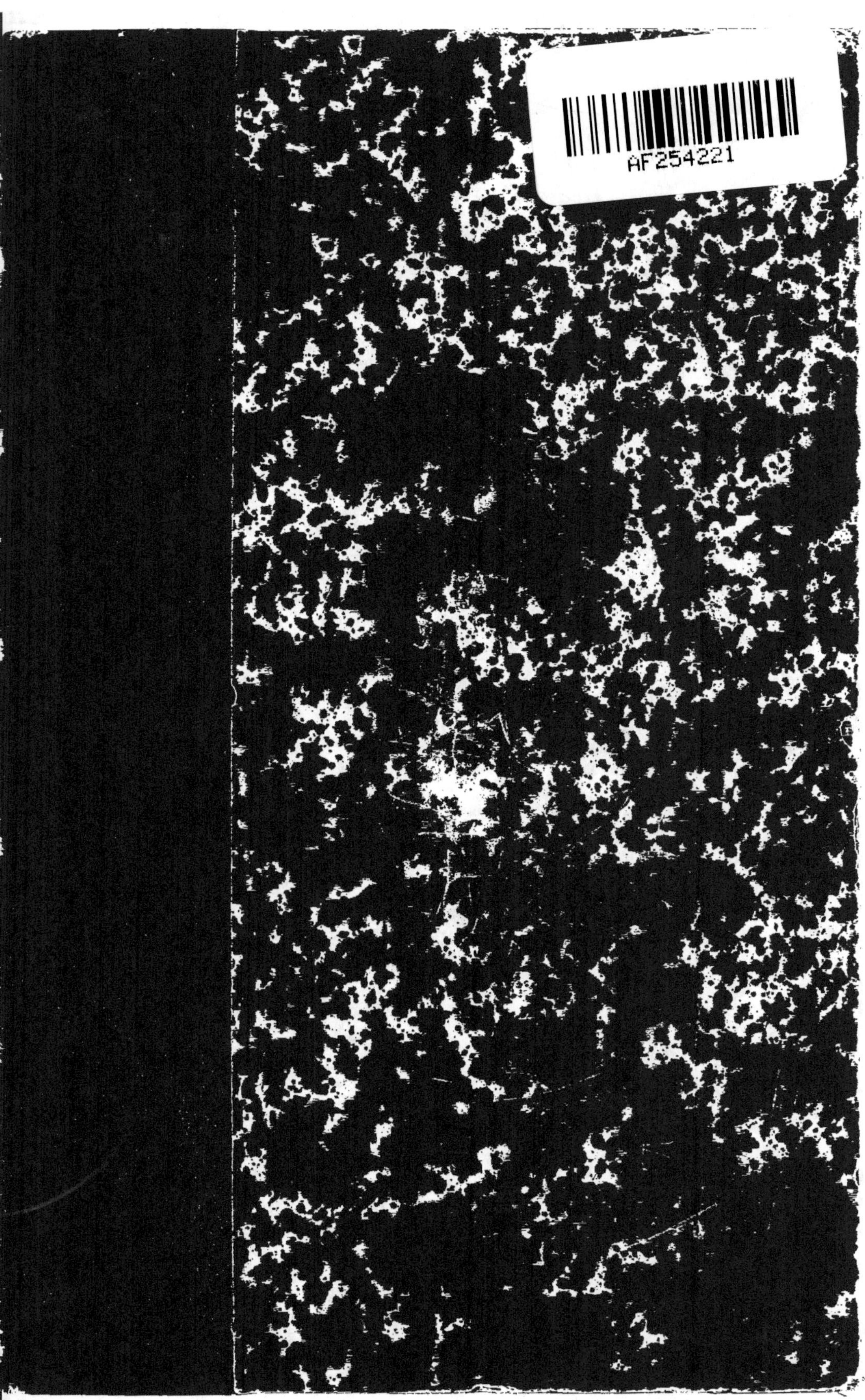

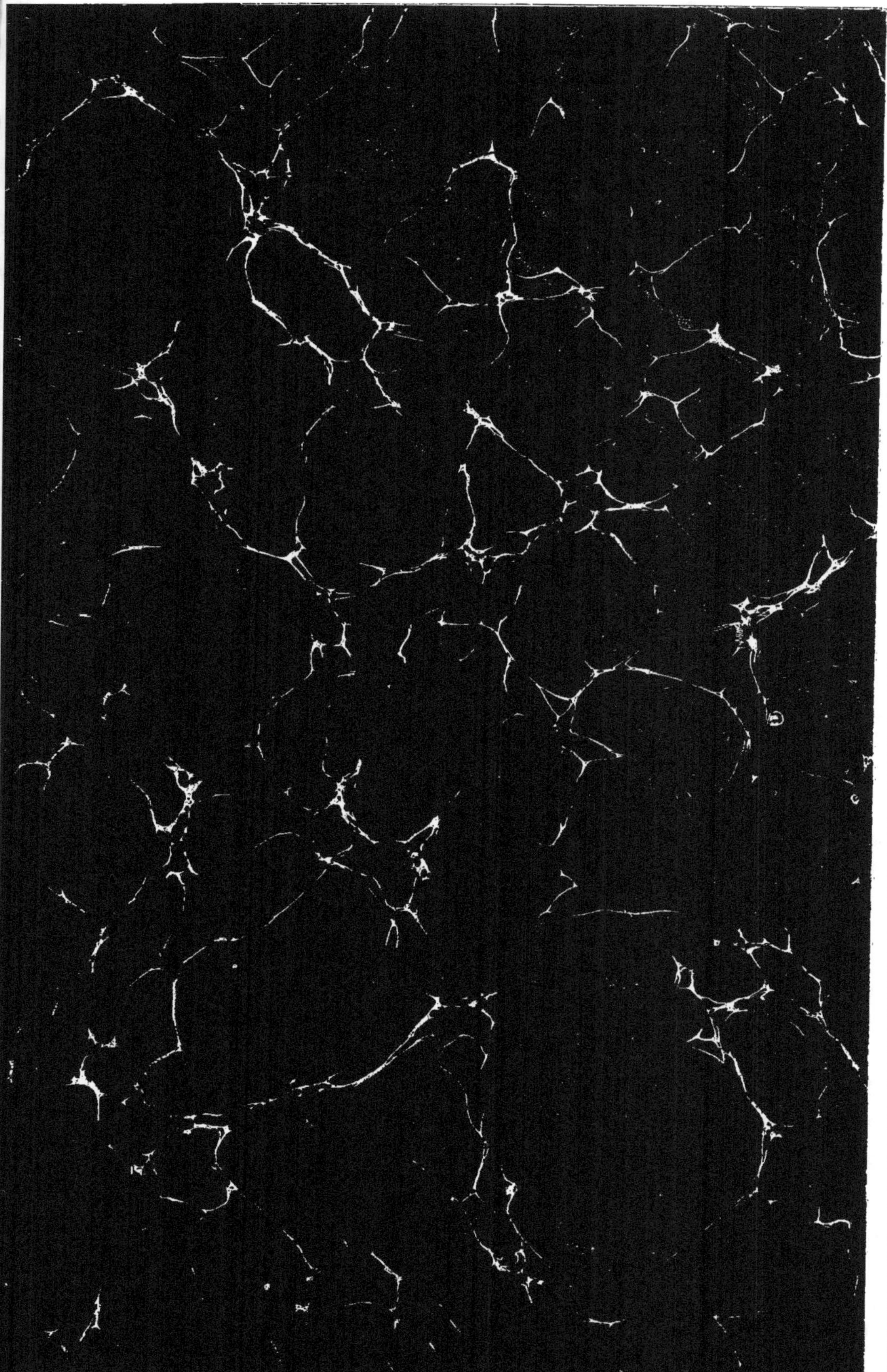

OEUVRES COMPLÈTES

DE BUFFON

IX

PARIS. — IMPRIMERIE Vve P. LAROUSSE ET Cie
19, RUE MONTPARNASSE, 19

ŒUVRES

COMPLÈTES

DE BUFFON

NOUVELLE ÉDITION

ANNOTÉE ET PRÉCÉDÉE D'UNE INTRODUCTION SUR BUFFON
ET SUR LES PROGRÈS DES SCIENCES NATURELLES DEPUIS SON ÉPOQUE

PAR J.-L. DE LANESSAN

Professeur agrégé d'histoire naturelle à la Faculté de médecine de Paris

SUIVIE DE LA

CORRESPONDANCE GÉNÉRALE DE BUFFON

RECUEILLIE ET ANNOTÉE PAR M. NADAULT DE BUFFON

OUVRAGE ILLUSTRÉ

DE 160 PLANCHES GRAVÉES SUR ACIER ET COLORIÉES A LA MAIN

ET DE 5 PORTRAITS GRAVÉS SUR ACIER

TOME NEUVIÈME

MAMMIFÈRES

PARIS

LIBRAIRIE ABEL PILON

A. LE VASSEUR, SUCC^R, ÉDITEUR

33, RUE DE FLEURUS, 33

OEUVRES COMPLÈTES

DE BUFFON

HISTOIRE NATURELLE DES ANIMAUX

LES ANIMAUX SAUVAGES

Dans les animaux domestiques, et dans l'homme, nous n'avons vu la nature que contrainte, rarement perfectionnée, souvent altérée, défigurée, et toujours environnée d'entraves ou chargée d'ornements étrangers : maintenant elle va paraître nue, parée de sa seule simplicité, mais plus piquante par sa beauté naïve, sa démarche légère, son air libre, et par les autres attributs de la noblesse et de l'indépendance. Nous la verrons, parcourant en souveraine la surface de la terre, partager son domaine entre les animaux, assigner à chacun son élément, son climat, sa subsistance : nous la verrons dans les forêts, dans les eaux, dans les plaines, dictant ses lois simples, mais immuables, imprimant sur chaque espèce ses caractères inaltérables, et dispensant avec équité ses dons, compenser le bien et le mal ; donner aux uns la force et le courage, accompagnés du besoin et de la voracité ; aux autres, la douceur, la tempérance, la légèreté du corps, avec la crainte, l'inquiétude et la timidité ; à tous la liberté avec des mœurs constantes ; à tous des désirs et de l'amour toujours aisés à satisfaire, et toujours suivis d'une heureuse fécondité.

Amour et liberté, quels bienfaits ! Ces animaux que nous appelons sauvages, parce qu'ils ne nous sont pas soumis, ont-ils besoin de plus pour être heureux ? ils ont encore l'égalité, ils ne sont ni les esclaves, ni les tyrans de leurs semblables ; l'individu n'a pas à craindre, comme l'homme, tout le reste de son espèce (*); ils ont entre eux la paix, et la guerre ne leur vient que des étrangers ou de nous. Ils ont donc raison de fuir l'espèce humaine, de se dérober à notre aspect, de s'établir dans les solitudes éloignées de nos habitations, de se servir de toutes les ressources de leur instinct pour se mettre en sûreté, et d'employer, pour se soustraire à la puissance de l'homme, tous les moyens de liberté que la nature leur a fournis en même temps qu'elle leur a donné le désir de l'indépendance.

Les uns, et ce sont les plus doux, les plus innocents, les plus tranquilles, se contentent de s'éloigner, et passent leur vie dans nos campagnes; ceux qui sont plus défiants, plus farouches, s'enfoncent dans les bois; d'autres, comme s'ils savaient qu'il n'y a nulle sûreté sur la surface de la terre, se creusent des demeures souterraines, se réfugient dans des cavernes, ou gagnent les sommets des montagnes les plus inaccessibles; enfin, les plus féroces, ou plutôt les plus fiers, n'habitent que les déserts, et règnent en souverains dans ces climats brûlants, où l'homme aussi sauvage qu'eux ne peut leur disputer l'empire.

Et comme tout est soumis aux lois physiques, que les êtres même les plus libres y sont assujettis, et que les animaux éprouvent, comme l'homme, les influences du ciel et de la terre, il semble que les mêmes causes qui ont adouci, civilisé l'espèce humaine dans nos climats, ont produit de pareils effets sur toutes les autres espèces : le loup, qui dans cette zone tempérée est peut-être de tous les animaux le plus féroce, n'est pas à beaucoup près aussi terrible, aussi cruel que le tigre, la panthère, le lion de la zone torride, ou de l'ours blanc, le loup-cervier, l'hyène de la zone glacée. Et non seulement cette différence se trouve en général, comme si la nature, pour mettre plus de rapport et d'harmonie dans ses productions, eût fait le climat pour les espèces, ou les espèces pour le climat, mais même on trouve dans chaque espèce en particulier le climat fait pour les mœurs, et les mœurs pour le climat.

En Amérique, où les chaleurs sont moindres, où l'air et la terre sont plus doux qu'en Afrique, quoique sous la même ligne, le tigre, le lion, la panthère, n'ont rien de redoutable que le nom (**); ce ne sont plus ces tyrans des forêts, ces ennemis de l'homme aussi fiers qu'intrépides, ces monstres altérés de sang et de carnage; ce sont des animaux qui fuient d'ordinaire devant les hommes, qui loin de les attaquer de front, loin même de faire la guerre à force ouverte aux autres bêtes sauvages, n'emploient le plus souvent que l'artifice et la ruse pour tâcher de les surprendre; ce sont des animaux qu'on

---

(*) C'est une erreur; beaucoup d'animaux, pour ne pas dire tous, ont à lutter contre les êtres de la même espèce.

(**) Le tigre, le lion et la panthère n'existent pas en Amérique. Il n'est d'ailleurs pas probable que la température soit pour rien dans la férocité de ces carnassiers. L'ours blanc, qui naît sur les glaces polaires, est tout aussi féroce que le lion ou le tigre.

peut dompter comme les autres, et presque apprivoiser. Ils ont donc dégénéré, si leur nature était la férocité jointe à la cruauté, ou plutôt ils n'ont
qu'éprouvé l'influence du climat : sous un ciel plus doux, leur naturel s'est
adouci ; ce qu'ils avaient d'excessif s'est tempéré, et par les changements
qu'ils ont subis ils sont seulement devenus plus conformes à la terre qu'ils
ont habitée.

Les végétaux qui couvrent cette terre, et qui y sont encore attachés de
plus près que l'animal qui broute, participent aussi plus que lui à la nature
du climat ; chaque pays, chaque degré de température a ses plantes particulières (*) ; on trouve au pied des Alpes celles de France et d'Italie ; on trouve
à leur sommet celles des pays du nord ; on retrouve ces mêmes plantes du
nord sur les cimes glacées des montagnes d'Afrique. Sur les monts qui séparent l'empire du Mogol du royaume de Cachemire, on voit du côté du midi
toutes les plantes des Indes, et l'on est surpris de ne voir de l'autre côté que
des plantes d'Europe. C'est aussi des climats excessifs que l'on tire les drogues, les parfums, les poisons, et toutes les plantes dont les qualités sont
excessives : le climat tempéré ne produit, au contraire, que des choses tempérées ; les herbes les plus douces, les légumes les plus sains, les fruits les
plus suaves, les animaux les plus tranquilles, les hommes les plus polis, sont
l'apanage de cet heureux climat. Ainsi la terre fait les plantes, la terre et les
plantes font les animaux, la terre, les plantes et les animaux font l'homme ;
car les qualités des végétaux viennent immédiatement de la terre et de l'air ;
le tempérament et les autres qualités relatives des animaux qui paissent
l'herbe tiennent de près à celles des plantes dont ils se nourrissent ; enfin,
les qualités physiques de l'homme et des animaux, qui vivent sur les autres
animaux autant que sur les plantes, dépendent, quoique de plus loin, de ces
mêmes causes, dont l'influence s'étend jusque sur leur naturel et sur leurs
mœurs. Et ce qui prouve encore mieux que tout se tempère dans un climat
tempéré, et que tout est excès dans un climat excessif, c'est que la grandeur
et la forme, qui paraissent être des qualités absolues, fixes et déterminées,
dépendent cependant, comme les qualités relatives, de l'influence du climat :
la taille de nos animaux quadrupèdes n'approche pas de celle de l'éléphant,
du rhinocéros, de l'hippopotame ; nos plus gros oiseaux sont fort petits, si on
les compare à l'autruche, au condor, au casoar ; et quelle comparaison des
poissons, des lézards, des serpents de nos climats avec les baleines, les cacha-
lots, les narvals, qui peuplent les mers du nord, et avec les crocodiles, les
grands lézards et les couleuvres énormes qui infestent les terres et les eaux
du midi ? Et si l'on considère encore chaque espèce dans différents climats,
on y trouvera (a) des variétés sensibles pour la grandeur et pour la forme ;

(a) Voyez l'Histoire du cheval, de la chèvre, du cochon, du chien.

(*) Cette observation est très juste.

toutes prennent une teinture plus ou moins forte du climat. Ces changements ne se font que lentement, imperceptiblement ; le grand ouvrier de la nature est le temps : comme il marche toujours d'un pas égal, uniforme et réglé, il ne fait rien par sauts ; mais par degrés, par nuances, par succession, il fait tout ; et ces changements, d'abord imperceptibles, deviennent peu à peu sensibles, et se marquent enfin par des résultats auxquels on ne peut se méprendre.

Cependant les animaux sauvages et libres sont peut-être, sans même en excepter l'homme, de tous les êtres vivants les moins sujets aux altérations, aux changements, aux variations de tout genre : comme ils sont absolument les maîtres de choisir leur nourriture et leur climat, et qu'ils ne se contraignent pas plus qu'on les contraint, leur nature varie moins que celle des animaux domestiques, que l'on asservit, que l'on transporte, que l'on maltraite, et qu'on nourrit sans consulter leur goût. Les animaux sauvages vivent constamment de la même façon ; on ne les voit pas errer de climats en climats, le bois où ils sont nés est une patrie à laquelle ils sont fidèlement attachés, ils s'en éloignent rarement, et ne la quittent jamais que lorsqu'ils sentent qu'ils ne peuvent y vivre en sûreté. Et ce sont moins leurs ennemis qu'ils fuient, que la présence de l'homme ; la nature leur a donné des moyens et des ressources contre les autres animaux ; ils sont de pair avec eux, ils connaissent leur force et leur adresse, ils jugent leurs desseins, leurs démarches, et s'ils ne peuvent les éviter, au moins ils se défendent corps à corps : ce sont, en un mot, des espèces de leur genre. Mais que peuvent-ils contre des êtres qui savent les trouver sans les voir, et les abattre sans les approcher ?

C'est donc l'homme qui les inquiète, qui les écarte, qui les disperse, et qui les rend mille fois plus sauvages qu'ils ne le seraient en effet ; car la plupart ne demandent que la tranquillité, la paix et l'usage aussi modéré qu'innocent de l'air et de la terre ; ils sont même portés par la nature à demeurer ensemble, à se réunir en familles, à former des espèces de sociétés. On voit encore des vestiges de ces sociétés dans les pays dont l'homme ne s'est pas totalement emparé : on y voit même des ouvrages faits en commun, des espèces de projets qui, sans être raisonnés (*), paraissent être fondés sur des convenances raisonnables, dont l'exécution suppose au moins l'accord, l'union et le concours de ceux qui s'en occupent ; et ce n'est point par force ou par nécessité physique, comme les fourmis, les abeilles, etc., que les castors travaillent et bâtissent ; car ils ne sont contraints ni par l'espace, ni par le temps, ni par le nombre ; c'est par choix qu'ils se réunissent, ceux qui se conviennent demeurent ensemble, ceux qui ne se conviennent

---

(*) « Sans être raisonnés » est très inexact ; les castors apportent, dans la construction de leurs digues et de leurs habitations un soin qui dénote une intelligence élevée et des raisonnements assez compliqués.

pas s'éloignent, et l'on en voit quelques-uns qui, toujours rebutés par les autres, sont obligés de vivre solitaires. Ce n'est aussi que dans les pays reculés, éloignés, et où ils craignent peu la rencontre des hommes, qu'ils cherchent à s'établir et à rendre leur demeure plus fixe et plus commode, en y construisant des habitations, des espèces de bourgades, qui représentent assez bien les faibles travaux et les premiers efforts d'une république naissante. Dans les pays, au contraire, où les hommes se sont répandus, la terreur semble habiter avec eux, il n'y a plus de société parmi les animaux, toute industrie cesse, tout art est étouffé, ils ne songent plus à bâtir, ils négligent toute commodité ; toujours pressés par la crainte et la nécessité, ils ne cherchent qu'à vivre, ils ne sont occupés qu'à fuir et se cacher ; et si, comme on doit le supposer, l'espèce humaine continue dans la suite des temps à peupler également toute la surface de la terre, on pourra dans quelques siècles regarder comme une fable l'histoire de nos castors.

On peut donc dire que les animaux, loin d'aller en augmentant, vont au contraire en diminuant de facultés et de talents (*) ; le temps même travaille contre eux : plus l'espèce humaine se multiplie, se perfectionne, plus ils sentent le poids d'un empire aussi terrible qu'absolu, qui, leur laissant à peine leur existence individuelle, leur ôte tout moyen de liberté, toute idée de société, et détruit jusqu'au germe de leur intelligence. Ce qu'ils sont devenus, ce qu'ils deviendront encore, n'indique peut-être pas assez ce qu'ils ont été, ni ce qu'ils pourraient être. Qui sait, si l'espèce humaine était anéantie, auquel d'entre eux appartiendrait le sceptre de la terre ?

(*) L'idée développée ici par Buffon que les animaux sauvages traqués par l'homme ne se perfectionnent pas et vont « en diminuant de facultés et de talents » est fausse. Les efforts que ces animaux sont obligés de faire pour échapper à leur ennemi sont, au contraire, de nature à développer beaucoup leurs facultés. Dans tous les pays où une espèce animale est beaucoup chassée elle se montre beaucoup plus riche en ruses de toutes sortes que dans ceux où elle vit tranquille ; la chasse est donc une cause déterminante de l'évolution intellectuelle ascendante des animaux sauvages.

LE CERF

Voici (*) l'un de ces animaux innocents, doux et tranquilles qui ne semblent être faits que pour embellir, animer la solitude des forêts et occuper loin de nous les retraites paisibles de ces jardins de la nature. Sa forme élégante et légère, sa taille aussi svelte que bien prise, ses membres flexibles et nerveux, sa tête parée plutôt qu'armée d'un bois vivant, et qui, comme la cime des arbres, tous les ans se renouvelle, sa grandeur, sa légèreté, sa force, le distinguent assez des autres habitants des bois ; et comme il est le plus noble d'entre eux, il ne sert aussi qu'aux plaisirs des plus nobles des hommes ; il a dans tous les temps occupé le loisir des héros : l'exercice de la chasse doit succéder aux travaux de la guerre, il doit même les précéder : savoir manier les chevaux et les armes sont des talents communs au chasseur, au guerrier ; l'habitude au mouvement, à la fatigue, l'adresse, la légèreté du corps, si nécessaires pour soutenir et même pour seconder le courage, se prennent à la chasse et se portent à la guerre ; c'est l'école agréable d'un art nécessaire ; c'est encore le seul amusement qui fasse diversion entière aux affaires, le seul délassement sans mollesse, le seul qui donne un plaisir vif sans langueur, sans mélange et sans satiété.

Que peuvent faire de mieux les hommes qui, par état, sont sans cesse fatigués de la présence des autres hommes ? Toujours environnés, obsédés et gênés, pour ainsi dire, par le nombre, toujours en butte à leurs demandes, à

(*) Le Cerf (*Cervus Elaphus* L.) est un Mammifère de l'ordre des Artiodactyles Ruminants et de la famille des Cervidés, qui est caractérisée par un corps élancé, la présence d'une ramure chez le mâle, deux doigts accessoires et habituellement des larmiers. Les cornes sont formées d'une saillie osseuse du front sur laquelle se développe d'abord une proéminence très riche en vaisseaux qui donne naissance à la corne proprement dite. Celle-ci est de nature épidermique. Elle se détache tous les ans à l'entrée de l'hiver, au niveau de sa base, qui est renflée en bourrelet. A l'approche du printemps, de nouvelles cornes se forment et atteignent leur entier développement au moment du rut. La première année, les cornes sont simples, c'est-à-dire constituées chacune par une seule saillie conique. A la fin de la deuxième année, ces premières cornes tombent. Au commencement de la troisième année, les cornes qui se développent sont formées d'une tige ou andouiller fourchu au sommet. Dans les cornes de la troisième année, chacune des branches de l'andouiller nouveau est elle-même fourchue, de sorte qu'il y a trois fourches et six branches à chaque corne. Les années suivantes, le nombre des branches augmente encore.

leur empressement, forcés de s'occuper de soins étrangers et d'affaires, agités
par de grands intérêts, et d'autant plus contraints qu'ils sont plus élevés, les
grands ne sentiraient que le poids de la grandeur, et n'existeraient que pour
les autres, s'ils ne se dérobaient par instants à la foule même des flatteurs.
Pour jouir de soi-même, pour rappeler dans l'âme les affections personnelles,
les désirs secrets, ces sentiments intimes mille fois plus précieux que les
idées de la grandeur, ils ont besoin de solitude ; et quelle solitude plus variée,
plus animée que celle de la chasse? quel exercice plus sain pour le corps ?
quel repos plus agréable pour l'esprit?

Il serait aussi pénible de toujours représenter, que de toujours méditer.
L'homme n'est pas fait par la nature pour la contemplation des choses abstraites ; et de même que s'occuper sans relâche d'études difficiles, d'affaires
épineuses, mener une vie sédentaire et faire de son cabinet le centre de son
existence est un état peu naturel, il semble que celui d'une vie tumultueuse,
agitée, entraînée, pour ainsi dire, par le mouvement des autres hommes, et
où l'on est obligé de s'observer, de se contraindre et de représenter continuellement à leurs yeux, est une situation encore plus forcée. Quelque idée
que nous voulions avoir de nous-mêmes, il est aisé de sentir que représenter
n'est pas être, et aussi que nous sommes moins faits pour penser que pour
agir, pour raisonner que pour jouir: nos vrais plaisirs consistent dans le libre
usage de nous-mêmes ; nos vrais biens sont ceux de la nature : c'est le ciel,
c'est la terre, ce sont ces campagnes, ces plaines, ces forêts dont elle nous
offre la jouissance utile, inépuisable. Aussi le goût de la chasse, de la pêche,
des jardins, de l'agriculture, est un goût naturel à tous les hommes ; et dans
les sociétés plus simples que la nôtre il n'y a guère que deux ordres, tous deux
relatifs à ce genre de vie : les nobles, dont le métier est la chasse et les armes ;
et les hommes en sous-ordre, qui ne sont occupés qu'à la culture de la terre.

Et comme dans les sociétés policées on agrandit, on perfectionne tout, pour
rendre le plaisir de la chasse plus vif et plus piquant, pour ennoblir encore
cet exercice le plus noble de tous, on en a fait un art. La chasse du cerf
demande des connaissances qu'on ne peut acquérir que par l'expérience ;
elle suppose un appareil royal, des hommes, des chevaux, des chiens tous
exercés, stylés, dressés, qui par leurs mouvements, leurs recherches et leur
intelligence, doivent aussi concourir au même but. Le veneur doit juger l'âge
et le sexe ; il doit savoir distinguer et reconnaître précisément si le cerf qu'il
a détourné (a) avec son limier (b) est un daguet (c), un jeune cerf (d), un cerf

(a) *Détourner le cerf*, c'est tourner tout autour de l'endroit où un cerf est entré, et s'assurer qu'il n'en est pas sorti.

(b) *Limier*, chien que l'on choisit ordinairement parmi les chiens-courants, et que l'on
dresse pour détourner le cerf, le chevreuil, le sanglier, etc.

(c) *Daguet*, c'est un jeune cerf portant les dagues, et les *dagues* sont la première tête ou
le premier bois du cerf, qui lui vient au commencement de la seconde année.

(d) *Jeune cerf*, cerf qui est dans la troisième, quatrième ou cinquième année de sa vie.

de dix cors jeunement (*a*), un cerf de dix cors (*b*), ou un vieux cerf (*c*); et les principaux indices qui peuvent donner cette connaissance sont le pied (*d*) et les fumées (*e*). Le pied du cerf est mieux fait que celui de la biche; sa jambe (*f*) est plus grosse et plus près du talon, ses voies (*g*) sont mieux tournées et ses allures plus grandes (*h*); il marche plus régulièrement, il porte le pied de derrière dans celui du devant, au lieu que la biche a le pied plus mal fait, les allures plus courtes, et ne pose pas régulièrement le pied de derrière dans la trace du devant. Dès que le cerf est à sa quatrième tête (*i*), il est assez reconnaissable pour ne s'y pas méprendre, mais il faut de l'habitude pour distinguer le pied du jeune cerf de celui de la biche ; et, pour être sûr, on doit y regarder de près et en revoir souvent (*j*). Les cerfs de dix cors jeunement, de dix cors, etc., sont encore plus aisés à reconnaître ; ils ont le pied de devant beaucoup plus gros que celui de derrière, et plus ils sont vieux, plus les côtés des pieds sont gros et usés (*k*) : ce qui se juge aisément par les allures, qui sont aussi plus régulières que celles des jeunes cerfs, le pied de derrière posant toujours assez exactement sur le pied de devant, à moins qu'ils n'aient mis bas leurs têtes, car alors les vieux cerfs se méjugent (*l*) presque autant que les jeunes, mais d'une manière différente, et avec une sorte de régularité que n'ont ni les jeunes cerfs, ni les biches ; ils posent le pied de derrière à côté de celui du devant, et jamais au delà ni en déçà.

Lorsque le veneur, dans les sécheresses de l'été, ne peut juger par le pied, il est obligé de suivre le contre-pied (*m*) de la bête pour tâcher de trouver les fumées et de la reconnaître par cet indice, qui demande autant et peut-être plus d'habitude que la connaissance du pied ; sans cela, il ne lui serait pas possible de faire un rapport juste à l'assemblée des chasseurs. Et lorsque sur ce rapport l'on aura conduit les chiens à ses brisées (*n*), il doit encore

(*a*) *Cerf de dix cors jeunement*, cerf qui est dans la sixième année de sa vie.

(*b*) *Cerf de dix cors*, cerf qui est dans la septième année de sa vie.

(*c*) *Vieux cerf*, cerf qui est dans la huitième, neuvième, dixième, etc., année de sa vie.

(*d*) *Pied*, empreinte du pied du cerf sur la terre.

(*e*) *Fumées*, fiente du cerf.

(*f*) On appelle jambe les deux os qui sont en bas à la partie postérieure, et qui font trace sur la terre avec le pied.

(*g*) *Voies*, ce sont les pas du cerf.

(*h*) *Allures du cerf*, distance de ses pas.

(*i*) *Tête*, bois ou cornes du cerf.

(*j*) *En revoir*, c'est avoir des indices du cerf par le pied.

(*k*) *Nota* que, comme le pied du cerf s'use plus ou moins suivant la nature des terrains qu'il habite, il ne faut entendre ceci que de la comparaison entre cerfs du même pays, et que par conséquent il faut avoir d'autres connaissances, parce que dans le temps du rut on court souvent des cerfs venus de loin.

(*l*) *Se méjuger*, c'est, pour le cerf, mettre le pied de derrière hors de la trace de celui de devant.

(*m*) *Suivre le contre-pied*, c'est suivre les traces à rebours.

(*n*) *Brisées*, endroit où le cerf est entré, et où l'on a rompu des branches pour le remarquer.

savoir animer son limier, et le faire appuyer sur les voies jusqu'à ce que le
cerf soit lancé : dans cet instant, celui qui laisse courre (*a*) sonne pour faire
découpler (*b*) les chiens, et, dès qu'ils le sont, il doit les appuyer de la voix
et de la trompe ; il doit aussi être connaisseur, et bien remarquer le pied de
son cerf, afin de le reconnaître dans le change (*c*) ou dans le cas qu'il soit
accompagné. Il arrive souvent alors que les chiens se séparent et font deux
chasses : les piqueurs (*d*) doivent se séparer aussi et rompre (*e*) les chiens
qui se sont fourvoyés (*f*), pour les ramener et les rallier à ceux qui chassent
le cerf de meute. Le piqueur doit bien accompagner ses chiens, toujours
piquer à côté d'eux, toujours les animer sans trop les presser, les aider sur
le change, sur un retour, et, pour ne se pas méprendre, tâcher de revoir du
cerf aussi souvent qu'il est possible ; car il ne manque jamais de faire des
ruses, il passe et repasse souvent deux ou trois fois sur sa voie, il cherche
à se faire accompagner d'autres bêtes pour donner le change, et alors il
perce et s'éloigne tout de suite, ou bien il se jette à l'écart, se cache et reste
sur le ventre. Dans ce cas, lorsqu'on est en défaut (*g*), on prend les devants,
on retourne sur les derrières ; les piqueurs et les chiens travaillent de concert : si l'on ne retrouve pas la voie du cerf, on juge qu'il est resté dans l'enceinte dont on vient de faire le tour, on la foule de nouveau ; et lorsque le
cerf ne s'y trouve pas, il ne reste d'autre moyen que d'imaginer la refuite
qu'il peut avoir faite, vu le pays où l'on est, et d'aller l'y chercher. Dès qu'on
sera retombé sur les voies, et que les chiens auront relevé le défaut (*h*), ils
chasseront avec plus d'avantage, parce qu'ils sentent bien que le cerf est
déjà fatigué ; leur ardeur augmente à mesure qu'il s'affaiblit, et leur sentiment est d'autant plus distinct et plus vif que le cerf est plus échauffé ; aussi
redoublent-ils et de jambes et de voix, et quoiqu'il fasse alors plus de ruses
que jamais, comme il ne peut plus courir aussi vite, ni par conséquent s'éloigner beaucoup des chiens, ses ruses et ses détours sont inutiles, il n'a d'autre
ressource que de fuir la terre qui le trahit, et de se jeter à l'eau pour
dérober son sentiment aux chiens. Les piqueurs traversent ces eaux, ou
bien ils tournent autour, et remettent ensuite les chiens sur la voie du
cerf, qui ne peut aller loin dès qu'il a battu (*i*) l'eau, et qui bientôt est aux

(*a*) *Laisser courre un cerf*, c'est le lancer avec le limier, c'est-à-dire le faire partir.

(*b*) *Découpler les chiens*, c'est détacher les chiens l'un d'avec l'autre pour les faire chasser.

(*c*) *Change*, c'est lorsque le cerf en va chercher un autre pour le substituer à sa place.

(*d*) *Les piqueurs* sont ceux qui courent à cheval après les chiens, et qui les accompagnent
pour les faire chasser.

(*e*) *Rompre les chiens*, c'est les rappeler et leur faire quitter ce qu'ils chassent.

(*f*) *Se fourvoyer*, c'est s'écarter de la voie et chasser quelque autre cerf que celui de la
meute.

(*g*) *Être en défaut*, c'est lorsque les chiens ont perdu la voie du cerf.

(*h*) *Relever le défaut*, c'est retrouver les voies du cerf, et le lancer une seconde fois.

(*i*) *Battre l'eau, battre les eaux*, c'est traverser, après avoir été longtemps chassé, une
rivière ou un étang.

abois (*a*), où il tâche encore de défendre sa vie, et blesse souvent de coups d'andouillers les chiens et même les chevaux des chasseurs trop ardents, jusqu'à ce que l'un d'entre eux lui coupe le jarret pour le faire tomber, et l'achève ensuite en lui donnant un coup de couteau au défaut de l'épaule. On célèbre en même temps la mort du cerf par des fanfares, on le laisse fouler aux chiens, et on les fait jouir pleinement de leur victoire en leur faisant curée (*b*).

Toutes les saisons, tous les temps ne sont pas également bons pour courre le cerf (*c*) : au printemps, lorsque les feuilles naissantes commencent à parer les forêts, que la terre se couvre d'herbes nouvelles et s'émaille de fleurs, leur parfum rend moins sûr le sentiment des chiens ; et comme le cerf est alors dans sa plus grande vigueur, pour peu qu'il ait d'avance, ils ont beaucoup de peine à le joindre. Aussi les chasseurs conviennent-ils que la saison où les biches sont prêtes à mettre bas est celle de toutes où la chasse est la plus difficile, et que dans ce temps les chiens quittent souvent un cerf mal mené pour tourner à une biche qui bondit devant eux ; et de même, au commencement de l'automne, lorsque le cerf est en rut (*d*), les limiers quêtent sans ardeur ; l'odeur forte du rut leur rend peut-être la voie plus indifférente ; peut-être aussi tous les cerfs ont-ils dans ce temps à peu près la même odeur. En hiver, pendant la neige, on ne peut pas courre le cerf, les limiers n'ont point de sentiment et semblent suivre les voies plutôt à l'œil qu'à l'odorat. Dans cette saison, comme les cerfs ne trouvent pas à viander (*e*) dans les forts, ils en sortent, vont et viennent dans les pays plus découverts, dans les petits taillis, et même dans les terres ensemencées ; ils se mettent en hardes (*f*) dès le mois de décembre, et pendant les grands froids ils cherchent à se mettre à l'abri des côtes, ou dans des endroits bien fourrés où ils se tiennent serrés les uns contre les autres, et se réchauffent de leur haleine. A la fin de l'hiver, ils gagnent le bord des forêts et sortent dans les blés. Au printemps ils mettent bas (*g*), la tête se détache d'elle-même, ou par un petit effort qu'ils font en s'accrochant à quelque branche : il est rare que les deux côtés tombent précisément en même temps, et souvent il y a un jour ou deux d'intervalle entre la chute de chacun des côtés de la tête. Les vieux cerfs sont ceux qui mettent bas les premiers, vers la fin de février ou au commencement de mars ; les cerfs de dix cors ne mettent bas que vers le milieu ou la fin de mars ; ceux de dix cors jeunement dans le mois d'avril ; les jeunes cerfs au

(*a*) *Abois*, c'est lorsque le cerf est à l'extrémité et tout à fait épuisé de forces.

(*b*) *Faire curée, donner la curée*, c'est faire manger aux chiens le cerf ou la bête qu'ils ont prise.

(*c*) *Courre le cerf*, chasser le cerf avec des chiens-courants.

(*d*) *Rut*, chaleur, ardeur d'amour.

(*e*) *Viander*, brouter, manger.

(*f*) *Harde*, troupe de cerfs.

(*g*) *Mettre bas*, c'est lorsque le bois des cerfs tombe.

commencement, et les daguets vers le milieu et la fin de mai, mais il y a sur tout cela beaucoup de variétés, et l'on voit quelquefois de vieux cerfs mettre bas plus tard que d'autres qui sont plus jeunes. Au reste, la mue de la tête des cerfs avance lorsque l'hiver est doux, et retarde lorsqu'il est rude et de longue durée.

Dès que les cerfs ont mis bas, ils se séparent les uns des autres, et il n'y a plus que les jeunes qui demeurent ensemble ; ils ne se tiennent pas dans les forts, mais ils gagnent les beaux pays, les buissons, les taillis clairs, où ils demeurent tout l'été pour y refaire leur tête ; et dans cette saison ils marchent la tête basse, crainte de la froisser contre les branches, car elle est sensible tant qu'elle n'a pas pris son entier accroissement. La tête des plus vieux cerfs n'est encore qu'à moitié refaite vers le milieu du mois de mai, et n'est tout à fait allongée et endurcie que vers la fin de juillet : celle des plus jeunes cerfs, tombant plus tard, repousse et se refait aussi plus tard ; mais dès qu'elle est entièrement allongée et qu'elle a pris de la solidité, les cerfs la frottent contre les arbres pour la dépouiller de la peau dont elle est revêtue ; et comme ils continuent à la frotter pendant plusieurs jours de suite, on prétend (a) qu'elle se teint de la couleur de la sève du bois auquel ils touchent, qu'elle devient rousse contre les hêtres et les bouleaux, brune contre les chênes, et noirâtre contre les charmes et les trembles. On dit aussi que les têtes des jeunes cerfs, qui sont lisses et peu perlées, ne se teignent pas à beaucoup près autant que celles des vieux cerfs, dont les perlures sont fort près les unes des autres, parce que ce sont ces perlures qui retiennent la sève qui colore le bois ; mais je ne puis me persuader que ce soit là la vraie cause de cet effet, ayant eu des cerfs privés et enfermés dans des enclos où il n'y avait aucun arbre, et où par conséquent ils n'avaient pu toucher au bois, desquels cependant la tête était colorée comme celle des autres.

Peu de temps après que les cerfs ont bruni leur tête, ils commencent à ressentir les impressions du rut ; les vieux sont les plus avancés : dès la fin d'août et le commencement de septembre, ils quittent les buissons, reviennent dans les forts, et commencent à chercher les bêtes (b) ; ils raient (c) d'une voix forte, le cou et la gorge leur enflent, ils se tourmentent, ils traversent en plein jour les guérets et les plaines, ils donnent de la tête contre les arbres et les cépées, enfin ils paraissent transportés, furieux, et courent de pays en pays jusqu'à ce qu'ils aient trouvé des bêtes, qu'il ne suffit pas de rencontrer, mais qu'il faut encore poursuivre, contraindre, assujettir ; car elles les évitent d'abord, elles fuient et ne les attendent qu'après avoir été longtemps fatiguées de leur poursuite. C'est aussi par les plus vieilles que commencent le rut ; les jeunes biches n'entrent en chaleur que plus tard, et

(a) Voyez le *Nouveau traité de la Vénerie*. Paris, 1750, p. 27.
(b) *Les bêtes*, en terme de chasse, signifient *les biches*.
(c) *Raire*, crier.

lorsque deux cerfs se trouvent auprès de la même, il faut encore combattre avant que de jouir : s'ils sont d'égale force, ils se menacent, ils grattent la terre, ils raient d'un cri terrible, et, se précipitant l'un sur l'autre, ils se battent à outrance et se donnent des coups de tête et d'andouillers (a) si forts, que souvent ils se blessent à mort. Le combat ne finit que par la défaite ou la fuite de l'un des deux, et alors le vainqueur ne perd pas un instant pour jouir de sa victoire et de ses désirs, à moins qu'un autre ne survienne encore, auquel cas il part pour l'attaquer et le faire fuir comme le premier. Les plus vieux cerfs sont toujours les maîtres, parce qu'ils sont plus fiers et plus hardis que les jeunes, qui n'osent approcher d'eux ni de la bête, et qui sont obligés d'attendre qu'ils l'aient quittée pour l'avoir à leur tour : quelquefois cependant ils sautent sur la biche pendant que les vieux combattent, et après avoir joui fort à la hâte, ils fuient promptement. Les biches préfèrent les vieux cerfs, non pas parce qu'ils sont plus courageux, mais parce qu'ils sont beaucoup plus ardents et plus chauds que les jeunes ; ils sont aussi plus inconstants, ils ont souvent plusieurs bêtes à la fois ; et, lorsqu'ils n'en ont qu'une, ils ne s'y attachent pas, ils ne la gardent que quelques jours, après quoi ils s'en séparent et vont en chercher une autre auprès de laquelle ils demeurent encore moins, et passent ainsi successivement à plusieurs jusqu'à ce qu'ils soient tout à fait épuisés.

Cette fureur amoureuse ne dure que trois semaines ; pendant ce temps ils ne mangent que très peu, ne dorment ni ne reposent ; nuit et jour ils sont sur pied, et ne font que marcher, courir, combattre et jouir : aussi sortent-ils de là si défaits, si fatigués, si maigres, qu'il leur faut du temps pour se remettre et reprendre des forces ; ils se retirent ordinairement alors sur le bord des forêts, le long des meilleurs gagnages, où ils peuvent trouver une nourriture abondante, et ils y demeurent jusqu'à ce qu'ils soient rétablis. Le rut, pour les vieux cerfs, commence au 1er de septembre, et finit vers le 20 ; pour les cerfs de dix cors, et de dix cors jeunement, il commence vers le 10 de septembre et finit dans les premiers jours d'octobre ; pour les jeunes cerfs, c'est depuis le 20 septembre jusqu'au 15 octobre ; et sur la fin de ce même mois il n'y a plus que les daguets qui soient en rut, parce qu'ils y sont entrés les derniers de tous : les plus jeunes biches sont de même les dernières en chaleur. Le rut est donc entièrement fini au commencement de novembre, et les cerfs dans ce temps de faiblesse, sont faciles à forcer. Dans les années abondantes en gland, ils se rétablissent en peu de temps par la bonne nourriture, et l'on remarque souvent un second rut à la fin d'octobre, mais qui dure beaucoup moins que le premier.

Dans les climats plus chauds que celui de la France, comme les saisons

(a) *Andouillers*, cornichons du bois de cerf.

sont plus avancées, le rut est aussi plus précoce. En Grèce (*a*), par exemple, il paraît, par ce qu'en dit Aristote, qu'il commence dans les premiers jours d'août et qu'il finit à la fin de septembre. Les biches portent huit mois et quelques jours ; elles ne produisent ordinairement qu'un faon (*b*), et très rarement deux ; elles mettent bas au mois de mai et au commencement de juin ; elles ont grand soin de dérober leur faon à la poursuite des chiens, elles se présentent et se font chasser elles-mêmes pour les éloigner, après quoi elles viennent le rejoindre. Toutes les biches ne sont pas fécondes ; il y en a qu'on appelle brehaignes, qui ne portent jamais ; ces biches sont plus grosses et prennent beaucoup plus de venaison que les autres, aussi sont-elles les premières en chaleur : on prétend aussi qu'il se trouve quelquefois des biches qui ont un bois comme le cerf, et cela n'est pas absolument contre toute vraisemblance. Le faon ne porte ce nom que jusqu'à six mois environ ; alors les bosses commencent à paraître, et il prend le nom de hère jusqu'à ce que ces bosses allongées en dagues lui fassent prendre le nom de daguet. Il ne quitte pas sa mère dans les premiers temps, quoiqu'il prenne un assez prompt accroissement ; il la suit pendant tout l'été. En hiver, les biches, les hères, les daguets et les jeunes cerfs se rassemblent en hardes et forment des troupes d'autant plus nombreuses que la saison est plus rigoureuse. Au printemps ils se divisent, les biches se récèlent pour mettre bas, et dans ce temps il n'y a guère que les daguets et les jeunes cerfs qui aillent ensemble. En général, les cerfs sont portés à demeurer les uns avec les autres, à marcher de compagnie, et ce n'est que la crainte ou la nécessité qui les disperse ou les sépare.

Le cerf est en état d'engendrer à l'âge de dix-huit mois, car on voit des daguets, c'est-à-dire des cerfs nés au printemps de l'année précédente, couvrir des biches en automne, et l'on doit présumer que ces accouplements sont prolifiques. Ce qui pourrait peut-être en faire douter, c'est qu'ils n'ont encore pris alors qu'environ la moitié ou les deux tiers de leur accroissement, que les cerfs croissent et grossissent jusqu'à l'âge de huit ans, et que leur tête va toujours en augmentant tous les ans jusqu'au même âge : mais il faut observer que le faon qui vient de naître se fortifie en peu de temps, que son accroissement est prompt dans la première année et ne se ralentit pas dans la seconde, qu'il y a même déjà surabondance de nourriture, puisqu'il pousse des dagues, et c'est là le signe le plus certain de la puissance d'engendrer. Il est vrai que les animaux en général ne sont en état d'engendrer que lorsqu'ils ont pris la plus grande partie de leur accroissement, mais ceux qui ont un temps marqué pour le rut, ou pour le frai semblent faire une exception à cette loi. Les poissons fraient et produisent avant que d'avoir pris le quart, ou même la huitième partie de leur accroissement ; et

(*a*) Aristot. *Hist. animal.*, lib. vi, c. xxix.
(*b*) *Faon*, c'est le petit cerf qui vient de naître.

dans les animaux quadrupèdes, ceux qui, comme le cerf, l'élan, le daim, le renne, le chevreuil, etc., ont un rut bien marqué, engendrent aussi plus tôt que les autres animaux.

Il y a tant de rapports entre la nutrition, la production du bois, le rut, et la génération dans ces animaux, qu'il est nécessaire, pour en bien concevoir les effets particuliers, de se rappeler ici ce que nous avons établi de plus général et de plus certain au sujet de la génération : elle dépend en entier de la surabondance de la nourriture. Tant que l'animal croît (et c'est toujours dans le premier âge que l'accroissement est le plus prompt), la nourriture est entièrement employée à l'extension, au développement du corps; il n'y a donc nulle surabondance, par conséquent nulle production, nulle sécrétion de liqueur séminale, et c'est par cette raison que les jeunes animaux ne sont pas en état d'engendrer ; mais lorsqu'ils ont pris la plus grande partie de leur accroissement, la surabondance commence à se manifester par de nouvelles productions. Dans l'homme, la barbe, le poil, le gonflement des mamelles, l'épanouissement des parties de la génération, précèdent la puberté. Dans les animaux en général, et dans le cerf en particulier, la surabondance se marque par des effets encore plus sensibles ; elle produit la tête, le gonflement des daintiers (a), l'enflure du cou et de la gorge, la venaison (b), le rut, etc. Et comme le cerf croît fort vite dans le premier âge, il ne se passe qu'un an depuis sa naissance jusqu'au temps où cette surabondance commence à se marquer au dehors par la production du bois : s'il est né au mois de mai, on verra paraître dans le même mois de l'année suivante les naissances du bois qui commence à pousser sur la tête (c). Ce sont deux dagues qui croissent, s'allongent et s'endurcissent à mesure que l'animal prend de la nourriture ; elles ont déjà vers la fin d'août pris leur entier accroissement, et assez de solidité pour qu'il cherche à les dépouiller de leur peau en les frottant contre les arbres ; et dans le même temps il achève de se charger de venaison, qui est une graisse abondante produite aussi par le superflu de la nourriture, qui dès lors commence à se déterminer vers les parties de la génération, et à exciter le cerf à cette ardeur du rut qui le rend furieux. Et ce qui prouve évidemment que la production du bois et celle de la liqueur séminale dépendent de la même cause, c'est que, si vous détruisez la source de la liqueur séminale en supprimant par la castration les organes nécessaires pour cette sécrétion, vous supprimez en même temps la production du bois ; car si l'on fait cette opération dans le temps qu'il a mis bas sa tête, il ne s'en forme pas une nouvelle ; et si on ne la fait au contraire que dans le temps qu'il a refait sa tête, elle ne tombe plus ; l'ani-

---

(a) Les *daintiers du cerf* sont ses testicules.

(b) *Venaison*, c'est la graisse du cerf, qui augmente pendant l'été, et dont il est surchargé au commencement de l'automne, dans le temps du rut.

(c) Le *têt* est la partie de l'os frontal sur laquelle appuie le bois du cerf.

mal, en un mot, reste pour toute la vie dans l'état où il était lorsqu'il a subi la castration ; et comme il n'éprouve plus les ardeurs du rut, les signes qui l'accompagnent disparaissent aussi ; il n'y a plus de venaison, plus d'enflure au cou ni à la gorge, et il devient d'un naturel plus doux et plus tranquille. Ces parties que l'on a retranchées étaient donc nécessaires, non seulement pour faire la sécrétion de la nourriture surabondante, mais elles servaient encore à l'animer, à la pousser au dehors dans toutes les parties du corps sous la forme de la venaison, et en particulier au sommet de la tête, où elle se manifeste plus que partout ailleurs par la production du bois. Il est vrai que les cerfs coupés ne laissent pas de devenir gras, mais ils ne produisent plus de bois ; jamais la gorge ni le cou ne leur enflent, et leur graisse ne s'exalte ni ne s'échauffe pas comme la venaison des cerfs entiers, qui, lorsqu'ils sont en rut, ont une odeur si forte qu'elle infecte de loin ; leur chair même en est si fort imbue et pénétrée qu'on ne peut ni la manger, ni la sentir, et qu'elle se corrompt en peu de temps, au lieu que celle du cerf coupé se conserve fraîche et peut se manger dans tous les temps. Une autre preuve que la production du bois vient uniquement de la surabondance de la nourriture, c'est la différence qui se trouve entre les têtes des cerfs du même âge, dont les unes sont très grosses, très fournies, et les autres grêles et menues, ce qui dépend absolument de la quantité de nourriture ; car un cerf qui habite un pays abondant, où il viande à son aise, où il n'est troublé ni par les chiens, ni par les hommes, où, après avoir repu tranquillement, il peut ensuite ruminer en repos, aura toujours la tête belle, haute, bien ouverte, l'empaumure (a) large et bien garnie, le merrain (b) gros et bien perlé, avec grand nombre d'andouillers forts et longs ; au lieu que celui qui se trouve dans un pays où il n'a ni repos, ni nourriture suffisante, n'aura qu'une tête mal nourrie, dont l'empaumure sera serrée, le merrain grêle et les andouillers menus et en petit nombre ; en sorte qu'il est toujours aisé de juger par la tête d'un cerf s'il habite un pays abondant et tranquille, et s'il a été bien ou mal nourri. Ceux qui se portent mal, qui ont été blessés, ou seulement qui ont été inquiétés et courus, prennent rarement une belle tête et une bonne venaison ; ils n'entrent en rut que plus tard ; il leur a fallu plus de temps pour refaire leur tête, et ils ne la mettent bas qu'après les autres ; ainsi tout concourt à faire voir que ce bois n'est, comme la liqueur séminale, que le superflu, rendu sensible, de la nourriture organique qui ne peut être employée tout entière au développement, à l'accroissement ou à l'entretien du corps de l'animal.

La disette retarde donc l'accroissement du bois, et en diminue le volume très considérablement ; peut-être même ne serait-il pas impossible, en

(a) *Empaumure*, c'est le haut de la tête du cerf, qui s'élargit comme une main, et où il y a plusieurs andouillers rangés inégalement comme des doigts.

(b) *Merrain*, c'est le tronc, la tige du bois de cerf.

retranchant beaucoup la nourriture, de supprimer en entier cette production, sans avoir recours à la castration : ce qu'il y a de sûr, c'est que les
cerfs coupés mangent moins que les autres ; et ce qui fait que dans cette
espèce, aussi bien que dans celle du daim, du chevreuil et de l'élan, les
femelles n'ont point de bois, c'est qu'elles mangent moins que les mâles, et
que, quand même il y aurait de la surabondance, il arrive que dans le temps
où elle pourrait se manifester au dehors, elles deviennent pleines ; par conséquent le superflu de la nourriture étant employé à nourrir le fœtus et
ensuite à allaiter le faon, il n'y a jamais rien de surabondant. Et l'exception
que peut faire ici la femelle du renne, qui porte un bois comme le mâle,
est plus favorable que contraire à cette explication ; car de tous les animaux
qui portent un bois, le renne est celui qui, proportionnellement à sa taille,
l'a d'un plus gros et d'un plus grand volume, puisqu'il s'étend en avant et
en arrière, souvent tout le long de son corps : c'est aussi de tous celui qui
se charge le plus abondamment (a) de venaison ; et d'ailleurs le bois que
portent les femelles est fort petit en comparaison de celui des mâles. Cet
exemple prouve donc seulement que, quand la surabondance est si grande
qu'elle ne peut être épuisée dans la gestation par l'accroissement du fœtus,
elle se répand au dehors et forme dans la femelle, comme dans le mâle,
une production semblable, un bois qui est d'un plus petit volume, parce que
cette surabondance est aussi en moindre quantité.

Ce que je dis ici de la nourriture ne doit pas s'entendre de la masse ni
du volume des aliments, mais uniquement de la quantité des molécules
organiques que contiennent ces aliments : c'est cette seule matière qui est
vivante, active et productrice ; le reste n'est qu'un marc, qui peut être plus
ou moins abondant sans rien changer à l'animal. Et comme le lichen, qui
est la nourriture ordinaire du renne, est un aliment plus substantiel que
les feuilles, les écorces ou les boutons des arbres dont le cerf se nourrit, il
n'est pas étonnant qu'il y ait plus de surabondance de cette nourriture organique, et par conséquent plus de bois et plus de venaison dans le renne que
dans le cerf. Cependant il faut convenir que la matière organique, qui forme
le bois dans ces espèces d'animaux, n'est pas parfaitement dépouillée des
parties brutes auxquelles elle était jointe, et qu'elle conserve encore, après
avoir passé par le corps de l'animal, des caractères de son premier état
dans le végétal. Le bois du cerf pousse, croît et se compose comme le bois
d'un arbre : sa substance est peut-être moins osseuse que ligneuse (*) ; c'est,

(a) Le rangier (c'est le renne), est une bête semblable au cerf, et a sa tête diverse, plus
grande et chevillée ; il porte bien quatre-vingts cors, aucune fois moins, sa tête lui couvre
le corps ; il a plus grande venaison que n'a un cerf en sa saison. Voyez la Chasse du roi
Phœbus, imprimée à la suite de la *Vénerie de du Fouilloux*. Rouen, 1650, p. 97.

(*) Nous avons dit plus haut que le bois du cerf est une production de l'épiderme.
Buffon ne pouvait pas, au moment où il écrivait, connaître la nature de ces organes ; mais
il avait bien vu qu'ils n'ont pas la structure des os.

pour ainsi dire, un végétal greffé sur un animal, et qui participe de la nature des deux, et forme une de ces nuances auxquelles la nature aboutit toujours dans les extrêmes, et dont elle se sert pour rapprocher les choses les plus éloignées.

Dans l'animal, comme nous l'avons dit (a), les os croissent par leurs deux extrémités à la fois ; le point d'appui contre lequel s'exerce la puissance de leur extension en longueur est dans le milieu de la longueur de l'os : cette partie du milieu est aussi la première formée, la première ossifiée, et les deux extrémités vont toujours en s'éloignant de la partie du milieu, et restent molles jusqu'à ce que l'os ait pris son entier accroissement dans cette dimension. Dans le végétal, au contraire, le bois ne croît que par une seule de ses extrémités ; le bouton qui se développe et qui doit former la branche est attaché au vieux bois par l'extrémité inférieure, et c'est sur ce point d'appui que s'exerce la puissance de son extension en longueur. Cette différence si marquée entre la végétation des os des animaux et des parties solides des végétaux ne se trouve point dans le bois qui croît sur la tête des cerfs ; au contraire, rien n'est plus semblable à l'accroissement du bois d'un arbre : le bois du cerf ne s'étend que par l'une de ses extrémités, l'autre lui sert de point d'appui ; il est d'abord tendre comme l'herbe, et se durcit ensuite comme le bois ; la peau qui s'étend et qui croît avec lui est son écorce, et il s'en dépouille lorsqu'il a pris son entier accroissement ; tant qu'il croît, l'extrémité supérieure demeure toujours molle ; il se divise aussi en plusieurs rameaux ; le merrain est l'arbre, les andouillers en sont les branches ; en un mot, tout est semblable, tout est conforme dans le développement et dans l'accroissement de l'un et de l'autre ; et dès lors les molécules organiques qui constituent la substance vivante du bois de cerf retiennent encore l'empreinte du végétal, parce qu'elles s'arrangent de la même façon que dans les végétaux. La matière domine donc ici sur la forme : le cerf, qui n'habite que dans les bois et qui ne se nourrit que des rejetons des arbres, prend une si forte teinture de bois, qu'il produit lui-même une espèce de bois qui conserve assez les caractères de son origine pour qu'on ne puisse s'y méprendre ; et cet effet, quoique très singulier, n'est cependant pas unique ; il dépend d'une cause générale que j'ai déjà eu occasion d'indiquer plus d'une fois dans cet ouvrage.

Ce qu'il y a de plus constant, de plus inaltérable dans la nature, c'est l'empreinte ou le moule de chaque espèce, tant dans les animaux que dans les végétaux ; ce qu'il y a de plus variable et de plus corruptible, c'est la substance qui les compose. La matière, en général, paraît être indifférente à recevoir telle ou telle forme, et capable de porter toutes les empreintes possibles : les molécules organiques, c'est-à-dire les parties vivantes de

(a) Voyez l'article de la Vieillesse et de la Mort, p. 68.

cette matière, passent des végétaux aux animaux, sans destruction, sans
altération, et forment également la substance vivante de l'herbe, du bois,
de la chair et des os. Il paraît donc, à cette première vue, que la matière ne
peut jamais dominer sur la forme, et que, quelque espèce de nourriture que
prenne un animal, pourvu qu'il puisse en tirer les molécules organiques
qu'elle contient, et se les assimiler par la nutrition, cette nourriture ne
pourra rien changer à sa forme, et n'aura d'autre effet que d'entretenir ou
faire croître son corps, en se modelant sur toutes les parties du moule intérieur, et en les pénétrant intimement : ce qui le prouve, c'est qu'en général
les animaux qui ne vivent que d'herbe, qui paraît être une substance très
différente de celle de leur corps, tirent de cette herbe de quoi faire de la
chair et du sang ; que même ils se nourrissent, croissent et grossissent
autant et plus que les animaux qui ne vivent que de chair. Cependant, en
observant la nature plus particulièrement, on s'apercevra que quelquefois
ces molécules organiques ne s'assimilent pas parfaitement au moule intérieur, et que souvent la matière ne laisse pas d'influer sur la forme d'une
manière assez sensible : la grandeur, par exemple, qui est un des attributs
de la forme, varie dans chaque espèce suivant les différents climats ; la qualité, la quantité de la chair, qui sont d'autres attributs de la forme, varient
suivant les différentes nourritures (*). Cette matière organique que l'animal
assimile à son corps par la nutrition n'est donc pas absolument indifférente
à recevoir telle ou telle modification ; elle n'est pas absolument dépouillée
de la forme qu'elle avait auparavant, et elle retient quelques caractères de
l'empreinte de son premier état ; elle agit donc elle-même par sa propre
forme sur celle du corps organisé qu'elle nourrit ; et quoique cette action soit
presque insensible, que même cette puissance d'agir soit infiniment petite
en comparaison de la force qui contraint cette matière nutritive à s'assimiler
au moule qui la reçoit, il doit en résulter avec le temps des effets très sensibles. Le cerf, qui n'habite que les forêts, et qui ne vit, pour ainsi dire, que
de bois, porte une espèce de bois qui n'est qu'un résidu de cette nourriture ;
le castor, qui habite les eaux et qui se nourrit de poisson, porte une queue
couverte d'écailles ; la chair de la loutre et de la plupart des oiseaux de
rivière est un aliment de carême, une espèce de chair de poisson. L'on peut
donc présumer que des animaux auxquels on ne donnerait jamais que la
même espèce de nourriture prendraient en assez peu de temps une teinture
des qualités de cette nourriture, et que, quelque forte que soit l'empreinte
de la nature, si l'on continuait toujours à ne leur donner que le même aliment,
il en résulterait avec le temps une espèce de transformation par une assimilation toute contraire à la première : ce ne serait plus la nourriture qui s'assimilerait en entier à la forme de l'animal, mais l'animal qui s'assimilerait en

(*) Cette considération est de la plus grande exactitude.

partie à la forme de la nourriture, comme on le voit dans le bois du cerf et dans la queue du castor.

Le bois, dans le cerf, n'est donc qu'une partie accessoire, et, pour ainsi dire, étrangère à son corps, une production qui n'est regardée comme partie animale que parce qu'elle croît sur un animal, mais qui est vraiment végétale, puisqu'elle retient les caractères du végétal dont elle tire sa première origine, et que ce bois ressemble au bois des arbres par la manière dont il croît, dont il se développe, se ramifie, se durcit, se sèche et se sépare; car il tombe de lui-même après avoir pris son entière solidité, et dès qu'il cesse de tirer de la nourriture, comme un fruit dont le pédicule se détache de la branche dans le temps de sa maturité: le nom même qu'on lui a donné dans notre langue prouve bien qu'on a regardé cette production comme un bois, et non pas comme une corne, un os, une défense, une dent, etc. Et quoique cela me paraisse suffisamment indiqué et même prouvé par tout ce que je viens de dire, je ne dois pas oublier un fait cité par les anciens. Aristote (a), Théophraste (b), Pline (c), disent tous que l'on a vu du lierre s'attacher, pousser et croître sur le bois des cerfs lorsqu'il est encore tendre: si ce fait est vrai, et il serait facile de s'en assurer par l'expérience, il prouverait encore mieux l'analogie intime de ce bois avec le bois des arbres.

Non seulement les cornes et les défenses des autres animaux sont d'une substance très différente de celle du bois du cerf, mais leur développement, leur texture, leur accroissement, et leur forme tant extérieure qu'intérieure, n'ont rien de semblable ni même d'analogue au bois. Ces parties, comme les ongles, les cheveux, les crins, les plumes, les écailles, croissent à la vérité par une espèce de végétation, mais bien différente de la végétation du bois. Les cornes dans les bœufs, les chèvres, les gazelles, etc., sont creuses en dedans, au lieu que le bois du cerf est solide dans toute son épaisseur: la substance de ces cornes est la même que celle des ongles, des ergots, des écailles; celle du bois de cerf, au contraire, ressemble plus au bois qu'à toute autre substance. Toutes ces cornes creuses sont revêtues en dedans d'un périoste, et contiennent dans leur cavité un os qui les soutient et leur sert de noyau; elles ne tombent jamais, et elles croissent pendant toute la vie de l'animal, en sorte qu'on peut juger son âge par les nœuds ou cercles annuels de ses cornes. Au lieu de croître, comme le bois du cerf, par

(a) « Captus jam cervus est, hederam suis enatam cornibus gerens viridem, quæ cornu » adhuc tenello forte inserta, quasi ligno viridi coaluerit. » Arist. *Hist. animal.*, l. ix, c. v.

(b) « Hedera in multis creatur, et, quod mirabilius, visa est in cornibus cervi etiam ali-» quando. Commovit (*inquit Jul. Scaliger apud Theophrastum*) virum accuratum cervi cor-» nibus hærens hedera : quid enim eò seminium detulit, etc. » Lib. ii, *de Caus. Plant.*, cap. xxiii.

(c) « In mollioribus cervorum cornibus hedera coalescit, dùm ex arborum attritu illa expe-riuntur. » Plin. *de Admirand. auditionibus.* — 1. Pure fable que ce qu'ils disent.

leur extrémité supérieure, elles croissent au contraire comme les ongles, les plumes, les cheveux, par leur extrémité inférieure. Il en est de même des défenses de l'éléphant, de la vache marine, du sanglier et de tous les autres animaux (*), elles sont creuses en dedans, et elles ne croissent que par leur extrémité inférieure; ainsi les cornes et les défenses n'ont pas plus de rapport que les ongles, le poil ou les plumes, avec le bois du cerf.

Toutes les végétations peuvent donc se réduire à trois espèces : la première, où l'accroissement se fait par l'extrémité supérieure, comme dans les herbes, les plantes, les arbres, le bois du cerf, et tous les autres végétaux ; la seconde, où l'accroissement se fait, au contraire, par l'extrémité inférieure, comme dans les cornes, les ongles, les ergots, le poil, les cheveux, les plumes, les écailles, les défenses, les dents, et les autres parties extérieures du corps des animaux ; la troisième est celle où l'accroissement se fait à la fois par les deux extrémités, comme dans les os, les cartilages, les muscles, les tendons et les autres parties intérieures du corps des animaux : toutes trois n'ont pour cause matérielle que la surabondance de la nourriture organique, et pour effet que l'assimilation de cette nourriture au moule qui la reçoit. Ainsi l'animal croît plus ou moins vite à proportion de la quantité de cette nourriture, et lorsqu'il a pris la plus grande partie de son accroissement elle se détermine vers les réservoirs séminaux, et cherche à se répandre au dehors et à produire, au moyen de la copulation, d'autres êtres organisés. La différence qui se trouve entre les animaux qui, comme le cerf, ont un temps marqué pour le rut, et les autres animaux qui peuvent engendrer en tout temps, ne vient encore que de la manière dont ils se nourrissent. L'homme et les animaux domestiques, qui tous les jours prennent à peu près une égale quantité de nourriture, souvent même trop abondante, peuvent engendrer en tout temps : le cerf, au contraire, et la plupart des autres animaux sauvages, qui souffrent pendant l'hiver une grande disette, n'ont rien alors de surabondant, et ne sont en état d'engendrer qu'après s'être refaits pendant l'été ; et c'est aussi immédiatement après cette saison que commence le rut, pendant lequel le cerf s'épuise si fort qu'il reste pendant tout l'hiver dans un état de langueur; sa chair est même alors si dénuée de bonne substance, et son sang est si fort appauvri, qu'il s'engendre des vers (**) sous sa peau, lesquels augmentent encore sa misère, et ne tombent qu'au printemps lorsqu'il a repris, pour ainsi dire, une nouvelle vie par la nourriture active que lui fournissent les productions nouvelles de la terre.

Toute sa vie se passe donc dans des alternatives de plénitude et d'inanition, d'embonpoint et de maigreur, de santé, pour ainsi dire, et de maladie, sans

---

(*) Les défenses de l'Éléphant, du Sanglier, de la Vache marine sont des dents véritables; elles n'ont rien de commun avec les cornes.

(**) Les vers dont parle Buffon sont des larves d'insectes diptères qui vivent en parasites dans la peau du cerf.

que ces oppositions si marquées, et cet état toujours excessif, altèrent sa
constitution : il vit aussi longtemps que les autres animaux qui ne sont pas
sujets à ces vicissitudes. Comme il est cinq ou six ans à croître, il vit aussi
sept fois cinq ou six ans, c'est-à-dire trente-cinq ou quarante ans (*a*). Ce que
l'on a débité sur la longue vie des cerfs n'est appuyé sur aucun fondement ;
ce n'est qu'un préjugé populaire qui régnait dès le temps d'Aristote, et ce
philosophe dit, avec raison (*b*), que cela ne lui paraît pas vraisemblable,
attendu que le temps de la gestation et celui de l'accroissement du jeune
cerf n'indiquent rien moins qu'une très longue vie. Cependant, malgré cette
autorité, qui seule aurait dû suffire pour détruire ce préjugé, il s'est renouvelé dans des siècles d'ignorance par une histoire ou une fable que l'on a
faite d'un cerf qui fut pris par Charles VI dans la forêt de Senlis, et qui portait un collier sur lequel était écrit : *Cæsar hoc me donavit ;* et l'on a mieux
aimé supposer mille ans de vie à cet animal et faire donner ce collier par un
empereur romain, que de convenir que ce cerf pouvait venir d'Allemagne, où
les empereurs ont dans tous les temps pris le nom de César.

La tête des cerfs va tous les ans en augmentant en grosseur et en hauteur,
depuis la seconde année de leur vie jusqu'à la huitième ; elle se soutient
toujours belle et à peu près la même pendant toute la vigueur de l'âge ; mais
lorsqu'ils deviennent vieux, leur tête décline aussi. On peut voir, dans la
description du cerf, celle de sa tête dans les différents âges. Il est rare que
nos cerfs portent plus de vingt ou vingt-deux andouillers, lors même que leur
tête est le plus belle ; et ce nombre n'est rien moins que constant ; car il
arrive souvent que le même cerf aura dans une année un certain nombre
d'andouillers, et que l'année suivante il en aura plus ou moins, selon qu'il
aura eu plus ou moins de nourriture et de repos ; et de même que la grandeur de la tête ou du bois du cerf dépend de la quantité de la nourriture, la
qualité de ce même bois dépend aussi de la différente qualité des nourritures ; il est, comme le bois des forêts, grand, tendre et assez léger dans les
pays humides et fertiles ; il est, au contraire, court, dur et pesant dans les
pays secs et stériles.

Il en est de même encore de la grandeur et de la taille de ces animaux ;
elle est fort différente selon les lieux qu'ils habitent : les cerfs de plaines,
de vallées ou de collines abondantes en grains, ont le corps beaucoup plus
grand et les jambes plus hautes que les cerfs des montagnes sèches, arides
et pierreuses ; ceux-ci ont le corps bas, court et trapu ; ils ne peuvent courir
aussi vite, mais ils vont plus longtemps que les premiers ; ils sont plus

---

(*a*) Pour moi, sans entrer dans une discussion à ce sujet, mon sentiment est que les cerfs
ne peuvent vivre plus de quarante ans. *Nouveau traité de la Vénerie*, p. 141.

(*b*) « Vitâ esse perquam longâ hoc animal fertur, sed nihil certi ex iis quæ narrantur
» videmus ; nec gestatio aut incrementum hinnuli ita evenit quasi vita esset prælonga. »
Arist. *Hist. animal.*, lib. vi c. xxix.

méchants, ils ont le poil plus long sur le massacre ; leur tête est ordinairement basse et noire, à peu près comme un arbre rabougri, dont l'écorce est
rembrunie, au lieu que la tête des cerfs de plaines est haute et d'une couleur
claire et rougeâtre comme le bois et l'écorce des arbres qui croissent en bon
terrain. Ces petits cerfs trapus n'habitent guère les futaies, et se tiennent
presque toujours dans les taillis, où ils peuvent se soustraire plus aisément
à la poursuite des chiens : leur venaison est plus fine et leur chair est de
meilleur goût que celle des cerfs de plaine. Le cerf de Corse paraît être le
plus petit de tous ces cerfs de montagne ; il n'a guère que la moitié de la
hauteur des cerfs ordinaires ; c'est, pour ainsi dire, un basset parmi les cerfs ;
il a le pelage (a) brun, le corps trapu, les jambes courtes. Et ce qui m'a convaincu que la grandeur et la taille des cerfs, en général, dépendait absolument de la quantité et de la qualité de la nourriture, c'est qu'en ayant fait
élever un chez moi et l'ayant nourri largement pendant quatre ans, il était à
cet âge beaucoup plus haut, plus gros, plus étoffé que les plus vieux cerfs
de mes bois, qui cependant sont de la belle taille.

Le pelage le plus ordinaire pour le cerf est le fauve ; cependant il se trouve,
même en assez grand nombre, des cerfs bruns, et d'autres qui sont roux :
les cerfs blancs sont bien plus rares, et semblent être des cerfs devenus
domestiques, mais très anciennement, car Aristote et Pline parlent des cerfs
blancs, et il paraît qu'ils n'étaient pas alors plus communs qu'ils ne le sont
aujourd'hui. La couleur du bois, comme la couleur du poil, semble dépendre
en particulier de l'âge et de la nature de l'animal, et, en général, de l'impression de l'air : les jeunes cerfs ont le bois plus blanchâtre et moins teint que
les vieux. Les cerfs, dont le pelage est d'un fauve clair et délayé, ont souvent
la tête pâle et mal teinte ; ceux qui sont d'un fauve vif l'ont ordinairement
rouge ; et les bruns, surtout ceux qui ont du poil noir sur le cou, ont aussi
la tête noire. Il est vrai qu'à l'intérieur le bois de tous les cerfs est à peu près
également blanc ; mais ces bois diffèrent beaucoup les uns des autres en
solidité, et par leur texture plus ou moins serrée ; il y en a qui sont fort
spongieux, et où même il se trouve des cavités assez grandes : cette différence dans la texture suffit pour qu'ils puissent se colorer différemment, et
il n'est pas nécessaire d'avoir recours à la sève des arbres pour produire cet
effet, puisque nous voyons tous les jours l'ivoire le plus blanc jaunir ou
brunir à l'air, quoiqu'il soit d'une matière bien plus compacte et moins
poreuse que celle du bois du cerf.

Le cerf paraît avoir l'œil bon, l'odorat exquis et l'oreille excellente. Lorsqu'il veut écouter, il lève la tête, dresse les oreilles, et alors il entend de fort
loin ; lorsqu'il sort dans un petit taillis ou dans quelque autre endroit à demi
découvert, il s'arrête pour regarder de tous côtés, et cherche ensuite le

---

(a) *Pelage,* c'est la couleur du poil du cerf, du daim, du chevreuil.

dessous du vent pour sentir s'il n'y a pas quelqu'un qui puisse l'inquiéter. Il est d'un naturel assez simple, et cependant il est curieux et rusé : lorsqu'on le siffle ou qu'on l'appelle de loin, il s'arrête tout court et regarde fixement et avec une espèce d'admiration les voitures, le bétail, les hommes ; et, s'ils n'ont ni armes, ni chiens, il continue à marcher d'assurance (a) et passe son chemin fièrement et sans fuir : il paraît aussi écouter avec autant de tranquillité que de plaisir le chalumeau ou le flageolet des bergers, et les veneurs se servent quelquefois de cet artifice pour le rassurer. En général, il craint beaucoup moins l'homme que les chiens, et ne prend de la défiance et de la ruse qu'à mesure et qu'autant qu'il aura été inquiété : il mange lentement, il choisit sa nourriture ; et, lorsqu'il a viandé, il cherche à se reposer pour ruminer à loisir, mais il paraît que la rumination ne se fait pas avec autant de facilité que dans le bœuf ; ce n'est, pour ainsi dire, que par secousses que le cerf peut faire remonter l'herbe contenue dans son premier estomac. Cela vient de la longueur et de la direction du chemin qu'il faut que l'aliment parcoure : le bœuf a le cou court et droit, le cerf l'a long et arqué ; il faut donc beaucoup plus d'effort pour faire remonter l'aliment, et cet effort se fait par une espèce de hoquet dont le mouvement se marque au dehors et dure pendant tout le temps de la rumination. Il a la voix d'autant plus forte, plus grosse et plus tremblante qu'il est plus âgé ; la biche a la voix plus faible et plus courte, elle ne rait pas d'amour mais de crainte : le cerf rait d'une manière effroyable dans le temps du rut ; il est alors si transporté qu'il ne s'inquiète ni ne s'effraie de rien ; on peut donc le surprendre aisément, et, comme il est surchargé de venaison, il ne tient pas longtemps devant les chiens ; mais il est dangereux aux abois, et il se jette sur eux avec une espèce de fureur. Il ne boit guère en hiver, et encore moins au printemps ; l'herbe tendre et chargée de rosée lui suffit ; mais dans les chaleurs et les sécheresses de l'été il va boire aux ruisseaux, aux mares, aux fontaines, et dans le temps du rut il est si fort échauffé qu'il cherche l'eau partout, non seulement pour apaiser sa soif brûlante, mais pour se baigner et se rafraîchir le corps. Il nage parfaitement bien, et plus légèrement alors que dans tout autre temps, à cause de la venaison dont le volume est plus léger qu'un pareil volume d'eau : on en a vu traverser de très grandes rivières ; on prétend même qu'attirés par l'odeur des biches, les cerfs se jettent à la mer dans le temps du rut et passent d'une île à une autre à des distances de plusieurs lieues ; ils sautent encore plus légèrement qu'ils ne nagent, car, lorsqu'ils sont poursuivis, ils franchissent aisément une haie et même un palis d'une toise de hauteur. Leur nourriture est différente suivant les différentes saisons ; en automne, après le rut, ils cherchent les boutons des arbustes verts, les fleurs de bruyères, les feuilles de ronces, etc. ; en hiver, lorsqu'il neige, ils

(a) *Marcher d'assurance, aller d'assurance,* c'est lorsque le cerf va d'un pas réglé et tranquille.

pèlent les arbres et se nourrissent d'écorces, de mousse, etc.; et, lorsqu'il fait un temps doux, ils vont viander dans les blés; au commencement du printemps, ils cherchent les chatons des trembles, des marsaules, des coudriers, les fleurs et les boutons du cornouiller, etc.; en été, ils ont de quoi choisir, mais ils préfèrent les seigles à tous les autres grains, et la bourgène à tous les autres bois. La chair du faon est bonne à manger, celle de la biche et du daguet n'est pas absolument mauvaise, mais celle des cerfs a toujours un goût désagréable et fort : ce que cet animal fournit de plus utile, c'est son bois et sa peau; on la prépare, et elle fait un cuir souple et très durable ; le bois s'emploie par les couteliers, les fourbisseurs, etc.; et l'on en tire, par la chimie, des esprits alcali-volatils, dont la médecine fait un fréquent usage.

LE DAIM

Aucune espèce n'est plus voisine d'une autre que l'espèce du daim (*) l'est de celle du cerf; cependant ces animaux, qui se ressemblent à tant d'égards, ne vont point ensemble, se fuient, ne se mêlent jamais, et ne forment par conséquent aucune race intermédiaire : il est même rare de trouver des daims dans les pays qui sont peuplés de beaucoup de cerfs, à moins qu'on ne les y ait apportés ; ils paraissent être d'une nature moins robuste et moins agreste que celle du cerf, il sont aussi beaucoup moins communs dans les forêts; on les élève dans des parcs où ils sont, pour ainsi dire, à demi domestiques. L'Angleterre est le pays de l'Europe où il y en a le plus, et l'on y fait grand cas de cette venaison, les chiens la préfèrent aussi à la chair de tous les autres animaux, et, lorsqu'ils ont une fois mangé du daim, ils ont beaucoup de peine à garder le change sur le cerf ou sur le chevreuil. Il y a des daims aux environs de Paris et dans quelques provinces de France; il y en a en Espagne et en Allemagne ; il y en a aussi en Amérique (**), qui peut-être y ont été transportés d'Europe : il semble que ce soit un animal des climats tempérés, car il n'y en a point en Russie, et l'on n'en trouve que très rarement dans les forêts (a) de Suède et des autres pays du Nord.

Les cerfs sont bien plus généralement répandus; il y en a partout en Europe, même en Norvège et dans tout le Nord, à l'exception peut-être de la Laponie; on en trouve aussi beaucoup en Asie, surtout en Tartarie (b) et dans les provinces septentrionales de la Chine. On les retrouve en Amérique, car ceux de Canada (c) ne diffèrent des nôtres que par la hauteur du

(a) Linn. *Fauna Suecica.*

(b) *Description de l'Inde,* par Marc Paul, liv. I, p. 38. *Lettres édifiantes,* XXVIe recueil, p. 371.

(c) Le cerf du Canada est absolument le même qu'en France. *Description de la Nouvelle-France,* par le P. Charlevoix, t. III, p. 129.

(*) Le Daim (*Cervus Dama* L.) est en effet très voisin du Cerf dont il se distingue surtout par son bois aplati. Quelques zoologistes en ont fait cependant un genre spécial sous le nom de *Dama,* et donnent au Daim commun le nom de *Dama vulgaris* BROOK.

(**) Le Daim d'Amérique est considéré par certains zoologistes comme formant une espèce distincte.

bois, par le nombre et par la direction des andouillers (*a*), qui quelquefois n'est pas droite en avant comme dans les têtes de nos cerfs, mais qui retourne en arrière par une inflexion bien marquée, en sorte que la pointe de chaque andouiller regarde le merrain ; et cette forme de tête n'est pas absolument particulière aux cerfs du Canada, car on trouve une pareille tête gravée dans la Vénerie de du Fouilloux (*b*), et le bois du cerf de Canada que nous avons fait graver a les andouillers droits, ce qui prouve assez que ce n'est qu'une variété qui se rencontre quelquefois dans les cerfs de tous les pays. Il en est de même de ces têtes qui ont au-dessus de l'empaumure un grand nombre d'andouillers en forme de couronne, que l'on ne trouve que très rarement en France, et qui viennent, dit du Fouilloux (*c*), du pays des Moscovites et d'Allemagne ; ce n'est qu'une autre variété qui n'empêche pas que ces cerfs ne soient de la même espèce que les nôtres. En Canada comme en France, la plupart des cerfs ont donc les andouillers droits ; mais leur bois en général est plus grand et plus gros, parce qu'ils trouvent dans ces pays inhabités plus de nourriture et de repos que dans les pays peuplés de beaucoup d'hommes. Il y a de grands et de petits cerfs en Amérique comme en Europe ; mais, quelque répandue que soit cette espèce, il semble cependant qu'elle soit bornée aux climats froids et tempérés : les cerfs du Mexique et des autres parties de l'Amérique méridionale, ceux que l'on appelle biches des bois, et biches des palétuviers à Cayenne, ceux que l'on appelle cerfs du Gange, et que l'on trouve dans les mémoires dressés par M. Perrault sous le nom de biches de Sardaigne, ceux enfin auxquels les voyageurs donnent le nom de cerfs au cap de Bonne-Espérance, en Guinée et dans les autres pays chauds, ne sont pas de l'espèce de nos cerfs, comme on le verra dans l'histoire particulière de chacun de ces animaux.

Et comme le daim est un animal moins sauvage, plus délicat, et, pour ainsi dire, plus domestique que le cerf, il est aussi sujet à un plus grand nombre de variétés. Outre les daims communs et les daims blancs, l'on en connaît encore plusieurs autres : les daims d'Espagne, par exemple, qui sont presque aussi grands que des cerfs, mais qui ont le cou moins gros et la couleur plus obscure, avec la queue noirâtre, non blanche par-dessous, et plus longue que celle des daims communs ; les daims de Virginie, qui sont presque aussi grands que ceux d'Espagne, et qui sont remarquables par la grandeur du membre génital et la grosseur des testicules ; d'autres qui ont le front comprimé, aplati entre les yeux, les oreilles et la queue plus longues que le daim commun, et qui sont marqués d'une tache blanche sur les

(*a*) Voyez, dans les *Mémoires pour servir à l'histoire des animaux*, par M. Perrault, la planche du cerf de Canada.

(*b*) Voyez la *Vénerie de Jacques du Fouilloux*, fol. 22, verso.

(*c*) *Idem*, fol. 20, verso.

ongles des pieds de derrière; d'autres qui sont tachés ou rayés de blanc, de
noir et de fauve clair ; et d'autres enfin qui sont entièrement noirs : tous ont
le bois plus veule, plus aplati, plus étendu en largeur, et à proportion plus
garni d'andouillers que celui du cerf ; il est aussi plus courbé en dedans, et
il se termine par une large et longue empaumure, et quelquefois, lorsque
leur tête est forte et bien nourrie, les plus grands andouillers se terminent
eux-mêmes par une petite empaumure. Le daim commun a la queue plus
longue que le cerf, et le pelage plus clair. La tête de tous les daims
mue comme celle des cerfs, mais elle tombe plus tard ; ils sont à peu près
le même temps à la refaire, aussi leur rut arrive quinze jours ou trois
semaines après celui du cerf : les daims raient alors assez fréquemment,
mais d'une voix basse et comme entrecoupée ; ils ne s'excèdent pas autant
que le cerf, ni ne s'épuisent par le rut; ils ne s'écartent pas de leur pays
pour aller chercher les femelles, cependant ils se les disputent et se battent
à outrance. Ils sont portés à demeurer ensemble, ils se mettent en hardes, et
restent presque toujours les uns avec les autres. Dans les parcs, lorsqu'ils
se trouvent en grand nombre, ils forment ordinairement deux troupes qui
sont bien distinctes, bien séparées, et qui bientôt deviennent ennemies,
parce qu'ils veulent également occuper le même endroit du parc : chacune
de ces troupes a son chef, qui marche le premier, et c'est le plus fort et le
plus âgé ; les autres suivent, et tous se disposent à combattre pour chasser
l'autre troupe du bon pays. Ces combats sont singuliers par la disposition
qui paraît y régner ; ils s'attaquent avec ordre, se battent avec courage, se
soutiennent les uns les autres, et ne se croient pas vaincus par un seul
échec, car le combat se renouvelle tous les jours, jusqu'à ce que les plus
forts chassent les plus faibles et les relèguent dans le mauvais pays. Ils
aiment les terrains élevés et entrecoupés de petites collines : ils ne s'éloignent pas comme le cerf, lorsqu'on les chasse ; ils ne font que tourner, et
cherchent seulement à se dérober des chiens par la ruse et par le change ;
cependant lorsqu'ils sont pressés, échauffés et épuisés, ils se jettent à l'eau
comme le cerf, mais ils ne se hasardent pas à la traverser dans une aussi
grande étendue ; ainsi la chasse du daim et celle du cerf n'ont entre elles
aucune différence essentielle. Les connaissances du daim sont, en plus petit,
les mêmes que celles du cerf; les mêmes ruses leur sont communes, seulement elles sont plus répétées par le daim : comme il est moins entreprenant,
et qu'il ne se forlonge pas tant, il a plus souvent besoin de s'accompagner,
de revenir sur ses voies, etc., ce qui rend en général la chasse du daim plus
sujette aux inconvénients que celle du cerf; d'ailleurs, comme il est plus
petit et plus léger, ses voies laissent sur la terre et aux portées une impression moins forte et moins durable ; ce qui fait que les chiens gardent moins
le change, et qu'il est plus difficile de rapprocher lorsqu'on a un défaut à
relever.

Le daim s'apprivoise très aisément ; il mange de beaucoup de choses que
le cerf refuse : aussi conserve-t-il mieux sa venaison, car il ne paraît pas
que le rut, suivi des hivers les plus rudes et les plus longs, le maigrisse et
l'altère, il est presque dans le même état pendant toute l'année ; il broute
de plus près que le cerf, et c'est ce qui fait que le bois coupé par la dent du
daim repousse beaucoup plus difficilement que celui qui ne l'a été que par
le cerf ; les jeunes mangent plus vite et plus avidement que les vieux ;
ils ruminent, ils cherchent les femelles dès la seconde année de leur vie, ils
ne s'attachent pas à la même comme le chevreuil, mais ils en changent
comme le cerf : la daine porte huit mois et quelques jours comme la biche ;
elle produit de même ordinairement un faon, quelquefois deux et très rarement trois ; ils sont en état d'engendrer et de produire depuis l'âge de deux ans
jusqu'à quinze ou seize ; enfin ils ressemblent aux cerfs par presque toutes
les habitudes naturelles, et la plus grande différence qu'il y ait entre ces
animaux, c'est dans la durée de la vie. Nous avons dit, d'après le témoignage des
chasseurs, que les cerfs vivent trente-cinq ou quarante ans, et l'on nous a
assuré que les daims ne vivent qu'environ vingt ans : comme ils sont plus
petits, il y a apparence que leur accroissement est encore plus prompt que
celui du cerf ; car dans tous les animaux la durée de la vie est proportionnelle à celle de l'accroissement et non pas au temps de la gestation, comme
on pourrait le croire, puisqu'ici le temps de la gestation est le même, et que
dans d'autres espèces, comme celle du bœuf, on trouve que, quoique le
temps de la gestation soit fort long, la vie n'en est pas moins courte ; par
conséquent on ne doit pas en mesurer la durée sur celle du temps de la
gestation, mais uniquement sur le temps de l'accroissement, à compter
depuis la naissance jusqu'au développement presque entier du corps de
l'animal.

LE CHEVREUIL

Le cerf, comme le plus noble des habitants des bois, occupe dans les forêts les lieux ombragés par les cimes élevées des plus hautes futaies : le chevreuil (*) comme étant d'une espèce inférieure, se contente d'habiter sous des lambris plus bas, et se tient ordinairement dans le feuillage épais des plus jeunes taillis ; mais s'il a moins de noblesse, moins de force, et beaucoup moins de hauteur de taille, il a plus de grâce, plus de vivacité, et même plus de courage que le cerf (a) ; il est plus gai, plus leste, plus éveillé ; sa forme est plus arrondie, plus élégante, et sa figure plus agréable ; ses yeux surtout sont plus beaux, plus brillants, et paraissent animés d'un sentiment plus vif ; ses membres sont plus souples, ses mouvements plus prestes, et il bondit, sans effort, avec autant de force que de légèreté. Sa robe est toujours propre, son poil net et lustré ; il ne se roule jamais dans la fange comme le cerf ; il ne se plaît que dans les pays les plus élevés, les plus secs, où l'air est le plus pur ; il est encore plus rusé, plus adroit à se dérober, plus difficile à suivre ; il a plus de finesse, plus de ressources d'instinct. Car, quoiqu'il ait le désavantage mortel de laisser après lui des impressions plus fortes, et qui donnent aux chiens plus d'ardeur et plus de véhémence d'appétit que l'odeur du cerf, il ne laisse pas de savoir se soustraire à leur poursuite par la rapidité de sa première course et par ses détours multipliés ; il n'attend pas, pour employer la ruse, que la force lui manque ; dès qu'il sent, au contraire, que les premiers efforts d'une fuite rapide ont été sans succès, il revient sur ses pas, retourne, revient encore, et lorsqu'il a confondu par ses mouvements opposés la direction de l'aller avec celle du retour, lorsqu'il a mêlé les émanations présentes avec les émanations passées, il se sépare de la terre par un bond, et, se jetant à côté, il se met ventre à terre, et laisse, sans bouger, passer près de lui la troupe entière de ses ennemis ameutés.

Il diffère du cerf et du daim par le naturel, par le tempérament, par les

(a) Lorsque les faons sont attaqués, le chevreuil qui les reconnaît pour être à lui prend leur défense ; et quoique ce soit un animal assez petit, il est assez fort pour battre un jeune cerf et le faire fuir. *Nouveau traité de la Vénerie*. Paris, 1750, p. 178.

(*) *Cervus capreolus* L. ou *Capreolus vulgaris* de certains zoologistes.

mœurs, et aussi par presque toutes les habitudes de nature : au lieu de se
mettre en hardes comme eux et de marcher par grandes troupes, il demeure
en famille ; le père, la mère et les petits vont ensemble, et on ne les voit
jamais s'associer avec des étrangers ; ils sont aussi constants dans leurs
amours que le cerf l'est peu ; comme la chevrette produit ordinairement deux
faons, l'un mâle et l'autre femelle, ces jeunes animaux, élevés, nourris
ensemble, prennent une si forte affection l'un pour l'autre qu'ils ne se quittent jamais, à moins que l'un des deux n'ait éprouvé l'injustice du sort, qui
ne devrait jamais séparer ce qui s'aime ; et c'est attachement encore plutôt
qu'amour, car, quoiqu'ils soient toujours ensemble, ils ne ressentent les
ardeurs du rut qu'une seule fois par an, et ce temps ne dure que quinze
jours ; c'est à la fin d'octobre qu'il commence et il finit avant le 15 de novembre. Ils ne sont point alors chargés, comme le cerf, d'une venaison surabondante ; ils n'ont point d'odeur forte, point de fureur, rien en un mot qui les
altère et qui change leur état ; seulement ils ne souffrent pas que leurs faons
restent avec eux pendant ce temps ; le père les chasse, comme pour les obliger à céder leur place à d'autres qui vont venir et à former eux-mêmes une
nouvelle famille : cependant, après que le rut est fini, les faons reviennent
auprès de leur mère et ils y demeurent encore quelque temps, après quoi ils
la quittent pour toujours, et vont tous deux s'établir à quelque distance des
lieux où ils ont pris naissance.

La chevrette porte cinq mois et demi ; elle met bas vers la fin d'avril, ou
au commencement de mai. Les biches, comme nous l'avons dit, portent plus
de huit mois, et cette différence seule suffirait pour prouver que ces animaux
sont d'une espèce assez éloignée pour ne pouvoir jamais se rapprocher, ni se
mêler, ni produire ensemble une race intermédiaire : par ce rapport, aussi
bien que par la figure et par la taille, ils se rapprochent de l'espèce de la
chèvre autant qu'ils s'éloignent de l'espèce du cerf ; car la chèvre porte
à peu près le même temps, et le chevreuil peut être regardé comme une
chèvre sauvage, qui, ne vivant que de bois, porte du bois au lieu de cornes (*). La chevrette se sépare du chevreuil lorsqu'elle veut mettre bas ; elle
se recèle dans le plus fort du bois pour éviter le loup, qui est son plus dangereux ennemi. Au bout de dix ou douze jours les jeunes faons ont déjà pris
assez de force pour la suivre : lorsqu'elle est menacée de quelque danger,
elle les cache dans quelque endroit fourré ; elle fait face, se laisse chasser
pour eux ; mais tous ses soins n'empêchent pas que les hommes, les chiens,
les loups, ne les lui enlèvent souvent, c'est là leur temps le plus critique et
celui de la grande destruction de cette espèce, qui n'est déjà pas trop commune : j'en ai la preuve par ma propre expérience. J'habite souvent une

(*) Par la nature des cornes, le Chevreuil est beaucoup plus voisin du Cerf que de la
Chèvre. Chez cette dernière, les cornes sont creuses et persistantes, tandis que chez le Chevreuil elles sont pleines et tombent chaque année comme chez le Cerf.

campagne dans un pays (*a*) dont les chevreuils ont une grande réputation ;
il n'y a point d'année qu'on ne m'apporte au printemps plusieurs faons, les
uns vivants pris par les hommes, d'autres tués par les chiens ; en sorte que,
sans compter ceux que les loups dévorent, je vois qu'on en détruit plus dans
le seul mois de mai que dans le cours de tout le reste de l'année ; et ce que
j'ai remarqué depuis plus de vingt-cinq ans, c'est que, comme s'il y avait en
tout un équilibre parfait entre les causes de destruction et de renouvellement, ils sont toujours, à très peu près, en même nombre dans les mêmes
cantons. Il n'est pas difficile de les compter, parce qu'ils ne sont nulle part
bien nombreux, qu'ils marchent en famille, et que chaque famille habite
séparément ; en sorte que, par exemple, dans un taillis de cent arpents il y
en aura une famille, c'est-à-dire trois, quatre ou cinq ; car la chevrette, qui
produit ordinairement deux faons, quelquefois n'en fait qu'un, et quelquefois en fait trois, quoique très rarement. Dans un autre canton, qui sera du
double plus étendu, il y en aura sept ou huit, c'est-à-dire deux familles ; et
j'ai observé que dans chaque canton cela se soutient toujours au même nombre, à l'exception des années où les hivers ont été trop rigoureux et les neiges
abondantes et de longue durée ; souvent alors la famille entière est détruite ;
mais, dès l'année suivante, il en revient une autre, et les cantons qu'ils
aiment de préférence sont toujours à peu près également peuplés. Cependant
on prétend qu'en général le nombre en diminue, et il est vrai qu'il y a des
provinces en France où l'on n'en trouve plus ; que, quoique communs en
Écosse, il n'y en a point en Angleterre ; qu'il n'y en a que peu en Italie ; qu'ils
sont bien plus rares en Suède (*b*) qu'ils ne l'étaient autrefois, etc. Mais cela
pourrait venir ou de la diminution des forêts, ou de l'effet de quelque grand
hiver, comme celui de 1709, qui les fit presque tous périr en Bourgogne, en
sorte qu'il s'est passé plusieurs années avant que l'espèce se soit rétablie :
d'ailleurs ils ne se plaisent pas également dans tous les pays, puisque dans
le même pays ils affectent encore des lieux particuliers ; ils aiment les collines ou les plaines élevées au-dessus des montagnes ; ils ne se tiennent pas
dans la profondeur des forêts, ni dans le milieu des bois d'une vaste étendue ;
ils occupent plus volontiers les pointes des bois qui sont environnées de
terres labourables, les taillis clairs et en mauvais terrain, où croissent abondamment la bourgène, la ronce, etc.

Les faons restent avec leurs père et mère huit ou neuf mois en tout ; et
lorsqu'ils se sont séparés, c'est-à-dire vers la fin de la première année de
leur âge, leur première tête commence à paraître sous la forme de deux
dagues beaucoup plus petites que celles du cerf ; mais ce qui marque encore
une grande différence entre ces animaux, c'est que le cerf ne met bas sa tête

(*a*) Montbard en Bourgogne.
(*b*) Linn. *Faun. Suec.*

qu'au printemps, et ne la refait qu'en été, au lieu que le chevreuil la met
bas à la fin de l'automne, et la refait pendant l'hiver. Plusieurs causes concourent à produire ces effets différents. Le cerf prend en été beaucoup de
nourriture, il se charge d'une abondante venaison, ensuite il s'épuise par le
rut au point qu'il lui faut tout l'hiver pour se rétablir et pour reprendre ses
forces ; loin donc qu'il y ait alors aucune surabondance, il y a disette et
défaut de substance, et par conséquent sa tête ne peut pousser qu'au printemps, lorsqu'il a repris assez de nourriture pour qu'il y en ait de superflue.
Le chevreuil, au contraire, qui ne s'épuise pas tant, n'a pas besoin d'autant
de réparation ; et comme il n'est jamais chargé de venaison, qu'il est toujours
presque le même, que le rut ne change rien à son état, il a dans tous les
temps la même surabondance ; en sorte qu'en hiver même, et peu de temps
après le rut, il met bas sa tête et la refait. Ainsi, dans tous ces animaux, le
superflu de la nourriture organique, avant de se déterminer vers les réservoirs séminaux et de former la liqueur séminale, se porte vers la tête, et se
manifeste à l'extérieur par la production du bois, de la même manière que
dans l'homme le poil et la barbe annoncent et précèdent la liqueur séminale ;
et il paraît que ces productions, qui sont pour ainsi dire végétales, sont formées d'une matière organique, surabondante, mais encore imparfaite et
mêlée de parties brutes, puisqu'elles conservent dans leur accroissement et
dans leur substance les qualités du végétal, au lieu que la liqueur séminale,
dont la production est plus tardive, est une matière purement organique,
entièrement dépouillée des parties brutes, et parfaitement assimilée au corps
de l'animal (*).

Lorsque le chevreuil a refait sa tête, il touche au bois, comme le cerf,
pour la dépouiller de la peau dont elle est revêtue, et c'est ordinairement
dans le mois de mars, avant que les arbres commencent à pousser ; ce n'est
donc pas la sève du bois qui teint la tête du chevreuil : cependant elle
devient brune à ceux qui ont le pelage brun, et jaune à ceux qui sont roux,
car il y a des chevreuils de ces deux pelages, et par conséquent cette couleur du bois ne vient, comme je l'ai dit (a), que de la nature de l'animal et
de l'impression de l'air. A la seconde tête, le chevreuil porte déjà deux ou
trois andouillers sur chaque côté ; à la troisième, il en a trois ou quatre ; à
la quatrième, quatre ou cinq, et il est bien rare d'en trouver qui en aient
davantage : on reconnaît seulement qu'ils sont vieux chevreuils à l'épaisseur du merrain, à la largeur de la meule, à la grosseur des perlures, etc.
Tant que leur tête est molle, elle est extrêmement sensible : j'ai été témoin
d'un coup de fusil, dont la balle coupa net l'un des côtés du refait de la
tête, qui commençait à pousser ; le chevreuil fut si fort étourdi du coup,

(a) Voyez ci-devant l'histoire du cerf.

(*) Ces considérations n'ont aucune valeur.

qu'il tomba comme mort : le tireur, qui en était près, se jeta dessus et le saisit par le pied ; mais le chevreuil, ayant repris tout d'un coup le sentiment et les forces, l'entraîna par terre à plus de trente pas dans le bois, quoique ce fût un homme très vigoureux ; enfin ayant été achevé d'un coup de couteau, nous vîmes qu'il n'avait eu d'autre blessure que le refait coupé par la balle. L'on sait d'ailleurs que les mouches sont une des plus grandes incommodités du cerf, lorsqu'il refait sa tête ; il se recèle alors dans le plus fort du bois où il y a le moins de mouches, parce qu'elles lui sont insupportables lorsqu'elles s'attachent à sa tête naissante : ainsi, il y a une communication intime entre les parties molles de ce bois vivant, et tout le système nerveux du corps de l'animal. Le chevreuil, qui n'a pas à craindre les mouches parce qu'il refait sa tête en hiver, ne se recèle pas ; mais il marche avec précaution et porte la tête basse pour ne pas toucher aux branches.

Dans le cerf, le daim et le chevreuil, l'os frontal a deux apophyses ou éminences sur lesquelles porte le bois : ces deux éminences osseuses commencent à pousser à cinq ou six mois, et prennent en peu de temps leur entier accroissement ; et, loin de continuer à s'élever davantage à mesure que l'animal avance en âge, elles s'abaissent et diminuent de hauteur chaque année ; en sorte que les meules, dans un vieux cerf ou dans un vieux chevreuil, appuient d'assez près sur l'os frontal, dont les apophyses sont devenues fort larges et fort courtes : c'est même l'indice le plus sûr pour reconnaître l'âge avancé dans tous ces animaux. Il me semble que l'on peut aisément rendre raison de cet effet, qui d'abord paraît singulier, mais qui cesse de l'être, si l'on fait attention que le bois qui porte sur cette éminence presse ce point d'appui pendant tout le temps de son accroissement ; que, par conséquent, il le comprime avec une grande force tous les ans pendant plusieurs mois ; et comme cet os, quoique dur, ne l'est pas plus que les autres os, il ne peut manquer de céder un peu à la force qui le comprime, en sorte qu'il s'élargit, se rabaisse et s'aplatit toujours de plus en plus par cette même compression réitérée à chaque tête que forment ces animaux. Et c'est ce qui fait que, quoique les meules et merrain grossissent toujours, et d'autant plus que l'animal est plus âgé, la hauteur de la tête et le nombre des andouillers diminuent si fort, qu'à la fin, lorsqu'ils parviennent à un très grand âge, ils n'ont plus que deux grosses dagues, ou des têtes bizarres et contrefaites dont le merrain est fort gros et dont les andouillers sont très petits.

Comme la chevrette ne porte que cinq mois et demi, et que l'accroissement du jeune chevreuil est plus prompt que celui du cerf, la durée de sa vie est plus courte, et je ne crois pas qu'elle s'étende à plus de douze ou quinze ans tout au plus. J'en ai élevé plusieurs ; mais je n'ai jamais pu les garder plus de cinq ou six ans ; ils sont très délicats sur le choix de la nourriture ; ils ont besoin de mouvement, de beaucoup d'air, de beaucoup d'espace, et c'est ce qui fait qu'ils ne résistent que pendant les premières années de leur jeunesse aux inconvénients de la vie domestique. Il leur faut une femelle et un parc de cent arpents, pour qu'ils soient à leur aise : on peut les apprivoiser, mais non pas les rendre obéissants, ni même familiers ; ils retiennent toujours quelque chose de leur naturel sauvage ; ils s'épouvantent aisément, et ils se précipitent contre les murailles avec tant de force, que souvent ils se cassent les jambes. Quelque privés qu'ils puissent être, il faut s'en défier ; les mâles surtout sont sujets à des caprices dangereux, à prendre certaines personnes en aversion, et alors ils s'élancent et donnent des coups de tête assez forts pour renverser un homme, et ils le foulent encore avec les pieds lorsqu'ils l'ont renversé. Les chevreuils ne raient pas si fréquemment, ni d'un cri aussi fort que le cerf ; les jeunes ont une petite voix courte et plaintive, *mi..... mi,* par laquelle ils marquent le besoin qu'ils ont de nourriture ; ce son est aisé à imiter, et la mère, trompée par l'appeau, arrive jusque sous le fusil du chasseur.

En hiver, les chevreuils se tiennent dans les taillis les plus fourrés, et ils vivent de ronces, de genêt, de bruyère et de chatons de coudrier, de marsaule, etc. Au printemps, ils vont dans les taillis plus clairs, et broutent les boutons et les feuilles naissantes de presque tous les arbres : cette nourriture chaude fermente dans leur estomac et les enivre de manière qu'il est alors très aisé de les surprendre ; ils ne savent où ils vont ; ils sortent même assez souvent hors du bois, et quelquefois ils approchent du bétail et des endroits habités. En été, ils restent dans les taillis élevés, et n'en sortent que rarement pour aller boire à quelque fontaine dans les grandes sécheresses ; car, pour peu que la rosée soit abondante ou que les feuilles soient mouillées de la pluie, ils se passent de boire. Ils cherchent les nourritures les plus fines ; ils ne viandent pas avidement comme le cerf, ils ne broutent pas indifféremment toutes les herbes, ils mangent délicatement, et ils ne vont que rarement aux gagnages, parce qu'ils préfèrent la bourgène et la ronce aux grains et aux légumes.

La chair de ces animaux est, comme l'on sait, excellente à manger ; cependant il y a beaucoup de choix à faire ; la qualité dépend principalement du pays qu'ils habitent, et, dans le meilleur pays, il s'en trouve encore de bons et de mauvais : les bruns ont la chair plus fine que les roux ; tous les chevreuils mâles qui ont passé deux ans, et que nous appelons vieux brocards, sont durs et d'assez mauvais goût ; les chevrettes, quoique du même âge, ou plus âgées, ont la chair plus tendre ; celle des faons, lorsqu'ils sont trop jeunes, est mollasse ; mais elle est parfaite lorsqu'ils ont un an ou dix-huit mois ; ceux des pays de plaines et de vallées ne sont pas bons ; ceux des terrains humides sont encore plus mauvais ; ceux qu'on élève dans des parcs ont peu de goût ; enfin, il n'y a de bien bons chevreuils que ceux des pays secs et élevés, entrecoupés de collines, de bois, de terres labourables, de friches, où ils ont autant d'air, d'espace, de nourriture, et même de solitude qu'il leur en faut ; car ceux qui ont été souvent inquiétés sont maigres, et ceux que l'on prend après qu'ils ont été courus ont la chair insipide et flétrie.

Cette espèce, qui est moins nombreuse que celle du cerf, et qui est même fort rare dans quelques parties de l'Europe, paraît être beaucoup plus abondante en Amérique. Ici, nous n'en connaissons que deux variétés : les roux qui sont les plus gros, et les bruns qui ont une tache blanche au derrière, et qui sont les plus petits ; et comme il s'en trouve dans les pays septentrionaux aussi bien que dans les contrées méridionales de l'Amérique, on doit présumer qu'ils diffèrent les uns des autres peut-être plus qu'ils ne diffèrent de ceux d'Europe : par exemple, ils sont extrêmement communs à la Louisiane (*a*), et ils y sont plus grands qu'en France ; ils se retrouvent au Brésil, car l'animal que l'on appelle *cujuacu-apara* ne diffère pas plus de notre chevreuil que le cerf de Canada diffère de notre cerf ; il y a seulement quelque différence dans la forme de leur bois, comme on peut le voir dans la planche du cerf de Canada donnée par M. Perrault, et dans la planche 37, figures 1, 2 où nous avons fait représenter deux bois de ces chevreuils du Brésil, que nous avons aisément reconnus par la description et la figure qu'en a données Pison. « Il y a, dit-il (*b*), au Brésil des espèces de chevreuils dont les » uns n'ont point de cornes et s'appellent *cujuacu-été*, et les autres ont des » cornes et s'appellent *cujuacu-apara* : ceux-ci, qui ont des cornes, sont » plus petits que les autres ; les poils sont luisants, polis, mêlés de brun et » de blanc, surtout quand l'animal est jeune ; car le blanc s'efface avec l'âge. » Le pied est divisé en deux ongles noirs, sur chacun desquels il y en a un » plus petit qui est comme superposé ; la queue courte, les yeux grands et » noirs, les narines ouvertes, les cornes médiocres, à trois branches, et qui » tombent tous les ans ; les femelles portent cinq ou six mois ; on peut les » apprivoiser, etc. Margrave ajoute que l'*apara* a des cornes à trois branches, » et que la branche inférieure de ces cornes est la plus longue et se divise » en deux. » L'on voit bien, par ces descriptions, que l'*apara* n'est qu'une variété de l'espèce de nos chevreuils, et Ray soupçonne (*c*) que le *cujuacu-été* n'est pas d'une espèce différente de celle du *cujuacu-apara,* et que celui-ci est le mâle et l'autre la femelle. Je serais tout à fait de son avis, si Pison ne disait pas précisément que ceux qui ont des cornes sont plus petits

(*a*) On fait aussi beaucoup d'usage, à la Louisiane, de la chair de chevreuil : cet animal y est un peu plus grand qu'en Europe, et porte des cornes semblables à celles du cerf ; mais il n'en a pas le poil ni la couleur ; il sert aux habitants ainsi que le mouton ailleurs. *Mém. sur la Louisiane,* par M. Dumont, t. 1er, p. 75.

(*b*) *Pison. Hist. Brasil.,* p. 98, où l'on en voit aussi la figure.

(*c*) Ray, *Synops. animal. quadr.,* p. 90.

que les autres : il ne me paraît pas probable que les femelles soient plus grosses que les mâles dans cette espèce au Brésil, puisqu'ici elles sont plus petites. Ainsi, en même temps que nous croyons que le *cujuacu-apara* n'est qu'une variété de notre chevreuil, à laquelle on doit même rapporter le *capreolus marinus* de Jonston, nous ne déciderons rien sur ce que peut être le *cujuacu-été,* jusqu'à ce que nous en soyons mieux informés.

———

LE LIÈVRE

Les espèces d'animaux les plus nombreuses ne sont pas les plus utiles : rien n'est même plus nuisible que cette multitude de rats, de mulots, de sauterelles, de chenilles, et de tant d'autres insectes dont il semble que la nature permette et souffre, plutôt qu'elle ne l'ordonne, la trop nombreuse multiplication. Mais l'espèce du lièvre (*) et celle du lapin ont pour nous le double avantage du nombre et de l'utilité : les lièvres sont universellement et très abondamment répandus dans tous les climats de la terre; les lapins, quoique originaires de climats particuliers, multiplient si prodigieusement dans presque tous les lieux où l'on veut les transporter, qu'il n'est plus possible de les détruire, et qu'il faut même employer beaucoup d'art pour en diminuer la quantité, quelquefois incommode.

Lorsqu'on réfléchit donc sur cette fécondité sans bornes donnée à chaque espèce, sur le produit innombrable qui doit en résulter, sur la prompte et prodigieuse multiplication de certains animaux qui pullulent tout à coup et viennent par milliers désoler les campagnes et ravager la terre, on est étonné qu'ils n'envahissent pas la nature; on craint qu'ils ne l'oppriment par le nombre, et qu'après avoir dévoré sa substance ils ne périssent eux-mêmes avec elle.

L'on voit en effet, avec effroi, arriver ces nuages épais, ces phalanges ailées d'insectes affamés qui semblent menacer le globe entier, et qui, se rabattant sur les plaines fécondes de l'Égypte, de la Pologne ou de l'Inde, détruisent en un instant les travaux, les espérances de tout un peuple, et, n'épargnant ni les grains, ni les fruits, ni les herbes, ni les racines, ni les feuilles, dépouillent la terre de sa verdure, et changent en un désert aride les plus riches contrées. L'on voit descendre des montagnes du Nord des rats en multitude innombrable, qui, comme un déluge ou plutôt un débordement de substance vivante, viennent inonder les plaines, se répandent jusque dans les provinces du Midi, et après avoir détruit sur leur passage

(*) Le Lièvre (*Lepus timidus* L.) est un Mammifère de la classe des Rongeurs et de la famille des Léporides, dont les espèces se distinguent de tous les autres Rongeurs par la présence de deux incisives accessoires situées en arrière des incisives principales.

tout ce qui vit ou végète, finissent par infecter la terre et l'air de leurs
cadavres. L'on voit, dans les pays méridionaux, sortir tout à coup du désert
des myriades de fourmis, lesquelles, comme un torrent dont la source serait
intarissable, arrivent en colonnes pressées, se succèdent, se renouvellent
sans cesse, s'emparent de tous les lieux habités, en chassent les animaux et
les hommes, et ne se retirent qu'après une dévastation générale. Et dans les
temps où l'homme, encore à demi sauvage, était, comme les animaux, sujet
à toutes les lois et même aux excès de la nature, n'a-t-on pas vu de ces
débordements de l'espèce humaine, des Normands, des Alains, des Huns,
des Goths, des peuples, ou plutôt des peuplades d'animaux à face humaine,
sans domicile et sans nom, sortir tout à coup de leurs antres, marcher
par troupeaux effrénés, tout opprimer sans autre force que le nombre,
ravager les cités, renverser les empires, et après avoir détruit les nations et
dévasté la terre, finir par la repeupler d'hommes aussi nouveaux et plus
barbares qu'eux ?

Ces grands événements, ces époques si marquées dans l'histoire du genre
humain, ne sont cependant que de légères vicissitudes dans le cours ordinaire de la nature vivante ; il est en général toujours constant, toujours le
même ; son mouvement, toujours réglé, roule sur deux pivots inébranlables :
l'un la fécondité sans bornes donnée à toutes les espèces, l'autre les obstacles
sans nombre qui réduisent le produit de cette fécondité à une mesure déterminée, et ne laissent en tout temps qu'à peu près la même quantité d'individus dans chaque espèce (*). Et comme ces animaux, en multitude innombrable, qui paraissent tout à coup, disparaissent de même, et que le fonds
de ces espèces n'en est point augmenté, celui de l'espèce humaine demeure
aussi toujours le même ; les variations en sont seulement un peu plus lentes,
parce que la vie de l'homme étant plus longue que celle de ces petits animaux, il est nécessaire que les alternatives d'augmentation et de diminution
se préparent de plus loin et ne s'achèvent qu'en plus de temps ; et ce temps
même n'est qu'un instant dans la durée, un moment dans la suite des siècles,
qui nous frappe plus que les autres, parce qu'il a été accompagné d'horreur
et de destruction : car, à prendre la terre entière et l'espèce humaine en
général, la quantité des hommes doit, comme celle des animaux, être en tout
temps à très peu près la même, puisqu'elle dépend de l'équilibre des causes
physiques, équilibre auquel tout est parvenu depuis longtemps, et que les
efforts des hommes, non plus que toutes les circonstances morales, ne peuvent rompre, ces circonstances dépendant elles-mêmes de ces causes
physiques, dont elles ne sont que des effets particuliers. Quelque soin que

---

(*) Ces considérations sont fort remarquables ; elles montrent que Buffon avait une idée
très nette des phénomènes que Darwin a réunis plus tard sous le nom de « lutte pour l'existence. »

l'homme puisse prendre de son espèce, il ne la rendra jamais plus abondante en un lieu que pour la détruire ou la diminuer dans un autre. Lorsqu'une portion de la terre est surchargée d'hommes, ils se dispersent, ils se répandent, ils se détruisent, et il s'établit en même temps des lois et des usages qui souvent ne préviennent que trop cet excès de multiplication. Dans les climats excessivement féconds, comme à la Chine, en Égypte, en Guinée, on relègue, on mutile, on vend, on noie les enfants; ici, on les condamne à un célibat perpétuel. Ceux qui existent s'arrogent aisément des droits sur ceux qui n'existent pas; comme êtres nécessaires, ils anéantissent les êtres contingents, ils suppriment pour leur aisance, pour leur commodité, les générations futures. Il se fait sur les hommes, sans qu'on s'en aperçoive, ce qui se fait sur les animaux : on les soigne, on les multiplie, on les néglige, on les détruit selon le besoin, les avantages, l'incommodité, les désagréments qui en résultent; et comme tous ces effets moraux dépendent eux-mêmes des causes physiques qui, depuis que la terre a pris sa consistance, sont dans un état fixe et dans un équilibre permanent, il paraît que, pour l'homme comme pour les animaux, le nombre d'individus dans l'espèce ne peut qu'être constant. Au reste, cet état fixe et ce nombre constant ne sont pas des quantités absolues : toutes les causes physiques et morales, tous les effets qui en résultent, sont compris et balancent entre certaines limites plus ou moins étendues, mais jamais assez grandes pour que l'équilibre se rompe. Comme tout est en mouvement dans l'univers, et que toutes les forces répandues dans la matière agissent les unes contre les autres et se contrebalancent, tout se fait par des espèces d'oscillations, dont les points milieux sont ceux auxquels nous rapportons le cours ordinaire de la nature, et dont les points extrêmes en sont les périodes les plus éloignées. En effet, tant dans les animaux que dans les végétaux, l'excès de la multiplication est ordinairement suivi de la stérilité; l'abondance et la disette se présentent tour à tour, et souvent se suivent de si près, que l'on pourrait juger de la production d'une année par le produit de celle qui la précède. Les pommiers, les pruniers, les chênes, les hêtres et la plupart des autres arbres fruitiers et forestiers, ne portent abondamment que de deux années l'une ; les chenilles, les hannetons, les mulots et plusieurs autres animaux, qui dans de certaines années se multiplient à l'excès, ne paraissent qu'en petit nombre l'année suivante. Que deviendraient, en effet, tous les biens de la terre, que deviendraient les animaux utiles et l'homme lui-même, si dans ces années excessives chacun de ces insectes se reproduisait pour l'année suivante par une génération proportionnelle à leur nombre? Mais non : les causes de destruction, d'anéantissement et de stérilité suivent immédiatement celles de la trop grande multiplication; et, indépendamment de la contagion, suite nécessaire des trop grands amas de toute matière vivante dans un même lieu, il y a dans chaque espèce des causes particulières de mort et de destruction, que nous indiquerons dans la suite, et qui seules suffisent pour compenser les excès des générations précédentes.

Au reste, je le répète encore, ceci ne doit pas être pris dans un sens absolu ni même strict, surtout pour les espèces qui ne sont pas abandonnées en entier à la nature seule : celles dont l'homme prend soin, à commencer par la sienne, sont plus abondantes qu'elles ne le seraient sans ces soins ; mais, comme ces soins ont eux-mêmes des limites, l'augmentation qui en résulte est aussi limitée et fixée depuis longtemps par des bornes immuables ; et quoique dans les pays policés l'espèce de l'homme et celles de tous les animaux utiles soient plus nombreuses que dans les autres climats, elles ne le sont jamais à l'excès, parce que la même puissance qui les fait naître les détruit, dès qu'elles deviennent incommodes.

Dans les cantons conservés pour le plaisir de la chasse, on tue quelquefois quatre ou cinq cents lièvres dans une seule battue. Ces animaux multiplient beaucoup ; ils sont en état d'engendrer en tout temps, et dès la première année de leur vie ; les femelles ne portent que trente ou trente-un jours ; elles produisent trois ou quatre petits, et, dès qu'elles ont mis bas, elles reçoivent le mâle ; elles le reçoivent aussi lorsqu'elles sont pleines, et par la conformation particulière de leurs parties génitales, il y a souvent superfétation, car le vagin et le corps de la matrice sont continus, et il n'y a point d'orifice ni de col de matrice comme dans les autres animaux, mais les cornes de la matrice ont chacune un orifice qui déborde dans le vagin et qui se dilate dans l'accouchement ; ainsi ces deux cornes sont deux matrices distinctes, séparées, et qui peuvent agir indépendamment l'une de l'autre, en sorte que les femelles dans cette espèce peuvent concevoir et accoucher en différents temps par chacune de ces matrices ; et par conséquent les superfétations doivent être aussi fréquentes dans ces animaux, qu'elles sont rares dans ceux qui n'ont pas ce double organe.

Ces femelles peuvent donc être en chaleur et pleines en tout temps, et ce qui prouve assez qu'elles sont aussi lascives que fécondes, c'est une autre singularité dans leur conformation : elles ont le gland du clitoris proéminent, et presque aussi gros que le gland de la verge du mâle ; et comme la vulve n'est presque pas apparente, et que d'ailleurs les mâles n'ont au dehors ni bourses ni testicules dans leur jeunesse, il est souvent assez difficile de distinguer le mâle de la femelle. C'est aussi ce qui a fait dire que, dans les lièvres, il y avait beaucoup d'hermaphrodites, que les mâles produisaient quelquefois des petits comme les femelles, qu'il y en avait qui étaient tour à tour mâles et femelles, et qui en faisaient alternativement les fonctions parce qu'en effet ces femelles, souvent plus ardentes que les mâles, les couvrent avant d'en être couvertes, et que d'ailleurs elles leur ressemblent si fort à l'extérieur, qu'à moins d'y regarder de très près, on prend la femelle pour le mâle, ou le mâle pour la femelle.

Les petits ont les yeux ouverts en naissant; la mère les allaite pendant
vingt jours, après quoi ils s'en séparent et trouvent eux-mêmes leur nourriture : ils ne s'écartent pas beaucoup les uns des autres, ni du lieu où ils
sont nés; cependant ils vivent solitairement, et se forment chacun un gîte à
une petite distance, comme de soixante ou quatre-vingts pas ; ainsi, lorsqu'on
trouve un jeune levraut dans un endroit, on est presque sûr d'en trouver
encore un ou deux autres aux environs. Ils paissent pendant la nuit plutôt
que pendant le jour; ils se nourrissent d'herbes, de racines, de feuilles, de
fruits, de graines, et préfèrent les plantes dont la sève est laiteuse; ils rongent même l'écorce des arbres pendant l'hiver, et il n'y a guère que l'aune
et le tilleul auxquels ils ne touchent pas. Lorsqu'on en élève, on les nourrit
avec de la laitue et des légumes; mais la chair de ces lièvres nourris est
toujours de mauvais goût.

Ils dorment ou se reposent au gîte pendant le jour, et ne vivent, pour
ainsi dire, que la nuit : c'est pendant la nuit qu'ils se promènent, qu'ils
mangent et qu'ils s'accouplent ; on les voit au clair de la lune jouer ensemble,
sauter et courir les uns après les autres; mais le moindre mouvement, le
bruit d'une feuille qui tombe, suffit pour les troubler; ils fuient, et fuient
chacun d'un côté différent.

Quelques auteurs ont assuré que les lièvres ruminent ; cependant je ne
crois pas cette opinion fondée, puisqu'ils n'ont qu'un estomac, et que la conformation des estomacs et des autres intestins est toute différente dans les
animaux ruminants : le cæcum de ces animaux est petit, celui du lièvre est
extrêmement ample, et si l'on ajoute à la capacité de son estomac celle de
ce grand cæcum, on concevra aisément que, pouvant prendre un grand
volume d'aliments, cet animal peut vivre d'herbes seules, comme le cheval
et l'âne, qui ont aussi un grand cæcum, qui n'ont de même qu'un estomac,
et qui par conséquent ne peuvent ruminer (*).

(*) Quoi qu'en dise Buffon, il paraît démontré que le Lièvre et le Lapin ruminent; c'est
du moins ce qui résulte d'expériences faites récemment par M. Moniez (*Bulletin scient. du
Nord*, 1878, p. 169).

La rumination du Lapin et du Lièvre est un fait assez intéressant au point de vue de la
biologie générale pour que le lecteur me pardonne d'entrer à son sujet dans quelques détails
que j'emprunte à la note de M. Moniez. D'après cet observateur, on trouve presque toujours, dans la portion la plus large ou portion cardiaque de l'estomac des lapins, un nombre
plus ou moins considérable « de boules bien pétries, luisantes, de la grosseur d'un pois
moyen; » la matière qui forme ces boules est d'ordinaire beaucoup plus finement broyée
que le reste du contenu de l'estomac. On ne trouve ces boules qu'un certain temps
après le repas, alors que l'animal a eu le temps de se livrer au mâchonnement qu'il est
facile de constater quand il est au repos. Le grand cul-de-sac ou cæcum qui, chez ces animaux, sépare l'intestin grêle du gros intestin, se montre toujours rempli d'aliments très
finement broyés, tandis que ceux de l'estomac qui ne forment pas des boules ne le sont
que très grossièrement. Il est facile de conclure de ces premiers faits que l'animal fait subir
à ses aliments, après les avoir ingérés, une deuxième trituration plus complète que celle qui
a lieu au moment où il broute, et il est permis de considérer la matière qui forme les

Les lièvres dorment beaucoup, et dorment les yeux ouverts (*) ; ils n'ont pas de cils aux paupières (**), et ils paraissent avoir les yeux mauvais ; ils ont, comme par dédommagement, l'ouïe très fine et l'oreille d'une grandeur démesurée, relativement à celle de leur corps ; ils remuent ces longues oreilles avec une extrème facilité ; il s'en servent comme de gouvernail pour se diriger dans leur course, qui est si rapide, qu'ils devancent aisément tous les autres animaux. Comme ils ont les jambes de devant beaucoup plus courtes que celles de derrière, il leur est plus commode de courir en montant qu'en descendant : aussi, lorsqu'ils sont poursuivis, commencent-ils toujours par gagner la montagne ; leur mouvement dans leur course est une espèce de galop, une suite de sauts très prestes et très pressés ; ils marchent sans faire aucun bruit, parce qu'ils ont les pieds couverts et garnis de poils, même par dessous : ce sont aussi peut-être les seuls animaux qui aient des poils au dedans de la bouche.

Les lièvres ne vivent que sept ou huit ans au plus (a), et la durée de la vie est, comme dans les autres animaux, proportionnelle au temps de l'en-

(a) Voyez la *Vénerie de du Fouilloux*, Paris, 1614, fol. 65, recto.

boules et celle qui se trouve dans le grand cul-de-sac cæcal comme ayant subi une deuxième trituration, qui constitue la rumination. « Des lapins furent nourris, les uns avec du pain, les autres avec des choux verts, pendant plusieurs jours, privés ensuite de nourriture pour exciter leur appétit. On leur donna des choux rouges dont la couleur ne s'altère pas trop dans l'estomac. Selon qu'on les mettait à mort au milieu de leur repas ou après, ils montraient l'estomac entièrement occupé par les choux rouges grossièrement broyés, et partagé entre ceux-ci et les aliments pris douze heures auparavant, qui se montraient en conséquence finement broyés : la couleur des deux aliments faisait ressortir une différence tranchée. » M. Moniez ajoute : « Il faut noter ici que l'on peut très bien observer les lapins faisant un effort chaque fois qu'ils font remonter une petite portion d'aliments, semblables en cela aux vrais ruminants, et qu'ils ruminent aussi le pain, bien que cette substance ne soit pas dure. » Les lapins ressemblent encore aux ruminants véritables en ce qu'ils meurent de faim sans que leur estomac se vide entièrement ; il est nécessaire, chez eux comme chez les bœufs, que des aliments nouvellement introduits dans l'estomac viennent chasser devant eux ceux qui y sont déjà accumulés. Quelques rongeurs, comme le Hamster et le Campagnol, offrent enfin un estomac divisé en deux ou plusieurs parties, et rappelant ainsi l'organisation des ruminants. La rumination n'est d'ailleurs pas un phénomène exclusif aux ruminants ; Banks l'a constatée chez un Kanguroo nourri de substances dures ; les chevaux ruminent peut-être dans une certaine mesure ; on a cité même des hommes doués de cette propriété. Les considérations qui terminent la note de M. Moniez sont très justes et méritent d'être reproduites ici : « La rumination des rongeurs, animaux essentiellement éloignés des ruminants typiques, est, dit-il, un cas intéressant de convergence physiologique, déterminée par des conditions de milieu identiques : de même que les ruminants, les lièvres sont des animaux sans défense, obligés, pour donner moins longtemps prise à leurs ennemis, d'introduire rapidement dans leur estomac la plus grande quantité possible d'aliments, quitte à recommencer la mastication lorsqu'ils se trouveront protégés par leurs forts ou les excavations qu'ils ont creusées. Il n'est donc pas surprenant que leur estomac ait acquis une différenciation aussi utile, et l'on ne doit pas plus s'en étonner que de voir les mêmes armes offensives ou défensives, les mêmes couleurs, les mêmes habitudes, se rencontrer chez des animaux très différents, d'ailleurs, au point de vue morphologique, et appartenant aux groupes les plus divers. »

(*) C'est une erreur ; les lièvres dorment les yeux fermés.

(**) Encore une erreur ; les lièvres ont des cils aux paupières.

tier développement du corps ; ils prennent presque tout leur accroissement
en un an, et vivent environ sept fois un an ; on prétend seulement que les
mâles vivent plus longtemps que les femelles, mais je doute que cette observation soit fondée. Ils passent leur vie dans la solitude et dans le silence,
et l'on n'entend leur voix que quand on les saisit avec force, qu'on les tourmente et qu'on les blesse : ce n'est point un cri aigre, mais une voix assez
forte, dont le son est presque semblable à celui de la voix humaine. Ils ne
sont pas aussi sauvages que leurs habitudes et leurs mœurs paraissent l'indiquer ; ils sont doux et susceptibles d'une espèce d'éducation ; on les apprivoise aisément, ils deviennent même caressants, mais ils ne s'attachent
jamais assez pour pouvoir devenir animaux domestiques ; car ceux mêmes
qui ont été pris tout petits et élevés dans la maison, dès qu'ils en trouvent
l'occasion, se mettent en liberté et s'enfuient à la campagne. Comme ils ont
l'oreille bonne, qu'ils s'asseyent volontiers sur leurs pattes de derrière, et
qu'ils se servent de celles de devant comme de bras, on en a vu qu'on avait
dressés à battre du tambour, à gesticuler en cadence, etc.

En général, le lièvre ne manque pas d'instinct pour sa propre conservation, ni de sagacité pour échapper à ses ennemis ; il se forme un gîte, il
choisit en hiver les lieux exposés au midi, et en été il se loge au nord ; il
se cache, pour n'être pas vu, entre des mottes qui sont de la couleur de son
poil. « J'ai vu, dit du Fouilloux (a), un lièvre si malicieux, que depuis qu'il
» oyoit la trompe il se levoit du gîte, et eût-il été à un quart de lieue de là,
» il s'en alloit nager en un étang, se relaissant au milieu d'icelui sur des
» joncs, sans être aucunement chassé des chiens. J'ai vu courir un lièvre
» bien deux heures devant les chiens, qui après avoir couru venoit pousser
» un autre et se mettoit en son gîte. J'en ai vu d'autres qui nageoient deux
» ou trois étangs, dont le moindre avoit quatre-vingts pas de large. J'en ai
» vu d'autres qui, après avoir été bien courus l'espace de deux heures,
» entroient par-dessous la porte d'un tect à brebis et se relaissoient parmi
» le bétail. J'en ai vu, quand les chiens les couroient, qui s'alloient mettre
» parmi un troupeau de brebis qui passoit par les champs, ne les voulant
» abandonner ne laisser. J'en ai vu d'autres qui, quand ils oyoient les chiens
» courants, se cachoient en terre. J'en ai vu d'autres qui alloient par un
» côté de haie et retournoient par l'autre, en sorte qu'il n'y avoit que l'épais-
» seur de la haie entre les chiens et le lièvre. J'en ai vu d'autres qui, quand
» ils avoient couru une demi-heure, s'en alloient monter sur une vieille
» muraille de six pieds de haut, et s'alloient relaisser en un pertuis de
» chauffant couvert de lierre. J'en ai vu d'autres qui nageoient une rivière
» qui pouvoit avoir huit pas de large, et la passoient et repassoient en la
» longueur de deux cents pas, plus de vingt fois devant moi. » Mais ce sont

(a) Fol. 64 verso, et 65 recto

là sans doute les plus grands efforts de leur instinct ; car leurs ruses ordinaires sont moins fines et moins recherchées : ils se contentent, lorsqu'ils sont lancés et poursuivis, de courir rapidement et ensuite de tourner et retourner sur leurs pas ; ils ne dirigent pas leur course contre le vent, mais du côté opposé : les femelles ne s'éloignent pas tant que les mâles et tournoient davantage. En général, tous les lièvres qui sont nés dans le lieu même où on les chasse ne s'en écartent guère ; ils reviennent au gîte, et si on les chasse deux jours de suite, ils font le lendemain les mêmes tours et détours qu'ils ont faits la veille. Lorsqu'un lièvre va droit et s'éloigne beaucoup du lieu où il a été lancé, c'est une preuve qu'il est étranger, et qu'il n'était en ce lieu qu'en passant. Il vient, en effet, surtout dans le temps le plus marqué du rut, qui est aux mois de janvier, de février et de mars, des lièvres mâles qui, manquant de femelles en leur pays, font plusieurs lieues pour en trouver, et s'arrêtent auprès d'elles ; mais, dès qu'ils sont lancés par les chiens, ils regagnent leur pays natal et ne reviennent pas. Les femelles ne sortent jamais ; elles sont plus grosses que les mâles, et cependant elles ont moins de force et d'agilité et plus de timidité ; car elles n'attendent pas au gîte les chiens de si près que les mâles, et elles multiplient davantage leurs ruses et leurs détours ; elles sont aussi plus délicates et plus susceptibles des impressions de l'air ; elles craignent l'eau et la rosée, au lieu que, parmi les mâles, il s'en trouve plusieurs, qu'on appelle lièvres ladres, qui cherchent les eaux et se font chasser dans les étangs, les marais et autres lieux fangeux. Ces lièvres ladres ont la chair de fort mauvais goût, et, en général, tous les lièvres qui habitent les plaines basses ou les vallées ont la chair insipide et blanchâtre, au lieu que dans les pays de collines élevées ou de plaines en montagne, où le serpolet et les autres herbes fines abondent, les levrauts, et même les vieux lièvres, sont excellents au goût. On remarque seulement que ceux qui habitent le fond des bois dans ces mêmes pays ne sont pas à beaucoup près aussi bons que ceux qui en habitent les lisières ou qui se tiennent dans les champs et dans les vignes, et que les femelles ont toujours la chair plus délicate que les mâles.

La nature du terroir influe sur ces animaux comme sur tous les autres : les lièvres de montagne sont plus grands et plus gros que les lièvres de plaine ; ils sont aussi de couleur différente ; ceux de montagne sont plus bruns sur le corps et ont plus de blanc sous le cou que ceux de plaine, qui sont presque rouges. Dans les hautes montagnes, et dans les pays du nord, ils deviennent blancs pendant l'hiver et reprennent en été leur couleur ordinaire ; il n'y en a que quelques-uns, et ce sont peut-être les plus vieux, qui restent toujours blancs, car tous le deviennent plus ou moins en vieillissant. Les lièvres des pays chauds, d'Italie, d'Espagne, de Barbarie, sont plus petits que ceux de France et des autres pays plus septentrionaux : selon Aristote, ils étaient aussi plus petits en Égypte qu'en Grèce. Ils sont égale-

ment répandus dans tous ces climats : il y en a beaucoup en Suède, en Danemark, en Pologne, en Moscovie ; beaucoup en France, en Angleterre, en
Allemagne ; beaucoup en Barbarie, en Égypte, dans les îles de l'Archipel,
surtout à Délos (a), aujourd'hui Idilis, qui fut appelée par les anciens Grecs
Lagia, à cause du grand nombre de lièvres qu'on y trouvait. Enfin, il y en a
aussi beaucoup en Laponie (b), où ils sont blancs pendant dix mois de l'année, et ne reprennent leur couleur fauve que pendant les deux mois les plus
chauds de l'été. Il paraît donc que les climats leur sont à peu près égaux ;
cependant, on remarque qu'il y a moins de lièvres en Orient qu'en Europe,
et peu ou point dans l'Amérique méridionale (*), quoiqu'il y en ait en Virginie, en Canada (c), et jusque dans les terres qui avoisinent la baie de
Hudson (d) et le détroit de Magellan ; mais ces lièvres de l'Amérique septentrionale (**) sont peut-être d'une espèce différente de celle de nos lièvres,
car les voyageurs disent que non seulement ils sont beaucoup plus gros,
mais que leur chair est blanche et d'un goût tout différent de celui de la
chair de nos lièvres (e) ; ils ajoutent que le poil de ces lièvres du nord de
l'Amérique ne tombe jamais, et qu'on en fait d'excellentes fourrures. Dans
les pays excessivement chauds, comme au Sénégal, à Gambie, en Guinée (f),
et surtout dans les cantons de Fida, d'Apam, d'Acra, et dans quelques autres
pays situés sous la zone torride en Afrique et en Amérique, comme dans
la Nouvelle-Hollande et dans les terres de l'isthme de Panama, on trouve
aussi des animaux que les voyageurs ont pris pour des lièvres, mais qui
sont plutôt des espèces de lapins (g) ; car le lapin est originaire des pays
chauds, et ne se trouve pas dans les climats septentrionaux (***), au lieu
que le lièvre est d'autant plus fort et plus grand qu'il habite un climat plus
froid.

Cet animal, si recherché pour la table en Europe, n'est pas du goût des
Orientaux ; il est vrai que la loi de Mahomet, et plus anciennement la loi
des Juifs, a interdit l'usage de la chair du lièvre comme celle du cochon ;

(a) Voyez la *Description des isles de l'Archipel de Dapper*. Amsterd., 1730, p. 375.

(b) Voyez les *Œuvres de Regnard*. Paris, 1742, t. Iᵉʳ, p. 180. *Il Genio vagante*. Parma,
1691, t. II, p. 46. *Voyage de La Martinière*. Paris, 1671, p. 74.

(c) Voyez la *Relation de la Gaspésie*, par le P. Le Clercq. Paris, 1691, pages 488, 489,
491, 492.

(d) Voyez le *Voyage de Robert Lade*. Paris, 1744, t. II, p. 317 ; et la suite des *Voyages de
Dampier*, t. V, p. 167.

(e) *Idem, ibid. Idem, ibid.*

(f) Voyez l'*Histoire générale des Voyages*, par M. l'abbé Prévost, t. III, pages 235 et 296.

(g) Voyez le *Voyage de Dampier aux terres Australes*, t. IV, p. 111 ; et le *Voyage de
Wafer*, imprimé à la suite de celui de Dampier, t. IV, p. 224.

(*) Gmelin a donné au Lièvre de l'Amérique du Sud le nom de *Lepus Brasiliensis*.

(**) Pallas leur a donné le nom de *Lepus Hudsonius*.

(***) En Sibérie, il en existe une espèce à laquelle Gmelin a donné le nom de *Lepus
Tolaï*.

mais les Grecs et les Romains en faisaient autant de cas que nous : *inter quadrupedes gloria prima Lepus*, dit Martial. En effet, sa chair est excellente, son sang même est très bon à manger et est le plus doux de tous les sangs ; la graisse n'a aucune part à la délicatesse de la chair, car le lièvre ne devient jamais gras tant qu'il est à la campagne en liberté ; et cependant il meurt souvent de trop de graisse, lorsqu'on le nourrit à la maison.

La chasse du lièvre est l'amusement et souvent la seule occupation des gens oisifs de la campagne : comme elle se fait sans appareil et sans dépense, et qu'elle est même utile, elle convient à tout le monde ; on va le matin et le soir au coin du bois attendre le lièvre à sa rentrée ou à sa sortie ; on le cherche pendant le jour dans les endroits où il se gîte. Lorsqu'il y a de la fraîcheur dans l'air par un soleil brillant, et que le lièvre vient de se gîter après avoir couru, la vapeur de son corps forme une petite fumée que les chasseurs aperçoivent de fort loin, surtout si leurs yeux sont exercés à cette espèce d'observation : j'en ai vu qui, conduits par cet indice, partaient d'une demi-lieue pour aller tuer le lièvre au gîte. Il se laisse ordinairement approcher de fort près, surtout si l'on ne fait pas semblant de le regarder, et si, au lieu d'aller directement à lui, on tourne obliquement pour l'approcher. Il craint les chiens plus que les hommes, et lorsqu'il sent ou qu'il entend un chien, il part de plus loin : quoiqu'il coure plus vite que les chiens, comme il ne fait pas une route droite, qu'il tourne et retourne autour de l'endroit où il a été lancé, les lévriers, qui le chassent à vue plutôt qu'à l'odorat, lui coupent le chemin, le saisissent et le tuent. Il se tient volontiers en été dans les champs, en automne dans les vignes, et en hiver dans les buissons ou dans les bois, et l'on peut en tout temps, sans le tirer, le forcer à la course avec des chiens courants ; on peut aussi le faire prendre par des oiseaux de proie ; les ducs, les buses, les aigles, les renards, les loups, les hommes, lui font également la guerre : il a tant d'ennemis qu'il ne leur échappe que par hasard, et il est bien rare qu'ils le laissent jouir du petit nombre de jours que la nature lui a comptés.

LE LAPIN

Le lièvre et le lapin (*), quoique fort semblables tant à l'extérieur qu'à l'intérieur, ne se mêlant point ensemble, font deux espèces distinctes et séparées : cependant, comme les chasseurs (a) disent que les lièvres mâles, dans le temps du rut, courent les lapines et les couvrent, j'ai cherché à savoir ce qui pourrait résulter de cette union, et pour cela j'ai fait élever des lapins avec des hases, et des lièvres avec des lapines ; mais ces essais n'ont rien produit (**), et m'ont seulement appris que ces animaux, dont la forme est si semblable, sont cependant de nature assez différente pour ne pas même produire des espèces de mulets. Un levraut et une jeune lapine, à peu près du même âge, n'ont pas vécu trois mois ensemble ; dès qu'ils furent un peu forts ils devinrent ennemis, et la guerre continuelle qu'ils se faisaient finit par la mort du levraut. De deux lièvres plus âgés que j'avais mis chacun avec une lapine, l'un eut le même sort, et l'autre, qui était très ardent et très fort, qui ne cessait de tourmenter la lapine en cherchant à la couvrir, la fit mourir à force de blessures ou de caresses trop dures. Trois ou quatre lapins de différents âges, que je fis de même appareiller avec des hases, les firent mourir en plus ou moins de temps ; ni les uns ni les autres n'ont produit : je crois cependant pouvoir assurer qu'ils se sont quelquefois réellement accouplés ; au moins y a-t-il eu souvent certitude que, malgré la résistance de la femelle, le mâle s'était satisfait ; et il y avait plus de raison d'attendre quelque produit de ces accouplements que des amours du lapin et de la poule dont on nous a fait l'histoire (b), et dont, suivant l'auteur, le fruit devait être *des poulets couverts de poils, ou des lapins couverts de plumes ;* tandis que ce n'était qu'un lapin vicieux ou trop ardent, qui, faute

(a) Voyez la *Vénerie de du Fouilloux*. Paris, 1614, folio 100, recto.
(b) Voyez l'*Art d'élever des poulets*.

(*) Le Lapin (*Lepus cuniculus* L.) se distingue du Lièvre par la brièveté de ses pattes postérieures.
(**) On a obtenu, dans ces derniers temps, par le croisement du Lapin et du Lièvre, un métis qui commence à être répandu et qui est indéfiniment fécond, ce qui montre bien que ce n'est pas dans le croisement qu'il faut chercher le critérium de l'espèce.

de femelle, se servait de la poule de la maison comme il se serait servi de tout autre meuble, et qu'il est hors de toute vraisemblance de s'attendre à quelque production entre deux animaux d'espèces si éloignées, puisque de l'union du lièvre et du lapin, dont les espèces sont tout à fait voisines, il ne résulte rien.

La fécondité du lapin est encore plus grande que celle du lièvre; et, sans ajouter foi à ce que dit Wotten, que d'une seule paire qui fut mise dans une île il s'en trouva six mille au bout d'un an, il est sûr que ces animaux multiplient si prodigieusement dans les pays qui leur conviennent, que la terre ne peut fournir à leur subsistance; ils détruisent les herbes, les racines, les grains, les fruits, les légumes, et même les arbrisseaux et les arbres; et, si l'on n'avait pas contre eux le secours des furets et des chiens, ils feraient déserter les habitants de ces campagnes. Non seulement le lapin s'accouple plus souvent et produit plus fréquemment et en plus grand nombre que le lièvre, mais il a aussi plus de ressources pour échapper à ses ennemis; il se soustrait aisément aux yeux de l'homme; les trous qu'il se creuse dans la terre, où il se retire pendant le jour et où il fait ses petits, le mettent à l'abri du loup, du renard et de l'oiseau de proie; il y habite avec sa famille en pleine sécurité; il y élève et nourrit ses petits jusqu'à l'âge d'environ deux mois, et il ne les fait sortir de leur retraite pour les amener au dehors que quand ils sont tout élevés; il leur évite par là tous les inconvénients du bas âge, pendant lequel, au contraire, les lièvres périssent en plus grand nombre et souffrent plus que dans tout le reste de la vie.

Cela seul suffit aussi pour prouver que le lapin est supérieur au lièvre par la sagacité; tous deux sont conformés de même, et pourraient également se creuser des retraites; tous deux sont également timides à l'excès, mais l'un, plus imbécile, se contente de se former un gîte à la surface de la terre, où il demeure continuellement exposé, tandis que l'autre, par un instinct plus réfléchi, se donne la peine de fouiller la terre et de s'y pratiquer un asile; et il est si vrai que c'est par sentiment qu'il travaille, que l'on ne voit pas le lapin domestique faire le même ouvrage; il se dispense de se creuser une retraite, comme les oiseaux domestiques se dispensent de faire des nids, et cela parce qu'ils sont également à l'abri des inconvénients auxquels sont exposés les lapins et les oiseaux sauvages. L'on a souvent remarqué que, quand on a voulu peupler une garenne avec des lapins clapiers, ces lapins et ceux qu'ils produisaient restaient, comme les lièvres, à la surface de la terre; et que ce n'était qu'après avoir éprouvé bien des inconvénients, et au bout d'un certain nombre de générations, qu'ils commençaient à creuser la terre pour se mettre en sûreté (*).

(*) D'après Flourens, des Lapins issus de parents qui, pendant plusieurs générations, n'avaient pas pu creuser de terriers, ayant été mis en liberté dans un parc, en creusèrent immédiatement.

Ces lapins clapiers, ou domestiques, varient pour les couleurs, comme tous les autres animaux domestiques ; le blanc, le noir et le gris (*a*) sont cependant les seules qui entrent ici dans le jeu de la nature : les lapins noirs sont les plus rares ; mais il y en a beaucoup de tout blancs, beaucoup de tout gris, et beaucoup de mêlés. Tous les lapins sauvages sont gris, et, parmi les lapins domestiques, c'est encore la couleur dominante, car dans toutes les portées il se trouve toujours des lapins gris, et même en plus grand nombre, quoique le père et la mère soient tous deux blancs, ou tous deux noirs, ou l'un noir et l'autre blanc ; il est rare qu'ils en fassent plus de deux ou trois qui leur ressemblent ; au lieu que les lapins gris, quoique domestiques, ne produisent d'ordinaire que des lapins de cette même couleur, et que ce n'est que très rarement et comme par hasard qu'ils en produisent de blancs, de noirs et de mêlés.

Ces animaux peuvent engendrer et produire à l'âge de cinq ou six mois : on assure qu'ils sont constants dans leurs amours, et que communément ils s'attachent à une seule femelle et ne la quittent pas ; elle est presque toujours en chaleur, ou du moins en état de recevoir le mâle ; elle porte trente ou trente et un jours, et produit quatre, cinq ou six, et quelquefois sept et huit petits : elle a, comme la femelle du lièvre, une double matrice, et peut, par conséquent, mettre bas en deux temps ; cependant il paraît que les superfétations sont moins fréquentes dans cette espèce que dans celle du lièvre ; peut-être par cette même raison que les femelles changent moins souvent, qu'il leur arrive moins d'aventures, et qu'il y a moins d'accouplements hors de saison.

Quelques jours avant de mettre bas, elles se creusent un nouveau terrier, non pas en ligne droite, mais en zigzag, au fond duquel elles pratiquent une excavation, après quoi elles s'arrachent sous le ventre une assez grande quantité de poils, dont elles font une espèce de lit pour recevoir leurs petits. Pendant les deux premiers jours, elles ne les quittent pas, elles ne sortent que lorsque le besoin les presse, et reviennent, dès qu'elles ont pris de la nourriture : dans ce temps elles mangent beaucoup et fort vite ; elles soignent ainsi et allaitent leurs petits pendant plus de six semaines. Jusqu'alors le père ne les connaît point, il n'entre pas dans ce terrier qu'a pratiqué la mère ; souvent même, quand elle en sort et qu'elle y laisse ses petits, elle en bouche l'entrée avec de la terre détrempée de son urine ; mais lorsqu'ils commencent à venir au bord du trou, et à manger du seneçon et d'autres herbes que la mère leur présente, le père semble les reconnaître, il les prend entre ses pattes, il leur lustre le poil, il leur lèche les yeux, et tous, les uns après les autres, ont également part à ses soins : dans ce même

---

(*a*) J'appelle gris ce mélange de couleurs fauves, noires et cendrées, qui fait la couleur ordinaire des lapins et des lièvres.

temps la mère lui fait beaucoup de caresses, et souvent devient pleine peu de jours après.

Un gentilhomme (a) de mes voisins, qui pendant plusieurs années s'est amusé à élever des lapins, m'a communiqué ces remarques : « J'ai com-
» mencé, dit-il, par avoir un mâle et une femelle seulement ; le mâle était
» tout blanc et la femelle toute grise, et dans leur postérité, qui fut très
» nombreuse, il y en eut beaucoup plus de gris que d'autres ; un assez bon
» nombre de blancs et de mêlés, et quelques-uns de noirs..... Quand la
» femelle est en chaleur le mâle ne la quitte presque point ; son tempéra-
» ment est si chaud, que je l'ai vu se lier avec elle cinq ou six fois en moins
» d'une heure..... La femelle, dans le temps de l'accouplement, se couche
» sur le ventre à plate terre, les quatre pattes allongées, elle fait de petits
» cris qui annoncent plutôt le plaisir que la douleur : leur façon de s'accou-
» pler ressemble assez à celle des chats, à la différence pourtant que le mâle ne
» mord que très peu la femelle sur le chignon.... La paternité, chez ces ani-
» maux, est très respectée ; j'en juge ainsi par la grande déférence que tous
» mes lapins ont eue pour leur premier père, qu'il m'était aisé de reconnaî-
» tre à cause de sa blancheur, et qui est le seul mâle que j'aie conservé de
» cette couleur : la famille avait beau s'augmenter, ceux qui devenaient pères
» à leur tour lui étaient toujours subordonnés ; dès qu'ils se battaient, soit
» pour des femelles soit parce qu'ils se disputaient la nourriture, le grand-
» père, qui entendait du bruit, accourait de toute sa force, et dès qu'on
» l'apercevait, tout rentrait dans l'ordre, et s'il en attrapait quelqu'un aux
» prises, il les séparait et en faisant sur-le-champ un exemple de punition.
» Une autre preuve de sa domination sur toute sa postérité, c'est que les
» ayant accoutumés à rentrer tous à un coup de sifflet, lorsque je donnais ce
» signal, et quelque éloignés qu'ils fussent, je voyais le grand-père se mettre
» à leur tête, et, quoique arrivé le premier, les laisser tous défiler devant
» lui et ne rentrer que le dernier..... Je les nourrissais avec du son de fro-
» ment, du foin et beaucoup de genièvre ; il leur en fallait plus d'une voiture
» par semaine ; ils en mangeaient toutes les baies, les feuilles et l'écorce et
» ne laissaient que le gros bois : cette nourriture leur donnait du fumet et
» leur chair était aussi bonne que celle des lapins sauvages. »

Ces animaux vivent huit ou neuf ans : comme ils passent la plus grande partie de leur vie dans leurs terriers, où ils sont en repos et tranquilles, ils prennent un peu plus d'embonpoint que les lièvres ; leur chair est aussi fort différente par la couleur et par le goût ; celle des jeunes lapereaux est très délicate, mais celle des vieux lapins est toujours sèche et dure. Ils sont, comme je l'ai dit, originaires des climats chauds : les Grecs (b) les connaissaient, et

(a) M. le Chapt du Moutier.
(b) *Vid. Aristot. Hist. animal.*, lib. 1, cap. 1.

il paraît que les seuls endroits de l'Europe où il y en eût anciennement étaient
la Grèce et l'Espagne (*a*) ; de là on les a transportés dans des climats plus
tempérés, comme en Italie, en France, en Allemagne, où ils se sont natura-
lisés ; mais dans les pays plus froids, comme en Suède (*b*) et dans le reste du
Nord, on ne peut les élever que dans les maisons, et ils périssent lorsqu'on
les abandonne à la campagne. Ils aiment, au contraire, le chaud excessif,
car on en trouve dans les contrées les plus méridionales de l'Asie et de
l'Afrique, comme au golfe Persique (*c*), à la baie de Saldanha (*d*), en Libye,
au Sénégal, en Guinée (*e*); et on en trouve aussi dans nos îles de l'Amérique (*f*), qui y ont été transportés de l'Europe et qui y ont très bien réussi.

(*a*) *Vid. Plin. Hist. natural.*, lib. VIII.

(*b*) *Vid. Linnæi Faun. Suec.*, p. 8.

(*c*) Voyez l'*Histoire générale des voyages,* par M. l'abbé Prévost, t. II, p. 354.

(*d*) *Idem*, t. Ier, p. 449.

(*e*) *Vid. Leon. Afric. de Afric. descrip.* Lugd. Bat. 1632. Part. II, p. 257. Voyez aussi le
Voyage de Guill. Bosman. Utrecht, 1785, p. 252.

(*f*) Voyez l'*Histoire générale des Antilles,* par le P. du Tertre. Paris, 1667, t. II, p. 297.

LES ANIMAUX CARNASSIERS

Jusqu'ici nous n'avons parlé que des animaux utiles ; les animaux nuisibles sont en bien plus grand nombre ; et quoiqu'en tout ce qui nuit paraisse plus abondant que ce qui sert, cependant tout est bien, parce que dans l'univers physique le mal concourt au bien, et que rien en effet ne nuit à la nature. Si nuire est détruire des êtres animés, l'homme, considéré comme faisant partie du système général de ces êtres, n'est-il pas l'espèce la plus nuisible de toutes ? Lui seul immole, anéantit plus d'individus vivants que tous les animaux carnassiers n'en dévorent. Ils ne sont donc nuisibles que parce qu'ils sont rivaux de l'homme, parce qu'ils ont les mêmes appétits, le même goût pour la chair, et que, pour subvenir à un besoin de première nécessité, ils lui disputent quelquefois une proie qu'il réservait à ses excès (*) ; car nous sacrifions plus encore à notre intempérance, que nous ne donnons à nos besoins. Destructeurs-nés des êtres qui nous sont subordonnés, nous épuiserions la nature si elle n'était inépuisable, si par une fécondité aussi grande que notre déprédation, elle ne savait se réparer elle-même et se renouveler. Mais il est dans l'ordre que la mort serve à la vie, que la reproduction naisse de la destruction : quelque grande, quelque prématurée que soit donc la dépense de l'homme et des animaux carnassiers, le fonds, la quantité totale de substance vivante n'est point diminuée ; et s'ils précipitent les destructions, ils hâtent en même temps les naissances nouvelles.

Les animaux qui, par leur grandeur, figurent dans l'univers, ne font que la plus petite partie des substances vivantes ; la terre fourmille de petits animaux. Chaque plante, chaque graine, chaque particule de matière organique contient des milliers d'atomes animés. Les végétaux paraissent être le premier fonds de la nature ; mais ce fonds de subsistance, tout abondant, tout inépuisable qu'il est, suffirait à peine au nombre encore plus abondant d'insectes de toute espèce. Leur pullulation, tout aussi nombreuse et souvent plus prompte que la reproduction des plantes, indique assez combien ils sont surabondants ; car les plantes ne se reproduisent que tous les ans, il faut une saison entière pour en former la graine, au lieu que dans les insectes,

(*) Encore une des formes de la lutte pour l'existence qui n'a pas échappé à Buffon.

et surtout dans les plus petites espèces, comme celles de pucerons, une seule saison suffit à plusieurs générations. Ils multiplieraient donc plus que les plantes, s'ils n'étaient détruits par d'autres animaux dont ils paraissent être la pâture naturelle, comme les herbes et les graines semblent être la nourriture préparée par eux-mêmes (*). Aussi parmi les insectes y en a-t-il beaucoup qui ne vivent que d'autres insectes; il y en a même quelques espèces qui, comme les araignées, dévorent indifféremment les autres espèces et la leur : tous servent de pâture aux oiseaux, et les oiseaux domestiques et sauvages nourrissent l'homme ou deviennent la proie des animaux carnassiers.

Ainsi la mort violente est un usage presque aussi nécessaire que la loi de la mort naturelle : ce sont deux moyens de destruction et de renouvellement, dont l'un sert à entretenir la jeunesse perpétuelle de la nature, et dont l'autre maintient l'ordre de ses productions, et peut seul limiter le nombre dans les espèces. Tous deux sont des effets dépendants des causes générales ; chaque individu qui naît tombe de lui-même au bout d'un temps, ou lorsqu'il est prématurément détruit par les autres, c'est qu'il était surabondant. Et combien n'y en a-t-il pas de supprimés d'avance ! que de fleurs moissonnées au printemps ! que de races éteintes au moment de leur naissance ! que de germes anéantis avant leur devoloppement ! L'homme et les animaux carnassiers ne vivent que d'individus tout formés, ou d'individus prêts à l'être ; la chair, les œufs, les graines, les germes de toute espèce font leur nourriture ordinaire : cela seul peut borner l'exubérance de la nature. Que l'on considère un instant quelqu'une de ces espèces inférieures qui servent de pâture aux autres, celle des harengs, par exemple ; ils viennent par milliers s'offrir à nos pêcheurs, et après avoir nourri tous les monstres des mers du nord, ils fournissent encore à la subsistance de tous les peuples de l'Europe pendant une partie de l'année. Quelle pullulation prodigieuse parmi ces animaux ! et s'ils n'étaient en grande partie détruits par les autres, quels seraient les effets de cette immense multiplication ! eux seuls couvriraient la surface entière de la mer ; mais bientôt se nuisant par le nombre, ils se corrompraient, ils se détruiraient eux-mêmes ; faute de nourriture suffisante, leur fécondité diminuerait ; la contagion et la disette feraient ce que fait la consommation : le nombre de ces animaux ne serait guère augmenté, et le nombre de ceux qui s'en nourrissent serait diminué. Et comme l'on peut dire la même chose de toutes les autres espèces, il est donc nécessaire que les unes vivent sur les autres ; et dès lors la mort violente des animaux est un usage légitime, innocent, puisqu'il est fondé dans la nature, et qu'ils ne naissent qu'à cette condition.

(*) Il est impossible de mieux exposer cette question de la lutte pour l'existence que Buffon ne le fait dans ces pages.

Avouons cependant que le motif par lequel on voudrait en douter fait honneur à l'humanité : les animaux, du moins ceux qui ont des sens, de la chair et du sang, sont des êtres sensibles; comme nous ils sont capables de plaisir et sujets à la douleur. Il y a donc une espèce d'insensibilité cruelle à sacrifier sans nécessité ceux surtout qui nous approchent, qui vivent avec nous, et dont le sentiment se réfléchit vers nous en se marquant par les signes de la douleur; car ceux dont la nature est différente de la nôtre ne peuvent guère nous affecter. La pitié naturelle est fondée sur les rapports que nous avons avec l'objet qui souffre; elle est d'autant plus vive que la ressemblance, la conformité de nature est plus grande; on souffre en voyant souffrir son semblable. *Compassion*, ce mot exprime assez que c'est une souffrance, une passion qu'on partage; cependant c'est moins l'homme qui souffre, que sa propre nature qui pâtit, qui se révolte machinalement et se met d'elle-même à l'unisson de douleur. L'âme a moins de part que le corps à ce sentiment de pitié naturelle, et les animaux en sont susceptibles comme l'homme; le cri de la douleur les émeut; ils accourent pour se secourir, ils reculent à la vue d'un cadavre de leur espèce. Ainsi l'horreur et la pitié sont moins des passions de l'âme que des affections naturelles, qui dépendent de la sensibilité du corps et de la similitude de la conformation; ce sentiment doit donc diminuer à mesure que les natures s'éloignent (*). Un chien qu'on frappe, un agneau qu'on égorge, nous font quelque pitié; un arbre que l'on coupe, une huître qu'on mord, ne nous en font aucune.

Dans le réel, peut-on douter que les animaux dont l'organisation est semblable à la nôtre, n'éprouvent des sensations semblables? Ils sont sensibles, puisqu'ils ont des sens, et ils le sont d'autant plus que ces sens sont plus actifs et plus parfaits : ceux au contraire dont les sens sont obtus ont-ils un sentiment exquis? et ceux auxquels il manque quelque organe, quelque sens, ne manquent-ils pas de toutes les sensations qui y sont relatives? Le mouvement est l'effet nécessaire de l'exercice du sentiment (**). Nous avons prouvé que, de quelque manière qu'un être fût organisé, s'il a du sentiment, il ne peut manquer de le marquer au dehors par des mouvements extérieurs. Ainsi les plantes, quoique bien organisées, sont des êtres insensibles (***), aussi bien que les animaux qui, comme elles, n'ont nul mouve-

---

(*) Cette considération est très juste.

(**) Cela est absolument exact, si l'on entend par « sentiment », comme d'ailleurs il semble que Buffon le fasse ici, l'ensemble de toutes les impressions produites chez un être vivant par tout ce qui l'entoure.

(***) Il est inexact que les plantes soient insensibles. Comme les animaux, elles réagissent par des mouvements contre les agents irritants mis en contact avec leurs éléments vivants, mais ces mouvements sont souvent difficiles à constater; ils sont, en effet, dans la plupart des plantes, limités au protoplasma des cellules; dans certaines cependant, comme la Sensitive, ils sont très manifestes.

ment apparent. Ainsi, parmi les animaux, ceux qui n'ont, comme la plante appelée sensitive, qu'un mouvement sur eux-mêmes, et qui sont privés du mouvement progressif, n'ont encore que très peu de sentiment ; et enfin ceux même qui ont un mouvement progressif, mais qui, comme des automates, ne font qu'un petit nombre de choses, et les font toujours de la même façon, n'ont qu'une faible portion de sentiment, limitée à un petit nombre d'objets. Dans l'espèce humaine, que d'automates ! combien l'éducation, la communication respective des idées n'augmentent-elles pas la quantité, la vivacité du sentiment ! Quelle différence à cet égard entre l'homme sauvage et l'homme policé, la paysanne et la femme du monde ! Et de même parmi les animaux, ceux qui vivent avec nous deviennent plus sensibles par cette communication, tandis que ceux qui demeurent sauvages n'ont que la sensibilité naturelle, souvent plus sûre, mais toujours moindre que l'acquise.

Au reste, en ne considérant le sentiment que comme une faculté naturelle, et même indépendamment de son résultat apparent, c'est-à-dire des mouvements qu'il produit nécessairement dans tous les êtres qui en sont doués, on peut encore le juger, l'estimer et en déterminer à peu près les différents degrés par des rapports physiques auxquels il me paraît qu'on n'a pas fait assez d'attention. Pour que le sentiment soit au plus haut degré dans un corps animé, il faut que ce corps fasse un tout, lequel soit non seulement sensible dans toutes ses parties, mais encore composé de manière que toutes ces parties sensibles aient entre elles une correspondance intime, en sorte que l'une ne puisse être ébranlée sans communiquer une partie de cet ébranlement à chacune des autres. Il faut de plus qu'il y ait un centre principal et unique auquel puissent aboutir ces différents ébranlements, et sur lequel, comme sur un point d'appui général et commun, se fasse la réaction de tous ces mouvements. Ainsi l'homme, et les animaux qui par leur organisation ressemblent le plus à l'homme, seront les êtres les plus sensibles ; ceux au contraire qui ne font pas un tout aussi complet, ceux dont les parties ont une correspondance moins intime, ceux qui ont plusieurs centres de sentiment, et qui, sous une même enveloppe, semblent moins renfermer un tout unique, un animal parfait, que contenir plusieurs centres d'existence séparés ou différents les uns des autres, seront des êtres beaucoup moins sensibles. Un polype que l'on coupe, et dont les parties divisées vivent séparément ; une guêpe dont la tête, quoique séparée du corps, se meut, vit, agit, et même mange comme auparavant ; un lézard auquel, en retranchant une partie de son corps, on n'ôte ni le mouvement ni le sentiment ; une écrevisse, dont les membres amputés se renouvellent ; une tortue, dont le cœur bat longtemps après avoir été arraché ; tous les insectes dans lesquels les principaux viscères, comme le cœur et les poumons, ne forment pas un tout au centre de l'animal, mais sont divisés en plusieurs parties, s'étendent le long du corps, et font, pour ainsi dire, une suite de viscères, de cœurs et de trachées; tous les poissons, dont les organes de la circulation et de la respiration n'ont que peu d'action et diffèrent beaucoup de ceux des quadrupèdes, et même de ceux des cétacés; enfin tous les animaux dont l'organisation s'éloigne de la nôtre ont peu de sentiment, et d'autant moins qu'elle en diffère plus.

Dans l'homme et dans les animaux qui lui ressemblent, le diaphragme paraît être le centre du sentiment; c'est sur cette partie nerveuse que portent les impressions de la douleur et du plaisir; c'est sur ce point d'appui que s'exercent tous les mouvements du système sensible (*). Le diaphragme sépare transversalement le corps entier de l'animal, et le divise assez exactement en deux parties égales, dont la supérieure renferme le cœur et les poumons, et l'inférieure contient l'estomac et les intestins. Cette membrane est douée d'une extrême sensibilité; elle est d'une si grande nécessité pour la propagation et la communication du mouvement et du sentiment, que la plus légère blessure, soit au centre nerveux, soit à la circonférence, ou même aux attaches du diaphragme, est toujours accompagnée de convulsions, et souvent suivie d'une mort violente (**). Le cerveau, qu'on a dit être le siège des sensations, n'est donc pas le centre du sentiment, puisqu'on peut au contraire le blesser, l'entamer, sans que la mort suive, et qu'on a l'expérience qu'après avoir enlevé une portion considérable de la cervelle, l'animal n'a pas cessé de vivre, de se mouvoir, et de sentir dans toutes ses parties.

Distinguons donc la sensation du sentiment : la sensation n'est qu'un ébranlement dans le sens, et le sentiment est cette même sensation devenue agréable ou désagréable par la propagation de cet ébranlement dans tout le système sensible : je dis la sensation devenue agréable ou désagréable, car c'est là ce qui constitue l'essence du sentiment (***); son caractère unique est le plaisir ou la douleur, et tous les mouvements qui ne tiennent ni de l'une ni de l'autre, quoiqu'ils se passent au dedans de nous-mêmes, nous sont indifférents et ne nous affectent point. C'est du sentiment que dépend tout le mouvement extérieur et l'exercice de toutes les forces de l'animal; il n'agit qu'autant qu'il est affecté, c'est-à-dire autant qu'il sent; et cette même partie, que nous regardons comme le centre du sentiment, sera aussi le centre des forces, ou, si l'on veut, le point d'appui commun sur lequel elles s'exercent. Le diaphragme est dans l'animal ce que le

(*) C'est une erreur.

(**) Encore une erreur.

(***) Buffon s'est servi plus haut du terme sentiment dans un sens général, analogue à celui que les physiologistes modernes attachent au mot « irritabilité »; il en rétrécit ici la signification en y ajoutant l'idée de plaisir ou de douleur qui ne peut s'appliquer qu'aux organismes ayant conscience de leurs sensations. Du reste, tout ce passage fourmille d'erreurs physiologiques.

collet est dans la plante (*) : tous deux les divisent transversalement, tous deux servent de point d'appui aux forces opposées ; car les forces qui, dans un arbre, poussent en haut les parties qui doivent former le tronc et les branches, portent et appuient sur le collet, aussi bien que les forces opposées qui poussent en bas les parties qui forment les racines.

Pour peu qu'on s'examine, on s'apercevra aisément que toutes les affections intimes, les émotions vives, les épanouissements de plaisir, les saisissements, les douleurs, les nausées, les défaillances, toutes les impressions fortes des sensations, devenues agréables ou désagréables, se font sentir au dedans du corps, à la région même du diaphragme. Il n'y a, au contraire, nul indice de sentiment dans le cerveau, et l'on n'a dans la tête que les sensations pures, ou plutôt les représentations de ces mêmes sensations simples et dénuées des caractères du sentiment ; seulement on se souvient, on se rappelle que telle ou telle sensation nous a été agréable ou désagréable ; et si cette opération, qui se fait dans la tête, est suivie d'un sentiment vif et réel, alors on en sent l'impression au dedans du corps et toujours à la région du diaphragme. Ainsi dans le fœtus, où cette membrane est sans exercice, le sentiment est nul, ou si faible qu'il ne peut rien produire ; aussi les petits mouvements que le fœtus se donne sont plutôt machinaux que dépendants des sensations et de la volonté.

Quelle que soit la matière qui sert de véhicule au sentiment, et qui produit le mouvement musculaire, il est sûr qu'elle se propage par les nerfs et se communique dans un instant indivisible (**) d'une extrémité à l'autre du système sensible. De quelque manière que ce mouvement s'opère, que ce soit par des vibrations, comme dans des cordes élastiques, que ce soit par un feu subtil, par une matière semblable à celle de l'électricité, laquelle non seulement réside dans les corps animés, comme dans tous les autres corps, mais y est même continuellement régénérée par le mouvement du cœur et des poumons, par le frottement du sang dans les artères, et aussi par l'action des causes extérieures sur les organes des sens, il est encore sûr que les nerfs et les membranes (***) sont les seules parties sensibles dans le corps animal. Le sang, la lymphe, toutes les autres liqueurs, les graisses, les os, les chairs, tous les autres solides, sont par eux-mêmes insensibles : la cervelle l'est aussi ; c'est une substance molle et sans élasticité, incapable dès lors de produire, de propager ou de rendre le mouvement, les vibrations ou les ébranlements du sentiment. Les méninges (****), au con-

(*) Cette opinion est aussi fausse appliquée au collet de la plante qu'au diaphragme des animaux supérieurs

(**) Cet instant est parfaitement divisible et a pu être mesuré.

(***) Les membranes n'ont rien de commun avec les nerfs. Ces derniers ne sont, du reste, que des agents de transmission.

(****) Les méninges sont sensibles, parce qu'elles contiennent des filets nerveux transmettant aux centres sensitifs les impressions qu'elles ont reçues.

traire, sont très sensibles, ce sont les enveloppes de tous les nerfs ; elles prennent, comme eux, leur origine dans la tête, elles se divisent comme les branches des nerfs, et s'étendent jusqu'à leurs plus petites ramifications ; ce sont, pour ainsi dire, des nerfs aplatis, elles sont de la même substance (*), elles ont à peu près le même degré d'élasticité, elles font partie, et partie nécessaire du système sensible. Si l'on veut donc que le siège des sensations soit dans la tête il sera dans les méninges (**), et non dans la partie médullaire du cerveau, dont la substance est toute différente.

Ce qui a pu donner lieu à cette opinion, que le siège de toutes les sensations et le centre de toute sensibilité étaient dans le cerveau, c'est que les nerfs, qui sont les organes du sentiment, aboutissent tous à la cervelle, qu'on a regardée dès lors comme la seule partie commune qui pût en recevoir tous les ébranlements, toutes les impressions. Cela seul a suffi pour faire du cerveau le principe du sentiment, l'organe essentiel des sensations, en un mot, le *sensorium* commun. Cette supposition a paru si simple et si naturelle qu'on n'a fait aucune attention à l'impossibilité physique qu'elle renferme, et qui cependant est assez évidente ; car comment se peut-il qu'une partie insensible, une substance molle et inactive, telle qu'est la cervelle, soit l'organe même du sentiment et du mouvement? comment se peut-il que cette partie molle et insensible, non seulement reçoive ces impressions, mais les conserve longtemps et en propage les ébranlements dans toutes les parties solides et sensibles? L'on dira peut-être, d'après Descartes, ou d'après M. de la Peyronie, que ce n'est point dans la cervelle, mais dans la glande pinéale ou dans le corps calleux que réside ce principe ; mais il suffit de jeter les yeux sur la conformation du cerveau pour reconnaître que ces parties, la glande pinéale, le corps calleux dans lesquelles on a voulu mettre le siège des sensations, ne tiennent point aux nerfs, qu'elles sont tout environnées de la substance insensible de la cervelle, et séparées des nerfs de manière qu'elles ne peuvent en recevoir les mouvements, et dès lors ces suppositions tombent aussi bien que la première.

Mais quel sera donc l'usage, quelles seront les fonctions de cette partie si noble, si capitale? Le cerveau ne se trouve-t-il pas dans tous les animaux? n'est-il pas dans l'homme, dans les quadrupèdes, dans les oiseaux, qui tous ont beaucoup de sentiment, plus étendu, plus grand, plus considérable que dans les poissons, les insectes et les autres animaux, qui en ont peu? Dès qu'il est comprimé, tout mouvement n'est-il pas suspendu? toute action ne cesse-

(*) Les méninges sont formées d'éléments très différents de ceux qui constituent les nerfs.

(**) Quoiqu'en dise Buffon, le cerveau est le siège véritable des sensations, ou plutôt c'est seulement quand il est en rapport avec les nerfs de la périphérie que l'animal a conscience des impressions subies par les diverses parties de son corps. Buffon entasse, dans toute cette partie de l'histoire, erreur sur erreur.

t-elle pas? Si cette partie n'est pas le principe du mouvement, pourquoi y est-elle si nécessaire, si essentielle? pourquoi même est-elle proportionnelle, dans chaque espèce d'animal, à la quantité de sentiment dont il est doué?

Je crois pouvoir répondre d'une manière satisfaisante à ces questions, quelque difficiles qu'elles paraissent; mais pour cela il faut se prêter un instant à ne voir avec moi le cerveau que comme de la cervelle, et n'y rien supposer que ce que l'on peut y apercevoir par une inspection attentive et par un examen réfléchi. La cervelle, aussi bien que la moelle allongée et la moelle épinière, qui n'en sont que la prolongation, est une espèce de mucilage à peine organisé (*); on y distingue seulement les extrémités des petites artères qui y aboutissent en très grand nombre et qui n'y portent pas du sang, mais une lymphe blanche et nourricière : ces mêmes petites artères, ou vaisseaux lymphatiques, paraissent dans toute leur longueur en forme de filets très déliés, lorsqu'on désunit les parties de la cervelle par la macération. Les nerfs, au contraire, ne pénètrent point la substance de la cervelle, ils n'aboutissent qu'à la surface (**); ils perdent auparavant leur solidité, leur élasticité; et les dernières extrémités des nerfs, c'est-à-dire les extrémités les plus voisines du cerveau sont molles et presque mucilagineuses. Par cette exposition, dans laquelle il n'entre rien d'hypothétique (***), il paraît que le cerveau, qui est nourri par les artères lymphatiques, fournit à son tour la nourriture aux nerfs, et que l'on doit les considérer comme une espèce de végétation qui part du cerveau par troncs et par branches, lesquelles se divisent ensuite en une infinité de rameaux. Le cerveau est aux nerfs ce que la terre est aux plantes; les dernières extrémités des nerfs sont les racines qui, dans tout végétal, sont plus tendres et plus molles que le tronc ou les branches; elles contiennent une matière ductile propre à faire croître et à nourrir l'arbre des nerfs; elles tirent cette matière ductile de la substance même du cerveau, auquel les artères rapportent continuellement la lymphe nécessaire pour y suppléer. Le cerveau, au lieu d'être le siège des sensations, le principe du sentiment, ne sera donc qu'un organe de sécrétion et de nutrition, mais un organe très essentiel, sans lequel les nerfs ne pourraient ni croître ni s'entretenir.

Cet organe est plus grand dans l'homme, dans les quadrupèdes, dans les oiseaux, parce que le nombre ou le volume des nerfs, dans ces animaux, est plus grand que dans les poissons et les insectes, dont le sentiment est faible par cette même raison; ils n'ont qu'un petit cerveau proportionné à la petite quantité de nerfs qu'il nourrit. Et je ne puis me dispenser de remarquer à

(*) C'est là une erreur grossière, explicable par l'ignorance dans laquelle on se trouvait, à l'époque de Buffon, de l'histologie, c'est-à-dire de la structure intime des organes et des tissus des êtres vivants.

(**) Encore une erreur. Chaque filet nerveux aboutit à une cellule des centres nerveux.

(***) Buffon manque véritablement par trop de modestie quand il affirme que, dans son exposé, « il n'entre rien d'hypothétique. » La vérité est qu'il ne contient pas un mot de vrai.

cette occasion que l'homme n'a pas, comme on l'a prétendu, le cerveau plus grand qu'aucun des animaux ; car il y a des espèces de singes et de cétacés qui, proportionnellement au volume de leur corps, ont plus de cerveau que l'homme (*) : autre fait qui prouve que le cerveau n'est ni le siège des sensations, ni le principe du sentiment, puisque alors ces animaux auraient plus de sensations et plus de sentiment que l'homme.

Si l'on considère la manière dont se fait la nutrition des plantes, on observera qu'elles ne tirent pas les parties grossières de la terre ou de l'eau ; il faut que ces parties soient réduites par la chaleur en vapeurs ténues, pour que les racines puissent les pomper. De même, dans les nerfs, la nutrition ne se fait qu'au moyen des parties les plus subtiles de l'humidité du cerveau, qui sont pompées par les extrémités ou racines des nerfs, et de là sont portées dans toutes les branches du système sensible : ce système fait, comme nous l'avons dit, un tout dont les parties ont une connexion si serrée, une correspondance si intime, qu'on ne peut en blesser une sans ébranler violemment toutes les autres ; la blessure, le simple tiraillement du plus petit nerf, suffit pour causer une vive irritation dans tous les autres, et mettre le corps en convulsion ; et l'on ne peut faire cesser la douleur et les convulsions qu'en coupant ce nerf au-dessus de l'endroit lésé ; mais dès lors toutes les parties auxquelles le nerf aboutissait deviennent à jamais immobiles, insensibles. Le cerveau ne doit pas être considéré comme partie du même genre, ni comme portion organique du système des nerfs, puisqu'il n'a pas les mêmes propriétés ni la même substance, n'étant ni solide, ni élastique, ni sensible. J'avoue que, lorsqu'on le comprime, on fait cesser l'action du sentiment ; mais cela même prouve que c'est un corps étranger à ce système, qui, agissant alors par son poids sur le extrémités des nerfs, les presse et les engourdit, de la même manière qu'un poids appliqué sur le bras, la jambe, ou sur quelque autre partie du corps, en engourdit les nerfs et en amortit le sentiment. Il est si vrai que cette cessation de sentiment par la compression n'est qu'une suspension, un engourdissement, qu'à l'instant où le cerveau cesse d'être comprimé le sentiment renaît et le mouvement se rétablit. J'avoue encore qu'en déchirant la substance médullaire et en blessant le cerveau jusqu'au corps calleux, la convulsion, la privation de sentiment, et la mort même suit ; mais c'est qu'alors les nerfs sont entièrement dérangés, qu'ils sont, pour ainsi dire, déracinés et blessés tous ensemble et dans leur origine.

Je pourrais ajouter à toutes ces raisons des faits particuliers, qui prouvent également que le cerveau n'est ni le centre du sentiment, ni le siège des sensations (**). On a vu des animaux, et même des enfants, naître sans tête

(*) C'est une erreur.

(**) Tout cela est si erroné qu'il ne me paraît pas possible de relever chaque erreur séparément. Je me borne à engager le lecteur à ne tenir aucun compte de tout ce passage.

et sans cerveau, qui cependant avaient sentiment, mouvement et vie. Il y a
des classes entières d'animaux, comme les insectes et les vers, dans lesquels
le cerveau ne fait point une masse distincte ni un volume sensible ; ils ont
seulement une partie correspondante à la moelle allongée et à la moelle
épinière. Il y aurait donc plus de raison de mettre le siège des sensations et
du sentiment dans la moelle épinière, qui ne manque à aucun animal,
que dans le cerveau, qui n'est pas une partie générale et commune à tous
les êtres sensibles.

Le plus grand obstacle à l'avancement des connaissances de l'homme est
moins dans les choses mêmes, que dans la manière dont il les considère ;
quelque compliquée que soit la machine de son corps, elle est encore plus
simple que ses idées. Il est moins difficile de voir la nature telle qu'elle est
que de la reconnaître telle qu'on nous la présente ; elle ne porte qu'un voile,
nous lui donnons un masque, nous la couvrons de préjugés, nous supposons
qu'elle agit, qu'elle opère comme nous agissons et pensons. Cependant ses
actes sont évidents, et nos pensées sont obscures ; nous portons dans ses
ouvrages les abstractions de notre esprit, nous lui prêtons nos moyens, nous
ne jugeons de ses fins que par nos vues, et nous mêlons perpétuellement à
ses opérations, qui sont constantes, à ses faits, qui sont toujours certains, le
produit illusoire et variable de notre imagination.

Je ne parle point de ces systèmes purement arbitraires, de ces hypothèses
frivoles, imaginaires, dans lesquelles on reconnaît à la première vue qu'on
nous donne la chimère au lieu de la réalité ; j'entends les méthodes par
lesquelles on recherche la nature. La route expérimentale elle-même a produit moins de vérités que d'erreurs : cette voie, quoique la plus sûre, ne
l'est néanmoins qu'autant qu'elle est bien dirigée ; pour peu qu'elle soit
oblique, on arrive à des plages stériles où l'on ne voit obscurément que quelques objets épars ; cependant on s'efforce de les rassembler, en leur supposant des rapports entre eux et des propriétés communes ; et comme l'on
passe et repasse avec complaisance sur les pas tortueux qu'on a faits, le
chemin paraît frayé, et quoiqu'il n'aboutisse à rien, tout le monde le suit, on
adopte la méthode, et l'on en reçoit les conséquences comme principes. Je
pourrais en donner la preuve en exposant à nu l'origine de ce que l'on
appelle principes dans toutes les sciences, abstraites ou réelles : dans les
premières, la base générale des principes est l'abstraction, c'est-à-dire une
ou plusieurs suppositions (a) ; dans les autres, les principes ne sont que les
conséquences, bonnes ou mauvaises, des méthodes que l'on a suivies. Et pour
ne parler ici que de l'anatomie, le premier qui, surmontant la répugnance
naturelle, s'avisa d'ouvrir un corps humain, ne crut-il pas qu'en le parcourant, en le disséquant, en le divisant dans toutes ses parties, il en connaîtrait

(a) Voyez les preuves que j'en donne, vol. 1er de cet ouvrage, à la fin du premier Discours.

bientôt la structure, le mécanisme et les fonctions? Mais ayant trouvé la chose infiniment plus compliquée qu'on ne pensait, il fallut bientôt renoncer à ces prétentions, et l'on fut obligé de faire une méthode, non pas pour connaître et juger, mais seulement pour voir, et voir avec ordre. Cette méthode ne fut pas l'ouvrage d'un seul homme, puisqu'il a fallu tous les siècles pour la perfectionner, et qu'encore aujourd'hui elle occupe seule nos plus habiles anatomistes; cependant cette méthode n'est pas la science; ce n'est que le chemin qui devrait y conduire, et qui peut-être y aurait conduit en effet si, au lieu de toujours marcher sur la même ligne dans un sentier étroit, on eût étendu la voie et mené de front l'anatomie de l'homme et celle des animaux. Car quelle connaissance réelle peut-on tirer d'un objet isolé? Le fondement de toute science n'est-il pas dans la comparaison que l'esprit humain sait faire des objets semblables et différents, de leurs propriétés analogues ou contraires, et de toutes leurs qualités relatives? L'absolu, s'il existe, n'est pas du ressort de nos connaissances; nous ne jugeons et ne pouvons juger des choses que par les rapports qu'elles ont entre elles; ainsi, toutes les fois que dans une méthode on ne s'occupe que du sujet, qu'on le considère seul et indépendamment de ce qui lui ressemble et de ce qui en diffère, on ne peut arriver à aucune connaissance réelle, encore moins s'élever à aucun principe général; on ne pourra donner que des noms et faire des descriptions de la chose et de toutes ses parties : aussi, depuis trois mille ans que l'on dissèque des cadavres humains, l'anatomie n'est encore qu'une nomenclature, et à peine a-t-on fait quelques pas vers son objet réel, qui est la science de l'économie animale. De plus, que de défauts dans la méthode elle-même, qui cependant devrait être claire et simple, puisqu'elle dépend de l'inspection et n'aboutit qu'à des dénominations! Comme l'on a pris cette connaissance nominale pour la vraie science, on ne s'est occupé qu'à augmenter, à multiplier le nombre des noms, au lieu de limiter celui des choses; on s'est appesanti sur les détails, on a voulu trouver des différences où tout était semblable; en créant de nouveaux noms, on a cru donner des choses nouvelles; on a décrit avec une exactitude minutieuse les plus petites parties, et la description de quelque partie encore plus petite, oubliée ou négligée par les anatomistes précédents, s'est appelée découverte : les dénominations elles-mêmes, ayant souvent été prises d'objets qui n'avaient aucun rapport avec ceux qu'on voulait désigner, n'ont servi qu'à augmenter la confusion. Ce que l'on appelle *testes* et *nates* dans le cerveau, qu'est-ce autre chose, sinon des parties de cervelle semblables au tout, et qui ne méritaient pas un nom? Ces noms empruntés à l'aventure, ou donnés par préjugés ont ensuite produit eux-mêmes de nouveaux préjugés et des opinions de hasard; d'autres noms donnés à des parties mal vues, ou qui même n'existaient pas, ont été de nouvelles sources d'erreurs. Que de fonctions et d'usages n'a-t-on pas voulu donner à la glande pinéale, à l'espace prétendu vide qu'on appelle la *voûte* dans le cerveau, tandis que l'une n'est qu'une glande, et qu'il est fort douteux que l'autre existe, puisque cet espace vide n'est peut-être produit que par la main de l'anatomiste et la méthode de dissection (a)!

Ce qu'il y a de plus difficile dans les sciences n'est donc pas de connaître les choses qui en font l'objet direct, mais c'est qu'il faut auparavant les dépouiller d'une infinité d'enveloppes dont on les a couvertes, leur ôter toutes les fausses couleurs dont on les a masquées, examiner le fondement et le produit de la méthode par laquelle on les recherche, en séparer ce que l'on y a mis d'arbitraire, et enfin tâcher de reconnaître les préjugés et les erreurs adoptées que ce mélange de l'arbitraire au réel a fait naître; il faut tout cela pour retrouver la nature; mais ensuite, pour la connaître, il ne faut plus que la comparer avec elle-même. Dans l'économie animale, elle nous paraît très mystérieuse et très cachée, non seulement parce que le sujet en est fort compliqué, et que le corps de l'homme est de toutes ses productions la moins simple, mais surtout parce qu'on ne l'a pas comparée avec elle-même, et qu'ayant négligé ces moyens de comparaison, qui seuls pouvaient nous donner des lumières, on est resté dans l'obscurité du doute ou dans le vague des hypothèses. Nous avons des milliers de volumes sur la description du corps humain, et à peine a-t-on quelques mémoires commencés sur celle des animaux : dans l'homme on a reconnu, nommé, décrit les plus petites parties, tandis que l'on ignore si dans les animaux l'on retrouve, non seulement ces petites parties, mais même les plus grandes ; on attribue certaines fonctions à de certains organes, sans être informé si dans d'autres êtres, quoique privés de ces organes, les mêmes fonctions ne s'exercent pas; en sorte que dans toutes ces explications qu'on a voulu donner des différentes parties de l'économie animale on a eu le double désavantage d'avoir d'abord attaqué le sujet le plus compliqué, et ensuite d'avoir raisonné sur ce même sujet sans fondement de relation et sans le secours de l'analogie.

Nous avons suivi partout, dans le cours de cet ouvrage, une méthode très différente : comparant toujours la nature avec elle-même, nous l'avons considérée dans ses rapports, dans ses opposés, dans ses extrêmes ; et pour ne citer ici que les parties relatives à l'économie animale, que nous avons eu occasion de traiter, comme la génération, les sens, le mouvement, le sentiment, la nature des animaux, il sera aisé de reconnaître qu'après le travail, quelquefois long, mais toujours nécessaire, pour écarter les fausses idées, détruire les préjugés, séparer l'arbitraire du réel de la chose, le seul art que nous ayons employé est la comparaison : si nous avons réussi à répandre quelque lumière sur ces sujets, il faut moins l'attribuer au génie qu'à cette méthode que nous avons suivie constamment, et que nous avons rendue aussi générale, aussi étendue que nos connaissances nous l'ont permis. Et

(a) Voyez à ce sujet le Discours de Sténon.

comme tous les jours nous en acquérons de nouvelles par l'examen et la
dissection des parties intérieures des animaux, et que pour bien raisonner
sur l'économie animale, il faut avoir vu de cette façon au moins tous les
genres d'animaux différents, nous ne nous presserons pas de donner des idées
générales avant d'avoir présenté les résultats particuliers.

Nous nous contenterons de rappeler certains faits qui, quoique dépendants de la théorie du sentiment et de l'appétit, sur laquelle nous ne voulons pas, quant à présent, nous étendre davantage, suffiront cependant
seuls pour prouver que l'homme, dans l'état de nature, ne s'est jamais
borné à vivre d'herbes, de graines ou de fruits, et qu'il a dans tous les
temps, aussi bien que la plupart des animaux, cherché à se nourrir de
chair.

La diète pythagorique, préconisée par des philosophes anciens et nouveaux, recommandée même par quelques médecins, n'a jamais été indiquée
par la nature. Dans le premier âge, au siècle d'or, l'homme, innocent
comme la colombe, mangeait du gland, buvait de l'eau ; trouvant partout sa
subsistance, il était sans inquiétude, vivait indépendant, toujours en paix
avec lui-même, avec les animaux ; mais, dès qu'oubliant sa noblesse, il
sacrifia sa liberté pour se réunir aux autres, la guerre, l'âge de fer, prirent
la place de l'or et de la paix ; la cruauté, le goût de la chair et du sang
furent les premiers fruits d'une nature dépravée, que les mœurs et les arts
achevèrent de corrompre.

Voilà ce que dans tous les temps certains philosophes austères, sauvages
par tempérament, ont reproché à l'homme en société : rehaussant leur or-
gueil individuel par l'humiliation de l'espèce entière, ils ont exposé ce
tableau, qui ne vaut que par le contraste, et peut-être parce qu'il est bon de
présenter quelquefois aux hommes des chimères de bonheur.

Cet état idéal d'innocence, de haute tempérance, d'abstinence entière de la
chair, de tranquillité parfaite, de paix profonde, a-t-il jamais existé ? n'est-ce
pas un apologue, une fable, où l'on emploie l'homme comme un animal pour
nous donner des leçons ou des exemples ? peut-on même supposer qu'il y
eût des vertus avant la société ? peut-on dire de bonne foi que cet état
sauvage mérite nos regrets, que l'homme animal farouche fût plus digne que
l'homme citoyen civilisé ? Oui, car tous les malheurs viennent de la société ;
et qu'importe qu'il y eût des vertus dans l'état de nature, s'il y avait du
bonheur, si l'homme dans cet état était seulement moins malheureux qu'il
ne l'est ? la liberté, la santé, la force, ne sont-elles pas préférables à la
mollesse, à la sensualité, à la volupté même, accompagnées de l'esclavage ?
La privation des peines vaut bien l'usage des plaisirs ; et, pour être heureux,
que faut-il, sinon de ne rien désirer ?

Si cela est, disons en même temps qu'il est plus doux de végéter que de
vivre, de ne rien appéter que de satisfaire son appétit, de dormir d'un som-

meil apathique que d'ouvrir les yeux pour voir et pour sentir ; consentons à laisser notre âme dans l'engourdissement, notre esprit dans les ténèbres, à ne nous jamais servir ni de l'une ni de l'autre, à nous mettre au-dessous des animaux, à n'être enfin que des masses de matière brute attachées à la terre.

Mais, au lieu de disputer, discutons ; après avoir dit des raisons, donnons des faits. Nous avons sous les yeux, non l'état idéal, mais l'état réel de nature : le sauvage habitant les déserts est-il un animal tranquille? est-il un homme heureux? Car nous ne supposerons pas avec un philosophe, l'un des plus fiers censeurs de notre humanité (a), qu'il y a une plus grande distance de l'homme en pure nature au sauvage que du sauvage à nous, que les âges qui se sont écoulés avant l'invention de l'art de la parole ont été bien plus longs que les siècles qu'il a fallu pour perfectionner les signes et les langues, parce qu'il me paraît que, lorsqu'on veut raisonner sur des faits, il faut éloigner les suppositions et se faire une loi de n'y remonter qu'après avoir épuisé tout ce que la nature nous offre. Or nous voyons qu'on descend par degrés assez insensibles des nations les plus éclairées, les plus polies, à des peuples moins industrieux ; de ceux-ci à d'autres plus grossiers, mais encore soumis à des rois, à des lois; de ces hommes grossiers aux sauvages, qui ne se ressemblent pas tous, mais chez lesquels on trouve autant de nuances différentes que parmi les peuples policés; que les uns forment des nations assez nombreuses soumises à des chefs; que d'autres, en plus petite société, ne sont soumis qu'à des usages; qu'enfin les plus solitaires, les plus indépendants, ne laissent pas de former des familles et d'être soumis à leurs pères. Un empire, un monarque, une famille, un père, voilà les deux extrêmes de la société : ces extrêmes sont aussi les limites de la nature; si elles s'étendaient au delà, n'aurait-on pas trouvé, en parcourant toutes les solitudes du globe, des animaux humains privés de la parole, sourds à la voix comme aux signes, les mâles et les femelles dispersés, les petits abandonnés, etc. ? Je dis même qu'à moins de prétendre que la constitution du corps humain fût toute différente de ce qu'elle est aujourd'hui, et que son accroissement fût bien plus prompt, il n'est pas possible de soutenir que l'homme ait jamais existé sans former des familles, puisque les enfants périraient s'ils n'étaient secourus et soignés pendant plusieurs années ; au lieu que les animaux nouveau-nés n'ont besoin de leur mère que pendant quelques mois. Cette nécessité physique suffit donc seule pour démontrer que l'espèce humaine n'a pu durer et se multiplier qu'à la faveur de la société; que l'union des pères et mères aux enfants est naturelle puisqu'elle est nécessaire. Or cette union ne peut manquer de produire un attachement respectif et durable entre les parents et l'enfant, et cela seul suffit encore

(a) M. Rousseau.

pour qu'ils s'accoutument entre eux à des gestes, à des signes, à des sons, en un mot à toutes les expressions du sentiment et du besoin; ce qui est aussi prouvé par le fait, puisque les sauvages les plus solitaires ont, comme les autres hommes, l'usage des signes et de la parole.

Ainsi l'état de pure nature est un état connu; c'est le sauvage vivant dans le désert, mais vivant en famille, connaissant ses enfants, connu d'eux, usant de la parole et se faisant entendre. La fille sauvage ramassée dans les bois de Champagne, l'homme trouvé dans les forêts de Hanovre, ne prouvent pas le contraire; ils avaient vécu dans une solitude absolue, ils ne pouvaient donc avoir aucune idée de société, aucun usage des signes ou de la parole; mais s'ils se fussent seulement rencontrés, la pente de nature les aurait entraînés, le plaisir les aurait réunis; attachés l'un à l'autre, ils se seraient bientôt entendus; ils auraient d'abord parlé la langue de l'amour entre eux, et ensuite celle de la tendresse entre eux et leurs enfants; et d'ailleurs ces deux sauvages étaient issus d'hommes en société et avaient sans doute été abandonnés dans les bois, non pas dans le premier âge, car ils auraient péri, mais à quatre, cinq ou six ans, à l'âge, en un mot, auquel ils étaient déjà assez forts de corps pour se procurer leur subsistance, et encore trop faibles de tête pour conserver les idées qu'on leur avait communiquées.

Examinons donc cet homme en pure nature, c'est-à-dire ce sauvage en famille. Pour peu qu'elle prospère, il sera bientôt le chef d'une société plus nombreuse, dont tous les membres auront les mêmes manières, suivront les mêmes usages et parleront la même langue; à la troisième, ou tout au plus tard à la quatrième génération, il y aura de nouvelles familles qui pourront demeurer séparées, mais qui, toujours réunies par les liens communs des usages et du langage, formeront une petite nation, laquelle, s'augmentant avec le temps, pourra, suivant les circonstances, ou devenir un peuple ou demeurer dans un état semblable à celui des nations sauvages que nous connaissons. Cela dépendra surtout de la proximité ou de l'éloignement où ces hommes nouveaux se trouveront des hommes policés : si sous un climat doux, dans un terrain abondant, ils peuvent en liberté occuper un espace considérable au delà duquel ils ne rencontrent que des solitudes ou des hommes tout aussi neufs qu'eux, ils demeureront sauvages et deviendront, suivant d'autres circonstances, ennemis ou amis de leurs voisins; mais lorsque sous un ciel dur, dans une terre ingrate, ils se trouveront gênés entre eux par le nombre et serrés par l'espace, ils feront des colonies ou des irruptions, ils se répandront, ils se confondront avec les autres peuples dont ils seront devenus les conquérants ou les esclaves. Ainsi l'homme, en tout état, dans toutes les situations et sous tous les climats, tend également à la société; c'est un effet constant d'une cause nécessaire, puisqu'elle tient à l'essence même de l'espèce, c'est-à-dire à sa propagation.

Voilà pour la société : elle est, comme l'on voit, fondée sur la nature. Examinant de même quels sont les appétits, quel est le goût de nos sauvages, nous trouverons qu'aucun ne vit uniquement de fruits, d'herbes ou de graines, que tous préfèrent la chair et le poisson aux autres aliments, que l'eau pure leur déplaît, et qu'ils cherchent les moyens de faire eux-mêmes ou de se procurer d'ailleurs une boisson moins insipide. Les sauvages du Midi boivent l'eau du palmier ; ceux du Nord avalent à longs traits l'huile dégoûtante de la baleine ; d'autres font des boissons fermentées, et tous en général ont le goût le plus décidé, la passion la plus vive pour les liqueurs fortes. Leur industrie, dictée par les besoins de première nécessité, excitée par leurs appétis naturels, se réduit à faire des instruments pour la chasse et pour la pêche. Un arc, des flèches, une massue, des filets, un canot, voilà le sublime de leurs arts, qui tous n'ont pour objet que les moyens de se procurer une subsistance convenable à leur goût. Et ce qui convient à leur goût convient à la nature ; car, comme nous l'avons déjà dit (a), l'homme ne pourrait pas se nourrir d'herbe seule, il périrait d'inanition s'il ne prenait des aliments plus substantiels ; n'ayant qu'un estomac et des intestins courts, il ne peut pas, comme le bœuf qui a quatre estomacs et des boyaux très longs, prendre à la fois un grand volume de cette maigre nourriture, ce qui serait cependant absolument nécessaire pour compenser la qualité par la quantité. Il en est à peu près de même des fruits et des graines, elles ne lui suffiraient pas, il en faudrait encore un trop grand volume pour fournir la quantité de molécules organiques nécessaire à la nutrition ; et quoique le pain soit fait de ce qu'il y a de plus pur dans le blé, que le blé même et nos autres grains et légumes, ayant été perfectionnés par l'art, soient plus substantiels et plus nourrissants que les graines qui n'ont que leurs qualités naturelles, l'homme, réduit au pain et aux légumes pour toute nourriture, traînerait à peine une vie faible et languissante.

Voyez ces pieux solitaires qui s'abstiennent de tout ce qui a eu vie, qui, par de saints motifs, renoncent aux dons du Créateur, se privent de la parole, fuient la société, s'enferment dans des murs sacrés contre lesquels se brise la nature : confinés dans ces asiles, ou plutôt dans ces tombeaux vivants où l'on ne respire que la mort, le visage mortifié, les yeux éteints, ils ne jettent autour d'eux que des regards languissants, leur vie semble ne se soutenir que par efforts ; ils prennent leur nourriture sans que le besoin cesse ; quoique soutenus par leur ferveur (car l'état de la tête fait à celui du corps) ils ne résistent que pendant peu d'années à cette abstinence cruelle ; ils vivent moins qu'ils ne meurent chaque jour par une mort anticipée, et ne s'éteignent pas en finissant de vivre, mais en achevant de mourir.

(a) Voyez l'article du bœuf.

Ainsi l'abstinence de toute chair, loin de convenir à la nature, ne peut que la détruire : si l'homme y était réduit, il ne pourrait, du moins dans ces climats, ni subsister, ni se multiplier. Peut-être cette diète serait possible dans les pays méridionaux, où les fruits sont plus cuits, les plantes plus substantielles, les racines plus succulentes, les graines plus nourries; cependant les brachmanes font plutôt une secte qu'un peuple, et leur religion, quoique très ancienne, ne s'est guère étendue au delà de leurs écoles, et jamais au delà de leur climat.

Cette religion, fondée sur la métaphysique, est un exemple frappant du sort des opinions humaines. On ne peut pas douter, en ramassant les débris qui nous restent, que les sciences n'aient été très anciennement cultivées et perfectionnées peut-être au delà de ce qu'elles le sont aujourd'hui. On a su avant nous que tous les êtres animés contenaient des molécules indestructibles, toujours vivantes, et qui passaient de corps en corps. Cette vérité, adoptée par les philosophes et ensuite par un grand nombre d'hommes, ne conserva sa pureté que pendant les siècles de lumière : une révolution de ténèbres ayant succédé, on ne se souvint des molécules organiques vivantes que pour imaginer que ce qu'il y avait de vivant dans l'animal était apparemment un tout indestructible qui se séparait du corps après la mort. On appela ce tout idéal une âme, qu'on regarda bientôt comme un être réellement existant dans tous les animaux; et joignant à cet être fantastique l'idée réelle, mais défigurée, du passage des molécules vivantes, on dit qu'après la mort cette âme passait successivement et perpétuellement de corps en corps. On n'excepta pas l'homme; on joignit bientôt le moral au métaphysique; on ne douta pas que cet être survivant ne conservât, dans sa transmigration, ses sentiments, ses affections, ses désirs : les têtes faibles frémirent! Quelle horreur en effet pour cette âme, lorsqu'au sortir d'un domicile agréable, il fallait aller habiter le corps infect d'un animal immonde! On eut d'autres frayeurs (chaque crainte produit sa superstition), on eut peur, en tuant un animal, d'égorger sa maîtresse ou son père; on respecta toutes les bêtes, on les regarda comme son prochain; on dit enfin qu'il fallait, par amour, par devoir, s'abstenir de tout ce qui avait eu vie. Voilà l'origine et le progrès de cette religion, la plus ancienne du continent des Indes, origine qui indique assez que la vérité livrée à la multitude est bientôt défigurée; qu'une opinion philosophique ne devient opinion populaire qu'après avoir changé de forme; mais qu'au moyen de cette préparation elle peut devenir une religion d'autant mieux fondée, que le préjugé sera plus général, et d'autant plus respectée, qu'ayant pour base des vérités mal entendues, elle sera nécessairement environnée d'obscurités, et par conséquent paraîtra mystérieuse, auguste, incompréhensible; qu'ensuite, la crainte se mêlant au respect, cette religion dégénèrera en superstitions, en pratiques ridicules, lesquelles cependant prendront racine, produiront des

Imp. R. Varin

LION

usages qui seront d'abord scrupuleusement suivis; mais qui, s'altérant peu à peu, changeront tellement avec le temps, que l'opinion même dont ils ont pris naissance ne se conservera plus que par de fausses traditions, par des proverbes, et finira par des contes puérils et des absurdités; d'où l'on doit conclure que toute religion fondée sur des opinions humaines est fausse et variable, et qu'il n'a jamais appartenu qu'à Dieu de nous donner la vraie religion, qui, ne dépendant pas de nos opinions, est inaltérable, constante, et sera toujours la même.

Mais revenons à notre sujet. L'abstinence entière de la chair ne peut qu'affaiblir la nature. L'homme, pour se bien porter, a non seulement besoin d'user de cette nourriture solide, mais même de la varier. S'il veut acquérir une vigueur complète, il faut qu'il choisisse ce qui lui convient le mieux; et comme il ne peut se maintenir dans un état actif qu'en se procurant des sensations nouvelles, il faut qu'il donne à ses sens toute leur étendue, qu'il se permette la variété des mets comme celle des autres objets, et qu'il prévienne le dégoût qu'occasionne l'uniformité de nourriture, mais qu'il évite les excès, qui sont encore plus nuisibles que l'abstinence.

Les animaux qui n'ont qu'un estomac et les intestins courts sont forcés, comme l'homme, à se nourrir de chair. On s'assurera de ce rapport et de cette vérité en comparant le volume relatif du canal intestinal dans les animaux carnassiers et dans ceux qui ne vivent que d'herbes : on trouvera toujours que cette différence dans leur manière de vivre dépend de leur conformation, et qu'ils prennent une nourriture plus ou moins solide, relativement à la capacité plus ou moins grande du magasin qui doit la recevoir.

Cependant il n'en faut pas conclure que les animaux qui ne vivent que d'herbes soient, par nécessité physique, réduits à cette seule nourriture, comme les animaux carnassiers sont, par cette même nécessité, forcés à se nourrir de chair; nous disons seulement que ceux qui ont plusieurs estomacs, ou des boyaux très amples, peuvent se passer de cet aliment substantiel et nécessaire aux autres; mais nous ne disons pas qu'ils ne pussent en user, et que si la nature leur eût donné des armes, non seulement pour se défendre, mais pour attaquer et pour saisir, ils n'en eussent fait usage et ne se fussent bientôt accoutumés à la chair et au sang, puisque nous voyons que les moutons, les veaux, les chèvres, les chevaux, mangent avidement le lait, les œufs, qui sont des nourritures animales, et que, sans être aidés de l'habitude, ils ne refusent pas la viande hachée et assaisonnée de sel. On pourrait donc dire que le goût pour la chair et pour les autres nourritures solides est l'appétit général de tous les animaux, qui s'exerce avec plus ou moins de véhémence ou de modération, selon la conformation particulière de chaque animal, puisqu'à prendre la nature entière, ce même appétit se trouve non seulement dans l'homme et dans les animaux quadrupèdes, mais aussi dans les oiseaux, dans les poissons, dans les insectes et dans les vers, auxquels en particulier il semble que toute chair ait été ultérieurement destinée.

La nutrition, dans tous les animaux, se fait par les molécules organiques, qui, séparées du marc de la nourriture au moyen de la digestion, se mêlent avec le sang et s'assimilent à toutes les parties du corps. Mais indépendamment de ce grand effet, qui paraît être le principal but de la nature, et qui est proportionnel à la qualité des aliments, ils en produisent un autre qui ne dépend que de leur quantité, c'est-à-dire de leur masse et de leur volume. L'estomac et les boyaux sont des membranes souples qui forment au dedans du corps une capacité très considérable ; ces membranes, pour se soutenir dans leur état de tension, et pour contre-balancer les forces des autres parties qui les avoisinent, ont besoin d'être toujours remplies en partie : si, faute de prendre de la nourriture, cette grande capacité se trouve entièrement vide, les membranes, n'étant plus soutenues au dedans, s'affaissent, se rapprochent, se collent l'une contre l'autre, et c'est ce qui produit l'affaissement et la faiblesse, qui sont les premiers symptômes de l'extrême besoin. Les aliments, avant de servir à la nutrition du corps, lui servent donc de lest ; leur présence, leur volume, est nécessaire pour maintenir l'équilibre entre les parties intérieures qui agissent et réagissent toutes les unes contre les autres. Lorsqu'on meurt par la faim, c'est donc moins parce que le corps n'est pas nourri, que parce qu'il n'est plus lesté ; aussi les animaux, surtout les plus gourmands, les plus voraces, lorsqu'ils sont pressés par le besoin, ou seulement avertis par la défaillance qu'occasionne le vide intérieur, ne cherchent qu'à le remplir, et avalent de la terre et des pierres : nous avons trouvé de la glaise dans l'estomac d'un loup ; j'ai vu des cochons en manger ; la plupart des oiseaux avalent des cailloux, etc. Et ce n'est point par goût, mais par nécessité, et parce que le plus pressant n'est pas de rafraîchir le sang par un chyle nouveau, mais de maintenir l'équilibre des forces dans les grandes parties de la machine animale.

LE LOUP

Le loup (*) est l'un de ces animaux dont l'appétit pour la chair est le plus
véhément ; et quoique avec ce goût il ait reçu de la nature les moyens de
le satisfaire, qu'elle lui ait donné des armes, de la ruse, de l'agilité, de la
force, tout ce qui est nécssaire en un mot pour trouver, attaquer, vaincre,
saisir et dévorer sa proie, cependant il meurt souvent de faim, parce que
l'homme lui ayant déclaré la guerre, l'ayant même proscrit en mettant sa
tête à prix, le force à fuir, à demeurer dans les bois, où il ne trouve que
quelques animaux sauvages qui lui échappent par la vitesse de leur course,
et qu'il ne peut surprendre que par hasard ou par patience, en les attendant longtemps, et souvent en vain, dans les endroits où ils doivent passer.
Il est naturellement grossier et poltron, mais il devient ingénieux par besoin,
et hardi par nécessité ; pressé par la famine, il brave le danger, vient attaquer les animaux qui sont sous la garde de l'homme, ceux surtout qu'il peut
emporter aisément, comme les agneaux, les petits chiens, les chevreaux ; et
lorsque cette maraude lui réussit, il revient souvent à la charge, jusqu'à ce
qu'ayant été blessé ou chassé et maltraité par les hommes et les chiens, il
se recèle pendant le jour dans son fort, n'en sort que la nuit, parcourt la
campagne, rôde autour des habitations, ravit les animaux abandonnés, vient
attaquer les bergeries, gratte et creuse la terre sous les portes, entre
furieux, met tout à mort avant de choisir et d'emporter sa proie. Lorsque
ces courses ne lui produisent rien, il retourne au fond des bois, se met en
quête, cherche, suit à la piste, chasse, poursuit les animaux sauvages dans
l'espérance qu'un autre loup pourra les arrêter, les saisir dans leur fuite, et
qu'ils en partageront la dépouille. Enfin, lorsque le besoin est extrême, il
s'expose à tout, attaque les femmes et les enfants, se jette même quelquefois
sur les hommes, devient furieux par ces excès, qui finissent ordinairement
par la rage et la mort.

Le loup, tant à l'extérieur qu'à l'intérieur, ressemble si fort au chien, qu'il
paraît être modelé sur la même forme ; cependant il n'offre tout au plus que

(*) Le Loup (*Canis Lupus* L.) est un Mammifère de l'ordre des Carnivores à ongles non
rétractiles, à pieds antérieurs formés de cinq doigts, les postérieurs en ayant quatre.

le revers de l'empreinte, et ne présente les mêmes caractères que sous une face entièrement opposée : si la forme est semblable, ce qui en résulte est bien contraire; le naturel est si différent que, non seulement ils sont incompatibles, mais antipathiques par nature, ennemis par instinct. Un jeune chien frissonne au premier aspect du loup; il fuit à l'odeur seule, qui, quoique nouvelle, inconnue, lui répugne si fort, qu'il vient en tremblant se ranger entre les jambes de son maître : un mâtin qui connaît ses forces se hérisse, s'indigne, l'attaque avec courage, tâche de le mettre en fuite, et fait tous ses efforts pour se délivrer d'une présence qui lui est odieuse; jamais ils ne se rencontrent sans se fuir ou sans combattre, et combattre à outrance, jusqu'à ce que la mort suive. Si le loup est le plus fort, il déchire, il dévore sa proie; le chien, au contraire, plus généreux, se contente de la victoire, et ne trouve pas que *le corps d'un ennemi mort sente bon;* il l'abandonne pour servir de pâture aux corbeaux, et même aux autres loups ; car ils s'entre-dévorent, et lorsqu'un loup est grièvement blessé, les autres le suivent au sang, et s'attroupent pour l'achever.

Le chien, même sauvage, n'est pas d'un naturel farouche; il s'apprivoise aisément, s'attache et demeure fidèle à son maître. Le loup, pris jeune, se prive, mais ne s'attache point, la nature est plus forte que l'éducation; il reprend avec l'âge son caractère féroce, et retourne, dès qu'il le peut, à son état sauvage. Les chiens, même les plus grossiers, cherchent la compagnie des autres animaux; ils sont naturellement portés à les suivre, à les accompagner, et c'est par instinct seul et non par éducation qu'ils savent conduire et garder les troupeaux. Le loup est, au contraire, l'ennemi de toute société, il ne fait pas même compagnie à ceux de son espèce; lorsqu'on les voit plusieurs ensemble, ce n'est point une société de paix, c'est un attroupement de guerre, qui se fait à grand bruit avec des hurlements affreux, et qui dénote un projet d'attaquer quelque gros animal, comme un cerf, un bœuf, ou de se défaire de quelque redoutable mâtin. Dès que leur expédition militaire est consommée, ils se séparent et retournent en silence à leur solitude (*). Il n'y a pas même une grande habitude entre le mâle et la femelle ; ils ne se cherchent qu'une fois par an, et ne demeurent que peu de temps ensemble. C'est en hiver que les louves deviennent en chaleur : plusieurs mâles suivent la même femelle, et cet attroupement est encore plus sanguinaire que le premier; car ils se la disputent cruellement, ils grondent, ils frémissent, ils se battent, ils se déchirent, et il arrive souvent qu'ils mettent en pièces celui d'entre eux qu'elle a préféré. Ordinairement elle fuit longtemps, lasse tous ses aspirants, et se dérobe, pendant qu'ils dorment, avec le plus alerte ou le mieux aimé.

(*) Tous les grands carnassiers vivent ainsi isolés. Par suite de la difficulté qu'ils ont à se procurer des aliments, ils sont contraints d'habiter chacun une zone déterminée.

La chaleur ne dure que douze ou quinze jours, et commence par les plus
vieilles louves ; celle des plus jeunes n'arrive que plus tard. Les mâles n'ont
point de rut marqué, ils pourraient s'accoupler en tout temps ; ils passent
successivement de femelles en femelles à mesure qu'elles deviennent en état
de les recevoir ; ils ont des vieilles à la fin de décembre, et finissent par les
jeunes au mois de février et au commencement de mars. Le temps de la gestation est d'environ trois mois et demie (a), et l'on trouve des louveteaux
nouveau-nés depuis la fin d'avril jusqu'au mois de juillet. Cette différence
dans la durée de la gestation entre les louves, qui portent plus de cent jours,
et les chiennes, qui n'en portent guère plus de soixante, prouve que le loup
et le chien, déjà si différents par le naturel, le sont aussi par le tempérament
et par l'un des principaux résultats des fonctions de l'économie animale.
Aussi le loup et le chien n'ont jamais été pris pour le même animal que par
les nomenclateurs en histoire naturelle qui, ne connaissant la nature que
superficiellement, ne la considèrent jamais pour lui donner toute son étendue, mais seulement pour la resserrer et la réduire à leur méthode, toujours
fautive, et souvent démentie par les faits. Le chien et la louve ne peuvent ni
s'accoupler (b) ni produire ensemble ; il n'y a pas de races intermédiaires
entre eux ; ils sont d'un naturel tout opposé, d'un tempérament différent ; le
loup vit plus longtemps que le chien, les louves ne portent qu'une fois par
an, les chiennes portent deux ou trois fois. Ces différences si marquées sont
plus que suffisantes pour démontrer que ces animaux sont d'espèces assez
éloignées : d'ailleurs, en y regardant de près, on reconnaît aisément que,
même à l'extérieur, le loup diffère du chien par des caractères essentiels et
constants. L'aspect de la tête est différent, la forme des os l'est aussi; le loup
a la cavité de l'œil obliquement posée, l'orbite inclinée, les yeux étincelants,
brillants pendant la nuit; il a le hurlement au lieu de l'aboiement, les mouvements différents, la démarche plus égale, plus uniforme, quoique plus
prompte et plus précipitée, le corps beaucoup plus fort et bien moins
souple (c), les membres plus fermes, les mâchoires et les dents plus grosses,
le poil plus rude et plus fourré.

Mais ces animaux se ressemblent beaucoup par la conformation des parties intérieures. Les loups s'accouplent comme les chiens; ils ont comme
eux la verge osseuse environnée d'un bourrelet qui se gonfle et les empêche
de se séparer. Lorsque les louves sont prêtes à mettre bas, elles cherchent
au fond du bois un fort, un endroit bien fourré, au milieu duquel elles apla-

(a) Voyez le *Nouveau traité de Vénerie*. Paris, 1750, pages 75 et 76.

(b) Voyez à l'article du chien les expériences que j'ai faites à ce sujet.

(c) Aristote a dit mal à propos que le loup avait dans le cou un seul os continu; le loup
a, comme le chien et comme les autres animaux quadrupèdes, plusieurs vertèbres dans le
cou, et il peut le fléchir et le plier de la même façon : on trouve seulement quelquefois une
des vertèbres lombaires adhérente à la vertèbre voisine.

nissent un espace assez considérable en coupant, en arrachant les épines avec les dents; elles y apportent ensuite une grande quantité de mousse, et préparent un lit commode pour leurs petits; elles en font ordinairement cinq ou six, quelquefois sept, huit et même neuf, et jamais moins de trois; ils naissent les yeux fermés comme les chiens; la mère les allaite pendant quelques semaines et leur apprend bientôt à manger de la chair qu'elle leur prépare en la mâchant. Quelque temps après elle leur apporte des mulots, des levrauts, des perdrix, des volailles vivantes; les louveteaux commencent par jouer avec elles et finissent par les étrangler; la louve ensuite les déplume, les écorche, les déchire et en donne une part à chacun. Ils ne sortent du fort où ils ont pris naissance qu'au bout de six semaines ou deux mois; ils suivent alors leur mère, qui les mène boire dans quelque tronc d'arbre ou à quelque mare voisine; elle les ramène au gîte ou les oblige à se recéler ailleurs, lorsqu'elle craint quelque danger. Ils la suivent ainsi pendant plusieurs mois. Quand on les attaque elle les défend de toutes ses forces, et même avec fureur, quoique dans les autres temps elle soit, comme toutes les femelles, plus timide que le mâle; lorsqu'elle a des petits, elle devient intrépide, semble ne rien craindre pour elle, et s'expose à tout pour les sauver : aussi ne l'abandonnent-ils que quand leur éducation est faite, quand ils se sentent assez forts pour n'avoir plus besoin de secours; c'est ordinairement à dix mois ou un an, lorsqu'ils ont refait leurs premières dents, qui tombent à six mois (a), et lorsqu'ils ont acquis de la force, des armes et des talents pour la rapine.

Les mâles et les femelles sont en état d'engendrer à l'âge d'environ deux ans. Il est à croire que les femelles, comme dans presque toutes les autres espèces, sont à cet égard plus précoces que les mâles : ce qu'il y a de sûr, c'est qu'elles ne deviennent en chaleur tout au plus tôt qu'au second hiver de leur vie, ce qui suppose dix-huit ou vingt mois d'âge, et qu'une louve que j'ai fait élever n'est entrée en chaleur qu'au troisième hiver, c'est-à-dire à plus de deux ans et demi. Les chasseurs (b) assurent que dans toutes les portées il y a plus de mâles que de femelles; cela confirme cette observation qui paraît générale, du moins dans ces climats, que dans toutes les espèces, à commencer par celle de l'homme, la nature produit plus de mâles que de femelles. Ils disent aussi qu'il y a des loups qui dès le temps de la chaleur s'attachent à leur femelle, l'accompagnent toujours jusqu'à ce qu'elle soit sur le point de mettre bas; qu'alors elle se dérobe, cache soigneusement ses petits de peur que leur père ne les dévore en naissant; mais que, lorsqu'ils sont nés, il prend de l'affection pour eux, leur apporte à manger, et que si la mère vient à manquer il la remplace et en prend soin comme elle. Je ne puis

(a) Voyez la *Vénerie de du Fouilloux*. Paris, 1613, p. 100, verso.
(b) Voyez le *Nouveau traité de la Vénerie*, p. 276.

assurer ces faits, qui me paraissent même un peu contradictoires. Ces animaux, qui sont deux ou trois ans à croître, vivent quinze ou vingt ans ; ce qui s'accorde encore avec ce que nous avons observé sur beaucoup d'autres espèces, dans lesquelles le temps de l'accroissement fait la septième partie de la durée totale de la vie. Les loups blanchissent dans la vieillesse ; ils ont alors toutes les dents usées. Ils dorment lorsqu'ils sont rassasiés ou fatigués, mais plus le jour que la nuit, et toujours d'un sommeil léger ; ils boivent fréquemment, et dans les temps de sécheresse, lorsqu'il n'y a point d'eau dans les ornières ou dans les vieux troncs d'arbres, ils viennent plus d'une fois par jour aux mares et aux ruisseaux. Quoique très voraces ils supportent aisément la diète ; ils peuvent passer quatre ou cinq jours sans manger, pourvu qu'ils ne manquent pas d'eau.

Le loup a beaucoup de force, surtout dans les parties antérieures du corps, dans les muscles du cou et de la mâchoire. Il porte avec sa gueule un mouton sans le laisser toucher à terre, et court en même temps plus vite que les bergers ; en sorte qu'il n'y a que les chiens qui puissent l'atteindre et lui faire lâcher prise. Il mord cruellement, et toujours avec d'autant plus d'acharnement qu'on lui résiste moins ; car il prend des précautions avec les animaux qui peuvent se défendre. Il craint pour lui et ne se bat que par nécessité, et jamais par un mouvement de courage : lorsqu'on le tire et que la balle lui casse quelque membre, il crie, et cependant lorsqu'on l'achève à coups de bâton il ne se plaint pas comme le chien ; il est plus dur, moins sensible, plus robuste ; il marche, court, rôde des jours entiers et des nuits ; il est infatigable, et c'est peut-être de tous les animaux le plus difficile à forcer à la course. Le chien est doux et courageux ; le loup, quoique féroce, est timide. Lorsqu'il tombe dans un piège, il est si fort et si longtemps épouvanté qu'on peut ou le tuer sans qu'il se défende, ou le prendre vivant sans qu'il résiste ; on peut lui mettre un collier, l'enchaîner, le museler, le conduire ensuite partout où l'on veut sans qu'il ose donner le moindre signe de colère ou même de mécontentement. Le loup a les sens très bons, l'œil, l'oreille, et surtout l'odorat ; il sent souvent de plus loin qu'il ne voit ; l'odeur du carnage l'attire de plus d'une lieue ; il sent aussi de loin les animaux vivants, il les chasse même assez longtemps en les suivant aux portées. Lorsqu'il veut sortir du bois, jamais il ne manque de prendre le vent ; il s'arrête sur la lisière, évente de tous côtés, et reçoit ainsi les émanations des corps morts ou vivants que le vent lui apporte de loin. Il préfère la chair vivante à la chair morte, et cependant il dévore les voiries les plus infectes. Il aime la chair humaine, et, peut-être, s'il était le plus fort, n'en mangerait-il pas d'autres. On a vu des loups suivre les armées, arriver en nombre à des champs de bataille où l'on n'avait enterré que négligemment les corps, les découvrir, les dévorer avec une insatiable avidité ; et ces mêmes loups, accoutumés à la chair humaine, se jeter ensuite sur les hommes, attaquer le berger plutôt que le troupeau, dévorer des femmes, emporter des enfants, etc. L'on a appelé ces mauvais loups, *loups-garous* (a), c'est-à-dire loups dont il faut se garer.

On est donc obligé quelquefois d'armer tout un pays pour se défaire des loups. Les princes ont des équipages pour cette chasse, qui n'est point désagréable, qui est utile et même nécessaire. Les chasseurs distinguent les loups en *jeunes loups, vieux loups* et *grands vieux loups;* ils les connaissent par les *pieds,* c'est-à-dire par les *voies,* les traces qu'ils laissent sur la terre : plus le loup est âgé, plus il a le pied gros ; la louve l'a plus long et plus étroit ; elle a aussi le talon plus petit et les ongles plus minces. On a besoin d'un bon limier pour la quête du loup, il faut même l'animer, l'encourager lorsqu'il tombe sur la voie ; car tous les chiens ont de la répugnance pour le loup et se rabattent froidement. Quand le loup est détourné, on amène les lévriers qui doivent le chasser, on les partage en deux ou trois laisses, on n'en garde qu'une pour le lancer, et on mène les autres en avant pour servir de relais. On lâche donc d'abord les premiers à sa suite ; un homme à cheval les appuie; on lâche les seconds à sept ou huit cents pas plus loin, lorsque le loup est prêt à passer, et ensuite les troisièmes lorsque les autres chiens commencent à le joindre et à le harceler. Tous ensemble le réduisent bientôt aux dernières extrémités, et le veneur l'achève en lui donnant un coup de couteau. Les chiens n'ont nulle ardeur pour le fouler, et répugnent si fort à manger de sa chair qu'il faut la préparer et l'assaisonner, lorsqu'on veut leur en faire curée. On peut aussi le chasser avec des chiens courants ; mais comme il perce toujours droit en avant, et qu'il court tout un jour sans être rendu, cette chasse est ennuyeuse, à moins que les chiens courants ne soient soutenus par des lévriers qui le saisissent, le harcèlent et leur donnent le temps de l'approcher.

Dans les campagnes, on fait des battues à force d'hommes et de mâtins, on tend des pièges, on présente des appâts, on fait des fosses, on répand des boulettes empoisonnées ; tout cela n'empêche pas que ces animaux ne soient toujours en même nombre, surtout dans les pays où il y a beaucoup de bois. Les Anglais prétendent en avoir purgé leur île ; cependant on m'a assuré qu'il y en avait en Écosse. Comme il y a peu de bois dans la partie méridionale de la Grande-Bretagne, on a eu plus de facilité pour les détruire.

La couleur et le poil de ces animaux changent suivant les différents climats, et varie quelquefois dans le même pays. On trouve en France et en Allemagne, outre les loups ordinaires, quelques loups à poil plus épais et tirant sur le jaune. Ces loups, plus sauvages et moins nuisibles que les autres, n'approchent jamais ni des maisons ni des troupeaux, et ne vivent que de chasse et non pas de rapine. Dans les pays du nord, on en trouve de tout blancs et de tout noirs ; ces derniers sont plus grands et plus forts que les

(a) Voyez la chasse du Loup de Gaston Phœbus.

autres. L'espèce commune est très généralement répandue ; on l'a trouvée en Asie (*a*) en Afrique (*b*) et en Amérique (*c*) comme en Europe. Les loups du Sénégal (*d*) ressemblent à ceux de France ; cependant ils sont un peu plus gros et beaucoup plus cruels ; ceux d'Egypte sont (*e*) plus petits que ceux de Grèce. En Orient, et surtout en Perse, on fait servir les loups à des spectacles (*f*) pour le peuple ; on les exerce de jeunesse à la danse, ou plutôt à une espèce de lutte contre un grand nombre d'hommes. On achète jusqu'à cinq cents écus, dit Chardin, un loup bien dressé à la danse. Ce fait prouve au moins qu'à force de temps et de contrainte ces animaux sont susceptibles de quelque espèce d'éducation. J'en ai fait élever et nourrir quelques-uns chez moi : tant qu'ils sont jeunes, c'est-à-dire dans la première et la seconde année, ils sont assez dociles ; ils sont même caressants ; et, s'ils sont bien nourris, ils ne se jettent ni sur la volaille, ni sur les autres animaux ; mais à dix-huit mois ou deux ans ils reviennent à leur naturel ; on est forcé de les enchaîner pour les empêcher de s'enfuir et de faire du mal. J'en ai eu un qui, ayant été élevé en toute liberté dans une basse-cour avec des poules pendant dix-huit ou dix-neuf mois, ne les avait jamais attaquées ; mais, pour son coup d'essai, ils les tua toutes en une nuit sans en manger aucune ; un autre qui, ayant rompu sa chaîne à l'âge d'environ deux ans, s'enfuit après avoir tué un chien avec lequel il était familier ; une louve que j'ai gardée trois ans, et qui, quoique enfermée toute jeune et seule avec un mâtin de même âge dans une cour assez spacieuse, n'a pu pendant tout ce temps s'accoutumer à vivre avec lui, ni le souffrir, même quand elle devint en chaleur. Quoique plus faible, elle était la plus méchante ; elle provoquait, elle attaquait, elle mordait le chien, qui d'abord ne fit que se défendre, mais qui finit par l'étrangler.

Il n'y a rien de bon dans cet animal que sa peau ; on en fait des fourrures grossières, qui sont chaudes et durables. Sa chair est si mauvaise qu'elle répugne à tous les animaux, et il n'y a que le loup qui mange volontiers du loup. Il exhale une odeur infecte par la gueule : comme, pour assouvir sa faim, il avale indistinctement tout ce qu'il trouve, des chairs corrompues, des os, du poil, des peaux à demi tannées et encore toutes couvertes de chaux, il vomit fréquemment, et se vide encore plus souvent qu'il ne se remplit. Enfin, désagréable en tout, la mine basse, l'aspect sauvage, la voix effrayante, l'odeur insupportable, le naturel pervers, les mœurs féroces, il est odieux, nuisible de son vivant, inutile après sa mort.

(*a*) Voyez le *Voyage de Pietro della Valle*. Rouen, 1745, vol IV, p. 4 et 5.

(*b*) Voyez l'*Histoire générale des Voyages*, par M. l'abbé Prévost, t. V, p. 85.

(*c*) Voyez le *Voyage du P. le Clercq*. Paris, 1691, pages 488 et 489.

(*d*) Voyez l'*Histoire générale des Voyages*, par M. l'abbé Prévost, t. III, p. 285. Voyez aussi le *Voyage du sieur le Maire aux isles Canaries, Cap Vert, Sénégal*, etc. Paris, 1695, p. 100.

(*e*) *Vide* Aristotel. *Hist. animal.*, lib. viii, cap. xxviii.

(*f*) Voyez le *Voyage de Chardin*. Londres, 1686, p. 291. Voyez aussi le *Voyage de Pietro della Valle*. Rouen, 1745, vol. IV, p. 4.

LE RENARD

Le renard (*) est fameux par ses ruses, et mérite en partie sa réputation ; ce que le loup ne fait que par la force, il le fait par adresse, et réussit plus souvent. Sans chercher à combattre les chiens ni les bergers, sans attaquer les troupeaux, sans traîner les cadavres, il est plus sûr de vivre. Il emploie plus d'esprit que de mouvement, ses ressources semblent être en lui-même : ce sont, comme l'on sait, celles qui manquent le moins. Fin autant que circonspect, ingénieux et prudent, même jusqu'à la patience, il varie sa conduite, il a des moyens de réserve qu'il sait n'employer qu'à propos. Il veille de près à sa conservation ; quoique aussi infatigable, et même plus léger que le loup, il ne se fie pas entièrement à la vitesse de sa course ; il sait se mettre en sûreté en se pratiquant un asile où il se retire dans les dangers pressants, où il s'établit, où il élève ses petits : il n'est point animal vagabond, mais amimal domicilié.

Cette différence, qui se fait sentir même parmi les hommes, a de bien plus grands effets, et suppose de bien plus grandes causes parmi les animaux. L'idée seule du domicile présuppose une attention singulière sur soi-même ; ensuite le choix du lieu, l'art de faire son manoir, de le rendre commode, d'en dérober l'entrée, sont autant d'indices d'un sentiment supérieur. Le renard en est doué, et tourne tout à son profit ; il se loge au bord des bois, à portée des hameaux ; il écoute le chant des coqs et le cri des volailles ; il les savoure de loin ; il prend habilement son temps, cache son dessein et sa marche, se glisse, se traîne, arrive, et fait rarement des tentatives inutiles. S'il peut franchir les clôtures, ou passer par-dessous, il ne perd pas un instant ; il ravage la basse-cour, il y met tout à mort, se retire ensuite lestement en emportant sa proie, qu'il cache sous la mousse, ou porte à son terrier ; il revient quelques moments après en chercher une autre, qu'il emporte et cache de même, mais dans un autre endroit, ensuite une troisième, une quatrième, etc., jusqu'à ce que le jour ou le mouvement dans la maison l'avertisse qu'il faut se retirer et ne plus revenir. Il fait la même manœuvre dans les pipées et dans

(*) Le Renard (*Canis Vulpes* L.) se distingue surtout du Loup par sa queue touffue et par sa pupille qui est oblongue au lieu d'être ronde.

les boqueteaux où l'on prend les grives et les bécasses au lacet ; il devance
le pipeur, va de très grand matin, et souvent plus d'une fois par jour, visiter
les lacets, les gluaux, emporte successivement les oiseaux qui se sont empêtrés, les dépose tous en différents endroits, surtout au bord des chemins, dans
les ornières, sous de la mousse, sous un genièvre, les y laisse quelquefois
deux ou trois jours, et sait parfaitement les retrouver au besoin. Il chasse
les jeunes levrauts en plaine, saisit quelquefois les lièvres au gîte, ne les
manque jamais lorsqu'ils sont blessés, déterre les lapereaux dans les garennes, découvre les nids de perdrix, de cailles, prend la mère sur les œufs, et
détruit une quantité prodigieuse de gibier. Le loup nuit plus au paysan, le
renard nuit plus au gentilhomme.

La chasse du renard demande moins d'appareil que celle du loup ; elle
est plus facile et plus amusante. Tous les chiens ont de la répugnance pour
le loup, tous les chiens, au contraire, chassent le renard volontiers, et même
avec plaisir ; car, quoiqu'il ait l'odeur très forte, ils le préfèrent souvent au
cerf, au chevreuil et au lièvre. On peut le chasser avec des bassets, des
chiens courants, des briquets : dès qu'il se sent poursuivi, il court à son
terrier ; les bassets à jambes torses sont ceux qui s'y glissent le plus aisément : cette manière est bonne pour prendre une portée entière de renards,
la mère avec les petits ; pendant qu'elle se défend et combat les bassets, on
tâche de découvrir le terrier par-dessus, et on la tue ou on la saisit vivante
avec des pinces. Mais comme les terriers sont souvent dans des rochers,
sous des troncs d'arbres, et quelquefois trop enfoncés sous terre, on ne
réussit pas toujours. La façon la plus ordinaire, la plus agréable et la plus
sûre de chasser le renard est de commencer par boucher les terriers ; on
place les tireurs à portée, on quête alors avec les briquets ; dès qu'ils sont
tombés sur la voie, le renard gagne son gîte, mais en arrivant il essuie une
première décharge : s'il échappe à la balle, il fuit de toute sa vitesse, fait un
grand tour, et revient encore à son terrier, où on le tire une seconde fois,
et où trouvant l'entrée fermée, il prend le parti de se sauver au loin en perçant droit en avant pour ne plus revenir. C'est alors qu'on se sert des chiens
courants, lorsqu'on veut le poursuivre : il ne laissera pas de les fatiguer
beaucoup, parce qu'il passe à dessein dans les endroits les plus fourrés, où
les chiens ont grand'peine à le suivre, et que, quand il prend la plaine, il va
très loin sans s'arrêter.

Pour détruire les renards, il est encore plus commode de tendre des pièges,
où l'on met de la chair pour appât, un pigeon, une volaille vivante, etc. Je
fis un jour suspendre à neuf pieds de hauteur sur un arbre les débris d'une
halte de chasse, de la viande, du pain, des os ; dès la première nuit, les
renards s'étaient si fort exercés à sauter, que le terrain autour de l'arbre
était battu comme une aire de grange. Le renard est aussi vorace que carnassier ; il mange de tout avec une égale avidité, des œufs, du lait, du fro-

mage, des fruits, et surtout des raisins : lorsque les levrauts et les perdrix lui manquent, il se rabat sur les rats, les mulots, les serpents, les lézards, les crapauds, etc.; il en détruit un grand nombre : c'est là le seul bien qu'il procure. Il est très avide de miel; il attaque les abeilles sauvages, les guêpes, les frelons, qui d'abord tâchent de le mettre en fuite, en le perçant de mille coups d'aiguillon; il se retire en effet, mais c'est en se roulant pour les écraser, et il revient si souvent à la charge qu'il les oblige à abandonner le guêpier; alors il le déterre et en mange et le miel et la cire. Il prend aussi les hérissons, les roule avec ses pieds, et les force à s'étendre. Enfin il mange du poisson, des écrevisses, des hannetons, des sauterelles, etc.

Cet animal ressemble beaucoup au chien, surtout par les parties intérieures; cependant il en diffère par la tête, qu'il a plus grosse à proportion de son corps; il a aussi les oreilles plus courtes, la queue beaucoup plus grande, le poil plus long et plus touffu, les yeux plus inclinés; il en diffère encore par une mauvaise odeur très forte qui lui est particulière, et enfin par le caractère le plus essentiel, par le naturel, car il ne s'apprivoise pas aisément, et jamais tout à fait : il languit lorsqu'il n'a pas la liberté, et meurt d'ennui quand on veut le garder trop longtemps en domesticité. Il ne s'accouple point avec la chienne (a); s'ils ne sont pas antipathiques, ils sont au moins indifférents. Il produit en moindre nombre, et une seule fois par an; les portées sont ordinairement de quatre ou cinq, rarement de six, et jamais moins de trois. Lorsque la femelle est pleine, elle se recèle, sort rarement de son terrier, dans lequel elle prépare un lit à ses petits. Elle devient en chaleur en hiver, et l'on trouve déjà de petits renards au mois d'avril : lorsqu'elle s'aperçoit que sa retraite est découverte, et qu'en son absence ses petits ont été inquiétés, elle les transporte tous les uns après les autres, et va chercher un autre domicile. Ils naissent les yeux fermés; ils sont, comme les chiens, dix-huit mois ou deux ans à croître et vivent de même treize ou quatorze ans.

Le renard a les sens aussi bons que le loup, le sentiment plus fin, et l'organe de la voix plus souple et plus parfait. Le loup ne se fait entendre que par des hurlements affreux; le renard glapit, aboie, et pousse un son triste, semblable au cri du paon; il a des tons différents selon les sentiments différents dont il est affecté; il a la voix de la chasse, l'accent du désir, le son du murmure, le ton plaintif de la tristesse, le cri de la douleur, qu'il ne fait jamais entendre qu'au moment où il reçoit un coup de feu qui lui casse quelque membre; car il ne crie point pour toute autre blessure, et il se laisse tuer à coups de bâton, comme le loup, sans se plaindre, mais toujours en se défendant avec courage. Il mord dangereusement, opiniâtrement, et l'on est obligé de se servir d'un ferrement ou d'un bâton pour le

(a) Voyez, à l'article du chien, les expériences que j'ai faites à ce sujet.

faire démordre. Son glapissement est une espèce d'aboiement qui se fait par des sons semblables et très précipités. C'est ordinairement à la fin du glapissement qu'il donne un coup de voix plus fort, plus élevé, et semblable au cri du paon. En hiver, surtout pendant la neige et la gelée, il ne cesse de donner de la voix, et il est au contraire presque muet en été. C'est dans cette saison que son poil tombe et se renouvelle; l'on fait peu de cas de la peau des jeunes renards, ou des renards pris en été. La chair du renard est moins mauvaise que celle du loup; les chiens et même les hommes en mangent en automne, surtout lorsqu'il s'est nourri et engraissé de raisins, et sa peau d'hiver fait de bonnes fourrures. Il a le sommeil profond, on l'approche aisément sans l'éveiller : lorsqu'il dort, il se met en rond comme les chiens; mais lorsqu'il ne fait que se reposer, il étend les jambes de derrière et demeure étendu sur le ventre; c'est dans cette posture qu'il épie les oiseaux le long des haies. Ils ont pour lui une si grande antipathie que, dès qu'ils l'aperçoivent, ils font un petit cri d'avertissement : les geais, les merles surtout, le conduisent du haut des arbres, répètent souvent le petit cri d'avis, et le suivent quelquefois à plus de deux ou trois cents pas.

J'ai fait élever quelques renards pris jeunes : comme ils ont une odeur très forte, on ne peut les tenir que dans des lieux éloignés, dans des écuries, des étables, où l'on n'est pas à portée de les voir souvent; et c'est peut-être par cette raison qu'ils s'apprivoisent moins que le loup, qu'on peut garder plus près de la maison. Dès l'âge de cinq à six mois les jeunes renards couraient après les canards et les poules, et il fallut les enchaîner. J'en fis garder trois pendant deux ans, une femelle et deux mâles : on tenta inutilement de les faire accoupler avec des chiennes; quoiqu'ils n'eussent jamais vu de femelles de leur espèce, et qu'ils parussent pressés du besoin de jouir, ils ne purent s'y déterminer; ils refusèrent constamment toutes les chiennes; mais dès qu'on leur présenta leur femelle légitime, ils la couvrirent quoique enchaînés, et elle produisit quatre petits. Ces mêmes renards, qui se jetaient sur les poules lorsqu'ils étaient en liberté, n'y touchaient plus dès qu'ils avaient leur chaîne : on attachait souvent auprès d'eux une poule vivante, on les laissait passer la nuit ensemble, on les faisait même jeûner auparavant; malgré le besoin et la commodité, ils n'oubliaient pas qu'ils étaient enchaînés et ne touchaient point à la poule.

Cette espèce est une des plus sujettes aux influences du climat, et l'on y trouve presque autant de variétés que dans les espèces d'animaux domestiques. La plupart de nos renards sont roux, mais il s'en trouve aussi dont le poil est gris argenté; tous deux ont le bout de la queue blanc. Les derniers s'appellent en Bourgogne renards *charbonniers*, parce qu'ils ont les pieds plus noirs que les autres. Ils paraissent aussi avoir le corps plus court, parce que leur poil est plus fourni. Il y en a d'autres qui ont le corps réellement plus long que les autres, et qui sont d'un gris sale, à peu près de la couleur des vieux loups ; mais je ne puis décider si cette différence de couleur est une vraie variété ou si elle n'est produite que par l'âge de l'animal, qui peut-être blanchit en vieillissant. Dans les pays du Nord, il y en a de toutes couleurs, des noirs, des bleus, des gris, des gris de fer, des gris argentés, des blancs, des blancs à pieds fauves, des blancs à tête noire, des blancs avec le bout de la queue noir, des roux avec la gorge et le ventre entièrement blancs, sans aucun mélange de noir, et enfin des croisés qui ont une ligne noire le long de l'épine du dos, et une autre ligne noire sur les épaules, qui traverse la première : ces derniers sont plus grands que les autres et ont la gorge noire. L'espèce commune est plus généralement répandue qu'aucune des autres ; on la trouve partout, en Europe (*a*), dans l'Asie (*b*) septentrionale et tempérée ; on la retrouve de même en Amérique (*) (*c*), mais elle est fort rare en Afrique et dans les pays voisins de l'équateur. Les voyageurs qui disent en avoir vu à Calicut (*d*) et dans les autres provinces méridionales des Indes ont pris les chacals pour des renards. Aristote lui-même est tombé dans une erreur semblable, lorsqu'il a dit (*e*) que les renards d'Égypte étaient plus petits que ceux de Grèce ; ces petits renards d'Égypte sont des putois (*f*), dont l'odeur est insupportable. Nos renards, originaires des climats froids, sont devenus naturels aux pays tempérés, et ne se sont pas étendus vers le midi au delà de l'Espagne et du Japon (*g*). Ils sont originaires des pays froids, puisqu'on y trouve toutes les variétés de l'espèce, et qu'on ne les trouve que là : d'ailleurs, ils supportent aisément le froid le plus extrême ; il y en a du côté du pôle (*h*) antarctique comme vers le pôle (*i*) arctique. La fourrure des renards blancs n'est pas fort estimée, parce que le poil tombe aisément ; les gris argentés sont meilleurs ; les bleus et les croisés sont recherchés à cause de leur rareté ; mais les noirs sont les plus précieux de tous ; c'est, après la zibeline, la fourrure la plus belle et la plus chère. On en trouve au Spitzberg (*j*), en

(*a*) Voyez les *Œuvres de Regnard*. Paris, 1742, t. Ier, p. 175.
(*b*) Voyez la *Relation du voyage d'Adam Olearius*. Paris, 1656, t. Ier, p. 363.
(*c*) Voyez le *Voyage de la Hontan*, t. II, p. 42.
(*d*) Voyez les *Voyages de François Pyrard*. Paris, 1619, t. Ier, p. 427.
(*e*) Aristot., *Hist. animal.*, lib. VIII, cap. XVIII.
(*f*) Aldrovande, *Quadrup. hist.*, p. 197.
(*g*) Voyez l'*Histoire du Japon*, par Kœmpfer. La Haye, 1719, t. Ier, p. 110.
(*h*) Voyez le *Voyage de Narboroug à la mer du Sud*. Second volume des *Voyages de Coréal*. Paris, 1722, t. II, p. 184.
(*i*) Voyez le *Recueil des Voyages du Nord*. Rouen, 1716, t. II, pages 113 et 114. Voyez aussi le *Recueil des voyages qui ont servi à l'établissement de la Compagnie des Indes orientales*. Amsterdam, 1702, t. Ier, pages 39 et 40.
(*j*) Voy. *id. ibid.*

(*) La plupart des zoologistes considèrent les Renards d'Amérique comme appartenant à des espèces distinctes de celle de l'Europe.

Groenland (*a*), en Laponie, en Canada (*b*), où il y en a aussi de croisés, et où l'espèce commune est moins rousse qu'en France, et a le poil plus long et plus fourni.

(*a*) Les renards abondent dans toute la Laponie. Ils sont presque tous blancs, quoiqu'il s'en rencontre de la couleur ordinaire. Les blancs sont les moins estimés; mais il s'en trouve quelquefois de noirs, et ceux-là sont les plus rares et les plus chers ; leurs peaux sont quelquefois vendues quarante ou cinquante écus, et le poil en est si fin et si long qu'il pend de tel côté que l'on veut, en sorte que prenant la peau par la queue, le poil tombe du côté des oreilles, etc. *OEuvres de Regnard*, t. Ier, p. 175.

(*b*) Voyez le *Voyage du pays des Hurons*, par Sagard Théodat. Paris, 1632, pages 304 et 305.

LE BLAIREAU

Le blaireau (*) est un animal paresseux, défiant, solitaire, qui se retire
dans les lieux les plus écartés, dans les bois les plus sombres, et s'y creuse
une demeure souterraine; il semble fuir la société, même la lumière, et passe
les trois quarts de sa vie dans ce séjour ténébreux, dont il ne sort que pour
chercher sa subsistance. Comme il a le corps allongé, les jambes courtes,
les ongles, surtout ceux des pieds de devant, très longs et très fermes, il a
plus de facilité qu'un autre pour ouvrir la terre, y fouiller, y pénétrer, et
jeter derrière lui les déblais de son excavation, qu'il rend tortueuse, oblique,
et qu'il pousse quelquefois fort loin. Le renard, qui n'a pas la même facilité
pour creuser la terre, profite de ses travaux : ne pouvant le contraindre par
la force, il l'oblige par adresse à quitter son domicile en l'inquiétant, en
faisant sentinelle à l'entrée, en l'infectant même de ses ordures; ensuite il
s'en empare, l'élargit, l'approprie et en fait son terrier. Le blaireau, forcé à
changer de manoir, ne change pas de pays; il ne va qu'à quelque distance
travailler sur nouveaux frais à se pratiquer un autre gîte, dont il ne sort que
la nuit, dont il ne s'écarte guère, et où il revient dès qu'il sent quelque
danger. Il n'a que ce moyen de se mettre en sûreté, car il ne peut échapper
par la fuite; il a les jambes trop courtes pour pouvoir bien courir. Les chiens
l'atteignent promptement, lorsqu'ils le surprennent à quelque distance de
son trou : cependant il est rare qu'ils l'arrêtent tout à fait et qu'ils en viennent à bout, à moins qu'on ne les aide. Le blaireau a le poil très épais, les
jambes, la mâchoire et les dents très fortes, aussi bien que les ongles; il se
sert de toute sa force, de toute sa résistance et de toutes ses armes en se
couchant sur le dos, et il fait aux chiens de profondes blessures. Il a d'ailleurs la vie très dure; il combat longtemps, se défend courageusement et
jusqu'à la dernière extrémité.

Autrefois que ces animaux étaient plus communs qu'ils ne le sont aujour-
d'hui, on dressait des bassets pour les chasser et les prendre dans leurs

(*) Le Blaireau (*Meles vulgaris*) est un Carnivore plantigrade, de la famille des Mustélides,
à corps allongé, bas sur pattes ; à pieds formés de cinq doigts pourvus de griffes aiguës, non
rétractiles ; à une seule dent tuberculeuse derrière la carnassière qui est très développée ; à
glandes anales répandant une odeur très désagréable.

1. BLAIREAU COMMUN.—2. MARTE COMMUNE.

A Le Vasseur, Éditeur

terriers. Il n'y a guère que les bassets à jambes torses qui puissent y entrer aisément; le blaireau se défend en reculant, éboule de la terre, afin d'arrêter ou d'enterrer les chiens. On ne peut le prendre qu'en faisant ouvrir le terrier par dessus, lorsqu'on juge que les chiens l'ont acculé jusqu'au fond; on le serre avec des tenailles, et ensuite on le musèle pour l'empêcher de mordre : on m'en a apporté plusieurs qui avaient été pris de cette façon, et nous en avons gardé quelques-uns longtemps. Les jeunes s'apprivoisent aisément, jouent avec les petits chiens, et suivent comme eux la personne qu'ils connaissent et qui leur donne à manger; mais ceux que l'on prend vieux demeurent toujours sauvages : ils ne sont ni malfaisants ni gourmands comme le renard et le loup, et cependant ils sont animaux carnassiers; ils mangent de tout ce qu'on leur offre, de la chair, des œufs, du fromage, du beurre, du pain, du poisson, des fruits, des noix, des graines, des racines, etc., et ils préfèrent la viande crue à tout le reste. Ils dorment la nuit entière et les trois quarts du jour, sans cependant être sujets à l'engourdissement pendant l'hiver, comme les marmottes ou les loirs. Ce sommeil fréquent fait qu'ils sont toujours gras, quoiqu'ils ne mangent pas beaucoup; et c'est par la même raison qu'ils supportent aisément la diète, et qu'ils restent souvent dans leur terrier trois ou quatre jours sans en sortir, surtout dans les temps de neige.

Ils tiennent leur domicile propre; ils n'y font jamais leurs ordures (*). On trouve rarement le mâle avec la femelle : lorsqu'elle est prête à mettre bas, elle coupe de l'herbe, en fait une espèce de fagot qu'elle traîne entre ses jambes jusqu'au fond du terrier, où elle fait un lit commode pour elle et ses petits. C'est en été qu'elle met bas, et la portée est ordinairement de trois ou de quatre. Lorsqu'ils sont un peu grands, elle leur apporte à manger; elle ne sort que la nuit, va plus au loin que dans les autres temps; elle déterre les nids des guêpes, en emporte le miel, perce les rabouillères des lapins, prend les jeunes lapereaux, saisit aussi les mulots, les lézards, les serpents, les sauterelles, les œufs des oiseaux, et porte tout à ses petits, qu'elle fait sortir souvent sur le bord du terrier soit pour les allaiter, soit pour leur donner à manger.

Ces animaux sont naturellement frileux; ceux qu'on élève dans la maison ne veulent pas quitter le coin du feu, et souvent s'en approchent de si près qu'ils se brûlent les pieds, et ne guérissent pas aisément. Ils sont aussi fort sujets à la gale; les chiens qui entrent dans leurs terriers prennent le même mal, à moins qu'on n'ait grand soin de les laver. Le blaireau a toujours le

(*) Les terriers ont quatre ou cinq ouvertures conduisant par autant de tunnels à une pièce principale dans laquelle se tient l'animal et où la femelle dépose ses petits. Les couloirs ont tous de sept à huit ou même dix mètres de long ; la pièce centrale ou donjon est à plus d'un mètre de profondeur et les ouvertures des couloirs sont écartées l'un de l'autre d'une dizaine de mètres.

poil gras et malpropre : il a entre l'anus et la queue une ouverture assez large, mais qui ne communique point à l'intérieur et ne pénètre guère qu'à un pouce de profondeur ; il en suinte continuellement une liqueur onctueuse, d'assez mauvaise odeur, qu'il se plaît à sucer. Sa chair n'est pas absolument mauvaise à manger, et l'on fait de sa peau des fourrures grossières, des colliers pour les chiens, des couvertures pour les chevaux, etc.

Nous ne connaissons point de variétés dans cette espèce, et nous avons fait chercher partout le blaireau-cochon dont parlent les chasseurs, sans pouvoir le trouver. Du Fouilloux (*a*) dit qu'il y a deux espèces de *tessons* ou *bléreaux*, les *porchins* et les *chenins;* que les porchins sont un peu plus gras, un peu plus blancs, un peu plus gros de corps et de tête que les chenins. Ces différences sont, comme l'on voit, assez légères ; et il avoue lui-même qu'elles sont peu apparentes, à moins (*b*) qu'on n'y regarde de bien près. Je crois donc que cette distinction du blaireau, en *blaireau-chien* et *blaireau-cochon*, n'est qu'un préjugé fondé sur ce que cet animal a deux noms, en latin *meles* et *taxus*, en français *blaireau* et *taisson*, etc., et que c'est une de ces erreurs produites par la nomenclature, dont nous avons parlé dans le discours sur les *animaux carnassiers*. D'ailleurs, les espèces qui ont des variétés sont ordinairement très abondantes et très généralement répandues : celle du blaireau est, au contraire, une des moins nombreuses et des plus confinées. On n'est pas sûr qu'elle se trouve en Amérique, à moins que l'on ne regarde comme une nouvelle variété de l'espèce l'animal envoyé de la Nouvelle-York, dont M. Brisson (*c*) a donné une courte description, sous le nom de blaireau blanc. Elle n'est point en Afrique, car l'animal du cap de Bonne-Espérance, décrit (*d*) par Kolbe sous le nom de blaireau puant est un animal différent ; et nous doutons que le *Fossa* de Madagascar, dont parle Flacourt dans sa relation, page 152, et qu'il dit ressembler au blaireau de France, soit en effet un blaireau. Les autres voyageurs n'en parlent pas : le docteur Shaw dit (*e*) même qu'il est entièrement inconnu en Barbarie. Il paraît aussi qu'il ne se trouve point en Asie ; il n'était pas connu des Grecs, puisque Aristote n'en fait aucune mention, et que le blaireau n'a pas même de nom

(*a*) Voyez la *Vénerie de du Fouilloux*. Paris, 1613, p. 72 verso et 73 recto.

(*b*) Voyez *id. ibid.*

(*c*) *Meles suprà alba, infrà ax albo flavicans... Meles alba.* Il a, depuis le bout du museau jusqu'à l'origine de la queue, un pied neuf pouces de long ; sa queue est longue de neuf pouces. Ses yeux sont petits à proportion de la grandeur de son corps, ses oreilles courtes, ses jambes très courtes, ses ongles blancs. Tout son corps est couvert de poils très épais, blancs dans toute la partie supérieure du corps, et d'un blanc jaunâtre dans la partie inférieure. On le trouve dans la Nouvelle-York, d'où il a été apporté à M. de Réaumur. Brisson, *Regn. animal.*, p. 255. On doit ajouter à cette description, qu'il est en tout plus petit, et qu'il a le nez plus court que notre blaireau ; et d'ailleurs on ne voit pas sur la peau, qui est empaillée, s'il y a une bourse sous la queue.

(*d*) Voyez la *Description du cap de Bonne-Espérance*, par Kolbe, Amsterdam, 1741, t. III, page 64.

(*e*) Voyez les *Voyages de M. Shaw*. La Haye, 1743, t. Ier, p. 320.

dans la langue grecque. Ainsi cette espèce, originaire du climat tempéré de
l'Europe, ne s'est guère répandue au delà de l'Espagne, de la France, de
l'Italie, de l'Allemagne, de l'Angleterre, de la Pologne et de la Suède, et elle
est partout assez rare. Et non seulement il n'y a que peu ou point de variétés
dans l'espèce, mais même elle n'approche d'aucune autre : le blaireau a des
caractères tranchés et fort singuliers : les bandes alternatives qu'il a sur la
tête, l'espèce de poche qu'il a sous la queue, n'appartiennent qu'à lui, et il a
le corps presque blanc par-dessus et presque noir par-dessous, ce qui est
tout le contraire des autres animaux, dont le ventre est toujours d'une couleur moins foncée que le dos.

LA LOUTRE

La loutre (*) est un animal vorace, plus avide de poisson que de chair, qui
ne quitte guère le bord des rivières ou des lacs, et qui dépeuple quelquefois
les étangs ; elle a plus de facilité qu'un autre pour nager, plus même que le
castor, car il n'a des membranes qu'aux pieds de derrière, et il a les doigts
séparés dans les pieds de devant, tandis que la loutre a des membranes à
tous les pieds ; elle nage presque aussi vite qu'elle marche ; elle ne va point
à la mer comme le castor, mais elle parcourt les eaux douces et remonte ou
descend les rivières à des distances considérables : souvent elle nage entre
deux eaux et y demeure assez longtemps ; elle vient ensuite à la surface,
afin de respirer. A parler exactement, elle n'est point animal amphibie, c'est-
à-dire animal qui peut vivre également et dans l'air et dans l'eau ; elle n'est
pas conformée pour demeurer dans ce dernier élément, et elle a besoin de
respirer à peu près comme tous les autres animaux terrestres : si même il
arrive qu'elle s'engage dans une nasse à la poursuite d'un poisson, on la
trouve noyée, et l'on voit qu'elle n'a pas eu le temps d'en couper tous les
osiers pour en sortir. Elle a les dents comme la fouine, mais plus grosses et
plus fortes relativement au volume de son corps. Faute de poisson, d'écrevisses, de grenouilles, de rats d'eau, ou d'autre nourriture, elle coupe les
jeunes rameaux et mange l'écorce des arbres aquatiques ; elle mange aussi
de l'herbe nouvelle au printemps ; elle ne craint pas plus le froid que l'humidité ; elle devient en chaleur en hiver et met bas au mois de mars : on
m'a souvent apporté des petits au commencement d'avril ; les portées sont de
trois ou quatre. Ordinairement les jeunes animaux sont jolis, les jeunes
loutres sont plus laides que les vieilles. La tête mal faite, les oreilles placées
bas, des yeux trop petits et couverts, l'air obscur, les mouvements gauches,

(*) La Loutre (*Lutra vulgaris*) est un Carnivore de la famille des Mustélides, à doigts
palmés.

toute la figure ignoble, informe, un cri qui paraît machinal, et qu'elles répètent à tout moment, sembleraient annoncer un animal stupide ; cependant la loutre devient industrieuse avec l'âge, au moins assez pour faire la guerre avec grand avantage aux poissons, qui pour l'instinct et le sentiment sont très inférieurs aux autres animaux ; mais j'ai grand'peine à croire qu'elle ait, je ne dis pas les talents du castor, mais même les habitudes qu'on lui suppose, comme celle de commencer toujours par remonter les rivières, afin de revenir plus aisément et de n'avoir (a) plus qu'à se laisser entraîner au fil de l'eau, lorsqu'elle s'est rassasiée ou chargée de proie ; celle d'approprier son domicile et d'y faire un plancher pour n'être point incommodée de l'humidité ; celle d'y faire une ample provision de poisson, afin de n'en pas manquer ; et enfin la docilité et la facilité de s'apprivoiser au point de pêcher pour son maître, et d'apporter le poisson jusque dans la cuisine. Tout ce que je sais, c'est que les loutres ne creusent point leur domicile elles-mêmes, qu'elles se gîtent dans le premier trou qui se présente, sous les racines des peupliers, des saules, dans les fentes des rochers, et même dans les piles de bois à flotter ; qu'elles y font aussi leurs petits sur un lit fait de bûchettes et d'herbes ; que l'on trouve dans leur gîte des têtes et des arêtes de poisson ; qu'elles changent souvent de lieu ; qu'elles emmènent ou dispersent leurs petits au bout de six semaines ou de deux mois ; que ceux que j'ai voulu priver cherchaient à mordre, même en prenant du lait et avant que d'être assez forts pour mâcher du poisson ; qu'au bout de quelques jours ils devenaient plus doux, peut-être parce qu'ils étaient malades et faibles ; que, loin de s'accoutumer aisément à la vie domestique, tous ceux que j'ai essayé de faire élever sont morts dans le premier âge ; qu'enfin la loutre est, de son naturel, sauvage et cruelle ; que, quand elle peut entrer dans un vivier, elle y fait ce que le putois fait dans un poulailler ; qu'elle tue beaucoup plus de poissons qu'elle ne peut en manger, et qu'ensuite elle en emporte un dans sa gueule.

Le poil de la loutre ne mue guère ; sa peau d'hiver est cependant plus brune et se vend plus cher que celle d'été ; elle fait une très bonne fourrure. Sa chair se mange en maigre et a, en effet, un mauvais goût de poisson, ou plutôt de marais. Sa retraite est infectée de la mauvaise odeur des débris du poisson qu'elle y laisse pourrir ; elle sent elle-même assez mauvais : les chiens la chassent volontiers et l'atteignent aisément, lorsqu'elle est éloignée de son gîte et de l'eau ; mais quand ils la saisissent, elle se défend, les mord cruellement, et quelquefois avec tant de force et d'acharnement qu'elle leur brise les os des jambes, et qu'il faut la tuer pour la faire démordre. Le castor cependant, qui n'est pas un animal bien fort, chasse la loutre et ne lui permet pas d'habiter sur les bords qu'il fréquente.

(a) *Vid.* Gessner, *Hist. quad.*, p. 685, *ex Alberto, Bellonio, Scaligero, Olao magno,* etc.

Cette espèce, sans être en très grand nombre, est généralement répandue en Europe, depuis la Suède jusqu'à Naples, et se retrouve dans l'Amérique septentrionale (*a*); elle était bien connue des Grecs (*b*) et se trouve vraisemblablement dans tous les climats tempérés, surtout dans les lieux où il y a beaucoup d'eau; car la loutre ne peut habiter ni les sables brûlants ni les déserts arides; elle fuit également les rivières stériles et les fleuves trop fréquentés. Je ne crois pas qu'elle se trouve dans les pays très chauds ; car le jiya ou carigueibeju (*c*), qu'on a appelé *loutre du Brésil*, et qui se trouve aussi à Cayenne (*d*), paraît être d'une espèce voisine, mais différente; au lieu que la loutre de l'Amérique septentrionale (*e*) ressemble en tout à celle d'Europe, si ce n'est que la fourrure est encore plus noire et plus belle que celle de la loutre de Suède ou de Moscovie.

LA FOUINE

La plupart des naturalistes ont écrit que la fouine (*) et la marte étaient des animaux de la même espèce. Gessner (*f*) et Ray ont dit, d'après Albert, qu'ils se mêlaient ensemble. Cependant ce fait, qui n'est appuyé par aucun autre témoignage, nous paraît au moins douteux, et nous croyons au contraire, que ces animaux, ne se mêlant point ensemble, font deux espèces distinctes et séparées. Je puis ajouter, aux raisons qu'en donne M. Daubenton (*g*), des exemples qui rendront la chose plus sensible. Si la marte était la fouine sauvage, ou la fouine la marte domestique, il en serait de ces deux animaux comme du chat sauvage et du chat domestique; le premier conserverait constamment les mêmes caractères, et le second varierait, comme on le voit dans le chat sauvage, qui demeure toujours le même, et dans le chat domestique, qui prend toutes sortes de couleurs. Au contraire, la fouine, ou si l'on veut la marte domestique, ne varie point; elle a ses caractères propres, particuliers, et tout aussi constants que ceux de la marte sauvage; ce qui suffirait seul pour prouver que ce n'est pas une pure variété, une simple différence produite par l'état de domesticité : d'ailleurs, c'est sans aucun fondement qu'on appelle la fouine *marte domestique*, puisqu'elle

(*a*) Voyez le *Voyage de la Hontan*, t. II, p. 38.
(*b*) *Vide Aristotelem, Hist. animal.*, lib. viii, cap. v.
(*c*) Jiya quæ et carigueibeju appellatur a Brasiliensibus. Marcg. *Hist. Brasil.*, p. 234.
(*d*) *Barrère*, Hist. de la France équinoxiale, p. 155.
(*e*) Voyez le *Voyage de la Hontan*, t. 1er, p. 84.
(*f*) Gessner, *Hist. animal. quadrup.*, p. 76. Ray, *Synops. animal. quadrup.*, p. 200.
(*g*) Voyez la Description de la marte, par Daubenton.

(*) La Fouine (*Mustela Foina* Briss.) est un Mammifère de la famille des Carnivores, à griffes rétractiles, à museau pointu et à corps allongé.

n'est pas plus domestique que le renard, le putois, qui, comme elle, s'approchent des maisons pour y trouver leur proie, et qu'elle n'a pas plus d'habitude, pas plus de communication avec l'homme que les autres animaux que nous appelons sauvages. Elle diffère donc de la marte par le naturel et par le tempérament, puisque celle-ci fuit les lieux découverts, habite au fond des bois, demeure sur les arbres, ne se trouve en grand nombre que dans les climats froids, au lieu que la fouine s'approche des habitations, s'établit même dans les vieux bâtiments, dans les greniers à foin, dans les trous de murailles; qu'enfin l'espèce en est généralement répandue en grand nombre dans tous les pays tempérés, et même dans les climats chauds, comme à Madagascar (a), aux Maldives (b), et qu'elle ne se trouve pas dans les pays du Nord.

La fouine a la physionomie très fine, l'œil vif, le saut léger, les membres souples, le corps flexible, tous les mouvements très prestes; elle saute et bondit plutôt qu'elle ne marche; elle grimpe aisément contre les murailles qui ne sont pas bien enduites, entre dans les colombiers, les poulaillers, etc., mange les œufs, les pigeons, les poules, etc., en tue quelquefois un grand nombre et les porte à ses petits; elle prend aussi les souris, les rats, les taupes, les oiseaux dans leurs nids. Nous en avons élevé une que nous avons gardé longtemps : elle s'apprivoise à un certain point; mais elle ne s'attache pas, et demeure toujours assez sauvage pour qu'on soit obligé de la tenir enchaînée; elle faisait la guerre aux chats; elle se jetait aussi sur les poules, dès qu'elle se trouvait à portée; elle s'échappait souvent, quoique attachée par le milieu du corps; les premières fois elle ne s'éloignait guère et revenait au bout de quelques heures, mais sans marquer de la joie, sans attachement pour personne. Elle demandait cependant à manger comme le chat et le chien; peu après elle fit des absences plus longues, et, enfin, ne revint plus. Elle avait alors un an et demi, l'âge apparemment auquel la nature avait pris le dessus. Elle mangeait de tout ce qu'on lui donnait, à l'exception de la salade et des herbes; elle aimait beaucoup le miel, et préférait le chènevis à toutes les autres graines : on a remarqué qu'elle buvait fréquemment, qu'elle dormait quelquefois deux jours de suite, et qu'elle était aussi quelquefois deux ou trois jours sans dormir; qu'avant le sommeil elle se mettait en rond, cachait sa tête et l'enveloppait de sa queue; que, tant qu'elle ne dormait pas, elle était dans un mouvement continuel si violent et si incommode que, quand même elle ne se serait pas jetée sur les volailles, on aurait été obligé de l'attacher pour l'empêcher de tout briser. Nous avons eu quelques autres fouines plus âgées, que l'on avait prises dans des pièges; mais celles-là demeurèrent tout à fait sauvages; elles mordaient ceux qui voulaient les toucher, et ne voulaient manger que de la chair crue.

(a) Voyez les *Voyages de Jean Struys*. Rouen, 1719, t. Ier, p. 30.
(b) Voyez le *Voyage de François Pyrard*. Paris, 1619, t. Ier, p. 132.

Les fouines, dit-on, portent autant de temps que les chats. On trouve des
petits depuis le printemps jusqu'en automne, ce qui doit faire présumer
qu'elles produisent plus d'une fois par an; les plus jeunes ne font que trois
ou quatre petits; les plus âgées en font jusqu'à sept. Elles s'établissent pour
mettre bas dans un magasin à foin, dans un trou de muraille, où elles poussent de la paille et des herbes; quelquefois dans une fente de rocher ou dans
un tronc d'arbre, où elles portent de la mousse, et lorsqu'on les inquiète,
elles déménagent et transportent ailleurs leurs petits, qui grandissent assez
vite; car celle que nous avons élevée avait au bout d'un an presque atteint
sa grandeur naturelle, et de là on peut inférer que ces animaux ne vivent
que huit ou dix ans. Ils ont une odeur de faux musc qui n'est pas absolument
désagréable; les martes et les fouines, comme beaucoup d'autres animaux,
ont des vésicules intérieures qui contiennent une matière odorante, semblable
à celle que fournit la civette : leur chair a un peu de cette odeur; cependant
celle de la marte n'est pas mauvaise à manger; celle de la fouine est plus
désagréable, et sa peau est aussi beaucoup moins estimée.

LA MARTE

La marte (*), originaire du Nord, est naturelle à ce climat, et s'y trouve
en si grand nombre qu'on est étonné de la quantité de fourrures de cette
espèce qu'on y consomme et qu'on en tire. Elle est, au contraire, en petit
nombre dans les climats tempérés, et ne se trouve point dans les pays
chauds (a) : nous en avons quelques-unes dans nos bois de Bourgogne; il
s'en trouve aussi dans la forêt de Fontainebleau; mais en général elles sont
aussi rares en France que la fouine y est commune. Il n'y en a point du
tout en Angleterre, parce qu'il n'y a pas de bois; elle fuit également les pays
habités et les lieux découverts; elle demeure au fond des forêts, ne se cache
point dans les rochers, mais parcourt les bois et grimpe au-dessus des arbres; elle vit de chasse et détruit une quantité prodigieuse d'oiseaux, dont
elle cherche les nids pour en sucer les œufs; elle prend les écureuils, les mulots, les lérots, etc.; elle mange aussi du miel comme la fouine et le putois.
On ne la trouve pas en pleine campagne, dans les prairies, dans les champs,
dans les vignes; elle ne s'approche jamais des habitations, et elle diffère
encore de la fouine par la manière dont elle se fait chasser; dès que la

(a) Il y a toute apparence que les martes du pays des Anzicos (voisin du royaume de
Congo) dont il est fait mention dans l'*Histoire générale des voyages*, t. V, p. 87, sont des
fouines, et non pas des martes.

(*) La Marte commune (*Mustela Martes* L.) appartient à la même famille et au même
genre que la Fouine dont elle se distingue surtout par la taille et la fourrure.

fouine se sent poursuivre par un chien, elle se soustrait en gagnant promptement son grenier ou son trou : la marte, au contraire, se fait suivre assez longtemps par les chiens, avant de grimper sur un arbre ; elle ne se donne pas la peine de monter jusqu'au-dessus des branches, elle se tient sur la tige, et de là les regarde passer ; la trace que la marte laisse sur la neige paraît être celle d'une grande bête, parce qu'elle ne va qu'en sautant et qu'elle marque toujours de deux pieds à la fois ; elles est un peu plus grosse que la fouine, et cependant elle a la tête plus courte ; elle a les jambes plus longues, et court par conséquent plus aisément ; elle a la gorge jaune, au lieu que la fouine l'a blanche ; son poil est aussi bien plus fin, bien plus fourni et moins sujet à tomber ; elle ne prépare pas, comme la fouine, un lit à ses petits : néanmoins elle les loge encore plus commodément. Les écureuils font, comme l'on sait, des nids au-dessus des arbres avec autant d'art que les oiseaux ; lorsque la marte est prête à mettre bas, elle grimpe au nid de l'écureuil, l'en chasse, en élargit l'ouverture, s'en empare et y fait ses petits ; elle se sert aussi des anciens nids de ducs et de buses, et des trous des vieux arbres, dont elle déniche les pics-de-bois et les autres oiseaux ; elle met bas au printemps : la portée n'est que de deux ou trois ; les petits naissent les yeux fermés, et cependant grandissent en peu de temps ; elle leur apporte bientôt des oiseaux, des œufs, et les mène ensuite à la chasse avec elle. Les oiseaux connaissent si bien leurs ennemis, qu'ils font pour la marte comme pour le renard le même petit cri d'avertissement ; et une preuve que c'est la haine qui les anime, plutôt encore que la crainte, c'est qu'ils les suivent assez loin, et qu'ils font ce cri contre tous les animaux voraces et carnassiers, tels que le loup, le renard, la marte, le chat sauvage, la belette, et jamais contre le cerf, le chevreuil, le lièvre, etc.

Les martes sont aussi communes dans le nord de l'Amérique que dans le nord de l'Europe et de l'Asie : on en apporte beaucoup du Canada ; il y en a dans toute l'étendue des terres septentrionales de l'Amérique jusqu'à la baie d'Hudson (a), et en Asie, jusqu'au nord du royaume de Tunquin (b) et de l'empire de la Chine (c). Il ne faut pas la confondre avec la marte zibeline, qui est un autre animal dont la fourrure est bien plus précieuse. La zibeline est noire, la marte n'est que brune et jaune ; la partie de la peau qui est la plus estimée dans la marte est celle qui est la plus brune, et qui s'étend tout le long du dos jusqu'au bout de la queue.

(a) Voyez le *Voyage du capitaine Robert Lade,* traduit par M. l'abbé Prévost. Paris, 1744, t. II, p. 227.

(b) Voyez les *Voyages de Tavernier.* Rouen, 1713, t. IV, p. 182. Voyez aussi l'*Histoire générale des voyages,* par M. l'abbé Prévost, t. VII, p. 117.

(c) Voyez l'*Histoire générale des voyages,* t. VI, p. 562.

LE PUTOIS

Le putois (*) ressemble beaucoup à la fouine par le tempérament, par le
naturel, par les habitudes ou les mœurs, et aussi par la forme du corps.
Comme elle, il s'approche des habitations, monte sur les toits, s'établit
dans les greniers à foin, dans les granges et dans les lieux peu fréquentés,
d'où il ne sort que la nuit pour chercher sa proie. Il se glisse dans les
basses-cours, monte aux volières, aux colombiers, où, sans faire autant de
bruit que la fouine, il y fait plus de dégât; il coupe ou écrase la tête à toutes
les volailles, et ensuite il les transporte une à une et en fait magasin; si,
comme il arrive souvent, il ne peut les emporter entières, parce que le trou
par où il est entré se trouve trop étroit, il leur mange la cervelle et emporte les têtes. Il est aussi fort avide de miel; il attaque les ruches en hiver
et force les abeilles à les abandonner. Il ne s'éloigne guère des lieux habités;
il entre en amour au printemps; les mâles se battent sur les toits et se disputent la femelle; ensuite ils l'abandonnent et vont passer l'été à la campagne ou dans les bois; la femelle, au contraire, reste dans son grenier
jusqu'à ce qu'elle ait mis bas, et n'emmène ses petits que vers le milieu ou
la fin de l'été; elle en fait trois ou quatre et quelquefois cinq, ne les allaite
pas lontemps, et les accoutume de bonne heure à sucer du sang et des
œufs.

A la ville ils vivent de proie, et de chasse à la campagne; ils s'établissent, pour passer l'été, dans des terriers de lapins, dans des fentes de
rochers, dans des troncs d'arbres creux, d'où ils ne sortent guère que la
nuit pour se répandre dans les champs, dans les bois; ils cherchent les nids
des perdrix, des alouttes et des cailles; ils grimpent sur les arbres pour
prendre ceux des autres oiseaux; ils épient les rats, les taupes, les mulots,
et font une guerre continuelle aux lapins, qui ne peuvent leur échapper,
parce qu'ils entrent aisément dans leurs trous; une seule famille de putois
suffit pour détruire une garenne. Ce serait le moyen le plus simple pour
diminuer le nombre des lapins dans les endroits où ils deviennent trop
abondants.

Le putois est un peu plus petit que la fouine; il a la queue plus courte,
le museau plus pointu, le poil plus épais et plus noir; il a du blanc sur le
front, aussi bien qu'aux côtés du nez et autour de la gueule. Il en diffère
encore par la voix; la fouine a le cri aigu et assez éclatant; le putois a le
cri plus obscur; ils ont tous deux, aussi bien que la marte et l'écureuil, un

____

(*) Le Putois (*Putorius* L.) appartient comme les espèces précédentes à la famille des
Mustélides. Il se distingue par son museau court, ses oreilles courtes et arrondies et ses
griffes rétractiles.

grognement d'un ton grave et colère, qu'ils répètent souvent lorsqu'on les irrite ; enfin le putois ne ressemble point à la fouine par l'odeur, qui, loin d'être agréable, est au contraire si fétide qu'on l'a d'abord distingué et dénommé par là. C'est surtout lorsqu'il est échauffé, irrité, qu'il exhale et répand au loin une odeur insupportable. Les chiens ne veulent point manger de sa chair, et sa peau même, quoique bonne, est à vil prix, parce qu'elle ne perd jamais entièrement son odeur naturelle. Cette odeur vient de deux follicules ou vésicules que ces animaux ont auprès de l'anus, et qui filtrent et contiennent une matière onctueuse dont l'odeur est très désagréable dans le putois, le furet, la belette, le blaireau, etc., et qui n'est au contraire qu'une espèce de parfum dans la civette, la fouine, la marte, etc.

Le putois paraît être un animal des pays tempérés : on n'en trouve que peu ou point dans les pays du Nord, et ils sont plus rares que la fouine dans les climats méridionaux. Le puant d'Amérique est un animal différent, et l'espèce du putois paraît être confinée en Europe, depuis l'Italie jusqu'à la Pologne. Il est sûr que ces animaux craignent le froid, puisqu'ils se retirent dans les maisons pour y passer l'hiver, et qu'on ne voit jamais de leurs traces sur la neige, dans les bois ou dans les champs éloignés des maisons, et peut-être aussi craignent-ils la trop grande chaleur, puisqu'on n'en trouve point dans les pays méridionaux.

LE FURET

Quelques auteurs ont douté si le furet (*) et le putois étaient des animaux d'espèces différentes (a). Ce doute est peut-être fondé sur ce qu'il y a des furets qui ressemblent aux putois par la couleur du poil : cependant le putois, naturel aux pays tempérés, est un animal sauvage comme la fouine, et le furet, originaire des climats chauds, ne peut subsister en France que comme animal domestique. On ne se sert point du putois, mais du furet, pour la chasse du lapin, parce qu'il s'apprivoise plus aisément, car d'ailleurs il a, comme le putois, l'odeur très forte et très désagréable; mais ce qui prouve encore mieux que ce sont des animaux différents, c'est qu'ils ne se mêlent point ensemble, et qu'ils diffèrent d'ailleurs par un grand nombre de caractères essentiels. Le furet a le corps plus allongé et plus mince, la tête plus étroite, le museau plus pointu que le putois; il n'a pas le même

(a) *Vid. Linnæi.* Syst. nat. *Mustela flavescente nigricans, ore albo, collari flavescente putorius..... Mustela sylvestris viverra dicta,* an distincta?

(*) Le Furet (*Putorius Furo*) ne diffère que fort peu du Putois dont on le considère généralement comme une simple variété.

instinct pour trouver sa subsistance ; il faut en avoir soin, le nourrir à la maison, du moins dans ces climats ; il ne va pas s'établir à la campagne ni dans les bois ; et ceux que l'on perd dans les trous de lapins, et qui ne reviennent pas, ne se sont jamais multipliés dans les champs ni dans les bois : ils périssent apparemment pendant l'hiver : le furet varie aussi par la couleur du poil comme les autres animaux domestiques, et il est aussi commun dans les pays chauds (a), que le putois y est rare.

La femelle est dans cette espèce sensiblement plus petite que le mâle : lorsqu'elle est en chaleur, elle le recherche ardemment, et l'on assure (b) qu'elle meurt, si elle ne trouve pas à se satisfaire ; aussi a-t-on soin de ne les pas séparer. On les élève dans des tonneaux ou dans des caisses où on leur fait un lit d'étoupes ; ils dorment presque continuellement : ce sommeil si fréquent ne leur tient lieu de rien ; car, dès qu'ils s'éveillent, ils cherchent à manger ; on les nourrit de son, de pain, de lait, etc. ; ils produisent deux fois par an ; les femelles portent six semaines : quelques-unes dévorent leurs petits presque aussitôt qu'elles ont mis bas, et alors elles deviennent de nouveau en chaleur et font trois portées, lesquelles sont ordinairement de cinq ou six, et quelquefois de sept, huit, et même neuf.

Cet animal est naturellement ennemi mortel du lapin ; lorsqu'on présente un lapin, même mort, à un jeune furet qui n'en a jamais vu, il se jette dessus et le mord avec fureur ; s'il est vivant, il le prend par le cou, par le nez, et lui suce le sang ; lorsqu'on le lâche dans les trous des lapins on le musèle, afin qu'il ne les tue pas dans le fond du terrier, et qu'il les oblige seulement à sortir et à se jeter dans le filet dont on couvre l'entrée. Si on laisse aller le furet sans muselière, on court risque de le perdre, parce qu'après avoir sucé le sang du lapin il s'endort, et la fumée qu'on fait dans le terrier n'est pas toujours un moyen sûr pour le ramener, parce que souvent il y a plusieurs issues, et qu'un terrier communique à d'autres, dans lesquels le furet s'engage à mesure que la fumée le gagne. Les enfants se servent aussi du furet pour dénicher des oiseaux ; il entre aisément dans les trous des arbres et des murailles, et il les apporte au dehors.

Selon le témoignage de Strabon, le furet a été apporté d'Afrique en Espagne ; et cela ne me paraît pas sans fondement, parce que l'Espagne est le climat naturel des lapins, et le pays où ils étaient autrefois le plus abondants : on peut donc présumer que pour en diminuer le nombre, devenu peut-être très incommode, on fit venir des furets avec lesquels on fait une chasse utile, au lieu qu'en multipliant les putois on ne pourrait que détruire les lapins, mais sans aucun profit, et les détruire peut-être beaucoup au delà de ce que l'on voudrait.

(a) Le furet se trouve en Barbarie, et se nomme *Nimse*. Voyez les *Voyages du docteur Schaw*. Amsterdam, 1743, t. Ier, p. 322.

(b) *Vide* Gessner, *Hist. animal quadrup.*, p. 763.

Le furet, quoique facile à apprivoiser et même assez docile, ne laisse pas d'être fort colère ; il a une mauvaise odeur en tout temps, qui devient bien plus forte, lorsqu'il s'échauffe ou qu'on l'irrite ; il a les yeux vifs, le regard enflammé, tous les mouvements très souples, et il est en même temps si vigoureux, qu'il vient aisément à bout d'un lapin qui est au moins quatre fois plus gros que lui.

Malgré l'autorité des interprètes et des commentateurs, nous doutons que le furet soit l'*ictis* des Grecs. « L'ictis, dit Aristote, est une espèce de belette » sauvage, plus petite qu'un petit chien de Malte, mais semblable à la belette » par le poil, par la forme, par la blancheur de la partie inférieure, et aussi » par l'astuce des mœurs ; il s'apprivoise beaucoup ; il fait grand tort aux » ruches, étant avide de miel ; il attaque aussi les oiseaux ; il a, comme le » chat, le membre génital osseux. *Hist. animal.*, lib. ix, cap. vi. » Il paraît : 1º qu'il y a une espèce de contradiction ou de malentendu à dire que l'ictis est une espèce de belette sauvage qui s'apprivoise beaucoup, puisque la belette ordinaire, qui est ici la moins sauvage des deux, ne s'apprivoise point. 2º Le furet, quoique plus gros que la belette, n'est pas trop comparable au petit épagneul ou au chien bichon, dont il n'approche pas pour la grosseur. 3º Il ne paraît pas que le furet ait l'astuce de mœurs de la belette, ni même aucune ruse : enfin, il ne fait aucun tort aux ruches, et n'est nullement avide de miel. J'ai prié M. Le Roy, inspecteur des chasses du roi, de vérifier ce dernier fait, et voici sa réponse : « M. de Buffon peut être assuré que les » furets n'ont pas, à la vérité, un goût décidé pour le miel, mais qu'avec un » peu de diète on leur en fait manger ; nous en avons nourri pendant quatre » jours avec du pain trempé dans de l'eau miellée ; ils en ont mangé, et » même en assez grande quantité, les deux derniers jours ; il est vrai que les » plus faibles de ceux-là commençaient à maigrir d'une manière sensible. » Ce n'est pas la première fois que M. Le Roy, qui joint à beaucoup d'esprit un grand amour pour les sciences, nous a donné des faits plus ou moins importants, et dont nous avons fait usage. J'ai essayé moi-même, n'ayant pas de furets sous ma main, de faire la même épreuve sur une hermine, en ne lui donnant que du miel pur à manger, et en même temps du lait à boire, elle en est morte au bout de quelques jours ; ainsi ni l'hermine ni le furet ne sont avides de miel comme l'*ictis* des anciens, et c'est ce qui me fait croire que ce mot *ictis* n'est peut-être qu'un mot générique, ou que, s'il désigne une espèce particulière, c'est plutôt la fouine ou le putois, qui tous deux, en effet, ont l'astuce de la belette, entrent dans les ruches, et sont très avides de miel.

LA BELETTE

La belette (*) ordinaire est aussi commune dans les pays tempérés et chauds (a) qu'elle est rare dans les climats froids ; l'hermine, au contraire, très abondante dans le nord, n'est qu'en petit nombre dans les régions tempérées, et ne se trouve point vers le midi. Ces animaux forment donc deux espèces distinctes et séparées ; ce qui a pu donner lieu de les confondre et de les prendre pour le même animal, c'est que, parmi les belettes ordinaires, il y en a quelques-unes qui, comme l'hermine, deviennent blanches pendant l'hiver, même dans notre climat : mais, si ce caractère leur est commun, elles en ont d'autres qui sont très différents ; l'hermine, rousse en été, blanche en hiver, a en tout temps le bout de la queue noir ; la belette, même celle qui blanchit en hiver, a le bout de la queue jaune ; elle est d'ailleurs sensiblement plus petite et a la queue beaucoup plus courte que l'hermine ; elle ne demeure pas, comme elle, dans les déserts et dans les bois ; elle ne s'écarte guère des habitations : nous avons eu les deux espèces, et il n'y a nulle apparence que ces animaux, qui diffèrent par le climat, par le tempérament, par le naturel et par la taille, se mêlent ensemble ; il est vrai que, parmi les belettes, il y en a de plus grandes et de plus petites, mais cette différence ne va guère qu'à un pouce sur la longueur entière du corps ; au lieu que l'hermine est de deux pouces plus longue que la belette la plus grande ; ni l'une ni l'autre ne s'apprivoisent : elles demeurent toujours très sauvages dans les cages de fer où l'on est obligé de les garder ; ni l'une ni l'autre ne veulent manger du miel ; elles n'entrent pas dans les ruches comme le putois et la fouine : ainsi l'hermine n'est pas la belette sauvage, l'*ictis* d'Aristote, puisqu'il dit qu'elle devient fort privée et qu'elle est fort avide de miel ; la belette et l'hermine, loin de s'apprivoiser, sont si sauvages qu'elles ne veulent pas manger lorsqu'on les regarde ; elles sont dans une agitation continuelle, cherchent toujours à se cacher ; et, si l'on veut les conserver, il faut leur donner un paquet d'étoupes dans lequel elles puissent se fourrer ; elles y traînent tout ce qu'on leur donne, ne mangent guère que la nuit, et laissent pendant deux ou trois jours la viande fraiche se corrompre avant que d'y toucher ; elles passent les trois quarts du jour à dormir ; celles qui sont en liberté attendent aussi la nuit pour chercher leur proie. Lorsqu'une belette peut entrer dans un poulailler, elle n'attaque pas les coqs ou

(a) La belette se trouve en Barbarie ; on la nomme *Fert el Steile*. Voyez les *Voyages du docteur Shaw*. La Haye, 1743, t. 1er, p. 322.

(*) La Belette (*Putorius vulgaris* L.) se distingue du Putois et du Furet par sa fourrure rouge brun.

les vieilles poules; elle choisit les poulettes, les petits poussins, les tue par une seule blessure qu'elle leur fait à la tête, et ensuite les emporte tous les uns après les autres; elle casse aussi les œufs et les suce avec une incroyable avidité; en hiver, elle demeure ordinairement dans les greniers, dans les granges; souvent même elle y reste au printemps pour y faire ses petits dans le foin ou la paille; pendant tout ce temps, elle fait la guerre, avec encore plus de succès que le chat, aux rats et aux souris, parce qu'ils ne peuvent lui échapper et qu'elle entre après eux dans leurs trous; elle grimpe aux colombiers, prend les pigeons, les moineaux, etc.; en été, elle va à quelque distance des maisons, surtout dans les lieux bas, autour des moulins, le long des ruisseaux, des rivières, se cache dans les buissons pour attraper des oiseaux, et souvent s'établit dans le creux d'un vieux saule pour y faire ses petits : elle leur prépare un lit avec de l'herbe, de la paille, des feuilles, des étoupes; elle met bas au printemps; les portées sont quelquefois de trois, et ordinairement de quatre ou de cinq; les petits naissent les yeux fermés, aussi bien que ceux du putois, de la marte, de la fouine, etc.; mais en peu de temps ils prennent assez d'accroissement et de force pour suivre leur mère à la chasse; elle attaque les couleuvres, les rats d'eau, les taupes, les mulots, etc., parcourt les prairies, dévore les cailles et leurs œufs. Elle ne marche jamais d'un pas égal : elle ne va qu'en bondissant par petits sauts inégaux et précipités, et, lorsqu'elle veut monter sur un arbre, elle fait un bond par lequel elle s'élève tout d'un coup à plusieurs pieds de hauteur; elle bondit de même, lorsqu'elle veut attraper un oiseau.

Ces animaux ont, aussi bien que le putois et le furet, l'odeur si forte qu'on ne peut les garder dans une chambre habitée; ils sentent plus mauvais en été qu'en hiver, et, lorsqu'on les poursuit ou qu'on les irrite, ils infectent de loin. Ils marchent toujours en silence, ne donnent jamais de voix qu'on ne les frappe; ils ont un cri aigre et enroué qui exprime bien le ton de la colère. Comme ils sentent eux-mêmes fort mauvais, ils ne craignent pas l'infection. Un paysan de ma campagne prit un jour trois belettes nouvellement nées dans la carcasse d'un loup qu'on avait suspendu à un arbre par les pieds de derrière; le loup était presque entièrement pourri, et la mère belette avait apporté des herbes, des pailles et des feuilles pour faire un lit à ses petits dans la cavité du thorax.

L'HERMINE OU LE ROSELET

La belette à queue noire s'appelle hermine (*) et roselet : hermine lorsqu'elle est blanche, roselet lorsqu'elle est rousse ou jaunâtre. Quoique moins
commune que la belette ordinaire, on ne laisse pas d'en trouver beaucoup,
surtout dans les anciennes forêts, et quelquefois pendant l'hiver dans les
champs voisins des bois ; il est aisé de la distinguer en tout temps de la
belette commune, parce qu'elle a toujours le bout de la queue d'un noir foncé,
le bord des oreilles et l'extrémité des pieds blancs.

Nous avons peu de chose à ajouter à ce que nous avons déjà dit de cet
animal (a), et à ce que M. Daubenton en a écrit dans sa description (b) ; nous
observerons seulement que, comme d'ordinaire l'hermine change de couleur
en hiver, il y a toute apparence que celle dont il parle, et que nous avions
encore au mois d'avril 1758, serait devenue blanche et telle qu'elle était
l'année passée lorsqu'on la prit au 1er mars 1757, si elle fût demeurée libre ;
mais, comme elle a été enfermée depuis ce temps dans une cage de fer, qu'elle
se frotte continuellement contre les barreaux, et que d'ailleurs elle n'a pas
essuyé toute la rigueur du froid, ayant toujours été à l'abri sous une arcade
contre un mur, il n'est pas surprenant qu'elle ait gardé son poil d'été ; elle
est toujours extrêmement sauvage ; elle n'a rien perdu de sa mauvaise
odeur ; à cela près, c'est un joli petit animal, les yeux vifs, la physionomie
fine, et les mouvements si prompts qu'il n'est pas possible de les suivre de
l'œil ; on l'a toujours nourrie avec des œufs et de la viande, mais elle la
laisse corrompre avant que d'y toucher ; elle n'a jamais voulu manger du
miel qu'après avoir été privée pendant trois jours de toute autre nourriture,
et elle est morte après en avoir mangé. La peau de cet animal est précieuse ;
tout le monde connaît les fourrures d'hermine : elles sont bien plus belles
et d'un blanc plus mat que celles du lapin blanc ; mais elles jaunissent avec
le temps, et même les hermines de ce climat ont toujours une légère teinte de
jaune.

Les hermines sont très communes dans tout le Nord, surtout en Russie,
en Norvège, en Laponie (c) : elles y sont, comme ailleurs, rousses en été et
blanches en hiver ; elles se nourrissent de petit-gris et d'une espèce de rats
dont nous parlerons dans la suite de cet ouvrage, et qui est très abondante
en Norvège et en Laponie : les hermines sont rares dans les pays tempérés,

(a) Voyez l'article de la belette.
(b) Voyez la Description de l'hermine, par Daubenton.
(c) Voyez les *OEuvres de Regnard*, Paris, 1742, t. Ier, p. 178.

(*) *Putorius Erminea* L.

et ne se trouvent point dans les pays chauds. L'animal du cap de Bonne-Espérance, que Kolbe (*a*) appelle hermine, et duquel il dit que la chair est saine et agréable au palais, n'est point une hermine, ni même rien d'approchant ; les belettes de Cayenne, dont parle M. Barrère (*b*), et les hermines grises de la Tartarie orientale et du nord de la Chine, dont il est fait mention par quelques voyageurs (*c*), sont aussi des animaux différents de nos belettes et de nos hermines.

(*a*) *Description du cap de Bonne-Espérance*, par Kolbe. Amsterdam, 1741, partie iii, chap. iv, p. 54.

(*b*) *Description de la France équinoxiale*, par M. Barrère.

(*c*) Voyez l'*Histoire générale des voyages*, par M. l'abbé Prévost, t. VI, pages 565 et 603.

1 GRAND ÉCUREUIL DU MALABAR — 2 HAMSTER ORDINAIRE.

Imp R Tanin

A Le Vasseur Éditeur

L'ÉCUREUIL

L'écureuil (*) est un joli petit animal qui n'est qu'à demi sauvage, et qui,
par sa gentillesse, par sa docilité, par l'innocence même de ses mœurs,
mériterait d'être épargné ; il n'est ni carnassier ni nuisible, quoiqu'il sai-
sisse quelquefois des oiseaux ; sa nourriture ordinaire sont des fruits, des
amandes, des noisettes, de la faîne et du gland ; il est propre, leste, vif,
très alerte, très éveillé, très industrieux ; il a les yeux pleins de feu, la physionomie fine, le corps nerveux, les membres très dispos : sa jolie figure est
encore rehaussée, parée par une belle queue en forme de panache, qu'il
relève jusque dessus sa tête et sous laquelle il se met à l'ombre ; le dessous
de son corps est garni d'un appareil tout aussi remarquable, et qui annonce
de grandes facultés pour l'exercice de la génération ; il est, pour ainsi dire,
moins quadrupède que les autres ; il se tient ordinairement assis presque
debout, et se sert de ses pieds de devant, comme d'une main, pour porter à
sa bouche ; au lieu de se cacher sous terre, il est toujours en l'air ; il approche
des oiseaux par sa légèreté ; il demeure comme eux sur la cime des arbres,
parcourt les forêts en sautant de l'un à l'autre, y fait aussi son nid, cueille
les graines, boit la rosée, et ne descend à terre que quand les arbres sont
agités par la violence des vents. On ne le trouve point dans les champs, dans
les lieux découverts, dans les pays de plaine ; il n'approche jamais des habitations ; il ne reste point dans les taillis, mais dans les bois de hauteur, sur
les vieux arbres des plus belles futaies. Il craint l'eau plus encore que la
terre, et l'on assure (a) que, lorsqu'il faut la passer, il se sert d'une écorce

(a) « Rei veritate nititur quod Gesnerus ex Vincentio Belvacensi et Olao magno refert :
» sciuros, quando aquam transire cupiunt, lignum levissimum aquæ imponere ; eique insi-
» dentes et caudâ, non tamen ut vult, erectâ, sed continuo motâ, velificantes neque flante
» vento, sed tranquillo æquore transvehi, quod fide dignus, fidusque meus emissarius ad
» insulas Gothlandiæ, plus simplici vice observavit, et cum spoliis in littoribus ibidem col-
» lectis redux mirabundus mihi retulit. *Dissert. de Sciuro volante. Phil. trans.* n° 97, p. 38.
Klein, *De quadrup.*, p. 53.

(*) L'Écureuil (*Sciurus vulgaris* L.) est un Rongeur de la famille des Sciurides, à queue
longue et très touffue, à pattes antérieures munies d'un rudiment de pouce et très bien organisées pour jouer le rôle de mains.

pour vaisseau, et de sa queue pour voiles et gouvernail (*). Il ne s'engourdit pas comme le loir pendant l'hiver ; il est en tout temps très éveillé, et pour peu que l'on touche au pied de l'arbre sur lequel il repose, il sort de sa petite bauge, fuit sur un autre arbre, ou se cache à l'abri d'une branche. Il ramasse des noisettes pendant l'été, en remplit les troncs, les fentes d'un vieux arbre, et a recours en hiver à sa provision ; il les cherche aussi sous la neige, qu'il détourne en grattant. Il a la voix éclatante, et plus perçante encore que celle de la fouine ; il a de plus un murmure à bouche fermée, un petit grognement de mécontentement qu'il fait entendre toutes les fois qu'on l'irrite. Il est trop léger pour marcher : il va ordinairement par petits sauts et quelquefois par bonds, il a les ongles si pointus et les mouvements si prompts qu'il grimpe en un instant sur un hêtre dont l'écorce est fort lisse.

On entend les écureuils, pendant les belles nuits d'été, crier en courant sur les arbres les uns après les autres ; ils semblent craindre l'ardeur du soleil : ils demeurent pendant le jour à l'abri dans leur domicile, dont ils sortent le soir pour s'exercer, jouer, faire l'amour et manger ; ce domicile est propre, chaud et impénétrable à la pluie ; c'est ordinairement sur l'enfourchure d'un arbre qu'ils l'établissent ; ils commencent par transporter des bûchettes qu'ils mêlent, qu'ils entrelacent avec de la mousse ; ils la serrent ensuite, ils la foulent, et donnent assez de capacité et de solidité à leur ouvrage pour y être à l'aise et en sûreté avec leurs petits ; il n'y a qu'une ouverture vers le haut, juste, étroite, et qui suffit à peine pour passer ; au-dessus de l'ouverture est une espèce de couvert en cône qui met le tout à l'abri et fait que la pluie s'écoule par les côtés et ne pénètre pas. Ils produisent ordinairement trois ou quatre petits ; ils entrent en amour au printemps et mettent bas au mois de mai ou au commencement de juin ; ils muent au sortir de l'hiver ; le poil nouveau est plus roux que celui qui tombe. Ils se peignent, ils se polissent avec les mains et les dents ; ils sont propres, ils n'ont aucune mauvaise odeur ; leur chair est assez bonne à manger. Le poil de la queue sert à faire des pinceaux ; mais leur peau ne fait pas une bonne fourrure.

Il y a beaucoup d'espèces voisines de celle de l'écureuil, et peu de variétés dans l'espèce même ; il s'en trouve quelques-uns de cendrés ; tous les autres sont roux. Les petits-gris, qui sont d'une espèce différente, demeurent toujours gris. Et, sans citer les écureuils volants, qui sont bien différents des autres, l'écureuil blond de Cambaye (a), qui est fort petit et qui a la queue semblable à l'écureuil d'Europe, celui de Madagascar (b), nommé tsitsihi, qui est gris, et qui n'est, dit Flacourt, ni beau ni bon à apprivoiser, l'écureuil blanc de

(a) Voyez les *Voyages de Pietro della Valle*. Rouen, 1745, t. VI, p. 368.
(b) Voyez le *Voyage de Flacourt*. Paris, 1661, p. 164.

(*) Il est inutile de dire que Buffon n'attache pas plus d'importance à cette légende qu'elle n'en mérite.

Siam (*a*), l'écureuil gris (*b*) un peu tacheté de Bengale, l'écureuil rayé de Canada (*c*), l'écureuil noir (*d*), le grand écureuil gris de Virginie (*e*), l'écureuil de la Nouvelle-Espagne à raies blanches (*f*), l'écureuil blanc de Sibérie (*g*), l'écureuil varié ou le *mus Ponticus*, le petit écureuil d'Amérique, celui du Brésil, celui de Barbarie, le rat palmiste, etc., forment autant d'espèces distinctes et séparées.

LE RAT

Descendant par degrés du grand au petit, du fort au faible, nous trouverons que la nature a su tout compenser ; qu'uniquement attentive à la conservation de chaque espèce, elle fait profusion d'individus, et se soutient par le nombre dans toutes celles qu'elle a réduites au petit, ou qu'elle a laissées sans forces, sans armes et sans courage : et non seulement elle a voulu que ces espèces inférieures fussent en état de résister ou durer par le nombre, mais il semble qu'elle ait en même temps donné des suppléments à chacune, en multipliant les espèces voisines. Le rat (*), la souris, le mulot, le rat d'eau, le campagnol, le loir, le lérot, le muscardin, la musaraigne, beaucoup d'autres que je ne cite point parce qu'ils sont étrangers à notre climat, forment autant d'espèces distinctes et séparées, mais assez peu différentes pour pouvoir en quelque sorte se suppléer et faire que, si l'une d'entre elles venait à manquer, le vide en ce genre serait à peine sensible ; c'est ce grand nombre d'espèces voisines qui a donné l'idée des genres aux naturalistes ; idée que l'on ne peut employer qu'en ce sens, lorsqu'on ne voit les objets qu'en gros, mais qui s'évanouit dès qu'on l'applique à la réalité et qu'on vient à considérer la nature en détail.

Les hommes ont commencé par donner différents noms aux choses qui leur ont paru distinctement différentes, et en même temps ils ont fait des dénominations générales pour tout ce qui leur paraissait à peu près semblable. Chez les peuples grossiers et dans toutes les langues naissantes, il n'y a presque que des noms généraux, c'est-à-dire des expressions vagues et informes de

(*a*) Voyez le *Second voyage de P. Tachard*. Paris, 1689, p. 249.

(*b*) Voyez le *Recueil des voyages de la Compagnie des Indes de Hollande*. Amsterdam, 1711, t. VII.

(*c*) Voyez le *Voyage de Sabard Théodat*. Paris, 1632, p. 305 et 306.

(*d*) Voyez l'*Histoire naturelle de la Caroline*, par Catesby. Londres, 1743, t. II, p. 73.

(*e*) *Idem, ibidem.*, p. 76.

(*f*) *Vide* Albert Seba, vol. Ier, p. 76.

(*g*) *Vide* Brisson, *Regn. animal.*, p. 151.

(*) Le Rat (*Mus Rattus* L.) est un Rongeur de la famille des Murides, qui comprend des animaux à corps svelte et allongé ; à museau pointu : à queue longue, velue ou écailleuse parfois presque glabre ; à pattes munies de cinq doigts.

choses du même ordre, et cependant très différentes entre elles ; un chêne,
un hêtre, un tilleul, un sapin, un if, un pin, n'auront d'abord eu d'autre nom
que celui d'*arbre ;* ensuite le chêne, le hêtre, le tilleul se seront tous trois
appelés *chêne*, lorsqu'on les aura distingués du sapin, du pin, de l'if, qui tous
trois se seront appelés *sapin*. Les noms particuliers ne sont venus qu'à la
suite de la comparaison et de l'examen détaillé qu'on a fait de chaque espèce
de choses : on a augmenté le nombre de ces noms à mesure qu'on a plus
étudié et mieux connu la nature ; plus on l'examinera, plus on la comparera,
plus il y aura de noms propres et de dénominations particulières. Lorsqu'on
nous la présente donc aujourd'hui par des dénominations générales, c'est-à-
dire par des genres, c'est nous renvoyer à l'*A b c* de toute connaissance, et
rappeler les ténèbres de l'enfance des hommes : l'ignorance a fait les genres,
la science a fait et fera les noms propres, et nous ne craindrons pas d'augmenter le nombre des dénominations particulières, toutes les fois que nous
voudrons désigner des espèces différentes.

L'on a compris et confondu, sous ce nom générique de rat, plusieurs espèces de petits animaux ; nous ne donnerons ce nom qu'au rat commun, qui est
noirâtre et qui habite dans les maisons ; chacune des autres espèces aura sa
dénomination particulière parce que, ne se mêlant point ensemble, chacune
est différente de toutes les autres. Le rat est assez connu par l'incommodité
qu'il nous cause ; il habite ordinairement les greniers où l'on entasse le grain,
où l'on serre les fruits, et de là descend et se répand dans la maison. Il est
carnassier, et même omnivore ; il semble seulement préférer les choses dures
aux plus tendres ; il ronge la laine, les étoffes, les meubles ; perce le bois,
fait des trous dans les murs ; se loge dans l'épaisseur des planchers, dans les
vides de la charpente ou de la boiserie ; il en sort pour chercher sa subsistance, et souvent il y transporte tout ce qu'il peut traîner ; il y fait même
quelquefois magasin, surtout lorsqu'il a des petits. Il produit plusieurs fois
par an, presque toujours en été ; les portées ordinaires sont de cinq ou six.
Il cherche les lieux chauds et se niche en hiver auprès des cheminées ou
dans le foin, dans la paille. Malgré les chats, les poisons, les pièges, les
appâts, ces animaux pullulent si fort qu'ils causent souvent de grands dommages ; c'est surtout dans les vieilles maisons à la campagne, où l'on garde
du blé dans les greniers, et où le voisinage des granges et des magasins à foin
facilite leur retraite et leur multiplication, qu'ils sont en si grand nombre
qu'on serait obligé de démeubler, de déserter, s'ils ne se détruisaient eux-
mêmes ; mais nous avons vu par expérience qu'ils se tuent, qu'ils se mangent
entre eux pour peu que la faim les presse ; en sorte que, quand il y a disette
à cause du trop grand nombre, les plus forts se jettent sur les plus faibles,
leur ouvrent la tête et mangent d'abord la cervelle, et ensuite le reste du
cadavre ; le lendemain, la guerre recommence, et dure ainsi jusqu'à la destruction du plus grand nombre ; c'est par cette raison qu'il arrive ordinaire-

ment qu'après avoir été infesté de ces animaux pendant un temps, ils semblent souvent disparaître tout à coup et quelquefois pour longtemps. Il en est de même des mulots, dont la pullulation prodigieuse n'est arrêtée que par les cruautés qu'ils exercent entre eux dès que les vivres commencent à leur manquer. Aristote a attribué cette destruction subite à l'effet des pluies; mais les rats n'y sont point exposés, et les mulots savent s'en garantir; car les trous qu'ils habitent sous terre ne sont pas même humides.

Les rats sont aussi lascifs que voraces ; ils glapissent dans leurs amours et crient quand ils se battent ; ils préparent un lit à leurs petits et leur apportent bientôt à manger ; lorsqu'ils commencent à sortir de leur trou, la mère les veille, les défend, et se bat même contre les chats pour les sauver. Un gros rat est plus méchant et presque aussi fort qu'un jeune chat; il a les dents de devant longues et fortes ; le chat mord mal, et comme il ne se sert guère que de ses griffes, il faut qu'il soit non seulement vigoureux, mais aguerri. La belette, quoique plus petite, est un ennemi plus dangereux, et que le rat redoute parce qu'elle le suit dans son trou : le combat dure quelquefois longtemps ; la force est au moins égale, mais l'emploi des armes est différent : le rat ne peut blesser qu'à plusieurs reprises et par les dents de devant, lesquelles sont plutôt faites pour ronger que pour mordre, et qui étant posées à l'extrémité du levier de la mâchoire ont peu de force ; tandis que la belette mord de toute la mâchoire avec acharnement, et qu'au lieu de démordre, elle suce le sang de l'endroit entamé; aussi le rat succombe-t-il toujours.

On trouve des variétés dans cette espèce comme dans toutes celles qui sont très nombreuses en individus ; outre les rats ordinaires, qui sont noirâtres, il y en a de bruns, de presque noirs, d'autres d'un gris plus blanc ou plus roux, et d'autres tout à fait blancs : ces rats blancs ont les yeux rouges comme le lapin blanc, la souris blanche, et comme tous les autres animaux qui sont tout à fait blancs. L'espèce entière, avec ses variétés, paraît être naturelle aux climats tempérés de notre continent, et s'est beaucoup plus répandue dans les pays chauds que dans les pays froids. Il n'y en avait point en Amérique (a), et ceux qui y sont aujourd'hui, et en très grand nombre, y ont débarqué avec les Européens; ils multiplièrent d'abord si prodigieusement, qu'ils ont été pendant longtemps le fléau des colonies, où ils n'avaient guère d'autres ennemis que les grosses couleuvres qui les avalent tout vivants : les navires les ont aussi portés aux Indes orientales et dans toutes les îles (b) de l'archipel indien : il s'en trouve aussi beaucoup en Afrique (c).

(a) Voyez la *Description des Antilles*, par le P. du Tertre. Paris, 1667, t. II, p. 303 ; l'*Histoire naturelle des îles Antilles*. Rotterdam, 1658, p. 261 ; *Nouveaux voyages aux îles de l'Amérique*. Paris, 1722, t. III, p. 160 ; *Voyage de Dampier*. Rouen, 1715, t. VI, p. 225.

(b) Voyez les *Lettres édifiantes*. Recueil XVIII, p. 161.

(c) Voyez le *Voyage de Guinée*, par Bosman. Utrecht, 1705, p. 241. Voyez aussi l'*Histoire générale des Voyages*, par M. l'abbé Prévost, t. VI, p. 288.

Dans le Nord, au contraire, ils ne se sont guère multipliés au delà de la
Suède, et ce qu'on appelle des rats en Norvège, en Laponie, etc. , sont des
animaux différents de nos rats (*).

LA SOURIS

La souris (**), beaucoup plus petite que le rat, est aussi plus nombreuse,
plus commune et plus généralement répandue ; elle a le même instinct, le
même tempérament, le même naturel, et n'en diffère guère que par la faiblesse et par les habitudes qui l'accompagnent ; timide par nature, familière par nécessité, la peur ou le besoin font tous ses mouvements ; elle ne
sort de son trou que pour chercher à vivre ; elle ne s'en écarte guère, y
rentre à la première alerte, ne va pas, comme le rat, de maisons en maisons, à moins qu'elle n'y soit forcée, fait aussi beaucoup moins de dégât, a
les mœurs plus douces et s'apprivoise jusqu'à un certain point, mais sans
s'attacher : comment aimer, en effet, ceux qui nous dressent des embûches ?
Plus faible, elle a plus d'ennemis auxquels elle ne peut échapper, ou plutôt
se soustraire que par son agilité, sa petitesse même. Les chouettes, tous les
oiseaux de nuit, les chats, les fouines, les belettes, les rats mêmes lui font
la guerre ; on l'attire, on la leurre aisément par des appâts, on la détruit à
milliers ; elle ne subsiste enfin que par son immense fécondité.

J'en ai vu qui avaient mis bas dans des souricières ; elles produisent dans
toutes les saisons, et plusieurs fois par an ; les portées ordinaires sont de
cinq ou six petits; en moins de quinze jours, ils prennent assez de force et de
croissance pour se disperser et aller chercher à vivre : ainsi la durée de la
vie de ces petits animaux est fort courte, puisque leur accroissement est si
prompt ; et cela augmente encore l'idée qu'on doit avoir de leur prodigieuse
multiplication. Aristote (a) dit, qu'ayant mis une souris pleine dans un vase
à serrer du grain, il s'y trouva peu de temps après cent vingt souris toutes
issues de la même mère.

Ces petits animaux ne sont point laids : ils ont l'air vif et même assez fin ;
l'espèce d'horreur qu'on a pour eux n'est fondée que sur les petites surprises et sur l'incommodité qu'ils causent. Toutes les souris sont blanchâtres
sous le ventre, et il y en a de blanches sur tout le corps; il y en a aussi de
plus ou moins brunes et de plus ou moins noires. L'espèce est généralement
répandue en Europe, en Asie, en Afrique ; mais on prétend qu'il n'y en avait

(a) *Vide* Aristotel. *Hist. animal.*, lib. vi, cap. xxxvii.

(*) C'est le Lemming (*Myodes Lemnus* L.)
(**) *Mus Musculus* L.

point en Amérique, et que celles qui y sont actuellement en grand nombre
viennent originairement de notre continent : ce qu'il y a de vrai , c'est qu'il
paraît que ce petit animal suit l'homme et fuit les pays inhabités, par l'appétit naturel qu'il a pour le pain, le fromage, le lard, l'huile, le beurre et les
autres aliments que l'homme prépare pour lui-même.

LE MULOT

Le mulot (*) est plus petit que le rat et plus gros que la souris ; il n'habite
jamais les maisons et ne se trouve que dans les champs et dans les bois ; il
est remarquable par les yeux, qu'il a gros et proéminents, et il diffère encore
du rat et de la souris par la couleur du poil, qui est blanchâtre sous le ventre
et d'un roux brun sur le dos : il est très généralement et très abondamment
répandu, surtout dans les terres élevées. Il paraît qu'il est longtemps à
croître, parce qu'il varie considérablement pour la grandeur; les grands ont
quatre pouces deux ou trois lignes de longueur depuis le bout du nez jusqu'à
l'origine de la queue ; les petits, qui paraissent adultes comme les autres,
ont un pouce de moins. Et, comme il s'en trouve de toutes les grandeurs
intermédiaires, on ne peut pas douter que les grands et les petits ne soient
tous de la même espèce ; il y a grande apparence que c'est faute d'avoir
connu ce fait que quelques naturalistes en ont fait deux espèces : l'une qu'ils
ont appelée le *grand rat des champs* (a), et l'autre le *mulot* (b) ; Ray, qui
le premier est tombé dans cette erreur en les indiquant sous deux dénominations, semble avouer qu'il n'en connaît (c) qu'une espèce. Et, quoique les
courtes descriptions qu'il donne de l'une et de l'autre espèce paraissent
différer, on ne doit pas en conclure qu'elles existent toutes deux : 1° parce
qu'il n'en connaissait lui-même qu'une ; 2° parce que nous n'en connaissons
qu'une, et que, quelques recherches que nous ayons faites, nous n'en avons
trouvé qu'une ; 3° parce que Gessner et les autres anciens naturalistes ne
parlent que d'une sous le nom de *mus agrestis major*, qu'ils disent être
très commune, et que Ray dit aussi que l'autre, qu'il donne ·sous le nom de
mus domesticus medius, est très commune : ainsi, il serait impossible que

(a) *Mus agrestis major, macrouros Gessneri.* Ray, *Synops. animal. quadrup.*, p. 219.
　　Le grand rat des champs. *Mus caudâ longissimâ fuscus, ad latera rufus... Mus campestris major.* Brisson, *Regn. animal.*, p. 171.
　　(b) *Mus domesticus medius.* Ray, *Synops. animal. quadrup.*, p. 218.
　　Le mulot. *Mus caudâ longâ, supra fusco flavescens, infra ex albo cinerascens.* Brisson,
Regn. animal., p. 274.
　　(c) « De hac specie mihi non undequaque satisfactum est. » Ray, *Synops. quadrup.*, p. 219.

(*) *Mus Sylvaticus* L.

les uns ou les autres de ces auteurs ne les eussent pas vues toutes deux, puisque de leur aveu toutes deux sont si communes ; 4° parce que, dans cette seule et même espèce, comme il s'en trouve de plus grands et de plus petits, il est probable qu'on a été induit en erreur et qu'on a fait une espèce des plus grands et une autre espèce des plus petits ; 5° enfin, parce que les descriptions de ces deux prétendues espèces, n'étant nulle part ni exactes ni complètes, on ne doit pas tabler sur les caractères vagues et sur les différences qu'elles indiquent.

Les anciens, à la vérité, font mention de deux espèces, l'une sous la dénomination de *mus agrestis major*, et l'autre sous celle de *mus agrestis minor;* ces deux espèces sont fort communes, et nous les connaissons comme les anciens : la première est notre mulot ; mais la seconde n'est pas le *mus domesticus medius* de Ray : c'est un autre animal, qui est connu sous le nom de *mulot à courte queue*, ou de *petit rat des champs ;* et, comme il est fort différent du rat ou du mulot, nous n'adoptons pas le nom générique de *petit rat des champs* ni celui de *mulot à courte queue*, parce qu'il n'est ni rat ni mulot, et nous lui donnerons un nom particulier (*a*). Il en est de même d'une espèce nouvelle qui s'est répandue depuis quelques années, et qui s'est beaucoup multipliée autour de Versailles et dans quelques provinces voisines de Paris, qu'on appelle *rats des bois*, *rats sauvages*, *gros rats des champs*, qui sont très voraces, très méchants, très nuisibles, et beaucoup plus grands que nos rats ; nous lui donnerons aussi un nom particulier (*), parce qu'elle diffère de toutes les autres, et que, pour éviter toute confusion, il faut donner à chaque espèce un nom. Comme le mulot et le mulot à courte queue, que nous appellerons *campagnol*, sont tous deux très communs dans les champs et dans les bois, les gens de la campagne les ont désignés par la différence qui les a le plus frappés : nos paysans, en Bourgogne, appellent le mulot la *ratte à la grande queue*, et le campagnol la *ratte couette ;* dans d'autres provinces, on appelle le mulot le *rat sauterelle*, parce qu'il va toujours par sauts ; ailleurs, on l'appelle *souris de terre* lorsqu'il est petit, et *mulot* lorsqu'il est grand ; ainsi, on se souviendra que la souris de terre, le rat sauterelle, la ratte à la grande queue, le grand rat des champs, le rat domestique moyen, ne sont que des dénominations différentes de l'animal que nous appelons *mulot*.

Il habite, comme je l'ai dit, les terres sèches et élevées ; on le trouve en grande quantité dans les bois et dans les champs qui en sont voisins. Il se retire dans des trous qu'il trouve tout faits, ou qu'il se pratique sous des buissons et des troncs d'arbres ; il y amasse une quantité prodigieuse de gland, de noisettes ou de faîne ; on en trouve quelquefois jusqu'à un boisseau

(*a*) Je l'appelle Campagnol, de son nom en italien *Campagnoli.*

(*) C'est le Surmulot (*Mus Decumanus* PALL.).

dans un seul trou, et cette provision, au lieu d'être proportionnée à ses besoins, ne l'est qu'à la capacité du lieu ; ces trous sont ordinairement de plus d'un pied sous terre, et souvent partagés en deux loges : l'une où il habite avec ses petits, et l'autre où il fait son magasin. J'ai souvent éprouvé le dommage très considérable que ces animaux causent aux plantations ; ils emportent les glands nouvellement semés, ils suivent le sillon tracé par la charrue, déterrent chaque gland l'un après l'autre et n'en laissent pas un . cela arrive surtout dans les années où le gland n'est pas fort abondant ; comme ils n'en trouvent pas assez dans les bois, ils viennent le chercher dans les terres semées, ne le mangent pas sur le lieu, mais l'emportent dans leur trou, où ils l'entassent et le laissent souvent sécher et pourrir. Eux seuls font plus de tort à un *semis* de bois que tous les oiseaux et tous les autres animaux ensemble : je n'ai trouvé d'autre moyen pour éviter ce grand dommage que de tendre des pièges de dix pas en dix pas dans toute l'étendue de la terre semée ; il ne faut qu'une noix grillée pour appât sous une pierre plate soutenue par une bûchette ; ils viennent pour manger la noix qu'ils préfèrent au gland ; comme elle est attachée à la bûchette, dès qu'ils y touchent la pierre leur tombe sur le corps et les étouffe ou les écrase · je me suis servi du même expédient contre les campagnols qui détruisent aussi les glands ; et comme l'on avait soin de m'apporter tout ce qui se trouvait sous les pièges, j'ai vu les premières fois, avec étonnement, que chaque jour on prenait une centaine tant de mulots que de campagnols, et cela dans une pièce de terre d'environ quarante arpents : j'en ai eu plus de deux milliers en trois semaines, depuis le 15 novembre jusqu'au 8 décembre, et ensuite en moindre nombre jusqu'aux grandes gelées, pendant lesquelles ils se recèlent et se nourrissent dans leur trou. Depuis que j'ai fait cette épreuve, il y a plus de vingt ans, je n'ai jamais manqué, toutes les fois que j'ai semé du bois, de me servir du même expédient, et jamais on n'a manqué de prendre des mulots en très grand nombre ; c'est surtout en automne qu'ils sont en si grande quantité ; il y en a beaucoup moins au printemps, car ils se détruisent eux-mêmes pour peu que les vivres viennent à leur manquer pendant l'hiver ; les gros mangent les petits. Ils mangent aussi les campagnols et même les grives, les merles et les autres oiseaux qu'ils trouvent pris aux lacets ; ils commencent par la cervelle et finissent par le reste du cadavre. Nous avons mis dans un même vase douze de ces mulots vivants ; on leur donnait à manger à huit heures du matin ; un jour qu'on les oublia d'un quart d'heure, il y en eut un qui servit de pâture aux autres ; le lendemain, ils en mangèrent un autre, et, enfin, au bout de quelques jours, il n'en resta qu'un seul ; tous les autres avaient été tués et dévorés en partie, et celui qui resta le dernier avait lui-même les pattes et la queue mutilées.

Le rat pullule beaucoup, le mulot pullule encore davantage ; il produit plus d'une fois par an, et les portées sont souvent de neuf et dix, au lieu que celles du rat ne sont que de cinq ou six : un homme de ma campagne en prit un jour vingt-deux dans un seul trou ; il y avait deux mères et vingt petits. Il est très généralement répandu dans toute l'Europe ; on le trouve en Suède, et c'est celui que M. Linnæus appelle (*a*) *mus caudâ longá, corpore nigro flavescente, abdomine albo.* Il est très commun en France, en Italie, en Suisse ; Gessner l'a appelé *mus agrestis major* (*b*). Il est aussi en Allemagne et en Angleterre, où on le nomme *feld-musz*, *field-mause*, c'est-à-dire *rat des champs :* il a pour ennemi les loups, les renards, les martes, les oiseaux de proie et lui-même.

LE RAT D'EAU

Le rat d'eau (*) est un petit animal de la grosseur d'un rat, mais qui, par le naturel et par les habitudes, ressemble beaucoup plus à la loutre qu'au rat ; comme elle, il ne fréquente que les eaux douces, et on le trouve communément sur les bords des rivières, des ruisseaux, des étangs ; comme elle, il ne vit guère que de poissons : les goujons, les mouteilles, les vérons, les ablettes, le frai de la carpe, du brochet, du barbeau, sont sa nourriture ordinaire ; il mange aussi des grenouilles, des insectes d'eau, et quelquefois des racines et des herbes. Il n'a pas, comme la loutre, des membranes entre les doigts des pieds ; c'est une erreur de Willugby, que Ray et plusieurs autres naturalistes ont copiée ; il a tous les doigts des pieds séparés, et cependant il nage facilement, se tient sous l'eau longtemps et rapporte sa proie pour la manger à terre, sur l'herbe ou dans son trou ; les pêcheurs l'y surprennent quelquefois en cherchant des écrevisses : il leur mord les doigts, et cherche à se sauver en se jetant dans l'eau. Il a la tête plus courte, le museau plus gros, le poil plus hérissé et la queue beaucoup moins longue que le rat. Il fuit, comme la loutre, les grands fleuves, ou plutôt les rivières trop fréquentées. Les chiens le chassent avec une espèce de fureur. On ne le trouve jamais dans les maisons, dans les granges ; il ne quitte pas le bord des eaux, ne s'en éloigne même pas autant que la loutre, qui quelquefois s'écarte et voyage en pays sec à plus d'une lieue. Le rat d'eau ne va point dans les terres élevées ; il est fort rare dans les hautes montagnes, dans les plaines arides, mais très nombreux dans tous les vallons humides et marécageux. Les mâles et les femelles se cherchent sur la fin de l'hiver ; elles mettent bas au mois d'avril ; les portées ordinaires sont de six ou sept. Peut-être ces animaux produisent-ils plusieurs

(*a*) *Vide* Linnæi. *Faun. Succic.* Stockolmiæ, 1746, p. 11.
(*b*) Gessner, *Hist. quadrup.*, p. 733. *Icon. animal quadrup.*, p. 116.

(*) *Arvicola amphibius* ou *Mus amphibius* L. — Les *Arvicola* se distinguent des *Mus* proprement dits par leurs oreilles courtes et leur queue uniformément velue.

fois par an, mais nous n'en sommes pas informés ; leur chair n'est pas absolument mauvaise : les paysans la mangent les jours maigres comme celle de
la loutre. On les trouve partout en Europe, excepté dans le climat trop rigoureux du pôle : on les retrouve en Egypte sur les bords du Nil, si l'on en croit
Belon ; cependant la figure qu'il en donne ressemble si peu à notre rat d'eau,
que l'on peut soupçonner avec quelque fondement que ces rats du Nil sont
des animaux différents.

LE CAMPAGNOL

Le campagnol (*) est encore plus commun, plus généralement répandu que
le mulot ; celui-ci ne se trouve guère que dans les terres élevées ; le campagnol se trouve partout, dans les bois, dans les champs, dans les prés, et
même dans les jardins ; il est remarquable par la grosseur de sa tête, et aussi
par sa queue courte et tronquée, qui n'a guère qu'un pouce de long ; il se
pratique des trous en terre où il amasse du grain, des noisettes et du gland ;
cependant il paraît qu'il préfère le blé à toutes les autres nourritures. Dans
le mois de juillet, lorsque les blés sont mûrs, les campagnols arrivent de tous
côtés et font souvent de grands dommages en coupant les tiges du blé pour
en manger l'épi ; ils semblent suivre les moissonneurs ; ils profitent de tous
les grains tombés et des épis oubliés ; lorsqu'ils ont tout glané, ils vont dans
les terres nouvellement semées et détruisent d'avance la récolte de l'année
suivante. En automne et en hiver, la plupart se retirent dans les bois où ils
trouvent de la faîne, des noisettes et du gland. Dans certaines années, ils
paraissent en si grand nombre qu'ils détruiraient tout, s'ils subsistaient
longtemps ; mais ils se détruisent eux-mêmes et se mangent dans les temps
de disette : ils servent d'ailleurs de pâture aux mulots et de gibier ordinaire
au renard, au chat sauvage, à la marte et aux belettes.

Le campagnol ressemble plus au rat d'eau qu'à aucun animal par les parties
intérieures, comme on peut le voir par ce qu'en dit M. Daubenton (a) ; mais,
à l'extérieur, il en diffère par plusieurs caractères essentiels : 1° par la grandeur : il n'a guère que trois pouces de longueur depuis le bout du nez jusqu'à
l'origine de la queue, et le rat d'eau en a sept ; 2° par les dimensions de la
tête et du corps : le campagnol est, proportionnellement à la longueur de son
corps, plus gros que le rat d'eau, et il a aussi la tête proportionnellement
plus grosse ; 3° par la longueur de la queue, qui dans le campagnol ne fait
tout au plus que le tiers de la longueur de l'animal entier, et qui, dans le rat

(a) Voyez la Description du campagnol, par Daubenton.

(*) *Arvicola arvalis* L.

d'eau, fait près des deux tiers de cette même longueur ; 4° enfin par le naturel et les mœurs ; les campagnols ne se nourrissent pas de poisson et ne se jettent point à l'eau ; ils vivent de gland dans les bois, de blé dans les champs, et dans les prés de racines tuberculeuses, comme celle du chiendent. Leurs trous ressemblent à ceux des mulots, et sont souvent divisés en deux loges, mais ils sont moins spacieux et beaucoup moins enfoncés sous terre : ces petits animaux y habitent quelquefois plusieurs ensemble. Lorsque les femelles sont prêtes à mettre bas, elles y portent des herbes pour faire un lit à leurs petits : elles produisent au printemps et en été ; les portées ordinaires sont de cinq ou six, et quelquefois de sept ou huit.

LE COCHON D'INDE

Ce petit animal (*), originaire des climats chauds du Brésil et de la Guinée (**), ne laisse pas de vivre et de produire dans le climat tempéré, et même dans les pays froids, en le soignant et le mettant à l'abri de l'intempérie des saisons. On élève des cochons d'Inde en France, et, quoiqu'ils multiplient prodigieusement, ils n'y sont pas en grand nombre, parce que les soins qu'ils demandent ne sont pas compensés par le profit qu'on en tire. Leur peau n'a presque aucune valeur, et leur chair, quoique mangeable, n'est pas assez bonne pour être recherchée : elle serait meilleure, si on les élevait dans des espèces de garennes où ils auraient de l'air, de l'espace et des herbes à choisir. Ceux qu'on garde dans les maisons ont à peu près le même mauvais goût que les lapins clapiers, et ceux qui ont passé l'été dans un jardin ont toujours un goût fade, mais moins désagréable.

Ces animaux sont d'un tempérament si précoce et si chaud, qu'ils se recherchent et s'accouplent cinq ou six semaines après leur naissance ; ils ne prennent cependant leur accroissement entier qu'en huit ou neuf mois, mais il est vrai que c'est en grosseur apparente et en graisse qu'ils augmentent le plus et que le développement des parties solides est fait avant l'âge de cinq ou six mois. Les femelles ne portent que trois semaines, et nous en avons vu mettre bas à deux mois d'âge. Ces premières portées ne sont pas si nombreuses que les suivantes, elles sont de quatre ou cinq ; la seconde portée est de cinq ou six, et les autres de sept ou huit, et même de dix ou onze. La mère n'allaite ses petits que pendant douze ou quinze jours ; elle les chasse dès qu'elle reprend le mâle ; c'est au plus tard trois semaines après qu'elle a

-----

(*) Le Cochon d'Inde (*Cavia Cobaya* Schab) est un Rongeur de la famille des Subongulés caractérisé par des ongles épais, larges, formant presque le sabot.

(**) Le Cochon d'Inde n'est pas originaire de la Guinée, mais il l'est réellement du Brésil et du Paraguay.

mis bas ; et, s'ils s'obstinent à demeurer auprès d'elle, leur père les maltraite et les tue. Ainsi ces animaux produisent au moins tous les deux mois, et ceux qui viennent de naître produisant de même, l'on est étonné de leur prompte et prodigieuse multiplication. Avec un seul couple, on pourrait en avoir un millier dans un an ; mais ils se détruisent aussi vite qu'ils pullulent, le froid et l'humidité les font mourir, ils se laissent manger par les chats sans se défendre ; les mères même ne s'irritent pas contre eux : n'ayant pas le temps de s'attacher à leurs petits, elles ne font aucun effort pour les sauver. Les mâles se soucient encore moins des petits, et se laissent manger eux-mêmes sans résistance ; ils n'ont de sentiment bien distinct que celui de l'amour ; ils sont alors susceptibles de colère, ils se battent cruellement, ils se tuent même quelquefois entre eux lorsqu'il s'agit de se satisfaire et d'avoir la femelle. Ils passent leur vie à dormir, jouir et manger ; leur sommeil est court, mais fréquent ; ils mangent à toute heure du jour et de la nuit, et cherchent à jouir aussi souvent qu'ils mangent ; ils ne boivent jamais, cependant ils urinent à tout moment. Ils se nourrissent de toutes sortes d'herbes, et surtout de persil ; ils le préfèrent même au son, à la farine, au pain ; ils aiment aussi beaucoup les pommes et les autres fruits. Ils mangent précipitamment, à peu près comme les lapins, peu à la fois, mais très souvent. Ils ont un grognement semblable à celui d'un petit cochon de lait ; ils ont aussi une espèce de gazouillement qui marque leurs plaisirs, lorsqu'ils sont auprès de leur femelle, et un cri fort aigu lorsqu'ils ressentent de la douleur. Ils sont délicats, frileux, et l'on a de la peine à leur faire passer l'hiver ; il faut les tenir dans un endroit sain, sec et chaud. Lorsqu'ils sentent le froid, ils se rassemblent et se serrent les uns contre les autres, et il arrive souvent que, saisis par le froid, ils meurent tous ensemble. Ils sont naturellement doux et privés, ils ne font aucun mal, mais ils sont également incapables de bien, ils ne s'attachent point : doux par tempérament, dociles par faiblesse, presque insensibles à tout, ils ont l'air d'automates montés pour la propagation, faits seulement pour figurer une espèce.

LE HÉRISSON

Πολλ' οἶδ' ἀλώπηξ, ἀλλ ἐχῖνος ἑν μέγα : le renard sait beaucoup de choses, le hérisson (*) n'en sait qu'une grande, disaient proverbialement les anciens (a). Il sait se défendre sans combattre, et blesser sans attaquer : n'ayant que peu de force et nulle agilité pour fuir, il a reçu de la nature une armure épineuse, avec la facilité de se resserrer en boule et de présenter de tous côtés des armes défensives, poignantes, et qui rebutent ses ennemis ; plus ils le tourmentent, plus il se hérisse et se resserre. Il se défend encore par l'effet même de la peur, il lâche son urine, dont l'odeur et l'humidité, se répandant sur tout son corps, achèvent de les dégoûter. Aussi la plupart des chiens se contentent de l'aboyer et ne se soucient pas de le saisir : cependant il y en a quelques-uns qui trouvent moyen, comme le renard, d'en venir à bout en se piquant les pieds et se mettant la gueule en sang ; mais il ne craint ni la fouine, ni la marte, ni le putois, ni le furet, ni la belette, ni les oiseaux de proie (**). La femelle et le mâle sont également couverts d'épines depuis la tête jusqu'à la queue, et il n'y a que le dessous du corps qui soit garni de poil ; ainsi ces mêmes armes qui leur sont si utiles contre les autres, leur deviennent très incommodes lorsqu'ils veulent s'unir : ils ne peuvent

(a) *Zenodotus, Plutarchus et alii ex Archilocho.*

(*) Le Hérisson (*Erinaceus europæus* L.) est un Insectivore de la famille des Erinacidés qui comprend des animaux à canines souvent peu distinctes, à dos revêtu de piquants, à oreilles assez longues et à queue courte, avec des yeux bien développés.

(**) Le Hérisson n'est pas autant que le dit Buffon mis à l'abri de ses ennemis par les piquants dont son dos est recouvert et l'habitude qu'il possède de se mettre en boule. D'après Brehm, il existe un moyen infaillible de le faire dérouler, c'est de l'arroser ou de le jeter dans l'eau ; ce naturaliste ajoute que les chiens et les renards n'ignorent pas ce moyen, et en font usage pour s'emparer du Hérisson. « Le renard, dit-il, poursuit le Hérisson avec ardeur et arrive, paraît-il, à le faire se dérouler. Il le pousse avec ses pattes jusqu'au près d'un ruisseau et le jette à l'eau, ou bien, il le tourne sur le dos et l'arrose de son urine fétide ; le malheureux animal se déroule, mais, au même instant, le voleur le saisit au museau et le tue ; il n'a alors aucune difficulté à le manger. C'est de cette manière que périssent bien des hérissons, surtout dans leur jeunesse. » D'après Lentz, le Grand duc détruirait un grand nombre de hérissons ; le fait est facilement admissible étant données la longueur des serres et du bec de l'oiseau qui lui permettent de pénétrer facilement à travers les piquants du hérisson.

s'accoupler à la manière des autres quadrupèdes, il faut qu'ils soient face à face, debout ou couchés (*). C'est au printemps qu'ils se cherchent, et ils produisent au commencement de l'été. On m'a souvent apporté la mère et les petits au mois de juin : il y en a ordinairement trois ou quatre, et quelquefois cinq; ils sont blancs dans ce premier temps, et l'on voit seulement sur leur peau la naissance des épines. J'ai voulu en élever quelques-uns; on a mis plus d'une fois la mère et les petits dans un tonneau avec une abondante provision, mais au lieu de les allaiter, elle les a dévorés les uns après les autres. Ce n'était pas par le besoin de nourriture, car elle mangeait de la viande, du pain, du son, des fruits, et l'on n'aurait pas imaginé qu'un animal aussi lent, aussi paresseux, auquel il ne manquait rien que la liberté, fût de si mauvaise humeur et si fâché d'être en prison; il a même de la malice, et de la même sorte que celle du singe. Un hérisson qui s'était glissé dans la cuisine découvrit une petite marmite, en tira la viande et y fit ses ordures. J'ai gardé des mâles et des femelles ensemble dans une chambre; ils ont vécu, mais ils ne se sont point accouplés. J'en ai lâché plusieurs dans mes jardins, ils n'y font pas grand mal, et à peine s'aperçoit-on qu'ils y habitent; ils vivent de fruits tombés; ils fouillent la terre avec le nez à une petite profondeur; ils mangent les hannetons, les scarabées, les grillons, les vers et quelques racines; ils sont aussi très avides de viande, et la mangent cuite ou crue (**). A la campagne, on les trouve fréquemment dans les bois, sous les troncs des vieux arbres, et aussi dans les fentes de rochers, et surtout dans les monceaux de pierres qu'on amasse dans les champs et dans les vignes. Je ne crois pas qu'ils montent sur les arbres, comme le disent les naturalistes (a), ni qu'ils se servent de leurs épines pour emporter des fruits ou des grains de raisin; c'est avec la gueule qu'ils prennent ce qu'ils veulent saisir, et quoiqu'il y en ait un grand nombre dans nos forêts, nous n'en avons jamais vu sur les arbres; ils se tiennent toujours au pied dans un creux ou sous la mousse; ils ne bougent pas tant qu'il est jour, mais ils courent, ou plutôt ils marchent pendant toute la nuit; ils approchent rarement des habitations, ils préfèrent les lieux élevés et secs, quoiqu'ils se trouvent aussi quelquefois dans les prés. On les prend à la main, ils ne fuient pas, il ne se défendent ni des pieds ni des dents, mais ils se mettent en boule dès qu'on les touche, et pour les faire étendre il faut les plonger dans l'eau. Ils dorment pendant l'hiver; ainsi les provisions qu'on dit qu'ils font pendant l'été leur seraient bien inutiles. Ils ne mangent pas beaucoup, et

(a) *Arbores ascendit, poma et pira decutit, in istis sese volutat ut spinis hæreant.* Sperling. Zoologia. Lipsiæ, 1661, p. 281.

(*) Flourens affirme que les hérissons s'accouplent comme les autres quadrupèdes, c'est-à-dire, le mâle montant sur le dos de la femelle.
(**) Le hérisson fait aussi la chasse aux serpents, il détruit même la vipère dont le venin paraît ne pas être capable de le tuer.

peuvent se passer assez longtemps de nourriture. Ils ont le sang froid (*) à peu près comme les autres animaux qui dorment en hiver. Leur chair n'est pas bonne à manger, et leur peau, dont on ne fait maintenant aucun usage, servait autrefois de vergette et de frottoir pour serancer le chanvre.

Il en est des deux espèces de hérisson, l'un à groin de cochon, et l'autre à museau de chien, dont parlent quelques auteurs, comme des deux espèces de blaireau ; nous n'en connaissons qu'une seule, et qui n'a même aucune variété dans ces climats ; elle est assez généralement répandue ; on en trouve partout en Europe, à l'exception des pays les plus froids, comme la Laponie, la Norvège, etc. Il y a, dit Flacourt (a), des hérissons à Madagascar comme en France, et on les appelle *Sora* (**). Le hérisson de Siam, dont parle le P. Tachard (b), nous paraît être un autre animal, et le hérisson d'Amérique (c) (***), le hérisson de Sibérie (d) (****), sont les espèces les plus voisines du hérisson commun ; enfin, le hérisson de Malacca (e) semble plus approcher de l'espèce du porc-épic que de celle du hérisson.

LA MUSARAIGNE

La musaraigne (*****) semble faire une nuance dans l'ordre des petits animaux, et remplir l'intervalle qui se trouve entre le rat et la taupe, qui, se ressemblant par leur petitesse, diffèrent beaucoup par la forme, et sont en tout d'espèces très éloignées. La musaraigne, plus petite encore que la souris, ressemble à la taupe par le museau, ayant le nez beaucoup plus allongé que les mâchoires ; par les yeux qui, quoique un peu plus gros que ceux de la taupe, sont cachés de même et sont beaucoup plus petits que ceux de la souris ; par le nombre des doigts, dont elle a cinq à tous les pieds ; par la

(a) Voyez le *Voyage de Flacourt*. Paris, 1661, p. 152.

(b) Voyez le *Second voyage du P. Tachard*. Paris, 1689, p. 272.

(c) *Echinus Indicus albus*. Ray, *Synops. anim. quadr.*, p. 232. *Echinus Americanus albus*. Albert Seba, vol. Ier, p. 78. *Acanthion echinatus, Erinaceus Americanus albus Surinamensis*. Klein, *de quadrup.*, p. 66.

(d) *Erinaceus Sibericus*. Albert Saba, vol. Ier, p. 66.

(e) *Porcus aculeatus seu Histrix Malaccensis*. Albert Seba, vol. Ier, p. 81. *Acanthion aculeis longissimis. Histrix genuina. Porcus aculeatus Malaccensis*. Klein, *de quadrup.*, p. 66. *Histrix pedibus pentadactylis, caudá truncatá*. Linnæus. *Erinaceus auriculis pendulis.....* Brisson, *Regn. animal.*, p. 183.

(*) Buffon commet une erreur ; le Hérisson a le sang aussi chaud que les autres mammifères, mais pendant l'hivernation sa température s'abaisse.

(**) C'est un Tenrec, le *Centetes ecaudatus* WAGN.

(***) C'est le Coendou.

(****) Le Hérisson de Sibérie n'est qu'une variété du Hérisson commun.

(*****) La Musaraigne (*Sorex vulgaris* L.) est un Insectivore de la famille des Soricides qui est caractérisée par l'allongement du museau en une sorte de trompe.

1 Musaraigne commune. 2 Taupe dorée.

queue, par les jambes, surtout celles de derrière qu'elle a plus courtes que la
souris ; par les oreilles, et enfin par les dents. Ce très petit animal a une
odeur forte qui lui est particulière, et qui répugne aux chats ; ils chassent, ils
tuent la musaraigne, mais ils ne la mangent pas comme la souris. C'est apparemment cette mauvaise odeur et cette répugnance des chats qui a fondé le
préjugé du venin de cet animal et de sa morsure dangereuse pour le bétail,
et surtout pour les chevaux ; cependant il n'est ni venimeux ni même capable
de mordre, car il n'a pas l'ouverture de la gueule assez grande pour pouvoir
saisir la double épaisseur de la peau d'un autre animal, ce qu. cependant est
absolument nécessaire pour mordre ; et la maladie des chevaux, que le vulgaire attribue à la dent de la musaraigne, est une enflure, une espèce d'an-
thrax, qui vient d'une cause interne, et qui n'a nul rapport avec la morsure,
ou, si l'on veut, la piqûre de ce petit animal. Il habite assez communément,
surtout pendant l'hiver, dans les greniers à foin, dans les écuries, dans les
granges, dans les cours à fumier ; il mange du grain, des insectes et des
chairs pourries : on le trouve aussi fréquemment à la campagne, dans les
bois, où il vit de graines ; et il se cache sous la mousse, sous les feuilles,
sous les troncs d'arbres, et quelquefois dans les trous abandonnés par les
taupes, ou tant d'autres trous plus petits qu'il se pratique lui-même, en fouillant avec les ongles et le museau. La musaraigne produit en grand nombre,
autant, dit-on, que la souris, quoique moins fréquemment. Elle a le cri beaucoup plus aigu que la souris, mais elle n'est pas aussi agile à beaucoup près :
on la prend aisément parce qu'elle voit et court mal. La couleur ordinaire de
la musaraigne est d'un brun mêlé de roux, mais il y en a aussi de cendrées,
de presque noires, et toutes sont plus ou moins blanchâtres sous le ventre.
Elles sont très communes dans toute l'Europe, mais il ne paraît pas qu'on les
retrouve en Amérique. L'animal du Brésil dont Marcgrave (a) parle sous le nom
de musaraigne, qui a, dit-il, le museau très pointu et trois bandes noires sur
le dos, est plus gros, et paraît être d'une autre espèce que notre musaraigne.

LA MUSARAIGNE D'EAU

Comme cet animal (*), quoique naturel à ce climat, n'était connu d'aucun
naturaliste, et que c'est M. Daubenton qui le premier en a fait la découverte,
nous renvoyons entièrement ce que l'on en peut dire à la description très
exacte qu'il en a donnée (b). J'aurai souvent occasion d'en user de même

(a) *Vid.* Marcgravii, *Hist. Brasil.*, 229.
(b) *Mémoires de l'Académie des Sciences*, année 1756. *Mémoire sur les Musaraignes*, par
M. Daubenton.

(*) *Sorex fodiens* Gmel.

dans la suite de cet ouvrage, attendu la diligence infinie avec laquelle il recherche les animaux, et les découvertes qu'il a faites de plusieurs espèces auparavant inconnues, ou confondues avec celles que l'on connaissait. Tout ce que je puis assurer au sujet de la musaraigne d'eau, c'est qu'on la prend à la source des fontaines, au lever et au coucher du soleil ; que dans le jour elle reste cachée dans des fentes de rochers ou dans des trous sous terre, le long des petits ruisseaux ; qu'elle met bas au printemps, et qu'ordinairement elle produit neuf petits.

LA TAUPE

La taupe (*), sans être aveugle, a les yeux si petits, si couverts, qu'elle ne peut faire grand usage du sens de la vue : en dédommagement la nature lui a donné avec magnificence l'usage du sixième sens, un appareil remarquable de réservoirs et de vaisseaux, une quantité prodigieuse de liqueur séminale, des testicules énormes, le membre génital excessivement long ; tout cela secrètement caché à l'intérieur, et par conséquent plus actif et plus chaud. La taupe, à cet égard, est de tous les animaux le plus avantageusement doué, le mieux pourvu d'organes, et par conséquent de sensations qui y sont relatives : elle a de plus le toucher délicat ; son poil est doux comme la soie ; elle a l'ouïe très fine et de petites mains à cinq doigts, bien différentes de l'extrémité des pieds des autres animaux, et presque semblables aux mains de l'homme ; beaucoup de force pour le volume de son corps, le cuir ferme, un embonpoint constant, un attachement vif et réciproque du mâle et de la femelle, de la crainte ou du dégoût pour toute autre société, les douces habitudes du repos et de la solitude, l'art de se mettre en sûreté, de se faire en un instant un asile, un domicile, la facilité de l'étendre, et d'y trouver, sans en sortir, une abondante subsistance. Voilà sa nature, ses mœurs et ses talents, sans doute préférables à des qualités plus brillantes et plus incompatibles avec le bonheur, que l'obscurité la plus profonde.

Elle ferme l'entrée de sa retraite, n'en sort presque jamais qu'elle n'y soit forcée par l'abondance des pluies d'été, lorsque l'eau la remplit ou lorsque le pied du jardinier en affaisse le dôme ; elle se pratique une voûte en rond dans les prairies, et assez ordinairement un boyau long dans les jardins, parce qu'il y a plus de facilité à diviser et à soulever une terre meuble et cultivée qu'un gazon ferme et tissu de racines ; elle ne demeure ni dans la fange ni dans les terrains durs, trop compactes ou trop pierreux ; il lui faut

---

(*) La Taupe (*Talpa europæa* L.) est un Insectivore de la famille des Talpidés, qui comprend des animaux à membres très courts, à cou peu ou pas du tout apparent, à poils très doux, velouté, avec des yeux et des oreilles atrophiés.

une terre douce, fournie de racines esculentes, et surtout bien peuplée d'insectes et de vers, dont elle fait sa principale nourriture.

Comme les taupes ne sortent que rarement de leur domicile souterrain,
elles ont peu d'ennemis, et échappent aisément aux animaux carnassiers ;
leur plus grand fléau est le débordement des rivières ; on les voit, dans les
inondations, fuir en nombre à la nage, et faire tous leurs efforts pour gagner
les terres plus élevées ; mais la plupart périssent aussi bien que leurs petits
qui restent dans les trous ; sans cela, les grands talents qu'elles ont pour la
multiplication nous deviendraient trop incommodes. Elles s'accouplent vers
la fin de l'hiver; elles ne portent pas longtemps, car on trouve déjà beaucoup
de petits au mois de mai; il y en a ordinairement quatre ou cinq dans chaque
portée, et il est assez aisé de distinguer, parmi les mottes qu'elles élèvent,
celles sous lesquelles elles mettent bas : ces mottes sont faites avec beaucoup d'art, et sont ordinairement plus grosses et plus élevées que les autres.
Je crois que ces animaux produisent plus d'une fois par an, mais je ne puis
l'assurer ; ce qu'il y a de certain, c'est qu'on trouve des petits depuis le mois
d'avril jusqu'au mois d'août : peut-être aussi que les uns s'accouplent plus
tard que les autres.

Le domicile où elles font leurs petits mériterait une description particulière. Il est fait avec une intelligence singulière ; elles commencent par
pousser, par élever la terre et former une voûte assez élevée ; elles laissent
des cloisons, des espèces de piliers de distance en distance ; elles pressent et
battent la terre, la mêlent avec des racines et des herbes, et la rendent si
dure et si solide par dessous, que l'eau ne peut pénétrer la voûte à cause de
sa convexité et de sa solidité ; elles élèvent ensuite un tertre par dessous, au
sommet duquel elles apportent de l'herbe et des feuilles pour faire un lit à
leurs petits ; dans cette situation, ils se trouvent au-dessus du niveau du
terrain, et par conséquent à l'abri des inondations ordinaires, et en même
temps à couvert de la pluie par la voûte qui recouvre le tertre sur lequel ils
reposent. Ce tertre est percé tout autour de plusieurs trous en pente, qui
descendent plus bas et s'étendent de tous côtés, comme autant de routes souterraines par où la mère taupe peut sortir et aller chercher la subsistance
nécessaire à ses petits ; ces sentiers souterrains sont fermes et battus,
s'étendent à douze ou quinze pas, et partent tous du domicile comme des
rayons d'un centre. On y trouve, aussi bien que sous la voûte, des débris
d'oignons de colchique, qui sont apparemment la première nourriture qu'elle
donne à ses petits. On voit bien, par cette disposition, qu'elle ne sort jamais
qu'à une distance considérable de son domicile, et que la manière la plus
simple et la plus sûre de la prendre avec ses petits est de faire autour une
tranchée qui l'environne en entier et qui coupe toutes les communications ;
mais comme la taupe fuit au moindre bruit et qu'elle tâche d'emmener ses
petits, il faut trois ou quatre hommes qui, travaillant ensemble avec la bêche,

enlèvent la motte tout entière ou fassent une tranchée presque dans un moment, et qui ensuite les saisissent ou les attendent aux issues.

Quelques auteurs ont dit mal à propos que la taupe et le blaireau (*a*) dormaient sans manger pendant l'hiver entier. Le blaireau, comme nous l'avons dit (*b*), sort de son trou en hiver comme en été, pour chercher sa subsistance, et il est aisé de s'en assurer par les traces qu'il laisse sur la neige. La taupe dort si peu pendant tout l'hiver, qu'elle pousse la terre comme en été, et que les gens de la campagne disent, comme par proverbe : *Les taupes poussent, le dégel n'est pas loin.* Elles cherchent, à la vérité, les endroits les plus chauds : les jardiniers en prennent souvent autour de leurs couches aux mois de décembre, de janvier et de février.

La taupe ne se trouve guère que dans les pays cultivés ; il n'y en a point dans les déserts arides ni dans les climats froids, où la terre est gelée pendant la plus grande partie de l'année. L'animal qu'on a appelé taupe de Sibérie (*c*), qui a le poil vert et or, est d'une espèce différente de nos taupes (*), qui ne sont en abondance que depuis la Suède (*d*) jusqu'en Barbarie (*e*) ; car le silence des voyageurs nous fait présumer qu'elles ne se trouvent point dans les climats plus chauds. Celles d'Amérique sont aussi différentes : la taupe de Virginie (*f*) est cependant assez semblable à la nôtre, à l'exception de la couleur du poil, qui est mêlée de pourpre foncé ; mais la taupe rouge d'Amérique (*g*) est un autre animal. Il y a seulement deux ou trois variétés dans l'espèce commune de nos taupes ; on en trouve de plus ou moins brunes et de plus ou moins noires : nous en avons vu de toutes blanches, et Séba fait mention (*h*) et donne la figure d'une taupe tachée de noir et de blanc, qui se trouve en Ost-Frise, et qui est un peu plus grosse que la taupe ordinaire.

(*a*) *Ursus, Meles, Erinaceus, Talpa, Vespertilio per hyemem dormiunt abstenii.* Linnæi *Fauna Suecica.* Stockolmiæ, 1746, p. 8.

(*b*) Voyez l'article du Blaireau.

(*c*) *Vid.* Albert. Seba. Amstelædami, 1734, vol. Ier, p. 5.

(*d*) *Vid.* Linnæi. *Faun. suec.* Stockolm., 1746, p. 7.

(*e*) Voyez les *Voyages du docteur Shaw.* Amsterdam, 1743, t. Ier, p. 322.

(*f*) Voyez Albert Seba, vol. Ier, p. 5.

(*g*) *Ibid.*

(*h*) Cette taupe a été trouvée en Ost-Frise, dans le grand chemin. Elle est un peu plus longue que les taupes ordinaires, dont au reste elle ne diffère que par sa peau, qui est toute marbrée sur le dos et sous le ventre de taches blanches et noires, dans lesquelles pourtant on distingue comme un mélange de poils gris aussi fins que de la soie. Le museau de cet animal est long et hérissé d'un long poil ; les yeux sont si petits, que l'on a de la peine à découvrir l'ouverture des paupières. Albert Seba, vol. Ier, p. 68.

(*) C'est le *Mus Spalax* de Gmelin.

LA CHAUVE-SOURIS

Quoique tout soit également parfait en soi (*), puisque tout est sorti des
mains du Créateur, il est cependant, relativement à nous, des êtres accom-
plis, et d'autres qui semblent être imparfaits ou difformes. Les premiers
sont ceux dont la figure nous paraît agréable et complète, parce que toutes
les parties sont bien ensemble, que le corps et les membres sont proportionnés, les mouvements assortis, toutes les fonctions faciles et naturelles.
Les autres, qui nous paraissent hideux, sont ceux dont les qualités nous
sont nuisibles, ceux dont la nature s'éloigne de la nature commune, et dont la
forme est trop différente des formes ordinaires desquelles nous avons reçu
les premières sensations, et tiré les idées qui nous servent de modèles pour
juger. Une tête humaine sur un cou de cheval, le corps couvert de plumes,
et terminé par une queue de poisson, n'offrent un tableau d'une énorme
difformité que parce qu'on y réunit ce que la nature a de plus éloigné. Un animal
qui, comme la chauve-souris (**), est à demi quadrupède, à demi volatile,
et qui n'est en tout ni l'un ni l'autre, est, pour ainsi dire un être monstre,
en ce que, réunissant les attributs de deux genres si différents, il ne ressemble à aucun des modèles que nous offrent les grandes classes de la
nature. Il n'est qu'imparfaitement quadrupède, et il est encore plus imparfaitement oiseau. Un quadrupède doit avoir quatre pieds, un oiseau a des
plumes et des ailes; dans la chauve-souris, les pieds de devant ne sont ni
des pieds ni des ailes, quoiqu'elle s'en serve pour voler, et qu'elle puisse
aussi s'en servir pour se traîner : ce sont, en effet, des extrémités difformes
dont les os sont monstrueusement allongés, et réunis par une membrane qui
n'est couverte ni de plumes, ni même de poils, comme le reste du corps : ce

(*) C'est là une grave erreur qui n'avait pas échappé à Buffon lui-même, car, il insiste
à diverses reprises sur des organes inutiles ou même nuisibles aux animaux qui les présentent, ce qui dénote tout le contraire de la perfection.

(**) La Chauve-souris commune (*Vespertilio murinus* L.) est un Mammifère de l'ordre
des Cheiroptères et du groupe des Gymnorhiniens qui comprend des Cheiroptères insectivores,
à museau court, lisse, sans appendice feuilleté, à queue longue et mince, entièrement entourée par la membrane qui s'étale entre les membres postérieurs. Dans les *Vespertilio*, les
oreilles sont séparées l'une de l'autre et arrondies.

sont des espèces d'ailerons, ou, si l'on veut, des pattes ailées où l'on ne voit que l'ongle d'un pouce court, et dont les quatre autres doigts très longs ne peuvent agir qu'ensemble, et n'ont point de mouvements propres, ni de fonctions séparées : ce sont des espèces de mains dix fois plus grandes que les pieds, et en tout quatre fois plus longues que le corps entier de l'animal : ce sont, en un mot, des parties qui ont plutôt l'air d'un caprice que d'une production régulière. Cette membrane couvre les bras, forme les ailes ou les mains de l'animal, se réunit à la peau de son corps, et enveloppe en même temps ses jambes, et même sa queue qui, par cette jonction bizarre, devient, pour ainsi dire, l'un de ses doigts. Ajoutez à ces disparates et à ces disproportions du corps et des membres les difformités de la tête, qui souvent sont encore plus grandes ; car, dans quelques espèces, le nez est à peine visible, les yeux sont enfoncés tout près de la conque de l'oreille, et se confondent avec les joues ; dans d'autres, les oreilles sont aussi longues que le corps, ou bien la face est tortillée en forme de fer à cheval, et le nez recouvert par une espèce de crête. La plupart ont la tête surmontée par quatre oreillons ; toutes ont les yeux petits, obscurs et couverts, le nez ou plutôt les naseaux informes, la gueule fendue de l'une à l'autre oreille ; toutes aussi cherchent à se cacher, fuient la lumière, n'habitent que les lieux ténébreux, n'en sortent que la nuit, y rentrent au point du jour pour demeurer collées contre les murs.

Leur mouvement dans l'air est moins un vol qu'une espèce de voltigement incertain qu'elles semblent n'exécuter que par effort et d'une manière gauche ; elles s'élèvent de terre avec peine, elles ne volent jamais à une grande hauteur, elles ne peuvent qu'imparfaitement précipiter, ralentir, ou même diriger leur vol ; il n'est ni très rapide ni bien direct, il se fait par des vibrations brusques dans une direction oblique et tortueuse ; elles ne laissent pas de saisir en passant les moucherons, les cousins, et surtout les papillons phalènes qui ne volent que la nuit ; elles les avalent, pour ainsi dire, tout entiers, et l'on voit dans leurs excréments les débris des ailes et des autres parties sèches qui ne peuvent se digérer. Étant un jour descendu dans les grottes d'Arcy pour en examiner les stalactites, je fus surpris de trouver sur un terrain tout couvert d'albâtre, et dans un lieu si ténébreux et si profond, une espèce de terre qui était d'une toute autre nature : c'était un tas épais et large de plusieurs pieds d'une matière noirâtre, presque entièrement composée de portions d'ailes et de pattes de mouches et de papillons, comme si ces insectes se fussent rassemblés en nombre immense et réunis dans ce lieu pour y périr et pourrir ensemble. Ce n'était cependant autre chose que de la fiente de chauves-souris, amoncelée probablement pendant plusieurs années dans l'endroit de ces voûtes souterraines, qu'elles habitaient de préférence ; car dans toute l'étendue de ces grottes, qui est de plus d'un demi-quart de lieue, je ne vis aucun autre amas d'une pareille matière, et je jugeai que les chauves-souris avaient fixé dans cet endroit leur demeure commune, parce qu'il y parvenait encore une très faible lumière par l'ouverture de la grotte, et qu'elles n'allaient pas plus avant pour ne pas s'enfoncer dans une obscurité trop profonde.

Les chauves-souris sont de vrais quadrupèdes ; elles n'ont rien de commun que le vol avec les oiseaux ; mais comme l'action de voler suppose une très grande force dans la partie supérieure du corps et dans les membres antérieurs, elles ont les muscles pectoraux beaucoup plus forts et plus charnus qu'aucun des quadrupèdes, et l'on peut dire que par là elles ressemblent encore aux oiseaux : elles en diffèrent par tout le reste de la conformation, tant extérieure qu'intérieure ; les poumons, le cœur, les organes de la génération, tous les autres viscères, sont semblables à ceux des quadrupèdes, à l'exception de la verge qui est pendante et détachée, ce qui est particulier à l'homme, aux singes et aux chauves-souris ; elles produisent, comme les quadrupèdes, leurs petits vivants ; enfin elles ont, comme eux, des dents et des mamelles : l'on assure qu'elles ne portent que deux petits, qu'elles les allaitent et les transportent même en volant. C'est en été qu'elles s'accouplent et qu'elles mettent bas, car elles sont engourdies pendant l'hiver : les unes se recouvrent de leurs ailes comme d'un manteau, s'accrochent à la voûte de leur souterrain par les pieds de derrière, et demeurent ainsi suspendues ; les autres se collent contre les murs ou se recèlent dans des trous ; elles sont toujours en nombre pour se défendre du froid : toutes passent l'hiver sans bouger, sans manger, ne se réveillent qu'au printemps, et se recèlent de nouveau vers la fin de l'automne. Elles supportent plus aisément la diète que le froid, elles peuvent passer plusieurs jours sans manger, et cependant elles sont du nombre des animaux carnassiers ; car lorsqu'elles peuvent entrer dans une office, elles s'attachent aux quartiers de lard qui y sont suspendus, et elles mangent aussi de la viande crue ou cuite, fraîche ou corrompue.

Les naturalistes qui nous ont précédés ne connaissaient que deux espèces de chauve-souris. M. Daubenton en a trouvé cinq autres qui sont, aussi bien que les deux premières espèces, naturelles à notre climat ; elles y sont même aussi communes, aussi abondantes, et il est assez étonnant qu'aucun observateur ne les eût remarquées. Ces sept espèces sont très distinctes, très différentes les unes des autres, et n'habitent même jamais ensemble dans le même lieu.

La première, qui était connue, est la chauve-souris commune, ou la chauve-souris proprement dite.

La seconde est la chauve-souris à grandes oreilles, que nous nommerons l'*oreillard* (*), qui a aussi été reconnue par les naturalistes et indiquée par

(*) *Vespertilio auritus* L.

les nomenclateurs (*a*). L'oreillard est peut-être plus commun que la chauve-souris : il est bien plus petit de corps ; il a aussi les ailes beaucoup plus courtes, le museau moins gros et plus pointu, les oreilles d'une grandeur démesurée.

La troisième espèce, que nous appellerons la *noctule* (*), du mot italien *nottula*, n'était pas connue, cependant elle est très commune en France, et on la rencontre même plus fréquemment que les deux espèces précédentes. On la trouve sous les toits, sous les gouttières de plomb des châteaux, des églises, et aussi dans les vieux arbres creux. Elle est presque aussi grosse que la chauve-souris ; elle a les oreilles courtes et larges, le poil roussâtre, la voix aigre, perçante, et assez semblable au son d'un timbre de fer.

Nous nommerons *sérotine* (**) la quatrième espèce, qui n'était nullement connue ; elle est plus petite que la chauve-souris et que la noctule ; elle est à peu près de la grandeur de l'oreillard, mais elle en diffère par les oreilles qu'elle a courtes et pointues, et par la couleur du poil ; elle a les ailes plus noires et le poil d'un brun plus foncé.

Nous appellerons la cinquième espèce, qui n'était pas connue, la *pipistrelle* (***), du mot italien *pipistrello*, qui signifie aussi chauve-souris. La pipistrelle n'est pas, à beaucoup près, aussi grosse que la chauve-souris ou la noctule, ni même que la sérotine ou l'oreillard : de toutes les chauves-souris, c'est la plus petite et la moins laide, quoiqu'elle ait la lèvre supérieure fort renflée, les yeux très petits, très enfoncés, et le front très couvert de poil.

La sixième espèce, qui n'était pas connue, sera nommée *barbastelle* (****), du mot italien *barbastello*, qui signifie encore chauve-souris. Cet animal est à peu près de la grosseur de l'oreillard ; il a les oreilles aussi larges, mais bien moins longues : le nom de barbastelle lui convient d'autant mieux qu'il paraît avoir une grosse moustache, ce qui cependant n'est qu'une apparence occasionnée par le renflement des joues qui forment un bourrelet au-dessus des lèvres ; il a le museau très court, le nez fort aplati et les yeux presque dans les oreilles.

Enfin, nous nommerons *fer-à-cheval* (*****) une septième espèce qui n'était nullement connue ; elle est très frappante par la singulière difformité de sa

---

(*a*) *Vespertilio.* Aldrovand. *Avi.*, p. 571.

Vespertilio auriculis quaternis. Jonst. *Avi.*, p. 34.

Vespertilio vulgaris, auriculis duplicibus. Klein, *de quadrup.*, p. 61.

La petite chauve-souris de notre pays. *Vespertilio murini coloris, pedibus omnibus pentadactylis, auriculis duplicibus... Vespertilio minor.* Brisson, *Régn. anim.*, p. 226.

(*) *Vesperugo Noctula* Schreb.

(**) *Vesperugo serotinus* Schreb.

(***) *Vesperugo pipistrelus* Schreb.

(****) *Vespertilio barbastelus* Gmel.

(*****) *Rhinolophus unihastatus* Geoff. et *R. bihastatus* Geoff.

face, dont le trait le plus apparent et le plus marqué est un bourrelet en forme de fer à cheval autour du nez et sur la lèvre supérieure; on la trouve très communément en France, dans les murs et dans les caveaux des vieux châteaux abandonnés. Il y en a de petites et de grosses, mais qui sont au reste si semblables par la forme, que nous les avons jugées de la même espèce ; seulement, comme nous en avons beaucoup vu sans en trouver de grandeur moyenne entre les grosses et les petites, nous ne décidons pas si l'âge seul produit cette différence, ou si c'est une variété constante dans la même espèce.

LE LOIR

—

Nous connaissons trois espèces de loirs (*), qui, comme la marmotte, dorment pendant l'hiver : le loir, le lérot et le muscardin ; le loir est le plus gros des trois, le muscardin est le plus petit. Plusieurs auteurs ont confondu l'une de ces espèces avec les deux autres, quoiqu'elles soient toutes trois très distinctes, et par conséquent très aisées à reconnaître et à distinguer. Le loir est à peu près de la grandeur de l'écureuil ; il a, comme lui, la queue couverte de longs poils ; le lérot n'est pas si gros que le rat, il a la queue couverte de poils très courts, avec un bouquet de poils longs à l'extrémité ; le muscardin n'est pas plus gros que la souris, il a la queue couverte de poils plus longs que le lérot, mais plus courts que le loir, avec un gros bouquet de longs poils à l'extrémité. Le lérot diffère des deux autres par les marques noires qu'il a près des yeux, et le muscardin par la couleur blonde de son poil sur le dos. Tous trois sont blancs ou blanchâtres sous la gorge et le ventre ; mais le lérot est d'un assez beau blanc, le loir n'est que blanchâtre, et le muscardin est plutôt jaunâtre que blanc dans toutes les parties inférieures.

C'est improprement que l'on dit que ces animaux dorment pendant l'hiver : leur état n'est point celui d'un sommeil naturel, c'est une torpeur, un engourdissement des membres et des sens, et cet engourdissement est produit par le refroidissement du sang. Ces animaux ont si peu de chaleur intérieure, qu'elle n'excède guère celle de la température de l'air (**). Lorsque la chaleur de l'air est au thermomètre de dix degrés au-dessus de la congélation, celle de ces animaux n'est aussi que de dix degrés. Nous avons plongé la boule d'un petit thermomètre dans le corps de plusieurs lérots vivants : la chaleur de l'intérieur de leur corps était à peu près égale à la température de l'air ; quelquefois même, le thermomètre plongé, et, pour ainsi dire, appliqué sur le cœur, a baissé d'un demi-degré ou d'un degré, la température de l'air

(*) Le Loir (*Myoxus Glis* Schreb.) est un Rongeur de la famille des Myoxides ; il ressemble à l'Écureuil par sa queue qui est longue et touffue et à la souris par la finesse de sa tête.

(**) Erreur semblable à celle que nous avons déjà signalée à propos du Hérisson. La température de ces animaux ne s'abaisse que pendant la période du repos hibernal ; elle ne diffère guère alors de celle du milieu dans lequel se trouve l'animal.

étant à onze. Or, l'on sait que la chaleur de l'homme, et de la plupart des animaux qui ont de la chair et du sang, excède en tout temps trente degrés, il n'est donc pas étonnant que ces animaux, qui ont si peu de chaleur en comparaison des autres, tombent dans l'engourdissement dès que cette petite quantité de chaleur intérieure cesse d'être aidée par la chaleur extérieure de l'air, et cela arrive lorsque le thermomètre n'est plus qu'à dix ou onze degrés au-dessus de la congélation. C'est là la vraie cause de l'engourdissement de ces animaux (*); cause que l'on ignorait, et qui cependant s'étend générale-ment sur tous les animaux qui dorment pendant l'hiver ; car nous l'avons reconnue dans les loirs, dans les hérissons, dans les chauves-souris; et, quoique nous n'ayons pas eu occasion de l'éprouver sur la marmotte, je suis persuadé qu'elle a le sang froid comme les autres, puisqu'elle est comme eux sujette à l'engourdissement pendant l'hiver.

Cet engourdissement dure autant que la cause qui le produit, et cesse avec le froid ; quelques degrés de chaleur au-dessus de dix ou onze suffisent pour ranimer ces animaux, et, si on les tient pendant l'hiver dans un lieu bien chaud, ils ne s'engourdissent point du tout ; ils vont et viennent, ils mangent et dorment seulement de temps en temps, comme tous les autres animaux. Lorsqu'ils sentent le froid, ils se serrent et se mettent en boule pour offrir moins de surface à l'air et se conserver un peu de chaleur : c'est ainsi qu'on les trouve en hiver dans les arbres creux, dans les trous des murs exposés au midi ; ils y gisent en boule, et sans aucun mouvement, sur de la mousse et des feuilles : on les prend, on les tient, on les roule sans qu'ils remuent, sans qu'ils s'étendent ; rien ne peut les faire sortir de leur engourdissement qu'une chaleur douce et graduée ; ils meurent lorsqu'on les met tout à coup près du feu ; il faut, pour les dégourdir, les en approcher par degrés. Quoi-que dans cet état ils soient sans aucun mouvement, qu'ils aient les yeux fermés et qu'ils paraissent privés de tout usage des sens, ils sentent cepen-dant la douleur lorsqu'elle est très vive ; une blessure, une brûlure leur fait faire un mouvement de contraction et un petit cri sourd qu'ils répètent même plusieurs fois : la sensibilité intérieure subsiste donc aussi bien que l'action du cœur et des poumons. Cependant il est à présumer que ces mou-vements vitaux ne s'exercent pas dans cet état de torpeur avec la même force, et n'agissent pas avec la même puissance que dans l'état ordinaire; la circu-lation ne se fait probablement que dans les plus gros vaisseaux, la respira-tion est faible et lente, les sécrétions sont très peu abondantes, les déjections nulles ; la transpiration est presque nulle aussi, puisqu'ils passent plusieurs mois sans manger, ce qui ne pourrait être, si dans ce temps de diète ils perdaient de leur substance autant, à proportion, que dans les autres temps

(*) C'est le contraire qui est vrai. La température s'abaisse pendant l'hibernation parce que l'animal cesse de prendre des aliments.

où ils la réparent en prenant de la nourriture. Ils en perdent cependant, puisque dans les hivers trop longs ils meurent dans leurs trous : peut-être aussi n'est-ce pas la durée, mais la rigueur du froid qui les fait périr ; car, lorsqu'on les expose à une forte gelée, ils meurent en peu de temps. Ce qui me ferait croire que ce n'est pas la trop grande déperdition de substance qui les fait mourir dans les grands hivers, c'est qu'en automne ils sont excessivement gras, et qu'ils le sont encore lorsqu'ils se raniment au printemps : cette abondance de graisse est une nourriture intérieure qui suffit pour les entretenir et pour suppléer à ce qu'ils perdent par la transpiration.

Au reste, comme le froid est la seule cause de leur engourdissement, et qu'ils ne tombent dans cet état que quand la température de l'air est au-dessous de dix ou onze degrés, il arrive souvent qu'ils se raniment même pendant l'hiver ; car il y a des heures, des jours, et même des suites de jours, dans cette saison, où la liqueur du thermomètre se soutient à douze, treize, quatorze, etc. degrés, et, pendant ce temps doux, les loirs sortent de leurs trous pour chercher à vivre, ou plutôt ils mangent les provisions qu'ils ont ramassées pendant l'automne, et qu'ils y ont transportées. Aristote a dit (a) et tous les naturalistes ont dit après Aristote, que les loirs passent tout l'hiver sans manger, et que dans ce temps même de diète ils deviennent extrêmement gras (*), que le sommeil seul les nourrit plus que les aliments ne nourrissent les autres animaux. Le fait non seulement n'est pas vrai, mais la supposition même du fait n'est pas possible. Le loir engourdi pendant quatre ou cinq mois ne pourrait s'engraisser que de l'air qu'il respire : accordons si l'on veut (et c'est beaucoup trop accorder) qu'une partie de cet air se tourne en nourriture, en résultera-t-il une augmentation si considérable ? cette nourriture si légère pourra-t-elle même suffire à la déperdition continuelle qui se fait par la transpiration ? Ce qui a pu faire tomber Aristote dans cette erreur, c'est qu'en Grèce, où les hivers sont tempérés, les loirs ne dorment pas continuellement, et que prenant de la nourriture, peut-être abondamment, toutes les fois que la chaleur les ranime, il les aura trouvés très gras, quoique engourdis. Ce qu'il y a de vrai, c'est qu'ils sont gras en tout temps, et plus gras en automne qu'en été : leur chair est assez semblable à celle du cochon d'Inde. Les loirs faisaient partie de la bonne chère chez les Romains ; ils en élevaient en quantité. Varron donne la manière de faire des garennes de loirs, et Apicius celle d'en faire des ragoûts : cet usage n'a point été suivi, soit qu'on ait eu du dégoût pour ces animaux, parce qu'ils ressemblent aux rats, soit qu'en effet leur chair ne soit pas de bien bon goût. J'ai ouï dire à des paysans qui en avaient mangé qu'elle n'était guère meilleure

(a) *Hist. animal.*, lib. viii, cap. xvii.

(*) La vérité est qu'au lieu d'engraisser ils consomment leur graisse pendant la période de l'hibernation.

que celle du rat d'eau. Au reste, il n'y a que le loir qui soit mangeable ; le lérot a la chair mauvaise et d'une odeur désagréable.

Le loir ressemble assez à l'écureuil par les habitudes naturelles ; il habite comme lui les forêts, il grimpe sur les arbres, saute de branche en branche, moins légèrement à la vérité que l'écureuil, qui a les jambes plus longues, le ventre bien moins gros, et qui est aussi maigre que le loir est gras : cependant ils vivent tous deux des mêmes aliments ; de la faîne, des noisettes, de la châtaigne, d'autres fruits sauvages, font leur nourriture ordinaire. Le loir mange aussi de petits oiseaux qu'il prend dans les nids ; il ne fait point de bauge au-dessus des arbres comme l'écureuil, mais il se fait un lit de mousse dans le tronc de ceux qui sont creux ; il se gîte aussi dans les fentes des rochers élevés, et toujours dans des lieux secs ; il craint l'humidité, boit peu et descend rarement à terre ; il diffère encore de l'écureuil en ce que celui-ci s'apprivoise, et que l'autre demeure toujours sauvage. Les loirs s'accouplent sur la fin du printemps, ils font leurs petits en été ; les portées sont ordinairement de quatre ou de cinq ; ils croissent vite, et l'on assure qu'ils ne vivent que six ans. En Italie, où l'on est encore dans l'usage de les manger, on fait des fosses dans les bois, que l'on tapisse de mousse, qu'on recouvre de paille, et où l'on jette de la faîne ; on choisit un lieu sec, à l'abri d'un rocher exposé au midi ; les loirs s'y rendent en nombre, et on les y trouve engourdis vers la fin de l'automne ; c'est le temps où ils sont les meilleurs à manger. Ces petits animaux sont courageux et défendent leur vie jusqu'à la dernière extrémité ; ils ont les dents de devant très longues et très fortes : aussi mordent-ils violemment ; ils ne craignent ni la belette ni les petits oiseaux de proie ; ils échappent au renard, qui ne peut les suivre au-dessus des arbres ; leurs plus grands ennemis sont les chats sauvages et les martes.

Cette espèce n'est pas extrêmement répandue ; on ne la trouve point dans les climats très froids, comme la Laponie, la Suède ; du moins les naturalistes du Nord n'en parlent point : l'espèce de loir qu'ils indiquent est le muscardin, la plus petite des trois. Je présume aussi qu'on ne les trouve pas dans les climats très chauds, puisque les voyageurs n'en font aucune mention : il n'y a que peu ou point de loirs dans les pays découverts, comme l'Angleterre, il leur faut un climat tempéré et un pays couvert de bois ; on en trouve en Espagne, en France, en Grèce, en Italie, en Allemagne, en Suisse, où ils habitent dans les forêts, sur les collines, et non pas au-dessus des hautes montagnes, comme les marmottes, qui, quoique sujettes à s'engourdir par le froid, semblent chercher la neige et les frimas.

LE LÉROT

Le loir demeure dans les forêts, et semble fuir nos habitations; le lérot (*), au contraire, habite nos jardins et se trouve quelquefois dans nos maisons; l'espèce en est aussi plus nombreuse, plus généralement répandue, et il y a peu de jardins qui n'en soient infestés. Ils se nichent dans les trous des murailles, ils courent sur les arbres en espalier, choisissent les meilleurs fruits, et les entament tous dans le temps qu'ils commencent à mûrir; ils semblent aimer les pêches de préférence, et, si l'on veut en conserver, il faut avoir grand soin de détruire les lérots ; ils grimpent aussi sur les poiriers, les abricotiers, les pruniers : et si les fruits doux leur manquent, ils mangent des amandes, des noisettes, des noix, et même des graines légumineuses; ils en transportent en grande quantité dans leurs retraites, qu'ils pratiquent en terre, surtout dans les jardins soignés, car dans les anciens vergers on les trouve souvent dans de vieux arbres creux ; ils se font un lit d'herbes, de mousse et de feuilles. Le froid les engourdit, et la chaleur les ranime ; on en trouve quelquefois huit ou dix dans le même lieu, tous engourdis, tous resserrés en boule au milieu de leurs provisions de noix et de noisettes.

Ils s'accouplent au printemps, produisent en été, et font cinq ou six petits qui croissent promptement, mais qui cependant ne produisent eux-mêmes que dans l'année suivante. Leur chair n'est pas mangeable comme celle du loir; ils ont même la mauvaise odeur du rat domestique, au lieu que le loir ne sent rien ; ils ne deviennent pas aussi gras, et manquent des feuillets graisseux qui se trouvent dans le loir et qui enveloppent la masse entière des intestins. On trouve des lérots dans tous les climats tempérés de l'Europe, et même en Pologne, en Prusse; mais il ne paraît pas qu'il y en ait en Suède ni dans les pays septentrionaux.

LE MUSCARDIN

Le muscardin (**) est le moins laid de tous les rats : il a les yeux brillants, la queue touffue et le poil d'une couleur distinguée; il est plus blond que roux ; il n'habite jamais dans les maisons, rarement dans les jardins, et se trouve, comme le loir, plus souvent dans les bois, où il se retire dans les vieux arbres creux. L'espèce n'en est pas, à beaucoup près, aussi nombreuse

(*) *Myoxus Nitela* SCHREB. Il se distingue du Loir par sa queue fournie uniformément, mais touffue à l'extrémité seulement.
(**) *Myoxus avellanarius* GMEL.

que celle du lérot : on trouve le muscardin presque toujours seul dans son trou, et nous avons eu beaucoup de peine à nous en procurer quelques-uns ; cependant il paraît qu'il est assez commun en Italie, que même il se trouve dans les climats du Nord, puisque M. Linnæus l'a compris dans la liste (a) qu'il a donnée des animaux de Suède ; et, en même temps, il semble qu'il ne se trouve point en Angleterre, car M. Ray (b), qui l'avait vu en Italie, dit que le petit *rat dormeur* qui se trouve en Angleterre n'est pas roux sur le dos comme celui d'Italie, et qu'il pourrait bien être d'une autre espèce. En France, il est le même qu'en Italie, et nous avons trouvé qu'Aldrovande (c) l'avait bien indiqué ; mais cet auteur ajoute qu'il y en a deux espèces en Italie, l'une rare dont l'animal a l'odeur du musc, l'autre plus commune dont l'animal n'a point d'odeur, et qu'à Bologne on les appelle tous deux muscardins, à cause de leur ressemblance tant par la figure que par la grosseur. Nous ne connaissons que l'une de ces espèces, et c'est la seconde, car notre muscardin n'a point d'odeur, ni bonne ni mauvaise. Il manque, comme le lérot, des feuillets graisseux qui enveloppent les intestins dans le loir : aussi ne devient-il pas si gras, et quoiqu'il n'ait point de mauvaise odeur, il n'est pas bon à manger.

Le muscardin s'engourdit par le froid et se met en boule comme le loir et le lérot ; il se ranime comme eux dans les temps doux, et fait aussi provision de noisettes et d'autres fruits secs. Il fait son nid sur les arbres, comme l'écureuil, mais il le place ordinairement plus bas, entre les branches d'un noisetier, dans un buisson, etc. Le nid est fait d'herbes entrelacées ; il a environ six pouces de diamètre, et n'est ouvert que par le haut. Bien des gens de la campagne m'ont assuré qu'ils avaient trouvé de ces nids dans des bois taillis, dans des haies, qu'ils sont environnés de feuilles et de mousse, et que dans chaque nid il y avait trois ou quatre petits. Ils abandonnent le nid dès qu'ils sont grands, et cherchent à se gîter dans le creux ou sous le tronc des vieux arbres ; et c'est là qu'ils reposent, qu'ils font leur provision et qu'ils s'engourdissent.

(a) *Vide* Linnæi, *Faun. Suec.*, p. 11.
(b) *Vide* Ray, *Synops. anim. quadrup.*, p. 220.
(c) *Vide* Aldrov., *Hist. quadrup. digit.*, p. 440.

LE SURMULOT

Nous donnons le nom de surmulot (*) à une nouvelle espèce de mulot qui n'est connue que depuis quelques années. Aucun naturaliste n'a parlé de cet animal, à l'exception de M. Brisson, qui, le comprenant dans le genre des rats, l'a appelé *rat des bois*. Mais comme il diffère autant du rat que le mulot ou la souris, qui ont leurs noms propres, il doit avoir aussi un nom particulier, *surmulot*, comme qui dirait gros, grand mulot, auquel en effet il ressemble plus qu'au rat par la couleur et par les habitudes naturelles. Le surmulot est plus fort et plus méchant que le rat ; il a le poil roux, la queue extrêmement longue et sans poil, l'épine du dos arquée comme l'écureuil, et le corps beaucoup plus épais, des moustaches comme le chat. Ce n'est que depuis neuf ou dix ans que cette espèce s'est répandue dans les environs de Paris : l'on ne sait d'où ces animaux sont venus, mais ils ont prodigieusement multiplié, et l'on n'en sera pas étonné, lorsqu'on saura qu'ils produisent ordinairement douze ou quinze petits, souvent seize, dix-sept, dix-huit, et même jusqu'à dix-neuf. Les endroits où ils ont paru pour la première fois, et où ils se sont bientôt fait remarquer par leurs dégâts, sont Chantilly, Marly-la-Ville et Versailles. M. Leroy, inspecteur du parc, a eu la bonté de nous en envoyer en grande quantité, vivants et morts ; il nous a même communiqué les remarques qu'il a faites sur cette nouvelle espèce. Les mâles sont plus gros, plus hardis et plus méchants que les femelles : lorsqu'on les poursuit et qu'on veut les saisir, ils se retournent et mordent le bâton ou la main qui les frappe ; leur morsure est non seulement cruelle, mais dangereuse : elle est promptement suivie d'une enflure assez considérable, et la plaie, quoique petite, est longtemps à se fermer. Ils produisent trois fois par an : ainsi deux individus de cette espèce en font tout au moins trois douzaines en un an ; les mères préparent un lit à leurs petits. Comme il y en avait quelques-unes de pleines dans le nombre de celles qu'on nous avait envoyées vivantes, et que nous les gardions dans des cages, nous avons vu les femelles, deux ou trois jours avant de mettre bas, ronger la planche de leur cage, en faire

(*) *Mus decumanus* Pall.

de petits copeaux en quantité, les disposer, les étendre, et ensuite les faire servir de lit à leurs petits.

Les surmulots ont quelques qualités naturelles qui semblent les rapprocher des rats d'eau : quoiqu'ils s'établissent partout, ils paraissent préférer le bord des eaux ; les chiens les chassent comme ils chassent les rats d'eau, c'est-à-dire avec un acharnement qui tient de la fureur. Lorsqu'ils se sentent poursuivis, et qu'ils ont le choix de se jeter à l'eau ou de se fourrer dans un buisson d'épines, à égale distance, ils choisissent l'eau, y entrent sans crainte et nagent avec une merveilleuse facilité. Cela arrive surtout lorsqu'ils ne peuvent regagner leurs terriers ; car ils se creusent, comme les mulots, des retraites sous terre, ou bien ils se gîtent dans celles des lapins. On peut, avec les furets, prendre les surmulots dans leurs terriers ; ils les poursuivent comme des lapins, et semblent même les chercher avec plus d'ardeur.

Ces animaux passent l'été dans la campagne, et quoiqu'ils se nourrissent principalement de fruits et de grain, ils ne laissent pas d'être aussi très carnassiers ; ils mangent les lapereaux, les perdreaux, la jeune volaille, et, quand ils entrent dans un poulailler, ils font comme le putois ; ils en égorgent beaucoup plus qu'ils ne peuvent en manger. Vers le mois de novembre, les mères, les petits et tous les jeunes surmulots quittent la campagne et vont en troupe dans les granges, où ils font un dégât infini ; ils hachent la paille, consomment beaucoup de grain et infectent le tout de leur ordure. Les vieux mâles restent à la campagne ; chacun d'eux habite seul dans son trou ; ils y font, comme les mulots, provision pendant l'automne de gland, de faîne, etc.; ils le remplissent jusqu'au bord, et demeurent eux-mêmes au fond du trou. Ils ne s'y engourdissent pas comme les loirs ; ils en sortent en hiver, surtout dans les beaux jours. Ceux qui vivent dans les granges en chassent les souris et les rats : l'on a même remarqué, depuis que les surmulots se sont si fort multipliés aux environs de Paris, que les rats y sont beaucoup moins communs qu'ils ne l'étaient autrefois.

LA MARMOTTE

De tous les auteurs modernes qui ont écrit sur l'histoire naturelle, Gessner est celui qui, pour le détail, a le plus avancé la science ; il joignait à une grande érudition un sens droit et des vues saines : Aldrovande n'est guère que son commentateur, et les naturalistes de moindre nom ne sont que ses copistes. Nous n'hésiterons pas à emprunter de lui des faits au sujet des marmottes (*), animaux de son pays (a), qu'il connaissait mieux que nous, quoique nous en ayons nourri comme lui quelques-unes à la maison. Ce que nous avons observé se trouvant d'accord avec ce qu'il en dit, nous ne doutons pas que ce qu'il a observé de plus ne soit également vrai.

La marmotte, prise jeune, s'apprivoise plus qu'aucun animal sauvage, et presque autant que nos animaux domestiques ; elle apprend aisément à saisir un bâton, à gesticuler, à danser, à obéir en tout à la voix de son maître ; elle est, comme le chat, antipathique avec le chien : lorsqu'elle commence à être familière dans la maison, et qu'elle se croit appuyée par son maître, elle attaque et mord en sa présence les chiens les plus redoutables. Quoiqu'elle ne soit pas tout à fait aussi grande qu'un lièvre, elle est bien plus trapue et joint beaucoup de force à beaucoup de souplesse : elle a les quatre dents du devant des mâchoires assez longues et assez fortes pour blesser cruellement ; cependant elle n'attaque que les chiens, et ne fait mal à personne à moins qu'on ne l'irrite. Si l'on n'y prend pas garde, elle ronge les meubles, les étoffes, et perce même le bois lorsqu'elle est renfermée. Comme elle a les cuisses très courtes et les doigts des pieds faits à peu près comme ceux de l'ours, elle se tient souvent assise, et marche comme lui aisément sur ses pieds de derrière ; elle porte à sa gueule ce qu'elle saisit avec ceux de devant, et mange debout comme l'écureuil ; elle court assez vite en montant, mais assez lentement en plaine ; elle grimpe sur les arbres, elle monte entre deux parois de rochers, entre deux murailles voisines, et c'est des

(a) Gessner était Suisse, et c'est un des hommes qui font le plus d'honneur à la nation.

(*) La Marmotte (*Arctomys Marmotta* Schreb.) est un Rongeur de la famille des Sciurides.

marmottes, dit-on, que les Savoyards ont appris à grimper pour ramoner les
cheminées. Elles mangent de tout ce qu'on leur donne, de la viande, du pain,
des fruits, des racines, des herbes potagères, des choux, des hannetons, des
sauterelles, etc., mais elles sont plus avides de lait et de beurre que de tout
autre aliment. Quoique moins enclines que le chat à dérober, elles cherchent
à entrer dans les endroits où l'on renferme le lait, et elles le boivent en
grande quantité en marmottant, c'est-à-dire en faisant comme le chat une
espèce de murmure de contentement. Au reste, le lait est la seule liqueur
qui leur plaise ; elles ne boivent que très rarement de l'eau et refusent
le vin.

La marmotte tient un peu de l'ours et un peu du rat pour la forme du
corps ; ce n'est cependant pas l'*arctomys* ou le *rat-ours* des anciens, comme
l'ont cru quelques auteurs, et entre autres Perrault. Elle a le nez, les lèvres
et la forme de la tête comme le lièvre, le poil et les ongles du blaireau, les
dents du castor, la moustache du chat, les yeux du loir, les pieds de l'ours,
la queue courte et les oreilles tronquées. La couleur de son poil sur le dos
est d'un roux brun, plus ou moins foncé ; ce poil est assez rude, mais celui
du ventre est roussâtre, doux et touffu. Elle a la voix et le murmure d'un
petit chien, lorsqu'elle joue ou quand on la caresse ; mais lorsqu'on l'irrite
ou qu'on l'effraye, elle fait entendre un sifflet si perçant et si aigu, qu'il
blesse le tympan. Elle aime la propreté, et se met à l'écart, comme le chat,
pour faire ses besoins ; mais elle a, comme le rat, surtout en été, une
odeur forte qui la rend très désagréable ; en automne, elle est très grasse :
outre un très grand épiploon, elle a, comme le loir, deux feuillets graisseux fort épais ; cependant elle n'est pas également grasse sur toutes les
parties du corps ; le dos et les reins sont plus chargés que le reste d'une
graisse ferme et solide, assez semblable à la chair des tetines du bœuf.
Aussi la marmotte serait assez bonne à manger, si elle n'avait pas toujours
un peu d'odeur, qu'on ne peut masquer que par des assaisonnements très
forts.

Cet animal, qui se plaît dans la région de la neige et des glaces, qu'on ne
trouve que sur les plus hautes montagnes, est cependant sujet plus qu'un
autre à s'engourdir par le froid. C'est ordinairement à la fin de septembre ou
au commencement d'octobre qu'elle se recèle dans sa retraite pour n'en sortir
qu'au commencement d'avril : cette retraite est faite avec précaution et meu-
blée avec art ; elle est d'abord d'une grande capacité, moins large que longue
et très profonde, au moyen de quoi elle peut contenir une ou plusieurs marmottes sans que l'air s'y corrompe : leurs pieds et leurs ongles paraissent
être faits pour fouiller la terre, et elles la creusent en effet avec une merveilleuse célérité ; elles jettent au dehors, derrière elles, les déblais de leur
excavation ; ce n'est pas un trou, un boyau droit ou tortueux, c'est une espèce
de galerie faite en forme d'Y grec, dont les deux branches ont chacune une

ouverture, et aboutissent toutes deux à un cul-de-sac qui est le lieu du séjour. Comme le tout est pratiqué sur le penchant de la montagne, il n'y a que le cul-de-sac qui soit de niveau ; la branche inférieure de l'Y grec est en pente au-dessous du cul-de-sac, et c'est dans cette partie, la plus basse du domicile, qu'elles font leurs excréments, dont l'humidité s'écoule aisément au dehors ; la branche supérieure de l'Y grec est aussi un peu en pente, et plus élevée que tout le reste ; c'est par là qu'elles entrent et qu'elles sortent. Le lieu du séjour est non seulement jonché, mais tapissé fort épais de mousse et de foin ; elles en font ample provision pendant l'été : on assure même que cela se fait à frais ou travaux communs ; que les unes coupent les herbes les plus fines, que d'autres les ramassent, et que tour à tour elles servent de voitures pour les transporter au gîte ; l'une, dit-on, se couche sur le dos, se laisse charger de foin, étend ses pattes en haut pour servir de ridelles, et ensuite se laisse traîner par les autres, qui la tirent par la queue, et prennent garde en même temps que la voiture ne verse. C'est, à ce qu'on prétend, par ce frottement trop souvent réitéré qu'elles ont presque toutes le poil rongé sur le dos. On pourrait cependant en donner une autre raison : c'est qu'habitant sous la terre, et s'occupant sans cesse à la creuser, cela seul suffit pour leur peler le dos. Quoi qu'il en soit, il est sûr qu'elles demeurent ensemble et qu'elles travaillent en commun à leur habitation ; elles y passent les trois quarts de leur vie : elles s'y retirent pendant l'orage, pendant la pluie ou dès qu'il y a quelque danger ; elles n'en sortent même que dans les plus beaux jours, et ne s'en éloignent guère ; l'une fait le guet, assise sur une roche élevée, tandis que les autres s'amusent à jouer sur le gazon, ou s'occupent à le couper pour en faire du foin ; et lorsque celle qui fait sentinelle aperçoit un homme, un aigle, un chien, etc., elle avertit les autres par un coup de sifflet, et ne rentre elle-même que la dernière.

Elles ne font pas de provisions pour l'hiver : il semble qu'elles devinent qu'elles seraient inutiles ; mais lorsqu'elles sentent les premières approches de la saison qui doit les engourdir, elles travaillent à fermer les deux portes de leur domicile, et elles le font avec tant de soin et de solidité, qu'il est plus aisé d'ouvrir la terre partout ailleurs que dans l'endroit qu'elles ont muré. Elles sont alors très grasses : il y en a qui pèsent jusqu'à vingt livres ; elles le sont encore trois mois après, mais peu à peu leur embonpoint diminue, et elles sont maigres sur la fin de l'hiver. Lorsqu'on découvre leur retraite, on les trouve resserrées en boule et fourrées dans le foin ; on les emporte tout engourdies, on peut même les tuer sans qu'elles paraissent le sentir ; on choisit les plus grasses pour les manger, et les plus jeunes pour les apprivoiser. Une chaleur graduée les ranime comme les loirs, et celles qu'on nourrit à la maison, en les tenant dans des lieux chauds, ne s'engourdissent pas, et sont même aussi vives que dans les autres temps. Nous ne répèterons pas, au sujet de l'engourdissement de la marmotte, ce que nous avons dit à l'article du loir ; le refroidissement du sang en est la seule cause (*), et l'on avait observé avant nous que, dans cet état de torpeur, la circulation était très lente, aussi bien que toutes les sécrétions, et que leur sang, n'étant pas renouvelé par un chyle nouveau, était sans aucune sérosité. Voyez les *Transactions philosophiques*, n° 397. Au reste, il n'est pas sûr qu'elles soient toujours et constamment engourdies pendant sept ou huit mois, comme presque tous les auteurs le prétendent. Leurs terriers sont profonds, elles y demeurent en nombre : il doit donc s'y conserver de la chaleur dans les premiers temps, et elles y peuvent manger de l'herbe qu'elles y ont amassée. M. Altmann dit même, dans son *Traité sur les animaux de Suisse,* que les chasseurs laissent les marmottes trois semaines ou un mois dans leur caveau avant que d'aller troubler leur repos ; qu'ils ont soin de ne point creuser lorsqu'il fait un temps doux ou qu'il souffle un vent chaud ; que, sans ces précautions, les marmottes se réveillent et creusent plus avant ; mais qu'en ouvrant leurs retraites dans le temps des grands froids, on les trouve tellement assoupies qu'on les emporte facilement. On peut donc dire qu'à tous égards elles sont comme les loirs, et que si elles sont engourdies plus longtemps, c'est qu'elles habitent un climat où l'hiver est plus long.

Ces animaux ne produisent qu'une fois l'an ; les portées ordinaires ne sont que de trois ou quatre petits ; leur accroissement est prompt, et la durée de leur vie n'est que de neuf ou dix ans ; aussi l'espèce n'en est ni nombreuse ni bien répandue. Les Grecs ne la connaissaient pas, ou du moins ils n'en ont fait aucune mention. Chez les Latins, Pline est le premier qui l'ait indiquée sous le nom de *mus Alpinus*, rat des Alpes; et, en effet, quoiqu'il y ait dans les Alpes plusieurs autres espèces de rats, aucune n'est plus remarquable que la marmotte, aucune n'habite comme elle les sommets des plus hautes montagnes ; les autres se tiennent dans les vallons, ou bien sur la croupe des collines et des premières montagnes ; mais il n'y en a point qui monte aussi haut que la marmotte ; d'ailleurs, elle ne descend jamais des hauteurs, et paraît être particulièrement attachée à la chaîne des Alpes, où elle semble choisir l'exposition du midi et du levant, de préférence à celle du nord ou du couchant. Cependant il s'en trouve dans les Apennins, dans les Pyrénées et dans les plus hautes montagnes de l'Allemagne. Le *bobak* de Pologne (*a*), auquel M. Brisson (*b*), et d'après lui MM. Arnault de Nobleville et Salerne (*c*) ont donné le nom de *marmotte*, diffère de cet animal, non seu-

---

(*a*) *Vide Auctuarium hist. nat. Poloniæ*, auth. *Rzaczynski*, p. 237.
(*b*) Brisson, *Regn. animal.*, p. 165.
(*c*) *Histoire naturelle des animaux*, par MM. Arnault de Nobleville et Salerne. Paris, 1756. Ouvrage utile, et où les faits sont rassemblés avec autant de soin que de discernement.

(*) Nous avons déjà dit que cette explication est erronée.

lement par les couleurs du poil, mais aussi par le nombre des doigts, car il a cinq doigts aux pieds de devant ; l'ongle du pouce paraît au dehors de la peau, et l'on trouve au dedans les deux phalanges de ce cinquième doigt qui manque en entier dans la marmotte (*). Ainsi le *bobak* ou marmotte de Pologne, le *monax* au marmotte de Canada, le *cavia* ou marmotte de Bahama, et le *cricet* ou marmotte de Strasbourg, sont tous les quatre des espèces différentes de la marmotte des Alpes.

(*) Le pouce existe chez la Marmotte aux pattes postérieures.

Travies pinx.
Moureau
À Le Vasseur Editeur
OURS BRUN
Imp. F. Lancru

OURS BRUN

L'OURS

Il n'y a aucun animal, du moins de ceux qui sont assez généralement connus, sur lequel les auteurs d'histoire naturelle aient autant varié que sur l'ours (*) ; leurs incertitudes, et même leurs contradictions sur la nature et les mœurs de cet animal, m'ont paru venir de ce qu'ils n'en ont pas distingué les espèces, et qu'ils rapportent quelquefois de l'une ce qui appartient à l'autre. D'abord il ne faut pas confondre l'ours de terre (**) avec l'ours de mer, appelé communément *ours blanc, ours de la mer Glaciale* (***) : ce sont deux animaux très différents, tant pour la forme du corps que pour les habitudes naturelles ; ensuite il faut distinguer deux espèces dans les ours terrestres, les bruns et les noirs (a), lesquels n'ayant pas les mêmes inclinations, les mêmes appétits naturels, ne peuvent pas être regardés comme des variétés d'une seule et même espèce, mais doivent être considérés comme deux espèces distinctes et séparées. De plus, il y a encore des ours de terre qui sont blancs, et qui, quoique ressemblant par la couleur aux ours de mer, en diffèrent par tout le reste autant que les autres ours. On trouve ces ours blancs terrestres dans la Grande-Tartarie (b), en Moscovie, en Lithuanie et dans les autres provinces du Nord. Ce n'est pas la rigueur du climat qui les fait blanchir pendant l'hiver, comme les hermines ou les lièvres ; ces ours naissent blancs et demeurent blancs en tout temps : il faudrait donc encore les regarder comme une quatrième espèce, s'il ne se trouvait aussi des ours à poil mêlé de brun et de blanc, ce qui désigne une race intermédiaire entre cet ours blanc terrestre et l'ours brun ou noir ; par consé-

(a) *Nota* que nous comprenons ici, sous la dénomination d'ours bruns, ceux qui sont bruns, fauves, roux, rougeâtres, et par celle d'ours noirs ceux qui sont noirâtres, aussi bien que tout à fait noirs.

(b) Voyez *Relation de la Grande-Tartarie*. Amsterdam, 1737, in-12, p. 8.

(*) Les Ours (*Ursus* L.) sont des Carnivores plantigrades, de la famille des Ursides. Ils sont caractérisés par un corps lourd que termine une queue très courte ; des pattes à cinq doigts, avec une plante large et nue.

(**) *Ursus arctos* L. vulgairement Ours brun.

(***) *Ursus maritimus* DESM.

quent l'ours blanc terrestre n'est qu'une variété de l'une ou de l'autre de ces espèces (*).

On trouve dans les Alpes l'ours brun assez communément, et rarement l'ours noir, qui se trouve au contraire en grand nombre dans les forêts des pays septentrionaux de l'Europe et de l'Amérique (**). Le brun est féroce et carnassier, le noir n'est que farouche, et refuse constamment de manger de la chair. Nous ne pouvons pas en donner un témoignage plus net et plus récent que celui de M. du Pratz. Voici ce qu'il en dit dans son *Histoire de la Louisiane* (a) : « L'ours paraît (b) l'hiver dans la Louisiane, parce que les » neiges qui couvrent les terres du nord, l'empêchant de trouver sa nourri- » ture, le chasse des pays septentrionaux ; il vit de fruits, entre autres de » glands et de racines, et ses mets les plus délicieux sont le miel et le » lait : lorsqu'il en rencontre, il se laisserait plutôt tuer que de quitter prise. » Malgré la prévention où l'on est que l'ours est carnassier, je prétends, avec » tous ceux de cette province et des pays circonvoisins, qu'il ne l'est nulle- » ment. Il n'est jamais arrivé que ces animaux aient dévoré des hommes, » malgré leur multitude et la faim extrême qu'ils souffrent quelquefois, puis- » que, même dans ce cas, ils ne mangent point la viande de boucherie qu'ils » rencontrent. Dans le temps que je demeurais aux Natchez, il y eut un » hiver si rude dans les terres du nord, que ces animaux descendirent en » grande quantité ; ils étaient si communs qu'ils s'affamaient les uns les » autres, et étaient très maigres ; la grande faim les faisait sortir des bois qui » bordent le fleuve ; on les voyait courir la nuit dans les habitations et entrer » dans les cours qui n'étaient pas bien fermées ; ils y trouvaient des viandes » exposées au frais ; ils n'y touchaient point, et mangeaient seulement les » grains qu'ils pouvaient rencontrer. C'était assurément dans une pareille » occasion, et dans un besoin aussi pressant, qu'ils auraient dû manifester » leur fureur carnassière, si peu qu'ils eussent été de cette nature. Ils n'ont » jamais tué d'animaux pour les dévorer, et, pour peu qu'ils fussent carnas- » siers, ils n'abandonneraient pas les pays couverts de neige, où ils trouve- » raient des hommes et des animaux à discrétion, pour aller au loin chercher » des fruits et des racines, nourriture que les bêtes carnassières refusent de » manger. » M. du Pratz ajoute dans une note que, depuis qu'il a écrit cet article, il a appris avec certitude que, dans les montagnes de Savoie, il y a deux sortes d'ours : les uns noirs comme ceux de la Louisiane, qui ne sont point carnassiers ; les autres rouges, qui sont aussi carnassiers que les loups. Le baron de La Hontan dit (tome Ier de ses *Voyages*, page 86) que les ours du

(a) Voyez l'*Histoire de la Louisiane*, par M. Le Page du Pratz. Paris, 1758, in-12, t. II, p. 77 et suiv.
(b) Observez qu'il s'agit ici de l'ours noir, et non de l'ours brun.

(*) C'est une variété de l'*Ursus arctos* L.
(**) L'Ours d'Amérique est une espèce distincte, l'*Ursus americanus* PALL.

Canada sont extrêmement noirs et peu dangereux ; qu'ils n'attaquent jamais les hommes, à moins qu'on ne tire dessus et qu'on ne les blesse. Et il dit aussi (tome II, page 40) que les ours rougeâtres sont méchants, qu'ils viennent effrontément attaquer les chasseurs, au lieu que les noirs s'enfuient.

Wormius a écrit (*a*) qu'on connaît trois ours en Norvège : le premier (*Bressdiur*) très grand, qui n'est pas tout à fait noir, mais brun, et qui n'est pas si nuisible que les autres, ne vivant que d'herbes et de feuilles d'arbres ; le second (*Ildgiersdiur*) plus petit, plus noir, carnassier, et attaquant souvent les chevaux et les autres animaux, surtout en automne; le troisième (*Myrebiorn*) qui est le plus petit de tous, et qui ne laisse pas d'être nuisible ; il se nourrit, dit-il, de fourmis, et se plaît à renverser les fourmilières. On a remarqué, ajoute-t-il sans preuve, que ces trois espèces se mêlent et produisent ensemble des espèces intermédiaires ; que ceux qui sont carnassiers attaquent les troupeaux, foulent toutes les bêtes comme le loup, et n'en dévorent qu'une ou deux ; que, quoique carnassiers, ils mangent des fruits sauvages, et que, quand il y a une grande quantité de sorbes, ils sont plus à craindre que jamais, parce que ce fruit acerbe leur agace si fort les dents, qu'il n'y a que le sang et la graisse qui puissent leur ôter cet agacement qui les empêche de manger. Mais la plupart de ces faits, rapportés par Wormius, me paraissent fort équivoques, car il n'y a point d'exemple que des animaux dont les appétits sont constamment différents, comme dans les deux premières espèces, dont les uns ne mangent que de l'herbe et des feuilles, et les autres de la chair et du sang, se mêlent ensemble et produisent une espèce intermédiaire ; d'ailleurs, ce sont ici les ours noirs qui sont carnassiers, et les bruns qui sont frugivores, ce qui est absolument contraire à la vérité. De plus, le P. Rzaczynski (*b*), Polonais, et M. Klein, de Dantzig (*c*), qui ont parlé des ours de leur pays, n'en admettent que deux espèces, les noirs et les bruns ou roux, et, parmi ces derniers, des grands et des petits : ils disent que les ours noirs sont les plus rares ; que les bruns sont, au contraire, fort communs ; que ce sont les ours noirs qui sont les plus grands et qui mangent les fourmis, et enfin que les grands ours bruns ou roux sont les plus nuisibles et les plus carnassiers. Ces témoignages, aussi bien que ceux de M. du Pratz, et du baron de La Hontan, sont, comme l'on voit, tout à fait opposés à celui de Wormius, que je viens de citer. En effet, il paraît certain que les ours rouges, roux ou bruns, qui se trouvent non seulement en Savoie, mais dans les hautes montagnes, dans les vastes forêts et dans presque tous les déserts de la terre, dévorent les animaux vivants, et mangent même les voiries les plus infectes. Les ours noirs n'habitent guère que les pays froids; mais on trouve les ours bruns ou roux dans les climats froids et tempérés,

(*a*) *Vide Mus. Worm* , p. 318.
(*b*) *Auctuar. Hist. nat.*, p. 32.
(*c*) *De quadrup.*, p. 82.

et même dans les régions du Midi. Ils étaient communs chez les Grecs ; les Romains en faisaient venir de Libye (*a*) pour servir à leurs spectacles ; il s'en trouve à la Chine (*b*), au Japon (*c*), en Arabie, en Égypte et jusque dans l'île de Java (*d*). Aristote (*e*) parle aussi des ours blancs terrestres, et regarde cette différence de couleur comme accidentelle, et provenant, dit-il, d'un défaut dans la génération. Il y a donc des ours dans tous les pays déserts, escarpés ou couverts ; mais on n'en trouve point dans les royaumes bien peuplés, ni dans les terres découvertes et cultivées ; il n'y en a point en France, non plus qu'en Angleterre, si ce n'est peut-être quelques-uns dans les montagnes les moins fréquentées.

L'ours est non seulement sauvage, mais solitaire ; il fuit par instinct toute société ; il s'éloigne des lieux où les hommes ont accès ; il ne se trouve à son aise que dans les endroits qui appartiennent encore à la vieille nature ; une caverne antique dans des rochers inaccessibles, une grotte formée par le temps dans le tronc d'un vieux arbre, au milieu d'une épaisse forêt, lui servent de domicile ; il s'y retire seul, y passe une partie de l'hiver sans provisions, sans en sortir pendant plusieurs semaines. Cependant il n'est point engourdi ni privé de sentiment, comme le loir ou la marmotte ; mais, comme il est naturellement gras, et qu'il l'est excessivement sur la fin de l'automne, temps auquel il se recèle, cette abondance de graisse lui fait supporter l'abstinence, et il ne sort de sa bauge que lorsqu'il se sent affamé. On prétend que c'est au bout d'environ quarante jours (*f*) que les mâles sortent de leurs retraites, mais que les femelles y restent quatre mois, parce qu'elles y font leurs petits. J'ai peine à croire qu'elles puissent non seulement subsister, mais encore nourrir leurs petits sans prendre elles-mêmes aucune nourriture pendant un aussi long espace de temps. On convient qu'elles sont excessivement grasses lorsqu'elles sont pleines ; que d'ailleurs étant vêtues d'un poil très épais, dormant la plus grande partie du temps et ne se donnant aucun mouvement, elles doivent perdre très peu par la transpiration ; mais, s'il est vrai que les mâles sortent au bout de quarante jours, pressés par le besoin de prendre de la nourriture, il n'est pas naturel d'imaginer que les femelles ne soient pas encore plus pressées du même besoin après qu'elles ont mis bas, et lorsque, allaitant leurs petits, elles se trouvent doublement épuisées ; à moins que l'on ne veuille supposer qu'elles en dévorent quelques-uns avec les enveloppes, et tout le reste du produit superflu de leur accouchement, ce qui ne me paraît pas vraisemblable, malgré l'exemple des chattes, qui mangent

(*a*) Herodot. Solin. Crinit. et *alii. Quod freno Libyci domantur ursi*, dit Martial.

(*b*) *Histoire générale des voyages*, par M. l'abbé Prévost, t. III, p. 492. *Histoire naturelle du Japon*, par Kæmpfer, t. I*er*, p. 109.

(*c*) Strabo, lib. xvi. Prosp. Alpin., p. 233.

(*d*) *Voyage autour du monde de Le Gentil*. Paris, 1725, t. III, p. 85.

(*e*) Aristot., *De admir.*, cap. cxl. *Idem, De gen. animal.*, lib. v, cap. vi.

(*f*) Aristot. *Hist. anim.*, lib. viij, cap. xvii.

quelquefois leurs petits. Au reste, nous ne parlons ici que de l'espèce des ours
bruns, dont les mâles dévorent en effet les oursons nouveau-nés, lorsqu'ils
les trouvent dans leurs nids; mais les femelles, **au** contraire, semblent les
aimer jusqu'à la fureur; elles sont, lorsqu'elles ont mis bas, plus féroces,
plus dangereuses que les mâles; elles combattent et s'exposent à tout pour
sauver leurs petits, qui ne sont point informes en naissant, comme l'ont dit
les anciens, et qui, lorsqu'ils sont nés, croissent à peu près aussi vite que
les autres animaux; ils sont parfaitement formés (a) dans le sein de leur
mère, et si les fœtus ou les jeunes oursons ont paru informes au premier coup
d'œil, c'est que l'ours adulte l'est lui-même par la masse, la grosseur et la
disproportion du corps et des membres; et l'on sait que, dans toutes les espèces, le fœtus ou le petit nouveau-né est plus disproportionné que l'animal
adulte.

Les ours se recherchent en automne; la femelle est, dit-on, plus ardente
que le mâle : on prétend qu'elle se couche sur le dos pour le recevoir, qu'elle
l'embrasse étroitement, qu'elle le retient longtemps, etc. ; mais il est plus
certain qu'ils s'accouplent à la manière des quadrupèdes. L'on a vu des ours
captifs s'accoupler, et produire; seulement on n'a pas observé combien dure
le temps de la gestation (*). Aristote (b) dit qu'il n'est que de trente jours;
comme personne n'a contredit ce fait, et que nous n'avons pu le vérifier,
nous ne pouvons aussi ni le nier ni l'assurer; nous remarquerons seulement
qu'il nous paraît douteux : 1° parce que l'ours est un gros animal, et que,
plus les animaux sont gros, plus il faut de temps pour les former dans le
sein de la mère ; 2° parce que les jeunes ours croissent assez lentement; ils
suivent leur mère, et ont besoin de ses secours pendant un an ou deux;
3° parce que l'ours ne produit qu'en petit nombre, un, deux, trois, quatre, et
jamais plus de cinq ; propriété commune avec tous les gros animaux, qui ne
produisent pas beaucoup de petits, et qui les portent longtemps.; 4° parce
que l'ours vit vingt ou vingt-cinq ans, et que le temps de la gestation et celui
de l'accroissement sont ordinairement proportionnés à la durée de la vie.
A ne raisonner que sur ces analogies, qui me paraissent assez fondées, je
croirais donc que le temps de la gestation dans l'ours est au moins de quelques mois : quoi qu'il en soit, il paraît que la mère a le plus grand soin de
ses petits ; elle leur prépare un lit de mousse et d'herbes dans le fond de sa
caverne et les allaite jusqu'à ce qu'ils puissent sortir avec elle : elle met bas
en hiver, et ses petits commencent à la suivre au printemps. Le mâle et la
femelle n'habitent point ensemble, ils ont chacun leur retraite séparée, et

(a) « In Museo illust. Senatûs Bononiensis ursulum a cæso matris utero extractum, et
» omnibus suis partibus formatum, in vase vitreo adhuc servamus. » Aldrov. *De quadrup.
digit.*, page 120.

(b) Aristot. *Hist. anim.*, lib. vi, cap. xxx.

(*) On sait aujourd'hui que la gestation de l'Ours dure sept mois.

même fort éloignée; lorsqu'ils ne peuvent trouver une grotte pour se gîter, ils cassent et ramassent du bois pour se faire une loge qu'ils recouvrent d'herbes et de feuilles, au point de la rendre impénétrable à l'eau.

La voix de l'ours est un grondement, un gros murmure, souvent mêlé d'un frémissement de dents qu'il fait surtout entendre lorsqu'on l'irrite; il est très susceptible de colère, et sa colère tient toujours de la fureur, et souvent du caprice : quoiqu'il paraisse doux pour son maître, et même obéissant lorsqu'il est apprivoisé, il faut toujours s'en défier et le traiter avec circonspection, surtout ne le pas frapper au bout du nez, ni le toucher aux parties de la génération. On lui apprend à se tenir debout, à gesticuler, à danser; il semble même écouter le son des instruments et suivre grossièrement la mesure; mais, pour lui donner cette espèce d'éducation, il faut le prendre jeune et le contraindre pendant toute sa vie; l'ours qui a de l'âge ne s'apprivoise ni ne se contraint plus; il est naturellement intrépide, ou tout au moins indifférent au danger. L'ours sauvage ne se détourne pas de son chemin, ne fuit pas à l'aspect de l'homme; cependant, on prétend que par un coup de sifflet (a) on le surprend, on l'étonne au point qu'il s'arrête et se lève sur les pieds de derrière. C'est le temps qu'il faut prendre pour le tirer, et tâcher de le tuer; car, s'il n'est que blessé, il vient de furie se jeter sur le tireur, et, l'embrassant des pattes de devant, il l'étoufferait (b), s'il n'était secouru.

On chasse et on prend les ours de plusieurs façons en Suède, en Norvège, en Pologne, etc. La manière, dit-on, la moins dangereuse de les prendre (c) est de les enivrer en jetant de l'eau-de-vie sur le miel, qu'ils aiment beaucoup, et qu'ils cherchent dans les troncs d'arbres. A la Louisiane et en Canada, où les ours noirs sont très communs et où ils ne nichent pas dans des cavernes, mais dans de vieux arbres morts sur pied, et dont le cœur est pourri, on les prend en mettant le feu dans leurs maisons (d) : comme ils montent très aisément sur les arbres, ils s'établissent rarement à rez de terre, et quelquefois ils sont nichés à trente et quarante pieds de hauteur. Si c'est une mère avec ses petits, elle descend la première, on la tue avant qu'elle soit à terre; les petits descendent ensuite, on les prend en leur passant une corde au cou, et on les emmène pour les élever ou pour les manger, car la chair de l'ourson est délicate et bonne; celle de l'ours est mangeable; mais, comme elle est mêlée d'une graisse huileuse, il n'y a guère que les pieds, dont la substance est plus ferme, qu'on puisse regarder comme viande délicate.

(a) *Voyages de Regnard*, t. Ier, p. 37 et 38.
(b) *Id. ibid. Histoire de la Louisiane*, par M. Le Page du Pratz, t. II, p. 81.
(c) *Voyages de Regnard*, t. Ier, p. 53.
(d) *Mémoires sur la Louisiane*, par M. Dumont. Paris, 1753, p. 75 et suiv. *Histoire de la Louisiane*, par M. Le Page du Pratz, t. II, p. 87.

La chasse de l'ours, sans être fort dangereuse, est très utile lorsqu'on la fait avec quelque succès ; la peau est de toutes les fourrures grossières celle qui a le plus de prix, et la quantité d'huile que l'on tire d'un seul ours est fort considérable. On met d'abord la chair et la graisse cuire ensemble dans une chaudière, la graisse se sépare ; « ensuite, dit M. du Pratz (*a*), on la » purifie en y jetant, lorsqu'elle est fondue et très chaude, du sel en bonne » qualité et de l'eau par aspersion : il se fait une détonation, et il s'en élève » une fumée épaisse qui emporte avec elle la mauvaise odeur de la graisse : » la fumée étant passée, et la graisse étant encore plus que tiède, on la » verse dans un pot où on la laisse reposer huit ou dix jours ; au bout » de ce temps on voit nager dessus une huile claire, qu'on enlève avec une » cuiller ; cette huile est aussi bonne que la meilleure huile d'olive, et sert » aux mêmes usages. Au-dessous on trouve un saindoux aussi blanc, mais » un peu plus mou que le saindoux de porc ; il sert au besoin de la cuisine, » et il ne lui reste aucun goût désagréable, ni aucune mauvaise odeur. » M. Dumont, dans ses *Mémoires sur la Louisiane*, s'accorde avec M. du Pratz, et il dit, de plus, que d'un seul ours on tire quelquefois plus de cent vingt pots de cette huile ou graisse ; que les sauvages en traitent beaucoup avec les Français ; qu'elle est très belle, très saine et très bonne ; qu'elle ne se fige guère que par un grand froid, que, quand cela arrive, elle est toute en grumeaux et d'une blancheur à éblouir ; qu'on la mange alors sur le pain en guise de beurre. Nos épiciers-droguistes ne tiennent point d'huile d'ours, mais ils font venir de Savoie, de Suisse ou de Canada, de la graisse ou axonge qui n'est pas purifiée. L'auteur du *Dictionnaire du commerce* dit même que, pour que la graisse d'ours soit bonne, il faut qu'elle soit grisâtre, gluante et de mauvaise odeur, et que celle qui est trop blanche est sophistiquée et mêlée de suif. On se sert de cette graisse comme de topique pour les hernies, les rhumatismes, etc., et beaucoup de gens assurent en avoir ressenti de bons effets.

La quantité de graisse dont l'ours est chargé le rend très léger à la nage, aussi traverse-t-il sans fatigue les fleuves et les lacs. « Les ours de la Loui- » siane, dit M. Dumont (*b*), qui sont d'un très beau noir, traversent le fleuve » malgré sa grande largeur ; ils sont très friands du fruit des plaqueminiers ; » ils montent sur ces arbres, se mettent à califourchon sur une branche, » s'y tiennent avec une de leurs pattes, et se servent de l'autre pour » plier les autres branches et approcher d'eux les plaquemines ; il sortent » aussi très souvent des bois pour venir dans les habitations manger les » patates et le maïs. » En automne, lorsqu'ils se sont bien engraissés, ils n'ont presque pas la force de marcher (*c*), ou du moins ils ne peuvent

(*a*) Tome II, pages 89 et 90.
(*b*) *Mémoire sur la Louisiane*, p. 76.
(*c*) *Voyage du baron de la Hontan*, p. 86.

courir (*a*) aussi vite qu'un homme. Ils ont quelquefois plus de dix doigts d'épaisseur (*b*) de graisse aux côtes et aux cuisses; le dessous de leurs pieds est gros et enflé; lorsqu'on le coupe, il en sort un suc blanc et laiteux : cette partie paraît composée de petites glandes qui sont comme des mamelons, et c'est ce qui fait que pendant l'hiver, dans leurs retraites, ils sucent continuellement leurs pattes.

L'ours a les sens de la vue, de l'ouïe et du toucher très bons, quoiqu'il ait l'œil très petit, relativement au volume de son corps, les oreilles courtes, la peau épaisse et le poil fort touffu : il a l'odorat excellent, et peut-être plus exquis qu'aucun autre animal, car la surface intérieure de cet organe se trouve extrêmement étendue : on y compte (*c*) quatre rangs de plans de lames osseuses, séparés les uns des autres par trois plans perpendiculaires, ce qui multiplie prodigieusement les surfaces propres à recevoir les impressions des odeurs. Il a les jambes et les bras charnus comme l'homme, l'os du talon court et formant une partie de la plante du pied, cinq orteils opposés au talon dans les pieds de derrière, les os du carpe égaux dans les pieds de devant; mais le pouce n'est pas séparé, et le plus gros doigt est en dehors de cette espèce de main, au lieu que dans celle de l'homme il est en dedans; ses doigts sont gros, courts et serrés l'un contre l'autre, aux mains comme aux pieds; les ongles sont noirs, et d'une substance homogène fort dure. Il frappe avec ses poings, comme l'homme avec les siens; mais ces ressemblances grossières avec l'homme ne le rendent que plus difforme, et ne lui donnent aucune supériorité sur les autres animaux.

(*a*) *Histoire de la Louisiane*, par M. du Pratz, p. 83.

(*b*) Extrait d'un ouvrage danois cité par MM. Arnault de Nobleville et Salerne. *Hist. nat. des animaux.* Paris, 1757, t. VI, p. 374.

(*c*) Étienne Lorentinus, *Ephém. d'Allem.* Décur. I, ann. IX et X, p. 403, cité par MM. Arnault de Nobleville et Salerne. *Hist. nat. des anim.*, t. VI, p. 366.

LE CASTOR

Autant l'homme s'est élevé au-dessus de l'état de nature, autant les animaux
se sont abaissés au-dessous : soumis et réduits en servitude, ou traités
comme rebelles et dispersés par la force, leurs sociétés se sont évanouies,
leur industrie est devenue stérile, leurs faibles arts ont disparu, chaque
espèce a perdu ses qualités générales, et tous n'ont conservé que leurs propriétés individuelles, perfectionnées dans les uns par l'exemple, l'imitation,
l'éducation, et dans les autres par la crainte et par la nécessité où ils sont
de veiller continuellement à leur sûreté. Quelles vues, quels desseins, quels
projets peuvent avoir des esclaves sans âme, ou des relégués sans puissance ? ramper ou fuir, et toujours exister d'une manière solitaire, ne rien
édifier, ne rien produire, ne rien transmettre, et toujours languir dans la
calamité, déchoir, se perpétuer sans se multiplier, perdre, en un mot, par
la durée autant et plus qu'ils n'avaient acquis par le temps.

Aussi ne reste-t-il quelques vestiges de leur merveilleuse industrie que
dans ces contrées éloignées et désertes, ignorées de l'homme pendant une
longue suite de siècles, où chaque espèce pouvait manifester en liberté ses
talents naturels et les perfectionner dans le repos en se réunissant en
société durable. Les castors sont peut-être le seul exemple qui subsiste
comme un ancien monument de cette espèce d'intelligence des brutes, qui,
quoique infiniment inférieure par son principe à celle de l'homme, suppose
cependant des projets communs et des vues relatives ; projets qui ayant pour
base la société, et pour objet une digue à construire, une bourgade à élever,
une espèce de république à fonder, supposent aussi une manière quelconque
de s'entendre et d'agir de concert.

Les castors (*), dira-t-on, sont parmi les quadrupèdes ce que les abeilles
sont parmi les insectes. Quelle différence ! Il y a dans la nature, telle qu'elle
nous est parvenue, trois espèces de sociétés qu'on doit considérer avant de
les comparer : la société libre de l'homme, de laquelle, après Dieu, il tient

---

(*) Le Castor (*Castor Fiber* L.) est un Rongeur de la famille des Castoridés qui comprend
quelques espèces de Rongeurs à corps de grande taille, à oreilles courtes, à queue aplatie,
très large et écailleuse, à pattes munies de cinq doigts armés de fortes griffes.

toute sa puissance ; la société gênée des animaux, toujours fugitive devant celle de l'homme ; et enfin, la société forcée de quelques petites bêtes qui, naissant toutes en même temps dans le même lieu, sont contraintes d'y demeurer ensemble. Un individu, pris solitairement et au sortir des mains de la nature, n'est qu'un être stérile, dont l'industrie se borne au simple usage des sens ; l'homme lui-même, dans l'état de pure nature, dénué de lumières et de tous les secours de la société, ne produit rien, n'édifie rien. Toute société, au contraire, devient nécessairement féconde, quelque fortuite, quelque aveugle qu'elle puisse être, pourvu qu'elle soit composée d'êtres de même nature : par la seule nécessité de se chercher ou de s'éviter, il s'y formera des mouvements communs dont le résultat sera souvent un ouvrage qui aura l'air d'avoir été conçu, conduit et exécuté avec intelligence. Ainsi l'ouvrage des abeilles qui, dans un lieu donné, tel qu'une ruche ou le creux d'un vieux arbre, bâtissent chacune leur cellule ; l'ouvrage des mouches de Cayenne, qui non seulement font aussi leurs cellules, mais construisent même la ruche qui doit les contenir, sont des travaux purement mécaniques qui ne supposent aucune intelligence, aucun projet concerté, aucune vue générale ; des travaux qui n'étant que le produit d'une nécessité physique, un résultat de mouvements communs (a), s'exercent toujours de la même façon, dans tous les temps et dans tous les lieux, par une multitude qui ne s'est point assemblée par choix, mais qui se trouve réunie par force de nature (*). Ce n'est donc pas la société, c'est le nombre seul qui opère ici ; c'est une puissance aveugle qu'on ne peut comparer à la lumière qui dirige toute société : je ne parle point de cette lumière pure, de ce rayon divin qui n'a été départi qu'à l'homme seul ; les castors en sont assurément privés, comme tous les autres animaux ; mais leur société n'étant point une réunion forcée, se faisant au contraire par une espèce de choix, et supposant au moins un concours général et des vues communes dans ceux qui la composent, suppose au moins aussi une lueur d'intelligence qui, quoique très différente de celle de l'homme par le principe, produit cependant des effets assez semblables pour qu'on puisse les comparer, non pas dans la société plénière et puissante, telle qu'elle existe parmi les peuples anciennement policés, mais dans la société naissante chez des hommes sauvages, laquelle seule peut, avec équité, être comparée à celle des animaux.

Voyons donc le produit de l'une et l'autre de ces sociétés ; voyons jusqu'où s'étend l'art du castor, et où se borne celui du sauvage. Rompre une branche pour s'en faire un bâton, se bâtir une hutte, la couvrir de feuillages pour se

(a) Voyez les preuves que j'en ai données dans le Discours sur la nature des animaux.

(*) Les sociétés ne sont presque jamais l'objet d'un « choix » ; du moins au début de leur formation ; elles sont toujours la résultante d'une nécessité. (Voyez DE LANESSAN, *La lutte pour l'existence et l'association pour la lutte.*

mettre à l'abri, amasser de la mousse ou du foin pour se faire un lit, sont des actes communs à l'animal et au sauvage ; les ours font des huttes, les singes ont des bâtons, plusieurs autres animaux se pratiquent un domicile propre, commode, impénétrable à l'eau. Frotter une pierre pour la rentre tranchante et s'en faire une hache, s'en servir pour couper, pour écorcer du bois, pour aiguiser des flèches, pour creuser un vase, écorcher un animal pour se revêtir de sa peau, en prendre les nerfs pour faire une corde d'arc, attacher ces mêmes nerfs à une épine dure, et se servir de tous deux comme de fil et d'aiguille, sont des actes purement individuels que l'homme en solitude peut tous exécuter sans être aidé des autres, des actes qui dépendent de sa seule conformation, puisqu'ils ne supposent que l'usage de la main ; mais couper et transporter un gros arbre, élever un carbet, construire une pirogue, sont, au contraire, des opérations qui supposent nécessairement un travail commun et des vues concertées. Ces ouvrages sont aussi les seuls résultats de la société naissante chez des nations sauvages, comme les ouvrages des castors sont les fruits de la société perfectionnée parmi ces animaux : car il faut observer qu'ils ne songent point à bâtir, à moins qu'ils n'habitent un pays libre et qu'ils n'y soient parfaitement tranquilles. Il y a des castors en Languedoc, dans les îles du Rhône ; il y en a en plus grand nombre dans les provinces du nord de l'Europe ; mais comme toutes ces contrées sont habitées, ou du moins fort fréquentées par les hommes, les castors y sont, comme tous les autres animaux, dispersés, solitaires, fugitifs, ou cachés dans un terrier ; on ne les a jamais vus se réunir, se rassembler, ni rien entreprendre, ni rien construire ; au lieu que dans ces terres désertes, où l'homme en société n'a pénétré que bien tard, et où l'on ne voyait auparavant que quelques vestiges de l'homme sauvage, on a trouvé partout les castors réunis, formant des sociétés, et l'on n'a pu s'empêcher d'admirer leurs ouvrages. Nous tâcherons de ne citer que des témoins judicieux, irréprochables, et nous ne donnerons pour certains que les faits sur lesquels ils s'accordent : moins portés peut-être que quelques-uns d'entre eux à l'admiration, nous nous permettrons le doute, et même la critique sur tout ce qui nous paraîtra trop difficile à croire.

Tous conviennent que le castor, loin d'avoir une supériorité marquée sur les autres animaux, paraît au contraire être au-dessous de quelques-uns d'entre eux pour les qualités purement individuelles ; et nous sommes en état de confirmer ce fait, ayant encore actuellement un jeune castor vivant qui nous a été envoyé de Canada (a), et que nous gardons depuis près d'un an. C'est un animal assez doux, assez tranquille, assez familier, un peu triste, même un peu plaintif, sans passions violentes, sans appétits véhéments, ne se donnant que peu de mouvement, ne faisant d'efforts pour quoi que ce soit, cependant occupé sérieusement du désir de sa liberté, rongeant de temps en

(a) Ce castor, qui a été pris jeune, m'a été envoyé au commencement de l'année 1758, par M. de Montbelliard, capitaine dans royal-artillerie.

temps les portes de sa prison, mais sans fureur, sans précipitation, et dans la seule vue d'y faire une ouverture pour en sortir ; au reste assez indifférent, ne s'attachant pas volontiers (a), ne cherchant point à nuire et assez peu à plaire. Il paraît inférieur au chien par les qualités relatives qui pourraient l'approcher de l'homme ; il ne semble fait ni pour servir, ni pour commander, ni même pour commercer avec une autre espèce que la sienne ; son sens, renfermé dans lui-même, ne se manifeste en entier qu'avec ses semblables ; seul, il a peu d'industrie personnelle, encore moins de ruses, pas même assez de défiance pour éviter des pièges grossiers ; loin d'attaquer les autres animaux, il ne sait pas même se bien défendre ; il préfère la fuite au combat, quoiqu'il morde cruellement et avec acharnement, lorsqu'il se trouve saisi par la main du chasseur. Si l'on considère donc cet animal dans l'état de nature, ou plutôt dans son état de solitude et de dispersion, il ne paraîtra pas, pour les qualités intérieures, au-dessus des autres animaux ; il n'a pas plus d'esprit que le chien, de sens que l'éléphant, de finesse que le renard, etc.; il est plutôt remarquable par des singularités de conformation extérieure que par la supériorité apparente de ses qualités intérieures. Il est le seul parmi les quadrupèdes qui ait la queue plate, ovale et couverte d'écailles, de laquelle il se sert comme d'un gouvernail pour se diriger dans l'eau ; le seul qui ait des nageoires aux pieds de derrière, et en même temps les doigts séparés dans ceux du devant, qu'il emploie comme des mains pour porter à sa bouche ; le seul qui, ressemblant aux animaux terrestres par les parties antérieures de son corps, paraisse en même temps tenir des animaux aquatiques par les parties postérieures : il fait la nuance des quadrupèdes aux poissons, comme la chauve-souris fait celle des quadrupèdes aux oiseaux. Mais ces singularités seraient plutôt des défauts que des perfections, si l'animal ne savait tirer de cette conformation, qui nous paraît bizarre, des avantages uniques, et qui le rendent supérieur à tous les autres.

Les castors commencent par s'assembler au mois de juin ou de juillet pour se réunir en société ; ils arrivent en nombre et de plusieurs côtés, et forment bientôt une troupe de deux ou trois cents ; le lieu du rendez-vous est ordinairement le lieu de l'établissement, et c'est toujours au bord des eaux. Si ce sont des eaux plates, et qui se soutiennent à la même hauteur comme dans un lac, ils se dispensent d'y construire une digue ; mais dans les eaux courantes, et qui sont sujettes à hausser ou baisser, comme sur les ruisseaux, les rivières, ils établissent une chaussée, et par cette retenue ils forment une espèce d'étang ou de pièce d'eau, qui se soutient toujours à la même hauteur : la chaussée traverse la rivière comme une écluse, et va d'un bord à l'autre ; elle a souvent quatre-vingts ou cent pieds de longueur sur dix ou douze pieds d'épaisseur à sa base. Cette construction paraît énorme

(a) M. Klein a cependant écrit qu'il en avait nourri un pendant plusieurs années, qui le suivait et l'allait chercher comme les chiens vont chercher leurs maîtres.

pour des animaux de cette taille, et suppose en effet un travail immense (*a*) ;
mais la solidité avec laquelle l'ouvrage est contruit étonne encore plus que
sa grandeur. L'endroit de la rivière où ils établissent cette digue est ordinairement peu profond ; s'il se trouve sur le bord un gros arbre qui puisse
tomber dans l'eau, ils commencent par l'abattre pour en faire la pièce prin-
pale de leur construction : cet arbre est souvent plus gros que le corps d'un
homme ; ils le scient, ils le rongent au pied, et sans autre instrument que
leurs quatre dents incisives ils le coupent en assez peu de temps, et le font
tomber du côté qu'il leur plaît, c'est-à-dire en travers sur la rivière ; ensuite
ils coupent les branches de la cime de cet arbre tombé pour le mettre de
niveau et le faire porter partout également. Ces opérations se font en commun ; plusieurs castors rongent ensemble le pied de l'arbre pour l'abattre,
plusieurs aussi vont ensemble pour en couper les branches lorsqu'il est
abattu ; d'autres parcourent en même temps les bords de la rivière et coupent
de moindres arbres, les uns gros comme la jambe, les autres comme la cuisse ;
ils les dépècent et les scient à une certaine hauteur pour en faire des pieux ;
ils amènent ces pièces de bois d'abord par terre jusqu'au bord de la rivière,
et ensuite par eau jusqu'au lieu de leur construction ; ils en font une espèce
de pilotis serré, qu'ils enfoncent encore en entrelaçant des branches entre
les pieux. Cette opération suppose bien des difficultés vaincues ; car pour
dresser ces pieux et les mettre dans une situation à peu près perpendiculaire, il faut qu'avec les dents ils élèvent le gros bout contre le bord de la
rivière, ou contre l'arbre qui la traverse ; que d'autres plongent en même
temps jusqu'au fond de l'eau pour y creuser avec les pieds de devant un trou
dans lequel ils font entrer la pointe du pieu, afin qu'il puisse se tenir debout.
A mesure que les uns plantent ainsi leurs pieux, les autres vont chercher
de la terre qu'ils gâchent avec leurs pieds et battent avec leur queue ; ils la
portent dans leur gueule et avec les pieds de devant, et ils en transportent
une si grande quantité, qu'ils en remplissent tous les intervalles de leur
pilotis. Ce pilotis est composé de plusieurs rangs de pieux, tous égaux en
hauteur, et tous plantés les uns contre les autres ; il s'étend d'un bord à
l'autre de la rivière, il est rempli et maçonné partout ; les pieux sont plantés
verticalement du côté de la chute de l'eau ; tout l'ouvrage est au contraire en
talus du côté qui en soutient la charge, en sorte que la chaussée, qui a dix ou
douze pieds de largeur à sa base, se réduit à deux ou trois pieds d'épaisseur
au sommet ; elle a donc non seulement toute l'étendue, toute la solidité nécessaire, mais encore la forme la plus convenable pour retenir l'eau, l'empêcher
de passer, en soutenir le poids et en rompre les efforts. Au haut de la chaussée, c'est-à-dire dans la partie où elle a le moins d'épaisseur, ils pratiquent
deux ou trois ouvertures en pente, qui sont autant de décharges de superficie

(*a*) Les plus grands castors pèsent cinquante ou soixante livres, et n'ont guère que trois
pieds de longueur depuis le bout du museau jusqu'à l'origine de la queue.

qu'ils élargissent ou rétrécissent selon que la rivière vient à hausser ou baisser ; et lorsque par des inondations trop grandes ou trop subites il se fait quelques brèches à leur digue ils savent les réparer, et travaillent de nouveau dès que les eaux sont baissées.

Il serait superflu, après cette exposition de leurs travaux pour un ouvrage public, de donner encore le détail de leurs constructions particulières, si dans une histoire l'on ne devait pas compte de tous les faits, et si ce premier grand ouvrage n'était pas fait dans la vue de rendre plus commodes leurs petites habitations : ce sont des cabanes, ou plutôt des espèces de maisonnettes bâties dans l'eau sur un pilotis plein tout près du bord de leur étang avec deux issues, l'une pour aller à terre, l'autre pour se jeter à l'eau. La forme de cet édifice est presque toujours ovale ou ronde ; il y en a de plus grands et de plus petits, depuis quatre ou cinq jusqu'à huit ou dix pieds de diamètre ; il s'en trouve aussi quelquefois qui sont à deux ou trois étages ; les murailles ont jusqu'à deux pieds d'épaisseur ; elles sont élevées à plomb sur le pilotis plein, qui sert en même temps de fondement et de plancher à la maison. Lorsqu'elle n'a qu'un étage, les murailles ne s'élèvent droites qu'à quelques pieds de hauteur, au-dessus de laquelle elles prennent la courbure d'une voûte en anse de panier ; cette voûte termine l'édifice et lui sert de couvert ; il est maçonné avec solidité et enduit avec propreté en dehors et en dedans ; il est impénétrable à l'eau des pluies et résiste aux vents les plus impétueux ; les parois en sont revêtues d'une espèce de stuc si bien gâché et si proprement appliqué, qu'il semble que la main de l'homme y ait passé ; aussi la queue leur sert-elle de truelle pour appliquer ce mortier qu'ils gâchent avec leurs pieds. Ils mettent en œuvre différentes espèces de matériaux, des bois, des pierres et des terres sablonneuses qui ne sont point sujettes à se délayer par l'eau : les bois qu'ils emploient sont presque tous légers et tendres ; ce sont des aunes, des peupliers, des saules, qui naturellement croissent au bord des eaux et qui sont plus faciles à écorcer, à couper, à voiturer que des arbres dont le bois serait plus pesant et plus dur. Lorsqu'ils attaquent un arbre ils ne l'abandonnent pas qu'ils ne soit abattu, dépecé, transporté ; ils le coupent toujours à un pied ou un pied et demi de hauteur de terre ; ils travaillent assis, et, outre l'avantage de cette situation commode, ils ont le plaisir de ronger continuellement de l'écorce et du bois dont le goût leur est fort agréable, car ils préfèrent l'écorce fraîche et le bois tendre à la plupart des aliments ordinaires ; ils en font ample provision pour se nourrir pendant l'hiver (a) ; ils n'aiment pas le bois sec. C'est dans l'eau

---

(a) La provision pour huit ou dix castors est de vingt-cinq ou trente pieds en quarré, sur huit ou dix pieds de profondeur ; ils n'en apportent dans leurs cabanes que quand ils sont coupés menu, et tout près à manger ; ils aiment mieux le bois frais que le bois flotté, et vont de temps en temps pendant l'hiver en manger dans les bois. (*Mémoires de l'Académie des Sciences*, année 1704. *Mémoire de M. Sarrasin.*)

et près de leurs habitations qu'ils établissent leur magasin ; chaque cabane
a le sien proportionné au nombre de ses habitants, qui tous y ont un droit
commun et ne vont jamais piller leurs voisins. On a vu des bourgades composées de vingt ou de vingt-cinq cabanes ; ces grands établissements sont
rares, et cette espèce de république est ordinairement moins nombreuse ;
elle n'est le plus souvent composée que de dix ou douze tribus, dont chacune
a son quartier, son magasin, son habitation séparée ; ils ne souffrent pas
que des étrangers viennent s'établir dans leurs enceintes. Les plus petites
cabanes contiennent deux, quatre, six, et les plus grandes dix-huit, vingt,
et même, dit-on, jusqu'à trente castors, presque toujours en nombre pair,
autant de femelles que de mâles ; ainsi, en comptant même au rabais, on
peut dire que leur société est souvent composée de cent cinquante ou deux
cents ouvriers associés, qui tous ont travaillé d'abord en corps pour élever
le grand ouvrage public, et ensuite par compagnies pour édifier des habitations particulières. Quelque nombreuse que soit cette société, la paix s'y
maintient sans altération ; le travail commun a resserré leur union ; les
commodités qu'ils se sont procurées, l'abondance des vivres qu'ils amassent
et consomment ensemble, servent à l'entretenir ; des appétits modérés, des
goûts simples, de l'aversion pour la chair et le sang, leur ôtent jusqu'à
l'idée de rapine et de guerre : ils jouissent de tous les biens que l'homme ne
fait que désirer. Amis entre eux, s'ils ont quelques ennemis au dehors, ils
savent les éviter ; ils s'avertissent en frappant avec leur queue sur l'eau un
coup qui retentit au loin dans toutes les voûtes des habitations ; chacun prend
son parti, ou de plonger dans le lac ou de se recéler dans leurs murs qui ne
craignent que le feu du ciel ou le fer de l'homme, et qu'aucun animal n'ose
entreprendre d'ouvrir ou renverser. Ces asiles sont non seulement très sûrs,
mais encore très propres et très commodes ; le plancher est jonché de verdure ; des rameaux de buis et de sapin leur servent de tapis, sur lequel ils
ne font ni ne souffrent jamais aucune ordure ; la fenêtre qui regarde sur l'eau
leur sert de balcon pour se tenir au frais et prendre le bain pendant la plus
grande partie du jour ; ils s'y tiennent debout, la tête et les parties antérieures du corps élevées, et toutes les parties postérieures plongées dans
l'eau : cette fenêtre est percée avec précaution ; l'ouverture en est assez élevée
pour ne pouvoir jamais être fermée par les glaces qui, dans le climat de nos
castors, ont quelquefois deux ou trois pieds d'épaisseur ; ils en abaissent alors
la tablette, coupent en pente les pieux sur lesquels elle était appuyée, et se
font une issue jusqu'à l'eau sous la glace. Cet élément liquide leur est si nécessaire, ou plutôt leur fait tant de plaisir, qu'ils semblent ne pouvoir s'en
passer ; ils vont quelquefois assez loin sous la glace : c'est alors qu'on les prend
aisément en attaquant d'un côté la cabane et les attendant en même temps
à un trou qu'on pratique dans la glace à quelque distance, et où ils sont
obligés d'arriver pour respirer. L'habitude qu'ils ont de tenir continuelle-

ment la queue et toutes les parties postérieures du corps dans l'eau, paraît avoir changé la nature de leur chair ; celle des parties antérieures jusqu'aux reins a la qualité, le goût, la consistance de la chair des animaux de la terre et de l'air ; celle des cuisses et de la queue a l'odeur, la saveur et toutes les qualités de celle du poisson : cette queue longue d'un pied, épaisse d'un pouce, et large de cinq ou six, est même une extrémité, une vraie portion de poisson attachée au corps d'un quadrupède ; elle est entièrement recouverte d'écailles et d'une peau toute semblable à celles des gros poissons : on peut enlever ces écailles en les râclant au couteau, et, lorsqu'elles sont tombées, l'on voit encore leur empreinte sur la peau comme dans tous nos poissons.

C'est au commencement de l'été que les castors se rassemblent ; ils emploient les mois de juillet et d'août à construire leur digue et leurs cabanes ; ils font leur provision d'écorce et de bois dans le mois de septembre, ensuite ils jouissent de leurs travaux, ils goûtent les douceurs domestiques ; c'est le temps du repos, c'est mieux, c'est la saison des amours. Se connaissant, prévenus l'un pour l'autre par l'habitude, par les plaisirs et les peines d'un travail commun, chaque couple ne se forme point au hasard, ne se joint pas par pure nécessité de nature, mais s'unit par choix et s'assortit par goût : ils passent ensemble l'automne et l'hiver ; contents l'un de l'autre, ils ne se quittent guère ; à l'aise dans leur domicile, ils n'en sortent que pour faire des promenades agréables et utiles ; ils en rapportent des écorces fraîches qu'ils préfèrent à celles qui sont sèches ou trop imbibées d'eau. Les femelles portent, dit-on, quatre mois ; elles mettent bas sur la fin de l'hiver, et produisent ordinairement deux ou trois petits ; les mâles les quittent à peu près dans ce temps, ils vont à la campagne jouir des douceurs et des fruits du printemps ; ils reviennent de temps en temps à la cabane, mais ils n'y séjournent plus : les mères y demeurent occupées à allaiter, à soigner, à élever leurs petits, qui sont en état de les suivre au bout de quelques semaines ; elles vont à leur tour se promener, se rétablir à l'air, manger du poisson, des écrevisses, des écorces nouvelles, et passent ainsi l'été sur les eaux, dans les bois. Ils ne se rassemblent qu'en automne, à moins que les inondations n'aient renversé leur digue ou détruit leurs cabanes, car alors ils se réunissent de bonne heure pour en réparer les brèches.

Il y a des lieux qu'ils habitent de préférence, où l'on a vu qu'après avoir détruit plusieurs fois leurs travaux, ils venaient tous les étés pour les réédifier, jusqu'à ce qu'enfin, fatigués de cette persécution et affaiblis par la perte de plusieurs d'entre eux, ils ont pris le parti de changer de demeure et de se retirer au loin dans les solitudes les plus profondes. C'est principalement en hiver que les chasseurs les cherchent, parce que leur fourrure n'est parfaitement bonne que dans cette saison ; et lorsque, après avoir ruiné leurs établissements, il arrive qu'ils en prennent en grand nombre, la société trop réduite ne se rétablit point, le petit nombre de ceux qui ont échappé à la mort ou à la captivité se disperse ; ils deviennent fuyards, leur génie flétri par la crainte ne s'épanouit plus, ils s'enfouissent eux et tous leurs talents dans un terrier, où, rabaissés à la condition des autres animaux, ils mènent une vie timide, ne s'occupent plus que des besoins pressants, n'exercent que leurs facultés individuelles, et perdent sans retour les qualités sociales que nous venons d'admirer.

Quelque admirables en effet, quelque merveilleuses que puissent paraître les choses que nous venons d'exposer au sujet de la société et des travaux de nos castors, nous osons dire qu'on ne peut douter de leur réalité. Toutes les relations, faites en différents temps par un grand nombre de témoins oculaires (a), s'accordent sur tous les faits que nous avons rapportés ; et si notre récit diffère de celui de quelques-uns d'entre eux, ce n'est que dans les points où ils nous ont paru enfler le merveilleux, aller au delà du vrai, et quelquefois même de toute vraisemblance. Car on ne s'est pas borné à dire que les castors avaient des mœurs sociales et des talents évidents pour l'architecture, mais on a assuré qu'on ne pouvait leur refuser des idées générales de police et de gouvernement ; que leur société étant une fois formée, ils savaient réduire en esclavage les voyageurs, les étrangers ; qu'ils s'en servaient pour porter leur terre, traîner leur bois ; qu'ils traitaient de même les paresseux d'entre eux qui ne voulaient et les vieux qui ne pouvaient pas travailler ; qu'ils les renversaient sur le dos, les faisaient servir de charrette pour voiturer leurs matériaux ; que ces républicains ne s'assemblaient jamais qu'en nombre impair, pour que dans leurs conseils il y eût toujours une voix prépondérante ; que la société entière avait un président ; que chaque tribu avait son intendant ; qu'ils avaient des sentinelles établies pour la garde publique ; que, quand ils étaient poursuivis, ils ne manquaient pas de s'arracher les testicules pour satisfaire à la cupidité des chasseurs ; qu'ils se montraient ainsi mutilés pour trouver grâce à leurs yeux, etc., etc. (b).

(a) Voyez sur l'histoire des castors, Olaüs Magnus dans sa *Description des pays septentrionaux ;* les *Voyages du baron de la Hontan,* t. II, p. 155 et suiv. ; le *Musæum Wormianum,* p. 320 ; l'*Histoire de l'Amérique septentrionale,* par Bacqueville de la Poterie. Rouen, 1722, t. Ier, p. 133 ; *Mémoire sur le castor,* par M. Sarrasin, inséré dans les *Mémoires de l'Académie des Sciences,* année 1704 ; la *Relation d'un voyage en Acadie,* par Dierville. Rouen, 1708, p. 126 et suiv. ; les *Nouvelles découvertes dans l'Amérique septentrionale.* Paris, 1697, p. 133 ; l'*Histoire de la Nouvelle-France,* par le P. Charlevoix. Paris, 1744, t. II, p. 98 et suiv. ; le *Voyage de Robert Lade,* traduit de l'anglais par M. l'abbé Prévost, t. II, p. 226 ; le *Grand voyage au pays des Hurons,* par Sagard Théodat. Paris, 1632, p. 319 et suiv. ; le *Voyage à la baie de Hudson,* par Ellis. Paris, 1749, t. II, p. 61 et 62. Voyez aussi Gessner, Aldrovande, Jonston, Klein, etc., à l'article du castor ; le *Traité du Castor,* par Jean Marius. Paris, 1746 ; l'*Histoire de la Virginie,* traduite de l'anglais. Orléans, 1707, p. 406 ; l'*Histoire naturelle* du P. Rzaczynski, à l'article du castor, etc.

(b) Voyez Ælien et tous les anciens, à l'exception de Pline, qui nie ce fait avec raison. Voyez aussi sur les autres faits, la plupart des auteurs que nous avons cités dans la note précédente.

Autant nous sommes éloignés de croire à ces fables, ou de recevoir ces exagérations, autant il nous paraît difficile de se refuser à admettre des faits
constatés, confirmés et moralement très certains. On a mille fois vu, revu,
détruit, renversé leurs ouvrages ; on les a mesurés, dessinés, gravés ; enfin,
ce qui ne laisse aucun doute, ce qui est plus fort que tous les témoignages
passés, c'est que nous en avons de récents et d'actuels ; c'est qu'il en subsiste
encore de ces ouvrages singuliers qui, quoique moins communs que dans les
premiers temps de la découverte de l'Amérique septentrionale, se trouvent
cependant en assez grand nombre pour que tous les missionnaires, tous les
voyageurs, même les plus nouveaux, qui se sont avancés dans les terres du
nord assurent en avoir rencontré.

Tous s'accordent à dire qu'outre les castors qui sont en société, on rencontre partout, dans le même climat, des castors solitaires, lesquels rejetés,
disent-ils, de la société pour leurs défauts, ne participent à aucun de ses
avantages, n'ont ni maison ni magasin, et demeurent, comme le blaireau,
dans un boyau sous terre : on a même appelé ces castors solitaires, *castors
terriers ;* ils sont aisés à reconnaître : leur robe est sale, le poil est rongé
sur le dos par le frottement de la terre ; ils habitent comme les autres assez
volontiers au bord des eaux, où quelques-uns mêmes creusent un fossé de
quelques pieds de profondeur, pour former un petit étang qui arrive jusqu'à
l'ouverture de leur terrier, qui s'étend quelquefois à plus de cent pieds en
longueur, et va toujours en s'élevant, afin qu'ils aient la facilité de se retirer
en haut à mesure que l'eau s'élève dans les inondations ; mais il s'en trouve
aussi, de ces castors solitaires, qui habitent assez loin des eaux dans les
terres. Toutes nos bièvres d'Europe sont des castors terriers et solitaires,
dont la fourrure n'est pas à beaucoup près aussi belle que celle des castors
qui vivent en société. Tous diffèrent par la couleur, suivant le climat qu'ils
habitent ; dans les contrées du nord les plus reculées, ils sont tout noirs, et
ce sont les plus beaux ; parmi ces castors noirs, il s'en trouve quelquefois
de tout blancs, ou de blancs tachés de gris et mêlés de roux sur le chignon
et sur la croupe (a). A mesure qu'on s'éloigne du nord, la couleur s'éclaircit
et se mêle ; ils sont couleur de marron dans la partie septentrionale du
Canada, châtains vers la partie méridionale, et jaunes ou couleur de paille
chez les Illinois (b). On trouve des castors en Amérique, depuis le trentième
degré de latitude nord jusqu'au soixantième et au delà ; ils sont très communs vers le nord, et toujours en moindre nombre à mesure qu'on avance
vers le midi : c'est la même chose dans l'ancien continent ; on n'en trouve
en quantité que dans les contrées les plus septentrionales, et ils sont très
rares en France, en Espagne, en Italie, en Grèce et en Égypte. Les anciens

---

(a) *Castor albus caudâ horisontaliter planâ.* Brisson, *Règn. animal.*, p. 94 et suiv.
(b) *Histoire de la Nouvelle-France,* par le P. Charlevoix. Paris, 1744, t. II,   94 et suiv.

les connaissaient ; il était défendu de les tuer dans la religion des mages ;
ils étaient communs sur les rives du Pont-Euxin ; on a même appelé le
castor *canis ponticus*, mais apparemment que ces animaux n'étaient pas
assez tranquilles sur les bords de cette mer, qui en effet sont fréquentés par
les hommes de temps immémorial, puisque aucun des anciens ne parle de
leur société ni de leurs travaux. Ælien surtout, qui marque un si grand
faible pour le merveilleux, et qui, je crois, a écrit le premier que le castor
se coupe les testicules pour les laisser ramasser au chasseur (a), n'aurait
pas manqué de parler des merveilles de leur république, en exagérant leur
génie et leurs talents pour l'architecture. Pline lui-même, Pline, dont l'esprit
fier, triste et sublime, déprise toujours l'homme pour exalter la nature, se
serait-il abstenu de comparer les travaux de Romulus à ceux de nos castors !
Il paraît donc certain qu'aucun des anciens n'a connu leur industrie pour
bâtir, et quoiqu'on ait trouvé dans les derniers siècles des castors cabanés
en Norvège et dans les autres provinces les plus septentrionales de l'Europe
et qu'il y ait apparence que les anciens castors bâtissaient aussi bien que
les castors modernes, comme les Romains n'avaient pas pénétré jusque-là,
il n'est pas surprenant que leurs écrivains n'en fassent aucune mention.

Plusieurs auteurs ont écrit que le castor étant un animal aquatique, il ne
pouvait vivre sur terre et sans eau : cette opinion n'est pas vraie, car le
castor que nous avons vivant ayant été pris tout jeune en Canada, et ayant
été toujours élevé dans la maison, ne connaissait pas l'eau lorsqu'on nous
l'a remis, il craignait et refusait d'y entrer ; mais l'ayant une fois plongé et
retenu d'abord par force dans un bassin, il s'y trouva si bien au bout de
quelques minutes, qu'il ne cherchait point à en sortir, et lorsqu'on le laissait
libre, il y retournait très souvent de lui-même ; il se vautrait aussi dans la
boue et sur le pavé mouillé. Un jour il s'échappa, et descendit par un esca-
lier de cave dans les voûtes des carrières qui sont sous le terrain du Jardin
royal ; il s'enfuit assez loin, en nageant sur les mares d'eau qui sont au fond
de ces carrières ; cependant, dès qu'il vit la lumière des flambeaux que nous
y fîmes porter pour le chercher, il revint à ceux qui l'appelaient, et se laissa
prendre aisément. Il est familier sans être caressant ; il demande à manger
à ceux qui sont à table ; ses instances sont un petit cri plaintif et quelques
gestes de la main ; dès qu'on lui donne un morceau, il l'emporte, et se cache
pour le manger à son aise ; il dort assez souvent, et se repose sur le ventre ;
il mange de tout, à l'exception de la viande, qu'il refuse constamment, cuite
ou crue ; il ronge tout ce qu'il trouve, les étoffes, les meubles, le bois, et
l'on a été obligé de doubler de fer-blanc le tonneau dans lequel il a été
transporté.

Les castors habitent de préférence sur les bords des lacs, des rivières et

(a) *Hist. animal.*, lib. vi, cap. xxxiv.

des autres eaux douces ; cependant il s'en trouve au bord de la mer, mais c'est principalement sur les mers septentrionales, et surtout dans les golfes méditerranés qui reçoivent de grands fleuves, et dont les eaux sont peu salées. Ils sont ennemis de la loutre ; ils la chassent, et ne lui permettent pas de paraître sur les eaux qu'ils fréquentent. La fourrure du castor est encore plus belle et plus fournie que celle de la loutre : elle est composée de deux sortes de poils ; l'un plus court, mais très touffu, fin comme le duvet, impénétrable à l'eau, revêt immédiatement la peau ; l'autre plus long, plus ferme, plus lustré, mais plus rare, recouvre ce premier vêtement, lui sert, pour ainsi dire, de surtout, le défend des ordures, de la poussière, de la fange : ce second poil n'a que peu de valeur, ce n'est que le premier que l'on emploie dans nos manufactures. Les fourrures les plus noires sont ordinairement les plus fournies, et par conséquent les plus estimées ; celles des castors terriers sont fort inférieures à celles des castors cabanés. Les castors sont sujets à la mue pendant l'été, comme tous les autres quadrupèdes ; aussi la fourrure de ceux qui sont pris dans cette saison n'a que peu de valeur. La fourrure des castors blancs est estimée à cause de sa rareté, et les parfaitement noirs sont presque aussi rares que les blancs.

Mais indépendamment de la fourrure, qui est ce que le castor fournit de plus précieux, il donne encore une matière dont on a fait un grand usage en médecine. Cette matière, que l'on a appelée *castoreum*, est contenue dans de grosses vésicules que les anciens avaient prises pour les testicules de l'animal : nous n'en donnerons pas la description ni les usages (*a*), parce qu'on les trouve dans toutes les pharmacopées (*b*). Les sauvages tirent, dit-on, de la queue du castor une huile dont ils se servent comme de topique pour différents maux. La chair du castor, quoique grasse et délicate, a toujours un goût amer assez désagréable : on assure qu'il a les os excessivement durs, mais nous n'avons pas été à portée de vérifier ce fait, n'en ayant disséqué qu'un jeune : ses dents sont très dures et si tranchantes qu'elles servent de couteau aux sauvages pour couper, creuser et polir le bois. Ils s'habillent de peaux de castors, et les portent en hiver le poil contre la chair : ce sont ces fourrures imbibées de la sueur des sauvages que l'on appelle *castor gras*, dont on ne se sert que pour les ouvrages les plus grossiers.

Le castor se sert de ses pieds de devant comme de mains, avec une adresse au moins égale à celle de l'écureuil ; les doigts en sont bien séparés, bien divisés, au lieu que ceux des pieds de derrière sont réunis entre eux par une forte membrane ; ils lui servent de nageoires, et s'élargissent comme

(*a*) Voyez le *Traité du Castor*, par Marius et Francus. Paris, 1746, in-12.

(*b*) On prétend que les castors font sortir la liqueur de leurs vésicules en les pressant avec le pied, qu'elle leur donne de l'appétit lorsqu'ils sont dégoûtés, et que les sauvages en frottent les pièges qu'ils leurs tendent pour les y attirer. Ce qui paraît plus certain, c'est qu'il se sert de cette liqueur pour se graisser le poil.

comme ceux de l'oie, dont le castor a aussi en partie la démarche sur la terre. Il nage beaucoup mieux qu'il ne court : comme il a les jambes de devant bien plus courtes que celles de derrière, il marche toujours la tête baissée et le dos arqué. Il a les sens très bons, l'odorat très fin, et même susceptible ; il paraît qu'il ne peut supporter ni la malpropreté, ni les mauvaises odeurs : lorsqu'on le retient trop longtemps en prison, et qu'il se trouve forcé d'y faire ses ordures, il les met près du seuil de la porte, et dès qu'elle est ouverte il les pousse dehors. Cette habitude de propreté leur est naturelle, et notre jeune castor ne manquait jamais de nettoyer ainsi sa chambre. A l'âge d'un an, il a donné des signes de chaleur, ce qui paraît indiquer qu'il avait pris dans cet espace de temps la plus grande partie de son accroissement ; ainsi la durée de sa vie ne peut être bien longue, et c'est peut-être trop que de l'étendre à quinze ou vingt ans. Ce castor était très petit pour son âge, et l'on ne doit pas s'en étonner : ayant presque dès sa naissance toujours été contraint, élevé, pour ainsi dire, à sec, ne connaissant pas l'eau jusqu'à l'âge de neuf mois, il n'a pu ni croître, ni se développer comme les autres, qui jouissent de leur liberté et de cet élément qui paraît leur être presque aussi nécessaire que l'usage de la terre.

LE RATON

Quoique plusieurs auteurs aient indiqué sous le nom de *coati* l'animal dont il est ici question (*), nous avons cru devoir adopter le nom qu'on lui a donné en Angleterre, afin d'ôter toute équivoque, et de ne le pas confondre avec le vrai coati, dont nous donnerons la description dans l'article suivant, non plus qu'avec le *coati-mondi*, qui cependant ne nous paraît être qu'une variété de l'espèce du coati.

Le raton que nous avons eu vivant, et que nous avons gardé pendant plus d'un an, était de la grosseur et de la forme d'un petit blaireau ; il a le corps court et épais, le poil doux, long, touffu, noirâtre par la pointe, et gris par dessous ; la tête comme le renard, mais les oreilles rondes et beaucoup plus courtes ; les yeux grands, d'un vert jaunâtre ; un bandeau noir et transversal au-dessus des yeux ; le museau effilé, le nez un peu retroussé, la lèvre inférieure moins avancée que la supérieure ; les dents comme le chien, six incisives et deux canines en haut et en bas ; la queue touffue, longue au moins comme le corps, marquée par des anneaux alternativement noirs et blancs dans toute son étendue ; les jambes de devant beaucoup plus courtes que

(*) *Procion Lotor* L. Le Raton est un Carnivore de la famille des Ursidés; il se distingue des Ours par son museau court et pointu et par sa queue longue.

celles de derrière, et cinq doigts à tous les pieds, armés d'ongles fermes et aigus, les pieds de derrière portant assez sur le talon pour que l'animal puisse s'élever et soutenir son corps dans une situation inclinée en avant. Il se sert de ses pieds de devant pour porter à sa gueule; mais comme ses doigts sont peu flexibles, il ne peut, pour ainsi dire, rien saisir d'une seule main; il se sert des deux à la fois, et les joint ensemble pour prendre ce qu'on lui donne. Quoiqu'il soit gros et trapu, il est cependant fort agile; ses ongles, pointus comme des épingles, lui donnent la facilité de grimper aisément sur les arbres; il monte légèrement jusque au-dessus de la tige, et court jusqu'à l'extrémité des branches; il va toujours par sauts, il gambade plutôt qu'il ne marche, et ses mouvements, quoique obliques, sont tous prompts et légers.

Cet animal est originaire des contrées méridionales de l'Amérique : on ne le trouve pas dans l'ancien continent, au moins les voyageurs qui ont parlé des animaux de l'Afrique et des Indes orientales n'en font aucune mention; il est au contraire très commun dans le climat chaud de l'Amérique, et surtout à la Jamaïque (*a*), où il habite dans les montagnes et en descend pour manger des cannes de sucre. On ne le trouve pas en Canada, ni dans les autres parties septentrionales de ce continent, cependant il ne craint pas excessivement le froid; M. Klein (*b*) en a nourri un à Dantzick, et celui que nous avions a passé une nuit entière les pieds pris dans de la glace, sans qu'il ait été incommodé.

Il trempait dans l'eau, ou plutôt il détrempait tout ce qu'il voulait manger; il jetait son pain dans sa terrine d'eau, et ne l'en retirait que quand il le voyait bien imbibé, à moins qu'il ne fût pressé par la faim, car alors il prenait la nourriture sèche, et telle qu'on la lui présentait; il furetait partout, mangeait aussi de tout, de la chair crue ou cuite, du poisson, des œufs, des volailles vivantes, des grains, des racines, etc.; il mangeait aussi de toutes sortes d'insectes; il se plaisait à chercher les araignées, et lorsqu'il était en liberté dans un jardin il prenait les limaçons, les hannetons, les vers. Il aimait le sucre, le lait, et les autres nourritures douces par-dessus toute chose, à l'exception des fruits, auxquels il préférait la chair, et surtout le poisson. Il se retirait au loin pour faire ses besoins; au reste il était familier et même caressant, sautant sur les gens qu'il aimait, jouant volontiers et d'asssz bonne grâce, leste, agile, toujours en mouvement; il m'a paru tenir beaucoup de la nature du maki, et un peu des qualités du chien.

(*a*) Voyez l'*Histoire naturelle de la Jamaïque*, par Hans Sloane. Londres, 1725, in-folio, t. II, p. 329, en anglais.

(*b*) Klein, *De quadrup.*, p. 62.

LE COATI

Plusieurs auteurs ont appelé *coati-mondi* l'animal dont il est ici question (*) : nous l'avons eu vivant, et après l'avoir comparé au coati indiqué par Thevet et décrit par Marcgrave, nous avons reconnu qne c'était le même animal qu'ils ont appelé *coati* tout court, et il y a toute apparence que le *coati-mondi* n'est pas un animal d'une autre espèce, mais une simple variété de celle-ci ; car Marcgrave, après avoir donné la description du coati, dit précisément qu'il y a d'autres coatis qui sont d'un brun noirâtre, que l'on appelle au Brésil *coati-mondi* pour les distinguer des autres : il n'admet donc d'autre différence entre le coati et le coati-mondi que celle de la couleur du poil, et dès lors on ne doit pas les considérer comme deux espèces distinctes, mais les regarder comme des variétés dans la même espèce.

Le coati est très différent du raton que nous avons décrit dans l'article précédent ; il est de plus petite taille ; il a le corps et le cou beaucoup plus allongés, la tête aussi plus longue, ainsi que le museau, dont la mâchoire supérieure est terminée par une espèce de groin mobile qui déborde d'un pouce ou d'un pouce et demi au delà de l'extrémité de la mâchoire inférieure : ce groin, retroussé en haut, joint au grand allongement des mâchoires, fait paraître le museau courbé et relevé en haut. Le coati a aussi les yeux beaucoup plus petits que le raton, les oreilles encore plus courtes, le poil moins long, plus rude et moins peigné, les jambes plus courtes, les pieds plus longs et plus appuyés sur le talon ; il avait, comme le raton, la queue annelée (*a*), et cinq doigts à tous les pieds.

Quelques personnes pensent que le blaireau-cochon pourrait bien être le coati, et l'on a rapporté (*b*) à cet animal le *taxus suillus*, dont Aldrovande donne la figure ; mais si l'on fait attention que le blaireau-cochon dont parlent les chasseurs est supposé se trouver en France, et même dans des climats plus froids de notre Europe, qu'au contraire le coati ne se trouve que dans les climats méridionaux de l'autre continent, on rejettera aisément cette idée, qui d'ailleurs n'est nullement fondée (*c*) ; car la figure donnée par Aldrovande n'est autre chose qu'un blaireau auquel on a fait un groin de cochon. L'auteur ne dit pas qu'on ait dessiné cet animal d'après nature, et

(*a*) Il y a aussi des *Coatis* dont la queue est d'une seule couleur ; mais comme ils ne diffèrent des autres que par ce seul caractère, cette différence ne nous paraît pas suffire pour en faire deux espèces, et nous estimons que ce n'est qu'une variété dans la même espèce.

(*b*) *Vide*. Brisson. *Règn. animal.*, p. 263.

(*c*) Voyez ce que nous avons dit du blaireau-cochon, à l'article du blaireau.

(*) Les Coatis (*Nasua* Storr.) sont des Carnivores de la famille des Ursidés, caractérisés par un museau très allongé, en forme de trompe, et une queue très longue.

il n'en donne aucune description. Le museau très allongé et le groin mobile en tous sens suffisent pour faire distinguer le coati de tous les autres animaux ; il a, comme l'ours, une grande facilité à se tenir debout sur les pieds de derrière, qui portent en grande partie sur le talon, lequel même est terminé par de grosses callosités qui semblent le prolonger au dehors, et augmenter l'étendue de l'assiette du pied.

Le coati est sujet à manger sa queue, qui, lorsqu'elle n'a pas été tronquée, est plus longue que son corps ; il la tient ordinairement élevée, la fléchit en tous sens, et la promène avec facilité. Ce goût singulier, et qui paraît contre nature, n'est cependant pas particulier aux coatis ; les singes, les makis et quelques autres animaux à queue longue, rongent le bout de leur queue, en mangent la chair et les vertèbres, et la raccourcissent peu à peu d'un quart ou d'un tiers. On peut tirer de là une induction générale, c'est que dans les parties très allongées, et dont les extrémités sont par conséquent très éloignées des sens et du centre du sentiment, ce même sentiment est faible, et d'autant plus faible que la distance est plus grande et la partie plus menue : car si l'extrémité de la queue de ces animaux était une partie fort sensible, la sensation de la douleur serait plus forte que celle de cet appétit, et ils conserveraient leur queue avec autant de soin que les autres parties de leur corps. Au reste, le coati est un animal de proie qui se nourrit de chair et de sang, qui, comme le renard ou la fouine, égorge les petits animaux, les volailles (a), mange les œufs, cherche les nids des oiseaux (b) ; et c'est probablement par cette conformité de naturel, plutôt que par la ressemblance de la fouine, qu'on a regardé le coati comme une espèce de petit renard (c).

(a) *Vide.* Marcgrav. *Hist. Brasil.*, p. 228.

(b) Voyez les *Singularités de la France antarctique,* par Thevet, p. 96.

(c) *Vulpes minor,* etc. Barrère, *Hist. nat. de la France équinoxiale.*

Nota. On trouve, dans le septième volume de l'Académie royale des Sciences de Suède, un Mémoire de M. Linnæus sur le *Coati-mondi.* Nous croyons devoir rapporter ici l'extrait que l'auteur de la *Bibliothèque raisonnée* a fait de ce Mémoire, sans prétendre garantir les faits qui y sont rapportés.

« M. Linnæus donne, dans un Mémoire, l'histoire naturelle du *Coati-mondi.* Cet animal » se trouve également dans l'Amérique méridionale et dans la septentrionale. Il approche de » l'ours par la longueur de ses jambes de derrière, sa tête penchée, son poil épais, et par ses » pattes ; mais il est petit et familier, et sa queue est fort longue, et rayée de différentes » couleurs. M. le Prince successeur de Suède avait fait présent d'un de ces animaux à » M. Linæus, qui l'a entretenu assez longtemps dans sa maison aux dépens des douceurs » qu'il pouvait attraper, et quelquefois de ceux de sa basse-cour, où le Coati-mondi, malgré » le droit de l'hospitalité, emportait des têtes à coup de dent, et humait le sang. Il est remar- » quable par son extrême opiniâtreté à ne rien faire contre son gré. Malgré sa petitesse, il » se défendait avec une force extraordinaire lorsqu'on le faisait marcher malgré lui, et se » cramponnait contre les jambes des personnes dont il allait familièrement ravager les poches » et confisquer ce qu'il y trouvait à sa bienséance. Cette opiniâtreté a son remède ; le Coati » craint extrêmement les soies du cochon, la moindre brosse lui faisait quitter prise. Un » mâtin l'étrangla un jour qu'il s'était sauvé dans un jardin du voisinage, et M. Linnæus en » donne l'anatomie. Son genre de vie était assez extraordinaire ; il dormait depuis minuit » jusqu'à midi, veillait le reste du jour, et se promenait régulièrement depuis six heures du

L'AGOUTI

———

Cet animal (*) est de la grosseur d'un lièvre, et a été regardé comme une
espèce de lapin ou de gros rat par la plupart des auteurs de nomenclature
en histoire naturelle ; cependant il ne leur ressemble que par de très petits
caractères, et il en diffère essentiellement par les habitudes naturelles. Il a
la rudesse de poil et le grognement du cochon, il a aussi sa gourmandise ; il
mange de tout avec voracité, et lorsqu'il est rassasié, rempli, il cache comme
le renard, en différents endroits, ce qui lui reste d'aliments pour le trouver
au besoin ; il se plaît à faire du dégât, à couper, à ronger tout ce qu'il
trouve ; lorsqu'on l'irrite, son poil se hérisse sur la croupe, et il frappe fortement la terre de ses pieds de derrière ; il mord cruellement (a) ; il ne se
creuse pas un trou comme le lapin, ni ne se tient pas sur terre à découvert
comme le lièvre ; il habite ordinairement dans le creux des arbres et dans
les souches pourries. Les fruits, les patates, le manioc, sont la nourriture
ordinaire de ceux qui fréquentent autour des habitations ; les feuilles et les
racines des plantes et des arbrisseaux sont les aliments des autres qui demeurent dans les bois et les savanes. L'agouti se sert, comme l'écureuil, de
ses pieds de devant pour saisir et porter à sa gueule ; il court d'une très
grande vitesse en plaine et en montant ; mais comme il a les jambes de
devant plus courtes que celles de derrière, il ferait la culbute s'il ne ralen-
tissait sa course en descendant. Il a la vue bonne et l'ouïe très fine ; lorsqu'on le pipe, il s'arrête pour écouter. La chair de ceux qui sont gras et bien
nourris n'est pas mauvaise à manger, quoiqu'elle ait un petit goût sauvage

» soir jusqu'à minuit, quelque temps qu'il fît. C'est apparemment le temps que la nature a
» assigné à cette espèce d'animaux dans leur patrie, pour pourvoir à leurs besoins, et pour
» aller à la chasse des oiseaux et à la découverte de leurs œufs, qui font leur principale nour-
» riture. » *Bibliothèque raisonnée*, t. XLI, partie première, p. 25.

(a) Cet animal est fort méchant ; les capucins d'Olinde au Brésil en élevaient un à qui ils
avaient arraché les dents dans sa jeunesse, et malgré cette précaution il étendait son désordre
aussi loin que le permettait sa chaîne. *Histoire des Indes*, par Souchu de Rennefort, p. 203.

(*) L'Agouti (*Dasyprocta Acuti* L.) est un Rongeur de la famille des Subongulés, assez
semblable comme forme au lièvre, mais haut des pattes et pourvu de trois doigts aux pattes
postérieures.

et qu'elle soit un peu dure : on échaude l'agouti comme le cochon de lait, et on l'apprête de même. On le chasse avec des chiens ; lorsqu'on peut le faire entrer dans des cannes de sucre coupées, il est bientôt rendu, parce qu'il y a ordinairement dans ces terrains de la paille et des feuilles de canne d'un pied d'épaisseur, et qu'à chaque saut qu'il fait il enfonce dans cette litière, en sorte qu'un homme peut souvent l'atteindre et le tuer avec un bâton. Ordinairement il s'enfuit d'abord très vite devant les chiens, et gagne ensuite sa retraite, où il se tapit et demeure obstinément caché : le chasseur, pour l'obliger à en sortir, la remplit de fumée ; l'animal, à demi suffoqué, jette des cris douloureux et plaintifs, et ne paraît qu'à toute extrémité. Son cri, qu'il répète souvent lorsqu'on l'inquiète ou qu'on l'irrite, est semblable à celui d'un petit cochon. Pris jeune, il s'apprivoise aisément, il reste à la maison, en sort seul et revient de lui-même. Ces animaux demeurent ordinairement dans les bois, dans les haies ; les femelles y cherchent un endroit fourré pour préparer un lit à leurs petits ; elles font ce lit avec des feuilles et du foin ; elles produisent deux ou trois fois par an ; chaque portée n'est, dit-on (a), que de deux ; elles transportent leurs petits, comme les chattes, deux ou trois jours après leur naissance ; elles les portent dans des trous d'arbres, où elles ne les allaitent que pendant peu de temps : les jeunes agoutis sont bientôt en état de suivre leur mère et de chercher à vivre. Ainsi le temps de l'accroissement de ces animaux est assez court, et par conséquent leur vie n'est pas bien longue.

Il paraît que l'agouti est un animal particulier à l'Amérique ; il ne se trouve pas dans l'ancien continent, il semble être originaire des parties méridionales de ce nouveau monde : on le trouve très communément au Brésil, à la Guyane, à Saint-Domingue et dans toutes les îles ; il a besoin d'un climat chaud pour subsister et se multiplier ; il peut cependant vivre en France, pourvu qu'on le tienne à l'abri du froid dans un lieu sec et chaud, surtout pendant l'hiver : aussi n'habite-t-il en Amérique que les contrées méridionales, et il ne s'est pas répandu dans les pays froids et tempérés. Aux îles, il n'y a qu'une espèce d'agouti, qui est celui que nous décrivons ; mais à Cayenne, dans la terre ferme de la Guyane (b) et au Brésil, on assure qu'il y en a deux espèces, et que cette seconde espèce, qu'on appelle *agouchi*(*), est constamment plus petite que la première. Celle dont nous parlons est certainement l'agouti ; nous en sommes assurés par le témoignage de gens qui ont demeuré longtemps à Cayenne, et qui connaissent également l'agouti et l'agouchi, que nous n'avons pas encore pu nous procurer. L'agouti

(a) Voyez l'*Histoire générale des isles Antilles,* par le P. du Tertre. Paris, 1667, t. II, page 296.

(b) *Voyage de Des Marchais,* t. III, p. 23.

(*) *Dasyprocta Acuchi* Gmel.

que nous avons eu vivant, et dont nous donnons ici la description et la figure,
était gros comme un lapin; son poil était rude et de couleur brune un peu
mêlée de roux ; il avait la lèvre supérieure fendue comme le lièvre, la queue
encore plus courte que le lapin, les oreilles aussi courtes que larges, la mâchoire supérieure avancée au delà de l'inférieure, le museau comme le loir,
les dents comme la marmotte, le cou long, les jambes grêles, quatre doigts
aux pieds de devant, et trois à ceux de derrrière. Marcgrave, et presque
tous les naturalistes après lui, ont dit que l'agouti avait six doigts aux pieds
de derrière : M. Brisson est le seul qui n'ait pas copié cette erreur de Marcgrave; ayant fait sa description sur l'animal même, il n'a vu, comme nous,
que trois doigts aux pieds de derrière.

LE LION

Dans l'espèce humaine l'influence du climat ne se marque que par des variétés assez légères, parce que cette espèce est une, et qu'elle est très distinctement séparée de toutes les autres espèces; l'homme, blanc en Europe, noir en Afrique, jaune en Asie et rouge en Amérique, n'est que le même homme teint de la couleur du climat : comme il est fait pour régner sur la terre, que le globe entier est son domaine, il semble que sa nature se soit prêtée à toutes les situations; sous les feux du Midi, dans les glaces du Nord, il vit, il multiple, il se trouve partout si anciennement répandu, qu'il ne paraît affecter aucun climat particulier (*). Dans les animaux, au contraire, l'influence du climat est plus forte et se marque par des caractères plus sensibles, parce que les espèces sont diverses et que leur nature est infiniment moins perfectionnée, moins étendue que celle de l'homme. Non seulement les variétés dans chaque espèce sont plus nombreuses et plus marquées que dans l'espèc humaine, mais les différences mêmes des espèces semblent dépendre des différents climats; les unes ne peuvent se propager que dans les pays chauds, les autres ne peuvent subsister que dans des climats froids; le lion (**) n'a jamais habité les régions du Nord, le renne ne s'est jamais trouvé dans les contrées du Midi, et il n'y a peut-être aucun animal dont l'espèce soit, comme celle de l'homme, généralement répandue sur toute la surface de la terre; chacun a son pays, sa patrie naturelle, dans laquelle chacun est retenu par nécessité physique (***), chacun est fils de la terre qu'il habite, et c'est dans ce sens qu'on doit dire que tel ou tel animal est originaire de tel ou tel climat.

Dans les pays chauds, les animaux terrestres sont plus grands et plus forts que dans les pays froids ou tempérés; ils sont aussi plus hardis, plus

(*) Cela est faux. Chaque variété humaine est adaptée à un climat déterminé et ne peut être exposée sans de grands dangers à un climat tout à fait différent.

(**) Le Lion (*Felis Leo* L.) est un Carnivore de la famille des Félides, qui comprend des animaux à corps élancé, à tête arrondie, à mâchoires courtes, à pieds digitigrades avec des ongles aigus et nétractiles.

(***) Idée très juste et qui montre que Buffon avait une notion exacte de l'action des milieux et de l'adaptation qu'elle détermine chez les animaux.

féroces; toutes leurs qualités naturelles semblent tenir de l'ardeur du climat. Le lion, né sous le soleil brûlant de l'Afrique ou des Indes, est le plus fort, le plus fier, le plus terrible de tous : nos loups, nos autres animaux carnassiers, loin d'être ses rivaux, seraient à peine dignes d'être ses pourvoyeurs (a). Les lions d'Amérique, s'ils méritent ce nom, sont, comme le climat, infiniment plus doux que ceux de l'Afrique ; et ce qui prouve évidemment que l'excès de leur férocité vient de l'excès de la chaleur, c'est que dans le même pays, ceux qui habitent les hautes montagnes où l'air est plus tempéré sont d'un naturel différent de ceux qui demeurent dans les plaines où la chaleur est extrême. Les lions du mont Atlas (b), dont la cime est quelquefois couverte de neige, n'ont ni la hardiesse, ni la force, ni la férocité des lions du Biledulgerid ou du Zaara, dont les plaines sont couvertes de sables brûlants. C'est surtout dans ces déserts ardents que se trouvent ces lions terribles, qui sont l'effroi des voyageurs et le fléau des provinces voisines ; heureusement l'espèce n'en est pas très nombreuse ; il paraît même qu'elle diminue tous les jours, car de l'aveu de ceux qui ont parcouru cette partie de l'Afrique, il ne s'y trouve pas actuellement autant de lions, à beaucoup près, qu'il y en avait autrefois. Les Romains, dit M. Shaw (c), tiraient de la Libye, pour l'usage des spectacles, cinquante fois plus de lions qu'on ne pourrait y en trouver aujourd'hui. On a remarqué de même qu'en Turquie, en Perse et dans l'Inde, les lions sont maintenant beaucoup moins communs qu'ils ne l'étaient anciennement; et comme ce puissant et courageux animal fait sa proie de tous les autres animaux, et n'est lui-même la proie d'aucun, on ne peut attribuer la diminution de quantité dans son espèce qu'à l'augmentation du nombre dans celle de l'homme; car il faut avouer que la force de ce roi des animaux ne tient pas contre l'adresse d'un Hottentot ou d'un Nègre, qui souvent osent l'attaquer tête à tête avec des armes assez légères. Le lion n'ayant d'autres ennemis que l'homme, et son espèce se trouvant aujourd'hui réduite à la cinquantième, ou, si l'on veut, à la dixième partie de ce qu'elle était autrefois, il en résulte que l'espèce humaine, au lieu d'avoir souffert une diminution considérable depuis le temps des Romains (comme bien des gens le prétendent), s'est au contraire augmentée, étendue et plus nombreusement répandue, même dans les contrées comme la Libye, où la puissance de l'homme paraît avoir été plus grande dans ce temps, qui était à peu près le siècle de Carthage, qu'elle ne l'est dans le siècle présent de Tunis et d'Alger.

L'industrie de l'homme augmente avec le nombre, celle des animaux reste toujours la même : toutes les espèces nuisibles, comme celle du lion,

---

(a) Il y a une espèce de lynx qu'on appelle le *Pourvoyeur du lion.*

(b) Voyez l'*Afrique d'Ogilby*, p. 15 et 16, et l'*Histoire générale des voyages*, par M. l'abbé Prévost, t. V, p. 86.

(c) Voyez les *Voyages de M. Shaw*. La Haye, 1743, t. Ier, p. 315.

paraissent être reléguées et réduites à un petit nombre, non seulement parce que l'homme est partout devenu plus nombreux, mais aussi parce qu'il est devenu plus habile et qu'il a su fabriquer des armes terribles auxquelles rien ne peut résister : heureux s'il n'eût jamais combiné le fer et le feu que pour la destruction des lions ou des tigres !

Cette supériorité de nombre et d'industrie dans l'homme, qui brise la force du lion, en énerve aussi le courage : cette qualité, quoique naturelle, s'exalte ou se tempère dans l'animal suivant l'usage heureux ou malheureux qu'il a fait de sa force. Dans les vastes déserts du Zaara, dans ceux qui semblent séparer deux races d'hommes très différentes, les Nègres et les Maures, entre le Sénégal et les extrémités de la Mauritanie, dans les terres inhabitées qui sont au-dessus du pays des Hottentots, et, en général, dans toutes les parties méridionales de l'Afrique et de l'Asie, où l'homme a dédaigné d'habiter, les lions sont encore en assez grand nombre, et sont tels que la nature les produit : accoutumés à mesurer leurs forces avec tous les animaux qu'ils rencontrent, l'habitude de vaincre les rend intrépides et terribles ; ne connaissant pas la puissance de l'homme, ils n'en ont nulle crainte ; n'ayant pas éprouvé la force de ses armes, ils semblent les braver ; les blessures les irritent, mais sans les effrayer ; ils ne sont pas même déconcertés à l'aspect du grand nombre ; un seul de ces lions du désert attaque souvent une caravane entière, et lorsque après un combat opiniâtre et violent il se sent affaibli, au lieu de fuir il continue de se battre en retraite, en faisant toujours face et sans jamais tourner le dos. Les lions, au contraire, qui habitent aux environs des villes et des bourgades de l'Inde et de la Barbarie (a), ayant connu l'homme et la force de ses armes, ont perdu leur courage au point d'obéir à sa voix menaçante, de n'oser l'attaquer, de ne se jeter que sur le menu bétail, et enfin de s'enfuir en se laissant poursuivre par des femmes ou par des enfants (b) qui leur font, à coups de bâton, quitter prise et lâcher indignement leur proie.

Ce changement, cet adoucissement dans le naturel du lion indique assez qu'il est susceptible des impressions qu'on lui donne, et qu'il doit avoir assez de docilité pour s'apprivoiser jusqu'à un certain point et pour recevoir une espèce d'éducation : aussi l'histoire nous parle de lions attelés à des chars de triomphe, de lions conduits à la guerre ou menés à la chasse, et qui, fidèles à leur maître, ne déployaient leur force et leur courage que contre ses ennemis. Ce qu'il y a de très sûr, c'est que le lion, pris jeune et élevé parmi les animaux domestiques, s'accoutume aisément à vivre et même à jouer innocemment avec eux, qu'il est doux pour ses maîtres et même caressant, surtout dans le premier âge, et que, si sa férocité natu-

(a) Voyez l'*Afrique de Marmol*, t. II, p. 213 ; et la *Relation du voyage de Thévenot*, t. II, p. 112.
(b) Voyez l'*Afrique de Marmol*, t. Iᵉʳ, p. 54 et suiv.

relle reparaît quelquefois, il la tourne rarement contre ceux qui lui ont fait
du bien. Comme ses mouvements sont très impétueux et ses appétits fort
véhéments, on ne doit pas présumer que les impressions de l'éducation
puissent toujours les balancer ; aussi y aurait-il quelque danger à lui laisser souffrir trop longtemps la faim, ou à le contrarier en le tourmentant hors
de propos ; non seulement il s'irrite des mauvais traitements, mais il en
garde le souvenir et paraît en méditer la vengeance, comme il conserve
aussi la mémoire et la reconnaissance des bienfaits. Je pourrais citer ici un
grand nombre de faits particuliers, dans lesquels j'avoue que j'ai trouvé
quelque exagération, mais qui cependant sont assez fondés pour prouver
au moins, par leur réunion, que sa colère est noble, son courage magnanime, son naturel sensible. On l'a souvent vu dédaigner de petits ennemis,
mépriser leurs insultes et leur pardonner des libertés offensantes ; on l'a vu,
réduit en captivité, s'ennuyer sans s'aigrir, prendre au contraire des habitudes douces, obéir à son maître, flatter la main qui le nourrit, donner
quelquefois la vie à ceux qu'on avait dévoués à la mort en les lui jetant
pour proie, et, comme s'il se fût attaché par cet acte généreux, leur
continuer ensuite la même protection, vivre tranquillement avec eux, leur
faire part de sa subsistance, se la laisser même quelquefois enlever tout
entière, et souffrir plutôt la faim que de perdre le fruit de son premier
bienfait.

On pourrait dire aussi que le lion n'est pas cruel, puisqu'il ne l'est que
par nécessité, qu'il ne détruit qu'autant qu'il consomme, et que dès qu'il
est repu il est en pleine paix ; tandis que le tigre, le loup et tant d'autres
animaux d'espèce inférieure, tels que le renard, la fouine, le putois, le
furet, etc., donnent la mort pour le seul plaisir de la donner, et que dans
leurs massacres nombreux ils semblent plutôt vouloir assouvir leur rage
que leur faim.

L'extérieur du lion ne dément point ses grandes qualités intérieures ; il a
la figure imposante, le regard assuré, la démarche fière, la voix terrible ; sa
taille n'est point excessive comme celle de l'éléphant ou du rhinocéros ; elle
n'est ni lourde comme celle de l'hippopotame ou du bœuf, ni trop ramassée
comme celle de l'hyène ou de l'ours, ni trop allongée ni déformée par des
inégalités comme celle du chameau ; mais elle est, au contraire, si bien
prise et si bien proportionnée que le corps du lion paraît être le modèle
de la force jointe à l'agilité ; aussi solide que nerveux, n'étant chargé ni de
chair et de graisse, et ne contenant rien de surabondant, il est tout nerf et
muscle. Cette grande force musculaire se marque au dehors par les sauts et
les bonds prodigieux que le lion fait aisément, par le mouvement brusque
de sa queue qui est assez fort pour terrasser un homme, par la facilité avec
laquelle il fait mouvoir la peau de sa face et surtout celle de son front, ce
qui ajoute beaucoup à la physionomie ou plutôt à l'expression de la fureur,

et enfin par la faculté qu'il a de remuer sa crinière, laquelle non seulement se hérisse, mais se meut et s'agite en tout sens, lorsqu'il est en colère.

A toutes ces nobles qualités individuelles, le lion joint aussi la nobleese de l'espèce ; j'entends par espèces nobles dans la nature celles qui sont constantes, invariables, et qu'on ne peut soupçonner de s'être dégradées : ces espèces sont ordinairement isolées et seules de leurs genre ; elles sont distinguées par des caractères si tranchés, qu'on ne peut ni les méconnaitre ni les confondre avec aucune des autres. A commencer par l'homme, qui est l'être le plus noble de la création, l'espèce en est unique, puisque les hommes de toutes les races, de tous les climats, de toutes les couleurs, peuvent se mêler et produire ensemble, et qu'en même temps l'on ne doit pas dire qu'au-qu'un animal appartienne à l'homme ni de près ni de loin par une parenté naturelle. Dans le cheval, l'espèce n'est pas aussi noble que l'individu, parce qu'elle a pour voisine l'espèce de l'âne, laquelle parait même lui appartenir d'assez près, puisque ces deux animaux produisent ensemble des individus qu'à la vérité la nature traite comme des bâtards indignes de faire race, inca-pables même de perpétuer l'une ou l'autre des deux espèces desquelles ils sont issus, mais qui, provenant du mélange des deux, ne laisse pas de prou-ver leur grande affinité. Dans le chien, l'espèce est peut-être encore moins noble, parce qu'elle parait tenir de près à celle du loup, du renard et du chacal, qu'on peut regarder comme des branches dégénérées de la même famille. Et en descendant par degrés aux espèces inférieures, comme à celles des lapins, des belettes, des rats, etc., on trouvera que chacune de ces es-pèces en particulier ayant un grand nombre de branches collatérales, l'on ne peut plus reconnaître la souche commune ni la tige directe de chacune de ces familles devenues trop nombreuses. Enfin dans les insectes, qu'on doit regar-der comme les espèces infimes de la nature, chacune est accompagnée de tant d'espèces voisines, qu'il n'est plus possible de les considérer une à une, et qu'on est forcé d'en faire un bloc, c'est-à-dire un genre, lorsqu'on veut les dénommer. C'est là la véritable origine des méthodes, qu'on ne doit em-ployer en effet que pour les dénombrements difficiles des plus petits objets de la nature, et qui deviennent totalement inutiles, et même ridicules, lors-qu'il s'agit des êtres du premier rang : classer l'homme avec le singe, le lion avec le chat, dire que le lion est *un chat à crinière et à queue longue*, c'est dégrader, défigurer la nature, au lieu de la décrire ou de la dénommer (*)

L'espèce du lion est donc une des plus nobles, puisqu'elle est unique et qu'on ne peut la confondre avec celle du tigre, du léopard, de l'once, etc., et qu'au contraire ces espèces qui semblent être les moins éloignées de celle

---

(*) Buffon se laisse ici entraîner trop loin par son dédain des méthodes. Dire, avec Linnée, que le Lion est « un chat à crinière et à queue longue », c'est marquer les rapports indé-niables qui existent entre le Lion et le Chat, rapports tellement étroits qu'on les a réunis dans un même genre, *Felis*.

du lion sont assez peu distinctes entre elles pour avoir été confondues par les voyageurs et prises les unes pour les autres par les momenclateurs (*a*).

Les lions de la plus grande taille ont environ huit ou neuf pieds de longueur (*b*) depuis le mufle jusqu'à l'origine de la queue, qui est elle-même longue d'environ quatre pieds ; ces grands lions ont quatre ou cinq pieds de hauteur. Les lions de petite taille ont environ cinq pieds et demi de longueur sur trois pieds et demi de hauteur, et la queue longue d'environ trois pieds. La lionne est dans toutes les dimensions d'environ un quart plus petite que le lion.

Aristote (*c*) distingue deux espèces de lions, les uns grands, les autres plus petits ; ceux-ci, dit-il, ont le corps plus court à proportion, le poil plus crépu, et ils sont moins courageux que les autres ; il ajoute qu'en général tous les lions sont de la même couleur, c'est-à-dire de couleur fauve. Le premier de ces faits me parait douteux ; car nous ne connaissons pas ces lions à poil crépu, aucun voyageur n'en a fait mention ; quelques relations, qui d'ailleurs ne me paraissent pas mériter une confiance entière, parlent seulement d'un tigre à poil frisé qui se trouve au cap de Bonne-Espérance (*d*) ; mais presque tous les témoignages paraissent s'accorder sur l'unité de la couleur du lion, qui est fauve sur le dos et blanchâtre sur les côtés et sous le ventre. Cependant Ælien et Oppien ont dit qu'en Ethiopie les lions étaient noirs comme les hommes, qu'il y en avait aux Indes de tout blancs, et d'autres marqués ou rayés de différentes couleurs, rouges, noires et bleues ; mais cela ne nous parait confirmé par aucun témoignage qu'on puisse regarder comme authentique ; car Marc-Paul, Vénitien, ne parle pas de ces lions rayés comme les ayant vus, et Gessner (*e*) remarque avec raison qu'il n'en fait mention que d'après Æliens. Il paraît, au contraire, qu'il y a très peu ou point de variétés dans cette espèce, que les lions d'Afrique et les lions d'Asie se ressemblent en tout, et que si ceux des montagnes diffèrent de ceux des plaines, c'est moins par les couleurs de la robe que par la grandeur de la taille.

Le lion porte une crinière, ou plutôt un long poil qui couvre toutes les parties antérieures de son corps (*f*), et qui devient toujours plus longue à mesure qu'il avance en âge. La lionne n'a jamais ces longs poils, quelque vieille qu'elle soit. L'animal d'Amérique que les Européens ont appelé *lion*, et que

(*a*) Voyez l'article des tigres, où il est parlé des animaux auxquels on a donné mal à propos ce nom.

(*b*) Un lion fort jeune, disséqué par Messieurs de l'Académie, avait sept pieds et demi de long depuis l'extrémité du mufle jusqu'au commencement de la queue, et quatre pieds et demi de hauteur depuis le haut du dos jusqu'à terre. Voyez les *Mémoires pour servir à l'histoire des animaux*. Paris, 1676, p. 6.

(*c*) *Vide* Arist. *Hist. animal.*, cap. XLIV.

(*d*) Voyez les Mémoires de Kolbe, dans lesquels il appelle cet animal *Loup-tigre*.

(*e*) *Vide* Gessner, *Hist. animal. quadrup.*, p. 574.

(*f*) Cette crinière n'est pas du crin, mais du poil assez doux et lisse, comme celui du reste du corps.

les naturels du Pérou appellent *puma* (*) n'a point de crinière; il est aussi beaucoup plus petit, plus faible et plus poltron que le vrai lion. Il ne serait pas impossible que la douceur du climat de cette partie de l'Amérique méridionale eût assez influé sur la nature du lion pour le dépouiller de sa crinière, lui ôter son courage et réduire sa taille; mais ce qui paraît impossible, c'est que cet animal, qui n'habite que les climats situés entre les tropiques, et auquel la nature paraît avoir fermé tous les chemins du Nord, ait passé des parties méridionales de l'Asie ou de l'Afrique en Amérique, puisque ces continents sont séparés vers le midi par des mers immenses; c'est ce qui nous porte à croire que le puma n'est point un lion tirant son origine des lions de l'ancien continent, et qui aurait ensuite dégénéré dans le climat du nouveau monde, mais que c'est un animal particulier à l'Amérique, comme le sont aussi la plupart des animaux de ce nouveau continent. Lorsque les Européens en firent la découverte, ils trouvèrent, en effet, que tout y était nouveau (**) : les animaux quadrupèdes, les oiseaux, les poissons, les insectes, les plantes, tout parut inconnu, tout se trouva différent de ce qu'on avait vu jusqu'alors. Il fallut cependant dénommer les principaux objets de cette nouvelle nature; les noms du pays étaient pour la plupart barbares, très difficiles à prononcer et encore plus à retenir : on emprunta donc des noms de nos langues d'Europe, et surtout de l'espagnole et de la portugaise. Dans cette disette de dénominations, un petit rapport dans la forme extérieure, une légère ressemblance de taille et de figure suffirent pour attribuer à ces objets inconnus les noms des choses connues; de là les incertitudes, l'équivoque, la confusion qui s'est encore augmentée, parce qu'en même temps qu'on donnait aux productions du nouveau monde les dénominations de celles de l'ancien continent, on y transportaient continuellement, et dans le même temps, les espèces d'animaux et de plantes, qu'on n'y avait pas trouvées. Pour se tirer de cette obscurité et pour ne pas tomber à tout instant dans l'erreur, il est donc nécessaire de distinguer soigneusement ce qui appartient en propre à l'un et à l'autre continent, et tâcher de ne s'en pas laisser imposer par les dénominations actuelles, lesquelles ont presque toutes été mal appliquées; nous ferons sentir toute la nécessité de cette distinction dans l'article suivant, et nous donnerons en même temps une énumération raisonnée des animaux originaires de l'Amérique et de ceux qui y ont été transportés de l'ancien continent. M. de la Condamine, dont le témoignage mérite toute confiance, dit expressément qu'il ne sait pas si l'animal que les Espagnols

(*) Le Puma ou Couguar de l'Amérique est une espèce très distincte du Lion, le *Felis concolor* L.

(**) Buffon est pénétré de l'idée que tous les animaux du nouveau monde diffèrent absolument de ceux de l'ancien monde. Cela n'est vrai que dans une certaine limite. On ne saurait nier aujourd'hui qu'il y ait eu jadis communication entre les deux mondes. Les animaux de l'un ont donc pu passer dans l'autre; mais, sous l'influence des conditions de milieu spéciales à chacun des deux continents il s'est produit des espèces propres à chacun d'eux.

de l'Amérique appellent *lion*, et les naturels du pays de Quito *puma*, mérite
le nom de lion ; il ajoute qu'il est beaucoup plus petit que le lion d'Afrique,
et que le mâle n'a point de crinière (*a*). Frésier dit aussi que les animaux
qu'on appelle *lion* au Pérou sont bien différents des lions d'Afrique ; qu'ils
fuient les hommes, qu'ils ne sont à craindre que pour les troupeaux ; et il
ajoute une chose très remarquable, c'est que leur tête tient de celle du loup
et de celle du tigre, et qu'il a la queue plus petite que l'un et l'autre (*b*). On
trouve dans des relations plus anciennes (*c*) que ces lions d'Amérique ne ressemblent point à ceux d'Afrique ; qu'ils n'en ont ni la grandeur ni la fierté,
ni la couleur ; qu'ils ne sont ni rouges, ni fauves, mais gris ; qu'ils n'ont
point de crinière, et qu'ils ont l'habitude de monter sur les arbres ; ainsi ces
animaux diffèrent du lion par la taille, par la couleur, par la forme de la tête,
par la longueur de la queue, par le manque de crinière, et, enfin, par les
habitudes naturelles, caractères assez nombreux et assez essentiels pour
faire cesser l'équivoque du nom, et pour que dans la suite l'on ne confonde plus
le *puma* d'Amérique avec le vrai lion, le lion de l'Afrique ou de l'Asie.

Quoique ce noble animal ne se trouve que dans les climats les plus
chauds, il peut cependant subsister et vivre assez longtemps dans les pays
tempérés ; peut-être même avec beaucoup de soin pourrait-il y multiplier.
Gessner rapporte qu'il naquit des lions dans la ménagerie de Florence ;
Willughby dit qu'à Naples une lionne enfermée avec un lion dans la même
tanière, avait produit cinq petits d'une seule portée : ces exemples sont
rares, mais, s'ils sont vrais, ils suffisent pour prouver que les lions ne sont
pas absolument étrangers au climat tempéré ; cependant il ne s'en trouve
actuellement dans aucune des parties méridionales de l'Europe, et dès le
temps d'Homère il n'y en avait point dans le Péloponèse, quoiqu'il y en eût
alors, et même encore du temps d'Aristote, dans la Thrace, la Macédoine et
la Thessalie : il paraît donc que dans tous les temps ils ont constamment
donné la préférence aux climats les plus chauds, qu'ils se sont rarement
habitués dans les pays tempérés, et qu'ils n'ont jamais habité dans les terres
du Nord. Les naturalistes que nous venons de citer, et qui ont parlé de ces
lions nés à Florence et à Naples, ne nous ont rien appris sur le temps de la
gestation de la lionne, sur la grandeur des lionceaux lorsqu'ils viennent de
naître, sur les degrés de leur accroissement. Ælien (*d*) dit que la lionne
porte deux mois ; Philostrate et Edoward Wuot (*e*) disent, au contraire,
qu'elle porte six mois ; s'il fallait opter entre ces deux opinions, je serais de

(*a*) Voyez le *Voyage de l'Amérique méridionale*, p. 24 et suiv.
(*b*) Voyez le *Voyage de Frésier à la mer du Sud*. Paris, 1716, p. 132.
(*c*) Voyez l'*Histoire naturelle des Indes de Joseph Acosta*, traduction de Robert Renaud.
Paris, 1600, p. 44 et 190.
(*d*) *Vide* Gessner, *Hist. quadrup.*, p. 575 et suiv.
(*e*) *Vide lib. de diff. animal.*, cap. LXXX.

la dernière ; car le lion est un animal de grande taille, et nous savons qu'en général, dans les gros animaux, la durée de la gestation est plus longue qu'elle ne l'est dans les petits (*). Il en est de même de l'accroissement du corps ; les anciens et les modernes conviennent que les lions nouveau-nés sont fort petits, de la grandeur à peu près d'une belette (a), c'est-à-dire de six ou sept pouces de longueur ; il leur faut donc au moins quelques années pour grandir de huit ou neuf pieds : ils disent aussi que les lionceaux ne sont en état de marcher que deux mois après leur naissance. Sans donner une entière confiance au rapport de ces faits, on peut présumer avec assez de vraisemblance que le lion, attendu la grandeur de sa taille, est au moins trois ou quatre ans à croître, et qu'il doit vivre environ sept fois trois ou quatre ans, c'est-à-dire à peu près vingt-cinq ans. Le sieur de Saint-Martin, maître du Combat du taureau à Paris, qui a bien voulu me communiquer les remarques qu'il avait faites sur les lions qu'il a nourris, m'a fait assurer qu'il en avait gardé quelques-uns pendant seize ou dix-sept ans, et il croit qu'ils ne vivent guère que vingt ou vingt-deux ans ; il en a gardé d'autres pendant douze ou quinze ans, et l'on sent bien que dans ces lions captifs le manque d'exercice, la contrainte et l'ennui ne peuvent qu'affaiblir leur santé et abréger leur vie.

Aristote assure, en deux endroits différents de son ouvrage (b) sur la généra-ration, que la lionne produit cinq ou six petits de la première portée, quatre ou cinq de la seconde, trois ou quatre de la troisième, deux ou trois de la quatrième, un ou deux de la cinquième, et qu'après cette dernière portée, qui est toujours la moins nombreuse de toutes, la lionne devient stérile. Je ne crois point cette assertion fondée, car dans tous les animaux les pre-mières et les dernières portées sont moins nombreuses que les portées inter-médiaires. Ce philosophe s'est encore trompé, et tous les naturalistes tant anciens que modernes se sont trompés d'après lui, lorsqu'ils ont dit que la lionne n'avait que deux mamelles ; il est très sûr qu'elle en a quatre et il est aisé de s'en assurer par la seule inspection : il dit aussi (c) que les lions, les ours, les renards naissent informes, *presque inarticulés*, et l'on sait, à n'en pas douter, qu'à leur naissance tous ces animaux sont aussi formés que les autres, et que tous leurs membres sont distincts et développés ; enfin il assure que les lions s'accouplent (d) à rebours, tandis qu'il est de même démontré par la seule inspection des parties du mâle et de leur direction, lorsqu'elles sont dans l'état propre à l'accouplement, qu'il se fait à la

(a) *Vide lib. de diff. animal.*, cap. LXXX.
(b) *Vide Arist. De generatione*, lib. III, cap. II et x.
(c) *Vide Arist. De generatione*, lib. IV, cap. VI.
(d) Idem, *Hist. animal.*, lib. v, cap. II... Linnæus, *Syst. nat.*, édit, X, p. 41. *Leo retro mingit et coit.*

(*) D'après Flourens, la gestation de la lionne est de cent huit jours.

manière ordinaire des autres quadrupèdes. J'ai cru devoir faire mention en
détail de ces petits erreurs d'Aristote, parce que l'autorité de ce grand homme
a entraîné presque tous ceux qui ont écrit après lui sur l'histoire naturelle
des animaux. Ce qu'il dit encore au sujet du cou du lion, qu'il prétend ne
contenir qu'un seul os, rigide, inflexible et sans division de vertèbres, a été
démenti par l'expérience qui même nous a donné sur cela un fait très général, c'est que dans tous les quadrupèdes, sans en excepter aucun, et même
dans l'homme, le cou est composé de sept vertèbres, ni plus, ni moins, et
ces mêmes sept vertèbres se trouvent dans le cou du lion comme dans celui
de tous les autres animaux quadrupèdes. Un autre fait encore, c'est qu'en
général les animaux carnassiers ont le cou beaucoup plus court que les
animaux frugivores, et surtout que les animaux ruminants ; mais cette différence de longueur dans le cou des quadrupèdes ne dépend que de la grandeur de chaque vertèbre et non pas de leur nombre, qui est toujours le
même : on peut s'en assurer, en jetant les yeux sur l'immense collection de
squelettes qui se trouve maintenant au cabinet du Roi ; on verra qu'à commencer par l'éléphant et à finir par la taupe, tous les animaux quadrupèdes
ont sept vertèbres dans le cou, et qu'aucun n'en a ni plus ni moins. A l'égard
de la solidité des os du lion, qu'Aristote dit être sans moelle et sans cavité,
de leur dureté, qu'il compare à celle du caillou, de leur propriété de faire feu
par le frottement, c'est une erreur qui n'aurait pas dû être répétée par
Kolbe (a), ni même parvenir jusqu'à nous, puisque, dans le siècle même
d'Aristote, Épicure s'était moqué de cette assertion.

Les lions sont très ardents en amour ; lorsque la femelle est en chaleur,
elle est quelquefois suivie de huit ou dix mâles (b), qui ne cessent de rugir
autour d'elle et de se livrer des combats furieux, jusqu'à ce que l'un d'entre
eux, vainqueur de tous les autres, en demeure paisible possesseur et
s'éloigne avec elle. La lionne met bas au printemps (c) et ne produit qu'une
fois tous les ans (*) : ce qui indique encore qu'elle est occupée pendant plusieurs mois à soigner et allaiter ses petits, et que par conséquent le temps
de leur premier accroissement, pendant lequel ils ont besoin des secours de
la mère, est au moins de quelques mois.

Dans ces animaux, toutes les passions, même les plus douces sont excessives, et l'amour maternel est extrême. La lionne, naturellement moins
forte, moins courageuse et plus tranquille que le lion, devient terrible dès
qu'elle a des petits ; elle se montre alors avec encore plus de hardiesse que
le lion, elle ne connaît point le danger, elle se jette indifféremment sur les

(a) Voyez les *Mémoires de Kolbe*. Amsterdam, 1741, t. III, p. 4 et 5.
(b) *Vide* Gessner, *Hist. quadrup.*, p. 575 et suiv.
(c) *Idem, ibidem*.

(*) On a observé deux portées dans la même année.

hommes et sur les animaux qu'elle rencontre, elle les met à mort, se charge ensuite de sa proie, la porte et la partage à ses lionceaux auxquels elle apprend de bonne heure à sucer le sang et à déchirer la chair. D'ordinaire elle met bas dans des lieux très écartés et de difficile accès, et lorsqu'elle craint d'être découverte, elle cache ses traces en retournant plusieurs fois sur ses pas, ou bien elle les efface avec sa queue; quelquefois même, lorsque l'inquiétude est grande, elle transporte ailleurs ses petits, et quand on veut les lui enlever elle devient furieuse et les défend jusqu'à la dernière extrémité.

On croit que le lion n'a pas l'odorat aussi parfait ni les yeux aussi bons que la plupart des autres animaux de proie : on a remarqué que la grande lumière du soleil parait l'incommoder, qu'il marche rarement dans le milieu du jour, que c'est pendant la nuit qu'il fait toutes ses courses, que quand il voit des feux allumés autour des troupeaux il n'en approche guère, etc. On a observé qu'il n'évente pas de loin l'odeur des autres animaux, qu'il ne les chasse qu'à vue et non pas en les suivant à la piste, comme font les chiens et les loups, dont l'odorat est plus fin. On a même donné le nom de *guide* ou de *pourvoyeur du lion* à une espèce de lynx auquel on suppose la vue perçante et l'odorat exquis, et on prétend que ce lynx accompagne ou précède toujours le lion pour lui indiquer sa proie : nous connaissons cet animal, qui se trouve, comme le lion, en Arabie, en Libye, etc., qui comme lui vit de proie, et le suit peut-être quelquefois pour profiter de ses restes, car étant faible et de petite taille, il doit fuir le lion plutôt que de le servir.

Le lion, lorsqu'il a faim, attaque de face tous les animaux qui se présentent; mais comme il est très redouté, et que tous cherchent à éviter sa rencontre, il est souvent obligé de se cacher et de les attendre au passage; il se tapit sur le ventre dans un endroit fourré, d'où il s'élance avec tant de force qu'il les saisit souvent du premier bond : dans les déserts et les forêts, sa nourriture la plus ordinaire sont les gazelles et les singes, quoiqu'il ne prenne ceux-ci que lorsqu'ils sont à terre, car il ne grimpe pas sur les arbres comme le tigre ou le puma (*a*); il mange beaucoup à la fois et se remplit pour deux ou trois jours; il a les dents si fortes qu'il brise aisément les os, il les avale avec la chair. On prétend qu'il supporte longtemps la faim; comme son tempérament est excessivement chaud, il supporte moins patiemment la soif, et boit toutes les fois qu'il peut trouver de l'eau, il prend l'eau en lapant comme un chien; mais au lieu que la langue du chien se courbe en dessus pour laper, celle du lion se courbe en dessous, ce qui fait qu'il est longtemps à boire et qu'il perd beaucoup d'eau; il lui faut environ quinze livres de chair crue chaque jour; il préfère la chair des animaux vivants, de ceux surtout qu'il vient d'égorger; il ne se jette pas volontiers

(*a*) *Vide* Klein, *de quadrup.*, p. 82.

sur des cadavres infects, et il aime mieux chasser une nouvelle proie que, de retourner chercher les restes de la première : mais, quoique d'ordinaire il se nourrisse de chair fraîche, son haleine est très forte et son urine a une odeur insupportable.

Le rugissement du lion est si fort, que, quand il se fait entendre par échos, la nuit dans les déserts, il ressemble au bruit du tonnerre (a). Ce rugissement est sa voix ordinaire ; car, quand il est en colère, il a un autre cri, qui est court et réitéré subitement, au lieu que le rugissement est un cri prolongé, une espèce de grondement d'un ton grave, mêlé d'un frémissement plus aigu : il rugit cinq ou six fois par jour, et plus souvent lorsqu'il doit tomber de la pluie (b). Le cri qu'il fait lorsqu'il est en colère est encore plus terrible que le rugissement : alors il se bat les flancs de sa queue, il en bat la terre, il agite sa crinière, fait mouvoir la peau de sa face, remue ses gros sourcils, montre des dents menaçantes, et tire une langue armée de pointes si dures, qu'elle suffit seule pour écorcher la peau et entamer la chair sans le secours des dents ni des ongles, qui sont, après les dents, ses armes les plus cruelles. Il est beaucoup plus fort par la tête, les mâchoires et les jambes du devant, que par les parties postérieures du corps ; il voit la nuit, comme les chats ; il ne dort pas longtemps, et s'éveille aisément ; mais c'est mal à propos que l'on a prétendu qu'il dormait les yeux ouverts.

La démarche ordinaire du lion est fière, grave et lente, quoique toujours oblique ; sa course ne se fait pas par des mouvements égaux, mais par sauts et par bonds, et ses mouvements sont si brusques qu'il ne peut s'arrêter à l'instant et qu'il passe presque toujours son but : lorsqu'il saute sur sa proie, il fait un bond de douze ou quinze pieds, tombe dessus, la saisit avec les pattes de devant, la déchire avec les ongles et ensuite la dévore avec les dents. Tant qu'il est jeune et qu'il a de la légèreté, il vit du produit de sa chasse, et quitte rarement ses déserts et ses forêts où il trouve assez d'animaux sauvages pour subsister aisément ; mais lorsqu'il devient vieux, pesant et moins propre à l'exercice de la chasse, il s'approche des lieux fréquentés et devient plus dangereux pour l'homme et pour les animaux domestiques ; seulement on a remarqué que, lorsqu'il voit des hommes et des animaux ensemble, c'est toujours sur les animaux qu'il se jette et jamais sur les hommes, à moins qu'ils ne le frappent, car alors il reconnaît à merveille celui qui vient de l'offenser (c), et il quitte sa proie pour se venger. On prétend qu'il préfère la chair du chameau à celle de tous les autres animaux ; il aime aussi beaucoup celle des jeunes éléphants ; ils ne peuvent lui

(a) Voyez les *Voyages de La Boullaye Le Gouz*, p. 320.

(b) C'est du sieur de Saint-Martin, maître du Combat du taureau, qui a nourri plusieurs lions, que nous tenons ces derniers faits.

(c) Voyez l'*Histoire générale des voyages*, t. V, p. 86. M. l'abbé Prévost qui, comme tout le monde sait, écrit avec autant de chaleur que d'élégance, y fait une très belle description du lion, de ses qualités et de ses habitudes naturelles.

résister lorsque leurs défenses n'ont pas encore poussé et il en vient aisément à bout, à moins que la mère n'arrive à leur secours. L'éléphant, le
rhinocéros, le tigre et l'hippopotame, sont les seuls animaux qui puissent
résister au lion.

Quelque terrible que soit cet animal, on ne laisse pas de lui donner la
chasse avec des chiens de grande taille et bien appuyés par des hommes à
cheval ; on le déloge, on le fait retirer ; mais il faut que les chiens et même
les chevaux soient aguerris auparavant, car presque tous les animaux frémissent et s'enfuient à la seule odeur du lion. Sa peau, quoique d'un tissu
ferme et serré, ne résiste point à la balle ni même au javelot ; néanmoins, on
ne le tue presque jamais d'un seul coup : on le prend souvent par adresse,
comme nous prenons les loups, en le faisant tomber dans une fosse profonde
qu'on recouvre avec des matières légères, au-dessus desquelles on attache
un animal vivant. Le lion devient doux dès qu'il est pris, et, si l'on profite
des premiers moments de sa surprise ou de sa honte, on peut l'attacher, le
museler et le conduire où l'on veut.

La chair du lion est d'un goût désagréable et fort ; cependant les nègres et
les Indiens ne la trouvent pas mauvaise et en mangent souvent : la peau, qui
faisait autrefois la tunique des héros, sert à ces peuples de manteau et de
lit ; ils en gardent aussi la graisse, qui est d'une qualité fort pénétrante, et
qui même est de quelque usage dans notre médecine (*a*).

(*a*) Voyez l'*Histoire naturelle des animaux*, par MM. Arnaud de Nobleville et Salerne.
Paris, 1757, t. V, part. ii, p. 112.

LES TIGRES

Comme le nom de tigre est un nom générique qu'on a donné à plusieurs animaux d'espèces différentes, il faut commencer par les distinguer les uns des autres. Le léopard et la panthère, que l'on a souvent confondus ensemble, ont tous deux été appelés *tigres* par la plupart des voyageurs ; l'once ou l'onça, qui est une petite espèce de panthère qui s'apprivoise aisément, et dont les Orientaux se servent pour la chasse, a été prise pour la panthère, et désignée comme elle par le nom de *tigre*. Le lynx ou loup-cervier, le pourvoyeur du lion, que les Turcs appellent *karackoulah* et les Persans *siyahgush*, ont quelquefois aussi reçu le nom de *panthère* ou d'*once*. Tous ces animaux sont communs en Afrique et dans toutes les parties méridionales de l'Asie ; mais le vrai tigre, le seul qui doit porter ce nom, est un animal rare, peu connu des anciens et mal décrit par les modernes. Aristote, qui est en histoire naturelle le guide des uns et des autres, n'en fait aucune mention : Pline (a) dit seulement que le tigre est un animal d'une vitesse terrible, *tremendæ velocitatis animal*, et il donne à entendre que, de son temps, il était bien plus rare que la panthère, puisque Auguste fut le premier qui présenta un tigre aux Romains pour la dédicace du théâtre de Marcellus, tandis que, dès le temps de Scaurus, cet édile avait envoyé cent cinquante panthères (b), et qu'ensuite Pompée en avait fait venir quatre cent dix, et Auguste quatre cent vingt pour les spectacles de Rome ; mais Pline ne nous donne aucune description, ni même ne nous indique aucun des caractères du tigre. Oppien (c) et Solin, qui ont écrit après Pline, paraissent être les premiers qui aient dit que le tigre était marqué par des bandes longues, et la panthère par des taches rondes ; c'est en effet l'un des caractères qui distingue le vrai tigre, non seulement de la panthère, mais de plusieurs autres animaux qu'on a depuis appelés tigres. Strabon (d) cite Mégasthène au sujet du vrai tigre, et il dit,

(a) *Vide* Plin., *Natural., Hist.*, lib. viii, cap. xviii.

(b) *Vide* Plin., *Natural. Hist.*, lib. viii, cap. xvii.

(c) « *Vide* Oppian., lib. i, *De Venatione*, ubi ait : Orynges alios decorari tæniis oblongis
» tigrium instar, alios vero rotundis ut panthera. — Tigres (*ait Solinus*) bestias insignes
» maculis notæ et pernicitas memorabiles reddiderunt, fulvo nitent, hoc fulvum nigricantibus
» segmentis inter-undatum. »

(d) *Vide* Strab., lib. xv.

d'après lui, qu'il y a des tigres aux Indes qui sont une fois plus gros que des lions : le tigre est donc un animal féroce, d'une vitesse terrible, dont le corps est marqué de bandes longues et dont la taille surpasse celle du lion. Voilà les seules notions que les anciens nous aient données d'un animal aussi remarquable ; les modernes, comme Gessner et les autres naturalistes qui ont parlé du tigre, n'ont presque rien ajouté au peu qu'en ont dit les anciens.

Dans notre langue on a appelé peaux de tigres ou peaux tigrées toutes les peaux à poil court, qui se sont trouvées variées par des taches arrondies et séparées : les voyageurs, partant de cette fausse dénomination, ont à leur tour appelé tigres tous les animaux de proie dont la peau était *tigrée*, c'est-à-dire marquée de taches séparées. MM. de l'Académie des sciences ont suivi le torrent, et ont aussi appelé tigres les animaux à peau *tigrée* qu'ils ont disséqués, et qui sont cependant très différents du tigre.

La cause la plus générale des équivoques et des incertitudes qui se sont si fort multipliées en histoire naturelle, c'est, comme je l'ai indiqué dans l'article précédent, la nécessité où l'on s'est trouvé de donner des noms aux productions inconnues du nouveau monde. Les animaux, quoique pour la plupart d'espèce et de nature très différentes de ceux de l'ancien continent, ont reçu les mêmes noms dès qu'on leur a trouvé quelque rapport ou quelque ressemblance avec ceux-ci. On s'était d'abord trompé en Europe, en appelant tigres tous les animaux à peau *tigrée* d'Asie et d'Afrique : cette erreur transportée en Amérique y a doublé, car ayant trouvé dans cette terre nouvelle des animaux dont la peau était marquée de taches arrondies et séparées, on leur a donné le nom de tigres, quoiqu'ils ne fussent ni de l'espèce du vrai tigre, ni même d'aucune de celles des animaux à peau *tigrée* de l'Asie ou de l'Afrique, auxquels on avait déjà mal à propos donné ce même nom; et comme ces animaux à peau tigrée qui se sont trouvés en Amérique sont en assez grand nombre, et qu'on n'a pas laissé de leur donner à tous le nom commun de *tigre*, quoiqu'ils fussent très différents du tigre et différents entre eux, il se trouve qu'au lieu d'une seule espèce qui doit porter ce nom il y en a neuf ou dix, et que, par conséquent, l'histoire de ces animaux est très embarrassée, très difficile à faire, parce que les noms ont confondu les choses, et qu'en faisant mention de ces animaux l'on a souvent dit des uns ce qui devait être dit des autres.

Pour prévenir la confusion qui résulte de ces dénominations mal appliquées à la plupart des animaux du nouveau monde, et en particulier à ceux que l'on a faussement appelés *tigres*, j'ai pensé que le moyen le plus sûr était de faire une énumération comparée des animaux quadrupèdes, dans laquelle je distingue : 1° ceux qui sont naturels et propres à l'ancien continent, c'est-à-dire à l'Europe, l'Afrique et l'Asie, et qui ne se sont point trouvés en Amérique lorsqu'on en fit la découverte ; 2° ceux qui sont naturels et

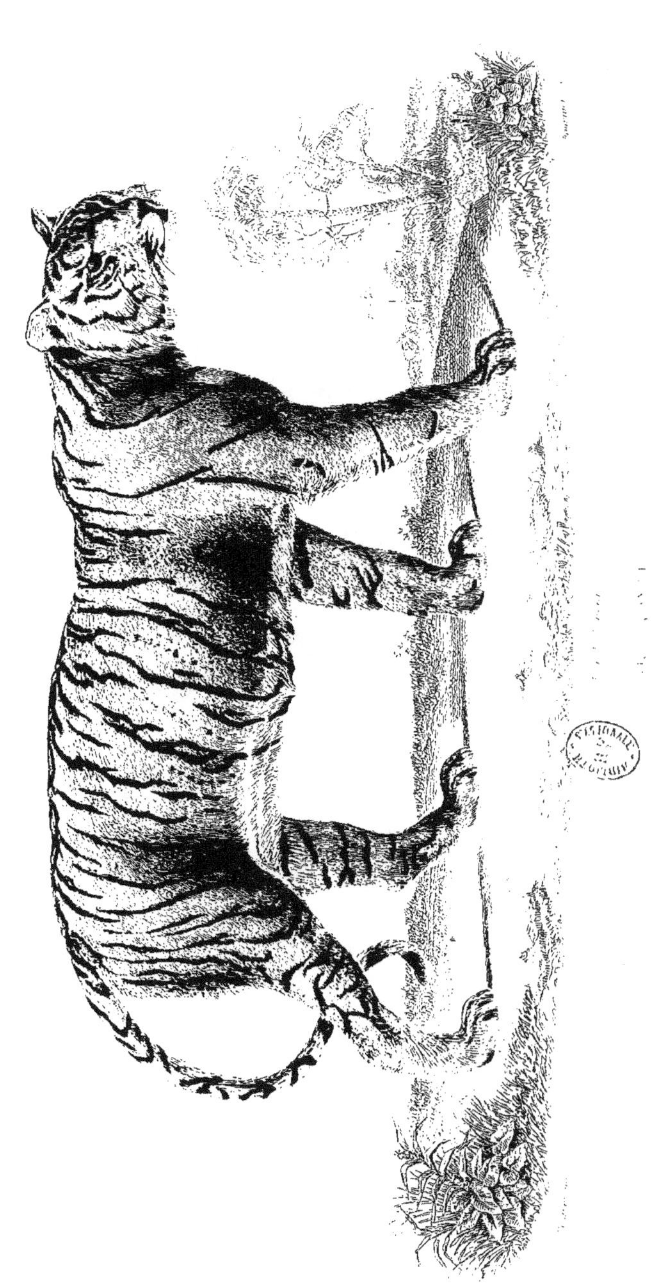

propres au nouveau continent, et qui n'étaient point connus de l'ancien ;
3º ceux qui se trouvent également dans les deux continents, sans avoir été
transportés par les hommes, doivent être regardés comme communs et à
l'un et à l'autre. Il a fallu pour cela recueillir et rassembler ce qui se trouve
épars, au sujet des animaux, dans les voyageurs et dans les premiers
historiens du nouveau monde : c'est le précis de ces recherches que nous
donnons ici avec quelque confiance, parce que nous les croyons utiles pour
l'intelligence de toute l'histoire naturelle, et en particulier de l'histoire des
animaux (*).

LE TIGRE

Dans la classe des animaux carnassiers, le lion est le premier, le tigre (**)
est le second ; et comme le premier, même dans un mauvais genre, est toujours le plus grand et souvent le meilleur, le second est ordinairement le plus
méchant de tous. A la fierté, au courage, à la force, le lion joint la noblesse,
la clémence, la magnanimité (***), tandis que le tigre est bassement féroce,
cruel sans justice, c'est-à-dire sans nécessité. Il en est de même dans tout
ordre de choses où les rangs sont donnés par la force ; le premier, qui peut
tout, est moins tyran que l'autre qui, ne pouvant jouir de la puissance plénière, s'en venge en abusant du pouvoir qu'il a pu s'arroger. Aussi le tigre
est-il plus à craindre que le lion : celui-ci souvent oublie qu'il est le roi,
c'est-à-dire le plus fort de tous les animaux ; marchant d'un pas tranquille,
il n'attaque jamais l'homme, à moins qu'il ne soit provoqué ; il ne précipite
ses pas, il ne court, il ne chasse que quand la faim le presse. Le tigre, au
contraire, quoique rassasié de chair, semble toujours être altéré de sang ; sa
fureur n'a d'autres intervalles que ceux du temps qu'il faut pour dresser des
embûches ; il saisit et déchire une nouvelle proie avec la même rage qu'il
vient d'exercer, et non pas d'assouvir, en dévorant la première ; il désole le
pays qu'il habite, il ne craint ni l'aspect ni les armes de l'homme ; il égorge,
il dévaste les troupeaux d'animaux domestiques, met à mort toutes les bêtes
sauvages, attaque les petits éléphants, les jeunes rhinocéros, et quelquefois
même ose braver le lion.

La forme du corps est ordinairement d'accord avec le naturel. Le lion a l'air
noble, la hauteur de ses jambes est proportionnée à la longueur de son corps ;

(*) Nous avons placé ces détails dans un volume précédent, afin de ne pas interrompre
les descriptions que Buffon donne des différentes espèces de Mammifères.
(**) Le Tigre (*Felis tigris* L.) se distingue du Lion par l'absence totale des crinières et
par son pelage jaune coupé de raies transversales et autres.
(***) « La clémence et la magnanimité » du Lion n'existent guère que dans l'esprit de
Buffon.

l'épaisse et grande crinière qui couvre ses épaules et ombrage sa face, son regard assuré, sa démarche grave, tout semble annoncer sa fière et majestueuse intrépidité. Le tigre, trop long de corps, trop bas sur ses jambes, la tête nue, les yeux hagards, la langue couleur de sang, toujours hors de la gueule, n'a que les caractères de la basse méchanceté et de l'insatiable cruauté ; il n'a pour tout instinct qu'une rage constante, une fureur aveugle qui ne connaît, qui ne distingue rien, et qui lui fait souvent dévorer ses propres enfants et déchirer leur mère lorsqu'elle veut les défendre. Que ne l'eût-il à l'excès cette soif de son sang ! ne pût-il l'éteindre qu'en détruisant dès leur naissance la race entière des monstres qu'il produit !

Heureusement, pour le reste de la nature, l'espèce n'en est pas nombreuse, et paraît confinée aux climats les plus chauds de l'Inde orientale. Elle se trouve à Malabar, à Siam, au Bengale, dans les mêmes contrées qu'habitent l'éléphant et le rhinocéros; on prétend même que souvent le tigre accompagne ce dernier (a), et qu'il le suit pour manger sa fiente, qui lui sert de purgation ou de rafraîchissement ; il fréquente avec lui les bords des fleuves et des lacs; car, comme le sang ne fait que l'altérer, il a souvent besoin d'eau pour tempérer l'ardeur qui le consume ; et d'ailleurs il attend près des eaux les animaux qui y arrivent et que la chaleur du climat contraint d'y venir plusieurs fois chaque jour : c'est là qu'il choisit sa proie, ou plutôt qu'il multiplie ses massacres ; car souvent il abandonne les animaux qu'il vient de mettre à mort pour en égorger d'autres ; il semble qu'il cherche à goûter de leur sang : il le savoure, il s'en enivre, et lorsqu'il leur fend et déchire le corps, c'est pour y plonger la tête et pour sucer à longs traits le sang dont il vient d'ouvrir la source, qui tarit presque toujours avant que sa soif s'éteigne.

Cependant, quand il a mis à mort quelques gros animaux comme un cheval, un buffle, il ne les éventre pas sur la place, s'il craint d'y être inquiété ; pour les dépecer à son aise, il les emporte dans les bois (b), en les traînant avec tant de légèreté, que la vitesse de sa course paraît à peine ralentie par la masse énorme qu'il entraîne. Ceci seul suffirait pour faire juger de sa force; mais, pour en donner une idée plus juste, arrêtons-nous un instant sur les dimensions et les proportions du corps de cet animal terrible. Quelques voyageurs l'ont comparé, pour la grandeur, à un cheval (c), d'autres à un buffle (d),

<hr>

(a) *Vide* Jac. Bontii, *Hist. nat. Ind. or.* Amsterd., 1658, p. 54. Voyez aussi le *Recueil des voyages de la Compagnie des Indes.* Amsterd., 1702, t. VII, p. 278 et suiv. *Voyage de Schouten aux Indes orientales.*

(b) *Vide* Jac. Bontii, *Hist. nat. Ind. or.* Amsterd., 1658, p. 53.

(c) Voyez les *Voyages de Dellon*, p. 104 et suiv.

(d) Les tigres des Indes, dit La Boullaye Le Gouz, sont prodigieusement grands ; j'en ai vu des peaux plus longues et plus larges que celle des bœufs; ils s'adonnent quelquefois à manger les hommes, et en plusieurs endroits des Indes il n'y va point de voyageurs sans être bien armés, parce que cet animal étant de la figure d'un chat, il se hausse sur les pieds de derrière pour sauter sur celui qu'il veut assaillir. *Voyage de La Boullaye Le Gouz.* Paris, 1657, p. 246 et 247.

d'autres ont seulement dit qu'il était plus grand que le lion (*a*). Mais nous pouvons citer des témoignages plus récents et qui méritent une entière confiance. M. de La Lande-Magon nous a fait assurer qu'il avait vu aux Indes orientales un tigre de quinze pieds, en y comprenant sans doute la longueur de la queue; si nous la supposons de quatre ou cinq pieds, ce tigre avait au moins dix pieds de longueur. Il est vrai que celui dont nous avons la dépouille au Cabinet du roi n'a qu'environ sept pieds de longueur depuis l'extrémité du museau jusqu'à l'origine de la queue; mais il avait été pris, amené tout jeune, et ensuite toujours enfermé dans une loge étroite à la Ménagerie, où le défaut de mouvement et le manque d'espace, l'ennui de la prison, la contrainte du corps, la nourriture peu convenable, ont abrégé sa vie et retardé le développement, ou même réduit l'accroissement du corps. Nous avons vu, dans l'histoire du cerf (*b*), que ces animaux pris jeunes et renfermés dans des parcs trop peu spacieux, non seulement ne prennent pas leur croissance entière, mais même se déforment et deviennent rachitiques et bassets avec des jambes torses. Nous savons d'ailleurs par les dissections que nous avons faites d'animaux de toute espèce élevés et nourris dans des ménageries, qu'ils ne parviennent jamais à leur grandeur entière; que leur corps et leurs membres, qui ne peuvent s'exercer, restent au-dessous des dimensions de la nature; que les parties dont l'usage leur est absolument interdit, comme celles de la génération, sont si petites et si peu développées dans tous ces animaux captifs et célibataires, qu'on a de la peine à les trouver, et que souvent elles nous ont paru presque entièrement oblitérées. La seule différence du climat pourrait encore produire les mêmes effets que le manque d'exercice et la captivité : aucun animal des pays chauds ne peut produire dans les climats froids, y fût-il même très libre et très largement nourri; et comme la reproduction n'est qu'une suite naturelle de la pleine nutrition, il est évident que la première ne pouvant s'opérer, la seconde ne se fait pas complètement, et que dans ces animaux le froid seul suffit pour restreindre la puissance du moule intérieur et diminuer les facultés actives du développement, puisqu'il détruit celles de la reproduction.

Il n'est donc pas étonnant que ce tigre dont le squelette et la peau nous sont venus de la Ménagerie du Roi ne soit pas parvenu à sa juste grandeur; cependant la seule vue de cette peau bourrée donne encore l'idée d'un animal formidable; et l'examen du squelette ne permet pas d'en douter. L'on voit sur les os des jambes des rugosités qui marquent des attaches de muscles encore plus fortes que celles du lion; ces os sont aussi solides, mais plus courts, et comme nous l'avons dit, la hauteur des jambes dans le tigre n'est pas proportionnée à la grande longueur du corps. Ainsi cette vitesse terrible

---

(*a*) *Vide* Prosper Alp. *Hist. nat. Ægypt.* Ludg. Bat., 1735, p. 237. — Et Wotton, p. 65.
(*b*) Voyez l'article du cerf.

dont parle Pline, et que le nom (*a*) même du tigre parait indiquer, ne doit pas s'entendre des mouvements ordinaires de la démarche, ni même de la célérité des pas dans une course suivie ; il est évident qu'ayant les jambes courtes il ne peut marcher (*b*) ni courir aussi vite que ceux qui les ont proportionnellement plus longues : mais cette vitesse terrible s'applique très bien aux bonds prodigieux qu'il doit faire sans effort; car, en lui supposant, proportion gardée, autant de force et de souplesse qu'au chat qui lui ressemble beaucoup par la conformation, et qui dans l'instant d'un clin d'œil fait un saut de plusieurs pieds d'étendue, on sentira que le tigre, dont le corps est dix fois plus long, peut dans un instant presque aussi court faire un bond de plusieurs toises. Ce n'est donc point la célérité de sa course, mais la vitesse du saut que Pline a voulu désigner, et qui rend en effet cet animal terrible, parce qu'il n'est pas possible d'en éviter l'effet.

Le tigre est peut-être le seul de tous les animaux dont on ne puisse fléchir le naturel : ni la force, ni la contrainte, ni la violence ne peuvent le dompter. Il s'irrite des bons comme des mauvais traitements ; la douce habitude, qui peut tout, ne peut rien sur cette nature de fer ; le temps, loin de l'amollir en tempérant les humeurs féroces, ne fait qu'aigrir le fiel de sa rage; il déchire la main qui le nourrit comme celle qui le frappe ; il rugit à la vue de tout être vivant ; chaque objet lui paraît une nouvelle proie qu'il dévore d'avance de ses regards avides, qu'il menace par des frémissements affreux mêlés d'un grincement de dents, et vers lequel il s'élance souvent malgré les chaînes et les grilles qui brisent sa fureur sans pouvoir la calmer.

Pour achever de donner une idée de la force (*c*) de ce cruel animal, nous croyons devoir citer ici ce que le P. Tachard, témoin oculaire, rapporte d'un combat du tigre contre des éléphants : « On avait élevé, dit cet auteur (*d*), » une haute palissade de bambous d'environ cent pas en carré. Au milieu de » l'enceinte étoient entrés trois éléphants destinés pour combattre le tigre. » Ils avoient une espèce de grand plastron, en forme de masque, qui leur » couvroit la tête et une partie de la trompe. Dès que nous fûmes arrivés » sur le lieu, on fit sortir de la loge, qui était dans un enfoncement, un tigre

---

(*a*) « Tigris vocabulum est linguæ armeniæ, nam ibi et sagitta et quod vehementissum » flumen, dicitur *tigris*. » Varro, *De lingua latina*. — « Persæ et Medi sagittam *tigrin* nun- » cupant. » Gessn. *Hist. quadrup.*, p. 936.

(*b*) Ce que dit Pline, que cet animal est d'une vitesse terrible, est une erreur ; dit Bontius ; car, au contraire, il est lent à courir, et c'est à cause de cela qu'il attaque plus volontiers les hommes que les animaux qui courent bien, comme les cerfs, les sangliers, les buffles, les bœufs sauvages, qu'il n'attaque tous qu'en se mettant en embuscade ; il se jette impétueusement sur leur tête, et terrasse d'un seul coup de patte les animaux les plus forts. Bont. p. 53 et 54. Il est, comme l'on voit, fort aisé de concilier ces faits avec les expressions de Pline.

(*c*) « Indi tigrim elephanto robustiorem multo existimant. — Nearchus scribit Indos re- » ferre tigrim esse maximi equi magnitudine, velocitate et viribus bestias omnes superare, » elephantum etiam, insilientem in caput ejus, facile suffocare. » Gessn. *Hist. quadrup.*, p. 937.

(*d*) *Premier Voyage de Siam*, par le P. Tachard. Paris, 1686, p. 292 et suiv.

» d'une figure et d'une couleur qui parurent nouvelles aux François qui assis-
» toient à ce combat ; car, outre qu'il étoit bien plus grand, bien plus gros et
» d'une taille moins effilée que ceux que nous avions vus en France, sa peau
» n'étoit pas mouchetée de même ; mais, au lieu de toutes ces taches semées
» sans ordre, il avoit de longues et larges bandes en forme de cercle ; ces
» bandes prenant sur le dos se rejoignoient par dessous le ventre, et, conti-
» nuant le long de la queue, y faisoient comme des anneaux blancs et noirs,
» placés alternativement, dont elle étoit toute couverte. La tête n'avoit rien
» d'extraordinaire, non plus que les jambes, hors qu'elles étoient plus gran-
» des et plus grosses que celles des tigres communs, quoique celui-ci ne fût
» qu'un jeune tigre qui avoit encore à croître, car M. Constance nous a dit
» qu'il y en avoit dans le royaume de plus gros trois fois que celui-là ; et
» qu'un jour étant à la chasse avec le roi, il en vit un de fort près, qui étoit
» grand comme un mulet. Il y en a aussi de petits dans le pays, semblables
» à ceux qu'on apporte d'Afrique en Europe ; et on nous en montra un le
» même jour à Louvo.
» On ne lâcha pas d'abord le tigre qui devoit combattre, mais on le tint
» attaché par deux cordes, de sorte que n'ayant pas la liberté de s'élancer,
» le premier éléphant qui l'approcha lui donna deux ou trois coups de sa
» trompe sur le dos : ce choc fut si rude que le tigre en fut renversé et
» demeura quelque temps étendu sur la place sans mouvement, comme s'il
» eût été mort ; cependant, dès qu'on l'eût délié, quoique cette première
» attaque eût bien rabattu de sa furie, il fit un cri horrible et voulut se jeter
» sur la trompe de l'éléphant qui s'avançoit pour le frapper ; mais celui-ci la
» repliant adroitement la mit à couvert par ses défenses, qu'il présenta en
» même temps, et dont il atteignit le tigre si à propos, qu'il lui fit faire un
» grand saut en l'air ; cet animal en fut si étourdi qu'il n'osa plus approcher.
» Il fit plusieurs tours le long de la palissade, s'élançant quelquefois vers
» les personnes qui paroissoient vers les galeries : on poussa ensuite trois
» éléphants contre lui, qui lui donnèrent tour à tour de si rudes coups qu'il
» fit encore une fois le mort, et ne pensa plus qu'à éviter leur rencontre :
» ils l'eussent tué sans doute, si l'on n'eût fait finir le combat. »

Il est clair, par la description même du P. Tachard, que ce tigre qu'il a vu
combattre des éléphants est le vrai tigre, qu'il parut aux Français un animal
nouveau, parce que probablement ils n'avaient vu en France, dans les ménageries, que des panthères ou des léopards d'Afrique, ou bien des jaguars
d'Amérique, et que les petits tigres qu'il vit à Louvo n'étaient de même que
des panthères. On sent aussi, par ce simple récit, quelle doit être la force et
la fureur de cet animal, puisque celui-ci, quoique jeune encore et n'ayant
pas pris tout son accroissement, quoique réduit en captivité, quoique retenu
par des liens, quoique seul contre trois, était encore assez redoutable aux
colosses qu'il combattait, pour qu'on fût obligé de les couvrir d'un plastron

dans toutes les parties de leur corps que la nature n'a pas cuirassées comme les autres d'une enveloppe impénétrable.

Le tigre dont le P. Gouie (a) a communiqué à l'Académie des sciences une description anatomique faite par les PP. jésuites à la Chine paraît être de l'espèce du vrai tigre, aussi bien que celui que les Portugais ont appelé tigre royal, duquel M. Perrault (b) fait mention dans ses mémoires sur les animaux, et dont il dit que la description a été faite à Siam. Dellon (c), dans ses Voyages, dit expressément que le Malabar est le pays des Indes où il y a le plus de tigres, qu'il y en a de plusieurs espèces, mais que le plus grand de tous, celui que les Portugais appellent *tigre royal*, est extrêmement rare, qu'il est grand comme un cheval, etc.

Le tigre royal ne paraît donc pas faire une espèce particulière et différente de celle du vrai tigre ; il ne se trouve qu'aux Indes orientales, et non pas au Brésil, comme l'ont écrit quelques-uns de nos naturalistes (d). Je suis même porté à croire que le vrai tigre ne se trouve qu'en Asie et dans les parties les plus méridionales de l'Afrique (*), dans l'intérieur des terres ; car la plupart des voyageurs qui ont fréquenté les côtes de l'Afrique parlent à la vérité de tigres, et disent même qu'ils y sont très communs ; néanmoins, il est aisé de voir par les notices mêmes qu'ils donnent de ces animaux que ce ne sont pas de vrais tigres, mais des léopards, des panthères ou des onces, etc. Le docteur Shaw (e) dit expressément qu'aux royaumes de Tunis et d'Alger le lion et la panthère tiennent le premier rang entre les bêtes féroces, mais que le tigre ne se trouve pas dans cette partie de la Barbarie : cela paraît vrai, car ce furent des ambassadeurs indiens (f), et non pas des Africains, qui présentèrent à Auguste, dans le temps qu'il était à Samos, le premier tigre qui ait été vu des Romains ; et ce fut aussi des Indes qu'Héliogabale fît venir ceux qu'il voulait atteler à son char pour contrefaire le dieu Bacchus.

(a) On ne connaît guère en Europe que les tigres dont la peau est mouchetée de taches ; mais, dans la Tartarie et dans la Chine, on en connaît aussi dont la peau est rayée de bandes noires ; et même, en ces pays-là, on prétend que ce sont deux espèces différentes, quoiqu'ils ne paraissent pas avoir d'autres différences que celle-là. Le tigre rayé que les jésu'tes de la Chine disséquèrent, et qui avait été tué à la chasse par l'empereur, avec quatre autres, ne pesait que deux cent soixante-cinq livres ; aussi n'était-il pas des plus grands : un des autres pesait quatre cents livres. Celui qui fut disséqué avait un tiers de l'estomac plein de vers, et l'on ne pouvait pas dire qu'il fût corrompu. Quelqu'un qui était présent dit qu'on avait trouvé la même chose à un autre tigre qu'il avait vu ouvrir à Macao. *Hist. de l'Académ. des sciences*, année 1699, p. 51.

(b) *Mémoire pour servir à l'Histoire des animaux*, part. II, p. 287.

(c) *Voyages de Dellon*, p. 104.

(d) Brisson, *Règne animal*, p. 269.

(e) *Voyages de Shaw*. La Haye, 1743, t. 1er, p. 315.

(f) Voyez la *Description des isles de l'Archipel*, par Dapper. Amsterd., 1703, p. 206.

(*) Le tigre royal n'existe pas en Afrique ; il y est remplacé par le Léopard.

L'espèce du tigre a donc toujours été plus rare et beaucoup moins répandue que celle du lion : cependant la tigresse produit, comme la lionne, quatre ou cinq petits ; elle est furieuse en tout temps, mais sa rage devient extrême lorsqu'on les lui ravit ; elle brave tous les périls, elle suit les ravisseurs qui, se trouvant pressés, sont obligés de lui relâcher un de ses petits ; elle s'arrête, le saisit, l'emporte pour le mettre à l'abri, revient quelques instants après et les poursuit jusqu'aux portes des villes ou jusqu'à leurs vaisseaux : et lorsqu'elle a perdu tout espoir de recouvrer sa perte, des cris forcenés et lugubres, des hurlements affreux, expriment sa douleur cruelle et font encore frémir ceux qui les entendent de loin.

Le tigre fait mouvoir la peau de sa face, grince des dents, frémit, rugit comme fait le lion ; mais son rugissement est différent : quelques voyageurs (*a*) l'ont comparé au cri de certains grands oiseaux. *Tigrides indomitæ rancant, rugiuntque leones.* (Auctor Philomelæ.) Ce mot *rancant* n'a point d'équivalent en français ; ne pourrions-nous pas lui en donner un, et dire, les tigres *rauquent* et les lions rugissent ; car le son de la voix du tigre est en effet très rauque (*b*).

La peau de ces animaux est assez estimée, surtout à la Chine ; les mandarins militaires en couvrent leurs chaises (*c*) dans les marches publiques ; ils en font aussi des couvertures de coussins pour l'hiver ; en Europe, ces peaux, quoique rares, ne sont pas d'un grand prix. On fait beaucoup plus de cas de celles du léopard de Guinée et du Sénégal, que nos fourreurs appellent tigre. Au reste, c'est la seule petite utilité qu'on puisse tirer de cet animal très nuisible, dont on a prétendu que la sueur (*d*) était un venin, et le poil de la moustache un poison (*e*) sûr pour les hommes et pour les animaux ; mais c'est assez du mal très réel qu'il fait de son vivant, sans chercher encore des qualités imaginaires et des poisons dans sa dépouille ; d'autant que les Indiens mangent de sa chair et ne la trouvent ni malsaine ni mauvaise, et que si le poil de sa moustache pris en pilule tue, c'est qu'étant dur et raide, une telle pilule fait dans l'estomac le même effet qu'un paquet de petites aiguilles.

(*a*) *Second voyage de Siam*, par le P. Tachard. Paris, 1689, p. 248.

(*b*) Les tigres de l'est de l'Asie sont d'une grosseur et d'une légèreté surprenante ; ils ont ordinairement le poil d'un roux fauve... Ils rugissent comme les lions ; leur cri seul pénètre d'horreur. *Voyage de Coréal.* Paris, 1722, t. Ier, p. 173.

(*c*) *Histoire générale des voyages*, par M. l'abbé Prévost, t. VI, p. 602.

(*d*) *Histoire naturelle de Siam*, par Gervaise. Paris, 1688, p. 36.

(*e*) *La Chine illustrée*, par Kircher, traduction de Dalquier. Amsterd., 1670, p. 110 et 111.

LA PANTHÈRE, L'ONCE ET LE LÉOPARD

Pour me faire mieux entendre, pour éviter le faux emploi des noms, détruire les équivoques et prévenir les doutes, j'observerai d'abord qu'avec les tigres dont nous venons de donner l'histoire et la description, il se trouve encore dans l'ancien continent, c'est-à-dire en Asie et en Afrique, trois autres espèces d'animaux de ce genre, toutes trois différentes du tigre, et toutes trois différentes entre elles. Ces trois espèces sont la *panthère* (*), l'*once* (**) et le *léopard*, lesquelles non seulement ont été prises les unes pour les autres par les naturalistes, mais même ont été confondues avec les espèces du même genre qui se sont trouvées en Amérique. Je mets à part pour le moment présent ces espèces que l'on a appelées indistinctement *tigres*, *panthères*, *léopards*, dans le nouveau monde, pour ne parler que de celles de l'ancien continent, et afin de ne pas confondre les choses, et d'exposer plus nettement les objets qui y sont relatifs.

La première espèce de ce genre, et qui se trouve dans l'ancien continent, est la grande panthère que nous appellerons simplement *panthère*, qui était connue des Grecs sous le nom de *pardalis*, des anciens Latins sous celui de *panthera*, ensuite sous celui de *pardus*, et des Latins modernes sous celui de *leopardus*. Le corps de cet animal, lorsqu'il a pris son accroissement entier, a cinq ou six pieds de longueur en le mesurant depuis l'extrémité du museau jusqu'à l'origine de la queue, laquelle est longue de plus de deux pieds ; sa peau est pour le fond du poil d'un fauve plus ou moins foncé sur le dos et sur les côtés du corps, et d'une couleur blanchâtre sous le ventre ; elle est marquée de taches noires en grands anneaux ou en forme de roses ; ces anneaux sont bien séparés les uns des autres sur les côtés du corps, évidés dans leur milieu, et la plupart ont une ou plusieurs taches au centre de la même couleur que le tour de l'anneau : ces mêmes anneaux, dont les uns sont ovales et les autres circulaires, ont souvent plus de trois pouces de diamètre ; il n'y a que des taches pleines sur la tête, sur la poitrine, sur le ventre et sur les jambes.

La seconde espèce est la petite panthère d'Oppien (*a*), à laquelle les anciens n'ont pas donné de nom particulier, mais que les voyageurs modernes

(*a*) Oppianus, *De Venatione*, lib. III.

(*) *Felis Pardus* L. Beaucoup de zoologistes considèrent le Léopard et la Panthère comme deux variétés d'une même espèce. D'autres les distinguent et donnent à la Panthère le nom de *Felis Pardus*, tandis qu'ils désignent le Léopard sous celui de *Felis Leopardus*. Les deux animaux sont tellement semblables qu'il est fort difficile de les distinguer l'un de l'autre, même quand on les a tous les deux sous les yeux.

(**) *Felis Uncia* L.

ont appelée *once*, du nom corrompu *lynx* ou *lunx*. Nous conserverons à cet animal le nom d'*once*, qui nous paraît bien appliqué, parce qu'en effet il a quelque rapport avec le lynx : il est beaucoup plus petit que la panthère, n'ayant le corps que d'environ trois pieds et demi de longueur, ce qui est à peu près la taille du lynx ; il a le poil plus long que la panthère, la queue beaucoup plus longue, de trois pieds de longueur et quelquefois davantage, quoique le corps de l'once soit en tout d'un tiers au moins plus petit que celui de la panthère, dont la queue n'a guère que deux pieds ou deux pieds et demi tout au plus ; le fond du poil de l'once est d'un gris blanchâtre sur le dos et sur les côtés du corps, et d'un gris encore plus blanc sous le ventre, au lieu que le dos et les côtés du corps de la panthère sont toujours d'un fauve plus ou moins foncé ; les taches sont à peu près de la même forme et de la même grandeur dans l'une et dans l'autre.

La troisième espèce, dont les anciens ne font aucune mention, est un animal du Sénégal, de la Guinée et des autres pays méridionaux que les anciens n'avaient pas découverts : nous l'appellerons léopard, qui est le nom qu'on a mal à propos appliqué à la grande panthère, et que nous emploierons, comme l'ont fait plusieurs voyageurs, pour désigner l'animal du Sénégal dont il est ici question. Il est un peu plus grand que l'once, mais beaucoup moins que la panthère, n'ayant guère plus de quatre pieds de longueur ; la queue a deux pieds ou deux pieds et demi ; le fond du poil, sur le dos et sur les côtés du corps, est d'une couleur fauve plus ou moins foncée, le dessous du ventre est blanchâtre, les taches sont en anneaux ou en roses, mais ces anneaux sont beaucoup plus petits que ceux de la panthère ou de l'once, et la plupart sont composés de quatre ou cinq petites taches pleines : il y a aussi de ces taches pleines disposées irrégulièrement.

Ces trois animaux sont, comme l'on voit, très différents les uns des autres, et sont chacun de leur espèce : les marchands fourreurs appellent les peaux de la première espèce *peaux de panthère;* ainsi nous n'aurons pas changé ce nom puisqu'il est en usage ; ils appellent celles de la seconde espèce *peaux de tigres d'Afrique :* ce nom est équivoque, et nous avons adopté celui d'once ; enfin ils appellent improprement peaux de tigre celles de l'animal que nous appelons ici léopard.

Oppien (*a*) connaissait nos deux premières espèces, c'est-à-dire la panthère et l'once ; il a dit le premier qu'il y avait deux espèces de panthères, les unes plus grandes et plus grosses, les autres plus petites, et cependant semblables par la forme du corps, par la variété et la disposition des taches, mais qui différaient par la longueur de la queue, que les petites ont beaucoup plus longue que les grandes. Les Arabes ont indiqué la grande panthère par le nom *al nemer* (*nemer*, en retranchant l'article), et la petite par

(*a*) Oppian., *De Venatione*, lib. III.

le nom *al phet* ou *al fhed* (*phet* ou *fhed*, en retranchant l'article) ; ce dernier nom, quoique un peu corrompu, se reconnaît dans celui de *faadh*, qui est le nom actuel de cet animal en Barbarie. « Le faadh, dit le docteur Shaw (a), » ressemble au léopard (il veut dire la panthère), en ce qu'il est tacheté » comme lui ; mais il en diffère à d'autres égards : il a la peau plus obscure » et plus grossière, et n'est pas si farouche. » Nous apprenons d'ailleurs par un passage d'Albert, commenté par Gessner (b), que le *phet* (c) ou *fhed* des Arabes s'est appelé en italien et dans quelques autres langues de l'Europe *leunza* ou *lonza*. On ne peut donc pas douter, en rapprochant ces indications, que la petite panthère d'Oppien, le *phet* ou le *fhed* des Arabes, le faadh de la Barbarie, l'*onze* ou l'*once* des Européens, ne soient le même animal. Il y a grande apparence aussi que c'est le *pard* ou *pardus* des anciens, et la *panthera* de Pline, puisqu'il dit que le fond (d) de son poil est blanc, au lieu que celui de la grande panthère est, comme nous l'avons dit, d'une couleur fauve plus ou moins foncée : d'ailleurs, il est très probable que la petite panthère s'est appelée simplement *pard* ou *pardus*, et qu'on est venu ensuite à nommer la grande panthère *léopard* ou *leopardus*, parce qu'on a imaginé que c'était une espèce métive qui s'était agrandie par le secours et le mélange de celle du lion ; mais, comme ce préjugé n'est nullement fondé, nous avons préféré le nom ancien et primitif de panthère au nom composé et plus nouveau de léopard, que nous avons appliqué à un animal nouveau, qui n'avait encore que des noms équivoques.

Ainsi l'once diffère de la panthère, en ce qu'il est bien plus petit, qu'il a la queue beaucoup plus longue, le poil plus long aussi et d'une couleur grise ou blanchâtre ; et le léopard diffère de la panthère et de l'once en ce qu'il a la robe beaucoup plus belle, d'un fauve vif et brillant, quoique plus ou moins foncé, avec des taches plus petites, et la plupart disposées par groupes, comme si chacune de ces taches était formée de quatre taches réunies.

Pline (e), et plusieurs autres après lui, ont écrit que dans les panthères la femelle avait la robe plus blanche que le mâle : cela pourrait être vrai de l'once ; mais nous n'avons pas observé cette différence dans les panthères de la ménagerie de Versailles, qui ont été dessinées vivantes ; s'il y a donc quelque différence dans la couleur du poil entre le mâle et la femelle de la panthère, il faut que cette différence ne soit pas bien constante ni bien sensible. On trouve, à la vérité, des nuances plus ou moins fortes dans plusieurs peaux de ces animaux que nous avons comparées ; mais nous croyons que

(a) *Voyage de Shaw*. La Haye, 1743, t. II, p. 26... *Nota* qu'en anglais l'*a* se prononce comme *ai*, et que le docteur Shaw en écrivant *faudh*, prononçait *Faidh*, ce qui approche encore plus de *Fhed*.

(b) Gessn. *Hist. quad.*, p. 825.

(c) *Alphed id est Leopardus minor*. Albertus.

(d) *Pantheris in candido breves macularum oculi*. Plin., *Hist. nat.*, lib. viii, cap. xvii.

(e) Plinii. *Hist. nat.*, lib. viii, cap. xvii.

cela dépend plutôt de la différence de l'âge ou du climat que de celle des sexes.

Les animaux que MM. de l'Académie des sciences ont décrits (a) et disséqués sous le nom de *tigres*, et l'animal décrit par Caïus (b) dans Gessner, sous le nom d'*uncia*, sont de même espèce que notre léopard; on ne peut en douter, en comparant la figure et la description que nous en donnons ici avec celles de Caïus et celles de M. Perrault. Il dit, à la vérité, que les animaux décrits et disséqués par MM. de l'Académie des sciences sous le nom de *tigres* ne sont pas l'once de Caïus (c); les seules raisons qu'il en donne sont, que celui-ci est plus petit et qu'il n'a pas le dessous du corps blanc : cependant si M. Perrault eût comparé la description entière de Caïus avec les sujets qu'il avait sous les yeux, je suis persuadé qu'il aurait reconnu qu'ils ne différaient en rien de l'once de Caïus. Comme il pourrait rester sur cela des doutes, j'ai cru qu'il était nécessaire de rapporter ici les parties ensentielles de cette description de Caïus, qui, quoique faite sur un animal mort, me parait fort exacte (d). On y observera que Caïus, sans donner pré-

(a) *Mémoires pour servir à l'histoire des animaux*, partie iii, p. 3.

(b) Gessner, *Hist. quadrup.*, p. 285.

(c) Nous observons que les éditeurs de la troisième partie des *Mémoires pour servir à l'histoire des animaux* ont laissé passer dans l'impression une faute qu'il est d'autant plus nécessaire de corriger, qu'elle est plus répétée. On a écrit partout *ours* au lieu d'*once*; il est dit : p. 5, ligne 20, l'ours décrit par Caïus dans Gessner ; — page 8, l'ours que Caïus a décrit ; — page 18, ligne 11, l'ours et le léopard ; — page 18, description très exacte qu'il a donnée d'un ours. Il est évident qu'il faut substituer dans ces quatre endroits le mot *once* à celui d'*ours*, puisque l'animal dont il est question a été décrit par Caïus sous le nom d'*uncia* dans Gessner. *Hist. quadrup.*, p. 825.

(d) « Uncia fera est sævissima, canis villatici magnitudine, facie et aure leonina : corpore,
» cauda, pede et ungue felis, aspectu truci : dente tam robusto et acuto, ut vel ligna dividat:
» ungue ita pollet, ut eodem contra nitentes in adversum retineat : colore per summa corporis
» pallescentis ochræ, per ima cineris, asperso undique macula nigra et frequenti, cauda
» reliquo corpore aliquanto obscuriori et grandiori macula. Auris intus pallet sine nigro, foris
» nigricat sine pallore, si unam flavam et obscuram maculam è medio eximas... Reliquum
» caput totum est maculosum frequentissima macula nigra (ut et reliquum corpus), nisi ea
» parte quæ inter nasum et oculum est, qua nullæ sunt, nisi utrinque duæ, et eæ parvæ :
» quemadmodum et cæteræ omnes in extremis et imis partibus, reliquis sunt minores : maculæ
» in summis quidem crurum partibus et in cauda, nigriores sunt et singulares, per latera
» vero compositæ, *quasi singulæ maculæ ex quatuor fierent.* Ordo nullus est in maculis nisi
» in labro *superiori, ubi ordines quinque sunt.* In primo et superiori duæ discretæ : in secundo
» sex conjunctæ, ut linea esse videantur. Hi duo ordines liberi sunt, nec inter se commisti.
» In tertio ordine octo conjunctæ sunt, sed cum quarto ubi finit commiscentur... Nasus
» nigrescit, linea per longitudinem perque summam tantum superficiem inducta leniter, oculi
» glauci sunt... vivit ex carne : fœmina mare crudelior est et minor : utriusque sexus una ad
» nos *ex Mauritania est advecta nave. Nascuntur in Libya.* Si quod illis cocundi statum
» tempus est, hic mensis junius est : nam hoc mas fœminam supervenit... Ista animalia
» tam ferocia sunt, ut custos cum primo vellet de loco in locum movere, cogebatur fuste
» in caput acto (ut aiunt) semi-mortua reddere... Quod scribunt esse cane longius, id mihi
» non videtur : nam sunt apud nos multi canes villatici, qui longitudine æquent : pecuario
» tamen et major est et longior, ut et villatico humilior. » *Caïus* apud *Gessner. Hist. quadrup.*,
p. 825 et 826.

cisément la longueur du corps de l'animal qu'il décrit, dit qu'il est plus grand qu'un chien de berger et aussi gros qu'un dogue, quoique plus bas de jambes ; je ne vois donc pas pourquoi M. Perrault dit que l'once de Caïus était bien plus petit que les tigres disséqués par MM. de l'Académie des sciences. Ces tigres n'avaient que quatre pieds de longueur en les mesurant depuis l'extrémité du museau jusqu'à l'origine de la queue ; le léopard que nous décrivons ici, et qui est certainement le même animal que les tigres de M. Perrault, n'a aussi qu'environ quatre pieds ; et si l'on mesure un dogue, surtout un dogue de forte race, on trouvera qu'il excède souvent ces dimensions. Ainsi les tigres décrits par MM. de l'Académie des sciences ne différaient pas assez de l'*uncia* de Caïus par la grandeur, pour que M. Perrault fût fondé à conclure de cette seule différence que ce ne pouvait être le même animal. La seconde disconvenance, c'est celle de la couleur du poil sur le ventre ; M. Perrault dit qu'il est blanc, et Caïus qu'il est cendré, c'est-à-dire blanchâtre : ainsi ces deux caractères, par lesquels M. Perrault a jugé que les tigres disséqués par MM. de l'Académie n'étaient pas l'once de Caïus, auraient dû le porter à prononcer le contraire, surtout s'il eût fait attention que tout le reste de la description s'accorde parfaitement. On ne peut donc pas se refuser à regarder les tigres de MM. de l'Académie, l'*uncia* de Caïus et notre *léopard,* comme le même animal, et je ne conçois pas pourquoi quelques-uns de nos naturalistes ont pris ces tigres de M. Perrault pour des animaux d'Amérique, et les ont confondus avec le jaguar.

Nous nous croyons donc certains que les tigres de M. Perrault, l'*uncia* de Caïus et notre léopard sont le même animal : nous nous croyons également assurés que notre panthère est le même animal que la panthère des anciens ; elle en diffère, à la vérité, par la grandeur, mais elle lui ressemble par tous les autres caractères ; et, comme nous l'avons déjà dit plusieurs fois, on ne doit pas être étonné qu'un animal élevé dans une ménagerie ne prenne pas son accroissement entier, et qu'il reste au-dessous des dimensions de la nature. Cette différence de grandeur nous a tenus nous-mêmes assez longtemps dans la perplexité ; mais, après l'examen le plus long, et nous pouvons dire le plus scrupuleux, après la comparaison exacte et immédiate des grandes peaux de la panthère qui se trouvent chez les fourreurs, avec celle de notre panthère, il ne nous a plus été permis de douter, et nous avons vu clairement que ce n'étaient pas des animaux différents. La panthère que nous décrivons ici et deux autres de la même espèce, qui étaient en même temps à la Ménagerie du Roi, sont venues de la Barbarie : la régence d'Alger fit présent à Sa Majesté des deux premières il y a dix ou douze ans ; la troisième a été achetée, pour le roi, d'un juif d'Alger.

Une autre observation que nous ne pouvons nous dispenser de faire, c'est que des trois animaux dont nous donnons ici la description, sous les noms de *panthère,* d'*once* et de *léopard,* aucun ne peut se rapporter à l'animal que

les naturalistes ont indiqué par le nom de *pardus* ou de *leopardus*. Le *pardus* de M. Linnæus et le léopard de M. Brisson, qui paraissent être le même animal, sont désignés par les phrases suivantes : « Pardus, felis gaudâ elon-
» gatâ, corporis maculis superioribus orbiculatis, inferioribus virgatis. » *Syst. nat.*, édit x, pag. 41 ; le léopard : « Felis ex albo flavicans, maculis nigris in
» dorso orbiculatis, in ventre longis, variegata. » *Règne animal*, p. 272. Ce caractère des taches longues sur le ventre, ou allongées en forme de verges sur les parties inférieures du corps, n'appartient ni à la panthère, ni à l'once, ni au léopard, desquels il est ici question. Cependant il paraît que c'est de la panthère des anciens, du *panthera, pardalis, pardus, leopardus* de Gessner, du *pardus, panthera* de Prosper Alpin, du *panthera, varia, africana* de Pline, de la panthère, en un mot, qui se trouve en Afrique (*a*) et aux Indes orientales, que ces auteurs ont entendu parler, et qu'ils ont désignée par les phrases que nous venons de citer. Or, je le répète, aucun des trois animaux que nous décrivons ici, quoique tous trois d'espèce différente, n'ont ce caractère de taches longues et en forme de verges sur les parties inférieures ; et en même temps nous pouvons assurer, par les recherches que nous avons faites, que ces trois espèces et peut-être une quatrième dont nous parlerons dans la suite, et qui n'a pas plus que les trois premières ce caractère des taches longues sur le ventre, sont les seules de ce genre qui se trouvent en Asie et en Afrique ; en sorte que nous ne pouvons nous empêcher de regarder comme douteux ce caractère, qui fait le fondement des phrases indicatives de ces nomenclateurs. C'est tout le contraire dans ces trois animaux, et peut-être dans tous ceux du même genre ; car non seulement ceux de l'Afrique et de l'Asie, mais ceux même de l'Amérique, lorsqu'ils ont des taches longues en forme de verges ou des traînées, les ont toujours sur les parties supérieures du corps, sur le garrot, sur le cou, sur le dos et jamais sur les parties inférieures.

Nous remarquerons encore que l'animal dont on a donné la description dans la troisième partie des mémoires pour servir à l'histoire des animaux, sous le nom de *panthère* (*b*), est un animal différent de la panthère, de l'once et du léopard, dont nous traitons ici.

Enfin, nous observerons qu'il ne faut pas confondre, en lisant les anciens, le *panther* avec la *panthère*. La panthère est l'animal dont il est ici question ; le panther du scoliaste d'Homère et des autres auteurs est une espèce de loup timide que nous croyons être le chacal, comme nous l'expliquerons lorsque nous donnerons l'histoire de cet animal : au reste, le mot *pardalis* est l'ancien nom grec de la panthère ; il se donnait indistinctement au mâle et à la femelle. Le mot *pardus* est moins ancien : Lucain et Pline sont les premiers qui l'aient employé ; celui de *leopardus* est encore plus nouveau,

(*a*) Brisson, *Règne animal*, p. 273.
(*b*) *Mémoires pour servir à l'histoire des Animaux*, partie iii, p. 3.

puisqu'il paraît que c'est Jules Capitolin qui s'en est servi le premier ou l'un des premiers ; et à l'égard du nom même de *panthera*, c'est un mot que les anciens Latins ont dérivé du grec, mais que les Grecs n'ont jamais employé.

Après avoir dissipé, autant qu'il est en nous, les ténèbres dont la nomenclature ne cesse d'obscurcir la nature ; après avoir exposé, pour prévenir toute équivoque, les figures exactes des trois animaux dont nous traitons ici, passons à ce qui les concerne chacun en particulier.

La panthère, que nous avons vue vivante, a l'air féroce, l'œil inquiet, le regard cruel, les mouvements brusques et le cri semblable à celui d'un dogue en colère ; elle a même la voix plus forte et plus rauque que le chien irrité ; elle a la langue rude et très rouge, les dents fortes et pointues, les ongles aigus et durs, la peau belle, d'un fauve plus ou moins foncé, semée de taches noires arrondies en anneaux, ou réunies en forme de roses, le poil court, la queue marquée de grandes taches noires au-dessus et d'anneaux noirs et blancs vers l'extrémité. La panthère est de la taille et de la tournure d'un dogue de forte race, mais moins haute de jambes.

Les relations des voyageurs s'accordent avec les témoignages des anciens au sujet de la grande et de la petite panthère, c'est-à-dire de notre panthère et de notre once. Il paraît qu'il existe aujourd'hui, comme du temps d'Oppien, dans la partie de l'Afrique qui s'étend le long de la mer Méditerranée, et dans les parties de l'Asie qui étaient connues des anciens, deux espèces de panthères : la plus grande a été appelée *panthère* ou *léopard*, et la plus petite *once*, par la plupart des voyageurs. Ils conviennent tous que l'once s'apprivoise aisément, qu'on le dresse à la chasse (a) et qu'on s'en sert à cet usage

(a) Les Persans ont une certaine bête appelée *once*, qui a la peau tachetée comme un tigre, mais qui est fort douce et fort privée. Un cavalier la porte en trousse à cheval, et ayant aperçu la gazelle, il fait descendre l'once, qui est si légère qu'en trois sauts elle saute au col de la gazelle, quoiqu'elle coure d'une vitesse incroyable. La gazelle est une espèce de petit chevreuil dont le pays est rempli ; l'once l'étrangle aussitôt avec ses dents aigües ; mais si par malheur elle manque son coup et que la gazelle lui échappe, elle demeure sur la place honteuse et confuse, et dans ces moments un enfant la pourrait prendre sans qu'elle se défendît. *Voyage de Tavernier.* Rouen, 1713, t. II, p. 26..... Pour les grandes chasses on se sert des bêtes féroces dressées à chasser, lions, léopards, tigres, panthères, onces ; les Persans appellent ces dernières bêtes *youzze*. Elles ne font point de mal aux hommes ; un cavalier en porte une en croupe, les yeux bandés avec un bourrelet, attachée par une chaîne, et se tient sur la route des bêtes qu'on relance, et qu'on lui fait passer devant elle le plus près qu'on peut ; quand le cavalier en aperçoit quelqu'une, il débande les yeux de l'animal et lui tourne la tête du côté de la bête relancée ; s'il l'aperçoit il fait un cri, s'élance à grands sauts, se jette dessus la bête et la terrasse ; s'il la manque après quelques sauts, il se rebute d'ordinaire et s'arrête ; on va le prendre, et pour le consoler on le caresse... J'ai vu cette sorte de chasse en Hircanie, l'an 1666... Il y a de ces bêtes dressées qui font la chasse finement, se traînant sur le ventre le long des haies et des buissons jusqu'à ce qu'elles soient proches de la proie, et alors elles s'élancent dessus. *Voyage de Chardin en Perse,* etc. Amsterd., 1711, t. II, p. 32 et 33. Voyez aussi le *Voyage autour du monde de Gemelli Careri.* Paris, 1719, t. II, p. 96 et 212, où cependant l'auteur paraît avoir emprunté plusieurs choses de Chardin... « Quo » tempore perveni Alexandriam... Duos pardos vidi apud Antonium Calepium... Usque adeò

en Perse et dans plusieurs autres provinces de l'Asie ; qu'il y a des onces
assez petits pour qu'un cavalier puisse les porter en croupe, qu'ils sont assez
doux pour se laisser manier et caresser avec la main. La panthère paraît
être d'une nature plus fière et moins flexible ; on la dompte plutôt qu'on ne
l'apprivoise, jamais elle ne perd en entier son caractère féroce, et, lorsqu'on
veut s'en servir pour la chasse (a), il faut beaucoup de soins pour la dresser,
et encore plus de précautions pour la conduire et l'exercer. On la mène sur
une charrette enfermée dans une cage, dont on lui ouvre la porte lorsque le
gibier paraît ; elle s'élance vers la bête, l'atteint ordinairement en trois ou
quatre sauts, la terrasse et l'étrangle : mais, si elle manque son coup, elle
devient furieuse et se jette quelquefois sur son maître, qui d'ordinaire prévient ce danger en portant avec lui des morceaux de viande ou des animaux
vivants, comme des agneaux, des chevreaux, dont il lui en jette un pour
calmer sa fureur.

» cicures erant et mansueti, ut semper in lectulis decumbentes dormiebant... Carne eos
» nutriebat : sæpe à nobis cum pardo ibatur ad venandas gazellas, et pugnam inter ipsos
» pulcherrimam quæ fiebat admirabamur, præsertim gazellæ artificium cum pardo cornibus
» durissimis armatæ pugnando ; sed eam tamen multo fatigatam atque ex pugna admodum
» defessam interimebat. Cairi postea vidimus quandam mulierem quinque catulos recentes à
» panthera effusos, ex Arabe coemisse eosque ut feles aluisse... Erant omnino visu pulcher-
» rimi, albicabant colore maculis parvis rotundis toto corpore evariati... Parum quidem dif-
» ferentiæ inter pardum quidem et pantheram observavimus intercedere : panthera quidem
» major et toto corpore est et capite atque multo ferocior. » *Prosp. Alp., Hist. Ægypt.*,
part. i, Lugd., Batav., 1735, p. 238... « Accepi à quodam oculato teste in aula regis Gallia-
» rum, leopardos duorum generum ali ; magnitudine tantum differentes, majores vituli cor-
» pulentia esse, humiliores, oblongiores ; alteros minores ad canis molem accedere, et unum
» **ex** minoribus aliquando ad spectaculum regi exhibendum, à bestiario aut venatore, equo
» insidente à tergo super stragulo aut pulvino vehi, alligatum catena et lepore objecto
» dimitti quem ille saltibus aliquot bene magnis assecutus jugulet. » *Gessner, Hist. quadrup.*,
p. 831... Emmanuel, roi de Portugal, envoya à Léon X une panthère dressée à la chasse.
Histoire des conquêtes des Portugais, par le P. Lafiteau. Paris, 1733, t. Ier, p. 525. Cette
panthère était une once, car l'auteur dit aussi qu'on se sert en Perse de l'once ou panthère
pour chasser les gazelles, qu'on fait venir ces animaux d'Arabie, et qu'ils sont assez privés
pour qu'on puisse les porter en croupe à cheval.

(a) « Tigres ex Ethiopia in Ægyptum convectas vidimus, etsi nullo modo cicuratæ hæ
» mansuefiant, neque unquam ferinam naturam relinquant, sunt leænis quam similes et forma
» et colore albicante, rotundis maculis fulvescentibus evariatæ sed leænis longe majores
» sunt. » *Prosp. Alp., Hist. Ægypt.*, p. 237... Quand on a découvert quelques gazelles, on
tâche de les faire apercevoir au léopard, que l'on tient enchaîné sur une petite charrette ; cet
animal rusé ne se met pas incontinent à courir après, comme on pourrait l'imaginer, mais il
s'en va tournant, se cachant et se courbant pour les approcher de près et les surprendre ; et
comme il est capable de faire cinq ou six sauts ou bonds d'une vitesse incroyable, quand il
se sent à portée, il s'élance dessus, les étrangle et se soûle de leur sang, du cœur et de leur
foie ; et s'il manque son coup, ce qui arrive assez souvent, il en demeure là ; aussi serait-ce
en vain qu'il prétendrait de les prendre à la course, parce qu'elles courent bien mieux et plus
longtemps que lui : le maître ou gouverneur vient ensuite bien doucement autour de lui, le
flattant et lui jetant des morceaux de chair, et en l'amusant ainsi, il lui met des lunettes qui
lui couvrent les yeux, l'enchaîne et le remet sur la charrette. *Voyage de Bernier dans le
Mogol.* Amst., 1710, t. II, p. 243 et suiv. Il paraît que c'est de la grande panthère dont il
s'agit ici, parce qu'on n'est pas obligé de prendre tant de précautions avec l'once.

Au reste, l'espèce de l'once paraît être plus nombreuse et plus répandue que celle de la panthère : on la trouve très communément en Barbarie, en Arabie et dans toutes les parties méridionales de l'Asie, à l'exception peut-être de l'Egypte (a) ; elle s'est même étendue jusqu'à la Chine, où on l'appelle *hinen-pao* (b).

Ce qui fait qu'on se sert de l'once pour la chasse dans les climats chauds de l'Asie, c'est que les chiens (c) y sont très rares ; il n'y a, pour ainsi dire, que ceux qu'on y transporte, et encore perdent-ils en peu de temps leur voix et leur instinct ; d'ailleurs, ni la panthère, ni l'once, ni le léopard, ne peuvent souffrir les chiens ; ils semblent les chercher et les attaquer de préférence sur toutes les autres bêtes (d). En Europe, nos chiens de chasse n'ont pas d'autres ennemis que le loup ; mais dans un pays rempli de tigres, de lions, de panthères, de léopards et d'onces, qui tous sont plus forts et plus cruels que le loup, il ne serait pas possible de conserver des chiens. Au reste, l'once n'a pas l'odorat aussi fin que le chien, il ne suit pas les bêtes à la piste, il ne lui serait pas possible non plus de les atteindre dans une course suivie ; il ne chasse qu'à vue, et ne fait, pour ainsi dire, que s'élancer et se jeter sur le gibier : il saute si légèrement qu'il franchit aisément un fossé ou une muraille de plusieurs pieds ; souvent il grimpe sur les arbres pour attendre les animaux au passage et se laisser tomber dessus ; cette manière d'attraper la proie est commune à la panthère, au léopard et à l'once.

Le léopard (e) a les mêmes mœurs et le même naturel que la panthère ;

(a) Il n'y a point de lions, ni de tigres, ni de léopards en Égypte. *Description de l'Égypte*, par Mascrier. La Haye, 1740, t. II, p. 125.

(b) *Hinen-pao.* C'est une espèce de léopard ou de panthère que l'on voit dans la province de Pékin ; il n'est pas si féroce que les tigres ordinaires. Les Chinois en font grand cas. *Relation de la Chine*, par Thévenot. Paris, 1696, p. 19.

(c) Comme les Maures, à Surate et sur les côtes de Malabar, n'ont point de chiens pour chasser les gazelles et les daims, ils tâchent de suppléer à ce défaut par le moyen des léopards apprivoisés qu'ils dressent à cet exercice. Ces animaux se jettent adroitement sur la proie, et, quand ils l'ont attrapée, ils ne la quittent point et s'y tiennent fermement attachés. *Voyage de Jean Ovington.* Paris, 1725, t. 1er, p. 278.

(d) Les léopards sont ennemis mortels des chiens, et ils en dévorent autant qu'ils peuvent en rencontrer. *Voyage de Le Maire*, 1695, p. 92.

(e) Le léopard de Guinée est d'ordinaire de la hauteur et de la grosseur d'un gros chien de boucher ; il est féroce, sauvage et incapable d'être apprivoisé ; il se jette avec furie sur toutes sortes d'animaux, même sur les hommes, ce que ne font pas les lions et les tigres de cette côte de Guinée, à moins qu'ils ne soient extrêmement pressés de la faim. Il a quelque chose du lion et quelque chose du grand chat sauvage ; sa peau est toute mouchetée de taches rondes, noires de différentes teintes sur un fond grisâtre ; il a la tête médiocrement grosse, le museau court, la gueule large, bien armée de dents dont les femmes du pays se font des colliers ; il a la langue pour le moins aussi rude que celle du lion ; ses yeux sont vifs et dans un mouvemement continuel, son regard cruel : il ne respire que le carnage : ses oreilles rondes et assez courtes sont toujours droites ; il a le cou gros et court, les cuisses épaisses, les pieds larges, cinq doigts à ceux de devant, et quatre à ceux de derrière, les uns et les autres armés de griffes fortes, aiguës et tranchantes ; il les ferme comme les doigts de la main, et lâche rarement sa proie, qu'il déchire avec les ongles autant qu'avec les dents : quoiqu'il soit fort carnassier et qu'il mange beaucoup, il est toujours maigre ; il

et je ne vois nulle part qu'on l'ait apprivoisé comme l'once, ni que les nègres
du Sénégal et de Guinée, où il est très commun, s'en soient jamais servis
pour la chasse. Communément, il est plus grand que l'once et plus petit que
la panthère ; il a la queue plus courte que l'once, quoiqu'elle soit longue de
deux pieds ou deux pieds et demi.

Ce léopard du Sénégal ou de Guinée, auquel nous avons appliqué particulièrement le nom de *léopard*, est probablement l'animal que l'on appelle à
Congo *engoi* (*a*) ; c'est peut-être aussi l'antamba (*b*) de Madagascar : nous
rapportons ces noms parce qu'il serait utile, pour la connaissance des animaux, qu'on eût la liste de leurs noms dans les langues des pays qu'ils
habitent.

L'espèce du léopard paraît être sujette a plus de variétés que celle de la
panthère et de l'once : nous avons vu un grand nombre de peaux de ce léopard, qui ne laissent pas de différer les unes des autres, soit par les nuances
du fond du poil, soit par celles des taches dont les anneaux ou roses sont
plus marqués et plus terminés dans les unes que dans les autres ; mais ces
anneaux sont toujours de beaucoup plus petits que ceux de la panthère ou
de l'once. Dans toutes les peaux du léopard, les taches sont chacune à peu
près de la même grandeur, de la même figure, et c'est plutôt par la force de
la teinte, qu'elles diffèrent, étant moins fortement exprimées dans les unes
de ces peaux, et beaucoup plus fortement dans les autres. La couleur du fond
du poil ne diffère qu'en ce qu'elles sont d'un fauve plus ou moins foncé ; mais
comme toutes ces peaux sont à très peu près de la même grandeur, tant pour
le corps que pour la queue, il est très vraisemblable qu'elles appartiennent
toutes à la même espèce d'animal, et non pas à des animaux d'espèce
différente.

La panthère, l'once et le léopard n'habitent que l'Afrique et les climats les
plus chauds de l'Asie ; ils ne se sont jamais répandus dans les pays du Nord,
ni même dans les régions tempérées. Aristote parle de la panthère comme

peuple beaucoup, mais il a pour ennemi le tigre, qui, étant plus fort et plus alerte, en détruit
un grand nombre. Les Nègres prennent le tigre, le léopard, le lion, dans des fosses profondes
recouvertes de roseaux et d'un peu de terre sur laquelle ils mettent quelques bêtes mortes
pour appâts. *Voyage de Desmarchais*, t. Ier, p. 202..... Le tigre du Sénégal est plus furieux
que le lion ; sa hauteur et sa longueur sont presque comme celles d'un lévrier : il attaque
indifféremment les hommes et les bêtes. Les Nègres le tuent avec leurs zagayes et leurs
flèches, afin d'en avoir la peau : quelque percé qu'il soit de leurs coups, il se défend tant
qu'il a un reste de vie, et il en tue toujours quelques-uns. *Voyage de Le Maire*, Paris,
1695, p. 99.

(*a*) Les tigres de Congo s'appellent *engoi* dans le pays. *Voyage de François Drack*. Paris,
1641, p. 105.... *Recueil des Voyages qui ont servi à l'établissement de la Compagnie des Indes.*
Amsterdam, 1702, t. IV, p. 326.

(*b*) L'antamba de Madagascar est une bête grande comme un chien, qui a la tête ronde ;
et, au rapport des Nègres, elle a la ressemblance d'un léopard : elle dévore les hommes et
le bétail, et ne se trouve que dans les endroits les plus déserts de l'île. *Voyage de Madagascar*, par Flacourt. Paris, 1661, t. Ier, p. 154.

d'un animal de l'Afrique et de l'Asie, et il dit expressément qu'il n'y en a point en Europe. Ainsi ces animaux, qui sont, pour ainsi dire, confinés dans la zone torride de l'ancien continent, n'ont pu passer dans le nouveau par les terres du Nord, et l'on verra, par la description que nous allons donner des animaux de ce genre qui se trouvent en Amérique, que ce sont des espèces différentes que l'on n'aurait pas dû confondre avec celles de l'Afrique et de l'Asie, comme l'ont fait la plupart des auteurs qui ont écrit la nomenclature.

Ces animaux, en général, se plaisent dans les forêts touffues, et fréquentent souvent les bords des fleuves et les environs des habitations isolées, où ils cherchent à surprendre les animaux domestiques et les bêtes sauvages qui viennent chercher les eaux. Ils se jettent rarement sur les hommes, quand même ils seraient provoqués ; ils grimpent aisément sur les arbres, où ils suivent les chats sauvages et les autres animaux, qui ne peuvent leur échapper. Quoiqu'ils ne vivent que de proie et qu'ils soient ordinairement fort maigres, les voyageurs prétendent que leur chair n'est pas mauvaise à manger ; les Indiens et les Nègres la trouvent bonne, mais il est vrai qu'ils trouvent celle du chien encore meilleure, et qu'ils s'en régalent comme si c'était un mets délicieux : à l'égard de leurs peaux, elles sont toutes précieuses et font de très belles fourrures ; la plus belle et la plus chère est celle du léopard ; une seule de ces peaux coûte huit ou dix louis lorsque le fauve en est vif et brillant, et que les taches en sont bien noires et bien terminées.

LE JAGUAR (*a*)

Le jaguar (*) ressemble à l'once par la grandeur du corps, par la forme de la plupart des taches dont sa robe est semée, et même par le naturel ; il est moins fier et moins féroce que le léopard et la panthère. Il a le fond du poil d'un beau fauve comme le léopard, et non pas gris comme l'once ; il a la queue plus courte que l'un et l'autre, le poil plus long que la panthère et

---

(*a*) Le *jaguar* on *jaguara*, nom de cet animal au Brésil, que nous avons adopté pour le distinguer du tigre, de la panthère, de l'once et du léopard avec lesquels on l'a souvent confondu : les premiers historiens du nouveau monde appelaient cet animal *janou-are* ou *janouar*; ce sont Pison et Marcgrave qui, les premiers, ont écrit *jaguara* au lieu de *janouara*. Les Mexicains l'appelaient *Tlatlauhqui occlotl*, selon Hernandès, p. 498. Les Portugais l'ont appelé *onça*, parce qu'en effet il ressemble à l'once à quelques égards. — *Jaguara*. Pison, *Hist. nat.*, p. 103. — *Jaguara Brasiliensibus*. Marcgravius, *Hist, Brasil.*, p. 235. — *Pandus an linx Brasiliensis jaguara dicta Marcgravii*. Ray, *Synops. quadrup.*, p. 168. — *Tigris Americana jaguara Brasiliensis*. Klein, *de quadrup.*, p. 80. — Tigre de la Guyane. *Voyage de Desmarchais*, t. III, p. 299.

(*) *Felis onça* L. — D'après Cuvier, l'animal que Buffon décrit ici sous le nom de Jaguar serait le Chati (*Felis Maracaya* ou *Leopardus Maracaya*).

plus court que l'once; il l'a crêpé lorsqu'il est jeune, et lisse lorsqu'il devient adulte. Nous n'avons pas vu cet animal vivant, mais on nous l'a envoyé bien entier et bien conservé dans une liqueur préparée, et c'est sur ce sujet que nous en avons fait le dessin et la description : il avait été pris tout petit, et élevé dans la maison jusqu'à l'âge de deux ans, qu'on le fit tuer pour nous l'envoyer (a); il n'avait donc pas encore acquis toute l'étendue de ses dimensions naturelles ; mais il n'en est pas moins évident par la seule inspection de cet animal, âgé de deux ans, qu'il est à peine de la taille d'un dogue ordinaire ou de moyenne race, lorsqu'il a pris son accroissement entier. C'est cependant l'animal le plus formidable, le plus cruel, c'est en un mot le tigre du nouveau monde, dans lequel la nature semble avoir rapetissé tous les genres d'animaux quadrupèdes. Le jaguar vit de proie comme le tigre, mais il ne faut pour le faire fuir que lui présenter un tison allumé, et même lorsqu'il est repu il perd tout courage et toute vivacité; un chien seul suffit pour lui donner la chasse; il se ressent en tout de l'indolence du climat; il n'est léger, agile, alerte que quand la faim le presse (b). Les sauvages, naturellement poltrons, ne laissent pas de redouter sa rencontre; ils prétendent qu'il a pour eux un goût de préférence, que, quand il les trouve endormis avec des Européens, il respecte ceux-ci, et ne se jette que sur eux (c). On conte la même chose du léopard (d);

(a) Cet animal nous a été envoyé, sous le nom de *chat-tigre*, par M. Pagès, médecin du roi au Cap, dans l'île Saint-Domingue. Il me marque, par la lettre qui était jointe à cet envoi, que cet animal était arrivé à Saint-Domingue par un vaisseau espagnol qui l'avait amené de la grande terre, où il est très commun : il ajoute qu'il avait deux ans quand il l'a fait tuer, qu'il n'était pas si gros, et qu'il s'était renflé dans l'esprit de tafia; qu'il buvait, mangeait et faisait le même cri qu'un chat qui n'est pas privé ; qu'il miaulait, et qu'il mangeait plus volontiers encore le poisson que la viande. Pison et Marcgrave disent de même que les jaguars du Brésil aiment beaucoup le poisson. Le nom de *chat-tigre*, que lui donne M. Pagès, ne nous a pas empêché de le reconnaître pour le jaguar, parce que ce nom du Brésil n'est pas en usage parmi les Français des colonies, et qu'ils appellent indistinctement *chats-tigres* les chats-pards et les tigres. « Le chat-tigre, dit Dampier, t. III, p. 306, qui est » très commun dans la baie de Campêche, a les jambes courtes et le corps ramassé comme » un mâtin, mais par la tête, le poil et la manière de guetter sa proie, il ressemble au » tigre. »

(b) Il y a des tigres au Brésil, lesquels étant agités par la rage de famine sont courageux, mais étant repus deviennent si lâches qu'ils s'adonnent incontinent à fuir de peur des chiens. *Descriptions des Indes orientales*, par Herrera. Amsterdam, 1622, p. 252. — Il y a une grande quantité de tigres au Brésil que la faim rend très légers et très à craindre, mais étant rassasiés, ce qui est admirable, ils sont si poltrons et si pesants, que le moindre chien de berger leur donne la fuite. *Histoire des Indes*, par Maffée. Paris, 1665, p. 69. — Il y a des tigres autour de Porto-Bello, dont les environs sont assez déserts; apparemment que ce sont des tigres de petite espèce, puisqu'un homme seul en vient à bout avec une lance ou une autre arme blanche, et lui coupe les pattes l'une après l'autre quand l'animal se dresse pour l'attaquer. *Voyage de dom Juan et dom Antoine de Ulloa*. Extrait de la *Bibliothèque raisonnée*, t. XLIV, p. 413.

(c) J'ai ouï quelquefois conter que ces tigres étaient animés contre les Indiens, et qu'ils n'assaillaient point les Espagnols, ou bien peu; qu'ils allaient quelquefois prendre et choisir un Indien endormi au milieu des Espagnols, et qu'ils l'emportaient. *Histoire naturelle des Indes*, par Joseph Acosta. Paris, 1600, p. 190.

(d) La province de Bamba, au royaume de Congo, a des tigres qui n'attaquent jamais les

on dit qu'il préfère les hommes noirs aux blancs, qu'il semble les connaître
à l'odeur, et qu'il les choisit la nuit comme le jour.

Les auteurs qui ont écrit l'histoire du nouveau monde ont presque tous fait
mention de cet animal, les uns sous le nom de *tigre* ou de *léopard*, les autres sous les noms propres qu'il portait au Brésil, au Mexique, etc. Les premiers qui en aient donné une description détaillée sont Pison et Marcgrave;
ils l'ont appelé *jaguara* au lieu de *janouara*, qui était son nom en langue
brésilienne (a), ils ont aussi indiqué un autre animal du même genre, et peut-
être de la même espèce, sous le nom de *jaguarète*. Nous l'avons distingué
du jaguar dans notre énumération, comme l'ont fait ces deux auteurs, parce
qu'il y a quelque apparence que ce peuvent être des animaux d'espèce différente; cependant comme nous n'avons vu que l'un de ces deux animaux,
nous ne pouvons pas décider si ce sont en effet deux espèces distinctes, ou si
ce n'est qu'une variété de la même espèce. Pison et Marcgrave disent que le
jaguarète diffère du jaguar en ce qu'il a le poil plus court, plus lustré et d'une
couleur toute différente, étant noir, semé de taches encore plus noires. Mais
au reste, il ressemble si fort au jaguar par la forme du corps, par le naturel et par les habitudes, qu'il se pourrait que ce ne fût qu'une variété de la
même espèce : d'autant plus qu'on a dû remarquer, par le témoignage même
de Pison, que dans le jaguar la couleur du fond du poil et celle des taches
dont il est marqué varient dans les différents individus de cette même espèce.
Il dit que les uns sont marqués de taches noires, et les autres de taches
rousses ou jaunes; et à l'égard de la différence totale de la couleur, c'est-à-
dire du blanc, du gris, ou du fauve au noir, on la trouve dans plusieurs
autres espèces d'animaux ; il y a des loups noirs, des renards noirs, des écureuils noirs, etc. Et si ces variations de la nature sont plus rares dans les
animaux sauvages que dans les animaux domestiques, c'est que le nombre
des hasards qui peuvent les produire est moins grand dans les premiers, dont
la vie étant plus uniforme, la nourriture moins variée, la liberté plus grande
que dans les derniers, leur nature doit être plus constante, c'est-à-dire moins
sujette aux changements et à ces variations qu'on doit regarder comme accidentelles, quand elles ne tombent que sur la couleur du poil.

hommes blancs, mais qui se ruent souvent sur les noirs, tellement que quelquefois trouvant
deux hommes, l'un blanc et l'autre noir, qui dorment l'un près de l'autre, ces animaux
vont de furie contre le noir sans offenser le blanc en aucune sorte. *Voyage autour du Monde*
par François Drack. Paris, 1641, p. 105.

(a) Il y a au Brésil une bête ravissante que les sauvages appellent *janou-ara*, laquelle
est presque aussi haute de jambes qu'un lévrier, mais ayant de grands poils autour du
menton (il entend les poils de la moustache), la peau fort belle et bigarrée comme celle d'un
once; elle lui ressemble aussi bien fort en tout le reste. *Voyage par Jean de Léry.* Paris,
1578, p. 162. — Le janouar est une espèce d'once grande comme un dogue d'Angleterre,
ayant la peau fort riche et toute marquetée. *Mission des Capucins*, par le Père d'Abbeville.
Paris, 1614, p. 251. — Le janouara du Brésil ne vit que de proie; il est de la taille d'un
lévrier, il a la peau tachetée. *Voyage de Coréal*, t. 1er, p. 173.

Le jaguar se trouve au Brésil, au Paraguay (*a*), au Tucuman (*b*), à la Guyane (*c*), au pays des Amazones (*d*), au Mexique (*e*), et dans toutes les contrées méridionales de l'Amérique ; il est cependant plus rare à Cayenne que le couguar, qu'ils ont appelé *tigre rouge;* et le jaguar est maintenant moins commun au Brésil, qui paraît être son pays natal, qu'il ne l'était autrefois : on a mis sa tête à prix ; on en a beaucoup détruit, et il s'est retiré loin (*f*) des côtes dans la profondeur des terres. Le jaguarète a toujours été plus rare, ou du moins il s'éloigne encore plus des lieux habités (*g*), et le petit nombre des voyageurs qui en ont fait mention paraissent n'en parler que d'après Marcgrave et Pison.

LE COUGUAR (*h*)

Le couguar (*) a la taille aussi longue, mais moins étoffée que le jaguar ; il est plus levreté, plus effilé et plus haut sur ses jambes ; il a la tête petite, la queue longue, le poil court et de couleur presque uniforme, d'un roux vif, mêlé de quelques teintes noirâtres, surtout au-dessus du dos ; il n'est marqué ni de bandes longues comme le tigre, ni de taches rondes et pleines comme le léopard, ni de taches en anneaux ou en roses comme l'once et la panthère ; il a le menton blanchâtre, ainsi que la gorge et toutes les parties inférieures du corps. Quoique plus faible, il est aussi féroce et peut-être plus cruel que le jaguar ; il paraît être encore plus acharné sur sa proie (*i*), il la dévore

(*a*) *Histoire du Paraguay*, par le P. Charlevoix, t. Ier, p. 31 et 171. Voyez aussi *idem*, t. IV, p. 95.

(*b*) Voyez *idem ibidem.*

(*c*) *Voyage de la France équin.*, par Binet. Paris, 1664, p. 343 ; et Desmarchais, t. III, p. 299.

(*d*) On trouve le janouar dans les terres du Maragnon. *Histoire de la mission des Capucins dans l'île du Maragnon*, par le P. d'Abbeville. Paris, 1614, p. 251.

(*e*) On voit dans les montagnes du Mexique un animal féroce qu'on appelle un *once*, qui est de la forme et de la taille d'un loup-cervier, mais qui a des serres, et dont la tête ressemble davantage à celle d'un tigre. *Voyage de Woode Rogers*, traduit de l'Anglais. Amsterdam, 1710, t. II, p. 42.

(*f*) *Voyage de Dampier*, Rouen, 1715, t. IV, p. 69.

(*g*) *Voyage de Desmarchais*, t. III, p. 300.

(*h*) Le couguar, nom que nous avons donné à cet animal, et que nous avons tiré par contraction de son nom brésilien *cuguacu ara*, que l'on prononce *cougouacouare*. On l'appelle *tigre rouge* à la Guyane. — *Cuguacu ara*. Pison. *Hist. nat.*, p. 105. — *Cuguacu arana.* Marcgravii *Hist. Brasil.*, p. 245. — *Cuguacu arana. Brasiliensibus.* Ray, *Synops. quadrup.*, p. 169. — *Tigris fulvus.* Barrère, *Hist. Franc. équin.*, p. 166. — *Felis ex flavo rufescens, mento et infimo ventre albicantibus..... Tegris fulva.* Le tigre rouge. Brisson, *Règne animal*, p. 272.—Tigre, en Amérique, dont la peau est brune sans être mouchetée. *Voyage de M. de la Condamine sur la rivière des Amazones.* Paris, 1745, p. 162.

(*i*) *Cuguacu-arana*, tigre rouge, ou plutôt bai rouge, qui est le plus goulu et le plus carnassier de tous. Barrère, *Histoire de la France équin.*, p. 166.

(*) *Felis discolor* L.

sans la dépecer ; dès qu'il l'a saisie, il l'entame, la suce, la mange de suite
et ne la quitte pas qu'il ne soit pleinement rassasié.

Cet animal est assez commun à la Guyane ; autrefois on l'a vu arriver à la
nage et en nombre dans l'île de Cayenne (a), pour attaquer et dévaster les
troupeaux : c'était dans les commencements un fléau pour la colonie, mais
peu à peu on l'a chassé, détruit et relégué loin des habitations. On le trouve au
Brésil, au Paraguay, au pays des Amazones, et il y a grande apparence que
l'animal qui nous est indiqué dans quelques relations, sous le nom d'*ocorome* (b), dans le pays des Moxes au Pérou, est le même que le couguar,
aussi bien que celui du pays des Iroquois (c), qu'on a regardé comme un
tigre, quoiqu'il ne soit point moucheté comme la panthère, ni marqué de
bandes longues comme le tigre.

Le couguar, par la légèreté de son corps et la plus grande longueur de
ses jambes, doit mieux courir que le jaguar et grimper aussi plus aisément
sur les arbres ; ils sont tous deux également paresseux et poltrons dès qu'ils
sont rassasiés ; ils n'attaquent presque jamais les hommes, à moins qu'ils ne
les trouvent endormis. Lorsqu'on veut passer la nuit ou s'arrêter dans les
bois, il suffit d'allumer du feu (d) pour les empêcher d'approcher. Ils se plaisent à l'ombre dans les grandes forêts ; ils se cachent dans un fort ou même
sur un arbre touffu, d'où ils s'élancent sur les animaux qui passent. Quoiqu'ils
ne vivent que de proie et qu'ils s'abreuvent plus souvent de sang que d'eau,
on prétend que leur chair est très bonne à manger : Pison dit expressément
qu'elle est aussi bonne que celle du veau (e), d'autres la comparent à celle du
mouton (f) ; j'ai bien de la peine à croire que ce soit en effet une viande de

(a) *Voyage de Desmarchais*, p. 300. — La colonie de Cayenne n'eut pas de plus grand
fléau à essuyer que celui des tigres. *Voyage de Woode Rogers*. Amsterdam, 1710, t. III,
p. 28.

(b) L'ocorome, du pays des Moxes, au Pérou, est de la grandeur d'un grand chien ; son
poil est roux, son museau pointu, ses dents fort affilées. *Lettres édifiantes*, dixième recueil.
Paris, 1715. — Second volume des *Voyages de Coréal*. Paris, 1722, p. 352.

(c) On trouve, au pays des Iroquois, des tigres de couleur de petit-gris qui ne sont point
mouchetés ; ils ont la queue fort longue, et donnent la chasse au porc-épic. Les Iroquois les
tuent plus souvent sur les arbres qu'à terre.... Quelques-uns ont le poil rougeâtre : tous l'ont
très fin, et leurs peaux font de très bonnes fourrures. *Histoire de la Nouvelle-France*, par le
P. Charlevoix. Paris, 1744, t. 1er, p. 272.

(d) Les Indiens des bords de l'Orénoque, dans la Guyane, allument du feu pendant la nuit
pour épouvanter les tigres, qui n'osent approcher du lieu où ils sont tant que le feu brûle.....
On n'a rien à craindre de ces tigres, quand même ils seraient en grand nombre, tant que le
feu dure. *Histoire naturelle de l'Orénoque*, par le P. Joseph Jumilla, traduite de l'espagnol.
Avignon, 1758, t. II, p. 3.

(e) « Nec est, quod aliquis putet à Barbaris tantum expeti carnem horum rapacium
» animalium : illæ enim quæ rufescentibus et flavescentibus maculis sunt, ab omnibus
» passim Europæis incolis, instar vitulinæ, estimentur. » Pison, *Hist. nat.*, p. 103.

(f) Les tigres du pays des Iroquois sont bons, au jugement même des Français, qui en
estiment la chair autant que celle du mouton. *Histoire de la Nouvelle-France*, par le P. Charlevoix. Paris, 1744, t. 1er, p. 272.

bon goût, j'aime mieux m'en rapporter au témoignage de Desmarchais (*a*), qui
dit que ce qu'il y a de mieux dans ces animaux, c'est la peau, dont on fait
des housses de cheval, et qu'on est peu friand de leur chair, qui d'ordinaire
est maigre et d'un fumet peu agréable.

LE LYNX OU LOUP-CERVIER

Messieurs de l'Académie des Sciences nous ont donné une très bonne
description du *lynx* (*) ou *loup-cervier* (*b*), et ils ont discuté, en critiques
éclairés, les faits et les noms qui ont rapport à cet animal dans les écrits des
anciens : ils font voir que le lynx d'Ælien est le même animal que celui qu'ils
ont décrit et disséqué sous le nom de *loup-cervier,* et ils censurent avec
raison ceux qui l'ont pris pour le *thos* d'Aristote. Cette discussion est mêlée
d'observations et de réflexions qui sont intéressantes et solides. En général
la description de cet animal est une des mieux faites de tout l'ouvrage ; on ne
peut même les blâmer de ce qu'après avoir prouvé que cet animal est le *lynx*
d'Ælien et non pas le *thos* d'Aristote, ils ne lui aient pas conservé son vrai
nom, *lynx,* et qu'ils lui aient donné en français le même nom que Gaza a
donné en latin au *thos* d'Aristote ; Gaza est en effet le premier qui, dans sa
traduction de l'histoire des animaux d'Aristote, ait traduit θώς par *lupus-cervarius ;* ils auraient dû seulement avertir que par le nom de *loup-cervier,* ils
n'entendaient pas le *lupus-cervarius* de Gaza, ou le *thos* d'Aristote, mais le
lupus-cervarius ou le *chaus* de Pline. Il nous a aussi paru qu'après avoir très
bien indiqué, d'après Oppien, qu'il y avait deux espèces ou deux races de
loups-cerviers, les uns plus grands, qui chassent et attaquent les daims et
les cerfs, les autres, plus petits, qui ne chassent guère qu'au lièvre, ils ont
mis ensemble deux espèces réellement différentes, savoir : le lynx marqué
de taches, qui se trouve communément dans les pays septentrionaux, et le
lynx du Levant ou de la Barbarie, dont le poil est sans taches et de couleur
uniforme. Nous avons vu ces deux animaux vivants ; ils se ressemblent à
bien des égards, ils ont tous deux un long pinceau de poil noir au bout des
oreilles : ce caractère particulier par lequel Ælien a le premier indiqué le
lynx, n'appartient en effet qu'à ces deux animaux ; et c'est probablement ce
qui a déterminé MM. de l'Académie à les regarder tous deux comme ne
faisant qu'un. Mais indépendamment de la différence de la couleur et des

(*a*) *Voyage de Desmarchais.* Paris, 1730, t. III, p. 299 et 300.
(*b*) *Mémoires pour servir à l'histoire des animaux,* partie 1, p. 127 et suiv.

(*) *Lynx Lynx* L. ou *Lynx vulgaris.*

taches du poil, on verra par l'histoire et la description suivantes que très
vraisemblablement ce sont des animaux d'espèces différentes.

M. Klein (a) dit que les plus beaux lynx sont en Afrique et en Asie, principalement en Perse ; qu'il en a vu un à Dresde qui venait d'Afrique, qui
était bien moucheté et qui était haut sur ses jambes ; que ceux d'Europe,
et notamment ceux qui viennent de Prusse et des autres pays septentrionaux, sont moins beaux ; qu'ils n'ont que peu ou point de blanc, qu'ils
sont plutôt roux avec des taches brouillées ou cumulées (*maculis confluen-
tibus*, etc.).

Sans vouloir nier absolument ce que dit ici M. Klein, j'avoue que je n'ai
trouvé nulle part ailleurs que le lynx habitât les pays chauds de l'Afrique
et de l'Asie. Kolbe (b) est le seul qui dise qu'il est commun au cap de
Bonne-Espérance, et qu'il ressemble parfaitement à celui du Brandebourg en Allemagne ; mais j'ai reconnu tant d'autres méprises dans les
mémoires de cet auteur, que je n'ajoute presque aucune foi à son témoignage, à moins qu'il ne s'accorde avec celui des autres. Or tous les voyageurs disent avoir vu des *lynx* ou *loups-cerviers* à peau tachée dans le nord
de l'Allemagne, en Lithuanie, en Moscovie, en Sibérie, au Canada et dans
les autres parties septentrionales de l'un et de l'autre continent ; mais
aucun, du moins de tous ceux que j'ai lus, ne dit avoir rencontré cet
animal dans les climats chauds de l'Afrique et de l'Asie : les lynx du
Levant, de la Barbarie, de l'Arabie et des autres pays chauds, sont, comme
nous l'avons dit ci-dessus, d'une couleur uniforme et sans taches ; ce ne
sont donc pas ceux dont parle M. Klein, qui selon lui sont bien mouchetés, ni ceux de Kolbe, qui ressemblent, dit-il, parfaitement à ceux du
Brandebourg.

Il serait difficile de concilier ces témoignages avec ce que nous savons
d'ailleurs : le lynx est certainement un animal plus commun dans les
pays froids que dans les pays tempérés, et il est au moins très rare dans
les pays chauds. Il était à la vérité connu des Grecs (c) et des latins ; mais
cela ne suppose pas qu'il vînt d'Afrique ou des provinces méridionales de
l'Asie ; Pline dit, au contraire, que les premiers qu'on vit à Rome du temps
de Pompée avaient été envoyés des Gaules. Maintenant il n'y en a plus
en France, si ce n'est peut-être quelques-uns dans les Pyrénées et les Alpes ;
mais aussi, sous le nom de Gaules, les Romains comprenaient beaucoup
de pays septentrionaux, et d'ailleurs tout le monde sait qu'aujourd'hui la
France est bien moins froide que ne l'était la Gaule. Les plus belles peaux

(a) Klein, *de Quadrup.*, p. 77.
(b) *Mémoires de Kolbe*. Amsterdam, 1741, t. III, p. 63.
(c) Les Grecs, qui, dans leurs fictions, ne laissaient pas de conserver les vraisemblances,
et surtout les circonstances des temps et des lieux, ont dit que c'était un roi de *Scythie* qui
avait été changé en lynx, ce qui paraît indiquer que le lynx était un animal de Scythie.

de lynx viennent de Sibérie (*a*) sous le nom de loup-cervier, et de Canada (*b*)
sous celui de chat-cervier, parce que ces animaux étant, comme tous les
autres, plus petits dans le nouveau que dans l'ancien continent, on les a
comparés au loup pour la grandeur en Europe, et au chat sauvage en
Amérique (*c*).

Ce qui paraît avoir déçu M. Klein, et qui pourrait encore en tromper
beaucoup d'autres moins habiles que lui, c'est : 1° que les anciens ont dit
que l'Inde avait fourni des lynx au dieu Bacchus (*d*) ; 2° que Pline a mis des
lynx en Éthiopie (*e*), et a dit qu'on en préparait le cuir et les ongles à *Car-
pathos*, aujourd'hui *Scarpantho* ou *Zerpanto*, île de la Méditerranée, entre
Rhodes et Candie ; 3° que Gessner (*f*) a fait un article particulier du lynx
d'Asie ou d'Afrique, lequel article contient l'extrait d'une lettre d'un baron
de Balicze : « Vous n'avez pas fait mention, dit-il à Gessner, dans votre
» livre des animaux, du lynx indien ou africain ; comme Pline en a parlé,
» l'autorité de ce grand homme m'a engagé à vous envoyer le dessin de cet
» animal, afin que vous en parliez... Il a été dessiné à Constantinople, il
» est fort différent du loup-cervier d'Allemagne, il est beaucoup plus grand,
» il a le poil beaucoup plus rude et plus court, etc. » Gessner, sans faire
d'autres réflexions sur cette lettre, se contente d'en rapporter la substance,
et de dire par une parenthèse que le dessin de l'animal ne lui est pas
parvenu.

(*a*) On trouve en Russie beaucoup de loups-cerviers qui ont la peau belle, quoiqu'ils ne
vaillent pas ceux de Sibérie. *Nouveau Mémoire sur la grande Russie*. Paris, 1725, t. II, p. 73.

(*b*) Le loup-cervier de l'Amérique septentrionale est une espèce de chat, mais bien plus
gros ; il monte aussi sur les arbres, vit d'animaux qu'il attrape ; le poil en est grand, d'un
gris blanc, c'est une bonne fourrure ; la chair en est blanche et très bonne à manger. *Description des côtes de l'Amérique septentrionale*. Paris, 1672, t. II, p. 441.

(*c*) Il y a dans les bois du Canada beaucoup de loups ou plutôt de chats-cerviers, car ils
n'ont du loup qu'une espèce de hurlement ; en tout le reste ils sont, dit M. Sarrasin, *ex
genere felino*. Ce sont de vrais chasseurs qui ne vivent que du gibier qu'ils peuvent attraper
et qu'ils poursuivent jusqu'à la cime des plus grands arbres ; leur chair est blanche et bonne
à manger ; leur poil et leur peau sont fort connus en France ; c'est une des plus belles fourrures de ce pays, et qui entre le plus dans le commerce. *Histoire de la Nouvelle-France*, par
le Père Charlevoix, t. III, p. 333.

(*d*) « Victa racemifero lyncas dedit India Baccho. » *Ovid. Métamorph.*

(*e*) Plinii *Hist. nat*, lib. VIII, cap. XXI ; et lib. XXVIII, cap. VIII. — On observera que
Pline ne parle ici que du *lynx*, et non pas du *lupus-cervarius* ; que toutes les vertus et propriétés du poil, des ongles, de l'urine, etc., n'ont rapport qu'à l'animal qu'il appelle *lynx*, et
qu'il cite comme un animal extraordinaire, un monstre d'Éthiopie ; et qu'il n'est pas ici
question du loup-cervier, puisqu'il assure positivement que celui-ci avait été envoyé des
Gaules aux spectacles de Rome. La seule chose qui pourrait faire soupçonner que le *chaus*
ou *lupus-cervarius* de Pline ne serait pas notre loup-cervier, c'est qu'il dit qu'il a la figure du
loup et les taches de la panthère ; mais ce doute s'évanouira lorsqu'on considérera toutes les
circonstances, et qu'on se rappellera d'ailleurs que, de tous les animaux de proie qui se
trouvent dans les pays septentrionaux, le loup-cervier est le seul dont la robe soit tachée
comme celle de la panthère.

(*f*) Gessner, *Hist. quadrup.*, p. 683.

Pour que l'on ne tombe plus dans la même méprise, nous observerons : 1º que les poètes et les peintres ont attelé le char de Bacchus de tigres, de panthères et de lynx, selon leur caprice, ou plutôt parce que toutes ces bêtes féroces, à peau tachée, étaient également consacrées à ce dieu ; 2º que c'est le mot *lynx* qui fait ici toute l'équivoque, puisqu'il est évident, en comparant Pline avec lui-même (*a*), que l'animal qu'il appelle *lynx*, et qu'il dit être en Éthiopie, n'est nullement celui qu'il appelle *chaus* ou *lupus-cervarius,* qui venait des pays septentrionaux ; que c'est par ce même nom mal appliqué que le baron de Balicze a été trompé, quoiqu'il regarde le lynx indien comme un animal différent du *luchs* d'Allemagne, c'est-à-dire de notre lynx ou loup-cervier : ce lynx indien ou africain, qu'il dit être beaucoup plus grand et mieux taché que notre loup-cervier, pourrait bien n'être qu'une sorte de panthère. Quoi qu'il en soit de cette dernière conjecture, il paraît que le lynx ou loup-cervier, dont il est ici question, ne se trouve point dans les contrées méridionales, mais seulement dans les pays septentrionaux de l'ancien et du nouveau continent. Olaüs (*b*) dit qu'il est commun dans les forêts du nord de l'Europe : Oléarius (*c*) assure la même chose en parlant de la Moscovie ; Rosinus Lentilius dit que les lynx sont communs en Curlande, en Lithuanie, et que ceux de la Cassubie (*d*) (province de la Poméranie) sont plus petits et moins tachés que ceux de Pologne et de Lithuanie ; enfin, Paul Jove ajoute à ces témoignages que les plus belles peaux de loup-cervier viennent de la Sibérie (*e*) et qu'on en fait un grand commerce à Ustivaga, ville distante de six cents milles de Moscou.

Cet animal qui, comme l'on voit, habite les climats froids plus volontiers que les pays tempérés, est du nombre de ceux qui ont pu passer d'un continent à l'autre par les terres du nord ; aussi l'a-t-on trouvé dans l'Amérique septentrionale. Les voyageurs (*f*) l'ont indiqué d'une manière à ne s'y

(*a*) « Pompeii magni primum ludi ostenderunt chaum, quem Galli rhaphium vocabant, » effigie lupi, pardorum maculis. » *Plin.*, lib. viii, cap. xix. — « Sunt in eo genere (scili- » cet luporum), qui cervarii vocantur, qualem è Gallia in Pompeii magni aregna spectatum » diximus. » *Plin.*, lib. viii, cap. xxii. — « Lyncas vulgo frequentes et sphingas, fusco pilo, » mammis in pectore geminis, Æthiopia generat, multaque alia monstro similia. » *Plin.*, lib. viii, cap. xxi. — Il est clair, en comparant ces trois passages, que le *chaus* et le *lupus-cervarius* sont le même animal, et que le *lynx* en est un autre. La seule chose qu'on puisse ici reprocher à Pline, c'est que, trompé apparemment par le nom, il dit que cet animal a la figure du loup (*effigie lupi*). Le loup-cervier est, comme le loup commun, un animal de proie, il en approche encore par la grandeur du corps, il a comme lui une espèce de hurlement ou de cri prolongé, mais pour tout le reste il en diffère absolument.

(*b*) *Hist. de gentibus septent. ab Olao magno.* Antuerpiæ, 1558, lib. xviii, p. 139.

(*c*) *Relation d'Adam Oléarius,* t. 1ᵉʳ, p. 121.

(*d*) *Auctuarium Hist. nat. Poloniæ,* G. Rzaczynski. Gedani, 1742.

(*e*) *Vide* Aldrov. *de Quadrup. digit.*, p. 96.

(*f*) On voit encore, chez les Gaspésiens, trois sortes de loups. Le loup-cervier est d'un poil argenté ; il a deux cornichons à la tête (il veut dire aux oreilles) qui sont de poil tout noir.

pas méprendre, et d'ailleurs on sait que la peau de cet animal fait un objet de commerce de l'Amérique en Europe. Ces loups-cerviers de Canada sont seulement, comme je l'ai déjà dit, plus petits et plus blancs que ceux d'Europe ; et c'est cette différence de grandeur qui les a fait appeler *chats-cerviers*, et qui a induit les nomenclateurs (*a*) à les regarder comme des animaux d'espèce différente (*b*). Sans vouloir prononcer décisivement sur cette question, il nous a paru que le chat-cervier de Canada et le loup-cervier de Moscovie sont de la même espèce : 1° parce que la différence de grandeur n'est pas fort considérable, et qu'elle est à peu près relativement la même que celle qui se trouve entre les animaux communs aux deux continents : les loups, les renards, etc., étant plus petits en Amérique qu'en Europe, il doit en être de même du lynx ou loup-cervier ; 2° parce que dans le nord de l'Europe même, ces animaux varient pour la grandeur, et que les auteurs (*c*) font mention de deux espèces, l'une plus petite et l'autre plus grande ; 3° enfin, parce que ces animaux affectant les mêmes climats et étant du même naturel, de la même figure, et ne différant entre eux que par la grandeur du corps et quelques nuances de couleur, ces caractères ne me paraissent pas suffisants pour les séparer et prononcer qu'ils soient de deux espèces différentes.

Le lynx dont les anciens ont dit que la vue était assez perçante pour pénétrer les corps opaques, dont l'urine avait la merveilleuse propriété de devenir un corps solide, une pierre précieuse appelée *lapis lyncurius*, est un animal fabuleux aussi bien que toutes les propriétés qu'on lui attribue. Ce lynx imaginaire n'a d'autre rapport avec le vrai lynx que celui du nom. Il ne faut

La viande en est assez bonne, quoiqu'elle sente un peu trop le sauvageon : cet animal est plus affreux à voir que cruel ; la peau en est très bonne pour en faire des fourrures. *Nouvelle relation de la Gaspésie*, par le P. Chrétien Leclerc. Paris, 1691, p. 488. — Au pays des Hurons, les loups-cerviers sont plus fréquents que les loups communs, qui y sont assez rares. *Voyage de Sagard Théodat*. Paris, 1632, p. 307. — En Amérique se voient bêtes ravissantes comme léopards et loups-cerviers, mais de lions nullement. *Singularités de la France antarctique*, par Thevet. Paris, 1558, p. 103.

(*a*) M. Linnæus, qui demeure à Upsal, et qui doit connaître cet animal, puisqu'il se trouve en Suède et dans les pays circonvoisins, avait d'abord distingué le loup-cervier du chat-cervier. Il nommait le premier *felis caudâ truncatâ, corpore rufescente maculato.* Syst. nat., édit. IV, p. 64, et édit. VI, p. 4. Il nommait le second *felis caudâ truncatâ, corpore albo maculato.* Syst. nat., id. ibid. Il nomme même en suédois le premier *warglo*, et le second *kattlo*. Fauna Suec., p. 2. Mais, dans sa dernière édition, il ne distingue plus ces animaux, et il ne fait mention que d'une seule espèce qu'il indique par la phrase suivante : *felis caudâ abbreviatâ, apice atrâ, auriculis apice barbatis*, et dont il donne une courte et bonne description. Il paraît donc que cet auteur, qui d'abord distinguait le loup-cervier du chat-cervier, est venu à penser comme nous que tous deux n'étaient que le même animal.

(*b*) *Felis alba maculis nigris variegata, caudâ brevi..... Catus cervarius*, le chat-cervier. — *Felis auricularum apicibus pilis longissimis præditis, caudâ brevi.... Lynx*, le loup-cervier. Brisson, *Règne animal*, p. 274 et 275.

(*c*) *Lynces ambæ (magnæ et parvæ) corporis figurâ similes sunt, et similiter utrisque oculi suaviter fulgent, facies utrisque alacris perlucet, parvum utrisque caput, etc.* Oppianus.

donc pas, comme l'ont fait la plupart des naturalistes, attribuer à celui-ci, qui est un être réel, les propriétés de cet animal imaginaire, à l'existence duquel Pline lui-même n'a pas l'air de croire, puisqu'il n'en parle que comme d'une bête extraordinaire, et qu'il le met à la tête des sphinx, des pégases, des licornes, et des autres prodiges ou monstres qu'enfante l'Éthiopie.

Notre lynx ne voit point à travers les murailles, mais il est vrai qu'il a les yeux brillants, le regard doux, l'air agréable et gai ; son urine ne fait pas des pierres précieuses, mais seulement il la recouvre de terre, comme font les chats, auxquels il ressemble beaucoup, et dont il a les mœurs et même la propreté. Il n'a rien du loup qu'une espèce de hurlement, qui se faisant entendre de loin a dû tromper les chasseurs et leur faire croire qu'ils entendaient un loup. Cela seul a peut-être suffi pour lui faire donner le nom de *loup*, auquel, pour le distinguer du vrai loup, les chasseurs auront ajouté l'épithète de *cervier*, parce qu'il attaque les cerfs, ou plutôt parce que sa peau est variée de taches à peu près comme celle des jeunes cerfs lorsqu'ils ont la livrée. Le lynx est moins gros que le loup (*a*) et plus bas sur ses jambes ; il est communément de la grandeur d'un renard. Il diffère de la panthère et de l'once par les caractères suivants : il a le poil plus long, les taches moins vives et mal terminées, les oreilles bien plus grandes et surmontées à leur extrémité d'un pinceau de poils noirs ; la queue beaucoup plus courte et noire à l'extrémité, le tour des yeux blanc, et l'air de la face plus agréable et moins féroce. La robe du mâle est mieux marquée que celle de la femelle ; il ne court pas de suite comme le loup, il marche et saute comme le chat ; il vit de chasse et poursuit son gibier jusqu'à la cime des arbres ; les chats sauvages, les martes, les hermines, les écureuils ne peuvent lui échapper ; il saisit aussi les oiseaux ; il attend les cerfs, les chevreuils, les lièvres au passage et s'élance dessus ; il les prend à la gorge, et lorsqu'il s'est rendu maître de sa victime il en suce le sang et lui ouvre la tête pour manger la cervelle, après quoi souvent il l'abandonne pour en chercher une autre : rarement il retourne à sa première proie, et c'est ce qui a fait dire que, de tous les animaux, le lynx était celui qui avait le moins de mémoire. Son poil change de couleur suivant les climats et la saison ; les fourrures d'hiver sont plus belles, meilleures et plus fournies que celles de l'été ; sa chair, comme celle de tous les animaux de proie, n'est pas bonne à manger (*b*).

(*a*) *Lynces nostræ lupis minores sunt, tergo maculosæ.* Stumphius.
(*b*) Rzaczynski, *Auct. Hist. nat. Pol.*, p. 314.

LE CARACAL

Quoique le caracal (*) ressemble au lynx par la grandeur et la forme du corps, par l'air de la tête, et qu'il ait comme lui le caractère singulier, et, pour ainsi dire, unique d'un long pinceau de poil noir à la pointe des oreilles, nous avons présumé, par les disconvenances qui se trouvent entre ces deux animaux, qu'ils étaient d'espèces différentes. Le caracal n'est point moucheté comme le lynx ; il a le poil plus rude et plus court, la queue beaucoup plus longue et d'une couleur uniforme, le museau plus allongé, la mine beaucoup moins douce et le naturel plus féroce. Le lynx n'habite que dans les pays froids ou tempérés ; le caracal ne se trouve que dans les climats les plus chauds : c'est autant par cette différence du naturel et du climat que nous les avons jugés de deux espèces différentes, que par l'inspection et par la comparaison de ces deux animaux que nous avons vus vivants, et qui, comme tous ceux que nous avons donnés jusqu'ici, ont été dessinés et décrits d'après nature.

Cet animal est commun en Barbarie, en Arabie et dans tous les pays qu'habitent le lion, la panthère et l'once ; comme eux, il vit de proie, mais étant plus petit et bien plus faible, il a plus de peine à se procurer sa subsistance ; il n'a, pour ainsi dire, que ce que les autres lui laissent, et souvent il est forcé à se contenter de leurs restes : il s'éloigne de la panthère parce qu'elle exerce ses cruautés lors même qu'elle est pleinement rassasiée ; mais il suit le lion qui, dès qu'il est repu, ne fait de mal à personne ; le caracal profite des débris de sa table, et quelquefois même il l'accompagne d'assez près, parce que, grimpant légèrement sur les arbres il ne craint pas la colère du lion, qui ne pourrait l'y suivre comme fait la panthère. C'est par toutes ces raisons que l'on a dit du caracal qu'il était le guide (*a*) ou le pourvoyeur du lion, que celui-ci, dont l'odorat n'est pas fin, s'en servait pour éventer de loin les autres animaux, dont il partageait ensuite avec lui la dépouille (*b*).

(*a*) Les karacoulacs sont des animaux un peu plus grands que des chats, et faits de même ; ils ont les oreilles longues de près de demi-pied et noires, et c'est d'où ils tirent leur nom, qui signifie *oreille noire*. Ils servent de chiaoux aux lions (comme disent les gens du pays), car ils vont devant eux quelques pas, et sont comme leur guide pour les conduire aux lieux où il y a de quoi manger, et pour récompense ils en ont leur part : quand cet animal appelle le lion, il semble que ce soit la voix d'une personne qui en appelle une autre, quoique pourtant la voix en soit plus claire. *Voyage de Thévenot.* Paris, 1664, t. II, p. 114 et 115.

(*b*) Je vis dans une cage de fer un animal que les Arabes nomment le *guide du lion.* Il est très ressemblant au chat, c'est pourquoi quelques-uns l'appellent *chat de Syrie*, et j'en ai vu un autre à Florence appelé de ce nom : il est assez farouche ; si quelqu'un tâche de retirer la viande qu'il lui a présentée, il se met en une grande furie, et si on ne l'apaise il s'élance

(*) *Lynx Caracal* Schreb. (*Felis Caracal* L.)

IX. 14

Le caracal est de la grandeur d'un renard, mais il est beaucoup plus féroce et plus fort ; on l'a vu assaillir, déchirer et mettre à mort en peu d'instants un chien d'assez grande taille qui, combattant pour sa vie, se défendait de toutes ses forces : il ne s'apprivoise que très difficilement ; cependant lorsqu'il est pris jeune et ensuite élevé avec soin, on peut le dresser à la chasse qu'il aime naturellement et à laquelle il réussit très bien, pourvu qu'on ait l'attention de ne le jamais lâcher que contre des animaux qui lui soient inférieurs et qui ne puissent lui résister ; autrement il se rebute et refuse le service dès qu'il y a du danger : on s'en sert aux Indes pour prendre les lièvres, les lapins et même les grands oiseaux, qu'il surprend et saisit avec une adresse singulière.

L'HYÈNE (a)

Aristote (b) nous a laissé deux notices au sujet de l'hyène (*), qui seules suffiraient pour faire reconnaître cet animal et pour le distinguer de tous les autres ; néanmoins les voyageurs et les naturalistes l'ont confondu avec

infailliblement sur lui. Il a de petits flocons de poil au sommet des oreilles, et il est appelé le *guide du lion* parce que, à ce qu'on dit, le lion n'a pas l'odorat bien fin ; si bien que, se joignant à cet animal qui l'a très aigu, il suit par ce moyen la proie ; et, l'ayant prise, il en donne une partie à son conducteur. *Voyage d'Orient* du P. Philippe, carme-déchaussé. Lyon, 1669, liv. II, p. 76 et 77. — Le *gat el challah* des Arabes que les Persans appellent *siyah-gush*, et les Turcs *karrah-kulak*, c'est-à-dire le chat noir ou le chat aux oreilles noires, comme son nom porte dans ces trois langues, est de la grandeur d'un gros chat. Il a le corps d'un brun tirant sur le rouge, le ventre d'une couleur plus claire et quelquefois tacheté, le museau noir et les oreilles d'un gris foncé, dont les bouts sont garnis d'une petite touffe d'un poil noir et raide comme celle du lynx. La figure de cet animal, donnée par Charleton, est très différente du *siyah-gush* de Barbarie, qui a la tête plus ronde avec les lèvres noires, mais du reste il ressemble entièrement à un chat. *Voyage de Shaw.* La Haye, 1743, t. 1er, p. 320 et 321. NOTA. La figure donnée par Charleton pèche en ce que le poil n'y est pas exprimé, et que la tête est, pour ainsi dire, chauve, ce qui lui ôte de sa rondeur ; mais il n'en est pas moins vrai que le *siyah-gush* de Charleton et celui de Barbarie, d nt parle ici le docteur Shaw, sont tous deux des animaux de la même espèce que notre caracal.

(a) *Hyæna. Canis caudâ rectâ annulatâ, pilis cervicis erectis, auriculis nudis.* Linn. *Syst. nat.*, édit. X, p. 40. — *Nota* que ce caractère de la queue annelée, qui a aussi été donnée par Kæmpfer, n'est ni bien sensible ni constant ; l'hyène que nous avons vue a tous les caractères que M. Linnæus donne à cet animal, à l'exception de celui de la queue qui n'avait pas des anneaux bien marqués, mais seulement quelques teintes de brun sur un fond gris qui formaient plutôt des ondes que des anneaux.

(b) Aristot. *Hist. animal.*, lib. VI, cap. XXXII ; et lib. VIII, cap. V.

(*) Les Hyènes (*Hyæna* L.) appartiennent à une petite famille de Carnivores, caractérisée par des ongles non rétractiles, des pattes à quatre doigts, des oreilles grandes et dressées, une crinière sur le dos. On en connaît trois ou quatre espèces : *H. striata* ZIMM. ou Hyène rayée, de l'Afrique et de l'Inde ; *H. Crocuta* ZIMM. ou Hyène tachetée, de l'Afrique méridionale ; *H. brunea* THUNB. de l'Afrique méridionale.

quatre autres animaux dont les espèces sont toutes quatre différentes entre elles, et différentes de celle de l'hyène. Ces animaux sont le chacal, le glouton, la civette et le babouin, qui tous quatre sont carnassiers et féroces comme l'hyène, et qui ont chacun quelques petites convenances et quelques rapports particuliers avec elle, lesquels ont donné lieu à la méprise et à l'erreur. Le chacal se trouve à peu près dans le même pays, il approche comme l'hyène de la forme du loup ; comme elle, il vit de cadavres et fouille les sépultures pour en tirer les corps : c'en est assez pour qu'on les ait pris l'un pour l'autre. Le glouton a la même voracité, la même faim pour la chair corrompue, le même instinct pour déterrer les morts, et quoiqu'il soit d'un climat fort différent de celui de l'hyène, et d'une figure aussi très différente, cette seule convenance de naturel a suffi pour que les auteurs les aient confondus. La civette se trouve aussi dans le même pays que l'hyène, elle a comme elle de longs poils le long du dos, et une ouverture ou fente particulière : caractères singuliers qui n'appartiennent qu'à quelques animaux, et qui ont fait croire à Belon que la civette était l'hyène des anciens. Et à l'égard du babouin, qui ressemble encore moins à l'hyène que les trois autres, puisqu'il a des mains et des pieds comme l'homme ou le singe, il n'a été pris pour elle qu'à cause de la ressemblance du nom : l'hyène s'appelle *dubbah* en Barbarie, selon le docteur Shaw, et le babouin se nomme *dabuh*, selon Marmol et Léon l'africain ; et comme le babouin est du même climat, qu'il gratte aussi la terre et qu'il est à peu près de la forme de l'hyène, ces convenances ont trompé les voyageurs et ensuite les naturalistes qui ont copié les voyageurs ; ceux même qui ont distingué nettement ces deux animaux n'ont pas laissé de conserver à l'hyène le nom *dabuh*, qui est celui du babouin. L'hyène n'est donc pas le *dabuh* des Arabes, ni le *jesef* ou *sesef* des Africains, comme le disent nos naturalistes (*a*) ; et il ne faut pas non plus la confondre avec le *deeb* de Barbarie. Mais afin de prévenir pour jamais cette confusion de noms, nous allons donner en peu de mots le précis des recherches que nous avons faites au sujet de ces animaux.

Aristote donne deux noms à l'hyène ; communément il l'appelle *hyæna* et quelquefois *glanus :* pour être assuré que ces deux noms ne désignent que le même animal, il suffit de comparer les passages (*b*) où il en est ques-

(*a*) Charleton, *Exercit.*, p. 14. — Brisson, *Règne animal*, p. 234.

(*b*) « Hyæna colore lupi prope est, sed hirsutior, et jubâ per totum dorsum prædita est.
» Quod autem de ea fertur, genitale simul et maris et fœminæ eamdem habere, commenti-
» tium est : sed virile similiter, atque in lupis, et canibus habetur. Quod vero fœmineum esse
» videtur, sub caudâ positum est, figurâ simile genitali fœminæ, sed sine ullo meatu. Sub hoc
» meatus excrementorum est. Quin etiam fœmina hyæna præter suum illud etiam simile, ut
» mas habet sub caudâ sine ullo meatu, à quo excrementorum meatus est, atque sub eo ge-
» nitale verum continetur. Vulvam etiam fœmina, ut ceteræ hujusce modi fœminæ animantes,
» habet. Sed raro hyæna fœmina capitur, jam inter undecim numero, unam tantum cepisse
» venator retulit quidam. » Lib. vi, cap. xxxii. — « Quam autem alii glanum, alii hyænam
» appellant, corpore non minore, quam lupus est, jubâ quâ equus, sed setâ duriore, longio-

tion. Les anciens Latins ont conservé le nom d'*hyæna* et n'ont point adopté celui de *glanus;* on trouve seulement dans les Latins modernes le mot de *ganus* ou *gannus* (*a*), et celui de *belbus* (*b*) pour indiquer l'hyène. Selon Rhasis (*c*), les Arabes ont appelé l'hyène *kabo* ou *zabo*, noms qui paraissent dérivés du mot *zeeb*, qui dans leur langue est le nom du *loup*. En Barbarie l'hyène porte le nom de *dubbah*, comme on peut le voir par la courte description que le docteur Shaw (*d*) nous a donnée de cet animal. En Turquie, l'hyène se nomme *zirtlam*, selon Nieremberg (*e*); et en Perse *kaftaar*, suivant Kæmpfer (*f*); et *castar*, selon Pietro della Valle (*g*) : ce sont là les seuls noms qu'on doive appliquer à l'hyène, puisque ce sont les seuls sous lesquels on puisse la reconnaître clairement : il nous paraît cependant très vraisemblable, quoique moins évident, que le *lycaon* et la *crocuta* des

» reque, et per totum dorsum porrectâ. Molitur hæc insidias homini, canes etiam vomitio-» nem hominis imitando capit et sepulchra effodit humanæ avida carnis, ac cruit. » Arist., *Hist. animal.*, lib. viii, cap. v.

(*a*) Gessn., *Hist. quadrup.*, p. 555.

(*b*) « Belbi, id est, hyænæ, decem fuerunt sub Gordiano Romæ. » *Julius Capitolinus. Id. ibid.*

(*c*) Gessner, *Hist. quadrup.*, p. 555.

(*d*) Aux royaumes de Tunis et d'Alger le dubbah est de la grandeur du loup... Il a le cou si excessivement raide que, lorsqu'il veut regarder derrière lui ou seulement de côté, il est obligé de tourner tout le corps comme les cochons, les taissons et les crocodiles. Sa couleur est d'un brun sombre tirant sur le rouge avec quelques raies d'un brun encore plus obscur : le poil de la nuque du cou est presque de la grandeur d'une paume, mais moins rude que les soies de cochon. Il a les pieds grands et bien armés, dont il se sert pour remuer la terre et en tirer les rejetons du palmier et d'autres racines, et quelquefois des corps morts... Après le lion et la panthère, le dubbah est le plus féroce et le plus cruel de tous les animaux de la Barbarie. Comme cette bête est pourvue d'une crinière, qu'elle a de la peine à tourner la tête et qu'elle fouille dans les sépulcres, il y a toute apparence que c'est l'hyène des anciens. *Voyages de Shaw*, t. 1er, p. 320.

(*e*) Euseb. Nieremberg. *Hist. nat.* Antuerpiæ, 1635, p. 181.

(*f*) « Kaftaar, id est, taxus porcinus, sive hyæna veterum (*Vid in Tab.* § 4, nº 4), animal » est porci, seu scrophæ grandioris, magnitudinem ejusdemque formam corporis obtinens, » si caput, caudam et pedes excipio. Pilis vestitur longis, incanis, in orâ dorsi, porcino more, » longioribus, pene spithamalibus, apicibus nigris ; caput habet lupino non dissimile, rostro » nigro, fronte longiori, oculis rostro propinquioribus nigris et volubilibus, auribus nudis, » fuscis et acuminatis ; caudâ donatur prælongâ, villis densis longioribus vestita, circulisque » nigricantibus ad decorem intercepta. Crura in orbem quodam modo variegata, posteriora » prioribus sunt longiora ; pedes in quaternos ungues divisi ; quos lupino more contrahit, ne » videantur. Corpus habet striis à dorso ventre tenus pictum paucis, latis et inæqualibus, » alternatim fuscis et nigris... Mira vi terram effodit, cavernisque abditum se illatebrare » amat, diu sine cibo vivit, et raptu victum quærit... Ferox et carnivora bestia quippe in » humana sæviens cadavera, quæ noctu ex tumulis impigre effodit, etc. » Kæmpfer, *Amanitates*, pages 411 et 412.

(*g*) Je vis à Schiras un certain animal vivant, que les Persans nomment en leur langue *castar*, aussi puissant qu'un gros chien, qui n'était pas encore, à ce que je crois, dans sa perfection ; il avait la grandeur, la forme et la couleur d'un tigre (il entend la panthère), et la tête avec le museau effilé d'un pourceau. L'on dit qu'il se nourrissait de chair humaine, et qu'il fouillait les tombeaux et les sépulcres pour manger les cadavres, ce qui m'avait fait juger depuis que ce pourrait être l'hyène des Latins ; quoiqu'il en soit, c'était un animal farouche que je n'avais jamais vu. *Voyage de Pietro della Valle.* Rouen, 1745, t. V, p. 343.

Indes et de l'Éthiopie dont parlent les anciens ne sont pas autres que l'hyène. Porphyre (*a*) dit expressément que la *crocute* des Indes est l'hyène des Grecs ; et en effet tout ce que ceux-ci ont écrit, et même tout ce qu'ils ont dit de fabuleux au sujet du *lycaon* et de la *crocute* convient à l'hyène, sur laquelle ils ont aussi débité plus de fables que de faits. Mais nous bornerons ici nos conjectures sur ce sujet, afin de ne nous pas trop éloigner de notre objet présent, et parce que nous traiterons dans un discours à part de ce qui regarde les animaux fabuleux (*), et des rapports qu'ils peuvent avoir avec les animaux réels.

Le *panther* des Grecs, le *lupus canarius* de Gaza, le *lupus armenius* des Latins modernes et des Arabes, nous paraissent être le même animal ; et cet animal est le chacal, que les Turcs appellent *cical* selon Pollux (*b*), *thacal* suivant Spon (*c*) et Wheler, les Grecs modernes *zachalia* (*d*), les Persans *siechal* (*e*) ou *schachal* (*f*), les Maures de Barbarie *deeb* (*g*) ou *jackal*. Nous lui conserverons le nom *chacal*, qui a été adopté par plusieurs voyageurs, et nous nous contenterons de remarquer ici qu'il diffère de l'hyène non seulement par la grandeur, par la figure, par la couleur du poil, mais aussi par les habitudes naturelles, allant ordinairement en troupe, au lieu que l'hyène est un animal solitaire ; les nouveaux nomenclateurs ont appelé le *chacal*, d'après Kæmpfer, *lupus-aureus*, parce qu'il a le poil d'un fauve jaune, vif et brillant.

Le chacal est, comme l'on voit, un animal très différent de l'hyène : il en est de même du glouton, qui est une bête du Nord reléguée dans les pays les plus froids, tels que la Laponie, la Russie, la Sibérie ; inconnue même dans les régions tempérées, et qui par conséquent n'a jamais habité en Arabie, non plus que dans les autres climats chauds où se trouve l'hyène : aussi en diffère-t-il à tous égards ; le glouton est à peu près de la forme d'un très gros blaireau, il a les jambes courtes, le ventre presque à terre, cinq doigts aux pieds de devant comme à ceux de derrière, point de crinière sur le cou, le poil noir sur tout le corps, quelquefois d'un fauve brun sur les flancs. Il n'a de commun avec l'hyène que d'être très vorace ; il n'était pas connu des anciens, qui n'avaient pas pénétré fort avant dans les terres du Nord. Le premier auteur qui ait fait mention de cet animal est Olaüs (*h*) ; il l'a appelé

(*a*) « Porphyrius in eo opere quod inscripsit de abstinentiâ ab usu carnium, hyænam dicit » ab Indis appellari crocutam. » Gillius *apud* Gessnerum, *Hist. quadrup.*, p. 555.

(*b*) Gessner, *Hist. quadrup.*, p. 675.

(*c*) *Voyage de Jacob Spon et George Wheler*. Lyon, 1678, t. Iᵉʳ, p. 114 et 115.

(*d*) *Idem, ibidem*.

(*e*) *Voyage de Chardin en Perse*. Amsterdam, 1711, t. II, p. 29.

(*f*) Kæmpfer, *Amœnitates exoticæ*, p. 413.

(*g*) *Voyage de Shaw*. La Haye, 1743, t. Iᵉʳ, p. 313.

(*h*) « Inter omnia animalia quæ immani voracitate creduntur insatiabilia, gulo in partibus

(*) Buffon n'a jamais écrit ce discours.

gulo à cause de sa grande voracité : on l'a ensuite nommé *rosomak* en langue sclavone (*a*), *jerff* et *wildfras* en allemand : nos voyageurs français (*b*) l'ont appelé *glouton*. Il y a des variétés dans cette espèce aussi bien que dans celle du chacal, dont nous parlerons dans l'histoire particulière de ces animaux ; mais nous pouvons assurer d'avance que ces variétés, loin de les rapprocher, les éloignent encore de l'espèce de l'hyène.

La civette n'a de commun avec l'hyène que l'ouverture ou sac sous la queue, et la crinière le long du cou et de l'épine du dos ; elle en diffère par la figure, par la grandeur du corps, étant de moitié plus petite ; elle a les oreilles velues et courtes, au lieu que l'hyène les a longues et nues ; elle a, de plus, les jambes bien plus courtes, cinq doigts à chaque pied, tandis que l'hyène a les jambes longues et n'a que quatre doigts à tous les pieds ; la civette ne fouille pas la terre pour en tirer les cadavres : il est donc très facile de les distinguer l'une de l'autre. A l'égard du babouin, qui est le *papio* des Latins, il n'a été pris pour l'hyène que par une équivoque de noms, à laquelle un passage de Léon l'africain (*c*), copié par Marmol (*d*), semble avoir donné lieu. Le *dabuh*, disent ces deux auteurs, *est de la grandeur et de la forme du loup, il tire les corps morts des sépulcres*. La ressemblance de ce nom *dabuh* avec *dubbah*, qui est celui de l'hyène, et cette avidité pour les cadavres commune au *dabuh* et au *dubbah*, les a fait prendre pour le même animal, quoiqu'il soit dit expressément dans les mêmes passages que nous venons de citer, que le *dabuh* a des mains et des pieds comme l'homme, ce qui convient au babouin et ne peut convenir à l'hyène.

On pourrait encore, en jetant les yeux sur la figure du *lupus marinus* (*e*) de Belon, copiée par Gessner (*f*), prendre cet animal pour l'hyène ; car cette figure, donnée par Belon, ressemble beaucoup à celle de notre hyène : mais sa description ne s'accorde point avec la nôtre, en ce qu'il dit que c'est un animal amphibie qui se nourrit de poisson, qui a été vu quelquefois sur les côtes de l'océan Britannique, et que d'ailleurs Belon ne fait aucune mention des caractères singuliers qui distinguent l'hyène des autres animaux. Il se peut que Belon, prévenu que la civette était l'hyène des anciens, ait donné

» Sueciæ septentrionalis, præcipuum suscepit nomen, ubi patrio sermone *jerff* dicitur, et » lingua germanica *wilsfrass*, sclavonice *rosomaka*, à multâ commestione ; latinâ vero non » nisi fictitio gulo videlicet à gulositate appellatur. » *Hist. de gent. septent. ab* Olao *magno.* Antuerpiæ, 1558, p. 138.

(*a*) *Histoire de la Laponie*, par Scheffer. Paris, 1678, p. 314. — Rzaczynski, *Auct. Hist. nat. Polon.*, p. 311.

(*b*) *Relation de la Grande Tartarie.* Amsterdam, 1737, p. 8.

(*c*) « *Dabuh* arabicà appellatione Africanis *sesef* dicitur. Animal et magnitudine et formâ » lupum refert, *pedes et crura hominis similes ;* reliquo bestiarum genere non est noxius sed » humana corpora sepulchris evellit ac devorat. » Leon. afric., *De Afric. descript.* Lugd. Bat., 1632, t. II, p. 756.

(*d*) *L'Afrique de* Marmol. Paris, 1667, t. Ier, p. 57.

(*e*) Belon, *De aquatil.*, p. 35.

(*f*) Gessner, *Hist. quadrup.*, p. 674.

la figure de la vraie hyène sous le nom d'un autre animal qu'il a appelé *lupus marinus*, et qui certainement n'est pas l'hyène ; car, je le répète, les caractères de l'hyène sont si marqués et même si singuliers qu'il est fort aisé de ne s'y pas méprendre : elle est peut-être le seul de tous les animaux quadrupèdes qui n'ait, comme je viens de le dire, que quatre doigts, tant aux pieds de devant qu'à ceux de derrière ; elle a, comme le blaireau, une ouverture sous la queue qui ne pénètre pas dans l'intérieur du corps ; elle a les oreilles longues, droites et nues, la tête plus carrée et plus courte que celle du loup ; les jambes, surtout celles de derrière, plus longues ; les yeux placés comme ceux du chien, le poil du corps et la crinière d'une couleur gris obscur, mêlée d'un peu de fauve et de noir, avec des ondes transversales et noirâtres ; elle est de la grandeur du loup et paraît seulement avoir le corps plus court et plus ramassé.

Cet animal sauvage et solitaire demeure dans les cavernes des montagnes, dans les fentes des rochers ou dans des tanières qu'il se creuse lui-même sous terre : il est d'un naturel féroce, et, quoique pris tout petit (*a*), il ne s'apprivoise pas ; il vit de proie comme le loup, mais il est plus fort et paraît plus hardi ; il attaque quelquefois les hommes, il se jette sur le bétail (*b*), suit de près les troupeaux et souvent rompt dans la nuit les portes des étables et les clôtures des bergeries : ses yeux brillent dans l'obscurité, et l'on prétend qu'il voit mieux la nuit que le jour. Si l'on en croit tous les naturalistes, son cri ressemble aux sanglots d'un homme qui vomirait avec effort, ou plutôt au mugissement du veau, comme le dit Kæmpfer, témoin auriculaire (*c*).

L'hyène se défend du lion, ne craint pas la panthère, attaque l'once, laquelle ne peut lui résister ; lorsque la proie lui manque, elle creuse la terre avec les pieds et en tire par lambeaux les cadavres des animaux et des hommes que dans le pays qu'elle habite on enterre également dans les champs. On la trouve dans presque tous les climats chauds de l'Afrique et de

(*a*) « Hyænam marem Ispahani curiositatis causâ alebat dives quidam *Gaber* seu ignicola, » suburbii *Gabristaan*, captam dum ubera sugeret, in latibulis vicini montis. Ad eam spec- » tandam progressus, bestiam eo situ depinxi, quo in foveâ subdiali duarum orgyarum pro- » fonditatis (cui inclusa servabatur) cubantem inveni. Desiderio nostro possessor omni ex » parte satisfacturus, eam educi quoque curavit in arcam ; quod ut tuto fieret, demisso fune » rostrum prius illaqueabat ; mox descendentes servi protracta utrinque labra funiculo ex » pilis contorto, strenue colligabant. Hoc facto educitur, laxatoque fune, qui rostrum frena- » bat, bestia latius discurrere permittitur, non semel apprehensa, more athletico in terram » projicitur, ac variis lacessitur vexationibus ; quibus illa irrito nocendi nisu obluctata, subinde » mugitum edidit vitulino simillimum. Narrabant Gabri sic frœnatam nuper se opposuisse » duobus leonibus, quos aspectante oculo serenissimo in fugam verterit. » Kæmpfer, *Amœnitates*, p. 412 et 413.

(*b*) En Abyssinie, les loups sont petits et fort lâches, mais on y voit un animal, nommé *hyène*, extrèmement hardi et carnassier ; il attaque les gens en plein jour comme la nuit, et rompt souvent les portes et les clôtures des bergeries. *Histoire de l'Abyssinie*, par Ludolf, page 41.

(*c*) Kæmpfer, *In loco supra citato*.

l'Asie, et il paraît que l'animal appelé *farasse* à Madagascar (a), qui ressemble au loup par la figure, mais qui est plus grand, plus fort et plus cruel, pourrait bien être l'hyène.

Il y a peu d'animaux sur lesquels on ait fait autant d'histoires absurdes que sur celui-ci. Les anciens ont écrit gravement que l'hyène était mâle et femelle alternativement ; que quand elle portait, allaitait et élevait ses petits, elle demeurait femelle pendant toute l'année ; mais que l'année suivante elle reprenait les fonctions du mâle et faisait subir à son compagnon le sort de la femelle. On voit bien que ce conte n'a d'autre fondement que l'ouverture en forme de fente que le mâle a, comme la femelle, indépendamment des parties propres de la génération qui, pour les deux sexes, sont dans l'hyène semblables à celles de tous les autres animaux. On a dit qu'elle savait imiter la voix humaine, retenir le nom des bergers, les appeler, les charmer, les arrêter, les rendre immobiles ; faire en même temps courir les bergères, leur faire oublier leur troupeau, les rendre folles d'amour, etc..... Tout cela peut arriver sans hyène ; et je finis pour qu'on ne me fasse pas le reproche que je vais faire à Pline, qui paraît avoir pris plaisir à compiler et raconter ces fables.

LA CIVETTE ET LE ZIBET (b)

La plupart des naturalistes ont cru qu'il n'y avait qu'une espèce d'animal qui fournît le parfum qu'on appelle la *civette ;* nous avons vu deux de ces animaux qui se ressemblent, à la vérité, par les rapports essentiels de la conformation, tant à l'intérieur qu'à l'extérieur ; mais qui cependant dif-

(a) Il se trouve à Madagascar des animaux que les habitants appellent *farasses*, de la nature du loup, mais encore plus voraces. *Mémoires pour servir à l'histoire des Indes orientales*, 1702, p. 168. — Voyez aussi l'*Histoire de l'Orénoque*, par Joseph Jumilla. Avignon, 1758, t. III, p. 603, où il paraît que l'auteur a copié le passage que nous venons de citer.

(b) *Nota*. Les nomenclateurs que nous allons citer n'ont pas distingué ces deux animaux, et l'on ne sait auquel des deux on doit appliquer leurs phrases, parce qu'elles n'exposent que des caractères qui leur sont communs à tous deux.

Felis zibethi. Gessner, *Hist. quadrup.*, p. 836. *Nota*. La figure que Gessner donne ici ne vaut rien, quoiqu'il dise qu'elle ait été faite d'après nature à Milan. Celle de Caïus, p. 837, est bonne, et sa description très bonne aussi. — *Animal zibethi*. Aldrov., *De quadrup. digit.*, p. 340. — *Meles unguibus uniformibus*. Linn., *Syst. nat.*, édit. IV, p. 65. — *Meles unguibus uniformibus, cinerea. Syst. nat.*, édit. VI, p. 6. — *Zibetha. Viverra caudá annulatá, dorso cinereo nigroque undatim striato. Syst. nat.*, édit. X, p. 44. *Nota :* 1º que du genre du blaireau, où était la civette dans la quatrième et la sixième édition, elle a passé dans celui des *Viverra ;* que d'abord elle était avec le blaireau seul, édit. IVe ; ensuite, avec le blaireau et l'ichneumon, édit. VI, et qu'enfin, dans la Xe édition, elle ne se trouve plus avec le blaireau, mais avec l'ichneumon, la mouffette, le putois rayé et la genette. *Nota :* 2º que l'auteur a changé l'acception reçue du mot *viverra*, dont il fait un nom générique pour cinq animaux, parmi lesquels on croirait au moins devoir trouver le vrai *viverra*, c'est-à-dire le furet, qui cepen-

fèrent l'un de l'autre par un assez grand nombre d'autres caractères, pour qu'on puisse les regarder comme faisant deux espèces réellement différentes. Nous avons conservé au premier de ces animaux le nom de *civette* (*) et nous avons donné au second celui de *zibet*, pour les distinguer (**). La civette, dont nous donnons la figure, nous a paru être la même que la civette décrite par MM. de l'Académie des sciences, dans les *Mémoires pour servir à l'histoire des animaux ;* nous croyons aussi qu'elle est la même que celle de Caïus dans Gessner, p. 837, et la même encore que celle dont Fabius Columna a donné les figures (tant du mâle que de la femelle) dans l'ouvrage de Jean Faber, qui est à la suite de celui de Hernandès (*a*).

La seconde espèce, que nous appelons le *zibet*, nous a paru être le même animal que celui qui a été décrit par M. de la Peyronnie sous le nom d'*animal du musc*, dans les *Mémoires de l'Académie des Sciences*, année 1731 : tous deux diffèrent de la civette par les mêmes caractères, tous deux manquent de crinière ou plutôt de longs poils sur l'épine du dos, tous deux ont des anneaux bien marqués sur la queue, au lieu que la civette n'a ni crinière, ni anneaux apparents. Il faut avouer cependant que notre zibet et l'animal du musc de M. de la Peyronnie ne se ressemblent pas assez parfaitement pour ne laisser aucun doute sur leur identité d'espèce : les anneaux de la queue du zibet sont plus larges que ceux de l'*animal du musc ;* il n'a pas un double collier; il a la queue plus courte à proportion du corps; mais ces différences nous paraissent légères, et pourraient bien n'être que des variétés accidentelles auxquelles les civettes doivent être plus sujettes que les autres animaux sauvages, puisqu'on les élève et qu'on les nourrit comme des animaux domestiques dans plusieurs endroits du Levant et des Indes. Ce qu'il y a de certain, c'est que notre zibet ressemble beaucoup plus à l'animal du musc de M. de la Peyronnie qu'à la civette, et que par conséquent on peut les regarder comme des animaux de même espèce, puisqu'il n'est pas même absolument démontré que la civette et le zibet ne soient pas des variétés d'une espèce unique; car nous ne savons pas si ces animaux ne pourraient pas se mêler et produire ensemble; et lorsque nous disons qu'ils nous paraissent être d'espèces différentes, ce n'est point un jugement

dant ne s'y trouve pas, et qu'il faut aller le chercher dans le genre des belettes, p. 46. *Nota :* 3º que le blaireau, qui était seul de son genre avec la civette, édit. IV, et avec l'ichneumon et la civette, édit. VI, se trouve, édit. X, avec l'ours, l'ours blanc de Groenland, le louveteau de la baie de Hudson et le raton ou racoon d'Amérique. Je ne cite ces disparates de nomenclature que pour faire sentir combien ces prétendus genres sont arbitraires et peu fixes dans la tête même de ceux qui les imaginent.

(*a*) Hermandès, *Hist. Mex.* Romæ, 1628, p. 580 et 581.

(*) La Civette (*Viverra Civetta* L.) est un Carnivore de la famille des Viverrides qui comprend des espèces à museau long et pointu, à corps allongé, à pattes pourvues ordinairement de cinq doigts. Les *Viverra* sont digitigrades et ont des ongles rétractiles.

(**) *Viverra Zibetha* L.

absolu, mais seulement une présomption très forte, puisqu'elle est fondée sur la différence constante de leurs caractères, et que c'est cette constance des différences qui distingue ordinairement les espèces réelles des simples variétés.

L'animal que nous appelons ici *civette* se nomme *falanoue* (*a*) à Madagascar (*), *nzime* ou *nzfusi* (*b*) à Congo, *kankan* (*c*) en Éthiopie, *kastor* (*d*) dans la Guinée. C'est la civette de Guinée, car nous sommes sûrs que celle que nous avons eue avait été envoyée vivante de Guinée à Saint-Domingue à un de nos correspondants, qui, l'ayant nourrie quelque temps à Saint-Domingue, la fit tuer pour nous l'envoyer plus facilement.

Le zibet est vraisemblablement la civette de l'Asie, des Indes orientales et de l'Arabie, où on la nomme *zebet* ou *zibet*, nom arabe qui signifie aussi le parfum de cet animal, et que nous avons adopté pour désigner l'animal même; il diffère de la civette en ce qu'il a le corps plus allongé et moins épais, le museau plus délié, plus plat et un peu concave à la partie supérieure, au lieu que le museau de la civette est plus gros, moins long et un peu convexe. Il a aussi les oreilles plus élevées et plus larges, la queue plus longue et mieux marquée de taches et d'anneaux, le poil beaucoup plus court et plus mollet; point de crinière, c'est-à-dire de poils plus longs que les autres sur le cou, ni le long de l'épine du dos, point de noir au-dessous des yeux ni sur les joues : caractères particuliers et très remarquables dans la civette. Quelques voyageurs avaient déjà soupçonné qu'il y avait deux espèces de civettes (*e*), mais personne ne les avait reconnues assez clairement pour les décrire. Nous les avons vues toutes deux, et, après les avoir soigneusement comparées, nous les avons jugées d'espèce et peut-être de climat différents.

On a appelé ces animaux *chats musqués* ou *chats-civettes;* cependant ils n'ont rien de commun avec le chat que l'agilité du corps; ils ressemblent plutôt au renard, surtout par la tête : ils ont la robe marquée de bandes et de taches, ce qui les a fait prendre aussi pour de petites panthères par ceux qui ne les ont vus que de loin; mais ils diffèrent des panthères à tous autres égards. Il y a un animal qu'on appelle la *genette*, qui est taché de même, qui a la tête à peu près de la même forme, et qui porte, comme la civette, un sac dans lequel se filtre une humeur odorante : mais la genette est plus petite que nos civettes; elle a les jambes beaucoup plus courtes et le corps

---

(*a*) *Voyage de Flacourt.* Paris, 1661, p. 150 et 154.
(*b*) Merolla cité par M. l'abbé Prévost. *Histoire générale des Voyages*, t. IV, p. 585.
(*c*) Voyez *Idem*, t. III, p. 295 et 296. Kankan.
(*d*) Voyez *Idem ibidem*; et t. IV, p. 236; t. V, p. 86 et suiv.
(*e*) Aldrov., *De quadrup. digit.*, p. 341.

(*) Le Folanoue de Madagascar ou Fossane est considéré comme formant une espèce distincte, à laquelle on a donné le nom de *Viverra Fossa*.

bien plus mince ; son parfum est très faible et de peu de durée ; au contraire, le parfum des civettes est très fort ; celui du zibet est d'une violence extrême et plus vif encore que celui de la civette (a). Ces liqueurs odorantes se trouvent dans l'ouverture que ces deux animaux ont auprès des parties de la génération ; c'est une humeur épaisse, d'une consistance semblable à celle des pommades, et dont le parfum, quoique très fort, est agréable au sortir même du corps de l'animal. Il ne faut pas confondre cette matière des civettes avec le musc, qui est une humeur sanguinolente qu'on tire d'un animal tout différent de la civette ou du zibet ; cet animal, qui produit le musc, est une espèce de chevreuil sans bois (*), ou de chèvre sans cornes, qui n'a rien de commun avec les civettes que de fournir comme elles un parfum violent.

Ces deux espèces de civettes n'avaient donc jamais été nettement distinguées l'une de l'autre ; toutes deux ont été quelquefois confondues avec les belettes odorantes (b), la genette et le chevreuil du musc ; on les a prises aussi pour l'hyène. Belon, qui a donné une figure et une description de la civette, a prétendu que c'était l'hyène des anciens (c) ; son erreur est d'autant plus excusable qu'elle n'est pas sans fondement ; il est sûr que la plupart des fables que les anciens ont débitées sur l'hyène ont été prises de la civette ; les philtres qu'on tirait de certaines parties de l'hyène, la force de ces philtres pour exciter à l'amour, indiquent assez la vertu stimulante que l'on connaît à la pommade de civette dont on se sert encore à cet effet en Orient. Ce qu'ils ont dit de l'incertitude du sexe dans l'hyène convient encore mieux à la civette, car le mâle n'a rien d'apparent au dehors que trois ouvertures tout à fait pareilles à celles de la femelle, à laquelle il ressemble si fort par ces parties extérieures qu'il n'est guère possible de s'assurer du sexe autrement que par la dissection ; l'ouverture au-dedans de laquelle se trouve la liqueur, ou plutôt l'humeur épaisse du parfum, est entre les deux autres et sur une même ligne droite qui s'étend de l'os sacrum au pubis.

Une autre erreur qui a fait beaucoup plus de progrès que celle de Belon, c'est celle de Grégoire de Bolivar au sujet des climats où se trouve l'animal civette ; après avoir dit qu'elle est commune aux Indes orientales et en Afrique, il assure positivement qu'elle se trouve aussi, et même en très

(a) « Malgré toute l'attention qu'on a depuis longtemps de rassembler à la ménagerie différents animaux étrangers, ce sont les deux seuls de cette espèce qui y aient paru, et les seuls, dans le nombre des animaux musqués qu'on y ait vus, qui aient donné un aussi grand parfum. » *Mémoire de M. de La Peyronnie inséré dans ceux de l'Académie des Sciences*, année 1731, p. 444. Il est question dans ce passage de *l'animal du musc*, que nous croyons être le même que notre zibet.

(b) Aldrovande a dit que la belette odorante, qu'on appelle à la Virginie *cæsam*, était la civette. Aldrov., *De quadrup. digit.*, p. 342. Cette erreur a été adoptée par Hans Sloane, qui, dans son *Histoire de la Jamaïque*, dit qu'il y a des civettes à la Virginie.

(c) Belon, *Observ.* Paris, 1555, fol. 93.

(*) C'est le *Moschus moschiferus* L.

grand nombre, dans toutes les parties de l'Amérique méridionale. Cette assertion, qui nous a été transmise par Faber, a été copiée par Aldrovande et ensuite adoptée par tous ceux qui ont écrit sur la civette : cependant il est certain que les civettes sont des animaux des climats les plus chauds de l'ancien continent, qui n'ont pu passer par le Nord pour aller dans le nouveau, et que réellement et dans le fait il n'y a jamais eu en Amérique d'autres civettes que celles qui y ont été transportées des îles Philippines et des côtes de l'Afrique. Comme cette assertion de Bolivar est positive, et que la mienne n'est que négative, je dois donner les raisons particulières par lesquelles on peut prouver la fausseté du fait. Je cite ici les passages de Faber en entier (a) pour qu'on soit en état d'en juger, ainsi que des remarques que je vais faire à ce sujet : 1° la figure donnée par Faber (page 538), lui avait été laissée par Recchi sans description (b); cette figure a pour inscription, *animal zibethicum americanum;* elle ne ressemble point du tout à la civette ni au zibet, et représente plutôt un blaireau ; 2° Faber donne la description et les figures de deux civettes, l'une femelle et l'autre mâle, lesquelles ressemblent à notre zibet; mais ces civettes ne sont pas le même animal (c) que celui de la première figure, et les deux secondes ne représentent point des animaux d'Amérique, mais des civettes de l'ancien continent, que Fabius Columna, confrère de Faber à l'Académie des *Lyncei*, avait fait dessiner à Naples, et desquelles il lui avait envoyé la description et les figures ; 3° après avoir cité Grégoire de Bolivar au sujet des climats où se trouve la civette, Faber finit par admirer la grande mémoire de Bolivar (d), et par dire qu'il a

(a) « Hoc animal (zibethicum scilicet) nascitur in multis Indiæ orientalis atque occiden-
» talis partibus, cujusmodi in orientali sunt provinciæ Bengala, Ceilan, Sumatra, Java major
» et minor, Malipur ac plures aliæ..... In Novâ Hispaniâ vero sunt provinciæ de Quatemala,
» Campege, Nicaragua, de Vera-Cruce, Florida et magna illa insula Sancti Dominici, aut
» Hispaniola, Cuba, Mantalino, Guadalupa et aliæ..... In regno Peruano animal hoc magnâ
» copiâ reperitur, in Paraguay, Tucuman, Chiraguanas, Santa-Cruce, de la Sierra, Jungas, Andes
» Chiachiapoias, Quizos, Timana, novo regno, et in omnibus provinciis magno flumine
» Maragnone confinibus, quæ circa hoc ferme sine numero ad duo leucarum millia sunt
» extensa. Multo adhuc plura ejusmodi animalia nascuntur in Brasiliâ ubi mercatura vel
» cambium zibethi sive algaliæ exercitatur. » *Novæ Hisp. anim. Nardi Antonii Recchi imagines etnomina, Joannis Fabri Lyncei expositione,* p. 539.

(b) Voici ce que dit Faber, dans sa préface, au sujet de ses *Commentaires* sur les animaux dont il va traiter : « Non itaque sis nescius, hos in animalia, quos modo commentarios
» edimus, merâ nostrâ conscriptos esse industriâ ac conjecturâ ad quasnam animantium
» nostrorum species illa reduci possint, cum in autographo, præter nudum nomen et exactam
» picturam, de historiâ nihil quidem reperiatur, » p. 465.

(c) Faber est obligé de dire lui-même que ces figures ne se ressemblent pas. « Quantum
» hæc icon ab illâ Mexicanâ differat, ipsa pagina ostendit. Ego climatis et regionis differen-
» tiam plurimum posse non nego, » p. 581.

(d) « Miror profecto Gregorii nostri summam in animalium perquisitione industriam et
» tenacissimam eorum quæ vidit unquam memoriam. Juro tibi, mi lector, hæc omnia quæ
» hactenus ipsius ab ore et scriptis hausi, et posthac dicturus sum, plura rarioraque illius
» ipsum ope libri memoriter descripsisse, et per compendium quodam modo (cùm inter
» colloquia protractiora et jam plura afferat) tantum contraxisse, » p. 540.

entendu de sa bouche ce récit avec toutes ses circonstances. Ces trois remarques suffiraient seules pour rendre très suspect le prétendu *animal zibethicum americanum*, aussi bien que les assertions de Faber, empruntées de Bolivar ; mais ce qui achève de démontrer l'erreur, c'est que l'on trouve dans un petit ouvrage de Fernandès sur les animaux d'Amérique, à la fin du volume qui contient l'*Histoire naturelle du Mexique* d'Hernandès, de Recchi et de Faber, que l'on trouve, dis-je (chap. xxxiv, p. 11), un passage qui contredit formellement Bolivar, et où Fernandès (*a*) assure que la civette n'est point un animal naturel à l'Amérique, mais que de son temps l'on avait commencé à en amener quelques-unes des îles Philippines (*b*) à la Nouvelle-Espagne. Enfin, en réunissant ce témoignage positif de Fernandès avec celui de tous les voyageurs qui disent que les civettes sont en effet très communes aux îles Philippines, aux Indes orientales, en Afrique, et dont aucun ne dit en avoir vu en Amérique, on ne peut plus douter de ce que nous avons avancé dans notre énumération des animaux des deux continents, et il restera pour certain, quoique tous les naturalistes aient écrit le contraire, que la civette n'est point un animal naturel de l'Amérique, mais un animal particulier et propre aux climats chauds de l'ancien continent, et qui ne s'est jamais trouvé dans le nouveau qu'après y avoir été transporté. Si je n'eusse pas moi-même été en garde contre ces espèces de méprises, qui ne sont que trop fréquentes, nous aurions donné notre civette pour un animal américain, parce qu'elle nous était venue de Saint-Domingue ; mais ayant recherché le mémoire et la lettre de M. Pagès (*c*), qui nous l'avait envoyée ; j'y ai trouvé qu'elle était venue de Guinée. J'insiste sur tous ces faits particuliers comme sur autant de preuves du fait général de la différence réelle

(*a*) De Æluro à quo Gallia vocata corraditur, cap. xxxiv. « Non me latet vulgare esse, » hoc felis vocari genus Hispanis, quanquam advenam non indigenam, verum qui ex insulis » Philippicis cæpit jam in banc Novam Hispaniam adferri. » *Hist. anim. et miner. Nov. Hisp.*, lib. i, à Francisc. Fernandes, p. 11.

(*b*) La civette se trouve aux îles Philippines dans les montagnes ; sa peau ressemble assez à celle du tigre, elle n'est pas moins sauvage que lui, mais elle est beaucoup plus petite. Ils la prennent, la lient, et après lui avoir ôté la civette qui est dedans une petite bourse qu'elle a dessous la queue, ils la laissent en liberté pour la reprendre une autre fois. *Relation de divers voyages*, par Thévenot. Paris, 1696. *Relation des îles Philippines*, p. 10. — On trouve quantité de civettes dans les montagnes des îles Philippines. *Histoire générale des Voyages*, t. X, p. 397.

(*c*) La civette a été amenée de Guinée ; elle se nourrissait des fruits de ce pays, mais elle mangeait aussi très volontiers de la viande. Pendant tout le temps qu'elle a été vivante, elle répandait une odeur de musc insoutenable à une très grande distance. Quand elle a été morte, j'ai eu beaucoup de peine d'en soutenir l'odeur dans la chambre. Je lui ai trouvé une fente précisément sur le scrotum, qui était une ouverture commune de deux poches qu'elle avait, une de chaque côté des testicules. Ces poches étaient pleines d'une humeur grise, épaisse et gluante, mêlée de poils assez longs qui étaient de la même couleur de ceux que j'ai trouvés dans ces poches. Ces sacs pouvaient avoir environ un pouce et demi de profondeur ; leur diamètre est beaucoup plus grand à l'ouverture que dans le fond. *Extrait du mémoire de M. Pagès*, médecin du roi à Saint-Domingue, daté du Cap, le 6 septembre 1759.

qui se trouve entre tous les animaux des parties méridionales de chaque continent.

La civette et le zibet sont donc tous deux des animaux de l'ancien continent ; ils n'ont entre eux que les différences extérieures que nous avons indiquées ci-devant : celles qui se trouvent dans leurs parties intérieures et dans la structure des réservoirs qui contiennent leur parfum ont été si bien indiquées, et les réservoirs eux-mêmes décrits avec tant de soin par MM. Morand (a) et de La Peyronnie, que je ne pourrais que répéter ce qu'ils en disent. Et à l'égard de ce qui nous reste à exposer au sujet de ces deux animaux, comme ce sont ou des choses qui leur sont communes, ou des faits qu'il serait bien difficile d'appliquer à l'un plutôt qu'à l'autre, nous avons cru devoir réunir le tout dans un seul et même article.

Les civettes (c'est-à-dire la civette et le zibet, car je me servirai maintenant de ce mot au pluriel pour les indiquer tous deux), les civettes, dis-je, quoique originaires et natives des climats les plus chauds de l'Afrique et de l'Asie, peuvent cependant vivre dans les pays tempérés et même froids, pourvu qu'on les défende avec soin des injures de l'air et qu'on leur donne des aliments succulents et choisis ; on en nourrit un assez grand nombre en Hollande, où l'on fait commerce de leur parfum. La *civette* faite à Amsterdam est préférée par nos commerçants à celle qui vient du Levant ou des Indes, qui est ordinairement moins pure ; celle qu'on tire de Guinée serait la meilleure de toutes (b), si les Nègres, ainsi que les Indiens et les Levantins (c), ne

(a) *Mém. de l'Acad. royale des Sciences*, années 1728 et 1731.

(b) On voit quantité de civettes à Malabar ; c'est un petit animal à peu près fait comme un chat, à la réserve que son museau est plus pointu, qu'il a les griffes moins dangereuses, et crie autrement ; le parfum qu'il produit s'engendre comme une espèce de graisse dans une ouverture qu'il a sous la queue ; on la tire de temps en temps, et elle ne foisonne qu'autant que la civette est bien nourrie. On en fait un grand trafic à Calecut, mais à moins de la cueillir soi-même, elle est presque toujours falsifiée. *Voyage de Dellon*, p. 11. — *Optimum zibethi genus ex Guineâ advehitur, sinceritate eximium.* Joannes Hugo.

(c) Le chat qui produit la civette a la tête et le museau d'un renard ; il est grand et tacheté comme le chat-tigre ; il est très farouche : on en tire tous les deux jours la civette, qui n'est qu'une certaine mucosité ou sueur épaisse qu'il a sous la queue dans une concavité, etc. *Voyage de Lemaire.* Paris, 1695, p. 100 et 101. — C'est de la civette de Guinée dont parle ici ce voyageur. — Je vis au Caire, dans la maison d'un Vénitien, plusieurs animaux fiers extrêmement, de la grandeur presque d'un chien couchant, mais plus grossiers et de forme toute semblable à nos chats ; ils les apellent *chats musqués*, et les gardent dans des cages..... Pour en venir à bout, et de peur qu'ils ne mordent, ils les tiennent séparément dans des cages de bois bien fortes, mais si étroites que l'animal ne peut pas s'y tourner..... Ils ouvrent ensuite la cage par derrière autant qu'il faut pour tirer les jambes de l'animal dehors sans qu'il puisse se tourner pour blesser celui qui le tient ; et ayant ramassé la civette, ils les remettent dedans, tenant toujours l'animal bien serré. *Voyage de Pietro della Valle.* Rouen, 1745, t. 1er, p. 401. — Les civettes, qu'on nomme en arabe *zebides*, sont naturellement sauvages et se tiennent dans les montagnes d'Éthiopie. On en transporte beaucoup en Europe, car on les prend petites et on les nourrit dans des cages de bois bien fortes, où on leur donne à manger du lait, de la farine, du blé cuit, du riz et quelquefois de la viande, etc. *L'Afrique de Marmol*, t. 1er, p. 57. — Voyez aussi le *Voyage de Thévenot.* Paris, 1664, t. 1er, p. 476. — Les civettes de l'île de Java rendent bien autant de parfum que celles de Guinée,

la falsifiaient en y mêlant des sucs de végétaux, comme du ladanum, du storax et d'autres drogues balsamiques et odoriférantes. Pour recueillir ce parfum, ils mettent l'animal dans une cage étroite où il ne peut se tourner ; ils ouvrent la cage par le bout, tirent l'animal par la queue, le contraignent à demeurer dans cette situation en mettant un bâton à travers les barreaux de la cage, au moyen duquel ils lui gênent les jambes de derrière ; ensuite ils font entrer une petite cuiller dans le sac qui contient le parfum, ils râclent avec soin toutes les parois intérieures de ce sac, et mettent la matière qu'ils en tirent dans un vase qu'ils couvrent avec soin : cette opération se répète deux ou trois fois par semaine ; la quantité de l'humeur odorante dépend beaucoup de la qualité de la nourriture et de l'appétit de l'animal ; il en rend d'autant plus qu'il est mieux et plus délicatement nourri : de la chair crue et hachée, des œufs, du riz, de petits animaux, des oiseaux, de la jeune volaille, et surtout du poisson, sont les mets qu'il faut lui offrir, et varier de manière à entretenir sa santé et exciter son goût ; il lui faut très peu d'eau, et quoiqu'il boive rarement, il urine fréquemment, et l'on ne distingue pas le mâle de la femelle à leur manière de pisser.

Le parfum de ces animaux est si fort, qu'il se communique à toutes les parties de leur corps : le poil en est imbu, et la peau pénétrée au point que l'odeur (a) s'en conserve longtemps après leur mort, et que de leur vivant l'on ne peut en soutenir la violence, surtout si l'on est enfermé dans le même lieu. Lorsqu'on les échauffe en les irritant, l'odeur s'exhale encore davantage ; et si on les tourmente jusqu'à les faire suer, on recueille la sueur, qui est aussi très-parfumée, et qui sert à falsifier le vrai parfum, ou du moins à en augmenter le volume.

Les civettes sont naturellement farouches, et même un peu féroces; cependant on les apprivoise aisément, au moins assez pour les approcher et les manier sans grand danger : elles ont les dents fortes et tranchantes, mais leurs ongles sont faibles et émoussés ; elles sont agiles et même légères, quoique leur corps soit assez épais ; elles sautent comme les chats, et peuvent aussi courir comme les chiens ; elles vivent de chasse, surprennent et

---

mais il n'est pas si blanc ni si bon. *Suite de la Relation d'Adam Oléarius,* t. II, p. 350. — « Indigenæ ita hoc pigmentum adulterant ut ausim affirmare nullum zibethum sincerum ad » nos deferri. » Prosp. Alp., *Hist. Ægypt.* Lugd. Bat., 1735, p 239.

(a) Le réservoir qui contient la liqueur odorante de la civette, est au-dessous de l'anus et au-dessus d'un autre orifice si semblable dans les deux sexes, que sans la dissection toutes les civettes paraîtraient femelles..... Comme on a remarqué que les civettes sont incommodées de cette liqueur, quand les vaisseaux qui la contiennent en sont trop pleins, on leur a trouvé aussi des muscles dont elles se servent pour comprimer ces vaisseaux et la faire sortir. Quoiqu'elle soit en plus grande quantité dans ces réservoirs et qu'elle s'y perfectionne mieux, il y a lieu de croire qu'elle se répand aussi en sueur par toute la peau; en effet, le poil des deux civettes sentait bon, et surtout celui du mâle était si parfumé que, quand on avait passé la main dessus, elle en conservait longtemps une odeur agréable. *Histoire de l'Académie des Sciences depuis son établissement.* Paris, 1733, t. Ier, p. 82 et 83.

poursuivent les petits animaux, les oiseaux ; elles cherchent, comme les renards, à entrer dans les basses-cours pour emporter les volailles; leurs yeux brillent la nuit, et il est à croire qu'elles voient dans l'obscurité. Lorsque les animaux leur manquent, elles mangent des racines et des fruits; elles boivent peu et n'habitent pas dans les terres humides ; elles se tiennent volontiers dans les sables brûlants et dans les montagnes arides. Elles produisent en assez grand nombre dans leur climat, mais quoiqu'elles puissent vivre dans les régions tempérées et qu'elles y rendent, comme dans leur pays natal, leur liqueur parfumée, elles ne peuvent y multiplier : elles ont la voix plus forte et la langue moins rude que le chat ; leur cri ressemble assez à celui d'un chien en colère.

On appelle en français *civette* l'humeur onctueuse et parfumée que l'on tire de ces animaux ; on l'appelle *zibet* ou *algallia* en Arabie, aux Indes et dans le Levant, où l'on en fait un plus grand usage qu'en Europe. On ne s'en sert presque plus dans notre médecine ; les parfumeurs et les confiseurs en emploient encore dans le mélange de leurs parfums: l'odeur de la civette, quoique violente, est plus suave que celle du musc ; toutes deux ont passé de mode lorsqu'on a connu l'ambre, ou plutôt dès qu'on a su le préparer ; et l'ambre même, qui était, il n'y a pas longtemps, l'odeur par excellence, le parfum le plus exquis et le plus noble, a perdu de sa vogue, et n'est plus du goût de nos gens délicats.

LA GENETTE

La genette (*) est un plus petit animal que les civettes ; elle a le corps allongé, les jambes courtes, le museau pointu, la tête effilée, le poil doux et mollet, d'un gris cendré, brillant et marqué de taches noires, rondes et séparées sur les côtés du corps, mais qui se réunissent de si près sur la partie du dos qu'elles paraissent former des bandes noires continues qui s'étendent tout le long du corps ; elle a aussi sur le cou et le long de l'épine du dos une espèce de crinière ou de poil plus long, qui forme une bande noire et continue depuis la tête jusqu'à la queue, laquelle est aussi longue que le corps, et marquée de sept ou huit anneaux alternativement noirs et blancs sur toute sa longueur ; les taches noires du cou sont en forme de bandes, et l'on voit au-dessous de chaque œil une marque blanche très-apparente. La genette a sous la queue, et dans le même endroit que les civettes, une ouverture ou sac dans lequel se filtre une espèce de parfum, mais faible et dont l'odeur ne se conserve pas : elle est un peu plus grande que la fouine, qui lui ressemble beaucoup par la forme du corps aussi bien que par le naturel et par les

(*) *Viverra Genetta* L.

habitudes ; seulement il paraît qu'on apprivoise la genette plus aisément :
Belon dit en avoir vu dans les maisons à Constantinople qui étaient aussi privées que des chats, et qu'on laissait courir et aller partout sans qu'elles fis-
sent ni mal ni dégât. On les a appelées *chats de Constantinople, chats d'Espagne, chats-genettes;* elles n'ont cependant rien de commun avec les chats,
que l'art d'épier et de prendre les souris : c'est peut-être parce qu'on ne les
trouve guère que dans le Levant et en Espagne qu'on leur a donné le sur-
nom de leurs pays; car le nom même de *genette* ne vient point des langues
anciennes, et n'est probablement qu'un nom nouveau pris de quelque lieu
planté de genêt, qui, comme l'on sait, est fort commun en Espagne, où l'on
appelle aussi *genets* des chevaux d'une certaine race. Les naturalistes prétendent que la genette n'habite que dans les endroits humides et le long des
ruisseaux, et qu'on ne la trouve ni sur les montagnes ni dans les terres arides. L'espèce n'en est pas nombreuse, du moins elle n'est pas fort répandue (*); il n'y en a point en France ni dans aucune autre province de l'Europe, à l'exception de l'Espagne et de la Turquie. Il lui faut donc un climat
chaud pour subsister et se multiplier ; néanmoins il ne paraît pas qu'elle se
trouve dans les pays les plus chauds de l'Afrique et des Indes ; car la fossane,
qu'on appelle *genette de Madagascar*, est une espèce différente, de laquelle
nous parlerons ailleurs.

La peau de cet animal fait une fourrure légère et très jolie : les manchons de genette étaient à la mode il y a quelques années, et se vendaient
fort cher ; mais comme l'on s'est avisé de les contrefaire en peignant de
taches noires des peaux de lapins gris, le prix en a baissé des trois quarts
et la mode en est passée.

LE LOUP NOIR

Nous ne donnons la description de cet animal (**) que comme un supplé-
ment à celle du loup, car nous les croyons tous deux de la même espèce.
Nous avons dit, dans l'histoire du loup, qu'il s'en trouve de tout blancs et de
tout noirs dans le nord de l'Europe, et que ces loups noirs sont plus grands
que les autres : celui-ci est venu du Canada; il était noir sur tout le corps,
mais plus petit que notre loup ; il avait les oreilles un peu plus grandes,
plus droites et plus éloignées l'une de l'autre, les yeux un peu plus petits,
et qui paraissaient aussi un peu plus éloignés que dans le loup commun.
Ces différences ne sont, à notre avis, que des variétés trop peu considé-

(*) D'après Cuvier, elle serait répandue dans toute l'Afrique et existerait même dans le
midi de la France.
(**) *Canis Lycaon* L.

rables pour séparer cet animal de l'espèce du loup ; la différence la plus
sensible est celle de la grandeur ; mais, comme nous l'avons déjà dit plus
d'une fois, les animaux qui sont communs aux deux continents, c'est-à-
dire ceux du nord de l'Europe et ceux de l'Amérique septentrionale, diffèrent tous par la grandeur, et ce loup noir de Canada, plus petit que ceux
de l'Europe, nous paraît seulement confirmer ce fait général ; d'ailleurs,
comme il avait été pris tout petit, et ensuite élevé à la chaîne, la contrainte
seule a peut-être suffi pour l'empêcher de prendre tout son accroissement :
nos loups ordinaires sont aussi plus petits et moins communs en Canada
qu'en Europe, et les sauvages en estiment fort la peau (a) ; les loups noirs,
les loups-cerviers, les renards, y sont en plus grand nombre. Cependant le
renard noir y est aussi fort rare ; il a le poil infiniment plus beau que le
loup noir, dont la peau ne peut faire qu'une fourrure assez grossière.

Nous n'ajouterons rien de plus à la description que M. Daubenton a faite
de cet animal que nous avons vu vivant, et qui nous a paru ressembler au
loup, non seulement par la figure, mais par le naturel, n'étant devenu
déprédateur qu'avec l'âge (b), et n'ayant, comme le loup, qu'une férocité
sans courage qui le rendait lâche au combat quoiqu'il y fût exercé.

(a) *Voyage de Sagard Théodat*. Paris, 1632, p. 307.
(b) Voyez l'article du loup.

L'ONDATRA ET LE DESMAN

L'ondatra (*) et le desman (**) sont deux animaux qu'il ne faut pas confondre, quoiqu'on les ait appelés tous les deux *rats musqués* et qu'ils aient quelques caractères communs ; il faut aussi les distinguer du pilori ou rat musqué des Antilles : ces trois animaux sont d'espèces et de climats différents. L'ondatra se trouve en Canada, le desman en Laponie, en Moscovie, et le pilori à la Martinique et dans les autres îles Antilles.

L'ondatra ou rat musqué de Canada diffère du desman en ce qu'il a les doigts des pieds tous séparés les uns des autres, les yeux très apparents et le museau fort court ; au lieu que le desman ou rat musqué de Moscovie a les pieds de derrière réunis par une membrane (*a*), les yeux extrêmement petits, le museau prolongé comme la musaraigne. Tous deux ont la queue plate, et ils diffèrent du pilori ou rat musqué des Antilles, par cette conformation et par plusieurs autres caractères (*b*) ; le pilori a la queue assez courte, cylindrique (*c*) comme celle des autres rats, au lieu que l'ondatra et

(*a*) « Oculi exigui et vix conspicui..... Digiti majores membranis connexi ad commodiùs
» natandum, rostri pars superior firma, prominula et pœne unciam longa, nigricans câque
» formâ prædita, ut instar suis aut talpæ terram vertere possit. » *Clusii exoctic. auct.*,
p. 375.

(*b*) Les rats musqués des Antilles, que nos Français appellent *piloris*, font le plus souvent leurs retraites dans les trous de la terre comme les lapins ; aussi ils sont presque de la même grosseur, mais pour la figure ils n'ont rien de celle des gros rats qu'on voit ailleurs, sinon que la plupart ont le poil du ventre blanc comme les glirons, et celui du reste du corps noir ou tanné : ils exhalent une odeur musquée qui abat le cœur, et qui parfume si fort l'endroit de leur retraite, qu'il est fort aisé de le discerner. *Histoire naturelle des Antilles.* Rotterdam, 1658, p. 124.

(*c*) Les piloris sont une espèce de rats des bois deux ou trois fois plus gros que les rats ordinaires : ils sont presque blancs, leur queue est fort courte, ils sentent le musc extraordinairement. *Nouveau voyage aux îles de l'Amérique.* Paris, 1722, t. Iᵉʳ, p. 438.—Les piloris se trouvent à la Martinique et dans quelques autres îles des Antilles : ce sont des rats

(*) L'Ondatra (*Fiber Zibethicus* L.) est un mammifère de l'ordre des Rongeurs et de la famille des Arvicolides. Il se distingue par une queue comprimée latéralement et des palmures entre les cinq doigts des pattes postérieures.

(**) Le Desman (*Myogale moschata* PALL.) est un Insectivore de la famille des Soricides ; il est caractérisé par une longue trompe, quarante-deux dents, cinq doigts palmés et armés de fortes griffes.

le desman l'ont tous deux fort longue. L'ondatra ressemble par la tête au rat d'eau, et le desman à la musaraigne.

On trouve dans les Mémoires de l'Académie royale des Sciences, année 1725, une description très ample et très bien faite de l'ondatra sous le nom de *rat musqué*. M. Sarrasin, médecin du roi à Québec et correspondant de l'Académie, s'est occupé à disséquer un grand nombre de ces animaux, dans lesquels il a observé des choses singulières. Nous ne pouvons pas douter, en comparant sa description avec la nôtre, que ce rat musqué de Canada, dont il a donné la description, ne soit notre ondatra.

L'ondatra est de la grosseur d'un petit lapin et de la forme d'un rat ; il a la tête courte et semblable à celle du rat d'eau, le poil luisant et doux, avec un duvet fort épais au-dessous du premier poil, à peu près comme le castor ; il a la queue longue et couverte de petites écailles comme celle des autres rats, mais elle est d'une forme différente : la queue des rats communs est à peu près cylindrique, et diminue de grosseur depuis l'origine jusqu'à l'extrémité ; celle du rat musqué est fort aplatie vers la partie du milieu jusqu'à l'extrémité, et un peu plus arrondie au commencement, c'est-à-dire à l'origine ; les faces aplaties ne sont pas horizontales, mais verticales, en sorte qu'il semble que la queue ait été serrée et comprimée des deux côtés dans toute sa longueur : les doigts des pieds ne sont pas réunis par des membranes, mais ils sont garnis de longs poils assez serrés qui suppléent en partie l'effet de la membrane, et donnent à l'animal plus de facilité pour nager. Il a les oreilles très courtes et non pas nues comme le rat domestique, mais bien couvertes de poils en dehors et en dedans ; les yeux grands et de trois lignes d'ouverture ; deux dents incisives d'environ un pouce de long dans la mâchoire inférieure, et deux autres plus courtes dans la mâchoire supérieure : ces quatre dents sont très fortes et lui servent à ronger et à couper le bois.

Les choses singulières que M. Sarrasin a observées dans cet animal sont : 1° la force et la grande expansion du muscle *peaucier*, qui fait que l'animal, en contractant sa peau, peut resserrer son corps et le réduire à un plus petit volume ; 2° la souplesse des fausses côtes qui permet cette contraction du corps, laquelle est si considérable, que le rat musqué passe dans des trous où des animaux beaucoup plus petits ne peuvent entrer ; 3° la manière dont s'écoulent les urines dans les femelles, car l'urètre n'aboutit point, comme dans les autres quadrupèdes, au-dessous du clitoris, mais à une éminence velue située sur l'os pubis ; et cette éminence a un orifice particulier qui

musqués de même forme que les rats d'Europe, mais d'une si prodigieuse grandeur que quatre de nos rats ne pèsent pas un pilori..... Ils nichent jusque dans les cases, mais ne peuplent pas tant que les autres rats communs..... Ces piloris sont naturels dans l'île de la Martinique, et non pas les autres rats communs qui n'ont paru que depuis quelques années qu'elle est fréquentée des navires, etc. *Histoire générale des Antilles*, par le P. du Tertre. Paris, 1667, t. II, p. 302.

sert à l'éjection des urines : organisation singulière, qui ne se trouve que
dans quelques espèces d'animaux, comme les rats et les singes, dont les
femelles ont trois ouvertures. On a observé que le castor est le seul des quadrupèdes dans lequel les urines et les excréments aboutissent également à
un réceptacle commun, qu'on pourrait comparer au cloaque des oiseaux :
les femelles des rats et des singes sont peut-être les seules qui aient le conduit des urines et l'orifice par où elles s'écoulent absolument séparés des
parties de la génération ; cette singularité n'est que dans les femelles, car
dans les mâles de ces mêmes espèces l'urètre aboutit à l'extrémité de la
verge, comme dans toutes les autres espèces de quadrupèdes. M. Sarrasin
observe, 4° que les testicules, qui, comme dans les autres rats, sont situés
des deux côtés de l'anus, deviennent très gros dans le temps du rut pour un
animal aussi petit, *gros*, dit-il, *comme des noix muscades*, mais qu'après ce
temps ils diminuent prodigieusement et se réduisent au point de n'avoir pas
plus d'une ligne de diamètre ; que non seulement ils changent de volume,
de consistance et de couleur, mais même de situation d'une manière marquée ; il en est de même des vésicules séminales, des vaisseaux déférents,
etc. : toutes ces parties de la génération s'oblitèrent presque entièrement
après la saison des amours : les testicules, qui dans ce temps étaient
au dehors et fort proéminents, rentrent dans l'intérieur du corps ; ils
sont attachés à la membrane adipeuse, ou plutôt ils y sont enclavés, ainsi
que les autres parties dont nous venons de parler ; cette membrane s'étend
et s'augmente par la surabondance de la nourriture jusqu'au temps du rut :
les parties de la génération, qui semblent être des appendices de cette membrane, se développent, s'étendent, se gonflent et acquièrent alors toutes leurs
dimensions ; mais lorsque cette surabondance de nourriture est épuisée par
des coïts réitérés, la membrane adipeuse, qui maigrit, se resserre, se contracte, et se retire peu à peu du côté des reins ; en se retirant elle entraîne
avec elle les vaisseaux déférents, les vésicules séminales, les épididymes et
les testicules, qui deviennent légers, vides et ridés au point de n'être plus
reconnaissables ; il en est de même des vésicules séminales, qui, dans le
temps de leur gonflement, ont un pouce et demi de longueur et ensuite sont
réduites, ainsi que les testicules, à une ou deux lignes de diamètre ; 5° les
follicules, qui contiennent le musc ou le parfum de cet animal sous la forme
d'une humeur laiteuse, et qui sont voisins des parties de la génération,
éprouvent aussi les mêmes changements ; ils sont très gros, très gonflés,
et leur parfum très fort, très exalté, et même très sensible à une assez
grande distance dans le temps des amours ; ensuite ils se rident, ils se flé-
trissent et enfin s'oblitèrent en entier. Ce changement dans les follicules qui
contiennent le parfum se fait plus promptement et plus complètement que
celui des parties de la génération ; ces follicules, qui sont communs aux
deux sexes, contiennent un lait fort abondant au temps du rut ; ils ont des

vaisseaux excrétoires qui aboutissent dans le mâle à l'extrémité de la verge, et vers le clitoris dans la femelle, et cette sécrétion se fait et s'évacue à peu près au même endroit que l'urine dans les autres quadrupèdes.

Toutes ces singularités, qui nous ont été indiquées par M. Sarrasin, étaient dignes de l'attention d'un habile anatomiste, et l'on ne peut assez le louer des soins réitérés qu'il s'est donnés pour constater ces espèces d'accidents de la nature, et pour voir ces changements dans toutes leurs périodes. Nous avons déjà parlé de changements et d'altérations à peu près semblables à celles-ci dans les parties de la génération du rat d'eau, du campagnol et de la taupe. Voilà donc des animaux quadrupèdes qui, par tout le reste de la conformation, ressemblent aux autres quadrupèdes, desquels cependant les parties de la génération se renouvellent et s'oblitèrent chaque année à peu près comme les laitances des poissons et comme les vaisseaux séminaux du calmar, dont nous avons décrit les changements, l'anéantissement et la reproduction : ce sont là de ces nuances par lesquelles la nature rapproche secrètement les êtres qui nous paraissent les plus éloignés, de ces exemples rares, de ces *instances* solitaires qu'il ne faut jamais perdre de vue, parce qu'elles tiennent au système général de l'organisation des êtres, et qu'elles en réunissent les points les plus éloignés. Mais ce n'est point ici le lieu de nous étendre sur les conséquences générales qu'on peut tirer de ces faits singuliers, non plus que sur les rapports immédiats qu'ils ont avec notre théorie de la génération ; un esprit attentif les sentira d'avance, et nous aurons bientôt occasion de les présenter avec plus d'avantage en les réunissant à la masse totale des autres faits qui y sont relatifs.

Comme l'ondatra est du même pays que le castor, que comme lui il habite sur les eaux, qu'il est en petit à peu près de la même figure, de la même couleur et du même poil, on les a souvent comparés l'un à l'autre ; on assure même qu'au premier coup d'œil on prendrait un vieux ondatra pour un castor qui n'aurait qu'un mois d'âge ; ils diffèrent cependant assez par la forme de la queue pour qu'on ne puisse s'y méprendre ; elle est ovale et plate horizontalement dans le castor ; elle est très allongée et plate verticalement dans l'ondatra ; au reste, ces animaux se ressemblent assez par le naturel et l'instinct ; les ondatras, comme les castors, vivent en société pendant l'hiver ; ils font de petites cabanes d'environ deux pieds et demi de diamètre, et quelquefois plus grandes, où ils se réunissent plusieurs familles ensemble : ce n'est point, comme les marmottes, pour y dormir pendant cinq ou six mois, c'est seulement pour se mettre à l'abri de la rigueur de l'air : ces cabanes sont rondes et couvertes d'un dôme d'un pied d'épaisseur ; des herbes, des joncs entrelacés et mêlés avec de la terre grasse, qu'ils pétrissent avec les pieds, sont leurs matériaux. Leur construction est impénétrable à l'eau du ciel, et ils pratiquent des gradins en dedans pour n'être pas gagnés par l'inondation de celle de la terre ; cette cabane, qui leur sert de retraite, est couverte pendant l'hiver de plusieurs pieds de glace et de neige sans qu'ils en soient incommodés. Ils ne font pas de provisions pour vivre comme les castors, mais ils creusent des puits et des espèces de boyaux au-dessous et alentour de leur demeure pour chercher de l'eau et des racines ; ils passent ainsi l'hiver fort tristement quoique en société, car ce n'est pas la saison de leurs amours : ils sont privés pendant tout ce temps de la lumière du ciel ; aussi lorsque l'haleine du printemps commence à dissoudre les neiges et à découvrir les sommets de leurs habitations, les chasseurs en ouvrent le dôme, les offusquent brusquement de la lumière du jour, et assomment ou prennent tous ceux qui n'ont pas eu le temps de gagner les galeries souterraines qu'ils se sont pratiquées et qui leur servent de derniers retranchements où on les suit encore, car leur peau est précieuse et leur chair n'est pas mauvaise à manger. Ceux qui échappent à la main du chasseur quittent leur habitation à peu près dans ce temps ; ils sont errants pendant l'été, mais toujours deux à deux, car c'est le temps des amours : ils vivent d'herbes et se nourrissent largement des productions nouvelles que leur offre la surface de la terre ; la membrane adipeuse s'étend, s'augmente, se remplit par la surabondance de cette bonne nourriture ; les follicules se renouvellent, se remplissent aussi ; les parties de la génération se dérident, se gonflent ; et c'est alors que ces animaux prennent une odeur de musc si forte qu'elle n'est pas supportable ; cette odeur se fait sentir de loin, et, quoique suave (*a*) pour les Européens, elle déplaît si fort aux sauvages, qu'ils ont appelé *puante* une rivière sur les bords de laquelle habitent en grand nombre ces rats musqués qu'ils appellent aussi *rats puants*.

Ils produisent une fois par an, et cinq ou six petits à la fois ; la durée de la gestation n'est pas longue, puisqu'ils n'entrent en amour qu'au commencement de l'été, et que les petits sont déjà grands au mois d'octobre lorsqu'il faut suivre leurs père et mère dans la cabane qu'ils construisent

---

(*a*) Le rat musqué de l'Amérique septentrionale est un peu plus gros et un peu plus long que le rat d'eau de France ; son élément est l'eau, mais il ne laisse pas d'aller quelquefois à terre : il a la queue plate, elle est de huit ou dix pouces de long, de la largeur d'un doigt, couverte de petites écailles noires, la peau rousse, couleur de minime brun, le poil en est fort fin, assez long : il porte des rognons proche les testicules qui ont l'odeur de musc très agréable, et n'est point incommode à tous ceux à qui le musc donne des incommodités. Si on les tue l'hiver, pendant que la peau est bonne pour fourrer, les rognons ne sentent rien ; au printemps, ils commencent à prendre leur senteur, qui dure jusqu'à l'automne..... Pour la chair, elle n'a point le goût de musc, elle est excellente à manger. *Description de l'Amérique septentrionale*, par Denys. Paris, 1672, t. II, p. 258. — Les rats musqués de Canada répandent une odeur admirable : la civette et la gazelle n'exhalent rien de si fort ni de si doux. *Voyage de la Hontan*. La Haye, 1706, t. Ier, p. 95. — Les Sauvages de l'Amérique n'aiment point l'odeur que répand le rat musqué, ils lui ont même donné le nom de *puant*, tant cette odeur leur déplaît. *Mémoires de l'Académie royale des Sciences*, année 1725, p. 327.

de nouveau tous les ans ; car on a remarqué qu'ils ne reviennent point à leurs anciennes habitations. Leur voix est une espèce de gémissement que les chasseurs imitent pour les piper et pour les faire approcher : leurs dents de devant sont si fortes et si propres à ronger que, quand on enferme un de ces animaux dans une caisse de bois dur, il y fait en très peu de temps un trou assez grand pour en sortir ; et c'est encore une de ces facultés naturelles qu'il a communes avec le castor, que nous n'avons pu garder enfermé qu'en doublant de fer-blanc la porte de sa loge. L'ondatra ne nage ni aussi vite ni aussi longtemps que le castor ; il va plus souvent à terre, il ne court pas bien et marche encore plus mal en se berçant à peu près comme une oie. Sa peau conserve une odeur de musc qui fait qu'on ne s'en sert pas volontiers pour fourrure ; mais on emploie le second poil ou duvet dans la fabrique des chapeaux.

Ces animaux sont peu farouches, et en les prenant petits on peut les apprivoiser aisément ; ils sont même très jolis lorsqu'ils sont jeunes ; leur queue longue et presque nue, qui rend leur figure désagréable, est fort courte dans le premier âge : ils jouent innocemment et aussi lestement que des petits chats ; ils ne mordent point (a), et on les nourrirait aisément si leur odeur n'était point incommode. L'ondatra et le desman sont, au reste, les seuls animaux des pays septentrionaux qui donnent du parfum, car l'odeur du *castoreum* est très désagréable, et ce n'est que dans les climats chauds qu'on trouve les animaux qui fournissent le vrai musc, la civette et les autres parfums.

Le desman ou rat musqué de Moscovie nous offrirait peut-être des singularités remarquables et analogues à celles de l'ondatra, mais il ne paraît pas qu'aucun naturaliste ait été à portée de l'examiner vivant, ni de le disséquer ; nous ne pouvons parler nous-mêmes que de sa forme extérieure, celui qui est au cabinet du Roi ayant été envoyé de Laponie dans un état de dessèchement qui n'a pas permis d'en faire la dissection ; je n'ajouterai donc à ce que j'en ai déjà dit que le seul regret de n'en pas savoir davantage.

(a) Les rats musqués de Canada, que les Hurons appellent *ondathra*, paissent l'herbe sur terre et le blanc des joncs autour des lacs et des rivières ; il y a plaisir à les voir manger et faire leurs petits tours quand ils sont jeunes. J'en avais un très joli ; je le nourrissais du blanc des joncs et d'une certaine herbe semblable au chiendent : je faisais de ce petit animal tout ce que je voulais, sans qu'il me mordît aucunement, aussi n'y sont-ils pas sujets. *Voyage de Sagard Théodat*. Paris, 1632, p. 322 et 323. La plante dont M. Sarrasin dit que le rat musqué se nourrit le plus volontiers est le *calamus aromaticus*.

1. PÉCARI À COLLIER. — 2. COCHON DES INDES, FEMELLE.

LE PÉCARI OU LE TAJACU

L'espèce du pécari (*) est une des plus nombreuses et des plus remarquables parmi les animaux du nouveau monde. Le pécari ressemble au premier coup d'œil à notre sanglier, ou plutôt au cochon de Siam qui, comme
nous l'avons dit, n'est, ainsi que notre cochon domestique, qu'une variété
du sanglier ou cochon sauvage ; aussi le pécari a-t-il été appelé *sanglier* ou
cochon d'Amérique : cependant il est d'une espèce particulière, et qui ne
peut se mêler avec celle de nos sangliers ou cochons, comme nous nous en
sommes assurés par des essais réitérés, ayant nourri et gardé pendant plus
de deux ans un pécari avec des truies sans qu'il ait rien produit. Il diffère
encore du cochon par plusieurs caractères essentiels, tant à l'extérieur qu'à
l'intérieur ; il est de moindre corpulence et plus bas sur jambes ; il a l'estomac et les intestins différemment conformés ; il n'a point de queue ; ses soies
sont beaucoup plus rudes que celles du sanglier ; et enfin il a sur le dos,
près de la croupe, une fente de deux ou trois lignes de largeur qui pénètre
à plus d'un pouce de profondeur, par laquelle suinte une humeur ichoreuse
fort abondante et d'une odeur très désagréable : c'est de tous les animaux
le seul qui ait une ouverture dans cette région du corps ; les civettes, le
blaireau, la genette, ont le réservoir de leur parfum au-dessous des parties
de la génération ; l'ondatra ou rat musqué de Canada, le musc ou chevreuil
du musc l'ont sous le ventre. La liqueur qui sort de cette ouverture, que le
pécari a sur le dos, est fournie par de grosses glandes que M. Daubenton a
décrites avec soin, aussi bien que toutes les autres singularités de conformation qui se trouvent dans cet animal. On en voit aussi une bonne description faite par Tyson dans les *Transactions philosophiques*, n° 153. Je ne
m'arrêterai pas à exposer en détail les observations de ces deux habiles anatomistes, et je remarquerai seulement que le docteur Tyson s'était trompé
en assurant que cet animal avait trois estomacs, ou, comme le dit Ray (*a*),

(*a*) Ray, *Synops. quadrup.*, p. 99.

(*) Le Pécari (*Dicotyles labiatus* Cuv.) est un Mammifère de l'ordre des Artiodactyles
Pachydermes, de la famille des Suidés.

un gésier et deux estomacs. M. Daubenton démontre clairement qu'il n'a qu'un seul estomac, mais partagé par deux étranglements qui en font paraître trois, qu'il n'y a qu'une seule de ces trois poches qui ait une issue de sortie au pylore, et que par conséquent on ne doit regarder les deux autres poches que comme des appendices, ou plutôt des portions du même estomac, et non pas comme des estomacs différents.

Le pécari pourrait devenir animal domestique comme le cochon ; il est à peu près du même naturel ; il se nourrit des mêmes aliments ; sa chair, quoique plus sèche et moins chargée de lard que celle du cochon, n'est pas mauvaise à manger ; elle deviendrait meilleure par la castration : lorsqu'on veut manger de cette viande, il faut avoir grand soin d'enlever au mâle non seulement les parties de la génération, comme l'on fait au sanglier, mais encore toutes les glandes qui aboutissent à l'ouverture du dos dans le mâle et dans la femelle ; il faut même faire ces opérations au moment qu'on met à mort l'animal, car si l'on attend seulement une demi-heure, sa chair prend une odeur si forte qu'elle n'est plus mangeable.

Les pécaris sont très nombreux dans tous les climats chauds de l'Amérique méridionale ; ils vont ordinairement par troupes, et sont quelquefois deux ou trois cents ensemble ; ils ont le même instinct que les cochons pour se défendre, et même pour attaquer ceux surtout qui veulent ravir leurs petits ; ils se secourent mutuellement, ils enveloppent leurs ennemis, et blessent souvent les chiens et les chasseurs. Dans leur pays natal ils occupent plutôt les montagnes que les lieux bas ; ils ne cherchent pas les marais et la fange comme nos sangliers ; ils se tiennent dans les bois où ils vivent de fruits sauvages, de racines, de graines ; ils mangent aussi les serpents, les crapauds, les lézards, qu'ils écorchent auparavant avec leurs pieds ; ils produisent en grand nombre, et peut-être plus d'une fois par an ; les petits suivent bientôt leur mère et ne s'en séparent que quand ils sont adultes : on les apprivoise, ou plutôt on les prive aisément en les prenant jeunes ; ils perdent leur férocité naturelle, mais sans se dépouiller de leur grossièreté, car ils ne connaissent personne, ne s'attachent point à ceux qui les soignent ; seulement ils ne font point de mal, et l'on peut, sans inconvénient, les laisser aller et venir en liberté ; ils ne s'éloignent pas beaucoup, reviennent d'eux-mêmes au gîte, et n'ont de querelle qu'auprès de l'auge ou de la gamelle lorsqu'on la leur présente en commun : ils ont un grognement de colère plus fort et plus dur que celui du cochon, mais on les entend très rarement crier ; ils soufflent aussi comme le sanglier lorsqu'on les surprend et qu'on les épouvante brusquement ; leur haleine est très forte, leur poil se hérisse lorsqu'ils sont irrités ; il est si rude qu'il ressemble plutôt aux piquants du hérisson qu'aux soies du sanglier.

L'espèce du pécari s'est conservée sans altération et ne s'est point mêlée avec celle du *cochon marron;* c'est ainsi qu'on appelle le cochon d'Europe transporté et devenu sauvage en Amérique : ces animaux se rencontrent dans les bois et vont même de compagnie sans qu'il en résulte rien ; il en est de même du cochon de Guinée, qui s'est aussi multiplié en Amérique, après y avoir été transporté d'Afrique. Le cochon d'Europe, le cochon de Guinée et le pécari sont trois espèces qui paraissent être fort voisines, et qui cependant sont distinctes et séparées les unes des autres, puisqu'elles subsistent toutes trois dans le même climat sans mélange et sans altération : notre sanglier est le plus fort, le plus robuste et le plus redoutable des trois ; le pécari, quoique assez féroce est plus faible, plus pesant et plus mal armé ; ses grandes dents tranchantes qu'on appelle *défenses* sont beaucoup plus courtes que dans le sanglier ; il craint le froid et ne pourrait subsister sans abri dans notre climat tempéré, comme notre sanglier ne peut lui-même subsister dans les climats trop froids : ils n'ont pu ni l'un ni l'autre passer d'un continent à l'autre par les terres du nord ; ainsi l'on ne doit pas regarder le pécari comme un cochon d'Europe dégénéré ou dénaturé sous le climat d'Amérique, mais comme un animal propre et particulier aux terres méridionales de ce nouveau continent.

Ray et plusieurs autres auteurs ont prétendu que la liqueur du pécari, qui suinte par l'ouverture du dos, est une espèce de musc, un parfum agréable, même au sortir du corps de l'animal ; que cette odeur agréable se fait même sentir d'assez loin et parfume les endroits où il passe et les lieux qu'il habite. J'avoue que nous avons éprouvé mille fois tout le contraire : l'odeur de cette liqueur, au sortir du corps de l'animal, est si désagréable que nous ne pouvions la sentir ni la faire recueillir sans un extrême dégoût ; il semble seulement qu'elle devienne moins fétide en se desséchant à l'air, mais jamais elle ne prend l'odeur suave du musc ni le parfum de la civette, et les naturalistes auraient parlé plus juste s'ils l'eussent comparée à celle du castoréum.

LA ROUSSETTE [a], LA ROUGETTE [b]

ET LE VAMPIRE [c]

La roussette (*) et la rougette (**) nous paraissent faire deux espèces distinctes, mais qui sont si voisines l'une de l'autre, et qui se ressemblent à

[a] La *roussette*. Vulgairement le *chien-volant*. — *Vespertilio ingens.* Clusii, *Exotic.*, p. 94. — *Vespertilio.* Gessn. *Hist. avium.*, p. 772. — *Canis volans ternatanus orientalis.* Seba, vol. Ier, p. 91, tab. 57, fig. no 1 et 2. — *Vespertilio caudâ nullâ.* Linn. *Syst. nat.*, édit. IV, p. 66 ; et édit. VI, p. 7. — *Vampyrus. Vespertilio ecaudatus naso simplici membranâ inter fœmora divisâ*, édit. X, p. 31. — *Vespertilio cynocephalus ternatanus.* Klein, *de Quadrup.*, p. 61. — *Pteropus rufus aut niger, auriculis brevibus acutisculis.....* La roussette. Brisson, *Règne animal.*, p. 216.

[b] La *rougette*. Le chien-volant à col rouge. — *Pteropus fuscus, auriculis brevibus aculiusculis, collo superiore rubro.....* La roussette à cou rouge. Brisson, *Règne animal*, p. 217.

Nota que M. Brisson a séparé avec raison le genre de la roussette et de la rougette de celui des chauves-souris, et que M. Linnæus s'est trompé lorsqu'il a dit que les chauves-souris et les roussettes avaient également quatre dents incisives à la mâchoire supérieure, et autant à l'inférieure : cela est vrai des roussettes, mais cela est autrement dans les chauves-souris ; elles ont, à la vérité, quatre dents incisives à la mâchoire supérieure, mais en même temps elles en ont six à la mâchoire inférieure ; ainsi elles ne peuvent être du même genre dans une méthode qui, comme celle de cet auteur, est fondée sur le nombre et l'ordre des dents.

[c] Le *vampire*, animal de l'Amérique qui n'a été indiqué que par les noms vagues de *grande chauve-souris d'Amérique*, ou de *chien-volant de la Nouvelle-Espagne.*

Nota que M. Linnæus a donné ce même nom *vampyrus* à la roussette ; ce n'est cependant pas de la roussette des Indes orientales, à laquelle M. Linnæus applique ce nom de *vampire*, mais de l'animal d'Amérique dont il est ici question, que les voyageurs ont dit qu'il suçait le sang des hommes sans les éveiller ; c'est donc à cette troisième espèce et non pas à la première qu'on peut donner le nom de *vampire*.

Canis volans maximus, auritus, ex novâ Hispaniâ. Seba, vol. Ier, p. 92, tab. 58, fig. no 1. — *Vespertilio cynocephalus maximus, auritus, ex novâ Hispaniâ.* Klein, *de Quadrup.*, p. 62. — *Spectrum, vespertilio ecaudatus naso infundibuliformi lancealato.* Linn., *Syst. nat.*, édit. X, p. 31. — *Pteropus auriculis longis patulis, naso membranâ antrorsum inflexâ aucto.* Brisson, *Règne animal*, p. 217.

(*) La Roussette (*Pteropus edulis* Geoff.) est un Mammifère de l'ordre des Cheiroptères et de la famille des Ptéropides qui est caractérisée par des oreilles petites et dépourvues, ainsi que le nez, de valvules membraneuses. Les *Pteropus* se distinguent par l'absence de queue.

(**) *Pteropus rubricollis* Geoff.

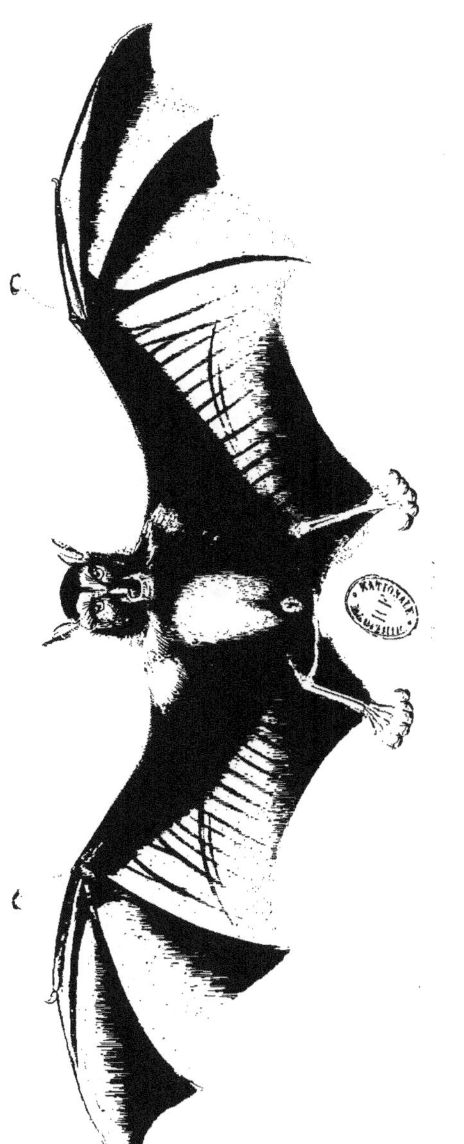

ROUSSETTE D'EDWARDS

tant d'égards, que nous croyons devoir les présenter ensemble. La seconde
ne diffère de la première que par la grandeur du corps et les couleurs du
poil ; la roussette, dont le poil est d'un roux brun, a neuf pouces de longueur
depuis le bout du museau jusqu'à l'extrémité du corps, et trois pieds d'envergure lorsque les membranes qui lui servent d'ailes sont étendues ; la
rougette, dont le poil est cendré brun, n'a guère que cinq pouces et demi
de longueur et deux pieds d'envergure ; elle porte sur le cou un demi-collier
d'un rouge vif, mêlé d'orangé dont on n'aperçoit aucun vestige sur le cou
de la roussette : elles sont toutes deux à peu près des mêmes climats chauds
de l'ancien continent ; on les trouve à Madagascar (a), à l'île de Bourbon,
à Ternate, aux Philippines et dans les autres îles de l'archipel Indien, où
il paraît qu'elles sont plus communes que dans la terre ferme des continents
voisins.

On trouve aussi dans les pays les plus chauds du nouveau monde un autre
quadrupède volant dont on ne nous a pas transmis le nom américain, et que
nous appellerons vampire, parce qu'il suce le sang des hommes et des animaux qui dorment sans leur causer assez de douleur pour les éveiller : cet
animal d'Amérique est d'une espèce différente de celles de la roussette et de
la rougette, qui toutes deux ne se trouvent qu'en Afrique et dans l'Asie méridionale. Le vampire est plus petit que la rougette, qui est plus petite elle-
même que la roussette ; le premier, lorsqu'il vole, paraît être de la grosseur
d'un pigeon ; la seconde de la grandeur d'un corbeau, et la troisième de
celle d'une grosse poule. La rougette et la roussette ont toutes deux la tête
assez bien faite, les oreilles courtes, le museau bien arrondi et à peu près
de la forme de celui d'un chien. Le vampire, au contraire, a le museau plus
allongé ; il a l'aspect hideux comme les plus laides chauves-souris, la tête
informe et surmontée de grandes oreilles fort ouvertes et fort droites ; il a le
nez contrefait, les narines en entonnoir, avec une membrane au-dessus qui
s'élève en forme de corne ou de crête pointue, et qui augmente de beaucoup
la difformité de sa face. Ainsi l'on ne peut douter que cette espèce ne soit
tout autre que celles de la roussette et de la rougette : le vampire est aussi
malfaisant que difforme, il inquiète l'homme, tourmente et détruit les animaux. Nous ne pouvons citer un témoignage plus authentique et plus récent
que celui de M. de La Condamine : « Les chauves-souris, dit-il (b), qui sucent
» le sang des chevaux, des mulets, et même des hommes quand ils ne s'en
» garantissent pas en dormant à l'abri d'un pavillon, sont un fléau commun
» à la plupart des pays chauds de l'Amérique ; il y en a de monstrueuses pour
» la grosseur ; elles ont entièrement détruit à Borja et en divers autres

(a) Aux îles de Mascareigne et de Madagascar, les chauves-souris sont grosses comme
des poules, et si communes que quelquefois j'en ai vu l'air obscurci. Leur cri est épouvantable. *Voyage de Madagascar*, par de V..... Paris, 1722, p. 83 et 245.

(b) *Voyage de la rivière des Amazones*, par M. de La Condamine. Paris, 1745, p. 171.

» endroits le gros bétail que les missionnaires y avaient introduit, et qui
» commençait à s'y multiplier. » Ces faits sont confirmés par plusieurs
autres historiens et voyageurs. Pierre Martyr (a), qui a écrit assez peu de
temps après la conquête de l'Amérique méridionale, dit qu'il y a dans les
terres de l'isthme de Darien des chauves-souris qui sucent le sang des
hommes et des animaux pendant qu'ils dorment jusqu'à les épuiser et même
au point de les faire mourir ; Jumilla (b) assure la même chose, aussi bien
que Dom George, Juan et Dom Antoine de Ulloa (c). Il paraît, en conférant
ces témoignagnes, que l'espèce de ces chauves-souris qui sucent le sang est
nombreuse et très commune dans toute l'Amérique méridionale ; néanmoins
nous n'avons pu jusqu'ici nous en procurer un seul individu ; mais on peut
voir dans Seba la figure et la description de cet animal, dont le nez est si
extraordinaire que je suis très étonné que les voyageurs ne l'aient pas
remarqué et ne se soient point écriés sur cette difformité qui saute aux yeux,
et de laquelle cependant ils n'ont fait aucune mention. Il se pourrait donc
que l'animal étrange dont Seba nous a donné la figure, ne fût pas celui que
nous indiquons ici sous le nom de *vampire*, c'est-à-dire celui qui suce le
sang ; il se pourrait aussi que cette figure de Seba fût infidèle ou chargée,
et, enfin, il se pourrait que ce nez difforme fût une monstruosité ou une
variété accidentelle, quoiqu'il y ait des exemples de ces difformités constante dans quelques autres espèces de chauves-souris : le temps éclaircira
ces obscurités et fixera nos incertitudes.

A l'égard de la roussette et de la rougette, elles sont toutes deux au cabinet du Roi, et elles sont venues de l'île de Bourbon ; ces deux espèces ne se

(a) « In Dariene novi orbis regione Hispani noctu vespertilionum morsibus torquebantur,
» quæ si dormientem forte momorderint quempiam, exhausto sanguine trahunt in vitæ dis-
» crimen et mortuos fuisse nonnullos ex ca tabe compertum est. » Petrus Martyr, *Oceani
decadis tertiæ*, lib. VI.

(b) Dans l'Amérique méridionale, les chauves-souris sont encore un fléau si cruel et si
funeste, qu'il faut l'avoir éprouvé pour le croire : il y en a de deux sortes, les unes sont de
la grosseur de celles que nous voyons en Espagne, les autres sont si grosses qu'elles ont
trois quarts d'aune de longueur d'un bout de l'aile à l'autre. Les unes et les autres sont
d'adroites sangsues s'il en fut jamais, qui rôdent toute la nuit pour boire le sang des hommes
et des bêtes : si ceux que leur état oblige de dormir par terre n'ont pas soin de se couvrir
depuis les pieds jusqu'à la tête, ce qui est extrêmement incommode dans des pays aussi
chauds, ils doivent s'attendre à être piqués des chauves-souris ; à l'égard de ceux qui dorment
dans les maisons sous des *mosquiteros*, quand ils n'auraient que le front découvert, ils en
sont infailliblement mordus, et, si par malheur ces oiseaux leur piquent une veine, ils
passent des bras du sommeil dans ceux de la mort, à cause de la quantité de sang qu'ils
perdent sans s'en apercevoir, tant leur piqûre est subtile ; outre que battant l'air avec leurs
ailes, elles rafraîchissent le dormeur auquel elles ont dessein d'ôter la vie. *Histoire naturelle
de l'Orénoque*, par le P. Jumilla, traduite de l'espagnol par M. Eidous. Avignon, 1758,
t. III, p. 100.

(c) Les chauves-souris sont communes à Carthagène ; elles saignent fort adroitement les
habitants en leur tirant assez de sang, sans les éveiller, pour les affaiblir extrêmement.
Extrait de la Relation historique du Voyage de l'Amérique méridionale, par D. George Juan
et D. Antoine de Ulloa, etc. *Bibliothèque raisonnée*, t. XLIV, p. 409.

trouvent que dans l'ancien continent, et ne sont nulle part aussi nombreuses, en Afrique et en Asie, que celle du vampire l'est en Amérique. Ces animaux sont plus grands, plus forts et peut-être plus méchants que le vampire ; mais c'est à force ouverte, en plein jour aussi bien que la nuit qu'ils font leur dégât ; ils tuent les volailles et les petits animaux, ils se jettent même sur les hommes, les insultent et les blessent au visage par des morsures cruelles ; et aucun voyageur ne dit qu'ils sucent le sang des hommes et des animaux endormis.

Les anciens connaissaient imparfaitement ces quadrupèdes ailés, qui sont des espèces de monstres, et il est vraisemblable que c'est d'après ces modèles bizarres de la nature que leur imagination a dessiné les harpies. Les ailes, les dents, les griffes, la cruauté, la voracité, la saleté, tous les attributs difformes, toutes les facultés nuisibles des harpies, conviennent assez à nos roussettes. Hérodote (*a*) paraît les avoir indiquées lorsqu'il a dit qu'il y avait de grandes chauves-souris qui incommodaient beaucoup les hommes qui allaient recueillir la casse autour des marais de l'Asie ; qu'ils étaient obligés de se couvrir de cuir le corps et le visage pour se garantir de leurs morsures dangereuses. Strabon (*b*) parle de très grandes chauves-souris dans la Mésopotamie, dont la chair est bonne à manger. Parmi les modernes, Albert, Isidore, Scaliger, ont fait mention, mais vaguement, de ces grandes chauves-souris. Linscot, Nicolas Mathias (*c*), François Pyrard (*d*), en ont parlé plus précisément, et Oliger Jacobeus (*e*) en a donné une courte description avec la figure ; enfin l'on en trouve des descriptions et des figures bien faites dans Seba et dans Edwards, lesquelles s'accordent avec les nôtres.

(*a*) *Herodot.*, lib. III. — Nota. Il est singulier que Pline, qui nous a transmis comme vrais tant de faits apocryphes et même merveilleux, accuse ici Hérodote de mensonge, et dise que ce fait des chauves-souris, qui se jettent sur les hommes, n'est qu'un conte de la vieille et fabuleuse antiquité.

(*b*) « In Mesopotamiâ inter Euphratis conversiones est maxima vespertilionum multitudo, » qui longe majores sunt quam in cœteris locis. Capiuntur, et in esum condiuntur. » *Strabo*, lib. XVI.

(*c*) Nicolas Mathias, dans son voyage imprimé à Visurgbourg, en suédois, dit, p. 123, que ces grandes chauves-souris volent en troupe pendant la nuit, qu'elles boivent du suc des palmiers en si grande quantité qu'elles s'enivrent, et tombent comme mortes au pied des arbres ; que lui-même en avait pris une dans cet état, et que, l'ayant attachée avec des clous à une muraille, elle rongea les clous et les arrondit avec ses dents comme si on les eût limés : il dit aussi que son museau ressemblait à celui d'un renard.

(*d*) On voit dans l'île de Saint-Laurent et aux Maldives des chauves-souris plus grosses que des corbeaux. *Voyage de Pyrard.* Paris, 1619, t. Ier, p. 38 et 132. — Les chauves-souris volent en plein jour dans le Malabar ; elles sont grosses comme des chats, et on les mange sans répugnance. *Extrait de la Relation des Missions du Tranquebar. Bibliothèque raisonnée*, t. XXXII, p. 194.

(*e*) Il y a deux de ces chauves-souris dans le *Museum regium Haffniæ*, 1696, p. 12, tab. 5, fig. 3. Il dit que chacune de ces chauves-souris était grande comme un gros corbeau ; qu'elles avaient, de la tête en bas, un pied de longueur ; que le membre génital avait deux pouces de long : et il ajoute, d'après Linscot, que les Indiens les mangent et les trouvent aussi bonnes que des perdrix.

Les roussettes sont des animaux carnassiers, voraces et qui mangent de
tout, car, lorsque la chair ou le poisson leur manque, elle se nourrissent de
végétaux et de fruits de toute espèce (*a*); elles boivent le suc des palmiers, et
il est aisé de les enivrer et de les prendre en mettant à portée de leur retraite
des vases remplis d'eau de palmier, ou de quelque autre liqueur fermentée :
elles s'attachent et se suspendent aux arbres avec leurs ongles; elles vont
ordinairement en troupe, et plus la nuit que le jour ; elles fuient les lieux trop
fréquentés et demeurent dans les déserts, surtout dans les îles inhabitées.
Elles se portent au coït avec ardeur; le sexe dans le mâle est très apparent;
la verge n'est point engagée dans un fourreau comme celle des quadrupèdes,
elle est hors du corps à peu près comme dans l'homme et le singe (*b*); le sexe
des femelles est aussi fort apparent ; elles n'ont que deux mamelles placées
sur la poitrine, et ne produisent qu'en petit nombre, mais plus d'une fois par
an. La chair de ces animaux, surtout lorsqu'ils sont jeunes, n'est pas mauvaise à manger ; les Indiens la trouvent bonne, et ils en comparent le goût
à celui de la perdrix ou du lapin.

Les voyageurs de l'Amérique s'accordent à dire que les grandes chauves-
souris de ce nouveau continent sucent, sans les éveiller, le sang des hommes
et des animaux endormis. Les voyageurs de l'Asie et de l'Afrique, qui font
mention de la roussette et de la rougette, ne parlent pas de ce fait singulier;
néanmoins leur silence ne fait pas une preuve complète, surtout y ayant tant
de conformité et tant d'autres ressemblances entre les roussettes et ces grandes chauves-souris que nous avons appelées *vampires;* nous avons donc cru
devoir examiner comment il est possible que ces animaux puissent sucer le
sang sans causer en même temps une douleur au moins assez sensible pour
éveiller une personne endormie. S'ils entamaient la chair avec leurs dents,
qui sont très fortes et grosses comme celles des autres quadrupèdes de leur
taille, l'homme le plus profondément endormi, et les animaux surtout, dont
le sommeil est plus léger que celui de l'homme, seraient brusquement réveil-
lés par la douleur de cette morsure : il en est de même des blessures qu'ils
pourraient faire avec leurs ongles; ce n'est donc qu'avec la langue qu'ils peu-

---

(*a*) Aux îles Manilles, on voit sur les arbres une infinité de grandes chauves-souris qui
pendent attachées les unes aux autres sur les arbres, et qui prennent leur vol à l'entrée de la
nuit pour aller chercher leur nourriture dans des bois fort éloignés : elles volent quelquefois
en si grand nombre et si serrées qu'elles obscurcissent l'air de leurs grandes ailes, qui ont
quelquefois six palmes d'étendue : elles savent discerner, dans l'épaisseur des bois, les arbres
dont les fruits sont mûrs ; elles les dévorent pendant toute la nuit avec un bruit qui se fait
entendre de deux milles, et vers le jour elles retournent vers leurs retraites. Les Indiens, qui
voient manger leurs meilleurs fruits par ces animaux, leur font la guerre non seulement
pour se venger, mais pour se nourrir de leur chair, à laquelle ils prétendent trouver le goût
du lapin. *Histoire générale des Voyages*, par M. l'abbé Prévost, t. X, p. 389.

(*b*) « In hoc animali uterque sexus dignoscebatur : nam eorum aliquot qui mihi conspectu
» sunt satis longum exertumque penem habebant quales fere simiarum est. » Carol. Clusii
Exotic. Raphelingiæ, 1605, t. 11, p. 94.

vent faire des ouvertures assez subtiles dans la peau pour en tirer du sang
et ouvrir les veines sans causer une vive douleur. Nous n'avons pas été à
portée de voir la langue du vampire, mais celle des roussettes, que M. Daubenton
a examinée avec soin, semble indiquer la possibilité du fait : cette langue est
pointue et hérissée de papilles dures, très fines, très aiguës et dirigées en
arrière ; ces pointes, qui sont très fines, peuvent s'insinuer dans les pores
de la peau, les élargir et pénétrer assez avant pour que le sang obéisse à la
succion continuelle de la langue. Mais c'est assez raisonner sur ce fait, dont
toutes les circonstances ne nous sont pas bien connues, et dont quelques-
unes sont peut-être exagérées ou mal rendues par les écrivains qui nous les
ont transmises.

LE POLATOUCHE

Nous avons mieux aimé conserver à cet animal (*) le nom qu'il porte dans son pays natal, que d'adopter les noms vagues et précaires que lui ont donnés les naturalistes : ils l'ont appelé *rat-volant, écureuil-volant, loir-volant, rat de Pont, rat de Scythie*, etc. Nous exclurons tant que nous pourrons de l'histoire naturelle ces dénominations composées, parce que la liste de la nature, pour être vraie, doit être tout aussi simple qu'elle. Le polatouche est d'une espèce particulière qui se raproche seulement par quelques caractères de celles de l'écureuil, du loir et du rat; il ne ressemble à l'écureuil que par la grosseur des yeux et par la forme de la queue, qui cependant n'est ni aussi longue, ni fournie d'aussi longs poils ; il approche plus du loir par la figure du corps, par celle des oreilles, qui sont courtes et nues, par les poils de la queue, qui sont de la même forme et de la même grandeur que ceux du loir; mais il n'est pas, comme lui, sujet à l'engourdissement par l'action du froid. Le polatouche n'est donc ni écureuil, ni rat, ni loir, quoiqu'il participe un peu de la nature de tous trois.

M. Klein est le premier qui ait donné une description exacte de cet animal dans les *Transactions philosophiques* (année 1733). Il était cependant connu longtemps auparavant ; on le trouve également dans les parties septentrionales de l'ancien et du nouveau continent (*a*); il est seulement plus commun

(*a*) Les Hurons du Canada ont de trois sortes d'écureuil..... Les plus estimés sont les écureuils-volants, nommés *sahouesquanta*, qui ont la couleur cendrée, la tête un peu grosse, et sont munis d'une panne qui leur prend des deux côtés d'une patte de derrière à celle de devant, lesquelles ils étendent quand ils veulent voler..... Ils produisent trois ou quatre petits, etc. *Voyage du pays des Hurons*, par Sagard Théodat, p. 305 et 306. — Il y a un autre petit animal que les Indiens de Virginie appellent *assapanick*, et les Anglais *escurieu volant*, lequel en élargissant les jambes et étendant la peau, comme si c'était des ailes, vole parfois trente ou quarante verges de dix pieds de long. *Histoire du nouveau monde*, par Jean de Laët. Leyde, 1640, liv. III, p. 88. — Les écureuils-volants sont de la grosseur d'un gros rat, couleur de gris blanc : ils sont aussi endormis que les autres sont éveillés ; on les

(*) Le Palatouche (*Pteromys volans*) est un Mammifère de l'ordre des Rongeurs, de la famille des Sciurides; il est caractérisé par une membrane aliforme, velue, étalée, de chaque côté du corps, entre les pattes et la base de la queue. Le *Pteromys volans* appartient à la Sibérie ; il en existe d'autres espèces : le *P. volucella* Cuv., indigène de l'Amérique du Nord; le *P. petaurista* Pall., de l'Inde, et le *P. nitidus* Desm., également de l'Inde.

en Amérique qu'en Europe, où il ne se trouve que rarement et dans quelques provinces du Nord, telles que la Lithuanie et la Russie. Ce petit animal habite sur les arbres comme l'écureuil ; il va de branches en branches, et lorsqu'il saute pour passer d'un arbre à un autre, ou pour traverser un espace considérable, sa peau, qui est lâche et plissée, sur les côtés du corps, se tire au dehors, se bande et s'élargit par la direction contraire des pattes de devant qui s'étendent en avant, et de celles de derrière qui s'étendent en arrière dans le mouvement du saut. La peau ainsi tendue, et tirée en dehors de plus d'un pouce, augmente d'autant la surface du corps sans en accroître la masse, et retarde par conséquent l'accélération de la chute, en sorte que d'un seul saut l'animal arrive à une assez grande distance : ainsi ce mouvement n'est point un vol comme celui des oiseaux, ni un voltigement comme celui des chauves-souris, qui se font tous deux en frappant l'air par des vibrations réitérées ; c'est un simple saut dans lequel tout dépend de la première inpulsion dont le mouvement est seulement prolongé et subsiste plus longtemps, parce que le corps de l'animal, présentant une plus grande surface à l'air, éprouve une plus grande résistance et tombe plus lentement. On peut voir dans la description de M. Daubenton le détail de la mécanique et du jeu de cette extension singulière de la peau, qui n'appartient qu'au polatouche, et qui ne se trouve dans aucun autre animal : ce seul caractère suffirait donc pour le distinguer de tous les autres écureuils, rats ou loirs ; mais les choses même les plus singulières de la nature sont-elles jamais uniques ? devrait-on s'attendre à trouver dans le même genre un autre animal avec une pareille peau, et dont les prolongements s'étendent non seulement d'une jambe à l'autre, mais de la tête à la queue ? Cet animal, dont la figure et la description nous ont été données par Seba (*a*) sous le nom d'*écureuil volant* de Virginie, paraît assez différent du polatouche pour constituer une autre espèce ; cependant nous ne nous presserons pas de prononcer sur sa nature ; il est probable que c'est un animal dont l'espèce est réellement existante et différente de celle du polatouche, mais ce pourrait être aussi une simple variété dans cette espèce, et peut-être enfin n'est-ce qu'une production accidentelle ou une monstruosité, car aucun voyageur, aucun naturaliste, n'a fait mention de cet animal ; Seba est le seul qui l'ait vu dans le cabinet de Vincent, et je me défie toujours de ces descriptions faites dans des cabinets d'après des animaux que souvent on ajuste pour les rendre plus extraordinaires.

Nous avons vu et gardé longtemps le polatouche vivant ; il a été bien indi-

appelle *volants* parce qu'ils volent d'un arbre à l'autre par le moyen d'une certaine peau qui s'étend en forme d'aile lorsqu'ils font ces petits vols. *Voyage de la Hontan*, t. II, p. 42.— Les écureuils volants viennent du nord de l'Amérique, mais on en a depuis peu trouvé en Pologne. Voyez Edwards, *Hist. nat. of Birds*, p. 191 ; et Catesby, *Hist. nat. de la Carol.*, t. II, p. 76 et 77.

(*a*) Seba, vol. Ier, p. 72, tab. 44, fig. n° 3.

qué par les voyageurs : Sagard Théodat (*a*), Jean de Laët (*b*), Fernandès (*c*),
la Hontan (*d*), Denys (*e*), en ont tous fait mention, ainsi que MM. Catesby (*f*),
Dumont (*g*), le Page de Pratz (*h*), etc., et MM. Klein, Seba et Edwards, en ont
donné de bonnes descriptions avec la figure. Ce que nous avons vu nous-
mêmes de cet animal s'accorde très bien avec ce qu'ils en disent : communément il est plus petit que l'écureuil ; celui que nous avons eu ne pesait
guère que deux onces, c'est-à-dire autant qu'une chauve-souris de la moyenne
espèce, et l'écureuil pèse huit ou neuf onces. Cependant il y en a de plus
grands ; nous avons une peau de polatouche, qui ne peut provenir que d'un
animal plus grand que le polatouche ordinaire.

Le polatouche approche, en quelque sorte, de la chauve-souris par cette
extension de la peau qui, dans le saut, réunit les jambes de devant à celles
de derrière, et qui lui sert à se soutenir en l'air : il paraît aussi lui ressembler un peu par le naturel, car il est tranquille et, pour ainsi dire, endormi
pendant le jour ; il ne prend de l'activité que le soir. Il est très facile à apprivoiser, mais il est en même temps sujet à s'enfuir, et il faut le garder dans
une cage ou l'attacher avec une petite chaîne : on le nourrit de pain, de fruits,
de graines ; il aime surtout les boutons et les jeunes pousses du pin et du
bouleau ; il ne cherche point les noix et les amandes comme les écureuils ;
il se fait un lit de feuilles dans lequel il s'ensevelit et où il demeure
tout le jour ; il n'en sort que la nuit et quand la faim le presse. Comme il
a peu de vivacité, il devient aisément la proie des martes et des autres

(*a*) *Voyage au pays des Hurons*, par Sagard Théodat, p. 305.

(*b*) *Histoire du nouveau monde*, par Jean de Laët, p. 88.

(*c*) « Quimichpatlan seu mus volans fusco pilo nigroque promiscue tegitur qui prope
» brachia et crura est prolixior ac parvarum alarum formâ... Est autem cæteris minor, parvo
» et murino capite, magnis auriculis, etc. » Fernand. *Hist. nov. Hisp.*, p. 9. *Nota* que cet
auteur se trompe en ce qu'il dit que ce sont de longs poils qui lui tiennent lieu d'ailes, au
lieu que ce sont en effet des prolongements de la peau.

(*d*) *Voyage de la Hontan*, t. II, p. 42.

(*e*) Les écureuils volants ont le poil un peu plus noir que ceux de France ; ils ont des
ailes qui les prennent du train de derrière à celui de devant, qui s'ouvrent de la largeur de
deux bons doigts ; c'est une petite toile fort mince, couverte dessus d'un petit poil follet :
toute sa volée ne peut aller qu'à trente ou quarante pas ; mais s'il vole d'un arbre à un autre,
il volera bien le double. *Description géographique de l'Amérique septentrionale*, par Denys.
Paris, 1672, t. II, p. 331 et 332.

(*f*) Catesby, *Histoire naturelle de la Caroline*, p. 76.

(*g*) Les écureuils sont fort communs à la Louisiane, où l'on en distingue de deux sortes ;
les uns sont en tout semblables à ceux que nous connaissons en France ; les seconds sont
d'une couleur un peu plus cendrée, et ont à leurs deux pattes de devant une espèce de peau
ou de membrane, au moyen de laquelle ils peuvent s'élancer d'un arbre à un autre à une
distance assez éloignée, etc. *Mémoires de la Louisiane*, par Dumont, p. 81 et 82.

(*h*) Les écureuils volants sont ainsi nommés parce qu'ils sautent d'un arbre à un autre à
la distance de vingt-cinq à trente pieds et plus ; leur poil est d'un cendré foncé : cet animal
est de la grosseur d'un rat ; ses pattes de derrière tiennent à celles de devant par deux membranes qui le soutiennent en l'air lorsqu'il saute, de sorte qu'il paraît voler, mais il va toujours en baissant, etc. *Histoire de la Louisiane*, par M. le Page du Pratz, t. II, p. 98.

animaux qui grimpent sur les arbres ; aussi l'espèce subsistante est-elle
en très petit nombre, quoiqu'il produise ordinairement trois ou quatre
petits.

LE PETIT-GRIS (*a*)

On trouve dans les parties septentrionales de l'un et de l'autre continent
l'animal que nous donnons ici sous le nom de *petit-gris* (*) ; il ressemble beaucoup à l'écureuil, et n'en diffère à l'extérieur que par les caractères suivants :
il est plus grand que l'écureuil ; il n'a pas le poil roux, mais d'un gris plus
ou moins foncé ; les oreilles sont dénuées de ces longs poils qui surmontent
l'extrémité de celles de l'écureuil. Ces différences, qui sont constantes,
paraissent suffisantes pour constituer une espèce particulière à laquelle nous
avons donné le nom de *petit-gris,* parce que l'on connaît sous ce même nom
la fourrure de cet animal. Plusieurs auteurs prétendent que les petits-gris
d'Europe sont différents de ceux d'Amérique ; que ces petits-gris d'Europe
sont des écureuils de l'espèce commune, dont la saison change seulement la
couleur dans le climat de notre nord. Sans vouloir nier absolument ce dernier fait, qui cependant ne nous paraît pas assez constaté, nous regardons le
petit-gris d'Europe et celui d'Amérique comme le même animal, et comme
une espèce distincte et séparée de celle de l'écureuil commun ; car on trouve
dans l'Amérique septentrionale et dans le nord de l'Europe nos écureuils ;
ils y sont de la même grosseur et de la même couleur, c'est-à-dire d'un rouge
ou roux plus ou moins vif, selon la température du pays ; et en même temps
on y voit d'autres écureuils qui sont plus grands, et dont le poil est gris ou
noirâtre dans toutes les saisons. D'ailleurs la fourrure de ces petits-gris est
beaucoup plus fine et plus douce que celle de nos écureuils ; ainsi nous
croyons pouvoir assurer que ce sont des animaux dont, les différences étant
constantes, les espèces, quoique voisines, ne sont pas mêlées, et doivent par
conséquent avoir chacune leur nom. M. Regnard (*b*) dit affirmativement que

(*a*) *Petit-gris*, nom que nous avons donné à cet animal qu'on appelle *écureuil gris, grand
écureuil gris, écureuil de Canada, écureuil de Virginie.*
(*b*) Ces petits-gris sont ce que nous appelons *écureuils* en France, qui changent leur
couleur rousse lorsque l'hiver et les neiges leur en font prendre une grise ; plus ils sont
avant vers le nord, et plus ils sont gris : les Lapons leur font beaucoup la guerre pendant
l'hiver, et leurs chiens sont si bien faits à cette chasse, qu'ils n'en laissaient passer aucun
sans les apercevoir sur les arbres les plus élevés, et avertir par leur aboiement les Lapons
qui étaient avec nous. Nous en tuâmes quelques-uns à coups de fusil, car les Lapons n'avaient
pas pour lors leurs flèches rondes avec lesquelles ils les assomment, et nous eûmes le plaisir
de les voir écorcher avec une vitesse surprenante. Ils commencent à faire la chasse aux
petits-gris vers la Saint-Michel, et tous les Lapons généralement s'occupent à cet emploi, ce

(*) Le Petit-gris (*Sciurus cinereus* L.) est très voisin de l'Écureuil.

les petits-gris de Laponie sont les mêmes animaux que nos écureuils de France ; ce témoignage est si positif qu'il serait suffisant s'il n'était pas contredit par d'autres témoignages ; mais M. Regnard, qui nous a donné d'excellentes pièces de théâtre, ne s'était pas fort occupé d'histoire naturelle ; et il n'a pas demeuré assez longtemps en Laponie pour avoir vû de ses yeux les écureuils changer de couleur. Il est vrai que des naturalistes, entre autres M. Linnæus, ont écrit que dans le Nord le poil de l'écureuil change de couleur en hiver (a). Cela peut être vrai, car les lièvres, les loups, les belettes changent aussi de couleur dans ce climat ; mais c'est du fauve ou du roux au blanc que se fait ce changement, et non pas du fauve ou du roux au gris cendré : et, pour ne parler que de l'écureuil, M. Linnæus, dans le *Fauna Suecica*, dit, *æstate ruber, hyeme incanus ;* il change donc du rouge au blanc, ou plutôt du roux au blanchâtre ; et nous ne croyons pas que cet auteur ait eu de fortes raisons pour substituer, comme il l'a fait, à ce mot *incanus* celui de *cinereus*, qui se trouve dans sa dernière édition du *Systema naturæ :* M. Klein (b) assure, au contraire, que les écureuils autour de Dantzig sont rouges en hiver comme en été, et qu'il y en a communément en Pologne de gris et de noirâtres qui ne changent pas plus de couleur que les roux ; ces écureuils gris et noirâtres se retrouvent en Canada (c) et dans toutes les par-

qui fait qu'ils sont à grand marché, et qu'on en donne un timbre pour un écu ; ce timbre est composé de quarante peaux. Mais il n'y a point de marchandises où l'on soit plus trompé qu'à ces petits-gris et aux hermines, parce que vous achetez la marchandise sans la voir et que la peau est retournée, en sorte que la fourrure est en dedans. Il n'y a point de distinction à faire, toutes sont de même prix, et il faut prendre les méchantes comme les belles, qui ne coûtent pas plus les unes que les autres. Nous apprîmes avec nos Lapons une particularité surprenante touchant les petits-gris, et qui nous a été confirmée par notre expérience : on ne rencontre pas toujours de ces animaux dans une même quantité, ils changent bien souvent de pays, et l'on n'en trouvera pas un dans tout un hiver où l'année précédente on en aura trouvé des milliers. Ces animaux changent de contrée ; lorsqu'ils veulent aller en un autre endroit, et qu'il faut passer quelque lac ou quelque rivière, qui se rencontre à chaque pas dans la Laponie, ces petits animaux prennent une écorce de pin ou de bouleau qu'ils tirent sur le bord de l'eau, sur laquelle ils se mettent et s'abandonnent ainsi au gré du vent, élevant leurs queues en forme de voiles, jusqu'à ce que le vent se faisant un peu fort et la vague élevée, elle renverse en même temps et le vaisseau et le pilote. Ce naufrage, qui est bien souvent de trois ou quatre mille voiles, enrichit ordinairement quelques Lapons qui trouvent ces débris sur le rivage, et les font servir à leur usage ordinaire, pourvu que ces petits animaux n'aient pas été trop longtemps sur le sable ; il y en a quantité qui font une navigation heureuse et qui arrivent à bon port, pourvu que le vent leur ait été favorable, et qu'il n'ait point causé de tempête sur l'eau, qui ne doit pas être bien violente pour engloutir tous ces petits bâtiments. Cette particularité pourrait passer pour un conte si je ne la tenais par ma propre expérience. *OEuvres de M. Regnard.* Paris, 1742, t. 1er, p. 163.

(a) « Sciurus vulgaris... habitat in arboribus frequens, æstate ruber, hyeme incanus. » *Fauna Suecica.* Stockholm, 1746, p. 9. — « Sciurus vulgaris... Æstate ruber, hyeme cine- » reus. » *Syst. nat.,* édit. X, p. 63.

(b) « Sciurus vulgaris rubicundus... Nostrates tam in silvis quam in caveis vulgares et » hyeme et æstate rubri... In Poloniâ utique vulgares cinerei *non mutantes pellem;* haud » rari quoque vulgares nigricantes, etc. » Klein, *De quadrup.,* p. 53. — « In Ukrainâ, inter » sciuros coloris rutili, nigricantes spectantur. » Rzaczynski, *Auct. hist. nat. Polon.,* p. 321.

(c) Les écureuils de Virginie approchent fort de la grandeur de nos connils ; ils sont

ties septentrionales de l'Amérique : ainsi nous nous croyons fondés à regarder le petit-gris, ou, si l'on veut, l'écureuil gris comme un animal commun aux deux continents, et d'une espèce différente de celle de l'écureuil ordinaire.

D'ailleurs nous ne voyons pas que les écureuils, qui sont en assez grand nombre dans nos forêts, se réunissent en troupes ; nous ne voyons pas qu'ils voyagent de compagnie, qu'ils s'approchent des eaux, ni qu'ils se hasardent à traverser les rivières sur des écorces d'arbres ; ils diffèrent donc des petits-gris non seulement par la grandeur et la couleur, mais aussi par les habitudes naturelles ; car, quoique ces navigations des petit-gris paraissent peu croyables, elles sont attestées par un si grand nombre de témoins (a) que nous ne pouvons les nier.

Au reste, de tous les animaux quadrupèdes non domestiques, l'écureuil est peut-être celui qui est le plus sujet aux variétés, ou du moins celui dont l'espèce a le plus d'espèces voisines. L'écureuil blanc de Sibérie (b) ne paraît être qu'une variété de notre écureuil commun. L'écureuil noir (c) et l'écureuil gris foncé (d), tous deux de l'Amérique, pourraient bien n'être aussi que des variétés de l'espèce du petit-gris. L'écureuil de Barbarie, le palmiste et l'écureuil suisse, dont nous parlerons dans l'article suivant, sont trois espèces fort voisines l'une de l'autre.

On a peu d'autres faits sur l'histoire des petits-gris ; Fernandès (e) dit que l'écureuil gris ou noirâtre d'Amérique se tient ordinairement sur les arbres et particulièrement sur les pins, qu'il se nourrit de fruits et de graines, qu'il en fait provision pour l'hiver, qu'il les dépose dans le creux d'un arbre où il se retire lui-même pour passer la mauvaise saison, qu'il y fait aussi ses petits, etc. Ces habitudes du petit-gris sont encore différentes de celles de

noirs ou mêlés de noir et de blanc. Toutefois, la plus grande partie sont cendrés. *Description des Indes occidentales*, par Jean de Laët, p. 88. — La plus fine pelleterie du pays des Iroquois est la peau des écureuils noirs. Cet animal est gros comme un chat de trois mois, d'une grande vivacité, fort doux et très facile à apprivoiser. Les Iroquois en font des robes qu'ils vendent jusqu'à sept ou huit pistoles. *Histoire de la Nouvelle-France*, par le P. Charlevoix. Paris, 1744, t. Ier, p. 273.

(a) « Rei veritate nititur, quod Gessnerus ex Vincentio Belvacensi et Olao M. refert : » sciuros, quando aquam transire cupiunt, lignum levissimum aquæ imponere, eique insi- » dentes et cauda non tamen ut vult, erecta sed continuo mota, velificantes, neque flante » vento, sed tranquillo æquore trasvehi ; quod fide dignus fidusque meus emissarius ad insu- » las Gothlandiæ plus simplici vice observavit, et cum spoliis in littoribus ibidem collectis » redux, mirabundus mihi rettulit. » *Dissertatio de sciuro volante. Transact. Angl.*, nº 427, p. 38. Klein, *De quadrup.*, p. 53. — *Cortice interdum sciurus navigat.* Linn., *Syst. nat.*, édit. X, p. 63.

(b) *Sciurus albus Sibericus.* L'écureuil blanc de Sibérie. Brisson, *Règne animal*, p. 151.

(c) *Sciurus Mexicanus.* Hernand. *Hist. Mexic.*, p. 582. — *Sciurus niger.* L'écureuil noir. Brisson, *Règne animal*, p. 151.

(d) L'écureuil d'Amérique. Seba, vol. Ier, p. 78, pl. 48, fig. 5. — *Sciurus obscure cinereus... Sciurus Americanus.* L'écureuil d'Amérique. Brisson, *Règne animal*, p. 152.

(e) Francisci Fernandes, *Hist. animal. nov. orbis*, p. 8.

l'écureuil, lequel se construit un nid au-dessus des arbres, comme font les oiseaux : cependant nous ne prétendons pas assurer positivement que cet écureuil noirâtre de Fernandès soit le même que l'écureuil gris de Virginie, et que tous deux soient aussi les mêmes que le petit-gris du nord de l'Europe ; nous le disons seulement comme une chose qui nous paraît être très vraisemblable, parce que ces trois animaux sont à peu près de la même grandeur, de la même couleur et du même climat froid, qu'ils sont précisément de la même forme, et qu'on emploie également leurs peaux dans les fourrures qu'on appelle *petit-gris*.

LE PALMISTE (*a*), LE BARBARESQUE (*b*) ET LE SUISSE (*c*)

Le palmiste (*) est de la grosseur d'un rat ou d'un petit écureuil ; il passe sa vie sur les palmiers, et c'est de là qu'il a tiré son nom ; les uns l'appellent *rat-palmiste*, et les autres l'*écureuil des palmiers ;* et comme il n'est ni écu-

---

(*a*) *Le palmiste.* Rat palmiste, écureuil des palmiers. — *Mustela Africana.* Clusii *Exotic.*, p. 112. — *Mustela Libyca.* Nieremberg, *Hist. nat.* Antuerp., 1635, p. 162. — « Sciurus coloris ex rufo et nigro mixti, tæniis in dorso flavicantibus... Sciurus palmarum vulgò. » L'écureuil palmiste, vulgairement *rat palmiste.* Brisson, *Règne animal*, p. 156.

(*b*) *Le barbaresque* ou l'*écureuil de Barbarie.* — *Sciurus Getulus.* Caïus *apud* Gessnerum, *Hist. quadrup.*, p. 847. — Gessner, *Icon. quadrup.*, p. 112. — *Sciurus Getulus.* Aldrov. *De quadrup. digit. vivip.*, p. 105 et 106. — *Getulus. Sciurus fuscus, striis quatuor albidis longitudinalibus.* Linn., *Syst. nat.*, édit. X, p. 64. — *The Barbary. Squirrel*, Edwards, *of Birds*, p. 198. — « Sciurus coloris ex rufo et nigro mixti, tæniis in lateribus alternatim albis, et » fuscis aut nigris... Sciurus Getulus. » Écureuil de Barbarie. Brisson, *Règne animal.*, page 157.

(*c*) *Le suisse.* L'écureuil suisse, l'écureuil de terre. *Ohihoin* chez les Hurons.

La seconde espèce d'écureuil que les Hurons appellent *ohihoin*, et nous *suisse*, à cause de la beauté et diversité de leur poil, sont ceux qui sont rayés et barrés depuis le devant jusqu'au derrière d'une barre ou raie blanche, plus, d'une rousse-grise et noirâtre, etc. *Voyage du pays des Hurons*, par Sagard Théodat. Paris, 1632, p. 305 et 306.

Écureuil suisse. Les écureuils suisses sont de petits animaux comme de petits rats. On les appelle *suisses* parce qu'ils ont sur le corps un poil rayé de noir et de blanc qui ressemble à un pourpoint de Suisse. *Voyage de la Hontan*, t. II, p. 43.

Il y a une espèce d'écureuil dans l'Amérique septentrionale qui est un peu plus petite que notre écureuil commun. On nomme *suisse* ce petit écureuil parce qu'il est rayé de la tête à la queue par raies blanches, rousses et noires, toutes d'une même longueur d'environ la moitié d'un travers de doigt. *Description de l'Amérique septentrionale*, par Denys. Paris, 1632, t. II, p. 331 et 332. *Sciurus Listeri.* Ray, *Synops. quadrup.*, p. 216.

Écureuil de terre. Catesby, *Hist. de la Caroline*, t. II, p. 75.

Petit écureuil de la Caroline, qu'on appelle aussi *écureuil de terre*, parce qu'il ne vit pas sur les arbres comme les autres écureuils, mais qu'il gratte la terre comme les lapins et qu'il s'y terre. Edwards, *Hist. des oiseaux*, p. 181. — « Sciurus rufus, tæniis in dorso nigris, » tæniis ex albo flavicantibus intermixtis... Sciurus Carolinensis. » Écureuil de la Caroline. Brisson, *Règne animal*, p. 155.

(*) *Sciurus Palmarum* L.

reuil ni rat, nous l'appellerons simplement *palmiste*. Il a la tête à péu près de la même forme que celle du campagnol, et couverte de même de poils hérissés ; sa longue queue n'est pas traînante comme celle des rats, il la porte droite et relevée verticalement, sans cependant la renverser sur son corps comme fait l'écureuil ; elle est couverte d'un poil plus long que celui du corps, mais bien plus court que le poil de la queue de l'écureuil ; il a sur le milieu du dos, tout le long de l'épine depuis le cou jusqu'à la queue, une bande blanchâtre accompagnée de chaque côté d'une bande brune, et ensuite d'une autre bande blanchâtre. Ce caractère si marqué, par lequel il paraît qu'on pourrait distinguer le palmiste de tous les autres animaux, se trouve à peu près le même dans l'écureuil de Barbarie (*), et dans l'écureuil suisse, qu'on a aussi appelé *écureuil de terre* (**). Ces trois animaux se ressemblent à tant d'égards, que M. Ray (*a*) a pensé qu'ils ne faisaient tous trois qu'une seule et même espèce ; mais si l'on fait attention que les deux premiers, c'est-à-dire le palmiste et l'écureuil de Barbarie, que nous appelons *barbaresque*, ne se trouvent que dans les climats chauds de l'ancien continent, qu'au contraire le suisse ou l'écureuil suisse décrit par Lister, Catesby (*b*) et Edwards (*c*) ne se trouve que dans les régions froides et tempérées du nouveau monde, on jugera que ce sont des espèces différentes ; et, en effet, en les examinant de plus près, on voit que les bandes brunes et blanches du suisse sont disposées dans un autre ordre que celles du palmiste ; la bande blanche qui s'étend dans le palmiste, le long de l'épine du dos, est noire ou brune dans le suisse ; les bandes blanches sont à côté de la noire, comme les noires sont à côté de la blanche dans le palmiste ; et d'ailleurs il n'y a que trois bandes blanches sur le palmiste, au lieu qu'il y en a quatre sur le suisse : celui-ci renverse sa queue sur son corps, le palmiste ne la renverse pas ; il n'habite que sur les arbres, le suisse se tient à terre, et c'est cette différence qui l'a fait appeler *écureuil de terre ;* enfin il est plus petit que le palmiste : ainsi l'on ne peut douter que ce ne soient deux animaux différents.

A l'égard du barbaresque, comme il est du même continent, du même climat, de la même grosseur et à peu près de la même figure que le palmiste, on pourrait croire qu'ils seraient tous deux de la même espèce, et qu'ils feraient seulement variété dans cette espèce. Cependant en comparant la description et la figure du barbaresque ou *écureuil de Barbarie*, donnée

(*a*) « Sciurus getulus Caii, mustela Africana Clusii, eadem nobis videtur... Descriptio
» mustelæ Africanæ cum sciuri Getuli descriptione satis bene convenit, ut non dubitem idem
» animal esse : huic similis est sciurus à clarissimo Dom. Lister, observatus et descriptus. »
Ray, *Synops. quadrup.*, p. 216.

(*b*) Catesby, *Histoire naturelle de la Caroline*, t. II, p. 75.

(*c*) Edwards, *Nat. hist. of Birds*. London, 1741, part. IV, p. 181.

(*) *Sciurus getulus* L.

(**) *Tamias striatus* L. On en a fait un genre distinct du genre *Sciurus*, caractérisé par de grandes abajoues et une queue moins touffue.

par Caïus (*a*) et copiée par Aldrovande (*b*) et Jonston (*c*), avec la description
que nous donnons ici du palmiste, et en comparant ensuite la figure et la
description de ce même écureuil de Barbarie, donnée par Edwards, on y
trouvera des différences très remarquables, et qui indiquent assez que ce sont
des animaux différents : nous les avons tous deux au cabinet du Roi, aussi
bien que le suisse. Le barbaresque a la tête et le chanfrein plus arqués, les
oreilles plus grandes, la queue garnie de poils plus touffus et plus longs que
le palmiste ; il est plus écureuil que rat, et le palmiste est plus rat qu'écureuil par la forme du corps et de la tête. Le barbaresque a quatre bandes
blanches, au lieu que le palmiste n'en a que trois ; la bande blanche du mileu
se trouve, dans le palmiste, sur l'épine du dos, tandis que dans le barbaresque il se trouve sur la même partie une bande noire mêlée de roux, etc. Au
reste, ces animaux ont à peu près les mêmes habitudes et le même naturel
que l'écureuil commun ; comme lui, le palmiste et le barbaresque vivent de
fruits, et se servent de leurs pieds de devant pour les saisir et les porter à
leur gueule ; ils ont la même voix, le même cri, le même instinct, la même
agilité ; ils sont très vifs et très doux, ils s'apprivoisent fort aisément et au
point de s'attacher à leur demeure, de n'en sortir que pour se promener, d'y
revenir ensuite d'eux-mêmes sans être appelés ni contraints ; ils sont tous
deux d'une très jolie figure ; leur robe, rayée de blanc, est plus belle que celle
de l'écureuil, leur taille est plus petite, leur corps est plus léger, et leurs
mouvements sont aussi prestes. Le palmiste et le barbaresque se tiennent,
comme l'écureuil, au-dessus des arbres, mais le suisse se tient à terre et s'y
pratique, comme le mulot, une retraite impénétrable à l'eau : il est aussi
moins docile et moins doux que les deux autres ; il mord sans ménagement (*d*),
à moins qu'il ne soit entièrement apprivoisé. Il ressemble donc plus aux rats
ou aux mulots qu'aux écureuils, par le naturel et par les mœurs.

(*a*) *Sciurus getulus.* Caii *apud* Gessnerum *Hist. quadrup.*, p. 847.
(*b*) Aldrov. *De quadrup. digit.*, p. 405.
(*c*) Jonst., *De quadrup.*, p. 113.
(*d*) *Voyage au pays des Hurons*, par Sagard Théodat. Paris, 1632, p. 306.

1. FOURMILIER. — 2. TAMANOIR.

LE TAMANOIR [a], LE TAMANDUA [b]

ET LE FOURMILLIER [c]

Il existe dans l'Amérique méridionale trois espèces d'animaux à long museau, à gueule étroite et sans aucunes dents, à langue ronde et longue qu'ils insinuent dans les fourmillières et qu'ils retirent pour avaler les fourmis dont ils font leur principale nourriture. Le premier de ces mangeurs de fourmis est celui que les Brésiliens appellent *tamandua-guacu*, c'est-à-dire *grand tamandua*, et auquel les Français, habitués en Amérique, ont donné le nom de *tamanoir* (*) : c'est un animal qui a environ quatre pieds de longueur

(a) Le tamanoir, le fourmilier-tamanoir, le mange-fourmis, le gros mangeur de fourmis. Les Brésiliens appellent cet animal *tamandua-guacu*, les naturels de la Guyane l'appellent *ouariri*. Le nom *tamanoir*, que lui ont donné les Français habitués en Amérique, paraît dériver de *tamandua*. — *Myrmecophaga manibus tridactylis, plantis pentadactylis.* Linn., *Syst. nat.*, édit. IV, p. 63. — *Myrmecophaga palmis tridactylis, plantis pentadactylis*, édit. VI, p. 8. — *Tridactyla. Myrmecophaga palmis tridactylis, plantis pentadactylis*, édit. VI, p. 35. — *Nota.* Il y a erreur dans toutes ces phrases, cet animal ayant quatre doigts ou plutôt quatre ongles, et non pas trois aux pieds de devant : cette erreur vient originairement de Seba ; M. Linnæus s'en est apparemment rapporté aux descriptions imparfaites de cet auteur, et il a cru que les animaux dont il donne les figures (pl. 37, n° 2 ; et pl. 40, n° 1, vol. Ier) étaient le *tamandua-guacu ;* il suffisait cependant de consulter Marcgrave, Pison, Desmarchais, etc., pour s'assurer du contraire.

(b) Le tamandua, nom de cet animal au Brésil, et que nous avons adopté.

(c) Le fourmillier, le plus petit fourmillier, le petit mangeur de fourmis, animal américain que les naturels de la Guyane appellent *ouatiriouaou*. — *Myrmecophaga manibus monodactylis, plantis tetradactylis.* — Linn., *Syst. nat.*, édit. IV, p. 63. — *Nota* qu'il y a erreur dans cette phrase, cet animal ayant deux doigts ou plutôt deux ongles, et non pas un seul doigt ou un seul ongle aux pieds de devant ; seulement le second, qui est l'interne, est beaucoup plus petit que le premier, qui est l'externe : M. Linnæus avait probablement construit cette phrase indicative comme celle du tamanoir sur les figures données par Seba,

(*) Les Tamanoirs (*Myrmecophaga* L.) sont des Mammifères de l'ordre des Edentés et de la famille des Vermilingues qui est caractérisée par un museau très allongé et pointu, une bouche étroite, une langue mince et très longue, protractile, des yeux petits et un corps couvert de poils, sauf dans les Pangolins. Dans les Tamanoirs, les poils sont longs et raides, les oreilles sont courtes et arrondies, la queue est souvent pendante.

L'espèce décrite ici par Buffon est le Tamanoir à crinière (*Myrmecophaga jubata* L) ; elle est caractérisée par une queue longue et touffue et par une crinière hérissée.

depuis l'extrémité du museau jusqu'à l'origine de la queue, la tête longue de
quatorze à quinze pouces, le museau très allongé, la queue longue de deux
pieds et demi, couverte de poils rudes et longs de plus d'un pied ; le cou court,
la tête étroite, les yeux petits et noirs, les oreilles arrondies, la langue menue,
longue de plus de deux pieds, qu'il replie dans sa gueule lorsqu'il la retire
tout entière. Ses jambes n'ont qu'un pied de hauteur ; celles de devant sont
un peu plus hautes et plus menues que celles de derrière : il a les pieds ronds ;
ceux de devant sont armés de quatre ongles, dont les deux du milieu sont les
plus grands ; ceux de derrière ont cinq ongles. Les poils de la queue, comme
ceux du corps, sont mêlés de noir et de blanchâtre ; sur la queue ils sont
disposés en forme de panache : l'animal la retourne sur le dos, s'en couvre
tout le corps lorsqu'il veut dormir ou se mettre à l'abri de la pluie et de l'ardeur du soleil ; les longs poils de la queue et du corps ne sont pas ronds dans
toute leur étendue, ils sont plats à l'extrémité et secs au toucher comme de
l'herbe desséchée ; l'animal agite fréquemment et brusquement sa queue lorsqu'il est irrité, mais il la laisse traîner en marchant quand il est tranquille,
et il balaie le chemin par où il passe : les poils des parties antérieures de son
corps sont moins longs que ceux des parties postérieures ; ceux-ci sont
tournés en arrière et les autres en avant ; il y a plus de blanc sur les parties
antérieures et plus de noir sur les parties postérieures : il y a aussi une bande
noire sur le poitrail qui se prolonge sur les côtés du corps et se termine sur
le dos près des lombes ; les jambes de derrière sont presque noires, celles de
de devant presque blanches avec une grande tache noire vers le milieu. Le
tamanoir marche lentement, un homme peut aisément l'atteindre à la course ;
ses pieds paraissent moins faits pour marcher que pour grimper et pour saisir des corps arrondis, aussi serre-t-il avec une si grande force une branche
ou un bâton qu'il n'est pas possible de les lui arracher.

Le second de ces animaux est celui que les Américains appellent simplement *tamandua* (*), et auquel nous conserverons ce nom ; il est beaucoup
plus petit que le tamanoir, il n'a qu'environ dix-huit pouces depuis l'extrémité du museau jusqu'à l'origine de la queue ; sa tête est longue de cinq
pouces, son museau est allongé et courbé en dessous ; il a la queue longue
de dix pouces et dénuée de poils à l'extrémité, les oreilles droites, longues
d'un pouce ; la langue ronde, longue de huit pouces, placée dans une espèce
de gouttière ou de canal creux au-dedans de la mâchoire inférieure ; ses
jambes n'ont guère que quatre pouces de hauteur, ses pieds sont de la même

qui dit en effet, p. 60 de son *Thesaurus,* que l'animal dont il est ici question n'a qu'un doigt
à chaque pied de devant ; ce *trésor* de Seba est un magasin mal rangé et rempli de pareilles
fautes ; M. Linnæus a reconnu et corrigé celle-ci dans les éditions suivantes de son ouvrage.
Myrmecophaga manibus didactylis, plantis tetradactylis. Linn., *Syst. nat.,* édit. VI, p. 8,
et édit. X, p. 35.

(*) *Myrmecophaga Tamandua* Cuv.

forme et ont le même nombre d'ongles que ceux du tamanoir, c'est-à-dire quatre ongles à ceux de devant et cinq à ceux de derrière. Il grimpe et serre aussi bien que le tamanoir, et ne marche pas mieux ; il ne se couvre pas de sa queue qui ne pourrait lui servir d'abri étant en partie dénuée de poil, lequel d'ailleurs est beaucoup plus court que celui de la queue du tamanoir : lorsqu'il dort, il cache sa tête sous son cou et sous ses jambes de devant.

Le troisième de ces animaux est celui que les naturels de la Guyane appellent *ouatiriouaou*. Nous lui donnons le nom de *fourmillier* (*) pour le distinguer du tamanoir et du tamandua. Il est encore beaucoup plus petit que le tamandua, puisqu'il n'a que six ou sept pouces de longueur depuis l'extrémité du museau jusqu'à l'origine de la queue ; il a la tête longue de deux pouces, le museau proportionnellement beaucoup moins allongé que celui du tamanoir ou du tamandua ; sa queue, longue de sept pouces, est recourbée en dessous par l'extrémité qui est dégarnie de poils ; sa langue est étroite, un peu aplatie et assez longue ; le cou est presque nu, la tête est assez grosse à proportion du corps, les yeux sont placés bas et peu éloignés des coins de la gueule, les oreilles sont petites et cachées dans le poil, les jambes n'ont que trois pouces de hauteur, les pieds de devant n'ont que deux ongles, dont l'externe est bien plus gros et bien plus long que l'interne ; les pieds de derrière en ont quatre, le poil du corps est long d'environ neuf lignes, il est doux au toucher et d'une couleur brillante, d'un roux mêlé de jaune vif; les pieds ne sont pas faits pour marcher mais pour grimper et pour saisir ; il monte sur les arbres et se suspend aux branches par l'extrémité de sa queue.

Nous ne connaissons dans ce genre d'animaux que les trois espèces desquelles nous venons de donner les indications. M. Brisson fait mention, d'après Seba, d'une quatrième espèce sous le nom de *fourmillier aux longues oreilles*, mais nous regardons cette espèce comme douteuse, parce que dans l'énumération que fait Seba des animaux de ce genre, il nous a paru qu'il y avait plus d'une erreur ; il dit expressément: « nous conservons dans » notre cabinet six espèces de ces animaux mangeurs de fourmis, » cependant il ne donne la description que de cinq ; et parmi ces cinq animaux il place l'*ysquiepatl* ou *mouffette*, qui est un animal non seulement d'une espèce, mais d'un genre très éloigné de celui des mangeurs de fourmis, puisqu'il a des dents (*a*), et la langue plate et courte comme celle des autres quadru-

---

(*a*) « Vapulavit aliquando optimus autor de nominibus propriis, si ysquiepatl seu vul-
». peculam Mexicanam, tamanduam dixit, p. 66. Quasi aliquam omnino speciem, canis
» septentrionalis fere æmulam, maxillâ inferiore crassâ et rotundâ, binis insignibus dentibus
» armatâ, cum tamen de sex diversis speciebus sit professus, quod omnes dentibus careant. »
Klein, *De quadrup.*, p. 43.

(*) C'est le *Myrmecophaga didactyla* L.

pèdes, et qu'il approche beaucoup du genre des belettes ou des martes. De ces six espèces prétendues et conservées dans le cabinet de Seba, il n'en reste donc déjà que quatre, puisque l'ysquiepatl, qui faisait la cinquième, n'est point du tout un mangeur de fourmis, et qu'il n'est question nulle part de la sixième, à moins que l'auteur n'ait sous-entendu comprendre parmi ces animaux le pangolin (*a*), ce qu'il ne dit pas dans la description qu'il donne ailleurs de cet animal. Le pangolin (*) se nourrit de fourmis ; il a le museau allongé, la gueule étroite et sans aucune dent apparente, la langue longue et ronde : caractère qui lui sont communs avec les mangeurs de fourmis ; mais il en diffère, ainsi que de tous les autres quadrupèdes, par un caractère unique, qui est d'avoir le corps couvert de grosses écailles au lieu de poil : d'ailleurs c'est un animal des climats les plus chauds de l'ancien continent, au lieu que les mangeurs de fourmis, dont le corps est couvert de poil, ne se trouvent que dans les parties méridionales du nouveau monde ; il ne reste donc plus que quatre espèces au lieu de six annoncées par Seba, et de ces quatre espèces, il n'y en a qu'une de reconnaissable par ses descriptions : c'est la troisième de celles que nous décrivons ici, c'est-à-dire celle du fourmillier, auquel, à la vérité, Seba ne donne qu'un doigt à chaque pied de devant (*b*), quoiqu'il en ait deux, mais qui, malgré ce caractère manchot, ne peut être autre que notre fourmillier. Les trois autres sont si mal décrits, qu'il n'est pas possible de les rapporter à leur véritable espèce. J'ai cru devoir citer ici ces descriptions en entier, non seulement pour prouver ce que je viens d'avancer, mais pour donner une idée de ce gros ouvrage de Seba, et pour qu'on juge de la confiance qu'on peut accorder à cet écrivain. L'animal qu'il désigne par le nom de *Tamandua murmecophage d'Amérique* (tome Ier, page 60), et dont il donne la figure (pl. XXXVII, n° 2), ne peut se rapporter à aucun des trois dont il est ici question ; il ne faut, pour en être convaincu, que lire la des-

(*a*) C'est le nom que nous donnerons au lézard écailleux.

(*b*) « N° 3. *Tamandua,* ou *coati d'Amérique, blanche différente.* Cet animal est tout à fait différent du précédent (il entend celui de la planche xxxvii, fig. n° 2. Voyez la note suivante). La tête en est beaucoup plus courte et les oreilles beaucoup plus petites, les yeux un peu plus grands et la partie inférieure du museau tant soit peu plus longue. Leurs langues sont plus ressemblantes ; l'une et l'autre est longue et étroite, et propre à prendre et à avaler des fourmis. Les épaules sont larges, le corps court et épais, les pieds de devant présentent un doigt armé d'un ongle large et courbe. Les jambes et les pieds de derrière imitent ceux d'un singe. Son poil blanchâtre et laineux est plus court que celui du précédent ; il en est de même de sa queue crépue ; cet animal est compté parmi un des plus rares de son espèce. Les Éthiopiens de Surinam les appellent *conti,* et racontent que quand ils se sentent pris ils se mettent tellement en rond, ayant leurs pieds si fermement attachés l'un contre l'autre, qu'à moins qu'ils ne se redressent d'eux-mêmes, il ne serait pas possible d'en venir à bout de force. Ils meurent dans un moment dès qu'on les trempe dans l'esprit-de-vin ou dans la liqueur *kilduivel.* » Seba, vol. 1er, p. 60 et 61. pl. xxxvii, fig. n° 3.

(*) Les Pangolins (*Manis* L.) sont comme les Tamanoirs, des Edentés de la famille des Vermilingues ; ils se distinguent par leur corps couvert d'écailles larges et cornées, entre lesquelles des poils font saillie.

cription de l'auteur (a). Le second, qu'il indique sous le nom de *Tamandua-guacu du Brésil*, ou l'*ours qui mange les fourmis* (b) (p. 65 et 66, pl. XL, fig. n° 1), est indiqué d'une manière vague et équivoque ; cependant je pen-

(a) « N° 2. *Tamandua murmecophage d'Amérique*. Cet animal est extrêmement commun dans les Indes occidentales, mais nous n'en avons jamais vu qu'on eût transporté des Indes orientales, ni entendu dire qu'il s'en trouvât. Quelques savants se font des idées toutes merveilleuses de cet animal; les uns le prennent pour le lion *formicarius*, les autres pour le *formica-leo*, ceux-ci pour le *formica-vulpes*, et les autres pour le *formica-lupus*. M. Poupart, p. 235 des *Mémoires de l'Académie royale des Sciences*, année 1704, a remarqué que cet animal était gris, semblable à une araignée, et qu'il tendait même des embûches aux fourmis. Cette comparaison ne nous paraît pas fort juste. Bastamantanus qui a fait un livre entier sur les reptiles, dont il est fait mention dans les livres saints, regarde le *murmeco-leo*, nom que quelques personnes lui donnent, pour une espèce d'escarbot qu'on appelle *escarbot cornu*, et que les Allemands nomment *cerf-volant* (tout ceci est, comme l'on voit, fort important et fort utile pour la description d'un animal quadrupède); mais, continue l'auteur, toutes ces descriptions et plusieurs autres n'expriment point la nature de cet animal, dont nous donnons la figure prise sur l'original : celui que l'on voit ici est incarnat, couvert d'un poil doux et comme la laine, au cou court, aux épaules larges, à la tête et au museau long et étroit, d'où sort une longue langue propre à prendre et à avaler les fourmis qui lui servent de nourriture. La sagesse du Créateur a donné à ces animaux les organes qui leur étaient néces-saires pour qu'ils pussent se pourvoir de leur nourriture à leur goût et à leur volonté. Les pattes de devant, ainsi que celles d'un ours, ont chacune, outre les doigts ordinaires, trois autres doigts qui ont crû par-dessus les autres et qui sont armés d'un ongle crochu, lequel est principalement très grand dans le doigt du milieu. C'est là avec quoi ils grattent la terre et en tirent les nids des fourmis. Les narines, placées très proche de la gueule, sont étroites, rudes et garnies de poils, dont ils se servent pour flairer où est leur manger. Les oreilles sont oblongues ou pendantes; les pieds de derrière, dans cette espèce de tamandua comme dans les ours, sont partagés en cinq doigts, garnis d'ongles longs et crochus, et sont con-tenus outre cela sur des talons très larges. La queue longue et velue finit en pointe, et ils s'en servent, ainsi que les singes, à se tenir fortement attachés aux arbres : la partie propre à la génération dans les mâles est remarquable; ils portent leurs testicules cachés sous la peau et en dedans. Les fourmis, tant grandes que petites, deviennent la proie de ces animaux, qui à leur tour servent aux hommes, surtout dans la médecine. Seba, vol. 1er, p. 60, pl. 37, fig. n° 2. » — Il faut être bien aveuglément confiant pour établir quelque chose sur une pareille description, pour la rapporter au tamanoir ou *tamandua guacu*, comme l'a fait M. Linnæus, et pour ne donner en même temps à cet animal que trois doigts aux pieds de devant, tandis que par cette description même, il en a trois outre les doigts ordinaires, trois, dit-on, qui ont crû par-dessus les autres, chose absurde et qui aurait dû faire douter de tout le reste.

(b) « N° 2. *Tamandua-guacu du Brésil*, ou l'*ours qui mange les fourmis*. C'est ici la plus grande de toutes les espèces d'animaux que nous ayons vu. Marcgrave la nomme *tamandua-guacu*, et Cardan *ursus formicarius*, c'est-à-dire l'*ours qui mange les fourmis*. Cet animal a le corps long, les épaules hautes et larges, la tête fort étendue, le museau diminuant insensiblement, et les narines amples et ouvertes. Sa longue langue, qu'il peut tirer en avant d'un huitième de coudée, ce qui lui est très avantageux pour attraper les fourmis, finit en une pointe dont le bout forme un petit rond ; ses oreilles sont longues et pendantes; ses yeux, assez grands, sont défendus par d'épaisses paupières ; son museau est long, tout ridé, garni de peu de poil ; sa tête, qui est plate et petite, est couverte de poils assez pressés; tout le reste du corps de cet animal est velu de poils longs et épais assez semblables à des soies de cochon, mais qui cependant, près de la peau, deviennent coton-neux et plus fins; leur couleur est d'un châtain clair, et sous le ventre d'un brun plus foncé; le dessus de la queue, qui est longue et finissant en pointe, est d'un fauve clair ; sa femelle, ici dépeinte, à huit tettes qui sortent hors du ventre, à savoir, trois de chaque côté, et deux entre les pieds de devant. Des témoins dignes de foi rapportent qu'elle met bas à chaque

serais, avec MM. Klein (*a*) et Linnæus, que ce pourrait être le vrai *tamandua-guacu* ou *tamanoir,* mais si mal décrit et si mal représenté, que M. Linnæus (*b*) a réuni sous une seule espèce le premier et le second de ces animaux de Seba, c'est-à-dire celui de la pl. XXXVII, fig. n° 2, et celui de la pl. XL, fig. n° 1. M. Brisson a regardé ce dernier comme une espèce particulière, mais je ne crois pas que l'établissement de cette espèce soit fondé, non plus que le reproche qu'il fait à M. Klein de l'avoir confondue avec celle du tamanoir : il paraît que le seul reproche qu'on puisse faire à M. Klein est d'avoir joint à la bonne description qu'il nous donne de cet animal, dont la peau bourrée est conservée dans le cabinet de Dresde, les indications fautives de Seba. Enfin le troisième de ces animaux est si mal décrit que je ne puis me persuader, malgré la confiance que j'ai à MM. Linnæus et Brisson, qu'on puisse, sur la description et la figure de l'auteur, rapporter, comme ils l'ont fait, cet animal au *tamandua-i*, que j'appelle simplement *tamandua :* je demande seulement qu'on lise encore cette description (*c*), et qu'on juge.

portée autant de petits qu'elle a de tettes, en quoi elle aurait conformité avec les truies, qui ne mettent bas beaucoup de petits d'une ventrée que lorsqu'elles ont plusieurs tettes. Les pieds de devant et de derrière ne diffèrent de ceux qu'on a décrits au n° 2 de la planche précédente (il aurait dû dire de la pl. 37, car la planche précédente à celle-ci est la 39ᵉ, où il n'est pas question des mangeurs de fourmis), qu'en ce qu'ils sont plus grands; les plus grosses fourmis lui servent de nourriture.

» Nous conservons dans notre cabinet six espèces de ces animaux mangeurs de fourmis, qui diffèrent entre eux ou par une forme particulière, ou par la tête, les pieds et les ongles. La tamandua, représentée au n° 2, qui suit (*Nota* qu'il s'agit ici de l'ysquiepatl, qui est plus différente d'un tamandua qu'un chat ne l'est d'un chien), est d'un quart plus petite que celle-ci, et a aussi la tête, les oreilles et les yeux plus petits : son pied de devant a un seul ongle, fort et crochu, et celui de derrière a trois doigts et trois ongles, au lieu que les quatre autres espèces ont cinq doigts armés d'autant d'ongles. Leur poil est doux, cotonneux, de la couleur de celui d'un jeune lièvre. La cinquième espèce de tamandua est de la même figure, d'un poil rouge pâle, qui est sur le dos d'un blanc argenté, et dessous d'un cendré jaunâtre; cette espèce a quatre tettes et quatre mamelons, deux sous les jambes de devant et deux sous celles de derrière. (Cette cinquième espèce, qui est de la même figure que celle qui la précède, est donc encore une espèce d'ysquiepatl, et non pas de tamandua.) La sixième espèce a le museau plus long, et les oreilles dressées comme celles d'un renard; toutes ces espèces n'ont point de dents. » Seba, vol. Iᵉʳ, p. 65 et 66, tab. 40, fig. n° 1. — On ne sait ce que veut dire ici l'auteur, ni ce que ce peut être que cette sixième espèce; on voit seulement qu'il se contredit d'une manière manifeste lorsqu'il avance que toutes ces espèces n'ont point de dents, puisque l'ysquiepatl, qui est nommément compris dans les six, a des dents, et même en grand nombre. En voilà plus qu'il n'en faut pour juger et l'ouvrage et l'auteur. Il est fâcheux que la plupart des gens qui font des cabinets d'histoire naturelle ne soient pas assez instruits, et que, pour satisfaire leur petite vanité et faire valoir leur collection, ils entreprennent d'en publier des descriptions toujours remplies d'exagérations, d'erreurs et de bévues qui demandent plus de temps pour être réformées qu'il n'en a fallu pour les écrire.

(*a*) Klein, *De quadrup.*, p. 45.

(*b*) Linn., *Syst. nat.*, édit. X, p. 35.

(*c*) « *Tamandua d'Amérique petit*, ou *le mangeur de fourmis dépeint avec un nid de ces insectes.* Voilà comme il embrasse avec les ongles de ses pieds de devant le nid de fourmis, desquelles il fait uniquement ses repas. Voyez sa tête oblongue, mince, étroite, ses courtes oreilles, son museau pointu qui cache sa langue, grande et menue, avec laquelle il attrape

Quelque désagréables, quelque ennuyeuses que soient des discussions de cette espèce, on ne peut les éviter dans les détails de l'histoire naturelle : il faut, avant d'écrire sur un sujet, souvent très peu connu, en écarter autant qu'il est possible toutes les obscurités, marquer en passant les erreurs qui ne manquent jamais de se trouver en nombre sur le chemin de la vérité, à laquelle il est souvent très difficile d'arriver, moins par la faute de la nature que par celle des naturalistes.

Ce qui résulte de plus certain de cette critique, c'est qu'il existe réellement trois espèces d'animaux auxquels on a donné le nom commun de *mangeurs de fourmis ;* que ces trois espèces sont le tamanoir, le tamandua et le fourmillier ; que la quatrième espèce, donnée sous le nom de *fourmillier aux longues oreilles* par M. Brisson, est douteuse aussi bien que les autres espèces indiquées par Seba. Nous avons vu le tamanoir et le fourmillier, nous en avons les dépouilles au cabinet du Roi ; ces espèces sont certainement très différentes l'une de l'autre, et telles que nous les avons décrites, mais nous n'avons pas vu le tamandua, et nous n'en parlons que d'après Pison et Marcgrave, qui sont les seuls auteurs qu'on puisse consulter sur cet animal, puisque tous les autres n'ont fait que les copier.

Le tamandua fait, pour ainsi dire, la moyenne proportionnelle entre le tamanoir et le fourmillier pour la grandeur du corps ; il a, comme le tamanoir, le museau fort allongé et quatre doigts aux pieds de devant ; mais il a, comme le fourmillier, la queue dégarnie de poil à l'extrémité par laquelle il se suspend aux branches des arbres. Le fourmillier a aussi la même habitude : dans cette situation, ils balancent leur corps, approchent leur museau des trous et des creux d'arbres, ils y insinuent leur longue langue et la retirent ensuite brusquement pour avaler les insectes qu'elle a ramassés.

Au reste, ces trois animaux, qui diffèrent si fort par la grandeur et par les proportions du corps, ont néanmoins beaucoup de choses communes, tant pour la conformation que pour les habitudes naturelles : tous trois se nourrissent de fourmis et plongent aussi leur langue dans le miel et dans les autres substances liquides ou visqueuses ; ils ramassent assez promptement les miettes de pain et les petits morceaux de viande hachée ; on les apprivoise et on les élève aisément ; ils soutiennent longtemps la privation de toute nourriture ; ils n'avalent pas toute la liqueur qu'ils prennent en buvant : il en retombe une partie qui passe par les narines ; ils dorment ordinai-

les fourmis et les avale, ainsi que nous nous proposons de le montrer à l'œil dans les planches qui suivront (il ne montre rien dans les planches suivantes) ; sa tête, ses jambes, ses pieds, sa queue et le devant de son corps sont jaune-paillés : le derrière du corps est d'un roux brun ; il porte en bandoulière, sur la poitrine, un baudrier de poils soyeux qui se perdent vers le milieu du dos avec les autres soies qui commencent dès lors à le couvrir ; sa queue est courte, presque rase et recourbée en dedans. » *Seba*, vol. II, p. 48, tab. 47, fig. n° 2. — *Nota.* Les derniers caractères de cette description conviennent assez au tamandua, mais en général elle est trop peu exacte pour qu'on puisse l'assurer.

rement pendant le jour et changent de lieu pendant la nuit ; ils marchent si mal qu'un homme peut les atteindre facilement à la course dans un lieu découvert. Les sauvages mangent leur chair, qui cependant est d'un très mauvais goût.

On prendrait de loin le tamanoir pour un grand renard, et c'est par cette raison que quelques voyageurs l'ont appelé *renard américain;* il est assez fort pour se défendre d'un gros chien et même d'un jaguar ; lorsqu'il en est attaqué, il se bat d'abord debout, et, comme l'ours, il se défend avec les mains, dont les ongles sont meurtriers ; ensuite il se couche sur le dos pour se servir des pieds comme des mains, et dans cette situation il est presque invincible et combat opiniâtrément jusqu'à la dernière extrémité, et même, lorsqu'il a mis à mort son ennemi, il ne le lâche que très longtemps après ; il résiste plus qu'un autre au combat, parce qu'il est couvert d'un grand poil touffu, d'un cuir fort épais, et qu'il a la chair peu sensible et la vie très dure.

Le tamanoir, le tamandua et le fourmillier sont des animaux naturels aux climats les plus chauds de l'Amérique, c'est-à-dire au Brésil, à la Guyane, aux pays des Amazones, etc. On ne les trouve point en Canada, ni dans les autres contrées froides du nouveau monde ; on ne doit donc pas les retrouver dans l'ancien continent : cependant Kolbe (*a*) et Desmarchais (*b*) ont écrit qu'il y avait de ces animaux en Afrique, mais il me paraît qu'ils ont confondu le pangolin ou lézard écailleux avec nos fourmilliers. C'est peut-être d'après un passage de Marcgrave où il est dit : *Tamandua-guacu Brasiliensibus, Congensibus (ubi et frequens est) umbulu dictus*, que Kolbe et Desmarchais sont tombés dans cette erreur ; et, en effet, si Marcgrave entend par *Congensibus* les naturels de Congo, il aura dit le premier que le tamanoir se trouvait en Afrique, ce qui cependant n'a été confirmé par aucun autre témoin digne de foi ; Marcgrave lui-même n'avait certainement pas vu cet animal en Afrique, puisqu'il avoue qu'en Amérique même il n'en a vu que les dépouilles. Desmarchais en parle assez vaguement ; il dit simplement qu'on trouve cet animal en Afrique comme en Amérique, mais il n'ajoute aucune circonstance qui puisse prouver le fait ; et à l'égard de Kolbe, nous comptons pour rien son témoignage, car un homme qui a vu au cap de Bonne-Espérance des élans et des loups-cerviers tout semblables à ceux de Prusse, peut bien aussi y avoir vu des tamanduas. Aucun des auteurs qui ont écrit sur les productions de l'Afrique et de l'Asie n'ont parlé des tamanduas, et, au contraire, tous les voyageurs et presque tous les historiens de l'Amérique en font mention précise : de Lery, de Laët (*c*), le P. d'Abbeville (*d*), Maffée (*e*), Faber,

(*a*) *Description du cap de Bonne-Espérance,* par Kolbe, t. III, p. 43.
(*b*) *Voyage de Desmarchais,* t. III, p. 307.
(*c*) *Description des Indes occidentales,* par Jean de Laët, p. 485 et 556.
(*d*) *Mission en l'île de Maragnon,* par le P. d'Abbeville. Paris, 1614, p. 248.
(*e*) *Histoire des Indes,* par Maffée, traduite par de Pure. Paris, 1665, p. 71.

Nieremberg (*a*) et M. de La Condamine (*b*) s'accordent à dire avec Pison, Barrère, etc., que ce sont des animaux naturels aux pays chauds de l'Amérique , ainsi nous ne doutons pas que Desmarchais et Kolbe ne se soient trompés, et nous croyons pouvoir assurer de nouveau que ces trois espèces d'animaux n'existent pas dans l'ancien continent.

LE PANGOLIN (*c*) ET LE PHATAGIN (*d*)

Ces animaux sont vulgairement connus sous le nom de *lézards écailleux*, nous avons cru devoir rejeter cette dénomination : 1° parce qu'elle est composée ; 2° parce qu'elle est ambiguë et qu'on l'applique à ces deux espèces ; 3° parce qu'elle a été mal imaginée ; ces animaux étant non seulement d'un autre genre, mais même d'une autre classe que les lézards qui sont des reptiles ovipares, au lieu que le pangolin et le phatagin sont des quadrupèdes vivipares : ces noms sont d'ailleurs ceux qu'ils portent dans leur pays natal, nous ne les avons pas créés, nous les avons seulement adoptés.

Tous les lézards sont recouverts en entier et jusque sous le ventre d'une peau lisse et bigarrée de taches qui représentent des écailles ; mais le pangolin (*) et le phatagin (**) n'ont point d'écailles sous la gorge, sous la poi-

(*a*) Euseb. Nieremberg, *Hist. nat.* Antuerpiæ, 1635, p. 190 et 191.

(*b*) *Voyage à la rivière des Amazones*, par M. de La Condamine, p. 167.

(*c*) *Pangolin* ou *Panggoeling*, nom que les Indiens de l'Asie méridionale donnent à cet animal, et que nous avons adopté. Les Français habitués aux Indes orientales l'ont appelé *lézard écailleux* et *diable de Java. Panggoeling*, selon Seba, signifie, dans la langue de Java, *un animal qui se met en boule. — Lacertus Indicus squamosus.* Bontii, *Ind. orient.*, etc., p. 60. — Lézard écaillé. *Mémoires pour servir à l'histoire des animaux*, part. III, p. 87. —*Armodillus squamatus major Ceylanicus*, seu *Diabolus Tajovanicus dictus.* Seba, vol. Ier, p. 88, tab. 54, fig. 1 ; et tab. 53, fig. 5. — *Myrmecophaga pedibus pentadactylis.* Linn., *Syst. nat.*, édit. IV, p. 63. — *Manis pedibus pentadactylis, palmis pentadactylis*, édit. VI, p. 8. — *Manis manibus pentadactylis, pedibus pentadactylis*, édit. X, p. 36. — *Pholidotus pedibus anticis et posticis pentadactylis, squamis subrotundis..... Pholidotus.* Le Pholidote. Brisson, *Règne animal*, p. 29.

(*d*) Le *Phatagin* ou *Phatagen*, nom de cet animal aux Indes orientales, et que nous avons adopté. *Lacertus squamosus peregrinus.* Clusii *Exotic.*, p. 374. — *Lacerta Indica Yvannæ congener.* Aldrov., *De Quadrup. digit. ovipar.*, p. 66 et 668. — *Nota* qu'il y a erreur dans cette phrase indicative, le pangolin étant non seulement d'un genre, mais d'une classe différente de l'iguane, qui est un lézard ovipare. — Lézard de Clusius. *Mémoires pour servir à l'histoire des animaux*, partie III, p. 89. — Lézard des Indes orientales, appelé par les gens du pays *phatagen. Histoire de l'Académie royale des Sciences*, année 1703, p. 39. — *Pholidotus pedibus anticis et posticis tetradactylis, squamis mucronatis, caudâ longissimâ..... Pholidotus longicaudatus.* Le pholidote à longue queue. Brisson, *Règne animal*, p. 31. — *Nota* qu'il y a erreur dans cette phrase indicative, le phatagin ayant, comme le pangolin, cinq doigts, ou plutôt cinq ongles, à tous les pieds.

(*) *Manis trachyura* Erxl. (*Manis pentadactyla* L.)

(**) *Manis macroura* Erxl.

trine, ni sous le ventre ; le phatagin, comme tous les autres quadrupèdes, a
du poil sur toutes ces parties inférieures du corps ; le pangolin n'a qu'une
peau lisse et sans poils. Les écailles qui revêtent et couvrent toutes les
autres parties du corps de ces deux animaux ne sont pas collées en entier
sur la peau, elles y sont seulement infixées et fortement adhérentes par leur
partie inférieure ; elles sont mobiles comme les piquants du porc-épic, et
elles se relèvent ou se rabaissent à la volonté de l'animal ; elles se hérissent
lorsqu'il est irrité, elles se hérissent encore plus lorsqu'il se met en boule
comme le hérisson : ces écailles sont si grosses, si dures et si poignantes
qu'elles rebutent tous les animaux de proie, c'est une cuirasse offensive qui
blesse autant qu'elle résiste ; les plus cruels et les plus affamés, tels que le
tigre, la panthère, etc., ne font que de vains efforts pour dévorer ces animaux armés ; ils les foulent, ils les roulent, mais en même temps ils se font
des blessures douloureuses dès qu'ils veulent les saisir ; ils ne peuvent ni
les violenter, ni les écraser, ni les étouffer en les surchargeant de leur poids.
Le renard, qui craint de prendre avec la gueule le hérisson en boule dont les
piquants lui déchirent le palais et la langue, le force cependant à s'étendre
en le foulant aux pieds et le pressant de tout son poids ; dès que la tête paraît, il la saisit par le bout du museau et met ainsi le hérisson à mort ; mais
le pangolin et le phatagin sont de tous les animaux, sans en excepter même
le porc-épic, ceux dont l'armure est la plus forte et la plus offensive, en
sorte qu'en contractant leur corps et présentant leurs armes ils bravent la
fureur de tous leurs ennemis.

Au reste, lorsque le pangolin et le phatagin se resserrent, ils ne prennent
pas, comme le hérisson, une figure globuleuse et uniforme ; leur corps en
se contractant se met en peloton, mais leur grosse et longue queue reste au
dehors et sert de cercle ou de lien au corps : cette partie extérieure, par
laquelle il paraît que ces animaux pourraient être saisis, se défend d'elle-
même ; elle est garnie dessus et dessous d'écailles aussi dures et aussi tranchantes que celles dont le corps est revêtu, et comme elle est convexe en
dessus et plate en dessous, et qu'elle a la forme à peu près d'une demi pyra-
mide, les côtés anguleux sont revêtus d'écailles en équerre pliées à angle
droit, lesquelles sont aussi grosses et aussi tranchantes que les autres, en
sorte que la queue paraît être encore plus soigneusement armée que le corps
dont les parties inférieures sont dépourvues d'écailles.

Le pangolin est plus gros que le phatagin, et cependant il a la queue
beaucoup moins longue ; ses pieds de devant sont garnis d'écailles jusqu'à
l'extrémité, au lieu que le phatagin a les pieds et même une partie des
jambes de devant dégarnis d'écailles et couverts de poils. Le pangolin a
aussi les écailles plus grandes, plus épaisses, plus convexes et moins cannelées que celles du phatagin, qui sont armées de trois pointes très piquantes,
au lieu que celles du pangolin sont sans pointe et uniformément tran-

chantes. Le phatagin a du poil aux parties inférieures ; le pangolin n'en a
point du tout sous le corps, mais entre les écailles qui lui couvrent le dos il
sort quelques poils gros et longs comme des soies de cochon, et ces longs
poils ne se trouvent pas sur le dos du phatagin. Ce sont là toutes les différences essentielles que nous ayons remarquées en observant les dépouilles
de ces deux animaux, qui sont si différents de tous les autres quadrupèdes
qu'on les a regardés comme des espèces de monstres. Les différences que
nous venons d'indiquer étant générales et constantes, nous croyons pouvoir
assurer que le pangolin et le phatagin sont deux animaux d'espèces distinctes et séparées ; nous avons reconnu ces rapports et ces différences non
seulement par l'inspection des trois sujets que nous avons vus, mais aussi
par la comparaison de tous ceux qui ont été observés par les voyageurs et
indiqués par les naturalistes.

Le pangolin a jusqu'à six, sept et huit pieds de grandeur, y compris la
longueur de la queue, lorsqu'il a pris son accroissement entier ; la queue,
qui est à peu près de la longueur du corps, paraît être moins longue quand
il est jeune ; les écailles sont aussi moins grandes, plus minces et d'une
couleur plus pâle ; elles prennent une teinte plus foncée lorsque l'animal est
adulte, et elles acquièrent une dureté si grande qu'elles résistent à la balle
du mousquet. Le phatagin est, comme nous l'avons dit, bien plus petit que
le pangolin ; tous deux ont quelques rapports avec le tamanoir et le tamandua ; comme eux le pangolin et le phatagin ne vivent que de fourmis ; ils
ont aussi la langue très longue, la gueule étroite et sans dents *apparentes* (*), le corps très allongé, la queue aussi fort longue et les ongles des pieds
à peu près de la même grandeur et de la même forme, mais non pas en
même nombre ; le pangolin et le phatagin ont cinq ongles à chaque pied, au
lieu que le tamanoir et le tamandua n'en ont que quatre aux pieds de devant ; ceux-ci sont couverts de poils, les autres sont armés d'écailles, et
d'ailleurs ils ne sont pas originaires du même continent ; le tamanoir et le
tamandua se trouvent en Amérique, le pangolin et le phatagin aux Indes
orientales et en Afrique (**), où les Nègres les appellent *quogelo* (a) ; ils en

(a) On trouve dans les bois un animal à quatre pieds, que les Nègres appellent *quogelo*.
Depuis le cou jusqu'à l'extrémité de la queue, il est couvert d'écailles faites à peu près comme
les feuilles de l'artichaut, un peu plus pointues : elles sont serrées, assez épaisses et suffisamment fortes pour le défendre des griffes et des dents des animaux qui l'attaquent. Les
tigres et les léopards lui donnent la chasse sans relâche, et n'ont pas de peine à le joindre,
parce qu'il s'en faut bien qu'il aille aussi vite que ces animaux ; il ne laisse pas de fuir, mais
comme il est bientôt attrapé, et que ses ongles et sa gueule lui seraient de faibles défenses
contre des animaux qui ont de terribles dents et des griffes bien fortes et bien aiguës, la
nature lui a enseigné de se mettre en boule en pliant sa queue sous son ventre, et se ramassant

(*) Il n'ont pas du tout de dents.
(**) Le Pangolin n'existe pas en Afrique. On y trouve le *Manis macrura* sur la côte
occidentale et le *Manis Temminckii* dans l'Afrique tropicale.

mangent la chair qu'ils trouvent délicate et saine ; ils se servent des écailles à plusieurs petits usages. Au reste, le pangolin et le phatagin n'ont rien de rebutant que la figure ; ils sont doux, innocents et ne font aucun mal ; ils ne se nourrissent que d'insectes ; ils courent lentement et ne peuvent échapper à l'homme qu'en se cachant dans des trous de rochers ou dans des terriers qu'ils se creusent et où ils font leurs petits. Ce sont deux espèces extraordinaires, peu nombreuses, assez inutiles, et dont la forme bizarre ne paraît exister que pour faire la première nuance de la figure des quadrupèdes à celle des reptiles.

LES TATOUS [a]

Lorsque l'on parle d'un quadrupède, il semble que le nom seul emporte l'idée d'un animal couvert de poil : et de même lorsqu'il est question d'un oiseau ou d'un poisson, les plumes et les écailles s'offrent à l'imagination, et paraissent être des attributs inséparables de ces êtres. Cependant la nature, comme si elle voulait se soustraire à toute méthode et échapper à nos vues les plus générales, dément nos idées, contredit nos dénominations, méconnaît nos caractères, et nous étonne encore plus par ses exceptions que par ses lois. Les animaux quadrupèdes, qu'on doit regarder comme faisant la première classe de la nature vivante, et qui sont, après l'homme, les êtres les plus remarquables de ce monde, ne sont néanmoins ni supérieurs en tout, ni séparés par des attributs constants, ou des caractères uniques, de tous les autres êtres. Le premier de ces caractères, qui constitue leur nom et qui consiste à avoir quatre pieds, se retrouve dans les lézards, les grenouilles, etc., lesquels

de telle manière qu'il ne présente de tous côtés que les pointes de ses écailles. Le tigre ou le léopard ont beau le tourner doucement avec leurs griffes, ils se piquent dès qu'ils veulent le faire un peu rudement, et sont contraints de le laisser en repos. Les Nègres l'assomment à coups de bâton, l'écorchent, vendent sa peau aux blancs et mangent sa chair : ils disent qu'elle est blanche et délicate. Sa tête et son museau, que sa figure pourrait faire prendre pour une tête et un bec de canard, renferme une langue extrêmement longue, imbibée d'une liqueur onctueuse et tenace ; il cherche les fourmillières et les lieux de passage de ces insectes ; il étend sa langue et la fourre dans leur trou, ou l'aplatit sur le passage ; ces insectes y courent aussitôt attirés par l'odeur, et demeurent empêtrés dans la liqueur onctueuse, et quand l'animal sent que sa langue est bien chargée de ces insectes, il la retire et en fait sa curée. Cet animal n'est point méchant, il n'attaque personne, il ne cherche qu'à vivre, et, pourvu qu'il trouve des fourmis, il est content et fait bonne chère. Les plus grands qu'on ait vus de cette espèce avaient huit pieds de longueur, y compris la queue qui en a bien quatre. *Voyage de Desmarchais*, t. Ier, p. 200 et 201.

(a) *Tatu* ou *Tatou*, nom générique de ces animaux au Brésil. *Tatusia*, selon Maffée. *Histoire des Indes*. Paris, 1665, p. 69. Les Espagnols ont appelé ces animaux *armadillo*. Nous avons rejeté cette dernière dénomination, parce qu'on l'a également appliquée au pangolin et au phatagin, qui sont des animaux très différents des tatous pour l'espèce et pour le climat.

1 Tatou _ 2 Pangolin.

néanmoins diffèrent des quadrupèdes à tant d'autres égards, qu'on en a fait
avec raison une classe séparée. La seconde propriété générale, qui est de
produire des petits vivants, n'appartient pas uniquement aux quadrupèdes,
puisqu'elle leur est commune avec les cétacés. Et enfin le troisième attribut
qui paraissait le moins équivoque, parce qu'il est le plus apparent, et qui consiste à être couvert de poil, se trouve, pour ainsi dire, en contradiction avec
les deux autres dans plusieurs espèces qu'on ne peut cependant retrancher
de l'ordre des quadrupèdes, puisqu'à l'exception de ce seul caractère, elles
leur ressemblent par tous les autres. Et comme ces exceptions apparentes
de la nature ne sont, dans le réel, que les nuances qu'elle emploie pour rapprocher les êtres même les plus éloignés, il faut ne pas perdre de vue ces
rapports singuliers et tâcher de les saisir à mesure qu'ils se présentent. Les
tatous (*), au lieu de poil, sont couverts comme les tortues, les érevisses et
les autres crustacés, d'une croûte ou d'un têt solide ; les pangolins sont armés
d'écailles assez semblables à celles des poissons ; les porcs-épics portent des
espèces de plumes piquantes et sans barbes, mais dont le tuyau est pareil à
celui des plumes des oiseaux ; ainsi dans la classe seule des quadrupèdes,
et par le caractère même le plus constant et le plus apparent des animaux
de cette classe, qui est d'être couverts de poils, la nature varie en se rapprochant de trois autres classes très différentes, et nous rappelle les oiseaux,
les poissons à écailles et les crustacés. Aussi faut-il bien se garder de juger
la nature des êtres par un seul caractère, il se trouverait toujours incomplet
et fautif ; souvent même deux et trois caractères, quelque généraux qu'ils
puissent être, ne suffisent pas encore ; et ce n'est, comme nous l'avons dit et
redit, que par la réunion de tous les attributs et par l'énumération de tous
les caractères, qu'on peut juger de la forme essentielle de chacune des productions de la nature. Une bonne description et jamais de définition, une
exposition plus scrupuleuse sur les différences que sur les ressemblances (**),
une attention particulière aux exceptions et aux nuances même les plus légères sont les vraies règles, et j'ose dire les seuls moyens que nous ayons de
connaître la nature de chaque chose ; et si l'on eût employé à bien décrire tout
le temps qu'on a perdu à définir et à faire des méthodes (***), nous n'eussions
pas trouvé l'histoire naturelle au berceau, nous aurions moins de peine à lui
ôter ses hochets, à la débarrasser de ses langes ; nous aurions peut-être avancé
son âge, car nous eussions plus écrit pour la science, et moins contre l'erreur.

(*) Les Tatous sont des Edentés de la famille des Dasypodides caractérisée essentiellement par les rangées de plaques osseuses qui recouvrent le dos et la queue ; la tête est
allongée ; le museau est pointu ; les oreilles sont dressées ; la langue est courte et peu
protractile.

(**) La vérité est que, dans les descriptions, il faut insister également sur les différences
qui permettent de reconnaître les espèces, les genres, etc., et sur les ressemblances qui
indiquent les liens de parenté.

(***) Cette pensée est d'une très grande justesse.

Mais revenons à notre objet. Il existe donc parmi les animaux quadrupèdes et vivipares plusieurs espèces d'animaux qui ne sont pas couverts de poil.
Les tatous font eux seuls un genre entier dans lequel on peut compter plusieurs espèces qui nous paraissent être réellement distinctes et séparées les
unes des autres : dans toutes, l'animal est revêtu d'un têt semblable pour la
substance à celle des os ; ce têt couvre la tête, le cou, le dos, les flancs, la
croupe et la queue jusqu'à l'extrémité ; il est lui-même recouvert au dehors
par un cuir mince, lisse et transparent ; les seules parties sur lesquelles ce têt
ne s'étend pas sont la gorge, la poitrine et le ventre, qui présentent une peau
blanche et grenue, semblable à celle d'une poule plumée ; et en regardant ces
parties avec attention, l'on y voit de place en place des rudiments d'écailles
qui sont de la même substance que le têt du dos ; la peau de ces animaux,
même dans les endroits où elle est la plus souple, tend donc à devenir osseuse, mais l'ossification ne se réalise en entier qu'où elle est la plus épaisse,
c'est-à-dire sur les parties supérieures et extérieures du corps et des men-
bres. Le têt qui recouvre toutes ces parties supérieures n'est pas d'une seule
pièce comme celui de la tortue ; il est partagé en plusieurs bandes sur le
corps, lesquelles sont attachées les unes aux autres par autant de menbra-
nes qui permettent un peu de mouvement et de jeu dans cette armure. Le
nombre de ces bandes ne dépend pas, comme on pourrait l'imaginer, de l'âge
de l'animal : les tatous qui viennent de naître et les tatous adultes ont, dans
la même espèce, le même nombre de bandes ; nous nous en sommes convaincus en comparant les petits aux grands, et quoique nous ne puissions pas
assurer que tous ces animaux ne se mêlent ni ne peuvent produire ensemble,
il est au moins très probable, puisque cette différence du nombre des bandes
mobiles est constante (*), que ce sont ou des espèces réellement distinctes,
ou au moins des variétés durables et produites par l'influence des divers climats (**). Dans cette incertitude que le temps seul pourra fixer, nous avons
pris le parti de présenter tous les tatous ensemble et de faire néanmoins
l'énumération de chacun d'eux, comme si c'étaient en effet autant d'espèces
particulières.

Le P. d'Abbeville (a) nous paraît être le premier qui ait distingué les tatous
par des noms ou des épithètes qui ont été pour la plupart adoptés par les
auteurs qui ont écrit après lui. Il en indique assez clairement six espèces :
1° le *tatou-ouassou*, qui probablement est celui que nous appellerons *kabassou* ; 2° le *tatouète*, que Marcgrave a aussi appelé *tatuète*, et auquel nous
conserverons ce nom ; 3° le *tatou-peb*, qui est le *tatupeba* ou l'*encurberto* de

(a) *Mission au Maragon*, par le P. d'Abbeville, capucin. Paris, 1614, p. 247.

(*) Il est vrai que le nombre des bandes mobiles est constant dans une même espèce,
mais cependant on constate parfois des variations individuelles.
(**) Buffon affirme ici nettement que les climats sont capables de produire des variétés

Marcgrave, auquel nous conserverons ce dernier nom ; 4° le *tatou-apar*, qui est le *tatu-apara* de Marcgrave, auquel nous conserverons encore son nom ; 5° le *tatou-ouinchum*, qui nous paraît être le même que le *cirquinchum*, et que nous appellerons *cirquinçon ;* 6° le *tatou-miri*, le plus petit de tous, qui pourrait bien être celui que nous appellerons *cachicame*. Les autres voyageurs ont confondu les espèces, ou ne les ont indiquées que par des noms génériques. Marcgrave a distingué et décrit l'*apar*, l'*encoubert* et le *tatuète ;* Wormius et Grew ont décrit le *cachicame*, et Grew seul a parlé du *cirquinçon ;* mais nous n'avons eu besoin d'emprunter que les descriptions de l'apar et du cirquinçon, car nous avons vu les quatre autres espèces.

Dans toutes, à l'exception de celle du cirquinçon , l'animal a deux boucliers osseux, l'un sur les épaules, et l'autre sur la croupe ; ces deux boucliers sont chacun d'une seule pièce, tandis que la cuirasse, qui est osseuse aussi et qui couvre le corps, est divisée transversalement et partagée en plus ou moins de bandes mobiles et séparées les unes des autres par une peau flexible. Mais le cirquinçon n'a qu'un bouclier, et c'est celui des épaules ; la croupe, au lieu d'être couverte d'un bouclier, est revêtue jusqu'à la queue par des bandes mobiles pareilles à celles de la cuirasse du corps. Nous allons donner des indications claires et de courtes descriptions de chacune de ces espèces. Dans la première la cuirasse qui est entre les deux boucliers est composée de trois bandes, dans la seconde elle l'est de six, dans la troisième de huit, dans la quatrième de neuf, dans la cinquième de douze, et enfin dans la sixième il n'y a, comme nous venons de le dire, que le bouclier des épaules qui soit d'une seule pièce ; l'armure de la croupe, ainsi que celle du corps, sont partagées en bandes mobiles qui s'étendent depuis le bouclier des épaules jusqu'à la queue, et qui sont au nombre de dix-huit.

L'APAR (*a*) OU LE TATOU A TROIS BANDES

Le premier auteur qui ait indiqué cet animal (*) par une description est Charles de l'Écluse (*Clusius*) : il ne l'a écrit que d'après une figure ; mais on reconnaît aisément aux caractères qu'elle représente, et qui sont trois bandes

---

(a) Apar, *Tatu apara*, nom de cet animal au Brésil, et que nous avons adopté. — *Armadillo* seu *Tatu genus alterum*. Clusii *Exotic.*, p. 109.— *Tatu apara*. Marcgrav., *Hist. Brasil.*, p. 232. — *Tatu* seu *Armadillo*. Pison, *Hist. nat. Brasil.*, p. 100. — *Tatu apara, Armadilli tertia species Marcgravii*. Ray. *Synops. quad.*, p. 234. — *Tatu* seu *Armadillo orientalis, loricá osseá toto corpore tectus*. Seba, vol. 1er, p. 62, tab. 38. fig. 2 et 3.— *Nota* qu'il y a erreur dans cette phrase indicative, cet animal ne se trouvant qu'en Amérique et point aux Indes orientales. — *Tatus Gessneri. Tatu apara Marcgravii*. Barrère, *Hist. Franc. équin.*,

(*) *Dasypus tricinctus* L.

mobiles sur le dos, et la queue très courte, que c'est le même animal que celui dont Marcgrave nous a donné une bonne description sous le nom de *tatu-apara;* il a la tête oblongue et presque pyramidale, le museau pointu, les yeux petits, les oreilles courtes et arrondies, le dessus de la tête couvert d'un casque d'une seule pièce; il a cinq doigts à tous les pieds; dans ceux du devant les deux ongles du milieu sont très grands, les deux latéraux sont plus petits, et le cinquième, qui est l'extérieur et qui est fait en forme d'ergot, est encore plus petit que tous les autres; dans les pieds de derrière les cinq ongles sont plus courts et plus égaux. La queue est très courte, elle n'a que deux pouces de longueur et elle est revêtue d'un têt tout autour; le corps a un pied de longueur sur huit pouces dans sa plus grande largeur. La cuirasse qui le couvre est partagée par quatre commissures ou divisions, et composée de trois bandes mobiles et transversales qui permettent à l'animal de se courber et de se contracter en rond; la peau qui forme les commissures est très souple. Les boucliers qui couvrent les épaules et la croupe sont composés de pièces à cinq angles très élégamment rangées; les trois bandes mobiles entre ces deux boucliers sont composées de pièces carrées ou barlongues, et chaque pièce est chargée de petites écailles lenticulaires d'un blanc jaunâtre. Marcgrave ajoute que quand l'apar se couche pour dormir, ou que quelqu'un le touche et veut le prendre avec la main, il rapproche et réunit, pour ainsi dire, en un point ses quatre pieds, ramène sa tête sous son ventre, et se courbe si parfaitement en rond qu'alors on le prendrait plutôt pour une coquille de mer que pour un animal terrestre. Cette contraction si serrée se fait au moyen de deux grands muscles qu'il a sur les côtés du corps, et l'homme le plus fort a bien de la peine à le desserrer et à le faire étendre avec les mains. Pison et Ray n'ont rien ajouté à la description de Marcgrave, qu'ils ont entièrement adoptée; mais il est singulier que Seba, qui nous a donné une figure et une description qui se rapportent évidemment à celles de Marcgrave, non seulement paraissent l'ignorer, puisqu'il ne le cite pas, mais nous dise (a) avec ostentation, qu'*aucun naturaliste n'a connu cet animal, qu'il est extrêmement rare, qu'il ne se trouve que dans les contrées les plus réculées des Indes orientales*, etc., tandis que c'est en effet l'apar du Brésil très bien décrit par Marcgrave, et dont l'espèce est aussi connue qu'aucune autre, non pas aux Indes orientales, mais en Amérique où on le trouve assez communément. La seule différence réelle qui soit entre la description de Seba et celle

p. 163. — *Erinaceus loricatus cingulis tribus.* Linn., *Syst. nat.*, édit. IV, p. 66. — *Dasypus cingulis tribus*, édit. VI, p. 6. — *Tricinctus. Dasypus cingulis tribus*, édit. X, p. 51. — *Cataphractus scutis duobus, cingulis tribus*, édit. X, p. 51. — *Cataphractus scutis duobus, cingulis tribus..... Armadillo orientalis.* L'armadille oriental. Brisson, *Règne animal*, p. 38. — *Nota.* Même erreur au sujet de l'épithète, *oriental*, copiée de Seba.

(a) « Hunc remotissimi et maxime versùs orientem siti Indiæ loci proferunt..... Animal » hocce rarum admodum et haud vulgare est, nec ejus mentionem ab ullo autorum factam » reperimus, etc. » *Seba*, vol. 1er, p. 62.

de Marcgrave est que celui-ci donne à l'apar cinq doigts à tous les pieds, au lieu que Seba ne lui en donne que quatre. L'un des deux s'est trompé, car c'est évidemment le même animal dont tous deux ont entendu parler.

Fabius Columna (a) a donné la description et les figures d'un têt de tatou desséché et contracté en boule, qui paraît avoir quatre bandes mobiles. Mais comme cet auteur ne connaissait en aucune manière l'animal dont il décrit la dépouille, qu'il ignorait jusqu'au nom de *tatou*, duquel cependant Belon avait parlé plus de cinquante ans auparavant, que dans cette ignorance Columna lui compose un nom tiré du grec (*cheloniscus*), que d'ailleurs il avoue que la dépouille qu'il décrit a été recollée et qu'il y manquait des pièces, nous ne croyons pas qu'on doive, comme l'ont fait nos nomenclateurs modernes (b), prononcer qu'il existe réellement dans la nature une espèce de tatou à quatre bandes mobiles ; d'autant plus que depuis ces indications imparfaites données en 1606 par Fabius Columna, on ne trouve aucune notice, dans les ouvrages des naturalistes, de ce tatou à quatre bandes, qui, s'il existait en effet, se serait certainement retrouvé dans quelques cabinets, ou bien aurait été remarqué par les voyageurs.

L'ENCOUBERT (c) OU LE TATOU A SIX BANDES

L'encoubert (*) est plus grand que l'apar ; il a le dessus de la tête, du cou et du corps entier, les jambes et la queue tout autour, revêtus d'un têt osseux très dur et composé de plusieurs pièces assez grandes et très élégamment

(a) *Aquatil et terrestrium animal. Obs.* Fab. Columna auctore. Romæ, 1606, p. 15, tab. 16, fig. 1, 2 et 3.

(b) *Quadricinctus. Dasypus cingulis quatuor.* Linn., *Syst. nat.*, édit. X. p. 51, n° 3. — *Cataphractus scutis duobus, cingulis quatuor*..... *Armadillo Indicus*. L'armadille des Indes. Brisson, *Règne animal*, p. 39.

(c) Encoubert, *Encuberto* ou *Encubertado*, nom que les Portugais ont donné à cet animal, et que nous avons adopté.

Tatou, *Obs.* de Belon, p. 211. — *Nota.* Quoique Belon ne parle pas dans sa description du nombre des bandes de son tatou, l'on peut croire que c'est le tatou à six bandes à l'inspection de sa figure, qui cependant est fort mal faite et très disproportionnée à tous autres égards.

Tatus seu *Echinus Brasilianus.* Aldrov., *de Quad. digit. vivip.*, p. 478, fig. p. 480. — *Nota.* Aldrovande ne parle pas du nombre des bandes, mais sa figure en indique distinctement six.

Tatupeba Brasilianis. Encuberto Lusitanis.... In dorso septem sunt divisuræ, cute fuscá intermedia. Marcgrav., *Hist. Brasil.*, p. 231. — *Nota* que ce mot *divisuræ*, ainsi que ceux de *juncturæ*, et de *commissuræ*, signifient les intervalles entre les bandes, et non pas les bandes mêmes ; en sorte que quand un auteur dit qu'il y a sept divisions, jointures ou commissures, cela n'indique que six bandes et non pas sept, le nombre des divisions étant

(*) *Dasypus sexcinctus* L.

disposées. Il a deux boucliers, l'un sur les épaules et l'autre sur la croupe,
tous deux d'une seule pièce ; il y a seulement, au delà du bouclier des épaules
et près de la tête, une bande mobile entre deux jointures qui permet à l'animal de courber le cou. Le bouclier des épaules est formé par cinq rangs
parallèles qui sont composés de pièces dont les figures sont à cinq ou six
angles, avec une espèce d'ovale dans chacune ; la cuirasse du dos, c'est-à-dire
la partie du têt qui est entre les deux boucliers, est partagée en six bandes
qui anticipent peu les unes sur les autres et qui tiennent entre elles et aux
boucliers par sept jointures d'une peau souple et épaisse ; ces bandes sont
composées d'assez grandes pièces carrées et barlongues ; de cette peau des
jointures il sort quelques poils blanchâtres et semblables à ceux qui se voient
aussi en très petit nombre sous la gorge, la poitrine et le ventre ; toutes ces
parties inférieures ne sont revêtues que d'une peau grenue et non pas d'un
têt osseux comme les parties supérieures du corps. Le bouclier de la croupe
a un bord dont la mosaïque est semblable à celle des bandes mobiles, et pour
le reste il est composé de pièces à peu près pareilles à celles du bouclier des
épaules. Le têt de la tête est long, large et d'une seule pièce jusqu'à la bande
mobile du cou. L'encoubert a le museau aigu, les yeux petits et enfoncés, la
langue étroite et pointue, les oreilles sans poil et sans têt, nues, courtes et
brunes comme la peau des jointures du dos ; dix-huit dents de grandeur
médiocre à chaque mâchoire ; cinq doigts à tous les pieds, avec des ongles
assez longs, arrondis et plutôt étroits que larges ; la tête et le groin à peu
près semblables à ceux du cochon de lait ; la queue grosse à son origine, et
diminuant toujours jusqu'à l'extrémité où elle est fort menue et arrondie par
le bout. La couleur du corps est d'un jaune roussâtre ; l'animal est ordinairement épais et gras, et le mâle a le membre génital fort apparent. Il fouille la

nécessairement plus grand d'une unité que celui des bandes ; je fais cette remarque parce
que ces *juncturæ* ou *divisuræ* ont été prises pour les bandes elles-mêmes par quelques-uns
de nos naturalistes.

    Tatu sive *Armadillo prima Marcgravii.* Ray, *Syn. quad.*, p. 233. — *Sex cinctus. Dasypus
cingulis senis, pedibus pentadactylis.* Linn. , *Syst. nat.,* édit. X, p. 54.

    Cataphractus scutis duobus, cingulis sex..... *Armadillo Mexicanus.* L'armadille du
Mexique. Brisson, *Règne animal,* p. 40. — *Nota* qu'il est très incertain que l'*Aiotochtli* de
Hernandès et de Nieremberg, et que le *tatou* de Clusius et de Laët soient en effet l'*encoubert*
ou *tatou* à six bandes, comme l'indique M. Brisson par sa nomenclature ; aucun de ces
auteurs n'a fait mention du nombre des bandes, et il paraît par leur figure que celle de
l'*aiotochtli* de Hernandès indique plutôt le *tatou* à huit bandes, et que celle de Nieremberg
indiquerait le *tatou* à neuf bandes, qui sont deux espèces que nous connaissons et desquelles
nous parlerons bientôt. Nieremberg dit seulement, en faisant mention des différents *tatous*,
qu'il y en a une espèce qui n'a que six bandes, mais il n'en donne ni la description ni la
figure : et à l'égard de Clusius, et de Laët qui a copié Clusius, on ne peut pas dire qu'ils
aient entendu parler du tatou à six bandes, puisqu'ils ne font aucune mention du nombre
de ces bandes, et que leurs figures indiquent dix bandes qu'on doit réduire à huit, parce que
dans tous les tatous les deux boucliers, quoique d'une seule pièce chacun, ont tous deux
sur leurs bords, et du côté de la cuirasse du dos, un rang dont la mosaïque ressemble à
celle des bandes mobiles de cette cuirasse.

terre avec une extrême facilité, tant à l'aide de son groin que de ses ongles ;
il se fait un terrier où il se tient pendant le jour, et n'en sort que le soir pour
chercher sa subsistance ; il boit souvent, il vit de fruits, de racines, d'insectes
et d'oiseaux, lorsqu'il en peut saisir.

LE TATUÈTE (a) OU TATOU A HUIT BANDES

Le tatuète (*) n'est pas si grand, à beaucoup près, que l'encoubert ; il a la
tête petite, le museau pointu, les oreilles droites, un peu allongées, la queue
encore plus longue et les jambes moins basses à proportion que l'encoubert ;
il a les yeux petits et noirs, quatre doigts aux pieds de devant et cinq à ceux
de derrière ; la tête est couverte d'un casque, les épaules d'un bouclier, la
croupe d'un autre bouclier et le corps d'une cuirasse composée de huit bandes
mobiles qui tiennent entre elles et aux boucliers par neuf jointures de peau
flexible ; la queue est revêtue de même d'un têt composé de huit anneaux

(a) *Tatuète, tatu-été*, nom de cet animal au Brésil, et que nous avons adopté.
Tatus. Gessner, *Hist. quadrup.*, p. 935. — *Nota.* La figure donnée par Gessner a été faite
d'après nature. Quoiqu'elle paraisse présenter dix bandes, les deux dernières ne doivent
point être comptées, parce que la première et la dernière ne sont pas mobiles, et que dans
tous les tatous ces deux bandes forment la bordure des boucliers auxquels elles sont réunies
et adhérentes.
Aiotochtli. Hernand. *Hist. mex.*, p. 314. — *Tatu* seu *Armadillo.* Clusii *Exotic.*, p. 330. —
Tatou. *Description des Indes occidentales*, par de Laët, p. 486. — *Tatucte Brasiliensibus,
verdadeiro Lusitanis.* Marcgrav. *Hist. Brasil.*, p. 231. — Tatou ou Armadille. *Hist. générale
des Antilles*, par le P. du Tertre. Paris, 1667, t. II, p. 298, pl. 13, fig. 6. — *Nota* que cet
auteur donne dix bandes à son tatou dans sa description ; néanmoins il y a toute apparence,
à l'inspection seule de sa figure, qu'il a compris, dans ce nombre de dix bandes, les deux
bords des boucliers dont la mosaïque est en effet la même que celle des bandes mobiles ;
car, comme nous l'avons déjà dit plus d'une fois, ces bords ne sont pas séparés du reste du
bouclier, ils y sont au contraire tout à fait adhérents ; on ne doit donc pas les compter dans
le nombre des bandes mobiles qui, par conséquent, se réduit à huit dans la figure donnée
par le P. du Tertre.
Tatuete Brasiliensibus , Armadilli secunda species Marcgravii. Ray, *Syn. quadrup.*,
p. 233. — *Septem cinctus. Dasypus cingulis septenis, palmis tetradactylis, plantis pentadactylis.* Linn., *Syst. nat.*, édit. X, p. 51, n° 5. — *Nota.* Il y a erreur dans cette phrase indicative, cet animal ayant huit bandes mobiles et non pas sept. — *Cataphractus scutis duobus,
cingulis octo..... Armadillo Brasilianus.* L'armadille du Brésil. Brisson, *Règne animal*,
p. 41. — *Nota* qu'il n'est nullement prouvé que l'armadillo seu aiotochtli de Nieremberg,
et que le *tatus major moschum redolens* de Barrère, soient en effet le *tatuète* ou *tatou* à
huit bandes, comme M. Brisson l'indique par sa nomenclature. La figure de Nieremberg
présente onze bandes qu'on doit réduire à neuf et non pas à huit. A l'égard de Barrère, il ne
donne ni description ni figure des animaux qu'il indique, mais par sa phrase on voit que
c'est de l'un des plus grands tatous dont il a voulu parler. Son *tatus major* n'est donc pas
le *tatuète* de Marcgrave, qui, de l'aveu de tous les auteurs, est un des plus petits.

(*) *Dasypus novemcinctus* L. — Buffon a fait cette espèce avec une simple variété à
huit bandes du Cachicame ou Tatou à neuf bandes.

mobiles et séparés par neuf jointures de peau flexible. La couleur de la cuirasse sur le dos est d'un gris de fer ; sur les flancs et sur la queue, elle est d'un gris blanc avec des taches gris de fer. Le ventre est couvert d'une peau blanchâtre, grenue et semée de quelques poils. L'individu de cette espèce qui a été décrit par Marcgrave avait la tête de trois pouces de longueur, les oreilles de près de deux, les jambes d'environ trois pouces de hauteur, les deux doigts du milieu des pieds de devant d'un pouce, les ongles d'un demi-pouce ; le corps, depuis le col jusqu'à l'origine de la queue, avait sept pouces, et la queue neuf pouces de longueur ; le têt des boucliers paraît semé de petites taches blanches proéminentes et larges commes des lentilles ; les bandes mobiles qui forment la cuirasse du corps sont marquées par des figures triangulaires ; ce têt n'est pas dur : le plus petit plomb suffit pour le percer et pour tuer l'animal, dont la chair est fort blanche et très bonne à manger.

LE CACHICAME (a) OU TATOU A NEUF BANDES

Nieremberg n'a, pour ainsi dire, qu'indiqué cet animal (*) dans la description imparfaite qu'il en donne ; Wormius et Grew l'ont beaucoup mieux décrit : l'individu qui a servi de sujet à Wormius était adulte et des plus

(a) *Cachicame, cachicamo.* Les Espagnols appellent *armadillo* l'animal connu des Indiens sous le nom de *cachicamo*, d'*Atuco*, de *che de chuca*, etc. *Histoire naturelle de l'Orénoque*, par Gumilla. Avignon, 1758, t. III, p. 225. Nous avons adopté pour cette espèce le nom de *cachicame*, afin de la distinguer des autres. — *Armadillo seu aiotochtli.* Nieremberg, *Hist. nat.* Peregr., p. 158. — *Armadillo..... Reliquum dorsi novem ambitur circulis. Museum Wormianum*, p. 335. — *The pig-headed Armadillo.* Grew. *Mus. Soc. Reg.* Lond., p. 18, *Tatou ou* Armadille. *Nouveau voyage aux îles de l'Amérique.* Paris, 1722, t. II, p. 387. — *Tatu* seu *Armadillo Americanus.* Seba, vol. Ier, p. 45, tab. 29, fig. 1. — *Nota* que, quoique l'auteur fasse mention de dix bandes dans sa description, il n'y en a que neuf dans la figure. — *Tatu porcinus, tatu simpliciter, porcellus cataphractus, armadillo communiter.* Klein, *De quadrup.*, p. 48. — *Nota* que cet auteur suit à la lettre la description de Seba, et qu'il se trompe comme lui en donnant dix bandes au lieu de neuf à cet animal. — *Erinaceus loricatus, cingulis novem, manibus tridactylis.* Linn. *Syst. nat.*, édit. IV, p. 66. — *Dasypus cingulis novem. Pedes* 3-5, édit. VI, p. 6. — *Nota* qu'il y a erreur dans ces phrases indicatives, cet animal ayant quatre doigts et non pas trois aux pieds de devant. M. Linnæus s'est corrigé lui-même dans les éditions suivantes. — *Novem cinctus. Dasypus cingulis novem, palmis tetradactylis, plantis pentadactylis..... An a sequente sufficienter distinctus?* Linn. *Syst. nat.*, édit. X, p. 51, n° 6. — *Nota* que ce doute de M. Linnæus au sujet de la distinction de cette espèce avec la précédente ne nous paraît pas sans fondement ; nous avons plusieurs individus de l'une et de l'autre, et l'on verra par nos descriptions que tout, jusqu'aux plus petites parties, et si semblable dans le taluète et dans le cachicame qu'on peut présumer avec vraisemblance qu'ils sont tous deux de la même espèce, quoique l'un ait une bande de plus que l'autre. — *Cataphractus scutis duobus cingulis novem..... Armadillo Guianensis.* L'armadille de Cayenne. Brisson, *Rég. an.*, p. 42.

(*) *Dasypus novemcinctus* L.

grands de cette espèce ; celui de Grew était plus jeune et plus petit : nous ne donnerons pas ici leurs descriptions en entier, d'autant qu'elles s'accordent avec la nôtre, et que d'ailleurs il est à présumer que ce tatou à neuf bandes ne fait pas une espèce réellement distincte du tatuète, qui n'en a que huit, et auquel, à l'exception de cette différence, il nous a paru ressembler à tous autres égards Nous avons deux tatous à huit bandes qui sont desséchés et qui paraissent être deux mâles ; nous avons sept ou huit tatous à neuf bandes, un bien entier qui est femelle, et les autres desséchés, dans lesquels nous n'avons pu reconnaître le sexe : il se pourrait donc, puisque ces animaux se ressemblent parfaitement, que le tatuète ou tatou à huit bandes fût le mâle, et le cachicame ou tatou à neuf bandes la femelle. Ce n'est qu'une conjecture que je hasarde ici, parce que l'on verra dans l'article suivant la description de deux autres tatous, dont l'un a plus de rangs que l'autre sur le bouclier de la croupe et qui cependant se ressemblent à tant d'autres égards, qu'on pourrait penser que cette différence ne dépend que de celle du sexe ; car il ne serait pas hors de toute vraisemblance que ce plus grand nombre de rangs sur la croupe, ou bien celui des bandes mobiles de la cuirasse appartinssent aux femelles de ces espèces comme nécessaires pour faciliter la gestation et l'accouchement dans des animaux dont le corps est si étroitement cuirassé. Dans l'individu dont Wormius a décrit la dépouille, la tête avait cinq pouces depuis le bout du museau jusqu'aux oreilles, et dix-huit pouces depuis les oreilles jusqu'à l'origine de la queue, qui était longue d'un pied et composée de douze anneaux. Dans l'individu de la même espèce, décrit par Grew, la tête avait trois pouces, le corps sept pouces et demi, la queue onze pouces ; les proportions de la tête et du corps s'accordent, mais la différence de la queue est trop considérable, et il y a grande apparence que, dans l'individu décrit par Wormius, la queue avait été cassée, car elle aurait eu plus d'un pied de longueur ; comme dans cette espèce la queue diminue de grosseur au point de n'être à l'extrémité pas plus grosse qu'une petite alène et qu'elle est en même temps très fragile, il est rare d'avoir une dépouille où la queue soit entière comme dans celle qu'a décrite Grew. L'individu, décrit par M. Daubenton, s'est trouvé avoir à très peu près les mêmes dimensions et proportions que celui de Grew.

LE KABASSOU *(a)* OU TATOU A DOUZE BANDES

Le kabassou (*) nous paraît être le plus grand de tous les tatous ; il a la tête plus grosse, plus large, et le museau moins effilé que les autres, les jambes plus épaisses, les pieds plus gros, la queue sans têt, particularité qui seule suffirait pour faire distinguer cette espèce de toutes les autres ; cinq doigts à tous les pieds et douze bandes mobiles qui n'anticipent que peu les unes sur les autres. Le bouclier des épaules n'est formé que de quatre ou cinq rangs, composés chacun de pièces quadrangulaires assez grandes ; les bandes mobiles sont aussi formées de grandes pièces, mais presque exactement carrées ; celles qui composent les rangs du bouclier de la croupe sont à peu près semblables à celles du bouclier des épaules ; le casque de la tête est aussi composé de pièces assez grandes, mais irrégulières. Entre les jointures des bandes mobiles et des autres parties de l'armure s'échappent quelques poils pareils à des soies de cochon ; il y a aussi sur la poitrine, sur le ventre, sur les jambes et sur la queue des rudiments d'écailles qui sont ronds, durs et polis comme le reste du têt, et autour de ces petites écailles on voit de petites houppes de poil. Les pièces qui composent le casque de la tête, celles de deux boucliers et de la cuirasse étant proportionnellement plus grandes et en plus petit nombre dans le kabassou que dans les autres tatous,

(*a*) *Kabassou,* nom qu'on donne à Cayenne à la grande espèce de tatous, et que nous avons adopté.

Tatus major mochoum redolens. Tatuete Brasiliensibus, Marcgravii. Tatou-kabassou. Barrère, *Hist. Franc. équinox.,* p. 163. — *Nota* 1° que Barrère ne devait pas rapporter ce tatou, qui est de la plus grande espèce, au tatuète de Marcgrave, qui est une des plus petites. — *Nota* 2° que, comme Barrère n'a donné ni description ni figure de son tatou-kabassou, nous n'assurons pas positivement que ce soit le même que celui dont il est ici question et qui a douze bandes ; c'est par conjecture que nous en avons ainsi jugé, attendu que c'est le plus grand des tatous, et celui par conséquent qui se rapporte le mieux à son mot indicatif *tatus major.*

Tatu seu *Armadillo Africanus.* Seba, vol, Ier, p. 47, tab. 30, fig. n° 3 et 4. *Scutum osseum toto incumbens corpori tripartitum est.* Seba, vol. Ier, p. 47. — *Nota* 1° que ce tatou, comme tous les autres, ne se trouve qu'en Amérique, et non pas en Afrique. — *Nota* 2° que ce qui a pu tromper le descripteur du cabinet de Seba et lui faire croire que cet animal n'avait en effet le têt divisé qu'en trois parties, c'est que les douze bandes mobiles de la cuirasse du corps ne paraissent pas aussi distinctes et anticipent beaucoup moins les unes sur les autres que dans les autres espèces, en sorte que cette cuirasse paraît au premier coup d'œil comme si elle n'était que d'une seule pièce dont les.rangs seraient immobiles comme ceux des boucliers, mais, pour peu qu'on y regarde de plus près, on voit que les bandes sont mobiles entre elles et qu'elles sont au nombre de douze.

Cataphractus scutis duobus, cingulis duodecim..... Armadillo Africanus. L'armadille d'Afrique. Brisson, *Règne animal,* p. 43. — *Nota* qu'au lieu de réunir à cette espèce (p. 43, n° 7) le *dasypus tegmine tripartito* de M. Linnæus, l'auteur aurait dû, d'après Linnæus même, le rapporter à sa première espèce (p. 37, n° 1).

(*) *Dasypus gigas* Cuv.

l'on doit en inférer qu'il est plus grand que les autres ; dans celui qu'on a représenté (*pl*. XLI), la tête avait sept pouces, le corps vingt et un ; mais nous ne sommes pas assurés que celui de la *pl*. XLI soit de la même espèce que celui-ci ; ils ont beaucoup de choses semblables, et, entre autres, les douze bandes mobiles, mais ils diffèrent aussi à tant d'égards, que c'est déjà beaucoup hasarder que de ne mettre entre eux d'autre différence que celle du sexe.

LE CIRQUINÇON (*a*) OU TATOU A DIX-HUIT BANDES

M. Grew est le premier qui ait décrit cet animal (*), dont la dépouille était conservée dans le cabinet de la Société royale de Londres. Tous les autres tatous ont, comme nous venons de le voir, deux boucliers, chacun d'une seule pièce, le premier sur les épaules, et le second sur la croupe ; le cirquinçon n'en a qu'un, et c'est sur les épaules ; on lui a donné le nom de *tatou-belette*, parce qu'il a la tête à peu près de la même forme que celle de la belette. Dans la description de cet animal, donnée par Grew (*b*), on trouve qu'il avait le corps d'environ dix pouces de long, la tête de trois pouces, la queue de cinq, les jambes de deux ou trois pouces de hauteur, le devant de la tête large et plat, les yeux petits, les oreilles longues d'un pouce, cinq doigts aux quatre pieds, de grands ongles longs d'un pouce aux trois doigts du milieu, des ongles plus courts aux deux autres doigts ; l'armure de la tête et celle des jambes composée d'écailles arrondies d'environ un quart de pouce de diamètre ; l'armure du cou d'une seule pièce, formée de petites écailles carrées ; le bouclier des épaules aussi d'une seule pièce et composé de plusieurs rangs de pareilles petites écailles carrées ; ces rangs du bouclier, dans cette espèce comme dans toutes les autres, sont contigus et ne sont pas séparés les uns des autres par une peau flexible : ils sont adhérents par symphyse ; tout le reste du corps, depuis le bouclier des épaules jusqu'à la queue, est couvert de bandes mobiles et séparées les unes des autres par une membrane souple ; ces bandes sont au nombre de dix-huit ; les premières du côté des épaules sont les plus larges : elles sont composées de petites pièces carrées et barlongues ; les bandes postérieures sont

(*a*) *Cirquinçon* ou *Cirquinchum*, nom que l'on donne communément aux tatous à la Nouvelle Espagne, et que nous avons adopté pour distinguer cette espèce des autres. — *Tatou ouinchum*. D'Abbeville, *Missions au Maragnon*. Paris, 1614, p. 248. — *The Weesle-headed Armadillo*. Grew, *Mus. Reg. Soc. Londin*. London, 1681, p. 19 et 20. — *Talu mustelinus, Soc. Reg. Mus. the Weesle-headed Armadillo*. Ray, *Syn. quadrup.*, p. 225. — *Cataphractus scuto unico, cingulis octodecim... Armadillo*. L'armadille. Brisson, *Règne animal*, p. 37.

(*b*) *Nota*. Je réduis ici la mesure anglaise à celle de France.

(*) *Dasypus octodecimcinctus* L.

IX.   18

faites de pièces rondes et carrées, et l'extrémité de l'armure près de la queue
est de figure parabolique; la moitié antérieure de la queue est environnée
de six anneaux dont les pièces sont composées de petits carrés; la seconde
moitié de la queue jusqu'à l'extrémité est couverte d'écailles irrégulières. La
poitrine, le ventre et les oreilles sont nues comme dans les autres espèces.
Il semble que de tous les tatous celui-ci ait le plus de facilité pour se contracter et se serrer en boule à cause du grand nombre de ses bandes mobiles
qui s'étendent jusqu'à la queue.

Ray a décrit, comme nous, le cirquinçon d'après Grew ; M. Brisson paraît
s'être conformé à la description de Ray, aussi a-t-il très bien désigné cet
animal, qu'il appelle simplement *armadille ;* mais il est singulier que
M. Linnæus, qui devait avoir les descriptions de Grew et de Ray sous les
yeux, puisqu'il les cite tous deux, ait indiqué (*a*) ce même animal comme
n'ayant qu'une bande, tandis qu'il en a dix-huit. Cela ne peut être fondé que
sur une méprise assez évidente, qui consiste à avoir pris le *tatu seu armadillo africanus* de Seba pour le *tatu mustelinus* de Grew, lesquels néanmoins, par les descriptions mêmes de ces deux auteurs, sont très différents
l'un de l'autre. Autant il paraît certain que l'animal décrit par Grew est
une espèce réellement existante, autant il est douteux que celui de Seba
existe de la manière au moins dont il le décrit. Selon lui, cet armadille africain a l'armure du corps entier partagée (*b*) en trois parties ; si cela est,
l'armure du dos, au lieu d'être composée de plusieurs bandes, est d'une
seule pièce, et cette pièce unique est seulement séparée du bouclier des
épaules et de celui de la croupe, qui sont aussi chacun d'une seule pièce :
c'est là le fondement de l'erreur de M. Linnæus ; il a, d'après ce passage de
Seba, nommé cet armadille *unicinctus tegmine tripartito.* Cependant il
était aisé de voir que cette indication de Seba est équivoque et erronée,
puisqu'elle n'est nullement d'accord avec les figures, et qu'elle indique en
effet le *kabassou* ou *tatou* à douze bandes, comme nous l'avons prouvé dans
l'article précédent.

Tous les tatous sont originaires de l'Amérique ; ils étaient inconnus avant
la découverte du nouveau monde ; les anciens n'en ont jamais fait mention,
et les voyageurs modernes ou nouveaux en parlent tous comme d'animaux
naturels et particuliers au Mexique, au Brésil, à la Guyane, etc. ; aucun ne
dit en avoir trouvé l'espèce existante en Asie ni en Afrique : quelques-uns
ont seulement confondu les pangolins et les phatagins ou lézards écailleux
des Indes orientales avec les armadilles de l'Amérique ; quelques autres ont
pensé qu'il s'en trouvait sur les côtes occidentales de l'Afrique, parce qu'on

(*a*) *Unicinctus. Dasypus tegmine tripartito pedibus pentadactylis... Tatu* seu *Armadillo
Africanus.* Seba, *Mus.* 1, p. 47. t. 30, fig. 3, 4... *Tatu mustelinus.* Ray, *Quadrup.*, 235.
Grew, *Mus.* 19, tab. 1. Linn., *Syst. nat.*, édit. X, p. 50.

(*b*) *Scutum osseum toto incumbens corpori tripartitum est.* Seba, vol. Ier, p. 47.

en a quelquefois transporté du Brésil en Guinée. Belon (*a*), qui a écrit il y a plus de deux cents ans, et qui est l'un des premiers qui nous en ait donné une courte description avec la figure d'un tatou dont il avait vu la dépouille en Turquie, indique assez qu'il venait du nouveau continent. Oviedo (*b*), de Léry (*c*), Gomara (*d*), Thevet (*e*), Antoine Herrera (*f*), le P. d'Abbeville (*g*), François Ximénés, Stadenius (*h*), Monard (*i*), Joseph Acosta (*j*), de Laët (*k*), tous les auteurs plus récents, tous les historiens du nouveau monde, font mention de ces animaux comme originaires des contrées méridionales de ce continent. Pison, qui a écrit postérieurement à tous ceux que je viens de citer, est le seul qui ait mis en avant, sans s'appuyer d'aucune autorité, que les armadilles se trouvent aux Indes orientales (*l*) aussi bien qu'en Amérique ; il est probable qu'il a confondu les pangolins ou lézards écailleux avec les tatous : les Espagnols ayant appelé *armadillo* ces lézards écailleux aussi bien que les tatous, cette erreur s'est multipliée sous la plume de nos descripteurs de cabinets et de nos nomenclateurs, qui ont non seulement admis des tatous aux Indes orientales, mais en ont créé en Afrique, quoiqu'il n'y en ait jamais eu d'autres dans ces deux parties du monde que ceux qui y ont été transportés d'Amérique.

Le climat de toutes les espèces de ces animaux n'est donc pas équivoque ; mais il est plus difficile de déterminer leur grandeur relative dans chaque espèce ; nous avons comparé dans cette vue, non seulement les dépouilles

---

(*a*) « Et pour ce que l'animal dont nous avons déjà ci-devant parlé, qu'on nomme un » *tatou*, s'est trouvé entre leurs mains, lequel toutefois est apporté de la Guinée et de la » Terre-Neuve, dont les anciens n'en ont point parlé, néanmoins nous a semblé bon d'en » bailler le portrait.

» Ce qui fait qu'on voit cette bête jà commune en plusieurs cabinets et être portée en » si loingtain pays, est que nature l'a armée de dure escorce et larges écailles à la manière » d'un corcelet, et aussi qu'on peut aisément ôter sa chair de léans sans rien perdre de sa » naïve figure. Jà l'avons dit espèce de hérisson du Brésil. Car elle se retire en ses écailles » comme un hérisson en ses épines. Elle n'excède point la grandeur d'un moyen pourcelet ; » aussi est-elle espèce de pourceau, ayant jambes, pieds et museau de même ; car on l'a » déjà vu vivre en France, et se nourrit de grains et de fruits. » *Observations de Belon.* Paris, 1555, p. 211.

(*b*) Oviedo, *Summarium Ind. occid.*, cap. xxii.

(*c*) *Histoire d'un voyage fait en la terre du Brésil,* par Jean de Léry. Paris, 1578, p. 154 et suiv.

(*d*) Gomara, *Hist. Mexican., etc.*

(*e*) *Singularités de la France antarctique,* par Thevet, chap. LIV.

(*f*) *Description des Indes occidentales,* par Ant. de Herrera. Amsterdam, 1622, p. 252.

(*g*) *Mission en l'île de Maragnon,* par le P. C. d'Abbeville, capucin. Paris, 1614. p. 248

(*h*) Joann. Staden. *Res gestæ in Brasiliá, etc.*

(*i*) Nicolai Monardi. *Simplicium Medic. hist.,* p. 330.

(*j*) *Histoire naturelle des Indes,* par Joseph Acosta. Paris, 1600, p. 198.

(*k*) *Description des Indes occidentales,* par Jean de Laët, chap. v, p. 485 et 486 ; et chap. xv, page 536.

(*l*) « Cum in occidentalis non solum, sed et orientalis Indiæ partibus frequens adeo sit » hoc inusitatæ conformationis animal, non mirum si vel nomine, vel magnitudine, figura » quoque subinde variet. » Pison, *Hist. nat. Brasil.*, p. 100.

de tatous, que nous avons en grand nombre au cabinet du Roi, mais encore celles que l'on conserve dans d'autres cabinets ; nous avons aussi comparé les indications de tous les auteurs avec nos propres descriptions, sans pouvoir en tirer des résultats précis : il paraît seulement que les deux plus grandes espèces sont le kabassou et l'encoubert, que les petites espèces sont l'apar, le tatuète, le cachicame et le cirquinçon. Dans les grandes espèces, le têt est beaucoup plus solide et plus dur que dans les petites ; les pièces qui le composent sont plus grandes et en plus petit nombre ; les bandes mobiles anticipent moins les unes sur les autres, et la chair, aussi bien que la peau, est plus dure et moins bonne. Pison dit que celle de l'encoubert n'est pas mangeable (a), Nieremberg assure qu'elle est nuisible et très malsaine (b), Barrère dit que le kabassou a une odeur forte de musc ; et en même temps tous les autres auteurs s'accordent à dire que la chair de l'apar, et surtout celle du tatuète, sont aussi blanches et aussi bonnes que celles du cochon de lait ; ils disent aussi que les tatous de petite espèce se tiennent dans les terrains humides et habitent les plaines, et que ceux de grande espèce ne se trouvent que dans les lieux plus élevés et plus secs (c).

Ces animaux ont tous plus ou moins de facilité à se resserrer et à contracter leur corps en rond ; le défaut de la cuirasse, lorsqu'ils sont contractés, est bien plus apparent dans ceux dont l'armure n'est composée que d'un petit nombre de bandes ; l'apar, qui n'en a que trois, offre alors deux grands vides entre les boucliers et l'armure du dos : aucun ne peut se réduire aussi parfaitement en boule que le hérisson ; ils ont plutôt la figure d'une sphère fort aplatie par les pôles.

Ce têt si singulier dont ils sont revêtus est un véritable os composé de petites pièces contiguës, et qui sans être mobiles ni articulées, excepté aux commissures des bandes, sont réunies par symphyse et peuvent toutes se séparer les unes des autres, et se séparent en effet si on les met au feu. Lorsque l'animal est vivant, ces petites pièces, tant celles des boucliers que celles des bandes mobiles (d), prêtent et obéissent en quelque façon à ses mouvements, surtout à celui de contraction ; si cela n'était pas, il serait difficile de concevoir qu'avec tous ses efforts il lui fût possible de s'arrondir.

(a) « Prima et maxima (species) tatupeba cujus descriptioni supersedeo, ut pote non edu-
» lis. » Pison, *Hist. nat. Brasil.*, p. 100.

(b) « Quædam innoxia et gratissimi alimenti sunt, alia noxia et venenata ut vomitu ac flatu
» alvi sincopem inducant... Distinguntur testarum seu laminarum numero : innoxia octonis,
» noxia senis constant. » Nieremberg, *Hist. nat. Peregr.*, p. 159.

(c) Dans les bois de l'Orénoque et de la Guyane, on trouve des armadilles quatre fois plus gros que ceux des Plaines. *Histoire naturelle de l'Orénoque*, par Gumilla, t. II, p. 7.

(d) Cet animal (il est ici question du tatou à neuf bandes) est fort sensible, il se plaignait et se mettait en boule dès que je pressais un peu ses écailles : je remarquai que tous ces rangs, outre le mouvement qu'ils avaient pour s'emboîter les uns sur les autres, en avaient encore un autre tout le long de l'épine du dos par le moyen duquel ils s'étendaient et s'élargissaient, etc. *Nouveau voyage aux îles de l'Amérique*, t. II, p. 388.

Ces petites pièces offrent, suivant les diverses espèces, des figures différentes toujours arrangées régulièrement comme de la mosaïque très élégamment disposée; la pellicule, ou le cuir mince dont le têt est revêtu à
l'extérieur, est une peau transparente qui fait l'effet d'un vernis sur tout
le corps de l'animal; cette peau relève de beaucoup et change même les
reliefs des mosaïques qui paraissent différents lorsqu'elle est enlevée. Au
reste, ce têt osseux n'est qu'une enveloppe indépendante de la charpente et
des autres parties intérieures du corps de l'animal, dont les os et les autres
parties constituantes du corps sont composées et organisées comme celles
de tous les autres quadrupèdes.

Les tatous, en général, sont des animaux innocents et qui ne font aucun
mal, à moins qu'on ne les laisse entrer dans les jardins, où ils mangent les
melons, les patates et les autres légumes ou racines. Quoique originaires
des climats chauds de l'Amérique, ils peuvent vivre dans les climats tempérés; j'en ai vu un en Languedoc, il y a plusieurs années, qu'on nourrissait à la maison, et qui allait partout sans faire aucun dégât; ils marchent
avec vivacité, mais ils ne peuvent, pour ainsi dire, ni sauter, ni courir, ni
grimper sur les arbres, en sorte qu'ils ne peuvent guère échapper par la
fuite à ceux qui les poursuivent; leurs seules ressources sont de se cacher
dans leur terrier, ou, s'ils en sont trop éloignés, de tâcher de s'en faire un
avant que d'être atteints; il ne leur faut que quelques moments, car les
taupes ne creusent pas la terre plus vite que les tatous; on les prend quelquefois par la queue avant qu'ils n'y soient totalement enfoncés, et ils font
alors une telle résistance (a) qu'on leur casse la queue sans amener le corps;
pour ne les pas mutiler il faut ouvrir le terrier par devant, et alors on les
prend sans qu'ils puissent faire aucune résistance; dès qu'on les tient ils
se resserrent en boule, et pour les faire étendre on les met près du feu. Leur
têt, quoique dur et rigide, est cependant si sensible que quand on le touche
un peu ferme avec le doigt, l'animal en ressent une impression assez vive
pour se contracter en entier. Lorsqu'ils sont dans des terriers profonds, on
les en fait sortir en y faisant entrer de la fumée ou couler de l'eau : on
prétend qu'ils demeurent dans leurs terriers sans en sortir pendant plus
d'un tiers de l'année (b); ce qui est plus vrai, c'est qu'ils s'y retirent pendant le jour et qu'ils n'en sortent que la nuit pour chercher leur subsistance.

(a) La plupart des cachicamos se croient en sûreté lorsqu'ils ont pu mettre leur tête et
une partie du corps dans leurs tanières, et en effet ils n'ont rien à craindre si l'on ne se sert,
pour les en tirer, de l'expédient que je vais dire. L'Indien arrive et saisit l'animal par la
queue, qui est fort longue; l'armadille ouvre ses écailles et les serre si fort contre les parois
de sa tanière, que l'Indien lui arrache plutôt la queue que de l'en faire sortir; dans ce cas,
le chasseur le chatouille avec un bâton ou avec le bout de son arc, et aussitôt il serre ses
écailles et se laisse prendre sans peine. *Histoire naturelle de l'Orénoque*, par Gumilla, t. III,
p. 226.

(b) *Histoire naturelle des Antilles*, par le P. du Tertre, t. II, p. 298.

On chasse le tatou avec des petits chiens (*a*) qui l'atteignent bientôt; il n'attend pas même qu'ils soient tout près de lui pour s'arrêter et pour se contracter en rond ; dans cet état on le prend et on l'emporte. S'il se trouve au bord d'un précipice il échappe aux chiens et aux chasseurs, il se resserre, se laisse tomber et roule (*b*) comme une boule sans briser son écaille et sans ressentir aucun mal.

Ces animaux sont gras, replets et très féconds; le mâle marque, par les parties extérieures, de grandes facultés pour la génération ; la femelle produit, dit-on, chaque mois quatre petits (*c*); aussi l'espèce en est-elle très nombreuse. Et comme ils sont bons à manger, on les chasse de toutes les manières : on les prend aisément avec des pièges que l'on tend au bord des eaux et dans les autres lieux humides et chauds qu'ils habitent de préférence ; ils ne s'éloignent jamais beaucoup de leurs terriers qui sont très profonds et qu'ils tâchent de regagner dès qu'ils sont surpris. On prétend qu'ils ne craignent pas la morsure des serpents à sonnette (*d*), quoiqu'elle soit aussi dangereuse que celle de la vipère ; on dit qu'ils vivent en paix avec ces reptiles, et que l'on en trouve souvent dans leurs trous. Les sauvages se servent du têt des tatous à plusieurs usages, ils le peignent de différentes couleurs; ils en font des corbeilles, des boîtes et d'autres petits vaisseaux solides et légers. Monard, Ximenès, et plusieurs autres après eux, ont attribué d'admirables propriétés médicinales à différentes parties de ces animaux. Ils ont assuré que le têt réduit en poudre et pris intérieurement, même à petite dose, est un puissant sudorifique; que l'os de la hanche, aussi pulvérisé, guérit du mal vénérien ; que le premier os de la queue appliqué sur l'oreille fait entendre les sourds, etc. Nous n'ajoutons aucune foi à ces propriétés extraordinaires ; le têt et les os des tatous sont de la même nature que les os des autres animaux. Des effets aussi merveilleux ne sont jamais produits que par des vertus imaginaires.

(*a*) *Histoire générale des Antilles.* Rotterdam, 1658, p. 123.
(*b*) Hernandès, *Hist. Mexic.*, p. 314.
(*c*) *Hist. naturelle de l'Orénoque*, par Gumilla, p. 223.
(*d*) Nieremberg, *Hist. nat. peregr.*, p. 159.

LE PACA (*a*)

Le paca (*) est un animal du nouveau monde, qui se creuse un terrier comme le lapin, auquel on l'a souvent comparé, et auquel cependant il ressemble très peu ; il est beaucoup plus grand que le lapin, et même que le lièvre ; il a le corps plus gros et plus ramassé, la tête ronde et le museau court ; il est gras et replet, et il ressemble plutôt (*b*), par la forme du corps, à un jeune cochon, dont il a le grognement, l'allure et la manière de manger ; car il ne se sert pas, comme le lapin, de ses pattes de devant pour porter à sa gueule, et il fouille la terre, comme le cochon, pour trouver sa subsistance ; il habite le bord des rivières (*c*), et ne se trouve que dans les lieux humides et chauds de l'Amérique méridionale. Sa chair est très bonne à manger (*d*), et si grasse qu'on ne la larde jamais ; on mange même la peau (*e*), comme celle du cochon de lait ; aussi lui fait-on continuel-

(*a*) *Paca*, nom de cet animal au Brésil, et que nous avons adopté. On l'appelle aussi à la Guyane *ourana*.

(*b*) « Hoc genus animalium pilis et voce porcellum referunt, dentibus et figurâ capitis, et « etiam magnitudine cuniculum ; auribus murem : suntque singularia et sui generis. » Ray, *Synops. quadrup.*, p. 227. Il est certain, comme le dit Ray, que cet animal est de son genre : il aurait pu ajouter qu'il ressemble encore au cochon de lait par la forme du corps, par le goût et la blancheur de la chair, par la graisse et par l'épaisseur de la peau ; et il aurait dû dire qu'il a le corps plus gros, plus grand et plus rond que le lapin.

(*c*) Les *pacas* sont semblables aux petits pourceaux de deux mois, desquels il s'en trouve une grande quantité... principalement auprès des rivages de la rivière de Saint-François. *Description des Indes occidentales*, par de Laët, p. 484.

(*d*) Le *Pac* est le plus gras de tous les animaux de Cayenne ; sa chair est extrêmement bonne et de bon goût. *Voyage à Cayenne, en* 1652, par Ant. Binet. Paris, 1664, p. 340. — Le *pak* est une espèce de lapin fort connu ; sa chair est beaucoup meilleure que celle de l'agouti. Barrère, *Hist. Fr. équin.*, p. 158. — Les pacas du Brésil sont grands et ont la tête et le museau semblables aux chats, la peau grise, de couleur sombre tachetée de blanc ; la chair extrêmement bonne et douce. *Descript. des Indes occid.*, par Herrera. Amsterdam, 1622, page 252.

(*e*) Le *paca* a le museau rond comme celui d'un chat, la peau noire et marquetée de quelques taches blanches ; non seulement la chair, mais encore la peau en est délicieuse, tendre et recherchée dans les plus délicats festins. *Histoire des Indes*, par Maffée. Paris, 1665, p. 70. — « Paca magnitudine est porcelli, pingui et crasso corpore, et circiter decem digitos » longo : capite instar cuniculorum nostrorum crasso ; auribus, pilis nudis et paulùm acutis : « nares habet amplas ; os inferius brevius superiori : rimam instar leporis, non tamen fissurâ ; » barbam felinam, seu leporinam prolixam, et post oculos ponè aures iterum tales pilos ; » crura priora paulò breviora posterioribus ; in pedibus digiti quatuor : cauda brevissima ut » aguti ; pili corporis sunt umbræ coloris, breves et ad tactum duri. In lateribus autem » secundùm longitudinem maculas habet cinereas, in ventre albicat. Cibum oblatum pedibus » non tenet ut aguti, sed in terrâ positum devorat, instar suis, atque ad eumdem penè modum » grunnit. Carnem habet eximiam et pinguem, ita ut non habeat opus lardo quando assatur,

(*) Les Pacas (*Cælogenis* Cuv.) sont des Rongeurs de la famille des Subongulés ; ils se distinguent par leur mâchoire supérieure creusée de cavités pour recevoir les abajoues. ,

lement la guerre ; les chasseurs ont de la peine à le prendre vivant, et quand on le surprend dans son terrier qu'on découvre en devant et en arrière, il se défend et cherche même à se venger en mordant avec autant d'acharnement que de vivacité. Sa peau, quoique couverte d'un poil court et rude, fait une assez belle fourrure (a), parce qu'elle est régulièrement tachée sur les côtés. Ces animaux produisent souvent et en grand nombre ; les hommes et les animaux de proie en détruisent beaucoup, et cependant l'espèce en est toujours à peu près également nombreuse ; elle est naturelle et particulière à l'Amérique méridionale, et ne se trouve nulle part dans l'ancien continent.

» unde Lusitanis caca real vocatur illorum venatio. » Marcgrave, *Hist. Bras.*, p. 224. — *Nota* que Marcgrave s'est trompé en ne donnant à cet animal que quatre doigts à chaque pied ; il est certain qu'il en a cinq à tous les pieds ; le pouce est seulement beaucoup plus court que les autres doigts et il n'est apparent que par l'ongle.

(a) Le *pag* ou *pague* est un animal de la grandeur d'un petit chien braque, il a la tête bizarre et fort mal faite, la chair presque de même goût que celle de veau ; et quant à sa peau, étant fort belle et tachetée de blanc, gris et noir, si on en avait par deçà, elle serait bien riche en fourrure. *Histoire d'un voyage au Brésil*, par de Léry, p. 157.

On trouve au Maragnon des animaux nommés *pacs*, un peu plus grands que le couatis et tout ronds, ayant la tête grosse et courte, les oreilles fort petites, la queue pas plus longue qu'un petit doigt ; sa peau est fort belle, portant un poil fort court tout marqueté de blanc et de noir. *Mission au Maragnon*, par le P. C. d'Abbeville. Paris, 1614, p. 251.

LE SARIGUE [a] OU L'OPOSSUM

Le sarigue(*) ou l'opossum est un animal de l'Amérique qu'il est aisé de distinguer de tous les autres par deux caractères très singuliers. Le premier de ces caractères est que la femelle a sous le ventre une ample cavité dans laquelle elle reçoit et allaite ses petits. Le second est que le mâle et la femelle ont tous deux le premier doigt des pieds de derrière sans ongle et bien séparé des autres doigts, tel qu'est le pouce dans la main de l'homme,

(a) Le *sarigue, çarigue* ou *çarigueya,* nom de cet animal sur les côtes du Brésil, et que nous avons adopté. Le *ca* de la langue brasilienne se prononce *sa* en français et en latin ; on peut citer pour exemples, *cagui,* que nous prononçons *sagui* ou *sagouin,* parce que l'*u* se prononce aussi comme *ou; tajacu* que de Léry et les autres voyageurs français prononçaient et écrivaient *tajaçou* et *tajassou; et carigueya,* que Pison, dont l'ouvrage est en latin, a écrit avec une cédille sous le *c.*

Le *Cerigon,* dit Maffée (*Hist. des Indes,* liv. ii, p. 46), est une bête admirable..... De son ventre pendent deux besaces où il porte ses petits, chacun d'eux si fort attaché à son teton, qu'ils ne le quittent point jusqu'à ce qu'ils soient en état d'aller paître. — *Nota.* Maffée indique ici une chose qui peut induire en erreur et faire croire que ce cerigon, qui a deux besaces ou poches, serait un animal différent du sarigue qui n'en a qu'une ; mais il faut observer, et nous l'avons vu nous-mêmes, que, quand les glandes mammaires du sarigue sont dans leur état de gonflement par le lait dont elles sont remplies, elles font un volume si considérable au dedans de la poche, qu'elles en tirent la peau par le milieu, et qu'elle paraît alors partagée en deux besaces, comme le dit Maffée, qui probablement avait vu son cerigon dans cet état.

Sarigoy, de Léry. p. 156. — *Nota.* Ce n'est que par la ressemblance du nom qu'on peut juger que le sarigoy de Léry est le même animal que le çarigueya, car cet auteur ne fait aucune mention de la poche que la femelle a sous le ventre, il dit seulement « que l'animal » appelé *sarigoy* par les sauvages du Brésil, est de poil grisâtre ; que parce qu'il pue, eux » n'en mangent pas volontiers ; toutefois, ajoute-t-il, nous autres en ayant écorché quelques- » uns, et connu que c'était seulement la graisse qu'ils ont sur les rognons qui leur rend cette » mauvaise odeur, après leur avoir ôtée, nous ne laissions pas d'en manger, et de fait, la » chair en est tendre et bonne. » *Histoire d'un voyage fait en la terre du Brésil,* par Jean de Léry, Paris, 1578, p. 156. C'est là tout ce qu'on trouve dans de Léry au sujet du sarigoi : c'est donc par la ressemblance seule du nom qu'on a jugé que c'était le même animal que le çarigueya du Brésil.

(*) Les Sarigues (*Didelphis* L.) sont des Mammifères implacentaires de l'ordre des Mar- supiaux Rapaces, c'est-à-dire présentant un système dentaire analogue à celui des Insectivores et des Carnivores. Les Didelphides sont des grimpeurs à museau pointu, à queue longue et puissante, à pieds munis de cinq doigts ; à doigt interne des pattes postérieures opposable. L'Opossum est le *Didelphis virginiana* Shaw.

tandis que les quatre autres doigts de ces mêmes pieds de derrière sont placés les uns contre les autres et armés d'ongles crochus, comme dans les pieds des autres quadrupèdes. Le premier de ces caractères a été saisi par la plupart des voyageurs et des naturalistes, mais le second leur avait entièrement échappé; Edward Tyson, médecin anglais, paraît être le premier qui l'ait observé; il est le seul qui ait donné une bonne description de la femelle de cet animal, imprimée à Londres en 1698, sous le titre de *Carigueya seu Marsupiale americanum, or the Anatomy of an opossum.* Et quelques années après, Wil. Cowper, célèbre anatomiste anglais, communiqua à Tyson, par une lettre, les observations qu'il avait faites sur le mâle. Les autres auteurs, et surtout les nomenclateurs, ont ici, comme partout ailleurs, multiplié les êtres sans nécessité, et ils sont tombés dans plusieurs erreurs que nous ne pouvons nous dispenser de relever.

Notre sarigue, ou si l'on veut l'opossum de Tyson, est le même animal que le grand philandre oriental de Seba (*) (vol. Ier, p. 64, *pl*. XXXIX). L'on n'en saurait douter, puisque de tous les animaux dont Seba donne les figures et auxquels il applique le nom de *philandre*, d'*opossum* ou de *carigueya*, celui-ci est le seul qui ait les deux caractères de la bourse sous le ventre et des pouces de derrière sans ongles. De même l'on ne peut douter que notre sarigue, qui est le même que le grand philandre oriental de Seba, ne soit un animal naturel aux climats chauds du nouveau monde, car les deux sarigues que nous avons au cabinet du Roi nous sont venus d'Amérique; celui que Tyson a disséqué lui avait été envoyé de Virginie. M. de Chanvallon, correspondant de l'Académie des sciences à la Martinique, qui nous a donné un jeune sarigue, a reconnu les deux autres pour de vrais sarigues ou opossums de l'Amérique. Tous les voyageurs s'accordent à dire que cet animal se trouve au Brésil, à la Nouvelle-Espagne, à la Virginie, aux Antilles, etc., et aucun ne dit en avoir vu aux Indes orientales : ainsi Seba s'est trompé lorsqu'il l'a appelé *philandre oriental,* puisqu'on ne le trouve que dans les Indes occidentales; il dit que ce philandre lui a été envoyé d'Amboine sous le nom de *coes-coes* (**), avec d'autres curiosités; mais il convient en même temps qu'il avait été apporté à Amboine d'autres pays plus éloignés (*a*). Cela seul suffirait pour rendre suspecte la dénomination de philandre oriental, car il est très possible que les voyageurs aient transporté cet animal singulier de l'Amérique aux Indes orientales; mais rien ne prouve qu'il soit naturel au climat d'Amboine, et le passage même de Seba, que

(*a*) « Philander maximus orientalis fœmina. Inter alia rariora et hocce animal nobis ex » Amboinâ missum est, sub nomine *Coes-coes*, eò quidem delatum *ex oris remortioribus.* » Seba, v. Ier, p. 64.

(*) D'après Flourens, cette espèce est le *Didelphis marsupialis* de Linnée.
(**) Le Coes-coes d'Amboine est le *Pholangista maculata*.

nous venons de citer, semble indiquer le contraire. La source de cette erreur
de fait, et même celle du nom *coes-coes*, se trouve dans Pison, qui dit (*a*)
qu'aux Indes orientales, mais à *Amboine seulement*, on trouve un animal
semblable au sarigue du Brésil et qu'on lui donne le nom de *cous-cous ;*
Pison ne cite sur cela ni autorité, ni garants : il serait bien étrange, si le fait
était vrai, que Pison assurant positivement que cet animal ne se trouve qu'à
Amboine dans toutes les Indes orientales, Seba dit, au contraire, que celui
qui lui a été envoyé d'Amboine n'en était pas natif, mais y avait été apporté
de pays plus éloignés. Cela seul prouve la fausseté du fait avancé par Pison,
et nous verrons dans la suite le peu de fond que l'on peut faire sur ce qu'il a
écrit au sujet de cet animal. Seba, qui ignorait donc de quel pays venait son
philandre, n'a pas laissé de lui donner l'épithète d'*oriental ;* cependant il est
certain que c'est le même animal que le sarigue des Indes occidentales : il
ne faut, pour s'en assurer, que comparer sa figure (*pl.* XXXIX) avec la
nature. Mais ce qui ajoute encore à l'erreur, c'est qu'en même temps que cet
auteur donne au sarigue d'Amérique le nom de *grand philandre oriental*,
il nous présente un autre animal, qu'il croit être différent de celui-ci, sous le
nom de *philandre d'Amérique* (*pl.* XXXVI, *fig.* 1 *et* 2), et qui cependant,
selon sa propre description, ne diffère du grand philandre oriental qu'en ce
qu'il est plus petit et que la tache au-dessus des yeux est plus brune : différences, comme l'on voit, très accidentelles et trop légères pour fonder deux
espèces distinctes, car il ne parle pas d'une autre différence qui serait beaucoup plus essentielle, si elle existait réellement comme on la voit dans la
figure : c'est que ce philandre d'Amérique (Seba, *pl.* XXXVI *fig.* 1 *et* 2) a un
ongle aigu aux pouces des pieds de derrière, tandis que le grand philandre
oriental (Seba, *pl.* XXXIX) n'a point d'ongle à ces deux pouces. Or, il est certain que notre sarigue, qui est le vrai sarigue d'Amérique, n'a point d'ongles
aux pouces de derrière : s'il existait donc un animal avec des ongles aigus à
ces pouces, tel que celui de la *pl.* XXXVI de Seba, cet animal ne serait pas,
comme il le dit, le sarigue d'Amérique. Mais ce n'est pas tout : cet auteur
donne encore un troisième animal sous le nom de *philandre oriental*
(*pl.* XXXVIII, *fig.* 1), duquel, au reste, il ne fait nulle mention dans la description des deux autres, et dont il ne parle que d'après François Valentin,
auteur qui, comme nous l'avons déjà dit, mérite peu de confiance ; et ce
troisième animal est encore le même que les deux premiers. Il nous paraît
donc que ces trois animaux des *pl.* XXXVI, XXXVIII *et* XXXIX de Seba n'en
font qu'un seul ; il y a toute apparence que le dessinateur, peu attentif, aura
mis un ongle pointu aux pouces des pieds de derrière comme aux pouces des

---

(*a*) « In Indiis orientalibus, *idque solùm, quantùm hactenus constat, in Amboinâ* similis
» bestia frequens, ad felis magnitudinem accedens ; mactata ab incolis comeditur ; si rite
» præparetur, nam aliàs fœtet. Nomen illi *Cous-cous* inditum. » Pison, *Hist. nat. Brasil.*,
p. 323.

pieds de devant et aux autres doigts dans les figures des *pl.* XXXVI *et* XXXVIII, et que, plus exact dans le dessin de la *pl.* XXXIX, il a représenté les pouces des pieds de derrière sans ongles, et tels qu'il sont en effet. Nous sommes donc persuadés que ces trois animaux de Seba ne sont que trois individus de la même espèce ; que cette espèce est la même que celle de notre sarigue ; que ces trois individus étaient seulement de différents âges, puisqu'ils ne diffèrent entre eux que par la grandeur du corps et par quelques nuances de couleur, principalement par la teinte de la tache au-dessus des yeux, qui est jaunâtre dans les jeunes sarigues, tel que celui de la *pl.* XXXVI de Seba, *fig.* 1 *et* 2, et qui est plus brune dans les sarigues adultes, tel que celui de la *pl.* XXXIX, différence qui, d'ailleurs, peut provenir du temps plus ou moins long que l'animal a été conservé dans l'esprit-de-vin, toutes les couleurs du poil s'affaiblissant avec le temps dans les liqueurs spiritueuses. Seba convient lui-même que les deux animaux de ses *pl.* XXXVI, *fig.* 1 *et* 2 *et* XXXVIII, *fig.* 1, ne diffèrent (*a*) que par la grandeur et par quelques nuances de couleur ; il convient encore que le troisième animal, c'est-à-dire celui de la *pl.* XXXIX, ne diffère des deux autres, qu'en ce qu'il est plus grand, et que la tache au-dessus des yeux n'est pas jaunâtre, mais brune : il nous paraît donc certain que ces trois animaux n'en font qu'un seul, puisqu'ils n'ont entre eux que des différences si petites qu'on doit les regarder comme de très légères variétés, avec d'autant plus de raison et de fondement que l'auteur ne fait aucune mention du seul caractère par lequel il aurait pu les distinguer, c'est-à-dire de cet ongle pointu aux pouces de derrière qui se voit aux figures des deux premiers et qui manque au dernier. Son seul silence sur ce caractère prouve que cette différence n'existe pas réellement, et que ces ongles pointus aux pouces de derrière, dans les figures des *pl.* XXXVI *et* XXXVIII, ne doivent être attribués qu'à l'inattention du dessinateur.

« Seba dit que, selon François Valentin, ce philandre (*pl.* XXXVIII) est de » la plus grande espèce qui se voit aux Indes orientales, et surtout chez les » Malaies, où on l'appelle *pelandor Aroé,* c'est-à-dire *lapin d'Aroé,* quoique » Aroé ne soit pas le seul lieu où se trouvent ces animaux ; qu'ils sont com- » muns dans l'île de Solor ; qu'on les élève même avec les lapins, auxquels » ils ne font aucun mal, et qu'on en mange également la chair, que les habi- » tants de cette île trouvent excellente, etc. » Ces faits sont très douteux, pour ne pas dire faux. 1° Le philandre (*pl.* XXXVIII) n'est pas le plus grand des Indes orientales, puisque, selon l'auteur même, celui de la *pl.* XXXIX, qu'il attribue aussi aux Indes orientales, est plus grand. En second lieu, ce philandre ne ressemble point du tout à un lapin, et par conséquent il est bien

(*a*) « Est autem femella hæcce Americanis Philandris *fœminis quàm simillima;* nisi quòd » pilis dorsalibus aliquantùm saturatiùs fuscis vestita, et toto habitu procerior sit illis. » Seba, vol. Ier, p. 61.

mal nommé *lapin d'Aroé*. Troisièmement, aucun voyageur aux Indes orientales n'a fait mention de cet animal si remarquable ; aucun n'a dit qu'il se trouve ni dans l'île de Solor, ni dans aucun autre endroit de l'ancien continent. Seba lui-même paraît s'apercevoir non seulement de l'incapacité, mais aussi de l'infidélité de l'auteur qu'il cite : « Cujus equidem rei, dit-il, « fides sit penes autorem. At mirum tamen est quod D. Valentinus philandri « formam haud ita descripserit prout se habet et uti nos ejus icones ad vivum « factas præegressis tabulis exhibuimus, vol. Ier, pag. 61. » Mais pour achever de se démontrer à soi-même le peu de confiance que mérite, en effet, le témoignage de cet auteur, François Valentin, ministre de l'église d'Amboine, qui cependant a fait imprimer en cinq volumes in-folio l'Histoire naturelle des Indes orientales (a), il suffit de renvoyer à ce que dit Artedi (b) au sujet de ce gros ouvrage, et aux reproches que Seba (c) même lui fait avec raison sur l'erreur grossière qu'il commet en assurant « que la poche de l'animal » dont il est ici question est une matrice dans laquelle sont conçus les petits, » et qu'après avoir lui-même disséqué le philandre, il n'en a pas trouvé » d'autre ; que si cette poche n'est pas une vraie matrice, les mamelles sont, » à l'égard des petits de cet animal, ce que les pédicules sont aux fruits ; » qu'ils restent adhérents à ces mamelles jusqu'à ce qu'ils soient mûrs, et » qu'alors ils s'en séparent comme le fruit quitte son pédicule lorsqu'il a » acquis toute sa maturité, etc. » Le vrai de tout ceci, c'est que Valentin, qui assure que rien n'est si commun que ces animaux aux Indes orientales, et surtout à Solor, n'y en avait peut-être jamais vu ; que tout ce qu'il en dit, et jusqu'à ses erreurs les plus évidentes, sont copiées de Pison et de Marcgrave, qui tous deux ne sont eux-mêmes, à cet égard, que les copistes de Ximénès, et qui se sont trompés en tout ce qu'ils ont ajouté de leur fond ; car Marcgrave et Pison disent expressément et affirmativement, ainsi que Valentin, que la poche (d) est la vraie matrice ou les petits du sarigue sont conçus (*); Marcgrave dit qu'il en a disséqué un, et qu'il n'a point trouvé d'autre matrice à l'intérieur. Pison renchérit encore sur lui en disant qu'il en a dis-

(a) *Ond en nieuw Oost-Indien, etc.* Dordrecht, Jean Braam, 1724.

(b) « Multa scripsit Franciscus Valentinus quæ Judæus apella credat... Ita comparatus » est hic liber belgicus, ut historicorum naturalium genuinorum et cruditorum oculos nullo » modo ferre possit. » *Artedi Ichthyologiæ hist. litteraria.* Lugd. Bat., 1738, p. 55 et 56.

(c) « Inde autem quàm liquidissimè detegitur error à D. Francisco Valentino commissus » circa historiam horum animalium. » T. III, p. 273..... « Error absonus valde et enormis, » inde forsan ortum duxit quod vir iste hanc animalium speciem haud debitè examina- » verit, etc. » Seba, v. Ier, p. 64.

(d) « Hæc bursa ipse uterus est animalis, nam alium non habet, uti ex sectione illius » comperi : in hâc semen concipitur et catuli formantur. » Marcg., *Hist. Brasiliens*, p. 223.

(*) La poche des Sarigues n'est pas le moins du monde une matrice ; les petits s'y logent après la naissance, s'attachent aux mamelles qu'elle enveloppe et y vivent jusqu'à ce qu'ils aient atteint une certaine taille.

séqué plusieurs (*a*), et qu'il n'a jamais trouvé de matrice à l'intérieur ; et c'est là où il ajoute l'assertion, tout aussi mal fondée, que cet animal se trouve à Amboine. Qu'on juge maintenant de quel poids doivent être ici les autorités de Marcgrave, de Pison et de Valentin, et s'il serait raisonnable d'ajouter foi au témoignage de trois hommes dont le premier a mal vu, le second a amplifié les erreurs du premier, et le dernier a copié les deux autres.

Je demanderais volontiers pardon à mes lecteurs de la longueur de cette discussion critique ; mais lorsqu'il s'agit de relever les erreurs des autres on ne peut être trop exact ni trop attentif, même aux plus petites choses.

M. Brisson, dans son ouvrage sur les quadrupèdes, a entièrement adopté ce qui se trouve dans celui de Seba : il le suit ici à la lettre, soit dans ses dénominations, soit dans ses descriptions, et il paraît même aller plus loin que son auteur, en faisant trois espèces réellement distinctes des trois philandres (*pl.* XXXVI, XXXVIII et XXXIX de Seba) ; car, s'il eût recherché l'idée de cet auteur, il eût reconnu qu'il ne donne pas ces trois philandres pour des espèces réellement différentes les unes des autres. Seba ne se doutait pas qu'un animal des climats chauds de l'Amérique ne dût pas se trouver aussi dans les climats chauds de l'Asie ; il qualifiait ses animaux d'orientaux ou d'américains, selon qu'ils lui arrivaient de l'un ou de l'autre continent ; mais il ne donne pas ses trois philandres pour trois espèces distinctes et séparées ; il paraît clairement qu'il ne prend pas à la rigueur le mot d'espèce, lorsqu'il dit, page 61 : « C'est ici la plus grande espèce de ces » animaux, » et qu'il ajoute, « cette femelle est parfaitement semblable » (*simillima*) aux femelles des philandres d'Amérique ; elle est seulement » plus grande et elle est couverte sur le dos de poils d'un jaune plus foncé. » Ces différences, comme nous l'avons déjà dit, ne sont que des variétés telles qu'on en trouve ordinairement entre des individus de la même espèce à différents âges : et, dans le fait, Seba n'a pas prétendu faire une division méthodique des animaux en classes, genres et espèces ; il a seulement donné les figures des différentes pièces de son cabinet distinguées par des numéros, suivant qu'il voyait quelques différences dans la grandeur, dans les teintes de couleur ou dans l'indication du pays natal des animaux qui composaient sa collection. Il nous paraît donc que sur cette seule autorité de Seba, M. Brisson n'était pas fondé à faire trois espèces différentes de ces trois philandres, d'autant plus qu'il n'a pas même employé les caractères distinctifs exprimés dans les figures, et qu'il ne fait aucune mention de la différence de l'ongle qui se trouve aux pouces des pieds de derrière des deux premiers et qui manque au troisième. M. Brisson devait donc rapporter à son n° 3, c'est-à-dire à son philandre d'Amboine, page 289, toute la nomenclature

---

(*a*) « Ex reiteratis horum animalium sectionibus, alium non invenimus uterum præter hanc » bursam, in quâ semen concipitur et catuli formantur. » Pison, *Hist. nat. Bras.*, p. 323.

qu'il a mise à son philandre, n° 1, page 286, tous les noms et synonymes qu'il cite ne convenant qu'au philandre n° 3, puisque c'est celui dont les pouces des pieds de derrière n'ont point d'ongle. Il dit, en général, que les doigts des philandres sont onguiculés, et il ne fait sur cela aucune exception ; cependant le philandre qu'il a vu au cabinet du Roi, et qui est notre sarigue, n'a point d'ongle aux pouces des pieds de derrière, et il paraît que c'est le seul qu'il ait vu, puisqu'il n'y a dans son livre que le n° 1 qui soit précédé de deux étoiles. L'ouvrage de M. Brisson, d'ailleurs très utile, pèche principalement en ce que la liste des espèces y est beaucoup plus grande que celle de la nature.

Il ne nous reste maintenant à examiner que la nomenclature de M. Linnæus ; elle est sur cet article moins fautive que celle des autres, en ce que cet auteur supprime une des trois espèces dont nous venons de parler, et qu'il réduit à deux les trois animaux de Seba ; ce n'est pas avoir tout fait, car il faut les réduire à un (*) ; mais du moins c'est avoir fait quelque chose ; et, d'ailleurs, il emploie le caractère distinctif des pouces de derrière sans ongles, ce qu'aucun des autres, à l'exception de Tyson, n'avait observé. La description que M. Linnæus donne du sarigue, sous le nom de *marsupialis* (a) n° 1, *didelphis*, etc., nous a paru bonne et assez conforme à la nature ; mais il y a inexactitude dans sa distribution et erreur dans ses indications : cet auteur, qui sous le nom d'*opossum*, n° 3, page 55, désigne un animal différent de son *marsupialis*, n° 1, et qui ne cite à cet égard que la seule autorité de Seba, dit cependant que cet opossum n'a point d'ongle aux pouces de derrière, tandis que cet ongle est très apparent dans les figures de Seba ; il aurait au moins dû nous avertir que le dessinateur de Seba s'était trompé ; une autre erreur c'est d'avoir cité le *maritacaca* de Pison comme le même animal que le *carigueya*, tandis que dans l'ouvrage de Pison ces deux animaux, quoique annoncés dans le même chapitre, sont cependant donnés, par Pison même, pour deux animaux différents, et qu'il les décrit l'un après l'autre. Mais ce qu'on doit regarder comme une erreur plus considérable que les deux premières, c'est d'avoir fait du même animal deux espèces différentes ; le *marsupialis*, n° 1, et l'*opossum*, n° 3, ne sont pas des animaux différents ; ils ont tous deux, suivant M. Linnæus même, le *marsupium* ou la poche ; ils ont tous deux les pouces de derrière sans ongle ; ils sont tous deux d'Amérique, et ils ne diffèrent (toujours selon lui) qu'en ce que le premier a huit mamelles, et que le second n'en a que deux et la tache au-dessus des yeux plus pâle ; or ce dernier caractère est, comme nous l'avons dit,

(a) Linnæus, *Syst. nat.*, édit. X. Holmiæ, 1758, p. 54.

(*) Nous avons dit qu'il y a réellement deux espèces ; le grand Philandre oriental de Seba est le *Didelphis manupialis* L., tandis que le Philandre oriental de Seba ou Coes-coes d'Amboine est le *Phalangista maculata*.

nul, et le premier est au moins très équivoque ; car le nombre des mamelles
varie dans plusieurs espèces d'animaux, et peut-être plus dans celle-ci que
dans une autre, puisque des deux sarigues femelles que nous avons au
cabinet du Roi, et qui sont certainement de même espèce et du même pays,
l'une a cinq et l'autre a sept tétines, et que ceux qui ont observé les
mamelles de ces animaux ne s'accordent pas sur le nombre ; Marcgrave, qui
a été copié par beaucoup d'autres, en compte huit ; Barrère dit qu'ordinairement il n'y en a que quatre, etc. Cette différence qui se trouve dans le
nombre des mamelles n'a rien de singulier, puisque la même variété se
trouve dans les animaux les plus connus, tels que la chienne, qui en a quelquefois dix, et d'autres fois neuf, huit ou sept ; la truie qui en a dix, onze
ou douze ; la vache qui en a six, cinq ou quatre ; la chèvre et la brebis qui
en ont quatre, trois ou deux ; le rat qui en a dix ou huit ; le furet qui en a
trois à droite et quatre à gauche, etc., d'où l'on voit qu'on ne peut rien
établir de fixe et de certain sur l'ordre et le nombre des mamelles, qui
varient dans la plupart des animaux.

De tout cet examen que nous venons de faire avec autant de scrupule que
d'impartialité, il résulte que le *philander opossum* seu *carigueya brasiliensis* (pl. XXXVI, fig. 1, 2 et 3), le *philander orientalis* (pl. XXXVIII, fig. 1),
et le *philander orientalis maximus* (pl. XXXIX, fig. 1) de Seba, vol. 1er,
pag. 56, 61 et 64, que le philandre n° 1, le philandre oriental n° 2, et le philandre d'Amboine n° 3 de M. Brisson, pag. 286, 288 et 289, et enfin que le
marsupialis n° 1 et l'*opossum* n° 3, de M. Linnæus, édit. X, pag. 54 et 55,
n'indiquent tous qu'un seul et même animal, et que cet animal est notre
sarigue, dont le climat unique et naturel est l'Amérique méridionale, et
qui ne s'est jamais trouvé aux grandes Indes que comme étranger et
après y avoir été transporté. Je crois avoir levé sur cela toutes les incertitudes ; mais il reste encore des obscurités au sujet de *taiibi*, que Marcgrave (a) n'a pas donné comme un animal différent du *carigueya*, et que
néanmoins Jonston (b), Seba (c) et MM. Klein (d), Linnæus (e) et Brisson (f),
qui n'ont écrit que d'après Marcgrave, ont présenté comme une espèce distincte et différente des précédentes. Cependant on trouve dans Marcgrave les
deux noms *carigueya, taiibi*, à la tête du même article, il y est dit que
cet animal s'appelle *carigueya* au Brésil, et *taiibi* au Paraguay (*carigueya
brasiliensibus, aliquibus jupatiima, petiguaribus taiibi*) : on trouve ensuite
une description du carigueya tirée de Ximénès ; après laquelle on en trouve

<hr>

(a) Marcgrave, *Hist. natur. Brasiliens.*, p. 223.
(b) Jonston, *De quadruped.*, p. 95.
(c) Seba, vol. 1er, p. 57, tab. 36, fig. 4.
(d) Klein, *De quadruped.*, p. 59.
(e) Linnæus, *Syst. nat.*, édit. X, p. 54, n° 2.
(f) Brisson, *Règne animal*, p. 290.

une autre de l'animal appelé *taiibi* par les Brésiliens, *cachorro domato* par
les Portugais, et *booschratte* ou *rat de bois* par les Hollandais. Marcgrave ne
dit pas que ce soit un animal différent du carigueya ; il le donne au contraire pour le mâle du carigueya *(pedes et digitos habet ut femella jam
descripta)* ; il paraît clairement qu'au Paraguay on appelait le sarigue mâle
et femelle *taiibi*, et qu'au Brésil on donnait ce nom de *taiibi* au seul mâle,
et celui de *carigueya* à la femelle. D'ailleurs les différences entre ces deux
animaux, telles qu'elles sont indiquées par leurs descriptions, sont trop
légères pour fonder sur ces dissemblances deux espèces différentes ; la plus
sensible est celle de la couleur du poil, qui dans le carigueya est jaune et
brune, au lieu qu'elle est grise dans le taiibi, dont les poils sont blancs (*a*)
en dessous, et bruns ou noirs à leur extrémité. Il est donc plus que probable
que le taiibi est en effet le mâle du sarigue. M. Ray (*b*) paraît être de cette
opinion lorsqu'il dit, en parlant du carigueya et du taiibi, *an specie, an sexu
tantum a præcedenti diversum.* Cependant, malgé l'autorité de Marcgrave
et le doute très raisonnable de Ray, Seba donne (pl. XXXVI, n° 4) la figure
d'un animal femelle auquel il applique, sans aucun garant, le nom de
taiibi; et il dit en même temps que ce taiibi est le même animal que le
tlaquatzin d'Hernandès ; c'est ajouter la méprise à l'erreur, car, de l'aveu
même de Seba (*c*), son taiibi, qui est femelle, n'a point de poche sous le
ventre, et il suffisait de lire Hernandès pour voir qu'il donne à son tlaquatzin
cette poche comme un principal caractère. Le taiibi de Seba ne peut donc
être le tlaquatzin d'Hernandès, puisqu'il n'a point de poche, ni le taiibi de
Marcgrave, puisqu'il est femelle ; c'est certainement un autre animal assez
mal dessiné et encore plus mal décrit, auquel Seba s'est avisé de donner le
nom de *taiibi*, et qu'il rapporte mal à propos au tlaquatzin d'Hernandès,
qui, comme nous l'avons dit, est le même que notre sarigue. MM. Brisson et
Linnæus ont, au sujet du taiibi, suivi à la lettre ce qu'en a dit Seba ; ils ont
copié jusqu'à son erreur sur le tlaquatzin d'Hernandès, et ils ont tous deux
fait une espèce fort équivoque de cet animal, le premier sous le nom de
philandre du Brésil (d), n° 4, et le second sous celui de *philander (e)*, n° 2.
Le vrai taiibi, c'est-à-dire le taiibi de Marcgrave et de Ray, n'est donc
point le taiibi de Seba, ni le philander de M. Linnæus, ni le philandre du
Brésil de M. Brisson, et ceux-ci ne sont point le tlaquatzin d'Hernandès. Ce

(*a*) Le poil du rat de bois est d'un très beau gris argenté, on en voit même qui sont tout
blancs et d'un très beau blanc ; la femelle a sous le ventre une bourse qui s'ouvre et se ferme
quand elle veut. *Description de la Nouvelle-France*, par le P. Charlevoix. Paris, 1744, t. III,
p. 334.

(*b*) Ray, *Synops. quadrup.*, p. 185.

(*c*) « Marsupio tamen pro recondendis catulis caret hæc species. » Seba, vol. Ier, p. 58.

(*d*) « Philander pilis in exortu albis, in extremitate nigricantibus vestita..... Philander
» brasiliensis, » le philandre du Brésil. *Règne animal*, p. 290.

(*e*) « Philander. Didelphis caudâ basi pilosâ, auriculis pendulis, mammis quaternis. »
Syst. nat., édit. X, p. 59, n° 2.

taiibi de Seba (supposé qu'il existe) est un animal différent de tous ceux qui avaient été indiqués par les auteurs précédents : il aurait fallu lui donner un nom particulier, et ne le pas confondre, par une dénomination équivoque, avec le taiibi de Marcgrave, qui n'a rien de commun avec lui. Au reste, commme le sarigue mâle n'a point de poche sous le ventre, et qu'il diffère de la femelle par ce caractère si remarquable, il n'est pas étonnant qu'on leur ait donné à chacun un nom, et qu'on ait appelé la femelle *carigueya*, et le mâle *taiibi*.

Edward Tyson a, comme nous l'avons déjà dit, décrit et disséqué le sarigue femelle avec soin ; dans l'individu qui lui a servi de sujet, la tête avait six pouces, le corps treize, et la queue douze de longueur ; les jambes de devant six pouces et celles de derrière quatre et demi de hauteur, le corps quinze à seize pouces de circonférence, la queue trois pouces de tour à son origine, et un pouce seulement vers l'extrémité ; la tête trois pouces de largeur entre les deux oreilles allant toujours en diminuant jusqu'au nez ; elle est plus ressemblante à celle d'un cochon de lait qu'à celle d'un renard ; les orbites des yeux sont très inclinées dans la direction des oreilles au nez, les oreilles sont arrondies et longues d'environ un pouce et demi ; l'ouverture de la gueule est de deux pouces et demi, en la mesurant depuis l'un des angles de la lèvre jusqu'à l'extrémité du museau ; la langue est assez étroite et longue de trois pouces, rude et hérissée de petites papilles tournées en arrière : il y a cinq doigts aux pieds de devant, tous les cinq armés d'ongles crochus, autant de doigts aux pieds de derrière, dont quatre seulement sont armés d'ongles, et le cinquième, qui est le pouce, est séparé des autres ; il est aussi placé plus bas et n'a point d'ongles ; tous ces doigts sont sans poils et recouverts d'une peau rougeâtre, ils ont près d'un pouce de longueur ; la paume des mains et des pieds est large, et il y a des callosités charnues sous tous les doigts. La queue n'est couverte de poil qu'à son origine jusqu'à deux ou trois pouces de longueur, après quoi c'est une peau écailleuse et lisse dont elle est revêtue jusqu'à l'extrémité ; ces écailles sont blanchâtres, à peu près hexagones et placées régulièrement, en sorte qu'elles n'anticipent pas les unes sur les autres ; elles sont toutes séparées et environnées d'une petite aire de peau plus brune que l'écaille : les oreilles, comme les pieds et la queue, sont sans poil ; elles sont si minces qu'on ne peut pas dire qu'elles soient cartilagineuses, elles sont simplement membraneuses comme les ailes des chauves-souris ; elles sont très ouvertes et le conduit auditif paraît fort large. La mâchoire du dessus est un peu plus allongée que celle du dessous, les narines sont larges, les yeux petits, noirs, vifs et proéminents, le cou court, la poitrine large, la moustache comme celle du chat, le poil du devant de la tête est plus blanc et plus court que celui du corps, il est d'un gris cendré mêlé de quelques petites houppes de poils noirs et blanchâtres sur le dos et sur les côtés ; plus brun sur le ventre, et encore plus foncé sur les jambes. Sous le ventre de la femelle est une fente qui a deux ou trois pouces de longueur ; cette fente est formée par deux peaux qui composent une poche velue à l'extérieur et moins garnie de poil à l'intérieur ; cette poche renferme les mamelles ; les petits nouveau-nés y entrent pour les sucer, et prennent si bien l'habitude de s'y cacher qu'ils s'y réfugient quoique déjà grands, lorsqu'ils sont épouvantés. Cette poche a du mouvement et du jeu, elle s'ouvre et se referme à la volonté de l'animal ; la mécanique de ce mouvement s'exécute par le moyen de plusieurs muscles et de deux os qui n'appartiennent qu'à cette espèce d'animal (*) ; ces deux os sont placés au-devant des os pubis auxquels ils sont attachés par la base ; ils ont environ deux pouces de longueur et vont toujours en diminuant un peu de grosseur depuis la base jusqu'à l'extrémité ; ils soutiennent les muscles qui font ouvrir la poche et leur servent de point d'appui ; les antagonistes de ces muscles servent à la resserrer et à la fermer si exactement que dans l'animal vivant l'on ne peut voir l'ouverture qu'en la dilatant de force avec les doigts ; l'intérieur de cette poche est parsemé de glandes qui fournissent une substance jaunâtre d'une si mauvaise odeur qu'elle se communique à tout le corps de l'animal ; cependant, lorsqu'on laisse sécher cette matière, non seulement elle perd son odeur désagréable, mais elle acquiert du parfum qu'on peut comparer à celui du musc. Cette poche n'est pas, comme l'ont avancé faussement Marcgrave et Pison, le lieu dans lequel les petits sont conçus ; le sarigue femelle a une matrice à l'intérieur, différente, à la vérité, de celle des autres animaux, mais dans laquelle les petits sont conçus et portés jusqu'au moment de leur naissance (**). Tyson (a) prétend que dans cet animal il y a deux matrices, deux vagins, quatre cornes de matrice, quatre trompes de Fallope et quatre ovaires. M. Daubenton n'est pas d'accord avec Tyson sur tous ces faits ; mais en comparant sa description avec celle de Tyson, on verra qu'il est au moins très certain que dans les organes de la génération des sarigues il y a plusieurs parties doubles qui sont simples dans les autres animaux. Le gland de la verge du mâle et celui du clitoris de la femelle sont fourchus et paraissent doubles. Le vagin, qui est simple à l'entrée, se partage ensuite en deux canaux, etc. Cette conformation est, en général, très singulière et différente de celle de tous les autres animaux quadrupèdes.

Le sarigue est uniquement originaire des contrées méridionales du nou-

(a) « We wil therefore here take a survey and an account of these parts ; and we find » that there are two ovaria, two tubæ Fallopianæ, two cornua uteri, two uteri and two vagine » uteri. » Tyson, *Anatomy of an Opossum*. London, 1698, p. 36.

(*) Ces os existent chez tous les Marsupiaux.
(**) Buffon relève ici, lui-même, l'erreur que nous avons signalée plus haut au sujet de la poche des Sarigues.

veau monde. Il paraît seulement qu'il n'affecte pas aussi constamment que le tatou les climats les plus chauds. On le trouve non seulement au Brésil, à la Guyane, au Mexique, mais aussi à la Floride, en Virginie (*a*) et dans les autres régions tempérées de ce continent. Il est partout assez commun, parce qu'il produit souvent et en grand nombre. La plupart des auteurs disent quatre ou cinq (*b*) petits; d'autres six ou sept; Marcgrave assure avoir vu six petits vivants dans la poche d'une femelle (*c*) : ces petits avaient environ deux pouces de longueur; ils étaient déjà fort agiles, ils sortaient de la poche et y rentraient plusieurs fois par jour; ils sont bien plus petits lorsqu'ils naissent. Certains voyageurs disent qu'ils ne sont pas plus gros que des mouches au moment de leur naissance (*d*), c'est-à-dire quand ils sortent de la matrice pour entrer dans la poche et s'attacher aux mamelles. Ce fait n'est pas aussi exagéré qu'on pourrait l'imaginer, car nous avons vu nous-mêmes, dans un animal dont l'espèce est voisine de celle du sarigue, des petits attachés à la mamelle qui n'étaient pas plus gros que des fèves, et l'on peut présumer avec beaucoup de vraisemblance que dans ces animaux la matrice n'est, pour ainsi dire, que le lieu de la conception, de la formation et du premier développement du fœtus, dont l'exclusion étant plus précoce que dans les autres quadrupèdes, l'accroissement s'achève dans la bourse où ils entrent au moment de leur naissance prématurée. Personne n'a observé la durée de la gestation de ces animaux, que nous présumons être beaucoup plus courte que dans les autres; et comme c'est un exemple singulier dans la nature que cette exclusion précoce, nous exhortons ceux qui sont à portée de voir des sarigues vivants dans leur pays natal de tâcher de savoir combien les femelles portent de temps, et combien de temps encore après la naissance les petits restent attachés à la mamelle avant que de s'en séparer. Cette observation, curieuse par elle-même, pourrait devenir utile,

(*a*) Les opossums sont communs dans la Virginie et dans la Nouvelle-Espagne. *Hist. nat. des Antilles*. Rotterdam, 1658, p. 122.

(*b*) « Quaternos quinosve parit catulos, quos utero conceptos, editosque in lucem, alvi » cavitate quàdam, dum adhuc parvuli sunt, condit et servat, etc. » Hernand., *Hist. Mex.*, page 330.

(*c*) « Hæc ipsa quam describo bestia sex catulos vivos et omnibus membris absolutos, sed » sine pilis, in hâc bursâ habebat, qui etiam hinc inde in eâ movebantur; quilibet catulus » duos digitos erat longus, etc. » Marcgrave, *Hist. Bras.*, p. 222. — Ils ont un sac sous le ventre dans lequel ils portent leurs petits, qui sont parfois six ou sept d'une ventrée. *Description du nouveau monde*, par de Laët, p. 485.

(*d*) La femelle du possum a un double ventre, ou plutôt une membrane pendante qui lui couvre tout le ventre, sans y être attachée, et dont ou peut regarder l'intérieur lorsqu'elle a une fois porté des petits. Au derrière de cette membrane, il y a une ouverture où l'on peut passer la main, si on ne l'a pas grosse. C'est ici où les petits se retirent, soit pour éviter quelque danger, soit pour teter ou pour dormir. Ils vivent de cette manière jusqu'à ce qu'ils soient en état de chercher pâture d'eux-mêmes..... J'ai vu moi-même de ces petits attachés à la tétine lorsqu'ils n'étaient pas plus gros qu'une mouche, et qui ne s'en détachaient qu'après avoir atteint la grosseur d'une souris. *Hist. de la Virginie*, p. 220.

en nous indiquant peut-être quelque moyen de conserver la vie aux enfants venus avant le terme.

Les petits sarigues restent donc attachés et comme collés aux mamelles de la mère pendant le premier âge et jusqu'à ce qu'ils aient pris assez de force et d'accroissement pour se mouvoir aisément. Ce fait n'est pas douteux ; il n'est pas même particulier à cette seule espèce, puisque nous avons vu, comme je viens de le dire, des petits ainsi attachés aux mamelles dans une autre espèce, que nous appellerons la *marmose*, et de laquelle nous parlerons bientôt. Or, cette femelle marmose n'a pas, comme la femelle sarigue, une poche sous le ventre, où les petits puissent se cacher ; ce n'est donc pas de la commodité ou du secours que la poche prête aux petits que dépend uniquement l'effet de la longue adhérence aux mamelles, non plus que celui de leur accroissement dans cette situation immobile. Je fais cette remarque afin de prévenir les conjectures que l'on pourrait faire sur l'usage de la poche, en la regardant comme une seconde matrice, ou tout au moins comme un abri absolument nécessaire à ces petits prématurément nés. Il y a des auteurs (*a*) qui prétendent qu'ils restent collés à la mamelle plusieurs semaines de suite ; d'autres disent (*b*) qu'ils ne demeurent dans la poche que pendant le premier mois de leur âge. On peut aisément ouvrir cette poche de la mère, regarder, compter et même toucher les petits sans les incommoder. Ils ne quittent la tetine, qu'ils tiennent avec la gueule, que quand ils ont assez de force pour marcher ; ils se laissent alors tomber dans la poche et sortent ensuite (*c*) pour se promener et chercher leur subsistance (*d*) ; ils y entrent souvent pour dormir, pour téter, et aussi pour se cacher lorsqu'ils sont épouvantés : la mère fuit alors et les emporte tous ; elle ne paraît jamais avoir plus de ventre que quand il y a longtemps qu'elle a mis bas et que ses petits sont déjà grands, car dans le temps de la vraie gestation on s'aperçoit peu qu'elle soit pleine.

(*a*) Les petits sont collés à la tétine, et c'est là où ils croissent à vue d'œil pendant plusieurs semaines de suite, jusqu'à ce qu'ils aient acquis de la force, qu'ils ouvrent les yeux et que leur poil soit venu ; alors ils tombent dans la membrane, d'où ils sortent et où ils rentrent à leur guise. *Histoire de la Virginie.* Amsterdam, 1707, p. 220.

(*b*) « Septem plus minùsve ut plurimùm uno partu excludit fœtus, quos donec menstruam » ætatem attingant, pro lubitu nunc alvo recondit, nunc iterum prodit. » Ralp. Hamor., apud Nieremberg, p. 157.

(*c*) C'est dans sa poche qu'après avoir mis bas elle retire ses petits, qui, s'attachant à ses tétines, s'y nourrissent de son lait et s'y élèvent comme dans un sûr asile où ils sont toujours chaudement..... Dès que les petits sont assez forts pour pouvoir sortir et courir sur l'herbe, la mère, ouvrant sa poche, leur donne issue, etc. *Mémoires de la Louisiane,* par Dumont, page 84.

(*d*) La mère les met au monde, nus et aveugles, et, les prenant ensuite avec les doigts des pieds de devant, elle les met dans sa bourse, qui est comme une espèce de matrice, elle les échauffe doucement ;... enfin, elle ne les tire point de là qu'ils ne jouissent de la lumière ; alors elle les transporte sur quelque colline où elle ne prévoit point de danger, et, ayant ouvert sa bourse, elle les en fait sortir, les expose aux rayons du soleil, les amuse en jouant

A la seule inspection de la forme des pieds de cet animal, il est aisé de juger qu'il marche mal et qu'il court lentement : aussi dit-on (a) qu'un homme peut l'attraper sans même précipiter son pas. En revanche, il grimpe sur les arbres (b) avec une extrême facilité ; il se cache dans le feuillage pour attraper des oiseaux (c), ou bien il se suspend par la queue, dont l'extrémité est musculeuse et flexible (d) comme une main, en sorte qu'il peut serrer et même environner de plus d'un tour les corps qu'il saisit ; il reste quelquefois longtemps dans cette situation sans mouvement, le corps suspendu, la tête en bas ; il épie et attend le petit gibier au passage (e) ; d'autres fois, il se balance pour sauter d'un arbre à un autre, à peu près comme les singes à queue prenante, auxquels il ressemble aussi par la conformation des pieds. Quoique carnassier et même avide de sang, qu'il se plaît à sucer, il mange assez de tout (f), des reptiles, des insectes, des cannes de sucre, des patates,

avec eux ; au moindre bruit ou sur le soupçon du moindre danger, elle rappelle aussitôt ses petits par un cri, *tic, tic, tic,* lesquels, obéissant alors à leur mère, reviennent à elle et se recachent dans la bourse, etc. *Seba,* vol. Ier, p. 56.—Lorsque la mère entend quelque bruit ou quelque mouvement qui lui fait ombrage, elle fait un certain cri, et à ce signal, qui est connu des petits, on les voit aussitôt courir à leur mère et rentrer d'où ils sont sortis. *Mémoires de la Louisiane,* p. 83.

(a) Cet animal est si lent, qu'il est très facile de l'attraper. *Mémoires de la Louisiane,* par Dumont, p. 83. — On ne voit ordinairement point d'animal marcher si lentement, et j'en ai pris souvent à mon pas ordinaire. *Histoire de la Louisiane,* par M. le Page du Pratz, t. II, p. 93.

(b) « Scandit arbores incredibili pernicitate. » Hernand., *Hist. Mex.,* p. 330. — Il monte sur les arbres d'une admirable vitesse, et porte grand dommage aux oiseaux domestiques, à la façon d'un renard ; au reste, il ne fait nul mal. *De Laët.,* p. 143. — « Hoc animal fruc- » tibus arborum vescitur. Ideoque non solùm ob id arbores scandit, sed etiam cum catulis » in crumenâ inclusis, magnâ agilitate de arbore in arborem transilit. » Petrus Martyr, *Ocean.* decad. 1, lib. IX, p. 21.

(c) « Fætet animal instar vulpis aut martis : mordax est ; vescitur libenter gallinis, quas » rapit ut vulpes, et arbores scandendo avibus insidiatur : vescitur quoque sacchari cannis » quibus sustentavi per quatuor septimanas in cubiculo meo ; tandem funi cui alligatum erat » se implicans, ex compressione obiit. » Marcgrav., *Hist. Bras.,* p. 223.

(d) « Cauda..... quâ mordicùs firmiterque quidquid apprehendit retinet. » Hernand., *Hist. Mex.,* p. 330. — Sa queue est faite pour s'accrocher, car, en le prenant par cet endroit, il s'entortille aussitôt autour du doigt..... La femelle, étant prise, souffre, sans donner le moindre signe de vie, qu'on la suspende par la queue au-dessus d'un feu allumé ; la queue s'accroche d'elle-même, et la mère périt ainsi avec ses petits, sans que rien soit capable de lui desserrer la peau de sa poche. *Histoire de la Louisiane,* par M. le Page du Pratz, t. II, p. 94.

(e) Il est très friand des oiseaux et de la volaille ; aussi entre-t-il hardiment dans les basses-cours et dans les poulaillers. Il va même dans les champs manger le mahi qu'on y a semé. L'instinct avec lequel il fait sa chasse est très singulier. Après avoir pris un petit oiseau et l'avoir tué, il se garde bien de le manger : il le pose proprement dans une belle place découverte proche de quelque gros arbre ; ensuite, montant sur cet arbre et se suspendant par la queue à celle de ses branches qui est la plus voisine de l'oiseau, il attend patiemment en cet état que quelque autre oiseau carnassier vienne pour l'enlever ; alors il se jette dessus, et fait sa proie de l'un et de l'autre. *Mém. de la Louisiane,* par Dumont, p. 84. — Il chasse la nuit et fait la guerre aux volailles, dont il suce le sang et qu'il ne mange jamais. *Hist. de la Louisiane,* par M. le Page du Pratz, p. 93.

(f) « Vescitur cohortalibus quas vulpecularum mustelarumve sylvestrium more jugulat,

des racines, et même des feuilles et des écorces. On peut le nourrir comme
un animal domestique (*a*) ; il n'est ni féroce, ni farouche, et on l'apprivoise
aisément ; mais il dégoûte par sa mauvaise odeur, qui est plus forte que celle
du renard (*b*), et il déplaît aussi par sa vilaine figure ; car indépendamment
de ses oreilles de chouette, de sa queue de serpent et de sa gueule fendue
jusques auprès des yeux, son corps paraît toujours sale, parce que le poil,
qui n'est ni lisse ni frisé, est terne et semble être couvert de boue (*c*). Sa
mauvaise odeur réside dans la peau, car sa chair n'est pas mauvaise à manger (*d*) : c'est même un des animaux que les Sauvages chassent de préférence
et duquel ils se nourrissent le plus volontiers.

LA MARMOSE (*e*)

L'espèce de la marmose (*) paraît être voisine de celle du sarigue ; elles
sont du même climat, dans le même continent, et ces deux animaux se res-

» illarum sanguinem absorbens, cœterà innoxium ac simplicissimum animal..... Pascitur
» etiam fructibus, pane, oleribus, frumentaceis, aliisque, veluti nos experimento cognovimus,
» alentes istud domi, ac in deliciis habentes. » Hernandès, *Hist. Mex.*, p. 330. — Il grimpe
légèrement sur les arbres et se nourrit d'oiseaux; il fait la chasse aux poules comme le
renard ; mais, au défaut de proie, il se nourrit de fruits. *Hist. nat. des Antilles.* Rotterdam,
1658, p. 121.

(*a*) « Victitat carnibus et fructibus, herbis et pane; ideoque a multis animi grâtiâ domi
» nutritur. » Marcgrav., *Hist. Bras.*, p. 222.

(*b*) Les caragues ou sarigoys sont semblables aux renards d'Espagne, mais ils sont plus petits
et sentent plus mauvais de beaucoup. *Description des Indes occidentales*, par de Laët, p. 85.

(*c*) Ils sont hideux à voir et leur peau paraît toujours couverte de boue. *Mémoires de la
Louisiane*, par Dumont, p. 83. — Son poil est gris, et, quoique fin, il n'est jamais lissé. Les
femmes des naturels le filent et en font des jarretières, qu'elles teignent ensuite en rouge.
Histoire de la Louisiane, par M. le Page du Pratz, t. II, p. 94.

(*d*) « Testatur ipse Raphe comedisse hoc animal, et esse grati et salubris nutrimenti. »
Nieremberg, *Hist. nat. peregrin.*, p. 157. — « Carnibus hujus animalis non solùm Indi liben-
» tissimè vescuntur, verùm etiam hanc cæterorum animalium quascumque carnes gustu,
» suavitate nobilitatas, antecellere prædicant. Quapropter legitur in historiâ Indicâ, quod
» habitatores insulæ Cubæ observantes magnam horum animalium quantitatem vagantium
» super arbores secus littora insulæ crescentes, clauculum accedentes, et de improviso,
» magno impetu arborem excutientes, has belluas cadere in aquam cogunt ; tunc innatantes
» illas apprehendunt, postea in cibos multifariè coquunt. » Aldrov., *De quadrup. digit.*, lib. II,
p. 225. — La chair des rats sauvages est fort bonne, on la mange, et ils ont à peu près le
goût du cochon de lait. *Mémoires de la Louisiane*, par Dumont, p. 83. — La chair de cet
animal est d'un très bon goût et approche fort de celle du cochon de lait. *Hist. de la Louisiane*, par M. le Page du Pratz, p. 94. — Le sarigoy est un animal puant, dont la chair est
cependant fort bonne. *Voyage de Coréal.* Paris, 1722, t. Ier, p. 176.

(*e*) La marmose, *marmosa*, nom que les Brésiliens donnent à cet animal, selon Seba, et
que nous avons adopté. Les Nègres de nos îles appellent le sarigue *manicou*, et la marmose,
qui est plus petite que le sarigue, *rat manicou*.
Mus silvestris Americanus Scalopes dictus. Seba, vol. Ier, p. 46, tab. 31, fig. 1 et 2. —

(*) *Didelphis murina* L.

semblent par la forme du corps, par la conformation des pieds, par la queue prenante, qui est couverte d'écailles dans la plus grande partie de sa longueur et n'est revêtue de poil qu'à son origine, par l'ordre des dents (a), qui sont en plus grand nombre que dans les autres quadrupèdes : mais la marmose est bien plus petite que le sarigue; elle a le museau encore plus pointu; la femelle n'a pas de poche sous le ventre comme celle du sarigue, il y a seulement deux plis longitudinaux près des cuisses, entre lesquels les petits se placent pour s'attacher aux mamelles. Les parties de la génération, tant du mâle que de la femelle marmoses, ressemblent par la forme et par la position à celles du sarigue; le gland de la verge du mâle est fourchu comme celui du sarigue, il est placé dans l'anus, et cet orifice, dans la femelle, paraît être aussi l'orifice de la vulve. La naissance des petits semble être encore plus précoce dans l'espèce de la marmose que dans celle du sarigue ; ils sont à peine aussi gros que de petites fèves lorsqu'ils naissent et qu'ils vont s'attacher aux mamelles ; les portées sont aussi plus nombreuses. Nous avons vu dix petites marmoses, chacune attachée à un mamelon, et il y avait encore sur le ventre de la mère quatre mamelons vacants, en sorte qu'elle avait en tout quatorze mamelles : c'est principalement sur les femelles de cette espèce qu'il faudrait faire les observations que nous avons indiquées dans l'article précédent ; je suis persuadé que ces animaux mettent bas peu de jours après la conception, et que les petits au moment de l'exclusion ne sont encore que des fœtus qui, même comme fœtus, n'ont pas pris le quart de leur accroissement ; l'accouchement de la mère est toujours une fausse-couche très prématurée, et les fœtus ne sauvent leur vie naissante qu'en s'attachant aux mamelles sans jamais les quitter jusqu'à ce qu'ils aient acquis le même degré d'accroissement et de force qu'ils auraient pris naturellement dans la matrice, si l'exclusion n'eût pas été prématurée.

La marmose a les mêmes inclinations et les mêmes mœurs que le sarigue ;

Nota que ce nom *scalopès* que Seba donne à cet animal, et que MM. Klein et Brisson ont aussi adopté, a été très mal appliqué. Le scalopès des Grecs n'est certainement pas la marmose du Brésil. Et d'ailleurs il n'est pas possible de déterminer ce que c'est que le *scalopès* par les indications des anciens : « Ad finem quidam mures sunt quos *scalopes* vocant, ut » scholiates Aristophanis in Acharnensibus animadvertit. » Aldrov., *De quadrup. digit. rivip.*, p. 416. Je crois que voilà la seule notice que nous ayons du scalopès, elle ne suffit pas à beaucoup près pour déterminer une espèce, et encore moins pour en appliquer le nom à un animal du nouveau monde.

« Murina. Didelphis caudâ semi pilosâ, mammis senis. » Linn., *Syst. nat.*, édit. X, p. 55. — *Nota* 1° que M. Linnæus, qui présente ici le murina après l'opossum, fait une question qui suppose un doute mal fondé, *an pullus precedentis*, dit-il du murina relativement à l'opossum. Cela ne peut pas être, car, de l'aveu de M. Linnæus, son opossum a une poche sous le ventre ; et, par la description de Seba, il est clair que la femelle du murina n'en a point. — *Nota* 2° que la phrase indicative pèche en ce qu'elle donne, comme un caractère constant, six mamelles à la marmose, tandis que le nombre des mamelles varie, et que la marmose que nous avons vue avait quatorze mamelles.

(a) Les dents, dans le sarigue et la marmose, sont au nombre de cinquante.

tous deux se creusent des terriers pour se réfugier, tous deux s'accrochent
aux branches des arbres par l'extrémité de leur queue, et s'élancent de là sur
les oiseaux et sur les petits animaux; ils mangent aussi des fruits, des graines
et des racines, mais ils sont encore plus friands de poisson et d'écrevisses,
qu'ils pêchent, dit-on, avec leur queue. Ce fait est très douteux, et s'accorde
fort mal avec la stupidité naturelle qu'on reproche à ces animaux qui, selon
le témoignage de la plupart des voyageurs, ne savent ni se mouvoir à propos,
ni fuir, ni se défendre.

LE CAYOPOLLIN (*a*)

Le premier auteur qui ait parlé de cet animal est Fernandès ; le cayopollin (*), dit-il, est un petit animal un peu plus grand qu'un rat, ressemblant
au sarigue par le museau, les oreilles et la queue, qui est plus épaisse et plus
forte que celle d'un rat, et de laquelle il se sert comme de la main ; il a les
oreilles minces et diaphanes, le ventre, les jambes et les pieds blancs : les
petits, lorsqu'ils ont peur, tiennent la mère embrassée ; elle les élève sur les
arbres : cette espèce s'est trouvée dans les montagnes de la Nouvelle-Espagne.
Nieremberg (*b*) a copié mot à mot ces indications de Fernandès, et n'y a rien
ajouté. Seba (*c*), qui le premier a fait dessiner et graver cet animal, n'en
donne aucune description ; il dit seulement qu'il a la tête un peu plus épaisse
et la queue un tant soit peu plus grosse que la marmose ; et que, quoiqu'il
soit du même genre, il est cependant d'un autre climat, et même d'un autre
continent; et il se contente de renvoyer à Nieremberg et à Jonston pour ce
qu'on peut désirer de plus au sujet de cet animal : mais il paraît évidemment
que Nieremberg et Jonston ne l'ont jamais vu, et qu'ils n'en parlent que
d'après Fernandès. Aucun de ces trois auteurs n'a dit qu'il fût originaire
d'Afrique ; ils le donnent au contraire comme naturel et particulier aux montagnes des climats chauds de l'Amérique ; et c'est Seba seul qui, sans autorité ni garants, a prétendu qu'il était africain. Celui que nous avons vu venait
certainement d'Amérique ; il était plus grand, et il avait le museau moins
pointu et la queue plus longue que la marmose ; en tout il nous a paru
approcher encore plus que la marmose de l'espèce du sarigue. Ces trois
animaux se ressemblent beaucoup par la conformation des parties intérieures
et extérieures, par les os surnuméraires du bassin, par la forme des pieds,
par la naissance prématurée, la longue et continuelle adhérence des petits

(*a*) Le *Cayopollin* ou *Kayopollin*.
(*b* Eus. Nieremberg., *Hist. nat. peregr.*, lib. ix, cap. v, p. 158.
(*c*) *Seba*, vol. 1ᵒʳ, p. 49, tab. 31, fig. 3.

(*) *Didelphis Cayopollin* L.

aux mamelles, et enfin par les autres habitudes de nature ; ils sont aussi tous trois du nouveau monde et du même climat ; on ne les trouve point dans les pays froids de l'Amérique ; ils sont naturels aux contrées méridionales de ce continent, et peuvent vivre dans les régions tempérées ; au reste, ce sont tous des animaux très laids : leur gueule, fendue comme celle d'un brochet, leurs oreilles de chauve-souris, leur queue de couleuvre et leurs pieds de singe, présentent une forme bizarre qui devient encore plus désagréable que la mauvaise odeur qu'ils exhalent, et par la lenteur et la stupidité dont leurs actions et tous leurs mouvements paraissent accompagnés.

ÉLÉPHANT DES INDES

L'ÉLÉPHANT [a]

L'éléphant (*) est, si nous voulons ne nous pas compter, l'être le plus considérable de ce monde : il surpasse tous les animaux terrestres en grandeur, et il approche de l'homme par l'intelligence, autant au moins que la matière peut approcher de l'esprit (**). L'éléphant, le chien, le castor et le singe sont de tous les êtres animés ceux dont l'instinct est le plus admirable ; mais cet instinct, qui n'est que le produit de toutes les facultés, tant intérieures qu'extérieures de l'animal, se manifeste par des résultats bien différents dans chacune de ces espèces. Le chien est naturellement, et lorsqu'il est livré à lui seul, aussi cruel, aussi sanguinaire que le loup : seulement, il s'est trouvé dans cette nature féroce un point flexible sur lequel nous avons appuyé ; le naturel du chien ne diffère donc de celui des autres animaux de proie que par ce point sensible qui le rend susceptible d'affection et capable d'attachement ; c'est de la nature qu'il tient le germe de ce sentiment, que l'homme ensuite a cultivé, nourri, développé par une ancienne et constante société avec cet animal, qui seul en était digne ; qui, plus susceptible, plus capable qu'un autre des impressions étrangères, a perfectionné dans le commerce toutes ses facultés relatives. Sa sensibilité, sa docilité, son courage, ses talents, tout, jusqu'à ses manières, s'est modifié par l'exemple et modelé sur les qualités de son maître : l'on ne doit donc pas lui accorder en

---

(a) « Valet sensu et reliquâ sagacitate ingenii excellit elephas. » Arist. *Hist. Anim.*, lib. ix, cap. 46. — « Elephanti sunt naturâ mites et mansueti, ut ad rationale animal » proximè accedant, » *Strabo.* — « Vidi elephantos quosdam qui prudentiores mihi vide- » bantur quàm quibusdam in locis homines. » Varlomannus, *apud Gessnerum, cap. de Elephanto.*

(*) Les Éléphants (*Elephas* L.) sont des Mammifères de l'ordre des Proboscidiens essentiellement caractérisés par la présence d'une trompe et de deux défenses portées par les os intermaxillaires. L'espèce décrite ici par Buffon est l'éléphant de l'Inde (*Elephas indicus* Cuv.) Il en existe une autre espèce plus petite, propre à l'Afrique (*Elephas africanus* Blum.)

(**) Nous avouons ne pas comprendre ce que veut dire Buffon par cette expression : « Autant que la matière peut approcher de l'esprit. » Dans cette circonstance comme dans quelques autres, Buffon semble craindre de s'aliéner certains esprits en disant que l'Éléphant approche de l'homme par l'intelligence ; c'est dans le but évident de les désarmer qu'il ajoute un correctif incompréhensible.

propre tout ce qu'il paraît avoir; ses qualités les plus relevées, les plus frappantes, sont empruntées de nous; il a plus d'acquis que les autres animaux, parce qu'il est plus à portée d'acquérir, que, loin d'avoir comme eux de la répugnance pour l'homme, il a pour lui du penchant; que ce sentiment doux, qui n'est jamais muet, s'est annoncé par l'envie de plaire et a produit la docilité, la fidélité, la soumission constante, et en même temps le degré d'attention nécessaire pour agir en conséquence et toujours obéir à propos.

Le singe, au contraire, est indocile autant qu'extravagant : sa nature est en tout point également revêche; nulle sensibilité relative, nulle reconnaissance des bons traitements, nulle mémoire des bienfaits : de l'éloignement pour la société de l'homme, de l'horreur pour la contrainte, du penchant à toute espèce de mal, ou, pour mieux dire, une forte propension à faire tout ce qui peut nuire ou déplaire. Mais ces défauts réels sont compensés par des perfections apparentes; il est extérieurement conformé comme l'homme; il a des bras, des mains, des doigts, l'usage seul de ces parties le rend supérieur pour l'adresse aux autres animaux, et les rapports qu'elles lui donnent avec nous par la similitude des mouvements et par la conformité des actions nous plaisent, nous déçoivent, et nous font attribuer à des qualités intérieures ce qui ne dépend que de la forme des membres.

Le castor, qui paraît être fort au-dessous du chien et du singe par les facultés individuelles, a cependant reçu de la nature un don presque équivalent à celui de la parole : il se fait entendre à ceux de son espèce, et si bien entendre, qu'ils se réunissent en société, qu'ils agissent de concert, qu'ils entreprennent et exécutent de grands et longs travaux en commun, et cet amour social, aussi bien que le produit de leur intelligence réciproque (*), ont plus de droit à notre admiration que l'adresse du singe et la fidélité du chien.

Le chien n'a donc que de l'esprit (qu'on me permette, faute de termes, de profaner ce nom), le chien, dis-je, n'a donc que de l'esprit d'emprunt; le singe n'en a que l'apparence, et le castor n'a du sens que pour lui seul et les siens. L'éléphant leur est supérieur à tous trois : il réunit leurs qualités les plus éminentes. La main est le principal organe de l'adresse du singe; l'éléphant, au moyen de sa trompe, qui lui sert de bras et de main, et avec laquelle il peut enlever et saisir les plus petites choses comme les plus grandes, les porter à sa bouche, les poser sur son dos, les tenir embrassées ou les lancer au loin, a donc le même moyen d'adresse que le singe, et en même temps il a la docilité du chien, il est comme lui susceptible de reconnaissance et capable d'un fort attachement, il s'accoutume aisément à

(*) Buffon fait très bien ressortir dans ce passage l'importance qu'a la vie en société au point de vue du développement de l'intelligence des animaux.

l'homme, se soumet moins par la force que par les bons traitements, le sert avec zèle, avec fidélité, avec intelligence, etc. Enfin, l'éléphant, comme le castor, aime la société de ses semblables, il s'en fait entendre ; on les voit souvent se rassembler, se disperser, agir de concert, et s'ils n'édifient rien, s'ils ne travaillent point en commun, ce n'est peut-être que faute d'assez d'espace et de tranquillité, car les hommes se sont très anciennement multipliés dans toutes les terres qu'habite l'éléphant : il vit donc dans l'inquiétude, et n'est nulle part paisible possesseur d'un espace assez grand, assez libre pour s'y établir à demeure (*). Nous avons vu qu'il faut toutes ces conditions et tous ces avantages pour que les talents du castor se manifestent, et que partout où les hommes se sont habitués, il perd son industrie et cesse d'édifier. Chaque être, dans la nature, a son prix réel et sa valeur relative : si l'on veut juger au juste de l'un et de l'autre dans l'éléphant, il faut lui accorder au moins l'intelligence du castor, l'adresse du singe, le sentiment du chien, et y ajouter ensuite les avantages particuliers, uniques, de la force, de la grandeur et de la longue durée de la vie : il ne faut pas oublier ses armes ou ses défenses, avec lesquelles il peut percer et vaincre le lion ; il faut se représenter que, sous ses pas, il ébranle la terre ; que de sa main (a) il arrache les arbres ; que d'un coup de son corps il fait brèche dans un mur ; que, terrible par la force, il est encore invincible par la seule résistance de sa masse, par l'épaisseur du cuir qui la couvre ; qu'il peut porter sur son dos une tour armée en guerre et chargée de plusieurs hommes ; que, seul il fait mouvoir des machines et transporte des fardeaux que six chevaux ne pourraient remuer ; qu'à cette force prodigieuse il joint encore le courage, la prudence, le sang-froid, l'obéissance exacte ; qu'il conserve de la modération même dans ses passions les plus vives ; qu'il est plus constant

(a) « Veteres proboscidem elephanti manum appellaverunt. — Eamdem aliquoties num-
» mum e terrâ tollentem vidi, et aliquando detrahentem arboris ramum, quem viri viginti-
» quatuor fune trahentes ad humum flectere non potueramus ; cum solus elephas tribus
» vicibus motum detrahebat. » Vartomannus, *apud Gessner.*, *cap. de Elephanto.* — « Silves-
» tres elephanti fagos, oleastros et palmas dentibus subvertunt radicitùs. » *Oppian.* —
« Promuscis elephanti naris est quâ cibum, tam siccum quàm humidum, ille capiat, orique
» perinde ac *manu* admoveat. Arbores etiam eâdem complectendo evellit ; denique eâ non
» alio utitur modo nisi ut manu. » Aristot. *De partib. animal.*, lib. II, cap. 16. — « Habet
» præterea talem tantamque narem elephantus, ut eâ manûs vice utatur... Suo etiam rectori
» exigit atque offert, arbores quoque eâdem prosternit, et quoties immersus per aquam ingre-
» ditur, eâ ipsâ editâ in sublime reflat atque respirat. » Arist. *Hist. anim.*, lib. II, cap. I. —
La force de l'éléphant est si grande, qu'elle ne se peut presque reconnaître, sinon par l'expérience ; j'en ai vu un porter avec les dents deux canons de fonte, attachés et liés ensemble par des câbles, et pesant chacun trois milliers : il les enleva seul et les porta l'espace de cinq cents pas. J'ai vu aussi un éléphant tirer des navires et galères en terre et les mettre à flot. *Voyages de Fr. Pyrard.* Paris, 1619, t. II, p. 356.

(*) Cette observation est d'une remarquable justesse. Il est incontestable que tout animal exposé à la poursuite d'animaux nombreux et dangereux se trouve dans l'impossibilité de former aucun établissement stable.

qu'impétueux en amour (*a*); que, dans la colère, il ne méconnaît pas ses amis ; qu'il n'attaque jamais que ceux qui l'ont offensé ; qu'il se souvient des bienfaits aussi longtemps que des injures ; que, n'ayant nul goût pour la chair et ne se nourrissant que de végétaux, il n'est pas né l'ennemi des autres animaux ; qu'enfin il est aimé de tous, puisque tous le respectent et n'ont nulle raison de le craindre.

Aussi les hommes ont-ils eu dans tous les temps pour ce grand, pour ce premier animal une espèce de vénération. Les anciens le regardaient comme un prodige, un miracle de la nature (et c'est en effet son dernier effort) ; ils ont beaucoup exagéré ses facultés naturelles, ils lui ont attribué sans hésiter des qualités intellectuelles et des vertus morales. Pline, Ælien, Solin, Plutarque, et d'autres auteurs plus modernes n'ont pas craint de donner à ces animaux des mœurs raisonnées, une religion naturelle et innée (*b*), l'observance d'un culte, l'adoration quotidienne du soleil et de la lune, l'usage de l'ablution avant l'adoration, l'esprit de divination, la piété envers le ciel et pour leurs semblables qu'ils assistent à la mort, et qu'après leurs décès ils arrosent de leurs larmes et recouvrent de terre, etc. Les Indiens, prévenus de l'idée de la métempsycose, sont encore persuadés aujourd'hui qu'un corps aussi majestueux que l'éléphant ne peut être animé que par l'âme d'un grand homme ou d'un roi. On respecte à Siam (*c*), à Laos, à

(*a*) « Nec adulteria novêre, nec ulla propter fœminas inter se prælia, cæteris animalibus » pernicialia, non quia desit illis amoris vis, etc. » *Plin.*, lib. viii, cap. 5. — « Mas quam » impleverit coïtu, eam ampliùs non tangit. » Aristot. *Hist. anim.*, lib. ix, cap. 46.

(*b*) « Hominum indigenarum linguam elephanti intelligunt. » *Ælian.*, lib. iv, cap. 24... « Lunâ novâ nitescente, audio elephantos naturali quâdam et ineffabili intelligentiâ e silvâ, » ubi pascuntur, ramos recens decerptos auferre, eosque deinde in sublime tollere, ut sus- » picere, et leviter ramos movere, tanquam supplicium quoddam Deæ protendentes, ut ipsis » propria et benevola esse velit. » *Ælian.*, lib. iv, cap. 10. — « Elephas est animal proxi- » mum humanis sensibus. Quippe intellectus illis sermonis patrii et imperiorum obedientia, » officiorumque, quæ didicêre, memoria ; amoris et gloriæ voluptas : imo verò, quæ etiam » in homine rara, probitas, prudentia, æquitas, religio quoque siderum, solisque ac lunæ » veneratio. Autores sunt, nitescente lunâ novâ..... greges eorum descendere : ibique se puri- » ficantes solenniter aquâ circumspergi, atque ita salutato sidere, in silvas reverti... Visique » sunt fessi ægritudine, herbas supini in cœlum jacientes, veluti tellure precibus allegatâ. » Plin., *Hist. nat.*, lib. viii, cap. 1. — « Se abluunt et purificant, dein adorant solem et lunam. — » Cadavera sui generis sepeliunt. — Lamentant, ramos et pulverem injiciunt supra cadaver. — » Sagittas extrahunt tanquam chirurgi periti. » *Plin.*, *Ælian.*, *Solin*, *Tzetzès*, *etc.*

(*c*) M. Constance mena M. l'ambassadeur voir l'éléphant blanc, qui est si estimé dans les Indes et qui est le sujet de tant de guerres : il est assez petit, et si vieux qu'il est tout ridé ; plusieurs mandarins sont destinés pour en avoir soin, et on ne le sert qu'en vaisselle d'or ; au moins les deux bassins qu'on avait mis devant lui étaient d'or massif d'une grandeur extraordinaire. Son appartement est magnifique, et le lambris du pavillon où il est logé est fort proprement doré. *Premier voyage du P. Tachard.* Paris, 1686, p. 239. — Dans une maison de campagne du roi, à une lieue de Siam, sur la rivière, je vis un petit éléphant blanc, qu'on destine pour être le successeur de celui qui est dans le palais, que l'on dit avoir près de trois cents ans ; ce petit éléphant est un peu plus gros qu'un bœuf, il a beaucoup de mandarins à son service, et, à sa considération, l'on a de grands égards pour sa mère et pour sa tante, que l'on élève avec lui. *Idem*, p. 273.

Pégu (*a*), etc., les éléphants blancs comme les mânes vivants des empereurs de l'Inde ; ils ont chacun un palais, une maison composée d'un nombreux domestique, une vaisselle d'or, des mets choisis, des vêtements magnifiques, et sont dispensés de tout travail, de toute obéissance ; l'empereur vivant est le seul devant lequel ils fléchissent les genoux, et ce salut leur est rendu par le monarque ; cependant les attentions, les respects, les offrandes les flattent sans les corrompre ; ils n'ont donc pas une âme humaine : cela seul devrait suffire pour le démontrer aux Indiens.

En écartant les fables de la crédule antiquité, en rejetant aussi les fictions puériles de la superstition toujours subsistante, il reste encore assez à l'éléphant, aux yeux mêmes du philosophe, pour qu'il doive le regarder comme un être de la première distinction ; il est digne d'être connu, d'être observé ; nous tâcherons donc d'en écrire l'histoire sans partialité, c'est-à-dire sans admiration ni mépris ; nous le considèrerons d'abord dans son état de nature lorsqu'il est indépendant et libre, et ensuite dans sa condition de servitude ou de domesticité, où la volonté de son maître est en partie le mobile de la sienne.

Dans l'état de sauvage, l'éléphant n'est ni sanguinaire, ni féroce ; il est d'un naturel doux, et jamais il ne fait abus de ses armes ou de sa force ; il ne les emploie, il ne les exerce que pour se défendre lui-même ou pour protéger ses semblables ; il a les mœurs sociales, on le voit rarement errant ou solitaire ; il marche ordinairement de compagnie, le plus âgé conduit la troupe (*b*), le second d'âge la fait aller et marche le dernier ; les jeunes et les faibles sont au milieu des autres ; les mères portent leurs petits et les tiennent embrassés de leur trompe ; ils ne gardent cet ordre que dans les marches périlleuses, lorsqu'ils vont paître sur des terres cultivées ; ils se promènent ou voyagent avec moins de précaution dans les forêts et dans les solitudes,

(*a*) Lorsque le roi de Pégu va se promener, les quatre éléphants blancs marchent devant lui, ornés de pierreries et de divers enjolivements d'or. *Recueil des Voyages de la Compagnie des Indes de Hollande*, t. III, p. 43..... Lorsque le roi de Pégu veut donner audience, l'on amène devant lui les quatre éléphants blancs, qui lui font la révérence en levant leur trompe, ouvrant leur gueule, jetant trois cris bien distincts et s'agenouillant. Quand ils sont relevés, on les remène à leurs écuries, où on leur donne à manger à chacun dans un vaisseau d'or grand comme un quart de tonneau de bière ; on les lave d'une eau qui est dans un autre vaisseau d'argent, ce qui se fait le plus souvent deux fois par jour... Pendant qu'on les panse ainsi, ils sont sous un dais qui a huit supports, qui sont tenus par autant de domestiques, afin de les garantir de l'ardeur du soleil. En allant aux vaisseaux où est leur eau et leur nourriture, ils sont précédés de trois trompettes dont ils entendent les accords, et marchent avec beaucoup de gravité, réglant leurs pas par le son de ces instruments, etc. *Idem*, t. III, p. 40. — Les Péguans tiennent les éléphants blancs pour sacrés, et ayant su que le roi de Siam en avait deux, ils y envoyèrent des ambassadeurs pour offrir tout le prix qu'on en désirait. Le roi de Siam ne voulut pas les vendre : celui de Pégu, offensé de ce refus, vint et non seulement les enleva par force, mais il se rendit tout le pays tributaire. *Idem*, t. II, p. 223.

(*b*) « Elephanti gregatim semper ingrediuntur ; ducit agmen maximus natu, cogit ætate » proximus. Amnes transituri minimos præmittunt, ne majorum incessu alterente alveum, » crescat gurgitis altitudo. » Plin. *Histor. natural.*, lib. vIII, cap. 5.

sans cependant se séparer absolument ni même s'écarter assez loin pour être hors de portée des secours et des avertissements : il y en a néanmoins quelques-uns qui s'égarent ou qui traînent après les autres, et ce sont les seuls que les chasseurs osent attaquer ; car il faudrait une petite armée (a) pour assaillir la troupe entière, et l'on ne pourrait la vaincre sans perdre beaucoup de monde ; il serait même dangereux de leur faire la moindre injure (b) ; ils vont droit à l'offenseur, et quoique la masse de leur corps soit très pesante, leur pas est si grand qu'ils atteignent aisément l'homme le plus léger à la course ; ils le percent de leurs défenses, ou, le saisissant avec la trompe, le lancent comme une pierre et achèvent de le tuer en le foulant aux pieds ; mais ce n'est que lorsqu'ils sont provoqués qu'ils font ainsi main-basse sur les hommes ; ils ne font aucun mal à ceux qui ne les cherchent pas ; cependant comme ils sont susceptibles et délicats sur le fait des injures, il est bon d'éviter leur rencontre, et les voyageurs qui fréquentent leur pays allument de grands feux la nuit et battent de la caisse pour les empêcher d'approcher. On prétend que, lorsqu'ils ont une fois été attaqués par les hommes, ou qu'ils sont tombés dans quelque embûche, ils ne l'oublient jamais et qu'ils cherchent à se venger en toute occasion ; comme ils ont l'odorat excellent et peut-être plus parfait qu'aucun des animaux, à cause de la grande étendue de leur nez, l'odeur de l'homme les frappe de très loin ; ils pourraient aisément le suivre à la piste ; les anciens ont écrit que les éléphants arrachent l'herbe des endroits où le chasseur a passé, et qu'ils se la donnent de main en main, pour que tous soient informés du passage et de la marche de l'ennemi. Ces animaux aiment les bords des fleuves (c), les profondes vallées, les lieux ombragés et les terrains humides ; ils ne peuvent se passer d'eau et la troublent avant que de la boire ; ils en remplissent souvent leur

(a) Je tremble encore en vous écrivant, lorsque je pense au danger auquel nous nous exposâmes en voulant suivre un éléphant sauvage ; car, quoique nous ne fussions que dix ou douze, dont la moitié n'avait pas de bonnes armes à feu, nous l'aurions pourtant attaqué si nous eussions pu le joindre : nous nous imaginions de le pouvoir tuer avec deux ou trois coups de mousquet ; mais j'ai vu dans la suite que deux ou trois cents hommes ont de la peine à en venir à bout. *Voyage de Guinée*, par Guillaume Bosman, p. 436.

(b) « Solent elephanti magno numero confertim incedere, et si quemdam obvium habue-» runt, vel devitant, vel illi cedunt ; at si quemdam injuriâ afficere velit, proboscide subla-» tum in terram dejicit, pedibus deculcans donec mortuum reliquerit. » Leonis Africani *Descript. Africæ*, Lugd. Batavor., 1632, p. 744. — Les Nègres rapportent unanimement de ces animaux que, s'ils rencontrent quelqu'un dans un bois, ils ne lui font aucun mal, pourvu qu'il ne les attaque point ; mais qu'ils deviennent furieux lorsqu'on leur tire dessus et qu'on ne les blesse pas à mort. *Voyage de Guinée*, par Bosman, p. 245. — L'éléphant sauvage est venu en poursuivant un homme qui lui disait des injures, et il s'est trouvé pris au trébuchet. *Journal du Voyage de Siam*, par l'abbé de Choisy. Paris, 1687, p. 242. — Ceux qui insultent ou qui font du mal à l'éléphant doivent bien prendre garde à eux, car ils n'oublient pas aisément les injures qu'on leur fait, si ce n'est après qu'ils s'en sont vengés. *Recueil des voyages de la Compagnie des Indes de Hollande*, t. Ier, p. 443.

(c) « Elephanti naturæ proprium est roscida loca et mollia amare et aquam desiderare, ubi » versari maximè studet ; ita ut animal palustre nominari possit. » *Ælian*, lib. IV, cap. XXIV.

trompe, soit pour la porter à leur bouche ou seulement pour se rafraîchir le nez et s'amuser en la répandant à flot ou l'aspergeant à la ronde ; ils ne peuvent supporter le froid et souffrent aussi de l'excès de la chaleur ; car, pour éviter la trop grande ardeur du soleil, ils s'enfoncent autant qu'ils peuvent dans la profondeur des forêts les plus sombres ; ils se mettent aussi assez souvent dans l'eau ; le volume énorme de leur corps leur nuit moins qu'il ne leur aide à nager ; ils enfoncent moins dans l'eau que les autres animaux, et d'ailleurs la longueur de leur trompe qu'ils redressent en haut et par laquelle ils respirent leur ôte toute crainte d'être submergés.

Leurs aliments ordinaires sont des racines, des herbes, des feuilles et du bois tendre ; ils mangent aussi des fruits et des grains, mais ils dédaignent la chair et le poisson (*a*) ; lorsque l'un d'entre eux trouve quelque part un pâturage abondant, il appelle les autres (*b*) et les invite à venir manger avec lui. Comme il leur faut une grande quantité de fourrage, ils changent souvent de lieu, et lorsqu'ils arrivent à des terres ensemencées, ils y font un dégât prodigieux ; leur corps étant d'un poids énorme, ils écachent et détruisent dix fois plus de plantes avec leurs pieds qu'ils n'en consomment pour leur nourriture, laquelle peut monter à cent cinquante livres d'herbes par jour : n'arrivant jamais qu'en nombre, ils dévastent donc une campagne en une heure. Aussi les Indiens et les Nègres cherchent tous les moyens de prévenir leur visite et de les détourner, en faisant de grands bruits, de grands feux autour de leurs terres cultivées ; souvent, malgré ces précautions, les éléphants viennent s'en emparer, en chassent le bétail domestique, font fuir les hommes, et quelquefois renversent de fond en comble leurs minces habitations. Il est difficile de les épouvanter, et ils ne sont guère susceptibles de crainte ; la seule chose qui les surprenne et puisse les arrêter sont les feux d'artifice (*c*), les pétards qu'on leur lance, et dont l'effet subit et promptement renouvelé les saisit et leur fait quelquefois rebrousser chemin. On vient très rarement à bout de les séparer les uns des autres, car ordinairement ils prennent tous ensemble le même parti d'attaquer, de passer indifféremment ou de fuir.

(*a*) Ces animaux ne mangent point de chair, non pas même les sauvages, mais vivent seulement de branches, rameaux et feuilles d'arbres qu'ils rompent avec leur trompe, et mâchent le bois assez gros. *Voyage de Fr. Pyrard.* Paris, 1619, t. II, p. 367.

(*b*) « Cùm eis cætera pabula defecerint, radices effodiunt, quibus pascuntur ; e quibus » primus qui aliquam prædam repererit, regreditur ut et suos gregales advocet, et in prædæ » communionem deducat. » *Ælian*, lib. IX, cap. 56.

(*c*) On arrête l'éléphant, lorsqu'il est en colère, par des feux d'artifice ; on se sert du même moyen pour les détacher du combat lorsqu'on les y a engagés. *Relat. par Thévenot*, t. III, p. 133. — Les Portugais n'ont su trouver aucun remède pour se défendre de l'éléphant, que des lances à feu qu'ils lui mettent dans les yeux lorsqu'il vient à eux. *Voyage de de Feynes.* Paris, 1630, p. 89. — On fait combattre au Mogol des éléphants les uns contre les autres ; ils s'acharnent tellement au combat, qu'on ne pourrait les séparer si on ne leur jetait entre deux des feux d'artifice. *Voyage de Bernier.* Amsterdam, 1710, t. II, p. 64.

Lorsque les femelles entrent en chaleur, ce grand attachement pour la société cède à un sentiment plus vif ; la troupe se sépare par couples que le désir avait formés d'avance (*) ; ils se prennent par choix, se dérobent, et dans leur marche l'amour paraît les précéder et la pudeur les suivre, car le mystère accompagne leurs plaisirs. On ne les a jamais vus s'accoupler (**) ; ils craignent surtout les regards de leurs semblables, et connaissent peut-être mieux que nous cette volupté pure de jouir dans le silence, et de ne s'occuper que de l'objet aimé. Ils cherchent les bois les plus épais, ils gagnent les solitudes (a) les plus profondes pour se livrer sans témoins, sans trouble et sans réserve à toutes les impulsions de la nature ; elles sont d'autant plus vives et plus durables, qu'elles sont plus rares et plus longtemps attendues ; la femelle (b) porte deux ans (***) ; lorsqu'elle est pleine, le mâle s'en abstient, et ce n'est qu'à la troisième année que renaît la saison des amours. Ils ne produisent qu'un petit (c), lequel au moment de sa naissance a des dents (d), et est déjà plus gros qu'un sanglier ; cependant les défenses ne sont pas encore apparentes, elles commencent à percer peu de temps après, et à l'âge de six mois (e) elles sont de quelques pouces de longueur ; l'éléphant à six mois est déjà plus gros qu'un bœuf, et les défenses continuent de grandir et de croître jusqu'à l'âge avancé, pourvu que l'animal se porte bien et soit en liberté, car on n'imagine pas à quel point l'esclavage et les aliments apprêtés détériorent le tempérament et changent les habitudes naturelles de l'éléphant. On vient à bout de le dompter, de le soumettre, de l'instruire, et comme il est plus fort et plus intelligent qu'un autre, il sert plus à propos, plus puissamment et plus utilement ; mais apparemment le dégoût de sa situation lui reste au fond du cœur ; car, quoiqu'il ressente de temps en temps les plus vives atteintes de l'amour, il ne produit ni ne s'accouple dans l'état

(a) « Elephanti solitudines petunt coituri, et præcipuè secus flumina. » Arist. *Hist. animal.*, lib. v, cap. ii. — « Pudore nunquam nisi in abdito coëunt. » *Plin.*, lib. viii, cap. v.

(b) « Mas coïtum triennio interposito repetit. Quam gravidam reddidit, eamdem præterea » tangere nunquam patitur. Uterum biennio gerit. » Arist. *Hist. anim.*, lib. v, cap. xiv. — « Elephantus biennio gestatur, propter exuperantiam magnitudinis. » *Idem, De generat. anim.*, lib. iv, cap. x.

(c) « Quæ maxima inter animalia sunt, ea singulos pariunt, ut elephas, camelus, equus. » Arist. *De generat. anim.*, lib. iv, cap. iv.

(d) « Statim cùm natus est elephantus dentes habet, quanquam grandes illos (dentes) non » illico conspicuos obtinet. » Arist., *Hist. anim.*, lib. ii, cap. v.

(e) Thomas Lopes, *apud Gessnerum, cap. de Elephanto.*

(*) Cette observation de Buffon est très exacte. On constate chez tous les animaux un antagonisme profond entre la famille et la société. Les sociétés animales, même les plus étroites, sont presque toujours rompues, et toujours au moins très relachées à l'époque des amours. (Voy. de Lanessan, *La lutte pour l'existence et l'association pour la lutte.*)

(**) Buffon exagère beaucoup trop la pudeur des Éléphants. Il est vrai que la plupart des animaux s'isolent au moment de l'accouplement ou se mettent à l'abri des regards indiscrets de leurs semblables, mais cette conduite n'est déterminée que par un sentiment de jalousie.

(***) La gestation n'est que de vingt mois.

de domesticité. Sa passion contrainte dégénère en fureur : ne pouvant se satisfaire sans témoins, il s'indigne, il s'irrite, il devient insensé, violent, et l'on a besoin des chaînes les plus fortes et d'entraves de toutes espèces pour arrêter ses mouvements et briser sa colère. Il diffère donc de tous les animaux domestiques que l'homme traite ou manie comme des êtres sans volonté ; il n'est pas du nombre de ces esclaves-nés que nous propageons, mutilons ou multiplions pour notre utilité ; ici l'individu seul est esclave, l'espèce demeure indépendante et refuse constamment d'accroître au profit du tyran. Cela seul suppose dans l'éléphant des sentiments élevés au-dessus de la nature commune des bêtes : ressentir les ardeurs les plus vives et refuser en même temps de se satisfaire, entrer en fureur d'amour et conserver la pudeur, sont peut-être le dernier effort des vertus humaines, et ne sont dans ce majestueux animal que des actes ordinaires auxquels il n'a jamais manqué ; l'indignation de ne pouvoir s'accoupler sans témoins, plus forte que la passion même, en suspend, en détruit les effets, excite en même temps la colère, et fait que dans ces moments il est plus dangereux que tout autre animal indompté (*).

Nous voudrions, s'il était possible, douter de ce fait ; mais les naturaralistes, les historiens, les voyageurs (*a*) assurent tous de concert que les éléphants n'ont jamais produit dans l'état de domesticité. Les rois des Indes en nourrissent en grand nombre, et, après avoir inutilement tenté de les multiplier comme les autres animaux domestiques, ils ont pris le parti de séparer les mâles des femelles, afin de rendre moins fréquents les accès d'une chaleur stérile qu'accompagne la fureur : il n'y a donc aucun éléphant domestique qui n'ait été sauvage auparavant, et la manière de les prendre (*b*), de les dompter, de les soumettre, mérite une attention particulière.

(*a*) C'est chose remarquable que cet animal ne couvre jamais la femelle, en quelque chaleur qu'il soit, tant qu'il verra du monde. *Voyage de Fr. Pyrard.* Paris, 1619, p. 357. — Cette bête ne se couple jamais avec les femelles qu'en secret, et n'engendre jamais qu'un petit. *Cosmographie du Levant*, par Thevet, 1554, p. 70. *Voyez* aussi les notes que nous citerons dans la suite à ce sujet.

(*b*) J'allai voir la grande chasse des éléphants, qui se fait en la forme suivante. Le roi envoie grand nombre de femelles en compagnie, et quand elles ont été plusieurs jours dans les bois et qu'il est averti qu'on a trouvé des éléphants, il envoie trente ou quarante mille hommes qui font une très grande enceinte dans l'endroit où sont les éléphants ; ils se postent de quatre en quatre, de vingt à vingt-cinq pieds de distance les uns des autres, et à chaque campement on fait un feu élevé de trois pieds de terre ou environ. Il se fait une autre enceinte d'éléphants de guerre, distants les uns des autres d'environ cent et cent cinquante pas, et dans les endroits où les éléphants pourraient sortir plus aisément, les éléphants de guerre sont plus fréquents ; en plusieurs lieux il y a du canon que l'on tire quand les éléphants

(*) La vérité est que l'Éléphant domestique est assez profondément modifié pour que les besoins sexuels perdent chez lui la plus grande partie de leur intensité. Il en est de même chez quelques animaux domestiques. Cette explication de la rareté des rapports sexuels chez l'éléphant domestique est moins poétique peut-être que celle de Buffon, mais a l'avantage d'être beaucoup plus exacte.

Au milieu des forêts et dans un lieu voisin de ceux qu'ils fréquentent, on choisit un espace qu'on environne d'une forte palissade ; les plus gros arbres de la forêt servent de pieux principaux contre lesquels on attache les traverses de charpente qui soutiennent les autres pieux : cette palissade est faite à claire-voie, en sorte qu'un homme peut y passer aisément ; on y laisse une autre grande ouverture par laquelle l'éléphant peut entrer, et cette baie est surmontée d'une trappe suspendue, ou bien elle reçoit une barrière qu'on ferme derrière lui. Pour l'attirer jusque dans cette enceinte, il faut l'aller chercher : on conduit une femelle en chaleur et privée dans la forêt, et lorsqu'on imagine être à portée de la faire entendre, son gouverneur l'oblige à faire le cri d'amour : le mâle sauvage y répond à l'instant et se met en marche pour la joindre ; on la fait marcher elle-même en lui faisant de temps en temps répéter l'appel ; elle arrive la première à l'enceinte, où le mâle, la suivant à la piste, entre par la même porte. Dès qu'il se voit enfermé, son ardeur s'évanouit, et, lorsqu'il aperçoit les chasseurs, elle se change en fureur ; on lui jette des cordes à nœuds coulants pour l'arrêter, on lui met des entraves aux jambes et à la trompe, on amène deux ou trois éléphants privés et conduits par des hommes adroits, on essaie de les attacher avec l'éléphant sauvage ; enfin l'on vient à bout, par adresse, par force, par tourment et par caresse, de le dompter en peu de jours. Je n'entrerai pas à cet égard dans un plus grand détail, et je me contenterai de citer les voyageurs qui ont été témoins oculaires de la chasse des éléphants (a) ; elle

sauvages veulent forcer le passage, car ils craignent fort le feu ; tous les jours on diminue cette enceinte, et à la fin elle est très petite, et les feux ne sont pas à plus de cinq ou six pas les uns des autres. Comme ces éléphants entendent du bruit autour d'eux, ils n'osent pas s'enfuir, quoique pourtant il ne laisse pas de s'en sauver quelques-uns, car on m'a dit qu'il y avait quelques jours qu'il s'en était sauvé dix. Quand on les veut prendre, on les fait entrer dans une place entourée de pieux, où il y a quelques arbres entre lesquels un homme peut facilement passer. Il y a une autre enceinte d'éléphants de guerre et de soldats, dans laquelle il y entre des hommes montés sur des éléphants, fort adroits à jeter des cordes aux jambes de derrière des éléphants, qui, lorsqu'ils sont attachés de cette manière, sont mis entre deux éléphants privés, entre lesquels il y en a un autre qui les pousse par derrière, de sorte qu'il est obligé de marcher ; et, quand il veut faire le méchant, les autres lui donnent des coups de trompe. On les mena sous des toits, et on les attacha de la même manière que le précédent ; j'en vis prendre dix, et on me dit qu'il y en avait cent quarante dans l'enceinte. Le roi y était présent, il donnait ses ordres pour tout ce qui était nécessaire. *Relation de l'ambassade de M. le chevalier de Chaumont à la cour du roi de Siam.* A Paris, 1686, p. 91 et suiv.

(a) A un quart de lieue de Louvo, il y a une espèce d'amphithéâtre dont la figure est d'un grand carré long, entouré de hautes murailles terrassées, sur lesquelles se placent les spectateurs. Le long de ces murailles, en dedans, règne une palissade de gros piliers fichés en terre à deux pieds l'un de l'autre, derrière lesquels les chasseurs se retirent lorsqu'ils sont poursuivis par les éléphants irrités. On a pratiqué une fort grande ouverture vers la campagne, et vis-à-vis, du côté de la ville, on en a fait une plus petite, qui conduit dans une allée étroite par où un éléphant peut passer à peine, et cette allée aboutit à une manière de grande remise où l'on achève de le dompter.

Lorsque le jour destiné à cette chasse est venu, les chasseurs entrent dans les bois, montés sur des éléphants femelles qu'on a dressés à cet exercice, et se couvrent de feuilles d'arbres,

est différente, suivant les différents pays, et suivant la puissance et les
facultés de ceux qui leur font la guerre ; car, au lieu de construire, comme
les rois de Siam, des murailles, des terrasses, ou de faire des palissades,

afin de n'être pas vus par les éléphants sauvages. Quand ils ont avancé dans la forêt, et qu'ils
jugent qu'il peut y avoir quelque éléphant aux environs, ils font jeter aux femelles certains
cris propres à attirer les mâles, qui y répondent aussitôt par des hurlements effroyables. Alors,
les chasseurs, les sentant à une juste distance, retournent sur leurs pas, et mènent doucement les femelles du côté de l'amphithéâtre dont nous venons de parler ; les éléphants sauvages ne manquent jamais de les suivre ; celui que nous vîmes dompter y entra avec elles,
et, dès qu'il y fut, on ferma la barrière ; les femelles continuèrent leur chemin au travers de
l'amphithéâtre, et enfilèrent queue à queue la petite allée qui était à l'autre bout ; l'éléphant
sauvage qui les avait suivies jusque-là s'étant arrêté à l'entrée du défilé, on se servit de toutes
sortes de moyens pour l'y engager : on fit crier les femelles qui étaient au delà de l'allée,
quelques Siamois l'irritant en frappant des mains et criant plusieurs fois *put, pat;* d'autres,
avec de longues perches armées de pointes, le harcelaient, et, quand ils en étaient poursuivis,
ils se glissaient entre les piliers et s'allaient cacher derrière la palissade que l'éléphant ne
pouvait franchir ; enfin, après avoir poursuivi plusieurs chasseurs, il s'attacha à un seul avec
une extrême fureur ; l'homme se jeta dans l'allée, l'éléphant courut après lui, mais dès qu'il
y fut entré, il se trouva pris, car, celui-ci s'étant sauvé, on laissa tomber deux coulisses à
propos, l'une devant et l'autre derrière, de sorte que, ne pouvant ni avancer, ni reculer, ni
se tourner, il fit des efforts étonnants et poussa des cris terribles. On tâcha de l'adoucir en
lui jetant des seaux d'eau sur le corps, en le frottant avec des feuilles, en lui versant de
l'huile sur les oreilles, et on fit venir auprès de lui des éléphants privés, mâles et femelles,
qui le caressaient avec leurs trompes. Cependant on lui attachait des cordes par dessous le
ventre et aux pieds de derrière, afin de le tirer de là, et on continuait à lui jeter de l'eau sur
la trompe et sur le corps pour le rafraîchir. Enfin, on fit approcher un éléphant privé, de ceux
qui ont coutume d'instruire les nouveaux venus : un officier était monté dessus, qui le faisait
avancer et reculer, pour montrer à l'éléphant sauvage qu'il n'avait rien à craindre et qu'il
pouvait sortir ; en effet, on lui ouvrit la porte et il suivit l'autre jusqu'au bout de l'allée : dès
qu'il y fut, on mit à ses côtés deux éléphants que l'on attacha avec lui, un autre marchait
devant et le tirait avec une corde dans le chemin qu'on lui voulait faire faire, pendant qu'un
quatrième le faisait avancer à grands coups de tête qu'il lui donnait par derrière jusqu'à une
espèce de remise, où on l'attacha à un gros pilier fait exprès, qui tourne comme un cabestan
de navire. On le laissa là jusqu'au lendemain, pour lui laisser passer sa colère ; mais, tandis
qu'il se tourmentait autour de cette colonne, un bramine, c'est-à-dire de ces prêtres indiens
(qui sont à Siam en assez grand nombre), habillé de blanc, s'approcha monté sur un éléphant,
et, tournant doucement autour de celui qui était attaché, l'arrosa d'une certaine eau consacrée
à leur manière, qu'il portait dans un vase d'or : on croit que cette cérémonie fait perdre à
l'éléphant sa férocité naturelle et le rend propre à servir le roi. Dès le lendemain, il com-
mença à aller avec les autres, et au bout de quinze jours il était entièrement apprivoisé.
Premier voyage du P. Tachard, p. 298 et suiv.

On n'eut pas plus tôt descendu de cheval et monté sur des éléphants qu'on avait préparés,
que le roi parut, suivi d'un grand nombre de mandarins montés sur des éléphants de guerre.
On suivit et on s'enfonça dans les bois environ une lieue, jusqu'à l'enclos où étaient les éléphants sauvages. C'était un parc carré, de trois ou quatre cents pas géométriques, dont les
côtés étaient fermés par de gros pieux ; on y avait pourtant laissé de grandes ouvertures de
distance en distance. Il y avait quatorze éléphants de toute grandeur. D'abord qu'on fut arrivé,
on fit une enceinte d'environ cent éléphants de guerre, qu'on posta autour du parc pour empêcher les éléphants sauvages de franchir les palissades ; nous étions derrière cette haie et tout
auprès du roi. On poussa dans l'enceinte du parc une douzaine d'éléphants privés des plus
forts, sur chacun desquels deux hommes étaient montés, avec de grosses cordes à nœuds
coulants, dont les bouts étaient attachés aux éléphants qu'ils montaient. Ils couraient d'abord
sur l'éléphant qu'ils voulaient prendre, qui, se voyant poursuivi, se présentait à la barrière
pour la forcer et pour s'enfuir ; mais tout était bloqué d'éléphants de guerre, par lesquels il

des parcs et de vastes enceintes, les pauvres Nègres (*a*) se contentent des
pièges les plus simples, en creusant sur leur passage des fosses assez profondes pour qu'ils ne puissent en sortir lorsqu'ils y sont tombés.

était repoussé dans l'enceinte, et comme il fuyait dans cet espace, les chasseurs qui étaient
montés sur les éléphants privés jetaient leurs nœuds si à propos dans les endroits où ces
animaux devaient mettre leur pied, qu'ils ne manquaient guère de les prendre : en effet, tout
fut pris dans une heure. Ensuite on attachait chaque éléphant sauvage, et l'on mettait à ses
côtés deux éléphants privés, avec lesquels on devait les laisser pendant quinze jours, pour
être apprivoisés par leur moyen. *Idem*, page 340.

Nous eûmes peu de jours après le plaisir de la chasse aux éléphants ; les Siamois sont
fort adroits à cette chasse, et ils ont plusieurs manières de prendre ces animaux. La plus
facile de toutes, et qui n'est pas la moins divertissante, se fait par le moyen des éléphants
femelles. Quand il y en a une en chaleur, on la mène dans les bois de la forêt de Louvo, le
pasteur qui la conduit se met sur son dos et s'entoure de feuilles, pour n'être pas aperçu des
éléphants sauvages ; les cris de la femelle privée, qu'elle ne manque pas de faire à un certain signal du pasteur, attirent les éléphants d'alentour qui l'entendent et qui se mettent
aussitôt à sa suite. Le pasteur ayant pris garde à ces cris mutuels, reprend le chemin de
Louvo, et va se rendre à pas lents avec toute sa suite qui ne le quitte point, dans une
enceinte de gros pieux faite exprès, à un quart de lieue de Louvo, et assez près de la forêt.
On avait aussi ramassé une assez grande troupe d'éléphants, parmi lesquels il n'y en avait
qu'un grand et assez difficile à prendre et à dompter... Le pasteur qui conduisait la femelle
sortit de cet enclos par un passage étroit fait en allée, de la longueur d'un éléphant ; aux
deux bouts il y avait deux portes à coulisses qui s'abattaient et se levaient aisément. Tous
les autres petits éléphants suivirent les uns après les autres les traces de la femelle à diverses
reprises ; mais un passage si étroit étonna le grand éléphant sauvage, qui se retira toujours ;
on fit revenir la femelle plusieurs fois, il la suivait jusqu'à la porte, mais il ne voulut jamais
passer outre, comme s'il eût eu quelque pressentiment de la perte de sa liberté qu'il y allait
faire. Alors plusieurs Siamois qui étaient dans le parc s'avancèrent pour le faire avancer par
force, et vinrent l'attaquer avec de longues perches, de la pointe desquelles ils lui donnaient
de grands coups. L'éléphant en colère les poursuivait avec beaucoup de fureur et de vitesse
et aucun d'eux ne lui aurait assurément échappé, s'ils ne se fussent promptement retirés
derrière des piliers qui formaient la palissade, contre lesquels cette bête irritée rompit trois
ou quatre fois ses grosses dents. Dans la chaleur de la poursuite, un de ceux qui l'attaquaient
le plus vivement et qui en était aussi le plus vivement suivi, s'alla jeter en fuyant entre les
deux portes, où l'éléphant courut pour le tuer ; mais dès qu'il fut entré, le Siamois s'échappa
par un petit entre-deux, et cet animal s'y trouva pris, les deux portes s'étant abattues en
même temps ; et quoiqu'il s'y débattit, il y demeura. Pour l'apaiser, on lui jeta de l'eau à
plein seau, et cependant on lui attachait dès cordes aux jambes et au cou ; quelque temps
après qu'il se fut bien fatigué, on le fit sortir par le moyen de deux éléphants privés qui le
tiraient par devant avec des cordes, et par deux autres qui le poussaient par derrière jusqu'à
ce qu'il fut attaché à un gros pilier, autour duquel il lui était seulement libre de tourner.
Une heure après il devint si traitable, qu'un Siamois monta sur son dos, et le lendemain
on le détacha pour le mener à l'écurie avec les autres. *Second voyage du P. Tachard*, p. 352
et 353.

(*a*) Quoique cet animal soit grand et sauvage, on ne laisse pas d'en prendre quantité en
Éthiopie, de la façon que je vais dire. Dans les forêts épaisses où il se retire la nuit, on fait
une enceinte avec des pieux entrelacés de grosses branches, et on lui laisse un passage qui
a une petite porte tendue contre terre. Lorsque l'éléphant est entré, on l'attire en haut de
dessus un arbre avec une corde et on l'enferme, puis on descend et on le tue à coups de flèches,
mais si, par hasard, on le manque et qu'il sorte de l'enceinte, il tue tout ce qu'il rencontre.
L'Afrique de Marmol. Paris, 1667, t. Ier, p. 58... La chasse des éléphants se fait de diverses
manières : en des endroits, où l'on tend des chausses-trappes, par le moyen desquelles ils
tombent dans quelque fosse où on les attire aisément quand on les a bien embarrassés. En
d'autres, on se sert d'une femelle apprivoisée qui est en chaleur, et que l'on mène en un lieu

L'éléphant, une fois dompté, devient le plus doux, le plus obéissant de
tous les animaux : il s'attache à celui qui le soigne, il le caresse, le prévient,
et semble deviner tout ce qui peut lui plaire ; en peu de temps, il vient à
comprendre les signes et même à entendre l'expression des sons ; il distingue le ton impératif, celui de la colère ou de la satisfaction, et il agit en
conséquence. Il ne se trompe point à la parole de son maître, il reçoit ses
ordres avec attention, les exécute avec prudence, avec empressement, sans
précipitation, car ses mouvements sont toujours mesurés, et son caractère
paraît tenir de la gravité de sa masse. On lui apprend aisément à fléchir
les genoux pour donner plus de facilité à ceux qui veulent le monter ; il
caresse ses amis avec sa trompe, en salue les gens qu'on lui fait remarquer ;
il s'en sert pour enlever des fardeaux et aide lui-même à se charger ; il se
laisse vêtir et semble prendre plaisir à se voir couvert de harnais dorés et de
housses brillantes. On l'attelle, on l'attache par des traits à des chariots (a),

étroit où on l'attache, elle y fait venir le mâle par ses cris ; quand il y est, on l'enferme par le
moyen de quelques barrières faites exprès, qu'on pousse pour l'empêcher de sortir, et cependant qu'il trouve la femelle sur le dos, il habite avec elle, contre l'usage des autres bêtes (*).
Il tâche après cela de se retirer ; mais comme il va et vient pour trouver une sortie, les chasseurs qui sont sur la muraille ou sur quelque autre lieu élevé, jettent quantité de petites et
grosses cordes, avec quelques chaînes, par le moyen desquelles ils embarrassent tellement
sa trompe et le reste de son corps qu'ils en approchent ensuite sans danger ; et après qu'ils
ont pris quelques précautions nécessaires, ils l'emmènent à la compagnie de deux autres
éléphants qui sont apprivoisés, et qu'ils ont amenés exprès pour lui donner exemple, ou pour
le menacer, s'il fait le mauvais... Il y a encore d'autres pièges pour prendre les éléphants,
et chaque pays a sa manière. *Relation d'un voyage*, par Thévenot. Paris, 1664, t. III, p. 131.
— Les habitants de Ceylan font des fosses bien profondes qu'ils couvrent de planches qui ne
sont point jointes, et les planches sont couvertes de paille, aussi bien que le vide qui est
entre deux. La nuit, lorsque les éléphants passent sur ces fossés, ils y tombent et n'en peuvent sortir ; si bien qu'ils y périraient de faim, si on ne leur faisait porter à manger par des
esclaves, à la vue desquels ils s'accoutument, et ainsi ils s'apprivoisent peu à peu, jusque-là
qu'ils vont avec eux à Goa et dans les autres pays voisins, pour gagner leur vie et celle de
leurs maîtres. *Divers Mémoires touchant les Indes orientales, premier Discours*, t. II, p. 257.
Recueil des voyages de la Compagnie des Indes. Amsterdam, 1711. — Comme les Européens
paient les dents des éléphants assez cher, c'est un motif qui arme continuellement les nègres
contre l'éléphant. Ils s'attroupent quelquefois pour cette chasse, avec leurs flèches et leurs
zagayes. Mais leur méthode la plus commune est celle des fossés qu'il creusent dans les bois,
qui leur réussissent d'autant mieux, qu'on ne peut guère se tromper à la trace des éléphants..
On les prend en deux façons, ou en leur préparant des fosses couvertes de branches
d'arbres, dans lesquelles ils tombent sans y prendre garde, ou à la chasse, qui se fait de
cette sorte. Dans l'île de Ceylan, où il y a une très grande multitude d'éléphants, ceux qui
s'occupent à leur chasse ont des éléphants femelles qu'ils appellent *alias*. Dès qu'ils savent
qu'il y a en quelque lieu quelques-uns de ces animaux encore sauvages, ils y vont, menant
avec eux deux de ces alias, qu'ils relâchent aussitôt qu'ils découvrent un mâle ; elles s'en
approchent des deux côtés, et l'ayant mis au milieu, l'y retiennent si serré qu'il lui est impossible de s'enfuir. *Voyage d'Orient du P. Philippe de la très sainte Trinité*. Lyon, 1669,
page 361.
    (a) Voici ce que j'ai vu moi-même de l'éléphant. Il y a toujours à Goa quelques éléphants

(*) L'Éléphant mâle se comporte autrement ; il monte sur le dos de sa femelle, comme le font les
autres quadrupèdes.

des charrues, des navires, des cabestans : il tire également, continûment et sans se rebuter, pourvu qu'on ne l'insulte pas par des coups donnés mal à propos, et qu'on ait l'air de lui savoir gré de la bonne volonté avec laquelle il emploie ses forces. Celui qui le conduit ordinairement est monté sur son cou et se sert d'une verge de fer (a) dont l'extrémité fait le crochet, ou qui est armée d'un poinçon avec lequel on le pique sur la tête, à côté des oreilles, pour l'avertir, le détourner ou le presser; mais souvent la parole suffit (b), surtout s'il a eu le temps de faire connaissance complète avec son conducteur et de prendre en lui une entière confiance. Son attachement devient quelquefois si fort, si durable, et son affection si profonde, qu'il refuse ordinairement de servir sous tout autre, et qu'on l'a quelquefois vu mourir de regret d'avoir, dans un accès de colère, tué son gouverneur (c).

L'espèce de l'éléphant ne laisse pas d'être nombreuse, quoiqu'il ne produise qu'une fois et un seul petit tous les deux ou trois ans. Plus la vie des animaux est courte, et plus leur production est nombreuse. Dans l'éléphant, la durée de la vie compense le petit nombre, et s'il est vrai, comme on l'assure, qu'il vive deux siècles et qu'il engendre jusqu'à cent vingt ans, chaque couple produit quarante petits dans cet espace de temps : d'ailleurs, n'ayant rien à craindre des autres animaux, et les hommes même ne les prenant qu'avec beaucoup de peine, l'espèce se soutient et se trouve généralement répandue dans tous les pays méridionaux de l'Afrique et de l'Asie. Il y en a

pour servir à la construction des navires : je vins un jour au bord du fleuve, proche duquel on en faisait un très gros dans la même ville de Goa, où il y a une grande place remplie de poutres pour cet effet ; quelques hommes en liaient de fort pesantes par le bout avec une corde qu'ils jetaient à un éléphant, lequel, se l'étant portée à la bouche et en ayant fait deux tours à sa trompe, les traînait lui seul, sans aucun conducteur, au lieu où l'on construisait le navire, qu'on n'avait fait que lui montrer une fois ; et quelquefois il en traînait de si grosses que vingt hommes et possible encore davantage ne les eussent pu remuer. Mais ce que je remarquai de plus étonnant fut que lorsqu'il rencontrait en son chemin d'autres poutres qui l'empêchaient de tirer la sienne, en y mettant le pied dessous, il en enlevait le bout en haut, afin qu'elle pût aisément courir par-dessus les autres. Que pourrait faire davantage le plus raisonnable homme du monde? *Voyage d'Orient du P. Philippe de la très sainte Trinité.* Lyon, 1669, p. 367.

(a) Celui qui conduit l'éléphant se met à cheval sur le cou ; il ne le conduit pas avec une bride ou un frein, et ne le pique avec aucune sorte de pic, mais avec une grosse verge de fer fort pointue par le bout, dont il se sert au lieu d'éperons, qui est crochue d'un côté et dont le crochet est extrêmement fort et pointu, qui sert aussi de bride en le piquant aux oreilles, au museau et où ils savent qu'il est plus sensible ; ce fer, qui tuerait tout autre animal, fait à peine impression sur la peau de l'éléphant ; et souvent même, lorsqu'il est en furie, il ne suffit pas pour le retenir en son devoir. *Voyage de Pietro della Valle,* t. IV, p. 247. — Deux officiers montés, l'un sur la croupe et l'autre sur le cou, gouvernent l'éléphant avec un grand crochet de fer. *Premier voyage du P. Tachard,* p. 273.

(b) « Non freno aut habenis aut aliis vinculis regitur bellua, sed insidentis voci obse- » quitur. » Vartoman. apud Gessner., cap. *de Elephanto.*

(c) « Quidam iracundiá permotus cùm sessorem suum occidisset, tam valde desideravit, » ut pœnitudine et mœrore confectus, obierit. » Arrianus *in Indicis.*

.beaucoup à Ceylan (*a*), au Mogol (*b*), à Bengale (*c*), à Siam (*d*), à Pégu (*e*) et dans toutes les autres parties de l'Inde ; il y en a aussi, et peut-être en plus grand nombre, dans toutes les provinces de l'Afrique méridionale (*), à l'exception de certains cantons qu'ils ont abandonnés parce que l'homme s'en est absolument emparé. Ils sont fidèles à leur patrie et constants pour leur climat ; car, quoiqu'ils puissent vivre dans les régions tempérées, il ne paraît pas qu'ils aient jamais tenté de s'y établir, ni même d'y voyager : ils étaient jadis inconnus dans nos climats. Il ne paraît pas qu'Homère, qui parle de l'ivoire (*f*), connût l'animal qui le porte. Alexandre est le premier (*g*) qui ait montré l'éléphant à l'Europe : il fit passer en Grèce ceux qu'il avait conquis sur Porus, et ce furent peut-être les mêmes que Pyrrhus (*h*), plusieurs années après, employa contre les Romains dans la guerre de Tarente, et avec lesquels Curius vint triompher à Rome. Annibal ensuite en amena d'Afrique, leur fit passer la Méditerranée, les Alpes, et les conduisit, pour ainsi dire, jusqu'aux portes de Rome.

De temps immémorial, les Indiens (*i*) se sont servis d'éléphants à la guerre.

(*a*) Il y a à Ceylan grand nombre d'éléphants, dont les dents valent beaucoup aux habitants et dont ils font un grand trafic. *Voyage de Fr. Pyrard*, t. II, p. 151. — Il y a quantité d'éléphants dans les Indes, dont la plupart y sont transportés de l'île de Ceylan. *Voyage de la Boullaye-le-Gouz*. Paris, 1657, p. 250... Il y a diverses sortes d'éléphants à Delhi, ainsi que dans le reste des Indes, mais ceux de Ceylan sont préférés à tous les autres. *Relation d'un voyage*, par Thévenot, t. III, p. 131. — Il y a quantité d'éléphants dans l'île de Ceylan, qui sont et plus généreux et plus nobles que tous les autres. *Voyage d'Orient du P. Philippe*, p. 361. Voyez aussi le *Recueil des voyages qui ont servi à l'établissement de la Compagnie des Indes de Hollande*. Les *Voyages de Tavernier*. Rouen, 1713, t. III, p. 237.

(*b*) *Voyage de Fr. Bernier au Mogol*. Amsterdam, 1710, t. II, p. 64. *Voyage de de Feynes à la Chine*. Paris, 1630, p. 88. *Relation d'un voyage*, par Thévenot, t. III, p. 131. — *Voyage d'Edward Terr aux Indes orientales*, p. 15 et 16.

(*c*) Le pays de Bengale est fort abondant en éléphants, et c'est de là qu'on en mène aux autres endroits de l'Inde. *Voyage de Fr. Pyrard*. Paris, 1619, t. 1er, p. 353.

(*d*) M. Constance m'a dit que le roi de Siam en a bien vingt mille dans tout son royaume, sans compter les sauvages qui sont dans les bois et dans les montagnes ; on en prend quelquefois jusqu'à cinquante, soixante et même quatre-vingts à la fois dans une seule chasse. *Premier voyage du P. Tachard*, p. 288.

(*e*) *Recueil des voyages de la Compagnie des Indes*. Amsterdam, 1711. *Voyage de Van der Hagen*, t. III, p. 40 jusqu'à 60.

(*f*) Hérodote est le plus ancien auteur qui ait dit que l'ivoire était la matière des dents de l'éléphant. *Vide Plin. Hist. nat.*, lib. VIII, cap. 3.

(*g*) « Elephantes ex Europæis primus Alexander habuit, cùm subegisset Porum. » Pausanias, *in Atticis*.

(*h*) « Manius Curius Dentatus, victo Pyrrho, primum in triumpho elephantum duxit. » Seneca, *De brevitate vitæ*, cap. 13.

(*i*) De temps immémorial, les rois de Ceylan, de Pégu, d'Aracan, se sont servis d'éléphants à la guerre. On liait des sabres nus à leur trompe, et on leur mettait sur le dos de petits châteaux de bois qui tenaient cinq à six hommes armés de javelines, de fusils et d'autres armes ; ils contribuaient beaucoup à mettre en désordre les armées ennemies, mais ils s'effrayaient aisément en voyant du feu. *Recueil des voyages de la Compagnie des Indes*. Amsterdam, 1711, t. VII. *Voyage de Schouten*, p. 32.

(*) C'est l'*Elephas africanus* BLUM.

Chez ces nations mal disciplinées, c'était la meilleure troupe de l'armée, et, tant que l'on n'a combattu qu'avec le fer, celle qui décidait ordinairement du sort des batailles : cependant l'on voit par l'histoire que les Grecs et les Romains s'accoutumèrent bientôt à ces monstres de guerre ; ils ouvraient leurs rangs pour les laisser passer ; ils ne cherchaient point à les blesser, mais lançaient tous leurs traits contre les conducteurs, qui se pressaient de se rendre et de calmer les éléphants dès qu'ils étaient séparés du reste de leurs troupes ; et maintenant que le feu est devenu l'élément de la guerre et le principal instrument de la mort, les éléphants, qui en craignent (a) et le bruit et la flamme, seraient plus embarrassants, plus dangereux qu'utiles dans nos combats. Les rois des Indes font encore armer des éléphants en guerre, mais c'est plutôt pour la représentation que pour l'effet : ils en tirent cependant l'utilité qu'on tire de tous les militaires, qui est d'asservir leurs semblables ; ils s'en servent pour dompter les éléphants sauvages. Le plus puissant des monarques de l'Inde n'a pas aujourd'hui deux cents éléphants de guerre (b) ; ils en ont beaucoup d'autres pour le service et pour porter les grandes cages de treillage dans lesquelles ils font voyager leurs femmes ; c'est une monture très sûre, car l'éléphant ne bronche jamais, mais elle n'est pas douce, et il faut du temps pour s'accoutumer au mouvement brusque et au balancement continuel de son pas. La meilleure place est sur le cou : les secousses y sont moins dures que sur les épaules, le dos ou la croupe ; mais dès qu'il s'agit de quelque expédition de chasse ou de guerre, chaque éléphant est toujours monté de plusieurs hommes (c). Le conducteur se met à califourchon sur le cou, les chasseurs ou les combattants sont assis ou debout sur les autres parties du corps.

Dans les pays heureux où notre canon et nos arts meurtriers ne sont qu'imparfaitement connus, on combat encore avec des éléphants (d) ; à

(a) L'éléphant craint surtout le feu, d'où vient que depuis qu'on se sert d'armes à feu dans les armées, les éléphants n'y servent presque plus de rien ; véritablement il s'en trouve quelques-uns de si braves, qu'on amène de l'île de Ceylan, qui ne sont pas si peureux, mais encore n'est-ce qu'après les avoir accoutumés en leur tirant tous les jours des mousquets et leur jetant des pétards de papier entre les jambes. *Vayage de Fr. Bernier.* Amsterdam, 1710, t. II, p. 65.

(b) Il y a peu de gens aux Indes qui aient des éléphants ; les grands seigneurs même n'en ont pas un grand nombre, et le Grand-Mogol n'en entretient pas plus de cinq cents pour sa maison, tant pour porter ses femmes dans leurs *micdembers* à treillis, qui sont des manières de cages, que pour les bagages, et l'on m'a assuré qu'il n'en a pas plus de deux cents pour la guerre, dont on emploie une partie à porter les petites pièces d'artillerie sur leurs affûts. *Relation d'un voyage,* par Thévenot, t. III, p. 132.

(c) De tous les animaux, ce sont ceux qui rendent plus de service à la guerre, car on place fort commodément sur eux quatre hommes, qui peuvent aisément se servir du mousquet, de l'arc et de la lance. *Recueil des voyages de la Compagnie des Indes de Hollande. Second voyage de Van der Hagen,* t. II, p. 53.

(d) Lorsque les éléphants sont menés à la guerre, il servent à deux diverses fonctions, car on les charge ou d'une petite tour de bois, du sommet de laquelle quelques soldats combattent, ou l'on attache des épées à leur trompe avec des chaînes de fer, et on les lâche

Cochin et dans le reste du Malabar (*a*) on ne se sert point de chevaux, et tous ceux qui ne combattent pas à pied sont montés sur des éléphants. Il en est à peu près de même au Tunquin (*b*), à Siam (*c*), à Pégu, où le roi et tous les grands seigneurs ne sont jamais montés que sur des éléphants : les jours de fêtes ils sont précédés et suivis d'un nombreux cortège de ces animaux pompeusement parés de plaques de métal brillantes, et couverts des plus riches étoffes. On environne leur ivoire d'anneaux d'or et d'argent (*d*), on leur peint les oreilles et les joues, on les couronne de guirlandes, on leur attache des sonnettes ; ils semblent se complaire à la parure, et plus on leur met d'ornements, plus ils sont caressants et joyeux. Au reste, l'Inde méridionale est le seul pays où les éléphants soient policés à ce point : en Afrique on sait à peine les dompter (*e*). Les Asiatiques très anciennement civilisés, se sont fait une espèce d'art de l'éducation de l'éléphant et l'ont instruit et modifié selon leurs mœurs. Mais de tous les Africains les seuls Carthaginois ont autrefois dressé des éléphants pour la guerre, parce que dans le temps de la splendeur de leur république ils étaient peut-être encore plus civilisés que les Orientaux. Aujourd'hui il n'y a point d'éléphants sauvages dans toute la partie de l'Afrique qui est en deçà du mont Atlas : il y en a même peu au delà de ces montagnes jusqu'au fleuve du Sénégal ; mais

ainsi contre l'armée ennemie, qu'ils assaillent généreusement et qu'ils mettraient indubitablement en pièces, si on ne les repoussait avec des lances qui jettent le feu ; parce que, comme l'on sait que les éléphants sont épouvantés par le feu, l'on en apprête d'artificiel au bout des lances pour les mettre en fuite. *Voyage d'Orient*, par le P. Philippe, p. 367.

(*a*) On ne se sert point à Cochin, non plus que dans le reste du Malabar, de cavalerie pour la guerre ; ceux qui doivent combattre autrement qu'à pied sont montés sur des éléphants dont il y a quantité dans les montagnes, et ces éléphants de montagne sont les plus grands des Indes. *Relation d'un voyage*, par Thévenot, t. III, p. 261.

(*b*) Dans le royaume de Tunquin, les dames de condition montent ordinairement sur des éléphants, qui sont extrêmement hauts et gros, et qui portent, sans aucun danger, une tour avec six hommes dedans, et un autre homme sur leur cou, qui les conduit. *Il Genio vagante del conte Aurelio degli Anzi*. In Parma, 1691, t. Ier, p. 282.

(*c*) Voyez le *Journal du voyage de l'abbé de Choisy*. Amsterdam, 1687, p. 242.

(*d*) Nous avons vu des éléphants qui ont les dents d'une beauté et d'une grandeur admirables ; elles sortent à quelques-uns plus de quatre pieds hors de la bouche, et sont garnies d'espace en espace de cercles d'or, d'argent et de cuivre. *Premier voyage du P. Tachard*, p. 273. — Les princes font consister leur grandeur et leur pouvoir à nourrir beaucoup d'éléphants, ce qui leur est d'une grande dépense. Le Grand-Mogol en a plusieurs milliers. Le roi de Maduré, le seigneur de Narzingue et de Bisnagar, le roi des Naires et celui de Mansul en ont plusieurs centaines, qu'ils distinguent en trois classes : les plus grands sont pour le service immédiat du prince ; leur harnais est très riche ; on les couvre de draps travaillés en or et couverts de perles, leurs dents sont ornées d'or très fin et d'argent, et quelquefois on les couvre de diamants ; ceux d'une taille moyenne sont pour la guerre, et les petits pour l'usage et le service ordinaire. *Voyage du P. Vincent-Marie de Sainte-Catherine de Sienne*, chap. ii. (Cet article a été traduit de l'italien par M. le marquis de Montmirail.)

(*e*) Les habitants de Congo n'ont pas l'art de dompter les éléphants : ils sont fort méchants, et prennent les crocodiles avec leur trompe et les jettent au loin. *Il Genio vag. del conte Aurelio*, tome II, p. 173.

il s'en trouve déjà beaucoup au Sénégal même (*a*), en Guinée (*b*), au Congo (*c*), à la côte des Dents (*d*), au pays d'Ante (*e*), d'Acra, de Benin et dans toutes les autres terres du sud de l'Afrique (*f*), jusqu'à celles qui sont terminées par le cap de Bonne-Espérance ; à l'exception de quelques provinces très peuplées, telles que Fida (*g*), Ardra, etc. On en trouve de même en Abyssinie (*h*), en

(*a*) Les éléphants, dont je voyais tous les jours un grand nombre se répandre sur les bords du fleuve Sénégal, ne m'étonnaient plus. Le 5 novembre je me promenais dans les bois qui sont vis-à-vis le village de Dagana ; j'aperçus quantité de leurs traces toutes fraîches ; je les suivis constamment pendant près de deux lieues, et enfin je découvris cinq de ces animaux, dont trois se vautraient couchés dans leur souil, à la manière des cochons, et le quatrième était debout avec son petit, mangeant les extrémités des branches d'un acacia qu'il venait de rompre : je jugeai par comparaison de la hauteur de l'arbre contre lequel était cet éléphant, qu'il avait au moins onze à douze pieds depuis la plante des pieds jusqu'à la croupe ; ses défenses sortaient de la longueur de près de trois pieds. Quoique ma présence ne les eût pas émus, je pensai qu'il était à propos de me retirer. En poursuivant ma route, je rencontrai des impressions bien marquées de leurs pas, que je mesurai ; elles avaient près d'un pied et demi de diamètre ; leur fiente, qui ressemblait à celle du cheval, formait des boules de sept à huit pouces d'épaisseur. *Voyage au Sénégal*, par M. Adanson. Paris, 1757, p. 75. — Voyez aussi le *Voyage de Le Maire*, p. 97 et 98.

(*b*) Voyez le *Voyage de Guinée*, par G. Bosman. Utrecht, 1705, p. 243.

(*c*) Dans la province de Pamba, qui est au royaume de Congo, on trouve beaucoup d'éléphants, à cause de la grande quantité de forêts et de rivières dont le pays est plein. *Voyage de Fr. Drack.* Paris, 1641, p. 104. Voyez aussi, dans le *Recueil des voyages de la Compagnie des Indes de Hollande*, le *Voyage de Van-der-Brock*, t. IV, p. 319. Voyez aussi *Il Genio vagante del conte Aurelio*, t. II, p. 473 et suiv.

(*d*) Le premier pays où l'on trouve le plus souvent des éléphants, c'est cet endroit de la côte que l'on appelle en flamand Tand-Kust, ou Côte des dents, à cause de la grande quantité des dents d'éléphants qu'on y trafique ; ensuite vers la côte d'Or et dans les pays d'Awiné, de Jaumoré, d'Éguira, d'Abocroé, d'Ancober et d'Axim, où l'on en tue chaque jour un grand nombre ; et plus un pays est désert et inhabité, plus y rencontre-t-on d'éléphants et d'autres animaux sauvages. *Voyage de Guinée*, par Guill. Bosman, p. 244.

(*e*) Le pays d'Ante abonde aussi en éléphants, puisque non seulement on en tue quantité dans la terre ferme, mais qu'ils viennent presque tous les jours sur les bords de la mer et sous nos forts, d'où nos gens peuvent les voir, et y font de grands ravages ; depuis le pays d'Ante jusqu'à celui d'Acra, on n'en trouve pas tant que dans les lieux ci-dessus nommés, parce que ces pays, entre Ante et Acra, ont été depuis longtemps passablement bien peuplés, excepté celui de Fétu, qui depuis cinq ou six ans a été presque désert, ce qui fait qu'on y voit beaucoup plus de ces bêtes qu'auparavant. Du côté d'Acra on en tue toutes les années un grand nombre, parce que dans ces quartiers-là il y a bien du pays désert et inhabité..... Dans le pays de Benin, comme aussi à Rio de Calbari, Camerones et dans plusieurs autres pays et rivières d'alentour, il y a une si grande quantité de ces animaux, qu'on a peine à s'imaginer comment les habitants peuvent ou osent y demeurer. *Idem*, p. 246.

(*f*) Au dessous de la baie de Sainte-Hélène le pays est partagé en deux parties par la rivière des Éléphants, qui a été ainsi appelée parce que ces animaux, qui aiment les courants, se trouvent en grande quantité sur ses bords. *Description du cap de Bonne-Espérance*, par Kolbe. Amst. 1741, t. Ier, p. 114 ; et t. III, p. 12.

(*g*) Il n'y a pas d'éléphants à Ardra ni à Fida, quoique de mon temps on y en ait tué un ; mais les Nègres avouèrent que cela n'était point arrivé dans l'espace de soixante ans ; ainsi je crois que s'y étant égaré, il pouvait y être venu d'ailleurs. *Voyage de Guinée*, par Bosman, p. 245.

(*h*) Voyez le *Voyage historique d'Abyssinie*, du P. Lobo, t. Ier, p. 57, où il dit qu'on trouve dans l'Abyssinie de grandes troupes d'éléphants.

Éthiopie (*a*), en Nigritie (*b*), sur les côtes orientales de l'Afrique et dans l'intérieur des terres de toute cette partie du monde. Il y en a aussi dans les grandes îles de l'Inde et de l'Afrique, comme à Madagascar (*c*) (*), à Java (*d*), et jusqu'aux Philippines (*e*).

Après avoir conféré les témoignages des historiens et des voyageurs, il nous a paru que les éléphants sont actuellement plus nombreux, plus fréquents en Afrique qu'en Asie; ils y sont aussi moins défiants, moins sauvages, moins retirés dans les solitudes; il semble qu'ils connaissent l'impéritie et le peu de puissance des hommes auxquels ils ont affaire dans cette partie du monde; ils viennent tous les jours et sans aucune crainte jusqu'à leurs habitations (*f*); ils traitent les Nègres avec cette indifférence naturelle et dédaigneuse qu'ils ont pour tous les animaux; ils ne les regardent pas comme des êtres puissants, forts et redoutables, mais comme une espèce cauteleuse, qui ne sait que dresser des embûches, qui n'ose les attaquer en face et qui ignore l'art de les réduire en servitude. C'est en effet par cet art connu de tous temps des Orientaux que ces animaux ont été réduits à un moindre nombre; les éléphants sauvages, qu'ils rendent domestiques,

(*a*) Les Éthiopiens ont des éléphants dans leur pays, bien plus petits à la vérité que ceux des Indes, et dont les dents mêmes sont plus creuses et les moins estimées; mais ils ne laissent pas que d'en faire un très grand trafic. *Voyage de Paul Lucas*. Rouen, 1719, t. III, p. 186. — On voit beaucoup d'éléphants en Éthiopie et dans les États du Prêtre-Jean derrière l'île Mosambique, où les Cafres ou Noirs en tuent souvent pour en vendre les dents. *Recueil des voyages de la Compagnie des Indes de Hollande*, t. 1er, p. 413. Voyez aussi *l'Afrique de Marmol*, t. 1er, p. 58.

(*b*) « Elephas magnâ copiâ in silvis Nigritarum regionis invenitur. Solent magno numero » confertim incedere, etc. » *Leonis Afric. Descript. Africæ.* Lugd. Bat. 1632, t. II, p. 744 et 745.

(*c*) Dans l'île de Madagascar, se trouvent tant d'éléphants, qu'on n'estime contrée du monde en produire davantage; au moyen de quoi s'y fait grand trafic de marchandise d'ivoire (**), comme semblablement en une autre île voisine appelée Cuzibet; et par le jugement des marchands ne se retire pas du reste du monde si grande quantité de dents d'éléphants (qui est le vrai ivoire) que l'on en trouve en ces deux îles. *Descript. de l'Inde orient.* par Marc Paul. Paris, 1556, liv. iii, chap. xxxix, p. 114.

(*d*) Les animaux qui se trouvent dans l'île de Java sont : 1° des éléphants qu'on apprivoise et qu'on loue ensuite pour travailler. *Recueil des voyages de la Compagnie des Indes de Hollande*, t. 1er, p. 411. — A Tuban, les Hollandais virent les éléphants du roi de Java, qui sont chacun sous un petit toit particulier, soutenu par quatre piliers au milieu; et dans le milieu de l'espace, qui est sous ce toit, il y a un grand pieu auquel l'éléphant est attaché par une chaîne. *Idem*, t. 1er, p. 526.

(*e*) L'île de Mandanar est la seule des Philippines, qui ait des éléphants, parce que les insulaires ne les apprivoisent pas comme l'on fait à Siam et à Comboya, ils s'y sont extrêmement multipliés. *Voyage autour du monde*, par Gemelli Careri. Paris, 1716, t. V. p. 209.

(*f*) Les éléphants passent souvent les nuits dans les villages, et craignent si peu les lieux fréquentés qu'au lieu de se détourner, quand ils voient les maisons des Nègres, ils passent tout droit, et les renversent en marchant comme une coquille de noix. *Voyage de Le Maire*, p. 98.

(*) Il n'y a pas actuellement d'Éléphants à Madagascar.

(**) L'ivoire de Madagascar est de l'ivoire fossile.

deviennent par la captivité autant d'eunuques volontaires dans lesquels se
tarit chaque jour la source des générations ; au lieu qu'en Afrique, où ils
sont tous libres, l'espèce se soutient et pourrait même augmenter en perdant
davantage, parce que tous les individus travaillent constamment à sa réparation. Je ne vois pas qu'on puisse attribuer à une autre cause cette différence de nombre dans l'espèce ; car, en considérant les autres effets, il
paraît que le climat de l'Inde méridionale et de l'Afrique orientale est la
vraie patrie, le pays naturel et le séjour le plus convenable à l'éléphant ; il
y est beaucoup plus grand, beaucoup plus fort qu'en Guinée et dans toutes
les autres parties de l'Afrique occidentale ; l'Inde méridionale et l'Afrique
orientale sont donc les contrées dont la terre et le ciel lui conviennent le
mieux ; et, en effet, il craint l'excessive chaleur, il n'habite jamais dans les
sables brûlants, et il ne se trouve en grand nombre dans le pays des Nègres
que le long des rivières et non dans les terres élevées ; au lieu qu'aux Indes,
les plus puissants, les plus courageux de l'espèce, et dont les armes sont les
plus fortes et les plus grandes, s'appellent éléphants de montagne, et habitent
en effet les hauteurs où l'air étant plus tempéré, les eaux moins impures, les
aliments plus sains, leur nature arrive à son plein développement et acquiert
toute son étendue, toute sa perfection.

En général, les éléphants d'Asie l'emportent par la taille, par la force, etc.,
sur ceux de l'Afrique ; et en particulier ceux de Ceylan sont encore supérieurs
à tous ceux de l'Asie, non par la grandeur, mais par le courage et par l'intelligence : probablement ils ne doivent ces qualités qu'à leur éducation plus
perfectionnée à Ceylan qu'ailleurs ; mais tous les voyageurs (a) ont célébré
les éléphants de cette île, où, comme l'on sait, le terrain est groupé par montagnes qui vont en s'élevant à mesure qu'on avance vers le centre et où la
chaleur, quoique très grande, n'est pas aussi excessive qu'au Sénégal, en
Guinée, et dans toutes les autres parties occidentales de l'Afrique. Les anciens, qui ne connaissaient de cette partie du monde que les terres situées
entre le mont Atlas et la Méditerranée, avaient remarqué que les éléphants
de la Lybie étaient bien plus petits (b) que ceux des Indes ; il n'y en a plus
aujourd'hui dans cette partie de l'Afrique, et cela prouve encore, comme nous
l'avons dit à l'article du lion, que les hommes y sont plus nombreux de nos
jours qu'ils ne l'étaient dans le siècle de Carthage.

(a) Les éléphants de Ceylan sont préférés à tous les autres, parce qu'ils sont plus courageux..... Les Indiens disent que tous les autres éléphants les respectent. *Relation d'un
voyage*, par Thévenot, p. 261. — Les éléphants de Ceylan sont plus braves que les autres.
Voyage de Bernier, t. II, p. 65. — Les meilleurs éléphants et les plus intelligents qui soient
au monde, sont dans l'île de Ceylan. *Recueil des voyages*, t. Ier, p. 413 ; t. II, p. 256 ; t. IV,
p. 363. — Il y a quantité d'éléphants à Ceylan, qui sont et plus généreux et plus nobles
qu'aucuns des autres..... Tous les autres éléphants révèrent les éléphants de Ceylan, etc.
Voyage d'Orient du P. Philippe, p. 130 et 367.

(b) « Indicum (elephantum) Afri pavent, nec contueri audent ; nam et major Indicis
» magnitudo est. » Plin. *Hist. nat.*, lib. VIII, cap. 9.

Les éléphants se sont retirés à mesure que les hommes les ont inquiétés ; mais en voyageant sous le ciel de l'Afrique ils n'ont pas changé de nature ; car ceux du Sénégal, de la Guinée, etc., sont, comme l'étaient ceux de la Lybie, beaucoup plus petits que ceux des grandes Indes.

La force de ces animaux est proportionnelle à leur grandeur : les éléphants des Indes portent aisément trois ou quatre milliers (*a*) ; les plus petits, c'est-à-dire ceux d'Afrique, enlèvent librement un poids de deux cents livres (*b*) avec leur trompe, et le placent eux-mêmes sur leurs épaules ; ils prennent dans cette trompe une grande quantité d'eau qu'ils rejettent en haut ou à la ronde, à une ou deux toises de distance ; ils peuvent porter plus d'un millier pesant sur leurs défenses ; la trompe leur sert à casser les branches des arbres ; et les défenses à arracher les arbres mêmes. On peut encore juger de leur force par la vitesse de leur mouvement, comparée à la masse de leur corps ; ils font au pas ordinaire à peu près autant de chemin qu'un cheval en fait au petit trot, et autant qu'un cheval au galop lorsqu'ils courent, ce qui dans l'état de liberté ne leur arrive guère que quand ils sont animés de colère ou poussés par la crainte. On mène ordinairement au pas les éléphants domestiques ; ils font aisément et sans fatigue quinze ou vingt lieues par jour, et quand on veut les presser (*c*), ils peuvent en faire jusqu'à trente-cinq ou quarante. On les entend marcher de très loin, et l'on peut aussi les suivre de très près à la piste, car les traces qu'ils laissent sur la terre ne sont pas équivoques, et dans les terrains où le pied marque, elles ont quinze ou dix-huit pouces de diamètre.

Un éléphant domestique rend peut-être à son maître plus de services que cinq ou six chevaux (*d*), mais il lui faut du foin et une nourriture abondante et choisie ; il coûte environ quatre francs ou cent sous (*e*) par jour à nourrir. On lui donne ordinairement du riz cru ou cuit, mêlé avec de l'eau, et on prétend qu'il faut cent livres de riz par jour pour qu'il s'entretienne dans sa

(*a*) Un éléphant peut porter quarante mans, à quatre-vingts livres le man. *Relation d'un voyage*, par Thévenot, p. 261.

(*b*) L'éléphant lève un poids de deux cents livres avec sa trompe, et le charge sur ses épaules..... Il prend dans sa trompe cent cinquante livres d'eau, qu'il jette en haut à la hauteur d'une pique. *L'Afrique de Marmol*, t. Ier, p. 58.

(*c*) Lorsqu'on presse l'éléphant, il fera bien en un jour le chemin de six journées. *L'Afrique de Marmol*, t. Ier, p. 58.

(*d*) Le prix des éléphants est plus considérable qu'on ne pourrait l'imaginer ; on en a vu vendre depuis mille pagodes d'or jusqu'à quinze mille roupies, c'est-à-dire depuis neuf à dix mille livres jusqu'à trente-six mille livres. *Notes de M. de Bussy*. — On vend un éléphant selon sa taille... Un éléphant de Ceylan vaut du moins huit mille *pardaons*, et quand il est fort grand on le vend jusqu'à douze et même jusqu'à quinze mille pardaous. *Histoire de l'île de Ceylan*, par Ribeyro. Trévoux, 1701, p. 144.

(*e*) Les éléphants coûtent chacun environ une demi-pistole par jour à nourrir. *Relation d'un voyage*, par Thévenot, p. 261. — Ceux qui sont privés sont fort délicats en leur vivre, et leur faut bailler du riz bien cuit et accommodé avec du beurre et du sucre, qu'on leur donne par grosses pelotes, et leur faut bien cent livres de riz par chaque jour, outre qu'il leur

pleine vigueur; on lui donne aussi de l'herbe pour le rafraîchir, car il est sujet à s'échauffer, et il faut le mener à l'eau et le laisser baigner deux ou trois fois par jour. Il apprend aisément à se laver lui-même ; il prend de l'eau dans sa trompe, il la porte à sa bouche pour boire, et ensuite, en retournant sa trompe, il en laisse couler le reste à flots sur toutes les parties de son corps. Pour donner une idée des services qu'il peut rendre, il suffira de dire que tous les tonneaux, sacs, paquets qui se transportent d'un lieu à un autre dans les Indes, sont voiturés par des éléphants ; qu'ils peuvent porter des fardeaux sur leur corps, sur leur cou, sur leurs défenses, et même avec leur gueule, en leur présentant le bout d'une corde qu'ils serrent avec les dents ; que, joignant l'intelligence à la force, ils ne cassent ni n'endommagent rien de ce qu'on leur confie ; qu'ils font tourner et passer ces paquets du bord des eaux dans un bateau sans les laisser mouiller, les posant doucement et les arrangeant où l'on veut les placer ; que quand ils les ont déposés dans l'endroit qu'on leur montre, ils essaient avec leur trompe s'ils sont bien situés, et que quand c'est un tonneau qui roule, ils vont d'eux-mêmes chercher des pierres pour le caler et l'établir solidement, etc.

Lorsque l'éléphant est bien soigné, il vit longtemps, quoique en captivité, et l'on doit présumer que dans l'état de liberté sa vie est encore plus longue. Quelques auteurs ont écrit qu'il vivait quatre ou cinq cents ans (a), d'autres deux ou trois cents (b), et d'autres enfin cent-vingt, cent-trente ou cent-cinquante ans (c). Je crois que le terme moyen est le vrai, et que si l'on s'est assuré que des éléphants captifs vivent cent-vingt ou cent-trente ans, ceux

faut bailler des feuilles d'abres, principalement du figuier d'Inde, que nous appelons bananes, et les Turcs plantenes, pour les rafraîchir. *Voyage de Pyrard*, t. II, p. 367. — Voyez aussi les *Voyages de la Boullaye-le-Gouz*. Paris, 1657, p. 250, et le *Recueil des voy. de la Comp. des Indes de Hollande*, t. 1er, p. 473.

(a) Onésime, au rapport de Strabon (lib. xv), assure que les éléphants vivent jusqu'à cinq cents ans. — Philostrate (*Vit. Apoll.*, lib. xvi), rapporte que l'éléphant Ajax, qui avait combattu pour Porus contre Alexandre, vivait encore quatre cents ans après. — Juba, roi de Mauritanie, a aussi écrit qu'il en avait pris un dans le mont Atlas qui s'était pareillement trouvé dans un combat quatre cents ans auparavant.

(b) « Elephantem alii annos ducentos vivere aiunt, alii trecentos. » Aristot., *Hist. anim.*, lib. viii, cap. ix. — « Elephas ut longissimum annos circiter ducentos vivit. » Arrian, *in Indicis*. — Je vis un petit éléphant blanc qu'on destine pour être le successeur de celui qui est dans le palais, et qu'on dit avoir près de trois cents ans. *Premier voyage de Siam du P. Tachard*, p. 273.

(c) Les éléphants croissent jusqu'à la moitié de leur âge, et vivent ordinairement cent cinquante ans. *Voyage de Drack autour du monde*, p. 104. — Les éléphants portent deux ans, et peuvent vivre jusqu'à cent cinquante ans. *Recueil des voyages de la Compagnie des Indes de Hollande*, t. VII, p. 31. — Nonobstant toutes les recherches que j'ai faites avec assez de soin, je n'ai jamais pu savoir bien exactement combien l'éléphant vivait ; et voici toutes les lumières qu'on peut tirer de ceux qui gouvernent ces animaux : ils ne savent vous dire autre chose sinon que tel éléphant a été entre les mains de leur père, de leur aïeul et de leur bisaïeul ; et supputant le temps que ces gens-là ont vécu, il se trouve quelquefois qu'il monte à cent vingt ou cent trente ans. *Voyage de Tavernier*. Rouen, 1713, t. III, p. 242 et 243.

qui sont libres et qui jouissent de toutes les aisances de la vie et de tous
les droits de la nature doivent vivre au moins deux cents ans; de même, si
la durée de la gestation est de deux ans, et s'il leur faut trente ans pour
prendre tout leur accroissement, on peut encore être assuré que leur vie
s'étend au moins au terme que nous venons d'indiquer. Au reste, la captivité abrège moins leur vie que la disconvenance du climat : quelque soin
qu'on en prenne, l'éléphant ne vit pas longtemps dans les pays tempérés,
et encore moins dans les climats froids; celui que le roi de Portugal envoya
à Louis XIV en 1668 (a), et qui n'avait alors que quatre ans, mourut à dix-
sept ans, au mois de janvier 1681, et ne subsista que treize ans dans la
ménagerie de Versailles, où cependant il était traité soigneusement et nourri
largement; on lui donnait tous les jours quatre-vingts livres de pain, douze
pintes de vin et deux seaux de potage, où il entrait encore quatre ou cinq
livres de pain ; et de deux jours l'un, au lieu de potage, deux seaux de riz
cuit dans l'eau, sans compter ce qui lui était donné par ceux qui le visi-
taient ; il avait encore tous les jours une gerbe de blé pour s'amuser, car
après avoir mangé le grain des épis, il faisait des poignées de la paille, et il
s'en servait pour chasser les mouches; il prenait plaisir à la rompre par
petits morceaux, ce qu'il faisait fort adroitement avec sa trompe ; et comme
on le menait promener presque tous les jours, il arrachait de l'herbe et la
mangeait. L'éléphant qui était dernièrement à Naples, où, comme l'on sait,
la chaleur est plus grande qu'à Paris, n'y a cependant vécu qu'un petit
nombre d'années : ceux qu'on a transportés vivants jusqu'à Pétersbourg
périssent successivement, malgré l'abri, les couvertures, les poêles; ainsi
l'on peut assurer que cet animal ne peut subsister de lui-même nulle part
en Europe, et encore moins s'y multiplier. Mais je suis étonné que les Portugais, qui ont connu, pour ainsi dire, les premiers, le prix et l'utilité de
ces animaux dans les Indes orientales, n'en aient pas transporté dans le
climat chaud du Brésil où peut-être, en les laissant libres, ils auraient
peuplé. La couleur ordinaire des éléphants est d'un gris cendré ou noirâtre;
les blancs, comme nous l'avons dit, sont extrêmement rares (b), et on cite

(a) *Mémoires pour servir à l'histoire des animaux*, part. III, p. 101 et 127.

(b) Quelques personnes qui ont demeuré longtemps à Pondichéry nous ont paru douter
qu'il existe des éléphants blancs et rouges; ils assurent qu'il n'y en a jamais eu que de noirs,
du moins dans cette partie de l'Inde : il est vrai, disent-ils, que si l'on est un certain temps
sans les laver, la poussière qui s'attache à leur peau huileuse et exactement rase les fait
paraître d'un gris sale; mais en sortant de l'eau ils sont noirs comme du jais. Je crois en
effet que le noir est la couleur naturelle des éléphants, et qu'il ne se trouve que des éléphants
noirs dans les parties de l'Inde que ces personnes ont été à portée de parcourir; mais il me
paraît en même temps qu'on ne peut douter qu'à Ceylan, à Siam, à Pégu, à Cambaie, etc.,
il ne se trouve par hasard quelques éléphants blancs et rouges. On peut citer pour témoins
oculaires le chevalier de Chaumont, l'abbé de Choisy, le P. Tachard, Van-der-Hagen, Joost
Schuten, Thévenot, Ogilby et d'autres voyageurs moins connus. Hartenfels, qui, comme l'on
sait, a rassemblé dans son *Elephantographia* une grande quantité de faits tirés de différentes

ceux qu'on a vus en différents temps dans quelques endroits des Indes, où il s'en trouve aussi quelques-uns qui sont roux, et ces éléphants blancs et rouges (a) sont très estimés ; au reste, ces variétés sont si rares, qu'on ne doit pas les regarder comme subsistantes par des races distinctes dans l'espèce, mais plutôt comme des qualités accidentelles et purement individuelles ; car s'il en était autrement, on connaîtrait le pays des éléphants blancs, celui des rouges et celui des noirs, comme l'on connaît les climats des hommes blancs, rouges et noirs. « On trouve aux Indes des éléphants » de trois sortes (dit le P. Vincent Marie) (b), les blancs, qui sont les plus » grands, les plus doux, les plus paisibles, sont estimés et adorés par plu- » sieurs nations comme des dieux : les roux, tels que ceux de Ceylan, quoi- » qu'ils soient les plus petits de corsage, sont les plus valeureux, les plus » forts, les plus nerveux, les meilleurs pour la guerre ; les autres, soit par » inclination naturelle, soit parce qu'ils reconnaissent en eux quelque chose » de plus excellent, leur portent un grand respect ; la troisième espèce est » celle des noirs, qui sont les plus communs et les moins estimés. » Cet auteur est le seul qui paraisse indiquer que le climat particulier des éléphants roux ou rouges est Ceylan ; les autres voyageurs n'en font aucune mention. Il assure aussi que les éléphants de Ceylan sont plus petits que les autres ; Thévenot dit la même chose dans la relation de son voyage, page 260, mais d'autres disent ou indiquent le contraire : enfin, le P. Vincent Marie est encore le seul qui ait écrit que les éléphants blancs sont les plus grands ; le P. Tachard assure, au contraire, que l'éléphant blanc du roi de Siam était assez petit quoiqu'il fût très vieux. Après avoir comparé les témoignages des voyageurs au sujet de la grandeur des éléphants dans les différents pays, et réduit les différentes mesures dont ils se sont servis, il me paraît que les plus petits éléphants sont ceux de l'Afrique occidentale et septentrionale, et que les anciens, qui ne connaissaient que cette partie septentrionale de l'Afrique, ont eu raison de dire qu'en général les éléphants des Indes étaient beaucoup plus grands que ceux de l'Afrique. Mais dans les terres orientales de cette partie du monde, qui étaient inconnues des anciens, les éléphants se sont trouvés aussi grands, et peut-être même plus grands

relations, assure que l'éléphant blanc a non seulement la peau blanche, mais aussi le poil de la queue blanc ; on peut encore ajouter à tous ces témoignages l'autorité des anciens. Élien (lib. III, cap. XLVI) parle d'un petit éléphant blanc aux Indes, et paraît indiquer que la mère était noire. Cette variété dans la couleur des éléphants, quoique rare, est donc certaine et même très ancienne, et elle n'est peut-être venue que de leur domesticité, qui dans les Indes est aussi très ancienne.

(a) Dans les cérémonies, le roi de Pégu fait mener deux éléphants rouges enharnachés d'étoffes d'or et de soie, puis les quatre éléphants blancs avec de semblables harnais relevés de pierreries : ceux-ci ont une garniture d'or toute couverte de rubis sur chaque dent. *Voyage de la Compagnie des Indes de Hollande*, t. III, p. 60.

(b) *Voyage du P. Fr. Vincent-Marie de Sainte-Catherine de Sienne*, ch. XI, trad. de l'italien par M. le marquis de Montmirail.

qu'aux Indes ; et dans cette dernière région, il paraît que ceux de Siam, de Pégu, etc., l'emportent par la taille sur ceux de Ceylan, qui cependant, de l'aveu unanime de tous les voyageurs, sont les plus courageux et les plus intelligents.

Après avoir indiqué les principaux faits au sujet de l'espèce, examinons en détail les facultés de l'individu, les sens, les mouvements, la grandeur, la force, l'adresse, l'intelligence, etc. L'éléphant a les yeux très petits relativement au volume de son corps, mais ils sont brillants et spirituels, et ce qui les distingue de ceux de tous les autres animaux, c'est l'expression pathétique du sentiment et la conduite presque réfléchie de tous leurs mouvements (a) ; il les tourne lentement et avec douceur vers son maître, il a pour lui le regard de l'amitié, celui de l'attention lorsqu'il parle, le coup d'œil de l'intelligence quand il l'a écouté, celui de la pénétration lorsqu'il veut le prévenir ; il semble réfléchir, délibérer, penser, et ne se déterminer qu'après avoir examiné et regardé à plusieurs fois et sans précipitation, sans passion, les signes auxquels il doit obéir. Les chiens, dont les yeux ont beaucoup d'expression, sont des animaux trop vifs pour qu'on puisse distinguer aisément les nuances successives de leurs sensations ; mais, comme l'éléphant est naturellement grave et modéré, on lit, pour ainsi dire, dans ses yeux, dont les mouvements se succèdent lentement (b), l'ordre et la suite de ses affections intérieures.

Il a l'ouïe très bonne, et cet organe est à l'extérieur, comme celui de l'odorat, plus marqué dans l'éléphant que dans aucun autre animal. Ses oreilles sont très grandes, beaucoup plus longues, même à proportion du corps, que celle de l'âne, et aplaties contre la tête comme celles de l'homme ; elles sont ordinairement pendantes, mais il les relève et les remue avec une grande facilité : elles lui servent à essuyer ses yeux (c), à les préserver de l'incommodité de la poussière et des mouches. Il se délecte au son des instruments et paraît aimer la musique ; il apprend aisément à marquer la mesure, à se remuer en cadence, et à joindre à propos quelques accents au bruit des tambours et au son des trompettes. Son odorat est exquis et il aime avec passion les parfums de toute espèce et surtout les fleurs odorantes ; il les choisit, il les cueille une à une, il en fait des bouquets, et, après en avoir savouré l'odeur, il les porte à sa bouche et semble les goûter ;

(a) *Elephantographia Christophori Petri ab Hartenfels* Erfodiæ, 1715.

(b) Les yeux de l'éléphant sont très petits proportionnellement à la tête et encore plus petits proportionnellement au corps, mais ils sont très vifs et éveillés, et il les remue d'une façon qui lui donne toujours l'air pensif et rêveur. *Voyage aux Indes orientales du P. Fr. Vincent-Marie de Sainte-Catherine de Sienne,* etc. Venise, 1683, en italien, in-4°, p. 396, traduit par M. le marquis de Montmirail.

(c) Les oreilles de l'éléphant sont très grandes... Il les remue continuellement avec gravité, et elles défendent ses yeux de tous les petits animaux nuisibles. *Idem, ibid.* — Voyez aussi les *Mémoires pour servir à l'histoire des animaux,* part. III, p. 107.

la fleur d'orange est un de ses mets les plus délicieux : il dépouille avec sa trompe un oranger (*a*) de toute sa verdure et en mange les fruits, les fleurs, les feuilles, et jusqu'au jeune bois. Il choisit dans les prairies les plantes odoriférantes, et dans les bois il préfère les cocotiers, les bananiers, les palmiers, les sagous ; et comme ces arbres sont moelleux et tendres, il en mange non seulement les feuilles et les fruits, mais même les branches, le tronc et les racines, car quand il ne peut arracher ces arbres avec sa trompe, il les déracine avec ses défenses.

A l'égard du sens du toucher, il ne l'a, pour ainsi dire, que dans la trompe, mais il est aussi délicat, aussi distinct dans cette espèce de main que dans celle de l'homme. Cette trompe, composée de membranes, de nerfs et de muscles, est en même temps un membre capable de mouvement et un organe de sentiment. L'animal peut non seulement la remuer, la fléchir, mais il peut la raccourcir, l'allonger, la courber et la tourner en tout sens. L'extrémité de la trompe est terminée par un rebord (*b*) qui s'allonge par le dessus en forme de doigt : c'est par le moyen de ce rebord et de cette espèce de doigt que l'éléphant fait tout ce que nous faisons avec les doigts : il ramasse à terre les plus petites pièces de monnaie, il cueille les herbes et les fleurs en les choisissant une à une, il dénoue les cordes, ouvre et ferme les portes en tournant les clefs et poussant les verrous ; il apprend à tracer des caractères réguliers avec un instrument aussi petit qu'une plume (*c*). On ne peut même disconvenir que cette main de l'éléphant n'ait plusieurs avantages sur la nôtre : elle est d'abord, comme on vient de le voir, également flexible et tout aussi adroite pour saisir, palper en gros et toucher en détail. Toutes ces opérations se font par le moyen de l'appendice en manière de doigt situé à la partie supérieure du rebord qui environne l'extrémité de la trompe, et laisse dans le milieu une concavité faite en forme de tasse, au fond de laquelle se trouvent les deux orifices des conduits communs de l'odorat et de la respiration. L'éléphant a donc le nez dans la main, et il est le maître de joindre la puissance de ses poumons à l'action de ses doigts et d'attirer par une forte succion les liquides, ou d'enlever des corps solides très pesants en appliquant à leur surface le rebord de sa trompe et faisant un vide au dedans par aspiration.

La délicatesse du toucher, la finesse de l'odorat, la facilité du mouvement et la puissance de succion se trouvent donc à l'extrémité du nez de l'élé-

(*a*) *Voyage de Guinée*, par Bosman, p. 243.

(*b*) *Mémoires pour servir à l'histoire des animaux*, part. III, p. 108 et 140.

(*c*) « Mutianus ter consul auctor est, aliquem ex his et litterarum ductus græcarum didicisse, solitumque præscribere ejus linguæ verbis : Ipse ego hæc scripsi, etc. » Plin. *Hist. nat.*, lib. VIII, cap. III.—« Ego verò ipse elephantum in tabula litteras latinas promuscide atque ordine scribentem vidi : verùmtamen docentis manus subjiciebatur ad litterarum ductum et figuram eum instituens ; dejectis autem et intentis oculis erat cùm scriberet ; doctos et litterarum gnaros animantium oculos esse dixisses. » Ælian. *De Nat. anim.*, lib. II, cap. II.

phant. De tous les instruments dont la nature a si libéralement muni ses productions chéries, la trompe est peut-être le plus complet et le plus admirable : c'est non seulement un instrument organique, mais un triple sens, dont les fonctions réunies et combinées sont en même temps la cause, et produisent les effets de cette intelligence et de ces facultés qui distinguent l'éléphant et l'élèvent au-dessus de tous les animaux. Il est moins sujet qu'aucun autre aux erreurs du sens de la vue, parce qu'il les rectifie promptement par le sens du toucher, et que, se servant de sa trompe comme d'un long bras pour toucher les corps au loin, il prend, comme nous, des idées nettes de la distance par ce moyen ; au lieu que les autres animaux (à l'exception du singe et de quelques autres qui ont des espèces de bras et de mains) ne peuvent acquérir ces mêmes idées qu'en parcourant l'espace avec leur corps. Le toucher est de tous les sens celui qui est le plus relatif à la connaissance ; la délicatesse du toucher donne l'idée de la substance des corps ; la flexibilité dans les parties de cet organe donne l'idée de leur forme extérieure, la puissance de succion celle de leur pesanteur, l'odorat celle de leurs qualités, et la longueur du bras celle de leur distance : ainsi, par un seul et même membre, et, pour ainsi dire, par un acte unique ou simultané, l'éléphant sent, aperçoit et juge plusieurs choses à la fois : or, une sensation multiple équivaut, en quelque sorte, à la réflexion ; donc, quoique cet animal soit, ainsi que tous les autres, privé de la puissance de réfléchir (*), comme ses sensations se trouvent combinées dans l'organe même, qu'elles sont contemporaines, et, pour ainsi dire, indivises les unes avec les autres, il n'est pas étonnant qu'il ait de lui-même des espèces d'idées et qu'il acquiert en peu de temps celles qu'on veut lui transmettre. La réminiscence doit être ici plus parfaite que dans aucune espèce d'animal ; car la mémoire tient beaucoup aux circonstances des actes, et toute sensation isolée, quoique très vive, ne laisse aucune trace distincte ni durable ; mais plusieurs sensations combinées et contemporaines font des impressions profondes et des empreintes étendues ; en sorte que si l'éléphant ne peut se rappeler une idée par le seul toucher, les sensations voisines et accessoires de l'odorat et de la force de succion, qui ont agi en même temps que le toucher, lui aident à s'en rappeler le souvenir ; dans nous-mêmes, la meilleure manière de rendre la mémoire fidèle est de se servir successivement de tous nos sens pour considérer un objet, et c'est faute de cet usage combiné des sens que l'homme oublie plus de choses qu'il n'en retient.

Au reste, quoique l'éléphant ait plus de mémoire et plus d'intelligence qu'aucun des animaux, il a cependant le cerveau (*a*) plus petit que la plupart

(*a*) *Mémoires pour servir à l'histoire des animaux*, part. III, p. 135 et 136.

(*) L'Éléphant n'est certainement pas privé de la puissance de réfléchir et beaucoup d'autres animaux sont dans le même cas.

d'entre eux, relativement au volume de son corps ; ce que je ne rapporte que comme une preuve particulière que le cerveau n'est point le siège des sensations, le *sensorium* commun, lequel réside au contraire dans les nerfs des sens et dans les membranes de la tête (*) ; aussi les nerfs qui s'étendent dans la trompe de l'éléphant sont en si grande quantité qu'ils équivalent pour le nombre à tous ceux qui se distribuent dans le reste du corps. C'est donc en vertu de cette combinaison singulière des sens et de ces facultés uniques de la trompe que cet animal est supérieur aux autres par l'intelligence, malgré l'énormité de sa masse, malgré la disproportion de sa forme ; car l'éléphant est en même temps un miracle d'intelligence et un monstre de matière ; le corps très épais et sans aucune souplesse, le cou court et presque inflexible, la tête petite et difforme, les oreilles excessives et le nez encore beaucoup plus excessif, les yeux trop petits, ainsi que la gueule, le membre génital et la queue, les jambes massives, droites et peu flexibles, le pied si court (a) et si petit qu'il paraît être nul, la peau dure, épaisse et calleuse : toutes ces difformités paraissant d'autant plus que toutes sont modelées en grand, toutes d'autant plus désagréables à l'œil que la plupart n'ont point d'exemple dans le reste de la nature, aucun animal n'ayant ni la tête, ni les pieds, ni le nez, ni les oreilles, ni les défenses faites ou placées comme celles de l'éléphant.

Il résulte pour l'animal plusieurs inconvénients de cette conformation bizarre ; il peut à peine tourner la tête, il ne peut se tourner lui-même, pour rétrograder, qu'en faisant un circuit : les chasseurs qui l'attaquent par derrière ou par le flanc évitent les effets de sa vengeance par des mouvements circulaires ; ils ont le temps de lui porter de nouvelles atteintes pendant qu'il fait effort pour se tourner contre eux. Les jambes, dont la rigidité n'est pas aussi grande que celle du cou et du corps, ne fléchissent néanmoins que lentement et difficilement ; elles sont fortement articulées avec les cuisses. Il a le genou comme l'homme (b) et le pied aussi bas ; mais ce pied, sans étendue, est aussi sans ressort et sans force, et le genou est dur et sans souplesse : cependant tant que l'éléphant est jeune et qu'il se porte bien il le fléchit pour

(a) Il n'y a point d'animal qui n'ait le pied plus grand, à proportion, que l'homme, si ce n'est l'éléphant, qui l'a encore plus petit, et par conséquent qu'aucun autre animal... Les pieds étaient si petits, qu'on peut dire qu'ils ne se voient point, parce que les doigts étaient renfermés et recouverts par la peau des jambes, lesquelles descendaient tout d'une venue jusqu'à terre, et paraissaient comme le tronc d'un arbre scié en travers. *Mémoires pour servir à l'histoire des animaux*, p. 102 et 103.

(b) Son genou est de la même manière qu'à l'homme et non pas proche du ventre, étant au milieu de l'espace qui est depuis le ventre jusqu'à terre, et à l'endroit où les bêtes ont leur talon, de sorte que la jambe de l'éléphant est semblable à celle de l'homme, tant à cause de la situation de son genou que de la petitesse de son pied, dans lequel la partie qui va du talon jusqu'aux doigts est très petite. *Mémoires pour servir à l'histoire des animaux*, part. III, p. 102.

(*) Buffon retombe ici, au sujet du cerveau, dans les erreurs que nous avons déjà relevées précédemment.

se coucher, pour se laisser ou monter ou charger ; mais dès qu'il est vieux
ou malade, ce mouvement devient si difficile qu'il aime mieux dormir debout,
et que si on le fait coucher par force (*a*) il faut ensuite des machines pour le
relever et le remettre en pied ; ses défenses, qui deviennent avec l'âge d'un
poids énorme, n'étant pas situées dans une position verticale, comme les
cornes des autres animaux, forment deux longs leviers qui, dans cette direction presque horizontale, fatiguent prodigieusement la tête et la tirent en bas ;
en sorte que l'animal est quelquefois obligé de faire des trous dans le mur
de sa loge pour les soutenir et se soulager de leur poids (*b*). Il a le désavantage d'avoir l'organe de l'odorat très éloigné de celui du goût, l'incommodité
de ne pouvoir rien saisir à terre avec sa bouche, parce que son cou court ne
peut plier pour laisser baisser assez la tête ; il faut qu'il prenne sa nourriture et même sa boisson avec le nez ; il la porte ensuite non pas à l'entrée
de la gueule, mais jusqu'à son gosier, et lorsque sa trompe est remplie d'eau
il en fourre l'extrémité jusqu'à la racine de la langue (*c*), apparemment pour
rabaisser l'épiglotte et pour empêcher la liqueur, qui passe avec impétuosité,
d'entrer dans le larynx ; car il pousse cette eau par la force de la même
haleine qu'il avait employée pour la pomper, elle sort de la trompe avec bruit
et entre dans le gosier avec précipitation ; la langue, la bouche ni les lèvres
ne lui servent pas comme aux autres animaux à sucer ou laper sa boisson.

De là paraît résulter une conséquence singulière, c'est que le petit éléphant
doit teter avec le nez et porter ensuite à son gosier le lait qu'il a pompé ;
cependant les anciens ont écrit qu'il tettait avec la gueule (*) et non avec la
trompe (*d*) ; mais il y a toute apparence qu'ils n'avaient pas été témoins du
fait et qu'ils ne l'ont fondé que sur l'analogie, tous les animaux n'ayant pas
d'autre manière de teter. Mais si le jeune éléphant avait une fois pris l'usage
ou l'habitude de pomper avec la bouche en suçant la mamelle de sa mère,
pourquoi la perdrait-il pour tout le reste de sa vie ? pourquoi ne se sert-il
jamais de cette partie pour pomper l'eau lorsqu'il est à portée ? pourquoi
ferait-il toujours une action double, tandis qu'une simple suffirait ? pourquoi

(*a*) Nous avons appris de ceux qui ont gouverné à Versailles l'éléphant dont nous parlons,
que les huit premières années qu'il y a vécu, il se couchait et se relevait avec beaucoup de
facilité, et que les cinq dernières années il ne se couchait plus pour dormir, mais qu'il s'ap-
puyait contre le mur de sa loge, en sorte que s'il arrivait qu'il se couchât quand il était malade, il fallait percer le plancher du dessus pour le relever avec des engins. *Mémoires pour
servir à l'histoire des animaux*, p. 104.

(*b*) On nous a fait voir que l'éléphant avait employé ses défenses à faire des trous dans
les deux faces d'un pilier de pierre qui sortait du mur de sa loge, et ces trous lui servaient
pour s'appuyer quand il dormait, ses défenses étant fichées dans ces trous. *Idem*, p. 102.

(*c*) *Mémoires pour servir à l'histoire des animaux*, part. III, p. 109.

(*d*) « Pullus editus ore sugit, non promuscide, et statim cùm natus est cernit et ambulat. »
Arist. *Hist. anim.*, lib. VI, cap. XXVII. — « Anniculo quidem vitulo æqualem pullum edit
» elephantus, qui statim, ut natus est, ore sugit. » Ælien, *de Nat. anim.*, lib. IV, cap. III.

(*) Les anciens étaient dans le vrai.

ne lui voit-on jamais rien prendre avec sa gueule que ce qu'on jette dedans lorsqu'elle est ouverte? etc. (a). Il paraît donc très vraisemblable que le petit éléphant ne tette qu'avec la trompe; cette présomption est non seulement prouvée par les faits subséquents, mais elle est encore fondée sur une meilleure analogie que celle qui a décidé les anciens. Nous avons dit, qu'en général, les animaux au moment de leur naissance ne peuvent être avertis de la présence de l'aliment dont ils ont besoin par aucun autre sens que par celui de l'odorat. L'oreille est certainement très inutile à cet effet; l'œil l'est également et très évidemment, puisque la plupart des animaux n'ont pas les yeux ouverts lorsqu'ils commencent à teter; le toucher ne peut que leur indiquer vaguement et également toutes les parties du corps de la mère, ou plutôt il ne leur indique rien de relatif à l'appétit; l'odorat seul doit l'avertir; c'est non seulement une espèce de goût, mais un avant-goût qui précède, accompagne et détermine l'autre; l'éléphant est donc averti, comme tous les autres animaux, par cet avant-goût de la présence de l'aliment; et comme le siège de l'odorat se trouve ici réuni avec la puissance de succion à l'extrémité de sa trompe, il l'applique à la mamelle, en pompe le lait et le porte ensuite à sa bouche pour satisfaire son appétit. D'ailleurs les deux mamelles étant situées sur la poitrine comme aux femmes, et n'ayant que de petits mamelons très disproportionnés à la grandeur de la gueule du petit, duquel aussi le cou ne peut plier, il faudrait que la mère se renversât sur le dos ou sur le côté pour qu'il pût saisir la mamelle avec la bouche, et il aurait encore beaucoup de peine à en tirer le lait à cause de la disproportion énorme qui résulte de la grandeur de la gueule et de la petitesse du mamelon; le rebord de la trompe que l'éléphant contracte, autant qu'il lui plaît, se trouve au contraire proportionné au mamelon, et le petit éléphant peut aisément par son moyen teter sa mère, soit debout ou couchée sur le côté; ainsi tout s'accorde pour infirmer le témoignage des anciens sur ce fait qu'ils ont avancé sans l'avoir vérifié; car aucun d'entre eux, ni même aucun des modernes que je connaisse, ne dit avoir vu teter l'éléphant, et je crois pouvoir assurer que si quelqu'un vient dans la suite à l'observer on verra qu'il ne tette point avec la gueule mais avec le nez. Je crois de même que les anciens se sont trompés (*) en nous disant que les éléphants s'accouplent à la manière des autres animaux, que la femelle (b) abaisse seulement sa croupe pour recevoir plus aisément le mâle : la position des parties paraît rendre impossible cette situation d'accouplement; l'éléphante n'a pas, comme les autres femelles, l'orifice de la vulve au bas du ventre et voisine de l'anus, cet orifice en est à deux pieds

(a) Voyez les *Mémoires pour servir à l'histoire des animaux*, part. III, p. 109 et 110.

(b) « Subsidit fœmina, clunibusque submissis, insistit pedibus ac innititur; mas super- » veniens comprimit, atque ita munere venereo fungitur. » Arislot., *Hist. anim.*, lib. v, cap. II.

(*) Nous avons dit déjà qu'ils étaient, au contraire, dans le vrai.

et demi ou trois pieds de distance ; il est situé presque au milieu du ventre (*a*) :
d'autre côté, le mâle n'a pas le membre génital proportionné à la grandeur
de son corps non plus qu'à celle de ce long intervalle qui, dans la situation
supposée serait en pure perte. Les naturalistes et les voyageurs s'accordent
à dire (*b*) que l'éléphant n'a pas le membre génital plus gros ni guère plus
long que le cheval ; il ne lui serait donc pas possible d'atteindre au but
dans la situation ordinaire aux quadrupèdes ; il faut que la femelle en prenne
une autre et se renverse sur le dos (*). De Feynes (*c*) et Tavernier (*d*) l'ont
dit positivement ; mais j'avoue que j'aurais fait peu d'attention à leurs témoignages si cela ne s'accordait pas avec la position des parties, qui ne permet
pas à ces animaux de se joindre autrement (*e*). Il leur faut donc pour cette
opération plus de temps, plus d'aisance, plus de commodités qu'aux autres,
et c'est peut-être par cette raison qu'ils ne s'accouplent que quand ils sont
en pleine liberté et lorsqu'ils ont en effet toutes les facilités qui leur sont
nécessaires. La femelle doit non seulement consentir, mais il faut encore
qu'elle provoque le mâle par une situation indécente qu'apparemment elle
ne prend jamais que quand elle se croit sans témoins (*f*) ; la pudeur n'est-elle
donc qu'une vertu physique qui se trouve aussi dans les bêtes? elle est au
moins, comme la douceur, la modération, la tempérance, l'attribut général et
le bel apanage de tout sexe féminin.

(*a*) *Mémoires pour servir à l'histoire des animaux*, part. III, p. 132.

(*b*) « Elephantus genitale equo simile habet sed parvum nec pro corporis magnitudine.
» Testes idem non foris conspicuos sed intus circa renes conditos habet. » Aristot. *Hist.
anim.*, lib. II, cap. I... *L'Afrique d'Ogilby*, p. 13 et 14.

(*c*) Quand ces animaux veulent s'accoupler ensemble, ils le font, sans comparaison, de
même que l'homme et la femme ; puis sitôt qu'ils ont eu la jouissance l'un de l'autre, l'éléphant met sa trompe par dessous l'éléphante et la relève en même temps. *Voyage par terre
à la Chine du sieur de Feynes.* Paris, 1630, p. 90 et 91.

(*d*) Bien que l'éléphant ne touche plus la femelle depuis qu'il est pris, il arrive néanmoins
qu'il entre quelquefois comme en chaleur. Ceci est particulièrement remarquable de la femelle
de l'éléphant, que lorsqu'elle entre en chaleur elle ramasse toutes sortes de feuillages et
d'herbages, dont elle se fait un lit fort propre avec une manière de chevet et élevé de quatre
ou cinq pieds de terre, où, contre la nature de toutes les autres bêtes, elle se couche sur le
dos pour attendre le mâle, qu'elle appelle par ses cris. *Voyage de Tavernier*, t. III, p. 240.

(*e*) J'avais écrit cet article lorsque j'ai reçu des notes de M. de Bussy sur l'éléphant. Ce
fait, que la position des parties m'avait indiqué, se trouve pleinement confirmé par son témoignage. « L'éléphant (dit M. de Bussy) s'accouple d'une façon singulière ; la femelle se couche
» sur le dos, et le mâle, s'appuyant sur ses jambes antérieures et fléchissant en arrière les
» postérieures, ne touche à la femelle qu'autant qu'il en a besoin pour le coït. »

(*f*) « Pudore nunquam nisi in abdito coeunt. » Plin., *Hist. nat.*, lib. VIII, cap. V. — Les
éléphants s'accouplent très rarement... Et quand ils s'accouplent, c'est avec tant de secret et
dans des lieux si solitaires, que personne ne peut se vanter de les avoir vus dans ce moment.
Ils ne produisent jamais quand ils sont domestiques. *Voyage aux Indes orientales du P. Vincent-Marie de Sainte-Catherine de Sienne*, imprimé en italien à Venise en 1683, chap. XI,
p. 396 et suiv., traduit par M. le marquis de Montmirail.

(*) Nous avons dit plus haut que l'éléphant mâle monte sur le dos de la femelle au moment de l'accouplement.

Ainsi l'éléphant ne tette, ne s'accouple, ne mange ni ne boit comme les autres animaux (*). Le son de sa voix est aussi très singulier ; si l'on en croit les anciens, elle se divise pour ainsi dire en deux modes très différents et fort inégaux ; il passe du son par le nez, ainsi que par la bouche ; ce son prend des inflexions par cette longue trompette, il est rauque et filé comme celui d'un instrument d'airain, tandis que la voix qui passe par la bouche (a) est entrecoupée de pauses courtes et de soupirs durs. Ce fait, avancé par Aristote, et ensuite répété par les naturalistes et même par quelques voyageurs, est vraisemblablement faux ou du moins n'est pas exact. M. de Bussy assure positivement que l'éléphant ne pousse aucun cri par la trompe : cependant, comme en fermant exactement la bouche l'homme même peut rendre quelque son par le nez, il se peut que l'éléphant, dont le nez est si grand, rende des sons par cette voie lorsque sa bouche est fermée. Quoi qu'il en soit, le cri de l'éléphant se fait entendre de plus d'une lieue, et cependant il n'est pas effrayant comme le rugissement du tigre ou du lion.

L'éléphant est encore singulier par la conformation des pieds et par la texture de la peau. Il n'est pas revêtu de poil comme les autres quadrupèdes ; sa peau est tout à fait rase, il en sort seulement quelques soies dans les gerçures, et ces soies sont très clairsemées sur le corps, mais assez nombreuses aux cils des paupières, au derrière de la tête (b), dans les trous des oreilles et au dedans des cuisses et des jambes. L'épiderme, dur et calleux, a deux espèces de rides, les unes en creux et les autres en relief ; il paraît déchiré par gerçures et ressemble assez bien à l'écorce d'un vieux chêne. Dans l'homme et dans les animaux, l'épiderme est partout adhérent à la peau ; dans l'éléphant, il est seulement attaché par quelques points comme le sont deux étoffes piquées l'une sur l'autre. Cet épiderme est naturellement sec et fort sujet à s'épaissir ; il acquiert souvent trois ou quatre lignes d'épaisseur par le dessèchement successif des différentes couches qui se régénèrent les unes sous les autres : c'est cet épaississement de l'épiderme qui produit l'*éléphantiasis* ou *lèpre sèche*, à laquelle l'homme, dont la peau est dénuée de poil, comme celle de l'éléphant, est quelquefois sujet. Cette maladie est très ordinaire à l'éléphant, et pour la prévenir les Indiens ont soin de le frotter souvent d'huile et d'entretenir par des bains fréquents la souplesse de la peau : elle est très sensible partout où elle n'est pas cal-

(a) « Elephantus citra nares ore ipso vocem elidit spirabundam quemadmodum cùm homo » simul et spiritum reddit et loquitur, at per nares simile tubarum raucitati sonat. » Aristot. *Hist. nat.*, lib. iv, cap. ix... « Citra nares ore ipso sternutamento similem edit sonum. Per » nares autem tubarum raucitati. » Plin., *Hist. nat.*, lib. viii.

(b) *Mémoires pour servir à l'histoire des animaux*, part. iii, p. 113 et suiv.

(*) Buffon se trompe, l'Éléphant accomplit tous ces actes de la même façon que les autres quadrupèdes.

leuse ; dans les gerçures et dans les autres endroits où elle ne s'est ni desséchée ni durcie, la piqûre des mouches se fait si bien sentir à l'éléphant,
qu'il emploie non seulement ses mouvements naturels, mais même les ressources de son intelligence pour s'en délivrer ; il se sert de sa queue, de ses
oreilles, de sa trompe pour les frapper ; il fronce sa peau partout où elle peut
se contracter et les écrase entre ses rides ; il prend des branches d'arbres,
des rameaux, des poignées de longue paille pour les chasser, et lorsque tout
cela lui manque, il ramasse de la poussière avec sa trompe et en couvre tous
les endroits sensibles ; on l'a vu se poudrer ainsi plusieurs fois par jour, et
se poudrer à propos, c'est-à-dire en sortant du bain (a). L'usage de l'eau est
presque aussi nécessaire à ces animaux que celui de l'air et de la terre :
lorsqu'ils sont libres, ils quittent rarement le bord des rivières, ils se mettent souvent dans l'eau jusqu'au ventre, et ils y passent quelques heures
tous les jours. Aux Indes, où l'on a appris à les traiter de la manière qui
convient le mieux à leur naturel et à leur tempérament, on les lave avec
soin et on leur donne tout le temps nécessaire et toutes les facilités possibles
pour se laver eux-mêmes (b) ; on nettoie leur peau en la frottant avec de
la pierre ponce, et ensuite on leur met des essences, de l'huile et des
couleurs.

La conformation des pieds et des jambes est encore singulière et différente
dans l'éléphant de ce qu'elle est dans la plupart des autres animaux ; les jambes de devant semblent avoir plus de hauteur que celles de derrière ; cependant celles-ci sont un peu plus longues (c) ; elles ne sont pas pliées en deux
endroits, comme les jambes de derrière du cheval ou du bœuf, dans lesquels
la cuisse est presque entièrement engagée dans la croupe, le genou très près

(a) On nous a dit que l'éléphant de Versailles se roulait toujours sur la poussière quand
il s'était baigné, ce qu'il faisait le plus souvent qu'il pouvait, et nous avons remarqué qu'il
se jetait de la poussière aux endroits où il ne s'en était pas attaché quand il se vautrait, et
qu'il avait accoutumé de chasser les mouches ou avec une poignée de paille qu'il prenait avec
sa trompe, ou avec de la poussière qu'il jetait adroitement sur les endroits où il se sentait
piqué, n'y ayant rien que les mouches évitent davantage que la poussière qui tombe. *Mémoires
pour servir à l'histoire des animaux,* part. III, p. 117 et 118.

(b) Sur les huit ou neuf heures avant midi, nous fûmes au bord de la rivière pour voir
comme on lave les éléphants du roi et des grands seigneurs ; l'éléphant entre dans l'eau
jusqu'au ventre, et, se couchant sur un côté, prend à diverses fois de l'eau avec sa trompe,
qu'il jette sur celui qui est à l'air pour le bien laver ; le maître vient ensuite avec une espèce
de pierre de ponce, et frottant la peau de l'éléphant, la nettoie de toutes les ordures qui ont
pu s'y amasser. Quelques-uns croient que lorsque cet animal est couché par terre, il ne peut
se relever de soi-même, ce qui est bien contraire à ce que j'ai vu ; car dès que le maître l'a
bien frotté d'un côté, il lui commande de se tourner de l'autre, ce que l'éléphant fait promptement, et après qu'il est bien lavé des deux côtés, il sort de la rivière et demeure quelque
temps debout sur le bord de la rivière pour se sécher ; puis le maître vient avec un pot plein
de couleur rouge ou de couleur jaune et lui en fait des raies sur le front, autour des yeux,
sur la poitrine, sur le derrière, le frottant ensuite d'huile de coque pour lui renforcer les
nerfs. *Voyage de Tavernier.* Rouen, 1713, t. III, p. 264 et 265.

(c) *Mémoires pour servir à l'histoire des animaux,* partie III, p. 102.

du ventre, et les os du pied si élevés et si longs qu'ils paraissent faire une grande partie de la jambe; dans l'éléphant, au contraire, cette partie est très courte et pose à terre; il a le genou comme l'homme au milieu de la jambe et non pas près du ventre : ce pied si court et si petit est partagé en cinq doigts, qui tous sont recouverts par la peau et dont aucun n'est apparent au dehors. On voit seulement des espèces d'ongles, dont le nombre varie, quoique celui des doigts soit constant, car il y a toujours cinq doigts à chaque pied, et ordinairement aussi cinq ongles (a), mais quelquefois il ne s'en trouve que quatre (b), ou même trois, et dans ce cas ils ne correspondent pas exactement à l'extrémité des doigts. Au reste, cette variété, qui n'a été observée que sur de jeunes éléphants transportés en Europe, paraît être purement accidentelle et dépend vraisemblablement de la manière dont l'éléphant a été traité dans les premiers temps de son accroissement. La plante du pied est revêtue d'une semelle de cuir dur comme de la corne et qui déborde tout autour; c'est de cette même substance dont sont formés les ongles.

Les oreilles de l'éléphant sont très longues; il s'en sert comme d'un éventail, il les fait remuer et claquer comme il lui plaît; sa queue n'est pas plus longue que l'oreille, et n'a ordinairement que deux pieds et demi ou trois pieds de longueur; elle est assez menue, pointue, et garnie à l'extrémité d'une houppe de gros poils ou plutôt de filets de corne noirs, luisants et solides. Ce poil ou cette corne est de la grosseur et de la force d'un gros fil de fer, et un homme ne peut le casser en le tirant avec les mains, quoiqu'il soit élastique et pliant. Au reste, cette houppe de poil est un ornement très recherché des Négresses, qui y attachent apparemment quelque superstition (c). Une queue d'éléphant se vend quelquefois deux ou trois esclaves, et les Nègres hasardent souvent leur vie pour tâcher de la couper et de l'enlever à l'animal vivant. Outre cette houppe de gros poils qui est à l'extrémité, la queue est couverte, ou plutôt parsemée dans sa longueur, de soies dures et plus grosses que celles du sanglier; il se trouve aussi de ces soies sur la

(a) Messieurs de l'Académie royale des sciences nous avaient recommandé d'examiner si tous les éléphants avaient des ongles aux pieds; nous n'en avons pas vu un seul qui n'en eût cinq à chaque pied à l'extrémité des cinq gros doigts; mais leurs doigts sont si courts qu'à peine sortent-ils de la masse du pied. *Premier voyage du P. Tachard*, p. 273.

(b) Tous ceux qui ont écrit de l'éléphant mettent cinq ongles à chaque pied; mais il n'y en avait que trois dans notre sujet; le petit indien dont il a été parlé en avait quatre, tant aux pieds de devant qu'à ceux de derrière; la vérité est pourtant qu'il y a cinq doigts à chaque pied. *Mémoires pour servir à l'histoire des animaux*, partie III, p. 103.

(c) Merolla observe qu'un grand nombre de païens dans ces contrées, surtout les Saggas, ont une sorte de dévotion pour la queue de l'éléphant. Si la mort leur enlève un de leurs chefs, ils conservent en son honneur une de ces queues, à laquelle ils rendent un culte, fondé sur l'opinion qu'ils ont de sa force. Ils entreprennent des chasses exprès pour la couper, mais elle doit être coupée d'un seul coup; l'animal doit être vivant, sans quoi la superstition ne lui attribuerait aucune vertu. *Histoire générale des voyages*, par M. l'abbé Prévost, tome V, p. 79.

partie convexe de la trompe et aux paupières où elles sont quelquefois longues de plus d'un pied ; ces soies ou poils aux deux paupières ne se trouvent
guère que dans l'homme, le singe et l'éléphant (*).

Le climat, la nourriture et la condition influent beaucoup sur l'accroissement et la grandeur de l'éléphant ; en général, ceux qui sont pris jeunes et
réduits à cet âge en captivité n'arrivent jamais aux dimensions entières de la
nature. Les plus grands éléphants des Indes et des côtes orientales de l'Afrique ont quatorze pieds de hauteur ; les plus petits, qui se trouvent au Sénégal et dans les autres parties de l'Afrique occidentale, n'ont que dix ou
onze pieds, et tous ceux qu'on a amenés jeunes en Europe ne se sont pas
élevés à cette hauteur. Celui de la Ménagerie de Versailles, qui venait de
Congo (a), n'avait que sept pieds et demi de hauteur à l'âge de dix-sept ans ;
en treize ans qu'il vécut il ne grandit que d'un pied, en sorte qu'à quatre
ans, lorsqu'il fut envoyé, il n'avait que six pieds et demi de hauteur ; et
comme l'accroissement va toujours de moins en moins, on ne peut pas supposer que s'il fût arrivé à l'âge de trente ans, qui est le terme ordinaire de
l'accroissement entier, il eût acquis plus de huit pieds de hauteur ; ainsi la
condition ou l'état de domesticité réduit au moins d'un tiers l'accroissement
de l'animal, non seulement en hauteur, mais dans toutes les autres dimensions. La longueur du corps, mesurée depuis l'œil jusqu'à l'origine de la
queue, est à peu près égale à sa hauteur prise au niveau du garrot. Un éléphant des Indes, de quatorze pieds de hauteur, est donc plus de sept fois
plus gros et plus pesant que ne l'était l'éléphant de Versailles. En comparant l'accroissement de cet animal à celui de l'homme, nous trouverons que
l'enfant ayant communément trente et un pouces, c'est-à-dire la moitié de
sa hauteur à deux ans, et prenant son accroissement entier en vingt ans,
l'éléphant, qui ne le prend qu'en trente, doit avoir la moitié de sa hauteur
à trois ans ; et de même si l'on veut juger de l'énormité de la masse de
l'éléphant, on trouvera, le volume du corps d'un homme étant supposé de
deux pieds et demi cubiques, que celui du corps d'un éléphant de quatorze
pieds de longueur, et auquel on ne supposerait que trois pieds d'épaisseur
et de largeur moyenne, serait cinquante fois aussi gros (b), et que par conséquent un éléphant doit peser autant que cinquante hommes.

« J'ai vu, dit le P. Vincent-Marie, quelques éléphants qui avaient quatorze
» et quinze pieds de hauteur (c), avec la longueur et la grosseur proportion-

---

(a) *Mémoires pour servir à l'histoire des animaux.* Part. III, p. 101 et 102.

(b) Peirère, dans la *Vie de Gassendi*, dit qu'il fit peser un éléphant, et qu'il le trouva peser
trois mille cinq cents livres. Cet éléphant était apparemment très petit, car celui dont nous
venons de supputer les dimensions que nous avons peut-être trop réduites, pèserait au moins
huit milliers.

(c) *Nota.* Ces pieds sont probablement des pieds romains.

(*) Buffon commet une erreur, les cils existent chez presque tous les Mammifères.

» nées. Le mâle est toujours plus grand que la femelle. Le prix de ces
» animaux augmente à proportion de la grandeur, qui se mesure depuis
» l'œil jusqu'à l'extrémité du dos, et quand cette dimension atteint un cer-
» tain terme, le prix s'accroît comme celui des pierres précieuses (a). Les
» éléphants de Guinée, dit Bosman, ont dix, douze ou treize pieds de haut (b);
» ils sont incomparablement plus petits que ceux des Indes orientales, puis-
» que ceux qui ont écrit l'histoire de ces pays-là donnent à ceux-ci plus de
» coudées de haut que ceux-là n'en ont de pieds (c). J'ai vu des éléphants de
» treize pieds de haut, dit Edward Terri, et j'ai trouvé bien des gens qui
» m'ont dit en avoir vu de quinze pieds de haut (d). » De ces témoignages
et de plusieurs autres qu'on pourrait encore rassembler, on doit conclure
que la taille la plus ordinaire des éléphants est de dix à onze pieds, que
ceux de treize et de quatorze pieds de hauteur sont très rares, et que les
plus petits ont au moins neuf pieds lorsqu'ils ont pris tout leur accroissement dans l'état de liberté. Ces masses énormes de matière ne laissent pas,
comme nous l'avons dit, de se mouvoir avec beaucoup de vitesse; elles sont
soutenues par quatre membres qui ressemblent moins à des jambes qu'à des
piliers ou des colonnes massives de quinze ou dix-huit pouces de diamètre,
et de cinq ou six pieds de hauteur. Ces jambes sont donc une ou deux fois
plus longues que celles de l'homme; ainsi quand l'éléphant ne ferait qu'un
pas tandis qu'un homme en fait deux, il le surpasserait à la course. Au
reste, le pas ordinaire de l'éléphant n'est pas plus vite que celui du cheval (e),
mais quand on le pousse il prend une espèce d'amble qui, pour la vitesse,
équivaut au galop. Il exécute donc avec promptitude et même avec assez de
liberté tous les mouvements directs, mais il manque absolument de facilité
pour les mouvements obliques ou rétrogrades. C'est ordinairement dans les
chemins étroits et creux, où il a peine à se retourner, que les Nègres l'attaquent et lui coupent la queue, qui pour eux est d'un aussi grand prix que
tout le reste de la bête. Il a beaucoup de peine à descendre les pentes trop
rapides; il est obligé de plier les jambes de derrière (f), afin qu'en descendant le devant du corps conserve le niveau avec la croupe, et que le poids
de sa propre masse ne le précipite pas. Il nage aussi très bien, quoique la
forme de ses jambes et de ses pieds paraisse indiquer le contraire; mais
comme la capacité de la poitrine et du ventre est très grande, que le volume
des poumons et des intestins est énorme, et que toutes ces grandes parties

(a) *Voyage aux Indes orientales du P. Vincent-Marie*, etc., chap. xi, p. 396.

(b) *Nota.* Ce sont probablement des pieds du Rhin.

(c) *Voyage en Guinée de Guillaume Bosman*, p. 244.

(d) *Voyage aux Indes orientales*, par Edward Terri, p. 15. — *Nota.* Ce sont peut-être des pieds anglais.

(e) Notes de M. de Bussy, qui nous ont été communiquées par M. le marquis de Mont-mirail.

(f) Notes de M. de Bussy, *idem.*

sont remplies d'air ou de matières plus légères que l'eau, il enfonce moins qu'un autre ; il a dès lors moins de résistance à vaincre, et peut par conséquent nager plus vite en faisant moins d'efforts et moins de mouvement des jambes que les autres. Aussi s'en sert-on très utilement pour le passage des rivières : outre deux pièces de canon de trois ou quatre livres de balle, dont on le charge dans ces occasions (*a*), on lui met encore sur le corps une infinité d'équipages, indépendamment de quantité de personnes qui s'attachent à ses oreilles et à sa queue pour passer l'eau ; lorsqu'il est ainsi chargé, il nage entre deux eaux et on ne lui voit que la trompe qu'il tient élevée pour respirer.

Quoique l'éléphant ne se nourrisse ordinairement que d'herbes et de bois tendre, et qu'il lui faille un prodigieux volume de cette espèce d'aliment pour pouvoir en tirer la quantité de molécules organiques nécessaires à la nutrition d'un aussi vaste corps, il n'a cependant pas plusieurs estomacs comme la plupart des animaux qui se nourrissent de même ; il n'a qu'un estomac, il ne rumine pas, il est plutôt conformé comme le cheval, que comme le bœuf ou les autres animaux ruminants ; la panse qui lui manque est suppléée par la grosseur et l'étendue des intestins, et surtout du colon, qui a deux ou trois pieds de diamètre sur quinze ou vingt de longueur ; l'estomac est en tout bien plus petit que le colon (*b*), n'ayant que trois pieds et demi ou quatre pieds de longueur sur un pied ou un pied et demi dans sa plus grande largeur ; pour remplir d'aussi grandes capacités il faut que l'animal mange, pour ainsi dire, continuellement, surtout lorsqu'il n'a pas des nourritures plus substantielles que l'herbe : aussi les éléphants sauvages sont presque toujours occupés à arracher des herbes, cueillir des feuilles, ou casser du jeune bois ; et les domestiques, auxquels on donne une grande quantité de riz, ne laissent pas encore de cueillir des herbes dès qu'ils se trouvent à portée de le faire. Quelque grand que soit l'appétit de l'éléphant, il mange avec modération, et son goût pour la propreté l'emporte sur le sentiment du besoin ; son adresse à séparer avec sa trompe les bonnes feuilles d'avec les mauvaises, et le soin qu'il a de les bien secouer, pour qu'il n'y reste point d'insectes ni de sable, sont des choses agréables à voir (*c*) ; il aime beaucoup le vin, les liqueurs spiritueuses, l'eau-de-vie, l'arack, etc.

On lui fait faire les corvées les plus pénibles et les entreprises les plus fortes, en lui montrant un vase rempli de ces liqueurs, et en le lui promettant pour prix de ses travaux ; il paraît aimer aussi la fumée du tabac, mais elle l'étourdit et l'enivre ; il craint toutes les mauvaises odeurs, et il a

(*a*) Notes de M. de Bussy, *idem*.

(*b*) Voyez la description du ventricule et des intestins de l'éléphant dans les Mémoires pour servir à l'*Histoire des animaux*, part. iii, p. 127 et suiv.

(*c*) Notes de M. de Bussy, communiquées par M. le marquis de Montmirail.

une horreur si grande pour le cochon, que le seul cri de cet animal l'émeut et le fait fuir (a).

Pour achever de donner une idée du naturel et de l'intelligence de ce singulier animal, nous croyons devoir donner ici des notes qui nous ont été communiquées par M. le marquis de Montmirail (b), lequel non seulement a bien voulu les demander et les recueillir, mais s'est aussi donné la peine de traduire de l'italien et de l'allemand tout ce qui a rapport à l'histoire des animaux dans quelques livres qui m'étaient inconnus ; son goût pour les arts et les sciences, son zèle pour leur avancement, sont fondés sur un discernement exquis et sur des connaissances très étendues dans toutes les parties de l'histoire naturelle ; nous publierons donc, avec autant de plaisir que de reconnaissance, les bontés dont il nous honore et les lumières que nous lui devons ; l'on verra dans la suite de cet ouvrage combien nous aurons d'occasions de rappeler son nom. « On se sert de l'éléphant pour le transport de » l'artillerie sur les montagnes, et c'est là où son intelligence se fait mieux » sentir. Voici comme il s'y prend : pendant que les bœufs attelés à la pièce » de canon font effort pour la traîner en haut, l'éléphant pousse la culasse » avec son front, et à chaque effort qu'il fait il soutient l'affût avec son genou, » qu'il place à la roue : il semble qu'il comprenne ce qu'on lui dit. Son conducteur veut-il lui faire faire quelque corvée pénible, il lui explique de » quoi il est question, et lui détaille les raisons qui doivent l'engager à obéir ; » si l'éléphant marque de la répugnance à ce qu'il exige de lui, le *cornac* » (c'est ainsi qu'on appelle son conducteur) promet de lui donner de l'arack » ou quelque chose qu'il aime : alors l'animal se prête à tout ; mais il est » dangereux de lui manquer de parole : plus d'un cornac en a été la victime. » Il s'est passé à ce sujet dans le Dekan un trait qui mérite d'être rapporté, » et qui, tout incroyable qu'il paraît, est cependant exactement vrai. Un éléphant venait de se venger de son cornac en le tuant ; sa femme, témoin de ce » spectacle, prit ses deux enfants et les jeta aux pieds de l'animal, encore » tout furieux, en lui disant : *Puisque tu as tué mon mari, ôte-moi aussi* » *la vie, ainsi qu'à mes enfants.* L'éléphant s'arrêta tout court, s'adoucit, » et comme s'il eût été touché de regret, prit avec sa trompe le plus grand » de ces deux enfants, le mit sur son cou, l'adopta pour son cornac, et n'en » voulut point souffrir d'autre.

» Si l'éléphant est vindicatif, il n'est pas moins reconnaissant. Un soldat » de Pondichéry, qui avait coutume de porter à un de ces animaux une certaine mesure d'arack chaque fois qu'il touchait son prêt, ayant un jour bu

---

(a) L'éléphant qui était à la ménagerie de Versailles avait une grande aversion, et même beaucoup de crainte des pourceaux, le cri d'un petit cochon le fit fuir une fois fort loin. *Élien a remarqué cette antipathie.*

(b) M. le marquis de Montmirail, capitaine-colonel des Cent-Suisses de la garde ordinaire du corps du roi, actuellement président de l'Académie royale des sciences.

» plus que de raison, et se voyant poursuivi par la garde, qui le voulait con-
» duire en prison, se réfugia sous l'éléphant et s'y endormit. Ce fut en vain
» que la garde tenta de l'arracher de cet asile : l'éléphant le défendit avec
» sa trompe. Le lendemain le soldat, revenu de son ivresse, frémit à son
» réveil de se trouver couché sous un animal d'une grosseur si énorme.
» L'éléphant, qui sans doute s'aperçut de son effroi, le caressa avec sa
» trompe pour le rassurer, et lui fit entendre qu'il pouvait s'en aller.

» L'éléphant tombe quelquefois dans une espèce de folie qui lui ôte sa
» docilité et le rend même très redoutable; on est alors obligé de le tuer.
» On se contente quelquefois de l'attacher avec de grosses chaînes de fer,
» dans l'espérance qu'il viendra à résipiscence. Mais quand il est dans son
» état naturel, les douleurs les plus aiguës ne peuvent l'engager à faire du
» mal à qui ne lui en a pas fait. Un éléphant, furieux des blessures qu'il
» avait reçues à la bataille de Hambourg, courait à travers champs et pous-
» sait des cris affreux; un soldat qui, malgré les avertissements de ses cama-
» rades, n'avait pu fuir, peut-être parce qu'il était blessé, se trouva à sa
» rencontre : l'éléphant craignit de le fouler aux pieds, le prit avec sa trompe,
» le plaça doucement de côté, et continua sa route. » Je n'ai pas cru devoir
rien retrancher de ces notes que je viens de transcrire; elles ont été données
à M. le marquis de Montmirail par M. de Bussy, qui a demeuré dix ans dans
l'Inde, et qui pendant ce long séjour y a servi très utilement l'État et la
nation. Il avait plusieurs éléphants à son service, il les montait très souvent,
les voyait tous les jours, et était à portée d'en voir beaucoup d'autres et de
les observer. Ainsi ces notes et toutes les autres que j'ai citées, avec le nom
de M. de Bussy, me paraissent mériter une égale confiance. MM. de l'Académie des sciences nous ont aussi laissé quelques faits qu'ils avaient appris de
ceux qui gouvernaient l'éléphant à la ménagerie de Versailles, et ces faits
me paraissent aussi mériter de trouver place ici. « L'éléphant semblait con-
» naître quand on se moquait de lui, et s'en souvenir pour s'en venger
» quand il en trouvait l'occasion. A un homme qui l'avait trompé, faisant
» semblant de lui jeter quelque chose dans la gueule, il lui donna un coup
» de sa trompe, qui le renversa et lui rompit deux côtes; ensuite de quoi il
» le foula aux pieds et lui rompit une jambe, et s'étant agenouillé, lui voulut
» enfoncer ses défenses dans le ventre, lesquelles n'entrèrent que dans la
» terre aux deux côtés de la cuisse, qui ne fut point blessée. Il écrasa un
» autre homme, le froissant contre une muraille pour le même sujet. Un
» peintre le voulait dessiner en une attitude extraordinaire, qui était de
» tenir sa trompe levée et la gueule ouverte; le valet du peintre, pour le
» faire demeurer en cet état, lui jetait des fruits dans la gueule, et le plus
» souvent faisait semblant d'en jeter ; il en fut indigné, et comme s'il eût
» connu que l'envie que le peintre avait de le dessiner était la cause de cette
» importunité, au lieu de s'en prendre au valet il s'adressa au maître, et lui

» jeta par sa trompe une quantité d'eau dont il gàta le papier sur lequel le
» peintre dessinait.

» Il se servait ordinairement bien moins de sa force que de son adresse,
» laquelle était telle qu'il s'ôtait avec beaucoup de facilité une grosse
» double courroie dont il avait la jambe attachée, la défaisant de la boucle
» et de l'ardillon ; et comme on eut entortillé cette boucle d'une petite corde
» renouée à beaucoup de nœuds, il dénouait tout sans rien rompre. Une nuit,
» après s'être ainsi dépêtré de sa courroie, il rompit la porte de sa loge si
» adroitement, que son gouverneur n'en fut point éveillé : de là il passa dans
» plusieurs cours de la ménagerie, brisant les portes fermées, et abattant la
» maçonnerie quand elles étaient trop petites pour le laisser passer, et il alla
» ainsi dans les loges des autres animaux, ce qui les épouvanta tellement
» qu'ils s'enfuirent tous se cacher dans les lieux les plus reculés du parc. »

Enfin, pour ne rien omettre de ce qui peut contribuer à faire connaître
toutes les facultés naturelles et toutes les qualités acquises d'un animal si
supérieur aux autres, nous ajouterons encore quelques faits que nous avons
tirés des voyageurs les moins suspects. « L'éléphant même sauvage (dit le
» P. Vincent-Marie) ne laisse pas d'avoir des vertus ; il est généreux et tem-
» pérant, et quand il est domestique on l'estime par sa douceur et sa fidé-
» lité envers son maître, son amitié pour celui qui le gouverne, etc. S'il est
» destiné à servir immédiatement les princes, il connaît sa fortune et con-
» serve une gravité convenable à son emploi ; si au contraire on le destine à
» des travaux moins honorables, il s'attriste, se trouble et laisse voir claire-
» rement qu'il s'abaisse malgré lui. A la guerre, dans le premier choc, il est
» impétueux et fier ; il est le même quand il est enveloppé par les chas-
» seurs, mais il perd le courage lorsqu'il est vaincu... Il combat avec ses
» défenses, et ne craint rien tant que de perdre sa trompe, qui par sa con-
» sistance est facile à couper... Au reste, il est naturellement doux, il n'at-
» taque personne à moins qu'on ne l'offense, il semble même se plaire en
» compagnie, et il aime surtout les enfants, il les caresse et paraît recon-
» naître en eux leur innocence.

» L'éléphant, dit François Pyrard (*a*), est l'animal qui a le plus de juge-
» ment et de connaissance, de sorte qu'on le dirait avoir quelque usage de
» raison, outre qu'il est infiniment profitable et de service à l'homme. S'il
» est question de monter dessus, il est tellement souple, obéissant et dressé
» pour se ranger à la commodité de l'homme et qualité de la personne qui
» s'en veut servir, que se pliant bas il aide lui-même à celui qui veut monter
» dessus et le soulage avec sa trompe... Il est si obéissant qu'on lui fait
» faire tout ce que l'on veut, pourvu qu'on le prenne de douceur... Il fait
» tout ce qu'on lui dit, il caresse ceux qu'on lui montre, etc.

(*a*) *Voyage de François Pyrard*, Paris, 1619, t. II, p. 366.

» En donnant aux éléphants, disent les voyageurs hollandais (*a*), tout ce
» qui peut leur plaire, on les rend aussi privés et aussi soumis que le sont
» les hommes. L'on peut dire qu'il ne leur manque que la parole... Ils sont
» orgueilleux et ambitieux, mais ils se souviennent du bien qu'on leur a fait
» et ont de la reconnaissance, jusque-là qu'ils ne manquent point de baisser
» la tête pour marque de respect en passant devant les maisons où ils ont
» été bien traités... Ils se laissent conduire (*b*) et commander par un enfant,
» mais ils veulent être loués et chéris. On ne saurait se moquer d'eux ni les
» injurier qu'ils ne l'entendent, et ceux qui le font doivent bien prendre
» garde à eux, car ils seront bien heureux s'ils s'empêchent d'être arrosés
» de l'eau des trompes de ces animaux ou d'être jetés par terre, le visage
» contre la poussière.

» Les éléphants, dit le P. Philippe (*c*), approchent beaucoup du jugement
» et du raisonnement des hommes..... Si on compare les singes aux élé-
» phants, ils ne sembleront que des animaux très lourds et très brutaux, et
» en effet les éléphants sont si honnêtes qu'ils ne sauraient souffrir qu'on les
» voie lorsqu'ils s'accouplent, et si de hasard quelqu'un les avait vus en
» cette action, ils s'en vengeraient infailliblement, etc..... Ils saluent en
» fléchissant les genoux et en baissant la tête, et lorsque leur maître veut
» les monter ils lui présentent si adroitement le pied qu'il s'en peut servir
» comme d'un degré. Lorsqu'on a pris un éléphant sauvage et qu'on lui a lié
» les pieds, le chasseur l'aborde, le salue, lui fait des excuses de ce qu'il l'a
» lié, lui proteste que ce n'est pas pour lui faire injure..., lui expose que la
» plupart du temps il avait faute de nourriture dans son premier état, au
» lieu que désormais il sera parfaitement bien traité, qu'il lui en fait la pro-
» messe, etc. Le chasseur n'a pas plus tôt achevé ce discours obligeant que
» l'éléphant le suit comme ferait un très doux agneau. Il ne faut pas pour-
» tant conclure de là que l'éléphant ait l'intelligence des langues ; mais seu-
» lement qu'ayant une très parfaite estimative, il connaît les divers mouve-
» ments d'estime ou de mépris, d'amitié ou de haine, et tous les autres dont
» les hommes sont agités envers lui, et pour cette cause il est plus aisé à
» dompter par les raisons que par les coups et par les verges... Il jette des
» pierres fort loin et fort droit avec sa trompe, et il s'en sert pour verser de
» l'eau avec laquelle il se lave le corps.

» De cinq éléphants, dit Tavernier (*d*), que les chasseurs avaient pris,
» trois se sauvèrent, quoiqu'ils eussent des chaînes et des cordes autour de
» leur corps et même de leurs jambes. Ces gens-là nous dirent une chose

<hr>

(*a*) *Voyage de la Compagnie des Indes de Hollande*, t. Ier, p. 413.
(*b*) *Idem*, t. VII, p. 31.
(*c*) *Voyage d'Orient du P. Philippe de la Très-Sainte Trinité*, carme déchaussé. Lyon,
1669, p. 366 et 367.
(*d*) *Voyage de Tavernier*, t. III, p. 238.

» surprenante et qui est tout à fait admirable, si on peut la croire, c'est que
» ces éléphants ayant été une fois attrapés et étant sortis du piège, si on les
» fait entrer dans les bois ils sont dans la défiance et arrachent avec leur
» trompe une grosse branche dont ils vont, sondant partout, avant que
» d'asseoir leur pied, s'il n'y a point de trous à leur passage, pour n'être pas
» attrapés une seconde fois; ce qui faisait désespérer aux chasseurs, qui
» nous contaient cette histoire, de pouvoir reprendre aisément les trois élé-
» phants qui leur étaient échappés... Nous vîmes les deux autres éléphants
» qu'on avait pris; chacun de ces éléphants sauvages était entre deux élé-
» phants privés; et autour des sauvages il y avait six hommes tenant des
» lances à feu qui parlaient à ces animaux en leur présentant à manger, et
» disant, en leur langage : *prends cela et le mange*. C'étaient de petites
» bottes de foin, des morceaux de sucre noir et du riz cuit avec de l'eau et
» force grains de poivre. Quand l'éléphant sauvage ne voulait pas faire ce
» qu'on lui commandait, les hommes ordonnaient aux éléphants privés de le
» battre, ce qu'ils faisaient aussitôt, l'un le frappant sur le front et sur la
» tête avec sa trompe, et lorsqu'il faisait mine de se revancher contre celui-
» là, l'autre le frappait de son côté, de sorte que le pauvre éléphant sauvage
» ne savait plus où il en était, ce qui lui apprenait à obéir.

» J'ai plusieurs fois observé, dit Edward Terri (a), que l'éléphant fait plu-
» sieurs choses qui tiennent plus du raisonnement humain que du simple
» instinct naturel qu'on lui attribue. Il fait tout ce que son maître lui
» commande; s'il veut qu'il fasse peur à quelqu'un, il s'avance vers lui
» avec la même fureur que s'il le voulait mettre en pièces, et lorsqu'il en
» est tout proche, il s'arrête tout court sans lui faire aucun mal. Si le
» maître veut faire affront à un autre il parle à l'éléphant, qui prendra
» avec sa trompe de l'eau du ruisseau et de la boue, et la lui jettera au
» nez. Sa trompe est faite d'un cartilage, elle pend entre les dents. Quel-
» ques-uns l'appellent *sa main*, à cause qu'en plusieurs occasions elle lui
» rend le même service que la main fait aux hommes... Le Mogol en a qui
» servent de bourreaux aux criminels condamnés à mort. Si leur conducteur
» leur commande de dépêcher promptement ces misérables, ils les mettent
» en pièces en un moment avec leurs pieds; et, au contraire, s'il leur
» commande de les faire languir, ils leur rompent les os les uns après les
» autres, et leur font souffrir un supplice aussi cruel que celui de la roue. »

Nous pourrions citer encore plusieurs autres faits aussi curieux et aussi
intéressants que ceux qu'on vient de lire; mais nous aurions bientôt excédé
les limites que nous avons tâché de nous prescrire dans cet ouvrage; nous
ne serions pas même entrés dans un aussi grand détail si l'éléphant n'était
de tous les animaux le premier à tous égards, celui par conséquent qui

(a) *Voyage aux Indes orientales*, par Edward Terri, p. 15.

méritait le plus d'attention ; nous n'avons rien dit de la production de son ivoire, parce que M. Daubenton nous paraît avoir épuisé ce sujet dans sa description des différentes parties de l'éléphant. On verra combien d'observations utiles et nouvelles il a faites sur la nature et la qualité de l'ivoire dans ses différents états, et en même temps on sera bien aise de savoir qu'il a rendu à l'éléphant les défenses et les os prodigieux qu'on attribuait au mammouth (*). J'avoue que j'étais moi-même dans l'incertitude à cet égard ; j'avais plusieurs fois considéré ces ossements énormes et je les avais comparés avec le squelette d'éléphant que nous avons au Cabinet du Roi, que je savois être le squelette d'un éléphant presque adulte ; et comme avant d'avoir fait l'histoire de ces animaux je ne me persuadais pas qu'il pût exister des éléphants six ou sept fois plus gros que celui dont je voyais le squelette, que d'ailleurs les gros ossements n'avaient pas les mêmes proportions que les os correspondants dans le squelette de l'éléphant, j'avais cru, comme le vulgaire des naturalistes, que ces grands ossements avaient appartenu à un animal beaucoup plus grand et dont l'espèce s'était perdue ou avait été détruite (**). Mais il est certain, comme on l'a vu dans cette histoire, qu'il existe des éléphants qui ont jusqu'à quatorze pieds de hauteur, c'est-à-dire des éléphants six ou sept fois plus gros (car les masses sont comme les cubes de la hauteur) que celui dont nous avons le squelette, et qui n'avait que sept pieds et demi de hauteur ; il est certain d'ailleurs, par les observations de M. Daubenton, que l'âge change la proportion des os, et que lorsque l'animal est adulte ils grossissent considérablement quoiqu'ils aient cessé de grandir ; enfin il est encore certain, par le témoignage des voyageurs, qu'il y a des défenses d'éléphants qui pèsent chacune plus de cent vingt livres (a). Tout cela réuni fait que nous ne doutons plus que

(a) M. Eden rend témoignage qu'il mesura plusieurs défenses d'éléphant auxquelles il trouva neuf pieds de longueur, que d'autres avaient l'épaisseur de la cuisse d'un homme, et que quelques-unes pesaient quatre-vingt-dix livres ; on prétend qu'il s'en trouve en Afrique qui pèsent jusqu'à cent vingt-cinq livres chacune..... Les voyageurs anglais rapportèrent aussi de Guinée la tête d'un éléphant que M. Eden vit chez M. le chevalier Judde ; elle était si grosse que les os seuls et le crâne, sans y comprendre les défenses, pesaient environ deux cents livres ; de sorte qu'au jugement de l'auteur elle en aurait dû peser cinq cents dans la totalité de ses parties. *Hist. générale des Voyages*, t. Ier, p. 223. — Lopes prit plaisir à peser plusieurs dents d'éléphant, dont chacune était d'environ deux cents livres. *Idem*, t. V, p. 79. — La grandeur des éléphants peut être connue par leurs dents qu'on a ramassées, dont quelques-unes ont été trouvées du poids de deux cents livres. *Voyage de Drack*, p. 104. — Au royaume de Lowango, j'achetai deux dents d'éléphant, qui étaient de la même bête, qui pesaient chacune cent vingt-six livres. *Voyages de la Compagnie des Indes de Hollande*, t. IV, p. 319. — Les dents des éléphants, au cap de Bonne-Espérance, sont très grosses, elles pèsent de soixante à cent vingt livres. *Descript. du cap de Bonne-Espérance*, par Kolbe, t. III, p. 12.

(*) Le Mammouth des anciens est l'Éléphant fossile (*Elephas primigenius*).
(**) Buffon a tort de revenir sur sa première opinion ; les ossements gigantesques dont il parle appartiennent, en effet, à des animaux disparus, les Éléphants fossiles et le Mastodonte.

ces défenses et ces ossements ne soient en effet des défenses et des ossements d'éléphant. M. Sloane l'avait dit (a) mais ne l'avait pas prouvé;
M. Gmelin l'a dit encore plus affirmativement (b); et il nous a donné sur cela

(a) Voyez l'*Histoire de l'Académie des sciences*, année 1727, p. 1 jusqu'à la p. 4.

(b) La quantité prodigieuse d'os qu'on trouve par-ci, par-là, sous terre dans la Sibérie,
sont surtout une chose de tant d'importance, que je crois faire plaisir à bien des lecteurs
de leur procurer l'avantage de trouver ici rassemblé tout ce qui manquait jusqu'à présent à
l'histoire naturelle de ces os. Pierre le Grand s'est surtout rendu recommandable à ce sujet
aux naturalistes, et, comme il cherchait en tout à suivre la nature dans ses routes les plus
cachées, il ordonna entre autres, en 1722, à tous ceux qui rencontreraient quelque part des
cornes de mammouth, de s'attacher singulièrement à ramasser tous les autres os appartenant
à cet animal, sans en excepter un seul, et de les envoyer à Pétersbourg. Ces ordres furent
publiés dans toutes les villes de Sibérie, et entre autres à Jakutzk où, d'abord après la publication, un Sluschewoi, appelé *Wasilei Otlasow*, s'engagea par écrit devant Michaële Petro-
witsch Ismailow, capitaine-lieutenant de la garde et woywode de l'endroit, à se transporter
dans les cantons inférieurs de la Léna pour chercher des os de mammouth, et il y fut dépêché
la même année, 23 avril. L'année d'après, un autre s'adressa à la chancellerie de Jakutzk,
et lui représenta qu'il s'était transporté avec son fils vers la mer, pour chercher des os de
mammouth, et que vis-à-vis Surjatoi-Noss, à environ deux cents verstes de ce lieu et de la
mer, il avait trouvé dans un terrain de tourbe, qui est le terrain ordinaire de ces
districts, une tête de mammouth à laquelle tenait une corne, et auprès de laquelle il
y avait une autre corne du même animal, qui l'avait peut-être perdue de son vivant;
qu'à peu de distance de là, ils avaient tiré de la terre une autre tête avec des cornes d'un
animal qui leur était inconnu, que cette tête ressemblait assez à une tête de bœuf,
mais qu'elle avait les cornes au-dessus du nez, et que, par rapport à un accident qui lui
était arrivé à ses yeux, il avait été obligé de laisser ces têtes sur les lieux; qu'ayant appris
l'ordonnance de Sa Majesté, il suppliait de détacher son fils avec lui vers Vst-janskoje,
Simowie et vers la mer; le woywode lui accorda sa demande, et les fit partir sur-le-champ.
Un troisième Sluschewoi de Jakutzk représenta à la chancellerie, en 1724, qu'il avait fait
un voyage sur la rivière de Jelon, et qu'il avait eu le bonheur de trouver sur cette rivière,
dans un rivage escarpé, une tête de mammouth fraîche, avec une corne et toutes ses parties,
qu'il l'avait tirée de terre et laissée dans un endroit où il saurait la retrouver, qu'il priait
qu'on le détachât avec deux hommes accoutumés à chercher de pareilles choses; le woywode
y consentit pareillement. Le Cosaque se mit bientôt après en route; il retrouva la tête et
toutes ses parties, à l'exception des cornes; il n'y avait plus que la moitié d'une corne,
qu'il apporta avec la tête à la chancellerie de Jakutzk. Il apporta quelques temps après deux
cornes de mammouth, qu'il avait trouvées aussi sur la rivière de Jelon.

Les Cosaques de Jakutzk furent charmés, sous prétexte d'aller chercher des cornes de
mammouth, de trouver moyen de faire de si beaux voyages. On leur accordait cinq ou six
chevaux de poste, pendant qu'un seul aurait suffi, et ils pouvaient employer les autres pour
le transport de leurs propres marchandises. Un pareil avantage devait les beaucoup encourager..... Un Cosaque de Jakutzk, appelé *Iwanselsku*, demanda à la chancellerie qu'on
l'envoyât dans les Simowies d'Alaseisch et de Kowymisch, pour y chercher de ces sortes
d'os et du vrai cristal; il avait déjà vécu dans lesdits lieux et y avait amassé des choses
remarquables, et envoyé réellement à Jakutzk quelques-uns de ces os. Rien ne parut plus
important que cette expédition, et le Cosaque fut envoyé à sa destination le 21 avril 1725.

Nasar-Koleschow, commissaire d'Indigirsk, envoya en 1723 à Jakutzk, et de là à Irkutzk,
le squelette d'une tête extraordinaire, qui, à ce qu'on m'a dit, avait deux arschines moins
trois werschok de long, une arschine de haut, et qui était munie de deux cornes et d'une
dent de mammouth; ce squelette est arrivé le 14 octobre 1723 à Irkutzk, et j'en ai trouvé la
relation dans la chancellerie de cette ville. On m'a assuré aussi que le même homme a
fourni une corne de mammouth après.

Tout ceci, tel que je l'ai ramassé des différentes relations, regarde pour la plus grande
partie une même espèce d'os, savoir : 1° tous ceux qui se trouvent dans le cabinet impérial

des faits curieux et que nous avons cru devoir rapporter ici ; mais M. Daubenton nous paraît être le premier qui ait mis la chose hors de doute par

de Pétersbourg, sous le nom d'*os de mammouth, auxquels tous ceux qui voudront les confronter avec les os d'éléphant, ne pourront disputer une parfaite ressemblance avec ces derniers.* 2° On voit, par les relations ci-dessus, qu'on a trouvé dans la terre des têtes d'un animal tout à fait différent d'un éléphant,. et qui, particulièrement par rapport à la figure des cornes, ressemblaient à une tête de bœuf plutôt qu'à celle d'un éléphant. D'ailleurs, cet animal ne peut pas avoir été aussi gros qu'un éléphant, et j'en ai vu une tête à Jakutzk qui avait été envoyée d'Anadirskoi-Ostrog, et qui, selon ce qu'on m'a dit, était parfaitement semblable à celle que Portn-jagin avait trouvée. J'en ai eu moi-même une d'Ilainskoi-Ostrog, que j'ai envoyée au cabinet impérial à Pétersbourg. Enfin, j'ai appris que, sur le rivage du Nischnaja-Tunguska, on trouve non seulement par-ci, par-là de pareilles têtes, mais encore d'autres os, qui certainement ne sont pas des os d'éléphant, tels que des omoplates, des os sacrés, des os innominés, des os de hanches et des os de jambes, qui vraisemblablement appartiennent à cette même espèce d'animaux, auxquels on doit attribuer lesdites têtes, et que, sans contredit, on ne doit pas exclure du genre des bœufs. J'ai vu des os de jambes et de hanches de cette espèce dont je ne saurais rien dire de particulier, sinon qu'en comparaison de leur grosseur, ils m'ont paru extrêmement courts. Ainsi, on trouve en Sibérie deux sortes d'os en terre, dont anciennement on n'estimait aucuns que ceux qui ressemblent parfaitement aux dents saillantes d'éléphants ; mais il semble que, depuis l'ordonnance impériale, on a commencé à les considérer tous en général, et que comme les premiers avaient déjà occasionné la fable de l'animal mammouth, on a rangé ces derniers dans la même classe : car, quoiqu'on connaisse avec la moindre attention que ces derniers sont d'un animal tout à fait différent du premier, on n'a pas laissé de les confondre ensemble. C'est encore une erreur de croire avec Isbrand-Ides, et ceux qui suivent ses rêveries, qu'il n'y a que les montagnes qui s'étendent depuis la rivière de Ket vers le nord-est, et par conséquent aussi les environs de Mangasca et de Jakutzk, qui soient remplies de ces os d'éléphant ; il s'en trouve non seulement dans toute la Sibérie et dans ses districts les plus méridionaux, comme dans les cantons supérieurs de l'Irtisch, du Toms et de la Léna, mais encore par-ci, par-là, en Russie et même en bien des endroits en Allemagne, où ils sont connus sous le nom d'ivoire fossile, *ebur fossile*, et cela avec beaucoup de raison ; car tout l'ivoire qu'on travaille en Allemagne vient des dents d'éléphant que nous tirons des Indes, et l'ivoire fossile ressemble parfaitement à ces dents, sinon qu'il est pourri. Dans les climats un peu chauds, ces dents se sont amollies et changées en ivoire fossile ; mais dans ceux où la terre reste continuellement gelée, on trouve ces dents très fraîches, pour la plupart. De là peut aisément dériver la fable qu'on a souvent trouvé ces os et autres ensanglantés ; cette fable a été gravement débitée par Isbrand-Ides, et d'après lui par Muller (Mœurs et usages des Ostiaques, dans le *Recueil des voyages au Nord*, p. 582), qui ont été copiés par d'autres avec assurance comme s'il n'y avait pas lieu d'en douter ; et, comme une fiction va rarement seule, le sang qu'on prétend avoir trouvé à ces os a enfanté une autre fiction de l'animal mammouth, dont on a conté que dans la Sibérie il vivait sous terre, qu'il y mourait quelquefois et était enterré sous les décombres, et tout cela pour rendre raison du sang qu'on prétendait trouver à ces os. Muller nous donne la description du mammouth : cet animal, dit-il, a quatre ou cinq aunes de haut, et environ trois brasses de long ; il est d'une couleur grisâtre, ayant la tête fort longue et le front très large ; des deux côtés, précisément au-dessous des yeux, il a des cornes qu'il peut mouvoir et croiser comme il veut. Il a la faculté de s'étendre considérablement en marchant, et de se rétrécir en un petit volume : ses pattes ressemblent à celle d'un ours par leur grosseur. Isbrand-Ides est assez sincère pour avouer que, de tous ceux qu'il a questionnés sur cet animal, il n'a trouvé personne qui lui ait dit avoir vu un mammouth vivant..... Les têtes et les autres os, qui s'accordent avec ceux des éléphants, ont été autrefois, sans contredit, des parties réelles de l'éléphant. Nous ne devons pas refuser toute croyance à cette quantité d'os d'éléphant, et je présume que les éléphants, pour éviter leur destruction dans les grandes révolutions de la terre, se sont échappés de leur endroit natal, et se sont dispersés de toutes parts, tant qu'ils ont pu ; leur sort a été différent : les uns

des mesures précises, des comparaisons exactes et des raisons fondées sur
les grandes connaissances qu'il s'est acquises dans la science de l'anatomie
comparée.

ont été bien loin, les autres ont pu, même après leur mort, avoir été transportés fort loin par
quelque inondation ; ceux, au contraire, qui, étant encore en vie, se sont trop écartés vers
le nord, doivent nécessairement y avoir payé le tribut de leur délicatesse ; d'autres encore,
sans avoir été si loin, ont pu se noyer dans une inondation ou périr de lassitude..... La
grosseur de ces os ne doit pas nous arrêter ; les dents saillantes ont jusqu'à quatre arschines
de long et six pouces de diamètre (M. de Srahlenberg dit jusqu'à neuf), et les plus fortes
pèsent jusqu'à six à sept puds. J'ai fait voir dans un autre endroit qu'il y a des dents fraîches
prises de l'éléphant, qui ont jusqu'à dix pieds de long. et qui pèsent cent, cent quarante-six,
cent soixante et cent soixante-huit livres..... Il y a des morceaux d'ivoire fossile qui ont une
apparence jaunâtre ou qui jaunissent par la suite des temps, et d'autres qui sont bruns
comme des noix de cocos ou plus clairs ; et, enfin, d'autres qui sont d'un bleu noirâtre. Les
dents qui n'ont pas été bien gelées dans la terre, et ont resté pendant quelque temps
exposées à l'effet de l'air, sont sujettes à devenir plus ou moins jaunes ou brunes, et elles
prennent d'autres couleurs suivant l'espèce d'humidité, qui y agit en se joignant à l'air :
aussi, suivant ce que dit M. de Strahlenberg, on trouve quelquefois des morceaux d'un bleu
noir dans ces dents corrompues..... Il serait à souhaiter, pour le bien de l'histoire naturelle,
qu'on connût, pour les autres os qu'on trouve en Sibérie, l'espèce d'animal auquel ils appartiennent, mais il n'y a guère lieu de l'espérer. *Relation d'un voyage à Kamtschatka*, par
M. Gmelin, imprimé en 1735 à Pétersbourg, en langue russe. La traduction de cet article
m'a d'abord été communiquée par M. de l'Isle, de l'Académie des sciences ; et ensuite par
M. le marquis de Montmirail, qui en a fait la traduction sur l'original allemand, imprimé à
Gottingue en 1752.

LE RHINOCÉROS

Après l'éléphant, le rhinocéros (a) (*) est le plus puissant des animaux quadrupèdes ; il a au moins douze pieds de longueur, depuis l'extrémité du museau jusqu'à l'origine de la queue, six à sept pieds de hauteur, et la circonférence du corps à peu près égale à sa longueur (b). Il approche donc de l'éléphant pour le volume et par la masse, et s'il paraît bien plus petit,

(a) Rhinocéros, *rhinoceros* en grec et en latin. — *Nota.* Quoique le nom de cet animal soit absolument grec, il n'était cependant pas connu des anciens Grecs ; Aristote n'en fait aucune mention ; Strabon est le premier auteur grec, et Pline le premier auteur latin, qui en aient écrit ; apparemment le rhinocéros ne s'était pas rencontré dans cette partie de l'Inde où Alexandre avait pénétré, et où il avait cependant trouvé des éléphants en grand nombre, car ce ne fut qu'environ trois cents ans après Alexandre que Pompée fit voir le premier cet animal à l'Europe.

(b) J'ai par devers moi le dessin d'un rhinocéros, tiré par un officier du *Shaftsbury*, vaisseau de la Compagnie des Indes en 1737 ; ce dessin se rapporte assez au mien. L'animal mourut sur la route en venant des Indes ici ; cet officier avait écrit au bas du dessin ce qui suit : « Il avait environ sept pieds de haut depuis la surface de la terre jusqu'au dos, il était » de la couleur d'un cochon qui commence à sécher après s'être vautré dans la fange ; il a » trois sabots de corne à chaque pied ; les plis de la peau se renversent en arrière les uns sur » les autres : on trouve entre ces plis des insectes qui s'y nichent, des bêtes à mille pieds, » des scorpions, de petits serpents, etc. Il n'avait pas encore trois ans lorsqu'il a été dessiné : » le pénis étendu s'élargit au bout en forme de fleur de lis. » J'ai donné, d'après ce dessin, la figure du pénis dans un coin de ma planche ; comme ce dessin m'est venu par le moyen de M. Tyson, médecin, je n'ai pas été à portée de consulter l'auteur même sur ces insectes malfaisants, qu'il dit se loger dans les plis de la peau du rhinocéros, pour savoir s'il en avait été témoin oculaire, ou s'il l'a dit simplement sur le rapport des Indiens. J'avoue que cela me paraît bien extraordinaire. *Glanures d'Edwards*, p. 25 et 26. — *Nota.* Non seulement ce dernier fait est douteux, mais celui de l'âge, comparé à la grandeur de l'animal, nous paraît faux ; nous avons vu un rhinocéros qui avait au moins huit ans, et qui n'avait que cinq pieds de hauteur. M. Parsons en a vu un de deux ans qui n'était pas plus haut qu'une génisse, ce qu'on peut estimer quatre pieds ou environ ; comment se pourrait-il que celui qu'on vient de citer n'eût que trois ans, s'il avait sept pieds de hauteur ?

(*) Les Rhinocéros sont des Mammifères de l'ordre des Périssodactyles ou Ongulés à doigts impairs, de la famille des Rhinocérides. Ils sont remarquables par leur grande taille, leur forme lourde, leur peau extrêmement épaisse et plissée ; leur tête allongée et pourvue d'une ou deux cornes épidémiques situées sur la ligne médiane et insérées sur les os nasaux fortement bombés ; leurs membres courts et terminés par trois doigts enveloppés de larges sabots. On en connaît plusieurs espèces : le *R. indicus* et le *R. javanus* qui n'ont qu'une seule corne, et les *R. sumatrensis, africanus, simus.* etc., qui en ont deux.

c'est que ses jambes sont bien plus courtes à proportion que celles de l'éléphant; mais il en diffère beaucoup par les facultés naturelles et par l'intelligence : n'ayant reçu de la nature que ce qu'elle accorde assez communément à tous les quadrupèdes, privé de toute sensibilité dans la peau, manquant de mains et d'organes distincts pour le sens du toucher, n'ayant au lieu de trompe qu'une lèvre mobile, dans laquelle consistent tous ses moyens d'adresse. Il n'est guère supérieur aux autres animaux que par la force, la grandeur et l'arme offensive qu'il porte sur le nez, et qui n'appartient qu'à lui. Cette arme est une corne très dure, solide dans toute sa longueur, et placée plus avantageusement que les cornes des animaux ruminants : celles-ci ne munissent que les parties supérieures de la tête et du cou, au lieu que la corne du rhinocéros défend toutes les parties antérieures du museau et préserve d'insulte le mufle, la bouche et la face; en sorte que le tigre attaque plus volontiers l'éléphant, dont il saisit la trompe, que le rhinocéros qu'il ne peut coiffer sans risquer d'être éventré; car le corps et les membres sont recouverts d'une enveloppe impénétrable, et cet animal ne craint ni la griffe du tigre, ni l'ongle du lion, ni le fer, ni le feu du chasseur; sa peau est un cuir noirâtre de la même couleur mais plus épais et plus dur que celui de l'éléphant. Il n'est pas sensible comme lui à la piqûre des mouches; il ne peut aussi ni froncer ni contracter sa peau : elle est seulement plissée par de grosses rides au cou, aux épaules et à la croupe pour faciliter le mouvement de la tête et des jambes, qui sont massives et terminées par de larges pieds armés de trois grands ongles. Il a la tête plus longue à proportion que l'éléphant; mais il a les yeux encore plus petits, et il ne les ouvre jamais qu'à demi. La mâchoire supérieure avance sur l'inférieure, et la lèvre du dessus a du mouvement et peut s'allonger jusqu'à six ou sept pouces de longueur; elle est terminée par un appendice pointu, qui donne à cet animal plus de facilité qu'aux autres quadrupèdes pour cueillir l'herbe et en faire des poignées à peu près comme l'éléphant en fait avec sa trompe. Cette lèvre, musculeuse et flexible, est une espèce de main ou de trompe très incomplète, mais qui ne laisse pas de saisir avec force et de palper avec adresse. Au lieu de ces longues dents d'ivoire qui forment les défenses de l'éléphant, le rhinocéros a sa puissante corne et deux fortes dents incisives à chaque mâchoire; ces dents incisives, qui manquent à l'éléphant, sont fort éloignées l'une de l'autre dans les mâchoires du rhinocéros; elles sont placées une à une à chaque coin ou angle des mâchoires, desquelles l'inférieure est coupée carrément en devant, et il n'y a point d'autres dents incisives dans toute cette partie antérieure que recouvrent les lèvres; mais indépendamment de ces quatre dents incisives placées en avant aux quatre coins des mâchoires, il a de plus vingt-quatre dents molaires, six de chaque côté des deux mâchoires. Ses oreilles se tiennent toujours droites; elles sont assez semblables pour la forme à

celles du cochon, seulement elles sont moins grandes à proportion du corps.
ce sont les seules parties sur lesquelles il y ait du poil ou plutôt des soies ;
l'extrémité de la queue est, comme celle de l'éléphant, garnie d'un bouquet
de grosses soies très solides et très dures.

M. Parsons, célèbre médecin de Londres, auquel la république des lettres
est redevable de plusieurs découvertes en histoire naturelle, et auquel je dois
moi-même de la reconnaissance pour les marques d'estime et d'amitié dont
il m'a souvent honoré, a publié en 1743 une histoire naturelle du rhinocéros,
de laquelle je vais donner l'extrait d'autant plus volontiers, que tout ce
qu'écrit M. Parsons me paraît mériter plus d'attention et de confiance.

Quoique le rhinocéros ait été vu plusieurs fois dans les spectacles de
Rome, depuis Pompée jusqu'à Héliogabale, quoiqu'il en soit venu plusieurs
en Europe dans ces derniers siècles, et qu'enfin Bontius, Chardin et Kolbe,
l'aient dessiné aux Indes et en Afrique, il était cependant si mal représenté
et si peu décrit, qu'il n'était connu que très imparfaitement, et qu'à la vue
de ceux qui arrivèrent à Londres en 1739 et 1741 on reconnut aisément les
erreurs ou les caprices de ceux qui avaient publié des figures de cet animal.
Celle d'Albert Durer, qui est la première, est une des moins conformes à la
nature : cette figure a cependant été copiée par la plupart des naturalistes,
et quelques-uns même l'ont encore surchargée de draperies postiches et
d'ornements étrangers. Celle de Bontius est plus simple et plus vraie, mais
elle pèche en ce que la partie inférieure des jambes y est mal représentée ;
au contraire, celle de Chardin présente assez bien les plis de la peau et les
pieds, mais au reste elle ne ressemble point à l'animal. Celle de Camerarius
n'est pas meilleure, non plus que celle qui a été faite d'après le rhinocéros
vu à Londres en 1685, et qui a été publiée par Carwitham en 1739. Celles
enfin que l'on voit sur les anciens pavés de Prœneste et sur les médailles de
Domitien sont extrêmement imparfaites, mais au moins elles n'ont pas les
ornements imaginaires de celle d'Albert Durer. M. Parsons a pris la peine
de dessiner lui-même (a) cet animal en trois vues différentes, par devant,

(a) *Nota.* Un de nos savants physiciens (M. de Mours) a fait des remarques à ce sujet que
nous ne devons pas omettre. « La figure (dit-il) du rhinocéros, que M. Parsons a ajoutée à son
» mémoire, et qu'il a dessinée lui-même d'après le naturel, est si différente de celle qui fut
» gravée à Paris en 1749, d'après un rhinocéros qu'on voyait alors à la foire de Saint-Ger-
» main, qu'on aurait de la peine à y reconnaître le même animal. Celui de M. Parsons est
» plus court et les plis de la peau en sont en plus petit nombre, moins marqués et quelques-
» uns placés un peu différemment ; la tête surtout ne ressemble presque en rien à celle du
» rhinocéros de la foire Saint-Germain. On ne saurait cependant douter de l'exactitude de
» M. Parsons, et il faut chercher dans l'âge et le sexe de ces deux animaux la raison des
» différences sensibles qu'on aperçoit dans les figures que l'on a données de l'un et de l'autre.
» Celle de M. Parsons a été dessinée d'après un rhinocéros mâle qui n'avait que deux ans ;
» celle que j'ai cru devoir ajouter ici l'a été d'après le tableau du célèbre M. Oudry, le peintre
» des animaux, et qui a si fort excellé en ce genre ; il a point de grandeur naturelle, et d'après
» le vivant, le rhinocéros de la foire Saint-Germain, qui était une femelle, et qui avait au
» moins huit ans ; je dis au moins huit ans, car il est dit dans l'inscription qu'on voit au bas

par derrière et de profil ; il a aussi dessiné les parties extérieures de la génération du mâle, et les cornes simples et doubles, aussi bien que la queue d'autres rhinocéros dont ces parties étaient conservées dans des cabinets d'histoire naturelle.

Le rhinocéros qui arriva à Londres en 1739 avait été envoyé de Bengale. Quoique très jeune, puisqu'il n'avait que deux ans, les frais de sa nourriture et de son voyage montaient à près de mille livres sterling. On le nourrissait avec du riz, du sucre et du foin ; on lui donnait par jour sept livres de riz, mêlé avec trois livres de sucre, qu'on lui partageait en trois portions ; on lui donnait aussi beaucoup de foin et d'herbes vertes, qu'il préférait au foin ; sa boisson n'était que de l'eau, dont il buvait à la fois une grande quantité ; il était d'un naturel tranquille et se laissait toucher sur toutes les parties de son corps ; il ne devenait méchant que quand on le frappait ou lorsqu'il avait faim, et dans l'un et l'autre cas, on ne pouvait l'apaiser qu'en lui donnant à manger. Lorsqu'il était en colère, il sautait en avant et s'élevait brusquement à une grande hauteur, en poussant sa tête avec furie contre les murs, ce qu'il faisait avec une prodigieuse vitesse, malgré son air lourd et sa masse pesante. J'ai été souvent témoin, dit M. Parsons, de ces mouvements que produisaient l'impatience ou la colère, surtout les matins avant qu'on ne lui apportât son riz et son sucre ; la vivacité et la promptitude des mouvements de cet animal m'ont fait juger, ajoute-t-il, qu'il est tout à fait indomptable, et qu'il atteindrait aisément à la course un homme qui l'aurait offensé.

Ce rhinocéros, à l'âge de deux ans, n'était pas plus haut qu'une jeune vache qui n'a pas encore porté, mais il avait le corps fort long et fort épais ; sa tête était très grosse à proportion du corps : en la prenant depuis les oreilles jusqu'à la corne du nez, elle formait une courbe concave dont les

---

» de l'estampe de Charpentier, qui a pour titre : *Véritable portrait d'un* Rhinocéros *vivant,*
» *que l'on voit à la foire Saint-Germain à Paris,* que cet animal avait trois ans quand il
» fut pris en 1741 dans la province d'Assem, appartenant au Mogol ; et, huit lignes plus bas,
» il est dit qu'il n'avait qu'un mois quand quelques Indiens l'attrapèrent avec des cordes,
» après en avoir tué la mère à coups de flèches ; ainsi il avait au moins huit ans, et pouvait
» en avoir dix ou onze. Cette différence d'âge est une raison vraisemblable des différences
« sensibles que l'on trouvera entre la figure de M. Parsons et celle de M. Oudry, dont le
» tableau, fait par ordre du roi, fut alors exposé au salon de peinture. Je remarquerai seu-
» lement que M. Oudry a donné à la défense de son rhinocéros plus de longueur que n'en
» avait la corne du rhinocéros de la foire Saint-Germain, que j'ai vu et examiné avec beau-
» coup d'attention, et que cette partie est rendue plus fidèlement dans l'estampe de Charpen-
» tier. Aussi est-ce d'après cette estampe qu'on a dessiné la corne de cette figure, qui, pour
» tout le reste, a été dessinée et réduite d'après le tableau de M. Oudry. L'animal qu'elle
» représente avait été pesé, environ un an auparavant, à Stuttgard, dans le duché de Wur-
» temberg, et il pesait alors cinq mille livres. Il mangeait, selon le rapport du capitaine
» Douwemont Van-der-Meer, qui l'avait conduit en Europe, soixante livres de foin et vingt
» livres de pain par jour. Il était très privé et d'une agilité surprenante, vu l'énormité de sa
» masse et son air extrêmement lourd. » Ces remarques sont judicieuses et pleines de sens,
comme tout ce qu'écrit M. de Mours. Voyez la figure dans sa traduction française des
Transactions philosophiques, année 1743.

deux extrémités, c'est-à-dire le bout supérieur du museau et la partie près des
oreilles, sont fort relevées ; la corne n'avait encore qu'un pouce de hauteur ;
elle était noire, lisse à son sommet, mais avec des rugosités à sa base et
dirigée en arrière. Les narines sont situées fort bas, et ne sont pas à un
pouce de distance de l'ouverture de la gueule. La lèvre inférieure est assez
semblable à celle du bœuf, et la lèvre supérieure ressemble plus à celle du
cheval, avec cette différence et cet avantage, que le rhinocéros peut l'allonger, la diriger, la doubler en la tournant autour d'un bâton, et saisir par ce
moyen les corps qu'il veut approcher de sa gueule. La langue de ce jeune
rhinocéros était douce comme celle d'un veau (a); ses yeux n'avaient nulle
vivacité, ils ressemblent à ceux du cochon pour la forme, et sont situés très
bas, c'est-à-dire plus près de l'ouverture des narines que dans aucun autre
animal. Les oreilles sont larges, minces à leur extrémité, et resserrées à leur
origine par une espèce d'anneau ridé. Le cou est fort court, la peau forme sur
cette partie deux gros plis qui l'environnent tout autour. Les épaules sont fort
grosses et fort épaisses, la peau fait à leur jointure un autre pli qui descend
sous les jambes de devant. Le corps de ce jeune rhinocéros était en tout
très épais, et ressemblait très bien à celui d'une vache prête à mettre bas.
Il y a un autre pli entre le corps et la croupe, ce pli descend au-dessous des
jambes de derrière ; et enfin il y a encore un autre pli qui environne transversalement la partie inférieure de la croupe à quelque distance de la queue ;
le ventre était gros et pendait presque à terre, surtout à la partie moyenne ;
les jambes sont rondes, épaisses, fortes, et toutes sont courbées en arrière à
la jointure ; cette jointure, qui est recouverte par un pli très remarquable
quand l'animal est couché, disparaît lorsqu'il est debout. La queue est menue
et courte relativement au volume du corps : celle de ce rhinocéros n'avait que
seize ou dix-sept pouces de longueur ; elle s'élargit un peu à son extrémité,
où elle est garnie de quelques poils courts, gros et durs. La verge est d'une
forme assez extraordinaire ; elle est contenue dans un prépuce ou fourreau
comme celle du cheval, et la première chose qui paraît au dehors, dans le
temps de l'érection, est un second prépuce de couleur de chair, duquel ensuite il sort un tuyau creux en forme d'entonnoir évasé et découpé comme
une fleur de lys, lequel tient lieu de gland et forme l'extrémité de la verge ;
ce gland, bizarre par sa forme, est d'une couleur de chair plus pâle que le
second prépuce ; dans la plus forte érection, la verge ne s'étendait qu'à huit
pouces hors du corps ; on lui procurait aisément cet état d'extension en frot-

(a) *Nota* que la plupart des voyageurs et tous les naturalistes, tant anciens que modernes,
ont dit que la langue du rhinocéros était extrêmement rude, et que les papilles en étaient si
poignantes, qu'avec sa langue seule il écorchait un homme et enlevait la chair jusqu'aux os.
Ce fait que l'on trouve partout, me paraît très douteux et même mal imaginé, puisque le
rhinocéros ne mange point de chair, et qu'en général les animaux qui ont la langue rude
sont ordinairement carnassiers.

tant l'animal sur le ventre avec des bouchons de paille lorsqu'il était couché. La direction de ce membre n'était pas droite, mais courbe et dirigée en arrière : aussi pissait-il en arrière et à plein canal, à peu près comme une vache, d'où l'on peut inférer que dans l'acte de la copulation le mâle ne couvre pas la femelle, mais qu'ils s'accouplent croupe à croupe (*); elle a les parties extérieures de la génération faites et placées comme celles de la vache, et elle ressemble parfaitement au mâle pour la forme et la grosseur du corps. La peau est épaisse et impénétrable : en la prenant avec la main dans les plis, on croirait toucher une planche de bois d'un demi-pouce d'épaisseur ; lorsqu'elle est tannée, dit le docteur Grew, elle est excessivement dure, et plus épaisse que le cuir d'aucun autre animal terrestre : elle est partout plus ou moins couverte d'incrustations en forme de gales ou de tubérosités, qui sont assez petites sur le sommet du cou et du dos, et qui par degrés deviennent plus grosses en descendant sur les côtés; les plus larges de toutes sont sur les épaules et sur la croupe ; elles sont encore assez grosses sur les cuisses et les jambes, et il y en a tout autour et tout le long des jambes jusqu'aux pieds; mais entre les plis, la peau est pénétrable et même délicate et aussi douce au toucher que de la soie, tandis que l'extérieur du pli est aussi rude que le reste; cette peau tendre qui se trouve dans l'intérieur des plis est d'une légère couleur de chair, et la peau du ventre est à peu près de même consistance et de même couleur. Au reste, on ne doit pas comparer ces tubérosités ou gales dont nous venons de parler à des écailles, comme l'ont fait plusieurs auteurs ; ce sont de simples durillons de la peau, qui n'ont ni régularité dans la figure, ni symétrie dans leur position respective. La souplesse de la peau dans les plis donne au rhinocéros la facilité du mouvement de la tête, du cou et des membres; tout le corps, à l'exception des jointures, est inflexible et comme cuirassé. M. Parsons dit en passant qu'il a observé une qualité très particulière dans cet animal, c'est d'écouter avec une espèce d'attention suivie tous les bruits qu'il entendait, de sorte que, quoique endormi ou fort occupé à manger ou à satisfaire d'autres besoins pressants, il s'éveillait à l'instant, levait la tête et écoutait avec la plus constante attention, jusqu'à ce que le bruit qu'il entendait eût cessé.

Enfin, après avoir donné cette description exacte du rhinocéros, M. Parsons examine s'il existe ou non des rhinocéros à double corne sur le nez; et après avoir comparé les témoignages des anciens et des modernes, et les monuments de cette espèce qu'on trouve dans les collections d'histoire naturelle, il conclut avec vraisemblance que les rhinocéros d'Asie n'ont communément qu'une corne, et que ceux d'Afrique en ont ordinairement deux.

(*) Buffon commet une erreur ; le Rhinocéros mâle monte sur la femelle pendant l'accouplement.

Il est très certain qu'il existe des rhinocéros qui n'ont qu'une corne sur le nez, et d'autres qui en ont deux (*a*); mais il n'est pas également certain que cette variété soit constante, toujours dépendante du climat de l'Afrique ou des Indes, et qu'en conséquence de cette seule différence on puisse établir deux espèces distinctes dans le genre de cet animal. Il paraît que les rhinocéros qui n'ont qu'une corne l'ont plus grosse et plus longue que ceux qui en ont deux; il y a des cornes simples de trois pieds et demi, et peut-être de plus de quatre pieds de longueur sur six et sept pouces de diamètre à la base; il y a aussi des cornes doubles qui ont jusqu'à deux pieds de longueur : communément ces cornes sont brunes ou de couleur olivâtre; cependant il s'en trouve de grises, et même quelques-unes de blanches; elles n'ont qu'une légère concavité en forme de tasse sous leur base, par laquelle elles sont attachées à la peau du nez; tout le reste de la corne est solide et plus dur que la corne ordinaire : c'est avec cette arme, dit-on, que le rhinocéros attaque et blesse quelquefois mortellement les éléphants de la plus haute taille, dont les jambes élevées permettent au rhinocéros, qui les a bien plus courtes, de leur porter des coups de boutoir et de corne sous le ventre, où la peau est la plus sensible et la plus pénétrable; mais aussi lorsqu'il manque son premier coup, l'éléphant le terrasse et le tue.

La corne du rhinocéros est plus estimée des Indiens que l'ivoire de l'éléphant, non pas tant à cause de la matière dont cependant ils font plusieurs ouvrages au tour et au ciseau, mais à cause de sa substance même, à laquelle ils accordent plusieurs qualités spécifiques et propriétés médicinales (*b*); les blanches, comme les plus rares, sont aussi celles qu'ils esti-

(*a*) Kolbe dit positivement, et comme s'il l'avait vu, que la première corne du rhinocéros est placée sur le nez, et la seconde sur le front, en droite ligne avec la première ; que celle-ci, qui est d'un gris brun, ne passe jamais deux pieds de longueur ; que la seconde est jaune, et qu'elle ne croît jamais au-dessus de six pouces. *Description du cap de Bonne-Espérance*, par Kolbe, t. III, p. 17 et 18. Cependant nous venons de citer des doubles cornes dont la seconde différait peu de la première, qui avait deux pieds, qui toutes deux étaient de la même couleur; et d'ailleurs il paraît certain qu'elles ne sont jamais à une aussi grande distance l'une de l'autre que le dit cet auteur, puisque les bases de ces deux cornes, conservées dans le cabinet de Hans Sloane, n'étaient pas éloignées de trois pouces.

(*b*) « Sunt in regno Bengalen rhinocerotes Lusitanis *Abadas* dicti, cujus animalis corium, » dentes, caro, sanguis, ungulæ et cæteræ ejus partes toto genere resistunt venenis ; quâ de » causâ in maximo pretio est apud Indos. » *Johan. Hugon Lintscotani Navigatio in Orientem, belgicè scripta, latinè enunciata a Lonicero.* Francfordii, 1599, pars II, p. 44. — Aux parties du Bengale proche du Gange, les rhinocéros ou licornes, que l'on appelle vulgairement *abades*, sont très communes, et l'on en apporte à Goa quantité de cornes ; elles ont environ deux palmes de circonférence du côté qu'elles sont attachées au front, et allant peu à peu et finissant en pointe ; elles servent d'armes défensives à ces animaux. Elles sont d'une couleur obscure, et les tasses qu'on en fait pour boire sont très estimées, vu qu'elles ont naturellement la propriété de chasser dehors la malignité d'une liqueur qui serait empoisonnée. *Voyage de P. Philippe,* p. 371. — Toutes les parties du corps du rhinocéros sont médicinales : sa corne est surtout un puissant antidote contre toutes sortes de poisons et les Siamois en font un grand trafic avec les nations voisines ; il y en a qui sont quelquefois vendues plus de cent écus ; celles qui sont d'un gris clair et mouchetées de blanc sont les

ment et qu'ils recherchent le plus. Dans les présents que le roi de Siam envoya à Louis XIV en 1686 (a), il y avait six cornes de rhinocéros. Nous en avons au cabinet du Roi douze de différentes grandeurs, et une entre autres qui, quoique tronquée, a trois pieds huit pouces et demi de longueur.

Le rhinocéros, sans être ni féroce ni carnassier, ni même extrêmement farouche, est cependant intraitable (b); il est à peu près en grand ce que le cochon est en petit, brusque et brut, sans intelligence, sans sentiment et sans docilité : il faut même qu'il soit sujet à des accès de fureur que rien ne peut calmer, car celui qu'Emmanuel, roi de Portugal, envoya au pape en 1513, fit périr le bâtiment sur lequel on le transportait (c), et celui que nous avons vu à Paris ces années dernières s'est noyé de même en allant en Italie. Ces animaux sont aussi, comme le cochon, très enclins à se vautrer dans la boue et à se rouler dans la fange : ils aiment les lieux humides et marécageux, et ils ne quittent guère les bords des rivières; on en trouve en Asie et en Afrique, à Bengale (d), à Siam (e), à Laos (f), au Mogol (g), à Sumatra (h), à Java, en Abyssinie (i), en Ethiopie (j), au pays des Anzicos (k), et jusqu'au cap de Bonne-Espérance (l); mais, en général, l'espèce en est moins nombreuse et moins répandue que celle de l'éléphant; il ne produit de même

plus estimées des Chinois. *Histoire nat. de Siam*, par Nic. Gervaise. Paris, 1688, p. 34. — Leurs cornes, leurs dents, leurs ongles, leur chair, leur peau, leur sang, leurs excréments même et leur eau, tout en est estimé et recherché par les Indiens, qui y trouvent des remèdes pour diverses maladies. *Voyages de la Compagnie des Indes de Hollande*, t. 1er, p. 417. — Sa corne sort d'entre ses deux naseaux, elle est fort épaisse par le bas, et vers le haut elle devient aiguë; elle est d'un vert brun, et non pas noir, ainsi que quelques-uns l'ont écrit; quand elle est plus grise ou qu'elle tire sur le blanc, elle se vend plus cher; mais elle est toujours chère, car on l'estime aussi beaucoup aux Indes. *Idem*, t. VII, p. 277.

(a) Parmi les présents que le roi de Siam envoya en France en 1686, il y eut six cornes de rhinocéros; elles sont extrêmement estimées dans tout l'Orient. Le chevalier Vernati a écrit de Batavia en Angleterre que les cornes, les dents, les ongles et le sang des rhinocéros sont des antidotes, et qu'ils ont le même usage dans la pharmacopée des Indes que la thériaque dans celle de l'Europe. *Voyages de la Compagnie des Indes de Hollande*, t. VII, p. 484.

(b) *Nota*. Chardin dit (t. III, p. 45) que les Abyssins apprivoisent les rhinocéros, qu'ils les élèvent au travail, comme on fait les éléphants. Ce fait me paraît très douteux, aucun autre voyageur n'en fait mention, et il est sûr qu'à Bengale, à Siam et dans les autres parties de l'Inde méridionale, où le rhinocéros est peut-être encore plus commun qu'en Éthiopie et où l'on est accoutumé à apprivoiser les éléphants, il est regardé comme un animal indomptable et dont on ne peut faire aucun usage pour le service domestique.

(c) *Transactions philosophiques*, n° 470.

(d) *Voyage du P. Philippe*, p. 371. — *Voyages de la Comp. des Indes de Hollande*, t. 1er, p. 417.

(e) *Histoire naturelle de Siam*, par Gervaise, p. 33.

(f) *Journal de l'abbé de Choisy*, p. 339.

(g) *Voyage de Tavernier*, t. III, p. 97. — *Voyage d'Eduard Terry*, p. 15.

(h) *Histoire générale des voyages*, par M. l'abbé Prévost, t. IX, p. 339.

(i) *Voyage de la Compagnie des Indes de Hollande*, t. VII, p. 277.

(j) *Voyage de Chardin*, t. III, p. 45. — *Relation de Thévenot*, p. 10.

(k) *Histoire générale des voyages*, par M. l'abbé Prévost, t. V, p. 91.

(l) *Voyage de Franç. de Guat.* Amsterdam, 1708, t. II, p. 145. — *Description du cap de Bonne-Espérance*, par Kolbe, t. III, p. 15 et suiv.

qu'un seul petit à la fois, et à des distances de temps assez considérables. Dans le premier mois le jeune rhinocéros n'est guère plus gros qu'un chien de grande taille (*a*). Il n'a point en naissant la corne sur le nez (*b*), quoiqu'on en voie déjà le rudiment dans le fœtus, à deux ans cette corne n'a encore poussé que d'un pouce (*c*), et à six ans elle a neuf à dix pouces (*d*) ; et comme l'on connaît de ces cornes qui ont près de quatre pieds de longueur, il paraît qu'elles croissent au moins jusqu'au moyen âge et peut-être pendant toute la vie de l'animal, qui doit être d'une assez longue durée, puisque le rhinocéros décrit par M. Parsons n'avait à deux ans qu'environ la moitié de sa hauteur, d'où l'on peut inférer que cet animal doit vivre comme l'homme soixante-dix ou quatre-vingts ans.

Sans pouvoir devenir utile comme l'éléphant, le rhinocéros est aussi nuisible par la consommation, et surtout par le prodigieux dégât qu'il fait dans les campagnes ; il n'est bon que par sa dépouille, sa chair est excellente au goût des Indiens et des Nègres (*e*) ; Kolbe dit en avoir souvent mangé et avec beaucoup de plaisir. Sa peau fait le cuir le meilleur et le plus dur qu'il y ait au monde (*f*), et non seulement sa corne, mais toutes les autres parties de son corps et même son sang (*g*), son urine et ses excréments, sont estimés comme des antidotes contre le poison ou comme des remèdes à plusieurs maladies. Ces antidotes ou remèdes tirés des différentes parties du rhinocéros ont le même usage dans la pharmacopée des Indes que la thériaque dans celle de l'Europe (*h*). Il y a toute apparence que la plupart de ces vertus sont imaginaires : mais combien n'y a-t-il pas de choses bien plus recherchées qui n'ont de valeur que dans l'opinion ?

Le rhinocéros se nourrit d'herbes grossières, de chardons, d'arbrisseaux épineux, et il préfère ces aliments agrestes à la douce pâture des plus

(*a*) On en a vu un jeune qui n'était pas plus grand qu'un chien, il suivait alors son maître partout et il ne buvait que du lait de buffle ; mais il ne vécut pas plus de trois semaines. Les dents commençaient à lui sortir. *Voyages de la Compagnie des Indes de Hollande*, t. VII, p. 483.

(*b*) On voyait dans le bout du nez de ces deux jeunes rhinocéros la marque de la corne qui devait leur pousser, parce que, comme ils étaient tout jeunes, ils n'en avaient pas encore ; à cet âge-là, néanmoins, ils étaient aussi gros et aussi grands qu'un de nos bœufs ; mais ils sont fort bas des jambes, particulièrement de celles de devant, qui sont plus courtes que celles de derrière. *Voyage de Pietro della Valle*, t. IV, p. 245.

(*c*) *Transactions philosophiques*, n° 470.

(*d*) Voyez *idem, ibid.*

(*e*) On mange la chair du rhinocéros, et ces peuples la trouvent excellente ; ils tirent même quelque utilité de son sang, qu'ils ramassent avec soin, pour en faire un remède propre à la guérison des maux de poitrine. *Hist. nat. de Siam*, par Gervaise, p. 35.

(*f*) Sa peau est d'un beau gris tirant sur le noir, comme celle des éléphants, mais plus rude et plus épaisse ; je n'ai point vu d'animal qui en ait une semblable..... Cette peau est couverte partout, hormis au cou et à la tête, de petits nœuds ou durillons fort semblables à ceux des écailles de tortue, etc. *Voyage de Chardin*, t. III, p. 45.

(*g*) *Voyage de Mandelslo*, t. II, p. 350.

(*h*) *Voyages de la Compagnie des Indes de Hollande*, t. VII, p. 484.

belles prairies (*a*) ; il aime beaucoup les cannes de sucre, et mange aussi de toutes sortes de grains : n'ayant nul goût pour la chair il n'inquiète pas les petits animaux ; il ne craint pas les grands, vit en paix avec tous et même avec le tigre, qui souvent l'accompagne sans oser l'attaquer. Je ne sais donc si les combats de l'éléphant et du rhinocéros ont un fondement réel : ils doivent au moins être rares, puisqu'il n'y a nul motif de guerre ni de part ni d'autre, et que d'ailleurs on n'a pas remarqué qu'il y eût aucune espèce d'antipathie entre ces animaux ; on en a vu même en captivité (*b*) vivre tranquillement et sans s'offenser ni s'irriter l'un contre l'autre. Pline est, je crois, le premier qui ait parlé de ces combats du rhinocéros et de l'éléphant ; il paraît qu'on les a forcés à se battre dans les spectacles de Rome (*c*), et c'est probablement de là que l'on a pris l'idée que, quand ils sont en liberté et dans leur état naturel ils se battaient de même ; mais encore une fois toute action sans motif n'est pas naturelle ; c'est un effet sans cause qui ne doit point arriver ou qui n'arrive que par hasard.

Les rhinocéros ne se rassemblent pas en troupes, ni ne marchent en nombre comme les éléphants ; ils sont plus solitaires, plus sauvages, et peut-être plus difficiles à chasser et à vaincre. Ils n'attaquent pas les hommes (*d*), à moins qu'ils ne soient provoqués (*) ; mais alors ils prennent de la fureur et sont très redoutables : l'acier de Damas, les sabres du Japon n'entament pas leur peau (*e*) ; les javelots et les lances ne peuvent la percer, elle résiste même aux

(*a*) Cet animal ne se nourrit pas d'herbes, il lui préfère les buissons, le genêt et les chardons : mais, entre toutes les plantes, il n'en est point qu'il aime autant qu'un arbuste qui ressemble beaucoup au genévrier, mais qui ne sent pas aussi bon, et dont les piquants ne sont pas à beaucoup près aussi pointus ; les Européens du Cap appellent cette plante l'*arbrisseau du rhinocéros;* les campagnes couvertes de bruyères en fournissent une grande quantité ; on en voit aussi beaucoup sur les montagnes du Tigre et sur la rivière du banc des Moules. Les habitants de ces lieux le coupent et l'amassent pour le brûler. *Description du cap de Bonne-Espérance,* par Kolbe, t. III, p. 17.

(*b*) La relation hollandaise qui a pour titre, *l'Ambassade de la Chine,* fait une description de cet animal tout à fait fausse, surtout en ce qu'elle porte que c'est un des principaux ennemis de l'éléphant ; car ce rhinocéros-ci était dans une même écurie avec deux éléphants, et je les ai vus diverses fois l'un auprès de l'autre dans la place royale sans se marquer la moindre antipathie. Un ambassadeur d'Éthiopie avait amené cet animal en présent. *Voyage de Chardin,* t. III, p. 45.

(*c*) Les Romains ont pris plaisir à faire combattre les rhinocéros et l'éléphant pour quelque spectacle de grandeur. *Singular. de la France antarctique,* par André Thevet, p. 41.

(*d*) Les rhinocéros n'attaquent pas ordinairement, et ils ne se mettent en fure que quand ils sont attaqués, mais alors ils sont de la dernière férocité ; ils grognent comme des pourceaux, ils renversent les arbres et tout ce qui se présente devant eux. *Voyages de la Compagnie des Indes de Hollande,* t. VII, p. 278.

(*e*) Sa peau est épaisse, dure et inégale..... impénétrable même aux sabres du Japon ; on en fait des cottes d'armes, des boucliers, etc. *Voyages de la Compagnie des Indes de Hollande,* t. VII, p. 483. — Le rhinocéros attaque assez rarement les hommes, à moins qu'ils

(*) La chasse du Rhinocéros n'est pas sans offrir des dangers ; l'animal se précipite très souvent sur les chasseurs avant même d'avoir été attaqué.

balles du mousquet ; celles de plomb s'aplatissent sur ce cuir, et les lingots
de fer ne le pénètrent pas en entier ; les seuls endroits absolument pénétra-
bles dans ce corps cuirassé sont le ventre, les yeux et le tour des oreilles (*a*) ;
ainsi les chasseurs au lieu d'attaquer cet animal de face et debout le suivent
de loin par ses traces et attendent pour l'approcher les heures où il se repose
et s'endort. Nous avons au cabinet du Roi un fœtus de rhinocéros qui nous
a été envoyé de l'île de Java, et qui a été tiré hors du corps de la mère ; il
est dit, dans le mémoire qui accompagnait cet envoi, que vingt-huit chasseurs
s'étant assemblés pour attaquer ce rhinocéros, ils l'avait d'abord suivi de loin
pendant quelques jours, faisant de temps en temps marcher un ou deux
hommes en avant pour reconnaître la position de l'animal ; que par ce moyen
ils le surprirent endormi, s'en approchèrent en silence et de si près qu'ils
lui lâchèrent tous ensemble leurs vingt-huit coups de fusil dans les parties
inférieures du bas-ventre.

On a vu, par la description de M. Parsons, que cet animal a l'oreille bonne
et même très attentive ; on assure aussi qu'il a l'odorat excellent ; mais on
prétend qu'il n'a pas l'œil bon (*b*), et qu'il ne voit, pour ainsi dire, que devant
lui. La petitesse extrême de ses yeux, leur position basse, oblique et enfon-
cée ; le peu de brillant et de mouvement qu'on y remarque, semble confirmer

ne le provoquent ou que l'homme n'ait un habit rouge ; dans ces deux cas il se met en fureur
et renverse tout ce qui s'oppose à lui. Lorsqu'il attaque un homme, il le saisit par le milieu
du corps et le fait voler par-dessus sa tête avec une telle force, qu'il est tué par la violence de
sa chute..... Si on le voit venir, il n'est pas difficile de l'éviter, quelque furieux qu'il soit ; il
est fort vite, il est vrai, mais il ne se tourne qu'avec beaucoup de peine : d'ailleurs il ne voit,
comme je l'ai déjà dit, que devant lui, ainsi on n'a qu'à le laisser approcher à cinq ou dix
pas de distance, et alors se mettre un peu à côté ; il ne vous voit plus et ne peut que très
difficilement vous retrouver. Je l'ai expérimenté moi-même ; il m'est arrivé plus d'une fois
de le voir venir à moi avec toute sa furie. *Description du cap de Bonne-Espérance*, par
Kolbe, t. III, p. 17.

(*a*) On le tue difficilement, et on ne l'attaque jamais sans péril d'en être déchiré. Ceux
qui s'adonnent à cette chasse ont pourtant trouvé les moyens de se garantir de sa fureur ; car
comme cet animal aime les lieux marécageux, ils l'observent quand il s'y retire, et, se cachant
dans les buissons au-dessous du vent, ils attendent qu'il se soit couché soit pour s'endormir
ou pour se vautrer, afin de le tirer près des oreilles, qui est le seul endroit où il peut être
blessé à mort. Ils se mettent au-dessous du vent, parce que le rhinocéros a cela de propre
qu'il découvre tout par l'odorat ; de sorte que quoiqu'il ait des yeux, il ne s'en sert néanmoins
jamais que l'odorat n'ait été frappé par l'objet qui se présente à la vue. *Hist. nat. de Siam*,
par Gervaise, p. 35.

(*b*) Voyez la note précédente. — Le rhinocéros a les yeux fort petits et ne voit absolument que devant lui : lorsqu'il marche et qu'il poursuit sa proie, il va toujours en droite ligne,
forçant, renversant, perçant tout ce qu'il rencontre ; il n'y a ni buissons, ni arbres, ni ronces
épaisses, ni grosses pierres qui puissent l'obliger à se détourner ; avec la corne qu'il a sur
le nez, il déracine les arbres, il enlève les pierres qui s'opposent à son passage, et les jette
derrière lui fort haut à une grande distance et avec un fort grand bruit ; en un mot, il abat
tous les corps sur lesquels elle peut avoir quelque prise. Lorsqu'il ne rencontre rien et qu'il
est en colère, baissant la tête, il fait des sillons sur la terre, et il en jette avec fureur une
grande quantité par-dessus sa tête. Il grogne comme le cochon ; son cri ne s'entend pas de
fort loin lorsqu'il est tranquille, mais s'il marche après sa proie, on peut l'entendre à une
grande distance. *Description du cap de Bonne-Espérance*, par Kolbe, Amsterd., 1741.

ce fait. Sa voix est assez sourde lorsqu'il est tranquille ; elle ressemble en
gros au grognement du cochon ; et lorsqu'il est en colère son cri devient
aigu et se fait entendre de fort loin. Quoiqu'il ne vive que de végétaux, il ne
rumine pas ; ainsi il est probable que, comme l'éléphant, il n'a qu'un estomac
et des boyaux très amples, et qui suppléent à l'office de la panse ; sa consommation, quoique considérable, n'approche pas de celle de l'éléphant, et il
paraît, par la continuité et l'épaisseur non interrompue de sa peau, qu'il perd
aussi beaucoup moins que lui par la transpiration.

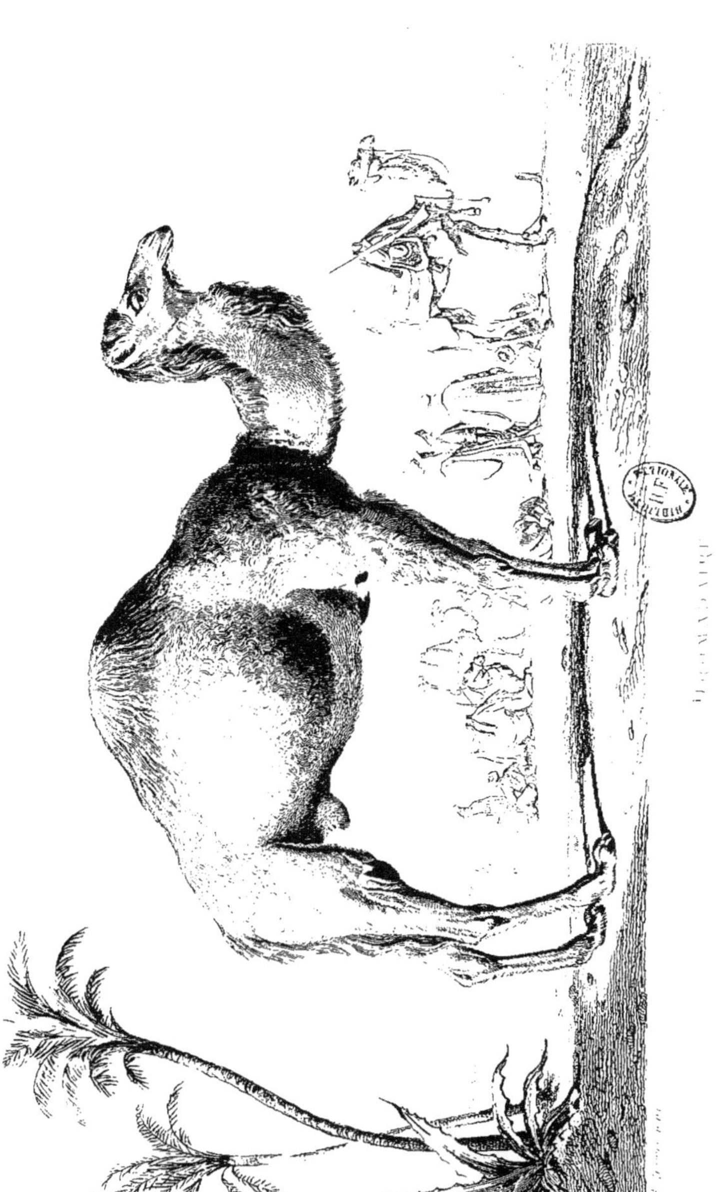

LE CHAMEAU [a] ET LE DROMADAIRE [b]

Ces deux noms, *dromadaire* (*) et *chameau*, ne désignent pas deux espèces différentes, mais indiquent seulement deux races distinctes, et subsistantes de temps immémorial dans l'espèce du chameau : le principal et, pour ainsi dire, l'unique caractère sensible par lequel ces deux races diffèrent consiste en ce que le chameau porte deux bosses, et que le dromadaire n'en a qu'une ; il est aussi plus petit et moins fort que le chameau ; mais tous deux se mêlent, produisent ensemble, et les individus qui proviennent de cette race croisée sont ceux qui ont le plus de vigueur et qu'on préfère à tous les autres (c). Ces métis, issus du dromadaire et du chameau, forment

(a) *Chameau*, en grec, κάμηλος ; en latin, *camelus* ; en italien, *camelo* ; en espagnol, *camelo* ; en allemand, *kæmel* ; en anglais, *camel* ; en hébreu, *gamal* ; en chaldéen, *gamala* ; en ancien arabe, *gemal* ; en arabe moderne, *gimel*. On voit que le nom du *chameau*, en hébreu, en chaldéen et en arabe est à peu près le même, et que c'est de ces langues anciennes dont les Grecs, les Latins, les Italiens, les Espagnols, les Allemands, les Anglais, les Français, etc., ont dérivé, sans grande altération, le nom de cet animal dans toutes leurs langues.

(b) *Dromadaire*, en grec, Δρομάς, ou plutôt *camelus dromas*, car *dromas* n'est qu'un adjectif dérivé de *dromos*, qui signifie *course* ou *vitesse*, et *camelus dromas* veut dire *chameau coureur. Dromedarius*, en latin moderne.

(c) Les Persans ont plusieurs espèces de chameaux. Ils appellent ceux qui ont deux bosses *bughur*, et ceux qui n'en ont qu'une *schuttur*. De ces derniers, il y en a quatre sortes, savoir : ceux qu'ils appellent par excellence *ner*, c'est-à-dire *mâle*, qui s'engendrent d'un *dromadaire* ou d'un *chameau* à deux bosses, et d'une femelle à une bosse, que l'on appelle *mage* ; et ceux-ci ne se font point couvrir par d'autres. Ce sont là les meilleurs et les plus estimés de tous les chameaux, et il y en a qui se vendent cent écus la pièce. Ils portent jusqu'à neuf ou dix quintaux de charge, et sont comme infatigables. Quand ils sont en chaleur, ils mangent peu, écument par la bouche, sont colères et mordent ; de sorte que, pour les empêcher d'offenser ceux qui les gouvernent, on leur met des muselières, que les Perses nomment *agrah*. Les chameaux qui viennent de ceux-ci dégénèrent fort et sont lâches et paresseux, c'est pourquoi les Turcs les appellent *jurda kaidem*, et ne se vendent que trente ou quarante écus.

La troisième espèce est celle qu'ils appellent *lohk*, mais ils ne sont pas si bons que les

(*) Les Chameaux (*Camelus* L.) sont les Mammifères de l'ordre des Artiodactyles ruminants, de la famille des Tylopodes qui est caractérisée par l'absence de cornes, un long cou, la lèvre supérieure fendue et couverte de poils, l'absence de doigts accessoires, la plante des pieds calleuse, des dents canines très développées, deux incisives en bas, quatre à six en haut dans la jeunesse et sept plus tard. On distingue deux espèces : le Dromadaire (*Camelus Dromedarius* L.) à une seule bosse et C. *bactrianus* à deux bosses.

une race secondaire qui se multiplie pareillement et qui se mêle aussi avec
les races premières : en sorte que dans cette espèce comme dans celles des
autres animaux domestiques, il se trouve plusieurs variétés dont les plus
générales sont relatives à la différence des climats. Aristote (a) a très bien
indiqué les deux races principales : la première, c'est-à-dire celle à deux
bosses, sous le nom de *chameau de la Bactriane* (b), et la seconde, sous celui
de *chameau d'Arabie;* on appelle les premiers *chameaux turcs* (c), et les
autres *chameaux arabes.* Cette division subsiste aujourd'hui comme du
temps d'Aristote, seulement il paraît, depuis que l'on a découvert les parties
de l'Afrique et de l'Asie inconnues aux anciens, que le dromadaire est sans
comparaison plus nombreux et plus généralement répandu que le chameau :
celui-ci ne se trouve guère que dans le Turkestan (d) et dans quelques

bughur, aussi n'écument-ils point comme les *ners,* quands ils sont en chaleur; mais, quand
ils sont en rut, ils poussent de dessous la gorge une vessie rouge qu'ils retirent avec
l'haleine; dressent la tête et ronflent souvent. On les vend soixante écus, il s'en faut beaucoup qu'ils soient aussi forts que les autres; c'est pourquoi, quand les Perses veulent parler
d'un homme vaillant et courageux, ils disent que c'est un *ner*, et pour signifier un lâche et
un poltron, ils l'appellent *lohk.*

Ils nomment la quatrième espèce *schutturi baad,* et les Turcs *jeldovesi,* c'est-à-dire *chameaux de vent;* ils sont plus petits, mais plus éveillés que les autres : car, au lieu que les
chameaux ordinaires ne vont que le pas, ceux-ci vont le trot et galopent aussi bien que les
chevaux. *Voyage d'Oléarius,* t. Ier, p. 550.

(a) « Camelus proprium inter cæteras quadrupedes habet in dorso, quod tuber appellant,
» sed ita ut Bactrianæ ab Arabiis differant; alteris enim bina, alteris singula tubera haben-
» tur. » Aristot., *Hist. anim.,* lib. II, cap. I. — *Nota.* Théodore Gaza, dont j'ai toujours
emprunté la traduction lorsque j'ai cité dans cet ouvrage quelques passages d'Aristote, paraît
avoir rendu celui-ci d'une manière ambiguë : *alteris enim bina, alteris singula tubera
habentur* signifie seulement que les uns ont deux et que les autres n'ont qu'une bosse,
tandis que le texte grec indique précisément que ce sont les chameaux d'Arabie qui n'ont
qu'une bosse, et que ceux de la Bactriane en ont deux. Aussi Pline, qui, sur l'article du
chameau comme sur beaucoup d'autres, n'a fait, pour ainsi dire, que copier Aristote, a mieux
traduit ce passage que Gaza, en disant : *Cameli Bactriani et Arabici differunt, quod illi
bina habent tubera in dorso, hi singula.* Plin., *Hist. nat.,* lib. VIII, cap. XVIII.

(b) La Bactriane, province de l'Asie, qui comprend aujourd'hui le Turkestan, le pays des
Usbeks, etc.

(c) Nous allions au mont Sinaï sur des chameaux parce qu'il n'y a point d'eau sur cette
route, et que les autres animaux ne peuvent pas fatiguer sans boire..... Mais ces chameaux
d'Arabie, qui sont petits et différents de ceux du Caire, qui vont en Sourie et en d'autres
endroits, cheminent trois ou quatre jours sans boire..... On va du Caire à Jérusalem, non
pas sur ces petits chameaux arabes comme au mont Sinaï, qui est un chemin de montagnes,
mais sur de grands, que l'on appelle *chameaux turcs. Voyage de Pietro della Valle,* t. Ier,
p. 360 et 408. — L'espèce que nous appelons *dromadaire* s'appelle ici (en Barbarie) *maihari;*
elle n'est pas si commune en Barbarie qu'elle l'est au Levant..... Cet animal diffère du chameau ordinaire en ce qu'il a le corps plus rond et mieux fait, et en ce qu'il n'a qu'une petite
bosse sur le dos. *Voyage de Shaw,* t. Ier, p. 309 et 310.

(d) L'Académie ayant chargé les missionnaires, envoyés à la Chine en qualité de mathé-
maticiens du Roi de s'informer de quelques particularités qui regardent les chameaux, voici
la réponse que l'ambassadeur de Perse fit aux questions que M. Constance lui fit faire de la
part des missionnaires : 1° qu'on voyait en Perse des chameaux qui avaient deux bosses sur
le dos, mais qu'ils étaient originaires du Turkestan et de la race de ceux que le roi des
Maures avait fait venir de ce pays, qui est le seul endroit que l'on sache de toute l'Asie où

autres endroits du Levant (a), tandis que le dromadaire, plus commun qu'aucune autre bête de somme en Arabie, se trouve de même en grande quantité dans toute la partie septentrionale de l'Afrique (b), qui s'étend depuis la mer Méditerranée jusqu'au fleuve Niger (c) ; et qu'on le retrouve en Egypte (d), en Perse, dans la Tartarie méridionale (e) et dans les parties septentrionales de l'Inde. Le dromadaire occupe donc des terres immenses, et le chameau est borné à un petit terrain ; le premier habite des régions arides et chaudes ; le second, un pays moins sec et plus tempéré, et l'espèce entière, tant des unes que des autres, paraît être confinée dans une zone de trois ou quatre cents lieues de largeur, qui s'étend depuis la Mauritanie jusqu'à la Chine : elle ne subsiste ni au-dessus ni au-dessous de cette zone ; cet animal, quoique naturel aux pays chauds, craint cependant les climats où la chaleur est excessive : son espèce finit où commence celle de l'éléphant, et elle ne peut subsister ni sous le ciel brûlant de la zone torride, ni dans les climats doux de notre zone tempérée. Il paraît être originaire d'Arabie (f) ; car non seulement c'est le pays où il est en plus grand nombre, mais c'est aussi celui auquel il est le plus conforme ; l'Arabie est le pays du monde le plus aride, et où l'eau est le plus rare ; le chameau est le plus sobre des animaux, et peut passer plusieurs jours sans boire (g) ; le terrain

il y en ait de cette espèce, et que ces chameaux étaient fort estimés en Perse, parce que leur double bosse les rendait plus propres pour les voitures ; 2° que ces bosses n'étaient pas formées par la courbure de l'épine du dos, qui n'était pas plus élevée dans ces endroits qu'en d'autres, mais que c'était seulement des excressances d'une substance glanduleuse et semblable à celle de ces parties, où se forme et se conserve le lait dans les animaux, qu'au reste, la bosse de devant peut avoir environ un demi-pied de haut, et l'autre un doigt de moins. *Mémoires pour servir à l'histoire des animaux*, part. 1, p. 80.

(a) Les chameaux des Tartares kalmoucks sont assez grands et assez forts, mais ils ont tous deux bosses. *Relation de la grande Tartarie*. Amsterdam, 1737, p. 267.

(b) « Camelus animal blandum ac domesticum maximâ copiâ in Africâ invenitur, præsertim » in desertis Libyæ, Numidiæ et Barbariæ. » Leon. Afric., *Descript. Africæ*, vol. II, p. 748.

(c) Les Maures ont des troupeaux nombreux de chameaux sur le bord du Niger. *Voyage au Sénégal*, par M. Adanson, p. 36.

(d) « Audio verò in Ægypto longè plura quàm quater centum millia camelorum vivere. » Prosp. Alp., *Hist. nat. Ægypt.*, pars 1, p. 226.

(e) « Delectantur etiam Tartari Buratskoi re pecuariâ, maximè camelis, quorum ibi magna » copia est, unde complures a caravannis ad Sinam tendentibus redimuntur, ita ut optimus » camelus duodecim vel ad summum quindecim rubelis haberi possit. » *Novissima Sinica historiam nostri temporis illustratura, etc.*, edente G. G. L., ann. 1699, p. 166. — La Tartarie abonde en bestiaux, et surtout en chevaux et en chameaux. *Voyage historique de l'Europe*. Paris, 1693, t. VII, p. 204.

(f) Le lieu natal des chameaux est l'Arabie ; car, encore que l'on en trouve ailleurs, non seulement qu'on y a conduits, mais même qui y sont nés, néanmoins il n'y a lieu de la terre où l'on en voit une si grande quantité qu'en Arabie. *Voyage du P. Philippe*, p. 369. — « Tanta apud Arabes est camelorum copia, ut eorum pauperrimus decem ad minus camelos » habeat : multique sunt quorum quisque quatuor centum ac mille etiam numerare possit. » Prosp. Alpin., *Hist. Ægypti.*, p. 226.

(g) Les vastes solitudes de Solyme, où l'on ne trouve ni oiseaux, ni bêtes sauvages, ni herbes, ni même aucun moucheron, et où l'on ne voit que des montagnes de sable, des carrières et des ossements de chameaux, seraient bien difficiles à traverser sans le secours

est presque partout sec et sablonneux ; le chameau a les pieds faits pour marcher dans les sables, et ne peut, au contraire, se soutenir dans les terrains humides et glissants (*a*) ; l'herbe et les pâturages manquant à cette terre, le bœuf y manque aussi, et le chameau remplace cette bête de somme. On ne se trompe guère sur le pays naturel des animaux en le jugeant par ces rapports de conformité ; leur vraie patrie est la terre à laquelle ils ressemblent, c'est-à-dire à laquelle leur nature paraît s'être entièrement conformée, surtout lorsque cette même nature de l'animal ne se modifie point ailleurs et ne se prête pas à l'influence des autres climats. On a inutilement essayé de multiplier les chameaux en Espagne (*b*), on les a vainement transportés en Amérique, ils n'ont réussi ni dans l'un ni dans l'autre climat, et dans les grandes Indes on n'en trouve guère au delà de Surate et d'Ormus. Ce n'est pas, qu'absolument parlant, ils ne puissent subsister et produire aux Indes, en Espagne, en Amérique, et même dans des climats plus froids, comme en France, en Allemagne, etc. (*c*) : en les tenant l'hiver dans des écuries chaudes, en les nourrissant avec choix, les traitant avec soin, en ne les faisant pas travailler et ne les laissant sortir que pour se promener dans les beaux jours, on peut les faire vivre, et même espérer de les voir produire ; mais leurs productions sont chétives et rares, eux-mêmes sont faibles et languissants ; ils perdent donc toute leur valeur dans ces climats, et au lieu d'être utiles, ils sont très à charge à ceux qui les élèvent, tandis que dans leur pays natal ils font, pour ainsi dire, toute la richesse de leurs maîtres (*d*). Les Arabes regardent le chameau comme un présent du ciel, un

des chameaux. Ces animaux sont six à sept jours sans boire et sans manger, ce que je n'aurais jamais cru si je ne l'avais observé avec exactitude. *Relation du voyage de Poncet en Éthiopie. Lettres édifiantes*, IV° Recueil, p. 259. — En faisant route d'Alep à Ispahan par le grand désert, nous marchâmes près de six journées sans trouver de l'eau, lesquelles jointes aux trois précédentes font les neuf jours dont j'ai parlé et que nos chameaux passèrent sans boire. *Voyage de Tavernier*, t. 1ᵉʳ, p. 202.

(*a*) Les chameaux ne peuvent marcher sur des terres grasses et dans les endroits glissants ; ils ne sont bons que pour les sables. *Voyage de Jean Ovington*, t. Iᵉʳ. p. 222. — Il y a principalement deux sortes de chameaux, les uns qui sont propres pour les pays chauds, et les autres pour les pays froids ; les chameaux des pays chauds, comme sont ceux qui vont d'Ormus jusqu'à Ispahan, ne peuvent marcher si la terre est mouillée et glissante, et ils s'ouvriraient le ventre en s'écartant par les jambes de derrière ; ce sont de petits chameaux qui ne portent que six ou sept cents livres..... Les chameaux des pays froids, comme sont ceux de Tauris jusqu'à Constantinople, sont de grands chameaux, qui portent d'ordinaire mille livres ; ils se tirent de la boue, mais dans les terres grasses et chemins glissants, il faut étendre des tapis, et quelquefois jusqu'à cent de suite, pour qu'ils passent dessus. *Voyage de Tavernier*, t. Iᵉʳ, p. 161.

(*b*) On voit plusieurs chameaux en Espagne que les gouverneurs des places frontières d'Afrique y envoient, mais ils n'y vivent pas longtemps, parce que le pays est trop froid pour eux. *L'Afrique de Marmol*, t. Iᵉʳ, p. 50.

(*c*) M. le marquis de Montmirail nous a fait savoir qu'on lui avait assuré que S. M. le roi de Pologne, électeur de Saxe, avait eu, aux environs de Dresde, des chameaux et des dromadaires qui y ont multiplié.

(*d*) « Ex camelis Arabes divitias ac possessiones æstimant ; et si quando de divitiis prin-

animal sacré (*a*), sans le secours duquel ils ne pourraient ni subsister, ni commercer, ni voyager. Le lait des chameaux fait leur nourriture ordinaire ; ils en mangent aussi la chair, surtout celle des jeunes, qui est très bonne à leur goût ; le poil de ces animaux qui est fin et moelleux, et qui se renouvelle tous les ans par une mue complète (*b*), leur sert à faire les étoffes dont ils se vêtissent et se meublent ; avec leurs chameaux, non seulement ils ne manquent de rien, mais même ils ne craignent rien (*c*) ; ils peuvent mettre en un seul jour cinquante lieues de désert entre eux et leurs ennemis : toutes les armées du monde périraient à la suite d'une troupe d'Arabes ; aussi ne sont-ils soumis qu'autant qu'il leur plaît. Qu'on se figure un pays sans verdure et sans eau, un soleil brûlant, un ciel toujours sec, des plaines sablonneuses, des montagnes encore plus arides, sur lesquelles l'œil s'étend et le regard se perd sans pouvoir s'arrêter sur aucun objet vivant, une terre morte et, pour ainsi dire, écorchée par les vents, laquelle ne présente que des ossements, des cailloux jonchés, des rochers debout ou renversés, un désert entièrement découvert, où le voyageur n'a jamais respiré sous l'ombrage, où rien ne l'accompagne, rien ne lui rappelle la nature vivante : solitude absolue, mille fois plus affreuse que celle des forêts ; car les arbres sont encore des êtres pour l'homme qui se voit seul ; plus isolé, plus dénué, plus perdu dans ces lieux vides et sans bornes, il voit partout l'espace comme son tombeau ; la lumière du jour, plus triste que l'ombre de la nuit, ne renaît que pour éclairer sa nudité, son impuissance, et pour lui présenter l'horreur de sa situation, en reculant à ses yeux les barrières du vide, en étendant autour de lui l'abîme de l'immensité qui le sépare de la terre habitée : immensité qu'il tenterait en vain de parcourir, car la faim, la soif et la chaleur brûlante pressent tous les instants qui lui restent entre le désespoir et la mort.

» cipis aut nobilis cujusdam sermo fiat, possidere aiunt tot camelorum, non aureorum, » millia. » Léon. Afric., *Descript. Africæ*, vol. II, p. 748.

(*a*) « Camelos, quibus Arabia maximè abundat, animalia sancta ii appellant, ex insigni commodo quod ex ipsis indigenæ accipiunt. » Prosp. Alpin, *Hist. Ægypt.*, pars i, p. 225.

(*b*) Le poil tombe tout à cet animal au printemps, et si entièrement qu'il paraît tel qu'un cochon échaudé, et alors on le poisse partout pour le défendre de la piqûre des mouches. Le poil de chameau est la meilleure toison de tous les animaux domestiques ; on en fait des étoffes fort fines, et nous en faisons des chapeaux en Europe, le mêlant avec le castor. *Voyage de Chardin*, t. II, p. 28. — Au printemps tout le poil tombe aux chameaux en moins de trois jours ; la peau lui demeure toute nue, et alors les mouches l'importunent fort ; le chamelier n'y trouve point de remède qu'en lui goudronnant le corps. *Voyage de Tavernier*, t. 1er, p. 162. — « Præter alia emolumenta quæ ex camelis capiunt, vestes quoque et ten- » toria ex iis habent ; ex corum enim pilis multa fiunt, maximè verô pannus, quo et principes » oblectantur. » Prop. Alpin. *Hist. Ægypt.*, pars i, p. 226.

(*c*) « Les chameaux font la richesse des Arabes et toute leur force et leur sûreté ; car ils emportent, au moyen de leurs chameaux, tous leurs effets dans les déserts, où ils n'ont pas à craindre leurs ennemis ni aucune invasion. *L'Afrique d'Ogilby*, p. 12. — « Qui porro » camelos possident Arabes steriliter vivunt ac liberè, utpote cum quibus in desertis agere » possint ; ad quæ, propter ariditatem, nec reges, nec principes pervenire valent. » Léon. Afric., *Descript. Africæ*, vol. II, p. 749.

Cependant l'Arabe, à l'aide du chameau, a su franchir et même s'approprier ces lacunes de la nature ; elles lui servent d'asile, elles assurent son
repos et le maintiennent dans son indépendance ; mais de quoi les hommes
savent-ils user sans abus ? Ce même Arabe, libre, indépendant, tranquille et
même riche, au lieu de respecter ses déserts comme les remparts de sa
liberté, les souille par le crime ; il les traverse pour aller chez des nations
voisines enlever des esclaves et de l'or ; il s'en sert pour exercer son bri-
gandage, dont malheureusement il jouit plus encore que de sa liberté ; car
ses entreprises sont presque toujours heureuses : malgré la défiance de ses
voisins et la supériorité de leurs forces, il échappe à leur poursuite et emporte impunément tout ce qu'il leur a ravi. Un Arabe, qui se destine à ce
métier de pirate de terre, s'endurcit de bonne heure à la fatigue des voyages ;
il s'essaie à se passer du sommeil, à souffrir la faim, la soif et la chaleur ;
en même temps il instruit ses chameaux, il les élève et les exerce dans cette
même vue ; peu de jours après leur naissance (a), il leur plie les jambes
sous le ventre, il les contraint à demeurer à terre et les charge, dans cette
situation, d'un poids assez fort qu'il les accoutume à porter et qu'il ne leur
ôte que pour leur en donner un plus fort ; au lieu de les laisser paître à
toute heure et boire à leur soif, il commence par régler leurs repas, et peu
à peu les éloigne à de grandes distances, en diminuant aussi la quantité de
la nourriture ; lorsqu'ils sont un peu forts il les exerce à la course, il les
excite par l'exemple des chevaux, et parvient à les rendre aussi légers et
plus robustes (b) ; enfin dès qu'il est sûr de la force, de la légèreté et de la
sobriété de ses chameaux, il les charge de ce qui est nécessaire à sa subsistance et à la leur, il part avec eux, arrive sans être attendu aux confins du
désert, arrête les premiers passants, pille les habitations écartées, charge
ses chameaux de son butin ; et s'il est poursuivi, s'il est forcé de précipiter
sa retraite, c'est alors qu'il développe tous ses talents et les leurs : monté
sur l'un des plus légers (c), il conduit la troupe, la fait marcher jour et nuit,

(a) On couche sur le ventre, les quatre pieds pliés dessous, les jeunes chameaux qui
viennent de naître, et on les tient les quinze ou vingt premiers jours dans cette posture pour
les accoutumer à s'y tenir ; ils ne se couchent jamais autrement : on ne leur donne aussi
alors qu'un peu de lait, pour leur apprendre à vivre de peu de chose : à quoi on les élève si
bien qu'ils sont des huit ou dix jours sans boire ; et pour le manger, cet animal est non
seulement celui qui mange le moins de tous à beaucoup près ; mais il y a lieu de s'étonner
comment un si grand animal peut vivre de si peu de chose. *Voyage de Chardin*, t. II, p. 28.

(b) Le dromadaire est particulièrement remarquable par sa grande vitesse ; les Arabes
disent qu'il peut faire autant de chemin en un jour qu'un de leurs meilleurs chevaux en huit
ou dix. Le *bekh* qui nous conduisit au mont Sinaï, était monté sur un de ces chameaux, et
prenait souvent plaisir à nous divertir par la grande diligence de sa monture ; il quittait
notre caravane pour en reconnaître une autre que nous pouvions à peine apercevoir, tant elle
était éloignée, et revenait à nous en moins d'un quart d'heure. *Voyage de Shaw*. t. 1er, p. 311. —
On élève en Arabie une sorte de chameaux pour servir à la course..... Ils vont, au grand
trot, et si vite, qu'un cheval ne les peut suivre qu'au galop. *Voyage de Chardin*, t. II, p. 28.

(c) Les dromadaires sont si vite qu'il y en a qui font trente-cinq ou quarante lieues en

presque sans s'arrêter, ni boire, ni manger ; il fait aisément trois cents lieues en huit jours (a), et pendant tout ce temps de fatigue et de mouvement il laisse ses chameaux chargés, il ne leur donne chaque jour qu'une heure de repos et une pelote de pâte ; souvent ils courent ainsi neuf ou dix jours sans trouver de l'eau, ils se passent de boire (b) ; et lorsque par hasard il se trouve une mare à quelque distance de leur route, ils sentent l'eau de plus d'une demi-lieue (c) ; la soif qui les presse leur fait doubler le pas, et ils boivent en une seule fois pour tout le temps passé et pour autant de temps à venir ; car souvent leurs voyages sont de plusieurs semaines, et leurs temps d'abstinence durent aussi longtemps que leurs voyages.

En Turquie, en Perse, en Arabie, en Égypte, en Barbarie, etc., le transport des marchandises ne se fait que par le moyen des chameaux (d) : c'est de toutes les voitures la plus prompte et la moins chère. Les marchands et autres passagers se réunissent en caravane pour éviter les insultes et les pirateries des Arabes ; ces caravanes sont souvent très nombreuses et toujours compo-

un jour, et continuent de la sorte huit ou dix jours par les déserts, sans manger que fort peu. Tous les seigneurs arabes de la Numidie et les Africains de la Libye s'en servent comme des chevaux de poste quand l'occasion se présente de faire une longue traite, et les montent aussi dans le combat. *L'Afrique de Marmol*, t. Ier, p. 49. — Le vrai dromadaire est beaucoup plus léger et plus vite que les autres ; il peut faire cent milles en un jour et marcher ainsi sept ou huit jours de suite à travers les déserts avec très peu de nourriture. *L'Afrique d'Ogilby*, p. 12.

(a) Les dromadaires sont plus petits, plus grêles et plus légers que les chameaux, et ne servent guère qu'à porter des hommes ; ils ont un bon trot, assez doux, et font facilement quarante lieues par jour ; il n'y a seulement qu'à se bien tenir, et il y a des gens qui se font lier dessus, de peur de tomber. *Relation de Thévenot*, t. Ier, p. 312.

(b) Le chameau peut se passer de boire pendant quatre ou cinq jours ; une petite portion de fèves et d'orge, ou bien quelques morceaux de pâte faite de la fleur de farine, lui suffisent par jour pour sa nourriture ; c'est ce que j'ai souvent expérimenté dans mon voyage du mont Sinaï : quoique chacun de nos chameaux portât sept quintaux au moins, et que nous fissions des traites de dix et quelquefois de quinze heures par jour, à raison de deux milles et demi par heure. *Voyage de Shaw*, t. V, p. 311. — « Adeo sitim cameli tolerant, ut potu » absque incommodo diebus quindecim abstinere possint. Nociturus alioquin si camelarius » triduo absoluto aquam illis porrigat, quòd singulis quinis aut novenis diebus consueto » more potentur, vel urgente necessitate quindenis. » Leon Afric., *Descript. Africæ*, vol. II, p. 749. — Il y a de quoi admirer la patience avec laquelle les chameaux souffrent la soif ; et la dernière fois que je passai les déserts, d'où la caravane ne peut sortir en moins de soixante-cinq jours, nos chameaux furent une fois neuf jours sans boire, parce que, pendant neuf jours de marche, nous ne trouvâmes point d'eau en aucun lieu. *Voyage de Tavernier*, t. Ier, p. 162.

(c) Nous arrivâmes à un pays de collines, au pied desquelles se trouvaient de grandes mares ; nos chameaux, qui avaient passé neuf jours sans boire, sentirent l'eau d'une demi-lieue loin ; ils se mirent à aller leur grand trot, qui est leur manière de courir, et, entrant en foule dans ces mares, ils en rendirent d'abord l'eau trouble et bourbeuse, etc. *Voyage de Tavernier*, t. Ier, p. 202.

(d) C'est une grande commodité que les chameaux pour la charge du bagage et des marchandises qu'on transporte, par leur moyen, à très peu de frais..... Les chameaux ont leur pas réglé, ainsi que leurs journées..... Leur nourriture n'est point difficile, ils vivent de chardons, d'orties, etc..., souffrent la soif deux ou trois jours entiers. *Voyage d'Oléarius*, t. Ier, p. 552.

sées de plus de chameaux que d'hommes ; chacun de ces chameaux est chargé selon sa force : il la sent si bien lui-même que, quand on lui donne une charge trop forte, il la refuse (a) et reste constamment couché jusqu'à ce qu'on l'ait allégée. Ordinairement les grands chameaux portent un millier (b), et même douze cents pesant (c), les plus petits six à sept cents : dans ces voyages de commerce on ne précipite pas leur marche ; comme la route est souvent de sept ou huit cents lieues, on règle leur mouvement et leurs journées ; ils ne vont que le pas et font chaque jour dix à douze lieues ; tous les soirs on leur ôte leur charge, et on les laisse paître en liberté : si l'on est en pays vert, dans une bonne prairie, ils prennent (d) en moins d'une heure tout ce qu'il leur faut pour en vivre vingt-quatre, et pour ruminer pendant toute la nuit ; mais rarement ils trouvent de ces bons pâturages, et cette nourriture délicate ne leur est pas nécessaire ; ils semblent même préférer aux herbes les plus douces l'absinthe, le chardon (e), l'ortie, le genêt, l'acacie (f) et les autres végétaux épineux ; tant qu'ils trouvent des plantes à brouter (g), ils se passent très aisément de boire.

(a) Quand on les veut charger, au cri de leur conducteur ils fléchissent les genoux ; que s'ils tardent à le faire, ou bien on leur frappe avec un bâton, ou bien on leur abaisse le cou ; et alors, comme contraints et gémissants à leur façon, ils fléchissent les genoux, mettent le ventre contre terre, et demeurent en cette posture jusqu'à ce que, ayant été chargés. on leur commande de se relever ; d'où vient qu'ils ont au ventre, aux jambes et aux genoux de gros durillons du côté qu'ils en touchent la terre ; s'ils se sentent mettre de trop pesants fardeaux, ils donnent des coups de tête fort fréquents à ceux qui les surchargent, et jettent des cris lamentables ; leur charge ordinaire est le double de ce que pourrait porter le plus fort mulet. *Voyage du P. Philippe*, p. 369.

(b) Il y a des chameaux qui peuvent porter jusqu'à quinze cents pesant ; il est vrai qu'on ne leur donne cette charge que lorsque les marchands approchent des douanes, et qu'ils en veulent frustrer les droits, en chargeant sur deux chameaux ce que trois portaient auparavant ; mais alors avec cette grosse charge, on ne fait faire au chameau que deux ou trois lieues par jour. *Voyage de Tavernier*, t. II, p. 335.

(c) Les Orientaux appellent le chameau *navire de terre*, en vue de la grande charge qu'il porte, et qui est d'ordinaire de douze ou treize cents livres pour les grands chameaux ; car il y en a de deux sortes, de septentrionaux et de méridionaux, comme les Persans les appellent ; ceux-ci, qui font les voyages du Sein-Persique à Ispahan sans passer plus outre, sont beaucoup plus petits que les autres, et ils ne portent qu'environ sept cents ; mais ils ne laissent pas de rapporter autant et plus de profit à leur maître, parce qu'ils ne coûtent presque rien à nourrir ; on les mène, tout chargés qu'ils sont, paissants le long du chemin, sans licol ni chevêtre. *Voyage de Chardin*, t. II, p, 27.

(d) « Victum cameli parcissimum, exiguique sumptûs ferunt, et magnis laboribus, robus-» tissimè resistunt..... Nullum animal illius et molis citiùs comedit. » Prosp. Alpin., *Hist. Ægypt.*, p. 225.

(e) Après que les chameaux sont déchargés, on les laisse aller pour chercher quelques broussailles à brouter..... Quoiqu'il soit grand et qu'il travaille beaucoup, il mange fort peu et se contente de ce qu'il trouve. Il cherche particulièrement du chardon qu'il aime beaucoup. *Voyage de Tavernier*, t. Ier, p. 162.

(f) « Cameli pascentes spinam in Ægypto acutam, Arabicamque etiam vocatam Acaciam » in Arabiâ Petreâ, atque juncum odoratum in Arabiâ desertâ, ubivis absynthii species aliasque » herbas et virgulta spinosa quæ in desertis reperiuntur. » Prosp. Alpin, *Hist. Ægypt.*, pars. I, p. 226.

(g) Lorsqu'on charge le chameau, il s'abaisse sur le ventre, et il ne souffre pas qu'on lui

Au reste, cette facilité qu'ils ont à s'abstenir longtemps de boire n'est pas de pure habitude, c'est plutôt un effet de leur conformation; il y a dans le chameau, indépendamment des quatre estomacs qui se trouvent d'ordinaire dans les animaux ruminants, une cinquième poche qui lui sert de réservoir pour conserver de l'eau; ce cinquième estomac (*) manque aux autres animaux et n'appartient qu'au chameau; il est d'une capacité assez vaste pour contenir une grande quantité de liqueur; elle y séjourne sans se corrompre et sans que les autres aliments puissent s'y mêler; et lorsque l'animal est pressé par la soif et qu'il a besoin de délayer les nourritures sèches et de les macérer par la rumination, il fait remonter dans sa panse et jusqu'à l'œsophage une partie de cette eau par une simple contraction des muscles. C'est donc en vertu de cette conformation très singulière que le chameau peut se passer plusieurs jours de boire, et qu'il prend en une seule fois une prodigieuse quantité d'eau qui demeure saine et limpide dans ce réservoir, parce que les liqueurs du corps ni les sucs de la digestion ne peuvent s'y mêler.

Si l'on réfléchit sur les difformités, ou plutôt sur les non-conformités de cet animal avec les autres, on ne pourra douter que sa nature n'ait été considérablement altérée par la contrainte de l'esclavage et par la continuité des travaux. Le chameau est plus anciennement, plus complètement et plus laborieusement esclave qu'aucun des autres animaux domestiques; il l'est plus anciennement, parce qu'il habite les climats où les hommes se sont le plus anciennement policés; il l'est plus complètement, parce que dans les autres espèces d'animaux domestiques, telles que celles du cheval, du chien, du bœuf, de la brebis, du cochon, etc., on trouve encore des individus dans leur état de nature, des animaux de ces mêmes espèces qui sont sauvages, et que l'homme ne s'est pas soumis, au lieu que dans le chameau l'espèce entière est esclave; on ne le trouve nulle part dans sa condition primitive d'indépendance et de liberté; enfin, il est plus laborieusement esclave qu'aucun autre, parce qu'on ne l'a jamais nourri ni pour le faste, comme la plupart des chevaux, ni pour l'amusement, comme presque tous les chiens, ni pour l'usage de la table, comme le bœuf, le cochon, le mouton; que l'on n'en a jamais fait qu'une bête de somme qu'on ne s'est pas même donné la peine d'atteler ni de faire tirer, mais dont on a regardé le corps comme une voiture vivante qu'on pouvait tenir chargée et surchargée même pendant le sommeil; car lorsqu'on est pressé on se dispense quelquefois de leur ôter le poids

mette plus de fardeau qu'il n'en peut porter; il peut aussi passer plusieurs jours sans boire, pourvu qu'il trouve un peu d'herbe à paître. *L'Afrique d'Ogilby*, p. 12.

(*) L'organe que Buffon appelle le « cinquième estomac » des chameaux est formé de deux groupes de poches ou cellules plus étroites à l'entrée que dans le fond, tapissées d'un épithélium à peu près imperméable et destinées à servir de réservoir à l'eau; celle-ci en sort lentement et humecte les aliments solides qui remontent vers la bouche au moment de la rumination.

qui les accable, et sous lequel ils s'affaissent pour dormir les jambes pliées (*a*) et le corps appuyé sur l'estomac ; aussi portent-ils toutes les empreintes de la servitude et les stigmates de la douleur : au bas de la poitrine, sur le sternum, il y a une grosse et large callosité aussi dure que de la corne ; il y en a de pareilles à toutes les jointures des jambes ; et quoique ces callosités se trouvent sur tous les chameaux, elles offrent elles-mêmes la preuve qu'elles ne sont pas naturelles et qu'elles sont produites par l'excès de la contrainte et de la douleur, car souvent elles sont remplies de pus (*b*) ; la poitrine et les jambes sont donc déformées par ces callosités ; le dos est encore plus défiguré par la bosse double ou simple qui le surmonte ; les callosités se perpétuent aussi bien que les bosses par la génération ; et comme il est évident que cette première difformité ne provient que de l'habitude à laquelle on contraint ces animaux en les forçant, dès leur premier âge (*c*), à se coucher sur l'estomac, les jambes pliées sous le corps, et à porter dans cette situation le poids de leur corps et les fardeaux dont on les charge, on doit présumer aussi que la bosse ou les bosses du dos n'ont eu d'autre origine que la compression de ces mêmes fardeaux, qui, portant inégalement sur certains endroits du dos, auront fait élever la chair et boursoufler la graisse et la peau : car ces bosses ne sont point osseuses, elles sont seulement composées d'une substance grasse et charnue, de la même consistance à peu près que celle des tétines de vache (*d*) ; ainsi les callosités et les bosses seront également regardées comme des difformités produites par la continuité du travail et de la contrainte du corps ; et ces difformités, qui d'abord n'ont été qu'accidentelles et individuelles, sont devenues générales et permanentes dans l'espèce entière. L'on peut présumer de même que la poche qui contient l'eau, et qui n'est qu'un appendice de la panse, a été produite par l'extension forcée de ce viscère ; l'animal, après avoir souffert trop longtemps la soif, prenant à la fois autant et peut-être plus d'eau que l'estomac ne pouvait en contenir, cette membrane se sera étendue, dilatée et prêtée peu à peu à cette surabondance de liquide ; comme nous avons vu que ce même estomac, dans les moutons,

(*a*) La nuit, les chameaux dorment ainsi agenouillés, remâchant ce qu'ils ont mangé le jour. *Voyage du P. Philippe*, p. 369.

(*b*) Ayant fait ouverture des callosités des jambes pour observer leur substance, qui est moyenne entre la graisse et le ligament, nous trouvâmes au petit chameau, qu'en quelques-unes il y avait un amas de pus assez épais..... La callosité attachée au sternum avait huit pouces de longueur, six de largeur et deux d'épaisseur ; il s'y trouva aussi beaucoup de pus. *Mémoires pour servir à l'histoire des animaux*, part. I, p. 74 et 75.

(*c*) Dès que le chameau est né, on lui plie les quatre pieds sous le ventre et on le couche dessus ; après on lui couvre le dos d'un tapis qui pend jusqu'à terre, sur les bords duquel on met quantité de pierres, afin qu'il ne se puisse lever, et on le laisse en cet état l'espace de quinze ou vingt jours ; on lui donne cependant du lait à boire, mais peu souvent, afin qu'il s'accoutume à boire peu. *Voyage de Tavernier*, t. Ier, p. 161.

(*d*) La chair du chameau est fade, particulièrement celle de la bosse, dont le goût est comme celui d'une tétine de vache fort grasse. *L'Afrique de Marmol*, t. Ier, p. 50.

s'étend et acquiert de la capacité proportionnellement au volume des aliments ;
qu'il reste très petit dans les moutons que l'on nourrit de pain, et qu'il devient très grand dans ceux auxquels on ne donne que de l'herbe.

On confirmerait pleinement, ou l'on détruirait absolument ces conjectures sur les non-conformités du chameau, si l'on en trouvait de sauvages que l'on pût comparer avec les domestiques ; mais, comme je l'ai dit, ces animaux n'existent nulle part dans leur état naturel, ou, s'ils existent, personne ne les a remarqués ni décrits ; nous devons donc supposer que tout ce qu'ils ont de bon et de beau ils le tiennent de la nature, et que ce qu'ils ont de défectueux et de difforme leur vient de l'empire de l'homme et des travaux de l'esclavage. Ces pauvres animaux doivent souffrir beaucoup, car ils jettent des cris lamentables, surtout lorsqu'on les surcharge ; cependant, quoique continuellement excédés, ils ont autant de cœur que de docilité ; au premier signe (*a*) ils plient les genoux et s'accroupissent jusqu'à terre pour se laisser charger dans cette situation (*b*), ce qui évite à l'homme la peine d'élever les fardeaux à une grande hauteur ; dès qu'ils sont chargés ils se relèvent d'eux-mêmes sans être aidés ni soutenus ; celui qui les conduit, monté sur l'un d'entre eux, les précède tous et leur fait prendre le même pas qu'à sa monture ; on n'a besoin ni de fouet, ni d'éperon pour les exciter ; mais lorsqu'ils commencent à être fatigués on soutient leur courage ou plutôt on charme leur ennui par le chant ou par le son de quelque instrument (*c*) ; leurs conducteurs se relaient à chanter, et lorsqu'ils veulent pro-

(*a*) Les chameaux sont très obéissants au maître qui les conduit, tellement que quand il les veut charger ou décharger de leurs fardeaux, en leur faisant un seul signe ou leur disant une parole, ils se baissent et mettent incontinent le ventre contre terre ; ils sont de petite vie et de grand travail. *Cosmog. du Levant*, par Thevet, p. 74. — C'est aussi pour les accoutumer à se coucher quand on les veut charger, qu'on leur plie dans leur jeunesse les jambes sous le corps ; et ils sont si prompts à obéir, que la chose est digne d'être admirée. Dès que la caravane arrive au lieu où elle doit camper, tous les chameaux qui appartiennent à un même maître viennent se ranger d'eux-mêmes en cercle et se coucher sur les quatre pieds, de sorte qu'en dénouant une corde qui tient les ballots, ils coulent et tombent doucement à terre de côté et d'autre du chameau ; quand il faut recharger, le même chameau vient se recoucher entre les ballots, lesquels étant attachés, il se relève doucement avec sa charge, ce qui se fait en très peu de temps, sans peine et sans bruit. *Voyage de Tavernier*, t. Ier, page 160.

(*b*) L'on fait baisser et mettre à genoux des quatre pieds le chameau pour le charger, puis on le fait lever avec sa charge. *Voyage de la Boullaye-le-Gouz*, p. 255. — Les chameaux s'agenouillent pour être chargés ou déchargés, puis se relèvent quand on veut. *Relation de Thévenot*, t. Ier, p. 312.

(*c*) Le son harmonieux de la voix ou de quelque instrument réjouit les chameaux..... Les Arabes se servent de timbales, parce que les coups de fouet ne les font point avancer ; mais la musique, et particulièrement la voix de l'homme, les anime et leur donne du courage. *Voyage d'Oléarius*, t. Ier, p. 552. — Lorsqu'on veut obliger le chameau à faire de plus grandes traites qu'à l'ordinaire, au lieu de le maltraiter, on se met à chanter pour lui donner courage, lorsqu'on voit qu'il s'arrête et qu'il ne veut pas passer outre ; et alors il en fait plus qu'on ne veut, et va plus vite qu'un cheval ne fait pour l'éperon. *L'Afrique de Marmol*, t. Ier, p. 47. — Le maître chamelier les conduit en chantant et en donnant de temps en temps un coup de sifflet ; plus il chante et siffle fort, et plus les chameaux vont

longer la route et doubler la journée (*a*), ils ne leur donnent qu'une heure
de repos, après quoi, reprenant leur chanson, ils les remettent en marche
pour plusieurs heures de plus, et le chant ne finit que quand il faut
s'arrêter ; alors les chameaux s'accroupissent de nouveau et se laissent
tomber avec leur charge : on leur ôte le fardeau en dénouant les cordes et
laissant couler les ballots des deux côtés ; ils restent ainsi accroupis,
couchés sur le ventre et s'endorment au milieu de leur bagage qu'on rattache
le lendemain avec autant de promptitude et de facilité qu'on l'avait détaché
la veille.

Les callosités, les tumeurs sur la poitrine et sur les jambes, les foulures
et les plaies de la peau, la chute entière du poil, la faim, la soif, la maigreur, ne sont pas leurs seules incommodités ; on les a préparés à tous ces
maux par un mal plus grand, en les mutilant par la castration. On ne laisse
qu'un mâle pour huit ou dix femelles (*b*), et tous les chameaux de travail
sont ordinairement hongres ; ils sont moins forts, sans doute, que les chameaux entiers, mais ils sont plus traitables et servent en tout temps, au lieu
que les entiers sont non seulement indociles, mais presque furieux (*c*) dans
le temps du rut, qui dure quarante jours (*d*), et qui arrive tous les ans au
printemps (*e*). On assure qu'alors ils écument continuellement, et qu'il leur
sort de la gueule une ou deux vessies rouges (*f*) de la grosseur d'une vessie

vite, et ils s'arrêtent dès qu'il cesse de chanter. Les chameliers, pour se soulager, chantent
tour à tour, etc. *Voyage de Tavernier*, t. Ier, p. 163.

(*a*) Une chose fort remarquable sur les chameaux, c'est qu'on leur apprend à marcher et
qu'on les mène à la voix avec une manière de chant ; ces animaux règlent leur pas à cette
cadence et vont lentement ou vite, suivant le ton de voix ; et tout de même quand on veut
leur faire faire une traite extraordinaire, leurs maîtres savent le ton qu'ils aiment mieux
entendre. *Voyage de Chardin*, t. II, p. 28.

(*b*) Les Africains et tous ceux qui veulent avoir de bons chameaux de charge les hongrent
et n'en laissent qu'un entier pour dix femelles. *L'Afrique de Marmol*, t. Ier, p. 48.

(*c*) Dans le temps du rut les chameaux sont méchants ; ils écument et mordent ceux qui
s'en approchent, c'est pourquoi on les moraille. *Relation de Thévenot*, t. II, p. 222. — Quand
les chameaux sont en chaleur, ceux qui en ont soin sont obligés de les emmuseler, et de bien
prendre garde à eux, car ils sont alors méchants et furieux. *Voyage de Jean Ovington*,
t. Ier, p. 222.

(*d*) Les chameaux sont dangereux lorsqu'ils sont en amour ; ce temps ne dure que quarante jours, et, cela passé, ils reprennent leur douceur ordinaire. *L'Afrique de Marmol*,
t. Ier, p. 49.

(*e*) Les chameaux mâles, qui sont fort doux et traitables en toute autre saison, deviennent furieux au printemps, qui est le temps auquel ils s'accouplent : ils le font ordinairement de nuit, comme les chats ; l'étui de leur verge s'allonge alors, ainsi qu'il arrive à tous
les animaux qui se couchent beaucoup sur le ventre ; en tout autre temps, il est plus retiré
en arrière, afin qu'ils puissent faire de l'eau plus aisément. *Voyage de Shaw*, t. Ier, p. 311.
— Au mois de février, le chameau entre en amour et devient demi-enragé de cette passion,
écumant incessamment de la gueule. *Voyage de la Boullaye-le-Gouz*, p. 256.

(*f*) Quand le chameau est en chaleur, il demeure jusqu'à quarante jours sans manger ni
boire, et il est alors si furieux que, si l'on n'y prend garde, on court risque d'être mordu :
partout où ils mordent ils emportent la pièce, et il leur sort de la bouche une écume blanche
avec deux vessies des deux côtés, grosses et enflées comme une vessie de pourceau. *Voyage*

de cochon ; dans ce temps, ils mangent très peu, ils attaquent et mordent les animaux, les hommes et même leur maître, auquel dans tout autre temps ils sont très soumis. L'accouplement ne se fait pas debout, à la manière des autres quadrupèdes, mais la femelle s'accroupit et reçoit le mâle dans la même situation qu'elle prend pour reposer (*a*), dormir et se laisser charger. Cette posture, à laquelle on les habitue, devient, comme l'on voit, une situation naturelle, puisqu'ils la prennent d'eux-mêmes dans l'accouplement. La femelle porte près d'un an (*b*), et, comme tous les autres grands animaux, ne produit qu'un petit ; son lait est abondant, épais et fait une bonne nourriture, même pour les hommes, en le mêlant avec une plus grande quantité d'eau. On ne fait guère travailler les femelles ; on les laisse paître et produire en liberté (*c*) ; le profit que l'on tire de leur produit et de leur lait (*d*) surpasse peut-être celui qu'on tirerait de leur travail ; cependant il y a des endroits où l'on soumet une grande partie des femelles (*e*), comme les mâles, à la castration, afin de les faire travailler, et l'on prétend que cette opération, loin de diminuer leurs forces, ne fait qu'augmenter leur vigueur et leur embonpoint. En général, plus les chameaux sont gras et plus ils sont capables de résister à de longues fatigues. Leurs bosses ne paraissent être formées que de la surabondance de la nourriture ; car dans de grands voyages où l'on est obligé de l'épargner, et où ils souffrent souvent la faim et la soif, ces bosses diminuent peu à peu et se réduisent au point que la

de Tavernier, t. Ier, p. 161. — Les chameaux, lorsqu'ils sont en amour, vivent quarante-deux jours sans manger. *Relat. de Thévenot*, t. II, p. 222. — « Veneris furore diebus qua-
» draginta permanent famis patientes. » Léon. Afric., *Descript. Africæ*, vol. II, p. 748. —
On observe qu'il est cinq ou six semaines en rut, et qu'alors il mange beaucoup moins que dans les autres temps. *Voyage de Chardin*, t. II, p. 28.

(*a*) Lorsque les chameaux s'accouplent, la femelle est assise sur son ventre de même que lorsqu'on la veut charger ; il y en a qui portent leur petit treize mois durant. *Relation de Thévenot*, t. II, p. 223. — Quand les chameaux s'accouplent, la femelle reçoit le mâle dans la même posture qu'elle est lorsqu'on la veut charger de quelque fardeau, c'est-à-dire couchée sur le ventre. *Voyage de Jean Ovington*, p. 223. — Une chose remarquable en ces animaux, c'est que, quand ils s'accouplent, les femelles sont à terre couchées sur le ventre, comme quand on les charge ; elles portent leurs petits onze à douze mois durant. *Voyage de Chardin*, t. II, p. 28. — Il est vrai que les femelles portent douze mois ; mais ceux-là se trompent qui croient que le mâle en la couvrant lui tourne le derrière ; cette errenr pro-cède de ce que les chameaux en pissant passent la verge entre les jambes de derrière ; mais en engendrant ils en usent autrement, la femelle se couche sur le ventre, et le mâle la couvre dans cette situation. *Voyage d'Oléarius*, t. Ier, p. 553.

(*b*) Les femelles portent presque une année entière, ou d'un printemps à l'autre. *Voyage de Shaw*, t. Ier, p. 311.

(*c*) « Camelos fœminas intactas propter earum lac servant, eas omni labore solutas » vagari permittentes per loca silvestria pascentes, etc. » Prosp. Alpin., *Hist. Ægypt.*, pars i, p. 226.

(*d*) Du lait que l'on tire des femelles (chameaux) l'on fait des fromages qui sont très petits, et qui sont estimés très chers et très délicieux des Arabes. *Voyage du P. Philippe*, page 370.

(*e*) On châtre les mâles et quelquefois même les femelles, qui n'en deviennent que plus fortes et plus grandes. *Wotton*, p. 82.

place et l'éminence n'en sont plus marquées que par la hauteur du poil, qui est toujours beaucoup plus long sur ces parties que sur le reste du dos ; la maigreur du corps augmente à mesure que les bosses diminuent. Les Maures, qui transportent toutes les marchandises de la Barbarie et de la Numidie jusqu'en Éthiopie, partent avec des chameaux bien chargés, qui sont vigoureux et très gras (*a*), et ramènent ces mêmes chameaux si maigres, qu'ordinairement ils les revendent à vil prix aux Arabes du désert pour les engraisser de nouveau.

Les anciens ont dit que ces animaux sont en état d'engendrer à l'âge de trois ans (*b*) ; cela me paraît douteux, car à trois ans ils n'ont pas encore pris la moitié de leur accroissement (*c*). Le membre génital du mâle (*d*) est, comme celui du taureau, très long et très mince ; dans l'érection, il tend en avant comme celui de tous les autres animaux ; mais dans l'état ordinaire le fourreau se retire en arrière, et l'urine est jetée entre les jambes de derrière (*e*), en sorte que les mâles et les femelles pissent de la même manière. Le petit chameau tette sa mère pendant un an (*f*), et lorsqu'on veut le ménager, pour le rendre dans la suite plus fort et plus robuste, on le laisse en liberté teter ou paître pendant les premières années, et on ne commence à le charger et à le faire travailler qu'à l'âge de quatre ans (*g*). Il vit ordinairement quarante et même cinquante ans (*h*) ; cette durée de la vie étant plus que proportionnée au temps de l'accroissement, c'est sans aucun fondement que quelques auteurs ont avancé qu'il vivait jusqu'à cent ans.

(*a*) Quand les chameaux commencent à faire voyage, il est nécessaire qu'ils soient gras ; car on a expérimenté qu'après que cet animal a marché quarante ou cinquante jours sans manger d'orge, la graisse de sa bosse commence à diminuer, puis celle du ventre et enfin celle des jambes, après quoi il ne peut plus porter de charge..... Les caravanes d'Afrique qui vont en Éthiopie ne se soucient point du retour, parce qu'elles ne rapportent rien de pesant, et, quand elles arrivent là elles vendent les chameaux maigres, etc. *L'Afrique de Marmol*, t. Ier, p. 49. — « Camelos macilentos, dorsique vulneribus saucios vili pretio » desertorum incolis saginandos divendunt. » Leon. Afric., *Descript. Africæ*, vol. II, p. 479.

(*b*) « Incipit et mas et fœmina coïre in trimatu. » Arist., *Hist. anim.*, lib. v, cap. xiv.

(*c*) En 1752, nous vîmes un chameau femelle de trois ans... il n'avait encore que la moitié de sa hauteur. *Hist. naturelle des animaux*, par MM. Arnault de Nobleville et Salerne, t. IV, p. 126 et 130.

(*d*) Encore que le chameau soit extrêmement grand, si est-ce que son membre, qui a pour le moins trois pieds de long, n'est pas plus gros que le petit doigt. *Voyage d'Oléarius*, t. Ier, p. 554.

(*e*) Les chameaux urinent en arrière, tellement que celui qui serait derrière eux, s'il n'y prend garde, sera tout souillé et contaminé de leur urine. *Cosmographie du Levant*, par Thevet, p. 74. — Le chameau fait son urine par derrière, au contraire des autres animaux masculins. *Voyage de Villamont*, p. 688.

(*f*) « Separant prolem a parente anniculam. » Arist., *Hist. anim.*, lib. vi, cap. xxvi.

(*g*) Les chameaux que les Africains nomment *hégin* sont les plus gros et les plus grands, mais on ne les charge point qu'ils n'aient trois ou quatre ans. *L'Afrique de Marmol.*, t. Ier, p. 48.

(*h*) « Camelus vivit diu, plus enim quàm quinquaginta annos. » Arist., *Hist. anim.* lib. vi, cap. xxvi.

En réunissant sous un seul point de vue toutes les qualités de cet animal et tous les avantages que l'on en tire, on ne pourra s'empêcher de le reconnaître pour la plus utile et la plus précieuse de toutes les créatures subordonnées à l'homme : l'or et la soie ne sont pas les vraies richesses de l'Orient; c'est le chameau qui est le trésor de l'Asie; il vaut mieux que l'éléphant, car il travaille pour ainsi dire autant, et dépense peut-être vingt fois moins ; d'ailleurs l'espèce entière en est soumise à l'homme, qui la propage et la multiplie autant qu'il lui plaît, au lieu qu'il ne jouit pas de celle de l'éléphant, qu'il ne peut multiplier, et dont il faut conquérir avec peine les individus les uns après les autres. Le chameau vaut non seulement mieux que l'éléphant, mais peut-être vaut-il autant que le cheval, l'âne et le bœuf tous réunis ensemble ; il porte autant que deux mulets ; il mange aussi peu que l'âne, et se nourrit d'herbes aussi grossières ; la femelle fournit du lait pendant plus de temps que la vache (a) ; la chair des jeunes chameaux est bonne et saine (b), comme celle du veau ; leur poil est plus beau (c), plus recherché que la plus belle laine ; il n'y a pas jusqu'à leurs excréments dont on ne tire des choses utiles : car le sel ammoniac se fait de leur urine, et leur fiente, desséchée et mise en poudre, leur sert de litière (d), aussi bien qu'aux chevaux, avec lesquels ils voyagent (e) souvent dans des pays où l'on ne connaît ni la paille ni le foin ; enfin on fait des mottes de cette même fiente qui brûlent aisément (f), et font une flamme

(a) « Parit in vere, et lac suum usque cò servat quo jam conceperit. » Arist., *Hist.*, *anim.*, lib. vi, cap. xxvi. — « Fœmina post partum interposito anno coït. » *Id.*, lib. v, cap. xiv.

(b) Les Africains et les Arabes remplissent des pots et des tinettes de chair de chameau, qu'ils font frire avec la graisse, et ils la gardent ainsi toute l'année pour repas ordinaires. *L'Afrique de Marmol*, t. Ier, p. 50. — « Præter alia animalia quorum carnem in cibo plu-
» rimi faciunt, cameli in magno honore existunt; in Arabum principum castris cameli plures
» unius anni aut biennes mactantur, quorum carnes avidè comedunt, easque odoratas, suaves
» atque optimas esse fatentur. » Prosp. Alpin., *Hist. Ægypt.*, pars i, p. 226.

(c) Du poil des chameaux on fait des chaussons; on en fait aussi, en Perse, des ceintures fort fines ; il y en a qui coûtent deux tomans, principalement quand elles sont blanches, à cause que les chameaux de ce poil sont rares. *Relation de Thévenot*, t. II, p. 223.

(d) Pour litière, on leur prépare leur propre fumier, lequel on laisse pour cet effet exposé au soleil tout le jour, et il s'y sèche tellement, qu'il se réduit presque en poudre, et le soir on a grand soin de l'étendre fort proprement et fort uniment ; ce qu'on ne peut pas faire chez nous à cause des longues pailles qui y sont mêlées. *Relation de Thévenot*, p. 73.

(e) C'est mal à propos que les anciens ont prétendu que les chameaux avaient une forte antipathie pour les chevaux : « Je n'ai pu connaître, dit Oléarius, ce que Pline dit, d'après
» Xénophon, que les chameaux ont de l'aversion pour les chevaux; quand j'en voulais par-
» ler aux Perses, ils se moquaient de moi..... » En effet, il n'y a presque point de caravane où l'on ne voie des chameaux, des chevaux et des ânes logés ensemble dans une même écurie, sans qu'ils témoignent de l'aversion ni de l'animosité les uns contre les autres. *Voyage d'Oléarius*, t. Ier, p. 553.

(f) La fiente des chameaux de quelques caravanes qui nous avaient précédés nous servait communément pour faire la cuisine ; car, après avoir été un jour ou deux au soleil, elle prend feu comme de l'amorce, et fait un feu aussi clair et aussi vif que le charbon de bois. *Préface des Voyages de Shaw*, p. 9 et 10.

aussi claire et presque aussi vive que celle du bois sec ; cela même est encore d'un grand secours dans ces déserts, où l'on ne trouve pas un arbre, et où, par le défaut de matières combustibles, le feu est aussi rare que l'eau (a).

(a) Voyez, sur l'histoire du chameau, l'article *Camelus*, t. IV, p. 313, de l'*Histoire naturelle des animaux*, par MM. Arnault de Nobleville et Salerne, où ces auteurs ont rassemblé avantageusement les faits qui ont rapport à cet animal.

LE BUFFLE, LE BONASUS, L'AUROCHS

LE BISON ET LE ZÉBU

———

Quoique le buffle (*a*) (*) soit aujourd'hui commun en Grèce et domestique
en Italie, il n'était connu ni des Grecs ni des Romains ; car il n'a jamais eu
de nom dans la langue de ces peuples : le mot même de *buffle* indique une
origine étrangère, et n'a de racine ni dans la langue grecque ni dans la
latine ; en effet, cet animal est originaire des pays les plus chauds de
l'Afrique et des Indes, et n'a été transporté et naturalisé en Italie que vers
le vi⁰ siècle. C'est mal à propos que les modernes lui ont appliqué le nom
de *bubalus*, qui, en grec et en latin, indique a la vérité un animal d'Afrique,
mais très différent du buffle comme il est aisé de le démontrer par les
passages des auteurs anciens (**). Si l'on voulait rapporter le *bubalus* à un
genre, il appartiendrait plutôt à celui de la gazelle qu'à celui du bœuf ou du
buffle. Belon ayant vu au Caire un petit bœuf à bosse, différent du buffle et
du bœuf ordinaire, imagina que ce petit bœuf pouvait être le *bubalus* des
anciens ; mais, s'il eût soigneusement comparé les caractères donnés par les
anciens au *bubalus* avec ceux de son petit bœuf, il aurait lui-même reconnu
son erreur ; et d'ailleurs nous pouvons en parler avec certitude, car nous
avons vu vivant ce petit bœuf à bosse, et ayant comparé la description
que nous en avons faite avec celle de Belon, nous ne pouvons douter que ce
ne soit le même animal. On le montrait à la foire à Paris, en 1752, sous
le nom de *zébu ;* nous avons adopté ce nom pour désigner cet animal, car

---

(*a*) Cet animal n'a de nom ni en grec ni en latin ; c'est mal à propos que les auteurs modernes, qui ont écrit en latin, l'ont appelé *bubalus :* Aldrovande a mieux fait en le nommant
buffelus.

(*) Le Buffle (*Bubalus Buffelus* L. ou *Bubalus vulgaris*) est un Mammifère de l'ordre
des Artiodactyles Ruminants, de la famille des Cavicornes et de la sous-famille des Boviens.
Les cornes sont formées par une saillie osseuse creusée de vastes cavités et surmontée de la
corne proprement dite qui est creuse et produite par l'épiderme. Le mufle est large et nu
dans toute son étendue ; les cornes sont comprimées à la base et recourbées en dehors ; le
poil est rare et rude.

(**) Le *Bubalus* des anciens est une Antilope.

c'est une race particulière de bœuf, et non pas une espèce de buffle ou de *bubalus*.

Aristote, en faisant mention des bœufs, ne parle que du bœuf commun, et dit seulement que, chez les *Arachotas* (aux Indes), il y a des bœufs sauvages qui diffèrent des bœufs ordinaires et domestiques comme les sangliers diffèrent des cochons; mais, dans un autre endroit que je cite dans la note ci-dessous (*a*), il donne la description d'un bœuf sauvage de Pœonie (province voisine de la Macédoine), qu'il appelle *bonasus* (*). Ainsi le bœuf ordinaire et le bonasus sont les seuls animaux de ce genre indiqués par Aristote; et, ce qui doit paraître singulier, c'est que le bonasus, quoique assez amplement décrit par ce grand philosophe, n'a été reconnu par aucun des naturalistes grecs ou latins qui ont écrit après lui, et que tous n'ont fait que le copier sur ce sujet : en sorte qu'aujourd'hui même l'on ne connaît encore que le nom du *bonasus*, sans savoir quel est l'animal subsistant auquel on doive l'appliquer. Cependant, si l'on fait attention qu'Aristote, en parlant des bœufs sauvages du climat tempéré, n'a indiqué que le bonasus, et qu'au contraire les Grecs et les Latins des siècles suivants n'ont plus parlé du bonasus, mais ont indiqué ces bœufs sauvages sous les noms d'*urus* et de *bison*, on sera porté à croire que le bonasus doit être l'un ou l'autre de ces animaux; et, en effet, l'on verra, en comparant ce qu'Aristote dit du bonasus avec ce que

(*a*) « Bonasus quoque è sylvestribus cornigeris enumerandus est. » Arist., *Hist. anim.*, lib. ii, cap. i.... « Sunt nonnulla quæ simul bisulca sint, et jubam habeant, et cornua bina » orbem inflexu mutuo colligentia gerant, ut bonasus, qui in Pæoniâ terrâ et Mediâ gigni- » tur. » *Idem, ibid*..... « Bonasus etiam interiora omnia bubus similia continet. » *Idem*, lib. ii, cap. xvi..... « Bonasus gignitur in terrâ Pæoniâ, monte Messapo, qui Pæoniæ et Mediæ » terræ colliminium est, et Monapios a Pæonibus appellatur, magnitudine tauri, sed corpore » quàm bos latiore : brevior enim et in latera auctior est. Tergus distentum ejus locum » septem accubantium occupat; cætera, forma bovis similis est, nisi quòd cervix jubata » armorum tenus ut equi est, sed villo molliore quàm juba equina et compositiore; color » pili totius corporis flavus, juba prolixa et ad oculos usque demissa et frequenti colore inter » cinereum et rufum, non qualis equorum quos partos vocant est, sed villo suprà squalli- » diore, subter lanario. Nigri aut admodùm rufi nulli sunt. Vocem similem bovi emittunt; » cornua adunca in se flexa et pugnæ inutilia gerunt, magnitudine palmari, aut paulo ma- » jora, amplitudine non multò arctiore quàm ut singula semi-sextarium capiant nigritie » proba. Antiæ ad oculos usque demissæ, ita ut in latus potiùs quàm ante pendeant. Caret » superiore dentium ordine ut bos et reliqua cornigera omnia. Crura hirsuta atque bisulca » habet; caudam minorem quàm pro sui corporis magnitudine, similem bubulæ. Excitat » pulverem et fodit, ut taurus. Tergore contra ictus prævalido est. Carnem habet gustu sua- » vem : quamobrem in usu venandi est. Cùm percussus est fugit; nisi defatigatus nusquam » consistit. Repugnat calcitrans et proluviem alvi vel ad quatuor passus projiciens, quo præ- » sidio facilè utitur et plerumque ita adurit, ut pili insectantium canum absumantur. Sed » tunc ea vis est in fimo, cùm bellua excitatur et metuit : nam si quiescit, nihil urere potest. » Talis natura et species hujus animalis est. Tempore pariendi universi in montibus enitun- » tur; sed priusquam fœtum edant, excremento alvi circiter eum locum in quo pariunt, se » quasi vallo circumdant et muniunt, largam enim quandam ejus excrementi copiam hæc » bellua egerit. » *Idem*, lib. ix, cap. xlv. *Traduction de Théodore Gaza.*

(*) D'après Cuvier, le *Bonasus* d'Aristote est l'Aurochs.

nous connaissons du bison, qu'il est plus que probable que ces deux noms ne désignent que le même animal. Jules César est le premier qui ait parlé de l'urus. Pline et Pausanias sont aussi les premiers qui aient annoncé le bison ; dès le temps de Pline, on donnait le nom de *bubalus* à l'urus ou au bison ; la confusion n'a fait qu'augmenter avec le temps : on a ajouté au bonasus, au bubalus, à l'urus, au bison, le *catoblepa* (*), le *thur* (**), le *bubalus* de Belon, le bison d'Écosse, celui d'Amérique, et tous nos naturalistes ont fait autant d'espèces différentes qu'ils ont trouvé de noms. La vérité est ici enveloppée de tant de nuages, environnée de tant d'erreurs, qu'on me saura peut-être quelque gré d'avoir entrepris d'éclaircir cette partie de l'histoire naturelle que la contrariété des témoignages, la variété des descriptions, la multiplicité des noms, la diversité des lieux, la différence des langues et l'obscurité des temps semblaient avoir condamnée à des ténèbres éternelles.

Je vais d'abord présenter le résultat de mon opinion sur ce sujet, après quoi j'en donnerai les preuves.

1° L'animal que nous connaissons aujourd'hui sous le nom de *buffle* n'était point connu des anciens ;

2° Ce buffle, maintenant domestique en Europe, est le même que le buffle domestique ou sauvage aux Indes et en Afrique ;

3° Le *bubalus* des Grecs et des Romains n'est point le buffle, ni le petit bœuf de Belon, mais l'animal que MM. de l'Académie des sciences ont décrit sous le nom de *vache* de Barbarie, et nous l'appellerons *bubale* (***) ;

4° Le petit bœuf de Belon, que nous avons vu et que nous nommerons *zébu*, n'est qu'une variété dans l'espèce du bœuf ;

5° Le *bonasus* d'Aristote est le même animal que le bison des Latins ;

6° Le bison d'Amérique pourrait bien venir originairement du bison d'Europe ;

7° L'*urus* ou *aurochs* est le même animal que notre taureau commun dans son état naturel et sauvage (****) ;

8° Enfin le bison ne diffère de l'aurochs que par des variétés accidentelles (*****), et par conséquent il est, aussi bien que l'aurochs, de la même espèce que le bœuf domestique : en sorte que je crois pouvoir réduire à trois toutes les dénominations et toutes les espèces prétendues des naturalistes tant anciens que modernes, c'est-à-dire, à celles du bœuf, du buffle et du bubale.

Je ne doute pas que quelques-unes des propositions que je viens d'an-

(*) D'après Flourens, le Catoblepa est l'Antilope Gnu.
(**) D'après Flourens, le Thur serait la souche de notre Bœuf domestique.
(***) Le Bubale est une Antilope.
(****) Les zoologistes modernes placent l'Aurochs (*Bonasus europæus* Ow.) ou Bison d'Europe, et notre Bœuf domestique, *Bos Taurus* L., dans deux genres distincts.
(*****) Le Bison des anciens est, en effet, la même espèce que l'Aurochs, mais il diffère, comme nous le disons plus haut, de notre Bœuf domestique.

noncer ne paraissent des assertions hasardées, surtout aux yeux de ceux
qui se sont occupés de la nomenclature des animaux et qui ont essayé d'en
donner des listes; cependant il n'y a aucune de ces assertions que je ne sois
en état de prouver; mais, avant d'entrer dans les discussions critiques qu'exige
chacune de ces propositions en particulier, je vais exposer les observations
et les faits qui m'ont conduit dans cette recherche, et qui, m'ayant éclairé
moi-même, serviront également à éclairer les autres.

Il n'en est pas des animaux domestiques, à beaucoup d'égards, comme
des animaux sauvages : leur nature, leur grandeur et leur forme sont moins
constantes et plus sujettes aux variétés, surtout dans les parties extérieures
de leur corps; l'influence du climat, si puissante sur toute la nature, agit
avec bien plus de force sur des êtres captifs que sur des êtres libres; la
nourriture préparée par la main de l'homme, souvent épargnée et mal choisie,
jointe à la dureté d'un ciel étranger, produisent avec le temps des altérations
assez profondes pour devenir constantes, en se perpétuant par les générations. Je ne prétends pas dire que cette cause générale d'altération soit
assez puissante pour dénaturer essentiellement des êtres dont l'empreinte est
aussi ferme que celle du moule des animaux; mais elle les change à certains
égards, elle les masque et les transforme à l'extérieur; elle supprime de
certaines parties, ou leur en donne de nouvelles; elle les peint de couleurs
variées, et par son action sur l'habitude du corps elle influe aussi sur le
naturel, sur l'instinct et sur les qualités les plus intérieures : une seule
partie modifiée dans un tout aussi parfait que le corps d'un animal suffit
pour que tout se ressente, en effet, de cette altération (*); et c'est par
cette raison que nos animaux domestiques diffèrent presque autant, par le
naturel et l'instinct que par la figure, de ceux dont ils tirent leur première
origine.

La brebis nous en fournit un exemple frappant : cette espèce, telle qu'elle
est aujourd'hui, périrait en entier sous nos yeux, et en fort peu de temps,
si l'homme cessait de la soigner, de la défendre; aussi est-elle très différente
d'elle-même, très inférieure à son espèce originaire; mais, pour ne parler
ici que de ce qui fait notre objet, nous verrons combien de variétés les bœufs
ont essuyées par les effets divers et diversement combinés du climat, de la
nourriture et du traitement dans leur état d'indépendance et dans celui de
domesticité.

La variété la plus générale et la plus remarquable dans les bœufs domestiques, et même sauvages, consiste dans cette espèce de bosse qu'ils portent
entre les deux épaules : on a appelé *bisons* cette race de bœufs bossus, et l'on

---

(*) Buffon montre par cette phrase qu'il avait une idée assez exacte de ce que l'on nomme
aujourd'hui la « corrélation des variations, » fait qui consiste en ce que certains caractères
des animaux ou des végétaux ne peuvent se modifier sans que certains autres caractères se
modifient également.

a cru jusqu'ici que les bisons étaient d'une espèce différente de celle des bœufs communs; mais, comme nous sommes maintenant assurés que ces bœufs à bosse produisent avec nos bœufs, et que la bosse diminue dès la première génération, et disparaît à la seconde ou à la troisième, il est évident que cette bosse n'est qu'un caractère accidentel et variable qui n'empêche pas que le bœuf bossu ne soit de la même espèce que notre bœuf (*). Or, on a trouvé autrefois dans les parties désertes de l'Europe des bœufs sauvages, les uns sans bosse et les autres avec une bosse; ainsi cette variété semble être dans la nature même; elle paraît provenir de l'abondance et de la qualité plus substantielle du pâturage et des autres nourritures; car nous avons remarqué sur les chameaux que, quand ces animaux sont maigres et mal nourris, ils n'ont pas même l'apparence de la bosse. Le bœuf sans bosse se nommait *vrochs* et *turochs* dans la langue des Germains, et le bœuf sauvage à bosse se nommait *visen* dans cette même langue. Les Romains, qui ne connaissaient ni l'un ni l'autre de ces bœufs sauvages avant de les avoir vus en Germanie, ont adopté ces noms : de *vrochs* ils ont fait *vrus,* et de *visen* bison; et ils n'ont pas imaginé que le bœuf sauvage, décrit par Aristote sous le nom de *bonasus,* pouvait être l'un ou l'autre de ces bœufs, dont ils venaient de latiniser et de gréciser les noms germains.

Une autre différence qui se trouve entre l'aurochs et le bison est la longueur du poil; le cou, les épaules, le dessous de la gorge dans le bison sont couverts de poils très longs; au lieu que dans l'aurochs toutes ces parties ne sont revêtues que d'un poil assez court et semblable à celui du corps, à l'exception du front, qui est garni de poil crépu. Mais cette différence du poil est encore plus accidentelle que celle de la bosse et dépend de même de la nourriture et du climat, comme nous l'avons prouvé pour les chèvres, les moutons, les chiens, les chats, les lapins, etc.; ainsi, ni la bosse, ni la différence dans la longueur et la quantité du poil, ne sont des caractères spécifiques, mais de simples variétés accidentelles qui ne divisent pas l'unité de l'espèce.

Une variété plus étendue que les deux autres, et à laquelle il semble que les naturalistes aient donné, de concert, plus de caractère qu'elle n'en mérite, c'est la forme des cornes; ils n'ont pas fait attention que dans tout notre bétail domestique, la figure, la grandeur, la position, la direction, et même le nombre des cornes, varient si fort qu'il serait impossible de prononcer quel est pour cette partie le vrai modèle de la nature. On voit des vaches dont les cornes sont plus courbées, plus rabaissées, presque pendantes; d'autres qui les ont plus droites, plus longues, plus relevées. Il y a des races entières de brebis qui ont des cornes, quelquefois deux, quelquefois quatre, etc. Il y a des races de vaches qui n'en ont point du tout, etc.; ces parties extérieures

---

(*) Le Zébu (*Bos indicus* L.) est, en effet, considéré par beaucoup de zoologistes comme une variété de notre Bœuf domestique.

et pour ainsi dire accessoires au corps de ces animaux sont tout aussi peu constantes que les couleurs du poil, qui, comme l'on sait, varient et se combinent de toutes façons dans les animaux domestiques : cette différence dans la figure et la direction des cornes, qui est si ordinaire et si fréquente, ne devait donc pas être regardée comme un caractère distinctif des espèces ; cependant c'est sur ce seul caractère que nos naturalistes ont établi leurs espèces, et comme Aristote, dans l'indication qu'il donne du bonasus, dit qu'il a les cornes courbées en dedans, ils ont séparé le bonasus de tous les autres bœufs et en ont fait une espèce particulière à la seule inspection des cornes et sans en avoir jamais vu l'individu ; au reste, nous citons sur cette variation des cornes dans le bétail domestique les vaches et les brebis plutôt que les taureaux et les béliers, parce que les femelles sont ici beaucoup plus nombreuses que les mâles, et que partout on peut observer trente vaches ou brebis pour un taureau ou un bélier.

La mutilation des animaux par la castration semble ne faire tort qu'à l'individu et ne paraît pas devoir influer sur l'espèce ; cependant il est sûr que cet usage restreint d'un côté la nature et l'affaiblit de l'autre ; un seul mâle condamné à trente ou quarante femelles ne peut que s'épuiser sans les satisfaire, et dans l'accouplement l'ardeur est inégale, plus faible dans le mâle qui jouit trop souvent, trop forte dans la femelle qui ne jouit qu'un instant : dès lors toutes les productions doivent tendre aux qualités féminines ; l'ardeur de la mère étant au moment de la conception plus forte que celle du père, il naîtra plus de femelles que de mâles ; et les mâles mêmes tiendront beaucoup plus de la mère que du père ; c'est sans doute par cette cause qu'il naît plus de filles que de garçons dans les pays où les hommes ont un grand nombre de femmes, au lieu que dans tous ceux où il n'est pas permis d'en avoir plus d'une, le mâle conserve et réalise sa supériorité en produisant en effet plus de mâles que de femelles ; il est vrai que, dans les animaux domestiques, on choisit ordinairement parmi les plus beaux ceux que l'on soustrait à la castration et qu'on destine à devenir les pères d'une si nombreuse génération ; les premières productions de ce mâle choisi seront, si l'on veut, fortes et vigoureuses : mais, à force de tirer des copies de ce seul et même moule, l'empreinte se déforme, ou du moins ne rend pas la nature dans toute sa perfection ; la race doit par conséquent s'affaiblir, se rapetisser, dégénérer ; et c'est peut-être par cette raison qu'il se trouve plus de monstres dans les animaux domestiques que dans les animaux sauvages, où le nombre des mâles qui concourent à la génération est aussi grand que celui des femelles : d'ailleurs, lorsqu'il n'y a qu'un mâle pour un grand nombre de femelles, elles n'ont pas la liberté de consulter leur goût ; la gaieté, les plaisirs libres, les douces émotions leur sont enlevées ; il ne reste rien de piquant dans leurs amours ; elles souffrent de leurs feux, elles languissent en attendant les froides approches d'un mâle qu'elles n'ont pas choisi, qui souvent ne leur convient pas, et qui toujours les flatte moins qu'un autre qui se serait fait préféré ; de ces tristes amours, de ces accouplements sans goût, doivent naître des productions aussi tristes, des êtres insipides qui n'auront jamais ni le courage, ni la fierté, ni la force que la nature n'a pu propager dans chaque espèce qu'en laissant à tous les individus leurs facultés tout entières, et surtout la liberté du choix et même le hasard des rencontres. On sait, par l'exemple des chevaux, que les races croisées sont toujours les plus belles ; on ne devrait donc pas borner dans notre bétail les femelles à un seul mâle de leur pays, qui lui-même ressemble déjà beaucoup à sa mère, et qui par conséquent, loin de relever l'espèce, ne peut que continuer à la dégrader. Les hommes ont préféré dans cette pratique leur commodité aux autres avantages ; nous n'avons pas cherché à maintenir, à embellir la nature, mais à nous la soumettre et en jouir plus despotiquement : les mâles représentent la gloire de l'espèce ; ils sont plus courageux, plus fiers, toujours moins soumis ; un grand nombre de mâles dans nos troupeaux les rendrait moins dociles, plus difficiles à conduire, à garder : il a fallu même dans ces esclaves du dernier ordre supprimer toutes les têtes qui pouvaient s'élever.

A toutes ces causes de dégénération dans les animaux domestiques, nous devons encore en ajouter une autre, qui seule a dû produire plus de variétés que toutes les autres réunies, c'est le transport que l'homme a fait dans tous les temps de ces animaux de climats en climats ; les bœufs, les brebis et les chèvres ont été portés et se trouvent partout ; partout aussi ces espèces ont subi les influences du climat, partout elles ont pris le tempérament du ciel et la teinture de la terre ; en sorte que rien n'est plus difficile que de reconnaître dans ce grand nombre de variétés celles qui s'éloignent le moins du type de la nature ; je dis celles qui s'éloignent le moins, car il n'y en a peut-être aucune qu'on puisse regarder comme une copie parfaite de cette première empreinte.

Après avoir exposé les causes générales de variété dans les animaux domestiques, je vais donner les preuves particulières de tout ce que j'ai avancé au sujet des bœufs et des buffles. J'ai dit : 1° que l'animal que nous connaissons aujourd'hui sous le nom de *buffle* n'était pas connu des anciens Grecs ni des Romains ; — cela est évident, puisque aucun de leurs auteurs ne l'a décrit, qu'on ne trouve même dans leurs ouvrages aucun nom qu'on puisse lui appliquer, et que d'ailleurs on sait, par les *Annales d'Italie*, que le premier buffle y fut amené vers la fin du vi⁰ siècle, l'an 595 (a).

2° Le buffle, maintenant domestique en Europe, est le même que le buffle sauvage ou domestique aux Indes et en Afrique ; ceci n'a besoin d'autres preuves que de la comparaison de notre description du buffle, que nous avons vu vivant, avec les notices que les voyageurs nous ont données des

____

(a) *Voyage de Misson.* La Haye, 1737, t. III, p. 54.

380 OEUVRES COMPLÈTES DE BUFFON.

buffles de Perse (*a*), du Mogol (*b*), de Bengale (*c*), d'Égypte (*d*), de Guinée (*e*)
et du cap de Bonne-Espérance (*f*) ; on verra que dans tous ces pays cet animal est le même, et qu'il ne diffère de notre buffle que par de très légères
différences.

3° Le *bubalus* des Grecs et des Latins n'est point le buffle ni le petit bœuf
de Belon, mais l'animal que MM. de l'Académie ont décrit sous le nom de
vache de Barbarie ; — voici mes preuves : Aristote (*g*) met le *bubalus* avec
les cerfs et les daims, et point du tout avec les bœufs (*h*) ; ailleurs, il le cite
avec les chevreuils, et dit qu'il se défend mal avec ses cornes, et qu'il fuit les
animaux féroces et guerriers. Pline (*i*), en parlant des bœufs sauvages de
Germanie, dit que c'est par ignorance que le vulgaire donne le nom de *bubalus* à ces bœufs, attendu que le bubalus est un animal d'Afrique qui ressemble
en quelque façon à un veau ou à un cerf. Le bubalus est donc un animal
timide, auquel les cornes sont inutiles, qui n'a d'autre ressource que la fuite
pour éviter les bêtes féroces, qui par conséquent a de la légèreté, et tient
pour la figure de celle de la vache et de celle du cerf ; tous ces caractères,
dont aucun ne convient au buffle, se trouvent parfaitement réunis dans l'animal dont Horace Fontana envoya la figure à Aldrovande (*j*), et dont MM. de
l'Académie (*k*) ont donné aussi la figure et la description sous le nom de *vache
de Barbarie*, et ils ont pensé, comme moi, que c'était le bubalus des anciens (*l*). Le zébu, ou petit bœuf de Belon, n'a aucun des caractères du bubalus ; il en diffère presque autant qu'un bœuf diffère d'une gazelle ; aussi
Belon est le seul de tous les naturalistes qui ait regardé son petit bœuf
comme le bubalus des anciens.

4° Ce petit bœuf de Belon n'est qu'une variété dans l'espèce du bœuf ; —
nous le prouverons aisément en renvoyant seulement à la figure de cet animal, donnée par Belon, Prosper Alpin, Edward, et à la description que nous
en avons faite nous-même ; nous l'avons vu vivant : son conducteur nous

(*a*) *Voyage de Tavernier*, t. Iᵉʳ, p. 41 et 298.
(*b*) *Relation de Thévenot*, p. 11.
(*c*) *Voyage de l'Huillier*. Rotterdam, 1726, p. 30.
(*d*) *Description de l'Égypte*, par Maillet, t. II, p. 121.
(*e*) *Voyage de Bosman*, p. 437.
(*f*) *Description du cap de Bonne-Espérance*, par Kolbe, t. III, p. 25.
(*g*) « Genus id fibrarum cervi, damæ, hubali sanguini decst. » Aristot., *Historia animal.*,
lib. III, cap. VI.
(*h*) « Bubalis etiam capreisque interdum cornua inutilia sunt : nam etsi contra nonnulla
» resistant et cornibus se defendant, tamen feroces pugnacesque belluas fugiunt. » *Idem,
De part. animal.*, lib. III, cap. II.
(*i*) « Germania gignit insignia boum ferorum genera, jubatos bisontes, excellentique vi et
» velocitate uros quibus imperitum vulgus *bubalorum* nomen imposuit, quum id gignat
» Africa, vituli potius cervive quadam similitudine. » Plinii *Hist. nat.*, lib. VIII, cap. XV.
(*j*) Cette figure est gravée, p. 365, Aldrov., *De quad. bisulcis.*
(*k*) *Mémoires pour servir à l'Histoire des animaux*, part. II, p. 24 et suiv.
(*l*) Il y a apparence que cet animal doit être plutôt pris pour le bubale des anciens que
le petit bœuf d'Afrique, que Belon décrit. *Idem, ibid*, p. 26.

dit qu'il venait d'Afrique, qu'on l'appelait *zébu*, qu'il était domestique et qu'on s'en servait pour monture; c'est en effet un animal très doux et même fort caressant, d'une figure agréable, quoique massive et un peu trop carrée; cependant il est en tout si semblable à un bœuf que je ne puis en donner une idée plus juste qu'en disant que si l'on regardait un taureau de la plus belle forme et du plus beau poil avec un verre qui diminuât les objets de plus de moitié, cette figure rapetissée serait celle du zébu.

On peut voir dans la note ci-dessous (*a*) la description que j'ai faite de cet

(*a*) Ce petit bœuf ressemble parfaitement à celui de Belon; il a la croupe plus ronde et plus pleine que les bœufs ordinaires; il est si doux, si familier qu'il lèche comme un chien et fait des caresses à tout le monde; c'est un très joli animal qui paraît avoir autant d'intelligence que de docilité. Son conducteur nous dit qu'il venait d'Afrique, et qu'il était âgé de vingt-un mois; il était de couleur blanche, mêlée de jaune et d'un peu de rouge; les pieds étaient tout blancs, le poil sur l'épine du dos était couleur noirâtre, de la largeur d'environ un pied; la queue de même couleur. Au milieu de cette bande noire, il y avait sur la croupe une petite raie blanche dont les poils étaient hérissés et relevés en haut; il n'avait point de crinière, et le poil du toupet était très petit, le poil du corps fort ras. Il avait cinq pieds sept pouces de longueur, mesurés en ligne droite, depuis le bout du museau jusqu'à l'origine de la queue; cinq pieds un pouce de circonférence prise derrière les jambes de devant, cinq pieds dix pouces au milieu du corps sur le nombril, et cinq pieds un pouce au-dessus des jambes de derrière. La tête avait deux pieds dix pouces de circonférence prise devant les cornes; le museau un pied trois pouces de circonférence prise derrière les naseaux; la fente de la gueule fermée n'était que de onze pouces; les naseaux avaient deux pouces de longueur et un pouce de largeur; il y avait dix pouces depuis le bout du museau jusqu'à l'œil; les yeux étaient éloignés l'un de l'autre de six pouces en suivant la courbure de la tête, et en ligne droite de cinq pouces; l'œil avait deux pouces et demi de longueur d'un angle à l'autre; l'angle postérieur de l'œil était éloigné de l'ouverture de l'oreille de quatre pouces; les oreilles étaient situées derrière et un peu à côté des cornes, elles avaient six pouces dix lignes de longueur prise par derrière, neuf pouces trois lignes de circonférence à la racine, et quatre pouces quatre lignes de largeur à la base en suivant la courbure; il y avait quatre pouces trois lignes de distance entre les deux cornes, elles avaient un pied deux pouces de longueur et six de circonférence à la base, et seulement un pouce et demi à six lignes de distance de leur extrémité; elles étaient de couleur de corne ordinaire et noires vers le bout; il y avait un pied sept pouces de distance entre les deux extrémités des cornes; la distance entre les oreilles et les cornes était de deux pouces deux lignes; la longueur de la tête depuis le bout du museau jusqu'à l'épaule était de deux pieds quatre pouces six lignes; le fanon pendait de trois pouces et demi au milieu du cou, et seulement d'un pouce trois lignes sous le sternum; le cou avait trois pieds neuf pouces de circonférence prise précisément devant la bosse ou loupe, qui était exactement sur les épaules au défaut du cou, à un pied et un pouce de distance des cornes; cette bosse était de chair en entier, elle avait un pied de longueur mesurée en ligne droite, sept pouces de hauteur perpendiculaire et six pouces d'épaisseur; le poil qui couvrait le dessus de cette bosse était noirâtre et d'un pouce et demi de longueur; les jambes de devant avaient quatre pouces neuf lignes de longueur depuis le coude jusqu'au poignet; le coude a un pied six pouces de circonférence; le bras, onze pouces de circonférence; le canon avait huit pouces de longueur, et cinq pouces quatre lignes de circonférence à l'endroit le plus mince; la corne deux pouces quatre lignes de longueur, et l'ergot un pouce; la jambe de derrière avait un pied deux pouces et demi de longueur, et onze pouces trois lignes de circonférence à l'endroit le plus petit; le jarret, quatre pouces trois lignes de largeur; le canon, un pied de longueur, cinq pouces huit lignes de circonférence, prise au plus mince, et deux pouces et demi de largeur; la queue avait deux pieds trois lignes jusqu'au bout des vertèbres, et deux pieds dix pouces et demi jusqu'au bout des poils qui touchaient à terre, les plus longs poils de la

animal lorsque je le vis en 1752 : elle s'accorde très bien avec la figure et la description de Belon, que nous avons cru devoir rapporter aussi (*a*), afin qu'on puisse les comparer. Prosper Alpin, qui a donné une notice et une figure de cet animal (*b*), dit qu'il se trouve en Égypte; sa description s'accorde encore avec la nôtre et avec celle de Belon; les seules différences qu'on puisse remarquer dans toutes trois ne tombent que sur les couleurs des cornes et du poil ; le zébu de Belon était fauve sous le ventre et brun sur le dos avec les cornes noires ; celui de Prosper Alpin était roux, marqué de petites taches avec les cornes de couleur ordinaire ; le nôtre était d'un fauve pâle, presque noir sur le dos, avec les cornes aussi de couleur ordinaire, c'est-à-dire de la même couleur que les cornes de nos bœufs. Au reste, les figures de Belon et de Prosper Alpin pèchent en ce que la loupe ou bosse que cet animal porte sur les épaules n'y est pas assez marquée ; le contraire se trouve dans la figure qu'Edwards (*c*) a nouvellement gravée de ce même animal sur un dessin qui lui avait été communiqué par Hans Sloane ; la bosse est trop grosse, et d'ailleurs la figure est incomplète en ce qu'elle a vraisemblablement été dessinée sur un animal fort jeune, dont les cornes étaient encore naissantes ; il venait des Indes orientales, dit Edwards, où l'on se sert de ces petits bœufs comme nous nous servons des chevaux. Il est clair par toutes ces indications, et aussi par la variété du poil et par la douceur du naturel de cet animal, que c'est une race de bœufs à bosse qui a pris son origine dans l'état de domesticité, où l'on a choisi les plus petits individus de l'espèce pour les propager ; car nous verrons qu'en général les bœufs à bosse domestiques sont, comme nos bœufs domestiques, plus petits que les sauvages, et ces faits seront confirmés par les témoignages des voyageurs que nous citerons dans la suite de cet article.

queue avaient un pied trois pouces ; la queue, huit pouces de circonférence à la base ; les bourses étaient éloignées de l'anus d'un pied et demi en suivant la courbure du bas-ventre ; les testicules n'étaient pas encore descendus dans les bourses, qui cependant pendaient de deux pouces et demi ; il y avait quatre mamelles situées comme celles du taureau ; la verge était d'un pied de longueur depuis les bourses jusqu'au bout du fourreau.

(*a*) C'est un moult beau petit bœuf, trappe et ramassé, gras, poli, de petit corsage, bien formé..... Il étoit déjà vieil, estant de plus petite corpulence que n'est un cerf, mais plus trappe et plus épais qu'un chevreuil, si bien troussé et compassé de tous ses membres qu'il en estoit fort plaisant à la vüe..... Ses pieds semblent à ceux d'un bœuf, aussi a-t-il les jambes trappes et courtes ; son col est gros et court, ayant quelque petit fœnon qu'on nomme en latin *palearia*; il a la tête du bœuf, sur laquelle ses cornes sont élevées dessus un os sur le sommet de la tête, noires et beaucoup cochées comme celles d'une gazelle, et compassées en manière de croissant..... Il porte les oreilles de vache ; ses épaules sont quelque peu élevées et bien fournies ; sa queue lui pend jusqu'au pli des jarrets, estant garnie de poils noirs ; il estoit comme un bœuf, mais non pas si haut..... Nous en avons ci-mis la figure. — Belon ajoute que ce petit bœuf avait été apporté au Caire du pays d'Azamie (province de l'Asie), et qu'il se trouve aussi en Afrique. *Observations de Belon*, feuillet 118 *verso* et 119 *recto* et *verso*.

(*b*) Prosp. Alpin., *Hist. nat. Ægypt.*, p. 233.

(*c*) *Nat. hist. of Birds*, by George Edwards, p. 200.

5° Le bonasus d'Aristote est le même que le bison des Latins ; — cette proposition ne peut être prouvée sans une discussion critique, dont j'épargnerai le détail à mon lecteur (a). Gessner, qui était aussi savant littérateur que bon naturaliste, et qui pensait, comme moi, que le bonasus pourrait bien être le bison, a examiné et discuté plus soigneusement que personne les notices qu'Aristote donne du bonasus, et il a en même temps corrigé plusieurs expressions de la tradution de Théodore Gaza, que cependant tous les naturalistes ont suivie sans examen ; en me servant de ses lumières et en supprimant, des notices d'Aristote, ce qu'elles ont d'obscur, d'opposé et même de fabuleux, il m'a paru qu'elles se réduisaient à ce qui suit. Le bonasus est un bœuf sauvage de Pæonie ; il est au moins aussi grand qu'un taureau domestique, et de la même forme ; mais son cou est, depuis les épaules jusque sur les yeux, couvert d'un long poil bien plus doux que le crin du cheval ; il a la voix du bœuf, les cornes assez courtes et courbées en bas autour des oreilles ; les jambes couvertes de longs poils doux comme la laine, et la queue assez petite pour sa grandeur, quoique au reste semblable à celle du bœuf. Il a comme le taureau l'habitude de faire de la poussière avec les pieds ; son cuir est dur, et sa chair tendre et bonne à manger. Par ces caractères, qui sont les seuls sur lesquels on puisse tabler dans les notices d'Aristote, on voit déjà combien le bonasus approche du bison : tout convient en effet à cet animal, à l'exception de la forme des cornes ; mais, comme nous l'avons dit, la figure des cornes varie beaucoup dans ces animaux, sans qu'ils cessent pour cela d'être de la même espèce : nous avons vu des cornes ainsi courbées, qui provenaient d'un bœuf bossu d'Afrique, et nous prouverons tout à l'heure que ce bœuf à bosse n'est autre chose que le bison. Nous pouvons aussi confirmer ce que nous venons de dire par la comparaison des témoignages des auteurs anciens. Aristote donne le bonasus pour un bœuf de Pæonie, et Pausanias (b), en parlant des taureaux de Pæonie, dit en deux endroits différents que ces taureaux sont des bisons ; il dit même expressément que les taureaux de Pæonie qu'il a vus dans les spectacles de Rome avaient des poils très longs sur la poitrine et autour des mâchoires. Enfin Jules César, Pline, Pausanias, Solin, etc., ont tous, en parlant des bœufs sauvages, cité l'aurochs et le bison, et n'ont rien dit du bonasus ; il faudrait donc supposer qu'en moins de quatre ou cinq siècles l'espèce du bonasus se serait perdue, si l'on ne voulait pas convenir que ces deux noms, *bonasus* et *bison*, n'indiquent que le même animal.

6° Les bisons d'Amérique (*) pourraient bien venir originairement des

(a) *Nota.* Il faut ici comparer ce qu'Aristote dit du bonasus (*Hist. anim.*, lib. IX, cap. XLV) avec ce qu'il en a dit ailleurs (lib. *De mirabilibus*) et aussi les passages particuliers (*Hist. anim.*, lib. II, cap. Ier et XVI), et se donner la peine de lire la dissertation de Gessner à ce sujet (*Hist. quad.*, p. 131 et seq.).

(b) *Vide Pausan. in Beoticis et Phocicis.*

(*) *Bonasus Americanus* GMEL.

bisons d'Europe ; — nous avons déjà jeté les fondements de cette opinion dans notre Discours sur les animaux des deux continents (*a*) : ce sont les expériences faites par M. de La Nux qui nous ont éclairés ; il nous a appris que les bisons ou bœufs à bosse des Indes et de l'Afrique produisent avec les taureaux et vaches de l'Europe, et que la bosse n'est qu'un caractère accidentel qui diminue dès la première génération, et disparaît à la seconde ou à la troisième. Puisque les bisons des Indes sont de la même espèce que nos bœufs et ont par conséquent une même origine, n'est-il pas naturel d'étendre cette même origine au bison d'Amérique ? Rien ne s'oppose à cette supposition ; tout semble, au contraire, concourir à la prouver. Les bisons paraissent être originaires des pays froids et tempérés, leur nom est tiré de la langue des Germains ; les anciens ont dit qu'ils se trouvaient dans la partie de la Germanie voisine de la Scythie (*b*) ; actuellement, on trouve encore des bisons dans le nord de l'Allemagne, en Pologne, en Écosse ; ils ont donc pu passer en Amérique, ou en venir comme les autres animaux qui sont communs aux deux continents ; la seule différence qui se trouve entre les bisons d'Europe et ceux d'Amérique, c'est que ces derniers sont plus petits : mais cette différence même est une nouvelle présomption qu'ils sont de la même espèce, car nous avons vu que généralement les animaux domestiques ou sauvages qui ont passé d'eux-mêmes, ou qui ont été transportés en Amérique, y sont tous devenus plus petits, et cela sans aucune exception : d'ailleurs, tous les caractères, jusqu'à ceux de la bosse et des longs poils aux parties antérieures, sont absolument les mêmes dans les bisons de l'Amérique et dans ceux de l'Europe ; ainsi, nous ne pouvons nous refuser à les regarder, non seulement comme des animaux de la même espèce, mais encore de la même race (*c*).

7° L'urus ou l'aurochs est le même animal que notre taureau commun dans son état naturel et sauvage (*) ; — ceci peut se prouver d'abord par la com-

---

(*a*) Voyez les articles *Animaux de l'ancien continent* et *Animaux communs aux deux continents.*

(*b*) « Paucissima Scythia gignit animalia, inopia fructûs, pauca contermina illi Germa-» nia, insignia tamen boum ferorum genera, jubatos bisontes. » Plin., *Hist. nat.*, lib. viii, cap. xv.

(*c*) Comme j'étais sur le point de donner cet article à l'impression, M. le marquis de Montmirail m'a envoyé une traduction par extrait d'un *Voyage en Pensylvanie*, par M. Kalm, dans laquelle se trouve le passage suivant, qui confirme pleinement tout ce que j'avais pensé d'avance sur le bison d'Amérique : « Plusieurs personnes considérables ont élevé des petits » des bœufs et vaches sauvages qui se trouvent dans la Caroline et dans les autres pays aussi » méridionaux que la Pensylvanie. Ces petits bœufs sauvages se sont apprivoisés ; il leur » restait cependant assez de férocité pour percer toutes les haies qui s'apposoient à leur » passage ; ils ont tant de force dans la tête, qu'ils renversoient les palissades de leur parc » pour aller faire ensuite toutes sortes de ravages dans les champs semés, et quand ils » avoient ouvert le chemin, tout le troupeau des vaches domestiques les suivoit : ils s'accou-» ploient ensemble, et cela a formé une autre espèce. » *Voyage de M. Pierre Kalm, profes-*

(*) Nous avons déjà dit plus haut qu'on distingue actuellement les deux espèces et qu'on les place même dans des genres différents.

paraison de la figure et de l'habitude entière du corps de l'aurochs, qui est absolument semblable à celle de notre taureau domestique ; l'aurochs est seulement plus grand et plus fort, comme tout animal qui jouit de sa liberté l'emportera toujours par la grandeur et la force sur ceux qui depuis longtemps sont réduits à l'esclavage. L'aurochs se trouve encore dans quelques provinces du Nord : on a quelquefois enlevé des jeunes aurochs à leur mère (a), et les ayant élevés, ils ont produit avec les taureaux et vaches domestiques : ainsi l'on ne peut douter qu'ils ne soient de la même espèce.

8° Enfin le bison ne diffère de l'aurochs que par des variétés accidentelles, et par conséquent ils sont tous deux de la même espèce que le bœuf domestique (*) ; — la bosse, la longueur et la qualité du poil, la forme des cornes, sont les seuls caractères par lesquels on puisse distinguer le bison de l'aurochs : mais nous avons vu que les bœufs à bosse produisent avec nos bœufs ; nous savons d'ailleurs que la longueur et la qualité du poil dépendent dans tous les animaux de la nature du climat, et nous avons remarqué que dans les bœufs, chèvres et moutons, la forme des cornes est ce qu'il y a de moins constant ; ces différences ne suffisent donc pas pour établir deux espèces distinctes ; et puisque notre bœuf domestique d'Europe produit avec le bœuf bossu des Indes, on ne peut douter qu'à plus forte raison il ne produise avec le bison ou le bœuf bossu d'Europe. Il y a dans les variétés presque innombrables de ces animaux, sous les différents climats, deux races primitives, toutes deux anciennement subsistantes dans l'état de nature : le bœuf à bosse ou bison, est le bœuf sans bosse ou l'aurochs. Ces races se sont soutenues soit dans l'état libre et sauvage, soit dans celui de domesticité, et se sont répandues, ou plutôt ont été transportées par les hommes dans tous les climats de la terre ; tous les bœufs domestiques sans bosse viennent originairement de l'aurochs, et tous les bœufs à bosse sont issus du bison. Pour donner une idée juste de ces variétés nous ferons une courte énumération de ces animaux, tels qu'ils se trouvent actuellement dans les différentes parties de la terre.

A commencer par le nord de l'Europe, le peu de bœufs et de vaches qui subsistent en Islande (b) sont dépourvus de cornes, quoiqu'ils soient de la même race que nos bœufs. La grandeur de ces animaux est plutôt relative à l'abondance et à la qualité des pâturages qu'à la nature du climat. Les Hollan-

---

seur à *Aobo*, *et membre de l'Académie des sciences de Suède, dans l'Amérique septentrionale*. Gottingue, 1757, p. 350.

(a) *Vide Epistol. Ant. Schnebergenis*, ad Gessnerums *Hist. quad.*, p. 141 et 142.

(b) « Islandi domestica animalia habent vaccas, sed multæ sunt mutilæ cornibus. » Dithmar *Blefken. Island.* Lugd. Bat., 1607, p. 49.

(*) L'Aurochs et le Bison d'Europe sont, en effet, un même animal, ainsi que nous l'avons dit plus haut.

dais (*a*) ont souvent fait venir des vaches maigres de Danemark, qui s'engraissent prodigieusement dans leurs prairies, et qui donnent beaucoup de lait ; ces vaches de Danemark sont plus grandes que les nôtres ; les bœufs et vaches de l'Ukraine, dont les pâturages sont excellents, passent pour être les plus gros de l'Europe (*b*), ils sont aussi de la même race que nos bœufs. En Suisse, où les têtes des premières montagnes sont couvertes d'une verdure abondante et fleurie qu'on réserve uniquement à l'entretien du bétail, les bœufs sont une fois plus gros qu'en France, où communément on ne laisse à ces animaux que les herbes grossières dédaignées par les chevaux : du mauvais foin, des feuilles, sont la nourriture ordinaire de nos bœufs pendant l'hiver ; et au printemps, lorsqu'ils auraient besoin de se refaire, on les exclut des prairies ; ils souffrent donc encore plus au printemps que pendant l'hiver, car on ne leur donne alors presque rien à l'étable, et on les conduit sur les chemins, dans les champs en repos, dans les bois, toujours à des distances éloignées et sur des terres stériles, en sorte qu'ils se fatiguent plus qu'ils ne se nourrissent ; enfin on leur permet en été d'entrer dans les prairies, mais elles sont dépouillées, elles sont encore brûlantes de la faux, et comme les sécheresses sont les plus grandes dans ce temps et que l'herbe ne peut se renouveler, il se trouve que dans toute l'année il n'y a pas une seule saison où ils soient largement ni convenablement nourris : c'est la seule cause qui les rend faibles, chétifs et de petite stature ; car en Espagne et dans quelques cantons de nos provinces de France, où l'on a des pâturages vifs et uniquement réservés aux bœufs, ils y sont beaucoup plus gros et plus forts.

En Barbarie (*c*) et dans la plupart des provinces de l'Afrique, où les terrains sont secs et les pâturages maigres, les bœufs sont encore plus petits,

(*a*) Vers le mois de février, on amène une infinité de vaches maigres de Danemark, que les paysans de Hollande achètent pour mettre dans leurs prairies ; elles sont beaucoup plus grandes que celles que nous avons en France ; elles rendent communément chacune dix-huit à vingt pintes de lait par jour, pinte de Paris. *Voyage hist. de l'Europe.* Paris, 1693, t. V, p. 77.

(*b*) Les pâturages de l'Ukraine sont si excellents que le bétail y surpasse en grandeur celui de toute l'Europe ; pour pouvoir porter la main sur le milieu du dos d'un bœuf, il faut être d'une taille au-dessus de la médiocre. *Relat. de la grande Tartarie.* Amsterdam, 1737, p. 227.

(*c*) Aux royaumes de Tunis et d'Alger, les bœufs et les vaches, généralement parlant, ne sont pas aussi grands et sont moins gros que les nôtres (en Angleterre) ; les plus gros, après être bien engraissés, pèsent rarement au-dessus de cinq ou six cents livres ; les vaches n'ont que très peu de lait, et ont encore le défaut de le perdre en perdant leur veau. *Voyage de Shaw*, t. 1er, p. 313. — « Boves domestici quotquot in Africæ montibus nascuntur adeo » sunt exigui, ut, aliis collati, vituli biennes appareant, monticolæ tamen illos aratro exer- » centes tum robustos, tum laboris patientes asserunt. » Leon. Afric., *Africæ descript.*, t. II, p. 753. — Les vaches de Guinée sont sèches et maigres..... Le lait qu'on en tire est si peu abondant et si peu gras, qu'à peine vingt et trente vaches en pouvaient fournir la table du général ; ces vaches sont extrêmement petites et légères (de poids) ; il faut que ce soit une des meilleures, quand dans sa parfaite croissance elle pèse deux cent cinquante livres, quoique à proportion de sa grandeur elle dût peser la moitié plus. *Voyage de Bosman*, p. 236.

et les vaches donnent beaucoup moins de lait que les nôtres, et la plupart
perdent leur lait avec leur veau. Il en est de même de quelques parties de la
Perse (*a*), de la basse Éthiopie (*b*) et de la grande Tartarie (*c*), tandis que
dans les mêmes pays, à d'assez petites distances, comme en Calmouquie (*d*),
dans la haute Éthiopie (*e*) et en Abyssinie (*f*), les bœufs sont d'une prodigieuse grosseur : cette différence dépend donc beaucoup plus de l'abondance
de la nourriture que de la température du climat; dans le Nord, dans les
régions tempérées et dans les pays chauds, on trouve également, et à de
très petites distances, des bœufs petits ou gros, selon la quantité des pâturages et l'usage plus ou moins libre de la pâture.

La race de l'aurochs ou du bœuf sans bosse occupe les zones froides et tempérées, elle ne s'est pas fort répandue vers les contrées du Midi; au contraire, la race du bison ou bœuf à bosse remplit aujourd'hui toutes les provinces méridionales; dans le continent entier des grandes Indes (*g*), dans

(*a*) Les peuples de la Caramanie, à quelque distance du golfe Persique, ont quelques
chèvres et vaches, mais leurs bêtes à cornes ne sont pas plus fortes que les veaux ou les
taureaux d'un an en Espagne, et ont des cornes de moins d'un pied de long. *Ambassade de
Silva Figueroa*. Paris, 1667, p. 62.

(*b*) Dans la province de Guber, en Éthiopie, on nourrit quantité de gros et de menu
bétail, mais les vaches n'y sont pas plus grosses que des génisses. *L'Afrique de Marmol*,
t. III, p. 66.

(*c*) A Krasnojarsk, les Tartares ont des bêtes à cornes ; mais une vache, en Russie,
donne vingt fois plus de lait qu'une vache de ces cantons. *Voyage de Gmelin à Kamtschatka*;
traduction communiquée par M. de l'Isle.

(*d*) Les bœufs des provinces que les Tartares Kalmouks occupent sont encore plus grands
que ceux de l'Ukraine et les plus hauts qu'on connaisse jusqu'à présent. *Relation de la
grande Tartarie*, p. 228.

(*e*) Dans le pays de la haute Éthiopie, les vaches sont grandes comme des chameaux et
sans cornes. *L'Afrique de Marmol*, t. III, p. 157.

(*f*) Les richesses des Abyssins consistent principalement en vaches..... Les cornes des
bœufs sont si grandes qu'elles tiennent plus de vingt pintes; aussi les Abyssins en font-ils
leurs cruches et leurs bouteilles. *Voyage d'Abyssinie du P. Lobo*. Amsterdam , 1728,
t. 1er, p. 57.

(*g*) Les bœufs qui tirent les carrosses dans Surate sont blancs, de belle taille, avec deux
bosses et de même que de certains chameaux; courent et galopent comme des chevaux, avec
de belles housses, de belles parures et quantité de sonnettes au cou ; de sorte que, quand
ils courent ou qu'ils galopent par les rues, ils se font entendre de loin; je puis dire que
c'est quelque chose de plaisant et de très agréable à voir. On ne se sert pas seulement de
ces carrosses pour se promener dans les villes de l'Inde, mais encore à la campagne et pour
quelque voyage qu'on veuille entreprendre. *Voyage de Pietro della Valle*, t. VI, p. 273. —
Les voitures du Mogol, qui sont des espèces de carrosses à deux roues, sont aussi tirées par des
bœufs, qui, quoique naturellement pesants et lents dans leur marche, acquièrent cependant,
par l'habitude et par un long exercice, une grande facilité à traîner ces voitures; de manière
qu'il n'y a guère d'animaux qui pussent avancer tant qu'eux. La plupart de ces bœufs sont
fort grands et ont une grosse pièce de chair qui s'élève de la hauteur de six pouces entre
leurs épaules. *Voyage de Jean Ovington*. Paris, 1725, t. 1er, p. 258. — Les bœufs de Perse
sont comme les nôtres, excepté vers les frontières de l'Inde, où ils ont la bosse ou loupe sur
le dos ; on mange peu de bœuf en tout le pays. On ne l'élève que pour la charge ou pour
le labourage ; on ferre ceux dont on se sert à la charge, à cause des montagnes pierreuses
où ils passent. *Voyage de Chardin*, t. II, p. 28. — Les bœufs de Bengale ont une espèce

les îles des mers orientales (*a*) et méridionales, dans toute l'Afrique (*b*), depuis le mont Atlas jusqu'au cap de Bonne-Espérance (*c*), on ne trouve, pour ainsi dire, que des bœufs à bosse; et il paraît même que cette race, qui a prévalu dans tous les pays chauds, a plusieurs avantages sur l'autre : ces bœufs à bosse ont comme le bison, duquel ils sont issus, le poil beaucoup plus doux et plus lustré que nos bœufs, qui, comme l'aurochs, ont le poil dur et assez peu fourni. Ces bœufs à bosse sont aussi plus légers à la course, plus propres à suppléer au service du cheval (*d*), et en même temps ils ont

de bosse sur le dos; nous les trouvâmes aussi gras et d'aussi bon goût qu'il y en ait dans aucun pays; les plus grands et meilleurs ne se vendent que deux rixdals. *Voyages de la Compagnie des Indes de Hollande*, t. III, p. 270. — Les bœufs de Guzarate sont faits comme les nôtres, sinon qu'ils ont une grosse bosse entre les épaules. *Voyage de Mandelslo*, t. II, p. 234.

(*a*) L'île de Madagascar nourrit un nombre infini de bœufs, bien différents de ceux de l'Europe, ayant tous sur le dos une certaine bosse de graisse en forme de loupe ; ce qui a fait dire à quelques auteurs qu'elle nourrissait des chameaux. Il y a de trois sortes de bœufs ; savoir : ceux qui ont des cornes, ceux qui ont les cornes pendantes et attachées à la peau, et ceux qui n'en ont point, et qui n'ont pas même de disposition à en avoir jamais ; car au milieu du front, ils ont une petite éminence d'os couverte de peau ; ils ne laissent pas de se battre bien contre les autres taureaux en choquant de leur tête contre leur ventre ; ils courent tous comme des cerfs, et sont plus hauts de jambes que ceux de l'Europe. *Voyage de Flacourt*, p. 3. — Leurs bœufs dans l'île du Johanna près la côte de Mozambique diffèrent des nôtres, en ce qu'ils ont une croissance charnue entre le cou et le dos; ce morceau de chair est préférable à la langue, et d'aussi bon goût que la moelle. *Voyage de Jean-Henri Grosse*. Londres, 1758, p. 42.

(*b*) Les bœufs de l'Aguada-Sanbras sont aussi plus grands que les bœufs d'Espagne ; ils ont des bosses, on en vit qui n'avaient point de cornes, et qui n'en avaient jamais eu. *Premier voyage des Hollandais aux Indes orientales*, t. Ier, p. 218. — Les Maures ont des troupeaux nombreux sur le bord du Niger..... Les bœufs étaient la plupart beaucoup plus gros et plus hauts sur jambes que ceux d'Europe; ils se faisaient remarquer par une loupe de chair, qui s'élevait de plus d'un pied sur le garrot entre les deux épaules : ce morceau est un manger délicieux. *Voyage au Sénégal*, par M. Adanson, p. 57.

(*c*) Les bœufs sont de trois espèces au cap de Bonne-Espérance, tous grands et fort vites à la course ; les uns ont une bosse sur le dos, les autres ont la corne extrêmement pendante, et les autres l'ont fort relevée et fort belle comme en Angleterre aux environs de Londres. *Voyage de François le Guat*, t. II, p. 147.

(*d*) Comme les bœufs ne sont aucunement farouches aux Indes, il y a beaucoup de gens qui s'en servent pour faire des voyages, et qui les montent comme on fait les chevaux ; l'allure pour l'ordinaire en est douce ; on ne leur donne, au lieu de mors, qu'une cordelette en deux passée par le tendron des narines, et on renverse par dessus la tête du bœuf un gros cordon attaché à ces cordelettes, comme une bride qui est arrêtée par la bosse qu'il a sur le devant du dos, ce que nos bœufs n'ont pas; on lui met une selle comme à un cheval, et pour peu qu'on l'excite à marcher il va fort vite ; il s'en trouve qui courent aussi fort que de bons chevaux. On use de ces bêtes généralement par toutes les Indes, et on n'en attelle point d'autres aux charrettes, aux carrosses et aux chariots qu'on fait traîner par autant de bœufs que la charge est pesante ; on attelle ces animaux avec un long joug qui est au bout du timon et qu'on pose sur le cou des deux bœufs, et le cocher tient à la main le cordon où sont attachées les cordelettes qui traversent les narines. *Relation de Thévenot*, t. III, p. 151. — Ce prince indien était assis, lui deuxième, sur un chariot qui était traîné par deux bœufs blancs, qui avaient le cou fort court et une bosse entre les deux épaules, mais ils étaient au reste aussi vites et aussi adroits que nos chevaux. *Voyage d'Olearius*, t. Ier, p. 458. — Les deux bœufs qui étaient attelés à mon carrosse me coûtèrent bien près de six cents rou-

un naturel moins brut et moins lourd que nos bœufs; ils ont plus d'intelligence et de docilité (*a*), plus de qualités relatives et senties dont on peut tirer parti : aussi sont-ils traités dans leur pays avec plus de soin que nous n'en donnons à nos plus beaux chevaux. La considération que les Indiens ont pour ces animaux est si grande (*b*) qu'elle a dégénéré en superstition, dernier terme de l'aveugle respect. Le bœuf, comme l'animal le plus utile, leur a paru le plus digne d'être révéré; de l'objet de leur vénération ils ont fait une idole, une espèce de divinité bienfaisante et puissante, car on veut que tout ce qu'on respecte soit grand, et puisse faire beaucoup de mal ou de bien.

Ces bœufs à bosse varient peut-être encore plus que les nôtres pour les couleurs du poil et la figure des cornes; les plus beaux sont tout blancs, comme les bœufs de Lombardie (*c*); il y en a qui sont dépourvus de cornes, il y en a qui les ont fort relevées, et d'autres si rabaissées qu'elles sont presque pendantes; il paraît même qu'on doit diviser cette race première de bisons ou bœufs à bosse en deux races secondaires, l'une très grande et l'autre très petite, et cette dernière est celle du zébu : toutes deux se trouvent à peu près dans les mêmes climats (*d*), et toutes deux sont également

pies ; il ne faut pas que le lecteur s'étonne de ce prix-là, car il y a de ces bœufs qui sont forts, et qui font des voyages de soixante journées à douze ou quinze lieues par jour, et toujours au trot ; quand ils ont fait la moitié de la journée on leur donne à chacun deux ou trois pelotes de la grosseur de nos pains d'un sou, faites de farine de froment, pétrie avec du beurre et du sucre noir, et le soir ils ont leur ordinaire de pois chiches concassés, et trempés une demi-heure dans l'eau. *Voyage de Tavernier*, p. 36. — Il y a tel de ces bœufs qui suivrait des chevaux au grand trot ; les plus petits sont les plus légers, ce sont les Gentils et surtout les Banianes et marchands de Surate qui se servent de ces bœufs pour tirer des voitures ; il est singulier que malgré leur vénération pour ces animaux ils ne fassent point de scrupule de les employer à ce service. *Voyage de Grosse*, p. 253.

(*a*) Au pays de Camandu en Perse, il y a de grands bœufs, qui sont totalement blancs, ayant en la tête petites cornes, qui ne sont point aiguës, et sur le dos ont une bosse comme les chameaux, au moyen de quoi sont si forts que commodément on leur peut faire porter de gros et pesants fardeaux, et quand on leur met le bât et la charge sur le dos, ils fléchissent et courbent les genoux comme le chameau, et après étant chargés se relèvent, et en cette manière sont appris par les hommes du pays. *Description de l'Inde*, par Marc-Paul, lib. I, chap. 22. — Les laboureurs en Europe piquent leurs bœufs avec un aiguillon pour les faire avancer ; ceux de Bengale ne font simplement que leur tordre la queue ; ces animaux sont très dociles : ils sont istruits à se coucher et à se relever pour prendre et déposer leur charge. *Lettres édif.*, IX° Recueil, p. 422.

(*b*) Près de la reine ne sont que de grandes dames, et l'on lui pare les pavés ou planches, et les parois et chemins par où elle doit passer, avec cette fiente de vache, que j'ai déjà dit; sur quoi je ne veux oublier de dire en passant et par occasion le grand honneur que ces peuples rendent à ces vaches, pour vilaines crasseuses et toutes couvertes de boues qu'elles soient; car on les laisse entrer dans le palais du roi et partout où leur chemin s'adonne, sans qu'on leur refuse jamais le passage ; ainsi le roi même, et tous les plus grands seigneurs leur font place avec autant d'honneur, de révérence et de respect qu'il est possible, et en font autant aux taureaux et aux bœufs. *Voyage de François Pyrard*, t. Ier, p. 449.

(*c*) Tout le bétail d'Italie est gris ou blanc. *Voyage de Burnet*. Rotterdam, 1687, part. II, p. 12. — Tous les bœufs des Indes, et surtout ceux de Guzarate et de Cambaye, sont généralement blancs comme ceux de Milan. *Voyage de Grosse*, p. 253.

(*d*) Les bœufs des Indes sont de diverses tailles, il y en a de grands, de petits et de moyens :

douces et faciles à conduire; toutes deux ont le poil fin et la bosse sur le dos; cette bosse ne dépend point de la conformation de l'épine ni de celle des os des épaules, ce n'est qu'une excroissance, une espèce de loupe, un morceau de chair tendre, aussi bonne à manger que la langue du bœuf; les loupes de certains bœufs pèsent jusqu'à quarante et cinquante livres (a), sur d'autres elles sont bien plus petites (b); quelques-uns de ces bœufs ont aussi des cornes prodigieuses pour la grandeur : nous en avons une au cabinet du Roi de trois pieds et demi de longueur, et de sept pouces de diamètre à la base; plusieurs voyageurs assurent en avoir vu dont la capacité était assez grande pour contenir quinze et même vingt pintes de liqueur.

Dans toute l'Afrique (c) on ne connaît point l'usage de la castration du gros bétail, et on le pratique peu dans les Indes (d); lorsqu'on soumet les taureaux à cette opération, ce n'est point en leur retranchant, mais en leur comprimant les testicules; et quoique les Indiens aient un assez grand nombre de ces animaux pour traîner leurs voitures et labourer leurs terres, ils n'en élèvent pas à beaucoup près autant que nous : comme dans tous les pays chauds les vaches ont peu de lait, qu'on n'y connaît guère le fromage et le beurre, et que la chair des veaux n'est pas aussi bonne qu'en Europe, on y multiplie moins les bêtes à cornes; d'ailleurs toutes ces provinces de l'Afrique et de l'Asie méridionale étant beaucoup moins peuplées que notre Europe, on y trouve une grande quantité de bœufs sauvages dont on prend les petits : ils s'apprivoisent d'eux-mêmes et se soumettent sans aucune résistance à tous les travaux domestiques; ils deviennent si dociles qu'on les conduit plus aisément que des chevaux, il ne faut que la voix de leur maître pour les diriger et les faire obéir; on les soigne, on les caresse, on les panse,

mais tous, pour l'ordinaire, sont d'un grand travail, et il y en a qui font jusqu'à quinze lieues par jour ; il y en a d'une espèce qui ont près de six pieds de haut, mais ils sont rares, et l'on en a d'une contraire espèce qu'on appelle *nains*, parce qu'ils n'ont pas trois pieds de haut : ceux-ci ont, comme les autres, une bosse sur le dos ; ils courent fort vite, et ils servent à traîner de petites charrettes : il y a des bœufs blancs qui sont extrêmement chers, et j'en ai vu deux à des Hollandais qui leur coûtaient chacun deux cents écus : véritablement, ils étaient beaux, bons et forts, et leur chariot qui en était attelé avait grande mine. Quand les gens de qualité ont de beaux bœufs, ils prennent grand soin de les conserver ; ils leur font garnir les bouts des cornes d'étuis de cuivre ; on leur donne des couvertures comme à des chevaux ; on les étrille tous les jours avec exactitude, et on les nourrit de même. *Relation d'un voyage*, par Thévenot, t. III, p. 252.

(a) Il y a des bœufs à Madagascar dont la loupe pèse trente, quarante, cinquante et jusqu'à soixante livres. *Voyage à Madagascar*, par de V. Paris, 1722, p. 245.

(b) Les bœufs ont une grosse bosse pointue sur le dos proche du cou, et les uns l'ont plus grosse que les autres. *Relation de Thévenot*, t. II, p. 223.

(c) On ne voit, sur la côte de Guinée, que des taureaux et des vaches ; car les Nègres ne s'entendent point à tailler les taureaux pour en faire des bœufs. *Voyage de Bosman*, p. 236.

(d) Lorsque les Indiens châtrent les taureaux, ce n'est point par incision... c'est par une compression de ligatures qui interceptent la nourriture portée dans ces parties. *Voyage de Grosse*, p. 253.

on les ferre (*a*), on leur donne une nourriture abondante et choisie ; ces animaux, élevés ainsi, paraissent être d'une autre nature que nos bœufs, qui
ne nous connaissent que par nos mauvais traitements : l'aiguillon, le bâton,
la disette, les rendent stupides, récalcitrants et faibles ; en tout, comme l'on
voit, nous ne savons pas assez que pour nos propres intérêts il faudrait
mieux traiter ce qui dépend de nous. Les hommes de l'état inférieur et les
peuples les moins policés semblent sentir mieux que les autres les lois de
l'égalité et les nuances de l'inégalité naturelle ; le valet d'un fermier est,
pour ainsi dire, de pair avec son maître ; les chevaux des Arabes, les bœufs
des Hottentots, sont des domestiques chéris, des compagnons d'exercice, des
aides de travail avec lesquels on partage l'habitation, le lit, la table ; l'homme
par cette communauté s'avilit moins que la bête ne s'élève et s'humanise :
elle devient affectionnée, sensible, intelligente ; elle fait là par amour tout ce
qu'elle ne fait ici que par la crainte : elle fait beaucoup plus ; car comme sa
nature s'est élevée par la douceur de l'éducation et par la continuité des
attentions, elle devient capable de choses presque humaines ; les Hottentots (*b*) élèvent des bœufs pour la guerre, et s'en servent à peu près comme
les Indiens des éléphants ; ils instruisent ces bœufs à garder les troupeaux (*c*),

(*a*) Comme il y a beaucoup de chemins dans la province d'Asmer (aux Indes) qui sont fort
pierreux, on ferre les bœufs quand ils ont à passer par ces lieux-là pour un long voyage ; on
les fait tomber à terre par le moyen d'une corde attachée aux deux pieds, et sitôt qu'ils y sont
on leur lie les quatre pieds ensemble, qu'on leur met sur une machine faite de deux bâtons
en croix : en même temps, on prend deux petits fers minces et légers qu'on applique à chaque
pied ; chaque fer n'en couvre que la moitié, et on l'y attache avec trois clous longs de plus
d'un pouce, que l'on rive à côté sur la corne, ainsi qu'à nos chevaux. *Relation de Thévenot*,
t. III, p. 150.

(*b*) Les Hottentots ont des bœufs dont ils se servent avec succès dans les combats ; ils les
appellent *backeleys*, du mot *backeley*, qui en leur langue signifie la *guerre*. Chaque armée est
toujours fournie d'un bon troupeau de ces bœufs, qui se laissent gouverner sans peine
et que le chef a soin de lâcher à propos. Dès qu'ils sont abandonnés, ils se jettent avec impétuosité sur l'armée ennemie ; ils frappent des cornes, ils ruent, ils renversent, éventrent et
foulent aux pieds avec une férocité affreuse tout ce qui se présente ; de sorte que, si on n'est
pas prompt à les détourner, ils se précipitent avec furie dans les rangs, y mettent le désordre la confusion, et préparent ainsi à leurs maîtres une victoire facile ; la manière dont
ces animaux sont dressés et disciplinés fait, sans contredit, beaucoup d'honneur au génie et
à l'habileté de ces peuples. *Description du cap de Bonne Espérance*, par Kolbe, t. Ier, p. 160.

(*c*) Ces backeleys leur sont encore d'un grand usage pour garder leurs troupeaux ; lorsqu'ils sont au pâturage, au moindre signe de leur conducteur, ils vont ramener les bestiaux
qui s'écartent et les tiennent rassemblés ; ils courent aussi sur les étrangers avec furie,
ce qui fait qu'ils sont d'un grand secours contre les *buschies* ou *voleurs*, qui en veulent aux
troupeaux ; chaque *kraal* a au moins une demi-douzaine de ces backeleys, qui sont choisis
entre les bœufs les plus fiers ; lorsqu'il y en a un qui meurt ou qui ne peut plus servir à
cause de son grand âge, le propriétaire le tue, et on choisit parmi le troupeau un bœuf pour
lui succéder ; on s'en rapporte au choix d'un des vieillards du kraal, qu'on croit plus capable
de discerner celui qui pourra plus facilement être instruit ; on associe ce bœuf novice avec
avec un vieux routier, et on lui apprend à suivre ce compagnon, soit par les coups, soit
par d'autres moyens ; pendant la nuit, on les lie ensemble par les cornes, et on les lient
même ainsi attachés pendant une partie du jour jusqu'à ce que le jeune bœuf soit parfaitement instruit, c'est-à-dire jusqu'à ce qu'il soit devenu un garde-troupeau vigilant ; ces

à les conduire, à les tourner, les ramener, les défendre des étrangers et des bêtes féroces; ils leur apprennent à connaître l'ami et l'ennemi, à entendre les signes, à obéir à la voix, etc. Les hommes les plus stupides sont, comme l'on voit, les meilleurs précepteurs de bêtes; pourquoi l'homme le plus éclairé, loin de conduire les autres hommes, a-t-il tant de peine à se conduire lui-même?

Toutes les parties méridionales de l'Afrique et de l'Asie sont donc peuplées de bœufs à bosse ou bisons, parmi lesquels il se trouve de grandes variétés pour la grandeur, la couleur, la figure des cornes, etc.; au contraire, toutes les contrées septentrionales de ces deux parties du monde et l'Europe entière, en y comprenant même les îles adjacentes jusqu'aux Açores, ne sont peuplées que de bœufs sans bosse (*a*); qui tirent leur origine de l'aurochs; et de la même manière que l'aurochs, qui est notre bœuf dans son état sauvage, est plus grand et plus fort que nos bœufs domestiques, le bison ou bœuf à bosse sauvage est aussi plus fort et beaucoup plus grand que le bœuf domestique des Indes; il est aussi quelquefois plus petit, cela dépend uniquement de l'abondance de la nourriture : au Malabar (*b*), au Canara, en Abyssinie, à Madagascar, où les prairies naturelles sont spacieuses et abondantes, on ne trouve que des bisons d'une grandeur prodigieuse; en Afrique et dans l'Arabie-Pétrée (*c*), où les terrains sont secs, on trouve des zébus ou bisons de la plus petite taille.

gardes-troupeaux connaissent tous les habitants du *kraal*, hommes, femmes et enfants, et témoignent pour toutes ces personnes le même respect qu'un chien a pour tous ceux qui demeurent dans la maison de son maître. Il n'y a donc point d'habitant qui ne puisse en toute sûreté approcher des troupeaux : jamais les *backeleys* ne leur font le moindre mal, mais si un étranger, et en particulier un Européen, s'avisait de prendre la même liberté sans être accompagné de quelque Hottentot, il risquerait beaucoup; ces gardes-troupeaux qui paissent pour l'ordinaire à l'entour viendraient bientôt sur lui au galop : alors, si l'étranger n'est pas à portée d'être entendu des bergers, ou qu'il n'ait pas d'armes à feu, ou de bonnes jambes, ou un arbre sur lequel il puisse grimper, il est mort sans ressource; en vain il aurait recours aux bâtons ou aux pierres, un *backeley* ne s'épouvante pas pour de si faibles armes. *Description du cap de Bonne-Espérance*, par Kolbe, part. 1, chap. 20, p. 307.

(*a*) Les bœufs de Tercère sont les plus grands et les plus beaux de toute l'Europe, ils ont des cornes prodigieusement grandes; ils sont si doux et si privés que quand, entre mille qui seraient ensemble, un maître viendrait appeler le sien par son nom (car ils ont chacun leur nom particulier, ainsi que nos chiens), le bœuf ne manquerait pas d'aller à lui. *Voyages de la Compagnie des Indes de Hollande*, t. 1er, p. 490. — Voyez aussi le *Voyage de Mandelslo*, t. 1er, p. 578.

(*b*) Dans les montagnes de Malabar et de Canara, il se trouve des bœufs sauvages si grands qu'ils approchent de la taille de l'éléphant, tandis que les bœufs domestiques du même pays sont petits, maigres et ne vivent pas longtemps. *Voyage du P. Vincent-Marie*, chap. 12. Traduction de M. le marquis de Montmirail.

(*c*) J'ai vu à Mascati, ville de l'Arabie-Pétrée, une autre espèce de bœuf de montagne, d'un poil lustré et blanc comme celui de l'hermine, si bien fait de corps qu'il ressemblait plutôt à un cerf qu'à un bœuf, seulement ses jambes étaient plus courtes, cependant fines et agiles pour la course; le cou plus court, la tête et la queue comme celles du bœuf, mais mieux formées, avec deux cornes noires, dures, droites, fines et longues d'environ trois ou quatre palmes, garnies de nœuds qui avaient l'air d'être tournés ou faits à vis. *Voyage du P. Vincent-Marie*, chap. 12. Traduction de M. le marquis de Montmirail.

L'Amérique est actuellement peuplée partout de bœufs sans bosse, que les Espagnols et les autres Européens y ont successivement transportés ; ces bœufs se sont multipliés et sont seulement devenus plus petits dans ces terres nouvelles ; l'espèce en était absolument inconnue dans l'Amérique méridionale ; mais dans toute la partie septentrionale jusqu'à la Floride, la Louisiane et même jusqu'auprès du Mexique, les bisons ou bœufs à bosse se sont trouvés en grande quantité : ces bisons, qui habitaient autrefois les bois de la Germanie, de l'Ecosse et des autres terres de notre nord, ont probablement passé d'un continent à l'autre ; ils sont devenus, comme tous les autres animaux, plus petits dans ce nouveau monde ; et, selon qu'ils se sont habitués dans des climats plus ou moins froids, ils ont conservé des fourrures plus ou moins chaudes ; leur poil est plus long et plus fourni, leur barbe plus longue à la baie d'Hudson qu'au Mexique, et en général ce poil est plus doux que la laine la plus fine (*a*) ; on ne peut guère se refuser à croire que ces bisons du nouveau continent ne soient de la même espèce que ceux de l'ancien ; ils en ont conservé tous les caractères principaux, la bosse sur les épaules, les longs poils sous le museau et sur les parties antérieures du corps, les jambes et la queue courte ; et si l'on se donne la peine de comparer ce qu'en ont dit Hermandès (*b*), Fernandès (*c*) et tous les autres historiens et voyageurs du nouveau monde (*d*), avec ce que les naturalistes (*e*) anciens et modernes ont écrit sur le bison d'Europe, on sera convaincu que ce ne sont pas des animaux d'espèce différente.

Ainsi le bœuf sauvage et le bœuf domestique, le bœuf de l'Europe, de l'Asie, de l'Afrique et de l'Amérique, le bonasus, l'aurochs, le bison et le zébu, sont tous des animaux d'une seule et même espèce, qui, selon les climats, les nourritures et les traitements différents, ont subi toutes les variétés que nous venons d'exposer. Le bœuf, comme l'animal le plus utile, est aussi le plus généralement répandu ; car, à l'exception de l'Amérique méridio-

(*a*) Les bœufs sauvages de la Louisiane, au lieu de poil comme en ont nos bœufs en France, sont couverts d'une laine aussi fine que de la soie, et toute frisée et ils en ont plus en hiver qu'en été ; les habitants en font un très grand usage ; ils portent vers les épaules une bosse assez élevée, et ont des cornes très belles qui servent aux chasseurs à faire des fourniments pour mettre leur poudre à tirer ; entre leurs cornes et vers le sommet de la tête, ils ont une touffe de laine si épaisse, qu'une balle de pistolet tirée à bout touchant ne peut la pénétrer, comme je l'ai moi-même expérimenté ; la chair de ces bœufs sauvages est excellente, ainsi que celle de vache et de veau, elle a un goût et un jus exquis. *Mémoire sur la Louisiane*, par M. Dumont. Paris, 1753, p. 75.

(*b*) Hernand., *Hist. Mex.*, p. 587.

(*c*) Fernand., *Hist. nov. Hisp.*, p. 10.

(*d*) *Singularités de la France antarctique*, par Thevet, p. 148. — *Mémoire sur la Louisiane*, par Dumont, p. 75. — *Description de la Nouvelle-France*, par le P. Charlevoix, t. III, p. 130. — *Lettres édif.*, XIe Recueil, p. 318, et XXIIIe Recueil, p. 238. — *Voyage de Robert Lade*, t. II, p. 315. — *Dernières découvertes dans l'Amérique septentrionale*, par M. de la Salle. Paris, 1697, p. 194 et suiv., etc.

(*e*) Plin., *Hist. nat.*, lib. viii. — Gessner, *Hist. quad.*, p. 128. — Aldrov., *De quad. bis.*, p. 253. — Rzacinski, *Hist. nat. Polon.*, p. 214, etc.

nale (*a*), on l'a trouvé partout ; sa nature s'est également prêtée à l'ardeur ou à la rigueur des pays du midi et de ceux du nord ; il paraît ancien dans tous les climats, domestique chez les nations civilisées, sauvage dans les contrées désertes ou chez les peuples non policés ; il s'est maintenu par ses propres forces dans l'état de nature, et n'a jamais perdu les qualités relatives au service de l'homme. Les jeunes veaux sauvages que l'on enlève à leur mère aux Indes et en Afrique deviennent en très peu de temps aussi doux que ceux qui sont issus de races domestiques, et cette conformité de naturel prouve encore l'identité d'espèce : la douceur du caractère dans les animaux indique la flexibilité physique de la forme du corps ; car de toutes les espèces d'animaux dont nous avons trouvé le caractère docile, et que nous avons soumis à l'état de domesticité, il n'y en a aucune qui ne présente plus de variétés que l'on n'en peut trouver dans les espèces qui, par l'inflexibilité du caractère, sont demeurées sauvages.

Si l'on demande laquelle de ces deux races de l'aurochs ou du bison est la race première, la race primitive des bœufs, il me semble qu'on peut répondre d'une manière satisfaisante en tirant de simples inductions des faits que nous venons d'exposer ; la bosse ou loupe du bison n'est, comme nous l'avons dit, qu'un caractère accidentel qui s'efface et se perd dans le mélange des deux races ; l'aurochs ou bœuf sans bosse est donc le plus puissant et forme la race dominante ; si c'était le contraire, la bosse, au lieu de disparaître, s'étendrait et subsisterait sur tous les individus de ce mélange des deux races ; d'ailleurs cette bosse du bison, comme celle du chameau, est moins un produit de la nature qu'un effet du travail, un stigmate d'esclavage. On a, de temps immémorial, dans presque tous les pays de la terre, forcé les bœufs à porter des fardeaux : la charge habituelle et souvent excessive a déformé leur dos, et cette difformité s'est ensuite propagée par les générations ; il n'est resté de bœufs non déformés que dans les pays où l'on ne s'est pas servi de ces animaux pour porter ; dans toute l'Afrique, dans tout le continent oriental, les bœufs sont bossus, parce qu'ils ont porté de tout temps des fardeaux sur leurs épaules ; en Europe, où l'on ne les emploie qu'à tirer, ils n'ont pas subi cette altération, et aucun ne nous présente cette difformité : elle a vraisemblablement pour cause première le poids et la

---

(*a*) Il paraît que le bœuf à bosse ou bison sauvage n'a jamais habité, en Amérique, que la partie septentrionale jusqu'à la Virginie, la Floride, le pays des Illinois, la Louisiane, etc. ; car, quoique Hernandès l'ait appelé *taureau du Mexique*, on voit, par un passage d'Antonio de Solis, que cet animal était étranger au Mexique, et qu'il était gardé dans la ménagerie de Montézuma, avec d'autres animaux sauvages qui venaient de la Nouvelle-Espagne. « En une » seconde cour, on voyait, dans de fortes cages de bois, toutes les bêtes sauvages que la » Nouvelle-Espagne produit ; mais rien ne surprenait tant que la vue du taureau de Mexique, » très rare ; tenant du chameau la bosse sur les épaules, du lion le flanc sec et retiré, la queue » touffue et le cou armé de longs crins en manière de jube, et, du taureau, les cornes et le » pied fendu... Cette espèce d'amphithéâtre parut aux Espagnols digne d'un grand prince... » *Histoire de la conquête du Mexique*, par Antonio de Solis. Paris, 1730, p. 519.

compression des fardeaux, et pour cause seconde la surabondance de la nourriture ; car elle disparaît lorsque l'animal est maigre et mal nourri. Des bœufs esclaves et bossus se seront échappés ou auront été abandonnés dans les bois ; ils y auront fait une postérité sauvage et chargée de la même difformité, qui loin de disparaître aura dû s'augmenter par l'abondance des nourritures dans tous les pays non cultivés ; en sorte que cette race secondaire aura peuplé toutes les terres désertes du nord et du midi, et aura passé dans le nouveau continent, comme tous les autres animaux dont la nature peut supporter le froid. Ce qui confirme et prouve encore l'identité d'espèce du bison et de l'aurochs, c'est que les bisons ou bœufs à bosse du nord de l'Amérique ont une si forte odeur qu'ils ont été appelés *bœufs musqués* (*) par la plupart des voyageurs (*a*), et qu'en même temps nous voyons, par le témoignage des observateurs (*b*), que l'aurochs ou bœuf sauvage de Prusse et de Livonie a cette même odeur de musc, comme le bison d'Amérique.

De tous les noms que nous avons mis à la tête de ce chapitre, lesquels pour les naturalistes, tant anciens que modernes, faisaient autant d'espèces distinctes et séparées, il ne nous reste donc que le buffle et le bœuf ; ces deux animaux, quoique assez ressemblants, quoique domestiques souvent sous le même toit et nourris dans les mêmes pâturages, quoique à portée de se joindre, et même excités par leurs conducteurs, ont toujours refusé de s'unir ; ils ne produisent ni ne s'accouplent ensemble : leur nature est plus éloignée que celle de l'âne ne l'est de celle du cheval ; elle paraît même antipathique, car on assure que les vaches ne veulent pas nourrir les petits buffles, et que les mères buffles refusent de se laisser teter par des veaux. Le buffle est d'un naturel plus dur et moins traitable que le bœuf, il obéit plus difficilement, il est plus violent, il a des fantaisies plus brusques et plus fréquentes ; toutes ses habitudes sont grossières et brutes : il est, après le

---

(*a*) A quinze lieues de la rivière Danoise se trouve la rivière du Loup-marin, toutes deux voisines de la baie d'Hudson ; et l'on trouve dans ce pays une espèce de bœuf que nous nommons *bœufs musqués*, à cause qu'il sentent si fort le musc, que, dans de certaines saisons, il est impossible d'en manger ; ces animaux ont de très belle laine, elle est plus longue que celle des moutons de Barbarie : j'en avais apporté en France en 1708, dont je m'étais fait faire des bas qui étaient plus beaux que les bas de soie..... Ces bœufs, quoique plus petits que les nôtres, ont cependant les cornes beaucoup plus grosses et plus longues ; leurs racines se joignent sur le haut de la tête et descendent à côté des yeux, presque aussi bas que la gueule ; ensuite, le bout remonte en haut, qui forme comme un croissant : il y en a de si grosses que j'en ai vu, étant séparées du crâne, qui pesaient les deux ensemble soixante livres ; ils ont les jambes fort courtes, de manière que cette laine traine toujours par terre lorsqu'ils marchent, ce qui les rend si difformes que l'on a peine à distinguer d'un peu loin de quel côté est la tête. *Histoire de la Nouvelle-France*, par le P. Charlevoix, t. III, p. 132. — Voyez aussi le *Voyage de Robert Lade*, t. II, p. 313.

(*b*) *Vide Ephem. German.*, decad. 11, ann. 2. observ. VII.

(*) *Ovibos moschatus* BLAINV.

cochon, le plus sale des animaux domestiques, par la difficulté qu'il met à se laisser nettoyer et panser ; sa figure est grosse et repoussante, son regard stupidement farouche, il avance ignoblement son cou et porte mal sa tête, presque toujours penchée vers la terre ; sa voix est un mugissement épouvantable d'un ton beaucoup plus fort et plus grave que celui d'un taureau ; il a les membres maigres et la queue nue, la mine obscure, la physionomie noire comme le poil et la peau ; il diffère principalement du bœuf à l'extérieur par cette couleur de la peau qu'on aperçoit aisément sous le poil, qui n'est que peu fourni ; il a le corps plus gros et plus court que le bœuf, les jambes plus hautes, la tête proportionnellement beaucoup plus petite, les cornes moins rondes, noires et en partie comprimées, un toupet de poil crépu sur le front ; il a aussi la peau plus épaisse et plus dure que le bœuf ; sa chair, noire et dure, est non seulement désagréable au goût, mais répugnante à l'odorat (*a*) ; le lait de la femelle buffle n'est pas si bon que celui de la vache ; elle en fournit cependant en plus grande quantité (*b*). Dans les pays chauds presque tous les fromages sont faits de lait de buffle ; la chair des jeunes buffles, encore nourris de lait, n'en est pas meilleure ; le cuir seul vaut mieux que tout le reste de la bête, dont il n'y a que la langue qui soit bonne à manger ; ce cuir est solide, assez léger et presque impénétrable. Comme ces animaux sont, en général, plus grands et plus forts que les bœufs, on s'en sert utilement au labourage ; on leur fait traîner et non pas porter les fardeaux ; on les dirige et on les contient au moyen d'un anneau qu'on leur passe dans le nez ; deux buffles attelés ou plutôt enchaînés à un chariot tirent autant que quatre forts chevaux ; comme leur cou et leur tête se portent naturellement en bas, ils emploient en tirant tout le poids de leur corps, et cette masse surpasse de beaucoup celle d'un cheval ou d'un bœuf de labour.

La taille et la grosseur du buffle indiqueraient seules qu'il est originaire des climats les plus chauds ; les plus grands, les plus gros quadrupèdes appartiennent tous à la zone torride dans l'ancien continent, et le buffle,

(*a*) En allant de Rome à Naples, on est quelquefois régalé de buffle et de corneilles, et encore est-on heureux d'en trouver ; le buffle est une viande noire, puante et dure, dont il n'y a guère que les pauvres gens ou les Juifs de Rome qui aient accoutumé d'en manger. *Voyage de Misson*, t. III, p. 54.

(*b*) En entrant en Perse par l'Arménie, le premier lieu digne d'être remarqué est celui qu'on appelle les Trois-Églises, à trois lieues d'Érivan ; ils ont en ce pays-là grande quantité de ces animaux, qui leur servent au labourage, et ils tirent des femelles beaucoup de lait, dont ils font du beurre et du fromage, et qu'ils mêlent avec toute sorte de lait ; il y a des femelles qui en rendent par jour jusqu'à vingt-deux pintes. *Voyage de Tavernier*, liv. I, t. Ier, p. 41. — Les femelles buffles portent jusqu'à douze mois, et sont si abondantes en lait qu'il y en a qui rendent par jour jusqu'à vingt-deux pintes de lait ; il s'y fait une si grande quantité de beurre que, dans quelques-uns des villages que nous trouvions sur le Tigre, nous vîmes jusqu'à vingt et vingt-cinq barques chargées de beurre qu'on va vendre le long du golfe Persique, tant du côté de la Perse que de l'Arabie. *Idem, ibid.*

dans l'ordre de grandeur ou plutôt de masse et d'épaisseur, doit être placé après l'éléphant, le rhinocéros et l'hippopotame. La girafe et le chameau sont plus élevés, mais beaucoup moins épais, et tous sont également originaires et habitants des contrées méridionales de l'Afrique ou de l'Asie ; cependant les buffles vivent et produisent en Italie, en France et dans les autres provinces tempérées ; ceux que nous avons vus vivants à la ménagerie du Roi ont produit deux ou trois fois ; la femelle ne fait qu'un petit et le porte environ douze mois, ce qui prouve encore la différence de cette espèce à celle de la vache, qui ne porte que neuf mois. Il paraît aussi que ces animaux sont plus doux et moins brutaux dans leur pays natal, et que plus le climat est chaud plus ils sont d'un naturel docile ; en Egypte *(a)* ils sont plus traitables qu'en Italie ; et aux Indes *(b)* ils le sont encore plus qu'en Égypte. Ceux d'Italie ont aussi plus de poil que ceux d'Égypte, et ceux-ci plus que ceux des Indes *(c)* ; leur fourrure n'est jamais fournie, parce qu'ils sont originaires des pays chauds, et qu'en général les gros animaux de ce climat n'ont point de poil ou n'en ont que très peu.

Il y a une grande quantité de buffles sauvages dans les contrées de l'Afrique et des Indes, qui sont arrosées de rivières et où il se trouve de grandes prairies ; ces buffles sauvages vont en troupeaux *(d)* et font de grands dégâts dans les terres cultivées, mais ils n'attaquent jamais les hommes et ne courent dessus que quand on vient de les blesser : alors ils sont très dangereux *(e)*, car ils vont droit à l'ennemi, le renversent et le tuent en le foulant

(a) Il se trouve beaucoup de buffles en Égypte ; la chair en est bonne à manger, et ils n'ont pas la férocité des buffles d'Europe ; leur lait est d'un très grand usage, et l'on en fait même du beurre qui est excellent. *Description de l'Égypte*, par Maillet, p. 27.

(b) Les buffles sont extraordinairement hauts et relevés d'épaules (dans le royaume d'Aunan, dans le Tunquin) ; ils sont aussi robustes et grands travailleurs, de façon qu'un seul suffit à tirer la charrue, encore que le coutre entre bien avant dans la terre, et la chair même n'en est pas désagréable, encore que celle du bœuf y soit plus commune et meilleure. *Histoire de Tunquin*, par le P. de Rhodes. Lyon, 1665, p. 51 et suiv.

(c) Le buffle, à Malabar, est plus grand que le bœuf, à peu près fait de même ; il a la tête plus longue et plus plate, les yeux plus grands et presque tout blancs, les cornes plates et souvent de deux pieds de long, les jambes grosses et courtes ; il est laid, presque sans poil, va lentement et porte des charges fort pesantes ; on en voit par troupes comme des vaches, et ils donnent du lait qui sert à faire du beurre et du fromage ; leur chair est bonne, quoique moins délicate que celle du bœuf ; il nage parfaitement bien et traverse les plus grandes rivières ; on en voit de privés, mais il y en a de sauvages qui sont extrêmement dangereux, déchirant les hommes ou les écrasant d'un seul coup de tête ; ils sont moins à craindre dans les bois que partout ailleurs, parce que leurs cornes s'arrêtent souvent aux branches, et donnent le temps de fuir à ceux qui en sont poursuivis ; le cuir de ces animaux sert à une infinité de choses, et l'on en fait jusqu'à des cruches pour conserver de l'eau ou des liqueurs ; ceux de la côte de Malabar sont presque tous sauvages, et il n'est point défendu aux étrangers de leur donner la chasse et d'en manger. *Voyage de Dellon*, p. 110 et 111.

(d) On voit paître, dans les campagnes des îles Philippines, une si grande quantité de buffles sauvages, semblables à ceux de la Chine, qu'un bon chasseur pourrait à cheval, avec une lance, en tuer dix et vingt en un jour. Les Espagnols les tuent pour en avoir la peau, et les Indiens pour les manger. *Voyage de Gemelli-Careri*, t. V, p. 162.

(e) Les Nègres nous dirent que, quand on tire sur les buffles sans les blesser mortelle-

aux pieds ; cependant ils craignent beaucoup l'aspect du feu (a), la couleur rouge leur déplaît. Aldrovande, Kolbe et plusieurs autres naturalistes et voyageurs, assurent que personne n'ose se vêtir de rouge dans le pays des buffles : je ne sais si cette aversion du feu et de la couleur du rouge est générale dans tous les buffles ; car dans nos bœufs il n'y en a que quelques-uns que le rouge effarouche.

Le buffle, comme tous les autres grands animaux des climats méridionaux, aime beaucoup à se vautrer et même à séjourner dans l'eau ; il nage très bien et traverse hardiment les fleuves les plus rapides : comme il a les jambes plus hautes que le bœuf, il court aussi plus légèrement sur terre. Les Nègres en Guinée et les Indiens au Malabar, où les buffles sauvages sont en grand nombre, s'exercent souvent à les chasser ; ils ne les poursuivent ni ne les attaquent de face, ils les attendent, grimpés sur des arbres ou cachés dans l'épaisseur de la forêt que les buffles ont de la peine à pénétrer à cause de la grosseur de leur corps et de l'embarras de leurs cornes : ces peuples trouvent la chair du buffle bonne, et tirent un grand profit de leurs peaux et de leurs cornes, qui sont plus dures et meilleures que celles du bœuf. L'animal qu'on appelle à Congo *empacassa* ou *pacassa*, quoique très mal décrit par les voyageurs, me paraît être le buffle (*), comme celui dont ils ont parlé sous le nom d'*empabunga* ou *impalunca*, dans le même pays, pourrait bien être le bubale, duquel nous donnerons l'histoire avec celle des gazelles dans ce volume.

ment, ils s'élancent avec fureur sur les personnes, les renversent et les tuent à coups de pieds..... Les Nègres épient les endroits où les buffles s'assemblent le soir, et ils montent sur un grand arbre, d'où ils les tirent, et ils n'en descendent que lorsqu'ils le voient mort. *Voyage de Bosman*, p. 437 et 438.

(a) Les buffles, au cap de Bonne-Espérance, sont plus gros que ceux qu'on a en Europe ; au lieu d'être noirs comme ceux-ci, ils sont d'un rouge obscur ; sur le front sort une touffe de poil frisé et rude ; tout leur corps est fort bien proportionné, et ils avancent extrêmement la tête ; leurs cornes sont fort courtes et penchent du côté du cou ; les pointes sont recourbées en dedans et se joignent presque ; ils ont la peau si dure et si ferme qu'il est difficile de les tuer sans le secours d'une bonne arme à feu ; et leur chair n'est ni si grasse ni si tendre que celle des bœufs ordinaires. Le buffle du Cap entre en fureur à la vue d'un habit rouge et à l'ouïe d'un coup de fusil tiré près de lui ; dans ces occasions, il pousse des cris affreux, il frappe du pied, remue la terre, et, courant avec furie contre celui qui a tiré ou qui est habillé de rouge, il franchit tous les obstacles pour venir à lui : ni le feu ni l'eau ne l'arrêtent ; il n'y a qu'une muraille ou autre chose semblable qui soit capable de le retenir. *Description du cap de Bonne-Espérance*, par Kolbe, t. III, chap. XI, p. 25.

(*) *Bubalus caffer* L.

LE MOUFLON (*a*) ET LES AUTRES BREBIS

Les espèces les plus faibles des animaux utiles ont été réduites les premières en domesticité : l'on a soumis la brebis et la chèvre avant d'avoir dompté le cheval, le bœuf ou le chameau ; on les a aussi transportées plus aisément de climat en climat : de là le grand nombre de variétés qui se trouvent dans ces deux espèces, et la difficulté de reconnaître quelle est la vraie souche de chacune ; il est certain, comme nous l'avons prouvé, que notre brebis domestique, telle qu'elle existe aujourd'hui, ne pourrait subsister d'elle-même, c'est-à-dire sans le secours de l'homme ; il est donc également certain que la nature ne l'a pas produite telle qu'elle est, mais que c'est entre nos mains qu'elle a dégénéré ; il faut par conséquent chercher parmi les animaux sauvages ceux dont elle approche le plus ; il faut la comparer avec les brebis domestiques des pays étrangers, exposer en même temps les différentes causes d'altération, de changement et de dégénération, qui ont dû influer sur l'espèce, et voir enfin si nous ne pourrons pas, comme dans celle du bœuf, en rappeler toutes les variétés, toutes les espèces prétendues, à une race primitive.

Notre brebis (*), telle que nous la connaissons, ne se trouve qu'en Europe et dans quelques provinces tempérées de l'Asie : transportée dans des pays plus chauds, comme en Guinée (*b*), elle perd sa laine et se couvre de poil,

---

(*a*) *Mouflon*, mot dérivé de l'italien *mufione*, nom de cet animal dans les îles de Corse et de Sardaigne. — *Musmon*. Pline. — Pline fait mention d'un animal qu'il dit que les anciens Grecs appelaient *ophion*, et qui nous paraît être le même que le *musmon* ou *mouflon*. — *Tragelaphus*. Belon. Le *tragelaphus*, dit Belon, est semblable en pelage au bouc estain : mais il ne porte point de barbe ; ses cornes ne lui tombent point, qui sont semblables à celles d'une chèvre, mais sont quelquefois entorses comme à un bélier ; son museau et le devant du front et les oreilles sont de mouton ; ayant aussi la bourse des génitoires de bélier, pendante et moult grosse ; ses quatre jambes semblables à celles d'un mouton ; ses cuisses, à l'endroit de dessous la queue, sont blanches ; la queue noire Il porte le poil si long à l'endroit de l'estomac et dessus et dessous le cou, qu'il semble être barbé, il a les crins dessus les épaules et de la poitrine longs, de couleur noire : ayant deux taches grises, une en chaque côté des flancs, et aussi il a les narines noires et le museau blanc, comme aussi est tout le dessous du ventre. — *Nota*. On verra que cette courte description, que Belon donne de son *tragelaphus*, s'accorde pour tous les caractères essentiels avec celle que nous donnons ici du mouflon.

(*b*) « Ovis Africana pro vellere lanoso pilis brevibus hirtis vestita ; hoc genus vidimus » in vivario regio west, monasteriensi S. Jacobi dicto, quoad formam corporis externam » ovibus vulgaribus persimile, verum pro lanâ ei pilus fuit…. Specie a nostratibus differre » non fidenter affirmaverim ; fortasse quemadmodum homines in nigritarum regionibus pro

---

(*) *Ovis Aries* L. — Les Brebis (Ovis L.) sont des Mammifères de l'ordre des Artiodactyles Ruminants, de la famille des Cavicornes et de la sous-famille des Oviens, qui se distingue par des cornes comprimées et annelées, par l'absence de doigts accessoires et par l'existence d'une seule paire de mamelles.

elle y multiplie peu, et sa chair n'a plus le même goût; dans les pays très froids elle ne peut subsister : mais on trouve dans ces mêmes pays froids, et surtout en Islande, une race de brebis à plusieurs cornes, à queue courte, à laine dure et épaisse, au-dessous de laquelle, comme dans presque tous les animaux du Nord, se trouve une seconde fourrure d'une laine plus douce, plus fine et plus touffue : dans les pays chauds, au contraire, on ne voit ordinairement que des brebis à cornes courtes et à queue longue, dont les unes sont couvertes de laine, les autres de poil, et d'autres encore de poil mêlé de laine ; la première de ces brebis des pays chauds est celle que l'on appelle communément *mouton* de *Barbarie* (*a*), *mouton* d'*Arabie* (*b*), laquelle ressemble entièrement à notre brebis domestique, à l'exception de la queue (*c*), qui est si fort chargée de graisse que souvent elle est large de plus d'un pied, et pèse plus de vingt livres, au reste, cette brebis n'a rien de remarquable que sa queue, qu'elle porte comme si on lui avait attaché un coussin sur les fesses ; dans cette race de brebis à grosse queue, il s'en trouve qui l'ont si longue et si pesante (*d*) qu'on leur donne une petite

» capillis lanam quandam obtinent, ita vice versâ pecudes hæ pro lanâ pilos. » Ray, *Syn. quad.*, p. 75. — Dans le royaume de Congo, à Loango, et à Cabinde, les brebis, au lieu de cette laine douce qu'elles portent parmi nous, n'ont qu'un poil rude semblable à celui des chiens; la chaleur brûlante de l'air desséchant tout ce qu'il y a de gras et d'huileux, et leur donnant ainsi cette rudesse : j'ai observé la même chose dans les brebis qui sont dans les Indes. *Voyage de J. Ovington*, t. 1er, p. 60. — Les moutons sont en assez grand nombre sur toute la côte de Guinée, et cependant ils sont fort chers ; ils ont la même figure que ceux d'Europe, si ce n'est qu'ils sont la moitié plus petits, et qu'au lieu de laine ils ont par tout le corps du poil de la longueur d'un doigt..... La chair n'a pas la moindre conformité avec celle des moutons d'Europe, étant extrêmement sèche, etc. *Voyage de Bosman*, p. 237 et 238.

(*a*) La Perse abonde en moutons et en chèvres ; il y a de ces moutons que nous appelons *moutons de Barbarie* ou *à grosse queue*, dont la queue pèse plus de trente livres ; c'est un grand fardeau que cette queue à ces pauvres animaux, d'autant plus qu'elle est étroite en haut et large en bas; vous en voyez souvent qui ne la sauraient traîner, et à ceux-là on leur met la queue sur une machine à deux roues, à laquelle on les attache par un harnais, etc. *Voyage de Chardin*, t. II, p. 28.

(*b*) *Ovis laticauda Arabica.* Ray, *Syn. quad.*, p. 74. — *Nota.* La plupart des naturalistes ont appelé cette brebis, *brebis d'Arabie;* cependant elle n'est pas originaire d'Arabie, elle y est même assez rare : c'est dans la Tartarie méridionale, en Perse, en Égypte, en Barbarie et sur les côtes orientales de l'Afrique, qu'elle se trouve en grand nombre. — *Aries laniger caudâ latissimâ..... Ovis laticaudâ.* La brebis à large queue. Brisson, *Règne animal*, p. 75.

(*c*) « Neque his arietibus ullum ab aliis discrimen præterquam in caudâ quam latissimam » circumferunt..... Nonnullis libras decem aut viginti cauda pendet cum sua sponte impin- » guantur; verum in Ægypto plurimi farciendis vervecibus intenti, furfure hordeoque sagi- » nant; quibus adeo crassescit cauda ut se ipsos dimovere non possint; verum qui corum » curam gerunt caudam exiguis vehiculis alligantes gradum promovere faciunt; vidi hujus- » modi caudam libras octuaginta ponderare. » Leon. Afric., *Descript. Afric.*, vol. II, p. 253.

(*d*) *Ovis Arabica altera.* Ray, *Syn. quad.*, p. 74. — *Aries laniger caudâ longissimâ..... Ovis longicauda.* La brebis à longue queue. Brisson, *Règne animal*, p. 76. — *Nota.* MM. Ray et Brisson font de cette brebis à longue queue et de la brebis à large queue deux espèces dif- férentes ; M. Linnæus les a réunies, et ne les donne que comme des variétés dans l'espèce commune : nous sommes en cela parfaitement de son avis.

brouette pour la soutenir en marchant ; dans le Levant, cette brebis est couverte d'une très belle laine ; dans les pays plus chauds, comme à Madagascar et aux Indes (a), elle est couverte de poil ; la surabondance de la graisse, qui dans nos moutons se fixe sur les reins, descend dans ces brebis sur les vertèbres de la queue ; les autres parties du corps en sont moins chargées que dans nos moutons gras : c'est au climat, à la nourriture et aux soins de l'homme qu'on doit rapporter cette variété ; car ces brebis à larges ou longues queues sont domestiques comme les nôtres, et même elles demandent beaucoup plus de soins et de ménagement. La race en est beaucoup plus répandue que celle de nos brebis ; on la trouve communément en Tartarie (b), en Perse (c), en Syrie (d), en Égypte, en Barbarie, en Éthiopie (e), au Mozambique (f), à Madagascar (g), et jusqu'au cap de Bonne-Espérance (h).

On voit dans les îles de l'Archipel, et principalement dans l'île de Candie, une race de brebis domestiques de laquelle Belon a donné la figure et la description sous le nom de *strepsiceros* (i) ; cette brebis est de la taille de nos

(a) L'île de Madagascar nourrit des moutons à grosse queue, y ayant eu tel mouton dont la queue a pesé vingt livres, étant grossie d'une graisse qui ne se fond point et très délicate à manger ; ces moutons ont la laine comme le poil des chèvres. *Voyage de Flacourt*, p. 3. — La viande des jeunes femelles et des châtrés est d'un excellent goût. *Idem*, p. 151.

(b) Les moutons des Tartares, comme aussi ceux de Perse, ont une grosse queue, qui n'est que graisse, de vingt à trente livres pesant ; les oreilles pendantes comme nos barbets, et le nez camus. *Voyage d'Olearius*, t. Ier, p, 321. — Les brebis, dans la Tartarie orientale, ont la queue du poids de dix à douze livres ; cette queue n'est presque qu'une seule pièce de graisse fort ragoûtante ; les os n'en sont pas plus gros que ceux de la queue de nos brebis. *Relation de la grande Tartarie*, p. 187. — Les brebis des provinces qu'occupent les Tartares Kalmoucks ont la queue cachée dans un coussin de plusieurs livres. *Idem*, p. 267.

(c) La seule queue d'un de ces moutons de Perse pèse quelquefois dix à douze livres, et rend cinq ou six livres de graisse ; et elle est de figure contraire à celle de nos moutons, étant large en bas et étroite en haut. *Voyage de Tavernier*, t. II, p. 379.

(d) J'ai vu en Syrie, Judée, Égypte, la queue des moutons si grosse, grande et large, qu'elle pesait trente-trois livres et davantage, et toutefois les moutons ne sont guère plus grands que ceux de Berry, mais bien plus beaux et la laine plus belle. *Voyage de Villamont*, p. 629.

(e) Il y a en Éthiopie certains moutons dont la queue pèse vingt-cinq livres et voire davantage..... Et certains autres dont la queue est longue d'une brasse, et tortue comme un cep de vigne, avec l'encolure pendante comme celle des taureaux. *Voyage de Drack*, p. 85.

(f) « Sunt ibi oves quæ una quarta parte abundant ; integram enim ovem si quadrifidè » secaveris præcise quinque partibus plenariè constabit ; cauda siquidem quam habent, tam » lata, crassa et pinguis est ut ob molem reliquis par sit. » Hug. Lintscot., *Navig.*, pars. II, p. 19.

(g) L'île Saint-Laurent (Madagascar) est fort abondante en bétail... La queue des béliers et brebis est grosse et pesante à merveille ; nous en prîmes une qui pesait vingt-huit livres. *Voyage de Pyrard*, t. Ier, p. 37.

(h) Le mouton du Cap n'a rien de plus remarquable que la longueur et l'épaisseur de sa queue, qui pèse communément quinze à vingt livres ; cependant les moutons de Perse, qui sont encore plus petits de corps, ont des queues encore plus grandes ; j'en ai moi-même vu au Cap de cette espèce dont les queues pesaient tout au moins trente livres. *Description du cap de Bonne-Espérance*, par Kolbe, t. II, p. 97.

(i) Il y a une manière de moutons en Crète qui sont en grands troupeaux aussi communs

brebis ordinaires ; elle est, comme celles-ci, couverte de laine, et elle n'en diffère que par les cornes, qu'elle a droites et cannelées en spirale.

Enfin, dans les contrées les plus chaudes de l'Afrique et des Indes, on trouve une race de grandes brebis à poil rude, à cornes courtes, à oreilles pendantes, avec une espèce de fanon et des pendants sous le cou. Léon l'Africain et Marmol la nomment *adimain* (*a*), et les naturalistes la connaissent sous les noms de *bélier* du Sénégal (*b*), *bélier* de Guinée (*c*), *brebis* d'Angola, etc. ; elle est domestique comme les autres, et sujette de même à des variétés : c'est, de toutes les brebis domestiques, celle qui paraît approcher le plus de l'état de nature ; elle est plus grande, plus forte, plus légère, et par conséquent plus capable qu'aucune autre de subsister par elle-même ; mais comme on ne la trouve que dans les pays les plus chauds, qu'elle ne peut souffrir le froid, et que dans son propre climat elle n'existe pas par elle-même comme animal sauvage, qu'au contraire elle ne subsiste que par le soin de l'homme, qu'elle n'est qu'animal domestique, on ne peut pas la regarder comme la souche première ou la race primitive, de laquelle toutes les autres auraient tiré leur origine.

En considérant donc, dans l'ordre du climat, les brebis qui sont purement domestiques, nous avons : 1° la brebis du Nord à plusieurs cornes, dont la laine est rude et fort grossière ; les brebis d'Islande, de Gothlande, de Mos-

que les autres, et principalement au mont Ida, que les pasteurs nomment *striphocheri*, qui sont en ce dissemblables aux nôtres, qu'ils portent les cornes toutes droites ; ce mouton n'est en rien différent au commun, excepté que, comme les béliers portent les cornes tortues, celui-là les porte toutes droites contre mont, qui sont cannelées en vis. *Observations de Belon*, feuillet 15, fig. feuillet 16.

(*a*) « *Adimain*, animal domesticum arietem formâ refert..... Aures habet oblongas et » pendulas. Libyci his animalibus pecoris vice utuntur..... Ego quondam juvenili fervore » ductus horum animalium dorso insidens ad quartam miliarii partem delatus fui. » Leon, Afric., *Descript. Afric.*, vol. II, p. 752. — Voyez aussi *l'Afrique de Marmol*, t. Iᵉʳ, p. 59.

(*b*) Les moutons, ou, pour parler plus correctement, les béliers du Sénégal, car on n'est point dans l'usage de les couper, sont aussi d'une espèce bien distinguée ; ils n'ont du bélier de France que la tête et la queue ; du reste, pour la grandeur et le poil, ils tiennent davantage du bouc..... Il semble que la laine ait été incommode au mouton dans un pays déjà trop chaud ; la nature l'a changée en un poil médiocrement long et assez rare. *Voyage au Sénégal*, par M. Adanson, p. 36.

(*c*) « Aries Guineensis sive Angolensis. » Marcgrav., *Hist. bras.*, fl. p. 234. — « Aries » pilosus, pilis brevibus vestitus, jubâ longissimâ, auriculis longis pendulis..... Ovis Gui- » neensis. » La brebis de Guinée. Brisson, *Règne animal*, p. 77. — « Guineensis ovis » auribus pendulis, palearibus laxis, occipite prominente. » Linn., *Systema nat.*, edit. X, page 71. — Les moutons de Guinée sont un peu différents de ceux que nous voyons en Europe ; ils sont, pour l'ordinaire, plus hauts sur leurs jambes ; ils n'ont point de laine, mais un poil de chien assez court, doux et fin ; les béliers ont de longs crins qui pendent quelquefois jusqu'à terre, et qui leur couvrent le cou, depuis les épaules jusqu'aux oreilles ; ils ont les oreilles pendantes ; les cornes noueuses, assez courtes, pointues et tournées en avant ; ces animaux sont gras, leur chair est bonne et a du fumet quand ils paissent sur des montagnes ou aux bords de la mer ; mais elle sent le suif quand leurs pâturages sont humides ou marécageux ; les brebis sont extrêmement fécondes..... Elles ont deux petits à chaque portée. *Voyage de Desmarchais*, t. Iᵉʳ, p. 141.

covie (*a*), et de plusieurs autres endroits du nord de l'Europe, ont toutes la laine grosse, et paraissent être de cette même race;

2° Notre brebis, dont la laine est très belle et fort fine dans les climats doux de l'Espagne et de la Perse, mais qui, dans les pays très chauds, se change en un poil assez rude ; nous avons déjà observé cette conformité de l'influence des climats de l'Espagne et du Khorasan, province de Perse, sur le poil des chèvres, des chats, des lapins : elle agit de même sur la laine des brebis, qui est très belle en Espagne, et plus belle encore dans cette partie de la Perse (*b*);

3° La brebis à grosse queue, dont la laine est aussi fort belle dans les pays tempérés, tels que la Perse, la Syrie, l'Égypte ; mais qui, dans des climats plus chauds, se change en poil plus ou moins rude ;

4° La brebis *strepsicheros* ou *mouton* de Crète, qui porte de la laine comme les nôtres et leur ressemble, à l'exception des cornes, qui sont droites et cannelées en vis ;

5° L'*adimain* ou la grande *brebis* du Sénégal et des Indes, qui nulle part n'est couverte de laine, et porte au contraire un poil plus ou moins court et plus ou moins rude, suivant la chaleur du climat; toutes ces brebis ne sont que des variétés d'une seule et même espèce, et produiraient certainement toutes les unes avec les autres, puisque le bouc, dont l'espèce est bien plus éloignée, produit avec nos brebis, comme nous nous en sommes

(*a*) Il arriva à Pétersbourg vingt bergers de Silésie, qu'on envoya ensuite à Kazan pour y tondre les brebis, et pour apprendre aux Moscovites à préparer la laine..... Mais ce projet n'a pas encore réussi, et cela vient, dit-on, principalement de ce que la laine est trop grossière, les brebis et les chèvres s'étant de tout temps mêlées, et ayant produit ensemble. *Nouveau Mémoire sur l'état de la Moscovie.* Paris, 1725, t. Ier, p. 200.

(*b*) On faisait autrefois à Meschet, au pays du Khorasan (frontière de Perse), un grand commerce de ces belles peaux d'agneaux, d'un beau gris argenté, dont la toison est toute frisée et plus déliée que la soie, parce que celles que les montagnes qui sont au sud de cette ville fournissent, et celles qui viennent de la province de Kerman, sont les plus belles de toute la Perse. *Relation de la grande Tartarie*, p. 187. — La plus grande partie de ces laines, si belles et si fines, se trouve dans la province de Kerman, qui est l'ancienne Caramanie ; la meilleure se prend dans les montagnes voisines de la ville, qui porte le même nom de la province ; les moutons de ces quartiers-là ont cela de particulier, que lorsqu'ils ont mangé de l'herbe nouvelle, depuis janvier jusqu'en mai, la toison entière s'enlève comme d'elle-même et laisse la bête aussi nue et avec la peau aussi unie que celle d'un cochon de lait qu'on a pelé dans l'eau chaude, de sorte qu'on n'a pas besoin de les tondre comme on fait en France ; ayant ainsi levé la laine de leurs moutons, ils la battent, et le gros s'en allant, il ne demeure que le fin de la toison..... On ne teint point ces laines, naturellement elles sont presque toutes d'un brun clair ou d'un gris cendré, et il s'en trouve fort peu de blanches. *Voyage de Tavernier*, t. Ier, p. 130. — Les moutons des Tartares Usbecks et de Beschac sont chargés d'une laine grisâtre et longue, frisée au bout en petites boucles blanches et serrées en forme de perles, ce qui fait un très bel effet, et c'est pourquoi l'on en estime bien plus la toison que la chair, parce que cette sorte de fourrure est la plus précieuse de toutes celles qu'on se sert en Perse, après la zibeline ; on les nourrit avec grand soin, et le plus souvent à l'ombre, et quand on est obligé de les mener à l'air, on les couvre comme les chevaux; ces moutons ont la queue petite comme les nôtres. *Voyage d'Oléarius*, t. Ier, p. 547.

assurés par l'expérience; mais, quoique ces cinq ou six races de brebis domestiques soient toutes des variétés de la même espèce, entièrement dépendantes de la différence du climat, du traitement et de la noùrriture, aucune de ces races ne paraît être la souche primitive et commune de toutes; aucune n'est assez forte, assez légère, assez vive pour résister aux animaux carnassiers, pour les éviter, pour les fuir; toutes ont également besoin d'abri, de soin, de protection; toutes doivent donc être regardées comme des races dégénérées, formées des mains de l'homme, et par lui propagées pour son utilité. En même temps qu'il aura nourri, cultivé, multiplié ces races domestiques, il aura négligé, chassé, détruit la race sauvage, plus forte, moins traitable, et par conséquent plus incommode et moins utile : elle ne se trouvera donc plus qu'en petit nombre dans quelques endroits moins habités où elle aura pu se maintenir; or, on trouve dans les montagnes de Grèce, dans les îles de Chypre, de Sardaigne, de Corse et dans les déserts de la Tartarie, l'animal que nous avons nommé *mouflon* (*), et qui nous paraît être la souche primitive de toutes les brebis; il existe dans l'état de nature, il subsiste et se multiplie sans le secours de l'homme; il ressemble plus qu'aucun animal sauvage à toutes les brebis domestiques, il est plus vif, plus fort et plus léger qu'aucune d'entre elles; il a la tête, le front, les yeux et toute la face du bélier; il lui ressemble aussi par la forme des cornes et par l'habitude entière du corps; enfin il produit avec la brebis domestique (*a*), ce qui seul suffirait pour démontrer qu'il est de la même espèce et qu'il en est la souche; la seule disconvenance qu'il y ait entre le mouflon et nos brebis, c'est qu'il est couvert de poil et non de laine, mais nous avons vu que même dans les brebis domestiques la laine n'est pas un caractère essentiel, que c'est une production du climat tempéré, puisque dans les pays chauds ces mêmes brebis n'ont point de laine et sont toutes couvertes de poil, et que dans les pays très froids leur laine est encore aussi grossière, aussi rude que du poil : dès lors, il n'est pas étonnant que la brebis originaire, la brebis primitive et sauvage, qui a dû souffrir le froid et le chaud, vivre et se multiplier sans abri dans les bois, ne soit pas couverte d'une laine qu'elle aurait bientôt perdue dans les broussailles, d'une laine que l'exposition continuelle à l'air et à l'intempérie des saisons aurait en peu de temps altérée et changée de nature; d'ailleurs, lorsqu'on fait accou-

---

(*a*) « Est et in Hispaniâ, sed maxime Corsicâ, non maxime absimile pecori (scilicet ovili) » genus musmonum, caprino villo, quàm pecoris velleri propius : quorum è genere et » ovibus natos prisci umbros vocarunt. » Plin. *Hist. nat.*, lib. viii, cap. xlix. — *Nota.* On voit, par ce passage, que le mouflon a de tout temps produit avec la brebis; les anciens appelaient *umbri, imbri, ibri,* tous les animaux métis ou de race bâtarde.

(*) *Ovis Argali* Schreb. Il est regardé comme la souche de nos brebis domestiques; on attribue aussi le même rôle au Mouflon de la Corse (*Ovis musimon* Schreb.), que Buffon confond ici avec le précédent, mais dont les zoologistes modernes font deux espèces distinctes.

pler le bouc avec la brebis domestique, le produit est une espèce de
mouflon ; car c'est un agneau couvert de poil, ce n'est point un mulet
infécond, c'est un métis qui remonte à l'espèce originaire, et qui paraît
indiquer que nos chèvres et nos brebis domestiques ont quelque chose de
commun dans leur origine ; et comme nous avons reconnu par l'expérience
que le bouc produit aisément avec la brebis, mais que le bélier ne produit
point avec la chèvre (*), il n'est pas douteux que dans ces animaux,
toujours considérés dans leur état de dégénération et de domesticité, la
chèvre ne soit l'espèce dominante, et la brebis l'espèce subordonnée,
puisque le bouc agit avec puissance sur la brebis, et que le bélier est
impuissant à produire avec la chèvre : ainsi notre brebis domestique est une
espèce bien plus dégénérée que celle de la chèvre, et il y a tout lieu de
croire que si l'on donnait à la chèvre le mouflon (**) au lieu du bélier
domestique elle produirait des chevreaux qui remonteraient à l'espèce de la
chèvre, comme les agneaux produits par le bouc et la brebis remontent à
l'espèce du bélier.

Je sens que les naturalistes qui ont établi leurs méthodes, et j'ose dire,
fondé toutes leurs connaissances en histoire naturelle sur la distinction de
quelques caractères particuliers, pourront faire ici des objections, et je vais
tâcher d'y répondre d'avance : le premier caractère des moutons, diront-ils,
est de porter de la laine, et le premier caractère des chèvres est d'être
couvertes de poil ; le second caractère des béliers est d'avoir les cornes
courbées en cercle et tournées en arrière, celui des boucs est de les avoir
plus droites et tournées en haut ; ce sont là, diront-ils, les marques distinctives et les signes infaillibles auxquels on reconnaîtra toujours les brebis et
les chèvres ; car ils ne pourront se dispenser d'avouer en même temps que
tout le reste leur est commun : les unes et les autres n'ont point de dents
incisives à la mâchoire supérieure et en ont huit à l'inférieure, les unes et
les autres n'ont point de dents canines ; ces deux espèces ont également le
pied fourchu, elles ont des cornes simples et permanentes, toutes deux ont
les mamelles dans la même région du ventre, toutes deux vivent d'herbes
et ruminent ; leur organisation intérieure est encore bien plus semblable,
car elle paraît être absolument la même dans ces deux animaux ; le même
nombre et la même forme pour les estomacs, la même disposition de
viscères et d'intestins, la même substance dans la chair, la même qualité
particulière dans la graisse et dans la liqueur séminale, le même temps
pour la gestation, le même temps encore pour l'accroissement et pour la
durée de la vie. Il ne reste donc que la laine et les cornes, par lesquelles on
puisse différencier ces espèces ; mais, comme nous l'avons déjà fait sentir,

(*) Le bélier produit avec la chèvre de même que le bouc donne des métis avec la
brebis.
(**) M. Flourens a obtenu le croisement fécond du Mouflon avec la Chèvre.

la laine est moins une substance de la nature qu'une production du climat, aidé des soins de l'homme, et cela est démontré par le fait : la brebis des pays chauds, la brebis des pays froids, la brebis sauvage, n'ont point de laine, mais du poil ; d'autre côté, les chèvres, dans des climats très doux, ont plutôt de la laine que du poil, car celui de la chèvre d'Angora est plus beau et plus fin que la laine de nos moutons ; ce caractère n'est donc pas essentiel, il est purement accidentel et même équivoque, puisqu'il peut également appartenir ou manquer à ces deux espèces suivant les différents climats. Celui des cornes paraît être encore moins certain ; elles varient pour le nombre, pour la grandeur, pour la forme et pour la direction. Dans nos brebis domestiques, les béliers ont ordinairement des cornes, et les brebis n'en ont point ; cependant j'ai souvent vu dans nos troupeaux des béliers sans cornes, et des brebis avec des cornes ; j'ai non seulement vu des brebis avec deux cornes, mais même avec quatre ; les brebis du Nord et d'Islande en ont quelquefois jusqu'à huit : dans les pays chauds, les béliers n'en ont que deux très courtes, et souvent ils en manquent, ainsi que les brebis ; dans les uns, les cornes sont lisses et rondes ; dans les autres, elles sont cannelées et aplaties ; la pointe, au lieu d'être tournée en arrière, est quelquefois tournée en dehors ou en devant, etc. Ce caractère n'est donc pas plus constant que le premier, et par conséquent il ne suffit pas pour établir des espèces différentes (a). La grosseur et la longueur de la queue ne suffisent pas non plus pour constituer des espèces, puisque cette queue est, pour ainsi dire, un membre artificiel qu'on fait grossir plus ou moins par l'assiduité des soins et l'abondance de la bonne nourriture, et que d'ailleurs nous voyons dans nos brebis domestiques des races, telles que certaines brebis anglaises, qui ont la queue très longue en comparaison des brebis ordinaires. Cependant les naturalistes modernes, uniquement appuyés sur ces différences des cornes, de la laine et de la grosseur de la queue, ont établi sept ou huit espèces différentes dans le genre des brebis : nous les avons toutes réduites à une ; du genre entier, nous ne faisons qu'une espèce ; et cette réduction

(a) M. Linnæus a fait, avec raison, six variétés et non pas six espèces dans la brebis domestique : 1° *Ovis rustica cornuta*; 2° *Angelica mutica, caudâ scrotoque ad genua pendulis*; 3° *Hispanica cornuta, spirâ extrorsum tractâ*; 4° *Polycerata è Gothlandiâ*; 5° *Africana pro land pilis brevibus hirta*; 6° *Laticauda platyra Arabica*. Linn., *Syst. nat.*, édit. X, p. 70. Toutes ces brebis ne sont, en effet, que des variétés, auxquelles cet auteur aurait dû joindre l'*adimain* ou *bélier* de Guinée, et le *strepsicheros* de Candie, dont il fait deux espèces différentes entre elles et différentes de nos brebis ; et de même, s'il eût vu le mouflon et qu'il eût été informé qu'il produit avec la brebis, ou qu'il eût seulement consulté le passage de Pline au sujet du musimon, il ne l'aurait pas mis dans le genre des chèvres, mais dans celui des brebis. M. Brisson a non seulement placé de même le mouflon parmi les chèvres ; mais il y a encore placé le strepsicheros, qu'il appelle *hircus laniger*, et, de plus, il a fait quatre espèces distinctes de la brebis domestique couverte de laine, de la brebis domestique couverte de poil dans les pays chauds, de la brebis à large queue et de la brebis à longue queue ; nous réduisons, comme l'on voit, quatre espèces, selon M. Linnæus, et sept espèces suivant M. Brisson, à une seule.

nous paraît si bien fondée que nous ne craignons pas qu'elle soit démentie par des observations ultérieures. Autant il nous a paru nécessaire, en composant l'histoire des animaux sauvages, de les considérer en eux-mêmes un à un, et indépendamment d'aucun genre, autant croyons-nous, au contraire, qu'il faut adopter, étendre les genres dans les animaux domestiques ; et cela, parce que dans la nature il n'existe que des individus et des suites d'individus, c'est-à-dire des espèces ; que nous n'avons pas influé sur celles des animaux indépendants, et qu'au contraire nous avons altéré, modifié, changé celles des animaux domestiques : nous avons donc fait des genres physiques et réels, bien différents de ces genres métaphysiques et arbitraires, qui n'ont jamais existé qu'en idée ; ces genres physiques sont réellement composés de toutes les espèces que nous avons maniées, modifiées et changées ; et comme toutes ces espèces, différemment altérées par la main de l'homme, n'ont cependant qu'une origine commune et unique dans la nature, le genre entier ne doit former qu'une espèce. En écrivant, par exemple, l'histoire des tigres, nous avons admis autant d'espèces différentes de tigres qu'il s'en trouve en effet dans toutes les parties de la terre, parce que nous sommes très certains que l'homme n'a jamais manié ni changé les espèces de ces animaux intraitables, qui subsistent toutes telles que la nature les a produites ; il en est de même de tous les autres animaux libres et indépendants ; mais, en faisant l'histoire des bœufs ou des moutons, nous avons réduit tous les bœufs à un seul bœuf, et tous les moutons à un seul mouton, parce qu'il est également certain que c'est l'homme, et non pas la nature, qui a produit les différentes races dont nous avons fait l'énumération ; tout concourt à appuyer cette idée, qui, quoique lumineuse par elle-même, ne sera peut-être pas assez sentie : tous les bœufs produisent ensemble : les expériences de M. de La Nux et les témoignages de MM. Mentzelius et Kalm nous en ont assuré ; toutes les brebis produisent entre elles, avec le mouflon et même avec le bouc : mes propres expériences me l'ont appris ; tous les bœufs ne font donc qu'une espèce, et toutes les brebis n'en font qu'une autre, quelque étendu qu'en soit le genre.

Je ne me lasserai jamais de répéter (vu l'importance de la chose) que ce n'est pas par de petits caractères particuliers que l'on peut juger la nature, et qu'on doit en différencier les espèces ; que les méthodes, loin d'avoir éclairci l'histoire des animaux, n'ont au contraire servi qu'à l'obscurcir, en multipliant les dénominations, et les espèces autant que les dénominations, sans aucune nécessité ; en faisant des genres arbitraires que la nature ne connaît pas, en confondant perpétuellement les êtres réels avec des êtres de raison ; en ne nous donnant que de fausses idées de l'essence des espèces ; en les mêlant ou les séparant sans fondement, sans connaissance, souvent sans avoir observé ni même vu les individus, et que c'est par cette raison que nos nomenclateurs se trompent à tout moment et écrivent presque autant d'erreurs que de lignes; nous en avons déjà donné un si grand nombre d'exemples qu'il faudrait une prévention bien aveugle pour pouvoir en douter. M. Gmelin parle très sensément sur ce sujet, et à l'occasion même de l'animal dont il est ici question (a).

Nous sommes convaincu, comme le dit M. Gmelin, qu'on ne peut acquérir des connaissances de la nature qu'en faisant un usage réfléchi de ses

(a) « Les *argali* ou *stepnie-barani*, qui occupent, dit-il, les montagnes de la Sibérie » méridionale, depuis le fleuve Irtisch jusqu'à Kamtschatka, sont des animaux extrêmement » vifs, et cette vivacité semble les exclure de la classe des moutons, et les ranger plutôt » dans la classe des cerfs; j'en joindrai ici une courte description qui fera voir que ni la » vivacité, ni la lenteur, ni la laine, ni le poil dont l'animal est couvert, ni les cornes » courbes, ni les droites, ni les cornes permanentes, ni celles que l'animal jette tous les » ans, ne sont des marques suffisamment caractéristiques, par lesquelles la nature distingue » ses classes; elle aime la variété, et je suis persuadé que si nous savions mieux gou- » verner nos sens, ils nous conduiraient souvent à des marques beaucoup plus essentielles » touchant la différence des animaux, que ne nous les apprennent communément les » lumières de notre raison, qui presque toujours ne touchent ces marques distinctives que » très superficiellement. La forme extérieure de l'animal, quant à la tête, au cou, aux » pattes et à la queue courte, s'accorde avec celle du cerf, à qui cet animal ressemble aussi, » comme je l'ai déjà dit. par sa vivacité, si bien qu'on dirait volontiers qu'il est encore » plus sauvage; l'animal que j'ai vu était réputé avoir trois ans, et cependant dix hommes » n'osèrent l'attaquer pour le dompter : le plus gros de cette espèce approche de la taille » d'un daim; celui que j'ai vu avait, de la terre jusqu'au haut de la tête, une aune et demie » de Russie de haut; sa longueur, depuis l'endroit d'où naissent les cornes, était d'une » aune trois quarts; les cornes naissent au-dessus et tout près des yeux, droit devant les » oreilles; elles se courbent d'abord en arrière et ensuite en avant, comme un cercle; » l'extrémité est tournée un peu en haut et en dehors; depuis leur naissance jusqu'à peu » près de la moitié, elles sont fort ridées; plus haut, elles sont plus unies, sans cependant » l'être tout à fait; c'est vraisemblablement de cette forme des cornes que les Russes ont » pris occasion de donner à cet animal le nom de *mouton sauvage*; si l'on peut s'en rap- » porter aux récits des habitants de ces cantons, toute sa force consiste dans ses cornes; » on dit que les béliers de cette espèce se battent souvent en se poussant les uns les autres » avec les cornes, et se les abattent quelquefois, en sorte qu'on trouve souvent sur le » steppe de ces cornes, dont l'ouverture auprès de la tête est assez grande pour que les » petits renards des steppes se servent souvent de ces cavités pour s'y retirer. Il est aisé » de calculer la force qu'il faut pour abattre une pareille corne, puisque ces cornes, tant » que l'animal est vivant, augmentent continuellement d'épaisseur et de longueur, et que » l'endroit de leur naissance au crâne acquiert toujours une plus grande dureté; on pré- » tend qu'une corne bien venue, en prenant la mesure selon sa courbure, a jusqu'à deux » aunes de long; qu'elle pèse entre trente et quarante livres de Russie, et qu'à sa nais- » sance elle est de l'épaisseur du poing; les cornes de celui que j'ai vu étaient d'un jaune » blanchâtre, mais plus l'animal vieillit, plus ses cornes tirent vers le brun et le noirâtre; » il porte ses oreilles extrêmement droites : elles sont pointues et passablement larges; » les pieds ont des sabots fendus, et les pattes de devant ont trois quarts d'aune de haut; » celles de derrière en ont davantage; quand l'animal se tient debout dans la plaine, ses » pattes de devant sont toujours étendues et droites, celles de derrière sont courbées, et cette » courbure semble diminuer plus les endroits par où l'animal passe sont escarpés; le cou » a quelques plis pendants; la couleur de tout le corps est grisâtre mêlée de brun; le long » du dos, il y a une raie jaunâtre ou plutôt roussâtre où couleur de renard, et l'on voit » cette même couleur au derrière, en dedans des pattes et au ventre, où elle est un peu » plus pâle; cette couleur dure depuis le commencement d'août, pendant l'automne et » l'hiver, jusqu'au printemps, à l'approche duquel ces animaux muent et deviennent partout » plus roussâtres; la deuxième mue arrive vers la fin de juillet, telle est la figure des béliers;

sens, en voyant, en observant, en comparant, et en se refusant en même
temps la liberté téméraire de faire des méthodes, de petits systèmes nouveaux, dans lesquels on classe des êtres que l'on n'a jamais vus et dont on
ne connaît que le nom : nom souvent équivoque, obscur, mal appliqué, et
dont le faux emploi confond les idées dans le vague des mots et noie la
vérité dans le courant de l'erreur. Nous sommes aussi très convaincu,
après avoir vu des mouflons vivants, et après les avoir comparés à la
description ci-dessus de M. Gmelin, que l'argali est le même animal ; nous
avons dit qu'on le trouve en Europe, dans des pays assez chauds, tels que
la Grèce (a), les îles de Chypre (b), de Sardaigne et de Corse (c) ; néan-

» les chèvres ou femelles sont toujours plus petites, et, quoiqu'elles aient pareillement des
» cornes, ces cornes sont très petites et minces en comparaison de celles que je viens de
» décrire, et même ne grossissent guère avec l'âge ; elles sont toujours à peu près droites,
» n'ont presque point de rides, et ont à peu près la forme de celles de nos boucs privés.
    » Les parties intérieures, dans ces animaux, sont conformées comme dans les autres
» bêtes qui ruminent ; l'estomac est composé de quatre cavités particulières, et la vessie du
» fiel est très considérable : leur chair est bonne à manger, et a, à peu près, le goût de
» chevreuil, la graisse surtout a un goût délicieux, comme je l'ai déjà remarqué ci-dessous
» sur le témoignage des nations de Kamtschatka ; la nourriture de l'animal est de l'herbe.
» Ils s'accouplent en automne, et au printemps ils font un ou deux petits.
    » Par le poil, le goût de la chair, la forme et la vivacité, l'animal appartient à la classe
» des cerfs et des biches ; les cornes permanentes, qui ne tombent pas, l'excluent de cette
» classe ; les cornes courbées en cercle lui donnent quelque ressemblance avec les moutons ;
» le défaut de laine et la vivacité l'en distinguent absolument ; le poil, le séjour sur des
» rochers et hauteurs, et les fréquents combats, approchent assez cet animal de la classe
» des capricornes ; le défaut de barbe et les cornes courbes leur refusent cette classe. Ne
» pourrait-on pas plutôt regarder cet animal comme formant une classe particulière, et le
» reconnaître pour le musimon des anciens ? En effet, il ressemble singulièrement à la
» description qu'en donne Pline, et encore mieux le savant Gessner. » Ce passage est tiré
de la version russe, imprimée à Pétersbourg en 1755, en deux volumes in-4°, de la relation
d'un voyage par terre à Kamtschatka, par MM. Muller, de La Croyère et Gmelin, auteur
de l'ouvrage, dont l'original est en allemand ; la traduction française m'a été communiquée
par M. de L'Isle, de l'Académie des sciences ; il est à désirer qu'il l'a donne bientôt au
public ; cette relation, curieuse par elle-même, est en même temps écrite par un homme de
bon sens, et très versé dans l'histoire naturelle.
    (a) On ne peut pas douter que le *tragelaphus* de Belon ne soit notre mouflon, et l'on
voit, par les indications de cet auteur, qu'il a vu, décrit et dessiné cet animal en Grèce, et
qu'il se trouve dans les montagnes qui sont entre la Macédoine et la Servie.
    (b) Il y a dans l'île de Chypre des béliers appelés par les anciens Grecs *musmones*, sui-
vant Strabon, que les Italiens nomment à présent *mufione* ; ils ont, au lieu de laine, un poil
semblable à celui des boucs, ou plutôt un cuir et un poil, qui ne diffère guère de ceux des
cerfs, et des cornes comme les autres moutons, si ce n'est qu'elles sont recourbées en arrière ;
ils sont de la grandeur et de la grosseur d'un cerf médiocre ; ils sont vites à la course, mais
ils se tiennent dans les montagnes les plus hautes et les plus raboteuses ; leur chair est
bonne et savoureuse..... On passe les peaux de ces animaux, et on en fait des cordouans
qu'on envoie en Italie, où on les nomme *cordoani* ou *corduani*. *Description des îles de
l'Archipel*, par Dapper, p 50.
    (c) « His in insulis (Sardinia et Corsica) nascuntur arietes qui pro lana pilum caprinum
» producunt, quos musmones vocitant. » *Strabo*, lib. v. — « Nuper apud nos Sardus quidam
» vir non illiteratus Sardiniam affirmavit abundare cervis, apris ac damis et insuper animali
» quod vulgo muflonem vocant pelle et pilis (pilis capreæ ut ab alio quodam accepi, cætera fere

moins il se trouve aussi, et même en plus grand nombre, dans toutes les
montagnes de la partie méridionale de la Sibérie, sous un climat plutôt
froid que tempéré ; il paraît même y être plus grand, plus fort et plus
vigoureux ; il a donc pu peupler également le nord et le midi, et sa postérité devenue domestique, après avoir longtemps subi les maux de cet état,
aura dégénéré et pris, suivant les différents traitements et les climats divers,
des caractères relatifs, de nouvelles habitudes de corps qui, s'étant ensuite
perpétués par les générations, ont formé notre brebis domestique et toutes
les autres races de brebis dont nous avons parlé.

L'AXIS

Cet animal (*) n'étant connu que sous les noms vagues de *biche de Sardaigne* (**) et de *cerf du Gange*, nous avons cru devoir lui conserver le
nom que lui a donné Belon (*a*), et qu'il avait emprunté de Pline ; parce qu'en
effet les caractères de l'axis de Pline peuvent convenir à l'animal dont il est
ici question, et que le nom même n'a jamais été appliqué à quelque autre
animal. Ainsi nous ne craignons pas de faire confusion ni de tomber dans
l'erreur en adoptant cet ancien nom, et l'appliquant à un animal qui n'en
avait point parmi nous ; car une dénomination générique, jointe à l'épithète
du climat, n'est point un nom, mais une phrase par laquelle on confond un
animal avec ceux de son genre, comme celui-ci avec le cerf, quoique peut-

» ovi simile) cervo simile ; cornibus arieti, non longis sed retro circa aures reflexis, magni-
» tudine cervi mediocris, herbis tantùm vivere, in montibus asperioribus versari, cursu
» velocissimo, carne venationibus expetita. » Gessner, *Hist. quad.*, p. 823.

(*a*) « Aussi y avait mâle et femelle d'une manière de *cerf* ou *daim* en la cour de ce
» château, que nous n'avons donc su connaître, si non que par soupçon, nous avons imaginé
» que c'est l'*axis*, duquel Pline a parlé en son viiie liv., chap. xxi, en cette manière. *In
» India... et feram nomine Axin, hinnulei pelle, pluribus candidioribusque maculis, sacram
» Libero Patri.* Tous deux étaient sans cornes et avaient la queue longue comme un daim,
» qui leur pendait jusques sur le pli des jarrets, qui donnait à connaître que ce n'était pas
» un cerf ; et de fait, lorsque les vîmes, les pensions être daims, mais les ayant mieux
» considérés, et aussi que n'ignor'ons pas les marques d'un daim, rejectons telle op'nion.
» La femelle est moindre que le mâle, toute leur peau estoit mouchetée de taches rondes et
» blanches : ayant le champ du corps de fauve couleur sur le jaunâtre, blanche dessous le
» ventre, en ce différents aux taches de la giraffe : car la giraffe a le champ blanc et les
» taches phénicées, semées par-dessus assez larges, mais non pas rousses, comme en cette
» bête axis. Ils retintent de voix plus argentine et claire, et plus aérée que le cerf ; car les
» avons ouï brère, par quoi ayant eu beaucoup de marques manifestes qu'ils n'estoient ne
» daims, ne cerfs, les avons facilement voulu nommer *axis.* » *Observations de Belon*
feuillets 119 et 120.

(*) L'Axis (*Cervus Axis* Erxl.) est un Mammifère de l'Inde de l'ordre des Artiodactyles
Ruminants, de la famille des Cervidés.
(**) La Biche de Sardaigne des anciens est le Daim femelle.

être il en soit réellement distinct, tant par l'espèce que par le climat. L'axis est, à la vérité, du petit nombre des animaux ruminants qui portent un bois comme le cerf, il a la taille et la légèreté du daim ; mais ce qui le distingue du cerf et du daim, c'est qu'il a le bois d'un cerf et la forme d'un daim ; que tout son corps est marqué de taches blanches, élégamment disposées et séparées les unes des autres, et qu'enfin il habite les climats chauds (*a*), au lieu que le cerf et le daim ont ordinairement le pelage d'une couleur uniforme, et se trouvent en plus grand nombre dans les pays froids et dans les régions tempérées que dans les climats chauds.

MM. de l'Académie des sciences, en nous donnant la figure et la description des parties intérieures de cet animal, ont dit peu de chose de sa forme extérieure (*b*), et rien du tout de ce qui a rapport à son histoire : ils l'ont seulement appelé *biche de Sardaigne*, parce que probablement il leur était venu sous ce nom de la ménagerie du Roi ; mais rien n'indique que cet animal soit originaire de Sardaigne, aucun auteur n'a dit qu'il existe dans cette île comme animal sauvage, et l'on voit au contraire, par les passages que nous avons cités, qu'il se trouve dans les contrées les plus chaudes de l'Asie ; ainsi, la dénomination de *biche de Sardaigne* avait été faussement appliquée ; celle de *cerf du Gange* lui conviendrait mieux, s'il était en effet de la même espèce que le cerf, puisque la partie de l'Inde qu'arrose le Gange paraît être son pays natal : cependant il paraît aussi qu'il se trouve en Barbarie (*c*), et il est probable que

(*a*) Cet animal était à la ménagerie du Roi, sous le nom de *cerf du Gange;* on voit par cette dénomination, aussi bien que par les passages de Pline et de Belon, qu'il habite les pays chauds. Les témoignages des voyageurs que nous allons citer confirment ce fait et prouvent en même temps que l'espèce commune du cerf ne s'est pas fort répandue au delà des contrées tempérées. « Je n'ai point vu, dit Le Maire, de cerfs au Sénégal, ayant un bois » pareil à ceux de France. » *Voyage de Le Maire*, p. 190. — « Il y a dans la presqu'île » de l'Inde en deçà du Gange des cerfs qui ont par tout le corps de petites taches blanches. » *Voyages de la Compagnie des Indes de Hollande*, t. IV, p. 423. — « On trouve à Bengale » des cerfs, qui sont martelés comme des tigres. » *Voyage de Luillier*, p. 54.

(*b*) La hauteur de chacune de ces biches était de deux pieds huit pouces, à prendre depuis le haut du dos jusqu'à terre ; le cou était long d'un pied ; la jambe de derrière, à prendre depuis le genou jusqu'à l'extrémité du pied, était de deux pieds, et jusqu'au talon d'un pied.

Leur poil était de quatre couleurs, savoir : fauve, blanc, noir et gris ; il y en avait de blanc sous le ventre et au dedans des cuisses et des jambes ; sur le dos, il était d'un fauve brun, sur les flancs d'un fauve isabelle ; l'un et l'autre fauve au tronc du corps était marqué de taches blanches de différentes figures ; il y avait le long du dos deux rangs de ces taches en ligne droite, le reste était semé sans ordre ; le long des flancs, il y avait de chaque côté une ligne blanche ; le cou et la tête étaient gris ; la queue était toute blanche par-dessous et noire par-dessus, le poil étant long de six pouces. *Mémoires pour servir à l'histoire des animaux*, part. II, p. 73.

(*c*) Les Arabes nomment aussi *bekker-el-wash* une espèce de daim, qui a précisément les cornes d'un cerf, mais qui n'est pas si grand ; ceux que j'ai vus avaient été pris dans les montagnes près de Sgigata, et m'ont paru d'un naturel fort doux et traitable ; la femelle n'a point de cornes, etc. *Voyage de Shaw*, p. 313.

le daim moucheté du cap de Bonne-Espérance (*a*) est encore le même que celui-ci (*).

Nous avons dit qu'aucune espèce n'est plus voisine d'une autre que celle du daim l'est de celle du cerf; cependant l'axis paraît encore faire une nuance intermédiaire entre les deux : il ressemble au daim par la grandeur du corps, par la longueur de la queue, par l'espèce de livrée qu'il porte toute la vie; et il n'en diffère essentiellement que par le bois, qui est sans empaumures, et qui ressemble à celui du cerf. Il se pourrait donc que l'axis ne fût qu'une variété dépendante du climat et non pas une espèce différente de celle du daim ; car, quoiqu'il soit originaire des pays les plus chauds de l'Asie, il subsiste et se multiplie aisément en Europe. Il y en a des troupeaux à la ménagerie de Versailles ; ils produisent entre eux aussi facilement que les daims: néanmoins, on n'a jamais remarqué qu'ils se soient mêlés ni avec les daims, ni avec les cerfs, et c'est ce qui nous a fait présumer que ce n'était point une variété de l'un ou de l'autre, mais une espèce particulière et moyenne entre les deux. Cependant, comme l'on n'a pas fait des expériences directes et décisives à ce sujet et que l'on n'a pas employé les moyens nécessaires pour obliger ces animaux à se joindre, nous n'assurerons pas positivement qu'ils soient d'espèces différentes (**).

L'on a déjà vu, dans les articles du cerf et du daim, combien ces animaux éprouvent de variétés surtout par les couleurs du poil : l'espèce du daim et celle du cerf, sans être très nombreuses en individus, sont fort répandues ; toutes deux se trouvent dans l'un et dans l'autre continent, et toutes deux sont sujettes à un assez grand nombre de variétés qui paraissent former des races constantes. Les cerfs blancs, dont la race est très ancienne, puisque les Grecs et les Romains en ont fait mention, les petits cerfs bruns, que nous avons appelés *cerfs de Corse*, ne sont pas les seules variétés de cette espèce; il y a en Allemagne une autre race (*b*) de cerfs qui est connue dans le pays sous le nom de *brandhirtz*, et de nos chasseurs sous celui de *cerf des Ardennes*. Ce cerf est plus grand que le cerf commun, et il diffère des autres cerfs, non seulement par le pelage, qu'il a d'une couleur plus foncée et presque noire, mais encore par un long poil qu'il porte sur les épaules et sous le cou. Cette espèce de crinière et de barbe lui donnant quelque rapport, la première avec le cheval, et la seconde avec le bouc, les anciens ont donné

(*a*) On voit au cap de Bonne-Espérance une espèce de daims marquetés... un peu moins gros que les daims d'Europe..... Leurs taches sont blanches et jaunes ; jamais ils ne vont que par troupes. *Description du cap de Bonne-Espérance*, par Kolbe, t. 1ᵉʳ, p. 120.

(*b*) « Alterum Cervi genus, ignotius, priore majus, pinguius, tum pilo densius et colore » nigrius ; unde Germanis a semiusti ligni colore *Brandhirtz* nominatur : hoc in Misenæ » saltibus Boëmiæ vicinis reperitur. » Fabricius *apud* Gessner. *Hist. quad.*, p. 297.

(*) D'après Flourens, le Cerf moucheté du Cap est le Daim.

(**) Flourens a vu le Daim et la Biche se croiser en donnant des produits.

à ce cerf les noms composés d'*hyppélaphe* et de *tragélaphe ;* comme ces dénominations ont occasionné de grandes discussions critiques, que les plus savants naturalistes ne sont pas d'accord à cet égard, et que Gessner (*a*), Caïus et d'autres ont dit que l'hippélaphe était l'élan, nous croyons devoir donner ici les raisons qui nous ont fait penser différemment, et qui nous ont porté à croire que l'hippélaphe d'Aristote est le même animal que le tragélaphe de Pline, et que ces deux noms désignent également et uniquement le cerf des Ardennes (*).

Aristote (*b*) donne à son hippélaphe une espèce de crinière sur le cou et sur le dessus des épaules, une espèce de barbe sous la gorge, un bois au mâle assez semblable à celui du chevreuil, point de cornes à la femelle ; il dit que l'hippélaphe est de la grandeur du cerf et naît chez les Arachotas (aux Indes), où l'on trouve aussi des bœufs sauvages, dont le corps est robuste, la peau noire, le mufle relevé, les cornes plus courbées en arrière que celles des bœufs domestiques. Il faut avouer que ces caractères de l'hippélaphe d'Aristote conviennent à peu près également à l'élan et au cerf des Ardennes ; ils ont tous deux de longs poils sur le cou et les épaules, et d'autres longs poils sous la gorge, qui leur font une espèce de barbe au gosier et non pas au menton ; mais l'hippélaphe, n'étant que de la grandeur du cerf, diffère en cela de l'élan, qui est beaucoup plus grand ; et ce qui me paraît décider la question, c'est que l'élan étant un animal des pays froids n'a jamais existé chez les Arachotas. Ce pays des Arachotas est une des provinces qu'Alexandre parcourut dans son expédition des Indes ; il est situé au delà des

(*a*) Gessner. *Hist. quad.*, p. 491 et 492.

(*b*) « Quin etiam Hippelaphus satis jubæ summis continet armis, qui à formâ equi et » cervi, quam habet compositam, nomen accepit, quasi equicervus dici meruisset... Tenuis- » simo jubæ ordine a capite ad summos armos crinescit. Proprium equicervo villus qui ejus » gutturi, modo barbæ, dependet. Gerit cornua utrunque, exceptâ fœminâ... et pedes habet » bisulcos. Magnitudo equicervi non dissidet a cervo. Gignitur apud Arachotas ubi etiam » boves sylvestres sunt, qui differunt ab urbanis, quantum inter sues urbanos, et sylvestres » interest. Sunt colore atro, corpore robusto, rictu leviter adunco ; cornua gerunt resupina- » tiora. Equicervo cornua sunt *Capræ* proxima. » Arist. *Hist. anim.*, liv. II, cap. Ier. — *Nota.* 1º Théodore Gaza, dont nous citons la version latine, a fait une faute en traduisant ici Δορκάς *capra*, au lieu de *caprea* ; il faut donc substituer au mot *capræ* celui de *capreæ*, c'est-à-dire, le *chevreuil* à la *chèvre*. — *Nota.* 2º Les bœufs sauvages dont Aristote fait ici mention me paraissent être les buffles ; la courte description qu'il en donne leur convient en entier, le climat leur convient aussi, leur ressemblance avec le bœuf, et leur couleur noire ont fait croire à ce philosophe qu'ils ne différaient pas plus des bœufs domestiques que les sangliers diffèrent des cochons ; mais, comme nous l'avons dit, le buffle et le bœuf sont deux espèces distinctes. Si les anciens n'ont point donné de nom particulier au buffle, c'est parce que cet animal étant étranger pour eux, ils ne le connaissaient qu'imparfaitement et qu'ils le regardaient comme un bœuf sauvage, qui était de la même espèce que le bœuf domestique et n'en différait que par de légères variétés.

(*) D'après Cuvier, le Cerf des Ardennes, qui n'est qu'une variété du Cerf ordinaire, n'aurait rien de commun avec le Tragélaphe de Pline qui formerait une espèce distincte, à laquelle il a donné le nom de *Cervus Aristotelis.*

monts Caucase, entre la Perse et l'Inde : ce climat chaud n'a jamais produit des élans, puisqu'ils peuvent à peine subsister dans les contrées tempérées, et qu'on ne les trouve que dans le nord de l'un et de l'autre continent. Les cerfs, au contraire, n'affectent pas particulièrement les terres du nord ; on les trouve également en grand nombre dans les climats tempérés et chauds ; ainsi nous ne pouvons pas douter que cet hippélaphe d'Aristote, qui se trouve chez les Arachotas, et dans le même pays où se trouve le buffle, ne soit le cerf des Ardennes et non pas l'élan.

Si l'on compare maintenant Pline, sur le tragélaphe, avec Aristote sur l'hippélaphe, et tous deux avec la nature, on verra que le tragélaphe est le même animal que l'hippélaphe, le même que notre cerf des Ardennes. Pline (a) dit que le tragélaphe est de l'espèce du cerf, et qu'il n'en diffère que par la barbe, et aussi par le poil qu'il a sur les épaules : ces caractères sont positifs et ne peuvent s'appliquer qu'au cerf des Ardennes, car Pline parle ailleurs de l'élan sous le nom d'*alcé*. Il ajoute que le tragélaphe se trouve auprès du Phase, ce qui convient encore au cerf, et non pas à l'élan. Nous croyons donc être fondé à prononcer que le tragélaphe de Pline et l'hippélaphe d'Aristote désignent tous deux le cerf que nous appelons *cerf des Ardennes;* et nous croyons aussi que l'axis de Pline indique l'animal que l'on appelle vulgairement *cerf du Gange.* Quoique les noms ne fassent rien à la nature, c'est cependant rendre service à ceux qui l'étudient que de les leur interpréter.

UN ZÉBU

J'ai déjà fait mention de ce petit bœuf à l'article du buffle; mais, comme il en est arrivé un à la ménagerie du Roi depuis l'impression de cet article, nous sommes en état d'en parler encore plus positivement et d'en donner une description plus exacte que la première. J'ai aussi reconnu, en faisant de nouvelles recherches, que ce petit bœuf, auquel j'ai donné le nom de *zébu,* est vraisemblablement le même animal qui se nomme *lant* (b) ou *dant* (c) en

(a) « Eadem est specie (cervi videlicet), barbâ tantum, et armorum villo distans quem » *tragelaphon* vocant, non alibi quam juxta Phasin amnem, nascens. » Plin, *Hist. nat.,* liv. VIII, cap. 33.

(b) « *Lant* bovem similitudine refert, minor tamen cruribus et cornibus elegantius; » colorem album gerit, unguibus nigerrimis; tantæque velocitatis ut a reliquis animalibus » præterquam ab equo barbarico superari nequeat. Facilius æstate capitur quod arenæ æstu » cursus velocitate ungues dimoveantur, quo dolore affectus cursum remittit, etc. » Leon. Afric., *Africæ descript.,* vol. II, p. 751.

(c) Le *dante,* que les Africains appellent *lampt,* est de la forme d'un petit bœuf, mais il a les jambes courtes..... Il a des cornes noires qui se courbent en rond et qui sont façonnées; il a le poil blanchâtre et les ongles des pieds fort noirs et fendus; du reste, il est si vite, qu'aucun animal ne le peut atteindre, si ce n'est peut-être un barbe. On prend ces

Numidie et dans quelques autres provinces septentrionales de l'Afrique, où
il est très commun ; et enfin que ce même nom, *dant*, qui ne devait appartenir qu'à l'animal dont il est ici question, a été transporté d'Afrique en Amérique à un autre animal qui ne ressemble à celui-ci que par la grandeur du
corps, et qui est d'une tout autre espèce ; ce dant d'Amérique est le tapir ou
le maïpouri ; et pour qu'on ne le confonde pas avec le dant d'Afrique, qui est
notre zébu, nous en donnerons l'histoire dans l'article suivant.

LE TAPIR (*a*) OU L'ANTA

C'est ici l'animal le plus grand (*) de l'Amérique, de ce nouveau monde, où,
comme nous l'avons dit, la nature vivante semble s'être rapetissée, ou plutôt
n'avoir pas eu le temps de parvenir à ses plus hautes dimensions ; au lieu
des masses colossales que produit la terre antique de l'Asie, au lieu de l'éléphant, du rhinocéros, de l'hippopotame, de la girafe et du chameau, nous ne
trouvons dans ces terres nouvelles que des sujets modelés en petit : des tapirs,
des lamas, des vigognes, des cabiais, tous vingt fois plus petits que ceux
qu'on doit leur comparer dans l'ancien continent ; et non seulement la matière est ici prodigieusement épargnée, mais les formes mêmes sont imparfaites et paraissent avoir été négligées ou manquées ; les animaux de l'Amé-

animaux plus aisément en été, parce qu'ils usent leurs ongles sur les sablons brûlants, à
force de courir, et la douleur les arrête tout court comme elle fait les cerfs et les daims de
ces déserts; il y a quantité de ces dantes dans les déserts de Numidie et de Libye, particulièrement aux terres des Morabitains, et l'on fait de leurs peaux de belles rondaches, dont les
meilleures sont à l'épreuve des flèches : aussi sont-elles fort chères, et on les blanchit avec
du lait aigre ; la chair de cet animal est très bonne, et les Maures en emplissent des saloirs;
elle a le goût de chair de bœuf, hormis qu'elle est un peu plus douce. *L'Afrique de
Marmol*, t. Ier, p. 52.

(*a*) *Tapir*, nom de cet animal dans son pays natal au Brésil. *Tapira*, selon M. de La Condamine, *Voyage de la rivière des Amazones*, p. 163. *Tapiier-été*, selon Marcgrave et Pison.
Été est un nom adjectif qui, dans la langue brasilienne, signifie *grand* ; ainsi *tapiier-été*
veut dire *grand tapir*. — *Nota*. Quelques voyageurs l'ont appelé *mulet* ou *mule sauvage*,
âne-vache, vache sauvage. — Les dantes, dit Acosta, ressemblent aux petites vaches et
encore mieux à des mulets, parce qu'ils n'ont point de cornes. *Hist. nat. des Indes*, p. 200.
— Tapiroussou, *âne-vache du Brésil...* On peut dire que cet animal est demi-vache et demi-
âne, quoiqu'il diffère entièrement de tous les deux, tant de la queue, qu'il a fort courte, que
des dents, lesquelles il a beaucoup plus tranchantes et plus aiguës. *Voyage de de Léry*,
p. 151. — Le tapihire me semble participer autant de l'âne que de la vache. *Thevet*, p. 96.
— Les ants sont des bêtes quasi comme des mulets, moindres toutefois. *Herrera*, p. 251.

(*) Les Tapirs (*Tapirus L.*) sont des Mammifères de l'ordre des Périssodactyles ou
Ongulés à doigts impairs, et de la famille des Tapiridés qui se distingue par une tête allongée, un nez prolongé en une trompe courte, mobile et préhensile ; des yeux petits et
enfoncés ; des oreilles pointues, très mobiles ; quatre doigts aux pattes antérieures et trois
doigts aux pattes postérieures. L'espèce décrite par Buffon est le *Tapirus americanus* L.

rique méridionale, qui seuls appartiennent en propre à ce nouveau continent, sont presque tous sans défenses, sans cornes et sans queue ; leur figure est bizarre, leur corps et leurs membres mal proportionnés, mal unis ensemble ; et quelques-uns, tels que les fourmiliers, les paresseux, etc., sont d'une nature si misérable qu'ils ont à peine les facultés de se mouvoir et de manger ; ils traînent avec douleur une vie languissante dans la solitude du désert, et ne pourraient subsister dans une terre habitée où l'homme et les animaux puissants les auroient bientôt détruits.

Le tapir est de la grandeur d'une petite vache ou d'un zébu, mais sans cornes et sans queue (*) ; les jambes courtes, le corps arqué comme celui du cochon, portant une livrée dans sa jeunesse comme le cerf, et ensuite un pelage uniforme d'un brun foncé ; la tête grosse et longue avec une espèce de trompe comme le rhinocéros ; dix dents incisives et dix molaires (**) à chaque mâchoire, caractère qui le sépare entièrement du genre des bœufs et des autres animaux ruminants, etc. Au reste, comme nous n'avons de cet animal que quelques dépouilles, et un dessin que M. de La Condamine a eu la bonté de nous donner, nous ne pouvons mieux faire que de citer ici les descriptions qu'en ont faites, d'après nature, Marcgrave (a) et Barrère, et présenter en même temps ce qu'en ont dit les voyageurs et les historiens.

(a) « *Tapiierete* Brasiliensibus, Lusitanis *Anta*. Animal quadrupes, magnitudine juvenci » semestris ; figura corporis quodammodo ad porcum accedens, capite etiam tali, verùm » crassiori, oblongo, superius in acumen desinente ; promuscide super os prominente, quam » validissimo nervo contrahere et extendere potest ; in promuscide autem sunt fissuræ » oblongæ ; inferior oris pars est brevior superiore. Maxillæ ambæ anterius fastigiatæ, et » in qualibet decem dentes incisores superne et inferne ; hinc per certum spatium utraque• » maxilla caret dentibus, sequuntur dein molares grandes omnes in quolibet latere quinque, » ita ut haberet viginti molares et viginti incisores. Oculos habet parvos porcinos, aures » obrotundas, majusculas, quas versus anteriora surrigit. Crura vix longiora porcinis, et » crassiuscula, in anterioribus pedibus quatuor ungulas, in posterioribus tres ; media inter » eas major est in omnibus pedibus ; in prioribus pedibus tribus quarta parvula exterius est » adjuncta : sunt autem ungulæ nigricantes, non solidæ sed cavæ, et quæ detrahi possunt. » Caret caudâ et ejus loco processum habet nudum pilis, conicum, parvum more *Cutian* » (agouti). Mas membrum genitale longè exserere potest instar cercopitheci : incedit dorso » incurvato ut *Capybara* (cabiai). Cutem solidam habet instar alcis, pilos breves. Color » pilorum in junioribus est umbræ lucidæ, maculis variegatus albicantibus ut capreolus ; in » adultis fuscus sivè nigricans sine maculis. Animal interdiu dormit in opacis silvis latitans. » Noctu aut manè egreditur pabuli causâ. Optime potest natare. Vescitur gramine, arundine » saccharifcrâ, brassicâ, etc. Caro ejus comeditur sed ingrati saporis est. » Marcgravii, *Hist. brasil.*, p. 229. — *Tapir* ou *maypouri*, animal amphibie, qui reste plus souvent dans l'eau que sur la terre, où il va de temps en temps brouter l'herbe la plus tendre ; il a le poil fort court, mêlé de blanc et de noir en manière de bandes, qui s'étendent en long depuis la tête jusqu'à la queue. Il siffle comme un *yzard* ; il semble tenir un peu du mulet et du cochon. On voit des manipouris, comme prononcent quelques-uns, dans la rivière d'Ouyapok. Cette viande est grossière et d'un goût désagréable. Barrère, *Essai sur l'histoire naturelle de la France équinoxiale*, p. 160.

(*) Il a une queue très courte.
(**) La formule dentaire du Tapir est $\frac{3}{3}\ \frac{1}{1}\ \frac{4}{3}\ \frac{3}{3}$.

Il paraît que le tapir est un animal triste et ténébreux (*a*), qui ne sort que de nuit, qui ne se plaît que dans les eaux, où il habite plus souvent que sur la terre ; il vit dans les marais, et ne s'éloigne guère du bord des fleuves ou des lacs ; dès qu'il est menacé, poursuivi ou blessé, il se jette à l'eau (*b*), s'y plonge et y demeure assez de temps pour faire un grand trajet avant de reparaître : ces habitudes, qu'il a communes avec l'hippopotame, ont fait croire à quelques naturalistes qu'il était du même genre (*c*), mais il en diffère autant par la nature qu'il en est éloigné par le climat ; il ne faut pour en être assuré que comparer les descriptions que nous venons de citer avec celle que nous donnons de l'hippopotame : quoique habitant des eaux, le tapir ne se nourrit pas de poisson ; et quoiqu'il ait la gueule armée de vingt dents incisives et tranchantes (*d*) (*), il n'est pas carnassier, il vit de plantes et de racines, et ne se sert point de ses armes contre les autres animaux ; il est d'un naturel doux, timide, et fuit tout combat, tout danger : avec des jambes courtes et le corps massif, il ne laisse pas de courir assez vite, et il nage encore mieux qu'il ne court : il marche ordinairement de compagnie et quelquefois en grande troupe ; son cuir (*e*) est d'un tissu très ferme et si serré que souvent il résiste à la balle ; sa chair est fade et grossière (*f*),

(*a*) « *Tapiierete*, bestia iners et socors apparet, adeoque lucifuga ut in densis mediterraneis » silvis interdiu dormire amet : ita ut si detur animal aliquod, quod noctu tantùm nunquam » verò de die venetur, hæc sane est Brasiliensis bestia, etc. » *Hist. nat. Brasil.*, p. 101. — L'anta broute l'herbe pendant le jour, et la nuit il mange une espèce d'argile qu'il trouve dans les marais, où il se retire au coucher du soleil... La chasse de l'anta ne se fait que la nuit, et elle est fort aisée ; on va attendre ces animaux dans leurs retraites, où ils se rendent volontairement en troupes, et quand on les voit venir, on va au-devant d'eux avec des torches allumées qui les éblouissent de telle sorte qu'ils se renversent les uns sur les autres, etc. *Histoire du Paraguay*, par le P. Charlevoix, t. 1er, p. 33. — Les antas se cachent de jour dans les tanières, et sortent seulement de nuit pour prendre leur réfection. *Description des Indes occidentales*, par Ferrera, p. 251.

(*b*) Le manipouri est une espèce de mulet sauvage ; on tira sur un, mais on ne le tua pas : à moins que la balle ou la flèche ne perce les flancs de cet animal, il s'échappe presque toujours, surtout s'il peut attraper l'eau, parce que alors il plonge et va sortir au bord opposé du lieu où il a reçu la blessure. *Lettres édifiantes*, XXIVe Recueil. *Lettre du P. Fauche*, datée d'Ouyapok, 20 avril 1738.

(*c*) « Hippopotamus amphibius pedibus quadrilobis ; habitat in Nilo..... Hippopotamus » terrestris pedibus posticis trisulcis, *Tapiierete* habitat in Brasiliâ. » Linn., *Syst. nat.*, édit. X, p. 74.

(*d*) Quoique le tapiroussou ait les dents tranchantes et aiguës, cependant il n'a d'autre résistance que la fuite, il n'est nullement dangereux ; les sauvages le tuent à coups de flèches ou le prennent dans des chausse-trappes. *Voyage de de Lery*, p. 152.

(*e*) Les Sauvages estiment merveilleusement le tapiroussou à cause de sa peau ; car, quand ils l'écorchent, ils coupent en rond tout le cuir du dos, et, après qu'il est bien sec, ils en font des rondelles aussi grandes que le fond d'un moyen tonneau... Et cette peau, ainsi séchée, est si dure, que je ne crois pas qu'il y ait flèche qui puisse la percer. *Voyage de de Lery*, p. 152.

(*f*) La chair du manipouri est grossière et d'un goût désagréable. *Lettres édifiantes*, XXIVe Recueil, p. 347.

(*) Le Tapir n'a que douze incisives.

cependant les Indiens la mangent : on le trouve communément au Brésil, au Paraguay, à la Guyane, aux Amazones (*a*) et dans toute l'étendue de l'Amérique méridionale, depuis l'extrémité du Chili jusqu'à la Nouvelle-Espagne.

LE ZÈBRE (*b*)

Le zèbre (*) est peut-être de tous les animaux quadrupèdes le mieux fait et le plus élégamment vêtu : il a la figure et les grâces du cheval, la légèreté du cerf, et la robe rayée de rubans noirs et blancs, disposés alternativement avec tant de régularité et de symétrie qu'il semble que la nature ait employé la règle et le compas pour la peindre : ces bandes alternatives de noir et de blanc sont d'autant plus singulières qu'elles sont étroites, parallèles et très exactement séparées comme dans une étoffe rayée ; que d'ailleurs elles s'étendent non seulement sur le corps, mais sur la tête, sur les cuisses et les jambes, et jusque sur les oreilles et la queue ; en sorte que de loin cet animal paraît comme s'il était environné partout de bandelettes qu'on aurait pris plaisir et employé beaucoup d'art à disposer régulièrement sur toutes les parties de son corps ; elles en suivent les contours et en marquent si avantageusement la forme, qu'elles en dessinent les muscles en s'élargissant plus ou moins sur les parties plus ou moins charnues et plus ou moins arrondies. Dans la femelle ces bandes sont alternativement noires et blanches ; dans le mâle elles sont noires et jaunes, mais toujours d'une nuance vive et brillante sur un poil court, fin et fourni, dont le lustre augmente encore la beauté des couleurs. Le zèbre est, en général, plus petit que le cheval et plus grand que l'âne ; et quoiqu'on l'ait souvent comparé à ces deux animaux, qu'on l'ait même appelé *cheval sauvage* (*c*) et *âne rayé* (*d*), il n'est la copie ni de l'un ni de l'autre, et serait plutôt leur modèle, si dans la nature tout n'était pas également original, et si chaque espèce n'avait pas un droit égal à la création.

(*a*) On trouve, dans les environs de la rivière des Amazones, un animal appelé *danta*, de la grandeur d'une mule, et qui lui ressemble fort en couleur et en la forme du corps. *Relation de la rivière des Amazones*, par Christophe d'Acuna, t. II, p. 117. — L'élan, qui se rencontre dans quelques cantons boisés de la cordillère de Quito, n'est pas rare dans les bois de l'Amazone ni dans ceux de la Guyane. Je donne ici le nom d'*élan* à l'animal que les Espagnols et les Portugais connaissent sous le nom de *danta*. *Voyage de la rivière des Amazones*, par M. de La Condamine, p. 163.

(*b*) Zèbre, *Zebra, Zevera, Sebra*, nom de cet animal à Congo, et que nous lui avons conservé.

(*c*) *Equus ferus genere suo, Zebra.* Klein, *De quad.*, p. 5.

(*d*) « Infortunatum animal, quod tam pulchris coloribus præditum, *Asini* nomen in Europâ » ferre cogatur. » *Vide Ludolphi Commenta*, p. 150, *ibique zebræ figuram.*

(*) *Equus Zebra* L.

Le zèbre n'est donc ni un cheval ni un âne, il est de son espèce ; car nous n'avons pas appris qu'il se mêle et produise avec l'un ou l'autre (*), quoique l'on ait souvent essayé de les approcher. On a présenté des ânesses en chaleur à celui qui était l'année dernière (1761) à la ménagerie de Versailles ; il les a dédaignées, ou plutôt il n'en a été nullement ému, du moins le signe extérieur de l'émotion n'a point paru ; cependant il jouait avec elles et les montait, mais sans érection ni hennissement, et on ne peut guère attribuer cette froideur à une autre cause qu'à la disconvenance de nature ; car ce zèbre, âgé de quatre ans, était à tout autre exercice fort vif et très léger.

Le zèbre n'est pas l'animal que les anciens nous ont indiqué sous le nom d'*onagre* (**) : il existe dans le Levant, dans l'orient de l'Asie et dans la partie septentrionale de l'Afrique, une très belle race d'ânes, qui, comme celles des plus beaux chevaux, est originaire d'Arabie (*a*) ; cette race diffère de la race commune par la grandeur du corps, la légèreté des jambes et le lustre du poil ; ils sont de couleur uniforme, ordinairement d'un beau gris de souris, avec une croix noire sur le dos et sur les épaules ; quelquefois ils sont d'un gris plus clair avec une croix blonde (*b*). Ces ânes d'Afrique et d'Asie (*c*), quoique plus beaux que ceux d'Europe, sortent également des

(*a*) Il y a deux sortes d'ânes en Perse, les ânes du pays qui sont lents et pesants, comme les ânes de nos pays, dont ils ne se servent qu'à porter des fardeaux, et une race d'ânes d'Arabie, qui sont de fort jolies bêtes et les premiers ânes du monde ; ils ont le poil poli, la tête haute, les pieds légers, les levant avec action en marchant : on ne s'en sert que pour monture... On les panse comme les chevaux... Des espèces d'écuyers les dressent à aller l'amble, et leur allure est extrêmement douce et si prompte qu'il faut galoper pour les suivre. *Voyage de Chardin*, t. II, p. 27. — *Voyages de Tavernier*, t. II, p. 20.

(*b*) Je vis à Bassora un âne sauvage, sa forme n'était point différente de celle des communs et domestiques, mais il était d'une couleur plus claire, et depuis la tête jusqu'à la queue il avait une raie de poils blonds... Et tant à la course que dans les autres actions, il paraissait beaucoup plus dispos que les ânes ordinaires. *Voyage de Pietro della Valle*, t. VIII, page 49.

(*c*) Les Maures qui viennent trafiquer au cap Vert, avaient amené leurs bagages et leurs denrées sur des ânes ; j'eus de la peine à reconnaître cet animal, tant il était beau et bien vêtu en comparaison de ceux d'Europe, qui, je crois, seraient de même, si le travail et la manière dont on les charge ne contribuait pas beaucoup à les défigurer : leur poil était d'un gris de souris, fort beau et bien lustré, sur lequel la bande noire qui s'étend le long de leur dos, et croise ensuite sur leurs épaules, faisait un joli effet : ces ânes sont un peu plus grands que les nôtres, mais ils ont aussi quelque chose dans la tête qui les distingue du cheval, surtout du cheval barbe, qui est comme naturel au pays, mais toujours plus haut de taille. *Voyage au Sénégal*, par M. Adanson, p. 118. — Il y a quantité d'ânes sauvages dans les déserts de Numidie et de Libye, et aux pays circonvoisins ; ils vont si vite, qu'il n'y a que les chevaux barbes qui puissent les atteindre à la course : dès qu'ils voient un homme ils s'arrêtent après avoir jeté un cri et font une ruade, et lorsqu'il est proche ils commencent à courir. On les prend dans des pièges et par d'autres inventions. Ils vont par troupes en pâture et à l'abreuvoir. La chair en est fort bonne, mais il faut la laisser refroidir deux jours lorsqu'elle est cuite, parce qu'autrement elle pue et sent trop la venaison ; nous avons vu quantité de ces animaux dans la Sardaigne, mais plus petits. *L'Afrique de Marmol*, t. Ier, p. 53.

(*) Le Zèbre s'accouple avec le Cheval et l'Ane et produit avec les deux.
(**) *Asinus Onager* PALL.

onagres ou *ânes sauvages*, qu'on trouve encore en assez grande quantité dans la Tartarie orientale et méridionale (*a*), la Perse, la Syrie, les îles de l'Archipel et toute la Mauritanie (*b*); les onagres ne diffèrent des ânes domestiques que par les attributs de l'indépendance et de la liberté; ils sont plus forts et plus légers, ils ont plus de courage et de vivacité, mais ils sont les mêmes pour la forme du corps; ils ont seulement le poil beaucoup plus long, et cette différence tient encore à leur état; car nos ânes auraient également le poil long, si l'on n'avait pas soin de les tondre à l'âge de quatre ou cinq mois; les ânons ont dans les premiers temps le poil long, à peu près comme les jeunes ours; le cuir des ânes sauvages est aussi plus dur que celui des ânes domestiques; on assure qu'il est chargé partout de petits tubercules, et que c'est avec cette peau des onagres qu'on fait dans le Levant le cuir ferme et grenu qu'on appelle *chagrin*, et que nous employons à différents usages; mais ni les onagres, ni les beaux ânes d'Arabie ne peuvent être regardés comme la souche de l'espèce du zèbre, quoiqu'ils en approchent par la forme du corps et par la légèreté; jamais on n'a vu ni sur les uns ni sur les autres la variété régulière des couleurs du zèbre : cette belle espèce est singulière et unique dans son genre; elle est aussi d'un climat différent de celui des onagres, et ne se trouve que dans les parties les plus orientales et les plus méridionales de l'Afrique, depuis l'Éthiopie jusqu'au cap de Bonne-Espérance (*c*), et de là jusqu'au

(*a*) L'animal que les Tartares Monguls appellent *Czigithai* (*), et que Messerschmid a désigné par la phrase *mulus fœcundus Dauricus*, est le même que l'*onagre* ou *âne sauvage*.

(*b*) On trouve beaucoup d'ânes sauvages dans les îles de Peine et de Levata ou Lebinthos... On en voit aussi dans l'île de Cythère, appelée aujourd'hui *Cerigo*. *Description des îles de l'Archipel*, par Dapper, p. 185 et 378.

(*c*) Il y a quantité de chevaux sauvages au cap de Bonne-Espérance, qui sont les plus beaux du monde; ils sont rayés de raies blanches et noires (j'en ai apporté la peau d'un); on ne les saurait qu'à grande peine dompter. *Relation du chevalier de Chaumont*. Paris, 1686, p. 12. — L'âne sauvage du Cap est un des plus beaux animaux que j'aie jamais vu; il a la taille d'un cheval de monture ordinaire; ses jambes sont déliées et bien proportionnées, et son poil est doux et uni; depuis sa crinière jusqu'à sa queue, on voit au milieu du dos une raie noire, de laquelle de part et d'autre il sort un grand nombre d'autres raies de *diverses couleurs*, qui forment tout autant de cercles en se rencontrant sous son ventre. Quelques-uns de ces cercles sont blancs, d'autres jaunes et d'autres châtains, et ces couleurs se perdent et se confondent les unes dans les autres, de manière qu'elles forment un coup d'œil charmant. Sa tête et ses oreilles sont aussi ornées de petites raies et des mêmes couleurs; celles qui brillent sur la crinière et sur la queue sont pour la plupart blanches, châtaines ou brunes, il y en a moins de jaunes; il est si vite qu'il n'est pas un cheval au monde qui puisse à cet égard lui être comparé; aussi faut-il beaucoup de peine pour en prendre quelqu'un, et lorsqu'on a ce bonheur on le vend très cher... J'ai vu fort souvent de ces animaux par grosses troupes. Le P. Tellez, Thévenot et d'autres écrivains, disent qu'ils en ont vu d'apprivoisés; mais je n'ai pas ouï dire que jamais on ait pu en apprivoiser au Cap. Plusieurs Européens ont employé toute leur habileté et leur patience pour en venir à bout, ils s'y sont pris de toutes les manières, ils en ont éprouvé de jeunes et de vieux, leurs soins ont toujours été inutiles, etc. *Description du cap de Bonne-Espérance*, par Kolbe, t. III, p. 25.

(*) D'après Flourens, le Czigitbai est l'Hémione (*Asinus Hemionus* PALL.).

Congo (*a*) : elle n'existe ni en Europe, ni en Asie, ni en Amérique, ni même dans toutes les parties septentrionales de l'Afrique ; ceux que quelques voyageurs (*b*) disent avoir trouvés au Brésil y avaient été transportés d'Afrique ; ceux que d'autres racontent avoir vus en Perse (*c*) et en Turquie (*d*) y avaient été amenés d'Éthiopie ; et, enfin, ceux que nous avons vus en Europe sont presque tous venus du cap de Bonne-Espérance : cette pointe de l'Afrique

(*a*) On trouve à Pamba, au royaume de Congo, un animal que ces peuples appellent *zèbre*, qui est tout semblable à un mulet, excepté qu'il engendre. Au reste, la disposition de son poil est merveilleuse, car, depuis l'épine du dos jusqu'au ventre, il y a des lignes de trois couleurs, savoir : blanches, noires et jaunes, le tout étant disposé avec une juste proportion, et chaque bande étant de la largeur de trois doigts. Ces animaux se multiplient à bon escient en ce pays, parce qu'ils font des faons toutes les années. Ils sont très sauvages et vites tout ce qui se peut ; cette bête, étant apprivoisée, pourrait servir au lieu de cheval, etc. *Voyage de Fr. Drack.* Paris, 1641, p. 106 et 107. — Il y a sur la route de Loanda, au royaume de Congo, un animal qui est de la taille et de la force d'un mulet, mais il a le poil varié de bandes blanches, noires et jaunes, qui embrassent le corps depuis l'épine jusque sous le ventre, ce qui est très beau à voir et semble artificiel ; on l'appelle *zébra. Relation d'un voyage de Congo*, fait en 1666 et 1667, par les PP. Michel-Ange de Galline et Denys de Charly, capucins. Lyon, 1680, p. 76 et suiv. — Il y a une espèce d'animal à Congo, qu'on nomme *sebra*, qui ressemble tout à fait à un mulet, excepté qu'il engendre ; son poil est fort extraordinaire : depuis l'épine du dos jusqu'au dessous du ventre, il a trois raies de différentes couleurs, etc. *Voyages de la Compagnie des Indes de Hollande*, t. IV, p. 320.

(*b*) Au Brésil, lorsque j'y arrivai, je vis deux animaux fort rares ; ils étaient de la forme, hauteur et proportion d'une petite mule, et toutefois ce n'est pas une espèce de mule, parce que c'est un animal à part qui engendre et porte son semblable. La peau était admirablement belle, polie et éclatante comme du velours, et le poil aussi court ; et, ce qui est plus étrange, c'est qu'elle est composée de petites bandes extrêmement blanches et extrêmement noires, si proportionnellement que jusqu'aux oreilles, bout de la queue et autres extrémités, il n'y avait rien à dire de cette figure, si bien compassée qu'à peine l'art des hommes en pourrait faire autant. Au demeurant, c'est une bête fort fière qui ne s'apprivoise jamais tout à fait ; on les appelait, du nom du pays d'où elles sont, *esvres* ; elles naissent en Angola, en Afrique, d'où on les avait amenées au Brésil pour les présenter par après au roi d'Espagne, et les ayant prises jeunes et fort petites, on les avait un peu apprivoisées, et pourtant il n'y avait qu'un homme qui les soignât et qui osât en approcher ; même peu auparavant que j'y arrivasse, une qui se détacha par aventure tua un palefrenier... Encore celui qui les traite m'a montré comme elles l'avaient mordu en plusieurs endroits, quoiqu'elles soient attachées fort court. Certainement c'est la peau d'animal la plus belle qu'on saurait voir. *Voyage de Pyrard*, t. II, p. 376.

(*c*) Les ambassadeurs d'Éthiopie au Mogol devaient donner en présent une espèce de petite mule, dont j'ai vu la peau, qui était une chose très rare : il n'y a tigre si bien marqué, ni étoffe de soie à raies si bien rayée, ni avec tant de variété, d'ordre et de proportion qu'elle l'était. *Histoire de la révolution du Mogol*, par Fr. Bernier. Amsterdam, 1710, t. Ier, p. 181.

(*d*) Il arriva au Caire un ambassadeur d'Éthiopie qui avait plusieurs présents pour le Grand-Seigneur, entre autres un âne qui avait une peau fort belle, pourvu qu'elle fût naturelle, car je n'en voudrais pas répondre, ne l'ayant point examinée. Cet âne avait la raie du dos noire, et tout le reste du corps était bigarré de raies blanches et raies tannées alternativement, larges chacune d'un doigt, qui lui ceignaient tout le corps ; la tête était extrêmement longue et bigarrée comme le corps ; les oreilles, noires, jaunes et blanches ; ses jambes, bigarrées de même que le corps, non pas en long des jambes, mais à l'entour jusqu'au bas en façon de jarretière, le tout avec tant d'ordre et de mesure qu'il n'y a point de peau de tigre ou de léopard si belle. Il mourut à cet ambassadeur deux ânes pareils, par les chemins, et il en portait les peaux pour présenter au Grand-Seigneur, avec celui qui était vivant. *Relation d'un voyage*, par Thévenot, t. Ier, p. 473 et 474.

est leur vrai climat, leur pays natal, où ils sont en grande quantité, et où
les Hollandais ont employé tous leurs soins pour les dompter et pour les
rendre domestiques sans avoir jusqu'ici pleinement réussi. Celui que nous
avons vu, et qui a servi de sujet pour notre description, était très sauvage
lorsqu'il arriva à la ménagerie du Roi, et il ne s'est jamais entièrement
apprivoisé; cependant on est parvenu à le monter, mais il fallait des précautions; deux hommes tenaient la bride pendant qu'un troisième était
dessus; il avait la bouche très dure, les oreilles si sensibles qu'il ruait
dès qu'on voulait les toucher. Il était rétif comme un cheval vicieux et têtu
comme un mulet; mais peut-être le cheval sauvage et l'onagre sont aussi
peu traitables, et il y a toute apparence que si l'on accoutumait dès le
premier âge le zèbre à l'obéissance et à la domesticité il deviendrait aussi
doux que l'âne et le cheval, et pourrait les remplacer tous deux.

L'HIPPOPOTAME

Quoique l'hippopotame (*) ait été célébré de toute antiquité, que les livres
saints en fassent mention, sous le nom de *behemoth*, que la figure en soit
gravée sur les obélisques d'Égypte et sur les médailles romaines, il n'était
cependant qu'imparfaitement connu des anciens. Aristote ne fait (*a*) pour
ainsi dire que l'indiquer, et dans le peu qu'il en dit il se trouve plus d'erreurs que de faits vrais. Pline (*b*), en copiant Aristote, loin de corriger ses
erreurs, semble les confirmer et en ajouter de nouvelles ; ce n'est que vers
le milieu du xvie siècle que l'on a eu quelques indications précises au sujet
de cet animal. Belon, étant alors à Constantinople, en vit un vivant, duquel
néanmoins il n'a donné qu'une connaissance imparfaite ; car les deux figures
qu'il a jointes à sa description ne représentent pas l'hippopotame qu'il a vu,
mais ne sont que des copies prises du revers de la médaille de l'empereur
Adrien et du colosse du Nil à Rome : ainsi l'on doit encore reculer
l'époque de nos connaissances exactes sur cet animal jusqu'en 1603, que

(*a*) « Equo fluviatili, quem gignit Ægyptus, juba equi, ungula qualis bubus, rostrum resi-
» mum. Talus etiam inest Bisulcorum modo ; dentes exerti sed leviter ; cauda apri, vox equi
» magnitudo asini, tergoris crassitudo tanta ut exeo venabula faciant, interiora omnia equi
» et asini similia. » Arist., *Hist. animal.*, lib. ii, cap. 7... « Natura etiam equi fluviatilis ita
» constat ut vivere nisi in humore non possit. » *Idem*, lib. viii, cap. xxiv. — *Nota.* L'hippopotame n'a pas de crinière comme le cheval, il a la corne des pieds divisée en quatre et
non pas en deux ; il n'a point de dents saillantes hors de la gueule, il a la queue très différente de celle du sanglier, il est au moins six fois plus gros qu'un âne ; il peut vivre sur terre
comme tous les autres quadrupèdes : car celui que Belon a décrit, avait vécu deux ou trois
ans sans entrer dans l'eau ; ainsi Aristote n'avait eu que de mauvais mémoires au sujet de cet
animal.

(*b*) Pline dit, de plus qu'Aristote, que l'hippopotame habite les eaux de la mer aussi bien
que celles des fleuves, et qu'il est couvert de poil comme le veau marin.—*Nota.* Ce dernier fait
est avancé sans aucun fondement : car l'hippopotame n'a point de poil sur la peau, et il est
certain qu'il ne se trouve point en pleine mer, et que s'il habite sur les côtes, ce n'est qu'à
l'embouchure des fleuves.

(*) L'Hippopotame (*Hippopotamus amphibius* L.) est un Mammifère de l'ordre des Artiodactyles Pachydermes, de la famille des Obèses, qui est caractérisée par un corps lourd,
un museau tronqué, très large ; des mâchoires pourvues chacune de quatre incisives, les
médianes de la mâchoire inférieure étant beaucoup plus longues que les autres.

Federico Zerenghi (*a*), chirurgien de Narni, en Italie, fit imprimer à Naples l'histoire de deux hippopotames qu'il avait pris vivants et tués lui-même en Égypte, dans une grande fosse qu'il avait fait creuser aux environs du Nil, près de Damiette ; ce petit ouvrage, écrit en italien, paraît avoir été négligé des naturalistes contemporains, et a été depuis absolument ignoré ; cependant c'est le seul qu'on puisse regarder comme original sur ce sujet. La description que l'auteur donne de l'hippopotame est aussi la seule qui soit bonne, et elle nous a paru si vraie que nous croyons devoir en donner ici la traduction et l'extrait.

« Dans le dessein d'avoir un hippopotame, dit Zerenghi, j'apostai des gens
» sur le Nil qui, en ayant vu sortir deux du fleuve, firent une grande fosse
» dans l'endroit où ils avaient passé et recouvrirent cette fosse de bois léger,
» de terre et d'herbes. Le soir, en revenant au fleuve, ces hippopotames y
» tombèrent tous deux. Mes gens vinrent m'avertir de cette prise, j'accourus
» avec mon janissaire, nous tuâmes ces deux animaux en leur tirant à cha-
» cun dans la tête trois coups d'arquebuse d'un calibre plus gros que les
» mousquets ordinaires : ils expirèrent presque sur-le-champ et firent un cri
» de douleur qui ressemblait un peu plus au mugissement d'un buffle qu'au
» hennissement d'un cheval. Cette expédition fut faite le 20 juillet 1600 ; le
» jour suivant je les fis tirer de la fosse et écorcher avec soin, l'un était mâle
» et l'autre femelle, j'en fis saler les peaux : on les remplit de feuilles de
» cannes de sucre pour les transporter au Caire, où on les sala une seconde
» fois avec plus d'attention et de commodité ; il me fallut quatre cents livres
» de sel pour chaque peau. A mon retour d'Égypte, en 1601, j'apportai ces
» peaux à Venise et de là à Rome ; je les fis voir à plusieurs médecins intel-
» ligents. Le docteur Jérôme Aquapendente et le célèbre Aldrovande furent
» les seuls qui reconnurent l'hippopotame par ces dépouilles ; et comme
» l'ouvrage d'Aldrovande s'imprimait alors, il fit, de mon consentement,
» dessiner la figure qu'il a donnée dans son livre d'après la peau de la
» femelle.

» L'hippopotame a la peau très épaisse et très dure, et elle est impéné-
» trable, à moins qu'on ne la laisse longtemps tremper dans l'eau ; il n'a
» pas, comme le disent les anciens, la gueule d'une grandeur médiocre, elle
» est, au contraire, énormément grande ; il n'a pas, comme ils le disent, les
» pieds divisés en deux ongles, mais en quatre ; il n'est pas grand comme
» un âne, mais beaucoup plus grand que le plus grand cheval ou le plus

(*a*) *Hippopotamo : la vera descrizione dell Hippopotamo, autore Federico Zerenghi da Narni, medico cirurgico in Napoli,* per Costantino Vitale, 1603, in-4°, fig., p. 67. — *Nota.* Cette description de l'hippopotame fait partie d'un abrégé de chirurgie, composé par le même auteur, et elle ne commence qu'à la page 55, à laquelle page se trouve le titre particulier que nous venons de citer. Ce petit ouvrage sur l'hippopotame, qui est original et très bon, est en même temps si rare qu'aucun naturaliste n'en a fait mention. La figure a été faite d'après l'hippopotame femelle.

» gros buffle ; il n'a pas la queue comme celle du cochon, mais plutôt comme
» celle de la tortue, sinon qu'elle est incomparablement plus grosse ; il n'a
» pas le museau ou le nez relevé en haut, il l'a semblable au buffle, mais
» beaucoup plus grand, il n'a pas de crinière comme le cheval, mais seule-
» ment quelques poils courts et très rares ; il ne hennit pas comme le che-
» val, mais sa voix est moyenne entre le mugissement du buffle et le hen-
» nissement du cheval ; il n'a pas les dents saillantes hors de la gueule, car
» quand la bouche est fermée, les dents, quoique extrêmement grandes, sont
» toutes cachées sous les lèvres... Les habitants de cette partie de l'Égypte
» l'appellent *foras l'bar*, ce qui signifie le *cheval de mer*..... Belon s'est
» beaucoup trompé dans la description de cet animal ; il lui donne des dents
» de cheval, ce qui ferait croire qu'il ne l'aurait pas vu, comme il le dit ; car
» les dents de l'hippopotame sont très grandes et très singulières.... Pour
» lever tous les doutes et fixer toutes les incertitudes, continue Zerenghi, je
» donne ici la figure de l'hippopotame femelle : toutes les proportions ont
» été prises exactement d'après nature, aussi bien que les mesures du corps
» et des membres.

» La longueur du corps de cet hippopotame, prise depuis l'extrémité de
» la lèvre supérieure jusqu'à l'origine de la queue, est à très peu près onze
» pieds deux pouces de Paris.

» La grosseur du corps en circonférence est d'environ dix pieds.

» La hauteur, depuis la plante du pied jusqu'au sommet du dos, est de
» quatre pieds cinq pouces.

» La circonférence des jambes, auprès des épaules, est de deux pieds
» neuf pouces.

» La circonférence des jambes, prise plus bas, est d'un pied neuf pouces
» et demi.

» La hauteur des jambes, depuis la plante des pieds jusque sous la poi-
» trine, est d'un pied dix pouces et demi.

» La longueur des pieds, depuis l'extrémité des ongles, est à peu près de
» quatre pouces et demi.

» Les ongles sont aussi longs que larges, et ont à peu près deux pouces
» deux lignes.

» Il y a un ongle pour chaque doigt, et quatre doigts pour chaque pied.

» La peau sur le dos est épaisse d'un pouce.

» La peau sur le ventre est épaisse d'environ sept lignes.

» Cette peau est si dure, lorsqu'elle est desséchée, qu'on ne peut la percer
» en entier d'un coup d'arquebuse. Les gens du pays en font de grands
» boucliers ; ils en coupent aussi des lanières dont ils se servent comme
» nous nous servons du nerf de bœuf. Il y a sur la surface de la peau quel-
» ques poils très rares, de couleur blonde, que l'on n'aperçoit pas au pre-
» mier coup d'œil ; il y en a sur le cou qui sont un peu plus gros que les

» autres ; ils sont tous placés un à un à plus ou moins de distance les uns
» des autres ; mais sur les lèvres ils forment une espèce de moustache, car
» il en sort dix ou douze du même point en plusieurs endroits ; ces poils
» sont de la même couleur que les autres, seulement ils sont plus durs, plus
» gros et un peu plus longs, quoique les plus grands ne le soient que de cinq
» lignes et demie.

» La longueur de la queue est de onze pouces quatre lignes.

» La circonférence de la queue, prise à l'origine, est d'un peu plus d'un
» pied.

» La circonférence de la queue, prise à son extrémité, est de deux pouces
» dix lignes.

» Cette queue n'est pas ronde ; mais depuis le milieu jusqu'au bout elle
» est aplatie à peu près comme celle d'une anguille ; il y a sur la peau de
» la queue et sur celle des cuisses quelques petites écailles rondes, de cou-
» leur blanchâtre, larges comme de grosses lentilles ; on voit aussi de ces
» petites écailles sur la poitrine, sur le cou et sur quelques endroits de la
» tête.

» La tête, depuis l'extrémité des lèvres jusqu'au commencement du cou,
» est longue de deux pieds quatre pouces.

» La circonférence de la tête est d'environ cinq pieds huit pouces.

» Les oreilles sont longues de deux pouces neuf lignes.

» Les oreilles sont larges de deux pouces trois lignes.

» Les oreilles sont un peu pointues et garnies en dedans de poils épais,
» courts et fins, de la même couleur que les autres.

» Les yeux ont d'un angle à l'autre deux pouces trois lignes.

» Les yeux ont d'une paupière à l'autre treize lignes.

» Les narines sont longues de deux pouces quatre lignes.

» Elles sont larges de quinze lignes.

» La gueule ouverte a de largeur un pied six pouces quatre lignes.

» Cette gueule est de forme carrée, et elle est garnie de quarante-quatre
» dents de figures différentes (a)..... Toutes ces dents sont d'une substance
» si dures qu'elles font feu avec le fer : ce sont surtout les dents canines
» (*zanne*) dont l'émail a cette dureté ; la substance intérieure de toutes ces
» dents n'est pas si dure..... Lorsque l'hippopotame tient la bouche fermée
» il ne paraît aucune dent au dehors ; elles sont toutes couvertes et cachées
» par les lèvres, qui sont extrêmement grandes.

(a) Dans trois têtes d'hippopotame que nous avons au cabinet du Roi, il n'y a que
trente-six dents (*) ; comme ces têtes sont beaucoup plus petites que celle de l'hippopotame
de Zerenghi, on peut présumer que dans ces jeunes hippopotames toutes les dents molaires
n'étaient pas encore développées, et que les adultes en ont huit de plus.

(*) La formule dentaire de l'Hippopotame est $\frac{2}{2}\ \frac{1}{1}\ \frac{4}{4}\ \frac{3}{3}$.

» A l'égard de la figure de l'animal, on pourrait dire qu'elle est moyenne
» entre celle du buffle et celle du cochon, parce qu'elle participe de l'une et
» de l'autre, à l'exception des dents incisives, qui ne ressemblent à celles
» d'aucun animal; les dents molaires ressemblent un peu en gros à celles
» du buffle ou du cheval, quoiqu'elles soient beaucoup plus grandes. La cou-
» leur du corps est obscure et noirâtre... On assure que l'hippopotame ne
» produit qu'un petit; qu'il vit de poisson, de crocodiles, et même de cada-
» vres et de chair; cependant il mange du riz, des grains, etc., quoiqu'à
» considérer ses dents, il paraisse que la nature ne l'a pas fait pour paître
» mais pour dévorer les autres animaux. » Zerenghi finit sa description en
assurant que toutes ces mesures ont été prises sur l'hippopotame femelle, à
laquelle le mâle ressemble parfaitement, à l'exception qu'il est d'un tiers
plus grand dans toutes ses dimensions. Il serait à souhaiter que la figure
donnée par Zerenghi fût aussi bonne que sa description; mais cet animal ne
fut pas dessiné vivant; il dit lui-même qu'il fit écorcher ses deux hippopotames sur le lieu où il venait de les prendre, qu'il ne rapporta que les
peaux, et que c'est d'après celle de la femelle qu'Aldrovande a donné sa
figure; il paraît aussi que c'est d'après la même peau de la femelle, conservée dans du sel, que Fabius Columna a fait dessiner la figure de cet animal; mais la description de Fabius Columna, quoique faite avec érudition,
ne vaut pas celle de Zerenghi, et l'on doit même lui reprocher de n'avoir
cité que le nom et point du tout l'ouvrage de cet auteur, imprimé trois ans
avant le sien, et de s'être écarté de sa description en plusieurs points essentiels sans en donner aucune raison. Par exemple, Columna dit que de son
temps, en 1603, Federico Zerenghi a apporté d'Égypte en Italie un hippopotame entier conservé dans du sel, tandis que Zerenghi lui-même dit qu'il
n'en a rapporté que les peaux; ensuite Columna donne au corps de son
hippopotame treize pieds de longueur (a), quatorze pieds de circonférence,
et aux jambes trois pieds et demi de longueur, tandis que par les mesures
de Zerenghi le corps n'avait que onze pieds deux pouces de longueur, dix
pieds de circonférence, et les jambes un pied dix pouces et demi, etc. Nous
ne devons donc pas tabler sur la description de Fabius Columna, mais sur
celle de Zerenghi, et l'on ne peut excuser ce premier auteur, ni supposer

(a) « Hippopotami a nobis conspecti ac dimensi corpus a capite ad caudam pedes erat
» tredecim, corporis latitudo sive diameter pedes quatuor cum dimidio, ejusdem altitudo
» pedes tres cum dimidio, ut planum potiùs quam carinosum ventrem habeat; orbis cor-
» poris quantum longitudo erat; crura è terra ad ventrem pedes tres cum dimidio; ambitus
» crurum pedes tres; pes latus pedem; ungulæ singulæ uncias tres; caput vero latum pedes
» duo cum dimidio, longum pedes tres; crassum ambitu pedes septem cum dimidio : oris
» rictus pedem unum, etc. » — *Nota.* Il se peut que le pied dont Columna s'est servi pour
mesure fût plus court que celui de Paris : mais cela ne le justifie pas; car, dans ce cas, le
corps de son hippopotame ayant treize pieds de largeur, sa circonférence n'aurait dû être
que de onze pieds sept ou huit pouces, et non pas de treize pieds; il en est de même des
autres proportions, elles ne s'accordent pas avec celles que donne Zerenghi.

que sa description ait été faite sur un autre sujet; car il est évident, par son propre texte, qu'il l'a faite sur le plus petit des deux hippopotames de Zerenghi, puisqu'il avoue lui-même que quelques mois après Zerenghi fit voir un second hippopotame beaucoup plus grand que le premier. Ce qui me fait insister sur ce point, c'est que personne n'a rendu justice à Zerenghi, qui cependant est le seul qui mérite ici des éloges; qu'au contraire tous les naturalistes, depuis cent soixante ans, ont attribué à Fabius Columna ce qu'ils auraient dû donner à Zerenghi; et qu'au lieu de rechercher l'ouvrage de celui-ci, ils se sont contentés de copier et de louer celui de Columna, quoique cet auteur, très estimable d'ailleurs, ne soit sur cet article ni original, ni exact, ni même sincère.

La description et les figures de l'hippopotame, que Prosper Alpin a publiées plus de cent ans après, sont encore moins bonnes que celles de Columna, n'ayant été faites que d'après des peaux mal conservées; et M. de Jussieu (*a*), qui a écrit sur l'hippopotame, en 1724, n'a donné la description que du squelette de la tête et des pieds.

En comparant ces descriptions, et surtout celle de Zerenghi, avec les indications que nous avons tirées des voyageurs (*b*), il paraît que l'hippopotame est un animal dont le corps est plus long et aussi gros que celui du rhinocéros; que ses jambes sont beaucoup plus courtes (*c*), qu'il a la tête moins

---

(*a*) *Mémoires de l'Académie des sciences*, ann. 1724, p. 209.

(*b*) Il y a dans le Nil des *hippopotames* ou *chevaux marins*, et il s'en prit un à Girge l'an 1658, qu'on amena aussitôt au Caire, où je le vis la même année, au mois de février; mais il était mort. Cet animal était de couleur quasi tannée; il avait le derrière tirant à celui du buffle, toutes ses jambes étaient plus courtes et grosses; sa grandeur était semblable à celle d'un chameau, son mufle à celui d'un bœuf; il avait le corps deux fois gros comme un bœuf; la tête pareille à celle d'un cheval, mais plus grosse; les yeux petits; son encolure était fort grosse; l'oreille petite; les naseaux fort gros et ouverts; les pieds très gros, assez grands et presque ronds, et avec quatre doigts à chacun, comme ceux du crocodile; petite queue comme un éléphant, et peu ou point de poil sur la peau, non plus que l'éléphant; il avait en la mâchoire d'en bas quatre dents grosses et longues d'un demi-pied, dont deux étaient crochues et grosses comme des cornes de bœuf. Plusieurs disaient d'abord que c'était un buffle marin, mais je reconnus avec quelques autres que c'était un cheval marin, vu la description de ceux qui en ont écrit; il fut amené mort au Caire par les janissaires, qui le tuèrent à coups de mousquets en terre où il était venu pour paître; ils lui tirèrent plusieurs coups sans le faire tomber, car à peine la balle perçait-elle toute la peau, comme j'ai remarqué; mais ils lui en tirèrent un, qui lui donna dans la mâchoire, et le jeta bas. Il y avait longtemps qu'on n'avait vu de ces animaux au Caire. *Relation d'un voyage du Levant*, par Thévenot. Paris, 1664, t. Ier, p. 491 et 492.

(*c*) Les pieds de l'hippopotame sont si bas et si courts, qu'ils ne passent point quatre doigts hors de terre. Belon, *Des poissons*, p. 17. — *Crua è terra ad ventrem pedes tres cum dimidio*. Fabius Columna, p. 31. — *Nota*. Les témoignages de Belon et de Columna, sur la longueur des jambes de l'hippopotame, diffèrent trop pour qu'on puisse adopter l'une ou l'autre de ces mesures, et l'on doit observer que l'hippopotame que Belon a vu vivant était fort jeune et fort gras, qu'il devait par conséquent avoir le ventre gros et pendant, qu'au contraire, la peau de celui que décrit Columna, qui est le même que celui de Zerenghi, avait été desséchée dans du sel; et par conséquent Columna ne pouvait pas assurer, comme il l'a fait, que le ventre de cet animal n'était pas *rond*, mais *plat*. Ainsi la mesure de Belon

longue et plus grosse à proportion du corps ; qu'il n'a de cornes ni sur le nez comme le rhinocéros, ni sur la tête comme les animaux ruminants ; que son cri de douleur tenant autant du hennissement du cheval que du mugissement du buffle, il se pourrait, comme le disent les auteurs anciens et les voyageurs modernes (a), que sa voix ordinaire fût semblable au hennissement du cheval, duquel du moins il diffère à tous autres égards ; et si cela est, l'on peut présumer que ce seul rapport de la ressemblance de la voix a suffi pour lui faire donner le nom d'*hippopotame*, qui veut dire *cheval de rivière*, comme le hurlement du lynx, qui ressemble en quelque sorte à celui du loup, l'a fait appeler *loup cervier*. Les dents incisives de l'hippopotame, et surtout les deux canines dans la mâchoire inférieure sont très longues, très fortes et d'une substance si dure qu'elle fait feu contre le fer (b) ; c'est vraisemblablement ce qui a donné lieu à la fable des anciens, qui ont débité que l'hippopotame vomissait le feu par la gueule : cette matière des dents canines de l'hippopotame est si blanche, si nette et si dure, qu'elle est de

est trop courte pour un hippopotame adulte, et celle de Columna est trop longue pour un hippopotame vivant ; et ce que l'on doit inférer de toutes deux, c'est qu'en général le ventre de cet animal n'est guère qu'à un pied et demi de terre, et que ses jambes n'ont pas deux pieds de longueur, comme le dit Zerenghi.

(a) « Vocem equinam edit illius gentis relatione. » Prosper. Alpin. *Ægypt. Hist. nat.*, lib. iv, p. 248. — Merolla dit qu'il vit, dans le fleuve Zaïre, un cheval de rivière qui hennissait comme un cheval. *Histoire générale des Voyages*, par M. l'abbé Prévost, t. V, p. 95. — Cet animal n'a tiré le nom qu'on lui donne que de son hennissement. *Voyage de Schouten. Recueil des voyages de la Compagnie des Indes de Hollande*, t. IV, p. 440. — L'hippopotame hennit d'une manière peu différente de celle du cheval, mais avec une si grande force qu'on l'entend distinctement d'un bon quart de lieue. *Voyage au Sénégal*, par M. Adanson, p. 73.

(b) « Tutti i denti sono di sostanza cosi dura, che percossovi sopra con un coltello ò accia-
» rino, buttano faville di foco in gran quantita, ma piu gli uni che gli altri ; ma dentro non
» sono di tanto dura materia. » *Zerenghi*, p. 72... — « Dentes habebat in inferiore maxillà
» sex, quorum bini exteriores è regione longi semipedem, lati, et trigoni uncias duas cum
» dimidio, per ambitum semipedem, aprorum modo parum retrorsum declives, non adunci,
» non exerti, sed admodum conspicui aperto ore. Intermedii verò parum a gingivà exerti
» trigona acie digitali longitudine, medium locum occupantes, veluti jacentes, crassi, orbi-
» culati, elephantini semipedem superant longitudine, atque aciem in extremis partibus planam
» parum detractam. Maxillares verò utrinque septem, crassos, latos, breves admodum. In
» supernà vero mandibulà, *quam crocodili more mobilem habet*, qua mandit et terit, ante-
» riores sex insunt dentes, sex imis respondentes acie contrario modo adaptata, levissima ac
» splendida, eboris politi modo, clausoque ore conjunguntur, aptanturque imis, veluti ex illis
» recisi ut planum plano insideat, verum omnium acies pyramidalis veluti oblique recisi calami
» modo, sed medii superiores non aciem inferiorum, at medium illorum, in quo detractio conspi-
» citur rotunditatis, petunt ; ac non incidere, sed potius illis terere posse videtur. Molares toti-
» dem quot inferni, sed bini priores parvi exigui, atque rotundo ambitu, et ab aliis distant, ut
» medium palatum inter dentes anteriores occupare videantur ; inter maxillares dentes linguæ
» locus semipedalis remanebat. Dentium verò color eburneus parum pallens, splendidus,
» diaphanus ferè in acie videbatur ; durities illorum silicea vel magis cultelli quidem costà
» non parvà conspicientium admiratione ignis excitabantur favillæ, parum vel nihil tot per-
» cussionibus signi remanente : quapropter verisimile foret noctis tempore dentes terendo
» ignem ex ore evomisse. » *Fab. Columna*, p. 32.

beaucoup préférable à l'ivoire pour faire des dents artificielles et postiches (a). Les dents incisives de l'hippopotame, surtout celles de la mâchoire inférieure, sont très longues, cylindriques et cannelées ; les dents canines, qui sont aussi très longues, sont courbées, prismatiques et coupantes, comme les défenses du sanglier. Les dents molaires sont carrées ou barlongues, assez semblables aux dents mâchelières de l'homme, et si grosses qu'une seule pèse plus de trois livres ; les plus grandes incisives et canines ont jusqu'à douze (b) et même seize pouces de longueur (c), et pèsent quelquefois douze (d) ou treize livres chacune.

Enfin, pour donner une juste idée de la grandeur de l'hippopotame, nous emploierons les mesures de Zerenghi, en les augmentant d'un tiers, parce que ses mesures, comme il le dit lui-même, n'ont été prises que d'après la femelle, qui était d'un tiers plus petite que le mâle dans toutes ses dimensions. Cet hippopotame mâle avait par conséquent seize pieds neuf pouces de longueur depuis l'extrémité du museau jusqu'à l'origine de la queue, quinze pieds de circonférence, six pieds et demi de hauteur, environ deux pieds dix pouces de longueur de jambes ; la tête longue de trois pieds et demi, et grosse de huit pieds et demi en circonférence ; la gueule de deux pieds quatre pouces d'ouverture, et les grandes dents longues de plus d'un pied.

Avec d'aussi puissantes armes et une force prodigieuse de corps, l'hippopotame pourrait se rendre redoutable à tous les animaux ; mais il est naturellement doux (e), il est d'ailleurs si pesant et si lent à la course, qu'il

(a) C'est au cap Mesurade, en Afrique, qu'on trouve les belles dents de cheval marin, les plus blanches et les plus nettes ; les dentistes les préfèrent pour faire des dents postiches, parce qu'elles jaunissent bien moins que l'ivoire, et qu'elles sont beaucoup plus blanches et plus dures. *Voyage de Desmarchais*, t. II, p. 148.

(b) « Post menses aliquot alium (hippopotamum) longè majorem, Federicus Zerenghi, » Romæ nobis ostendit cujus dentes aprini pedali longitudine fuerunt, proportione crassiores, » sic et reliqua omnia majora. » — *Nota.* Ce passage, qui termine la description de Fabius Columna, prouve qu'elle a été faite sur la peau du plus petit des deux hippopotames de Zerenghi ; que ce plus petit hippopotame était la femelle, et que le plus grand, que Columna n'a pas décrit, était le mâle : ce passage prouve aussi qu'il ne faut pas compter, comme l'ont fait tous les naturalistes modernes et nouveaux, sur les mesures de Columna. Il n'y a guère, dans la description de Columna, que les mesures des dents qui soient exactes, parce que ces parties ne peuvent ni se raccourcir ni s'allonger, au lieu qu'une peau desséchée dans du sel se corrompt dans toutes ses dimensions.

(c) Je pris garde que ces dents étaient courbes en forme d'arc, longues d'environ seize pouces, et qu'elles en avaient plus de six de circonférence à l'endroit le plus gros. *Description de l'hippopotame*, par le capitaine Covent. *Voyage de Dampierre*, t. III, p. 360 et suiv.

(d) Pour le cheval marin, je n'en ai point vu, mais j'ai acheté de ses dents qui pesaient bien treize livres. *Description des animaux et des plantes, tirée de la Cosmographie de Cosmas le solitaire*, p. 19 *de la relation de Thévenot*. Paris, 1696.

(e) « Qui hippopotamum animal terribile et crudele esse putarunt, falsi mihi videntur. » Vidimus enim nos adeo mansuetum hoc animal, ut homines minimè reformidaret, sed » benigne sequeretur. Ingenio tam miti est, ut nullo negocio cicuretur, nec unquam morsu » lædere conatur... Hippopotamum è stabulo solutem exire permittunt, nec metuunt ne

ne pourrait attraper aucun des quadrupèdes ; il nage plus vite qu'il ne court,
il chasse le poisson et en fait sa proie (a) (*) ; il se plaît dans l'eau, et y
séjourne aussi volontiers que sur la terre ; cependant il n'a pas, comme le
castor ou la loutre, des membranes entre les doigts des pieds, et il paraît
qu'il ne nage aisément que par la grande capacité de son ventre, qui fait
que, volume pour volume, il est à peu près d'un poids égal à l'eau : d'ailleurs, il se tient longtemps au fond de l'eau (b), et y marche comme en plein
air, et lorsqu'il en sort pour paître, il mange des cannes de sucre, des
joncs, du millet, du riz, des racines, etc.; il en consomme et détruit une
grande quantité, et il fait beaucoup de dommage dans les terres cultivées ;
mais comme il est plus timide sur terre que dans l'eau, on vient aisément
à bout de l'écarter ; il a les jambes si courtes, qu'il ne pourrait échapper
par la fuite, s'il s'éloignait du bord des eaux ; sa ressource, lorsqu'il est en
danger, est de se jeter à l'eau, de s'y plonger et de faire un grand trajet
avant de reparaître ; il fuit ordinairement lorsqu'on le chasse, mais si l'on
vient à le blesser il s'irrite, et, se retournant avec fureur, se lance contre
les barques, les saisit avec les dents, en enlève souvent des pièces, et quelquefois les submerge (c). « J'ai vu, dit un voyageur (d), l'hippopotame ouvrir
» la gueule, planter une dent sur le bord d'un bateau, et une autre au
» second bordage depuis la quille, c'est-à-dire à quatre pieds de distance
» l'une de l'autre, percer la planche de part en part, faire couler ainsi le
» bateau à fond... J'en ai vu un autre le long du rivage de la mer, sur
» lequel les vagues poussèrent une chaloupe chargée de quatorze muids
» d'eau, qui demeura sur son dos à sec ; un autre coup de mer vint qui
» l'en retira sans qu'il parût du tout avoir senti le moindre mal... Lorsque
» les Nègres vont à la pêche dans leurs canots et qu'ils rencontrent un
» hippopotame, ils lui jettent du poisson, et alors il passe son chemin sans
» troubler davantage leur pêche ; il fait le plus de mal lorsqu'il peut s'ap-

» mordeat. Rector ejus, cùm spectatores oblectare libet, caput aliquot brassicæ, capitatæ,
» aut melopeponis partem, aut fascem herbarum aut panem è manu sublimi protendit feræ :
» quod ea conspicata tanto rictum hiatu diducit, ut leonis etiam hiantis caput facile suis
» faucibus caperet. Tum rector quod manu tenebat in voraginem illam seu saccum quem-
» piam immittit. Manducat illa et devorat. » Bellonius, *de Aquatilibus.*

   (a) L'hippopotame marche assez lentement sur le bord des rivières, mais il va plus vite
dans l'eau ; il y vit de petits poissons et de tout ce qu'il peut attraper. *Description de l'hippopotame*, par le capitaine Covent. *Voyage de Dampierre*, t. III, p. 360.

   (b) L'hippopotame descend jusqu'au fond à trois brasses d'eau ; car, je l'ai observé moi-
même, et je l'y ai vu demeurer plus d'une demi-heure avant que de revenir au-dessus.
Idem, ibid.

   (c) « Hippopotamus cymbis insidiatur quæ mercibus onustæ secundo Nigro feruntur,
» quas dorsi frequentibus gyris agitatas demergit. » Leon. Afric. *Descript.*, t. II, p. 758.

   (d) Relation du capitaine Covent de Porbury, près Bristol. *Voyage de Dampierre*, t. III,
p. 361.

   (*) L'Hippopotame se nourrit de végétaux et non de poissons.

» puyer contre terre ; mais quand il flotte sur l'eau, il ne peut que mordre ;
» une fois que notre chaloupe était auprès du rivage, je le vis se mettre
» dessous, la lever avec son dos au-dessus de l'eau, et la renverser avec six
» hommes qui étaient dedans ; mais par bonheur il ne leur fit aucun mal.
» — Nous n'osions pas [dit un autre voyageur (a)] irriter les hippopotames
» dans l'eau, depuis une aventure qui pensa être funeste à trois hommes ;
» ils étaient allés, avec un petit canot, pour en tuer un dans une rivière où
» il y avait huit ou dix pieds d'eau ; après l'avoir découvert au fond, où il
» marchait selon sa coutume, ils le blessèrent avec une longue lance, ce
» qui le mit en une telle furie, qu'il remonta d'abord sur l'eau, les regarda
» d'un air terrible, ouvrit la gueule, emporta d'un coup de dent une grosse
» pièce du rebord du canot, et peu s'en fallut même qu'il ne le renversât ;
» mais il replongea presque aussitôt au fond de l'eau. » Ces deux exemples
suffisent pour donner une idée de la force de ces animaux : on trouvera
quantité de pareils faits dans l'*Histoire générale des voyages*, où M. l'abbé
Prévost a présenté avec avantage, et avec cette netteté de style qui lui est
ordinaire, un précis (b) de tout ce que les voyageurs ont rapporté de l'hippopotame.

Au reste, cet animal n'est en grand nombre que dans quelques endroits,
et il paraît même que l'espèce en est confinée à des climats particuliers,
et qu'elle ne se trouve guère que dans les fleuves de l'Afrique. La plupart
des naturalistes ont écrit que l'hippopotame se trouvait aussi aux Indes ;
mais ils n'ont pour garants de ce fait que des témoignages qui me paraissent
un peu équivoques : le plus positif de tous serait celui d'Alexandre (c) dans
sa lettre à Aristote, si l'on pouvait s'assurer par cette même lettre que les
animaux dont parle Alexandre fussent réellement des hippopotames : ce qui
me donne sur cela quelques doutes, c'est qu'Aristote, en décrivant l'hippopotame dans son *Histoire des animaux*, aurait dit qu'il se trouvait aux Indes
aussi bien qu'en Égypte, s'il eût pensé que ces animaux dont lui parle
Alexandre dans sa lettre eussent été de vrais hippopotames. Onesicrite (d) et
quelques autres auteurs anciens ont écrit que l'hippopotame se trouvait sur
le fleuve Indus ; mais les voyageurs modernes, du moins ceux qui méritent

(a) Relation du capitaine Rogers. *Voyage de Dampierre*, t. III, p. 363.
(b) *Histoire générale des Voyages*, t. V, p. 95 et 330.
(c) « Humanas carnes hippopotamis pergratas esse, ex eis collegimus quæ in libro Aris-
» totelis de mirabilibus Indiæ habentur, ubi Alexander Macedo scribens ad Aristotelem
» inquit : Ducentos milites de Macedonibus, levibus armis, misi per amnem nataturos ;
» itaque quartam fluminis partem nataverunt, cùm horrenda res visu nobis conspecta est ;
» hippopotami inter profundos aquarum ruerunt gurgites, aptosque milites nobis flentibus
» absumpserunt. Iratus ego tunc ex eis, qui nos in insidias deducebant, centum et quin-
» quaginta mitti in flumen jussi, quos rursus hippopotami justa dignos pœna confece-
» runt. » Aldrov., *De quod digit.*, p. 188 et 189.
(d) « In India quoque reperitur hippopotamus, ut Onesicritus est autor, in amne Indo. »
Hermolaus *apud* Gessner, *de piscibus*, p. 417.

le plus de confiance, n'ont pas confirmé ce fait; tous s'accordent à dire (*a*)
que cet animal se trouve dans le Nil, le Sénégal ou Niger, la Gambra, le
Zaïre et les autres grands fleuves, et même dans les lacs de l'Afrique (*b*)
surtout dans la partie méridionale et orientale; aucun d'eux n'assure positivement qu'il se trouve en Asie : le P. Boym (*c*) est le seul qui semble l'indiquer; mais son récit me paraît suspect, et, selon moi, prouve seulement que
cet animal est commun au Mozambique et dans toute cette partie orientale de
l'Afrique. Aujourd'hui l'hippopotame, que les anciens appelaient le *cheval
du Nil*, est si rare dans le bas Nil que les habitants de l'Égypte n'en ont
aucune idée, et en ignorent le nom (*d*); il est également inconnu dans
toutes les parties septentrionales de l'Afrique, depuis la Méditerranée jusqu'au
fleuve Bambot, qui coule au pied des montagnes de l'Atlas; le climat que
l'hippopotame habite actuellement ne s'étend donc guère que du Sénégal à
l'Éthiopie, et de là jusqu'au cap de Bonne-Espérance.

Comme la plupart des auteurs ont appelé l'hippopotame *cheval marin*, ou
bœuf marin, on l'a quelquefois confondu avec la vache marine, qui est un
animal très différent de l'hippopotame, et qui n'habite que les mers du Nord;
il paraît donc certain que les hippopotames, que l'auteur de la description
de la Moscovie dit se trouver sur le bord de la mer près de Petzora, ne sont
autre chose que des vaches marines, et l'on doit reprocher à Aldrovande (*e*)
d'avoir adopté cette opinion sans examen, et d'avoir dit en conséquence que

(*a*) *Cosmographie du Levant*, par André Thevet, p. 139.—Leonis Afric. *Africæ descriptio.* Lugd. Bat. 1632, t. II, p. 758. — *L'Afrique de Marmol*, t. Ier, p. 51; et t. II, p. 144.
— *Relation de Thévenot*, t. Ier, p. 491. — *Relation de l'Ethiopie*, par Poncet. *Lettres édif.*,
IVᵉ Recueil, p. 363. — *Description de l'Égypte*, par Maillet, t. II, p. 126. — *Description du
cap de Bonne-Espérance*, par Kolbe, t. III, p. 30. — *Voyage de Flacourt*, p. 394. — *Histoire
de l'Abyssinie*, par Ludoff, p. 43 et 44. — *Voyage au Sénégal*, par M. Adanson, p. 73, etc.

(*b*) *Relation de l'Éthiopie*, par Ch. Jacq. Poncet; suite des *Lettres édifiantes*, IVᵉ Recueil. Paris 1704, p. 363.

(*c*) *Flora sinensis, a P. Michaële Boym, sot. Jesu.* 1656, p. 1. — *La Chine illustrée*, par
d'Alquié. Amst. 1670, p. 258.

(*d*) Quant aux animaux, les peuples qui habitent maintenant l'Égypte ne connaissent pas
seulement l'hippopotame. *Voyage de Shaw*, t. II, p. 167. — L'hippopotame prend naissance en Éthiopie... descend par le Nil dans la haute Égypte... désole les campagnes où il
se jette, mangeant les grains, surtout les blés de Turquie... Il est très rare dans la basse
Égypte. *Description de l'Égypte, sur les mémoires de M. de Maillet*, par M. l'abbé Mascrier.
La Haye, 1740, t. II, p. 126.

(*e*) « Sed quod magis mirandum est, in mari quoque versari scripsit Plinius, qui agens
» de animantibus aquaticis, communes amni, terræ, et mari *crocodilos* et *hippopotamos*
» prædicabat. Idcirco non *debemus admiratione capi*, quando legitur, in descriptione *Mosco-*
» *viæ*, in *Oceano adjacenti regionibus Petzoræ, equos marinos crescere.* Pariter Odoardus-
» Barbosa, Portughensis, in Cefala observavit multos equos marinos, a mari ad prata exire,
» denuoque ad mare reverti. Idem repetit Edoardus-Vuot, de hujusmodo feris in mari Indico
» errantibus. Propterea habetur in primo volumine navigationum, multos quandoque nau-
, cleros in terram descendere, ut hippopotamos in vicinis pratis pascentes comprehendant;
» sed ipsi ad mare fugientes eorum cymbas aggrediuntur, dentibus illas disrumpendo et
» submergendo, et tamen bestiæ lanceis ob cutis duritiem sauciari minimè poterant. »
Aldrov., *De quad. digit. vivip.*, p. 181 et seq.

l'hippopotame se trouvait dans les mers du Nord ; car non seulement il n'habite pas les mers du Nord, mais il paraît même qu'il ne se trouve que rarement dans les mers du Midi. Les témoignages d'Odoard Barbosa et d'Edward Vuot, rapportés par Aldrovande, et qui semblent prouver que les hippopotames habitent les mers des Indes, me paraissent presque aussi équivoques que celui de l'auteur de la description de la Moscovie ; et je serais fort porté à croire avec M. Adanson (a) que l'hippopotame ne se trouve au moins aujourd'hui que dans les grands fleuves de l'Afrique. Kolbe (b), qui dit en avoir vu plusieurs au cap de Bonne-Espérance, assure qu'ils se plongent éga-

(a) En remontant le Niger, nous arrivâmes dans un quartier où les *hippopotames* ou *chevaux marins* sont fort communs ; cet animal, le plus grand des amphibies, ne se trouve que dans l'eau douce des rivières d'Afrique ; et une chose digne de remarque, c'est que l'on n'en a encore observé que dans cette partie du monde, à laquelle il semble être particulièrement attaché. On lui donne communément la figure d'un bœuf ; c'est à la vérité l'animal auquel il ressemble davantage : mais il a les jambes plus courtes et la tête d'une grosseur démesurée. Quant à la grandeur le cheval marin peut prendre le pas après l'éléphant et le rhinocéros : ses mâchoires sont armées de quatre défenses, avec lesquelles il détache les racines des arbres qui lui servent de nourriture ; il ne peut rester longtemps sous l'eau sans respirer, et c'est ce qui l'oblige de porter de temps en temps la tête au-dessus de sa surface, comme fait le crocodile. *Voyage au Sénégal*, par M. Adanson. Paris, 1757, p. 73.

(b) *Hippopotame* ou *cheval marin*. Si nous donnons à cet animal l'épithète de *marin*, ce n'est pas que ce soit une espèce de poisson, ni qu'il vive toujours *dans la mer*. Il vient chercher sa nourriture sur le sec, et s'il se retire *dans la mer* ou *dans une rivière*, ce n'est que pour se mettre en sûreté ; sa nourriture ordinaire est l'herbe ; dès que la faim le presse, il sort de l'eau, dans laquelle il se couche toujours tout étendu ; lorsqu'il lève la tête hors de l'eau, il commence par la tourner de tous côtés vers les bords pour voir s'il n'y a point de danger, et il sent un homme à une distance considérable ; s'il aperçoit quelque chose, il se replonge dans l'eau, et y restera trois heures sans bouger..... Cet animal pèse, pour l'ordinaire, deux mille cinq cents ou trois mille livres..... Le cheval marin, soit pour la couleur, soit pour la taille, ressemble au rhinocéros, seulement il a les jambes un peu plus courtes ; sa tête, comme le dit Tellez (liv. I, chap. 8), ressemble plus à celle du cheval ordinaire qu'à celle de tout autre animal, et c'est de là qu'il a pris son nom ; il a la bouche beaucoup plus grande que le cheval, et, à cet égard, il approche plus du bœuf ; ses narines sont fort grosses, elles se remplissent d'eau qu'il fait jaillir lorsqu'il se lève du fond de la mer ou de la rivière qui lui a servi de lit ; il a les oreilles et les yeux fort petits ; ses jambes sont courtes, épaisses et de même grosseur depuis le haut jusqu'au bas ; il n'a pas la corne du pied fendue comme le bœuf : mais elle est partagée en quatre parties ; à l'extrémité et sur chacune de ces parties, on voit des manières de petites cannelures qui vont en forme de vis ; sa queue est courte comme celle de l'éléphant, et on y voit tant soit peu de poil, et même fort court ; c'est tout ce que le cheval marin en a.

Les mamelles de la femelle de cet animal pendent entre les jambes de derrière, comme on le voit dans les vaches : mais elles sont fort petites à proportion de la grosseur de leur corps, aussi bien que les mamelons. J'ai souvent vu des femelles donner à teter à leurs petits, qui étaient déjà de la taille d'une brebis. La peau du cheval marin a plus d'un pouce d'épaisseur, et outre cela elle est si dure qu'il est très difficile de le tuer, même d'un coup de balle. Les Européens du Cap visent toujours à la tête : comme la peau y est tendre et qu'elle y touche l'os, on peut aisément la percer ; rarement ils donnent à cet animal le coup de mort dans un autre endroit.

Il n'y a rien dans le cheval marin qui soit plus remarquable que ses dents de la mâchoire d'en bas ; il y en a quatre grosses, deux de chaque côté, dont l'une est crochue et l'autre droite : elles sont épaisses comme une corne de bœuf, longues d'environ un pied et demi, et pèsent une douzaine de livres chacune ; leur blancheur, qui est très éclatante, a ceci de

lement dans les eaux de la mer et dans celles des fleuves ; quelques autres
auteurs rapportent la même chose : quoique Kolbe me paraisse plus exact
qu'il ne l'est ordinairement dans la description qu'il donne de cet animal,
l'on peut douter qu'il l'ait vu aussi souvent qu'il le dit, puisque la figure qu'il
a jointe à sa description est plus mauvaise que celle de Columna, d'Aldrovande et de Prosper Alpin, qui cependant n'ont été faites que sur des peaux
bourrées. Il est aisé de reconnaître qu'en général les descriptions et les figures
de l'ouvrage de Kolbe n'ont été faites ni sur le lieu, ni d'après nature ; les
descriptions sont écrites de mémoire, et les figures ont, pour la plupart, été
copiées ou prises d'après celles des autres naturalistes ; et en particulier la
figure qu'il donne de l'hippopotame ressemble beaucoup au cheropotame de
Prosper Alpin (a).

Kolbe, en assurant donc que l'hippopotame séjourne dans les eaux de la
mer, pourrait bien ne l'avoir dit que d'après Pline, et non pas d'après ses
propres observations ; la plupart des autres auteurs rapportent que cet animal se trouve seulement dans les lacs d'eau douce et dans le fleuve, quelquefois à leur embouchure, et plus souvent à de très grandes distances de la
mer ; il y a même des voyageurs qui s'étonnent, comme Merolla (b), qu'on
ait appelé l'hippopotame *cheval marin*, parce que, dit-il, cet animal ne peut
souffrir l'eau salée. Il se tient ordinairement dans l'eau pendant le jour, et en
sort la nuit pour paître ; le mâle et la femelle se quittent rarement. Zerenghi
prit le mâle et la femelle le même jour, et dans la même fosse ; les voyageurs
hollandais disent qu'elle porte trois ou quatre petits, mais ce fait me paraît
très suspect et démenti par les témoignages que cite Zerenghi ; d'ailleurs,
comme l'hippopotame est d'une grosseur énorme, il est dans le cas de l'éléphant, du rhinocéros, de la baleine et de tous les autres grands animaux qui
ne produisent qu'un petit, et cette analogie me paraît plus sûre que tous les
témoignages.

particulier qu'elle se conserve sans qu'il y arrive jamais d'altération, qualité que n'a pas
l'ivoire, qui jaunit en vieillissant ; aussi sont-elles plus estimées que les dents d'éléphant.
   La chair de cet animal est un manger très délicieux, soit rôtie, soit bouillie, et elle est si
estimée au Cap qu'elle s'y vend douze et quinze sous la livre ; c'est le présent le plus
agréable que l'on puisse faire ; la graisse se vend autant que la viande, elle est fort douce et
très saine, on s'en sert au lieu de beurre, etc. *Description du cap de Bonne-Espérance*, par
Kolbe, t. III, chap. III.
   (a) Les figures de ces cheropotames de Prosper Alpin, lib. IV, cap. XII, tab. 22, paraissent avoir été faites d'après des peaux bourrées d'hippopotames, auxquels peut-être on avait
arraché les dents.
   (b) *Histoire générale des Voyages*, t. V, p. 95, note a.

L'ÉLAN ET LE RENNE

Quoique l'élan (*) et le renne (**) soient deux animaux d'espèces différentes, nous avons cru devoir les réunir, parce qu'il n'est guère possible de faire l'histoire de l'un sans emprunter beaucoup de celle de l'autre, la plupart des anciens auteurs, et même des modernes, les ayant confondus ou désignés par des dénominations équivoques qu'on pourrait appliquer à tous deux. Les Grecs ne connaissaient ni l'élan ni le renne : Aristote (*a*) n'en fait aucune mention; et, chez les Latins, Jules César est le premier qui ait employé le nom *alce;* Pausanias (*b*), qui a écrit environ cent ans après Jules César, est aussi le premier auteur grec dans lequel on trouve ce même nom Ἀλκή; et Pline (*c*), qui était à peu près contemporain de Pausanias, a indiqué assez obscurément l'élan et le renne sous les noms *alce, machlis* et *tarandus*.

(*a*) L'hippélaphe d'Aristote n'est pas l'élan, comme l'ont cru nos plus savants naturalistes; nous avons discuté dans l'article de l'axis, ce que c'est que l'hippélaphe et le tragélaphe.

(*b*) « Argumento sunt Æthiopici tauri et *alces* feræ celticæ, ex quibus mares cornua in » superciliis habent, fœmina caret. » Pausan. *in Eliacis.* — « *Alce* nominata fera specie inter » cervum et camelum est; nascitur apud Celtas ; explorari investigarique ab hominibus ani- » malium sola non potest, sed obiter aliquando dum alias venantur feras, hæc etiam incidit. » Sagacissimam esse aiunt et hominis odore per longinquum intervallum percepto, in foveas » et profundissimos specus sese abdere. Venatores montem vel campum ad mille stadia cir- » cumdant, et contracto subinde ambitu, nisi intra illum fera delitescat, non alia ratione eam » capere possunt. » Idem, *in Bæoticis.*

(*c*) « Septentrio fert et equorum greges ferorum, sicut asinorum Asia et Africa : præter ea » alcem, ni proceritas aurium et cervicis distinguat, jumento similem : item notam in Scan- » dinaviâ insulâ, nec unquam visam in hoc orbe, multis tamen narratam, *machlin,* haud » dissimilem illi sed nullo suffraginum flexu ; ideoque non cubantem, sed acclivem arbori » in somno, câque incisâ ad insidias, capi ; velocitatis memoratæ. Labrum ei superius præ- » grande : ob id retrograditur in pascendo, ne in priora tendens, involvatur. » Plin., *Hist. nat.,* lib. VIII, cap. 15. — « Mutat colores et Schytarum tarandus... Tarando magnitudo, » quæ bovi : caput majus cervino, nec absimile; cornua ramosa; ungulæ bifidæ : villus » magnitudine ursorum. Sed cùm libuit sui coloris esse, asini similis est : tergoris tanta » duritia ut thoraces ex eo faciant... Metuens latet, ideoque raro capitur. » Plin., *Hist. nat.,* lib. VIII, cap. 34. — *Nota.* J'ai cru devoir citer ensemble ces deux passages de Pline, dans lesquels, sous les noms d'*alce,* de *machlis* et de *tarandus,* il paraît indiquer trois animaux

(*) L'Élan (*Alces palmatus* KLEIN, *Cervus Alces* L.) est un Mammifère de l'ordre des Artiodactyles Ruminants, de la famille des Cervidés.

(**) Les Rennes (*Rangifer*) appartiennent à la même famille que l'Élan.

On ne peut donc pas dire que le nom *alce* soit proprement grec ou latin, et il paraît avoir été tiré de la langue celtique, dans laquelle l'élan se nommait *elch* ou *elk*. Le nom latin du renne est encore plus incertain que celui de l'élan : plusieurs naturalistes ont pensé que c'était le *machlis* de Pline, parce que cet auteur, en parlant des animaux du Nord, cite en même temps l'*alce* et le *machlis*, et qu'il dit de ce dernier qu'il est particulier à la Scandinavie, et qu'on ne l'a jamais vu à Rome, ni même dans toute l'étendue de l'empire romain ; cependant on trouve encore dans les Commentaires de César (*a*) un passage qu'on ne peut guère appliquer à un autre animal qu'au renne, et qui semble prouver qu'il existait alors dans les forêts de la Germanie ; et quinze siècles après Jules César, Gaston Phœbus semble parler du renne sous le nom de *rangier*, comme d'un animal qui aurait existé de son temps dans nos forêts de France ; il en fait même une assez bonne description (*b*), et il donne

différents ; mais l'on verra par les raisons que je vais en donner, que les noms *machlis* et *alce* doivent tous deux s'appliquer au même animal, c'est-à-dire à l'élan, et que quoique la plupart des naturalistes aient cru que le tarandus de Pline était l'élan, il est beaucoup plus vraisemblable que c'est le renne qu'il a voulu désigner par ce nom ; j'avoue cependant que ces indications de Pline sont si peu précises, et même si fausses à de certains égards, qu'il est assez difficile de se déterminer et de prononcer nettement sur cette question. Les commentateurs de Pline, quoique très savants et très érudits, étaient très peu versés dans l'histoire naturelle, et c'est par cette raison qu'on trouve dans cet auteur tant de passages obscurs et mal interprétés. Il en est de même des traducteurs et des commentateurs d'Aristote ; nous tâcherons à mesure que l'occasion s'en présentera de rétablir le vrai sens de plusieurs mots altérés et de passages corrompus dans ces deux auteurs.

(*a*) « Est bos in Herciniâ silvâ, cervi figurâ, cujus a mediâ fronte inter aures unum cornu' » existit excelsius, magisque directum his quæ nobis nota sunt cornibus : ab ejus summo » sicut palmæ ramique late diffunduntur. Eadem est fœminæ marisque natura ; eadem forma, » magnitudoque cornuum. » Jul. Cæsar, *De bello gallico*, lib. vi. — *Nota*. Ce passage est assez précis ; le renne a en effet des andouillers en avant, et qui paraissent former un bois intermédiaire : son bois est divisé en plusieurs branches, terminées par de larges empaumures, et la femelle porte un bois comme le mâle, au lieu que les femelles de l'élan, du cerf, du daim et du chevreuil, ne portent point de bois ; ainsi l'on ne peut guère douter que l'animal qu'indique ici César ne soit le renne et non pas l'élan, d'autant plus que dans un autre endroit de ses Commentaires, il indique l'élan par le nom d'*alce*, et en parle en ces termes : « Sunt item in Herciniâ silvâ quæ appellantur *alces* : harum est consimilis capris (*capreis*) » figura et varietas pellium : sed magnitudine paulo antecedunt mutilæ quæ sunt cornibus » et crura sine nodis articulisque habent neque quietis causa procumbunt... his sunt arbores » pro cubilibus ; ad eas se applicant : atque ita paulum modo reclinatæ quietem capiunt ; » quarum ex vestigiis cùm est animadversum a venatoribus quo se recipere consueverint, » omnes eo loco aut a radicibus subruumt aut abscindunt arbores tantum ut summa species » earum stantium relinquatur : huc cùm se consuetudine reclinaverint, infirmas arbores pon- » dere affligunt atque una ipsæ concidunt. » *De bello Gallico*, lib. vi. J'avoue que ce second passage n'a rien de précis que le nom *alce*, et que pour l'appliquer à l'élan, il faut substituer le mot *capreis* à celui de *capris*, et supposer en même temps que César n'avait vu que des élans femelles, lesquelles en effet n'ont point de cornes ; le reste peut s'entendre, car l'élan a les jambes fort raides, c'est-à-dire les articulations très fermes ; et comme les anciens étaient persuadés qu'il y avait des animaux, tels que l'éléphant, qui ne pouvaient ni plier les jambes, ni se coucher, il n'est pas étonnant qu'ils aient attribué à l'élan cette partie de la fable de l'éléphant.

(*b*) Du *rangier* ou *ranglier*, et de sa nature. Le rangier est une bête semblable au cerf, et a sa tête diverse, plus grande et plus chevillée ; il porte bien quatre-vingts cors, et aucune

la manière de le prendre et de le chasser ; comme sa description ne peut pas
s'appliquer à l'élan, et qu'il donne en même temps la manière de chasser le
cerf, le daim, le chevreuil, le bouquetin, le chamois, etc., on ne peut pas
dire que, dans l'article du rangier, il ait voulu parler d'aucun de ces animaux, ni qu'il se soit trompé dans l'application du nom. Il semblerait donc,
par ces témoignages positifs, qu'il existait jadis en France des rennes, du
moins dans les hautes montagnes, telles que les Pyrénées, dont Gaston Phœbus était voisin, comme seigneur et habitant du comté de Foix ; et que depuis
ce temps ils ont été détruits comme les cerfs, qui autrefois étaient communs
dans cette contrée, et qui cependant n'existent plus aujourd'hui dans le
Bigorre, le Cousérans, ni dans les provinces adjacentes. Il est certain que le
renne ne se trouve actuellement que dans les pays les plus septentrionaux ;
mais l'on sait aussi que le climat de la France était autrefois beaucoup plus
humide et plus froid par la quantité des bois et des marais qu'il ne l'est
aujourd'hui. On voit par la lettre de l'empereur Julien quelle était de son
temps la rigueur du froid à Paris ; la description qu'il donne des glaces de la
Seine ressemble parfaitement à celle que nos Canadiens font de celles du
fleuve de Québec ; les Gaules, sous la même latitude que le Canada, étaient
il y a deux mille ans ce que le Canada est de nos jours, c'est-à-dire un climat
assez froid pour nourrir les animaux qu'on ne trouve aujourd'hui que dans
les provinces du Nord.

En comparant les témoignages et combinant les indications que je viens de
citer, il me paraît donc qu'il existait autrefois dans les forêts des Gaules et
de la Germanie des élans et des rennes, et que les passages de César ne
peuvent s'appliquer qu'à ces deux animaux : à mesure que l'on a défriché

---

fois moins, selon ce qu'il est vieil ; il a grande paumure dessus, comme un cerf, fors les
endoillers de devant, esquels sont paumes aussi. Quand on le chasse il fuit, à raison de la
grande charge qu'il a en tête ; mais après qu'il a couru une longue espace de temps en faisant ses tours et frayant, il se met et accule contre un arbre, afin que rien ne lui puisse
venir que devant, et met sa tête contre terre, et quand il est en tel état, nul n'en oserait
approcher pour le prendre, à cause de la tête qui lui couvre le corps. Si on lui va par derrière, au lieu que les cerfs frappent des endoillers dessous, il frappe des ergots dessus, mais
non si grands coups que fait le cerf. Telles bêtes font grand peur aux allans et lévriers quand
ils voient sa diverse tête. Le rangier n'est pas plus haut qu'un daim, mais il est plus épais et
plus gros. Quand il lève sa tête en arrière, elle est plus grande que son corps, d'entre sa
tête. Il viande comme un cerf ou un daim, et jette sa fumée en troches ou en plateaux ; il
vit bien longuement ; on le prend aux arcs, aux rercaux, aux lacs, aux fosses et aux engins.
Il a plus grande venaison que n'a un cerf en sa saison ; il va en rut après les cerfs, comme
font les daims, et porte comme une biche, pour ce on le chasse.

La manière de prendre le *rangier* ou *ranglier*. Quand un veneur voudra chasser le rangier, il le doit quérir en taillant de ses chiens, et non pas le quester et laisser courir par son
limier par les forts bois, où il lui semblera que les bestes rousses font leur demeure ; et là
doit tendre des rets et hayes, selon les attours de la forest, et doit mener ses limiers par les
bois. Pour ce que le rangier est pesante beste pour la tête grande et haute qu'il porte, peu
de maîtres et de veneurs le chassent à force, ne à chiens de chasse. *La Vénerie de Jacques
Dufouilloux*. Paris, 1614, feuillet 97.

les terres et desséché les eaux, la température du climat sera devenue plus douce, et ces mêmes animaux qui n'aiment que le froid auront d'abord abandonné le plat pays, et se seront retirés dans la région des neiges, sur les hautes montagnes, où ils subsistaient encore du temps de Gaston de Foix ; et s'il ne s'y en trouve plus aujourd'hui, c'est que cette même température a toujours été en augmentant de chaleur par la destruction presque entière des forêts, par l'abaissement successif des montagnes, par la diminution des eaux, par la multiplication des hommes, et par la succession de leurs travaux et de l'augmentation de leur consommation en tout genre. Il me paraît de même que Pline a emprunté de Jules César presque tout ce qu'il a écrit de ces deux animaux, et qu'il est le premier auteur de la confusion des noms ; il cite en même temps l'*alce* et le *machlis*, et naturellement on devrait en conclure que ces deux noms désignent deux animaux différents (*a*); cependant si l'on remarque : 1° qu'il nomme simplement l'*alce*, sans autre indication ni description, qu'il ne le nomme qu'une fois, et que nulle part il n'en dit un mot de plus ; 2° que lui seul a écrit le nom *machlis*, et qu'aucun autre auteur latin ou grec n'a employé ce mot, qui même paraît factice (*b*), et qui, selon les commentateurs de Pline, est remplacé par celui d'*alce* dans plusieurs anciens manuscrits ; 3° qu'il attribue au *machlis* tout ce que Jules César dit de l'*alce* ; on ne pourra douter que le passage de Pline ne soit corrompu, et que ces deux noms ne désignent le même animal, c'est-à-dire l'*élan*. Cette question, une fois décidée, en déciderait une autre ; le *machlis* étant l'*élan*, le *tarandus* sera le *renne* : ce nom *tarandus* est encore un mot qui ne se trouve dans aucun auteur avant Pline, et sur l'interprétation duquel les naturalistes ont beaucoup varié ; cependant Agricola et Eliot n'ont pas hésité de l'appliquer au renne, et par les raisons que nous venons de déduire nous souscrivons à leur avis ; au reste, on ne doit pas être surpris du silence des Grecs au sujet de ces deux animaux, ni de l'incertitude avec laquelle les Latins en ont parlé, puisque les climats septentrionaux étaient absolument inconnus aux premiers, et n'étaient connus des seconds que par relation.

Or, l'élan et le renne ne se trouvent tous deux que dans les pays du Nord : l'élan en deçà, et le renne au delà du cercle polaire en Europe et en Asie ; on les retrouve en Amérique à de moindres latitudes, parce que le froid y est

(*a*) Plusieurs naturalistes et même quelques-uns des plus savants, tels que M. Ray, ont en effet pensé que le *machlis* de Pline se trouvant dans cet auteur à côté de l'*alce* ne pouvait être autre que le renne. *Cervus rangifer* the *reindeer*. Plinio, *machlis*. Ray, *Syn. quad.*, p. 88. C'est parce que je ne suis pas de ce sentiment, que j'ai cru devoir donner ici le détail de mes raisons.

(*b*) On lit à la marge de ce passage de Pline, *achlin* au lieu de *machlin*. *Fortassis achlin quod non cubet*, disent les commentateurs ; ainsi ce nom paraît être factice et ajusté à la supposition que cet animal ne peut se coucher ; d'autre côté en transposant *l* dans *alcé*, on fait *aclé*, qui ne diffère pas beaucoup d'*achlis*, ainsi l'on peut encore penser que ce mot a été corrompu par les copistes, d'autant plus que l'on trouve *alcem* au lieu de *machlin* dans quelques anciens manuscrits.

plus grand qu'en Europe ; le renne n'en craint pas la rigueur, même la plus excessive : on en voit à Spitzberg (*a*) ; il est commun en Groenland (*b*) et dans la Laponie la plus boréale (*c*), ainsi que dans les parties les plus septentrionales de l'Asie (*d*) ; l'élan ne s'approche pas si près du pôle, il habite en Norvège (*e*), en Suède (*f*), en Pologne (*g*), en Lithuanie (*h*), en

(*a*) On trouve des rennes partout aux environs de Spitzbergen, mais surtout à *Rehenfeld*, lieu qu'on a ainsi nommé pour le grand nombre de rennes qui s'y trouvent ; on en voit aussi quantité au Foreland tout près du Havre des Moules... Nous ne fûmes pas plustôt arrivés dans ce pays là au printemps, que nous tuâmes quelques-uns de ces rennes, qui étaient fort maigres, d'où on peut conjecturer que quelque infertile que soit le pays de Spitzbergen, et quelque froid qu'il y fasse, ces animaux ne laissent pas d'y passer l'hiver, et de se contenter de ce qu'ils y peuvent trouver. *Recueil des voyages du Nord*, t. II, p. 113.

(*b*) Le capitaine Craycott amena de Groenland en 1738 un mâle et une femelle à Londres. Voyez l'*Histoire des oiseaux*, d'Edwards, p. 51, où l'on trouve la description et la figure de cet animal sous le nom de *daim de Groenland*. Ce daim de Groenland de M. Edwards, aussi bien que le *chevreuil de Groenland* ou *caprea Groenlandica*, dont parle M. Grew, dans la description du cabinet de la Société royale, ne sont autre chose que le renne. Ces auteurs, en décrivant les cornes ou plutôt le bois de ces animaux, semblent tous deux donner comme un caractère particulier le duvet, dont le bois était recouvert dans l'un et l'autre de ces animaux : cela cependant est commun au renne, au cerf, au daim et à tous les animaux qui portent du bois ; pendant tout le temps que ce bois croît il est couvert de poil, et comme l'été est la saison de cet accroissement, et que c'est aussi le seul temps de l'année où l'on puisse voyager en Groenland, il n'est pas étonnant que les bois de ces animaux pris dans cette saison soient couverts de duvet : ainsi ce caractère est nul dans la description de ces auteurs.

On trouve sur les côtes, au détroit de Frobisher, des cerfs à peu près de la couleur de nos ânes, et dont le bois est beaucoup plus large et plus élevé qu'aux nôtres ; leur pied a sept ou huit pouces de tour, et ressemble à celui de nos bœufs. *Voyage de Lade*, t. II, p. 297. — *Nota*. Ceci paraît avoir été copié par Robert Lade d'une ancienne relation qui a pour titre : *la Navigation du capitaine Martin, Anglais, ès régions d'West et de Nordwest*, Paris, 1578, où il est dit, p. 17 : « Bien qu'il y ait des cerfs dans les terres, à la rade de Warwick, en » grande quantité, la peau desquels ressemble à celle de nos ânes, leurs têtes et cornes sur- » passent, tant en grandeur qu'en largeur, celle des nôtres de par-deçà ; leurs pieds sont » aussi gros que ceux de nos bœufs, et ont de largeur, comme je vous puis assurer pour les » avoir mesurés, huit pouces. »

(*c*) On trouve des rennes en quantité dans le pays des Samoïèdes et par tout le septentrion. *Voyage d'Oléarius*, t. Ier, p. 126. — Voyez aussi l'*Histoire de la Laponie*, par Scheffer. Paris, 1678, p. 209.

(*d*) Les Ostiaques, en Sibérie, se servent, ainsi que les Samoïèdes, de rennes et de chiens pour tirer leurs traîneaux. *Nouveau Mémoire sur la grande Russie*, t. II, p. 181. On voit en grande quantité, chez les Tunguses, des rennes, des élans, des ours, etc. *Voyage de Gmelin*, t. II, p. 206. Traduction communiquée par M. de l'Isle.

(*e*) Voyez la chasse d'un élan, faite en Norvège, par le sieur de la Martinière, dans son *Voyage des pays septentrionaux*. Paris, 1671, p. 10 et suiv.

(*f*) « Alces habitat in silvis Sueciæ, rariùs obvius hodie, quam olim. » Linn., *Fauna Suecica*, p. 13.

(*g*) « Tenent alces prægrandes albæ Russiæ sylvæ, fovent Palatinatus varii, Novogro- » densis, Brestianensis, Kioviensis, Volhinensis circa Stepan, Sandomiriensis circa Nisko, » Livoniensis in Capitaneatibus quatuor ad Poloniæ regnum pertinentibus, Varmia iis non » destituitur. » Rzaczynski, *Auctuarium*, p. 305.

(*h*) Le *loss* des Lithuaniens, le *lozzi* des Moscovites, l'*œlg* des Norvégiens, l'*elend* des Allemands et l'*alce* des Latins n'indiquent que la même bête, bien différente du *rehen* des Norvégiens, qui est le *rhenne*..... La Laponie nourrit fort peu d'élans, et elle les prend le

Russie (*a*) et dans les provinces de la Sibérie et de la Tartarie (*b*), jusqu'au nord de la Chine ; on le retrouve sous le nom d'*orignal*, et le renne sous celui de *caribou*, en Canada et dans toute la partie septentrionale de l'Amérique. Les naturalistes qui ont douté que l'orignal (*c*) fût l'élan, et le caribou (*d*) le renne, n'avaient pas assez comparé la nature avec les témoi-

plus souvent d'ailleurs, particulièrement de la Lithuanie..... Il s'en trouve dans la Finlande méridionale, en Carélie, en Russie. *Histoire de la Laponie*, par Scheffer, p. 310.

(*a*) Dans les environs de la ville d'Irkutzk, on trouve des élans, des cerfs, etc. *Voyage de Gmelin*, t. II, p. 165..... Traduction communiquée par M. de l'Isle. — Les élans sont fort communs dans le pays des Tartares Mantchoux et dans celui des Solons. *Idem, ibid.*

(*b*) L'animal de Tartarie que les Chinois appellent *han-ta-han* nous parait être le même que l'élan. « Le han-ta-han (disent les missionnaires) est un animal qui ressemble à l'élan ; » la chasse en est commune dans le pays des Solons, et l'empereur Kam-hi prenait quelque- » fois plaisir à cet amusement ; il y a des han-ta-hans de la grosseur de nos plus grands » bœufs : il ne s'en trouve que dans certains cantons, surtout vers les montagnes de Sevelki, » dans les terrains marécageux qu'ils aiment beaucoup, et où la chasse en est aisée, parce » que leur pesanteur retarde leur fuite. » *Histoire générale des voyages*, t. XVI, p. 602.

(*c*) Les *élans* ou *orignals* sont fréquents en la province de Canada et fort rares au pays des Hurons, d'autant que ces animaux se tiennent et se retirent ordinairement dans les pays les plus froids..... Les Hurons appellent ces élans *sondareinta*, et les Caribous *ausquoy*, desquels les Sauvages nous donnèrent un pied, qui est creux et si léger de la corne, et fait de telle façon, qu'on peut aisément croire ce qu'on dit de cet animal, qu'il marche sur les neiges sans enfoncer ; l'élan est plus haut que le cheval..... Il a le poil ordinairement grison et quelquefois fauve, long quasi comme le doigt de la main ; sa tête est fort longue, et porte son bois double comme le cerf, mais large et fait comme celui d'un daim, et long de trois pieds ; le pied en est fourchu comme celui du cerf, mais beaucoup plus plantureux ; la chair en est courte et fort délicate ; il paît aux prairies, et vit aussi des tendres pointes des arbres. c'est la plus abondante manne des Canadiens après le poisson. *Voyage de Sagard Théodat*, p. 308. — Il y a des élans à la Virginie. *Histoire de la Virginie*. Orléans, 1707, p. 213. — On trouve dans la Nouvelle-Angleterre grand nombre d'*orignaux* ou d'*élans*. *Description de l'Amérique septentrionale*, par Denys, t. Ier, p. 27. — L'île du cap Breton a été estimée pour la chasse de l'orignal ; il s'y en trouvait autrefois grand nombre, mais à présent il n'y en a plus, les Sauvages ont tout détruit. *Idem*, t. Ier, p. 163. — L'orignal de la Nouvelle-France est aussi puissant qu'un mulet : la tête à peu près de même, le cou plus long, le tout plus décharné, les jambes longues, fort sèches, le pied fourchu et un petit bout de queue ; les uns ont le poil gris blanc, les autres roux et noir, et quand ils vieillissent le poil est creux, long comme le doigt, et bon à faire des matelas et garnir des selles de cheval, il ne se foule pas et revient en le battant. L'élan porte un grand bois sur sa tête, plat et fourchu en forme de main ; il s'en voit qui ont environ une brasse de longueur, et qui pèsent jusqu'à cent et cent cinquante livres, il leur tombe comme au cerf. *Idem*, t. II, p. 321. — L'orignal est une espèce d'élan, qui diffère un peu de ceux qu'on voit en Moscovie ; il est grand comme un mulet d'Auvergne, et de figure semblable, à la réserve du mufle, de la queue et d'un grand bois plat, qui pèse jusqu'à trois cents livres et même jusqu'à quatre cents, s'il en faut croire quelques Sauvages qui assurent en avoir vu de ce poids-là. Cet animal cherche ordinairement les terres franches ; le poil de l'orignal est long et brun ; sa peau est forte et dure, quoique peu épaisse ; la viande en est bonne, mais la femelle a la chair plus délicate. *Voyage de la Hontan*, t. Ier, p. 86.

(*d*) Le caribou est une figure d'animal à gros mufle et à longues oreilles..... Comme il a le pied large, il échappe aisément sur la neige durcie, en quoi il diffère de l'orignal, qui est presque aussitôt enfoncé que levé. *Voyage de la Hontan*, t. Ier, p. 90. — L'île Saint-Jean est située dans la grande baie de Saint-Laurent ; il n'y a point d'orignaux dans cette île, il y a des caribous, qui est une autre espèce d'orignaux ; ils n'ont pas les bois si puissants, le poil en est plus fourni et plus long, et presque tout blanc ; ils sont excellents à manger ; la

gnages des voyageurs : ce sont certainement les mêmes animaux qui, comme tous les autres dans ce nouveau monde, sont seulement plus petits que dans l'ancien continent.

On peut prendre des idées assez justes de la forme de l'élan et de celle du renne, en les comparant tous deux avec le cerf; l'élan est plus grand, plus gros, plus élevé sur ses jambes; il a le cou plus court, le poil plus long, le bois beaucoup plus large et plus massif que le cerf; le renne est plus bas, plus trapu (a); il a les jambes plus courtes, plus grosses, et les pieds bien plus larges, le poil très fourni, le bois beaucoup plus long et divisé en un grand nombre de rameaux (b), terminés par des empaumures; au lieu que celui de l'élan n'est, pour ainsi dire, que découpé et chevillé sur la tranche : tous deux ont de longs poils sous le cou, et tous deux ont la queue courte et les oreilles beaucoup plus longues que le cerf; ils ne vont pas par bonds et par sauts, comme le chevreuil ou le cerf; leur marche est une espèce de trot, mais si prompt et si aisé qu'ils font dans le même temps presque autant de chemin qu'eux, sans se fatiguer autant; car ils peuvent trotter ainsi, sans s'arrêter, pendant un jour ou deux (c); le renne se tient sur les mon-

chair en est plus blanche que celle de l'orignal. *Description de l'Amérique septentrionale*, par Denys, t. Ier, p. 202. — Le caribou est une manière de cerf, qui, pour la course, a beaucoup d'haleine et de disposition. *Voyage de Dierville*, p. 125. — Le caribou est un animal un peu moins haut que l'orignal, qui tient plus de l'âne que du mulet pour la figure, et qui égale pour le moins le cerf en agilité; il y a quelques années qu'il en parut un sur le cap aux Diamants, au-dessus de Québec..... On estime fort la langue de cet animal, dont le vrai pays paraît être aux environs de la baie d'Hudson. *Histoire de la Nouvelle-France*, par le P. Charlevoix, t. III, p. 129. — La meilleure chasse de l'Amérique septentrionale est celle du caribou; elle dure toute l'année, et surtout au printemps et en automne, on en voit des troupes de trois et quatre cents à la fois, et davantage..... Les caribous ressemblent assez aux daims, à leurs cornes près; les matelots, la première fois qu'ils en virent, en eurent peur et s'enfuirent. *Lettres édifiantes*, Xe Recueil, p. 322.

(a) Les cerfs sont plus haut montés sur leurs jambes, mais leur corps est plus petit que celui du renne. *Histoire de la Laponie*, par J. Scheffer. Paris, 1678, p. 205.

(b) Il y a beaucoup de rennes qui ont deux cornes qui vont en arrière, comme les ont ordinairement les cerfs; il sort de ces deux cornes une branche au milieu plus petite, mais partagée aussi bien que le bois d'un cerf en plusieurs andouillers, qui est tournée sur le devant et qui, à cause de cette situation et de cette figure, peut passer pour une troisième corne, quoiqu'il arrive encore plus fréquemment que chacune des grandes cornes pousse de soi une telle branche; qu'ainsi elle a une autre petite corne avancée vers le front, et que de cette manière il paraît non plus trois cornes, mais quatre, deux en arrière comme au cerf et deux en devant, ce qui est particulier au renne... On a aussi quelquefois trouvé que les cornes des rennes étaient ainsi disposées, deux courbes en arrière, deux plus petites montantes en haut, et deux encore moindres tournées en devant, ayant toutes leurs andouillers, le tout n'ayant cependant qu'une seule racine, celles qui avancent sur le front, aussi bien que celles qui s'élèvent en haut, n'étant à proprement parler que les rejetons des grandes cornes que le renne porte courbées en arrière comme les cerfs. Au reste, cela n'est pas fort ordinaire; on voit plus fréquemment des rennes qui ont trois cornes, et le nombre de ceux qui en ont quatre, comme nous l'avons expliqué, est encore plus grand; tout ceci doit s'entendre des mâles qui les ont grandes, larges et avec beaucoup de branches : car les femelles les ont plus petites, et elles n'y ont pas tant de rameaux. *Idem*, Scheffer, p. 306.

(c) L'orignal ne court ni ne bondit, mais son trot égale presque la course du cerf. Les

tagnès (*a*) ; l'élan n'habite que les terres basses et les forêts humides : tous deux se mettent en troupe comme le cerf, et vont de compagnie ; tous deux peuvent s'apprivoiser, mais le renne beaucoup plus que l'élan ; celui-ci, comme le cerf, n'a nulle part perdu sa liberté, au lieu que le renne est devenu domestique chez le dernier des peuples : les Lapons n'ont pas d'autre bétail. Dans ce climat glacé, qui ne reçoit du soleil que des rayons obliques, où la nuit a sa saison comme le jour, où la neige couvre la terre dès le commencement de l'automne jusqu'à la fin du printemps, où la ronce, le genièvre et la mousse font seuls la verdure de l'été, l'homme pouvait-il espérer de nourrir des troupeaux ? Le cheval, le bœuf, la brebis, tous nos autres animaux utiles, ne pouvant y trouver leur subsistance, ni résister à la rigueur du froid, il a fallu chercher parmi les hôtes des forêts l'espèce la moins sauvage et la plus profitable ; les Lapons ont fait ce que nous ferions nous-mêmes, si nous venions à perdre notre bétail : il faudrait bien alors pour y suppléer, apprivoiser les cerfs, les chevreuils de nos bois, et les rendre animaux domestiques ; et je suis persuadé qu'on en viendrait à bout, et qu'on saurait bientôt en tirer autant d'utilité que les Lapons en tirent de leurs rennes. Nous devons sentir par cet exemple jusqu'où s'étend pour nous la libéralité de la nature : nous n'usons pas à beaucoup près de toutes les richesses qu'elle nous offre ; le fonds en est bien plus immense que nous ne l'imaginons ; elle nous a donné le cheval, le bœuf, la brebis, tous nos autres animaux domestiques, pour nous servir, nous nourrir, nous vêtir ; et elle a encore des espèces de réserve, qui pourraient suppléer à leur défaut, et qu'il ne tiendrait qu'à nous d'assujettir et de faire servir à nos besoins. L'homme ne sait pas assez ce que peut la nature, ni ce qu'il peut sur elle : au lieu de la rechercher dans ce qu'il ne connaît pas, il aime mieux en abuser dans tout ce qu'il en connaît.

En comparant les avantages que les Lapons tirent du renne apprivoisé avec ceux que nous retirons de nos animaux domestiques, on verra que cet animal en vaut seul deux ou trois ; on s'en sert, comme du cheval, pour tirer des traîneaux, des voitures ; il marche avec bien plus de diligence et de légèreté, fait aisément trente lieues par jour, et court avec autant d'assurance sur la neige gelée que sur une pelouse. La femelle donne du lait plus substantiel et plus nourrissant que celui de la vache ; la chair de cet animal est très bonne à manger ; son poil fait une excellente fourrure, et la peau passée devient un cuir très souple et très durable : ainsi le renne donne seul tout ce que nous tirons du cheval, du bœuf et de la brebis.

Sauvages assurent qu'il peut en été trotter trois jours et trois nuits sans se reposer. *Voyage de la Hontan*, t. Ier, p. 85.

(*a*) « Rangifer habitat in alpibus Europæ et Asiæ maxime septentrionalibus, victitat » lichene rangiferino... Alces habitat in borealibus Europæ Asiæque populetis. » Linn., *Syst. nat.*, edit. X, p. 67.

La manière dont les Lapons élèvent et conduisent ces animaux mérite une attention particulière. Olaüs (*a*), Scheffer (*b*), Regnard (*c*), nous ont donné sur cela des détails intéressants, que nous croyons devoir présenter ici par extrait, en réformant ou supprimant les faits sur lesquels ils se sont trompés. Le bois du renne, beaucoup plus grand, plus étendu, et divisé en un bien plus grand nombre de rameaux que celui du cerf, disent ces auteurs, est une espèce de singularité admirable et monstrueuse : la nourriture de cet animal pendant l'hiver est une mousse blanche qu'il sait trouver sous les neiges épaisses en les fouillant avec son bois, et les détournant avec ses pieds ; en été, il vit de boutons et de feuilles d'arbres plutôt que d'herbes que les rameaux de son bois, avancés en avant, ne lui permettent pas de brouter aisément : il court sur la neige, et enfonce peu à cause de la largeur de ses pieds... Ces animaux sont doux ; on en fait des troupeaux qui rapportent beaucoup de profit à leur maître : le lait, la peau, les nerfs, les os, les cornes des pieds, les bois, le poil, la chair, tout en est bon et utile. Les plus riches Lapons ont des troupeaux de quatre ou cinq cents rennes, les pauvres en ont dix ou douze ; on les mène au pâturage, on les ramène à l'étable, ou bien on les enferme dans des parcs pendant la nuit pour les mettre à l'abri de l'insulte des loups ; lorsqu'on leur fait changer de climat, ils meurent en peu de temps. Autrefois Stenon, prince de Suède, en envoya six à Frédéric, duc de Holstein ; et moins anciennement, en 1533, Gustave, roi de Suède, en fit passer dix en Prusse, mâles et femelles, qu'on lâcha dans les bois : tous périrent sans avoir produit, ni dans l'état de domesticité, ni dans celui de liberté. « J'aurais bien » voulu, dit M. Regnard, mener en France quelques rennes en vie : plusieurs » gens l'ont tenté inutilement, et l'on en conduisit l'année passée trois ou » quatre à Dantzick, où ils moururent, ne pouvant s'accommoder à ce climat, » qui est trop chaud pour eux. »

Il y a en Laponie des rennes sauvages et des rennes domestiques. Dans le temps de la chaleur, on lâche les femelles dans les bois, on les laisse rechercher les mâles sauvages ; et comme ces rennes sauvages sont plus robustes et plus forts que les domestiques, on préfère ceux qui sont issus de ce mélange pour les atteler au traîneau : ces rennes sont moins doux que les autres ; car non seulement ils refusent quelquefois d'obéir à celui qui les guide, mais ils se retournent brusquement contre lui, l'attaquent à coups de pied, en sorte qu'il n'a d'autre ressource que de se couvrir de son traîneau jusqu'à ce que la colère de sa bête soit apaisée ; au reste, cette voiture est si légère qu'on la manie et la retourne aisément sur soi ; elle est garnie par dessous de peaux de jeunes rennes, le poil tourné contre la neige et couché en arrière, pour que le traîneau glisse plus facilement en avant et recule

<hr>

(*a*) *Hist. de Gentibus septent., autore Olao magno.* Antuerpiæ 1558, p. 205 et seq.
(*b*) *Histoire de la Laponie,* traduite du latin de Jean Scheffer. Paris 1678, p. 205 et suiv.
(*c*) *Œuvres de Regnard.* Paris 1747, t, 1ᵉʳ, p. 172 et suiv.

moins aisément dans la montagne; le renne attelé n'a pour collier qu'un
morceau de peau où le poil est resté, doù descend vers le poitrail un trait qui
lui passe sous le ventre, entre les jambes, et va s'attacher à un trou qui est
sur le devant du traineau ; le Lapon n'a pour guides qu'une seule corde, attachée à la racine du bois de l'animal, qu'il jette diversement sur le dos de la
bête, tantôt d'un côté et tantôt de l'autre, selon qu'il veut la diriger à droite
ou à gauche : elle peut faire quatre ou cinq lieues par heure ; mais plus cette
manière de voyager est prompte, plus elle est incommode ; il faut y être
habitué et travailler continuellement pour maintenir son traîneau et l'empêcher de verser.

Les rennes ont à l'extérieur beaucoup de choses communes avec les cerfs,
et la conformation des parties intérieures est, pour ainsi dire, la même (a) :
de cette conformité de nature résultent des habitudes analogues et des effets
semblables. Le renne jette son bois tous les ans, comme le cerf, et se charge
comme lui de venaison ; il est en rut dans la même saison, c'est-à-dire vers
la fin de septembre ; les femelles, dans l'une et dans l'autre espèce, portent
huit mois et ne produisent qu'un petit ; les mâles ont de même une très
mauvaise odeur dans ce temps de chaleur ; et parmi les femelles, comme
parmi les biches, il s'en trouve quelques-unes qui ne produisent pas (b) ; les
jeunes rennes ont aussi, comme les faons dans le premier âge, le poil d'une
couleur variée ; il est d'abord d'un roux mêlé de jaune, et devient avec l'âge
d'un brun presque noir (c); chaque petit suit sa mère pendant deux ou trois
ans, et ce n'est qu'à l'âge de quatre ans révolus que ces animaux ont acquis
leur plein accroissement ; c'est aussi à cet âge qu'on commence à les dresser
et les exercer au travail ; pour les rendre plus souples, on leur fait subir
d'avance la castration, et c'est avec les dents que les Lapons font cette opération. Les rennes entiers sont fiers et trop difficiles à manier ; on ne se sert
donc que des hongres, parmi lesquels on choisit les plus vifs et les plus légers
pour courir au traîneau, et les plus pesants pour voiturer à pas plus lents les
provisions et les bagages. On ne garde qu'un mâle entier pour cinq ou six
femelles, et c'est à l'âge d'un an que se fait la castration : ils sont encore
comme les cerfs, sujets aux vers dans la mauvaise saison ; il s'en engendre
sur la fin de l'hiver une si grande quantité sous leur peau qu'elle en
est alors toute criblée ; ces trous de vers se referment en été, et aussi ce
n'est qu'en automne que l'on tue les rennes pour en avoir la fourrure ou le
cuir.

Les troupeaux de cette espèce demandent beaucoup de soin ; les rennes

(a) *Vide Rangifer, Anatom. Barth. Act.* 1671, n° 135.

(b) Sur cent femelles, il ne s'en trouve pas dix qui ne portent point, et qui à cause de
leur stérilité sont appelées *raones*; celles-ci ont la chair fort succulente vers l'automne,
comme si elles avaient été engraissées exprès. *Scheffer*, p. 204.

(c) La couleur de leur poil est plus noire que celle du cerf... Les rennes sauvages sont
toujours plus forts, plus grands et plus noirs que les domestiques. *Regnard*, t. Ier, p. 108.

sont sujets à s'écarter, et reprennent volontiers leur liberté naturelle ; il faut
les suivre et les veiller de près : on ne peut les mener paître que dans des
lieux découverts, et pour peu que le troupeau soit nombreux, on a besoin
de plusieurs personnes pour les garder, pour les contenir, pour les rappeler,
pour courir après ceux qui s'éloignent ; ils sont tous marqués, afin qu'on
puisse les reconnaître ; car il arrive souvent ou qu'ils s'égarent dans les bois,
ou qu'ils passent à un autre troupeau ; enfin les Lapons sont continuellement
occupés à ces soins : les rennes font toutes leurs richesses, et ils savent en
tirer toutes les commodités, ou, pour mieux dire, les nécessités de la vie ;
ils se couvrent depuis les pieds jusqu'à la tête de ces fourrures, qui sont
impénétrables au froid et à l'eau : c'est leur habit d'hiver ; l'été ils se servent
des peaux dont le poil est tombé ; ils savent aussi filer ce poil ; ils en recouvrent les nerfs, qu'ils tirent du corps de l'animal, et qui leur servent de
cordes et de fil ; ils en mangent la chair, en boivent le lait, et en font des
fromages très gras : ce lait, épuré et battu, donne au lieu du beurre, une
espèce de suif ; cette particularité, aussi bien que la grande étendue du bois
dans cet animal, et l'abondante venaison dont il est chargé dans le temps
du rut, sont autant d'indices de la surabondance de nourriture ; et ce qui
prouve encore que cette surabondance est excessive ou du moins plus grande
que dans aucune espèce, c'est que le renne est le seul dont la femelle ait un
bois comme le mâle, et le seul encore dont le bois tombe et se renouvelle
malgré la castration (*a*) ; car dans les cerfs, les daims et les chevreuils qui
ont subi cette opération, la tête de l'animal reste pour toujours dans le même
état où elle était au moment de la castration : ainsi le renne est, de tous les
animaux, celui où le superflu de la matière nutritive est le plus apparent, et
cela tient peut-être moins à la nature de l'animal qu'à la qualité de la nourriture ; car cette mousse blanche, qui fait surtout pendant l'hiver son unique
aliment, est un lichen dont la substance, semblable à celle de la morille ou

(*a*) « Uterque sexus cornutus est... Castratus quotannis cornua deponit. » Linn., *Syst.
nat.*, edit. X, p. 67. — *Nota.* C'est sur cette seule autorité de M. Linnæus, que nous avan-
çons ce fait, duquel nous ne voulons pas douter, parce qu'ayant voyagé dans le Nord et
demeurant en Suède, il a été à portée d'être bien informé de tout ce qui concerne le renne ;
j'avoue cependant que cette exception doit paraître singulière, attendu que dans tous les
autres animaux de ce genre, l'effet de la castration empêche la chute ou le renouvellement
du bois, et que d'ailleurs on peut opposer à M. Linnæus un témoignage contraire et positif.
« Castratis rangiferis Lappones utuntur. Cornua castratorum non decidunt et cùm hirsu-
« tasunt semper pilis luxuriant. » Hulden (*Rangifer.* Jenæ, 1697). Mais M. Hulden n'avait
peut-être d'autre raison que l'analogie pour avancer ce fait ; et l'autorité d'un habile naturaliste, tel que M. Linnæus, vaut seule plus que le témoignage de plusieurs gens moins
instruits. Le fait très certain, que la femelle porte un bois comme le mâle, est une autre
exception qui appuie la première ; l'usage où sont les Lapons de ne pas amputer les testicules
au renne, mais seulement de le bistourner, en comprimant avec les dents les vaisseaux qui
y aboutissent, la favorise encore ; car l'action des testicules qui paraît nécessaire à la production du bois n'est pas ici totalement détruite, elle n'est qu'affaiblie et peut bien s'exercer
dans le mâle bistourné, puisqu'elle a son effet même dans les femelles.

de la barbe de chèvre, est très nourrissante et beaucoup plus chargée de
molécules organiques que les herbes, les feuilles ou les boutons des arbres (*a*),
et c'est par cette raison que le renne a plus de bois et plus de venaison que
le cerf, et que les femelles et les hongres n'en sont pas dépourvus : c'est
encore de là que vient la grande variété qui se trouve dans la grandeur, dans
la figure et dans le nombre des andouillers et des rameaux du bois des
rennes ; les mâles qui n'ont été ni chassés ni contraints, et qui se nourrissent largement et à souhait de cet aliment substantiel, ont un bois prodigieux ;
il s'étend en arrière presque sur leur croupe, et en avant au delà du museau ;
celui des hongres est moindre, quoique souvent il soit encore plus grand que
le bois de nos cerfs ; enfin celui que portent les femelles est encore plus
petit : ainsi ces bois varient non seulement comme les autres par l'âge,
mais encore par le sexe et par la mutilation des mâles ; ces bois sont donc si
différents les uns des autres, qu'il n'est pas surprenant que les auteurs qui
ont voulu les décrire soient si peu d'accord entre eux.

Une autre singularité que nous ne devons pas omettre, et qui est commune au renne et à l'élan, c'est que quand ces animaux courent ou seulement précipitent leurs pas, les cornes de leurs pieds (*b*) font à chaque mouvement un bruit de craquement si fort, qu'il semble que toutes les jointures
des jambes se déboîtent ; les loups, avertis par ce bruit ou par l'odeur de la
bête, courent au-devant, la saisissent et en viennent à bout s'ils sont en
nombre, car le renne se défend d'un loup seul ; ce n'est point avec son bois,
lequel en tout lui nuit plus qu'il ne lui sert, c'est avec les pieds de devant,
qu'il a très forts ; il en frappe le loup avec assez de violence pour l'étourdir
ou l'écarter, et fuit ensuite avec assez de vitesse pour n'être plus atteint.
Un ennemi plus dangereux pour lui, quoique moins fréquent et moins nombreux, c'est le *rosomack* ou *glouton :* cet animal, encore plus vorace mais

(*a*) Ceci est singulièrement remarquable, que quoique le renne ne mange en hiver que
de cette mousse et en très grande quantité, il s'en engraisse toutefois mieux, et il est plus
net et couvert d'un plus beau poil que quand il mange en été les meilleures herbes, auquel
temps il fait horreur à voir. La raison pourquoi ces animaux se portent mieux et sont plus
gras en automne et en hiver, c'est qu'ils ne peuvent nullement souffrir le chaud, ce qui fait
qu'ils n'ont que les nerfs, la peau et les os en été. Scheffer, *Histoire de la Laponie*, p. 206.

(*b*) « Rangiferum pulices, œstra, tabani ad alpes cogunt, crepitantibus ungulis. » Linn.,
Syst. nat., edit. X, p. 67. — Le renne est encore différent du cerf, en ce qu'il a les pieds
plus courts et beaucoup plus gros, et semblables aux pieds des buffles ; c'est pourquoi il a
naturellement l'ongle ou la corne du pied fendue en deux, et presque ronde comme celle des
vaches ou des taureaux. De quelque manière qu'il marche, soit qu'il aille lentement ou qu'il
coure, les jointures de ses jambes font un assez grand bruit, tout de même que des cailloux
qui tomberaient l'un sur l'autre, ou des noix que l'on casserait, et ce bruit s'entend aussitôt
que l'on peut apercevoir la bête. *Scheffer*, p. 202. — « Fragor ac strepitus pedum, ungula-
» rumque tantus est in celeri progressu, ac si silices vel nuces collidantur ; qualem strepitum
» articulorum etiam in alce observavi. » Hulden (*Rangifer.* Jenæ, 1697). — Ce qui est de
remarquable dans le renne, c'est que tous ses os, et particulièrement les articles des pieds,
craquent comme si on remuait des noix, et font un cliquetis si fort, qu'on entend cet animal
presque d'aussi loin qu'on le voit. *Regnard*, t. 1er, p. 108.

plus lourd que le loup, ne poursuit pas le renne ; il grimpe et se cache sur un arbre pour l'attendre au passage : dès qu'il le voit à portée, il se lance dessus, s'attache sur son dos en y enfonçant les ongles (*a*), et lui entamant la tête ou le cou avec les dents, ne l'abandonne pas qu'il ne l'ait égorgé ; il fait la même guerre et emploie les mêmes ruses contre l'élan, qui est encore plus puissant et plus fort que le renne ; ce *rosomack* ou *glouton* du Nord est le même animal que le *carcajou* ou *quincajou* de l'Amérique septentrionale ; ses combats avec l'orignal sont fameux, et, comme nous l'avons dit, l'orignal du Canada est le même que l'élan d'Europe ; il est singulier que cet animal, qui n'est guère plus gros qu'un blaireau, vienne à bout d'un élan, dont la taille excède celle d'un grand cheval, et dont la force est telle que d'un seul coup de pied (*b*) il peut tuer un loup ; mais le fait est attesté par tant de témoins (*c*) que l'on ne peut en douter.

L'élan et le renne sont tous deux du nombre des animaux ruminants ;

(*a*) Il y a encore un animal gris brun, de la hauteur d'un chien, que les Suédois appellent *jœrt*, et les Latins *gulo*, qui fait aussi une guerre sanglante aux rennes. Cet animal monte sur les arbres les plus hauts pour voir et n'être point vu, et pour surprendre son ennemi ; lorsqu'il découvre un renne, soit sauvage, soit domestique, passant sous l'arbre sur lequel il est, il se jette sur son dos, et, mettant ses pattes de devant sur le cou et celles de derrière sur la queue, il s'étend et se raidit d'une telle violence, qu'il fend le renne sur le dos et enfonce son museau, qui est extrêmement pointu, dans la bête, dont il boit tout le sang. La peau du jœrt est très belle et très fine, et on la compare même aux zibelines. *Œuvres de Regnard*, t. Ier. p. 154. — Le caribou court sur la neige presque aussi vite que sur la terre, parce que ses ongles (pieds), qui sont fort larges, l'empêchent d'enfoncer ; lorsqu'il habite le fort des bois, il s'y fait des routes en hiver comme l'orignal, et y est attaqué de même par le carcajou. *Histoire de l'Académie des sciences*, année 1713, p. 14. — *Nota*. Le carcajou est le même animal que le *jœrt* ou *glouton*.

(*b*) « Lupi et ungulis et cornibus vel interimuntur vel effugantur ab alce, tanta enim vis » est in ictu ungulæ ut illico tractum lupum interimat aut fodiat, quod sæpius in canibus » robustissimis ver.atores experiuntur. » *Olai magni Hist. de gent. septent.*, p. 135.

(*c*) « Quiescentes humi et erecti stantes onagri maximi a minimâ quandoque mustelâ » guttur insiliente mordentur ut sanguine decurrente illico deficiant morituri. Adeo insatia- » bilis est hæc bestiola in cruore sugendo ut vix similem suæ quantitatis habeat in omnibus » creaturis. » *Olai magni Hist. de gent. sept.*, p. 134. — *Nota* : 1° qu'Olaüs a souvent désigné l'élan par le mot *onager* ; 2° qu'il indique mal le glouton en le comparant à une petite belette ; car cet animal est plus gros qu'un blaireau. — Le quincajou monte dans les arbres, se couche tout de son long sur une branche, attend là quelque orignal : s'il en passe, il se jette dessus son dos, il l'accole de ses griffes, l'entoure de sa queue, puis lui ronge le cou un peu au-dessous des oreilles, tant qu'il le fasse tomber bas ; il a beau courir et le frotter contre les arbres, il ne quitte jamais sa prise. *Description de l'Amérique septentrionale*, par Denys, p. 329. — Le carcajou attaque et met à mort l'orignal et le caribou ; l'orignal choisit en hiver un canton où croît abondamment l'*anagyris fœtida* ou *bois puant*, parce qu'il s'en nourrit ; et quand la terre est couverte de cinq ou six pieds de neige, il se fait dans ces cantons des chemins qu'il n'abandonne point qu'il ne soit poursuivi par les chasseurs ; le carcajou, ayant observé la route de l'orignal, grimpe sur un arbre auprès duquel il doit passer, et de là s'élance sur lui et lui coupe la gorge en un moment : en vain l'orignal se couche par terre ou se frotte contre les arbres, rien ne fait lâcher prise au carcajou, et des chasseurs ont trouvé quelquefois des morceaux de sa peau, large comme la main, qui étaient demeurés à l'arbre contre lequel l'orignal s'était frotté. *Histoire de l'Académie des sciences*, année 1707, p. 13.

leur manière de se nourrir l'indique, et l'inspection des parties intérieures le démontre (*a*); cependant Tornæus Scheffer (*b*), Regnard (*c*), Hulden (*d*), et plusieurs autres, ont écrit que le renne ne ruminait pas; Ray (*e*) a eu raison de dire que cela lui paraissait incroyable, et en effet le renne (*f*) rumine comme le cerf et comme tous les autres animaux qui ont plusieurs estomacs. La durée de la vie dans le renne domestique n'est que de quinze ou seize ans (*g*); mais il est à présumer que dans le renne sauvage elle est plus longue; cet animal, étant quatre ans à croître, doit vivre vingt-huit ou trente ans, lorsqu'il est dans son état de nature. Les Lapons chassent les rennes sauvages de différentes façons suivant les différentes saisons; ils se servent des femelles domestiques pour attirer les mâles sauvages dans le temps du rut (*h*); ils les tuent à coups de mousquet, ou les tirent avec l'arc, et décochent leurs flèches avec tant de raideur que, malgré la prodigieuse épaisseur du poil et la fermeté du cuir, il n'en faut souvent qu'une pour tuer la bête.

Nous avons recueilli les faits de l'histoire du renne avec d'autant plus de soin, et nous les avons présentés avec d'autant plus de circonspection que nous ne pouvions pas par nous-mêmes nous assurer de tous, et qu'il n'est

(*a*) Dans l'élan, les parties du dedans avaient quelque chose d'approchant de celui d'un bœuf, principalement en ce qui regarde les quatre ventricules et les intestins. *Mémoires pour servir à l'Histoire des animaux*, part. I, p. 184.

(*b*) Ceci est encore à remarquer dans le renne, qu'il ne rumine point, quoiqu'il ait la corne du pied fendue. *Scheffer*, p. 200.

(*c*) L'on remarque aussi dans les rennes que, quoiqu'ils aient le pied fendu, ils ne ruminent point. *Regnard*, t. Ier. p. 109.

(*d*) « Sunt bisulci et cornigeri, attamen non ruminant rangiferi. » *Hulden*, Rangiferi, etc.

(*e*) « Profecto (inquit Peyerus) mirum videtur animal illud tam insigniter cornutum ac » præterea bisulcum, cervisque specie simillimum ruminatione destitui, ut dignum censeam » argumentum altiore indagine curiosorum, quibus renones fors subministrat aut principum » famor. » — Hactenus *Peyerus :* « mihi certè non mirum tantum videtur sed planè incre- » dibile. » Ray. *Syn. quadr.*, p. 89.

(*f*) « Rangifer ruminat æque ac aliæ species sui generis. » Linn., *Fauna suecica*, p. 14.

(*g*) « Ætas ad tredecim vel ultra quindecim annos non excedit in domesticis. *Hulden.* — » Ætas sexdecim annorum. » Linn., *Syst. nat.*, edit. X, p. 67. — Les rennes, qui évitent tous les maux et qui surmontent toutes les maladies et les incommodités, vivent rarement plus de treize ans. *Scheffer*, p. 209.

(*h*) Les Lapons chassent les rennes avec des filets, des hallebardes, des flèches et des mousquets; cela se fait en automne ou au printemps : en automne environ la Saint-Mathieu, lorsque les rennes sont en rut, les Lapons se transportent aux endroits des forêts où ils savent qu'il y a des rennes mâles sauvages, ils y mettent des rennes femelles domestiques, et ils les attachent à des arbres : cette femelle appelle le mâle et, lorsqu'il est sur le point de la couvrir, le chasseur le tue d'un coup de mousquet ou de flèche..... Au printemps, lorsque les neiges commencent à se ramollir, et que ces animaux s'y enfoncent et s'y embar- rassent, les Lapons, chaussés de leurs raquettes, les poursuivent et les atteignent..... On les pousse, en d'autres rencontres, avec des chiens qui les font donner dans les filets; on se sert enfin d'une sorte de rets, qui sont des perches entrelacées les unes dans les autres en forme de deux grandes haies champêtres, qui font une allée fort longue et parfois de deux lieues, afin que les rennes, étant une fois poussés et engagés dedans, soient enfin contraints en fuyant de tomber dans une grande fosse faite exprès au bout de l'ouvrage. *Scheffer*, p. 209.

pas possible d'avoir ici cet animal vivant : ayant témoigné mes regrets à cet égard à quelques-uns de mes amis, M. Collinson, membre de la Société royale de Londres, homme aussi recommandable par ses vertus que par son mérite littéraire, et avec lequel je suis lié d'amitié depuis plus de vingt ans, a eu la bonté de m'envoyer un dessin du squelette du renne, et j'ai reçu de Canada un fœtus de caribou ; au moyen de ces deux pièces et de plusieurs bois de rennes qui nous sont venus de différents endroits, nous avons été en état de vérifier les ressemblances générales et les différences principales du renne avec le cerf.

A l'égard de l'élan, j'en ai vu un vivant, il y a environ quinze ans, que je voulus faire dessiner, mais comme il resta peu de jours à Paris, on n'eut pas le temps d'achever le dessin, et je n'eus moi-même que celui de vérifier la description que MM. de l'Académie des sciences ont autrefois donnée de ce même animal, et de m'assurer qu'elle est exacte et très conforme à la nature.

« L'élan (dit le rédacteur de ces Mémoires de l'Académie) (a) est remar-
» quable par la longueur du poil, la grandeur des oreilles, la petitesse de
» la queue et la forme de l'œil, dont le grand angle est beaucoup fendu, de
» même que la gueule, qui l'est bien plus qu'aux bœufs, qu'aux cerfs et
» qu'aux autres animaux qui ont le pied fourché... L'élan que nous avons
» disséqué était à peu près de la grandeur d'un cerf ; la longueur de son
» corps était de cinq pieds et demi, depuis le bout du museau jusqu'au
» commencement de la queue, qui n'était longue que de deux pouces ; sa
» tête n'avait point de bois parce que c'était une femelle, et le cou était
» court, n'ayant que neuf pouces de long et autant de large ; les oreilles
» avaient neuf pouces de long sur quatre de large... La couleur du poil
» n'était pas fort éloignée de celle du poil de l'âne, dont le gris approche
» quelquefois de celui du chameau... Mais ce poil était d'ailleurs fort diffé-
» rent de celui de l'âne, qui est beaucoup plus court, et de celui du cha-
» meau, qui l'a beaucoup plus délié ; la longueur de ce poil était de trois
» pouces, et sa grosseur égalait celle du gros crin de cheval : cette grosseur
» allait toujours en diminuant vers l'extrémité, qui était fort pointue, et vers
» la racine elle diminuait aussi, mais tout à coup, faisant comme la poignée
» d'une lance ; cette poignée était d'une autre couleur que le reste du poil,
» étant blanche et diaphane comme de la soie de pourceau... Ce poil était
» long comme à l'ours, mais plus droit, plus gros et plus couché, et tout
» d'une même espèce ; la lèvre supérieure était grande et détachée des gen-
» cives, mais non pas si grande que Solin l'a décrit, et que Pline l'a fait à
» l'animal qu'il appelle *machlis*. Ces auteurs disent que cette bête est con-
» trainte de paître à reculons, afin d'empêcher que sa lèvre ne s'engage

(a) *Mémoires pour servir à l'Histoire des animaux*, part. 1, p 178 et suiv.

» entre ses dents : nous avons observé dans la dissection que la nature a
» autrement pourvu à cet inconvénient par la grandeur et la force des mus-
» cles, qui sont particulièrement destinés à élever cette lèvre supérieure;
» nous avons aussi trouvé les articulations de la jambe fort serrées par des
» ligaments, dont la dureté et l'épaisseur peut avoir donné lieu à l'opinion
» qu'on a eue que l'*alce* ne peut se relever quand il est une fois tombé... Ses
» piéds étaient semblables à ceux du cerf, mais beaucoup plus gros, et
» n'avaient d'ailleurs rien d'extraordinaire... Nous avons observé que le
» grand coin de l'œil était fendu en bas beaucoup plus qu'il ne l'est aux
» cerfs, aux daims et aux chevreuils, mais d'une façon particulière, qui est
» que cette fente n'était pas selon la direction de l'ouverture de l'œil, mais
» faisait un angle avec la ligne qui va d'un des coins de l'œil à l'autre ; la
» glande lacrymale inférieure avait un pouce et demi de long sur sept lignes
» de large... Nous avons trouvé dans le cerveau une partie dont la grandeur
» avait aussi rapport avec l'odorat, qui est plus exquis dans l'élan que dans
» aucun autre animal, suivant le témoignage de Pausanias; car les nerfs olfac-
» tifs, appelés communément les *apophyses mamillaires*, étaient sans com-
» paraison plus grands qu'en aucun autre animal que nous ayons disséqué,
» ayant plus de quatre lignes de diamètre... Pour ce qui est du morceau de
» chair que quelques auteurs lui mettent sur le dos, et les autres sous le
» menton, on peut dire qu'ils ne se sont point trompés ou n'ont point été
» trop crédules; ces choses étaient particulières aux élans dont ils parlent. »
Nous pouvons, à cet égard, ajouter notre propre témoignage à celui de MM. de
l'Académie : dans l'élan que nous avons vu vivant, et qui était femelle, nous
n'avons pas remarqué qu'il y eût une loupe sous le menton ni sur la gorge ;
cependant M. Linnæus, qui doit connaître les élans mieux que nous, puisqu'il habite leur pays, fait mention de cette loupe sur la gorge, et la donne
même comme un caractère essentiel à l'élan : *Alces, cervus cornibus à cau-*
libus palmatis, caruncula gutturali. Syst. nat., edit. X, pag. 66. Il n'y a
d'autre moyen de concilier cette assertion de M. Linnæus avec notre négation, qu'en supposant cette *loupe* ou *caroncule gutturale* à l'élan mâle (*),
que nous n'avons pas vu ; et si cela est, cet auteur n'aurait pas dû en faire
un caractère essentiel à l'espèce, puisque la femelle ne l'a pas ; peut-être
aussi cette caroncule est-elle une maladie commune parmi les élans, une
espèce de goître ; car dans les deux figures que Gessner (a) donne de cet
animal, la première, qui n'a point de bois, porte une grosse caroncule sous
le cou ; et à la seconde, qui représente un élan mâle avec son bois, il n'y a
point de caroncule.

En général, l'élan est un animal beaucoup plus grand et bien plus fort

(a) Gessner, *Hist. quad.*, p. 1 et 3.

(*) Elle appartient, en effet, au mâle seul.

que le cerf et le renne (*a*) ; il a le poil si rude et le cuir si dur que la balle du mousquet peut à peine y pénétrer (*b*) ; il a les jambes très fermes, avec tant de mouvement et de force, surtout dans les pieds de devant, que d'un seul coup il peut tuer un homme, un loup, et même casser un arbre. Cependant on le chasse à peu près comme nous chassons le cerf, c'est-à-dire à force d'hommes et de chiens ; on assure que lorsqu'il est lancé ou poursuivi, il lui arrive souvent de tomber tout à coup (*c*), sans avoir été ni tiré ni blessé : de là on a présumé qu'il était sujet à l'épilepsie, et de cette présomption (qui n'est pas bien fondée, puisque la peur seule pourrait produire le même effet) on a tiré cette conséquence absurde que la corne de ses pieds devait guérir de l'épilepsie, et même en préserver, et ce préjugé grossier a été si généralement répandu qu'on voit encore aujourd'hui quantité de gens du peuple porter des bagues, dont le chaton renferme un petit morceau de corne d'élan.

Comme il y a très peu d'hommes dans les parties septentrionales de l'Amérique, tous les animaux, et en particulier les élans, y sont en plus grand nombre que dans le nord de l'Europe. Les sauvages n'ignorent pas l'art de

(*a*) L'élan surpasse le renne de beaucoup en grandeur, étant égal aux plus grands chevaux ; l'élan, outre cela, a les cornes bien plus courtes, et larges de deux paumes de main, lesquelles ont aux côtés et par devant des andouillers en assez petit nombre ; il n'a pas les pieds ronds, surtout ceux de devant, mais longs, dont il se bat rudement ; il en perce les hommes et les chiens. Il ne ressemble pas mieux au renne par la tête qu'il a plus longue avec de grandes et grosses lèvres qui lui pendent. Sa couleur n'est pas si blanche que celle du renne, mais elle tire également par tout son corps sur un jaune très obscur, mêlé avec un gris cendré, et puis quand il marche on n'entend pas le bruit des jointures de ses jambes, comme il arrive à tous les rennes ; enfin quiconque a bien considéré l'un et l'autre animal (ce qui m'est plusieurs fois arrivé) y a remarqué tant de différences qu'il y a sujet de s'étonner de ce qu'il se trouve des personnes qui les prennent pour le même. *Scheffer*, p. 310.

(*b*) « Alces ungulâ ferit ; quinquaginta m'lliaria de die percurrit, corium globum plumbeum fere eludit. » Linn., *Syst. nat.*, édit. X, p. 67.

(*c*) La chasse ayant été préparée le jour de devant, nous ne fûmes pas à plus d'une portée de pistolet dans le bois, que nous avisâmes un élan, qui, courant devant nous, tomba tout d'un coup sans avoir été tiré, ni avoir entendu tirer : ce qui m'obligea de demander à mon guide et interprète d'où venait que cet animal était tombé de la sorte ; à quoi il me répondit que c'était du mal caduc, duquel tous ces animaux sont affligés, qui est la cause pour laquelle on les nomme *ellends*, qui veut dire *misérable*... et n'était ce mal qui les fait tomber, on aurait de la peine à les attraper, ce que je vis peu après que le gentilhomme Norvégien eut tué cet élan dans son mal ; en poursuivant ensuite un autre pendant plus de deux heures sans pouvoir l'attraper, et que nous n'aurions jamais pris sans qu'il tomba, comme le premier, du même mal caduc, après avoir tué trois des plus forts chiens de ce gentilhomme avec les pieds de devant, ce qui le fâcha fort et ne voulut pas chasser davantage... Il me donna pour témoignage d'amitié les pieds gauches de derrière des élans qu'il avait tués, me faisant entendre que c'était un remède souverain pour ceux qui tombent du haut mal ; à quoi je répondis, en riant, que je m'étonnais que ce pied ayant tant de vertu, l'animal qui le portait ne s'en guérissait pas l'ayant toujours avec lui : ce gentilhomme se prit à rire aussi, et dit que j'avais raison, en ayant donné à plusieurs personnes affligées de pareil mal, qui n'avaient pas été guéries, et qu'il connaissait aussi bien que moi, que cette prétendue vertu du pied d'élan était une erreur populaire. *Voyage de la Martinière*. Paris, 1671, **p. 10** et suiv.

les chasser et de les prendre (*a*) ; ils les suivent à la piste, quelquefois pendant plusieurs jours de suite, et à force de constance et d'adresse, ils en viennent à bout ; la chasse en hiver est surtout singulière. « On se sert, dit
» Denys, de raquettes par le moyen desquelles on marche sur la neige sans
» enfoncer... L'orignal ne fait pas grand chemin, parce qu'il enfonce dans
» la neige, ce qui le fatigue beaucoup à cheminer ; il ne mange que le jet
» du bois de l'année : là où les Sauvages trouvaient le bois mangé, ils rencontraient bientôt les bêtes, qui n'en étaient pas loin, et les approchaient
» facilement, ne pouvant aller vite ; ils leur lançaient un dard, qui est un
» grand bâton au bout duquel est emmanché un grand os pointu qui perce
» comme une épée ; s'il y avait plusieurs orignaux d'une bande, ils les faisaient fuir : alors les orignaux se mettaient tous queue à queue, faisant
» un grand cercle d'une lieue et demie ou deux lieues, et quelquefois plus,
» et battaient si bien la neige à force de tourner qu'ils n'enfonçaient plus ;
» celui de devant étant las se met derrière ; les Sauvages en embuscade les
» attendaient passer et là les dardaient ; il y en avait un qui les poursuivait
» toujours, à chaque tour il en demeurait un, mais à la fin ils s'écartaient
» dans le bois. » En comparant cette relation avec celles que nous avons
déjà citées, on voit que l'homme sauvage et l'orignal de l'Amérique copient
le Lapon et l'élan d'Europe aussi exactement l'un que l'autre.

LE BOUQUETIN (*b*), LE CHAMOIS (*c*)

ET LES AUTRES CHÈVRES

Quoiqu'il y ait apparence que les Grecs connaissaient le bouquetin (*) et le chamois (**), ils ne les ont pas désignés par des dénominations particulières, ni même par des caractères assez précis pour qu'on puisse les reconnaître ; ils ne les ont indiqués que sous le nom générique de *chèvres*

(*a*) *Description de l'Amérique*, par Denys, t. II, p. 425 et suiv.

(*b*) *Bouquetin*, autrefois *bouc estain*, *boucstein*, c'est-à-dire, *bouc de rochers*. *Stein* signifie *pierre* dans la langue teutonique. *Steinbock*.

(*c*) Chamois, en latin *rupicapra*,... en vieux français, *ysard*, *ysarus*, *sarris*. — Belon prétend que le nom français chamois vient du grec *cemas* ; mais il n'est pas sûr que le *cemas* ou plutôt *kemas* d'Élien indique, en effet, le *chamois*.

(*) Le Bouquetin des Alpes (*Capra Ibex* L.) est un Mammifère de l'ordre des Artiodactyles Ruminants, de la famille des Cavicornes et de la sous-famille des Oviens, très voisin de la Chèvre.

(**) Le Chamois (*Rupicapra* PALL.) est un Artiodactyle ruminant de la famille des Cavicornes et de la sous-famille des Antilopiens.

sauvages (*a*) : vraisemblablement ils présumaient que ces animaux étaient de la même espèce que les chèvres domestiques (*b*), puisqu'ils ne leur ont point appliqué de noms propres, comme ils l'ont fait à tous les animaux d'espèces différentes ; au contraire, nos naturalistes modernes ont tous regardé le bouquetin et le chamois comme deux espèces réellement distinctes, et toutes deux différentes de celle de nos chèvres. Il y a des faits et des raisons pour et contre ces deux opinions, et nous allons les exposer en attendant que l'expérience nous apprenne si ces animaux peuvent se mêler et produire ensemble des individus féconds et qui remontent à l'espèce originaire, ce qui seul peut décider la question.

Le bouquetin mâle diffère du chamois par la longueur, la grosseur et la forme des cornes ; il est aussi beaucoup plus grand de corps, et il est plus vigoureux et plus fort ; cependant le bouquetin femelle a les cornes différentes de celles du mâle, beaucoup plus petites et assez ressemblantes à celles du chamois (*c*) ; d'ailleurs ces animaux ont tous deux les mêmes habitudes, les mêmes mœurs et la même patrie ; seulement le bouquetin, comme plus agile et plus fort, s'élève jusqu'au sommet des plus hautes montagnes, au lieu que le chamois n'en habite que le second étage (*d*) ; mais ni l'un ni l'autre ne se trouvent dans les plaines : tous deux se frayent des chemins dans les neiges, tous deux franchissent les précipices en bondissant de rochers en rochers, tous deux sont couverts d'une peau ferme et solide, et vêtus en hiver d'une double fourrure, d'un poil extérieur assez rude et d'un intérieur plus fin et plus fourni (*e*) ; tous deux ont une raie noire sur le dos ; ils ont aussi la queue à peu près de la même grandeur ; le nombre des ressemblances extérieures est si grand en comparaison des différences, et la conformité des parties intérieures est si complète, qu'en raisonnant en conséquence de tous ces rapports de similitude, on serait porté à conclure que ces deux animaux ne sont pas d'une

(*a*) « Rupicapras inter capras silvestres adnumerare libet quoniam hoc nomen apud solum » Plinium legimus, et apud Græcos simpliciter *feræ capræ* dicuntur, ut conjicio : nam et » magnitudine et figurâ tum cornuum tum figurâ corporis ad villaticas proximè accedunt. » Gessner, *Hist. quad.*, p. 292.

(*b*) « Capræ quas alimus a capris feris sunt ortæ, a queis propter Italiam Capraria insula » est nominata. » *Varro.*

(*c*) « Fœmina in hoc genere mare suo minor est, minusque fusca, major Caprâ villaticâ » rupicapræ non adeo dissimilis : cornua ei parva et ea quoque rupicapræ aut vulgaris capræ » cornibus ferè similia. » *Stumpfius apud Gessner.*, p. 305.

(*d*) « Rupes montium colunt rupicapræ, non summas tamen ut ibex, neque tam altè et » longè saliunt, descendunt aliquando ad inferiora Alpium juga. » Gessner, *Hist. quad.*, p. 292.

(*e*) Le chamois a les jambes plus longues que la chèvre domestique, mais le poil plus court ; celui qui garnissait le ventre et les cuisses, qui était le plus long, n'avait que quatre pouces et demi ; au dos et aux flancs le poil était de deux espèces ; car, outre le grand poil qui paraissait, il y en avait un petit, fort court et très fin, caché dessous autour des racines du grand, comme au castor ; la tête, le ventre et les jambes n'avaient que le gros poil. *Mémoires pour servir à l'histoire des animaux*, part. I, p. 203.

espèce réellement différente, mais que ce sont simplement des variétés constantes d'une seule et même espèce ; d'ailleurs les bouquetins (a), aussi bien que les chamois, lorsqu'on les prend jeunes et qu'on les élève avec les chèvres domestiques, s'apprivoisent aisément, s'accoutument à la domesticité, prennent les mêmes mœurs, vont comme elles en troupeaux, reviennent de même à l'étable, et vraisemblablement s'accouplent et produisent ensemble. J'avoue cependant que ce fait, le plus important de tous, et qui seul déciderait la question, ne nous est pas connu ; nous n'avons pu savoir (b), ni par nous, ni par les autres, si les bouquetins et les chamois produisent avec nos chèvres, seulement nous le soupçonnons ; nous sommes à cet égard de l'avis des anciens, et de plus notre présomption nous paraît fondée sur des analogies que l'expérience a rarement démenties.

Cependant, et voici les raisons contre : l'espèce du bouquetin et celle du chamois sont toutes deux subsistantes dans l'état de nature, et toutes deux constamment distinctes ; le chamois vient quelquefois lui-même se mêler au troupeau de chèvres domestiques (c), le bouquetin ne s'y mêle jamais, à moins qu'on ne l'ait apprivoisé ; le bouquetin et le bouc ont une très longue barbe, et le chamois n'en a point ; les cornes du chamois mâle et femelle sont très petites ; celles du bouquetin mâle sont si grosses (d) et si longues qu'on

(a) Si les habitants de l'île de Crète peuvent prendre les faons des boucs estains (dont il y a grande quantité) errants par les montagnes, ils les nourrissent avec les chèvres privées et les rendent apprivoisés. Mais les sauvages, dont il y a grande quantité, sont à ceux qui les peuvent prendre ou tuer... Ils sont couverts d'un poil fauve... Ils deviennent gris en vieillissant, et portent une ligne noire dessus l'échine. Nous en avons aussi en nos montagnes (de France), et principalement ès lieux et de difficile accès... Le bouc estain saute d'un rocher sur l'autre de plus de six pas d'intervalle, chose quasi incroyable à qui ne l'aurait vu. *Observations de Belon*, feuillet 14, *recto* et *verso*. — « Audio Rupicapras aliquando cicurari. » Gessner, *De quadr.*, p. 292. — « Vaslesii ibicem in prima ætate captam omnino cicurari et » cum villaticis capris ad pascua ire et redire aiunt, progressu tamen ætatis ferum ingenium » non prorsus exuere. » Stumpfius apud Gessner, *Hist. quadr.*, p. 305.

(b) Dans la compilation que MM. Arnault de Nobleville et Salerne ont faite sur l'histoire des animaux, il est dit (t. IV, p. 264) que les chamois sont en rut presque tout le mois de septembre, que les femelles portent neuf mois, et qu'elles mettent bas pour l'ordinaire en juin ; si ces faits étaient vrais, ils indiqueraient très clairement que le chamois n'est pas de même espèce que la chèvre, qui ne porte qu'environ cinq mois ; mais je les crois suspects, pour ne pas dire faux ; les chasseurs, comme on le peut voir par les passages que je citerai, assurent, au contraire, que le chamois et le bouquetin ne sont en rut que dans le mois de novembre, et que les femelles mettent bas au mois de mai : ainsi le temps de la gestation, au lieu de s'étendre à neuf mois, doit se réduire à peu près à cinq, comme dans les chèvres domestiques. Au reste, nous en appelons à l'expérience, et nous ne croyons pas qu'elle nous démente.

(c) « Rupicapræ aliquando accedunt usque ad greges caprarum cicurum quos non refugiunt » quod non faciunt ibices. » Gessner, *Hist. quadr.*, p. 292.

(d) « Ibex egregium ut et corpulentum animal, specie ferè cervinâ minus tamen, cruribus » quidem gracilibus et capite parvo cervum exprimit. Pulchros et splendidos oculos habet. » Color pellis fuscus est. Ungulæ bisulcæ et acutæ ut in rupicapris, cornua magni ponderis » ei reclinantur ad dorsum, aspera et nodosa, eoque magis quo grandior ætas processerit ; » augentur enim quotannis donec jam vetulis tandem nodi circiter viginti increverint. Bina

n'imaginerait pas qu'elles pussent appartenir à un animal de cette taille ; et le chamois paraît différer du bouquetin et du bouc par la direction de ses cornes, qui sont un peu inclinées en avant dans leur partie inférieure et courbées en arrière à la pointe en forme d'hameçon ; mais, comme nous l'avons déjà dit, en parlant des bœufs et des brebis, les cornes varient prodigieusement dans les animaux domestiques ; elles varient beaucoup aussi dans les animaux sauvages suivant les différents climats ; la femelle dans nos chèvres n'a pas les cornes absolument semblables à celles de son mâle ; les cornes du bouquetin mâle ne sont pas fort différentes de celles du bouc, et comme la femelle du bouquetin se rapproche de nos chèvres et même du chamois par la taille et par la petitesse des cornes, ne pourrait-on pas en conclure que ces trois animaux, le bouquetin, le chamois et le bouc domestique ne font en effet qu'une seule et même espèce, mais dans laquelle les femelles sont d'une nature constante et semblables entre elles, au lieu que les mâles subissent des variétés qui les rendent différents les uns des autres? Dans ce point de vue, qui n'est peut-être pas aussi éloigné de la nature que l'on pourrait l'imaginer, le bouquetin serait le mâle dans la race originaire des chèvres, et le chamois en serait la femelle (a) ; je dis que ce point de vue n'est pas imaginaire, puisque l'on peut prouver par l'expérience qu'il y a des espèces dans la nature où la femelle peut également servir à des mâles d'espèces différentes et produire de tous deux ; la brebis produit avec le bouc aussi bien qu'avec le bélier, et produit toujours des agneaux, des individus de son espèce ; le bélier, au contraire, ne produit point avec la chèvre ; on peut donc regarder la brebis comme une femelle commune à deux mâles différents, et par conséquent elle constitue l'espèce indépendamment du mâle. Il en sera de même dans celle du bouquetin, la femelle seule y représente l'espèce primitive, parce qu'elle est d'une nature constante ; les mâles, au contraire, ont varié, et il y a grande apparence que la chèvre domestique qui ne fait, pour ainsi dire, qu'une seule et même femelle avec celles du chamois et du bouquetin, produirait également avec ces trois différents mâles, lesquels seuls font variété dans l'espèce, et qui par conséquent n'en altèrent pas l'identité, quoiqu'ils paraissent en changer l'unité.

Ces rapports, comme tous les autres rapports possibles, doivent se trouver dans la nature des choses ; il paraît même qu'en général les femelles

« cornua ultimi incrementi ad pondus sedecim aut octodecim librarum accedunt... Ibex saliendo rupicapram longè superat ; hoc tantum valet ut nisi qui viderit vix credat. » *Stumpfius apud Gesmer.*, p. 305.

(a) Le défaut de barbe, dans le chamois, est un caractère féminin qu'il faut réunir avec les autres ; le chamois mâle paraît, ainsi que sa femelle, participer aux qualités féminines de la chèvre ; ainsi l'on peut présumer que le bouc domestique engendrerait avec la femelle du chamois, et qu'au contraire le chamois mâle ne pourrait engendrer avec la chèvre domestique. Le temps confirmera ou détruira cette conjecture.

contribuent plus que les mâles au maintien des espèces ; car, quoique tous deux concourent à la première formation de l'animal, la femelle, qui seule fournit ensuite tout ce qui est nécessaire à son développement et à sa nutrition, le modifie et l'assimile plus à sa nature, ce qui ne peut manquer d'effacer en beaucoup de parties les empreintes de la nature du mâle ; ainsi lorsqu'on veut juger sainement une espèce, ce sont les femelles qu'il faut examiner. Le mâle donne la moitié de la substance vivante, la femelle en donne autant, et fournit de plus toute la matière nécessaire pour le développement de la forme : une belle femme a presque toujours de beaux enfants ; un bel homme avec une femme laide ne produit ordinairement que des enfants encore plus laids.

Ainsi dans la même espèce il peut y avoir quelquefois deux races, l'une masculine et l'autre féminine, qui, toutes deux, subsistant et se perpétuant avec leurs caractères distinctifs, paraissent constituer deux espèces différentes, et c'est là le cas où il est, pour ainsi dire, impossible de fixer le terme entre ce que les naturalistes appellent *espèce* et *variété*. Supposons, par exemple, qu'on ne donnât constamment que des boucs à des brebis et des béliers à d'autres, il est certain qu'après un certain nombre de générations il s'établirait dans l'espèce de la brebis une race qui tiendrait beaucoup du bouc, et pourrait ensuite se maintenir par elle-même ; car, quoique le premier produit du bouc avec la brebis remonte presque entièrement à l'espèce de la mère, et que ce soit un agneau et non pas un chevreau, cependant cet agneau a déjà le poil et quelques autres caractères de son père. Que l'on donne ensuite le même mâle, c'est-à-dire le bouc, à ces femelles bâtardes, leur produit dans cette seconde génération approchera davantage de l'espèce du père, et encore plus dans la troisième, etc.; bientôt les caractères étrangers l'emporteront sur les caractères naturels, et cette race factice pourra se soutenir par elle-même et former dans l'espèce une variété dont l'origine sera très difficile à reconnaître : or, ce qui se peut d'une espèce à une autre se peut encore mieux dans la même espèce ; si des femelles très vigoureuses n'ont constamment que des mâles faibles il s'établira avec le temps une race féminine, et si en même temps des mâles très forts n'ont que des femelles trop inférieures en force et en vigueur, il en résultera une race masculine qui paraîtra si différente de la première qu'on ne voudra pas leur accorder une origine commune, et qu'on viendra par conséquent à les regarder comme des espèces réellement distinctes et séparées.

Nous pouvons ajouter à ces réflexions générales quelques observations particulières. M. Linnæus (*a*) assure avoir vu en Hollande deux animaux du

---

(*a*) « Capra cornibus depressis, incurvis, minimis, cranio incumbentibus. Magnitudino hædi
» hirci : pili longi, penduli ; cornua lunata, crassa, vix digitum longa, adpressa ut ferè cutem
» perforent : habitat in America. » — *Nota.* Je doute que M. Linnæus ait été bien informé au

genre des chèvres, dont le premier avait les cornes très courtes, très rabattues, presque appliquées sur le crâne, et le poil long ; le second avait les cornes droites, recourbées en arrière au sommet, et le poil court : ces animaux, qui paraissent être d'espèce plus éloignée que le chamois et la chèvre commune, ont néanmoins produit ensemble, ce qui démontre que ces différences de la forme des cornes et de la longueur du poil ne sont pas des caractères spécifiques et essentiels, puisque ces animaux n'ont pas laissé de produire ensemble, et que par conséquent ils doivent être regardés comme étant de la même espèce ; l'on peut donc tirer de cet exemple l'induction très vraisemblable que le chamois et notre chèvre, dont les principales différences consistent de même dans la forme des cornes et la longueur du poil, ne laissent pas d'être de la même espèce.

Nous avons au cabinet du Roi le squelette d'un animal qui fut donné à la ménagerie sous le nom de *capricorne ;* il ressemble parfaitement au bouc domestique par la charpente du corps et la proportion des os, et particulièrement au bouquetin par la forme de la mâchoire inférieure ; mais il diffère de l'un et de l'autre par les cornes : celles du bouquetin ont des tubercules proéminents et deux arêtes longitudinales, entre lesquelles est une face antérieure bien marquée ; celles du bouc n'ont qu'une arête et point de tubercules ; les cornes du capricorne n'ont qu'une arête, point de face antérieure, et ont en même temps des rugosités sans tubercules, mais plus fortes que celles du bouc ; elles indiquent donc une race intermédiaire entre le bouquetin et le bouc domestique ; de plus les cornes du capricorne sont courtes et recourbées à la pointe comme celles du chamois, et en même temps elles sont comprimées et annelées : ainsi elles tiennent à fa fois du bouc, du bouquetin et du chamois.

M. Browne (a), dans son histoire de la Jamaïque, rapporte qu'on trouve

sujet du pays natal de cet animal, et je le crois originaire d'Afrique ; les raisons sur lesquelles je fonde ce doute et cette présomption sont : 1° qu'aucun auteur n'a dit que cette espèce de chèvre, non plus que la chèvre commune, se soient trouvées en Amérique. 2° Que tous les voyageurs s'accordent, au contraire, à assurer qu'il se trouve en Afrique des chèvres grandes, moyennes et petites, toutes différentes les unes des autres. 3° Parce que nous avons vu un animal qui nous est parvenu sous le nom de *bouc d'Afrique,* lequel ressemble si fort à la description du *capra cornibus depressis,* etc., de M. Linnæus, que nous le regardons comme le même animal ; ainsi, nous nous croyons fondés à assurer que cette petite espèce de chèvre est originaire d'Afrique, et non pas d'Amérique.

« Capra cornibus erectis, apice recurvis. Magnitudo hædi hirci unius anni. Pili breves, » cervini, cornua vix digitum longa antrorsum recurvatâ apice : hæc cum precedenti coibat » et pullum non diu superstitem in vivario Cliffortiano producebat. Facies utriusque adeo » aliena, ut vix speciem eamdem at diversissimam argueret. » Linn., *Syst. nat.,* édit. X, p. 69.

(a) *Capra* ɪ, *cornibus carinalis arcualis.* Linn., *Syst. nat. The Nanny-goat.*

Capra ɪɪ, *cornibus erectis uncinatis, pedibus longioribus.*

Capra cornibus erectis uncinatis. Linn., *Syst. nat.... The rupi-goat.*

« These are not either of them natives of Jamaïca ; but the latter is often imported thither » from the main and Rubee-island ; and the other from many parts of Europe. The milk of » these animals is very pleasant in all those warm countries, for it loses that rancid taste

actuellement dans cette île : 1° la chèvre commune domestique en Europe ;
2° le chamois ; 3° le bouquetin ; il assure que ces trois animaux ne sont
point originaires d'Amérique, qu'ils y ont été transportés d'Europe, qu'ils
ont, ainsi que la brebis, dégénéré dans cette terre nouvelle, qu'ils y sont
devenus plus petits ; que la laine des brebis s'est changée en poil rude
comme celui de la chèvre ; que le bouquetin paraît être d'une race bâtarde, etc. Nous croyons donc que la petite chèvre à cornes droites et
recourbées au sommet, que M. Linnæus a vue en Hollande, et qu'il dit
être venue d'Amérique, est le chamois de la Jamaïque, c'est-à-dire le
chamois d'Europe, dégénéré et devenu plus petit en Amérique ; et que
le bouquetin de la Jamaïque, que M. Browne appelle *bouquetin bâtard*,
est notre capricorne, qui ne paraît être en effet qu'un bouquetin dégénéré devenu plus petit et dont les cornes auront varié sous le climat
d'Amérique.

M. Daubenton, après avoir examiné scrupuleusement les rapports du
chamois au bouc et au bélier, dit qu'en général il ressemble plus au bouc
qu'au bélier ; les principales disconvenances sont, après les cornes, la forme
et la grandeur du front, qui est moins élevé et plus court dans le chamois
que dans le bouc, et la position du nez qui est moins reculé que celui du
bouc ; en sorte que par ces deux rapports le chamois ressemble plus au
bélier qu'au bouc ; mais en supposant, comme il y a tout lieu de le présumer,
que le chamois est une variété constante de l'espèce du bouc, comme le
dogue ou le lévrier sont des variétés constantes dans l'espèce du chien, on
verra que ces différences dans la grandeur du front et dans la position du
nez ne sont pas, à beaucoup près, si grandes dans le chamois relativement
au bouc que dans le dogue relativement au lévrier, lesquels cependant
produisent ensemble et sont certainement de la même espèce ; d'ailleurs,
comme le chamois ressemble au bouc par un grand nombre, et au bélier par
un moindre-nombre de caractères, si l'on veut en faire une espèce particulière,
cette espèce sera nécessairement intermédiaire entre le bouc et le bélier ;
or, nous avons vu que le bouc et la brebis produisent ensemble : donc le
chamois, qui est intermédiaire entre les deux, et qui en même temps est

» wich it naturally has in Europe. A kid is generally thought as good, if not better, than a
» lamb, and frequently served up at the tables of every rank of people. »
   Capra III, *cornibus nodosis in dorsum reclinatis.* Linn., *Syst. nat.....* The *Bastard Ibex*.
   « This species seems to be a bastard sort of the Ibex-goat, it is the most common kind
» in Jamaïca, and esteemed the best by most people. It was firs introduced there by the
» Spaniards, and seems now naturalized in these parts. »
   Ovis 1, *cornibus compressis lunatis.* Linn., *Syst. nat. The Sheep.* « These animals have
» been doubtless bred in Jamaïca ever since the time of the Spaniards ; and thrive very well
» in every quarter of the Island, but they are generally very small. A sheep carried from a
» cold climate to any of those sultry regions, soon alters its appearance, for in an year or
» two, instead of wool it puts out a coat of hair like a goat. » *The civil and natural history
of Jamaica*, by Patrick Browne, M. D. London, 1756, chap. v, sect. 4.

beaucoup plus près du bouc que du bélier par le nombre des ressemblances, doit produire avec la chèvre, et ne doit par conséquent être considéré que comme une variété constante dans cette espèce.

Il est donc presque prouvé que le chamois produirait avec nos chèvres, puisque ce même chamois, transporté et devenu plus petit en Amérique, produit avec la petite chèvre d'Afrique ; le chamois n'est donc qu'une variété constante dans l'espèce de la chèvre comme le dogue dans celle du chien ; et d'autre côté nous ne pouvons guère douter que le bouquetin ne soit la vraie chèvre, la chèvre primitive dans son état sauvage, et qu'il ne soit à l'égard des chèvres domestiques ce que le mouflon est à l'égard des brebis. Le *bouquetin* ou *bouc sauvage* ressemble entièrement et exactement au bouc domestique par la conformation, l'organisation, le naturel et les habitudes physiques ; il n'en diffère que par deux légères différences, l'une à l'extérieur et l'autre à l'intérieur ; les cornes du bouquetin sont plus grandes que celles du bouc : elles ont deux arêtes longitudinales, celles du bouc n'en ont qu'une ; elles ont aussi de gros nœuds ou tubercules transversaux qui marquent les années de l'accroissement, au lieu que celles des boucs ne sont, pour ainsi dire, marquées que par des stries transversales ; la forme du corps est pour tout le reste absolument semblable dans le bouquetin et le bouc ; à l'intérieur, tout est aussi exactement pareil, à l'exception de la rate, dont la forme est ovale dans le bouquetin et approche plus de celle de la rate du chevreuil ou du cerf que de celle du bouc ou du bélier : cette dernière différence peut provenir du grand mouvement et du violent exercice de l'animal ; le bouquetin court aussi vite que le cerf, et saute plus légèrement que le chevreuil ; il doit donc avoir la rate faite comme celle des meilleurs coureurs : cette différence vient donc moins de la nature que de l'habitude, et il est à présumer que si nos boucs domestiques devenaient sauvages, et qu'ils fussent forcés à courir et à sauter comme les bouquetins, la rate reprendrait bientôt la forme la plus convenable à cet exercice ; et à l'égard de ses cornes les différences, quoique très apparentes, n'empêchent pas qu'elles ne ressemblent plus à celles du bouc qu'à celles d'aucun autre animal : ainsi le bouquetin et le bouc étant plus voisins l'un de l'autre que d'aucun autre animal par cette partie même, qui est la plus différente de toutes, l'on doit en conclure, tout le reste étant le même, que malgré cette légère et unique disconvenance ils sont tous deux d'une seule et même espèce.

Je considère donc le bouquetin, le chamois et la chèvre domestique comme une même espèce, dans laquelle les mâles ont subi de plus grandes variétés que les femelles, et je trouve en même temps dans les chèvres domestiques des variétés secondaires qui sont moins équivoques et qu'il est plus aisé de reconnaître pour telles, parce qu'elles appartiennent également aux mâles et aux femelles ; on a vu que la chèvre d'Angora, quoique très différente de la nôtre par le poil et par les cornes, est néanmoins de la même espèce ; on peut assurer la même chose du bouc de Juda, duquel M. Linnæus (a) a eu raison de ne faire qu'une variété de l'espèce domestique ; cette chèvre, qui est commune en Guinée (b), à Angole et sur les autres côtes d'Afrique, ne diffère, pour ainsi dire, de la nôtre qu'en ce qu'elle est plus petite, plus trapue, plus grasse ; sa chair est aussi bien meilleure à manger, on la préfère dans son pays au mouton, comme nous préférons ici le mouton à la chèvre ; il en est encore de même de la chèvre mambrine (c) ou chèvre du Levant, à longues oreilles pendantes : ce n'est qu'une variété de la chèvre d'Angora, qui a aussi les oreilles pendantes, mais moins longues que la chèvre mambrine ; les anciens connaissaient ces deux chèvres (d), et ils n'en séparaient pas les espèces de l'espèce commune ; cette variété de la chèvre mambrine s'est plus étendue que celle de la chèvre d'Angora, car on trouve ces chèvres à très longues oreilles en Égypte (e) et aux Indes orientales (f), aussi bien qu'en Syrie ; elles donnent beaucoup de lait (g), qui est d'assez bon goût, et que les Orientaux préfèrent à celui de la vache et du buffle.

A l'égard de la petite chèvre que M. Linnæus a vue vivante, et qui a produit avec le petit chamois d'Amérique, l'on doit penser, comme nous l'avons dit, qu'originairement elle a été transportée d'Afrique ; car elle ressemble si fort à notre bouc d'Afrique qu'on ne peut guère douter qu'elle ne soit de cette espèce, ou qu'elle n'en ait au moins tiré sa première origine ; cette même chèvre, déjà petite en Afrique, sera devenue encore plus petite en Amérique, et l'on sait, par le témoignage des voyageurs, qu'on a souvent et

(a) Linn., *Syst. nat.*, edit. X, p. 68.

(b) On trouve dans le pays de Guinée une grande quantité de chèvres semblables à celles d'Europe, sinon qu'elles y sont, comme toutes les autres bêtes, extraordinairement petites : mais elles sont beaucoup plus grasses et plus charnues que les moutons ; c'est pourquoi il y a des personnes qui les estiment incomparablement plus, surtout les petits boucs que l'on châtre. *Voyage de Bosman*, p. 238.

(c) *Chèvre mambrine*, ainsi appelée parce qu'on la trouve en Syrie, sur le mont Mambre. — *Capra indica*. Gessner, *Hist. quadr.*, p. 267. — « Hircus cornibus minimis, erectis parum- » per retrorsum incurvis, auriculis longissimis pendulis..... » *Capra Syriaca*, la chèvre de Syrie. Brisson, *Règne animal*, p. 72.

(d) « In Syriâ oves sunt caudâ latâ ad cubiti mensuram : Capræ auriculis mensurâ pal- » mari et dodrantali, ac nonnullæ demissis, ita ut spectent ad terram..... In Cicilia capræ » tondentur ut alibi oves. » Aristot., *Hist. anim.*, lib. viii, cap. 28.

(e) « Ex capris complures sunt (in Ægypto) quæ ita aures oblongas habent, ut extremi- » tate terram usque contingant. » Prosper Alpin, *Hist. Ægypt.*, lib. iv, p. 229.

(f) Il y a à Pondichéry des cabris qui sont tout différents des nôtres : ils ont de grandes oreilles abattues, une mine extrêmement basse et niaise ; la chair en est mauvaise ; j'en ai goûté, et, faute d'autre chose, on en mange quelquefois à Pondichéry. *Nouveau voyage*, par le sieur Luillier. Rotterdam, 1726, p. 30.

(g) « Goats are remarkable for the length of its ears..... The size of the animal is some- » what larger than ours but their ears are often a foot long and broad in proportion ; they » are chiefly kept for their milk of which they yield no inconsiderable quantity ; and it is » sweet and well tasted. » *Nat. hist. of Alepo*, by Alex. Russel, M. D. London, 1756.

depuis longtemps transporté d'Afrique, comme d'Europe, en Amérique, des brebis, des cochons et des chèvres, dont les races se sont maintenues dans ce nouveau monde, et y subsistent encore aujourd'hui sans autre altération que celle de la taille.

En reprenant donc la liste des chèvres, et après les avoir considérées une à une et relativement entre elles, il me paraît que de neuf ou dix espèces dont parlent les nomenclateurs l'on doit n'en faire qu'une; d'abord : 1° le bouquetin est la tige et la souche principale de l'espèce; 2° le capricorne n'est qu'un bouquetin bâtard ou plutôt dégénéré par l'influence du climat; 3° le bouc domestique tire son origine du bouquetin, qui n'est lui-même que le bouc sauvage; 4° le chamois n'est qu'une variété dans l'espèce de la chèvre, avec laquelle il doit, comme le bouquetin, se mêler et produire; 5° la petite chèvre à cornes droites et recourbées à la pointe, dont parle M. Linnæus, n'est que le chamois d'Europe devenu plus petit en Amérique; 6° l'autre petite chèvre à cornes rabattues, et qui a produit avec ce petit chamois d'Amérique, est le même que le bouc d'Afrique, et la production de ces deux animaux prouve que notre chamois et notre chèvre domestique doivent de même produire ensemble, et sont, par conséquent, de la même espèce; 7° la chèvre naine, qui probablement est la femelle du bouc d'Afrique, n'est, aussi bien que son mâle, qu'une variété de l'espèce commune; 8° il en est de même du bouc et de la chèvre de Juda, et ce ne sont aussi que des variétés de notre chèvre domestique; 9° la chèvre d'Angora est encore de la même espèce, puisqu'elle produit avec nos chèvres; 10° la chèvre mambrine, à très grandes oreilles pendantes, est une variété dans la race des chèvres d'Angora : ainsi ces dix animaux n'en font qu'un pour l'espèce, ce sont seulement dix races différentes produites par l'influence du climat. *Capræ in multas similitudines transfigurantur*, dit Pline (a); et, en effet, nous voyons par cette énumération que les chèvres, quoique dans le fond semblables entre elles, varient beaucoup pour la forme extérieure; et si nous comprenions, comme Pline, sous le nom *générique de chèvres* non-seulement celles dont nous venons de faire mention, mais encore le chevreuil, les gazelles, l'antilope, etc., cette espèce serait la plus étendue de la nature, et contiendrait plus de races et de variétés que celle du chien; mais Pline n'était pas assez bien informé de la différence réelle des espèces lorsqu'il a joint celles du chevreuil, des gazelles, de l'antilope, etc., à l'espèce de la chèvre : ces animaux, quoique ressemblants à beaucoup d'égards à la chèvre, sont cependant tous d'espèces différentes, et l'on verra, dans les articles suivants, combien les gazelles varient, soit pour l'espèce, soit pour les races, et combien, après l'énumération de toutes les chèvres et de toutes les ga-

---

(a) « Capræ tamen in plurimas similitudines transfigurantur : sunt capreæ, sunt rupica- » præ, sunt ibices..... sunt et origes..... sunt et damæ et pygargi et strepsicerotes, multaque » alia haud dissimilia. » Lib. viii, cap. 53.

zelles, il reste encore d'autres animaux qui participent des unes et des autres. Dans l'histoire entière des quadrupèdes, je n'ai rien trouvé de plus difficile pour l'exposition, de plus confus pour la connaissance, et de plus incertain pour la tradition que cette histoire des chèvres, des gazelles et des autres espèces qui y ont rapport; j'ai fait mes efforts et employé toute mon attention pour y porter quelque lumière, et je n'aurai pas regret à mon temps, si ce que j'en écris aujourd'hui peut servir dans la suite à prévenir les erreurs, fixer les idées et aller au-devant de la vérité, en étendant les vues de ceux qui veulent étudier la nature. Mais revenons à notre sujet.

Toutes les chèvres sont sujettes à des vertiges, et cela leur est commun avec le bouquetin et le chamois (a), aussi bien que le penchant qu'elles ont à grimper sur les rochers, et encore une autre habitude naturelle, qui est de lécher continuellement les pierres (b), surtout celles qui sont empreintes de salpêtre ou de sel. On voit dans les Alpes des rochers creusés par la langue des chamois; ce sont ordinairement des pierres assez tendres et calcinables, dans lesquelles, comme l'on sait, il y a toujours une certaine quantité de nitre; ces convenances de naturel, ces habitudes conformes me paraissent encore être des indices assez sûrs de l'identité d'espèce dans ces animaux : les Grecs, comme nous l'avons dit, ne les ont pas séparés en trois espèces différentes; nos chasseurs, qui vraisemblablement n'avaient pas consulté les Grecs, les ont aussi regardés comme étant de même espèce; Gaston Phœbus (c), en parlant du bouquetin, ne l'indique que sous le nom du *bouc sauvage*, et le chamois, qu'il appelle *ysarus* et *sarris*, n'est aussi, selon lui, qu'un autre bouc sauvage; j'avoue que toutes ces autorités ne font pas preuve complète, mais en les réunissant avec les raisons et les faits que nous venons d'exposer, elles forment au moins de si fortes présomptions sur l'unité d'espèce de ces trois animaux, qu'on ne peut guère en douter.

Le bouquetin et le chamois, que je regarde, l'un comme la tige mâle, et l'autre comme la tige femelle de l'espèce des chèvres, ne se trouvent, ainsi que le mouflon, qui est la souche des brebis, que dans les déserts et sur-

(a) On trouve beaucoup de chamois ou de chèvres sauvages dans les montagnes de Suisse.... On nous apprend ici qu'ils sont sujets aux vertiges, et que quelquefois, lorsqu'ils sont attaqués de ce mal, ils se viennent mêler dans les prairies avec les chevaux et les vaches, et se laissent prendre très facilement. *Extrait du voyage de Jean-Jacques Scheuchzer.* Londres, 1708, *Nouvelles de la République des Lettres.* Amsterdam, janvier, 1703, p. 182.

(b) « Conveniunt sæpe circa petras quasdam arenosas, et arenam inde lingunt... Qui » Alpes incolunt Helvetii hos locos sua lingua *Futlzen* tanquam salarios appellant. » Gessner, *Hist. quad.*, p. 292. — Ce qui paraît singulier au chamois, c'est qu'on trouve dans les Alpes divers rochers que ces bêtes ont creusés à force de les lécher; ce n'est pas, à ce que l'on croit, qu'il y ait du sel dans ces pierres, car il s'y en trouve très rarement; mais ce sont des pierres poreuses composées de grains de sable qui s'en peuvent facilement détacher, et que les bêtes avalent comme quelque chose de bien friand. *Etrait de Scheuhzer.* Ibid., p. 185.

(c) Voyez la *Vénerie de Gaston Phœbus*, imprimée à la suite de celle de Dufouilloux. Paris, 1614, feuillets 68 et 69.

tout dans les lieux escarpés des plus hautes montagnes : les Alpes, les Pyrénées, les montagnes de la Grèce et celles des îles de l'Archipel, sont presque
les seuls endroits où l'on trouve le bouquetin et le chamois; quoique tous
deux craignent la chaleur et n'habitent que la région des neiges et des
glaces, ils craignent aussi la rigueur du froid excessif; l'été ils demeurent
au nord de leurs montagnes, l'hiver ils cherchent la face du midi, et descendent des sommets jusque dans les vallons : ni l'un ni l'autre ne peuvent
se soutenir sur les glaces unies, mais pour peu que la neige y forme des aspé-
rités, ils y marchent d'un pas ferme et traversent en bondissant toutes les
inégalités de l'espace. La chasse de ces animaux (a), surtout celle du bou-

(a) *Chasse du bouc sauvage.* Il y a deux sortes de boucs, les uns s'appellent *boucs sauvages,* et les autres *ysarus,* autrement dit *sarris :* les boucs sauvages sont aussi grands qu'un
cerf, mais ne sont si longs, ne si enjambés par haut, ores qu'ils aient autant de chair ; ils
ont autant d'ans que de grosses raies qu'ils ont au travers du leurs cornes... Ils ne portent
que *leurs* perches, lesquelles sont grosses comme la jambe d'un homme, selon qu'ils sont
vieils. Ils ne jettent point ni ne muent leurs têtes : et tant plus ils ont de raies en leurs
cors, et plus leurs cors sont longs et plus gros, tant plus vieils sont les boucs. Ils ont grande
barbe et sont bruns, de poil de loup et bien velus, et ont une raie noire sur l'eschine et tout
au long des fesses, et ont le ventre fauve, les jambes noires et derrière fauve ; leurs pieds sont
comme des autres boucs privés ou chèvres ; leurs traces sont grosses et grandes, et rondes
plus que d'un cerf ; leurs os sont à l'advenant d'un bouc privé et d'une chièvre, fors qu'ils
sont plus gros, ils naissent en mai ; la biche sauvage faonne, ainsi qu'une biche chièvre
ou daine, mais elle n'a qu'un bouc à la fois, et l'allaite ainsi que fait une chièvre privée.

Les boucs vivent d'herbes, de foings comme les autres bêtes douces... Leurs fumées retirent (quand elles sont formées) sur la forme des fumées d'un bouc ou d'une chièvre privée ;
les boucs vont au rut environ la Toussaints, et demeurent un mois en leurs chaleurs : et
puis que leur rut est passé, ils se mettent en ardre, et par ensemble descendent les hautes
montaignes et rochers où ils auront demeuré tout l'été, tant pour la neige que pour ce qu'ils
ne trouvent de quoi viander là sus, non pas en un pays plain, mais vont vers les pieds des
montaignes quérir leur vie : et ainsi demeurent jusques vers Pasques, et lors ils remontent
ès plus hautes montaignes qu'ils trouvent, et chacun prend son buisson, ainsi que font les
cerfs. Les chièvres alors se départent des boucs, et vont demeurer près des ruisseaux pour
faonner et y demeurer tout le long de l'été ; lorsque les boucs sont hors d'avec les chièvres,
attendant que le temps de leur rut soit venu, ils courent sûs aux gens et bestes, et se combattent entr'eux, ainsi que les cerfs, mais non de telle manière : car ils chantent plus laide-
ment. Le bouc blesse d'un coup qu'il donne, non pas du bout de la tête, mais du milieu,
tellement qu'il rompt les bras et les cuisses de ceux qu'il atteint, et encores qu'il ne fasse
point de plaie, si est ce que s'il acule un homme contre un arbre ou contre terre, il le tuera.
Le bouc est de telle nature, que si un homme, quelque puissant et fort qu'il soit, le frappe
d'une barre de fer sur l'eschine, pour cela il ne baissera ne ployera l'eschine. Quand il est
en rut, il a le col gros à merveilles, voire est de telle nature, que encores qu'il tombât de
dix toises de haut, il ne se feroit aucun mal.....

Du bouc, dit *Ysarus* ou *Sarris.* Le bouc, dit Ysarus, est de pareille forme que le précédent, et n'est guères plus grand qu'un bouc privé, il est de pareille nature que le bouc
sauvage... Les deux sortes de boucs ont leur gresse et saison, et leur rut comme le cerf, et
ce environ la Toussaints, et lors on les doit chasser jusqu'à leur rut ; et pour ce qu'ils ne
trouvent rien en hiver, ils mangent des pins et sapins ès bois, qui sont toujours verds, ce qui
est leur réfreschement. Leur peau est chaude quand elle est corroyée en bonne saison : car
le froid ni la pluie ne la peuvent percer, si le poil est dehors ; leur chair n'est pas trop
saine : car elle engendre flèvres... La chasse du bouc n'est de grande maîtrise, parce qu'on
ne peut accompagner les chiens, ne aller avec eux à pied ne à cheval. *Gaston Phœbus,
Vénerie de du Fouilloux,* feuillets 68 et 69.

quetin, est très pénible; les chiens y sont presque inutiles; elle est aussi quelquefois dangereuse, car, lorsque l'animal se trouve pressé, il frappe le chasseur d'un violent coup de tête et le renverse souvent dans le précipice voisin (a); les chamois sont aussi vifs (b), mais moins forts que les bouquetins; ils sont en plus grand nombre, ils vont ordinairement en troupeaux; cependant il y en a beaucoup moins aujourd'hui qu'il n'y en avait autrefois, du

(a) « Ibex venatorem expectat, et sollicitè observat an inter ipsum et rupem minimum » intersit spatium; nam si visu dumtaxat intertueri (ut ita loquar) possit, impetu facto se » transfert et venatorem impulsum precipitat. » *Stumpfius apud Gessner.*, p. 305.

(b) M. Perroud, entrepreneur des mines de cristal dans les Alpes ayant amené un chamois vivant à Versailles, nous a donné de bonnes informations sur les habitudes naturelles de cet animal, et nous les publions ici avec plaisir et reconnaissance. « Le chamois est un » animal sauvage et néanmoins fort docile, il n'habite que les montagnes et les rochers; il » est de la grandeur d'une chèvre domestique, il lui ressemble en beaucoup de choses, il est » d'une vivacité charmante et d'une agilité admirable. Le poil du chamois est court comme » celui d'une biche, au printemps il est d'un gris cendré, en été d'un fauve de biche, en » automne couleur de fauve brun mêlé de noir, et en hiver d'un brun noirâtre. On trouve » des chamois en quantité dans les montagnes du haut Dauphiné, du Piémont, de la Savoie, » de la Suisse et de l'Allemagne; les chamois sont sociables entre eux, on les trouve deux, » trois, quatre, cinq, six ensemble, et très souvent par troupeaux de huit à dix, quinze ou » vingt et plus; on en voit jusqu'à soixante et quatre-vingts ensemble, et quelquefois jusqu'à » cent qui sont dispersés par divers petits troupeaux sur le penchant d'une même montagne; » les gros chamois mâles se tiennent seuls et éloignés des autres, excepté dans le temps du » rut qu'ils s'approchent des femelles et en écartent les jeunes. Ils ont alors une odeur très » forte, comme les boucs et même encore plus forte; ils bêlent souvent et courent d'une » montagne à l'autre; le temps de leur accouplement est en octobre et novembre, ils font » leurs petits en mars et avril; une jeune femelle prend le mâle à un an et demi, ils font un » petit par portée et quelquefois deux, mais assez rarement; le petit suit sa mère jusqu'au » mois d'octobre, quelquefois plus longtemps, si les chasseurs ou les loups ne les dispersent » pas : on assure qu'ils vivent entre vingt et trente ans; la viande du chamois est bonne à » manger, un chamois bien gras aura jusqu'à dix et douze livres de suif, qui surpasse en » dureté et bonté celui de la chèvre; le sang du chamois est extrêmement chaud, on prétend » qu'il approche beaucoup du sang du bouquetin pour les qualités et les vertus; ce sang peut » servir aux mêmes usages que celui du bouquetin, les effets en sont les mêmes en en pre- » nant une double dose; il est très bon contre les pleurésies, il a la propriété de décailler le » sang et d'ouvrir la transpiration; les chasseurs mélangent quelquefois le sang du bouquetin » et du chamois, d'autres fois ils vendent celui du chamois pour du sang du bouquetin; il » est très difficile d'en faire la différence ou la séparation, cela paraît annoncer que le sang » du chamois diffère très peu de celui du bouquetin. On ne connaît point de cri au chamois; » s'il a de la voix, c'est très peu de chose; car on ne lui connaît qu'un bêlement fort bas, peu » sensible, ressemblant un peu à la voix d'une chèvre enrouée; c'est par ce bêlement qu'ils » s'appellent entre eux, surtout les mères et les petits : mais quand ils ont peur ou qu'ils aper- » çoivent leur ennemi ou quelque chose qu'ils ne peuvent pas distinguer, ils s'avertissent par » un sifflement dont je vais parler tout à l'heure. La vue du chamois est des plus pénétrantes; » il n'y a rien de si fin que son odorat; quand il voit un homme distinctement, il le fixe pour un » instant et s'il en est près il s'enfuit; il a l'ouïe aussi fine que l'odorat, car il entend le moindre » bruit; quand le vent souffle un peu, et que ce vent vient du côté d'un homme à lui il le » sentira de plus d'une demi-lieue; quand donc il sent ou qu'il entend quelque chose, et » qu'il ne peut pas en faire la découverte par les yeux, il se met à siffler avec tant de force » que les rochers ou les forêts en retentissent; s'ils sont plusieurs, ils s'en épouvantent tous: » ce sifflement est aussi long que l'haleine peut tenir sans reprendre, il est d'abord fort » aigu et baisse sur la fin; le chamois se repose un instant, regarde de tous côtés et recom- » mence à siffler, il continue d'intervalle en intervalle, il est dans une agitation extrême, il

moins dans nos Alpes et dans nos Pyrénées; le nom de *chamoiseurs* que l'on
a donné à tous les passeurs de peaux semble indiquer que dans ce temps les
peaux de chamois étaient la matière la plus commune de leur métier, au lieu
qu'aujourd'hui ce sont les peaux de chèvres, de moutons, de cerf, de chevreuil
et de daim, qui font plus que celles du chamois l'objet du travail et du commerce des chamoiseurs.

» frappe la terre du pied de devant et quelquefois des deux, il se jette sur des pierres grandes
» et hautes, il regarde, il court sur des éminences, et quand il a découvert quelque chose il
» s'enfuit; le sifflement du mâle est plus aigu que celui de la femelle; ce sifflement se fait par
» les narines et n'est proprement qu'un souffle aigu très fort, semblable au son que pour-
» rait rendre un homme en tenant la langue au palais, ayant les dents à peu près fermées,
» les lèvres ouvertes et un peu allongées, et qui soufflerait vivement et longtemps. Le cha-
» mois se nourrit des meilleures herbes, il choisit les parties les plus délicates des plantes,
» comme la fleur et les bourgeons tendres ; il est très friand de quelques herbes aromatiques,
» particulièrement de la carline et du génippy, qui sont les plantes qu'on croit les plus
• chaudes des Alpes; il boit très peu quand il mange de l'herbe verte ; il aime beaucoup
» les feuillagés et les petits bouts tendres des arbrisseaux ; il rumine comme la chèvre après
» avoir mangé, la nourriture dont il fait usage paraît annoncer la grande chaleur de son
» tempérament. On admire, en cet animal, deux beaux grands yeux ronds, qui ont du feu,
» représentant la vivacité de son naturel ; sa tête est couronnée de deux petites cornes de la
» longueur de demi-pied jusqu'à neuf pouces, d'un beau noir, posées dans le front presque
» entre les yeux, au contraire de celles des autres animaux qui se jettent en arrière, celles-ci
» sortent en avant sur les yeux et se recourbent à leurs extrémités très rondement et finis-
» sent en pointe fort aiguë ; il ajuste fort joliment ses oreilles à la pointe de ses cornes, il a
» deux lames de poil noir à côté de la face en descendant des cornes; le reste de la tête est
» d'un fauve blanc qui ne change jamais de couleur; on fait usage des cornes de chamois
» pour les porter sur des cannes; les cornes des femelles sont plus petites et moins courbes,
» les maréchaux s'en servent pour tirer du sang aux chevaux. Les peaux de chamois que
» l'on fait passer à l'apprêt de la chamoiserie sont très fortes, nerveuses et bien souples : on
» en fait de très bonnes culottes en jaune ou en noir pour monter à cheval, on en fait de
» très bons gants et quelquefois des vestes pour la fatigue ; ces sortes d'habillements sont
» d'une longue durée et de très grand usage pour les artisans.
»   Les chamois n'habitent que les pays froids, on les trouve plus volontiers dans les rochers
» escarpés et sourcilleux que partout ailleurs ; ils fréquentent les bois, mais ce ne sont que
» les forêts hautes et de la dernière région ; ces forêts sont plantées de sapins, de mélèses et
» de hêtres; ces animaux craignent si fort la chaleur, que pendant l'été on ne les trouve
» jamais que dans les antres des rochers à l'ombre, souvent parmi des tas de neiges conge-
» lés ou des glaces, ou dans ces forêts hautes et bien couvertes toujours du côté du penchant
» des montagnes ou rochers scabreux, qui font face au nord, et qui sont à l'abri des rayons
» du soleil ; ils vont à la pâture le matin et le soir, et rarement pendant la journée ; ils par-
» courent les rochers avec beaucoup d'aisance, les chiens ne peuvent pas les suivre dans tous
» les précipices ; il n'y a rien de si admirable que de les voir monter et descendre des rochers
» inaccessibles, ils ne montent ni ne descendent pas perpendiculairement, mais en décrivant
» une ligne oblique en se jetant en travers, surtout en descendant, ils se jettent du haut en
» bas au travers d'un rocher qui est à peu près perpendiculaire, de la hauteur de plus de vingt
» et trente pieds, sans qu'il y ait la moindre place pour poser ou retenir leurs pieds; ils
» frappent le rocher trois ou quatre fois des pieds en se précipitant, et vont s'arrêter à quelque
» petite place au-dessous, qui est propre à les retenir; il paraît, à les voir dans les préci-
» pices, qu'ils aient plutôt des ailes que des jambes, si grande est la force de leurs nerfs; on
» a prétendu que le chamois s'accroche par les cornes pour monter et descendre les rochers,
» je n'ai jamais vu qu'il se serve de ses cornes pour cet usage, j'en ai beaucoup vu et j'en ai
» tué plusieurs, je n'ai pu vérifier ce fait, je n'ai trouvé aucun chasseur qui m'ait assuré l'avoir
» vu, ils ne m'en ont jamais dit autre chose que ce que je viens de dire. Si le chamois monte

Et à l'égard de la propriété spécifique que l'on attribue au sang du bouquetin pour de certaines maladies, et surtout pour la pleurésie, propriété qu'on croyait particulière à cet animal, et qui par conséquent aurait indiqué qu'il était lui-même d'une nature particulière, on a reconnu que le sang du chamois (a), et même celui du bouc domestique (b) avait les mêmes vertus, lorsqu'on les nourrissait avec les herbes aromatiques que le bouquetin et le chamois ont coutume de paître ; en sorte que par cette même propriété ces trois animaux paraissent encore se réunir à une seule et même espèce.

LE SAIGA

On trouve en Hongrie, en Pologne, en Tartarie et dans la Sibérie méridionale, une espèce de chèvre sauvage, que les Russes ont appelée *seigak* ou *saiga* (*), laquelle, par la figure du corps et par le poil, ressemble à la

» et descend aisément les rochers, c'est par son agilité et la force de ses jambes, il les a fort
» hautes et bien dégagées, celles de derrière paraissent un peu plus longues et toujours
» recourbées, cela les favorise pour s'élancer de loin ; et quand ils se jettent de bien haut,
» ces jambes un peu repliées reçoivent le choc qu'ils font en se précipitant, elles font l'effet
» de deux ressorts et rompent la force du coup. On prétend que quand il y a plusieurs chamois ensemble, il y en a un qui fait sentinelle, et qu'il est député pour veiller à la sûreté
» des autres ; j'en ai vu plusieurs troupeaux, mais je n'ai pas pu faire cette distinction ; il
» est vrai que quand il y en a plusieurs, il y en a toujours qui regardent pendant que les
» autres mangent, je n'ai rien distingué en cela de plus particulier que dans un troupeau
» de moutons : car le premier qui aperçoit quelque chose qui lui est étranger avertit les
» autres, et dans un instant leur imprime à tous la même crainte dont lui-même a été frappé.
» Pendant la rigueur de l'hiver et dans les grandes neiges les chamois habitent les forêts les
» plus hautes et vivent de feuillages de sapin, de bourgeons d'arbres, d'arbrisseaux et de quelque
» peu d'herbes sèches ou vertes, s'ils en trouvent, qu'ils découvrent avec le pied : les forêts
» où ils se plaisent sont celles qui sont remplies de précipices et de rochers ; la chasse du
» chamois est très pénible et extrêmement difficile : celle qui est la plus en usage est de les
» tuer en les surprenant à la faveur de quelques éminences, de quelques rochers ou grosses
» pierres en se glissant adroitement de loin, derrière et sans bruit, en examinant encore si
» le vent n'y sera pas contraire ; quand on arrive à portée, on s'ajuste derrière ces éminences
» ou grosses pierres en se couchant quelquefois, ôtant son chapeau, ne sortant que la tête et
» les bras pour faire adroitement un coup de fusil ; les armes dont on se sert sont des carabines rayées, bien ajustées pour tirer de loin avec une seule balle, qui est forcée dans le
» canon ; on a autant de soin pour tenir ces armes nettes, comme on en a pour tirer au prix
» de l'arquebuse ; on fait aussi cette chasse comme on ferait celle du cerf ou autres animaux,
» en postant quelques chasseurs dans les passages, tandis que les autres vont faire la battue
» et forcer le gibier, il est plus à propos de faire ces battues par des hommes qu'avec des
» chiens, les chiens dispersent trop vite les chamois et les éloignent tout de suite à quatre
» ou cinq lieues. » — Voyez aussi à ce sujet la troisième description du *Voyage des Alpes*
de Scheuchzer. Londres, 1708, p. 11 et suiv.

(a) Voyez la note précédente, communiquée par M. Perroud.

(b) Voyez l'*Histoire des animaux*, par MM. Arnault de Nobleville et Salerne, t. IV, p. 243 et 244.

(*) *Saïga Saïga* WAGN (*Antilope Saïga* PALL.)

chèvre domestique, mais par la forme des cornes et le défaut de barbe se rapproche beaucoup des gazelles, et paraît faire la nuance entre ces deux genres d'animaux ; car les cornes du saiga sont tout à fait semblables à celles de la gazelle, elles ont la même forme, les anneaux transversaux, les stries longitudinales, etc., et n'en diffèrent que par la couleur ; les cornes de toutes les gazelles sont noires et opaques, celles du saiga sont au contraire blanchâtres et transparentes. Cet animal a été indiqué par Gessner sous le nom de *colus* (a) ; et par M. Gmelin sous celui de *saiga* (b) ; les cornes que nous avons au cabinet du Roi y ont été envoyées sous la dénomination de *cornes*

(a) « Apud Scytas et Sarmatas quadrupes fera est quam *Colon* (Κόλος) appellant, magnitu-
» dine inter cervum et arietem, albicante corpore ; eximiæ supra hos levitatis ad cursum. »
Strabo, lib, vii..... « Sulac (a quo litteris transpositis nomen *Colus* factum videtur) apud
» Moschobios vulgò nominatur animal simile ovi sylvestri candidæ, sine lanâ ; capitur ad
» pulsum tympanorum dum saltando delassatur..... Apud Tartaros (inquit Matthias a Michow)
» reperitur *Snak* animal, magnitudine ovis, duabus parvis cornibus præditum, cursu velocis-
» simum, carnes ejus suavissimæ..... In desertis campis circa Borysthenem (inquit Sigis-
» mundus, liber baro, in Herberstain in commentariis rerum moscoviticarum), Tanaim et
» Rha est ovis sylvestris quam Poloni *solhac*, Mosci *seigak* appellant, magnitudine capreoli,
» brevioribus tamen pedibus, cornibus in altum porrectis, quibusdam circulis notatis, ex
» quibus Mosci manubria cultellorum transparentia faciunt, velocissimi cursus et altissimo-
» rum saltuum. » Gessner, *Hist. quadr.*, p. 361 et 362, *ubi vide figuras*.

(b) On trouve aux environs de Sempalat quantité de *saigi* ou de *saiga ;* c'est un animal
qui ressemble beaucoup au chevreuil, sinon que ses cornes, au lieu d'être crochues, sont
droites ; on ne connaît cet animal dans toute la Sibérie que dans ces environs, car celui
qu'on appelle *saiga* dans la province d'Irkutzk est le *musc*. Cette espèce de chèvre se mange
beaucoup dans ces environs..... On nous dit que le goût de la chair était semblable à celui
du cerf. *Voyage de Gmelin à Kamtschatka*, t. Ier, p. 179. Traduction sur la version russe,
communiquée par M. de l'Isle. — *Nota*. M. Gmelin a donné depuis une description plus
étendue du saiga dans le Ve volume des nouveaux Mémoires de l'Académie de Saint-Péters-
bourg, sous le nom de *ibex imberbis*, mais il n'en donne pas la figure ; cependant nous
croyons devoir présenter ici par extrait la traduction de cette description, pour ne rien
omettre de ce que l'on sait au sujet de cet animal. Il a la tête du bélier, avec le nez plus
élevé et plus proéminent ; le corps du cerf, mais beaucoup plus petit, car il n'atteint jamais
la grandeur du chevreuil ; les oreilles droites, assez larges et terminées en pointe ; les cornes
jaunâtres et transparentes, longues d'un pied, annelées à la base et situées au-dessus des
yeux ; quatre dents incisives, quatre canines et cinq molaires, dont chacune a deux racines,
dans la mâchoire inférieure ; autant de dents incisives et canines, avec quatre molaires seulement, dont chacune a trois racines, dans la mâchoire supérieure ; le cou un peu long ; les
jambes de derrière plus longues que celles de devant ; le pied fourchu ; quatre papilles aux
mamelles, deux de chaque côté ; la queue menue, longue de trois pouces ; le poil comme
celui du cerf, d'un brun jaunâtre aux parties du dehors du corps, et blanc sous le ventre et
aux parties du dedans. La femelle est plus petite que le mâle et ne porte point de cornes.....
Il s'engendre des vers sous leur peau..... Ces animaux se joignent en automne et produisent
au printemps un ou deux petits ; ils ne vivent que d'herbes et sont très gras dans le temps
de leurs amours ; l'été, ils habitent dans les plaines le long des bords de l'Irtisch ; l'hiver, ils
gagnent les pays plus élevés ; on en trouve non seulement vers l'Irtisch, mais dans la plupart des terres qu'arrosent le Borysthène, le Don et le Volga. *Vide novi Commentarii Aca-
demiæ Petropolitanæ*, t. V. Petropoli, 1760, p. 345 et 346. — *Nota*. 2o Le secrétaire de
l'Académie de Pétersbourg ajoute, à ce que dit ici M. Gmelin, que le saiga ne pait qu'en
rétrogradant... que les Chinois en achètent les cornes pour faire des lanternes... qu'on ne
le trouve que jusqu'au cinquante-quatrième degré de latitude, et que, vers l'orient, il n'y en
a guère au delà du fleuve Oby. *Vide ibid.*, p. 35 et 36.

de bouc de Hongrie; elles sont d'une matière si transparente et si nette, qu'on s'en sert comme de l'écaille, et aux mêmes usages. Par les habitudes naturelles, le saiga ressemble plus aux gazelles qu'au bouquetin et au chamois; car il n'affecte pas les pays de montagnes, il vit, comme les gazelles, sur les collines et dans les plaines ; il est comme elles très bondissant, très léger à la course, et sa chair est aussi bien meilleure à manger que celle du bouquetin ou des autres chèvres sauvages et domestiques.

LES GAZELLES *(a)*

Nous avons reconnu treize espèces, ou du moins treize variétés bien distinctes dans les animaux qu'on appelle *gazelles* (*) ; et dans l'incertitude où nous sommes si ce ne sont que des variétés, ou si ce seraient en effet des espèces réellement différentes, nous avons cru devoir les présenter ensemble, en leur assignant néanmoins à chacune un nom particulier qui, dans le premier cas, ne sera qu'une dénomination précaire, et pourra dans le second devenir le nom spécifique et propre à l'espèce. Le premier de ces animaux, et le seul auquel nous conserverons le nom générique de *gazelle*, est la gazelle commune *(b)* (**), qui se trouve en Syrie, en Mésopotamie et dans les autres provinces du Levant, aussi bien qu'en Barbarie et dans toutes les parties septentrionales de l'Afrique; les cornes de cette gazelle ont environ un pied de longueur, elles portent des anneaux entiers à leur base, et ensuite des demi-anneaux jusqu'à une petite distance de leur extrémité, qui est lisse et pointue; elles sont non seulement environnées d'anneaux, mais sillonnées longitudinalement par de petites stries; les anneaux marquent les années de l'accroissement, ils sont ordinairement au nombre de douze ou treize. Les gazelles en général, et celle-ci en particulier, ressemblent beaucoup au chevreuil par la forme du corps, par les fonctions naturelles, par la légèreté des mouvements, la grandeur et la vivacité des yeux, etc. Et comme le chevreuil ne se trouve point dans le pays qu'habite la gazelle, on serait d'abord tenté

(*a*) Gazelle; en arabe, *Gazal*, nom générique que l'on a donné à plusieurs animaux d'espèces différentes.

(*b*) *Dorcas*. « Dorcades Libycæ ventre sunt albo, qui color eis ad laparas usque adscendit, » ad ventrem verò utrinque latera nigris vittis distinguuntur; reliqui corporis color rufus » aut flavus est et pedes quidem eis longi sunt, oculi nigri, cornibus caput ornatur et lon- » gissimas aures habent. » Ælian., *De nat. anim.*, lib. xiv, cap. xiv. — Algazel *ex Africa.* Hernand, *Hist. Mexic.*, p. 893. — « *Hircus* cornibus teretibus, arcuatis, ab imo ad summum » ferè annulatis, apice tautummodò levi... Gazella Africana. *La Gazelle d'Afrique.* » Briss., *Règne anim.*, p. 69.

(*) *Antilope* WAGN.
(**) *Antilope Dorchas* LICHT.

de croire qu'elle n'est qu'un chevreuil dégénéré, ou que celui-ci n'est qu'une
gazelle dénaturée par l'influence du climat et par l'effet de la différente nourriture ; mais les gazelles diffèrent du chevreuil par la nature des cornes :
celles du chevreuil sont une espèce de bois solide qui tombe et se renouvelle
tous les ans comme celui du cerf ; les cornes des gazelles, au contraire, sont
creuses et permanentes comme celles de la chèvre ; d'ailleurs le chevreuil n'a
point de vésicule du fiel, au lieu que les gazelles ont cette vésicule comme
les chèvres ; les gazelles ont, comme le chevreuil, des larmiers ou enfoncements au-devant de chaque œil ; elles lui ressemblent encore par la qualité
du poil, par la blancheur des fesses et par les brosses qu'elles ont sur les
jambes ; mais ces brosses dans le chevreuil sont sur les jambes de derrière,
au lieu que dans les gazelles elles sont sur les jambes de devant ; les gazelles
paraissent donc être des animaux mi-partis, intermédiaires entre le chevreuil
et la chèvre ; mais lorsque l'on considère que le chevreuil est un animal qui
se trouve également dans les deux continents, que les chèvres au contraire,
ainsi que les gazelles n'existaient pas dans le nouveau monde, on se per-
suade aisément que ces deux espèces, les chèvres et les gazelles, sont plus
voisines l'une de l'autre qu'elles ne le sont de l'espèce du chevreuil : au reste,
les seuls caractères qui appartiennent en propre aux gazelles sont les
anneaux transversaux avec les stries longitudinales sur les cornes, les brosses
de poils aux jambes de devant, une bande épaisse et bien marquée de poils
noirs, bruns ou roux au bas des flancs, et enfin trois raies de poils blanchâtres qui s'étendent longitudinalement sur la face interne de l'oreille (a).

La seconde gazelle est un animal qui se trouve au Sénégal, où M. Adanson
nous a dit qu'on l'appelait *kevel* (*) ; il est un peu plus petit que la gazelle

---

(a) « *Algazel* ex Africa, animal exoticum... ex Africâ Neapolim missum, magnitudine
» Capreæ, *Capreoli* dicti, cui toto habitu primâ facie simile, nisi quod cornibus nulli magis
» quam hirco similioribus sit præditum... Pilo est brevi, levi. flavicante at in ventre et late-
» ribus candicante sicut in internis femorum et brachiorum, illoque capreolo molliori. Altitudo
» illius in posterioribus, quæ sublimiora sunt anterioribus tibiis, tres spithamas æquat.
» Corpus obesius, et collum crassius habet ; cruribus et tibiis admodum gracile : ungulis
» bisulcis admodum dissectis, illisque tenuibus, et hircinis oblongioribus, et acutioribus
» similitudine alces, et nigricantibus. Caudam habet dodrantem ferè pilosam, hircinam et a
» medio usque ad extremum nigrescentem... Hilaris aspectu facies ; oculi magni, nigris
» lucidi, læti ; aures longæ, magnæ, patulæ, in prospectu elatæ, illæque intus canaliculata
» quinquefido strigium ordine nigricante, extumentibus circa illas striis pilosis candican-
» tibus, et lineâ tenui circumductâ... Cornua pedem romanum longa, retrorsum inclinata.
» hircina, ex nigro castaneo colore cochleatim striata ei interno situ ad invicem sinuata, et
» post dilatationem reflexa, atque deinde in extremo parum acie resupinata... Nasus colore
» magis rufo, sicuti ex oculis parallelo ordine linea nigricans dependet ad os usque, reliquis
» candicantibus. Nares et labia, os et lingua nigrescunt, quod satis dum ruminabat observa-
» vimus ; dentibus, ovium modo, exiguis et vix conspicuis ; vocem edit non absimilem
» suillæ. » Fab. Columnæ *Annot. et Addit. in rerum med. nov. Hisp.* Nardi. Ant. Recchi...
Hernand., *Hist. Mex.*, p. 893 et 894.

(*) *Antilope Kevella* GMEL.

commune, et à peu près de la grandeur de nos petits chevreuils ; il diffère
aussi de la gazelle, en ce que ses yeux sont beaucoup plus grands, et que ses
cornes au lieu d'être rondes sont aplaties sur les côtés : cet aplatissement des
cornes n'est pas une différence qui provienne de celle du sexe ; les gazelles
mâles et femelles les ont rondes ; les kevels mâles et femelles les ont plates,
ou, pour mieux dire comprimées ; au reste, le kevel ressemble en entier à la
gazelle, et a comme elle le poil court et fauve, les fesses et le ventre blancs,
la queue noire, la bande brune au-dessous des flancs, les trois raies blanches
dans les oreilles, les cornes noires et environnées d'anneaux, les stries longitudinales entre les anneaux, etc.; mais il est vrai que le nombre de ces
anneaux est plus grand dans le kevel que dans la gazelle : celle-ci n'en a
ordinairement que douze ou treize, le kevel en a au moins quatorze, et souvent jusqu'à dix-huit et vingt.

Le troisième animal est celui que nous appellerons *corine* (*), du nom
korin qu'il porte au Sénégal ; il ressemble beaucoup à la gazelle et au kevel,
mais il est encore plus petit que le kevel, et ses cornes sont de beaucoup plus
menues, plus courtes et plus lisses que celles de la gazelle et du kevel, les
anneaux qui environnent les cornes de la corine étant très peu proéminents
et à peine sensibles. M. Adanson, qui a bien voulu me communiquer la description qu'il a faite de cet animal, dit qu'il paraît tenir un peu du chamois,
mais qu'il est beaucoup plus petit, n'ayant que deux pieds et demi de longueur et moins de deux pieds de hauteur ; qu'il a les oreilles longues de
quatre pouces et demi, la queue de trois pouces, les cornes de six pouces
de longueur et de six lignes seulement d'épaisseur ; qu'elles sont distantes
l'une de l'autre de deux pouces à leur naissance, et de cinq à six pouces à
leur extrémité ; qu'elles portent au lieu d'anneaux des rides transversales,
annulaires, fort serrées les unes contre les autres dans la partie inférieure,
et beaucoup plus distantes dans la partie supérieure de la corne ; que ces
rides, qui tiennent lieu d'anneaux, sont au nombre de près de soixante ;
qu'au reste la corine a le poil court, luisant et fourni, fauve sur le dos et les
flancs, blanc sous le ventre et sous les cuisses, avec la queue noire, et qu'il y
a dans cette même espèce de la corine des individus dont le corps est tigré
de taches blanchâtres, semées sans ordre.

Ces différences que nous venons d'indiquer entre la gazelle, le kevel et la
corine, quoique fort apparentes, surtout pour la corine, ne nous semblent
pas essentielles, ni suffisantes pour faire de ces animaux des espèces réellement différentes ; ils se ressemblent si fort à tous autres égards, qu'ils nous
paraissent au contraire être tous trois de la même espèce, laquelle seulement
a subi par l'influence du climat et de la nourriture plus ou moins de variétés ;
car le kevel et la gazelle diffèrent beaucoup moins entre eux que la corine.

(*) *Antilope Corinna* GMEL.

dont les cornes surtout ne sont pas semblables à celles des deux autres ; mais tous trois ont les mêmes habitudes naturelles, se rassemblent en troupes, vivent en société, et se nourrissent de la même manière ; tous trois sont d'un naturel doux, et s'accoutument aisément à la domesticité ; tous trois ont aussi la chair très bonne à manger. Nous nous croyons donc fondés à conclure que la gazelle et le kevel sont certainement de la même espèce, et qu'il est incertain si la corine n'est qu'une variété de cette même espèce, ou si c'est une espèce différente.

Nous avons au cabinet du Roi les dépouilles, en tout ou en partie, de ces trois différentes gazelles, et nous avons de plus une corne qui a beaucoup de ressemblance avec celles de la gazelle et du kevel, mais qui est beaucoup plus grosse. Cette corne est gravée dans Aldrovande, lib. I, *de Bisulcis*, cap. XXI. Sa grosseur et sa longueur semblent indiquer un animal plus grand que la gazelle commune, et elle nous paraît appartenir à une gazelle que les Turcs appellent *tzeiran*, et les Persans *ahu*. Cet animal, selon Oléarius (*a*), ressemble en quelque sorte à notre daim, sinon qu'il est plutôt roux que fauve, et que les cornes sont sans andouillers, couchées sur le dos, etc., et selon M. Gmelin (*b*), qui le désigne sous le nom de *dsheren*, il

(*a*) Nous avions vu tout le jour, en très grand nombre, une espèce de cerfs que les Turcs appellent *tzeiran*, et les Perses *ahu*, qui ressemblent en quelque façon à nos daims, sinon qu'ils sont plutôt roux que fauves, et leur bois n'a point d'andouillers, mais il est uni et couché sur le dos ; ils sont fort vites, et l'on n'en voit, à ce que l'on nous a dit, qu'en la province de Mokau et auprès de Scamachie, de Karraback et de Merragé. *Relation d'Oléarius*, t. Ier, p. 413.

(*b*) On m'apporta une espèce de chevreuil appelé *dsheren* dans la langue du pays ; il ressemble au chevreuil commun, excepté qu'il a les cornes du bouquetin et qu'elles ne tombent jamais ; cet animal a cela de particulier, qu'à mesure que ses cornes prennent de l'accroissement, le larynx (le mot *allemand*, traduit littéralement, veut dire *la pomme d'Adam*) augmente de volume ; de sorte que l'on voit dans un vieux animal une enflure considérable sous le cou. Le docteur Messerschmid prétend que ce chevreuil a une aversion absolue pour l'eau, mais je n'en ai pu rien savoir ; et les habitants de Tongus m'ont dit, au contraire, que quand cet animal était chassé il se jetait souvent dans l'eau pour se sauver ; et le brigadier Bucholz, à Selenginsck, m'a raconté qu'il en avait élevé et apprivoisé tellement un, qu'il suivait à la nage son domestique, qui allait souvent dans une île sur le Selinga, ce qu'il n'aurait sûrement pas fait, s'il avait eu cette aversion naturelle ; au reste, ces chevreuils sont aussi légers à la course que les saigas des bords de l'Irtisch. *Voyage de M. Gmelin en Sibérie*, t. II, p. 103 et suiv. Traduction de l'allemand, communiquée par M. le marquis de Montmirail. — *Nota*. 1° M. Gmelin a donné depuis, dans les nouveaux mémoires de Pétersbourg, une description plus étendue de cet animal, sous la dénomination de *caprea campestris gutturosa*, de laquelle nous croyons devoir donner ici la traduction par extrait. Cet animal ressemble au chevreuil par la forme du corps, la grandeur, la couleur et la démarche..... Il manque de dents incisives à la mâchoire supérieure ; le mâle diffère de la femelle en ce qu'il a des cornes et une protubérance au gosier ; ses cornes sont un peu comprimées à la base, annelées dans une grande partie de leur longueur et lisses à la pointe ; leur couleur est noirâtre et tout à fait noire à l'extrémité : elles sont permanentes et ne tombent pas comme celles du chevreuil..... On voit une grosse protubérance de cinq pouces de longueur et de trois pouces de largeur sous le gosier du mâle ; elle est moindre dans les jeunes animaux, et n'est pas sensible dans ceux qui n'ont pas encore un an ; elle croît à mesure que les cornes croissent..... Cette protubérance dépend de la conformation du

ressemble au chevreuil, à l'exception des cornes, qui, comme celles du bouquetin, sont creuses et ne tombent jamais; cet auteur ajoute qu'à mesure que les cornes prennent de l'accroissement, le cartilage du larynx grossit au point de former sous la gorge une proéminence considérable lorsque l'animal est âgé. Selon Kæmpfer (*a*), l'*ahu* ne diffère en rien du cerf par la figure, mais il se rapproche des chèvres par les cornes, qui sont simples, noires, annelées jusqu'au delà du milieu de leur longueur, etc. Quelques autres voyageurs (*b*) ont aussi fait mention de cette espèce de gazelle sous les noms corrompus de *geiran* et de *jairain*, qu'il est aisé de rapporter aussi bien que celui de *dsheren*, au nom primitif *tzeiran;* cette gazelle est commune dans la Tartarie méridionale, en Perse, en Turquie, et paraît aussi se trouver aux Indes orientales (*c*).

Nous devons ajouter à ces quatre premières espèces ou races de gazelles deux autres animaux qui leur ressemblent en beaucoup de choses : le premier s'appelle *koba* au Sénégal, où les Français l'ont nommé *grande vache brune* (*); le second, que nous appellerons *kob* (**), est aussi un animal du Sénégal que les Français y ont appelé *petite vache brune;* les cornes du kob ont beaucoup de ressemblance et de rapport à celles de la gazelle et du kevel; mais la forme de la tête est différente, le museau est plus long, et il n'y a point d'enfoncements ou de larmiers sous les yeux; le koba est beaucoup plus grand que le kob, celui-ci est comme un daim, et celui-là

larynx et de l'orifice de la trachée-artère, qui dans cet animal sont extrêmement grands..... La femelle est entièrement semblable à la femelle du chevreuil..... Cet animal diffère de l'*ibex imberbis* ou *suiga*, en ce que le saiga a le nez fendu et assez large, comme le bélier, au lieu que celui-ci a le nez uni et pointu comme le chevreuil..... Les Monguls et même les Russes connaissent cet animal sous le nom de *dseren*, ils appellent la femelle *ona*, etc. *Vide nov. Comment. Acad. Petropolitanæ*, t. V, p. 347 et seq. — *Nota.* 2º Le secrétaire de l'Académie de Pétersbourg ajoute à ce que dit ici M. Gmelin, que, dans les manuscrits de Messerschmïd, cet animal est indiqué sous les noms de *ohna, dseren* et *scharchoeschi* chez les Monguls. *Vide idem.*, p. 36 et 37.

(*a*) « Ipsum animal (ahu) a cervis nihil habet dissimile præter barbam et cornua non » ramosa quibus se caprino generi adsociat; cornua sunt simplicia, atra, rotundis annulis » ultra mediam usque longitudinem distincta, levia et quasi ad modulum tornata; in mari » quidem surrecta, pedalis longitudinis, in medio levi arcu disjuncta, fastigiis rectis mutuo » utcunque imminentibus; in fœminâ verò præparva vel nulla. » Kæmpfer, *Amœnitates,* p. 404. — *Nota.* Les descriptions que donne ici Kæmpfer de l'animal *ahu* et de l'animal *pasen*, ne s'accordent point avec les figures, et il ne serait pas impossible que son pasen (fig. 1) ne fût en effet l'ahu (fig. 11) : il n'y a rien ici de précis dans les noms.

(*b*) Sur la route de Tauris à Kom, nous vîmes une espèce d'animaux sauvages fort bons à manger, que les Persans appellent *geirans* ou *garzelles*..... *Voyage de Gemelli Careri,* t. II, p. 63. — Il y a une infinité de gazelles dans les déserts de la Mésopotamie; les Turcs les appellent *jairain. Voyage de La Boullaye le Gouz,* p. 247.

(*c*) Il n'y a point de gibier ou de venaison qu'on ne trouve dans les forêts de Guzurate, particulièrement des daims, des chevreuils, des *ahus* et des ânes sauvages. *Voyage de Mandelslo,* t. II, p. 195.

(*) *Antilope senegalensis* Cuv.
(**) *Antilope Kob* Cuv.

comme un cerf. Par les notices que nous a données M. Adanson, et que nous publions avec bien de la reconnaissance, il paraît que le *koba* ou *grande vache brune* a cinq pieds de longueur depuis l'extrémité du museau jusqu'à l'origine de la queue, qu'il a la tête longue de quinze pouces, les oreilles de neuf, et les cornes de dix-neuf à vingt pouces ; que ces cornes sont aplaties par les côtés et environnées de onze ou douze anneaux, au lieu que celles du *kob*, ou *petite vache brune*, n'ont que huit ou neuf anneaux, et ne sont longues que d'environ un pied.

Le septième animal de cette espèce ou de ce genre est une gazelle qui se trouve dans le Levant, et plus communément encore en Égypte (*a*) et en Arabie. Nous l'appellerons, de son nom arabe, *algazel* (*). Cet animal est de la forme des autres gazelles, et à peu près de la grosseur d'un daim ; mais ses cornes sont très longues, assez menues, peu courbées jusqu'à leur extrémité où elles se courbent davantage ; elles sont noires et presque lisses, les anneaux étant très légers, excepté vers la base, où ils sont un peu mieux marqués ; elles ont près de trois pieds de longueur, tandis que celles de la gazelle n'ont communément qu'un pied, celles du kevel quatorze ou quinze pouces, et celles de la corine (lesquelles néanmoins ressemblent le plus à celles-ci) six ou sept pouces seulement.

Le huitième animal est celui qu'on appelle vulgairement la *gazelle* du *bézoard*, que les Orientaux appellent *pasan* (**), et à laquelle nous conserverons ce nom : une corne de cette gazelle est très bien représentée dans les Éphémérides d'Allemagne (*b*), et la figure de l'animal même a été donnée

(*a*) « Gazella Indica cornibus rectis, longissimis, nigris, propè caput tantùm annulatis ; » cornua tres propè modum pedes longa, recta, propè imum seu basin tantùm circulis seu » annulis eminentibus cincta, reliquâ parte tota glabra et nigricantia. Animal ipsum ad » cervi platycerotis *Damæ* vulgo dicti magnitudinem accedit, pilo cinereo, caudâ pedem » circiter longâ, pilis longis innascentibus hirtâ. Hæc D. *Tancred Robinson*, è pelle animalis » suffultâ in regiæ Societatis museo suspensâ. Cæterum hujus animalis cornua pluries vidi- » mus in museis curiosorum. » Ray, *Syn. quadr.*, p. 79. — *Nota.* Les naturalistes nous paraissent avoir donné mal à propos le nom de *gazelle d'Inde* à cette espèce ; on verra, par les témoignages des voyageurs, qu'elle ne se trouve qu'en Égypte, en Arabie et dans le Levant.

« Gazellæ quibus Ægyptus abundat. » Prosper Alpin., *Hist. Ægypt.*, p. 232, tab. xiv, fig. 1.

(*b*) « Missum mihi Hamburgo his diebus fuit ab amico..... Schellamero..... cornu..... » capri Bezoardici..... longitudine et facie quâ hic depingitur, durum ac rigidum, fibris » rectis per longitudinem cornu excurrentibus tanquam callis (nescio an ætatis indicibus) ad » medium circiter ubi sensim elanguescunt quasi, aut planiores redduntur, exasperatum ; » intus cavum, pendens uncias octo cum duabus drachmis..... Jacobus Bontius (lib. i, *de* » *Med. Indorum, notis ad* cap. xlv). Videtur figuræ Bezoardici cornu mei propius accedere » dum ita scribit : Capræ istæ non absimiles valde sunt capris europæis nisi quod habeant » erecta ac longiora cornua, etc. » De cornu capri Bezoardici.*Obs. Jo. Dan. majoris. Ephemer.* ann. viii (1677).

(*) *Antilope leucoryx* Licht.
(**) *Antilope Oryx* Pall.

par Kæmpfer (*a*); mais cette figure de Kæmpfer pèche en ce que les cornes ne sont pas assez longues ni assez droites, et d'ailleurs sa description ne nous paraît pas exacte; car il dit que cet animal du bézoard porte une barbe comme le bouc, et néanmoins la figure qu'il en donne est sans barbe, ce qui nous paraît plus conforme à la vérité; car en général les gazelles n'ont point de barbe, c'est même le principal caractère qui les distingue des chèvres; cette gazelle est de la grandeur de notre bouc domestique, et elle a le poil, la figure et l'agilité du cerf; nous avons vu de cet animal un crâne surmonté de ses cornes, et deux autres cornes séparées. Les cornes qui sont gravées dans Aldrovande, *de quad. Bisulcis*, pag. 765, cap. XXIV, *de Oryge*, ressemblent beaucoup à celles-ci. Au reste, ces deux espèces, l'*algazel* et le *pasan*, nous paraissent très voisines l'une de l'autre; elles sont aussi du même climat, et se trouvent dans le Levant, en Égypte, en Perse, en Arabie, etc.; mais l'algazel n'habite guère que dans les plaines, et le pasan dans les montagnes; leur chair est aussi très bonne à manger.

La neuvième gazelle est un animal qui, selon M. Adanson, s'appelle *nangueur* ou *nanguer* (*) au Sénégal; il a trois pieds et demi de longueur, deux pieds et demi de hauteur; il est de la forme et de la couleur du chevreuil, fauve sur les parties supérieures du corps, blanc sous le ventre et sur les fesses, avec une tache de cette même couleur sous le cou; ses cornes sont permanentes comme celles des autres gazelles, et n'ont qu'environ six ou sept pouces de longueur; elles sont noires et rondes, mais ce qu'elles ont de très particulier, c'est qu'elles sont fort courbées à la pointe en avant, à peu près comme celles du chamois le sont en arrière : ces nanguers sont de très jolis animaux, et fort faciles à apprivoiser; tous ces caractères, et principalement celui des petites cornes recourbées en avant, m'ont fait penser que le nanguer pourrait bien être le *dama* ou *daim* des anciens. *Cornua rupicapris in dorsum adunca, damis in adversum*, dit Pline (*b*); or, les seuls animaux qui aient les cornes ainsi courbées sont les nanguers, dont nous venons de parler; on doit donc présumer que le nanguer des Africains est le dama des anciens, d'autant qu'on voit par un autre passage de Pline (*c*) que le dama ne se trouvait qu'en Afrique, et qu'enfin par les témoignages de plusieurs autres auteurs anciens (*d*), on voit aussi que c'était un animal timide, doux, et qui n'avait de ressources

(*a*) Kæmpfer, *Amœnitates*, p. 398. — Cette sorte d'animal, où l'on trouve le bézoard, se nomme *hazan*, et la pierre *bazar* chez les Perses, où il y en a beaucoup. *Voyage de la Compagnie des Indes de Hollande*, t. II, p. 121.

(*b*) *Hist. nat.*, lib. XI, cap. 37.

(*c*) « Sunt et damæ et pygargi et strepsicerotes.... Hæc transmarini situs mittunt. » *Hist. nat.*, lib. VIII, cap. 53.

(*d*) Horace, Virgile, Martial, etc.

(*) *Antilope Dama* PALL.

que dans la légèreté de sa course. L'animal dont Caïus a donné la description et la figure sous le nom de *dama Plinii*, se trouvant, selon le témoignage même de cet auteur, dans le nord de la Grande-Bretagne et en Espagne, ne peut pas être le daim de Pline, puisque celui-ci dit qu'il ne se trouve qu'en Afrique (*a*); d'ailleurs, cet animal désigné par Caïus porte une barbe de chèvre, et aucun des anciens n'a dit que le dama eût une barbe, je crois donc que ce prétendu dama, décrit par Caïus, n'est qu'une chèvre, dont les cornes s'étant trouvées un peu courbées en avant à leur extrémité, comme celles de la gazelle commune, lui ont fait penser que ce pouvait être la dama des anciens ; et d'ailleurs ce caractère des cornes recourbées en avant, qui est en effet l'indice le plus sûr du dama des anciens, n'est bien marqué que dans le nanguer d'Afrique. Au reste, il paraît par les notices de M. Adanson qu'il y a trois espèces ou variétés de ces nanguers, qui ne diffèrent entre eux que par les couleurs du poil, mais qui tous ont les cornes plus ou moins courbées en avant.

La dixième gazelle est un animal très commun en Barbarie et en Mauritanie, que les Anglais ont appelé *antilope* (*b*), et auquel nous conserverons ce nom (*), il est de la taille de nos plus grands chevreuils, il ressemble beaucoup à la gazelle et au kevel, et néanmoins il en diffère par un assez grand nombre de caractères pour qu'on doive le regarder comme un animal d'une autre espèce ; l'antilope a les larmiers plus grands que la gazelle, ses cornes ont environ quatorze pouces de longueur ; elles se touchent, pour ainsi dire, à la base, et sont distantes à la pointe de quinze ou seize pouces ; elles sont environnées d'anneaux et de demi-anneaux moins relevés que ceux de la gazelle et du kevel ; et ce qui caractérise plus particulièrement l'antilope, c'est que les cornes ont une double flexion symétrique et très remarquable : en sorte que les deux cornes prises ensemble représentent assez bien la forme d'une lyre antique ; l'antilope a, comme les autres gazelles, le poil fauve sur le dos et blanc sous le ventre ; mais ces deux couleurs ne sont pas séparées au bas des flancs par une bande brune ou noire, comme dans la gazelle, le kevel, la corine, etc.; nous n'avons au cabinet du Roi que le squelette de cet animal.

(*a*) « Hæc icon Damæ est quam ex caprarum genere indicat pilus, aruncus, figura corporis atque cornua, nisi quod his in adversum adunca, cum cæteris in aversum acta sint. » Capræ magnitudine est dama et colore dorcadis..... Est amicus quidam meus Anglus, qui » mihi certâ fide retulit in partibus Britanniæ septentrionalibus eam reperiri sed adventi- » tiam. Vidit is apud nobilem quemdam cui dono dabatur ; accepi a quibusdam eam in » Hispaniâ nasci. » Caïus et Gessner, *Hist. quadr.*, p. 306.

(*b*) *Antilope*, nom que les Anglais ont donné à cet animal, et que nous avons adopté. — Strepsiceros. Pliuii, *Hist. nat.*, lib. VIII, cap. 53. — Gazelle. *Mémoires pour servir à l'histoire des animaux*, part. 1., p. 95, fig. pl. XI. — *Gazella Africana, the Antilope.* Ray, *Syn. quadr.*, p. 79. — « Hircus cornibus teretibus, dimidiato annulatis bis arcuatis..... » *Gazella*, la gazelle. Brisson, *Règne animal*, p. 68.

(*) *Antilope Cervicapra* PALL.

Il nous paraît qu'il y a dans les antilopes, comme dans les autres gazelles, des races ou des espèces différentes entre elles. 1° Nous avons au cabinet du Roi une corne qu'on ne peut attribuer qu'à une antilope beaucoup plus grande que celle dont nous venons de parler ; nous l'appellerons *lidmée*, du nom que, selon le docteur Shaw (*a*), les Africains donnent aux antilopes. 2° Nous avons vu au cabinet de M. le marquis de Marigny (*b*), dont le goût s'étend également aux objets des beaux-arts et à ceux de la belle nature, une espèce d'arme offensive, composée de deux cornes pointues et longues d'environ un pied et demi, qui, par leur double flexion, nous paraissent appartenir à une antilope plus petite que les autres ; elle doit être très commune dans les grandes Indes, car les prêtres gentils (*c*) portent cette espèce d'arme comme une marque de dignité ; nous appellerons cet animal *antilope des Indes*, dans l'idée où nous sommes que ce n'est qu'une simple variété de l'antilope d'Afrique.

En reprenant tous les animaux que nous venons d'exposer, nous avons donc déjà douze espèces ou variétés distinctes dans les gazelles, savoir : 1° la gazelle commune ; 2° le kevel ; 3° la corine ; 4° le tzeiran ; 5° le koba, ou grande vache brune ; 6° le kob, ou petite vache brune ; 7° l'algazel, ou gazelle d'Égypte ; 8° le pasan, ou la prétendue gazelle du bézoard ; 9° le nanguer, ou dama des anciens ; 10° l'antilope ; 11° le lidmée, et enfin l'antilope des Indes. Après les avoir soigneusement comparées entre elles, nous croyons : 1° que la gazelle commune, le kevel et la corine ne sont que trois variétés de la même espèce ; 2° que le tzeiran, le koba et le kob sont tous trois des variétés d'une autre espèce ; 3° nous présumons que l'algazel et le pasan ne sont aussi que deux variétés de la même espèce et nous pensons que le nom de *gazelle du bézoard*, qu'on a donné au pasan, n'est point un caractère distinctif, car nous croyons être en état de prouver que le bézoard oriental ne vient pas seulement du pasan, mais de toutes les gazelles et chèvres qui habitent les montagnes de l'Asie ; 4° il nous paraît que les nanguers, dont les cornes sont courbées en avant, et qui font ensemble deux

(*a*) Aux royaumes de Tunis et d'Alger, outre la gazelle ordinaire, qui est très commune, il y en a encore une autre espèce qui a la même couleur et la même figure, avec cette différence pourtant qu'elle est de la taille de notre chevreuil, et que ses cornes ont quelquefois deux pieds de long ; les Africains l'appellent *lidmée*, et je crois que c'est le *strepsiceros* ou l'*addace* des anciens. *Voyage du docteur Shaw*, p. 314.

(*b*) M. le marquis de Marigny, commandeur des ordres du Roi, directeur et ordonnateur général des bâtiments de Sa Majesté.

(*c*) Les gazelles, aux Indes, ne sont pas tout à fait comme celles des autres pays ; elles ont même beaucoup plus de cœur, et à l'extérieur on les distingue par les cornes ; les gazelles ordinaires les ont grises et moins longues de la moitié que celles des Indes, qui les ont noirâtres et longues d'un grand pied et demi ; ces cornes vont en serpentant jusqu'à la pointe comme une vis, et les faquirs et santons en portent ordinairement deux qui sont jointes... et ils s'en servent comme d'un petit bâton à deux bouts. *Relation du voyage de Thévenot*, t. III, p. 111 et 112. — *Nota*. Celles du cabinet de M. le marquis de Marigny ne portent point d'anneaux ou de vis, elles paraissent avoir été usées et polies d'un bout à l'autre.

ou trois variétés particulières, ont été indiqués par les anciens sous le nom de *dama;* 5° que les antilopes, qui sont au nombre de trois ou quatre, et qui diffèrent de toutes les autres par la double flexion de leurs cornes, ont aussi été connues des anciens et désignées par les noms de *strepsiceros* (a) et d'*addax;* tous ces animaux se trouvent en Asie et en Afrique, c'est-à-dire dans l'ancien continent, et nous n'ajouterons pas à ces cinq espèces principales, qui contiennent douze variétés très distinctes, deux ou trois autres espèces du nouveau monde, auxquelles on a aussi donné le nom vague de *gazelle*, quoiqu'elles soient différentes de toutes celles que nous venons d'indiquer : ce serait augmenter la confusion, qui n'est déjà que trop grande ici. Nous donnerons dans l'article suivant l'histoire de ces animaux d'Amérique sous leurs vrais noms, *mazame, temamaçame* (*), etc., et nous nous contenterons de parler actuellement des animaux de ce genre qui se trouvent en Afrique et Asie; nous renvoyons même à l'article suivant pour plus grande clarté, et pour simplifier les objets, plusieurs autres animaux de ce même climat d'Afrique et d'Asie, qu'on a encore regardés comme des gazelles ou comme des chèvres, et qui cependant ne sont ni gazelles ni chèvres, mais paraissent être intermédiaires entre les deux : ces animaux sont le bubale, ou vache de Barbarie, le condoma, le guib, la chèvre de Grimm, etc., sans compter les chevrotains, qui ressemblent beaucoup aux plus petites chèvres ou gazelles, et dont nous ferons aussi un article particulier.

Il est maintenant aisé de voir combien il était difficile d'arranger toutes ces bêtes, qui sont au nombre de plus de trente : dix chèvres, douze ou treize gazelles, trois ou quatre bubales, autant de chevrotains et de mazames, tous différents entre eux, plusieurs absolument inconnus, les autres présentés pêle-mêle par les naturalistes, et tous pris les uns pour les autres par les voyageurs : aussi c'est pour la troisième fois que j'écris aujourd'hui leur histoire, et j'avoue que le travail est ici bien plus grand que le produit ; mais au moins j'aurai fait ce qu'il était possible de faire avec les matériaux donnés, et les connaissances acquises que j'ai encore eu plus de peine à rassembler qu'à employer.

En comparant les indications que nous ont laissées les anciens, et les notices que l'on trouve dans les auteurs modernes, avec les connaissances que nous avons acquises, nous reconnaîtrons au sujet des gazelles 1° que le δορχὰς d'Aristote n'est point la gazelle, mais le chevreuil, et que cependant ce même mot δορχὰς a été employé par Ælien, non seulement pour

----

(a) « Erecta autem cornua, rugarumque ambitu contorta, et in leve fastigium exacuta » (ut lyras diceres) Strepsiceroti quem Addacem Africa appellat. » Plin., *Hist. nat.*, lib. xi, cap. 37.

(*) D'après Flourens, les Mazames sont des Cerfs.

désigner les chèvres sauvages en général, mais particulièrement la gazelle de Libye, ou gazelle commune ; 2° que le *strepsiceros* de Pline, ou l'*addax* des Africains, est l'*antilope;* 3° que le *dama* de Pline est le *nanguer* de l'Afrique, et non pas notre *daim*, ni aucun autre animal d'Europe; 4° que le πρὸξ d'Aristote est le même que le ζόρκας d'Ælien, et encore le même que le πλατύκερος des Grecs plus récents, et que les Latins ont adopté ce mot *platyceros* pour désigner le daim : *Animalium quorumdam cornua in palmas finxit natura; digitosque emisit ex iis, unde platycerotas vocant*, dit Pline; 5° que le πύγαργὸς des Grecs est probablement la *gazelle* d'*Égypte* ou celle de Perse, c'est-à-dire l'*algazel*, ou le *pasan;* le mot *pygargus* n'est employé par Aristote que pour désigner un oiseau, et cet oiseau est l'*aigle à queue blanche;* mais Ælien et Pline se sont servis du même mot pour désigner un quadrupède. Or l'étymologie de *pygargus* indique : 1° un animal à fesses blanches, tel que les chevreuils ou les gazelles; 2° un animal timide, les anciens s'imaginant que les fesses blanches étaient un indice de timidité, et attribuant l'intrépidité d'Hercule à ce qu'il avait les fesses noires; mais comme presque tous les auteurs qui parlent du *pygargus* quadrupède font aussi mention du chevreuil, il est clair que ce nom *pygargus* ne peut s'appliquer qu'à quelque espèce de gazelle différente du *dorcas Libyca*, ou *gazelle commune*, et du *strepsiceros*, ou *antilope*, desquelles les mêmes auteurs font aussi mention; nous croyons donc que le *pygargus* désigne l'*algazel*, ou *gazelle* d'*Égypte*, qui devait être connue des Grecs comme elle l'était des Hébreux; car l'on trouve ce nom *pygargus* dans la version des Septante (*Deutéronome*, cap. xiv), et l'on voit que l'animal qu'il désigne est mis au nombre des animaux dont la chair était pure; les juifs mangeaient donc souvent du *pygargus*, c'est-à-dire de cette espèce de *gazelle*, qui est la plus commune en Égypte et dans les pays adjacents.

M. Russell (*a*), dans son *Histoire naturelle du pays d'Alep*, dit qu'il y a auprès de cette ville deux sortes de gazelles, l'une qu'on appelle *gazelle de montagne*, qui est la plus belle, dont le poil sur le cou et sur le dos est d'un brun foncé; l'autre, qu'on appelle *gazelle de plaine*, qui n'est ni aussi légère ni aussi bien faite que la première, et dont la couleur du poil est plus pâle; il ajoute que ces animaux courent si vite et si longtemps que les meilleurs chiens courants peuvent rarement les forcer sans le secours d'un faucon..... qu'en hiver les gazelles sont maigres, et que néanmoins leur chair est de bon goût; qu'en été elle est chargée d'une graisse semblable à la venaison du daim; que les gazelles qu'on nourrit à la maison ne sont pas aussi excellentes à manger que les gazelles sauvages, etc. Par ce témoignage de M. Russell, et par celui de M. Hasselquist (*b*), on voit que ces gazelles d'Alep

______

(*a*) *The nat. hist. of Alep.*, by Alexand. Russell, M. D. London, 1756.

(*b*) « Capra (Gazella Africana). — *Cornua erecta, longiuscula, nigricantia.* — Magni-
» tudo Gazeliâ communi major; velocior, et magis fera est communi, ut vix nisi a falcone

ne sont pas les gazelles communes, mais les gazelles d'Égypte, dont les
cornes sont droites, longues et noires, et dont la chair est en effet excellente
à manger ; l'on voit aussi par ces témoignages que les gazelles sont des animaux à demi domestiques que les hommes ont souvent et anciennement
apprivoisés, et dans lesquels par conséquent il s'est formé plusieurs variétés
ou races différentes comme dans les autres animaux domestiques ; ces
gazelles d'Alep sont donc les mêmes que celles que nous avons appelées
algazels; elles sont encore plus communes dans la Thébaïde et dans toute
la haute Égypte qu'aux environs d'Alep ; elles se nourrissent d'herbes aromatiques et de boutons d'arbrisseaux, surtout de ceux de l'arbre de sial,
d'ambroisie, d'oseille sauvage (*a*), etc. ; elles vont ordinairement par troupes
ou plutôt par familles, c'est-à-dire cinq ou six ensemble (*b*) ; leur cri est
semblable à celui des chèvres. On les chasse non seulement avec les chiens
courants, aidés du faucon, mais aussi avec la petite panthère (*c*), que nous

» venatico capi queat. — Locus circa Aleppum. — An speciei in Oriente communis varietas,
» vel distincta species, quod cornua suadere videntur? — Capra, Gasella Africana. *Linn.*,
» Syst. nat. Tabaci fumum amat hoc animal, adeo ut vivum captum venatoris fumantis
» fistulæ absque metu approximaverit, timidum aliàs præ multis animal, unicum forsan,
» præter hominem, quod odore herbæ venenatæ et fœtentis delectatur. — Venationem
» Gazellæ Africanæ omnium velocissimæ instituunt Arabes cum falcone gentili ; vidi egre-
» gium hoc spectaculum propè Nazareth in Galilæa. Arabs conscendens equum velocitate
» insigni falconem supra manum, ut venatorum est, tenebat, gazellam supra monticulum
» animadvertens, avem relaxabat qui lineâ rectâ, sagittæ instar, advolavit et animal adgre-
» diebatur, ea ratione ut ungues unius pedìs in genam, alterius verò in gulam intruderet ;
» oblique supra dorsum animalis alas extendens quarum una versus auriculam alteram
» directa erat, altera verò versus ischium oppositum Infestatum animal saltum edidit humanà
» longitudine duplo altiorem et illum faciendo ab ave relinquebatur, sed sauciatum animal
» vigore et velocitate privatum, ab hoste interim infestatur ; qui hoc adgressu gulæ omnes
» infigebat ungues et firmiter animal tenebat, quod supra equum insequens venator vivum
» capiebat, mox verò cultro gulam præscidit, cui falconem apponebat, qui sanguinem ibi
» coagulatum mercedis instar devoravit, juvenem itidem falconem adhuc tironem gulæ appli-
» cabat. Hac nempè ratione instruitur et gulam animalis currentis apprehendere assuescit,
» quod omnino necessarium, si enim in coxam vel alium sese conjiciat locum, non præda
» solum sed et prædatore privatur venator ; animal enim expergefactum, sed non mortali
» sauciatum vulnere, citato gradu montium cacumina et loca deserta petit, quo abreptus
» adgressor semper prædæ affixus sequi, et a patrono alienatus tandem perire cogitur. »
Voyage de Frédéric Hasselquist en Palestine, depuis l'année 1749 jusqu'en 1752, publié par
Charles de l'Isle, et par l'ordre de Sa Majesté la reine de Suède ; traduit du suédois en allemand, imprimé à Rostock en 1762.

(*a*) *Relation du Voyage fait en Égypte par le sieur Granger.* Paris, 1745, p. 99 et 100.

(*b*) On trouve en Égypte beaucoup de gazelles.... Elles courent ordinairement par troupes
à travers les montagnes ; ces animaux ont le poil et la queue comme les biches ; les pieds
de devant, qui sont fort courts, ressemblent à ceux des daims ; leur cou, qui est sans barbe,
est long et noir ; leurs cornes sont droites jusqu'à l'extrémité, où elles sont un peu recourbées ; leur cri ressemble à celui des autres chèvres. *Voyages de Paul Lucas,* Rouen, 1719,
t. III, p. 199.

(*c*) « Venantur non minus et gazellas quibus Ægyptus abundat, quarum carnes, bonitate
» et gustu, capreolorum carnibus similes existunt. Bisulcum animal est, silvestre, sed quod
» facile mansuefit, capræ simile, colore igneo ad pallidum inclinante, duplici cornu longo
» introverso lunæ modo, et nigro ; auribus arrectis, ut in cervis, oculis magnis, oblongis, nigris,

avons appelée *once*. Dans quelques endroits, on prend les gazelles sauvages avec des gazelles apprivoisées, aux cornes desquelles on attache un piège de cordes (*a*).

Les antilopes, surtout les grandes, sont beaucoup plus communes en Afrique qu'aux Indes; elles sont plus fortes et plus farouches que les autres

» pulcherrimis. Unde in adagio apud Ægyptios dicitur de pulchris oculis *ain el Gazel*, id » est, oculus Gazellæ; collo longo et gracili, cruribus gracilibus atque pedibus bisulcis constat. » Pantheræ in desertis locis Gazellas venantur, quibus aliquandiu cornibus durissimis, acu- » t'sque resistunt, sed victæ corum præda fiunt. Pili quibus conteguuntur, videntur sane » similes iis qui in Moschiferis animalibus spectantur : pulcherrimum est animal quod facile » hominibus redditur cicur mansuetumque. » Prosperi Alpini, *Historiæ Ægypti naturalis*, pars I. Lugduni Batavorum, 1735, p. 232 et 233, fig. tab. xiv. — *Nota*. La figure de Prosper Alpin ne laisse aucun doute que ce ne soit l'*algazel* ou *gazelle d'Egypte* dont il ait entendu parler, et sa description nous indique que l'algazel est souvent, ainsi que la gazelle commune et le kevel, marquée de taches blanches comme la civette. — Je crois vous avoir dit ailleurs que, dans les Indes, il y a quantité de gazelles qui sont à peu près faites comme nos faons; que ces gazelles vont ordinairement par troupes séparées les unes des autres, et que chaque troupe, qui n'est jamais de plus de cinq ou six, est suivie d'un mâle seul, qui se connaît par la couleur : quand on a découvert une troupe de ces gazelles, on tâche de les faire apercevoir au léopard, qu'on tient enchaîné sur une petite charrette; cet animal rusé ne se met pas incontinent à courir après, comme on pourrait croire, mais il s'en va tournant, se cachant et se courbant pour les approcher de près et les surprendre; et comme il est capable de faire cinq ou six sauts ou bonds d'une vitesse presque incroyable, quand il se sent à portée, il s'élance dessus, les étrangle, et se soûle de leur sang, du cœur et de leur foie, et s'il manque son coup, ce qui arrive assez souvent, il en demeure là; aussi serait-ce en vain qu'il prétendrait de les prendre à la course, parce qu'elles courent bien mieux et plus long-temps que lui : le maître ou gouverneur vient ensuite bien doucement autour de lui, le flattant et lui jetant des morceaux de chair, et, en l'amusant ainsi, il lui met des lunettes qui lui couvrent les yeux, l'enchaîne et le remet sur la charrette. Un de ces léopards nous donna un jour, dans la marche, ce divertissement, qui effraya bien du monde : une troupe de gazelles s'éleva au milieu de l'armée, comme il arrive tous les jours; par fortune, elles passèrent tout proche de ces deux léopards, qu'on menait à l'ordinaire sur leur petite char-rette; un d'eux, qui n'avait point de lunettes, fit un si grand effort qu'il rompit sa chaîne et s'élança après sans rien attraper; néanmoins, comme les gazelles ne savaient où fuir étant courues, criées et chassées de tous côtés, il y en eut une qui fut obligée de repasser encore près du léopard, qui, nonobstant les chameaux et les chevaux qui embarrassaient tout le chemin, et contre tout ce qu'on dit ordinairement que cet animal ne retourne jamais sur sa proie quand une fois il l'a manquée, s'élança dessus et l'attrapa. *Relation de Thévenot*, t. III, p. 112.

(*a*) Quand on ne veut point se servir d'un léopard apprivoisé pour prendre les gazelles, on mène un mâle de gazelle privée, auquel on met aux cornes une corde qui a divers tours et replis, et dont on attache les deux bouts sous le ventre; lorsqu'on a trouvé une compagnie de gazelles, on laisse aller ce mâle : il va pour les joindre, le mâle de la troupe s'avance pour l'en empêcher, et comme l'opposition qu'il lui fait n'est qu'en jouant avec ses cornes, il ne manque pas de les empêtrer et de s'embarrasser avec son rival, en sorte que le chas-seur s'en saisit adroitement et l'emmène; mais il est plus aisé de prendre les femelles. *Idem, ibid.* — On se sert de la gazelle privée pour prendre les sauvages, de cette manière : on lui attache des lacs aux deux cornes, puis on la mène aux champs, aux endroits où il y en a de sauvages, et on la laisse jouer et sauter avec les autres, lesquelles venant à s'entrelacer leurs cornes les unes dans les autres, elles s'attachent ensemble par les lacs et petites cordes qu'on a liées aux cornes de la domestique, et la sauvage, se sentant prise, s'efforce de se délier, et tombe à terre avec la privée, et est prise par les Indiens de cette façon. *Voyage de La Boullaye Le Gouz*, p. 247.

gazelles, desquelles il est aisé de les distinguer par la double flexion de leurs
cornes, et parce qu'elles n'ont point de bande noire ou brune au bas des
flancs ; les antilopes moyennes sont de la grandeur et de la couleur du daim ;
elles ont les cornes fort noires (*a*), le ventre très blanc, les jambes de devant
plus courtes que celles de derrière : on les trouve en grand nombre dans les
contrées du Tremecen, du Duguela, du Tell et du Zaara ; elles sont propres
et ne se couchent que dans des endroits secs et nets ; elles sont aussi très
légères à la course, très attentives au danger, très vigilantes ; en sorte que, dans
les lieux découverts, elles regardent longtemps de tous côtés, et dès qu'elles
aperçoivent un homme, un chien ou quelque autre ennemi, elles fuient de
toutes leurs forces ; cependant elles ont, avec cette timidité naturelle, une
espèce de courage, car lorsqu'elles sont surprises elles s'arrêtent tout court
et font face à ceux qui les attaquent.

En général, les gazelles ont les yeux noirs, grands, très vifs et en même
temps si tendres que les Orientaux en ont fait un proverbe (*b*), en comparant
les beaux yeux d'une femme à ceux de la gazelle ; elles ont pour la plupart
les jambes plus fines et plus déliées que le chevreuil, le poil aussi court,
plus doux et plus lustré ; leurs jambes de devant sont moins longues que celles
de derrière, ce qui leur donne, comme au lièvre, plus de facilité pour courir
en montant qu'en descendant ; leur légèreté est au moins égale à celle du
chevreuil, mais celui-ci bondit et saute plutôt qu'il ne court, au lieu que
les gazelles (*c*) courent uniformément plutôt qu'elles ne bondissent ; la plupart sont fauves sur le dos, blanches sous le ventre avec une bande brune
qui sépare ces deux couleurs au bas des flancs ; leur queue est plus ou moins
grande, mais toujours garnie de poils assez longs et noirâtres ; leurs oreilles
sont droites, longues, assez ouvertes dans leur milieu, et se terminent en
pointe ; toutes ont le pied fourchu et conformé à peu près comme celui des
moutons ; toutes ont, mâles et femelles (*), des cornes permanentes comme
les chèvres ; les cornes des femelles sont seulement plus minces et plus
courtes que celles des mâles.

Voilà toutes les connaissances que nous avons pu acquérir au sujet des
différentes espèces de gazelles, et à peu près aussi tous les faits qui ont
rapport à leur naturel et à leurs habitudes ; voyons maintenant si les naturalistes ont été fondés à n'attribuer qu'à un seul de ces animaux la produc-

(*a*) Voyez *l'Afrique de Marmol*, t. Ier, p. 53 ; et le *Voyage de Shaw*, t. Ier, p. 315 et 316.

(*b*) On trouve vers Alexandrie des gazelles en assez grand nombre : c'est une espèce de
chevreuil, dont l'œil grand, vif et perçant, a passé en proverbe pour louer les yeux des
dames. *Description de l'Égypte*, par Maillet. La Haye, 1740, t. II, p. 125.

(*c*) Les *geirans* ou *gazelles* ont le poil comme les daims, et ils courent, de même que les
chiens, sans sauter ; la nuit, ils viennent en troupes paître dans la plaine ; le matin, ils
retournent sur les montagnes. *Voyage de Gemelli Careri*, t. II, p. 64. — *Nota*. Le geiran est
notre tzeiran ou grosse gazelle.

(*) Dans certaines espèces, les femelles sont dépourvues de cornes.

tion de la pierre fameuse qu'on appelle le *bézoard oriental*, et si cet animal est en effet le *pasen* ou *pazan*, qu'ils ont désigné spécifiquement par le nom de *gazelle du bézoard*. En examinant la description et les figures de Kæmpfer (*a*), qui a beaucoup écrit sur cette matière, on doutera si c'est la gazelle commune ou le pazan, ou l'algazel qu'il a voulu désigner comme donnant

(*a*) « Repertus in novenni hirco lapillus voti me fecit quodammodo compotem ; dico
» quodammodo, nam in bestiâ quam comes meus findebat, intestina a me ipso diligentissimè
» perquisita nullum lapidem continebant. Pronior alteri apparebat fortuna qui a nobis lon-
» gius remotus feram a se transfossam dum me non expectato dissecaret lapillum reperit
» elegantissimum tametsi molis perexiguæ..... Adeptus lapidem, antequam adessem..... »
Kæmpfer, *Amœnit.*, p. 392. « Bezoard orientalis legitimus. Lapis bezoard orientalis verus
» et pretiosus persicè Pasahr ex quo nobis vox bezoard enata est..... Patria ejus precipua est
» Persidis provincia Laar..... Ferax præterea Chorasmia esse dicitur... Genitrix est fera
» quædam montana caprini generis quam incolæ *Pasen*, nostrates capricervam nominant,.....
» animal pilis brevibus ex cinereo rufis vestitur, magnitudine capræ domesticæ, ejusdemque
» *barbatum* caput obtinens. Cornua fœminæ *nulla* sunt vel exigua ; hircus longiora et libe-
» ralius extensa gerit, annulisque distincta insignioribus quorum numeri annos ætatis refe-
» runt : annum undecimum vel duodecimum raro exhibere dicuntur adeoque illum ætatis
» annum haud excedere. Reliquum corpus a cervinâ formâ colore et agilitate nil differt.
» Timidissimum et maximè fugitivum est, inhospita asperrimorum montium tesqua incolens
» et ex solitudine montanâ in campos rarissimè descendens, et quamvis plures regni
» regiones inhabitet lapides tamen bezoardicos non gignit. *Casbini* (emporium est regionis
» *Irak*) pro coquinâ nobis capricervam, vel ut rectius dicam, Hircocervum prægrandem ven-
» debat venator qui a me quæsitus, non audivisse se respondebat bestiam illic lapidem
» unquam fovisse, quod et civium quotquot percunctatus sum, testimonia confirmabant.....
» Quæ vero partes tametsi capricervas alant promiscuè non omnes tamen herbas ferunt ex
» quibus depastis lapides generari, atque ii quidem æque nobiles possint, sed solus ex earum
» numero est mons Baarsi..... Nulla ibi ex prædictis bestiis datur ætate provecta quæ lapi-
» dem non contineat ; cum in cæteris hujus jugi partibus (ductorum verba refero) ex denis
» in montium distantioribus, ex quinquagenis, in cæteris, extra Larensem provinciam ex
» centenis vix una sit quæ lapide dotetur, eoque ut plurimum exigui valoris. In hircis lapides
» majores et frequentius inveniuntur quam in fœminis. Lapidem ferre judicantur annosi,
» valde macilenti, colla habentes longiora, qui gregem præire gestiunt...... Bestiæ ut pri-
» mum perfossæ linguam inspiciunt, quæ si solito deprehendatur asperior de præsente
» lapide nihil amplius dubitant. Locus natalis est pylorus sive productior quarti quem vocant
» ventriculi fundus, cujus ad latus plica quædam sive scrobiculus, mucoso humore oblitus
» lapillum suggerit : in aliâ ventriculi classe (prout ruminantibus distinguuntur) quam ultimâ
» hâc inveniri negabant..... Credunt quos plicarum alveoli non satis amplectuntur elabi
» pyloro posse et cum excrementis excerni : quin formatos interdum dissolvi rursus, præ-
» sertim longiori animalis inediâ. Clar. Jagerus mihi testatus est se dum in regno Golkonda
» degeret, gazellas vivas recenter captas manu suâ perquisivisse et contracto abdomine
» lapillos palpasse, in unâ geminos, in alterâ quinos, vel senos. Has ille bestias pro contem-
» platione suâ alere decreverat, camerâ hospicii sui inclusas ; verum quod ab omni pabulo
» abstinerent, quasi perire quam saginari captivæ mallent, mactari eas jussit inediâ aliquot
» dierum macentes. Tum vero lapillos ubi exempturus erat eorum ne vestigium amplius
» invenit ex quo illos a jejuno viscere vel alio quocumque modo dissolutos credebat.....
» Dissolutionem nullo posse negotio fieri persuadeor si quidem certum est lapides in loco
» natali viventis bruti dum latent nondum gaudere petrosâ quam nobis exhibent duritie, sed
» molliores esse et quodammodo friabiles instar ferè vitelli ovi fervente aquâ ad duritiem
» longius excocti. Hoc propter recenter exsectus ne improvide frangatur, vel attractus nito-
» rem perdat, ab inventoribus consuevit ore recipi et in eo foveri aliquandiu dum induruerit,
» mox gossypio involvi et asservari. Asservatio ni primis diebus cautè fiat periculum est ne
» adhuc cùm infirmior, importunâ contrectatione rumpatur aut labem recipiat. Generatio-

exclusivement le vrai *bézoard oriental*. Si l'on consulte les autres naturalistes et les voyageurs, on serait tenté de croire que ce sont indistinctement
les gazelles, les chèvres sauvages, les chèvres domestiques, et même les
moutons, qui portent cette pierre (*a*), dont probablement la formation dépend
plus de la température du climat et de la qualité des herbes que de la nature

» nem fieri conjiciunt cum resinosa quædam ex herbis depastis concoctisque substantia ven-
» triculorum latera occupat, quæ, egestis cibis, jejunoque viscere in pylorum confluens,
» circa arreptum calculum, lanam, paleamve consistat et coagulctur; ex primo circa mate-
» riam contentam stamine efformandi lapidis figura pendet, etc. » *Idem*, p. 398 et seq.

(*a*) A Golconde, le roi a grande provision d'excellents bézoards; les montagnes où paissent les chèvres qui les portent sont à sept ou huit journées de Bagnagnur; ils se vendent
ordinairement quarante écus la livre; les longs sont meilleurs; on en trouve dans quelques
vaches qui sont beaucoup plus gros que ceux des chèvres, mais on n'en fait pas tant de cas,
et ceux qui sont les plus estimés de tous se tirent d'une espèce de singes qui sont un peu
plus rares, et ces bézoards sont petits et longs. *Voyage de Thévenot*, t. III, p. 293. — Il se
voit en Perse de plus belles et de plus exquises pierres de bézoard qu'en pas une autre contrée de la terre : on les tire du côté de certains boucs sauvages, au foie desquels elles sont
attachées. *Voyage de Feynes*, p. 44 et 45. — Je devrais mettre au rang des drogues médicinales le bézoard, qui est cette pierre si fameuse dans la médecine; c'est une pierre tendre,
qui se forme par pellicules, comme croissent les oignons; on la trouve dans le corps des
boucs et des chèvres sauvages et domestiques, le long du golfe Persique, dans la province
du Corasan, qui est l'ancienne Margiane, incomparablement meilleure que celle qu'on a aux
Indes, dans le royaume de Golconde : mais parce que les chèvres avaient été amenées de
trois journées de pays, il ne se trouva de bézoard que dans quelques-unes, et encore n'était-
ce que de petits morceaux; nous gardâmes de ces chèvres quinze jours en vie; elles étaient
nourries d'herbe verte commune; on n'y trouva rien en les ouvrant; je les gardai ce temps-
là pour vérifier ce qui se dit : que c'est une herbe particulière, qui, échauffant ces animaux,
produit cette pierre dans leur corps. Les naturalistes persans disent que, plus cet animal
pait en des pays arides et mange d'herbes sèches et chaudes, plus le bézoard est salutaire ;
le Corasan et le bord du golfe Persique sont de ces pays secs et arides naturellement, s'il y
en a au monde ; on trouve toujours au cœur de ces pierres quelques morceaux de ronce ou
d'autre bois autour duquel se coagule l'humeur qui compose cette pierre; il faut observer
qu'aux Indes ce sont les chèvres qui portent le bézoard, et qu'en Perse ce sont les moutons
et les boucs, ce qui fait qu'on estime plus en Perse le bézoard du pays, comme plus chaud
et plus digéré, et que même on ne fait pas de cas de l'autre, qu'on donne quatre fois meilleur marché; le bézoard de Perse se vend cinquante-quatre livres le kourag, qui est un poids
de trois gros. *Voyage de Chardin*, t. II, p. 16. — Le bézoard oriental vient d'une province
du royaume de Golconde, en tirant au nord, et il se trouve dans la panse des chèvres.....
Les paysans, en tâtant le ventre de la chèvre, connaissent combien elle a de bézoards, et la
vendent à proportion de la quantité qu'elle en a : pour le savoir, ils coulent les deux mains
sous le ventre de la chèvre en battant la panse en long des deux côtés, de sorte que tout se
rend dans le milieu de la panse, et qu'ils comptent juste, en les tâtant, combien il y a de
bézoards..... Plus le bézoard est gros, et plus il est cher, haussant à proportion comme le
diamant ; car, si cinq ou six bézoards pèsent une once, l'once vaudra depuis quinze jusqu'à
dix-huit francs ; mais si c'est un bézoard d'une once, l'once vaudra bien cent francs ; j'en ai
vendu un de quatre onces et demi deux mille livres..... Des marchands, à qui j'avais fait
vendre pour soixante mille roupies de bézoards, m'amenèrent six chèvres qui le portent, et
que je considérai avec loisir. Il faut avouer que ce sont de belles bêtes, fort hautes et qui
ont un poil fin comme de la soie..... Ils me dirent que l'une de ces chèvres n'avait qu'un
bézoard dans le ventre, et que les autres en avaient deux, ou trois, ou quatre, ce qu'ils me
firent voir à l'heure même en leur battant le ventre de la manière dont je l'ai dit plus haut ;
ces six chèvres avaient dix-sept bézoards, et une moitié comme une moitié de noisette; le
dedans était comme d'une crotte de chèvre molle, ces bézoards croissant parmi la fiente qui

et de l'espèce de l'animal : si l'on voulait en croire Rumphius, Saba et quelques autres auteurs, le vrai bézoard oriental, celui qui a le plus d'excellence et de vertu, proviendrait des singes et non pas des gazelles, des chèvres ou des moutons (a); mais cette opinion de Rumphius et de Seba n'est pas fondée. Nous avons vu plusieurs de ces concrétions auxquelles on donne le nom de *bézoard de singes*, et ces concrétions sont toutes différentes du bézoard oriental, qui vient certainement d'un animal ruminant, et qu'on peut aisément distinguer, par sa forme et par sa substance, de tous les autres bézoards ;

est dans le ventre de la chèvre ; quelques-uns me disaient que ces bézoards se prenaient contre le foie, d'autres soutenaient que c'était contre le cœur, et je ne pus jamais me bien éclaircir de la vérité..... Pour le bézoard qui vient du singe, il est si fort que deux grains font autant que six de celui des chèvres ; mais il est fort rare, et se trouve particulièrement dans l'île de Macassar : cette sorte de bézoard est rond, au lieu que l'autre est de diverses figures : comme ces pierres que l'on croit venir des singes sont beaucoup plus rares que les autres, elles sont aussi beaucoup plus chères et plus recherchées, et quand on en trouve une de la grosseur d'une noix, elle vaudra quelquefois plus de cent écus. *Voyage de Tavernier*, t. IV, p. 78 et suiv.

(a) « *De lapidibus bezoard orientalis*. Nondum certò innotuit, quibusnam in animalibus
» hi calculi reperiantur ; sunt qui statuant eos in ventriculo certæ caprarum speciei generari
» (Raïus scilicet, Gessnerus, Tavernier, etc.)... Rumphius in *Museo Amboin*. refert Indos in
» risum effundi audientes, quod Europei sibi imaginentur, lapides bezoardicos in ventriculis
» caprarum sylvestrium generari ; at contrà ipsos affirmare, quod in simiis crescant, nescios
» interim, quânam in specie simiarum, an in Bavianis dictis, an verò in Cercopithecis.
» Attamen id certum esse, quod ex Succadana et Tambas, sitis in insulâ Borneo, adferantur,
» ibique à monticolis conquisiti vendantur iis qui littus accolunt ; hos verò posteriores asse-
» rere, quod in certâ simiarum vel cercopithecorum specie hi lapides nascantur ; addere
» interim Indos, quod vel ipsi illi monticolæ originem et loca natalia horumce lapidum
» nondum propè explorata habeant. Sciscitatus sum sæpissimè ab illis qui lapides istos ex
» Indiis orientalibus huc transferunt, quonam de animali, et quibus è locis hi proveniant ;
» sed nihil inde certi potui expiscari, neque iis ipsis constabat quidpiam, nisi quod saltem
» ab aliis acceperant..... Novi esse, qui longiusculos inter et sphæricos seu oblongorotundos,
» atque reniformes, dari quid discriminis statuunt. At imaginarium hoc est. Neque enim ullâ
» ratione intrinsecus differunt, quando confringuntur aut in pulverem teruntur ; modo fuerint
» genuini, nec adulterati, sivè demum ex simiis aut capris sylvestribus, aliisve proveniant
» animalibus..... Gaudent hi lapides nominibus, pro varietate linguarum, variis : Lusitanis,
» *Pedra* seu *Caliga de Buzio* ; Sinensibus, *Gautsjo* ; Maleitis, *Culiga-Kaka* ; Persis, *Pazar*,
» *Pazan* seu *Belsahar* ; Arabibus, *Albazar* et *Berzuahorth* ; Lusitanis Indiæ incolis, *Pedra-*
» *Bugia* seu *Lapides-Simiarum*, juxta Kæmpferi testimonium vocantur..... Credibile est nasci
» eosdem in stomacho, quum plerumque in centro straminum lignorumve particulæ, nuclei,
» aut lapilli et alia similia, inveniantur tanquam prima rudimenta, circum quæ acris, viscosa
» materies sese lamellatim applicat, et deinceps crustæ instar, magis magisque aucta in
» lapidem durescit. Pro varietate victus, quo utuntur animalia, ipsæ quoque lamellæ variant,
» successivè sibi mutuo adpositæ, sensimque grandescentes. Fractu hæ facile separantur et
» per integrum sæpe statum ita à se mutuò succedunt, ut decorticatum relinquant lapidem,
» lævi iterum et quasi expolitâ superficie conspicuum. Lapides bezoard, illis è locis Indiæ
» orientalis venientes quibus cum Britannis commercium intercedit, pro parte minuti sunt,
» et rotundi, silicumque quandam speciem in centro gerunt. Alii verò teniores, et oblongi,
» intus continent straminula, nucleos dactylorum, semina peponum, et ejusmodi, quibus
» simplex saltem, aut geminum veri lapidis stratum, satis tenue, circumpositum est. Unde
» in his ultra dimidiam partem rejiculi datur : et nobis quidem hi videntur veri esse simiarum
» lapides, utpote maturiùs ab hisce animantibus per anum excreti, quam ut majorem in
» molem potuerint excrescere. » *Seba*, vol. II, p. 130.

sa couleur est ordinairement d'un vert d'olive, brun en dehors et en dedans,
et celle du bézoard, qu'on appelle *occidental*, est d'un petit jaune plus ou
moins terne ; la substance du premier est plus moelleuse et plus tendre ;
celle du dernier est plus dure, plus sèche et, pour ainsi dire, plus pétrée :
d'ailleurs, comme le bézoard oriental a eu une vogue prodigieuse, et qu'on en
a fait grande consommation dans les derniers siècles, puisqu'on s'en servait
en Europe et en Asie dans tous les cas où nos médecins emploient aujour-
d'hui les cordiaux et les contrepoisons, ne doit-on pas présumer par cette
grande quantité qu'on en a consommée, et que l'on consomme encore, que
cette pierre vient d'un animal très commun, ou plutôt qu'elle ne vient pas
d'une seule espèce d'animal, mais de plusieurs animaux, et qu'elle se tire
également des gazelles, des chèvres et des moutons, mais que ces animaux
ne peuvent la produire que dans de certains climats du Levant et des Indes ?

Dans tout ce que l'on a écrit sur ce sujet, nous n'avons pas trouvé une
observation bien faite ni une seule raison décisive ; il paraît seulement, par
ce qu'ont dit Monard, Garcias, Clusius, Aldrovande, Hernandès, etc., que le
prétendu animal du bézoard oriental n'est pas la chèvre commune et domestique, mais une espèce de chèvre sauvage qu'ils n'ont point caractérisée ; de
même, tout ce que l'on peut conclure de ce qu'a écrit Kæmpfer, c'est que
l'animal du bézoard est une espèce de chèvre sauvage ou plutôt une espèce
de gazelle aussi très mal décrite ; mais, par les témoignages de Thévenot,
Chardin et Tavernier, il paraît que cette pierre se tire moins des gazelles que
des moutons et des chèvres sauvages ou domestiques ; et ce qui paraît donner
plus de poids à ce que ces voyageurs en disent, c'est qu'ils parlent comme
témoins oculaires, et que, quoiqu'ils ne citent pas les gazelles au sujet du
bézoard, il n'y a guère d'apparence qu'ils se soient trompés et qu'ils les aient
prises pour des chèvres, parce qu'ils les connaissaient bien, et qu'ils en font
mention dans d'autres endroits de leurs relations (a) ; l'on ne doit donc pas
assurer, comme l'ont fait nos naturalistes modernes, que le bézoard oriental
vient particulièrement et exclusivement d'une certaine espèce de gazelle ; et
j'avoue qu'après avoir examiné non seulement les témoignages des auteurs,
mais les faits mêmes qui pouvaient décider la question, je suis très porté à
croire que cette pierre vient également de la plupart des animaux ruminants,
mais plus communément des chèvres et des gazelles : elle est, comme l'on
sait, formée par couches concentriques, et contient souvent au centre quelque
matière étrangère ; nous avons recherché de quelle nature étaient ces matières, qui servent au bézoard oriental de noyau, pour tâcher de juger en
conséquence de l'espèce de l'animal qui les avait avalées ; on trouve au
centre de ces pierres de petits cailloux, des noyaux de prunes, de mirobo-
lants, de tamarin, des graines de cassie, et surtout des brins de paille et des

_____

(a) *Voyage de Tavernier*, t. II, p. 26.

boutons d'arbres; ainsi, l'on ne peut guère attribuer cette production qu'aux animaux qui broutent les herbes et les feuilles.

Nous croyons donc que le bézoard oriental ne vient pas d'un animal particulier, mais de plusieurs animaux différents, et il n'est pas difficile de concilier avec cette opinion les témoignages de la plupart des voyageurs; car, en disant chacun des choses contraires, ils n'auront pas laissé de dire tous à peu près la vérité. Les anciens, Grecs et Latins, n'ont pas connu le bézoard; Galien est le premier qui fasse mention de ses vertus contre le venin. Les Arabes ont beaucoup parlé de ces mêmes vertus du bézoard; mais ni les Grecs, ni les Latins, ni les Arabes, n'ont indiqué précisément les animaux qui le produisent. Rabi Moses, Égyptien, dit seulement que quelques-uns prétendent que cette pierre se forme dans l'angle des yeux, et d'autres dans la vésicule du fiel des moutons en Orient : or, il y a des bézoards ou concrétions qui se font en effet dans les angles des yeux et dans les larmiers des cerfs et de quelques autres animaux; mais ces concrétions sont très différentes du bézoard oriental, et les concrétions de la vésicule du fiel sont toutes d'une matière légère, huileuse et inflammable, qui ne ressemble point à la substance du bézoard. André Lacuna, médecin espagnol, dans ses *Commentaires sur Dioscoride*, dit que le bézoard oriental, se tire d'une certaine espèce de chèvre sauvage dans les montagnes de Perse. Amatus Lusitanus répète ce que dit Lacuna, et ajoute que cette chèvre montagnarde est ressemblante au cerf. Monard, qui les cite tous trois, assure encore plus positivement que cette pierre se tire des parties intérieures d'une chèvre de montagne aux Indes, à laquelle, dit-il, j'ai cru devoir donner le nom de *cervi-capra*, parce qu'elle tient du cerf et de la chèvre, qu'elle est à peu près de la grandeur et de la forme du cerf, mais qu'elle a, comme les chèvres, des cornes simples et fort recourbées sur le dos (a). Garcias ab horto (Dujardin) dit que dans le Khoraçan

(a) « Lapis **Bezaar** varias habet appellationes; nam Arabibus Hager dicitur, Persis
» Bezaar, Indis Bezar..... Iste lapis in internis partibus cujusdam animalis *Capra montana*
» appellati generatur..... In Indiæ supra Gangem certis montibus Sinarum regioni vicinis,
» animalia cervis valdè similia reperiuntur, tum magnitudine, tum agilitate et aliis notis,
» exceptis quibusdam partibus quibus cum capris magis conveniunt ut cornibus quæ veluti
» capræ in dorsum reflexa habent et corporis formâ, unde nomen illis inditum cervicapræ
» propter partes quas cum capris et cervis similes obtinent..... Est autem animal (ex eorum
» relatu qui ex illa regione redeuntes animal conspexerunt) in quo reperiuntur isti lapides
» cervi magnitudine et ejus quasi formæ; binis duntaxat cornibus præditum, latis et extremo
» mucronatis atque in dorsum valdè recurvis, breves pilos habens cineracei coloris seu
» admixta rufedo : in iisdem montibus aliorum etiam colorum reperiuntur. Indi vel laqueis
» vel decipulis illa venantur et mactant. Adeò autem ferocia sunt ut interdum Indos etiam occi-
» dant, agilia præterea et ad saltum prona : in antris vivunt gregatimque eunt, utriusque sexus
» mares scilicet et fœminæ inveniuntur, vocemque gemebundam edunt. Lapides autem ex
» interioribus intestinis aliisque cavis corporis partibus educuntur..... Dum hæc scriberem
» quoddam animal conspectu ivi huic (ni fallor) simile, quia omnes notas mihi habere vide-
» batur quibus modo descripta prædita sunt; est autem ex longinquis regionibus per
» Africam generoso archidiacono Nebiensi delatum : magnitudine cervi, capite et ore cer-
» vino, agile instar cervi, pili et color cervo similes; corporis formâ capram refert, nam

et en Perse il y a une espèce de boucs (a) appelée *pasan* (b), et que c'est
dans l'estomac de ces boucs que s'engendre le bézoard oriental ; que cette
pierre se trouve, non seulement en Perse, mais aussi à Malacca et dans l'île
des Vaches, près le cap Comorin ; que dans la grande quantité de boucs que
l'on tuait pour la subsistance des troupes, on cherchait ces pierres dans l'estomac de ces animaux, et qu'on y en trouvait assez communément. Christophe Acosta (c) répète à ce sujet ce que disent Garcias et Monard, sans y rien
ajouter de nouveau ; enfin, pour ne rien omettre de tout ce qui a rapport au
détail historique de cette pierre, nous observerons que Kæmpfer, homme plus
savant qu'observateur exact, s'étant trouvé dans la province de Laar, en
Perse, assure être allé avec des naturels du pays à la chasse du bouc *pasan*,
qui produit le bézoard, qu'il dit en avoir, pour ainsi dire, vu tirer cette pierre,
et qu'il assure encore que le vrai bézoard oriental vient de cet animal ; qu'à
la vérité le bouc *ahu*, dont il donne aussi la figure, produit dans ce même
pays des bézoards comme le bouc pasan, mais qu'ils sont fort inférieurs en
qualité ; par les figures qu'il donne de ces deux animaux, le pasan et l'ahu,
on serait induit à croire que la première figure représente la gazelle commune plutôt que le vrai pasan, et, par sa description, on serait porté à imaginer que son pasan est en effet un bouc et non pas une gazelle, parce qu'il
lui donne une barbe semblable à celle des chèvres ; et enfin par le nom *ahu*
qu'il donne à son autre bouc, aussi bien que par la seconde figure, on serait

» magno hirco simile est, hircinos pedes habens et bina cornua in dorsum inflexa extrema
» parte contorta ut hircina videantur, reliquis autem partibus cervum æmulatur. Illud autem
» valdè admirandum quod ex turre se præcipitans in cornua cadat sine ullâ noxâ : vescitur
» herbis, pane, leguminibus, omnibusque cibis quæ illi præbentur : robustum est et ferreâ
» catenâ vinctum, quia omnes funes quibus ligabatur rodebat et rumpebat. » Nic. Monardi
» *de Lapide Bezoar. lib.*, interprete Carolo Clusio. Rhaphelengiæ, 1605.

(a) « Est in Corasone et Persiâ hirci quoddam genus, quod *Pazan* linguâ persicâ vocant,
» rufi aut alterius coloris (egorufum et prægrandem Goæ vidi) mediocri altitudine, in cujus
» ventriculo fit hic lapis bezar..... Cæterum non solum generatur hic lapis in Persiâ, sed
» etiam nonnullis Malacæ locis, et in insulâ quæ à Vaccis nomen sumpsit, haud procul a
» promontorio Comorim. Nam cum *in exercitus annonam mactarentur istic multi præ-*
» *grandes hirci, in eorum ventriculis magna ex parte hi lapides reperti sunt.* Hinc factum
» est, ut quotquot ab eo tempore in hanc insulam appellant, hircos obtruncent, lapidesque
» ex iis tollant. Verum nulli Persisis bonitate comparari possunt. Dextri autem adeò sunt
» Mauritani, ut facile quâ in regione nati sint singuli lapides, discernere et dijudicare
» possint..... Vocatur autem hic lapis *Pazar* a *Pazan*, id est hircorum, Arabibus, tum Persis
» et Corasone incolis : nos corrupto nomine *Bezar*, atque Indi magis corrupti *Bazar*, appel-
» lant, quasi dicas lapidem forensem : nam *Bazar* eorum linguâ forum est. » Garcias ab
Horto, *Aromat. Hist.*, interprete Carolo Clusio. Rhaphelengiæ, 1605, p. 216.

(b) *Nota.* Il nous paraît que Kæmpfer a emprunté de Monard et de Garcias les noms de
cervicapra ou *capri-cerva* et de *pasan*, qu'il donne à l'animal du bézoard oriental.

(c) « Generatur iste lapis in ventriculis animalium hirco ferè similium, arietis præorandis
» magnitudine, colore rufo, uti cervi propèmodum, agili, et acutissimi auditûs, à Persis
» *Pazan* appellato, quod variis Indiæ provinciis, uti in promontorio Comorim, et nonnullis
» Malacæ locis, tum etiam in Persiâ et Corasone, insulisque quæ à Vaccâ cognomen adeptæ
» sunt, invenitur. » Christophori Acosta. *Aromat. liber*, cap. xxxvi, interprete Carolo
Clusio, p. 279.

fondé à reconnaître le bouquetin plutôt que le véritable ahu, qui est notre tzeiran ou grosse gazelle; ce qu'il y a de plus singulier encore, c'est que Kæmpfer, qui semble vouloir décider l'espèce de cet animal du bézoard oriental, et qui assure que c'est le bouc sauvage appelé *pasan*, cite en même temps un homme qu'il dit très digne de foi, lequel cependant assure avoir palpé les pierres de ce même bézoard dans le ventre des gazelles à Golconde : ainsi, tout ce qu'on peut tirer de positif de ce qu'a écrit Kæmpfer à ce sujet se réduit à ce que ce sont deux espèces de chèvres sauvages et montagnardes, le pasan et l'ahu, qui portent le bézoard en Perse, et qu'aux Indes cette pierre se trouve aussi dans les gazelles. Chardin dit positivement que le bézoard oriental se trouve dans les boucs et chèvres sauvages et domestiques, le long du golfe Persique et dans plusieurs provinces de l'Inde, mais qu'en Perse on le trouve aussi dans les moutons ; les voyageurs hollandais (*a*) disent de même qu'il se produit dans l'estomac des brebis ou des chèvres; Tavernier témoigne encore plus positivement que ce sont des chèvres domestiques, il dit qu'elles ont du poil fin comme de la soie, et qu'ayant acheté six de ces chèvres vivantes, il en avait tiré dix-sept bézoards entiers et une portion grosse comme une moitié de noisette, et ensuite il dit qu'il y a d'autres bézoards, que l'on croit venir des singes, dont les vertus sont encore plus grandes que celles du bézoard des chèvres, qu'on en tire aussi des vaches, mais dont les vertus sont inférieures, etc. Que doit-on inférer de cette variété d'opinions et de témoignages? qu'en peut-on conclure? sinon que le bézoard oriental ne vient pas d'une seule espèce d'animal, mais qu'on le trouve au contraire dans plusieurs animaux d'espèces différentes, et surtout dans les gazelles et dans les chèvres.

A l'égard des bézoards occidentaux, nous pouvons assurer qu'ils ne viennent ni des chèvres ni des gazelles; car nous ferons voir dans les articles suivants qu'il n'y a ni chèvres, ni gazelles, ni même aucun animal qui approche de ce genre dans toute l'étendue du nouveau monde; au lieu de gazelles, l'on n'a trouvé que des chevreuils dans les bois de l'Amérique ; au lieu de chèvres et de moutons sauvages, on a trouvé sur les montagnes du Pérou et du Chili des animaux tout différents, les lamas et les pacos, dont nous avons déjà parlé (*b*) : les anciens Péruviens n'avaient pas d'autre bétail, et en même

(*a*) On trouve dans l'île de Bosner la fameuse pierre de bézoard, qui est fort précieuse et recherchée à cause de sa vertu contre le poison ; elle se produit dans le ventricule des brebis ou des chèvres, autour d'un bouton ou pustule mince qui est au milieu du ventricule, et qui se trouve dans la pierre même... On conjecture que le bézoard, qui vient du ventricule des brebis, et la pierre du fiel des pourceaux, se forment par la vertu de quelques herbes particulières que ces animaux mangent, vu que l'on n'en trouve pas également dans tous les pays des Indes orientales, quoiqu'il y ait partout des herbages que les bêtes mangent *Voyages de la Compagnie des Indes de Hollande*, t. II, p. 121; voyez aussi le *Voyage de Mandelslo, suite de la relation d'Oléarius*, t. II, p. 364.

(*b*) Voyez l'article des animaux du nouveau continent.

temps que ces deux espèces étaient en partie réduites à l'état de domesticité, elles subsistaient en beaucoup plus grand nombre dans leur état de nature et de liberté sur les montagnes ; les lamas sauvages se nommaient *huanacus*, et les pacos *vicunnas*, d'où l'on a dérivé le nom de *vigogne*, qui désigne en effet le même animal que le pacos : tous deux, c'est-à-dire le lamas et le pacos, produisent des bézoards, mais les domestiques plus rarement que les sauvages.

M. Daubenton, qui a examiné de plus près que personne la nature des bézoards, pense qu'ils sont composés d'une matière de même nature que celle qui s'attache en forme de tartre brillant et coloré sur les dents des animaux ruminants ; on peut voir, dans la description qu'il a faite des bézoards dont nous avons une collection très nombreuse au cabinet du Roi, quelles sont les différences essentielles entre les bézoards orientaux et les bézoards occidentaux. Ainsi, les chèvres des Indes orientales ou les gazelles de Perse ne sont pas les seuls animaux qui produisent des concrétions auxquelles on a donné le nom de *bézoard* ; le chamois (a), et peut-être le bouquetin des Alpes, les boucs de Guinée (b), et plusieurs animaux d'Amérique (c), donnent aussi des

(a) Nous nous informâmes, aux pays des Grisons, de deux choses dont nous avions eu déjà quelque instruction à Poschiaro : l'une est de ces balles qu'on trouve dans l'estomac des chamois ; elles sont de la grosseur d'une balle de tripot, et même quelquefois un peu plus grosses ; les Allemands les appellent *kemskougnel*, et prétendent s'en servir utilement comme du bézoard, qui vient de la même manière dans l'estomac de certaines chèvres des Indes. *Voyage d'Italie, etc.*, par Jacob Spon et George Wheler. Lyon, 1678, t. II, p. 377. — Près de Munich, dans un village nommé *Lagrem*, qui est au pied des monts, notre hôte nous fit voir de certaines boulettes ou masses brunes, de la grosseur d'un œuf de poule ou peu moins, qui sont une espèce de bézoard, tendre et imparfait, et qui se trouvent communément en ce pays-là dans l'estomac des *chevreuils* ; il nous assura que cela avait de grandes vertus, et qu'il en vendait souvent aux étrangers ; il les estimait dix écus la pièce. *Voyage des Missionnaires*, t. Ier, p. 129.

(b) A Congo et à Angola, lorsque les boucs sauvages commencent à vieillir, on leur trouve dans le ventre certaines pierres qui ressemblent au bézoard ; celles qui se trouvent dans les mâles passent pour les meilleures, et sont vantées par les nègres comme un spécifique éprouvé dans plusieurs maladies, surtout contre le poison. *Histoire générale des voyages*, par M. l'abbé Prévost, t. V, p. 83.

(c) « Accepimus a peritis venatoribus reperiri lapides bezoard in ovibus illis peruinis cor-
» nuum expertibus quas *Bicuinas* vocant (sunt enim alia cornuta *Tarucæ* vocatæ et aliæ quas
» dicunt *Guanacas*) ; præterea in *Teuhtlalmaçame* quæ caprarum mediocrium paulove majori
» constant magnitudine.... Deinde in quodam damarum genere quas *Macatlchichiltic* aut
» *Temamaçame* appellant..... Necnon in ibicibus quorum hic redundat copia ; ut Hispanos
» et apud hanc regionem frequentes cervos taceam in quibus quoque est lapidem, de quo
» præsens est institutus sermo reperire : Capreas etiam cornuum expertes quas audio passim
» reperiri apud Peruinos, et ut summatim dicam, vix est cervorum caprearumque genus ul-
» lum, in cujus ventriculo aliâve internâ parte, suâ sponte, ex ipsis alimoniæ excrementis,
» lapis hic qui etiam in tauris vaccisque solet offendi, non paulatim concrescat et generetur,
» multis sensim additis et cohærescentibus membranulis quales sunt cæparum. Ideò non nisi
» vetustissimis et senio pene confectis lapides hi reperiuntur ; neque ubique sed certis statis-
» que locis..... Variis hos lapides reperies formis et coloribus ; alios nempe candescentes,
» fuscos alios, alios luteos, quosdam cinereos nigrosque et vitri aut obsidiani lapidis modo
» micantes. Hos ovi illos rotunda figura et alios triangula, etc. » Nard. Ant. Recchi. *Apud*

bézoards ; et si nous comprenons sous ce nom toutes les concrétions de cette nature que l'on trouve dans les animaux, nous pouvons assurer que la plupart des quadrupèdes, à l'exception des carnassiers, produisent des bézoards, et que même il s'en trouve dans les crocodiles et dans les grandes couleuvres (a).

Il faut donc, pour avoir une idée nette de ces concrétions, en faire plusieurs classes ; il faut les rapporter aux animaux qui les produisent, et en même temps reconnaître les climats et les aliments qui favorisent le plus cette espèce de production.

1º Les pierres qui se forment dans la vessie, dans les reins de l'homme et des autres animaux, doivent être séparées de la classe des bézoards, et désignées par le nom de *calculs*, leur substance étant toute différente de celle des bézoards ; on les reconnaît aisément à leur pesanteur, à leur odeur urineuse et à leur composition, qui n'est pas régulière, ni par couches minces et concentriques, comme celle des bézoards.

2º Les concrétions que l'on trouve quelquefois dans la vésicule du fiel et dans le foie de l'homme et des animaux ne doivent pas être regardées comme des bézoards : on les distingue facilement à leur légèreté, leur couleur et leur inflammabilité, et d'ailleurs elles ne sont pas formées par couches autour d'un noyau, comme le sont les bézoards.

3º Les pelotes que l'on trouve assez souvent dans l'estomac des animaux, et surtout des ruminants, ne sont pas de vrais bézoards ; ces pelotes, que l'on appelle *égagropiles,* sont composées, à l'intérieur, des poils que l'animal a avalés en se léchant, ou des racines dures qu'il a broutées et qu'il n'a pu digérer, et à l'extérieur elles sont pour la plupart enduites d'une substance visqueuse assez semblable à celle des bézoards : ainsi les égagropiles n'ont rien des bézoards que cette couche extérieure, et la seule inspection suffit pour distinguer les uns des autres.

4º On trouve souvent des égagropiles dans les animaux des climats tempérés, et jamais des bézoards ; nos bœufs et vaches, les chamois des Alpes, les porcs-épics d'Italie (*b*), ne produisent que des égagropiles ; les animaux

Hernand., p. 325 et 326. — Waffer trouva, dans l'estomac d'une chèvre sauvage, que les Espagnols ont nommée *cornera de terra,* treize pierres de bézoard de différentes figures, dont quelques-unes ressemblaient au corail ; quoiqu'elles fussent entièrement vertes lorsqu'il les découvrit, elles devinrent ensuite de couleur cendrée. *Histoire générale des voyages,* par M. l'abbé Prévost, t. XII, p. 638. — *Nota.* Ce *cornera de terra* n'est point une chèvre ou une gazelle ; c'est le *lama* du Pérou.

(*a*) Il y a encore une autre pierre, qu'on appelle *pierre du serpent au chaperon;* c'est une espèce de serpent qui a, en effet, comme un chaperon qui lui pend derrière la tête... et c'est derrière ce chaperon que se trouve la pierre, la moindre étant de la grosseur d'un œuf de poule.... Il n'y a de ces serpents qu'aux côtes de Mélinde, et on peut avoir de ces pierres par le moyen des matelots et des soldats portugais qui reviennent de Mozambique. *Voyage de Tavernier,* t. IV, p. 80.

(*b*) Nous avons trouvé un égagropile dans un porc-épic qui nous a été envoyé de Rome en 1763.

des pays les plus chauds ne donnent, au contraire, que des bézoards ; l'éléphant, le rhinocéros, les boucs, les gazelles de l'Asie et de l'Afrique, le lama du Pérou, etc., produisent tous, au lieu d'égagropiles, des bézoards solides dont la grosseur et la substance varient relativement à la différence des animaux et des climats.

5° Les bézoards auxquels on a trouvé ou supposé le plus de vertus et de propriétés sont les bézoards orientaux, lesquels, comme nous l'avons dit, proviennent des chèvres, des gazelles et des moutons qui habitent sur les hautes montagnes de l'Asie ; les bézoards d'une qualité inférieure, et qu'on appelle *occidentaux*, viennent des lamas et des pacos qui ne se trouvent que dans les montagnes de l'Amérique méridionale ; enfin les chèvres et les gazelles de l'Afrique donnent aussi des bézoards, mais qui ne sont pas si bons que ceux de l'Asie.

De tous ces faits, on peut conclure qu'en général les bézoards ne sont qu'un résidu de nourriture végétale qui ne se trouve pas dans les animaux carnassiers, et qui ne se produit que dans ceux qui se nourrissent de plantes ; que, dans les montagnes de l'Asie méridionale les herbes étant plus fortes et plus exaltées qu'en aucun autre endroit du monde, les bézoards qui en sont les résidus ont aussi plus de qualité que tous les autres ; qu'en Amérique, où la chaleur est moindre, les herbes des montagnes ayant aussi moins de force, les bézoards qui en proviennent sont inférieurs aux premiers ; et qu'enfin en Europe, où les herbes sont faibles, et dans toutes les plaines des deux continents où elles sont grossières il ne se produit point de bézoards, mais seulement des égagropiles qui ne contiennent que des poils ou des racines, et des filaments trop durs que l'animal n'a pu digérer.

LE BUBALE (a)

Nous avons dit, à l'article du buffle, que les Latins modernes lui avaient appliqué mal à propos le nom de *bubalus* (*) : ce nom appartenait ancienne-

(a) « *Bubale.* Βούβαλος *en grec*, Buhalus *en latin.* — Genus id fibrarum... cervi, damæ,
» bubali et aliorum quorumdam sanguini deest, quo circa eorum sanguis non similiter atque
» cæterorum concrescit..... Bubali sanguis aliquantulo spissatur, quippe qui proximè ovillo
» aut paulò minùs consistat. » Arist. *Hist. anim.*, lib. III, cap. VI. « Bubalis etiam, caprcis-
» que interdum cornua inutilia sunt, nam etsi contra nonnulla resistunt et cornibus sese
» defendunt, tamen feroces pugnacesque belluas fugiunt. » *Idem, De partibus animal.*,
lib. III, cap. II. — « Bubalum gignit Africa, vituli cervive quadam similitudine. » Plin. *Hist.
nat.*, lib. VIII, cap. XV. — Βούβαλιδες. Ælian., lib. III, cap. I; lib. V, cap. XLVIII; lib. VII, cap.
XLVII, et lib. XIII, cap. IV. — « Βούβαλος. *Oppiani.* Dorcade platycerote corpore inferior, cor-
» nua non ramosa sicut Cervis et Capreis, sed rupicaprarum cornibus similia, tum situ, tum

(*) *Antilope Bubalis* L.

ment à l'animal dont il est ici question, et cet animal est d'une nature très éloignée de celle du buffle ; il ressemble au cerf, aux gazelles et au bœuf par quelques rapports assez sensibles : au cerf par la grandeur et la figure du corps (a), et surtout par la forme des jambes, mais il a des cornes permanentes et faites à peu près comme celles des plus grosses gazelles, desquelles il approche par ce caractère et par les habitudes naturelles ; cependant il a la tête beaucoup plus longue que les gazelles et même que le cerf ; enfin il ressemble au bœuf par la longueur du museau et par la disposition des os de la tête, dans laquelle, comme dans le bœuf, le crâne ne déborde pas en arrière au delà de l'os frontal ; ce sont ces différents rapports de conformation, joints à l'oubli de son ancien nom, qui ont fait donner au bubale, dans ces derniers temps, les dénominations composées de *buselaphus*, taureau-cerf, *bucula-cervina*, vache-biche, vache de Barbarie, etc. ; le nom même de *bubalus* vient de *bubulus,* et par conséquent a été tiré des rapports de similitude de cet animal au bœuf.

Le bubale a la tête étroite et très allongée, les yeux placés très haut, le front court et étroit, les cornes permanentes, noires, grosses, chargées d'anneaux très gros aussi ; elles prennent naissance fort près l'une de l'autre, et s'éloignent beaucoup à leur extrémité ; elles sont recourbées en arrière et torses comme une vis dont les pas seraient usés en devant et en dessous ; il a les épaules élevées de manière qu'elles forment une espèce de bosse sur le garrot ; la queue est à peu près longue d'un pied et garnie d'un bouquet de crins à son extrémité ; les oreilles sont semblables à celles de l'antilope. Kolbe (b) a donné à cet animal le nom d'*élan* (*), quoiqu'il ne lui ressemble que par un caractère très superficiel : le poil du bubale est, comme celui de l'élan, plus menu vers sa racine que dans son milieu et qu'à l'extrémité ; cela est particulier à ces deux animaux, car dans presque tous les quadrupèdes le poil est toujours plus gros à la racine qu'au milieu et à la pointe ; ce poil du bubale est à peu près de la même couleur que celui de l'élan, quoique beaucoup plus court, moins fourni et plus doux : ce sont là les seules

---

» in aversam partem retortis mucronibus, ad pugnam ferè inutilia. » *De Venatione*, lib. II. — Vache de Barbarie. *Mémoires pour servir à l'histoire des animaux*, part. II, p. 24, fig., pl. 39.

(a) Voyez la figure et la description de la vache de Barbarie dans les *Mémoires pour servir à l'histoire des animaux*, part. II, p. 24 et suiv.

(b) L'élan d'Afrique... Sa tête, qui est fort belle, ressemble à celle du cerf ; mais elle est plus petite à proportion du corps ; il a les cornes d'environ un pied de longueur : près de la tête elles sont raboteuses, mais aux extrémités elles sont droites, unies et pointues ; son cou est dégagé et beau ; la mâchoire supérieure est tant soit peu plus grande que l'inférieure ; ses jambes sont déliées, minces et longues, et sa queue a environ un pied de long ; le poil dont son corps est couvert est doux, poli et de couleur cendrée... Un élan d'Afrique pèse environ quatre cents livres. *Description du cap de Bonne-Espérance*, par Kolbe, t. III, chap. IV.

(*) C'est une Antilope.

ressemblances du bubale à l'élan ; pour tout le reste, ces deux animaux sont absolument différents l'un de l'autre : l'élan porte un bois plus large et plus pesant que celui du cerf, et qui de même se renouvelle tous les ans ; le bubale, au contraire, a des cornes qui ne tombent point, qui croissent pendant toute la vie, et qui, pour la forme et la texture, sont semblables à celles des gazelles ; il leur ressemble encore par la figure du corps, la légèreté de la tête, l'allongement du cou, la position des yeux, des oreilles et des cornes, la forme et la longueur de la queue. MM. de l'Académie des sciences, auxquels cet animal fut présenté sous le nom de *vache de Barbarie*, et qui ont adopté cette dénomination, n'ont pas laissé que de le reconnaître pour le *bubalus* des anciens : nous avons cru devoir rejeter la dénomination de *vache de Barbarie* comme équivoque et composée ; mais nous ne pouvons mieux faire, au reste, que de citer ici la description exacte (*a*) qu'ils ont donnée de cet animal, et par laquelle on voit qu'il n'est ni gazelle, ni chèvre, ni vache, ni élan, ni cerf (*b*), mais qu'il est d'une espèce particulière et différente de toutes les autres ; au reste, cet animal est le même que Caïus (*c*) a décrit

(*a*) L'habitude du corps, les jambes et l'encolure de cet animal le faisaient mieux ressembler à un cerf qu'à une vache, dont il n'avait que les cornes, lesquelles étaient encore différentes de celles des vaches en beaucoup de choses ; elles prenaient leur naissance fort proche l'une de l'autre, parce que la tête était extraordinairement étroite en cet endroit-là, tout au contraire des vaches, qui ont le front fort large, suivant la remarque d'Homère ; elles étaient longues d'un pied, fort grosses, recourbées en arrière, noires, torses comme une vis, et usées en devant et en dessus, en sorte que les côtés élevés qui formaient la vis étaient là entièrement effacés ; la queue n'était longue que de treize pouces, en comprenant un bouquet de crins longs de trois pouces qu'elle avait à son extrémité ; les oreilles étaient semblables à celles de la gazelle, étant garnies en dedans d'un poil blanc en quelques endroits, le reste étant pelé, et découvrant un cuir parfaitement noir et lissé ; les yeux étaient si hauts et si proches des cornes que la tête paraissait n'avoir presque point de front ; les mamelons du pis étaient très menus, très courts et seulement au nombre de deux, ce qui les rendait fort différents de ceux de nos vaches ; les épaules étaient fort élevées, faisant entre l'extrémité du cou et le commencement du dos une bosse... Il y a apparence que cet animal doit être plutôt pris pour le bubale des anciens que le petit bœuf d'Afrique que Belon décrit : car Solin compare le bubale au cerf. Oppien lui attribue des cornes recourbées en arrière, et Pline dit qu'il tient du veau et du cerf. (*Mémoires pour servir à l'histoire des animaux*, part. II, p. 25 et 26.)

(*b*) Deux caractères essentiels séparent le bubale du genre des cerfs : les premiers sont les cornes qui ne tombent pas ; le second, c'est la vésicule du fiel qui se trouve dans le bubale, et qui, comme l'on sait, manque dans les cerfs, les daims, les chevreuils, etc. « La » vésicule du fiel, disent MM. de l'Académie, était à la partie cave au côté droit ; elle était » attachée par toute sa moitié interne au foie, et la membrane qui faisait la moitié de dehors » était mince, délicate et toute plissée, étant entièrement vide de fiel. » (*Description anatomique de la vache de Barbarie ; Mémoires pour servir à l'histoire des animaux*, part. II, p. 29.)

(*c*) « Ex Mauritaniæ desertis locis (inquit Joh. Caïus Anglus), ad nos adventum est animal » bisulco vestigio, magnitudine cervæ, formâ et aspectu inter cervam et juvencam ; undè » ex argumento voco *Buselaphum*, seu *Bovi-Cervum*, *Moschelaphum*, seu *Buculam-cervinam* : » capite et aure longâ atque tenui, tibiâ et ungulâ gracili ut cervæ, ita ut ad celeritatem » videatur factum animal. Cauda pedali longitudine et paulo amplius, formâ caudæ vaccinæ » quam simillima, sed brevitate accedens propius ad cervinam : natura quasi ambigente cer- » væne esset an vaccæ, per superiora rufa et lenis, per ima nigra et hirta. Colore corporis

sous le nom de *buselaphus,* et je suis étonné que MM. de l'Académie n'aient pas fait cette remarque avant nous, puisque tous les caractères que Caïus donne à son *buselaphus* conviennent à leur vache de Barbarie.

Nous avons au cabinet du Roi : 1° un squelette de bubale qui provient de l'animal que MM. de l'Académie des sciences ont décrit et disséqué sous le nom de *vache de Barbarie;* 2° une tête beaucoup plus grosse que celle de ce squelette, et dont les cornes sont aussi beaucoup plus grosses et plus longues ; 3° une autre portion de tête avec les cornes, qui sont tout aussi grosses que les précédentes, mais dont la forme et la direction sont différentes : il y a donc dans les bubales comme dans les gazelles, dans les antilopes, etc., des variétés pour la grandeur du corps et pour la figure des cornes ; mais ces différences ne nous paraissent pas assez considérables pour en faire des espèces distinctes et séparées.

Le bubale est assez commun en Barbarie et dans toutes les parties septentrionales de l'Afrique ; il est à peu près du même naturel que les antilopes ; il a comme elles le poil court, le cuir noir et la chair bonne à manger. On peut voir la description des parties inférieures de cet animal dans les *Mémoires pour servir à l'histoire des animaux,* où MM. de l'Académie des sciences en ont fait l'exposition anatomique avec leur exactitude ordinaire.

LE CONDOMA

M. le marquis de Marigny, qui ne perd pas la plus petite occasion de favoriser les sciences et les arts, m'a fait voir dans son cabinet la tête d'un animal que je pris au premier coup d'œil pour celle d'un grand bubale ; elle est semblable à celles de nos plus grands cerfs ; mais, au lieu de porter un bois solide et plein comme celui des cerfs, elle est surmontée de deux grandes cornes creuses, portant arête comme celles des boucs, et doublement fléchies

» fulvo seu rufo undique pilo sessile cuteque æquato, in fronte stellatim posito at sub cor-
» nibus per ambitum erecto : cornibus nigris, in summum levibus, cætera rugosis, rugis ex
» adversâ parte sibi vicinioribus, ex aversâ ad duplam aut triplam latitudinem a se diductis.
» Ea cornua primo suo ortu digitali tantum latitudine distantia paulatim se dilatant ad
» mediam usquè sui longitudinem et paulo ultra, quà parte distant palmos tres cum semisse,
» tum se reducunt leviter et recedunt rursum in aversum, ita ut extrema cornua non dis-
» tent nisi palmorum duorum digitum trium et semissis intervallo : longa quidem sunt
» pedem unum et palmum unum crassa verò in ambitu ad radices palmos tres. Caput a
» vertice quà parte linea nigra inter cornua dividitur, ad extremas nares, longum est pedem
» unum palmos duos et digitum unum ; latum qua est latissimum, in fronte videlicet paulo
» supra oculorum regionem digitos septem : crassum in ambitu quà maximum est pedem
» unum et palmos tres. Dentes habet octonos, ordine caret superiori et ruminat ; ubera sunt
» duo, corpori æquata quo constat juvencam esse necdum fœtam. » Caïus, *De Buselapho.*
Gessn. *Hist. quadr.,* p. 121.

comme celles des antilopes. En cherchant au cabinet du Roi les morceaux qui pouvaient être relatifs à cet animal, nous avons trouvé deux cornes qui lui appartiennent : la première, sans aucun indice ni étiquette, venait du garde-meuble de Sa Majesté; la seconde m'a été donnée en 1760 par M. Baurhis, commis de la marine, sous le nom de *condoma* (*) du cap de Bonne-Espérance; nous avons cru devoir adopter ce nom, l'animal qu'il désigne n'ayant jamais été dénommé ni décrit.

Par la longueur, la grosseur, et surtout par la double flexion des cornes, le condoma nous paraît approcher beaucoup de l'animal que Caïus a donné sous le nom de *strepsiceros* (*a*) : non seulement la figure et les contours des cornes sont absolument les mêmes, mais toutes les dimensions se rapportent presque exactement; et, en comparant la description que M. Daubenton a faite de la tête du condoma avec celle du *strepsiceros* de Caïus, il m'a paru qu'on pouvait présumer que c'était le même animal, surtout en faisant précéder notre jugement des réflexions suivantes : 1° Caïus s'est trompé en donnant cet animal pour le *strepsiceros* des anciens; cela me paraît évident, car le *strepsiceros* des anciens est certainement l'*antilope*, dont la tête est très différente de celle du cerf : or Caïus convient et même assure que son *strepsiceros* a la tête semblable à celle du cerf; donc ce *strepsiceros* n'est pas celui des anciens; 2° l'animal de Caïus a, comme le condoma, les cornes grosses et longues de plus de trois pieds, et couvertes de rugosités et non pas d'anneaux ou de tubercules, au lieu que le *strepsiceros* des anciens, ou l'antilope, a les cornes non seulement beaucoup moins grosses et plus courtes, mais aussi chargées d'anneaux et de tubercules très apparents; 3° quoique les cornes de la tête du condoma, qui est au cabinet de M. le marquis de Marigny, aient été usées et polies, et que la corne qui vient du garde-meuble du Roi ait même été travaillée à la surface, on voit cependant qu'elles n'étaient point chargées d'anneaux, et cela nous a été démontré par

(*a*) « Strepsicerotis cornua tam graphicè descripsit Plinius, atque lyris tam appositè » comparavit, ut longiore verborum ambitu opus non sit. Ergo hoc tantum addam : ea esse » intus cava, sed longa pedes romanos duos palmos tres, si recto ductu metiaris : si flexo pro » naturâ cornuum, pedes tres integros. Crassa sunt ubi capiti committuntur, digitos romanos » tres cum semisse. Describuntur in ambitu palmis romanis duobus et dimidio, eo ipso in » loco. In summo, livore quodam nigrescunt, cùm in imo fusca magis et rugosa sint. Jam » inde a primo ortu sensim gracilescunt, et tandem in acutum exeunt. Pendent unà cum » facie siccâ per longitudinem dimidiatâ, libras septem uncias tres et semissem. Facies, quæ » adhuc superest juncta cornibus, et frontis cervicisque pilus, loquuntur *Strepsicerotem* » animal esse magnitudine ferè cervinâ, et pilo rufo ad instar cervini. Sed an nare et figura » corporis cervina sit, ex facie nihil habeo certi dicere, cùm nares diuturni temporis usu » detritæ sint, et facies eâdem de causâ hinc inde glabra sit, conjiceres tamen ex eo quòd » superest eum propius accedere ad cervum aut platycerotem. » Caïus, *apud* Gessnerum, *De quad.*, p. 295.

(*) D'après Cuvier, le nom n'est pas Condoma, mais Coudous; c'est l'*Antilope strepsiceros* de Pallas.

celle que nous a donnée M. Baurhis, qui n'a point été touchée, et qui ne porte
en effet que des rugosités comme les cornes de bouc, et non pas des anneaux comme celles de l'antilope : or Caïus dit lui-même que les cornes de
son *strepsiceros* ne portent que des rugosités ; donc ce *strepsiceros* n'est pas
celui des anciens, mais l'animal dont il est ici question , qui porte en effet
tous les caractères que Caïus donne au sien.

En recherchant dans les voyageurs les notices qui pouvaient avoir rapport
à cet animal remarquable par sa taille, et surtout par la grandeur de ses
cornes, nous n'avons rien trouvé qui en approche de plus près que l'animal
indiqué par Kolbe, sous le nom de *chèvre sauvage* du cap de Bonne-Espérance. « Cette chèvre, dit-il, qui chez les Hottentots n'a point reçu de nom,
» et que j'appelle *chèvre sauvage*, est fort remarquable à plusieurs égards ;
» elle est de la taille d'un grand cerf, sa tête est fort belle et ornée de deux
» cornes unies, recourbées et pointues, de trois pieds de long, dont les extré-
» mités sont distantes de deux pieds. » Ces caractères nous paraissent convenir parfaitement à l'animal dont il est ici question ; mais il est vrai que
n'en ayant vu que la tête, nous ne pouvons pas assurer que le reste de la
description de Kolbe (*a*) lui convienne également ; nous le présumons seulement comme une chose vraisemblable qui demande à être vérifiée par des
observations ultérieures.

———

LE GUIB

Le guib (*) est un animal qui n'a été indiqué par aucun naturaliste, ni
même par aucun voyageur ; cependant il est assez commun au Sénégal, d'où
M. Adanson en a rapporté les dépouilles, et a bien voulu nous les donner
pour le cabinet du Roi ; il ressemble aux gazelles, surtout au nanguer, par la
grandeur et la figure du corps, par la légèreté des jambes, par la forme de la
tête et du museau, par les yeux, par les oreilles et par la longueur de la
queue et le défaut de barbe ; mais toutes les gazelles, et surtout les nanguers, ont le ventre d'un beau blanc, au lieu que le guib a la poitrine et le
ventre d'un brun marron assez foncé ; il diffère encore des gazelles par ses

(*a*) Depuis son front, tout le long de son dos, on voit une raie blanche qui finit au-dessus
de sa queue ; une autre raie de même couleur coupe cette première au bas du cou, dont elle
fait tout le tour ; il y en a deux autres de même nature, l'une derrière les jambes de devant,
et l'autre devant les jambes de derrière ; elles font toutes deux le tour du corps ; le poil
dont le reste de son corps est couvert tire sur le gris avec quelques petites taches rouges,
excepté celui qu'elle a sous le ventre, qui est blanc ; sa barbe est grise et fort longue ; ses
jambes, quoique longues, sont bien proportionnées. *Description du cap de Bonne-Espérance*,
par Kolbe, t. III, p. 42.

(*) *Antilope scripta* PALL.

cornes qui sont lisses, sans anneaux transversaux, et qui portent deux arêtes
longitudinales, l'une en dessus et l'autre en dessous, lesquelles forment un
tour de spirale depuis la base jusqu'à la pointe ; elles sont aussi un peu comprimées, et par ces parties le guib approche plus de la chèvre que de la
gazelle ; néanmoins il n'est ni l'une ni l'autre, il est d'une espèce particulière
qui nous paraît intermédiaire entre les deux ; cet animal est remarquable
par des bandes blanches sur un fond de poil brun marron ; ces bandes sont
disposées sur le corps en long et en travers comme si c'était un harnais;
il vit en société et se trouve par grandes troupes dans les plaines et les bois
du pays de Podor. Comme M. Adanson est le premier qui ait observé le guib,
nous publions ici bien volontiers la description qu'il en a faite et qu'il nous a
communiquée (*a*).

LA GRIMME

Cet animal (*) n'est connu des naturalistes que sous le nom de *chèvre de
Grimm*, et comme nous ignorons celui qu'il porte dans son pays natal, nous
ne pouvons mieux faire que d'adopter cette dénomination précaire. On trouve
une figure de cet animal dans les *Éphémérides d'Allemagne* (*b*), qui a été
copiée dans la collection académique (*c*) ; le docteur Herman Grimm est le
seul avant nous qui en ait parlé, et ce qu'il en dit a été copié par Ray, et
ensuite par tous ceux qui ont écrit sur la nomenclature des animaux :
quoique sa description soit incomplète (*d*), elle désigne deux caractères si

(*a*) *Guib* chez les Nègres Oualofes ou Jalofes. « Gazella cornibus rectis spiralibus ; caput,
» rostrum, nasus, oculi uti *Nanguer*. Cornua recta spiralia, spirâ primâ nigra, nitida, sub-
» compressa, angulis duobus lateralibus, anticè convexa, ponè plana, apicè conico teretia.....
» Aures uti *Nanguer* intus subnudæ quinque pollices longæ..... Cauda decem pollices longa,
» pilis longis hirta. Dentes duo et triginta. Pedes uti *Nanguer*. Corpus totum ferè fulvum.
» Albæ fasciæ sex utrinque in dorso transversæ, et fasciæ albæ duæ longitudinales ventri
» laterales. Maculæ albæ utrinque octo ad decem supra femora, orbiculatæ. Collum subtùs
» album et genæ albæ; latera pedum interiora alba, macula alba paulo infra oculos. Frons
» media nigra, linea supra dorsum longitudinalis nigra, venter subtùs niger, pars antica
» pedum anteriorum, ungulæ et cornua nigra ; longitudo ab apice rostri ad anum quatuor
» pedes cum dimidio ; altitudo a pedibus posticis ad dorsum duos pedes octo pollices; pili
» omnes brevissimi, lucidi, vix unum pollicem longi corpori adpressi. » Pulchrum animal a
D. Andriot missum. Notice manuscrite communiquée par M. Adanson, de l'Académie
royale des sciences.

(*b*) *Ephem.Nat. Cur.* an. 14, obs. 57.

(*c*) *Collect. Académ.*, t. III, pl. xxvi.

(*d*) Sur une espèce de chèvre sauvage d'Afrique, par le docteur Herman-Nicolas Grimm.
— J'ai vu en Afrique, dans un château près du cap de Bonne-Espérance, une espèce de
chèvre sauvage fort singulière : sa couleur est cendrée, un peu obscure; elle a sur le sommet
de la tête une touffe de poils droits et élevés, et entre chaque narine et l'œil une cavité dans

(*) *Antilope Grimmia* PALL.

marqués que nous ne croyons pas nous méprendre en présentant ici pour la chèvre de Grimm la tête d'un animal du Sénégal qui nous a été donnée par M. Adanson ; le premier de ces caractères est une énorme cavité au-dessous de chaque œil, laquelle forme de chaque côté du nez un enfoncement si grand dans la mâchoire supérieure qu'il ne laisse qu'une lame d'os très mince contre la cloison du nez ; le second caractère est un bouquet de poil bien fourni et dirigé en haut sur le sommet de la tête : ils suffisent pour distinguer la grimme de toutes les autres chèvres ou gazelles ; elle ressemble cependant aux unes et aux autres non seulement par la forme du corps, mais même par les cornes, qui sont annelées vers la base et striées longitudinalement comme celles des autres gazelles, et en même temps dirigées horizontalement en arrière, et très courtes comme celles de la petite chèvre d'Afrique, dont nous avons parlé. Au reste, cet animal étant plus petit que les chèvres, les gazelles, etc., et ne portant que des cornes très courtes, nous paraît faire la nuance entre les chèvres et les chevrotains.

Il y a apparence que dans l'espèce de la grimme le mâle seul porte des cornes ; car l'individu dont le docteur Grimm a donné la description et la figure n'avait point de cornes, et la tête que nous a donnée M. Adanson porte au contraire deux cornes, à la vérité très courtes et cachées dans le poil, mais cependant assez apparentes pour ne pouvoir échapper au dessinateur, et encore moins à l'observateur : d'ailleurs, on verra dans l'histoire des chevrotains que, dans celui de Guinée, le mâle seul a des cornes, et c'est ce qui nous fait présumer qu'il en est de même dans l'espèce de la grimme, qui à tous égards approche plus du chevrotain que d'aucun autre animal.

laquelle il se fait un amas d'une humeur jaunâtre, grasse et visqueuse, qui se durcit et devient noire avec le temps, et dont l'odeur participe de celle du *castoreum* et du *musc ;* lorsqu'on a enlevé cette matière, il s'en reproduit de nouvelle qui se durcit de même à l'air ; et je me suis bien assuré que ces cavités n'avaient aucune communication avec les yeux, et que l'humeur épaisse qu'elles contenaient était différente de celle qui s'amasse dans le grand angle de l'œil des cerfs et de quelques autres animaux : cette matière a sans doute ses vertus et ses propriétés, qui doivent être fort différentes des larmes du cerf. *Ephémér. des curieux de la nature,* décad. II, ann. 4, 1686, obs. 57. *Collection académique.* Dijon, 1755, t. III, p. 696, fig. pl. XXVI. — *Nota.* Le toupet élevé ou plutôt la longue gerbe de poil que l'on voit dans cette figure au-dessus de la tête de cet animal, paraît exagérée par le dessinateur.

LES CHEVROTAINS (*a*)

L'on a donné en dernier lieu le nom de *chevrotain* (*) (*tragulus*) à de petits animaux des pays les plus chauds de l'Afrique et de l'Asie, que les voyageurs ont presque tous indiqués par la dénomination de *petit cerf*, ou *petite biche;* en effet, les chevrotains ressemblent en petit au cerf par la figure du museau, par la légèreté du corps, la courte queue et la forme des jambes; mais ils en diffèrent prodigieusement par la taille, les plus grands chevrotains n'étant tout au plus que de la grandeur du lièvre; d'ailleurs, ils n'ont point de bois sur la tête: les uns sont absolument sans cornes, et ceux qui en portent (**) les ont creuses, annelées et assez semblables à celles des gazelles : leur petit pied fourchu ressemble aussi beaucoup plus à celui de la gazelle qu'à celui du cerf, et ils s'éloignent également des cerfs et des gazelles, en ce qu'ils n'ont point de larmiers ou d'enfoncements au-dessous des yeux : par là ils se rapprochent des chèvres ; mais dans le réel i's ne sont ni cerfs, ni gazelles, ni chèvres, et font une ou plusieurs espèces à part. Seba donne la description et les figures de cinq chevrotains : le premier, sous la dénomination de *petite biche africaine de Guinée, rougeâtre, sans cornes;* le second, sous celle de *fan,* ou *jeune cerf d'Afrique très délié;* le troisième, sous le nom de *jeune cerf très petit de Guinée;* le quatrième, sous la dénomination de *petite biche de Surinam, rougeâtre et marquetée de taches blanches;* et le cinquième, sous celle de *cerf d'Afrique à poil rouge.* De ces cinq chevrotains donnés par Seba, le premier, le second et le troisième sont évidemment le même animal; le cinquième, qui est plus grand que les trois premiers, et qui a le poil beaucoup plus long et d'un fauve plus foncé, ne nous paraît être qu'une variété de cette première espèce; le quatrième, que l'auteur indique comme un animal de Surinam, n'est encore, à notre avis, qu'une seconde variété de cette espèce, qui ne se trouve qu'en Afrique et dans les parties méridionales de l'Asie, et nous sommes très portés à croire que Seba a été mal informé lorsqu'il a dit que cet animal venait de Surinam : tous les voyageurs font men-

(*a*) Le chevrotain. *Tragulus* en latin moderne; *guevei* au Sénégal. Selon les notices manuscrites qui nous ont été communiquées par M. Adanson, le plus petit chevrotain s'appelle *guevei-kaior,* parce qu'il vient de la province de Kaior, dans l'étendue de laquelle se trouve le cap Vert et les terres adjacentes à ce cap.

(*) Les Chevrotains (*Moschus* L.) sont des Mammifères de l'ordre des Artiodactyles Ruminants, de la petite famille des Moschidés qui comprend des animaux de petite taille, dépourvus de cornes, munis, dans le sexe mâle, de canines supérieures développées en défenses qui font saillie hors de la bouche.

(**) Aucun *Moschus* ne présente de cornes.

tion de ces petits cerfs ou chevrotains au Sénégal, en Guinée et aux grandes Indes ; aucun ne dit les avoir vus en Amérique, et si le chevrotain à peau tachée dont parle Seba venait en effet de Surinam, on doit présumer qu'il y avait été transporté de Guinée ou de quelque autre province méridionale de l'ancien continent ; mais il paraît qu'il y a une seconde espèce de chevrotain réellement différente de tous ceux que nous venons d'indiquer, qui ne nous semblent être que de simples variétés de la première : ce second chevrotain porte de petites cornes qui n'ont qu'un pouce de longueur et autant de circonférence ; ces petites cornes sont creuses, noirâtres, un peu courbées, fort pointues et environnées à la base de trois ou quatre anneaux transversaux. Nous avons au cabinet du Roi les pieds de cet animal, avec une de ses cornes, et ces parties suffisent pour démontrer que c'est ou un chevrotain, ou une gazelle beaucoup plus petite que les autres gazelles ; Kolbe (a), en faisant mention de cette espèce de chevrotain, a dit au hasard que ses cornes étaient semblables à celles du cerf, et qu'elles ont des branches à proportion de leur âge : c'est une erreur évidente, et que la seule inspection de ces cornes suffit pour démontrer.

Ces animaux sont d'une figure élégante, et très bien proportionnés dans leur petite taille ; ils font des sauts et des bonds prodigieux, mais apparemment ils ne peuvent courir longtemps, car les Indiens les prennent à la course (b) ; les Nègres les chassent de même, et les tuent à coups de bâton ou de petites zagaies ; on les cherche beaucoup parce que la chair en est excellente à manger.

En comparant les témoignages des voyageurs, il paraît : 1° que le chevrotain qui n'a point de cornes est le chevrotain des Indes orientales; 2° que celui qui a des cornes est le chevrotain du Sénégal (*), appelé *guevei* par les

(a) A Congo, à Viga, en Guinée, et dans d'autres endroits, près du cap de Bonne-Espérance, on trouve une espèce de chèvre à laquelle je donne le nom de *chèvre de Congo*; jamais elles ne sont plus grandes qu'un lièvre, mais elles sont d'une beauté et d'une symétrie admirables; leurs cornes sont semblables à celles du cerf, et ont aussi des branches à proportion de leur âge ; elles ont les jambes fort jolies et si petites qu'on se sert souvent de la partie inférieure pour presser le tabac dans la pipe, dont la division est fort serrée. On les monte en or ou en argent. *Description du cap de Bonne-Espérance*, par Kolbe, t. III, p. 39.

(b) Les habitants d'une petite île près Java apportèrent des biches qui sont de la grosseur d'un lièvre, et que ces Indiens attrapent à la course. *Voyage de le Gentil*. Paris, 1725, t. III, p. 93..... *Idem*, p. 93. — En voici encore une sorte; ce sont de petits animaux parfaitement jolis, avec de fort petite cornes noires et des pattes fort menues qui, à proportion de leur corps, sont passablement longues, mais si menues qu'il y en a qui ne passent point l'épaisseur du bout d'une pipe; je vous en envoie une garnie d'or, etc..... Ces petits animaux sont extrêmement légers à la course et font des sauts surprenants, du moins pour de si petites bêtes : j'en ai vu, de ceux que nous avons pris. qui sautaient par-dessus une muraille de dix à douze pieds de haut. Les Nègres les nomment *les rois des cerfs*. *Voyage de Guinée*, par Bosman, p. 252.

(*) Ce n'est pas un Chevrotain, mais une Antilope.

naturels du pays ; 3° qu'il n'y a que le mâle du guevei qui porte des cornes (a), et que la femelle, comme celle de la grimme, n'en porte point; 4° que le chevrotain à peau marquetée de taches blanches, et que Seba dit se trouver à Surinam, se trouve au contraire aux grandes Indes, et notamment à Ceylan (b) où il s'appelle *Memina* : donc l'on doit conclure qu'il n'y a (du moins jusqu'à ce jour) que deux espèces de chevrotains : le memina, ou chevrotain des Indes sans cornes, et le guevei, ou chevrotain de Guinée à cornes ; que les cinq chevrotains de Seba ne sont que des variétés du memina, et que le plus petit chevrotain, qu'on appelle au Sénégal *guevei-kaior*, n'est qu'une variété du guevei ; au reste, tous ces petits animaux ne peuvent vivre que dans les climats excessivement chauds ; il sont d'une si grande délicatesse qu'on a beaucoup de peine à les transporter vivants en Europe, où ils ne peuvent subsister, et périssent en peu de temps ; ils sont doux, familiers, et de la plus jolie figure ; ce sont les plus petits, sans aucune comparaison, des animaux à pied fourchu : à ce titre de pied fourchu, ils ne doivent produire qu'en petit nombre, et à cause de leur petitesse ils doivent au contraire produire en grand nombre à chaque portée. Nous demandons à ceux qui sont à portée de les observer de vouloir bien nous instruire sur ce fait ; nous croyons qu'ils ne font qu'un ou deux petits à la fois, comme les gazelles, les chevreuils, etc.; mais peut-être produisent-ils plus souvent, car ils sont en très grand nombre aux Indes, à Java, à Ceylan, au Sénégal, à Congo et dans tous les autres pays excessivement chauds, et il ne s'en trouve point en Amérique ni en aucune des contrées tempérées de l'ancien continent.

LES MAZAMES

Mazame, dans la langue mexicaine, était le nom du *cerf*, ou plutôt le nom du genre entier des *cerfs*, des *daims* et des *chevreuils*. Hernandès, Recchi et Fernandès, qui nous ont transmis ce nom, distinguaient deux espèces de

(a) Au royaume d'Acara, sur la côte d'Or, en Guinée, on trouve des biches si petites qu'elles n'excèdent pas huit à neuf pouces de hauteur; leurs jambes ne sont pas plus grandes et plus grosses qu'un cure-dent de plume. Les mâles ont deux cornes renversées sur le cou de deux ou trois pouces de longueur; elles sont sans branches ou andouillers, contournées, noires et luisantes comme du jaïet. Rien n'est plus mignon, plus privé et plus caressant que ces petits animaux; mais ils sont d'une si grande délicatesse qu'ils ne peuvent souffrir la mer, et quelque soin que les Européens aient pris pour en apporter en Europe il leur a été impossible d'y réussir. *Voyage de Desmarchais*, t. 1er, p. 31. — Voyez aussi l'*Histoire générale des voyages*, par M. l'abbé Prévost, t. IV, p. 75.

(b) Il y a dans l'île de Ceylan un animal qui n'est pas plus gros qu'un lièvre et qu'on appelle *Memina*, mais qui ressemble parfaitement à un daim ; il est gris tacheté de blanc, et la chair en est excellente à manger. *Relation de Ceylan*, par Robert Knox. Lyon, 1693, t. 1er, p. 90. — Voyez aussi l'*Histoire générale des voyages*, par M. l'abbé Prévost, t. VIII, p. 545.

mazames, tous deux communs au Mexique et dans la Nouvelle-Espagne : le
premier (*) et le plus grand, auquel ils donnent le nom simple de *mazame* (a),
porte un bois semblable à celui du chevreuil d'Europe, c'est-à-dire un bois
de six à sept pouces de longueur, dont l'extrémité est divisée en deux pointes, et qui n'a qu'un seul andouiller à la partie moyenne du merrain ; le
second (**), qu'ils appellent *temamaçame*, est plus petit que le mazame, et
ne porte qu'un bois simple et sans andouillers, comme celui d'un daguet : il
nous paraît que ces deux animaux sont vraiment des chevreuils, dont le
premier est absolument de la même espèce que le chevreuil d'Europe (***),
et le second n'en est qu'une variété ; il nous paraît aussi que ces chevreuils
ou mazames et temamaçames du Mexique sont les mêmes que le *cuguacu-
apara* (b) (****) et le *cuguacu-été du Brésil*, et qu'à Cayenne le premier
se nomme *cariacou*, ou *biche des bois*, et le second, *petit cariacou* (*****), ou
biche des paletuviers (c) : quoique personne avant nous n'ait rapproché ces
rapports, nous ne présumons pas qu'il y eût eu sur cela ni difficultés, ni
doutes, si Seba (d) ne s'était avisé de donner sous les noms de *mazame* et de

(a) « De Mazame seu Cervis, cap. xiv... Hos (*Telethtlalmacame* scilicet et *Temamaçame*)
» ego potiùs computaverim inter *Capreos* (quam inter Cervos)... Mazames caprarum medio-
» crium, paulòve majori constant magnitudine ; pilo teguntur cano et qui facilè avellatur,
» fulvoque ; sed lateribus et ventre candentibus... Cornua gestant justa exortum lata, ac in
» paucos parvosque teretes ac præacutos ramos divisa et sub eis oculos quarum imaginem
» exhibemus (fig. page 324) ; deinde in quodam damarum genere quas *Macatlchichillic* aut
» *Tamamaçame* appellant, brevissimis cornibus acutissimisque, coloris fulvi, fusci et infernè
» albi quarum quoque præstita est imago (fig. p. 325). » *Nard. Ant. Recchus*, apud *Hernan-
desium*, lib. ix, cap. xiv, p. 324 et 325.

(b) *Nota.* La figure que l'on trouve dans Pison, p. 98, sous le nom de *cuguacu-été* ressemble parfaitement à notre chevreuil, et il ne faut que la comparer avec celle du mazame
de Recchi pour reconnaître que c'est le même animal. Ce cuguacu-été de Pison a un bois ;
cependant Marcgrave, qui ne donne pas la figure, dit qu'il n'a point de bois, et que c'est le
cuguacu-apara qui a un bois à trois andouillers. Il est vraisemblable que comme dans
l'espèce du chevreuil la femelle n'a point de bois, l'un de ces animaux désignés par Marcgrave était la femelle de l'autre ; la description que ces auteurs donnent de ces animaux ne
permet pas de douter que ce ne soient des chevreuils absolument semblables aux chevreuils
de l'Europe.

(c) *Cervus major corniculis brevissimis*, biche des bois. *Cervus minor palustris corniculis
brevissimis*, biche des Paletuviers, surnommée ainsi parce qu'elle habite ordinairement dans
les marécages parmi la vase et les mangles, autrement *paletuviers*. On appelle indifféremment dans ce pays (de Cayenne) *biche*, et la femelle du cerf et le cerf même, quoiqu'il ait
un bois sur la tête. Barrère. *Essai d'histoire naturelle de la France équinoxiale.* Paris, 1741,
p. 171 et 172.

(d) Tabula quadragesima secunda. « Num. 3. *Mazame* seu *cervus cornutus, ex novâ His-
» paniâ*. Hæc species omnino differt ab illâ quam Guinea profert. Capite et collo, crassis
» curtisque est, et bina gerit tornata quasi cornicula, in acutum recurvunque apicem conver-

(*) *Cervus campestris* Cuv.
(**) *Cervus nemorivagus* Cuv.
(***) C'est une erreur ; il diffère du Chevreuil d'Europe.
(****) Le Cuguacu-apara est le *Cervus rufus* de Cuvier.
(*****) Le petit Cariacou est le *Cervus nemorivagus* Cuv.

temamaçame deux animaux tout différents. C⊃ ne sont plus des chevreuils à bois solide et branchu, ce sont des gazelles à cornes creuses et torses ; ce ne sont pas des animaux de la Nouvelle-Espagne, quoique l'auteur les donne pour tels ; ce sont au contraire des animaux d'Afrique : ces erreurs de Seba ont été adoptées par la plupart des auteurs qui ont écrit depuis ; ils n'ont pas douté que ces animaux, indiqués par Seba sous les noms de *mazame* et de *temamaçame*, ne fussent des animaux d'Amérique, et les mêmes que ceux dont Hernandès, Recchi et Fernandès avaient fait mention ; la confusion du nom a été suivie de la méprise sur la chose, et en conséquence les uns ont indiqué ces animaux sous le nom de *chevrotains* (a), et les autres sous celui de *gazelles* (b) ou de *chèvres ;* cependant, il paraît que M. Linnæus s'est douté de l'erreur, car il ne l'a point adoptée ; il a mis le mazame dans la liste des cerfs, et a pensé, comme nous, que ce mazame du Mexique (c) est le même animal que le cuguacu du Brésil.

Pour démontrer ce que nous venons d'avancer, nous poserons en fait qu'il n'y a ni gazelles ni chevrotains dans la Nouvelle-Espagne, non plus que dans aucune autre partie de l'Amérique ; qu'avant la découverte de ce nouveau monde il n'y avait pas plus de chèvres que de gazelles, et que toutes celles qui y sont à présent y ont été apportées de l'ancien continent ; que le vrai mazame du Mexique est le même animal que le cuguacu-apara du

» gentia, retrorsum reclinata. Auriculæ grandes, flaccidæ : at oculi venusti. Cauda crassa, » obtusa. Pilus totius corporis subrufus est, paulò tamen dilutior qui caput et ventrem tegit. » Femora cum pedibus admodum habilia.

» Num. 4. Cervus *Macatlchichiltic* sive *Temamaçama* dictus. Horum ingens numerus per » alta montium et rupium novæ Hispaniæ divagatur, qui gramine, foliis herbisque victitantes, » cursu saltuque velocissimi sunt. Europæos cervos habitu referunt, sed instar hinnulorum, » valde parvi. Cornua tornata, recurvatum in acumen convergunt, quæ singulis annis novâ » spirâ aucta, ætatem animalis produnt. Cornuum color coracinus. Oculi auresque magni et » agiles. Dentes prægrandes et lati. Cauda pilis longis obsita : brevioribus et dilutè spadiceis » universum corpus vestitur. Fr. Hernandesius aliam prorsùs horum ideam exhibet, putans » veram hanc esse speciem capri cervarum, è quibus lap. bezoar acquiritur : qnâ tamen de » re diversa penitùs percepimus. Notissimum est lapidem bezoar fortuitâ quâdam concretione, » in ventriculo animalium nasci, haud secus, ac in renibus et vesicâ hominum calculi gene- » rantur. Neque una dumtaxat animantium species lapides hosce profert ; sed variæ cervorum, » caprarum, hædulorum et aliorum, quorum in ventriculo plerumque isti concrescunt, » nucleum seu basin, dante frustulo quodam ligni, straminis culmo aut lapillo ; quæ, si, non » comminuta nec commansa deglutiuntur, in ventriculum delata, dissolvi nequeunt : his tunc » ibi detentis circum accrescit calcaria quædam crusta, sensim aucta ; donec à tunicâ ventri- » culi secedens lapis, ita conflatus, cum excrementis per alvum exoneretur. » *Seba.*

(a) *Tragulus,* Temamaçame... *Tragulus,* Mazame. Klein, *De quadrup.,* p. 21.

(b) *Hircus cornibus teretibus, erectis, ab imo ad summum spiraliter intortis... Capra novæ Hispaniæ.* La chèvre de la Nouvelle-Espagne. Brisson, *Règne anim.,* p. 72 (Le Mazame de Seba)... *Hircus cornibus teretibus circa medium inflexis ; ab origine ad flexuram spiraliter canaliculatis, à flexurâ ad apicem lævibus... Gazella novæ Hispaniæ.* La gazelle de la Nouvelle-Espagne. Brisson, *Règne anim.,* p. 70. (Le Temamaçame de Seba.)

(c) *Bezoarticus. Cervus cornibus ramosis teretibus erectis : ramis tribus. Mazama.* Hernand. *Mex.,* p. 324. *Guguacu,* etc. Marcgrav. *Bras.,* p. 235. Pis. *Bras.,* p, 98. Ray, *Quad.,* p. 90. — *Habitat in America australi.* Linn., *Syst. nat.,* édit. X, p. 67.

Brésil ; que le nom *cuguacu* se prononce *couguacou*, et que par corruption cet animal s'appelle à Cayenne *cariacou*, d'où il nous a été envoyé vivant sous ce même nom *cariacou;* ensuite, nous rechercherons quelles peuvent être les espèces des deux animaux donnés par Seba sous les faux noms de *mazame* et de *temamaçame;* car pour détruire une erreur il ne suffit pas de ne la pas adopter, il faut encore en constater la cause et en démontrer les effets.

Les gazelles et les chevrotains sont des animaux qui n'habitent que les pays les plus chauds de l'ancien continent; ils ne peuvent vivre dans les contrées tempérées, et encore moins dans les pays froids ; ils n'ont donc pu ni fréquenter les terres du Nord, ni passer d'un continent à l'autre par ces mêmes terres : aussi aucun voyageur, aucun historien du nouveau monde, n'a dit qu'il s'y trouvât nulle part des gazelles ou des chevrotains ; les cerfs et les chevreuils sont au contraire des animaux des climats froids et tempérés : ils ont donc pu passer par les terres du Nord, et on les trouve en effet dans les deux continents. L'on a vu, dans notre histoire du cerf, que le cerf du Canada est le même que celui d'Europe, qu'il est seulement plus petit, et qu'il n'y a que quelques légères variétés dans la forme du bois et la couleur du poil ; nous pouvons même ajouter, à ce que nous avons dit, qu'il y a en Amérique autant de variétés qu'en Europe parmi les cerfs, et que néanmoins ils sont tous de la même espèce : l'une de ces variétés est le cerf de Corse, plus petit et plus brun que le cerf commun : nous avons aussi parlé des cerfs et des biches blanches, et nous avons dit que cette couleur provenait de leur état de domesticité ; on les trouve en Amérique (*a*), aussi bien que nos cerfs communs et nos petits cerfs bruns ; les Mexicains, qui élevaient ces cerfs blancs dans leurs parcs, les appelaient les *rois des cerfs;* mais une troisième variété dont nous n'avons pas fait mention, c'est celle du cerf d'Allemagne, communément appelé *cerf des Ardennes*, *brandhirts* par les Allemands : il est tout au moins aussi grand que nos grands cerfs de France, et il en diffère par des caractères assez marqués ; il est d'un pelage plus foncé et moins noirâtre sur le ventre, et il a sur le cou et la gorge de longs poils comme le bouc, ce qui lui a fait donner par les anciens (*b*) et les mo-

(*a*) « Inter cervorum genera quæ apud novam hanc Hispaniam adhuc mihi videre licuit » (præter *candidos* totos, quos *reges Cervorum* esse Indi sibi persuasere, nuncupantque a » colore *Yztac mazame*, et vocatos *Tlamacaz quemacatl*) primi sunt quos vocant *Aculliame*, » Hispanicis omninò similes formâ, magnitudine ac reliquâ naturâ; minores his apparent » *Quauht maçame*, sed usque adeo a cæterorum timiditate alieni, ut vulnerati homines ipsos » adoriantur ac sæpe numero interimant : hos sequuntur magnitudine *Tlalhuicamaçame*, qui » formâ et moribus essent eis omninò similes, ni timidiores viderentur ; minimi omnium » *Temamaçame* sunt. » *Nard. Ant. Recchus*, apud *Hernand.*, p 324 et 325.

(*b*) « Eàdem est specie (*Cervi scilicet*) barba tantum et armorum villo distans quem *Trage-* » *laphon* vocant ; non alibi quam juxta Phasin amnem nascens. » Plin., *Hist. nat.*, lib. VIII, cap. XXXIII. —*Nota.* Cette race de cerfs se trouve aujourd'hui dans les forêts d'Allemagne et de Bohême comme ells se trouvait du temps de Pline dans les terres qu'arrose le Phase.

dernes (*a*) le nom de *tragélaphe* ou *bouc-cerf*. Les chevreuils se sont aussi trouvés en Amérique, et même en très grand nombre ; nous n'en connaissons en Europe que deux variétés, les roux et les bruns : ceux-ci sont plus petits que les premiers, mais ils se ressemblent à tous autres égards, et ils ont tous deux le bois branchu ; le mazame du Mexique, le cuguacu-apara du Brésil, et le cariacou, ou biche des bois de Cayenne, ressemblent en entier à nos chevreuils roux : il suffit d'en comparer les descriptions pour être convaincu que tous ces noms ne désignent que le même animal ; mais le temamaçame, que nous croyons être le cuguacu-été du Brésil, le petit cariacou, ou biche des paletuviers de Cayenne, pourrait être une variété différente de celles de l'Europe ; le temamaçame est plus petit, et a aussi le ventre plus blanc que le mazame, comme notre chevreuil brun a le ventre plus blanc et la taille plus petite que notre chevreuil roux : néanmoins il paraît en différer par le bois, qui est simple et sans andouillers, dans la figure qu'en a donnée Recchi ; mais si l'on fait attention que, dans nos chevreuils et nos cerfs, le bois est sans andouillers dans la première, et quelquefois même dans la seconde année de leur âge, on sera porté à croire que le temamaçame de Recchi était de cet âge, et que c'est par cette raison qu'il n'avait qu'un bois simple et sans andouillers. Ces deux animaux ne nous paraissent donc être que de simples variétés dans l'espèce du chevreuil ; on pourra s'en convaincre aisément en comparant les figures et les passages des auteurs que nous venons de citer, avec la figure et la description que nous donnons ici du cariacou qui nous est venu de Cayenne, et que nous avons nourri en Bourgogne pendant quelques années ; l'on verra, en insistant même sur les différences, qu'elles ne sont pas assez grandes pour séparer le cariacou de l'espèce du chevreuil.

Il nous reste maintenant à rechercher ce que sont réellement les deux animaux donnés par Seba sous les faux noms de *mazame* et de *temamaçame :* la seule inspection des figures, indépendamment même de sa description, que nous avons citée dans les notes ci-dessus, démontre que ce sont des animaux du genre des chèvres ou des gazelles, et non pas de celui

---

(*a*) « Agricola *tragelaphum* interpretatur, germanicè dictam feram *ein Brandhirse*. Trage-
» laphus, inquit, et cervus in sylvis cubant... Tragelaphus ex hirco et cervo nomen invenit,
» nam hirci quidem instar videtur esse barbatus, quòd ei villi nigri sint in gutture et in
» armis longi ; cervi verò gerit speciem ; eo tamen multò est crassior et robustior. Cervinus
» etiam ipsi color insidet, sed nonnihil nigrescens, unde nomen germanicum traxit. Verun-
» tamen suprema dorsi pars cinerea est, ventris subnigra, non ut cervis candida, atque illius
» villi circa genitalia nigerrimi sunt. Cæteris non differunt uterque in nostris sylvis, quam-
» quam plures tragelaphi in his quæ finitimæ sunt Boëmicis quam in aliis reperiantur. »
Agricola apud *Gessnerum, Hist. quad.*, p. 296 et 297. — « Alterum cervi genus ignotius quod
» græco nomine *Tragelaphus* dicitur. Priore (Cervi scilicet vulgaris) majus, pinguius, tum
» pilo densius et colore nigrius ; unde Germanis a semiusti ligni colore *Brandhirtz* nomi-
» natur ; hoc in Misenæ saltibus Boëmiæ vicinis capitur. » *Fabricius* apud *Gessnerum*, p. 297,
cum icone, p. 296.

des cerfs ni des chevreuils; le défaut de barbe et la figure des cornes prouvent que ce ne sont pas des chèvres, mais des gazelles, et en comparant ces figures de Seba avec les gazelles que nous avons décrites, j'ai reconnu que son prétendu *temamaçame de la Nouvelle-Espagne* est le *kob* ou *petite vache brune du Sénégal :* la forme, la couleur et la grandeur des cornes est la même; la couleur du poil est aussi la même et diffère de celle des autres gazelles en ce qu'elle n'est pas blanche, mais fauve sous le ventre comme sur les flancs; et à l'égard du prétendu *mazame*, quoiqu'il ressemble en général aux gazelles, il diffère cependant en particulier de toutes celles dont nous avons ci-devant fait l'énumération; mais nous avons trouvé dans le cabinet de M. Adanson, où il a rassemblé les productions les plus rares du Sénégal, un animal empaillé que nous avons appelé *nagor*, à cause de la ressemblance de ses cornes avec celles du nanguer (a) : cet animal se trouve dans les terres voisines de l'île de Gorée, d'où il fut envoyé à M. Adanson par M. Andriot, et il a tous les caractères que Seba donne à son prétendu *mazame;* il est d'un roux pâle sur tout le corps, et n'a pas le ventre blanc comme les autres gazelles; il est grand comme un chevreuil; ses cornes n'ont pas six pouces de longueur, elles sont presque lisses, légèrement courbées et dirigées en avant, mais moins que celles du nanguer : cet animal, donné par Seba sous le nom de *mazame* ou *cerf d'Amérique*, est donc au contraire une *chèvre*, ou *gazelle de l'Afrique*, que nous ajoutons ici sous le nom de *nagor* aux douze autres gazelles, dont nous avons ci-devant donné l'histoire.

LE COUDOUS

La classe des animaux ruminants est la plus nombreuse et la plus variée; elle contient, comme on vient de le voir, un très grand nombre d'espèces, et peut-être un nombre encore plus grand de races distinctes, c'est-à-dire de variétés constantes. Malgré toutes nos recherches et les détails immenses dans lesquels nous avons été contraints d'entrer, nous avouerons volontiers que nous ne l'avons pas épuisée, et qu'il reste encore des animaux même très remarquables que nous ne connaissons, pour ainsi dire, que par échan-

(a) « Capra à D. Andriot missa. Differt à nanguer. Longitudo ab apice rostri ad anum
» quatuor ferè pedum; ab ano ad pectus duo pedes cum dimidio. Altitudo a pedibus anticis
» ad dorsum duo pedes et tres pollices; a pedibus posticis duo pedes cum dimidio. Ventris
» longitudo inter pedes, pedem unum et tres pollices; ventris crassiaties decem pollices.
» Caput longum novem pollices; altum sex, latum quatuor cum dimidio. Cornua longa
» quinque pollices cum dimidio; lata unum pollicem cum dimidio. Apices cornuum distant
» sex pollicibus; aures longæ quinque pollicum; cornua basi 1 ad 2 annulis levibus cincta;
» color totus rufus. Pili mediocres, rigidi, lucidi, unum pollicem longi, corpori non ad-
» pressi. » Note manuscrite jointe à l'animal empaillé que M. Adanson nous a prêté pour
le faire dessiner.

tillons, souvent très difficiles à rapporter au tout auquel ils appartiennent. Par exemple, dans la grande et très grande quantité de cornes rassemblées au cabinet du Roi, ou dispersées dans les collections des particuliers, et que nous avons, après bien des comparaisons, rapportées chacune à l'animal duquel elles proviennent, il nous en est resté une sans étiquette, sans nom, absolument inconnue, et dont nous n'avions d'autres indices que ceux qu'on pouvait tirer de la chose même. Cette corne est très grosse, presque droite et d'une substance épaisse et noire : ce n'est point un bois solide comme celui du cerf, mais une corne creuse et remplie, comme celles des bœufs, d'un os qui lui sert de noyau ; elle porte depuis la base et dans la plus grande partie de sa longueur une grosse arête épaisse et relevée d'environ un pouce ; et quoique la corne soit droite, cette arête proéminente fait un tour et demi de spirale dans la partie inférieure, et s'efface en entier dans la partie supérieure de la corne qui se termine en pointe ; en tout cette corne, différente de toutes les autres, nous paraissait seulement avoir plus de rapport avec celle du buffle qu'avec aucune autre ; mais nous ignorions le nom de l'animal, et ce n'est qu'en dernier lieu et en cherchant dans les différents cabinets que nous avons trouvé dans celui de M. Dupleix un massacre surmonté de deux cornes semblables ; et cette portion de tête était étiquetée : *cornes d'un animal à peu près comme un cheval, de couleur grisâtre, avec une crinière comme un cheval au devant de la tête ; on l'appelle ici* (à Pondichéry) *coesdoes, qui doit se prononcer coudous* (*). Cette petite découverte nous a fait grand plaisir ; mais cependant nous n'avons pu trouver ce nom *coesdoes* ou *coudous* dans aucun voyageur ; l'étiquette seulement nous a appris que cet animal est de très grande taille et qu'il se trouve dans les pays les plus chauds de l'Asie. Le buffle est de ce même climat, et il a d'ailleurs une crinière au-dessus de la tête ; il est vrai que ses cornes sont courbes et aplaties, au lieu que celles-ci sont rondes et droites, et c'est ce qui distingue ces deux animaux aussi bien que la couleur ; car le buffle a la peau et le poil noirs ; et, selon l'étiquette, le coudous a le poil grisâtre. Ces rapports nous en ont indiqué d'autres ; les voyageurs en Asie parlent de grands buffles de Bengale, de buffles roux, de bœufs gris du Mogol (*a*), qu'on appelle *nilgauts ;* le coudous est peut-être l'un ou l'autre de ces animaux ; et les voyageurs en Afrique, où les buffles sont aussi communs qu'en Asie, font une mention plus précise d'une espèce de buffle appelée *pacasse* au Congo, qui par leurs indices, nous paraît être le coudous. « Sur la route de Louanda, » au royaume de Congo, nous aperçûmes (*b*), disent-ils, deux pacasses, qui

(*a*) La chasse des nil-gauts ou bœufs gris, qui à mon avis sont une espèce d'élan, n'a pas grand'chose de particulier, etc. *Voyage de Bernier.* Amsterdam, 1710, t. II, p. 245.

(*b*) *Relation du Congo* par les PP. Michel-Ange de Galline et Denys de Charly de Plaisance, capucins. Lyon, 1680, p. 77.

(*) C'est l'*Antilope Oreas* PALL.

» sont des animaux assez semblables aux buffles, et qui rugissent comme
» des lions; le mâle et la femelle vont toujours de compagnie; ils sont
» blancs, avec des taches rousses et noires, et ont des oreilles de demi-aune
» de long et les *cornes toutes droites*. Quand ils voient quelqu'un ils ne
» fuient point ni ne font aucun mal, mais regardent les passants. » Nous
avons dit ci-devant que l'animal appelé à Congo (*a*) *empacassa* ou *pacassa*
nous paraissait être le buffle; c'est en effet une espèce de buffle, mais qui
en diffère par la forme des cornes et la couleur du poil; c'est en un mot un
coudous qui peut-être forme une espèce séparée de celle du buffle, mais qui
peut-être aussi n'en est qu'une variété (*).

LE MUSC

Pour achever en entier l'histoire des chèvres, des gazelles, des chevrotains et des autres animaux de ce genre, qui tous se trouvent dans l'ancien
continent, il ne nous manque que celle de l'animal aussi célèbre que peu
connu duquel on tire le vrai musc (**). Tous les naturalistes modernes et la
plupart des voyageurs de l'Asie en ont fait mention, les uns sous le nom de
cerf, de *chevreuil*, ou de *chèvre du musc;* les autres l'ont considéré comme
un grand chevrotain; et, en effet, il paraît être d'une nature ambiguë et
participante de celle de tous ces animaux, quoiqu'en même temps on puisse
assurer que son espèce est une et différente de toutes les autres : il est de la
grandeur d'un petit chevreuil ou d'une gazelle, mais sa tête est sans cornes
et sans bois; et par ce caractère il ressemble au *memina* ou chevrotain des
Indes. Il a deux grandes dents canines ou crochets à la mâchoire supérieure,
et par là il s'approche encore du chevrotain, qui a aussi deux grandes dents
canines à cette même mâchoire; mais ce qui le distingue de tous les animaux c'est une espèce de bourse d'environ deux ou trois pouces de diamètre qu'il porte près du nombril, et dans laquelle se filtre la liqueur, ou
plutôt l'humeur grasse du musc, différente par son odeur et par sa consistance de celle de la civette. Les Grecs ni les Romains n'ont fait aucune
mention de cet animal du musc; les premiers qui l'aient indiqué sont les

(*a*) Le même pays de Congo produit un autre animal que les habitants nomment *empacassa*, quelques-uns le prennent pour le buffle, d'autres y trouvent seulement beaucoup de
ressemblance. L'éditeur de la relation de Lopes dit qu'il est un peu moins gros que le bœuf,
mais qu'il lui ressemble par la tête et le cou... Dapper assure que le buffle porte le nom
d'*empacassa* dans le royaume de Congo, qu'il a le poil rouge et les cornes noires. *Histoire
générale des voyages*, t. V, p. 81.

(*) Nous avons dit plus haut que c'est une Antilope.
(**) *Moschus moschiferus* L.

Arabes (*a*); Gessner, Aldrovande, Kircher (*b*) et Boym en ont donné des notions
plus étendues, mais Grew (*c*) est le seul qui en ait fait une description exacte
d'après la dépouille de l'animal, qui de son temps était conservée dans le
cabinet de la Société royale de Londres; cette description est en anglais, et
j'ai cru devoir en donner ici la traduction. Un an après la publication de cet

(*a*) Abusseïd Seraﬁ dit que l'animal du musc ressemble assez au chevreuil, qu'il a la
peau et la couleur semblables, les jambes menues, la corne fendue, *le bois droit et un peu
courbe*, et qu'il est armé de deux dents blanches du côté de chaque joue. Cet auteur est le
seul qui ait avancé que l'animal du musc portait un bois; et ce n'est vraisemblablement
que par analogie qu'il a pensé que cet animal, ressemblant d'ailleurs au chevreuil, devait
avoir un bois sur la tête. Comme Aldrovande a copié cette erreur, nous avons cru devoir la
remarquer. Avicenne, en parlant du musc, dit que c'est la bourse ou la follicule d'un animal
assez semblable au chevreuil, mais qui porte deux grandes dents canines recourbées. On
trouve aussi une figure de l'animal dans le fragment de Cosmas imprimé dans le premier
volume des *Voyages de Tavernier*.

(*b*) Je dis donc, en premier lieu, qu'il se trouve un certain cerf dans les provinces de
Xensi et de Chiamsi, lequel sent fort bon, et à qui les Chinois ont donné le nom de *xerchiam*,
c'est-à-dire l'animal du musc : l'Atlas chinois en parle en ces termes : « Pour ne vous faire
» pas languir davantage touchant la signification de ce nom ou de ce mot *muschus,* je vous
» dirai ce que j'en ai vu plus d'une fois. Cet animal a une certaine bosse au nombril qui
» ressemble à une petite bourse, parce qu'elle est entourée d'une peau fort délicate et cou-
» verte d'un poil fort doux et très délié. Les Chinois appellent cette bête *xe*, qui veut dire
» odeur, d'où ils composent ce mot *xehiang*, qui signifie l'odeur de l'animal *xe* ou *se,*
» *muschus.* » Il a quatre pieds de longueur, il est aussi vite qu'un cerf; toute la différence
qu'il y a, c'est que son poil est un peu plus noir et qu'il n'a point de cornes comme lui.
Les Chinois mangent sa chair parce qu'elle est très délicate. Les provinces de Suchuen et de
Junnam abondent extraordinairement en ces sortes d'animaux, et on peut dire que, de toutes
les contrées de la Chine, il n'y en a pas qui en aient en si grande quantité que les pays qui
approchent le plus de l'occident. *La Chine illustrée* de Kircher, traduite par d'Alquié.
Amsterdam, 1610, p. 256.

(*c*) Le cerf du musc se trouve à la Chine et aux Indes orientales : il n'est pas mal représenté dans le *Museum* de Calceolarius. La figure qu'en a donnée Kircher (*China illustrata*)
pèche par le museau et par les pieds. Celle de Jonston est absurde; presque partout cet animal est mal décrit. *Tous les auteurs connaissent,* dit Aldrovande, *qu'il a deux cornes,*
excepté Siméon Sethi, *qui dit qu'il n'en a qu'une :* ni l'un ni l'autre n'est vrai; il en est de
même de la description donnée par Scaliger, et ensuite par Chiocco, dans le *Calceolarii
Museum,* elle est très défectueuse; la meilleure est celle qui se trouve dans les Éphémérides
d'Allemagne ; cependant, en la comparant avec celle que j'ai faite moi-même, et que je vais
donner ici, j'y ai trouvé quelques différences.

Cet animal a du bout du nez jusqu'à la queue environ trois pieds, la tête cinq à six pouces,
le cou sept à huit pouces de longueur; le front trois pouces de largeur ; le bout du nez n'a
pas un pouce de largeur, il est pointu et semblable à celui d'un lévrier; les oreilles ressemblent à celles d'un lapin, elles sont droites et ont environ trois pouces de hauteur; la queue
est droite aussi et n'a pas plus de deux pouces de longueur; les jambes de devant ont environ treize à quatorze pouces de hauteur ; cet animal est du nombre des pieds fourchus ; le
pied est fendu profondément, armé en avant de deux cornes ou sabots de plus d'un pouce
de long, et en arrière de deux autres presque aussi grands ; les pieds de derrière manquaient au sujet que je décris ici. Les poils de la tête et des jambes n'étaient longs que d'un
demi-pouce et étaient assez fins; sous le ventre, ils étaient un peu plus gros et longs d'un
pouce et demi; sur le dos et les fesses, ils avaient trois pouces de longueur, et ils étaient
trois ou quatre fois plus gros que des soies de cochon, c'est-à-dire plus gros que dans aucun
autre animal. Ces poils étaient marqués alternativement de brun et de blanc depuis la racine
jusqu'à l'extrémité; ils étaient bruns sur la tête et sur les jambes, blanchâtres sur le ventre

ouvrage de Grew, en 1681, Luc Schrockius (*a*) fit imprimer à Vienne, en Autriche, l'histoire de cet animal, dans laquelle on ne trouve rien de fort exact, ni d'absolument nouveau : nous combinerons seulement les faits que nous en pourrons tirer ave ceux qui sont épars dans les autres auteurs, et surtout dans les voyageurs les plus récents ; et au moins, ne pouvant faire mieux, nous aurons rassemblé, non pas tout ce que l'on a dit, mais le peu que l'on sait au sujet de cet animal que nous n'avons pas vu et que nous n'avons pu nous procurer. Par la description de Grew, qui est la seule pièce authentique et sur laquelle nous puissions compter, il paraît que cet animal a le poil rude et long, le museau pointu et des défenses à peu près comme le cochon, et que par ces premiers rapports il s'approche du sanglier, et peut-être plus encore de l'animal appelé *babiroussa*, que les naturalistes ont nommé *sanglier des Indes*, lequel, avec plusieurs caractères du cochon, a néanmoins, comme l'animal du musc, la taille moins grosse et les jambes hautes et légères comme celles d'un cerf ou d'un chevreuil ; d'autre côté, le cochon d'Amérique, que nous avons appelé *pécari*, a sur le dos une cavité ou bourse qui contient une humeur abondante et très odorante, et l'animal du musc a cette même bourse, non pas sur le dos mais sur le ventre. En général, aucun des animaux qui rendent des liqueurs odorantes, tels que le blaireau, le castor, le pécari, l'ondatra, le desman, la civette, le zibet, ne

et sous la queue, ondés, c'est-à-dire un peu frisés sur la croupe et le ventre, plus doux au toucher que dans la plupart des autres animaux. Ils sont aussi extrêmement légers et d'une texture très peu compacte, car en les fendant et les regardant avec la loupe, ils paraissent comme composés de petites vessies semblables à celles que l'on voit dans le tuyau des plumes, en sorte qu'ils sont, pour ainsi dire, d'une substance moyenne entre celle des poils et des tuyaux de plume. De chaque côté de la mâchoire inférieure et un peu au-dessous des coins de la bouche, il y a un petit toupet de poils d'environ trois quarts de pouce de long, durs, raides, d'égale grandeur, et assez semblables à des soies de cochon.

La vessie ou la bourse qui renferme le musc a environ trois pouces de longueur sur deux de largeur ; elle est proéminente au-dessus de la peau du ventre d'environ un pouce et demi... ; l'animal a vingt-six dents, seize dans la mâchoire inférieure, dont huit incisives devant et quatre molaires derrière, et de chaque côté autant de molaires dans la mâchoire supérieure ; et à un pouce et demi de distance de l'extrémité du nez, il y a de chaque côté, dans cette même mâchoire supérieure, une défense ou dent canine d'environ deux pouces et demi de long, courbée en arrière et en bas et se terminant en pointe ; ces défenses ne sont pas rondes, mais aplaties ; elles sont larges d'un demi-pouce, peu épaisses et tranchantes en arrière, en sorte qu'elles ressemblent assez à une petite faucille ; il n'y a point de cornes sur la tête, etc. Passage que j'ai traduit de l'anglais dans le livre qui a pour titre : *Musæum Reg. Societatis*, by Nehemiad Grew, M. D. Lond., 1681, p. 22 et 23.

(*a*) Schrockius donne la figure de l'animal, mais sans description : il dit seulement qu'il ressemble à un chevreuil, à l'exception qu'il a deux dents à la mâchoire supérieure en forme de défenses, qui sont dirigées en bas et longues d'environ trois pouces ; que c'est là le caractère principal de cet animal, qu'il varie pour la couleur du poil, qu'il a aussi la tête différente du chevreuil et plus approchante de celle d'un loup ; que le poil est ordinairement marqué de plusieurs taches, et que la protubérance qui contient le musc est sous le ventre, un peu au-dessous du nombril ; il ajoute que cet animal se trouve en Tartarie, au Thibet, à la Chine, surtout dans la province de Xinsi, dans le Tunquin, au Pégu, au royaume d'Aracan, de Boutan. (P. 32 jusqu'à la p. 57.)

sont du genre des cerfs ou des chèvres ; ainsi nous serions portés à croire
que l'animal du musc approche plus de celui des cochons (a), dont il a les
défenses, s'il avait en même temps des dents incisives à la mâchoire supérieure ; mais il manque de ces dents incisives, et par ce rapport il se rapproche des animaux ruminants, et surtout du chevrotain, qui rumine aussi,
quoiqu'il n'ait point de cornes ; mais tous ces indices extérieurs ne suffisent
pas, ils ne peuvent que nous fournir des conjectures, l'inspection seule des
parties intérieures peut décider la nature de cet animal, qui jusqu'à ce jour
n'est pas connue. J'avoue même que ce n'est que pour ne pas choquer les
préjugés du plus grand nombre que nous l'avons mis à la suite des chèvres,
gazelles et chevrotains, quoiqu'il nous ait paru aussi éloigné de ce genre que
d'aucun autre.

Marc Paul, Barbosa, Thévenot, le P. Philippe de Marini, se sont tous plus
ou moins trompés dans les notices (b) qu'ils ont données de cet animal :

(a) « Animal moschiferum neque e cervino neque e caprino genere esse videtur, cornua
» enim non habet et an ruminet incertum est ; dentibus tamen incisoribus in superiore man-
» dibula caret ruminantium in modum et dentes ibidem exertos habet (*tusks* anglice, *defenses*
» gallice) velut porcus. » Ray, *Syn. quadr.*, p. 127.

(b) Paolo le décrit de cette façon : il a le poil gros comme celui du cerf, les pieds et la
queue comme une gazelle et n'a point de cornes *non plus qu'elle*. Il a *quatre* dents en haut,
longues de trois doigts, délicates et blanches comme l'ivoire, deux qui s'élèvent en haut et
deux tournées en bas, et cet animal est beau à voir. Dans *la pleine lune*, il lui vient une
apostume au ventre, près du nombril, et alors les chasseurs le prennent et ouvrent cette
aposthume. Barbosa dit qu'il est plus semblable à la gazelle ; mais il ne s'accorde pas avec
les autres auteurs, en ce qu'il dit qu'il a le poil blanc ; voici ses paroles : « Le musc se
» trouve dans de petits animaux blancs qui ressemblent aux gazelles et qui ont des dents
» comme les éléphants, mais plus petites. Il se forme à ces animaux une manière d'apostume
» sous le ventre et sous la poitrine, et quand la matière est mûrie, il leur vient une telle
» démangeaison, qu'ils se frottent contre les arbres, et ce qui tombe en petits grains est le
» musc le plus excellent et le plus parfait. » La description que donne M. Thévenot convient
encore moins avec les autres, et il en parle en ces termes : « Il y a dans ces pays un animal
» semblable à un renard par le museau, qui n'a pas le corps plus gros qu'un lièvre ; il a le
» poil de la couleur de celui du cerf, et les dents comme celles d'un chien ; il produit de
» très excellent musc ; il a au ventre une vessie qui est pleine de sang corrompu, et c'est
» ce sang qui compose le musc ou qui est le musc même ; on la lui ôte, et on couvre aussi-
» tôt avec du cuir l'endroit de la vessie qui est coupé, afin d'empêcher que l'odeur ne se
» dissipe ; mais après que l'opération est faite, la bête ne demeure plus longtemps en vie. »
La description d'Antoine Pigafetta, qui dit que le musc est de la taille d'un chat, ne peut convenir avec celle des autres auteurs ; la description que donne le P. Philippe de Marini ne
convient pas tout à fait avec celle des autres auteurs, car il dit que cet animal a la tête semblable à celle d'un loup ; et le P. Kircher, dans la figure qu'il en donne, le représente avec un
groin de cochon, ce qui est peut-être la faute du graveur, qui lui donne aussi des ongles au
lieu qu'il a la corne fendue. Siméon Sethi s'éloigne encore plus de la vérité en nous représentant cet animal grand comme la licorne, et même comme étant de cette espèce. Voici ses
paroles : « Le musc de moindre valeur est celui qu'on apporte des Indes, qui tire sur le
» noir ; et le moindre de tous est celui qui vient de la Chine. Tout ce musc se forme sous le
» nombril d'un animal fort grand qui n'a qu'une corne, et qui ressemble à un chevreuil ;
» lorsqu'il est en chaleur, il se fait autour de son nombril un amas de sang épais qui lui
» cause une enflure, et la douleur l'empêche alors de boire et de manger ; il se roule à terre,
» et met bas cette tumeur remplie de sang bourbeux qui, s'étant caillé après un temps con-

la seule chose vraie et sur laquelle ils s'accordent, c'est que le musc se forme
dans une poche ou tumeur qui est près du nombril de l'animal, et il paraît
par leurs témoignages et par ceux de quelques autres voyageurs, qu'il n'y a
que le mâle qui produise le bon musc; que la femelle a bien la même poche
près du nombril, mais que l'humeur qui s'y filtre n'a pas la même odeur : il
paraît de plus que cette tumeur du mâle ne se remplit de musc que dans le
temps du rut; et que dans les autres temps la quantité de cette humeur est
moindre et l'odeur plus faible.

A l'égard de la matière même du musc, son essence, c'est-à-dire sa substance pure, est peut-être aussi peu connue que la nature de l'animal qui
le produit; tous les voyageurs conviennent que cette drogue est toujours
altérée et mêlée avec du sang ou d'autres drogues par ceux qui la vendent;
les Chinois en augmentent non seulement le volume par ce mélange, mais
ils cherchent encore à en augmenter le poids en y incorporant du plomb
bien trituré; le musc le plus pur et le plus recherché par les Chinois
mêmes est celui que l'animal laisse couler sur des pierres ou des troncs
d'arbres contre lesquels il se frotte lorsque cette matière devient irritante
ou trop abondante dans la bourse où elle se forme; le musc qui se trouve
dans la poche même est rarement aussi bon parce qu'il n'est pas encore
mûr, ou bien parce que ce n'est que dans la saison du rut qu'il acquiert
toute sa force et toute son odeur, et que dans cette même saison l'animal
cherche à se débarrasser de cette matière trop exaltée qui lui cause alors
des picotements et des démangeaisons. Chardin (a) et Tavernier ont tous

» sidérable, acquiert la bonne odeur. » Tous ces auteurs conviennent de la manière dont le
musc se forme dans la vessie, ou dans la tumeur qui paraît au nombril de l'animal quand
il est en rut. *Anciennes relations des Indes et de la Chine*, p. 216 et suiv.

(a) Je crois que la plupart du monde sait assez que le musc est l'excrément et le pus
d'une bête qui ressemble à la chèvre sauvage, excepté qu'elle a le corps et les jambes plus
déliées; elle se trouve dans la haute Tartarie, dans la Chine septentrionale qui lui est limi-
trophe, et au Grand-Thibet, qui est un royaume entre les Indes et la Chine. Je n'ai jamais
vu de ces animaux-là en vie, mais j'en ai vu des peaux en bien des endroits; l'on en trouve
des portraits dans l'ambassade des Hollandois à la Chine, et dans la *China illustrata* du
P. Kircher. On dit communément que le musc est une sueur de cet animal qui coule et qui
s'amasse en une vessie déliée proche le nombril; les Orientaux disent plus précisément qu'il
se forme un abcès dans le corps de cette chèvre, proche l'ombilic, dont l'humeur picote et
démange, surtout lorsque la bête est en chaleur; qu'alors à force de se frotter contre les
arbres et contre les rochers l'abcès perce et la matière s'épanche au même endroit entre les
muscles et la peau, et en s'y amassant y forme une manière de loupe ou de vessie; que la
chaleur interne échauffe ce sang corrompu, et que c'est cette chaleur qui lui donne cette
forte odeur que l'on sent au musc. Les Orientaux appellent cette vessie le *nombril du musc,*
et aussi le *nombril odoriférant;* le bon musc s'apporte du Thibet; les Orientaux l'estiment
plus que celui de la Chine, soit qu'il ait effectivement une odeur plus forte et plus durable,
soit que cela leur paraisse seulement arrivant plus frais chez eux, parce que le Thibet en est
plus proche que la province de Xinsi, qui est l'endroit de la Chine où l'on fait le plus de
musc. Le grand commerce de musc se fait à Boutan, ville célèbre du royaume de Thibet;
les Patans qui vont là en faire emplette le distribuent par toute l'Inde, d'où on le transporte
ensuite par toute la terre; les Patans sont voisins de la Perse et de la haute Tartarie, sujets

deux bien décrit les moyens dont les Orientaux se servent pour falsifier le musc ; il faut nécessairement que les marchands en agmentent la quantité bien au delà de ce qu'on pourrait imaginer, puisque dans une seule année Tavernier (a) en acheta seize cent soixante-treize vessies, ce qui suppose

ou seulement tributaires du grand Mogol. Les Indiens font cas de cette drogue aromatique tant pour l'usage que pour la recherche que l'on en fait ; ils l'emploient en leurs parfums et confections, et dans tout ce qu'ils ont accoutumé de préparer pour réveiller l'humeur amoureuse et pour rétablir la vigueur ; les femmes s'en servent pour dissiper les vapeurs qui montent de la matrice au cerveau en portant une vessie au nombril ; et quand les vapeurs sont violentes et continuelles, elles prennent du musc hors de la vessie, l'enferment dans un petit linge fait comme un petit sac, et l'appliquent dans la partie que la pudeur ne permet pas de nommer... On tient communément que lorsqu'on coupe le petit sac où est le musc il en sort une odeur si forte qu'il faut que le chasseur ait la bouche et le nez bien bouchés d'un linge en plusieurs doubles ; et que souvent malgré cette précaution la force de l'odeur le fait saigner avec tant de violence qu'il en meurt. Je me suis informé de cela exactement ; et comme en effet j'ai ouï raconter quelque chose de semblable à des Arméniens qui avaient été à Boutan, je crois que cela est vrai. Ma raison est que cette drogue n'acquiert point de force avec le temps, mais qu'au contraire elle perd son odeur à la longue ; or cette odeur est si forte aux Indes que je ne l'ai jamais pu supporter. Lorsque je négociais du musc je me tenais toujours à l'air, un mouchoir sur le visage, loin de ceux qui maniaient ces vessies, m'en rapportant à mon courtier, ce qui me fit bien connaître dès lors que le musc est fort entêtant et tout à fait insupportable quand il est frais tiré ; j'ajoute qu'il n'y a drogue au monde plus aisée à falsifier et plus sujette à l'être ; il se trouve bien des bourses qui ne sont que des peaux de l'animal remplies de son sang et d'un peu de musc pour donner de l'odeur, et non cette loupe que la sagesse de la nature forme proche le nombril pour recevoir cette espèce d'humeur merveilleuse et odoriférante. Quant aux vraies vessies mêmes, lorsque le chasseur ne les trouve pas bien pleines il presse le ventre de cet animal pour en tirer du sang dont il les remplit ; car on tient que le sang du musc, et même sa chair sentent bon ; les marchands ensuite y mêlent du plomb, du sang de bœuf et autres choses propres à les appesantir qu'ils font entrer dedans à force. L'art dont les Orientaux se servent pour connaître cette falsification sans ouvrir la vessie est premièrement au poids, à la main, l'expérience leur a fait connaître combien doit peser une vessie non altérée ; le goût est leur seconde preuve ; aussi les Indiens ne manquent jamais de mettre à la bouche de petits grains qu'ils tirent des vessies lorsqu'ils en achètent ; le troisième, c'est de prendre un fil trempé dans du suc d'ail et de le tirer au travers de la vessie avec une aiguille ; car si l'odeur d'ail se perd, le musc est bon, si le fil la garde, il est altéré. *Voyages de Chardin.* Amsterdam, 1711, t. II, p. 16 et 17.

(a) La meilleure sorte et la plus grande quantité de musc vient du royaume de Boutan, d'où on le porte à Patna, principale ville de Bengale, pour négocier avec les gens de ce pays-là ; tout le musc qui se négocie dans la Perse vient de là..... J'ai eu la curiosité d'apporter la peau de cet animal à Paris, dont voici la figure.

Après qu'on a tué cet animal, on lui coupe la vessie qui paraît sous le ventre de la grosseur d'un œuf, et qui est plus proche des parties génitales que du nombril, puis on tire de la vessie le musc qui s'y trouve et qui est alors comme du sang caillé ; quand les paysans le veulent falsifier ils mettent du foie et du sang de l'animal hachés ensemble en la place du musc qu'ils ont tiré ; ce mélange produit dans les vessies en deux ou trois années de temps de certains petits animaux qui mangent le bon musc, de sorte que quand on vient à les ouvrir on y trouve beaucoup de déchet ; d'autres paysans, quand ils ont coupé la vessie et tiré du musc ce qu'ils en peuvent tirer sans qu'il y paraisse trop, remettent à la place de petits morceaux de plomb pour la rendre plus pesante ; les marchands qui l'achètent et le transportent dans les pays étrangers aiment bien mieux cette tromperie que l'autre, parce qu'il ne s'y engendre point de ces petits animaux ; mais la tromperie est encore plus malaisée à découvrir quand de la peau du ventre du petit animal ils font de petites bourses qu'ils

un nombre égal d'animaux auxquels cette vessie aurait été enlevée; mais comme cet animal n'est domestique nulle part, et que son espèce est confinée à quelques provinces de l'Orient, il est impossible de supposer qu'elle est assez nombreuse pour produire une aussi grande quantité de cette matière, et l'on ne peut pas douter que la plupart de ces prétendues poches ou vessies ne soient de petits sacs artificiels faits de la peau même des autres parties du corps de l'animal et remplies de son sang, mêlé avec une très petite quantité de vrai musc. En effet, cette odeur est peut-être la plus forte de toutes les odeurs connues, il n'en faut qu'une très petite dose pour parfumer une grande quantité de matière, l'odeur se porte à une grande distance, la plus petite particule suffit pour se faire sentir dans un espace considérable; et le parfum même est si durable et si fixe qu'au bout de plusieurs années il semble n'avoir pas perdu beaucoup de son activité.

cousent fort proprement avec des filets de la même peau et qui ressemblent aux véritables vessies, et ils remplissent ces bourses de ce qu'ils ont ôté des bonnes vessies avec le mélange frauduleux qu'ils y veulent ajouter, à quoi il est difficile que les marchands puissent rien connaître; il est vrai que s'ils liaient la vessie dès qu'ils l'ont coupée sans lui donner de l'air et laisser le temps à l'odeur de perdre sa force en s'évaporant, tandis qu'ils en tirent ce qu'ils en veulent ôter, il arriverait qu'en portant cette vessie au nez de quelqu'un le sang lui sortirait aussitôt par la force de l'odeur, qui doit nécessairement être tempérée pour se rendre agréable sans nuire au cerveau.

L'odeur de cet animal que j'ai apporté à Paris était si forte, qu'il était impossible de le tenir dans ma chambre; il entêtait tout le monde du logis, et il fallut le mettre au grenier, où enfin mes gens lui coupèrent la vessie, ce qui n'a pas empêché que la peau n'ait toujours retenu quelque chose de l'odeur. On ne commence à trouver cet animal qu'environ le cinquante-sixième degré; mais au soixantième, il y en a grande quantité, le pays étant rempli de forêts : il est vrai qu'aux mois de février et mars, après que ces animaux ont souffert la faim dans le pays où ils sont, à cause des neiges qui tombent en quantité jusqu'à dix ou douze pieds de haut, ils viennent du côté du midi jusqu'à quarante-quatre ou quarante-cinq degrés, pour manger du blé ou du riz nouveau, et c'est en ce temps-là que les paysans les attendent au passage avec des pièges qu'ils leur tendent, et les tuent à coups de flèches et de bâtons; quelques-uns d'eux m'ont assuré qu'ils sont si maigres et si languissants à cause de la faim qu'ils ont soufferte, que beaucoup se laissent prendre à la course. Il faut qu'il y ait une prodigieuse quantité de ces animaux, chacun d'eux n'ayant qu'une vessie, et la plus grosse, qui n'est ordinairement que comme un œuf de poule, ne pouvant fournir une demi-once de musc, il faut bien quelquefois trois ou quatre de ces vessies pour en faire une once.

Le roi de Dantan, de qui je parlerai au volume suivant, dans la description que je ferai de ce royaume, craignant que la tromperie qui se fait au musc ne fît cesser ce négoce, d'autant plus qu'on en tire aussi du Tunquin et de la Cochinchine, qui est bien plus cher, parce qu'il n'y en a pas en si grande quantité; ce roi, dis-je, craignant que cette marchandise falsifiée ne décriât le commerce de ses États, ordonna, il y a quelque temps, que toutes les vessies ne seraient point cousues, mais qu'elles seraient apportées ouvertes à Boutan, qui est le lieu de sa résidence, pour y être visitées et scellées de son sceau; toutes celles que j'ai achetées étaient de cette sorte, mais, nonobstant toutes les précautions du roi, les paysans les ouvrent subtilement, et y mettent, comme j'ai dit, de petits morceaux de plomb, ce que les marchands tolèrent, parce que le plomb ne gâte pas le musc, ainsi que j'ai remarqué, et ne fait tort que pour le poids. Dans un de mes voyages à Patna, j'achetai seize cent soixante-treize vessies, qui pesaient deux mille cinq cent cinquante-sept onces et demie, et quatre cent cinquante-deux onces hors de la vessie. *Les six Voyages de Jean-Baptiste Tavernier en Turquie, en Perse et aux Indes. À Rouen, 1713, t. IV, p. 75 jusqu'à 78.*

LE BABIROUSSA (*a*)

Quoique nous n'ayons au cabinet du Roi que la tête de cet animal, il est trop remarquable pour que nous puissions le passer sous silence. Tous les naturalistes l'ont regardé comme une espèce de cochon (*), et cependant il n'en a ni la tête, ni la taille, ni les soies, ni la queue ; il a les jambes plus hautes et le museau moins long ; il est couvert d'un poil court et doux comme de la laine, et sa queue est terminée par une touffe de cette laine ; il a aussi le corps moins lourd et moins épais que le cochon ; son poil est gris, mêlé de roux et d'un peu de noir ; ses oreilles sont courtes et pointues, mais le caractère le plus remarquable et qui distingue le babiroussa de tous les autres animaux, ce sont quatre énormes défenses ou dents canines dont les deux moins longues sortent, comme celles des sangliers, de la mâchoire inférieure ; et les deux autres, qui sont beaucoup plus grandes, partent de la mâchoire supérieure en perçant les joues, ou plutôt les lèvres du dessus, et s'étendent en courbe jusqu'au-dessous des yeux ; et ces défenses sont d'un très bel ivoire, plus net, plus fin, mais moins dur que celui de l'éléphant.

La position et la direction de ces deux défenses supérieures qui percent le museau du babiroussa, et qui d'abord se dirigent droit en haut, et ensuite se recourbent en cercle, ont fait penser à quelques physiciens, même habiles, tels que Grew (*b*), que ces défenses ne devaient point être regardées comme des dents, mais comme des cornes ; ils fondaient leur sentiment sur ce que toutes les alvéoles des dents de la mâchoire supérieure ont dans tous les animaux l'ouverture tournée en bas ; que dans le babiroussa comme dans les autres, la mâchoire supérieure a toutes ses alvéoles tournées en bas, tant pour les mâchelières que pour les incisives, tandis que les seules alvéoles de ces deux grandes défenses sont au contraire tournées en haut ; et ils concluaient de là que le caractère essentiel de toutes les dents de la mâchoire supérieure étant de se diriger en bas, on ne pouvait pas mettre ces défenses qui se dirigent en haut au nombre des dents, et qu'il fallait les regarder comme des cornes ; mais ces physiciens se sont trompés : la position ou la direction ne sont que des circonstances de la

(*a*) *Babiroussa* ou *Babiroesa*. Nom de cet animal aux Indes orientales, et que nous avons adopté.

(*b*) « On his upper jaw he has two horns..... Bartholine calls them teeth ; yet are they » not teeth, but horns ; because they are not, as all teeth, even the tusks of an elephant, » fixed in the jaw, with their roots upward, but downward : and so their alveoli are not » open downward within the mouth, but upward upon the top of the snout, etc. » Grew's *Mus. Reg. soc.*, p. 28.

(*) Le Babiroussa (*Porcus Babyroussa* L.) est, en effet, de la famille des Suidés.

chose et n'en font pas l'essence ; ces défenses, quoique situées d'une manière opposée à celle des autres dents, n'en sont pas moins des dents, ce n'est qu'une singularité dans la direction qui ne peut changer la nature de la chose, ni d'une vraie dent canine en faire une fausse corne d'ivoire.

Ces énormes et quadruples défenses donnent à ces animaux un air formidable, cependant ils sont peut-être moins dangereux que nos sangliers ; ils vont de même en troupe, et ont une odeur forte qui les décèle et fait que les chiens les chassent avec succès ; ils grognent (a) terriblement, se défendent et blessent des défenses de dessous, car celles du dessus leur nuisent plutôt qu'elles ne servent : quoique grossiers et féroces comme les sangliers, ils s'apprivoisent aisément, et leur chair, qui est très bonne à manger, se corrompt en assez peu de temps : comme ils ont aussi le poil fin et la peau mince, ils ne résistent pas à la dent des chiens, qui les chassent de préférence aux sangliers et en viennent facilement à bout ; ils s'accrochent à des branches avec les défenses d'en haut pour reposer leur tête ou pour dormir debout. Cette habitude leur est commune avec l'éléphant, qui pour dormir sans se coucher, soutient sa tête en mettant le bout de ses défenses dans des trous qu'il creuse à cet effet dans le mur de sa loge (b).

Le babiroussa diffère encore du sanglier par ses appétits naturels ; il se nourrit d'herbes et de feuilles d'arbres, et ne cherche point à entrer dans les jardins pour manger des légumes, au lieu que dans le même pays le sanglier vit de fruits sauvages, de racines, et dévaste souvent les jardins. D'ailleurs ces animaux, qui vont également en troupe, ne se mêlent jamais, les sangliers vont d'un côté, et les babiroussas de l'autre : ceux-ci marchent plus légèrement, ils ont l'odorat très fin, et se dressent souvent contre des arbres pour éventer de loin les chiens et les chasseurs : lorsqu'ils sont poursuivis longtemps et sans relâche, ils courent se jeter à la mer, où nageant avec autant de facilité que des canards, et se plongeant de même, ils échappent très souvent aux chasseurs, car ils nagent très longtemps et vont quelquefois à d'assez grandes distances et d'une île à une autre.

Au reste, le babiroussa se trouve non seulement à l'île de Bouro ou Boero, près d'Amboine, mais encore dans plusieurs autres endroits (c) de l'Asie méridionale et de l'Afrique (*), comme aux Célèbes, à Estrila (d), au

(a) *Mus. Worm.*, p. 340. — Pison. *Append. in Bont.*, p. 61.

(b) *Descript. des Indes orient.* par Franç. Valentin, vol. III, p. 268.

(c) On trouve les babiroussas en grande quantité dans l'île de Boero, ainsi qu'à Cajely, dans les îles de Xoclasche, surtout à Xocla Mongoli, comme aussi dans l'île de Bangay, sur la côte d'ouest des Célèbes, et encore plus à Manado. *Description des Indes orientales*, par François Valentin, t. III, p. 369. Traduction communiquée par M. le marquis de Montmirail. — *Nota*. La plupart des faits que nous avons rapportés ci-dessus, au sujet des habitudes naturelles du babiroussa, sont tirés de ce même ouvrage de Valentin.

(d) Entre plusieurs marchandises que les Hollandais tirent de la côte d'Estrila, ils en

(*) Le Babiroussa, contrairement à ce que dit Buffon, n'existe pas en Afrique.

Sénégal (a), à Madagascar : car il paraît que les sangliers de cette île dont parle Flacourt (b), et dont il dit *que les mâles principalement ont deux cornes à côté du nez*, sont des babiroussas (*). Nous n'avons pas été à portée de nous assurer que la femelle manque en effet de ces deux défenses si remarquables dans le mâle ; la plupart des auteurs qui ont parlé de ces animaux semblent s'accorder sur ce fait que nous ne pouvons ni confirmer ni détruire.

LE CABIAI (c)

Cet animal (**) d'Amérique n'avait jamais paru en Europe, et c'est aux bontés de M. le duc de Bouillon que nous en devons la connaissance ; comme ce prince est curieux d'animaux étrangers, il m'a quelquefois fait l'honneur de m'appeler pour les voir, et par amour pour le bien il nous en a donné plusieurs ; celui-ci lui avait été envoyé jeune, et n'était pas encore tout à fait adulte lorsque le froid l'a fait mourir : nous avons donc été à portée de le connaître et de le décrire, tant à l'extérieur qu'à l'intérieur. Ce n'est point un cochon, comme l'ont prétendu les naturalistes et les voyageurs, il ne lui ressemble même que par de petits rapports, et en diffère par de grands caractères ; il ne devient jamais aussi grand, le plus gros cabiai est à peine égal à un cochon de dix-huit mois ; il a la tête plus courte, la gueule beaucoup moins fendue, les dents et les pieds tout différents ; des membranes entre les doigts, point de queue ni de défenses ; les yeux plus grands, les oreilles plus courtes, et il en diffère encore autant par le naturel et les mœurs que par la conformation : il habite souvent dans l'eau, où il nage comme une loutre, y cherche de même sa proie, et vient manger au bord le poisson qu'il prend et qu'il saisit avec la gueule et les ongles ; il mange aussi des grains, des

rapportent des dents de sangliers qui les ont plus belles que les éléphants. *Voyage de Robert Lade*, traduit de l'anglais. Paris, 1744, t. Ier, p. 121.

(a) J'aperçus enfin un de ces énormes sangliers particuliers à l'Afrique..... Il était noir comme les sangliers d'Europe, mais d'une taille infiniment plus haute. Il avait quatre grandes défenses, dont les deux supérieures étaient recourbées en demi-cercle vers le front, où elles imitaient les cornes que portent d'autres animaux *. *Voyage au Sénégal*, par M. Adanson, p. 76.

(b) *Voyage à Madagascar*, par Flacourt, p. 152.

(c) Cabiai, mot dérivé de *Cabionara*, nom de cet animal à la Guyane, et que nous avons adopté.

(*) Buffon se trompe, cet animal est le *Potamochœrus africanus* Schreb. (*Sus larvatus* Cuv.) Les deux appendices qu'il présente ne sont pas des dents comme dans le Babiroussa mais des protubérances calleuses situées entre l'œil et le groin.

(**) Le Cabiai ou Cochon d'Inde (*Cavia Aperea* L.) est un Mammifère de l'ordre des Rongeurs et de la famille des Subongulés ou Caviadés. Le Cochon d'Inde domestique (*Cavia Cobaya* Schreb.) quoique dérivé du premier est considéré comme une espèce différente.

fruits et des cannes de sucre ; comme ses pieds sont longs et plats, il se tient souvent assis sur ceux de derrière. Son cri est plutôt un braiement, comme celui de l'âne, qu'un grognement comme celui du cochon ; il ne marche ordinairement que la nuit, et presque toujours de compagnie, sans s'éloigner du bord des eaux ; car comme il court mal à cause de ses longs pieds et de ses jambes courtes, il ne pourrait trouver son salut dans la fuite, et pour échapper à ceux qui le chassent, il se jette à l'eau, y plonge et va sortir au loin, ou bien il y demeure si longtemps, qu'on perd l'espérance de le revoir. Sa chair est grasse et tendre, mais elle a plutôt, comme celle de la loutre, le goût d'un mauvais poisson que celui d'une bonne viande ; cependant on a remarqué que la hure n'en était pas mauvaise, et cela s'accorde avec ce que l'on sait du castor, dont les parties antérieures ont le goût de la chair, tandis que les parties postérieures ont le goût du poisson. Le cabiai est d'un naturel tranquille et doux, il ne fait ni mal ni querelle aux autres animaux, on l'apprivoise sans peine, il vient à la voix et suit assez volontiers ceux qu'il connaît et qui l'ont bien traité. On ne le nourrissait à Paris qu'avec de l'orge, de la salade et des fruits ; il s'est bien porté tant qu'il a fait chaud ; il paraît, par le grand nombre de ses mamelles, que la femelle produit des petits en quantité. Nous ignorons le temps de la gestation (*), celui de l'accroissement, et par conséquent la durée de la vie de cet animal ; nos habitants de Cayenne pourront nous en instruire, car il se trouve assez communément à la Guyane aussi bien qu'au Brésil, aux Amazones et dans toutes les terres basses de l'Amérique méridionale.

LE PORC-ÉPIC

Il ne faut pas que le nom de porc-épineux, qu'on a donné à cet animal dans la plupart des langues de l'Europe, nous induise en erreur et fasse imaginer que le porc-épic (**) soit en effet un cochon chargé d'épines, car il ne ressemble au cochon que par le grognement ; par tout le reste il en diffère autant qu'aucun autre animal, tant pour la figure que pour la conformation intérieure : au lieu d'un tête allongée, surmontée de longues oreilles, armée de défenses et terminée par un boutoir, au lieu d'un pied fourchu et garni de sabots comme le cochon, le porc-épic a, comme le castor, la tête courte, deux grandes dents incisives en avant de chaque mâchoire, nulles défenses ou dents canines, le museau fendu comme le lièvre, les oreilles rondes et aplaties, et les pieds armés d'ongles ; au lieu d'un grand estomac avec un

(*) Le Cochon d'Inde a deux portées par an ; chaque fois la femelle met au monde de trois à cinq petits ; six à sept dans les climats chauds.

(**) Les Porcs-Épics (*Hystrix* L.) sont des Mammifères de l'ordre des Rongeurs, de la famille des Hystricidés, qui est remarquable par la présence de piquants sur le dos.

appendice en forme de capuchon, qui dans le cochon semble faire la nuance entre les ruminants et les autres animaux, le porc-épic n'a qu'un simple estomac et un grand cæcum ; les parties de la génération ne sont point apparentes au dehors comme dans le cochon mâle ; les testicules du porc-épic sont recélés au dedans et renfermés sous les aines ; la verge n'est point apparente, et l'on peut dire que par tous ces rapports aussi bien que par la queue courte, la longue moustache, la lèvre divisée, il approche beaucoup plus du lièvre ou du castor que du cochon. Le hérisson, qui, comme le porc-épic, est armé de piquants, ressemblerait plus au cochon, car il a le museau long et terminé par une espèce de groin en boutoir ; mais toutes ces ressemblances étant fort éloignées, et toutes les différences étant présentes et réelles, il n'est pas douteux que le porc-épic ne soit d'une espèce particulière et différente de celle du hérisson, du castor, du lièvre ou de tout autre animal auquel on voudrait le comparer.

Il ne faut pas non plus ajouter foi à ce que disent presque unanimement les voyageurs et les naturalistes qui donnent à cet animal la faculté de lancer ses piquants à une assez grande distance (*) et avec assez de force pour percer et blesser profondément, ni s'imaginer avec eux que ces piquants, tout séparés qu'ils sont du corps de l'animal, ont la propriété très extraordinaire et toute particulière de pénétrer d'eux-mêmes, et par leurs propres forces, plus avant dans les chairs dès que la pointe y est une fois entrée : ce dernier fait est purement imaginaire et destitué de tout fondement, de toute raison ; le premier est aussi faux que le second ; mais au moins l'erreur paraît fondée sur ce que l'animal, lorsqu'il est irrité ou seulement agité, redresse ses piquants, les remue ; et que comme il y a de ces piquants qui ne tiennent à la peau que par une espèce de filet ou de pédicule délié, ils tombent aisément. Nous avons vu des porcs-épics vivants, et jamais nous ne les avons vus, quoique violemment excités, darder leurs piquants : on ne peut donc trop s'étonner que les auteurs les plus graves, tant anciens (a) que modernes (b),

---

(a) Arist., *Hist. anim.*, lib. IX, cap. XXXIX. — Plin., *Hist. nat.*, lib. VIII, cap. LIII.—Oppian., *de Venatione*.

(b) MM. les anatomistes de l'Académie des sciences. « Ceux des piquants, disent-ils, qui » étaient les plus forts et les plus courts étaient aisés à arracher de la peau, n'y étant pas » attachés fermement comme les autres ; aussi sont-ce ceux que ces animaux (les porcs-épics) » ont accoutumé de lancer contre les chasseurs, en secouant leur peau comme font les » chiens lorsqu'ils sortent de l'eau. » Claudien dit élégamment que le porc-épic est lui-même l'arc, le carquois et la flèche dont il se sert contre les chasseurs. *Mémoires pour servir à l'histoire des animaux*, t. III, p. 114. — *Nota*. La fable est le domaine des poètes, et il n'y a point de reproches à faire à Claudien ; mais les anatomistes de l'Académie ont eu tort d'adopter cette fable, apparemment pour citer Claudien ; car on voit par leur propre exposé que le porc-épic ne lance point ses piquants, et que seulement ils tombent lorsque l'animal se secoue. — Wormius, *Mus. Wormian.*, p. 235 ; Wotton, p. 56 ; Aldrov., *De quad. digit.*, p. 473, et plusieurs autres auteurs célèbres, ont adopté cette erreur.

(*) Cela est inexact.

que les voyageurs les plus sensés (*a*), soient tous d'accord sur un fait
aussi faux : quelques-uns d'entre eux disent avoir eux-mêmes été blessés
de cette espèce de jaculation, d'autres assurent qu'elle se fait avec tant de
raideur, que le dard ou piquant peut percer une planche (*b*) à quelques pas
de distance. Le merveilleux, qui n'est que le faux qui fait plaisir à croire,
augmente et croît à mesure qu'il passe par un plus grand nombre de têtes ;
la vérité perd au contraire en faisant la même route ; et malgré la négation
positive que je viens de graver au bas de ces deux faits, je suis persuadé
qu'on écrira encore mille fois après moi, comme on l'a fait mille fois auparavant, que le porce-épic darde ses piquants, et que ces piquants, séparés
de l'animal, entrent d'eux-mêmes dans les corps où leur pointe est engagée (*c*).

Le porc-épic, quoique originaire des climats les plus chauds de l'Afrique
et des Indes (*), peut vivre et se multiplier dans des pays moins chauds, tels
que la Perse, l'Espagne et l'Italie. Agricola dit que l'espèce n'a été transportée en Europe que dans ces derniers siècles; elle se trouve en Espagne, et
plus communément en Italie, surtout dans les montagnes de l'Apennin, aux
environ de Rome : c'est de là que M. Mauduit, qui par son goût pour l'histoire naturelle a bien voulu se charger de quelques-unes de nos commissions,
nous a envoyé celui qui a servi à M. Daubenton pour sa description. Nous
avons cru devoir donner la figure de ce porc-épic d'Italie, aussi bien que

(*a*) Tavernier, t. II, p. 20 et 21. — Kolbe, t. III, p. 46. — Barbot, *Histoire générale des
voyages*, t. IV, p. 237.

(*b*) Lorsque le porc-épic est en furie il s'élance avec une extrême vitesse, ayant ses piquants
dressés, qui sont quelquefois de la longueur de deux empans, sur les hommes et sur les
bêtes, et il les darde avec tant de force qu'ils pourraient percer une planche. *Voyage en
Guinée*, par Bosman. Utrecht, 1705, p. 253.

(*c*) 1° Il faut cependant excepter du nombre de ces voyageurs crédules le docteur Shaw.
« De tous les porcs-épics, dit-il, que j'ai vus en grand nombre en Afrique, je n'en ai ren-
» contré aucun qui, quelque chose que l'on fit pour l'irriter, dardât aucune de ses pointes;
» leur manière ordinaire de se défendre est de se pencher d'un côté, et lorsque l'ennemi s'est
» approché d'assez près, de se relever fort vite et de le piquer de l'autre. » *Voyage de Shaw*,
traduit de l'anglais, t. Ier, p. 323. — 2° Le P. Vincent-Marie ne dit point du tout que le
porc-épic lance des piquants; il assure seulement que quand il rencontre des serpents, avec
lesquels il est toujours en guerre, il se met en boule, cachant ses pieds et sa tête, et se
roule sur eux avec ses piquants jusqu'à leur ôter la vie sans courir risque d'être blessé. Il
ajoute un fait que nous croyons très vrai, c'est qu'il se forme dans l'estomac du porc-épic
des bézoards de différentes sortes : les uns ne sont que des amas de racines enveloppées
d'une croûte; les autres, plus petits, paraissent être pétris de petites pailles et de poudre de
pierre; et les plus petits de tous, qui ne sont pas plus gros qu'une noix, paraissent pétrifiés
en entier; ces derniers sont les plus estimés. Nous ne doutons pas de ces faits, ayant trouvé
nous-mêmes un bézoard de la première sorte, c'est-à-dire une égagropile dans l'estomac du
porc-épic qui nous a été envoyé d'Italie.

(*) Buffon décrit ici en une seule espèce des animaux dont on fait aujourd'hui des espèces
et même des genres distincts. Le Porc-épic d'Europe qui vit aussi en Afrique est l'*Hystrix
cristata* L. A Java, il en existe une autre espèce, à laquelle on a donné le nom d'*Acanthion
Javanicum*; l'espèce de Siam a reçu le nom d'*Atherura fasciculata* SCHAW.

celle du porc-épic des Indes , les petites différences qu'on peut remarquer entre les deux sont de légères variétés dépendantes du climat, ou peut-être même ne sont que des différences purement individuelles.

Pline et tous les naturalistes ont dit, d'après Aristote, que le porc-épic, comme l'ours, se cachait pendant l'hiver et mettait bas au bout de trente jours ; nous n'avons pu vérifier ces faits, et il est singulier qu'en Italie, où cet animal est commun, et où de tout temps il y a eu de bons physiciens et d'excellents observateurs, il ne se soit trouvé personne qui en ait écrit l'histoire. Aldrovande n'a fait sur cet article, comme sur beaucoup d'autres, que copier Gessner ; et MM. de l'Académie des sciences, qui ont écrit et disséqué huit de ces animaux, ne disent presque rien de ce qui a rapport à leurs habitudes naturelles : nous savons seulement par le témoignage des voyageurs et des gens qui en ont élevé dans des ménageries, que, dans l'état de domesticité, le porc-épic n'est ni féroce ni farouche, qu'il n'est que jaloux de sa liberté ; qu'à l'aide de ses dents de devant, qui sont fortes et tranchantes comme celles du castor, il coupe le bois et perce (a) aisément la porte de sa loge. On sait aussi qu'on le nourrit aisément avec de la mie de pain, du fromage et des fruits ; que dans l'état de liberté il vit de racines et de graines sauvages ; que quand il peut entrer dans un jardin, il y fait un grand dégât et mange les légumes avec avidité ; qu'il devient gras comme la plupart des autres animaux vers la fin de l'été, et que sa chair, quoique un peu fade, n'est pas mauvaise à manger.

En considérant la forme, la substance et l'organisation des piquants du porc-épic, on reconnaît aisément que ce sont de vrais tuyaux de plumes auxquels il ne manque que les barbes pour être de vraies plumes ; par ce rapport, il fait la nuance entre les quadrupèdes et les oiseaux ; ces piquants, surtout ceux qui sont voisins de la queue, sonnent les uns contre les autres lorsque l'animal marche ; il peut les redresser par la contraction du muscle peaucier, et les relever à peu près comme le paon ou le coq d'Inde relèvent les plumes de leur queue ; ce muscle de la peau a donc la même force, et est à peu près conformé de la même façon dans le porc-épic et dans certains oiseaux. Nous saisissons ces rapports, quoique assez fugitifs : c'est toujours fixer un point dans la nature, qui nous fuit et qui semble se jouer, par la bizarrerie de ses productions, de ceux qui veulent la connaître.

(a) Nous avons en Guinée des porcs-épics. Ils croissent jusqu'à la hauteur de deux pieds ou de deux pieds et demi, et ils ont les dents si fortes et si affilées qu'aucun bois ne peut leur résister ; j'en mis une fois un dans un tonneau, m'imaginant qu'il serait bien gardé, mais dans l'espace d'une nuit il le rongea si bien qu'il le perça et en sortit, il le perça même dans le milieu, où les douves sont les plus courbées en dehors. *Voyage de Bosman*, p. 253.

LE COENDOU (*a*) (*)

Dans chaque article que nous avons à traiter il se présente toujours plus
d'erreurs à détruire que de vérités à exposer : cela vient de ce que l'histoire
des animaux n'a, dans ces derniers temps, été traitée que par des gens à préjugés, à méthodes, et qui prenaient la liste de leurs petits systèmes pour les
registres de la nature. Il n'existe en Amérique aucun des animaux du climat chaud de l'ancien continent, et réciproquement il ne se trouve sous la
zone brûlante de l'Afrique et de l'Asie aucun de ceux de l'Amérique méridionale. Le porc-épic est, comme nous l'avons dit, originaire des pays chauds
de l'ancien monde ; et ne l'ayant pas trouvé dans le nouveau, on n'a pas
laissé de donner son nom aux animaux qui ont paru lui ressembler, et particulièrement à celui dont il est ici question. D'autre côté, l'on a transporté le
coendou d'Amérique aux Indes orientales; et Pison, qui vraisemblablement
ne connaissait point le porc-épic, a fait graver dans Bontius (*b*), qui ne parle
que des animaux du midi de l'Asie, le coendou d'Amérique sous le nom et la
description du vrai porc-épic ; en sorte qu'à la première vue on serait tenté
de croire que cet animal existe également en Amérique et en Asie ; cependant
il est aisé de reconnaître avec un peu d'attention que Pison qui n'est
ici, comme presque partout ailleurs, que le plagiaire de Marcgrave, a non
seulement copié sa figure du couendou pour l'insérer dans son histoire du
Brésil, mais qu'il a cru devoir la copier encore pour la transporter dans l'ouvrage de Bontius, dont il a été le rédacteur et l'éditeur; ainsi, quoiqu'on trouve dans Bontius la figure du coendou, l'on ne doit pas en conclure qu'il existe
à Java ou dans les autres parties de l'Asie méridionale, ni prendre cette
figure pour celle du porc-épic auquel en effet le coendou ne ressemble que
parce qu'il a comme lui des piquants.

C'est à Ximénès, et ensuite à Hernandès, auxquels on doit la première
connaissance de cet animal ; ils l'ont indiqué sous le nom de *hoitztlacuatzin*
que lui donnaient les Mexicains : le *tlacuatzin* est le sarigue, et *hoitztlacuatzin* doit se traduire par sarigue épineux. Ce nom avait été mal appliqué,
car ces animaux se ressemblent assez peu ; aussi Marcgrave n'a point adopté
cette dénomination mexicaine, et il a donné cet animal sous son nom brésilien *cuandu*, qui doit se prononcer *couandou*, la seule chose qu'on puisse
reprocher à Marcgrave, c'est de n'avoir pas reconnu que son cuandu du Brésil

(*a*) *Coendou*, nom de cet animal à la Guyane, et que nous avons adopté.
(*b*) Jac. Bontii *Hist. Indiæ Orient.*, p. 54.

(*) Le Coendou de Buffon est l'*Erethizon Buffonii* Cuv. Rongeur de la famille des
Hystricidés.

était le même animal que l'hoïtztlacuatzin du Mexique (*), d'autant que sa description et sa figure s'accordent assez avec celles de Hernandès, et que de Laët, qui a été l'éditeur et le commentateur de l'ouvrage de Marcgrave, dit expressément (*a*) que le tlacuatzin épineux de Ximénès et le cuandu ne sont vraisemblablement que le même animal. Il paraît, en rassemblant le peu de notices éparses que nous ont données les voyageurs sur ces animaux, qu'il y en a deux variétés que les naturalistes ont, d'après Pison, insérées dans leurs listes comme deux espèces différentes, le grand et le petit cuandu ; mais ce qui prouve d'abord l'erreur ou la négligence de Pison, c'est que, quoiqu'il donne ces coendous dans deux articles séparés et éloignés l'un de l'autre et qu'il paraisse les regarder comme étant de deux espèces différentes, il les représente cependant tous deux par la même figure : ainsi nous nous croyons bien fondés à prononcer que ces deux n'en font qu'un. Il y a aussi des naturalistes qui, non seulement ont fait deux espèces du grand et du petit coendou, mais en ont encore séparé l'hoïtztlacuatzin en les donnant tous trois pour des animaux différents, et j'avoue que quoiqu'il soit très vraisemblable que le coendou et l'hoïtztlacuatzin sont le même animal, cette identité n'est pas aussi certaine que celle du grand et du petit coendou.

Quoi qu'il en soit, le coendou n'est point le porc-épic, il est de beaucoup plus petit ; il a la tête à proportion moins longue et le museau plus court ; il n'a point de panache sur la tête ni de fente à la lèvre supérieure ; ses piquants sont trois ou quatre fois plus courts et beaucoup plus menus ; il a une longue queue, et celle du porc-épic est très courte ; il est carnassier plutôt que frugivore, et cherche à surprendre les oiseaux, les petits animaux, les volailles (*b*), au lieu que le porc-épic ne se nourrit que de légumes, de racines et de fruits. Il dort pendant le jour comme le hérisson, et court pendant la nuit ; il monte sur les arbres (*c*) et se retient aux branches avec sa queue, ce que le porc-épic ne fait ni ne pourrait faire ; sa chair (*d*), disent

(*a*) « Videtur esse idem animal aut saltem simile quod Fr. Ximenes describit sub nomine » Tlaquatzin spinosi. » De Laët, *Annotatio in cap.* ix, *lib.* vi, *Marcgrav.*, p. 233.

(*b*) Ce fait, assuré par Marcgrave et Pison, n'est pas certain ; car Hernandès dit, au contraire, que l'hoïtztlacuatzin se nourrit de fruits.

(*c*) « Scandit arbores sed tardo gressu quia pollice caret ; descendens autem caudam circumvolvit ne labatur, admodum enim metuit lapsum, nec salire potest. » Marcgr. *Hist. nat. Bras.*, p. 233. — Nous vîmes un porc-épic sur un petit arbre que nous coupâmes pour avoir le plaisir de voir tomber cet animal..... Il est fort gras et on en mange la chair. *Voyage de la Hontan*, t. Ier, p. 82.

(*d*) « Carnem habet bonam et pergratam ; nam assatam sæpe comedi, et ab incolis valde » æstimatur. » *Marcg.*, p. 233. — Il est bon à manger ; on le met au feu pour le faire griller comme un cochon ; mais auparavant les femmes sauvages en arrachent tous les poils de dessus le dos (c'est-à-dire tous les piquants) qui sont les plus grands, et elles font de beaux ouvrages... Étant brûlé, bien rôti, lavé et mis à la broche, il vaut un cochon de lait ; il est

(*) Le Cuandu de Marcgrave est, d'après Flourens, le vrai Coendou (*Cercolabes prehensilis* L.).

tous les voyageurs, est très bonne à manger ; on peut l'apprivoiser ; il demeure ordinairement dans les lieux élevés, et on le trouve dans toute l'étendue
de l'Amérique, depuis le Brésil et la Guyane, jusqu'à la Louisiane et aux parties méridionales du Canada, au lieu que le porc-épic ne se trouve que dans
les pays chauds de l'ancien continent.

En transportant le nom du porc-épic au coendou, on lui a supposé et transmis
les mêmes facultés, celle surtout de lancer ses piquants ; et il est étonnant que
les naturalistes et les voyageurs s'accordent sur ce fait, et que Pison, qui
devait être moins superstitieux qu'un autre, puisqu'il était médecin, dise
gravement que les piquants du coendou entrent d'eux-mêmes et par leur propre force dans la chair, et percent le corps jusqu'aux viscères les plus intimes. Ray est le seul qui ait nié ces faits, quoiqu'ils paraissent évidemment
absurdes. Mais que de choses absurdes ont été niées par des gens sensés, et
qui cependant sont tous les jours affirmées par d'autres gens qui se croient
encore plus sensés !

L'URSON

Cet animal (*) n'a jamais été nommé : placé par la nature dans les terres
désertes du nord de l'Amérique, il existait indépendant, éloigné de l'homme,
et ne lui appartenait pas même par le nom, qui est le premier signe de son
empire. Hudson ayant découvert la terre où il se trouve, nous lui donnerons
un nom qui rappelle celui de son premier maître, et qui indique en même
temps sa nature poignante et hérissée ; d'ailleurs, il était nécessaire de le
nommer, pour ne le pas confondre avec le porc-épic ou le coendou, auxquels
il ressemble par quelques caractères, mais dont cependant il diffère assez à
tous autres égards pour qu'on doive le regarder comme une espèce particulière et appartenant au climat du Nord, comme les autres appartiennent à
celui du Midi.

MM. Edwards, Ellis et Catesby ont tous trois parlé de cet animal : les figures données par ces deux premiers auteurs s'accordent avec la nôtre, et nous
ne doutons pas que ce ne soit le même animal ; nous sommes mêmes très
portés à croire que celui dont Seba donne la figure et la description sous le
nom de *porc-épic singulier des Indes orientales*, et qu'ensuite MM. Klein,
Brisson et Linnæus ont chacun indiqué dans leurs listes par des caractères
tirés de Seba, pourrait être le même animal que celui dont il est ici question :
ce ne serait pas, comme on l'a vu, l'unique et première fois que Seba aurait

très bon bouilli, mais moins bon que rôti. *Description de l'Amérique*, par Denis. Paris, 1672,
t. II, p. 324.

(*) *Erethizon dorsatus* L.

donné pour orientaux des animaux d'Amérique ; cependant nous ne pouvons pas l'assurer pour celui-ci comme nous l'avons fait pour plusieurs autres animaux ; tout ce que nous pouvons dire, c'est que les ressemblances nous paraissent grandes, et les différences assez légères, et que comme l'on a peu vu de ces animaux, il se pourrait que ces mêmes différences ne fussent que des variétés d'individu à individu, ou même du mâle à la femelle.

L'urson aurait pu s'appeler le *castor épineux*, il est du même pays, de la même grandeur, et à peu près de la même forme de corps ; il a comme lui, à l'extrémité de chaque mâchoire, deux dents incisives, longues, fortes et tranchantes : indépendamment de ses piquants, qui sont assez courts et presque cachés dans le poil, l'urson a, comme le castor, une double fourrure, la première de poils longs et doux, et la seconde d'un duvet ou feutre encore plus doux et plus mollet. Dans les jeunes, les piquants sont à proportion plus grands, plus apparents, et les poils plus courts et plus rares que dans les adultes ou les vieux.

Cet animal fuit l'eau et craint de se mouiller, il se retire et fait sa bauge sous les racines des arbres creux (*a*) ; il dort beaucoup, et se nourrit principalement d'écorce de genièvre ; en hiver, la neige lui sert de boisson ; en été, il boit de l'eau et lape comme un chien. Les sauvages mangent sa chair et se servent de sa fourrure après en avoir arraché les piquants, qu'ils emploient au lieu d'épingles et d'aiguilles.

LE TANREC (*b*) ET LE TENDRAC (*c*)

Les *tanrecs* ou *tendracs* (*) sont de petits animaux des Indes orientales qui ressemblent un peu à notre hérisson, mais qui cependant en diffèrent assez pour constituer des espèces différentes : ce qui le prouve indépendamment de l'inspection et de la comparaison, c'est qu'ils ne se mettent point en boule comme le hérisson, et que dans les mêmes endroits où se trouvent les tanrecs, comme à Madagascar, on y trouve aussi des hérissons de la même espèce que les nôtres, qui ne portent pas le nom de tanrec, mais qui s'appellent sora (*d*).

(*a*) Voyez la Lettre de M. Alexandre Light à M. Edwards, *Hist. of Birds*, p. 52.

(*b*) *Tanrec* et *Tendrac*, noms de ces animaux, et que nous avons adoptés.

(*c*) *Erinaceus americanus albus.* Seba. — *Nota.* Cet hérisson, que Seba dit lui avoir été envoyé de Surinam, ressemble si fort au tendrac qu'on ne peut pas douter que ce ne soit le même animal; et s'il est natif de Madagascar, il ne doit pas se trouver en Amérique. Cet auteur l'a mal indiqué à tous égards, car il n'est ni américain, ni blanc; il est seulement un peu moins brun que notre hérisson d'Europe.

(*d*) *Voyage à Madagascar*, par Flacourt, p. 152.

(*) Les Tanrecs (*Centetes* Ill.) sont des Mammifères de l'ordre des Insectivores, très voisins des Hérissons.

Il paraît qu'il y a des tanrecs de deux espèces, ou peut-être de deux races différentes : le premier, qui est à peu près grand comme notre hérisson, a le museau à proportion plus long que le second ; il a aussi les oreilles plus apparentes et beaucoup moins de piquants que le second, auquel nous avons donné le nom de tendrac pour le distinguer du premier. Ce tendrac n'est que de la grandeur d'un gros rat, il a le museau et les oreilles plus courtes que le tanrec : celui-là est couvert de piquants plus petits, mais aussi nombreux que ceux du hérisson ; le tendrac, au contraire, n'en a que sur la tête, le cou et le garrot ; le reste de son corps est couvert d'un poil rude assez semblable aux soies du cochon.

Ces petits animaux, qui ont les jambes très courtes, ne peuvent marcher que fort lentement ; ils grognent (a) comme les pourceaux, ils se vautrent comme eux dans la fange, ils aiment l'eau et y séjournent plus longtemps que sur terre ; on les prend dans les petits canaux d'eau salée (b) et dans les lagunes de la mer ; ils sont très ardents en amour et multiplient beaucoup (c) ; il se creusent des terriers, s'y retirent et s'engourdissent pendant plusieurs mois ; dans cet état de torpeur, leur poil tombe et il renaît après leur réveil ; ils sont ordinairement fort gras, et quoique leur chair soit fade, longue et mollasse, les Indiens la trouvent de leur goût, et en sont même fort friands.

(a) *Recueil des Voyages qui ont servi à l'établissement de la Compagnie des Indes de Hollande*, t. Ier, p. 412.

(b) *Relation de Fr. Cauche*. Paris, 1651, p. 127. — *Voyages de la Compagnie des Indes de Hollande*, p. 412.

(c) *Voyage à Madagascar*, par Flacourt. Paris, 1661, in-4º, p. 152.

LA GIRAFE [a]

La girafe (*) est un des premiers, des plus beaux, des plus grands animaux, et qui sans être nuisible est en même temps l'un des plus inutiles ; la disproportion énorme de ses jambes, dont celles de devant sont une fois plus longues que celles de derrière, fait obstacle à l'exercice de ses forces ; son corps n'a point d'assiette, sa démarche est vacillante, ses mouvements sont lents et contraints ; elle ne peut ni fuir ses ennemis dans l'état de liberté (**), ni servir ses maîtres dans celui de domesticité ; aussi l'espèce en est peu nombreuse et a toujours été confinée dans les déserts de l'Éthiopie et de quelques autres provinces de l'Afrique méridionale et des Indes (***). Comme ces contrées étaient inconnues des Grecs, Aristote ne fait aucune mention de cet animal ; mais Pline en parle, et Oppien (b) le décrit d'une manière qui n'est point équivoque. Le *camelopardalis*, dit cet auteur, a quelque ressemblance au chameau ; sa peau est *tigrée* comme celle de la panthère, et son cou est long comme celui du chameau ; il a la tête et les oreilles petites, les pieds larges, les jambes longues, mais de hauteur fort inégale ; celles de devant sont beaucoup plus élevées que celles de derrière, qui sont fort courtes et semblent ramener à terre la croupe de l'animal ; sur la tête près des oreilles il y a deux éminences semblables à deux petites cornes droites ;

(a) *Girafe*, mot dérivé de *girnaffa, siraphah, zurnaba*, nom de cet animal en langue arabe, et que les Européens ont adopté depuis plus. de deux siècles ; *camelopardalis* en grec et en latin. Pline donne l'étymologie de ce nom composé. « Camelorum, *dit-il*, aliqua simi-
» litudo in aliud transfertur animal : *Navun* Æthiopes vocant, collo similem equo, pedibus
» et cruribus bovi, camelo capite, albis maculis rutilum colorem distinguentibus, unde ap-
» pellata *camelopardalis*, dictatoris Cæsaris circensibus ludis primum visa Romæ. Ex eo
» subinde cernitur, aspectu magis quam feritate conspicua : quare etiam ovis feræ nomen
» invenit. » *Hist. nat.*, lib. viii, cap. xviii. — *Girafe*, que les Arabes nomment *zurnapa*, et que les Grecs et les Latins nomment *camelopardalis*. Belon, *Observ.*, feuill. 118, fig. *ibid.*, *verso*.

(b) Oppian., *de Venat.*, lib. iii.

(*) La Girafe (*Camelopardalis Girafa* Gmel.) est un Mammifère de l'ordre des Artiodactyles Ruminants, de la famille des Camélopardalidés qui ne comprend qu'un seul genre actuel.

(**) C'est une erreur, la Girafe a une course très rapide.

(***) Buffon se trompe, la Girafe n'existe pas dans l'Inde.

au reste, il a la bouche comme un cerf, les dents petites et blanches, les
yeux brillants, la queue courte et garnie de poils noirs à son extrémité. En
ajoutant à cette description d'Oppien celles d'Héliodore et de Strabon, l'on
aura déjà une idée assez juste de la girafe. Les ambassadeurs d'Éthiopie, dit
Héliodore, amenèrent un animal de la grandeur d'un chameau, dont la peau
était marquée de taches vives et de couleurs brillantes, et dont les parties
postérieures du corps étaient beaucoup trop basses, ou les parties antérieures beaucoup trop élevées; le cou était menu, quoique partant d'un
corps assez épais; la tête était semblable pour la forme à celle du chameau,
et pour la grandeur n'était guère que du double de celle de l'autruche, les
yeux paraissaient teints de différentes couleurs; la démarche de cet animal
était différente de celle de tous les autres quadrupèdes qui portent en marchant leurs pieds diagonalement, c'est-à-dire le pied droit de devant avec
le pied gauche de derrière; au lieu que la girafe marche l'amble naturellement en portant les deux pieds gauches ou les deux droits ensemble; c'est
un animal si doux qu'on peut le conduire partout où l'on veut avec une petite
corde passée autour de la tête (a). Il y a, dit Strabon, une grande bête en
Éthiopie qu'on appelle *camelopardalis*, quoiqu'elle ne ressemble en rien à
la panthère, car sa peau n'est pas marquée de même; les taches de la panthère sont orbiculaires, et celles de cet animal sont longues et à peu près
semblables à celles d'un faon ou jeune cerf qui a encore la livrée :
il a les parties postérieures du corps beaucoup plus basses que les antérieures, en sorte que vers la croupe il n'est pas plus haut qu'un bœuf, et
vers les épaules il a plus de hauteur que le chameau : à juger de sa légèreté
par cette disproportion, il ne doit pas courir avec bien de la vitesse; au
reste, c'est un animal doux qui ne fait aucun mal, et qui ne se nourrit que
d'herbes et de feuilles (b). Le premier des modernes qui ait ensuite donné
une bonne description de la girafe est Belon. « J'ai vu, dit-il, au château du
» Caire, l'animal qu'ils nomment vulgairement *zurnapa;* les Latins l'ont an-
» ciennement appelé *camelopardalis,* d'un nom composé de léopard et cha-
» meau, car il est bigarré des taches d'un léopard et a le cou long comme
» un chameau; c'est une bête moulte belle, de la plus douce nature qui soit,
» quasi comme une brebis, et autant aimable que nulle autre bête sauvage;
» elle a la tête presque semblable à celle d'un cerf, hormis la grandeur,
» mais portant de petites cornes mousses de six doigts de long, couvertes de
» poil; mais en tant où il y a distinction de mâle à la famelle, celles des mâles
» sont plus longues; mais, au demeurant, en tant le mâle que la femelle,
» ont les oreilles grandes comme d'une vache, la langue d'un bœuf et noire;
» n'ayant point de dents dessus la mâchelière, le cou long, droit et grêle, les
» crins déliés et ronds, les jambes grêles, hautes, et si basses par derrière

(a) Héliodore, lib. x.
(b) Strabon, lib. xvi et xvii.

» qu'elle semble être debout ; ses pieds sont semblables à ceux d'un bœuf ;
» sa queue lui va pendante jusque dessus les jarrets, ronde, ayant les poils
» plus gros trois fois que n'est celui d'un cheval ; elle est fort grêle au tra-
» vers du corps ; son poil est blanc et roux ; sa manière de fuir est semblable
» à celle d'un chameau ; quand elle court, les deux pieds de devant vont en-
» semble ; elle se couche le ventre contre terre et a une dureté à la poitrine
» et aux cuisses comme un chameau ; elle ne sauroit paître en terre étant
» debout sans élargir grandement les jambes de devant, encore est-ce avec
» grande difficulté, par quoi il est aisé à croire qu'elle ne vit aux champs,
» sinon des branches des arbres, ayant le cou tellement qu'elle pourroit
» arriver de la tête à la hauteur d'une demi-pique (a). »

La description de Gillius me paraît encore mieux faite que celle de Belon.
« J'ai vu (dit Gillius, chap. ix) trois girafes au Caire ; elles portent au-
» dessus du front deux cornes de six pouces de longueur, et au milieu du
» front un tubercule élevé d'environ deux pouces, et qui ressemble à une
» troisième corne ; cet animal a seize pieds de hauteur lorsqu'il lève la tête ;
» le cou seul a sept pieds, et il y a vingt-deux pieds depuis l'extrémité de
» la queue jusqu'au bout du nez ; les jambes de devant et de derrière sont
» à peu près d'égale hauteur, mais les cuisses du devant sont si longues en
» comparaison de celles de derrière que le dos de l'animal paraît être incliné
» comme un toit : tout le corps est marqué de grandes taches fauves, de
» figures à peu près carrées ;... il a le pied fourchu comme le bœuf, la lèvre
» supérieure plus avancée que l'inférieure, la queue menue avec du poil à
» l'extrémité ; il rumine comme le bœuf et mange comme lui de l'herbe ; il
» a une crinière comme le cheval, depuis le sommet de la tête jusque sur
» le dos ; lorsqu'il marche il semble qu'il boite non seulement des jambes,
» mais des flancs, à droite et à gauche alternativement ; et lorsqu'il veut
» paître ou boire à terre il faut qu'il écarte prodigieusement les jambes de
» devant. »

Gessner cite Belon pour avoir dit que les cornes tombent à la girafe comme
au daim (b). J'avoue que je n'ai pu trouver ce fait dans Belon ; on voit qu'il
dit seulement ici que les cornes de la girafe sont couvertes de poil ; et il
ne parle de cet animal que dans un autre endroit (c), à l'occasion du
daim *axis*, où il dit que « la girafe a le champ blanc et les taches phénicées,
» semées par-dessus, assez larges, mais non pas rousses comme l'axis. »
Cependant ce fait, que je n'ai trouvé nulle part, serait un des plus importants pour décider de la nature de la girafe ; car si ses cornes tombent tous
les ans, elle est du genre des cerfs, et, au contraire, si ses cornes sont permanentes, elle est de celui des bœufs ou des chèvres ; sans cette connais-

(a) *Observations de Belon*, feuill. 118, recto et verso.
(b) « Giraffis et Damis cornua cadunt : Belonius. » Gessner, *Hist. quad.*, p. 148.
(c) *Observations de Belon*, feuill. 120, recto.

sance précise (*) on ne peut pas assurer, comme l'ont fait nos nomenclateurs, que la girafe soit du genre des cerfs : et on ne saurait assez s'étonner
qu'Hasselquist, qui a donné nouvellement une très longue, mais très sèche
description de cet animal, n'en ait pas même indiqué la nature ; et qu'après
avoir entassé méthodiquement, c'est-à-dire en écolier, cent petits caractères
inutiles, il ne dise pas un mot de la substance des cornes, et nous laisse
ignorer si elles sont solides ou creuses, si elles tombent ou non, si ce
sont, en un mot, des bois ou des cornes. Je rapporte ici cette description
d'Hasselquist (a), non pas pour l'utilité, mais pour la singularité, et en même
temps pour engager les voyageurs à se servir de leurs lumières et à ne pas
renoncer à leurs yeux pour prendre la lunette des autres; il est nécessaire de les prémunir contre l'usage de pareilles méthodes, avec lesquelles
on se dispense de raisonner, et on se croit d'autant plus savant que l'on a
moins d'esprit. En sommes-nous en effet plus avancés après nous être en-
nuyés à lire cette énumération de petits caractères équivoques, inutiles? Et
les descriptions des anciens et des modernes que nous avons citées ci-dessus
ne donnent-elles pas de l'animal en question une image plus sensible et des
idées plus nettes? C'est aux figures à suppléer à tous ces petits caractères, et le discours doit être réservé pour les grands : un seul coup d'œil
sur une figure en apprendait plus qu'une pareille description, qui devient
d'autant moins claire qu'elle est plus minutieuse, surtout n'étant point accompagnée de la figure, qui seule peut soutenir l'idée principale de l'objet au

(a) « *Cervus camelopardalis.* Caput proeminens, labium superius crassum, inferius tenue,
» nares oblongæ, amplæ, pili rigidi, sparsi in utroque labio anterius et ad latera. Supercilia
» rigida, distinctissima, serie una composita. Oculi ad latera capitis, vertici quam rostro, ut
» et fronti quam collo propiores. Dentes, lingua, cornua simplicissima, cylindrica, brevis-
» sima, basi crassa in vertice capitis sita, pilosa, basi pilis longissimis rigidis tecta, apice
» pilis longioribus erectis rigidissimis, apicem longitudine superantibus cincta. Apex cor-
» nuum in medio horum pilorum obtusus nudus. Eminentia in fronte, infra cornua, inferius
» oblonga humilior, superius elevatior, subrotunda, postice parum depressa, inæqualis. Au-
» ricula ad latera capitis infra cornua pone illa posita. Collum erectum, compressum, longis-
» simum, versus caput augustissimum, inferius latiusculum. Crura cylindrica anterioribus
» plus quam dimidio longioribus. Tuberculum crassum, durum in genuflexum. Ungues,
» bisulci, ungulati. Pili brevissimi universum corpus, caput et pedes tegunt. Linea pilis ri-
» gibis longioribus per dorsum a capite ad caudam extensa. Cauda teres, lumborum dimidia
» longitudine, non jubata. Color totius corporis, capitis ad pedum, ex maculis fuscis et fer-
» rugineis variegatum. Maculæ palmari latitudine, figurâ irregulari, in vivo animali ex luci-
» diori et obscuriore variantes. Magnitudo cameli minoris, longitudo totius a labio superiore
» ad finem dorsi spith. 24. Longitudo capitis spith. 4; colli spith. 9 ad 10; pedum anter.
» spith. 11 ad 13, poster. spith. 7 ad 8 ; longit. cornuum vix spithamalis. Spatium inter cor-
» nua spith. $\frac{1}{2}$; longit. pilorum in dorso poll. 3 ; latitud. capitis juxta tuberculum vel emi-
» nentiam spith. $\frac{1}{2}$, prope maxillam spith. 1, colli utrinque prope caput spith. 1, in medio
» spith. 1 $\frac{1}{2}$, ad basin spith. 2 ad 3. Lat. abd. anterius spith. 4, poster. spith. 6 ad 7. Crassities
» pellis ut corii servi vulgaris..... Descriptio antecedens juxta pellem animalis farctam ; ani-
» mal vero nundum vidi. » *Voyage d'Hasselquist.* Rostock, 1762.

(*) Les cornes de la Girafe sont permanentes.

milieu de tous ces traits variables et de toutes ces petites images qui servent plutôt à l'obscurcir qu'à le représenter.

On nous a envoyé cette année (1764) à l'Académie des sciences un dessin et une notice de la girafe, par laquelle on assure que cet animal, que l'on croyait particulier à l'Éthiopie (a), se trouve aussi dans les terres voisines du cap de Bonne-Espérance ; nous eussions bien désiré que le dessin eût été un peu mieux tracé, mais ce n'est qu'un croquis informe et dont on ne peut faire aucun usage ; à l'égard de la notice, comme elle contient une espèce de description, nous avons cru devoir la copier ici.

« Dans un voyage que l'on fit en 1762, à deux cents lieues dans les terres
» au nord du cap de Bonne-Espérance, on trouva le camelopardalis, dont
» le dessin est ci-joint ; il a le corps ressemblant à un bœuf, et la tête et le
» cou ressemblent au cheval. Tous ceux qu'on a rencontrés sont blancs
» avec des taches brunes. Il a deux cornes d'un pied de long sur la tête, et
» a les pattes fendues. Les deux qu'on a tués, et dont la peau a été envoyée
» en Europe, ont été mesurés comme suit : la longueur de la tête, un pied
» huit pouces ; la hauteur, depuis l'extrémité du pied de devant jusqu'au
» garrot, dix pieds ; et depuis le garrot jusqu'au-dessus de la tête, sept
» pieds, en tout dix-sept pieds de hauteur ; la longueur depuis le garrot
» jusqu'aux reins est de cinq pieds six pouces ; celle depuis les reins jus-
» qu'à la queue, d'un pied six pouces : ainsi la longueur du corps entier est
» de sept pieds ; la hauteur, depuis les pieds de derrière jusqu'aux reins, est
» de huit pieds cinq pouces. Il ne paraît pas que cet animal puisse être
» de quelque service, vu la disproportion de sa hauteur et de sa longueur ;
» il se nourrit de feuilles des plus hauts arbres ; et quand il veut boire ou
» prendre quelque chose à terre, il faut qu'il se mette à genou. »

En recherchant dans les voyageurs ce qu'ils ont dit de la girafe, je les ai trouvés assez d'accord entre eux ; ils conviennent tous qu'elle peut atteindre avec sa tête à seize ou dix-sept pieds (b) de hauteur étant dans sa situation naturelle, c'est-à-dire posée sur ses quatre pieds, et que les jambes du devant sont une fois plus hautes que celles de derrière, en sorte que quand

(a) La girafe ne se trouve point ailleurs qu'en Éthiopie. J'en ai vu deux dans le palais du roi qu'on y avait apprivoisées. J'observai que lorsqu'elles voulaient boire, et qu'on leur présentait de l'eau ou du lait, pour y atteindre il fallait qu'elles écartassent les jambes ; autrement, comme ces bêtes sont trop hautes de devant, elles ne pourraient boire, quoiqu'elles aient le cou fort long. J'ai observé de mes yeux ce que je rapporte ici. *Relation de Thévenot*, p. 10 de la *Description des animaux*, etc., *de Cosmas le solitaire*.

(b) Prosper Alpin est le seul qui semble donner une autre idée de la grandeur de cet animal en le comparant à un petit cheval. « Anno 1581, Alexandriæ vidimus cameloparda-
» lem quem Arabes zurnap et nostri giraffam appellant ; hæc equum parvum elegantissi-
» mumque representare videtur, » p. 236. Il y a toute apparence que cette girafe vue par Prosper Alpin, était fort jeune et n'avait pas encore acquis à beaucoup près tout son accroissement : il en est de même de celle dont Hasselquist a décrit la peau, et qu'il compare pour la grandeur à un petit chameau.

elle est assise sur sa croupe, il semble qu'elle soit entièrement debout (*a*); ils conviennent aussi qu'à cause de cette disproportion elle ne peut pas courir vite; qu'elle est d'un naturel très doux, et que par cette qualité aussi bien que par toutes les autres habitudes physiques, et même par la forme du corps, elle approche plus de la figure et de la nature du chameau que de celle d'aucun autre animal, qu'elle est du nombre des ruminants, et qu'elle manque comme eux de dents incisives à la mâchoire supérieure; et l'on voit par le témoignage de quelques-uns qu'elle se trouve dans les parties méridionales de l'Afrique (*b*) aussi bien que dans celles de l'Asie.

Il est bien clair, par tout ce que nous venons d'exposer, que la girafe est d'une espèce unique et très différente de toute autre; mais si on voulait la rapprocher de quelque autre animal, ce serait plutôt du chameau que du cerf ou du bœuf : il est vrai qu'elle a deux petites cornes et que le chameau n'en a point; mais elle a tant d'autres ressemblances avec cet animal, que je ne suis pas surpris que quelques voyageurs lui aient donné le nom de *chameau des Indes*. D'ailleurs, l'on ignore de quelle substance sont les cornes de la girafe (*), et par conséquent si par cette partie elle approche plus des cerfs que des bœufs, et peut-être ne sont-elles ni du bois comme celles des cerfs, ni des cornes creuses comme celles des bœufs ou des chèvres. Qui sait si elles ne sont pas composées de poils réunis comme celles des rhinocéros, ou si elles ne sont pas d'une substance et d'une texture particulière? Il m'a paru que ce qui avait induit les nomenclateurs à mettre la girafe dans le genre des cerfs, c'est 1° le prétendu passage de Belon, cité par Gessner (*c*), qui serait en effet décisif s'il était réel; 2° il me semble que

(*a*) La girafe a les pieds de devant de moitié plus hauts que ceux de derrière, puis portant le corps grêle, droit et long ; cela la rend fort haut élevée ; elle a la tête presque semblable à celle du cerf, sinon que ses petites cornes mousses n'ont que demi-pied de long ; ses oreilles sont grandes comme celles d'une vache, et n'a point de dents au-dessus de la mâchelière; ses crins sont ronds et déliés, ses jambes grêles et semblables à celles d'un cerf et les pieds à ceux d'un taureau ; elle a le corps fort grêle, et la couleur de son poil ressemble à celui d'un loup-cervier; du reste sa manière de faire est fort semblable à celle du chameau. *Voyage de Villamont*, Lyon, 1620, p. 688. — J'ai vu deux girafes au château du Caire; elles ont le cou plus grand que le chameau ; deux cornes de demi-pied sur la tête, une petite au front ; les deux jambes de devant grandes et hautes, et les deux de derrière courtes. *Cosmographie du Levant*, par Thevet. Lyon, 1554, p. 142.

(*b*) Dans l'île de Zanzibar, aux environs de Madagascar, il y a une certaine espèce de bête qu'ils appellent *grafe* ou *girafe*, qui a le cou fort, long comme une toise et demie, de laquelle les jambes de devant sont beaucoup plus longues que celles de derrière; elle a petite tête et de diverses couleurs, ainsi que le corps : cette bête est fort douce et privée, ne faisant mal à personne. *Description des Indes orientales*, par Marc Paul. Paris, 1556, liv. iii. p. 116. — « Giraffa animal adeo sylvaticum ut raro videri possit..... homines videns in fugam fertur » tametsi non sit multæ velocitatis. » Leon. Afric. *Desc. Afr.*, vol. II, p. 745.

(*c*) Gessner, *Hist. quad.*, p. 148, *lineâ antepenultimâ*.

(*) Les cornes de la Girafe sont de nature osseuse, revêtues d'une peau velue et surmontées d'une touffe de poils; elles existent chez les deux sexes; le mâle porte, en outre, au milieu du front, une protubérance plus courte.

l'on a mal interprété les auteurs ou mal entendu les voyageurs lorsqu'ils ont parlé du poil de ces cornes ; l'on a cru qu'ils avaient voulu dire que les cornes de la girafe étaient velues comme le refait des cerfs, et de là on a conclu qu'elles étaient de même nature ; mais l'on voit, au contraire, par les notes citées ci-dessus, que ces cornes de la girafe sont seulement environnées et surmontées de grands poils rudes, et non pas revêtues d'un duvet ou d'un velours, comme le refait du cerf ; et c'est ce qui pourrait porter à croire qu'elles sont composées de poils réunis à peu près comme celles du rhinocéros ; leur extrémité, qui est mousse, favorise encore cette idée. Et si l'on fait attention que dans tous les animaux qui portent des bois au lieu de cornes, tels que les élans, les rennes, les cerfs, les daims et les chevreuils, ces bois sont toujours divisés en branches ou andouillers, et qu'au contraire les cornes de la girafe sont simples et n'ont qu'une seule tige, on se persuadera aisément qu'elles ne sont pas de même nature, sans quoi l'analogie serait ici entièrement violée. Le tubercule au milieu de la tête, qui, selon les voyageurs, paraît faire une troisième corne, vient encore à l'appui de cette opinion ; les deux autres, qui ne sont pas pointues, mais mousses à leur extrémité, ne sont peut-être que des tubercules semblables au premier, et seulement plus élevés ; les femelles, disent tous les voyageurs, ont des cornes comme les mâles, mais un peu plus petites : si la girafe était en effet du genre des cerfs, l'analogie se démentirait encore ici, car de tous les animaux de ce genre, il n'y a que la femelle du renne qui ait un bois, toutes les autres femelles en sont dénuées, et nous en avons donné la raison. D'autre côté, comme la girafe, à cause de l'excessive hauteur de ses jambes, ne peut paître l'herbe qu'avec peine et difficulté, qu'elle se nourrit principalement et presque uniquement de feuilles et de boutons d'arbres, l'on doit présumer que les cornes, qui sont le résidu le plus apparent du superflu de la nourriture organique, tiennent de la nature de cette nourriture, et sont par conséquent d'une substance analogue au bois, et semblable à celle du bois de cerf. Le temps confirmera l'une ou l'autre de ces conjectures. Un mot de plus dans la description d'Hasselquist, si minutieuse d'ailleurs, aurait fixé ces doutes et déterminé nettement le genre de cet animal. Mais des écoliers qui n'ont que la gamme de leur maître dans la tête, ou plutôt dans leur poche, ne peuvent manquer de faire des fautes, des bévues, des omissions essentielles, parce qu'ils renoncent à l'esprit qui doit guider tout observateur, et qu'ils ne voient que par une méthode arbitraire et fautive, qui ne sert qu'à les empêcher de réfléchir sur la nature et les rapports des objets qu'ils rencontrent, et desquels ils ne font que calquer la description sur un mauvais modèle. Comme dans le réel tout est différent l'un de l'autre, tout doit aussi être traité différemment ; un seul grand caractère, bien saisi, décide quelquefois, et souvent fait plus pour la connaissance de la chose que mille autres petits indices ; dès qu'ils sont en

grand nombre, ils deviennent néessairement équivoques et communs; et
dès lors ils sont au moins superflus s'ils ne sont pas nuisibles à la connaissance réelle de la nature, qui se joue des formules, échappe à toute méthode,
et ne peut être aperçue que par la vue immédiate de l'esprit, ni jamais
saisie que par le coup d'œil du génie.

LE LAMA (*a*) ET LE PACO (*b*)

Il y a exemple dans toutes les langues qu'on donne quelquefois au même
animal deux noms différents, dont l'un se rapporte à son état de liberté, et
l'autre à celui de domesticité : le sanglier et le cochon ne font qu'un animal,
et ces deux noms ne sont pas relatifs à la différence de la nature, mais
à celle de la condition de cette espèce (*), dont une partie est sous l'empire
de l'homme, et l'autre indépendante. Il en est de même des lamas (**) et des
pacos, qui étaient les seuls animaux domestiques (*c*) des anciens Américains. Ces noms sont ceux de leur état de domesticité ; le lama sauvage s'appelle *huanacus* ou *guanaco*, et le paco sauvage *vicunna* ou *vigogne* (***).
J'ai cru cette remarque nécessaire pour éviter la confusion des noms. Ces
animaux ne se trouvent pas dans l'ancien continent, mais appartiennent
uniquement au nouveau ; ils affectent même de certaines terres hors de
l'étendue desquelles on ne les trouve plus : ils paraissent attachés à la
chaîne des montagnes qui s'étend depuis la Nouvelle-Espagne jusqu'aux
terres Magellaniques ; ils habitent les régions les plus élevées du globe terrestre, et semblent avoir besoin pour vivre de respirer un air plus vif et plus
léger que celui de nos plus hautes montagnes.

Il est assez singulier que, quoique le lama et le paco soient domestiques au
Pérou, au Mexique, au Chili, comme les chevaux le sont en Europe ou les

(*a*) *Lama. Lhama, Glama*, nom que les Espagnols ont donné à cet animal du nouveau
monde, et que nous avons adopté.

(*b*) *Paco, Pacos*, nom de cet animal dans son pays natal, au Pérou, et que nous avons
adopté ; on l'appelle aussi *Vigogne*, mot dérivé de *Vicuna*, autre nom de cet animal dans le
même pays.

(*c*) Avant l'arrivée des Espagnols, les Indiens du Pérou ne connaissaient d'animaux
domestiques que les pacos et les huanacus ; mais ils tiraient parti des sauvages, qui étaient
en plus grand nombre, par de grandes chasses. *Histoire des Incas*, p, 265.

(*) Ce que dit ici Buffon n'est qu'en partie vrai ; certains animaux domestiques se sont
tellement modifiés qu'il est fort difficile de déterminer l'espèce sauvage de laquelle ils proviennent et qu'on peut, à juste titre, les considérer comme constituant une espèce véritable.

(**) Les Lamas (*Auchenia* ILL.) sont des Mammifères de l'ordre des Artiodactyles Ruminants, voisins des chameaux. L'espèce de Lama décrite ici par Buffon est l'*Auchenia
Glama* L.; le Paco est l'A. *Alpaca* GMEL.

(***) La Vivogne est une espèce d'*Auchenia*, l'A. *Vicugna* GMEL.

chameaux en Arabie, nous les connaissions à peine, et que depuis plus de deux siècles que les Espagnols règnent dans ces vastes contrées, aucun de leurs auteurs ne nous ait donné l'histoire détaillée et la description exacte de ces animaux, dont on se sert tous les jours : ils prétendent, à la vérité, qu'on ne peut les transporter en Europe, ni même les descendre de leurs hauteurs sans les perdre, ou du moins sans risquer de les voir périr au bout d'un petit temps ; mais à Quito, à Lima, et dans beaucoup d'autres villes où il y a des gens lettrés, on aurait pu les dessiner, décrire et disséquer. Herrera (a) dit peu de chose de ces animaux ; Garcilasso (b) n'en parle que d'après les autres ; Acosta et Grégoire de Bolivar sont ceux qui ont rassemblé le plus de faits sur l'utilité et les services qu'on tire des lamas, et sur leur naturel ; mais on ignore encore comment ils sont conformés intérieurement, combien de temps ils portent leurs petits ; l'on ignore si ces deux espèces sont absolument séparées l'une de l'autre, si elles ne peuvent se mêler, s'il n'y a point entre elles de races intermédiaires, et beaucoup d'autres faits qui seraient nécessaires pour rendre leur histoire complète.

Quoiqu'on prétende qu'ils périssent lorsqu'on les éloigne de leur pays natal, il est pourtant certain que dans les premiers temps après la conquête du Pérou, et même encore longtemps après, l'on a transporté quelques lamas en Europe. L'animal dont Gessner parle, sous le nom d'*allocamelus,* et dont il donne la figure, est un lama qui fut amené vivant du Pérou en Hollande en 1558 (c) ; c'est le même dont Matthiole (d) fait mention sous le nom d'*ela-*

(a) On trouve, dans les montagnes du Pérou, une espèce de chameau dont ils se servent de la laine pour faire des accoutrements. *Description des Indes occidentales,* par Herrera. Amsterdam, 1622, p. 244.

(b) Le P. Blas Vallera dit que le bétail du Pérou est si doux que les enfants en font ce qu'ils veulent ; il y en a des grands et des petits ; les huanacus privés (*lamas*) sont de différents poils, et les sauvages sont tous bai bruns : ces animaux sont de la hauteur des cerfs et ressemblent aux chameaux, excepté qu'ils n'ont point de bosse ; leur cou est long et poli..... Le même bétail, qu'ils appellent *pacolama* (paco), n'est pas à beaucoup près tant estimé..... Ces pacos, plus petits que les autres, ressemblent aux viennas sauvages, et sont forts délicats ; ils ont peu de chair et peu de laine extrêmement fine. Cet animal sert de plusieurs façons à la médecine, aussi bien que beaucoup d'autres animaux de ce pays, comme le remarque le P. Acosta. *Histoire des Incas*, t. II, p. 260 jusqu'à 266.

(c) « Allocamelus *Scaligeri* apparet esse hoc ipsum animal cujus figuram proponimus ex » chartâ quâdam typis impressâ mutuati cum hac descriptione. Anno Domini 1558, junii » die 19, animal hoc mirabile Mittelburgum Selandiæ advectum est, antehac a principus » Germaniæ nunquam visum, nec a Plinio aut antiquis aliis scriptoribus commemoratum. » Ovem indicam esse dicebant è Piro (forte Peru) regione, sexies mille milliaribus ferè » Antuerpio distante. Altitudo ejus erat pedum sex, longitudo quinque : collum cigneo colore » candidissimum. Corpus (reliquum) rufum vel puniceum. Pedes ceu struthocameli, cujus » instar urinam quoque retrò redit hoc animal (erat autem mas annorum ætatis quatuor). » Gessner, *Hist. quadr.*, p. 149 et 150.

(d) « Longitudo totius corporis a cervice ad caudam 6 pedum erat : altitudo a dorso ad » pedis plantam 4 tantum. Capite, collo, ore, superioris præsertim labii scissurâ ac genitali » camelum fere refert ; at caput oblongius est : aures habet cervinas, oculos bubulos, quin » etiam ut ille anterioribus dentibus in superiore maxillâ caret, sed molares utrinque habet ; » ruminat ; dorso est sensim prominente, scapulis prope collum depressis, lateribus tumidis.

phocamelus, et la description qu'il en donne est faite avec soin. On a transporté plus d'une fois des vigognes, et peut-être aussi des lamas en Espagne pour tâcher de les y naturaliser (*a*) : on devrait donc être mieux instruit qu'on ne l'est sur la nature de ces animaux, qui pourraient nous devenir utiles ; car il est probable qu'ils réussiraient aussi bien sur nos Pyrénées et sur nos Alpes (*b*), que sur les Cordillères.

Le Pérou, selon Grégoire de Bolivar, est le pays natal, la vraie patrie des lamas : on les conduit, à la vérité, dans d'autres provinces, comme à la Nouvelle-Espagne, mais c'est plutôt pour la curiosité que pour l'utilité ; au lieu que dans toute l'étendue du Pérou, depuis Potosi jusqu'à Caracas, ces animaux sont en très grand nombre ; ils sont aussi de la plus grande nécessité ; ils font seuls toute la richesse des Indiens et contribuent beaucoup à celle des Espagnols. Leur chair est bonne à manger ; leur poil est une laine fine d'un excellent usage, et pendant toute leur vie ils servent constamment à transporter toutes les denrées du pays ; leur charge ordinaire est de cent cinquante livres, et les plus forts en portent jusqu'à deux cent cinquante ; ils font des voyages assez longs dans des pays impraticables pour tous les autres animaux ; ils marchent assez lentement, et ne font que quatre ou cinq lieues par jour ; leur démarche est grave et ferme, leur pas assuré ; ils descendent des ravines précipitées et surmontent des rochers escarpés, où les hommes mêmes ne peuvent les accompagner ; ordinairement ils marchent quatre ou cinq jours de suite, après quoi ils veulent du repos, et prennent d'eux-mêmes un séjour de vingt-quatre ou trente heures avant de se remettre en marche. On les occupe beaucoup au transport des riches matières que l'on tire des mines du Potosi : Bolivar dit que de son temps on employait à ce travail trois cent mille de ces animaux.

Leur accroissement est assez prompt et leur vie n'est pas bien longue ; ils sont en état de produire à trois ans, en pleine vigueur jusqu'à douze, et ils commencent ensuite à dépérir, en sorte qu'à quinze ils sont entièrement usés : leur naturel paraît être modelé sur celui des Américains ; ils sont doux et flegmatiques, et font tout avec poids et mesure : lorsqu'ils voyagent

» ventre lato, clunibus altioribus et caudâ brevi spithamæ fere longitudine ; quibus omnibus » cervum fere refert, quemadmodum etiam cruribus præsertium posterioribus ; pedes illi » bisulci sunt, diducta anteriori parte divisura. Ungues habet acuminatos qui circa pedis » ambitum in cutem crassam abeunt, nam pedis plantu, non ungue sed cute, ut in multi- » fidis et ipso camelo contegitur : retromingit hoc animal ut camelus et testes substrictos » habet : pectore est amplo sub quo ubi thorax ventri connectitur, extuberat globus ut in » comelo, vomicæ similis e quo nescio quid excrementi sensim manare videtur. » P. And. Matthioli, *Epist.*, lib. v.

(*a*) Le roi d'Espagne ordonna qu'on transportât des vigognes en Espagne, afin de les faire peupler sur les lieux ; mais ce climat se trouva si peu propre à ces animaux, qu'ils y moururent tous. *Hist. des aventur. flibust.*, par Œxmelin, t. II, p. 367.

(*b*) Il n'y a point d'animal qui marche aussi sûrement que le lama dans les rochers, parce qu'il s'accroche par une espèce d'éperon qu'il a naturellement au pied. *Voyage de Coréal*, t. Ier, p. 352.

et qu'ils veulent s'arrêter pour quelques instants ils plient les genoux avec la plus grande précaution, et baissent le corps en proportion afin d'empêcher leur charge de tomber ou de se déranger, et dès qu'ils entendent le coup de sifflet de leur conducteur ils se relèvent avec les mêmes précautions et se remettent en marche ; ils broutent chemin faisant et partout ils trouvent de l'herbe, mais jamais ils ne mangent la nuit, quand même ils auraient jeûné pendant le jour, ils emploient ce temps à ruminer ; ils dorment appuyés sur la poitrine, les pieds repliés sous le ventre, et ruminent ainsi dans cette situation. Lorsqu'on les excède de travail et qu'ils succombent une fois sous le faix, il n'y a nul moyen de les faire relever, on les frappe inutilement ; la dernière ressource pour les aiguillonner est de leur serrer les testicules, et souvent cela est inutile ; ils s'obstinent à demeurer au lieu même où ils sont tombés, et si l'on continue de les maltraiter ils se désespèrent et se tuent, en battant la terre à droite et à gauche avec leur tête. Ils ne se défendent ni des pieds ni des dents, et n'ont pour ainsi dire d'autres armes que celles de l'indignation ; ils crachent à la face de ceux qui les insultent, et l'on prétend que cette salive qu'ils lancent dans la colère est âcre et mordicante au point de faire lever des ampoules sur la peau.

Le lama est haut d'environ quatre pieds, et son corps, y compris le cou et la tête, en a cinq ou six de longueur ; le cou seul a près de trois pieds de long. Cet animal a la tête bien faite, les yeux grands, le museau un peu allongé, les lèvres épaisses, la supérieure fendue et l'inférieure un peu pendante ; il manque de dents incisives et canines à la mâchoire supérieure (*). Les oreilles sont longues de quatre pouces ; il les porte en avant, les dresse et les remue avec facilité. La queue n'a guère que huit pouces de long ; elle est droite, menue et un peu relevée. Les pieds sont fourchus comme ceux du bœuf, mais ils sont surmontés d'un éperon en arrière, qui aide à l'animal à se retenir et à s'accrocher dans les pas difficiles : il est couvert d'une laine courte sur le dos, la croupe et la queue, mais fort longue sur les flancs et sous le ventre ; du reste, les lamas varient par les couleurs ; il y en a de blancs, de noirs et de mêlés (a). Leur fiente ressemble à celle des chèvres ; le

(a) Les lamas ont la tête petite à proportion du corps, semblable en quelque chose à celle du cheval et du mouton ; la lèvre supérieure, comme celle du lièvre, est fendue au milieu ; par là, ils crachent à dix pas loin contre ceux qui les inquiètent, et si ce crachat tombe sur le visage, il fait une tache roussâtre où se forme souvent une gale : ils ont le cou long, courbé en bas comme les chameaux à la naissance du corps, et ils leur ressembleraient assez bien s'ils avaient une bosse sur le dos : leur hauteur est d'environ quatre pieds et demi ; ils marchent la tête levée et d'un pas si réglé, que les coups même ne peuvent les hâter ; ils ne veulent point marcher la nuit avec leurs charges, on les débarrasse tous les soirs de leurs fardeaux pour les laisser paître ; ils mangent peu, et on ne leur donne jamais à boire ; ils ont le pied fourchu comme les moutons, et un éperon au-dessus qui leur rend le pied sûr dans les rochers : leur laine a une odeur forte, elle est longue, blanche, grise et rousse par taches, et assez belle, quoique beaucoup inférieure à celle des vigognes. *Voyage de Frézier*, p. 138.

(*) C'est une erreur ; ils ont des canines et des incisives aux deux mâchoires.

mâle a le membre génital menu et recourbé, en sorte qu'il pisse en arrière. C'est un animal très lascif (*a*), et qui cependant a beaucoup de peine à s'accoupler. La femelle a l'orifice des parties de la génération très petit ; elle se prosterne pour attendre le mâle et l'invite par ses soupirs ; mais il se passe toujours plusieurs heures et quelquefois un jour entier avant qu'ils puissent jouir l'un de l'autre, et tout ce temps se passe à gémir, à gronder, et surtout à se conspuer ; et comme ces longs préludes les fatiguent plus que la chose même, on leur prête la main pour abréger et on les aide à s'arranger. Ils ne produisent ordinairement qu'un petit et très rarement deux. La mère n'a aussi que deux mamelles, et le petit la suit au moment qu'il est né. La chair des jeunes est très bonne à manger, celle des vieux est sèche et trop dure ; en général, celle des lamas domestiques est bien meilleure que celle des sauvages, et leur laine est aussi beaucoup plus douce. Leur peau est assez ferme ; les Indiens en faisaient leur chaussure, et les Espagnols l'emploient pour faire des harnais.

Ces animaux, si utiles et même si nécessaires dans le pays qu'ils habitent, ne coûtent ni entretien ni nourriture ; comme ils ont le pied fourchu il n'est pas nécessaire de les ferrer ; la laine épaisse dont ils sont couverts dispense de les bâter ; ils n'ont besoin ni de grain, ni d'avoine, ni de foin ; l'herbe verte qu'ils broutent eux-mêmes leur suffit, et ils n'en prennent qu'une petite quantité (*b*) ; ils sont encore plus sobres sur la boisson : ils s'abreuvent de leur salive qui, dans cet animal, est plus abondante que dans aucun autre.

(*a*) « Salacissimum hoc esse animal id mihi conjecturam facit, quod cùm sui generis
» femellis sit destitutum, magnâ cum prurigine capris se commisceat, non tamen erectis ut
» aliàs capræ hirco ascendente solent sed humi ventre accubantibus, ita cogente animali
» anterioribus cruribus. Itaque super ascendens coit, non autem aversis clunibus. Adeo
» venere, vernali autumnalique tempore, stimulatur hoc animal ut illud viderim humile
» quoddam præsepium avenâ refertum conscendisse, genitaleque illi magno cum murmure
» tamdiu confricasse quo usque semen redderet, plurimis unâ horâ replicatis vicibus. Non
» tamen concepere capræ hujusce animalis semine refertæ. » Matthiol. *Epist.*, lib. v.

(*b*) La peau des huanacus est dure : les Indiens la préparaient avec du suif pour l'adoucir, et en faisaient les semelles de leurs souliers ; mais comme ce cuir n'était point corroyé, ils se déchaussaient en temps de pluie. Les Espagnols en font de beaux harnais de cheval ; ils emploient ces animaux, comme faisaient les Indiens, pour le transport de leurs marchandises. Leur voyage le plus ordinaire est depuis Cozer jusqu'à Potosi, d'où l'on compte environ deux cents lieues, et leur journée de trois lieues, car ils vont lentement, et si on les fait aller plus vite que leur pas ordinaire, ils se laissent tomber, sans qu'il soit possible de les faire relever, même en leur ôtant leur charge, de façon qu'on les écorche sur la place... Quand ils marchent en portant des marchandises, ils vont par troupes, et l'on en laisse toujours quarante ou cinquante à vide, afin de les charger d'abord qu'on s'aperçoit qu'il y en a quelques-uns de fatigués... La chair de cet animal est parfaite, car elle est saine et de bon goût, surtout celle des jeunes de quatre ou cinq mois d'âge... Quoique ces animaux soient en grand nombre, il n'en coûte presque rien à leur maître pour leur nourriture ou pour l'entretien de leur équipage, car, après la journée, on leur ôte leur charge pour les laisser paître dans la campagne ; il n'est pas nécessaire de les ferrer, car ils ont le pied fourchu, ni de les bâter, car ils ont suffisamment de laine pour n'être pas incommodés de leur charge que le voiturier prend soin de placer de façon qu'elle ne porte pas sur l'épine

Le huanacus ou lama dans l'état de nature est plus fort, plus vif et plus léger que le lama domestique; il court comme un cerf et grimpe comme le chamois sur les rochers les plus escarpés; sa laine est moins longue et toute de couleur fauve. Quoiqu'en pleine liberté, ces animaux se rassemblent en troupes, et sont quelquefois deux ou trois cents ensemble; lorsqu'ils aperçoivent quelqu'un, ils regardent avec étonnement sans marquer d'abord ni crainte ni plaisir; ensuite ils soufflent des narines et hennissent à peu près comme les chevaux, et enfin ils prennent la fuite tous ensemble vers le sommet des montagnes; ils cherchent de préférence le côté du nord et la région froide; ils grimpent et séjournent souvent au-dessus de la ligne de neige : voyageant dans les glaces et couverts de frimas ils se portent mieux que dans la région tempérée; autant ils sont nombreux et vigoureux dans les Sierras, qui sont les parties élevées des Cordillères, autant ils sont rares et chétifs dans les Lanos qui sont au-dessous. On chasse ces lamas sauvages pour en avoir la toison; les chiens ont beaucoup de peine à les suivre; et si on leur donne le temps de gagner leurs rochers, le chasseur et les chiens sont contraints de les abandonner. Ils paraissent craindre la pesanteur de l'air autant que la chaleur; on ne les trouve jamais dans les terres basses; et comme la chaîne des Cordillères, qui est élevée de plus de trois mille toises au-dessus du niveau de la mer au Pérou, se soutient à peu près à cette même élévation au Chili et jusqu'aux terres Magellaniques, on y trouve des huanacus ou lamas sauvages en grand nombre (a), au lieu que du côté de la Nouvelle-Espagne, où cette chaîne de montagnes se rabaisse considérablement, on n'en trouve plus, et l'on n'y voit que les lamas domestiques qu'on prend la peine d'y conduire.

Les pacos ou vigognes sont aux lamas une espèce succursale, à peu près comme l'âne l'est au cheval; ils sont plus petits et moins propres au service, mais plus utiles par leur dépouille; la longue et fine laine dont ils sont couverts est une marchandise de luxe aussi chère, aussi précieuse que la soie : les pacos que l'on appelle aussi *alpaques*, et qui sont les vigognes domes-

du dos, ce qui les ferait mourir... Ceux qui les conduisent campent sous des tentes sans entrer dans les villes, pour les laisser pâturer; ils sont quatre mois entiers pour faire le voyage de Cozer à Potosi, deux pour aller et deux pour revenir... Les meilleurs lamas se vendent à Cozer dix-huit ducas chacun, et les ordinaires douze ou treize ducats. La chair des huanacus sauvages est bonne, mais cependant elle est inférieure à celle des domestiques. *Histoire des Incas*, t. II, p. 260 et suiv.

(a) Dans les terres du Port-Désiré, à quelque distance du détroit de Magellan, il y avait bon nombre de ces bêtes sauvages ou brebis sauvages, que les Espagnols appellent *wianaques*... Quoiqu'elles fussent bien alertes et fort craintives, nous en tuâmes sept pendant notre séjour, et l'on peut dire que leur laine est la plus fine qu'il y ait au monde. Elles vont par troupes de six ou sept cents, et, dès qu'elles aperçoivent quelqu'un, elles ronflent avec leurs narines et hennissent comme des chevaux. *Voyage de Wood. Suite des voyages de Dampier*, t. V, p. 181. — On voit au Tucuman, province voisine du Pérou, de grosses brebis qui servent de bêtes de somme, et dont la laine est presque aussi fine que de la soie. *Voyage de Woodes Rogers*, t. II, p. 65.

tiques, sont souvent toutes noires et quelquefois d'un brun mêlé de fauve.
Les vigognes ou pacos sauvages sont de couleur de rose sèche, et cette couleur naturelle est si fixe qu'elle ne s'altère point sous la main de l'ouvrier :
on fait de très beaux gants, de très bons bas avec cette laine de vigogne ;
l'on en fait d'excellentes couvertures et des tapis d'un très grand prix. Cette
denrée seule forme une branche dans le commerce des Indes espagnoles : le
castor du Canada, la brebis de Calmouquie, la chèvre de Syrie, ne fournissent pas un plus beau poil ; celui de la vigogne est aussi cher que la soie.
Cet animal a beaucoup de choses communes avec le lama ; il est du même
pays, et comme lui il en est exclusivement, car on ne le trouve nulle part
ailleurs que sur les Cordillères ; il a aussi le même naturel et à peu près les
mêmes mœurs, le même tempérament. Cependant comme sa laine est beaucoup plus longue et plus touffue que celle du lama, il paraît craindre encore
moins le froid ; il se tient plus volontiers dans la neige, sur les glaces et dans
les contrées les plus froides ; on le trouve en grande quantité dans les terres
Magellaniques (a).

Les vigognes ressemblent aussi, par la figure, aux lamas, mais elles sont
plus petites, leurs jambes sont plus courtes et leur mufle plus ramassé ;
elles ont la laine de couleur de rose sèche un peu claire ; elles n'ont point
de cornes ; elles habitent et paissent dans les endroits les plus élevés des
montagnes : la neige et la glace semblent plutôt les récréer que les incommoder ; elles vont en troupes et courent très légèrement ; elles sont timides,
et dès qu'elles aperçoivent quelqu'un, elles s'enfuient en chassant leurs petits devant elles. Les anciens rois du Pérou en avaient rigoureusement
défendu la chasse, parce qu'elles ne multiplient pas beaucoup ; et aujour-
d'hui il y en a infiniment moins que dans le temps de l'arrivée des Espagnols. La chair de ces animaux n'est pas si bonne que celle des huanacus ;
on ne les recherche que pour leur toison et pour les bézoards qu'ils produisent. La manière dont on les prend prouve leur extrême timidité, ou, si l'on
veut, leur imbécillité. Plusieurs hommes s'assemblent pour les faire fuir et
les engager dans quelques passages étroits où l'on a tendu des cordes à trois
ou quatre pieds de haut, le long desquelles on laisse pendre des morceaux
de linge ou de drap ; les vigognes qui arrivent à ces passages sont tellement
intimidées par le mouvement de ces lambeaux agités par le vent, qu'elles
n'osent passer au delà, et qu'elles s'attroupent et demeurent en foule, en
sorte qu'il est facile de les tuer en grand nombre ; mais s'il se trouve dans
la troupe quelques huanacus, comme ils sont plus hauts de corps et moins

(a) La partie orientale de la côte des Patagons, proche la rivière de la Plata, est encore
peuplée de vigognes en assez grand nombre ; mais cet animal est si défiant et si vite à la
course, qu'il est difficile d'en attraper. *Voyage de George Anson*, p. 57. — Les animaux terrestres les plus communs du port Saint-Julien, dans les terres Magellaniques, sont les guanacos. *Histoire du Paraguay*, par le P. Charlevoix, t. VI, p. 207.

timides que les vigognes, ils sautent par-dessus les cordes, et dès qu'ils ont donné l'exemple, les vigognes sautent de même et échappent aux chasseurs (a).

A l'égard des vigognes domestiques ou pacos, on s'en sert comme des lamas pour porter des fardeaux ; mais indépendamment de ce qu'étant plus petits ou plus faibles ils portent beaucoup moins, ils sont encore plus sujets à des caprices d'obstination ; lorsqu'une fois ils se couchent avec leur charge, ils se laisseraient plutôt hacher que de se relever. Les Indiens n'ont jamais fait usage du lait de ces animaux, parce qu'ils n'en ont qu'autant qu'il en faut pour nourrir leurs petits. Le grand profit que l'on tire de leur laine avait engagé les Espagnols à tâcher de les naturaliser en Europe ; ils en ont transporté en Espagne pour les faire peupler, mais le climat se trouva si peu convenable qu'ils y périrent tous (b). Cependant, comme je l'ai déjà dit, je suis persuadé que ces animaux, plus précieux encore que les lamas, pourraient réussir dans nos montagnes, et surtout dans les Pyrénées ; ceux qui les ont transportés en Espagne n'ont pas fait attention qu'au Pérou même elles ne subsistent que dans la région froide, c'est-à-dire dans la partie la plus élevée des montagnes ; ils n'ont pas fait attention qu'on ne les trouve jamais dans les terres basses, et qu'elles meurent dans les pays chauds : qu'au contraire elles sont encore aujourd'hui très nombreuses dans les terres voisines du détroit de Magellan, où le froid est beaucoup plus grand que dans notre Europe méridionale, et que par conséquent il fallait pour les conserver les débarquer, non pas en Espagne, mais en Écosse ou même en Norvège, et plus sûrement encore au pied des Pyrénées, des Alpes, etc., où elles eussent pu grimper et atteindre la région qui leur convient ; je n'insiste sur cela que parce que j'imagine que ces animaux seraient une excellente acquisition pour l'Europe, et produiraient plus de biens réels que tout le métal (c) du nouveau monde, qui n'a servi qu'à nous charger d'un poids inutile, puisqu'on avait auparavant pour un gros d'or ou d'argent ce qui nous coûte une once de ces mêmes métaux.

Les animaux qui se nourrissent d'herbes et qui habitent les hautes montagnes de l'Asie, et même de l'Afrique, donnent les bézoards que l'on appelle *orientaux*, dont les vertus sont les plus exaltées ; ceux des montagnes de l'Europe, où la qualité des plantes et des herbes est plus tempérée, ne produisent que des pelotes sans vertu qu'on appelle *égagropiles ;* et dans l'Amérique méridionale, tous les animaux qui fréquentent les montagnes sous la zone torride donnent d'autres bézoards que l'on appelle *occidentaux*, qui

(a) *Voyage de Frézier*, p. 138 et 139.
(b) *Histoire des aventures des flibustiers*, p. 376.
(c) *Nota*. Quel bien ont produit, en effet, ces riches mines du Pérou ! Il a péri des millions d'hommes dans les entrailles de la terre pour les exploiter ; et leur sang et leurs travaux n'ont servi qu'à nous charger d'un poids incommode.

sont encore plus solides, et peut-être aussi qualifiés que les *orientaux*. La vigogne surtout en fournit en grand nombre, le huanacus en donne aussi, et l'on en tire des cerfs et des chevreuils dans les montagnes de la Nouvelle-Espagne (*a*). Les lamas et les pacos ne donnent de beaux bézoards qu'autant qu'ils sont huanacus et vigognes, c'est-à-dire dans leur état de liberté ; ceux qu'ils produisent dans leur condition de servitude sont petits, noirs et sans vertu ; les meilleurs sont ceux qui ont une couleur de vert obscur, et ils viennent ordinairement des vigognes, surtout de celles qui habitent les parties les plus élevées de la montagne, et qui paissent habituellement dans les neiges ; de ces vigognes montagnardes, les femelles comme les mâles produisent des bézoards, et ces bézoards du Pérou tiennent le premier rang après les bézoards orientaux, et sont beaucoup plus estimés que les bézoards de la Nouvelle-Espagne, qui viennent des cerfs, et sont les moins efficaces de tous.

L'UNAU (*b*) ET L'AI (*c*)

L'on a donné à ces deux animaux l'épithète de *paresseux* (*), à cause de la lenteur de leurs mouvements et de la difficulté qu'ils ont à marcher ; mais nous avons cru devoir leur conserver les noms qu'ils portent dans leur pays natal, d'abord pour ne les pas confondre avec d'autres animaux presque aussi paresseux qu'eux, et encore pour les distinguer nettement l'un de l'autre ; car, quoiqu'ils se ressemblent à plusieurs égards, ils diffèrent néanmoins tant à l'extérieur qu'à l'intérieur, par des caractères si marqués qu'il n'est plus possible, lorsqu'on les a examinés, de les prendre l'un pour l'autre, ni même de douter qu'ils ne soient de deux espèces très éloignées. L'unau (**)

(*a*) Nous savons qu'en la Neuve-Espagne, il se trouve des pierres de bézoards, combien qu'il n'y ait point de vigognes ni de guanacos, mais seulement des cerfs, en quelques-uns desquels on trouve cette pierre. *Hist. nat. des Indes occid.*, par Acosta, p. 207.

(*b*) *Unau*, nom de cet animal au Maragnon, et que nous avons adopté. Le P. d'Abbeville distingue deux espèces d'unaus : le plus grand, qui est celui dont il est ici question, qu'il appelle *unau ouassou* ; et le plus petit, qu'il nomme simplement *unau*, qui est le même animal que l'aï. « Il y en a de deux sortes, dit-il : aucuns sont grands environ comme les lièvres ; » les autres sont deux fois presque plus grands. » *Mission au Maragnon*, p. 252. — On a donné quelquefois à l'unau le nom de *lèche-patte* ; mais ce nom, qui semblerait avoir été pris de l'habitude de cet animal, n'est pas fondé, car il ne lèche pas ses pieds, ni même aucune autre partie de son corps.

(*c*) *Aï*, nom de cet animal au Brésil, et que nous avons adopté : ce nom vient du son plaintif *a*, *i*, qu'il répète souvent.

(*) Les Paresseux sont des Mammifères de l'ordre des Édentés, de la famille des Bradypodides. Ils ressemblent aux singes, parmi lesquels on les a longtemps classés, par la forme générale de leur corps, leurs mamelles pectorales et leur genre de vie. On les divise en deux genres : *Bradypus* Ill. et *Cholœpus* Ill.

(**) *Cholœpus didactylus* Ill.

n'a point de queue, et n'a que deux ongles aux pieds de devant; l'aï (*)
porte une queue courte et trois ongles à tous les pieds. L'unau a le museau
plus long, le front plus élevé, les oreilles plus apparentes que l'aï; il a
aussi le poil tout différent : à l'intérieur, ses viscères sont autrement situés
et conformés différemment dans quelques-unes de leurs parties : mais le
caractère le plus distinctif, et en même temps le plus singulier, c'est que
l'unau a quarante-six côtes, tandis que l'aï n'en a que vingt-huit (**) : cela
seul suppose deux espèces très éloignées l'une de l'autre; et ce nombre de
quarante-six côtes dans un animal dont le corps est si court, est une espèce
d'excès ou d'erreur de la nature; car, de tous les animaux, même des plus
grands, et de ceux dont le corps est le plus long, relativement à leur grosseur, aucun n'a tant de chevrons à sa charpente. L'éléphant n'a que quarante côtes, le cheval trente-six, le blaireau trente, le chien vingt-six,
l'homme vingt-quatre, etc. Cette différence dans la construction de l'unau et
de l'aï, suppose plus de distance entre ces deux espèces qu'il n'y en a entre
celles du chien et du chat, qui ont le même nombre de côtes, car les différences extérieures ne sont rien en comparaison des différences intérieures :
celles-ci sont, pour ainsi dire, les causes des autres, qui n'en sont que les
effets. L'intérieur dans les êtres vivants est le fond du dessin de la nature,
c'est la forme constituante, c'est la vraie figure : l'extérieur n'en est que la
surface, ou même la draperie; car, combien n'avons-nous pas vu, dans
l'examen comparé que nous avons fait des animaux, que cet extérieur, souvent très différent, recouvre un intérieur parfaitement semblable; et qu'au
contraire la moindre différence intérieure en produit de très grandes à l'extérieur, et change même les habitudes naturelles, les facultés, les attributs
de l'animal? Combien n'y en a-t-il pas qui sont armés, couverts, ornés de
parties excédantes, et qui cependant pour l'organisation intérieure ressemblent en entier à d'autres, qui en sont dénués? Mais ce n'est point ici le lieu
de nous étendre sur ce sujet, qui, pour être bien traité, suppose non seulement une comparaison réfléchie, mais un développement suivi de toutes les
parties des êtres organisés. Nous dirons seulement, pour revenir à nos deux
animaux, qu'autant la nature nous a paru vive, agissante, exaltée dans les
singes, autant elle est lente, contrainte et resserrée dans ces paresseux; et
c'est moins paresse que misère, c'est défaut, c'est dénûment, c'est vice
dans la conformation : point de dents incisives ni canines (***), les yeux
obscurs et couverts, la mâchoire aussi lourde qu'épaisse, le poil plat et semblable à de l'herbe séchée, les cuisses mal emboîtées et presque hors des
hanches, les jambes trop courtes, mal tournées, et encore plus mal termi-

(*) *Bradypus tridactylus* ILL.
(**) Chez l'Unau il existe quarante-huit côtes, chez l'Aï, il n'y en a que trente (Flourens).
(***) Il existe des canines, d'après Flourens, chez l'Unau, tandis qu'il n'y en a pas chez
l'Aï.

nées ; point d'assiette de pied, point de pouces, point de doigts séparément mobiles ; mais deux ou trois ongles excessivement longs, recourbés en dessous, qui ne peuvent se mouvoir qu'ensemble, et nuisent plus à marcher qu'ils ne servent à grimper : la lenteur, la stupidité, l'abandon de son être, et même la douleur habituelle, résultant de cette conformation bizarre et négligée ; point d'armes pour attaquer ou se défendre ; nul moyen de sécurité, pas même en grattant la terre ; nulle ressource de salut dans la fuite : confinés, je ne dis pas au pays, mais à la motte de terre, à l'arbre sous lequel ils sont nés ; prisonniers au milieu de l'espace, ne pouvant parcourir qu'une toise en une heure (a), grimpant avec peine, se traînant avec douleur, une voix plaintive et par accents entrecoupés, qu'ils n'osent élever que la nuit, tout annonce leur misère, tout nous rappelle ces monstres par défaut, ces ébauches imparfaites mille fois projetées, exécutées par la nature, qui ayant à peine la faculté d'exister, n'ont dû subsister qu'un temps, et ont été depuis effacées de la liste des êtres, et en effet, si les terres qu'habitent et l'unau et l'aï n'étaient pas des déserts ; si les hommes et les animaux puissants s'y fussent anciennement multipliés, ces espèces ne seraient pas parvenues jusqu'à nous, elles eussent été détruites par les autres, comme elles le seront un jour. Nous avons dit qu'il semble que tout

(a) « Perico ligero, sive canicula agilis, animal est omnium quæ viderim ignavissimum ; » nam adeo lente movetur, ut ad conficiendum iter longum dumtaxat quinquaginta passus, » integro die illi opus sit... In ædes translatum naturali suâ tarditate movetur, nec a clama- » tione ullâ aut impulsione gradum accelerat. » *Oviedo in summario Ind. occid.*, cap. xxiii, traduit de l'espagnol en latin par Clusius, *Exotic.*, lib. v, cap. xvi. « Tanta est ejus tarditas » ut unius diei spatio vix quinquaginta passus pertransire possit. » Hernand. *Hist. Mex.* — Les Portugais ont donné le nom de *paresse* à un animal assez extraordinaire ; il est de la grandeur du Cerigou (*sarigue*)... Le derrière de sa tête est couvert d'une grosse crinière, et son ventre est si gros qu'il en balaie la terre : il ne se lève jamais sur pied, et se traîne si lentement que dans quinze jours à peine pourrait-il faire la valeur d'un jet de pierre. *Histoire des Indes*, par Maffée, trad. de Depure, p. 71.—L'animal, que les Portugais ont appelé *paresse*, se traîne... sans jamais se lever debout, et est si tardif qu'il n'avance en deux semaines pas un jet de pierre. *Descript. des Indes occid.*, par Herrera. Amsterd. 1622, p. 252. — « Tam lentus est illius gressus et membrorum motus ut quindecim ipsis diebus ad lapidis » ictum continuo tractu vix prodeat. » Pison, *Hist. Bras.*, p. 322. *Nota.* Cette assertion de Pison, empruntée de Maffée et de Herrera, est très exagérée. — Il n'y a point d'animal plus paresseux que celui-ci, il ne faut point de lévriers pour le prendre à la course, une tortue suffirait. *Desmarchais*, t. III, p. 301. *Nota.* Ceci est encore exagéré. — Il leur faut huit ou neuf minutes pour avancer un pied à la distance de trois pouces, et ils ne les remuent que l'un après l'autre avec la même lenteur ; les coups ne servent de rien pour leur faire doubler le pas, j'en ai fessé moi-même quelques-uns pour voir si cela les animerait, mais ils paraissaient insensibles, et on ne saurait les contraindre à marcher plus vite. *Voyage de Dampier*, t. III, p. 305. — Le paresseux ne fait pas cinquante pas en un jour, le chasseur qui le veut prendre peut bien aller faire une autre chasse, il le retrouvera encore en sa place, ou il ne sera pas bien éloigné. *Voyage à Cayenne*, par Binet. Paris, 1664, p. 341.—*Perico ligero*, pierrot coureur..... On lui donne l'épithète de *coureur*, parce qu'il lui faut une grande journée pour faire un quart de lieue. *Histoire de l'Orénoque*, par Gumilla, t. II. p. 13. *Nota.* Cet auteur est le seul qui, sur le fait de la lenteur de ces animaux, me paraisse avoir approché de la vérité.

ce qui peut être est : ceci paraît en être un indice frappant ; ces paresseux font le dernier terme de l'existence dans l'ordre des animaux qui ont de la chair et du sang ; une défectuosité de plus les aurait empêchés de subsister : regarder ces ébauches comme des êtres aussi absolus que les autres, admettre des causes finales pour de telles disparates, et trouver que la nature y brille autant que dans ses beaux ouvrages, c'est ne la voir que par un tube étroit, et prendre pour son but les fins de notre esprit.

Pourquoi n'y aurait-il pas des espèces d'animaux créées pour la misère, puisque dans l'espèce humaine le plus grand nombre y est voué dès la naissance ? Le mal à la vérité vient plus de nous que de la nature ; pour un malheureux qui ne l'est que parce qu'il est né faible, impotent ou difforme, que de millions d'hommes le sont par la seule dureté de leurs semblables. Les animaux sont en général plus heureux, l'espèce n'a rien à redouter de ses individus ; le mal n'a pour eux qu'une source ; il en a deux pour l'homme ; celle du mal moral, qu'il a lui-même ouverte, est un torrent qui s'est accru comme une mer, dont le débordement couvre et afflige la face entière de la terre ; dans le physique, au contraire, le mal est resserré dans des bornes étroites, il va rarement seul, le bien est souvent au-dessus, ou du moins de niveau. Peut-on douter du bonheur des animaux s'ils sont libres, s'ils ont la faculté de se procurer aisément leur subsistance, et s'ils manquent moins que nous de la santé, des sens et des organes nécessaires ou relatifs au plaisir ? Or le commun des animaux est à tous ces égards très richement doué ; et les espèces disgraciées de l'unau et de l'aï sont peut-être les seules que la nature ait maltraitées, les seules qui nous offrent l'image de la misère innée.

Voyons-la de plus près : faute de dents, ces pauvres animaux ne peuvent ni saisir une proie, ni se nourrir de chair, ni même brouter l'herbe ; réduits à vivre de feuilles et de fruits sauvages, ils consument du temps à se traîner au pied d'un arbre, il leur en faut encore beaucoup (a) pour grimper jus-

---

(a) Aucuns estiment cette bête vivre seulement de feuilles d'un certain arbre nommé en leur langue *amahut* : cet arbre est haut et élevé sur tout autre de ce pays, ses feuilles fort petites et déliées, et pour ce que coutumièrement elle est en cet arbre, ils l'ont appelée *Haut*. (*Singul. de la France ant.*, par Thevet, p. 100.) — L'animal *paresse* ne vit que de feuilles d'arbres, dont les plus hautes branches lui servent de retraite, il lui faut deux jours pour y monter... Les encouragements, les menaces et les coups même n'ont pas la force de le faire aller plus vite. *Histoire des Indes*, par Maffé, p. 71. *Nota*. Herrera dit la même chose, et dans les mêmes termes, p. 252. — Le sloth ou paresseux n'est pas tout à fait si gros que l'ours mangeur des fourmis (tamanoir), ni si hérissé... Il se nourrit de feuilles... Ces animaux font beaucoup de mal aux arbres qu'ils attaquent, et ils sont si lents à se remuer qu'après avoir mangé toutes les feuilles d'un arbre ils emploient cinq ou six jours à descendre de celui-là et à monter sur un autre, quelque proche qu'il soit, et ils n'ont que la peau et les os avant d'arriver à ce second gîte, quoiqu'ils fussent gras et dodus à leur descente du premier. Ils n'abandonnent jamais un arbre qu'ils ne l'aient tout mis en pièces, et qu'ils ne l'aient aussi dépouillé qu'il pourrait l'être au cœur de l'hiver. *Voyage de Dampier*, t. III, p. 305. — Il monte sur les arbres, mais il est si longtemps à y monter qu'on a tout le loisir

qu'aux branches ; et pendant ce lent et triste exercice qui dure quelquefois
plusieurs jours, ils sont obligés de supporter la faim et peut-être de souffrir
le plus pressant besoin ; arrivés sur leur arbre ils n'en descendent plus, ils
s'accrochent aux branches, ils le dépouillent par parties, mangent successivement les feuilles de chaque rameau, passent ainsi plusieurs semaines
sans pouvoir délayer par aucune boisson cette nourriture aride ; et lorsqu'ils
ont ruiné leur fond et que l'arbre est entièrement nu, ils y restent encore
retenus par l'impossibilité d'en descendre ; enfin, quand le besoin se fait de
nouveau sentir, qu'il presse et qu'il devient plus vif que la crainte du danger
de la mort, ne pouvant descendre ils se laissent tomber et tombent très lour-
dement comme un bloc, une masse sans ressort, car leurs jambes raides et
paresseuses n'ont pas le temps de s'étendre pour rompre le coup.

A terre, ils sont livrés à tous leurs ennemis : comme leur chair n'est pas
absolument mauvaise, les hommes et les animaux de proie les cherchent et
les tuent ; il paraît qu'ils multiplient peu, ou du moins que s'ils produisent
fréquemment ce n'est qu'en petit nombre, car ils n'ont que deux mamelles :
tout concourt donc à les détruire, et il est bien difficile que l'espèce se main-
tienne ; il est vrai que quoiqu'ils soient lents, gauches et presque inhabiles
au mouvement, ils sont durs, forts de corps et vivaces ; qu'ils peuvent supporter longtemps la privation (a) de toute nourriture ; que couverts d'un poil
épais et sec, et ne pouvant faire d'exercice, ils dissipent peu et engraissent
par le repos, quelque maigres que soient leurs aliments ; et que quoiqu'ils
n'aient ni bois ni cornes sur la tête, ni sabots aux pieds, ni dents incisives
à la mâchoire inférieure, ils sont cependant du nombre des animaux ruminants (*), et ont comme eux plusieurs estomacs ; que par conséquent ils
peuvent compenser ce qui manque à la qualité de la nourriture par la quantité qu'ils en prennent à la fois ; et ce qui est encore extrêmement singulier
c'est qu'au lieu d'avoir, comme les ruminants, des intestins très longs, ils

de l'y prendre : quand on l'a pris il ne se défend point et ne songe point à prendre la fuite ;
si on lui présente une longue perche, il se met aussitôt en posture d'y monter, ce qu'il fait
si lentement que cela est ennuyeux ; quand il est au bout il s'y tient sans se mettre en peine
d'en descendre. *Voyage de Cayenne*, par Binet, p. 341. — Les unaus ont quatre jambes, et
si ils ne s'en servent point, si ce n'est pour grimper, et quand ils sont sur un arbre, ils ne
s'en retirent aucunement jusqu'à ce qu'ils aient mangé toutes les feuilles..., lors il descend
et se met à manger de la terre tant qu'il remonte à un autre arbre pour y manger les feuilles
comme au précédent. — Nous plaçâmes cet animal sur la plus basse voile de misaine, il fut
près de deux heures à monter sur la hune, où un singe aurait grimpé en moins d'une demi-
minute, vous auriez dit qu'il allait par ressort comme une pendule. *Voyage de Woodes Rogers*
t. Ier, p. 343.

(a) Il me fut fait présent d'un *haut* en vie, lequel je gardai bien l'espace de vingt-six
jours, pendant lesquels jamais il ne voulut ni manger ni boire. *Singular. de la France ant.*,
par Thevet, p. 99.

(*) L'estomac des Paresseux est, en effet, subdivisé en quatre cavités, et il est fort possible
qu'ils ruminent.

les ont très petits et plus courts que les animaux carnivores. L'ambiguité de
la nature paraît à découvert par ce contraste ; l'unau et l'aï sont certainement des animaux ruminants ; ils ont quatre estomacs, et en même temps ils
manquent de tous les caractères, tant extérieurs qu'intérieurs, qui appartiennent généralement à tous les autres animaux ruminants : encore une
autre ambiguité, c'est qu'au lieu de deux ouvertures au dehors, l'une pour
l'urine et l'autre pour les excréments, au lieu d'un orifice extérieur et distinct
pour les parties de la génération, ces animaux n'en ont qu'un seul, au fond
duquel est un égout commun, un cloaque comme dans les oiseaux ; mais je
ne finirais pas si je voulais m'étendre sur toutes les singularités que présente
la conformation de ces animaux : on pourra les voir en détail dans l'excellente description qu'en a faite M. Daubenton.

Au reste, si la misère qui résulte du défaut de sentiment n'est pas la plus
grande de toutes, celle de ces animaux, quoique très apparente, pourrait ne
pas être réelle, car ils paraissent très mal ou très peu sentir : leur air morne,
leur regard pesant, leur résistance indolente aux coups qu'ils reçoivent sans
s'émouvoir, annoncent leur insensibilité ; et ce qui la démontre, c'est qu'en
les soumettant au scalpel, en leur arrachant le cœur et les viscères ils ne
meurent pas à l'instant. Pison (a), qui a fait cette dure expérience, dit que
le cœur séparé du corps battait encore vivement pendant une demi-heure,
et que l'animal remuait toujours les jambes comme s'il n'eût été qu'assoupi ;
par ces rapports, ce quadrupède se rapproche non seulement de la tortue,
dont il a déjà la lenteur, mais encore des autres reptiles et de tous ceux qui
n'ont pas un centre de sentiment unique et bien distinct. Or tous ces êtres
sont misérables sans être malheureux ; et dans ses productions les plus négligées la nature paraît toujours plus en mère qu'en marâtre.

Ces deux animaux appartiennent également l'un et l'autre aux terres méridionales du nouveau continent et ne se trouvent nulle part dans l'ancien. Nous
avons (b) déjà dit que l'éditeur au cabinet de Séba s'était trompé en donnant à l'unau le nom de *paresseux de Ceylan ;* cette erreur, adoptée par
MM. Klein, Linnæus et Brisson, est encore plus évidente aujourd'hui qu'elle ne
l'était alors. M. le marquis de Montmirail a un unau vivant qui lui est venu
de Surinam ; ceux que nous avons au cabinet du Roi viennent du même en-

---

(a) « Secui femellam vivam..... habentem in se fœtum omnibus modis perfectum cum
» pilis, unguibus et dentibus amnioni more cæterorum animalium inclusum. Cor motum
» suum validissime retinebat postquam exemptum erat è corpore per semi horium ; placenta
» uterina constabat multis particulis carneis instar substantiæ renum, rubicundis, magnitu-
» dinis variæ, instar fabarum ; in illas autem particulas carneas (tenuibus membranulis con-
» nexas) per multos ramulos vasa umbilicalia, instar funis contorta, inserta erant. Cor fœmellæ
» duas habebat insignes auriculas cavas. Exempto corde cæterisque visceribus, multopost se
» movebat et pedes lente contrahebat sicut dormituriens solet. Mammillas duas cum totidem
» papillis in pectore femella et fœtus gerebant. » Pison, *Hist. Bras.,* p. 322.

(b) Voyez les discours sur les animaux des deux continents.

droit et de la Guyane, et je suis persuadé qu'on trouve l'unau aussi bien que l'aï dans toute l'étendue des déserts de l'Amérique, depuis le Brésil (a) au Mexique; mais que comme il n'a jamais fréquenté les terres du Nord il n'a pu passer d'un continent à l'autre; et si l'on a vu quelques-uns de ces animaux, soit aux Indes orientales, soit aux côtes de l'Afrique, il est sûr qu'ils y avaient été transportés. Ils ne peuvent supporter le froid; ils craignent aussi la pluie : les alternatives de l'humidité et de la sécheresse altèrent leur fourrure, qui ressemble plus à du chanvre mal serancé qu'à de la laine ou du poil.

Je ne puis mieux terminer cet article que par des observations qui m'ont été communiquées par M. le marquis de Montmirail, sur un unau qu'on nourrit depuis trois ans dans sa ménagerie. « Le poil de l'unau est beaucoup plus » doux que celui de l'aï... Il est à présumer que tout ce que les voyageurs » ont dit sur la lenteur excessive des paresseux ne se rapporte qu'à l'aï. L'u- » nau, quoique très pesant et d'une allure très maladroite, monterait et des- » cendrait plusieurs fois en un jour de l'arbre le plus élevé. C'est sur le dé- » clin du jour et dans la nuit qu'il paraît s'animer davantage, ce qui pour- » rait faire soupçonner qu'il voit très mal le jour, et que sa vue ne peut lui » servir que dans l'obscurité. Quand j'achetai cet animal à Amsterdam on le » nourrissait avec du biscuit de mer, et l'on me dit que dans le temps de la » verdure il ne fallait le nourrir qu'avec des feuilles; on a essayé en effet de » lui en donner, il en mangeait volontiers quand elles étaient encore ten- » dres, mais du moment où elles commençaient à se dessécher et à être » piquées des vers il les rejetait. Depuis trois ans que je le conserve vivant » dans ma ménagerie, sa nourriture ordinaire a été du pain, quelquefois des » pommes et des racines, et sa boisson du lait : il saisit toujours, quoique » avec peine, dans une de ses pattes de devant ce qu'il veut manger, et la » grosseur du morceau augmente la difficulté qu'il a de le saisir avec ses » deux ongles. Il crie rarement; son cri est bref et ne se répète jamais deux » fois dans le même temps; ce cri, quoique plaintif, ne ressemble point à » celui de l'aï, s'il est vrai que ce son aï soit celui de sa voix. La situation la » plus naturelle de l'unau, et qu'il paraît préférer à toutes les autres, est de » se suspendre à une branche, le corps renversé en bas; quelquefois même » il dort dans cette position; les quatre pattes accrochées sur un même point, » son corps décrivant un arc : la force de ses muscles est incroyable, mais » elle lui devient inutile lorsqu'il marche, car son allure n'en est ni moins » contrainte ni moins vacillante; cette conformation seule me paraît être une » cause de la paresse de cet animal, qui n'a d'ailleurs aucun appétit violent, » et ne reconnaît point ceux qui le soignent.»

(a) L'aï, décrit et gravé par M. Edwards, venait du pays de Honduras. D. Antonio de Ulloa dit qu'on en trouve aux environs de Porto-Bello.

LE SURIKATE

Cet animal a été acheté en Hollande sous le nom de surikate (*) ; il se trouve à Surinam et dans les autres provinces de l'Amérique méridionale (**) : nous l'avons nourri pendant quelque temps, et ensuite M. de Sève, qui a dessiné avec autant de soin que d'intelligence les animaux de notre ouvrage, ayant gardé celui-ci vivant pendant plusieurs mois, m'a communiqué les remarques qu'il a faites sur ses habitudes naturelles. C'est un joli animal, très vif et très adroit, marchant quelquefois debout, se tenant souvent assis avec le corps très droit, les bras pendants, la tête haute et mouvante sur le cou comme un pivot ; il prenait cette attitude toutes les fois qu'il voulait se mettre auprès du feu pour se chauffer. Il n'est pas si grand qu'un lapin, et ressemble assez par la taille et par le poil à la mangouste, il est seulement un peu plus étoffé, et a la queue moins longue ; mais par le museau, dont la partie supérieure est proéminente et relevée, il approche plus du coati que d'aucun autre animal. Il a aussi un caractère presque unique, puisqu'il n'appartient qu'à lui et à l'hyène : ces deux animaux sont les seuls qui aient également quatre doigts à tous les pieds.

Nous avions nourri ce surikate d'abord avec du lait, parce qu'il était fort jeune, mais son goût pour la chair se déclara bientôt ; il mangeait avec avidité la viande crue, et surtout la chair de poulet ; il cherchait aussi à surprendre les jeunes animaux : un petit lapin qu'on élevait dans la même maison serait devenu sa proie, si on l'eût laissé faire. Il aimait aussi beaucoup le poisson et encore plus les œufs : on l'a vu tirer avec ses deux pattes réunies des œufs qu'on venait de mettre dans l'eau pour cuire ; il refusait les fruits et même le pain, à moins qu'on ne l'eût mâché ; ses pattes de devant lui servaient, comme à l'écureuil, pour porter à sa gueule ; il lapait en buvant comme un chien, et ne buvait point d'eau à moins qu'elle ne fût tiède : sa boisson ordinaire était son urine, quoiqu'elle eût une odeur très forte. Il jouait avec les chats, et toujours innocemment ; il ne faisait aucun mal aux enfants, et ne mordait qui que ce soit que le maître de la maison, qu'il avait pris en aversion. Il ne se servait pas de ses dents pour ronger, mais il exerçait souvent ses ongles, et grattait le plâtre et les carreaux jusqu'à ce qu'il les eût dégradés ; il était si bien apprivoisé qu'il entendait son nom ; il allait seul par toute la maison, et revenait dès qu'on l'appelait. Il avait deux sortes de voix : l'aboiement d'un jeune chien, lorsqu'il s'ennuyait d'être seul ou

(*) Le Surikate (*Rhizæna tetradactyla* Ill.) est un Mammifère de l'Ordre des Carnivores, de la famille des Viverridés.

(**) Buffon se trompe, le Surikate n'existe pas en Amérique ; il est localisé dans l'Afrique méridionale.

qu'il entendait des bruits extraordinaires ; et au contraire, lorsqu'il était excité
par des caresses ou qu'il ressentait quelque mouvement de plaisir, il faisait
un bruit aussi vif et aussi frappé que celui d'une petite crécelle tournée
rapidement. Cet animal était femelle, et paraissait souvent être en chaleur,
quoique dans un climat trop froid, et qu'il n'a pu supporter que pendant un
hiver, quelque soin que l'on ait pris pour le nourrir et le chauffer.

LE TARSIER

Nous avons eu cet animal (*) par hasard, et d'une personne qui n'a pu nous
dire ni d'où il venait (**), ni comment on l'appelait : cependant il est très
remarquable par la longueur excessive de ses jambes de derrière ; les os des
pieds, et surtout ceux qui composent la partie supérieure du tarse, sont d'une
grandeur démesurée, et c'est de ce caractère très apparent que nous avons
tiré son nom. Le tarsier n'est cependant pas le seul animal dont les jambes
de derrière soient ainsi conformées; la gerboise a le tarse encore plus long :
ainsi ce nom *tarsier*, que nous donnons aujourd'hui à cet animal, ne doit
être pris que pour un nom précaire qu'il faudra changer lorsqu'on connaîtra
son vrai nom, c'est-à-dire le nom qu'il porte dans le pays qu'il habite. La
gerboise se trouve en Égypte, en Barbarie et aux Indes orientales : j'ai d'a-
bord imaginé que le tarsier pouvait être du même continent et du même climat, parce qu'au premier coup d'œil il paraît lui ressembler beaucoup ; ces
deux animaux sont de la même grandeur, tous deux ne sont pas plus gros
qu'un rat de moyenne grosseur, tous deux ont les jambes de derrière excessivement longues, et celles de devant extrêmement courtes ; tous deux ont
la queue prodigieusement allongée et garnie de grands poils à son extrémité;
tous deux ont de très grands yeux, des oreilles droites, larges et ouvertes ;
tous deux ont également la partie inférieure de leurs longues jambes dénuée
de poil, tandis que tout le reste de leur corps en est couvert : ces animaux
ayant de commun ces caractères très singuliers et qui n'appartiennent qu'à
eux, il semble qu'on devrait présumer qu'ils sont d'espèces voisines, ou du
moins d'espèces produites par le même ciel et la même terre : cependant, en
les comparant par d'autres parties, l'on doit non seulement en douter, mais
même présumer le contraire. Le tarsier a cinq doigts à tous les pieds ; il a
pour ainsi dire quatre mains, car ses cinq doigts sont très longs et bien sé-

(*) Le Tarsier (*Tarsius Spectrum* GEOFF.) est un Mammifère de l'ordre des Prosimiens
ou Lémuriens, de la famille des Tarsidés, qui est caractérisée par une tête grosse, des yeux
et des oreilles grands, un museau court, une queue longue, l'os du tarse très allongé, des
mouvements analogues à ceux des Écureuils.
(**) Le *Tarsius Spectrum* habite les forêts des îles de la Sonde et des Philippines.

parés ; le pouce des pieds de derrière est terminé par un ongle plat, et quoique les ongles des autres doigts soient pointus, ils sont en même temps si courts et si petits, qu'ils n'empêchent pas que l'animal ne puisse se servir de ses quatre pieds comme de mains ; la gerboise, au contraire, n'a que quatre doigts et quatre ongles longs et courbés aux pieds de devant, et au lieu du pouce il n'y a qu'un tubercule sans ongle ; mais ce qui l'éloigne encore plus de notre tarsier, c'est qu'elle n'a que trois doigts ou trois grands ongles aux pieds de derrière : cette différence est trop grande pour qu'on puisse regarder ces animaux comme d'espèces voisines, et il ne serait pas impossible qu'ils fussent aussi très éloignés par le climat ; car le tarsier, avec sa petite taille, ses quatre mains, ses longs doigts, ses petits ongles, sa grande queue, ses longs pieds, semble se rapprocher beaucoup de la marmose, du cayopollin et d'un autre petit animal de l'Amérique méridionale, dont nous parlerons dans l'article qui suit. L'on voit que nous ne faisons ici qu'exposer nos doutes, et l'on doit sentir que nous aurions obligation à ceux qui pourraient les fixer en nous indiquant le climat et le nom de ce petit animal.

LE PHALANGER

Ces animaux qui nous ont été envoyés, mâles et femelles, sous le nom de *rats de Surinam*, ont beaucoup moins de rapport avec les rats qu'avec les animaux du même climat dont nous avons donné l'histoire sous les noms de *marmose* et de *cayopollin*. On peut voir, par la description très exacte qu'en a faite M. Daubenton, combien ils sont éloignés des rats, surtout à l'intérieur. Nous avons donc cru devoir rejeter cette dénomination de *rats de Surinam*, comme composée, et de plus comme mal appliquée : aucun naturaliste, aucun voyageur n'ayant nommé ni indiqué cet animal, nous avons fait son nom et nous l'avons tiré d'un caractère qui ne se trouve dans aucun autre animal ; nous l'appelons *phalanger* (*), parce qu'il a les phalanges singulièrement conformées, et que de quatre doigts qui correspondent aux cinq ongles, dont ses pieds de derrière sont armés, le premier est soudé avec son voisin, en sorte que ce double doigt fait la fourche et ne se sépare qu'à la dernière phalange pour arriver aux deux ongles. Le pouce est separé des autres doigts et n'a point d'ongle à son extrémité : ce dernier caractère, quoique remarquable, n'est point unique ; le sarigue et la marmose ont le pouce de même ; mais aucun n'a comme celui-ci les phalanges soudées.

Il paraît que ces animaux varient entre eux pour les couleurs du poil, comme

------

(*) *Phalangista maculata* TEMM. — D'après Flourens, l'individu que Buffon décrit comme la femelle appartient à une autre espèce, le *Phalangista rufa*. Le P. *maculata* habite l'île d'Amboine.

on le peut voir par les figures du mâle et de la femelle. Ils sont de la taille d'un petit lapin ou d'un très gros rat, et sont remarquables par l'excessive longueur de leur queue, l'allongement de leur museau et la forme de leurs dents, qui seule suffirait pour distinguer le phalanger de la marmose, du sarigue, des rats, et de toutes les autres espèces d'animaux auxquelles on voudrait le rapporter.

LE COQUALLIN

J'ai reconnu que cet animal (*) qui nous a été envoyé d'Amérique sous le nom d'*écureuil orangé*, était le même que Fernandez (*a*) a indiqué sous celui de *quauhtcallotquapachli* ou *coztiocotequallin;* mais comme ces mots de la langue mexicaine sont trop difficiles à prononcer pour nous, j'ai abrégé le dernier et j'en ai fait *coquallin*, qui sera dorénavant le nom de cet animal. Ce n'est point un écureuil, quoiqu'il lui ressemble assez par la figure et par le panache de la queue ; car il en diffère non seulement par plusieurs caractères extérieurs, mais aussi par le naturel et les mœurs.

Le coquallin est beaucoup plus grand que l'écureuil : *in duplam fere crescit magnitudinem*, dit Fernandez ; c'est un joli animal, et très remarquable par ses couleurs ; il a le ventre d'un beau jaune, et la tête, aussi bien que le corps, variés de blanc, de noir, de brun et d'orangé ; il se couvre de sa queue comme l'écureuil, mais il n'a pas comme lui des pinceaux de poil à l'extrémité des oreilles ; il ne monte pas sur les arbres ; il habite comme l'écureuil de terre, que nous avons appelé le *suisse*, dans des trous et sous les racines des arbres ; il y fait sa bauge et y élève ses petits ; il remplit aussi son domicile de grains et de fruits pour s'en nourrir pendant l'hiver ; il est défiant et rusé, et même assez farouche pour ne jamais s'apprivoiser.

Il paraît que le coquallin ne se trouve que dans les parties méridionales de l'Amérique : les écureuils blonds ou orangés des Indes orientales sont bien plus petits, et leurs couleurs sont uniformes ; ce sont de vrais écureuils qui grimpent sur les arbres et y font leurs petits, au lieu que le coquallin et le suisse d'Amérique se tiennent sous terre comme les lapins, et n'ont d'autre rapport avec l'écureuil que de lui ressembler par la figure.

(*a*) Fr. Fernandez, *Hist. anim. Nov. Hispan.*, cap. xxvi, p. 8.

(*) *Sciurus variegatus* L.

LE HAMSTER (*a*)

Le hamster (*) est un rat des plus fameux et des plus nuisibles; et si nous n'avons pas donné son histoire avec celle des autres rats, c'est qu'alors nous ne l'avions pas vu, et que nous n'avons pu nous le procurer que dans ces derniers temps; encore est-ce aux attentions constantes de M. le marquis de Montmirail pour tout ce qui peut contribuer à l'avancement de l'histoire naturelle, et aux bontés de M. de Waitz, ministre d'État du prince landgrave de Hesse-Cassel, que nous sommes redevables de la connaissance précise et exacte de cet animal. Ils nous en ont envoyé deux vivants avec un mémoire instructif sur leurs mœurs et leurs habitudes naturelles. Nous avons nourri l'un de ces animaux pendant quelques mois pour l'observer, et ensuite on l'a soumis à la dissection pour faire la description et la comparaison des parties intérieures avec celles des autres rats; par ces parties intérieures le hamster ressemble plus au rat d'eau qu'à aucun autre animal; il lui ressemble encore par la petitesse des yeux et la finesse du poil; mais il n'a pas la queue longue comme le rat d'eau, il l'a au contraire très courte, plus courte que le campagnol, qui, comme nous l'avons dit, ressemble aussi beaucoup au rat d'eau par la conformation intérieure. Le hamster nous paraît être à l'égard du campagnol ce que le surmulot est à l'égard du mulot : tous ces animaux vivent sous terre, et paraissent animés du même instinct; ils ont à peu près les mêmes habitudes, et surtout celle de ramasser des grains et d'en faire de gros magasins dans leurs trous. Nous nous étendrons donc beaucoup moins sur les ressemblances de forme et les conformités de nature que sur les différences relatives et les disconvenances réelles qui séparent le hamster de tous les rats, souris et mulots dont nous avons parlé.

Agricola est le premier auteur qui ait donné des indications précises et détaillées au sujet de cet animal; Fabricius y a ajouté quelques faits, mais Schwenckfeld a fait plus que tous les autres; il a disséqué le hamster, et il en donne une description qui s'accorde presque en tout avec la nôtre. Cependant à peine a-t-il été cité par les naturalistes plus récents, qui tous se sont contentés de copier ce que Gessner en a dit; nous croyons donc devoir à cet auteur la justice de citer en entier ses observations; et en y ajoutant celles de M. de Waitz, nous aurons tout ce qu'on peut désirer au sujet de cet animal.

(*a*) Le Hamster. *Cricetus* en latin moderne. Ce nom, dit Gessner, paraît dériver de la langue illyrienne, dans laquelle cet animal s'appelle *skrzeczieck : Hamster* ou *hamester* en allemand; nom que nous avons adopté comme étant celui de l'animal dans son pays natal.

(*) Le *Hamster* (*Cricetus frumentarius* PALL.) est un Rongeur de la famille des Murides, voisin des Rats dont il se distingue surtout par ses abajoues.

« Les établissements des hamsters (dit M. de Waitz) sont d'une construc-
» tion différente selon le sexe et l'âge, et aussi suivant la qualité du terrain.
» Le domicile du mâle a un conduit oblique à l'ouverture duquel il y a un
» monceau de terre exhaussé. A une distance de cette issue oblique, il y a
» un seul trou qui descend perpendiculairement jusqu'aux chambres ou
» caveaux du domicile : il ne se trouve point de terre exhaussée auprès du
» trou, ce qui fait présumer que l'issue oblique est creusée en commençant
» par le dehors, et que l'issue perpendiculaire est faite de dedans en dehors,
» et de bas en haut.

» Le domicile de la femelle a aussi un conduit oblique et en même temps
» deux, trois, et jusqu'à huit trous perpendiculaires, pour donner une entrée
» et sortie libres à ses petits ; le mâle et la femelle ont chacun leur demeure
» séparée ; la femelle fait la sienne plus profonde que le mâle.

» A côté des trous perpendiculaires, à un ou deux pieds de distance, les
» hamsters des deux sexes creusent, selon leur âge et à proportion de leur
» multiplication, un, deux, trois et quatre caveaux particuliers, qui sont
» en forme de voûte, tant par-dessous que par-dessus, et plus ou moins
» spacieux, suivant la quantité de leurs provisions.

» Le trou perpendiculaire est le passage ordinaire du hamster pour entrer
» et sortir. C'est par le trou oblique que se fait l'exportation de la terre ; il
» paraît aussi que ce conduit, qui a une pente plus douce dans un des
» caveaux, et plus rapide dans un autre de ces caveaux, sert pour la circu-
» lation de l'air dans ce domicile souterrain. Le caveau où la femelle fait ses
» petis ne contient point de provision de grain, mais un nid de paille ou
» d'herbe. La profondeur du caveau est très différente : un jeune hamster
» dans la première année ne donne qu'un pied de profondeur à son caveau ;
» un vieux hamster le creuse souvent jusqu'à quatre ou cinq pieds : le do-
» micile entier, y compris toutes les communications et tous les caveaux, a
» quelquefois huit ou dix pieds de diamètre.

» Ces animaux approvisionnent leurs magasins de grains secs et nettoyés,
» blé en épis, de pois et fèves en cosses qu'ils nettoient ensuite dans leur
» demeure, et ils transportent au dehors les cosses et les déchets des épis
» par le conduit oblique. Pour apporter leurs provisions ils se servent de
» leurs abajoues, dans lesquelles chacun peut porter à la fois plus d'un quart
» de chopine de grains nettoyés.

» Le hamster fait ordinairement ses provisions de grains à la fin d'août ;
» lorsqu'il a rempli ses magasins, il les couvre et en bouche soigneusement
» les avenues avec de la terre, ce qui fait qu'on ne découvre pas aisément
» sa demeure ; on ne la reconnaît que par le monceau de terre qui se trouve
» auprès du conduit oblique dont nous avons parlé ; il faut ensuite cher-
» cher les trous perpendiculaires et découvrir par là son domicile. Le
» moyen le plus usité pour prendre ces animaux est de les déterrer, quoi-

» que ce travail soit assez pénible à cause de la profondeur et de l'étendue
» de leurs terriers. Cependant un homme exercé à cette espèce de chasse
» ne laisse pas d'en tirer de l'utilité ; il trouve ordinairement dans la bonne
» saison, c'est-à-dire en automne, deux boisseaux de bons grains dans
» chaque domicile, et il profite de la peau de ces animaux, dont on fait des
» fourrures. Les hamsters produisent deux ou trois fois par an, et cinq ou six
» petits à chaque fois, et souvent davantage ; il y a des années où ils parais-
» sent en quantité innombrable, et d'autres où l'on n'en voit presque plus ;
» les années humides sont celles où ils multiplient beaucoup, et cette nom-
» breuse multiplication cause la disette par la dévastation générale des blés.

» Un jeune hamster âgé de six semaines ou deux mois creuse déjà son terrier :
» cependant il ne s'accouple ni ne produit dans la première année de sa vie.

» Les fouines poursuivent vivement les hamsters, et en détruisent un
» grand nombre ; elles entrent aussi dans leurs terriers et en prennent
» possession.

» Les hamsters ont ordinairement le dos brun et le ventre noir. Cependant
» il y en a qui sont gris, et cette différence peut provenir de leur âge plus
» ou moins avancé. Il s'en trouve aussi quelques-uns qui sont tout noirs. »

Ces animaux s'entre-détruisent mutuellement comme les mulots : de
deux qui étaient dans la même cage, la femelle dans une nuit étrangla le
mâle, et après avoir coupé les muscles qui attachent les mâchoires, elle se
fit jour dans son corps, où elle dévora une partie des viscères. Ils font plusieurs portées par an, et sont si nuisibles que dans quelques États d'Allemagne leur tête est à prix ; ils y sont si communs que leur fourrure est à
très bon marché.

Tous ces faits, que nous avons extraits du Mémoire de M. Waitz et des
observations de M. de Montmirail, nous paraissent certains et s'accordent
avec ce que nous savions d'ailleurs au sujet de ces animaux ; mais il n'est
pas également certain, comme on le dit dans ce même Mémoire, qu'ils
soient engourdis et même desséchés pendant l'hiver, et qu'ils ne reprennent du mouvement et de la vie qu'au printemps. Le hamster, que nous
avons eu vivant, a passé l'hiver dernier 1762-1763 dans une chambre sans
feu, et où il gelait assez fort pour glacer l'eau ; cependant il ne s'est point
engourdi et n'a pas cessé de se mouvoir et de manger à son ordinaire, au
lieu que nous avons nourri des loirs et des lérots qui se sont engourdis à un
degré de froid beaucoup moindre : nous ne croyons donc pas que le hamster
se rapproche des loirs ou de la marmotte par ce rapport, et c'est mal à
propos que quelques-uns de nos naturalistes l'ont appelé *marmotte de
Strasbourg,* puisqu'il ne dort pas comme la marmotte, et qu'il ne se trouve
pas à Strasbourg (*).

______

(*) Le Hamster habite l'Europe centrale d'où il s'étend jusqu'en Sibérie.

LE BOBAK (a) ET LES AUTRES MARMOTTES

L'on a donné le nom de *marmotte de Strasbourg* au hamster, et celui de *marmotte de Pologne* au bobak (*); mais autant il est certain que le hamster n'est point une marmotte, autant il est probable que le bobak en est une; car il ne diffère de la marmotte des Alpes que par les couleurs du poil; il est d'un gris moins brun ou d'un jaune plus pâle; il a aussi une espèce de pouce, ou plutôt un ongle aux pieds de devant, au lieu que la marmotte n'a que quatre doigts à ses pieds et que le pouce lui manque. Du reste, elle lui ressemble en tout, ce qui peut faire présumer que ces deux animaux ne forment pas deux espèces distinctes et séparées. Il en est de même du *monax* (**) ou *marmotte de Canada*, que quelques voyageurs ont appelé *siffleur;* il ne paraît différer de la marmotte que par la queue, qu'il a plus longue et plus garnie de poils. Le monax du Canada, le bobak de Pologne et la marmotte des Alpes pourraient donc n'être tous trois que le même animal, qui, par la différence des climats, aurait subi les variétés que nous venons d'indiquer. Comme cette espèce habite de préférence la région la plus haute et la plus froide des montagnes, comme on la trouve en Pologne, en Russie et dans les autres parties du nord de l'Europe, il n'est pas étonnant qu'elle se retrouve au Canada, où seulement elle est plus petite qu'en Europe (b) (***), et cela ne lui est pas particulier, car tous les animaux qui sont communs aux deux continents sont plus petits dans le nouveau que dans l'ancien.

L'animal de Sibérie, que les Russes appellent *Jevraschka,* est une espèce de marmotte encore plus petite que le monax du Canada. Cette petite marmotte a la tête ronde et le museau écrasé; on ne lui voit point d'oreilles et l'on ne peut même découvrir l'ouverture du conduit auditif qu'en détournant le poil qui le couvre; la longueur du corps, y compris la tête, est tout au plus d'un pied; la queue n'a guère que trois pouces, elle est presque ronde auprès du corps, et ensuite elle s'aplatit, et son extrémité paraît tronquée. Le corps de cet animal est assez épais; le poil est fauve, mêlé de gris et celui de l'extrémité de la queue est presque noir. Les jambes sont courtes; celles de derrière sont seulement plus longues que celles de devant. Les pieds

(a) *Bobak*, nom de cet animal en Pologne, et que nous avons adopté.

(b) *Nota*. La marmotte des Alpes et celle de Pologne (bobak) ont un pied et demi depuis l'extrémité du museau jusqu'à l'origine de la queue. Le monax ou marmotte de Canada n'a que quatorze ou quinze pouces de longueur.

(*) Le Bobak (*Arctomys Bobak* GMEL.) est un Rongeur de la famille des Sciurides.

(**) *Arctomys Monax* SCHREB.

(***) C'est une espèce distincte *Arctomys empetra*.

de derrière ont cinq doigts et cinq ongles noirs et un peu courbés ; ceux de devant n'en ont que quatre : lorsqu'on irrite ces animaux, ou seulement qu'on veut les prendre ils mordent violemment, et font un cri aigu comme la marmotte ; quand on leur donne à manger ils se tiennent assis, et portent à leur gueule avec les pieds de devant : ils se recherchent au printemps et produisent en été ; les portées ordinaires sont de cinq ou six ; ils se font des terriers où ils passent l'hiver, et où la femelle met bas et allaite ses petits : quoiqu'ils aient beaucoup de ressemblances et d'habitudes communes avec la marmotte, il paraît néanmoins qu'ils sont d'une espèce réellement différente ; car dans les mêmes lieux, en Sibérie, il se trouve de vraies marmottes de l'espèce de celles de Pologne ou des Alpes, et que les Sibériens appellent *surok* (a), et l'on n'a pas remarqué que ces deux espèces se mêlent ni qu'il y ait entre elles aucune race intermédiaire.

LES GERBOISES

Gerboise (*) est un nom générique que nous employons ici pour désigner des animaux remarquables par la très grande disproportion qui se trouve entre les jambes de derrière et celles de devant, celles-ci n'étant pas si grandes que les mains d'une taupe, et les autres ressemblant aux pieds d'un oiseau. Nous connaissons dans ce genre quatre espèces ou variétés bien distinctes : 1° le tarsier (**), dont nous avons fait mention ci-devant, qui est certainement d'une espèce particulière, parce qu'il a les doigts faits comme ceux des singes, et qu'il en a cinq à chaque pied ; 2° le gerbo (b) ou gerboise proprement dite, qui a les pieds faits comme les autres fissipèdes, quatre doigts aux pieds de devant et trois à ceux de derrière ; 3° l'alagtaga (c),

(a) *Voyage de Gmelin*, t. II, p. 444. — Les Tartares, dit Rubruquis, ont force marmottes ou lirons, qu'ils appellent *sogur*, qui s'assemblent vingt et trente ensemble dans une grande fosse l'hiver, où ils dorment six mois durant ; ils prennent force de ces bêtes-là. *Voyages en Tartarie*, p. 25. — *Nota*. Il paraît que ce *sogur* de Rubruquis doit être le même animal que le *jevraschka* de *Gmelin*, puisque l'autre marmotte s'appelle *surok* ; ou bien l'auteur a pris *surok* pour *sogur*.

(b) *Gerbo*, mot dérivé de *jerbuah* ou *jerbou*, nom de cet animal en Arabie, et que nous avons adopté.

(c) *Alagtaga*, nom de cet animal chez les Tartares-Mongous, et que nous avons adopté. M. Messerchmid, qui a transmis ce nom, dit qu'il signifie *animal qui ne peut marcher* ; cependant le mot *alagtaga* me paraît très voisin de *legata*, qui, dans le même pays, désigne le polatouche ou écureuil-volant ; ainsi, je serais porté à croire qu'*alagtaga*, comme *letaga*, sont plûtot des noms génériques que spécifiques, et qu'ils désignent un animal qui vole, d'autant plus que Strahlenberg, cité par M. Gmelin au sujet de cet animal, l'appelle *lièvre volant*.

(*) Les Gerboises (*Dipus* Schreb.) sont des Rongeurs de la famille des Dipopides, qui est remarquable par le peu de développement des membres antérieurs.

(**) Nous avons dit plus haut que le Tarsier est un Lémurien.

dont les jambes sont conformées comme celles du gerbo, mais qui a cinq doigts aux pieds de devant et trois à ceux de derrière avec un éperon qui peut passer pour un pouce ou quatrième doigt beaucoup plus court que les autres ; 4° le *daman* (*) *Israël* (a) ou *agneau d'Israël,* qui pourrait bien être le même animal que M. Linnæus a désigné par la dénomination de *mus longipes* (b) (**), et qui a quatre doigts aux pieds de devant et cinq à ceux de derrière.

Le gerbo (***) a la tête faite à peu près comme celle du lapin, mais il a les yeux plus grands et les oreilles plus courtes, quoique hautes et amples relativement à sa taille ; il a le nez couleur de chair et sans poil ; le museau court et épais ; l'ouverture de la gueule très petite, la mâchoire supérieure fort ample, l'inférieure étroite et courte ; les dents comme celles du lapin ; des moustaches autour de la gueule, composées de longs poils noirs et blancs ; les pieds de devant sont très courts et ne touchent jamais la terre ; cet animal ne s'en sert que comme de mains pour porter à sa gueule. Ces mains portent quatre doigts munis d'ongles, et le rudiment d'un cinquième doigt sans ongle ; les pieds de derrière n'ont que trois doigts, dont celui du milieu est un peu plus long que les deux autres, et tous trois garnis d'ongles ; la queue est trois fois plus longue que le corps ; elle est couverte de petits poils raides, de la même couleur que ceux du dos, et au bout elle est garnie de poils plus longs, plus doux, plus touffus, qui forment une espèce de houppe noire au commencement et blanche à l'extrémité. Les jambes sont nues et de couleur de chair, aussi bien que le nez et les oreilles ; le dessus de la tête et le dos sont couverts d'un poil roussâtre, les flancs, le dessous de la tête, la gorge, le ventre et le dedans des cuisses sont blancs ; il y a au bas des reins et près de la queue une grande bande noire transversale en forme de croissant (c).

L'alagtaga (****) est plus petit qu'un lapin, et il a le corps plus court ; ses oreilles sont longues, larges, nues, minces, transparentes, et parsemées de vaisseaux sanguins très apparents ; la mâchoire supérieure est beaucoup

(a) *Daman Israël,* agneau d'Israël. *Voyage de Schaw,* t. II, p. 75. — « Animal quoddam » pumile cuniculo non dissimile, sed cuniculis majus quod *agnum filiorum Israël* nuncu, » pant. » Prosp. Alpin., *Hist. Ægypt.,* lib. iv, cap. ix, p. 232.

(b) *Longipes, Mus caudâ elongatâ vestitâ, palmis tetradactylis, plantis pentadactylis-femoribus longissimis.* Linn., *Syst. nat.,* edit. X, p. 62. — *Nota.* Le mot *femoribus* est ici mal appliqué ; ce ne sont pas les cuisses ni même les jambes, mais les premiers os du pied, les métatarses, que ces animaux ont très longs.

(c) Voici les dimensions de cet animal, données par Hasselquist : « Magnitudo corporis » ut in mure domestico majore. Mensuratio capit. poll. 1 ; corp. poll. 2 $\frac{1}{2}$; caud. spith. 1 $\frac{1}{2}$; post. » ped. spith. $\frac{1}{2}$; anter. infra pollicem.

(*) Nous avons dit déjà que le Daman est un petit Proboscidien.
(**) D'après Flourens, le *Mus longipes* de Linné est le *Dipus meridianus* de Gmelin.
(***) Le Gerbo de Buffon est une vraie Gerboise, le *Dipus Sagitta* Schreb.
(****) *Jaculus labradorius* Wagn.

plus ample que l'inférieure, mais obtuse et assez large à l'extrémité ; il y a
de grandes moustaches autour de la gueule ; les dents sont comme celles des
rats ; les yeux grands, l'iris et la paupière brunes ; le corps est étroit en
avant, fort large et presque rond en arrière, la queue très longue et moins
grosse qu'un petit doigt ; elle est couverte sur plus des deux tiers de sa longueur de poils courts et rudes ; sur le dernier tiers ils sont plus longs et encore
beaucoup plus longs, plus touffus et plus doux vers le bout où ils forment
une espèce de touffe noire au commencement, et blanche à l'extrémité. Les
pieds de devant sont très courts, ils ont cinq doigts ; ceux de derrière, qui sont
très longs, n'en ont que quatre, dont trois sont situés en avant, et le quatrième est à un pouce de distance des autres ; tous ces doigts sont garnis
d'ongles plus courts dans ceux de devant, et un peu plus longs dans ceux de
derrière. Le poil de cet animal est doux et assez long, fauve sur le dos, blanc
sous le ventre (a).

L'on voit en comparant ces deux descriptions, dont la première est tirée
d'Edwards et d'Hasselquist, et la seconde de Gmelin, que ces animaux se
ressemblent presque autant qu'il est possible ; le gerbo est seulement plus
petit que l'alagtaga, et n'a que quatre doigts aux pieds de devant, et trois à
ceux de derrière, sans éperon, au lieu que celui-ci en a cinq aux pieds de
devant, et quatre, c'est-à-dire trois grands et un éperon à ceux de derrière ;
mais je suis très porté à croire que cette différence n'est pas constante, car le
docteur Shaw (b), qui a donné la description et la figure d'un gerbo de
Barbarie, le représente avec cet éperon ou quatrième doigt aux pieds de
derrière ; et M. Edwards remarque qu'il a soigneusement observé les deux
gerbos qu'il a vus en Angleterre, et qu'il ne leur a pas trouvé cet éperon :
ainsi ce caractère, qui paraîtrait distinguer spécifiquement le gerbo et
l'alagtaga n'étant pas constant, devient nul et marque plutôt l'identité que la
diversité d'espèce ; la différence de grandeur ne prouve pas non plus que
ce soient deux espèces différentes : il se peut que MM. Edwards et Hasselquist
n'aient décrit que de jeunes gerbos, et M. Gmelin un vieux alagtaga ; il n'y
a que deux choses qui me laissent quelque doute, la proportion de la queue,
qui est beaucoup plus grande dans le gerbo que dans l'alagtaga, et la différence du climat où ils se trouvent. Le gerbo est commun en Circassie (c), en

(a) Voici les dimensions de cet animal, données par Gmelin : « Longitudo ab extremo
» rostro ad initium caudæ poll. 6 ; ad oculos, poll. 1 ; auricularum poll. 1 $\frac{1}{4}$; caudæ poll.
» 8 $\frac{1}{2}$; pedum anteriorum ab humero ad extremos usque digitos poll. 1 $\frac{1}{4}$; pedum posteriorum
» a suffraginibus ad initium usque calcanei poll. 3 ; à calcaneo ad exortum digiti posterioris
» poll. 1 ; ab exortu digiti posterioris ad extremos ungues poll. 2. Latitudo corporis anterio-
» ris poll. 1 $\frac{1}{4}$; posterioris poll. 3 ; auricularum poll. $\frac{1}{2}$. »

(b) *Voyage du docteur Shaw*, p. 248 et 249, fig.

(c) On trouve en Circassie, aussi bien qu'en Perse, en Arabie et aux environs de Babylone,
une espèce de mulot appelé *jerbuah* en arabe, de la grandeur et couleur à peu près d'un
écureuil..... Quand il saute, il s'élance à cinq ou six pieds haut de terre..... Il quitte quelquefois les champs et se fourre dans les maisons. *Voyage d'Oléarius*, p. 177.

Égypte (*a*), en Barbarie, en Arabie, et l'alagtaga en Tartarie, sur le Volga et jusqu'en Sibérie : il est rare que le même animal habite des climats aussi différents, et lorsque cela arrive, l'espèce subit de grandes variétés : c'est aussi ce que nous présumons être arrivé à celle du gerbo, dont l'alagtaga, malgré ces différences, ne nous paraît être qu'une variété.

Ces petits animaux cachent ordinairement leurs mains ou pieds de devant dans leur poil, en sorte qu'on dirait qu'ils n'ont d'autres pieds que ceux de derrière; pour se transporter d'un lieu à un autre ils ne marchent pas, c'est-à-dire qu'ils n'avancent pas les pieds l'un après l'autre; mais ils sautent très légèrement et très vite à trois ou quatre pieds de distance, et toujours debout comme des oiseaux; en repos, ils sont assis sur leurs genoux; ils ne dorment que le jour et jamais la nuit; ils mangent du grain et des herbes comme les lièvres; ils sont d'un naturel assez doux, et néanmoins ils ne s'apprivoisent que jusqu'à un certain point; ils se creusent des terriers comme les lapins, et en beaucoup moins de temps; ils y font un magasin d'herbes sur la fin de l'été, et dans les pays froids ils y passent l'hiver.

Comme nous n'avons pas été à portée de faire la dissection de cet animal, et que M. Gmelin est le seul qui ait parlé de la conformation de ses parties intérieures, nous donnons ici ses observations en attendant qu'on en ait de plus précises et de plus étendues (*b*).

A l'égard du daman ou agneau d'Israël, qui nous paraît être du genre des gerboises, parce qu'il a, comme elles, les jambes de devant très courtes en comparaison de celles de derrière, nous ne pouvons mieux faire, ne l'ayant jamais vu, que de citer ce qu'en dit le docteur Shaw, qui était à portée de le comparer avec le gerbo, et qui en parle comme de deux espèces différentes : « Le daman Israël, dit cet auteur, est aussi un animal » du mont Liban, mais également commun dans la Syrie et dans la Phé- » nicie; c'est une bête innocente qui ne fait point de mal, et qui ressemble » pour la taille et pour la figure au lapin ordinaire, ses dents de devant

<hr>

(*a*) En Égypte, je vis de petits animaux qui couraient très fort sur leurs deux jambes de derrière; elles étaient si longues qu'ils semblaient montés sur des échasses. Ces animaux terrent comme les lapins. On en prit sept que j'emportai; il m'en est resté deux que j'ai apportés en France, où ils ont vécu à la Ménagerie du Roi pendant deux ans. *Voyage de Paul Lucas*, t. II, p. 74.

(*b*) « OEsophagus, uti in lepore et cuniculo, medio ventriculo inscritur, intestinum » cœcum breve admodum sed amplum est, in processum vermiformem, duos pollices longum, » abiens. Choledochus mox infra pylorum intestinum subit. Vesica urinaria citrinâ aquâ plena; » uteri nulla plane distinctio; vagina enim canalis instar sine ullis artificiis in pubem usque » protensa in duo mox cornua dividitur, quæ ubi ovariis appropinquant multas inflexiones » faciunt et in ovariis terminantur. Penem masculus habet satis magnum, cui circa vesicæ » urinariæ collum vesiculæ seminales unciam cum dimidio longæ, graciles et extremitatibus » intortæ, adjacent. Foramen aut sinus quosdam inter anum et penem, aut inter anum et » vulvam nullo modo potui discernere, licet quasvis in indagatione ista cautelas adhibuerim..... » Cuniculi Americani, porcelli pilis et voce. *Marcgr.* Fabricâ internarum partium ab hoc » animali non multum abludunt. » Gmelin, *Nov. Com. Ac. Petrop.*, t. V, art. vii.

» étant aussi disposées de la même manière; seulement il est plus brun et
» a les yeux plus petits et la tête plus pointue; ses pieds de devant sont
» courts, et ceux de derrière longs, dans la même proportion que ceux du
» jerboa (gerbo). Quoiqu'il se cache quelquefois dans la terre, sa retraite
» ordinaire est dans les trous et fentes de rochers, ce qui me fait croire,
» continue M. Shaw, que c'est cet animal plutôt que le jerboa (gerbo) qu'on
» doit prendre pour le *saphan* de l'Écriture; personne n'a pu me dire d'où
» vient le nom moderne de daman Israël, qui signifie *agneau d'Israël* (a). »
Prosper Alpin, qui avait indiqué cet animal avant le docteur Shaw, dit que
sa chair est excellente à manger, et qu'il est plus gros que notre lapin
d'Europe; mais ce dernier fait paraît douteux, car le docteur Shaw l'a
retranché du passage de Prosper Alpin, qu'il cite au reste en entier.

LA MANGOUSTE (*b*)

La Mangouste (*) est domestique en Égypte comme le chat l'est en Europe,
et elle sert de même à prendre les souris et les rats (c); mais son goût pour
la proie est encore plus vif, et son instinct plus étendu que celui du chat, car
elle chasse également aux oiseaux, aux quadrupèdes, aux serpents, aux
lézards, aux insectes, attaque en général tout ce qui lui paraît vivant, et se
nourrit de toute substance animale; son courage est égal à la véhémence de
son appétit; elle ne s'effraie ni de la colère des chiens, ni de la malice des
chats, et ne redoute pas même la morsure des serpents, elle les poursuit avec
acharnement, les saisit et les tue, quelque venimeux qu'ils soient; et lorsqu'elle commence à ressentir les impressions de leur venin, elle va chercher
des antidotes, et particulièrement une racine (d) que les Indiens ont nommée

(a) *Voyage de Shaw*, t. II, p. 75.

(b) Mangouste, mot dérivé de *Mangutia*, nom de cet animal aux Indes. — *Ichneumon*
en grec et en latin. *Tezer-dea* en arabe, selon le docteur Shaw.

(c) « Mihi ichneumon fuit utilissimus ad mures ex meo cubiculo fugandos..... unum alui
» à quo murium damna plane cessarunt; si quidem quotquot offendebat interimebat, lon-
» geque ad hos necandos fugandosque fele est ichneumon utilior. » Prosp. Alp., *Descript.
Ægypt.*, lib. iv, p. 235.

(d) « Primum antidotum... radix est plantæ malaice Hampaddu-Tanah, id est Fel terræ
» dicta à sapore amarissimo... Lusitanis ibidem Raja seu radix mungo appellata à mustelâ
» quâdam seu viverrâ Indis mungustia... appellata quæ radicem monstrasse et ejus usum. .
» prima... prodidisse creditur..... Indi igitur... præcipue qui Sumatram et Javam incolunt,
» sive usum à mustelâ edocti sint, sive casu quodam invenerint, radicem pro explorato
» habent antidoto. » Kæmpfer, *Amœnit.*, p. 574. — Dans l'Inde, il est une racine qui ne
produit ni tronc, ni branches, ni feuilles, qui s'appelle *chiri*, nom qu'elle tire d'un anima

(*) La Mangouste (*Herpestes Ichneumon* K.) est un Mamifère de l'ordre des Carnivores
et de la famille des Viverrides.

de son nom, et qu'ils disent être un des plus sûrs et des plus puissants remèdes contre la morsure de la vipère ou de l'aspic : elle mange les œufs du crocodile comme ceux des poules et des oiseaux, elle tue et mange aussi les petits crocodiles (a), quoiqu'ils soient déjà très forts peu de temps après qu'ils sont sortis de l'œuf ; et comme la fable est toujours mise par les hommes à la suite de la vérité, on a prétendu qu'en vertu de cette antipathie pour le crocodile, la mangouste entrait dans son corps lorsqu'il était endormi, et n'en sortait qu'après lui avoir déchiré les viscères.

Les naturalistes ont cru qu'il y avait plusieurs espèces de mangoustes, parce qu'il y en a de plus grandes et de plus petites, et de poils différents ; mais si l'on fait attention qu'étant souvent élevées dans les maisons, elles ont dû, comme les autres animaux domestiques, subir des variétés, on se persuadera facilement que cette diversité de couleur et cette différence de grandeur n'indiquent que de simples variétés, et ne suffisent pas pour constituer des espèces, d'autant que dans deux mangoustes que j'ai vues vivantes, et dans plusieurs autres dont les peaux étaient bourrées, j'ai reconnu les nuances intermédiaires, tant pour la grandeur que pour la couleur, et remarqué que pas une ne différait de toutes les autres par aucun caractère évident et constant ; il paraît seulement qu'en Egypte, où les mangoustes sont pour ainsi dire domestiques, elles sont plus grandes qu'aux Indes, où elles sont sauvages (b).

qui sait seul la reconnaître et la trouver. Cet animal est grand comme une marte, et lui ressemble assez par la forme, excepté qu'il est un peu plus corsé (corpulento); la couleur de son poil est obscure, qui est dur, tendu et hérissé comme celui des sangliers, mais moins long; sa queue est charnue, lisse et unie comme celle de la marte. L'antipathie que cet animal a pour les serpents est extraordinaire, et il ne semble s'occuper qu'à leur tendre des embûches..... Les chasseurs ont observé qu'il va déterrer la racine dont nous venons de parler, soit pour se guérir, soit pour se préserver de l'effet du venin... on la regarde comme le meilleur antidote que l'Inde fournisse. *Voyage du P. Vincent-Marie*, traduction communiquée par M. le marquis de Montmirail.

(a) L'*ichneumon* ou *rat de Pharaon* est une espèce de petit cochon sauvage, joli et très aisé à apprivoiser, qui a le poil hérissé comme un porc-épic; il est ennemi des autres rats. et surtout des crocodiles; non seulement il dévore leurs œufs, dont il se nourrit, mais il attaque encore avec courage les petits crocodiles, dont il sait venir à bout, en les prenant par le cou, au défaut de la tête. *Description de l'Egypte*, par Maillet, p. 34.

(b) Cet ichneumon (dit Edwards) venait des Indes orientales et était fort petit; j'en ai vu un autre venu d'Égypte qui était plus du double..... La seule différence qu'il y avait, outre la grandeur, entre les deux ichneumons, c'est que celui d'Égypte avait une petite touffe de poil à l'extrémité de la queue, au lieu que la queue de celui des Indes se terminait en pointe. et je crois que cela fait deux espèces distinctes et séparées, parce que celui des Indes, qui était si petit en comparaison de celui d'Égypte, avait cependant pris son entier accroissement. *Edwards*, p. 199. — *Nota*. Ces différences ne m'ont pas paru suffisantes pour établir deux espèces, attendu qu'entre les plus petites et les plus grandes, c'est-à-dire entre treize et vingt-deux pouces de longueur, il s'en trouve d'intermédiaires, comme de quinze et dix-sept pouces de grandeur. *Seba*, qui a donné la figure et la description (vol. Ier, p. 66, tabl. xLI) d'une de ces petites mangoustes qu'il avait eue vivante, et qui lui venait de Ceylan, dit qu'elle était très malpropre et qu'on n'avait pu l'apprivoiser; cette différence de naturel pourrait faire penser que cette petite mangouste est d'une espèce différente des autres;

Les nomenclateurs, qui ne veulent jamais qu'un être ne soit que ce qu'il est, c'est-à-dire qu'il soit seul de son genre, ont beaucoup varié au sujet de la mangouste. M. Linnæus en avait d'abord fait un blaireau, ensuite il en fait un furet ; Hasselquist, d'après les premières leçons de son maître, en fait aussi un blaireau ; MM. Klein et Brisson l'ont mise dans le genre des belettes ; d'autres en ont fait une loutre, et d'autres un rat; je ne cite ces idées que pour faire voir le peu de consistance qu'elles ont dans la tête même de ceux qui les imaginent, et aussi pour mettre en garde contre ces dénominations qu'ils appellent génériques, et qui presque toutes sont fausses, ou du moins arbitraires, vagues et équivoques (a).

La mangouste habite volontiers aux bords des eaux : dans les inondations elle gagne les terres élevées, et s'approche souvent des lieux habités pour y

cependant elle ressemble si fort à celles dont nous avons parlé, qu'on ne peut douter que ce ne soit le même animal; et d'ailleurs, je puis assurer moi-même avoir vu une de ces petites mangoustes qui était si privée, que son maître (M. le président de Robien), qui l'aimait beaucoup, la portait toujours dans son chapeau, et faisait à tout le monde l'éloge de sa gentillesse et de sa propreté.

(a) Hasselquist termine sa longue et sèche description de la mangouste par ces mots : « Galli in Ægypto conversantes qui omnibus rebus, quas non cognoscunt, sua imponunt » nomina ficta, appellarunt hoc animal *rat de Pharaon*. Quod sequuti qui latine relationes » de Ægypto dederunt, Alpin, Belon, murem Pharaonis effinxerunt. » Si cet homme eût seulement lu Belon et Alpin, qu'il cite, il aurait vu que ce ne sont pas les Français qui ont donné le nom de *rat de Pharaon* à la mangouste, mais les Égyptiens mêmes, et il se serait abstenu de prendre de là occasion de mal parler de notre nation; mais l'on ne doit pas être surpris de trouver l'imputation d'un pédant dans l'ouvrage d'un écolier : en effet, cette description de la mangouste, ainsi que celle de la girafe et de quelques autres animaux, données par ce nomenclateur, ne pourront jamais servir qu'à excéder ceux qui voudraient s'ennuyer à les lire : 1º parce qu'elles sont sans figures, et que le nombre des mots ne peut suppléer à la représentation, un coup d'œil vaut mieux dans ce genre qu'un long détail de paroles; 2º parce que ces mots ou paroles sont la plupart d'un latin barbare, ou plutôt ne sont d'aucune langue; 3º parce que la méthode de ces descriptions n'est qu'une routine que tout homme peut suivre, et qui ne suppose ni génie ni même d'intelligence; 4º parce que la description étant trop minutieuse, les caractères remarquables, singuliers et distinctifs de l'être qu'on décrit, y sont confondus avec les signes les plus obscurs, les plus indifférents et les plus équivoques ; 5º enfin, parce que le trop grand nombre de petits rapports et de combinaisons précaires, dont on est obligé de charger sa mémoire, rendent le travail du lecteur plus grand que celui de l'auteur, et les laisse tous les deux aussi ignorants qu'ils étaient. Une preuve qu'avec cette routine on se dispense de lire et de s'instruire, c'est : 1º la fausse imputation que l'auteur fait aux Français au sujet du rat de Pharaon ; c'est : 2º l'erreur qu'il commet en donnant à cet animal le nom arabe *nems*, tandis que ce mot arabe est le nom du furet, et non pas celui de la mangouste; il ne fallait pas même savoir l'arabe pour éviter cette faute, il aurait suffi d'avoir lu les voyages de ceux qui l'avaient précédé dans le même pays; 3º l'omission qu'il fait des choses essentielles, en même temps qu'il s'étend sans mesure sur les indifférentes; par exemple, il décrit la girafe aussi minutieusement que la mangouste, et ne laisse pas que de manquer le caractère essentiel, qui est de savoir si les cornes sont permanentes ou si elles tombent tous les ans : dans vingt fois plus de paroles qu'il n'en faut, l'on ne trouve pas le mot nécessaire, et l'on ne peut juger par sa description si la girafe est du genre des cerfs ou de celui des bœufs. Mais c'est assez s'arrêter sur une critique que tout homme sensé ne manquera pas de faire lorsque de pareils ouvrages lui tomberont entre les mains.

chercher sa proie ; elle marche sans faire aucun bruit, et selon le besoin elle
varie sa démarche ; quelquefois elle porte la tête haute, raccourcit son corps
et s'élève sur ses jambes ; d'autres fois elle a l'air de ramper et de s'allonger
comme un serpent ; souvent elle s'assied sur ses pieds de derrière, et plus
souvent encore elle s'élance comme un trait sur la proie qu'elle veut saisir ;
elle a les yeux vifs et pleins de feu, la physionomie fine, le corps très agile,
les jambes courtes, la queue grosse et très longue, le poil rude et souvent
hérissé ; le mâle et la femelle (a) ont tous deux une ouverture remarquable
et indépendante des conduits naturels, une espèce de poche dans laquelle se
filtre une humeur odorante ; on prétend que la mangouste ouvre cette poche
pour se rafraîchir lorsqu'elle a trop chaud ; son museau trop pointu et sa
gueule étroite l'empêchent de saisir et de mordre les choses un peu grosses,
mais elle sait suppléer par agilité, par courage, aux armes et à la force qui
lui manquent ; elle étrangle aisément un chat, quoique plus gros et plus fort
qu'elle ; souvent elle combat les chiens, et quelque grands qu'ils soient elle
s'en fait respecter.

Cet animal croît promptement et ne vit pas longtemps (b) ; il se trouve en
grand nombre dans toute l'Asie méridionale (c), depuis l'Egypte jusqu'à Java,
et il paraît qu'il se trouve aussi en Afrique, jusqu'au cap de Bonne-Espérance (d) (*) : mais on ne peut l'élever aisément ni le garder longtemps dans

(a) Les habitants d'Alexandrie nourrissent une bête nommée *ichneumon*, qui est particulièrement trouvée en Égypte. On la peut apprivoiser ès-maisons tout ainsi comme un chat
ou un chien. Le vulgaire a cessé de la nommer par son nom ancien, car ils le *nomment, en
leur langage*, rat de Pharaon. Or, nous avons vu que les paysans en apportaient des petits
au marché d'Alexandrie, où ils sont bien recueillis pour en nourrir ès-maisons, à cause
qu'ils chassent les rats... les serpents, etc. Cet animal est cauteleux en épiant sa pâture...
il se nourrit indifféremment de toutes viandes vives, comme d'escarbots, lézards, chamé-
léons, et généralement de toutes espèces de serpents, de grenouilles, rats et souris; il est
friand des oiseaux, des poules et poulets : quand il est courroucé, il hérisse son poil... il a
une particulière marque, c'est un grand pertuis tout entouré de poil hors le conduit de l'excrément, ressemblant quasi au membre honteux des femelles, lequel conduit il ouvre lorsqu'il a grand chaud. Belon. *Obs.* feuill. 95, *verso*.

(b) « Feles et ichneumon tot numero pariunt quot canes, vescunturque eisdem, vivunt
» circiter annos sex. » Arist., *Hist. anim.*, lib. VI, cap. XXXV.

(c) « Mungos alunt rura calentis Asiæ omnis, usque ad Gangem, etiam in iis regionibus
» in quibus radix mungo numquam germinavit. » Kæmpf., *Amœnit.*, p. 574. — La mangouste
est un petit animal très joli, fait à peu près comme nos belettes de France... mais d'une
couleur incomparablement plus belle..... Le blanc et le noir dominent sur chaque poil, et il
y a une espèce de rouge qui fait la nuance entre le noir et le blanc. Sa queue est couverte
d'un poil avec les mêmes nuances, et plus long que celui du corps. Il a la tête couverte
d'un petit poil ras ; ses yeux sont gros et ses oreilles courtes et arrondies : cette mangouste
avait deux pieds et demi de long depuis la tête jusqu'à l'extrémité de la queue..... Elle venait
du royaume de Calicut, et a été apportée en France dans un vaisseau de notre escadre ; elle
a vécu à Paris cinq mois; elle était devenue fort familière. *Curiosités de la Nature et de
l'Art*. Paris, 1703, p. 211

(d) L'ichneumon est de la grandeur du chat, mais il a la forme d'une musaraigne.....

(*) On distingue généralement plusieurs espèces que Buffon réunit ici en une seule.

nos climats tempérés, quelque soin qu'on en prenne ; le vent l'incommode, le froid le fait mourir ; pour éviter l'un et l'autre, et conserver sa chaleur, il se met en rond et cache sa tête entre ses cuisses. Il a une petite voix douce, une espèce de murmure, et son cri ne devient aigre que lorsqu'on le frappe et qu'on l'irrite : au reste, la mangouste était en vénération chez les anciens Egyptiens, et mériterait bien encore aujourd'hui d'être multipliée, ou du moins épargnée, puisqu'elle détruit un grand nombre d'animaux nuisibles, et surtout les crocodiles dont elle sait trouver les œufs, quoique cachés dans le sable ; la ponte de ces animaux est si nombreuse (a) qu'il y aurait tout à craindre de leur multiplication si la mangouste n'en détruisait les germes.

LA FOSSANE (*b*)

Quelques voyageurs ont appelé la fossane (*) *genette de Madagascar*, parce qu'elle ressemble à la genette par les couleurs du poil et par quelques autres rapports ; cependant elle est constamment plus petite, et ce qui nous fait penser que ce n'est point une genette, c'est qu'elle n'a pas la poche odoriférante qui, dans cet animal, est un attribut essentiel. Comme nous étions incertains de ce fait, n'ayant pu nous procurer l'animal pour le disséquer, nous avons consulté par lettres M. Poivre, qui nous en a envoyé la peau bourrée, et il a eu la bonté de nous répondre dans les termes suivants :

Lyon, 19 juillet 1761.

« La fossane que j'ai apportée de Madagascar est un animal qui a les mœurs
» de notre fouine : les habitants de l'île m'ont assuré que la fossane mâle
» étant en chaleur ses parties avaient une forte odeur de musc. Lorsque j'ai
» fait empailler celle qui est au Jardin du Roi je l'examinai attentivement, je

---

Tout son corps est couvert de poils longs, raides, rayés et tachetés de blanc, de noir et de jaune. Cet animal, qui est très commun dans les campagnes du Cap, est grand destructeur de serpents et d'oiseaux. *Description du cap de Bonne-Espérance*, par Kolbe, t. III, chap. v.

(a) Le plus grand service que l'ichneumon rende à l'Égypte est de briser les œufs des crocodiles partout où il les rencontre ; c'est pour cela que les anciens Égyptiens lui portaient un culte religieux. *Voyage de Paul Lucas*, t. III, p. 203. — C'était avec justice que les anciens Égyptiens révéraient l'ichneumon ou rat de Pharaon. L'on dit que de quatre cents œufs que le crocodile pond à la fois, pour en sauver quelques-uns de la fureur de cet animal mortel de son espèce, il est obligé de les transporter dans quelques îles, lorsque le Nil s'est retiré. *Description de l'Egypte*, par Maillet, t. II, p. 129.

(*b*) *Fossa* ou *Fossane*, nom de cet animal à Madagascar, et que nous avons adopté.

(*) *Viverra Fossa* L.

» n'y découvris aucune poche, et je ne lui trouvai aucune odeur de parfum.
» J'ai élevé un animal semblable à la Cochinchine, et un autre aux îles Phi-
» lippines ; l'un et l'autre étaient des mâles, ils étaient devenus un peu fami-
» liers, je les avais eus très petits, et je ne les ai guère gardés que deux ou
» trois mois ; je n'y ai jamais trouvé de poche entre les parties que vous
» m'indiquez (*) ; je me suis seulement aperçu que leurs excréments avaient
» l'odeur de ceux de notre fouine. Ils mangeaient de la viande et des fruits,
» mais ils préféraient ces derniers, et montraient surtout un goût plus décidé
» pour les bananes, sur lesquelles ils se jetaient avec voracité. Cet animal
» est très sauvage, fort difficile à apprivoiser ; et quoique élevé bien jeune
» il conserve toujours un air et un caractère de férocité, ce qui m'a paru
» extraordinaire dans un animal qui vit volontiers de fruits. L'œil de la fos-
» sane ne présente qu'un globe noir fort grand comparé à la grosseur de sa
» tête, ce qui donne à cet animal un air méchant. »

Nous sommes très aises d'avoir cette occasion de marquer notre reconnaissance à M. Poivre, qui par goût pour l'histoire naturelle, et par amitié pour
ceux qui la cultivent, a donné au cabinet un assez grand nombre de morceaux
rares et précieux dans tous les genres.

Il nous paraît que l'animal appelé *berbé,* en Guinée, est le même que la
fossane, et que par conséquent cette espèce se trouve en Afrique comme en
Asie. « Le berbé, disent les voyageurs (*a*), a le museau plus pointu et le
» corps plus petit que le chat ; il est marqueté comme la civette. » Nous ne
connaissons pas d'animal auquel ces indications, qui sont assez précises,
conviennent mieux qu'à la fossane.

LE VANSIRE (*b*)

Ceux qui ont parlé de cet animal (**) l'ont pris pour un furet, auquel en effet
il ressemble à beaucoup d'égards ; cependant il en diffère par des caractères
qui nous paraissent suffisants pour en faire une espèce distincte et séparée.
Le vansire a douze dents mâchelières dans la mâchoire supérieure, au lieu

(*a*) *Voyage en Guinée,* par Bosman, p. 256, fig. n° 1, p. 252.

(*b*) *Vansire,* mot dérivé de *Vohang-shira,* nom de cet animal à Madagascar. La province
de Balta, dans le royaume de Congo, offre une infinité de beaux sables (martes), qui portent le nom d'*Insire. Histoire générale des Voyages,* t. V, p. 87. — *Nota.* Il n'y a point de
sables ou de martes à Congo, et la ressemblance du nom nous fait croire que l'insire de
Congo pourrait bien être le vansire de Madagascar.

(*) Cependant cette poche, d'après Cuvier, existe.
(**) *Mustela glabra* L.

que le furet n'en a que huit ; et les mâchelières d'en bas, quoiqu'en égal nombre de dix dans ces deux animaux, ne se ressemblent ni par la forme ni par la situation respective : d'ailleurs le vansire diffère par la couleur du poil de tous nos furets, quoique ceux-ci, comme tous les animaux que l'homme prend soin d'élever et de multiplier, varient beaucoup entre eux, même du mâle à la femelle.

Il nous paraît que l'animal indiqué par Seba (a), sous la dénomination de *belette de Java*, qu'il dit que les habitants de cette île nomment *koger-angan*, et qu'ensuite M. Brisson (b) a nommé le *furet de Java*, pourrait bien être le même animal que le vansire ; c'est au moins, de tous les animaux connus, celui duquel il approche le plus ; mais ce qui nous empêche de prononcer décisivement c'est que la description de Seba n'est pas assez complète pour qu'on puisse établir la juste comparaison qui serait nécessaire pour juger sans scrupule. Nous la mettons sous les yeux du lecteur (c) pour qu'il puisse lui-même la comparer avec la nôtre.

LES MAKIS (*d*)

Comme l'on a donné le nom de *maki* (*) à plusieurs animaux d'espèces différentes, nous ne pouvons l'employer que comme un terme générique, sous lequel nous comprendrons trois animaux qui se ressemblent assez pour être du même genre, mais qui diffèrent aussi par un nombre de caractères suffisant pour constituer des espèces évidemment différentes. Ces trois animaux ont tous une longue queue, et les pieds conformés comme les singes ; mais leur museau est allongé comme celui d'une fouine, et ils ont à la mâchoire

(a) *Mustela Javanica.* Ab incolis Javæ *Koger-angan* vocatur. Seba, vol. Ier, p. 77, n° 4, tab. xlviii, fig. 4.

(b) *Mustela supra rufa, infra dilute flava, caudæ apice nigricante... Viverra Juvanica.* Le furet de Java, Briss., *Règne animal*, p. 245.

(c) « Javanica hæc mustela, hic repræsentata, collo et corpore est brevioribus quam nos- » tras ; caput tegentes pili obscure spadicei sunt, ruffi qui dorsum, dilute vero flavi qui » ventrem vestiunt, caudâ interim in apicem acutum et nigricantem desinente. » *Seba*, vol. Ier, p. 78.

(d) *Nota.* Il paraît que le mot *Maki* a été dérivé de *mocok* ou *maucauc*, qui est le nom que l'on donne communément à ces animaux au Mozambique et dans les îles voisines de Madagascar, dont ils sont originaires.

(*) Les Makis (*Lemur* L.) sont des Mammifères de l'ordre des Lémuriens, de la famille des Lémurides. Ils sont caractérisés par un museau très allongé, ayant quelque ressemblance avec celui du Renard ; des oreilles courtes et velues ; une queue longue et touffue ; des membres postérieurs beaucoup plus développés que les antérieurs. Leur formule dentaire est $\frac{2\ (0)}{2}\ \frac{1}{1}\ \frac{3}{3}\ \frac{3}{3}$ C'est à tort que Buffon leur donne six incisives à la mâchoire inférieure ; ainsi que l'indique cette formule, ils n'en ont que quatre.

1. MAKI ROUGE. 2. MAKI MOCOCO.

inférieure six dents incisives, au lieu que tous les singes n'en ont que quatre. Le premier de ces animaux est le mocock (*a*) ou mococo (*), que l'on
connaît vulgairement sous le nom de *maki à queue annelée*. Le second est le
mongous, appelé vulgairement *maki brun* (**) ; mais cette dénomination a
été mal appliquée, car, dans cette espèce, il y en a de tout bruns, d'autres qui
ont les joues et les pieds blancs, et encore d'autres qui ont les joues noires et
les pieds jaunes. Le troisième est le vari, appelé par quelques-uns *maki pie ;*
mais cette dénomination a été mal appliquée, car dans cette espèce (***), outre
ceux qui sont pies, c'est-à-dire blancs et noirs, il y en a de tout blancs et de
de tout noirs (*b*). Ces trois animaux sont tous originaires des parties de
l'Afrique orientale, et notamment de Madagascar, où on les trouve en grand
nombre.

Le mococo est un joli animal, d'une physionomie fine, d'une figure élégante
et svelte, d'un beau poil toujours propre et lustré ; il est remarquable par la
grandeur de ses yeux, par la hauteur de ses jambes de derrière qui sont beaucoup plus longues que celles de devant, et par sa belle et grande queue qui
est toujours relevée, toujours en mouvement, et sur laquelle on compte jusqu'à trente anneaux alternativement noirs et blancs, tous bien distincts et
bien séparés les uns des autres : il a les mœurs douces, et quoiqu'il ressemble en beaucoup de choses aux singes, il n'en a ni la malice ni le naturel.
Dans son état de liberté il vit en société, et on le trouve à Madagascar (*c*) par
troupes de trente ou quarante ; dans celui de captivité il n'est incommode
que par le mouvement prodigieux qu'il se donne : c'est pour cela qu'on le
tient ordinairement à la chaîne, car, quoique très vif et très éveillé, il n'est
ni méchant ni sauvage, il s'apprivoise assez pour qu'on puisse le laisser aller
et venir sans craindre qu'il s'enfuie ; sa démarche est oblique comme celle
de tous les animaux qui ont quatre mains au lieu de quatre pieds ; il saute
de meilleure grâce et plus légèrement qu'il ne marche ; il est assez silen-
cieux et ne fait entendre sa voix que par un cri court et aigu, qu'il laisse

(*a*) *Mocok* ou *mococo*, nom de cet animal sur les côtes orientales de l'Afrique, et que nous
avons adopté. « L'île de Johanna, sur la côte de Mozambique, produit une espèce de bêtes
» qui ressemblent au renard, et qui ont l'œil très vif ; leur poil est laineux et couleur de
» souris ; leur queue, qui a environ trois pieds de long, est bariolée avec des cercles noirs,
» à un pouce de distance : les habitants les appellent *mocok*. Quand on les prend fort jeunes,
» on les apprivoise bientôt. » *Voyage de Fr. Henri Grosse*. Londres, 1758, p. 42. On appelle
aussi cet animal *vary* à Madagascar. « Dans les Ampatres et Miafalles, il y a des singes
» blancs en quantité, qu'ils appellent *vari*, qui ont la queue rayée de noir et de blanc. »
Voyage de Flacourt, p. 154.

(*b*) *The black maucauco*. Le maucauco noir. *Glanures d'Edwards*, p. 13, fig. *ibid.*

(*c*) Les varis, qui ont la queue rayée de noir et de blanc, marchent en troupes de trente,
quarante ou cinquante. Ils ressemblent aux varicossis. *Voyage de Flacourt*, p. 154.

(*) *Lemur Catta* L.
(**) *Lemur Mongoz* L.
(***) *Lemur varius.*

pour ainsi dire échapper lorsqu'on le surprend ou qu'on l'irrite. Il dort assis, le museau incliné et appuyé sur sa poitrine ; il n'a pas le corps plus gros qu'un chat, mais il l'a plus long, et il paraît plus grand parce qu'il est plus élevé sur ses jambes ; son poil, quoique très doux au toucher, n'est pas couché, et se tient assez fermement droit ; le mococo a les parties de la génération petites et cachées, au lieu que le mongous a des testicules prodigieux pour sa taille, et extrêmement apparents.

Le mongous est plus petit que le mococo ; il a, comme lui, le poil soyeux et assez court, mais un peu frisé ; il a aussi le nez plus gros que le mococo, et assez semblable à celui du vari. J'ai eu chez moi, pendant plusieurs années, un de ces mongous qui était tout brun ; il avait l'œil jaune, le nez noir et les oreilles courtes ; il s'amusait à manger sa queue, et en avait ainsi détruit les quatre ou cinq dernières vertèbres ; c'était un animal fort sale et assez incommode ; on était obligé de le tenir à la chaîne, et quand il pouvait s'échapper il entrait dans les boutiques du voisinage pour chercher des fruits, du sucre, et surtout des confitures dont il ouvrait les boîtes ; on avait bien de la peine à le reprendre, et il mordait cruellement alors ceux même qu'il connaissait le mieux : il avait un petit grognement presque continuel, et lorsqu'il s'ennuyait et qu'on le laissait seul il se faisait entendre de fort loin par un coassement tout semblable à celui de la grenouille ; c'était un mâle, et il avait les testicules extrêmement gros pour sa taille ; il cherchait les chattes, et même se satisfaisait avec elles, mais sans accouplement intime et sans production. Il craignait le froid et l'humidité, il ne s'éloignait jamais du feu et se tenait debout pour se chauffer : on le nourrissait avec du pain et des fruits ; sa langue était rude comme celle d'un chat ; et si on le laissait faire il léchait la main jusqu'à la faire rougir, et finissait souvent par l'entamer avec les dents. Le froid de l'hiver 1750 le fit mourir, quoiqu'il ne fût pas sorti du coin du feu ; il était très brusque dans ses mouvements, et fort pétulant par instant ; cependant il dormait souvent le jour, mais d'un sommeil léger que le moindre bruit interrompait.

Il y a dans cette espèce du mongous plusieurs variétés, non seulement pour le poil, mais pour la grandeur ; celui dont nous venons de parler était tout brun et de la taille d'un chat de moyenne grosseur. Nous en connaissons de plus grands et de bien plus petits ; nous en avons vu un qui, quoique adulte, n'était pas plus gros qu'un loir ; si ce petit mongous n'était pas ressemblant en tout au grand, il serait sans contredit d'une espèce différente ; mais la ressemblance entre ces deux individus nous a paru si parfaite, à l'exception de la grandeur, que nous avons cru devoir les réduire tous deux à la même espèce, sauf à les distinguer dans la suite par un nom différent, si l'on vient à acquérir la preuve que ces deux animaux ne se mêlent point ensemble et qu'ils soient aussi différents par l'espèce qu'ils le sont par la grandeur.

Le vari (a) est plus grand, plus fort et plus sauvage que le mococo ; il est même d'une méchanceté farouche dans son état de liberté. Les voyageurs disent « que ces animaux sont furieux comme des tigres, et qu'ils font un tel » bruit dans les bois que s'il y en a deux il semble qu'il y en ait un cent, et » qu'ils sont très difficiles à apprivoiser (b). » En effet, la voix du vari tient un peu du rugissement du lion, et elle est effrayante lorsqu'on l'entend pour la première fois ; cette force étonnante de voix dans un animal qui n'est que de médiocre grandeur dépend d'une structure singulière dans la trachée-artère, dont les deux branches s'élargissent et forment une large concavité avant d'aboutir aux bronches du poumon ; il diffère donc beaucoup du mococo par le naturel aussi bien que par la conformation ; il a, en général, le poil beaucoup plus long, et en particulier une espèce de cravate de poils encore plus longs qui lui environne le cou, et qui fait un caractère très apparent par lequel il est aisé de le reconnaître ; car, au reste, il varie du blanc au noir et au pie par la couleur du poil, qui, quoique long et très doux, n'est pas couché en arrière, mais s'élève presque perpendiculairement sur la peau : il a le museau plus gros et plus long à proportion que le mococo, les oreilles beaucoup plus courtes et bordées de longs poils, les yeux d'un jaune orangé si foncé qu'ils paraissent rouges.

Les mococos, les mongous et les varis sont du même pays et paraissent être confinés à Madagascar (c), au Mozambique et aux terres voisines de ces îles ; il ne paraît, par aucun témoignage des voyageurs, qu'on les ait trouvés nulle part ailleurs ; il semble qu'ils soient dans l'ancien continent ce que sont dans le nouveau les marmoses, les cayopollins, les phalangers qui ont quatre mains comme les makis, et qui, comme tous les autres animaux du nouveau monde, sont fort petits en comparaison de ceux de l'ancien ; et à l'égard de la forme, les makis semblent faire la nuance entre les singes à

(a) *Nota.* Flacourt, qui appelle le mococo *vari*, donne à celui-ci le nom de *varicossy*; il y a toute apparence que *cossy* est une épithète augmentative pour la grandeur, la force ou la férocité de cet animal, qui diffère en effet du mococo par ces attributs et par plusieurs autres.

(b) *Voyage de Flacourt*, p. 153 et 154. — *Nota.* Lorsque cet animal est pris jeune, il perd apparemment toute sa férocité, et il paraît aussi doux que le mococo. « C'est, dit M. Edwards, » un animal d'un naturel sociable, doux et pacifique, qui n'a rien de la ruse ni de la malice » du singe. » *Glanures*, p. 13.

(c) La province de Mélagasse à Madagascar est peuplée d'un grand nombre de singes de plusieurs espèces ; on en voit des bruns de couleur de castor, ayant le poil cotonné, la queue large et longue, de laquelle, étant retroussée sur le dos, ils se couvrent contre la pluie et le soleil, dormant ainsi cachés sur les branches des arbres, comme l'écureuil. Au reste, ils ont le museau comme une fouine et les oreilles rondes; cette espèce est la moins nuisible et maligne de toutes. Les Antavarres en ont de même poil que ceux-ci, ayant une forme de fraise blanche autour du cou ; il y en a de tout blancs comme neige, de la grosseur des précédents, ayant le museau long ; ils grondent comme des cochons. *Relat. de Madagascar*, par F. Cauche, p. 127. — *Nota.* Le mongous et le vari sont indiqués par ce passage d'une manière à ne pouvoir s'y méprendre ; et c'est sur cette autorité que j'ai dit qu'il y avait non seulement des varis noirs et pies, mais encore de tout blancs.

longue queue et les animaux fissipèdes, car ils ont quatre mains et une longue queue comme ces singes, et en même temps ils ont le museau long
comme les renards ou les fouines ; cependant ils tiennent plus des singes par
les habitudes essentielles, car, quoiqu'ils mangent quelquefois de la chair et
qu'ils se plaisent aussi à épier les oiseaux, ils sont cependant moins carnassiers que frugivores, et ils préfèrent, même dans l'état de domesticité, les
fruits, les racines et le pain à la chair cuite ou crue.

LE LORIS (a)

Le loris (*) est un petit animal qui se trouve à Ceylan, et qui est très remarquable par l'élégance de sa figure et la singularité de sa conformation : il est
peut-être de tous les animaux celui qui a le corps le plus long relativement à
sa grosseur ; il a neuf vertèbres lombaires, au lieu que tous les autres animaux
n'en ont que cinq, six ou sept, et c'est de là que dépend l'allongement de son
corps, qui paraît d'autant plus long qu'il n'est pas terminé par une queue ; sans
ce défaut de queue et cet excès de vertèbres on pourrait le comprendre dans
la liste des makis, car il leur ressemble par les mains et les pieds qui sont à
peu près conformés de même, et aussi par la qualité du poil, par le nombre
des dents et par le museau pointu ; mais, indépendamment de la singularité
que nous venons d'indiquer, et qui l'éloigne beaucoup des makis, il a encore
d'autres attributs particuliers. Sa tête est tout à fait ronde et son museau est
presque perpendiculaire sur cette sphère ; ses yeux sont excessivement gros
et très voisins l'un de l'autre ; ses oreilles larges et arrondies sont garnies en
dedans de trois oreillons en forme de petite conque ; mais ce qui est encore
plus remarquable, et peut-être unique, c'est que la femelle urine par le clitoris, qui est percé comme la verge du mâle, et que ces deux parties se
ressemblent parfaitement même pour la grandeur et la grosseur.

M. Linnæus a donné une courte description de cet animal (b), qui nous a
paru très conforme à la nature ; il est aussi fort bien représenté dans l'ou-

(a) *Loris. Loeris*, nom que les Hollandais ont donné à cet animal, et que nous avons
adopté.

(b) « Statura sciuri, subferruginea, lineâ dorsali subfuscâ ; gulâ albidiore linea longitu-
» dinalis oculis interjecta. Facies tecta, auriculæ urceolatæ, intus bifoliatæ, pedum palmæ
» plantæque nudæ, ungues rotundati, indicum plantarum vero subulati. Cauda *fere* nulla,
» mammæ 2 in pectore ; 2 in abdomine versus pectus. Animal tardigradum, audidu excel-
» lens, monogamum. » Linn., *Syst. nat.*, édit. X, p. 30. — *Nota.* Cet animal n'ayant point

(*) Les Loris sont des Lémuriens de la famille des Lémurides caractérisés par une tête
ronde, des yeux grands, des oreilles courtes et arrondies, des membres postérieurs de même
taille que les antérieurs, une queue rudimentaire. Leur formule dentaire est $\frac{2}{2}\frac{(1)}{1}\frac{3}{2}\frac{3}{3}$. Ils
forment une petite sous-famille des Nycticébides dans laquelle on a établi les deux genres
Nycticebus GEOFFR. et *Stenops* ILL.

vrage de Seba, et il nous paraît que c'est le même animal dont parle Thévenot dans les termes suivants : « Je vis au Mogol des singes dont on faisait
» grand cas, qu'un homme avait apportés de Ceylan ; on les estimait parce
» qu'ils n'étaient pas plus gros que le poing, et qu'ils sont d'une espèce diffé-
» rente des singes ordinaires ; ils ont le front plat, les yeux ronds et grands ;
» jaunes et clairs comme ceux de certains chats : leur museau est fort pointu
» et le dedans des oreilles est jaune ; ils n'ont point de queue…; quand je
» les examinai ils se tenaient sur les pieds de derrière et s'embrassaient
» souvent, regardant fixement le monde sans s'effaroucher (a). »

LA CHAUVE-SOURIS FER-DE-LANCE (b)

Dans le grand nombre d'espèces de chauves-souris qui n'étaient ni nom-
mées ni connues, nous en avons indiqué quelques-unes par des noms empruntés des langues étrangères, et d'autres par des dénominations tirées de leur
caractère le plus frappant ; il y en a une que nous avons appelée le *fer-à-
cheval* (*), parce qu'elle porte au devant de sa face un relief exactement
semblable à la forme d'un fer à cheval. Nous nommons de même celle dont il
est ici question, le *fer-de-lance*, parce qu'elle présente une crête ou membrane en forme de trèfle très pointu, et qui ressemble parfaitement à un fer
de lance garni de ses oreillons. Quoique ce caractère suffise seul pour la faire
reconnaître et distinguer de toutes les autres, on peut encore ajouter qu'elle
n'a presque point de queue, qu'elle est à peu près du même poil et de la
même grosseur que la chauve-souris commune ; mais qu'au lieu d'avoir
comme elle et comme la plupart des autres chauves-souris six dents incisives à la mâchoire inférieure elle n'en a que quatre : au reste, cette espèce,
qui est fort commune en Amérique, ne se trouve point en Europe.

du tout de queue, il faut retrancher de cette description le mot de *fere*. Il ne paraît pas non
plus, par les proportions du corps et des membres, qu'il soit lent à marcher ou à sauter, et
je crois que l'épithète de *tardigratus* ne lui a été donnée par Seba que parce qu'il s'est
imaginé lui trouver quelque ressemblance avec le paresseux.

(a) *Relation de Thévenot*, t. III, p. 217.

(b) *Vespertilio Americanus vulgaris.* La chauve-souris commune d'Amérique. *Seba*, vol. Ier.
p. 90, tab. LV, fig. 2. — *Vespertilio murini coloris, pedibus anticis tetradactylis, posticis
pentadactylis, naso cristato… Vespertilio Americanus.* La chause-souris d'Amérique. Briss.,
Règne animal, p. 228. — *Nota.* M. Brisson s'est trompé en ne donnant à cette chauve-souris
que quatre doigts aux ailes ; c'est la figure donnée par Seba qui l'a induit en erreur : elle ne
présente, en effet, que trois doigts dans la membrane de l'aile, et un quatrième qui fait le
pouce, mais c'est une faute du dessinateur. M. Edwards, qui a été plus exact dans le dessin
qu'il a fait de cet animal, y a marqué les cinq doigts, qu'il a réellement comme toutes les
autres chauves-souris.

(*) *Phyllostoma hastatum* Geoffr.

Il y a au Sénégal une autre chauve-souris qui a aussi une membrane sur le nez, mais cette membrane, au lieu d'avoir la forme d'un fer de lance ou d'un fer à cheval, comme dans les deux chauves-souris dont nous venons de faire mention, a une figure plus simple et ressemble à une feuille ovale : ces trois chauves-souris, étant de différents climats, ne sont pas de simples variétés mais des espèces distinctes et séparées. M. Daubenton a donné la description de cette chauve-souris du Sénégal sous le nom de la *feuille* dans les *Mémoires de l'Académie des sciences*, année 1759, p. 374.

Les chauves-souris, qui ont déjà de grands rapports avec les oiseaux par leur vol, par leurs ailes et par la force des muscles pectoraux, paraissent s'en approcher encore par ces membranes ou crêtes qu'elles ont sur la face ; ces parties excédantes, qui ne se présentent d'abord que comme des difformités superflues, sont les caractères réels et les nuances visibles de l'ambiguïté de la nature entre ces quadrupèdes volants et les oiseaux ; car, la plupart de ceux-ci ont aussi des membranes et des crêtes autour du bec et de la tête qui paraissent tout aussi superflues que celles des chauves-souris.

LE SERVAL (*a*)

Cet animal (*), qui a vécu pendant quelques années à la ménagerie du Roi, sous le nom de *chat-tigre*, nous paraît être le même que celui qui a été décrit par MM. de l'Académie sous le nom de *chat-pard ;* et nous ignorerions peut-être encore son vrai nom, si M. le marquis de Montmirail ne l'eût trouvé dans un voyage italien (*b*), dont il a fait la traduction et l'extrait. « Le *mara-* » *puté*, que les Portugais de l'Inde appellent *serval*, dit le P. Vincent-Marie, » est un animal sauvage et féroce, plus gros que le chat sauvage et un peu » plus petit que la civette, de laquelle il diffère en ce que sa tête est plus » ronde et plus grosse relativement au volume de son corps, et que son » front paraît creusé dans le milieu ; il ressemble à la panthère par les cou- » leurs du poil qui est fauve sur la tête, le dos, les flancs, et blanc sous le » ventre, et aussi par les taches qui sont distinctes, également distribuées » et un peu plus petites que celles de la panthère ; ses yeux sont très bril- » lants, ses moustaches fournies de soies longues et raides ; il a la queue » courte, les pieds grands et armés d'ongles longs et crochus. On le trouve

(*a*) *Ssrval*, nom que les Portugais habitués dans l'Inde ont donné à cet animal, que les habitants de Malabar appellent *maraputé*. — *Chat-pard. Mémoires pour servir à l'histoire des animaux*, part. i, p. 109.

(*b*) *Voyage du P. Fr. Vincent-Marie de Sainte-Catherine de Sienne*. Venise, 1683, in-4°, p . 409, article traduit par le marquis de Montmirail.

(*) *Felis Serval* L.

» dans les montagnes de l'Inde ; on le voit rarement à terre ; il se tient
» presque toujours sur les arbres, où il fait son nid et prend les oiseaux,
» desquels il se nourrit ; il saute aussi légèrement qu'un singe d'un arbre à
» l'autre, et avec tant d'adresse et d'agilité qu'en un instant il parcourt un
» grand espace, et qu'il ne fait, pour ainsi dire, que paraître et disparaître ;
» il est d'un naturel féroce ; cependant il fuit à l'aspect de l'homme, à moins
» qu'on ne l'irrite, surtout en dérangeant sa bauge, car alors il devient
» furieux ; il s'élance, mord et déchire à peu près comme la panthère. »

La captivité, les bons ou les mauvais traitements ne peuvent ni dompter
ni adoucir la férocité de cet animal ; celui que nous avons vu à la ménagerie
était toujours sur le point de s'élancer contre ceux qui l'approchaient ; on n'a
pu le dessiner ni le décrire qu'à travers la grille de sa loge : on le nourrissait
de chair comme les panthères et les léopards.

Ce serval, ou maraputé de Malabar et des Indes (a), nous paraît être le
même animal que le chat-tigre du Sénégal et du cap de Bonne-Espérance,
qui, selon le témoignage des voyageurs (b), ressemble au chat par la figure,
et au tigre (c'est-à-dire à la panthère ou au léopard) par les taches noires et
blanches de son poil : « cet animal, disent-ils, est quatre fois plus gros qu'un
» chat ; il est vorace et mange les singes, les rats et les autres animaux. »

Par la comparaison que nous avons faite du serval avec le chat-pard décrit
par MM. de l'Académie, nous n'y avons trouvé d'autres différences que les
longues taches du dos et les anneaux de la queue du chat-pard, qui ne sont
pas dans le serval ; il a seulement ces taches du dos placées plus près que
celles des autres parties du corps ; mais cette petite disconvenance fait une
différence trop légère pour qu'on puisse douter de l'identité d'espèce de ces
deux animaux.

L'OCELOT (c)

L'ocelot (*) est un animal d'Amérique féroce et carnassier, que l'on doit
placer à côté du jaguar, du couguar, ou immédiatement après ; car il en
approche pour la grandeur, et leur ressemble par le naturel et par la figure.

(a) Il y a à Sagori (île sur le Gange) des chats-tigres qui sont gros comme un mouton.
Nouveau voyage par le sieur Luillier. Rotterdam, 1726, p. 90.

(b) *Voyage de Le Maire*, p. 100. — Le chat de bois ou le chat-tigre est le plus gros de
tous les chats sauvages du Cap ; son habitation est dans les bois, et il est tacheté à peu près
comme un tigre. La peau de ces animaux donne d'excellentes fourrures pour la chaleur et
pour l'ornement, aussi se vendent-elles fort bien au Cap. *Description du cap de Bonne-Espérance*, par Kolbe, t. III, p. 50.

(c) *Ocelot*, mot que nous avons tiré, par abréviation, de *Tlalocelotl*, nom de cet animal
dans son pays natal, au Mexique.

(*) *Felis Pardalis* L.

Le mâle et la femelle ont été apportés vivants à Paris par M. l'Escot, et on les a vus à la foire Saint-Ovide, au mois de septembre de cette année 1764 ; ils venaient des terres voisines de Carthagène, et ils avaient été enlevés tout petits à leur mère au mois d'octobre 1763 : à trois mois d'âge, ils étaient déjà devenus assez forts et assez cruels pour tuer et dévorer une chienne qu'on leur avait donnée pour nourrice ; à un an d'âge, lorsque nous les avons vus, ils avaient environ deux pieds de longueur, et il est certain qu'il leur restait encore à croître, et que probablement ils n'avaient pris alors que la moitié ou les deux tiers de leur entier accroissement. On les montrait sous le nom de *chat-tigre ;* mais nous avons rejeté cette dénomination précaire et composée, avec d'autant plus de raison qu'on nous a envoyé sous ce même nom le jaguar, le serval et le margay, qui cependant sont tous trois différents les uns des autres, et différents aussi de celui dont il est ici question.

Le premier auteur qui ait fait mention expresse de cet animal, et d'une manière à le faire connaître, est Fabri ; il a fait graver les dessins qu'en avait faits Recchi, et en a composé la description d'après ces mêmes dessins, qui étaient coloriés ; il en donne aussi une espèce d'histoire d'après ce que Grégoire de Bolivar en avait écrit et lui en avait raconté. Je fais ces remarques dans la vue d'éclaircir un fait qui a jeté les naturalistes dans une espèce d'erreur, et sur lequel j'avoue que je m'étais trompé comme eux : ce fait est de savoir si les deux animaux dessinés par Recchi, le premier avec le nom de *tlatlauhqui-ocelotl,* et le second avec celui de *tlacooz-lotl, tlalocelotl,* et ensuite décrits par Fabri comme étant d'espèces différentes, ne sont pas le même animal. On était fondé à les regarder, et on les regardait en effet comme différents, quoique les figures soient assez semblables, parce qu'il ne laisse pas d'y avoir des différences dans les noms, et même dans les descriptions; j'avais donc cru que le premier pouvait être le même que le jaguar, en sorte que dans la nomenclature de cet animal, j'y ai rapporté le nom mexicain *tlatlauhqui-ocelotl ;* or ce nom mexicain ne lui appartient pas, et depuis que nous avons vu les animaux mâles et femelles dont nous parlons ici, je me suis persuadé que les deux qui ont été décrits par Fabri ne sont que ce même animal dont le premier est le mâle, et le second la femelle ; il fallait un hasard comme celui que nous avons eu, et voir ensemble le mâle et la femelle pour reconnaître cette petite erreur. De tous les animaux à peau *tigrée,* l'ocelot mâle a certainement la robe la plus belle et la plus élégamment variée (*a*) ; celle du léopard même n'en approche pas

(*a*) « Universum corpus pulchro roscoque subrubet colore, excepto inferiore ventre qui
» albicat potius ; maculis rosarum effigie, nigricantibus omnibus intra suave rubentem co-
» lorem, totum ita corpus, pedes et cauda, ordine quodam distinguuntur ut elegantem plane
» huic animali acupictum tapetem vel peripetasma impositum crederes : sunt autem maculæ
» hæ in dorso et capite rotundiores majoresque ; versus ventrem vero pedesque oblongius-
» culæ et multo minores. » Fabri *apud* Hernand., *Hist. Mex.,* p. 498.

pour la vivacité des couleurs et la régularité du dessin, et celle du jaguar, de
la panthère ou de l'once, en approche encore moins ; mais dans l'ocelot
femelle les couleurs sont bien plus faibles, et le dessin moins régulier, et
c'est cette différence très apparente qui a pu tromper Recchi, Fabri (a) et les
autres ; on verra, en comparant les figures et les descriptions de l'un et de
l'autre, que les différences ne laissent pas d'être considérables, et qu'il manque à la robe de la femelle beaucoup de fleurs et d'ornements qui se trouvent sur celle du mâle.

Lorsque l'ocelot a pris son entier accroissement, il a, selon Grégoire de
Bolivar, deux pieds et demi de hauteur sur environ quatre pieds de longueur ; la queue, quoique assez longue, ne touche cependant pas la terre
lorsqu'elle est pendante, et par conséquent elle n'a guère que deux pieds
de longueur. Cet animal est très vorace, il est en même temps timide ; il
attaque rarement les hommes, il craint les chiens, et dès qu'il en est poursuivi, il gagne les bois et grimpe sur un arbre ; il y demeure, et même y
séjourne pour dormir et pour épier le gibier ou le bétail, sur lequel il
s'élance dès qu'il le voit à portée ; il préfère le sang à la chair, et c'est par
cette raison qu'il détruit un grand nombre d'animaux, parce qu'au lieu de
se rassasier en les dévorant, il ne fait que se désaltérer en leur suçant le
sang (b).

Dans l'état de captivité, il conserve ses mœurs ; rien ne peut adoucir son
naturel féroce, rien ne peut calmer ses mouvements inquiets, on est obligé
de le tenir toujours en cage. « A trois mois (dit M. l'Escot), lorsque ces deux
» petits eurent dévoré leur nourrice, je les tins en cage, et je les y ai nourris
» avec de la viande fraîche, dont ils mangent sept à huit livres par jour ; ils
» fraient ensemble, mâle et femelle, comme nos chats domestiques ; il
» règne entre eux une supériorité singulière de la part du mâle : quelque
» appétit qu'aient ces deux animaux, jamais la femelle ne s'avise de rien
» prendre que le mâle n'ait sa saturation, et qu'il ne lui envoie les morceaux
» dont il ne veut plus ; je leur ai donné plusieurs fois des chats vivants, ils
» leur sucent le sang jusqu'à ce que mort s'ensuive, mais jamais ils ne les

(a) « Si animalis figuram spectemus cum antecedente non nihil corporis delineatio con-
» gruit ; si colorem et maculas quibus pingitur, plurimum discrepat. In hoc totius color cor-
» poris non rubicundus sed obscure cinereus apparet, præter ventrem tamen qui albicat.
» Maculæ nec ordinatæ adeo nec ita rotundæ roscive coloris et figuræ, sed oblongæ nigri-
» cantes omnes in medio vero albicantes sparguntur, crura non ita fortia, etc. » *Ibid.*, p. 512.

(b) *Nota.* Dampier parle de ce même animal sous le nom de *chat-tigre*, et voici ce qu'il
en dit : « Le chat-tigre des terres de la baie de Campêche est de la grosseur de nos chiens
» qu'on fait battre avec les taureaux ; il a les jambes courtes, le corps ramassé et à peu près
» comme celui d'un mâtin ; mais pour tout le reste, c'est-à-dire la tête, le poil et la manière
» de quêter la proie, il ressemble fort au tigre (*jaguar*), excepté qu'il n'est pas tout à fait si
» gros : il y en a ici une grande quantité ; ils dévorent les jeunes veaux et le gibier qu'on
» y trouve en abondance, aussi sont-ils moins à craindre pour cela même qu'ils ne manquent
» pas de pâture..... Ils ont la mine altière et le regard farouche. » *Voyage de Dampier*,
t. III, p. 306.

» mangent ; j'avais embarqué pour leur subsistance deux chevreaux : ils ne
» mangent d'aucune viande cuite ni salée (a). »

Il parait, par le témoignage de Grégoire de Bolivar, que ces animaux ne
produisent ordinairement que deux petits, et celui de M. l'Escot semble confirmer ce fait, car il dit aussi qu'on avait tué la mère avant de prendre les
deux petits dont nous venons de parler; il en est de l'ocelot comme du jaguar,
de la panthère, du léopard, du tigre et du lion : tous ces animaux, remarquables par leur grandeur, ne produisent qu'en petit nombre, au lieu que
les chats, qu'on pourrait associer à cette même tribu, produisent en assez
grand nombre, ce qui prouve que le plus ou le moins dans la production tient
beaucoup plus à la grandeur qu'à la forme.

LE MARGAY (b)

Le margay (*) est beaucoup plus petit que l'ocelot : il ressemble au chat
sauvage par la grandeur et la figure du corps; il a seulement la tête plus
carrée, le museau moins court, les oreilles plus arrondies et la queue plus
longue; son poil est aussi plus court que celui du chat sauvage, et il est
marqué de bandes, de raies et de taches noires sur un fond de couleur
fauve; on nous l'a envoyé de Cayenne sous le nom de *chat-tigre*, et il tient
en effet de la nature du chat et de celle du jaguar ou de l'ocelot, qui sont
les deux animaux auxquels on a donné le nom de *tigre* dans le nouveau
continent. Selon Fernandès, cet animal, lorsqu'il a pris son accroissement
en entier, n'est pas tout à fait si grand que la civette; et selon Marcgrave,
dont la comparaison nous paraît plus juste, il est de la grandeur du chat
sauvage, auquel il ressemble aussi par les habitudes naturelles, ne vivant
que de petit gibier, de volailles, etc.; mais il est très difficile à apprivoiser,
et ne perd même jamais son naturel féroce; il varie beaucoup pour les couleurs, quoique ordinairement il soit tel que nous le présentons ici : c'est un
animal très commun à la Guyane, au Brésil et dans toutes les autres provinces
de l'Amérique méridionale. Il y a apparence que c'est le même qu'à la Loui-

(a) Lettre de M. l'Escot, qui a amené ces animaux du continent de Carthagène, à M. de
Beost, correspondant de l'Académie des sciences, en date du 17 septembre 1764. — *Nota.*
M. de Beost, qui a bien voulu me communiquer cette lettre, a beaucoup de connaissances
en histoire naturelle, et ce ne sera pas la seule occasion que nous aurons de parler des
choses dont il nous a fait part.

(b) *Margay*, mot tiré de *Maragua* ou *Maragaia*, nom de cet animal au Brésil. — Au
Maragnon, il y a des animaux qui sont espèces de chats sauvages, que les Indiens appellent
Margaia, qui ont la peau fort belle, étant tavelée de toutes parts. *Miss. du P. d'Abbeville*,
p. 250.

(*) *Felis tigrina* GMEL.

siane on appelle *pichou* (a), mais l'espèce en est moins commune dans les
pays tempérés que dans les climats chauds.

Si nous faisons la revision de ces animaux cruels, dont la robe est si belle
et la nature si perfide, nous trouverons dans l'ancien continent le tigre, la
panthère, le léopard, l'once, le serval; et, dans le nouveau, le jaguar, l'ocelot
et le margay, qui tous trois ne paraissent être que des diminutifs des premiers, et qui, n'en ayant ni la taille ni la force, sont aussi timides, aussi
lâches, que les autres sont intrépides et fiers.

Il y a encore un animal de ce genre qui semble différer de tous ceux que
nous venons de nommer; les fourreurs l'appellent *guépard* (*) : nous en
avons vu plusieurs peaux, elles ressemblent à celles du lynx par la longueur
du poil; mais les oreilles n'étant pas terminées par un pinceau, le guépard
n'est point un lynx, il n'est aussi ni panthère ni léopard, il n'a pas le poil
court comme ces animaux, et il diffère de tous par une espèce de crinière
ou de poil long de quatre ou cinq pouces qu'il porte sur le cou et entre les
épaules; il a aussi le poil du ventre long de trois à quatre pouces, et la queue
à proportion plus courte que la panthère, le léopard ou l'once; il est à
peu près de la taille de ce dernier animal, n'ayant qu'environ trois pieds et
demi de longueur de corps : au reste sa robe, qui est d'un fauve très pâle,
est parsemée, comme celle du léopard, de taches noires, mais plus voisines
les unes des autres et plus petites, n'ayant que trois ou quatre lignes de
diamètre.

J'ai pensé que cet animal devait être le même que celui qu'indique Kolbe
sous le nom de *loup-tigre;* je cite ici sa description (b) pour qu'on puisse la
comparer avec la nôtre : c'est un animal commun dans les terres voisines
du cap de Bonne-Espérance; tout le jour il se tient dans des fentes de
rochers ou dans des trous qu'il se creuse en terre; pendant la nuit il va
chercher sa proie; mais comme il hurle en chassant son gibier, il avertit les
hommes et les animaux, en sorte qu'il est assez aisé de l'éviter ou de le

(a) Le pichou est une espèce de chat pitois aussi haut que le tigre, mais moins gros,
dont la peau est assez belle; c'est un grand destructeur de volailles, mais par bonheur il
n'est pas commun à la Louisiane. *Histoire de la Louisiane,* par le Page du Pratz, t. II, p. 92,
fig. p. 67.

(b) Il est de la taille d'un chien ordinaire, et quelquefois plus gros : sa tête est large
comme celle des dogues que l'on fait battre en Angleterre contre les taureaux; il a les mâchoires grosses, aussi bien que le museau et les yeux; ses dents sont fort tranchantes; son
poil est frisé comme celui d'un chien barbet, et tacheté comme celui du tigre; il a les pattes
larges et armées de grosses griffes, qu'il retire quand il veut, comme les chats; sa queue est
courte... Il a pour mortels ennemis le lion, le tigre et le léopard, qui lui donnent très souvent la chasse; ils le poursuivent jusque dans sa tanière, se jettent sur lui et le mettent
en pièces. *Description du cap de Bonne-Espérance,* par Kolbe, t. III, p. 69 et 70. — *Nota.*
L'animal auquel cet auteur donne le nom de *tigre* est celui que nous avons appelé *léopard,*
et celui qu'il nomme *léopard* est la panthère.

(*) *Felis jubata* SCHREB.

tuer. Au reste, il paraît que le mot *guépard* est dérivé de *lépard* ; c'est ainsi
que les Allemands et les Hollandais appellent le léopard : nous avons aussi
reconnu qu'il y a des variétés dans cette espèce pour le fond du poil et pour
la couleur des taches, mais tous les guépards ont le caractère commun des
longs poils sous le ventre, et de la crinière sur le cou.

LE CHACAL (*a*) ET L'ADIVE (*b*)

Nous ne sommes pas assurés que ces deux noms désignent deux animaux
d'espèces différentes ; nous savons seulement que le chacal (*) est plus grand,
plus féroce, plus difficile à apprivoiser que l'adive, mais qu'au reste ils
paraissent se ressembler à tous égards (**). Il se pourrait donc que l'adive
ne fût que le chacal privé dont on aurait fait une race domestique plus petite,
plus faible et plus douce que la race sauvage ; car l'adive est au chacal à
peu près ce que le bichon ou petit chien barbet est au chien de berger :
cependant comme ce fait n'est indiqué que par quelques exemples particuliers, que l'espèce du chacal en général n'est point domestique comme celle
du chien, que d'ailleurs il se trouve rarement d'aussi grandes différences
dans une espèce libre, nous sommes très portés à croire que le chacal et
l'adive sont réellement deux espèces distinctes. Le loup, le renard, le chacal
et le chien, forment quatre espèces qui, quoique très voisines les unes des
autres, sont néanmoins différentes entre elles : les variétés dans l'espèce du
chien sont en très grand nombre ; la plupart viennent de l'état de domesticité
auquel il paraît avoir été réduit de tous les temps. L'homme a créé des races
dans cette espèce en choisissant et mettant ensemble les plus grands ou les
plus petits, les plus jolis ou les plus laids, les plus velus ou les plus nus, etc.;
mais, indépendamment de ces races produites par la main de l'homme, il y
a dans l'espèce du chien plusieurs variétés qui semblent ne dépendre que
du climat. Le dogue, le danois, l'épagneul, le chien turc, celui de Sibérie, etc.,
tirent leur nom du climat d'où ils sont originaires, et ils paraissent être plus
différents entre eux que le chacal ne l'est de l'adive : il se pourrait donc que
les chacals sous différents climats eussent subi des variétés diverses, et cela

(*a*) *Chacal, jackal*, nom de cet animal dans le Levant, et que nous avons adopté; *adil*
selon Belon.

(*b*) *Adil*, bête entre loup et chien, que les Grecs nomment vulgairement *squilachi*, et
croyons être le *chryseos* ou *lupus aureus* des anciens Grecs. *Observat. de Belon*, feuillet 163.
— *Nota.* J'ai lu dans quelques-unes de nos Chroniques de France que, du temps de
Charles IX, beaucoup de femmes à la cour avaient des adives au lieu de petits chiens.

(*) *Canis aureus* L.
(**) C'est, en effet, le même animal.

1. CHACAL. 2. HYÈNE RAYÉE.

s'accorde assez avec les faits que nous avons recueillis. Il paraît, par les écrits des voyageurs, qu'il y en a partout de grands et de petits; qu'en Arménie, en Cilicie, en Perse et dans toute la partie de l'Asie que nous appelons *le Levant*, où cette espèce est très nombreuse, très incommode et très nuisible, ils sont communément grands comme nos renards (a), qu'ils ont seulement les jambes plus courtes, et qu'ils sont remarquables par la couleur de leur poil, qui est d'un jaune vif et brillant; c'est pour cela que plusieurs auteurs ont appelé le chacal *loup doré*. En Barbarie, aux Indes orientales, au cap de Bonne-Espérance, et dans les autres provinces de l'Afrique et de

(a) Le jacard ou adive est grand comme un chien médiocre, ressemblant au renard par la queue et au loup par le museau; on en élève dans les maisons, mais leur nature est de se cacher dans la terre pendant le jour, d'où ils ne sortent que la nuit pour chercher à manger; ils vont par troupes, dévorent les enfants et fuient les hommes; leurs cris sont plaintifs, et l'on dirait souvent que ce sont ceux de plusieurs enfants de divers âges mêlés ensemble; les chiens leur font la guerre et les éloignent des maisons. *Voyage de Delon*, p. 109. — Il se trouve en Perse une espèce de renard appelé *schakal*, que les habitants nomment communément *tulki*, qui y sont en très grand nombre et de la grandeur à peu près de nos renards d'Europe, le dos et les côtés couverts d'une espèce de grosse laine avec des poils longs et raides, le ventre blanc comme neige, les oreilles noires comme jais, la queue plus petite que celle de nos renards; nous les entendions la nuit rôder autour du village où nous étions, fort importunés de leurs cris lugubres, assez semblables à ceux d'un homme qui se plaint, et qu'ils ne cessent de faire entendre. *Voyage d'Oléarius*, p. 531. — L'addibo (adive) ressemble au loup par la figure, son poil et sa queue, mais il est plus petit, et sa taille est même au-dessous de celle du renard; il est très vorace, mais stupide; il voyage la nuit et reste le jour dans sa tanière; sur la brune on ne voit autre chose dans la campagne; ces animaux s'approchent des voyageurs et s'arrêtent pour les regarder sans paraître rien craindre. Ils courent dans les maisons et dans les églises, où ils déchirent et dévorent tout ce qui leur convient; tout ce qui est fait avec du cuir est leur mets favori. L'adive glapit comme le renard, et quand un crie tous les autres lui répondent; cet instinct de crier tous ensemble ne paraît point volontaire, mais de pure nécessité, au point que si l'un de ces animaux est entré dans une maison pour voler et qu'il entende ses compagnons crier au loin, il ne peut s'empêcher de crier aussi, et par là de se déceler. *Voyage du P. Fr. Vincent-Marie*, chap. XIII, article traduit par M. le marquis de Montmirail. — On a gardé pendant plus de dix mois un chacali dans une maison où j'ai demeuré quelque temps : c'est un animal si semblable au renard en grandeur, en figure et en couleur, que la plupart des étrangers y sont presque toujours trompés lorsqu'ils en voient quelqu'un pour la première fois; la plus grande différence qui soit entre l'un et l'autre, c'est dans la tête, le chacali l'ayant faite comme un chien de berger qui aurait le museau long, et dans le poil qu'il a rude comme celui du loup : sa couleur est aussi assez semblable à celle d'un loup, et il pue si extraordinairement qu'il ne peut se coucher un moment dans un endroit sans l'infecter..... Cet animal est extrêmement vorace et hardi..... Il ne craint pas d'entrer dans les maisons..... Lorsqu'il rencontre un homme, au lieu de fuir d'abord comme les autres bêtes, il le regarde fièrement comme s'il voulait le braver, et prend ensuite sa course. Il est d'un méchant naturel, et toujours prêt à mordre, quelque soin que l'on prenne de l'adoucir par des caresses ou en lui donnant à manger, ce que j'ai pu remarquer en celui dont je viens de parler, qui avait été trouvé fort jeune, et qu'on avait pris plaisir à élever comme un chien qu'on aimerait beaucoup; cependant il ne s'apprivoisa point parfaitement, il ne pouvait souffrir les attouchements de personne, il mordait tout le monde, et jamais on ne put parvenir à l'empêcher de monter sur la table et d'y enlever tout ce qu'il pouvait prendre. Toute la campagne de la Natolie est peuplée de ces chacalis : on les entend toutes les nuits faire un bruit fort grand autour des villes, non pas en aboyant comme les chiens, mais en criant d'un certain cri aigre qui leur est particulier. *Voyage de Dumont*. La Haye, 1699, t. IV, p. 29.

l'Asie, cette espèce paraît avoir subi plusieurs variétés; ils sont plus grands dans ces pays plus chauds, et leur poil est plutôt d'un brun roux que d'un beau jaune, et il y en a de couleurs différentes (a). L'espèce du chacal est donc répandue dans toute l'Asie, depuis l'Arménie jusqu'au Malabar (b), et se trouve aussi en Arabie, en Barbarie (c), en Mauritanie, en Guinée (d) et dans les terres du Cap; il semble qu'elle ait été destinée à remplacer celle

(a) Le jackal que les sujets du roi de Comany près d'Acra nous apportèrent, était gros comme un mouton, mais il avait les pieds plus hauts : son poil était court et tacheté, ses pattes, à proportion de son corps, étaient prodigieusement épaisses..... Il avait la tête aussi fort grosse, plate et large, avec des dents chacune de la longueur d'un doigt et au delà..... Il a aux pieds des griffes d'une épouvantable grosseur. *Voyage de Bosman*, p. 331.

(b) Il y a à Bengale des chiens sauvages appelés *jacqueparels* ou *chiens criards*, dont le poil est rouge; ils viennent en troupe toutes les nuits aboyer effroyablement le long du Gange, leur voix et leurs cris sont si différents et si confus qu'on ne peut s'entendre parler; ils ne se détournent point quand les Maures passent près d'eux..... Ces animaux sont communs presque dans toutes les Indes. *Voyage d'Innigo de Biervillas*, première partie, p. 178. — Il y a au Maduré une espèce de chien sauvage qu'on prendrait plutôt pour un renard ; les Indiens l'appellent *nari*, et les Portugais *adiba*..... Lorsque je voyageais la nuit, j'entendais ces animaux hurler à toute heure. *Lettres édifiantes*, XIIe Recueil, p. 98. — Il se trouve à Guzarate une espèce de chien sauvage qu'ils appellent *jakals*. *Relation de Mandelslo; suite* d'Oléarius, t. II, p. 234. On voit un grand nombre de jackales ou jachals au pays de Malabar; j'en ai vu aussi dans les bois de Ceylan, ils sont de la figure du renard, particulièrement par la queue..... Ils sont fort friands de chair humaine..... Ils suivaient notre armée et déterraient nos morts..... Nous entendions souvent la nuit les cris effroyables de ces animaux, qui ressemblent assez à ceux des chiens irrités..... Ils crient à diverses reprises comme s'ils se répondaient. *Recueil des voyages de la Compagnie des Indes orientales*, t. VI, p. 980. — Tout le pays de Calicut est aussi rempli de renards (chacals) qui viennent la nuit jusque dans la ville, et chassent comme font ici les chiens, et on n'entend autre bruit toutes les nuits par les jardins et chemins. *Voyage de Fr. Pyrard*, t. 1er, p. 427. — Le schecale est une espèce de chien sauvage..... Il y en a une si grande quantité aux environs de Sourate, que nous ne pouvions nous entendre parler à cause du grand bruit qu'ils faisaient, criant distinctement *oua, oua, oua*, qui approche de l'aboi du chien; cet animal est friand des corps morts..... Il y en a aussi en quantité dans les déserts d'Arabie, le long du Tigre, de l'Euphrate et dans Égypte. *Voyage de la Boullaye-le-Gouz*, page 254.

(c) Aux royaumes de Tunis et d'Alger, le deab ou jackall est d'une couleur plus obscure que le renard, et à peu près de la même grandeur; il glapit tous les soirs dans les villages et dans les jardins, se nourrissant, comme le *dubbah*, de racines, de fruits et de charognes. *Voyage de Schaw*, t. 1er, p. 320. — *Nota*. Le dubbah dont Schaw fait ici mention est l'hyène.

(d) On trouve en Guinée, et plus communément encore dans le pays d'Acra et dans celui d'Aquamboé, un animal très cruel, que nos gens appellent *jackals*..... Ils viennent la nuit jusque sous les murailles du fort que nous avons à Acra, pour tâcher d'enlever des étables les pourceaux, les moutons, etc. *Voyage de Bosman*, p. 249. Voyez *idem*, p. 331 et 332. — Les chiens sauvages de Congo, qu'on appelle *mebbia*, sont ennemis mortels pour tous les autres quadrupèdes, ils ne diffèrent pas beaucoup de nos chiens courants, on les voit courir par troupes de trente et de quarante, quelquefois même en plus grand nombre..... Ils attaquent toutes sortes d'animaux, et ordinairement en viennent à bout par le nombre : ils n'attaquent point les hommes. *Voyage du P. Zuchel à Congo et en Éthiopie*, p. 293, cité par Kolbe. Le chien sauvage du cap de Bonne-Espérance ressemble à ceux de Congo décrits par le P. Zuchel, etc. *Description du cap de Bonne-Espérance*, par Kolbe, part. III, p. 48... Il y a au cap un animal dont l'espèce approche beaucoup de celle du renard; Gessner et d'autres l'ont appelé *renard croisé*, les Européens du Cap lui donnent le nom de *jackals*, et les Hottentots celui de *zenlie* ou *kenlie*. *Idem*, part. III, p. 62.

du loup (*a*), qui manque, ou du moins qui est très rare dans tous les pays chauds.

Cependant, comme l'on trouve des chacals et des adives dans les mêmes terres, comme l'espèce n'a pu être dénaturée par une longue domesticité, et qu'il y a constamment une différence considérable entre ces animaux pour la grandeur et même pour le naturel, nous les regarderons comme deux espèces distinctes, sauf à les réunir lorsqu'il sera prouvé, par le fait, qu'ils se mêlent et produisent ensemble. Notre présomption sur la différence de ces deux espèces est d'autant mieux fondée, qu'elle paraît s'accorder avec l'opinion des anciens. Aristote, après avoir parlé clairement du loup, du renard et de l'hyène, indique assez obscurément deux autres animaux du même genre, l'un sous le nom de *panther*, et l'autre sous celui de *thos ;* les traducteurs d'Aristote ont interprété *panther* par *lupus canarius*, et *thos* par *lupus cervarius*, loup canier, loup cervier ; cette interprétation indique assez qu'ils regardaient le panther et le thos comme des espèces de loups : mais j'ai fait voir, à l'article du lynx, que le *lupus cervarius* des Latins n'est point le thos des Grecs : ce *lupus cervarius* est le même que le *chaus* de Pline, le même que notre lynx ou loup cervier, dont aucun caractère ne convient au thos. Homère, en peignant la vaillance d'Ajax, qui seul se précipite sur une foule de Troyens, au milieu desquels Ulysse blessé se trouvait engagé, fait la comparaison d'un lion qui, fondant tout à coup sur les thos attroupés autour d'un cerf aux abois, les disperse et les chasse comme de vils animaux. Le scoliaste d'Homère interprète le mot *thos* par celui de panther, qu'il dit être une espèce de loup faible et timide : ainsi le thos et le panther ont été pris pour le même animal par quelques anciens Grecs; mais Aristote paraît les distinguer, sans leur donner des caractères ou des attributs différents. « Les thos, dit-il, ont toutes les par-
» ties internes semblables (*b*) à celles du loup..... ils s'accouplent (*c*) comme
» les chiens, et produisent deux, trois ou quatre petits qui naissent les yeux
» fermés : le thos a le corps et la queue plus longs que le chien, avec moins
» de hauteur, et, quoiqu'il ait les jambes plus courtes, il ne laisse pas d'avoir
» autant de vitesse; parce qu'étant souple et agile, il peut sauter plus loin.....
» Le lion et le thos sont ennemis (*d*) parce que, vivant tous deux de chair,
» ils sont forcés de prendre leur nourriture sur le même fonds, et par consé-
» quent de se la disputer... Les thos (*e*) aiment l'homme, ne l'attaquent point

---

(*a*) J'ai observé qu'il n'y a guère de loups en Hyrcanie, ni dans les autres provinces de la Perse, mais qu'il s'y trouve partout un animal dont le cri est effroyable, qu'ils appellent *chacal*. Il en veut particulièrement aux corps morts qu'il déterre. *Voyage de Chardin*, t. II, page 29.

(*b*) Aristote, *Hist. anim.*, lib. II, cap. XVII.

(*c*) *Idem*, lib. VI, cap. XXXV.

(*d*) *Idem*, lib. IX, cap. I.

(*e*) *Idem*, lib. IX, cap. XLIV.

» et ne le craignent pas beaucoup ; ils se battent contre les chiens et avec le
» lion, ce qui fait que dans le même lieu on ne trouve guère des lions et des
» thos. Les meilleurs thos sont ceux qui sont les plus petits ; il y en a de
» deux espèces, quelques-uns même en font trois. » Voilà tout ce qu'Aristote a dit au sujet des thos, et il en dit infiniment moins sur le panther ; on ne
trouve qu'un seul passage dans le même chapitre trente-cinq du sixième livre
de son *Histoire des animaux*. « Le panther, dit-il, produit quatre petits, ils
» ont les yeux fermés comme les petits loups lors de leur naissance. » En
comparant ces passages avec celui d'Homère et avec ceux des autres auteurs grecs, il me paraît presque certain que le thos d'Aristote est le grand
chacal, et que le panther est le petit chacal ou l'adive ; on voit qu'il admet
deux espèces de thos, qu'il ne parle du panther qu'une seule fois, et pour
ainsi dire à l'occasion du thos, il est donc très probable que ce panther est
le thos de la petite espèce ; et cette probabilité semble devenir une certitude
par le témoignage d'Oppien (*a*), qui met le panther au nombre des petits animaux, tels que les loirs et les chats.

Le thos est donc le chacal, et le panther est l'adive : et soit qu'ils forment
deux espèces différentes ou qu'ils n'en fassent qu'une, il est certain
que tout ce que les anciens ont dit du thos et du panther convient au chacal
et à l'adive, et ne peut s'appliquer à d'autres animaux ; et si jusqu'à ce jour
la vraie signification de ces noms a été ignorée, s'ils ont toujours été mal
interprétés, c'est parce que les traducteurs ne connaissaient pas les animaux,
et que les naturalistes modernes, qui les connaissaient peu, n'ont pu les
réformer.

Quoique l'espèce du loup soit fort voisine de celle du chien, celle du chacal ne laisse pas de trouver place entre les deux ; *le chacal ou adive*, comme
dit Belon, *est bête entre loup et chien ;* avec la férocité du loup, il a en effet
un peu de la familiarité du chien ; sa voix est un hurlement mêlé d'aboiement
et de gémissements (*b*) ; il est plus criard que le chien, plus vorace que le
loup ; il ne va jamais seul, mais toujours par troupes de vingt, trente ou qua-

(*a*) Oppian. *de Venatione*, lib. ii.

(*b*) Il est d'une belle couleur jaune, plus petit que le loup, marchant toujours en troupe,
jappant toutes les nuits..... vorace et voleur, en sorte qu'il emporte non seulement ce qui
est bon à manger, mais même les chapeaux, les souliers, les brides des chevaux, et tout ce
qu'il peut attraper. *Observ. de Belon*, p. 163. — « Jackal penè omnem Orientem inhabitat ;
» bestia astuta, audax et furacissima est..... Interdiu circa montes latet, noctu pivigil et
» vagus est : catervatim prædatum excurrit in rura et pagos... Ululatum noctu edunt execra-
» bilem ejulatui humano non dissimilem quem interdum vox latrantium quasi canum inter-
» strepit : unique inclamanti omnes acclamant, quotquot vocem è longinquo audiunt. »
Kæmfer, *Amœnit. exotic.*, p. 413. — Vers le canal de la mer Noire, il y a beaucoup de
siacalces ou chiens sauvages qui ne ressemblent pas mal à des rénards, surtout par le
museau. On croit qu'ils sont engendrés des loups et des chiens ; ils font le soir, et quelquefois bien avant dans la nuit, des hurlements effroyables..... Ils sont fort méchants et aussi
dangereux que les loups. *Voyage de Corneille Le Brun*, fol. Paris, 1714, p. 56.

rante; ils se rassemblent chaque jour pour faire la guerre et la chasse; ils vivent de petits animaux, et se font redouter des plus puissants par le nombre; ils attaquent toute espèce de bétail ou de volailles presque à la vue des hommes; ils entrent insolemment et sans marquer de crainte dans les bergeries, les étables, les écuries, et lorsqu'ils n'y trouvent pas autre chose, ils dévorent le cuir des harnais, des bottes, des souliers, et emportent les lanières qu'ils n'ont pas le temps d'avaler. Faute de proie vivante, ils déterrent les cadavres des animaux et des hommes; on est obligé de battre la terre sur les sépultures, et d'y mêler de grosses épines pour les empêcher de la gratter et fouir, car une épaisseur de quelques pieds de terre ne suffit pas pour les rebuter (a); ils travaillent plusieurs ensemble, ils accompagnent de cris lugubres cette exhumation, et lorsqu'ils sont une fois accoutumés aux cadavres humains, ils ne cessent de courir les cimetières, de suivre les armées, de s'attacher aux caravanes : ce sont les corbeaux des quadrupèdes, la chair la plus infecte ne les dégoûte pas; leur appétit est si constant, si véhément, que le cuir le plus sec est encore savoureux, et que toute peau, toute graisse, toute ordure animale leur est également bonne. L'hyène a ce même goût pour la chair pourrie; elle déterre aussi les cadavres, et c'est sur le rapport de cette habitude que l'on a souvent confondu ces deux animaux, quoique très différents l'un de l'autre. L'hyène est une bête solitaire, silencieuse, très sauvage, et qui, quoique plus forte et plus puissante que le chacal, n'est pas aussi incommode, et se contente de dévorer les morts sans troubler les vivants, au lieu que tous les voyageurs se plaignent des cris, des vols et des excès du chacal (b), qui réunit l'impudence du chien à la bassesse du loup, et qui, participant de la nature des deux, semble n'être qu'un odieux composé de toutes les mauvaises qualités de l'un et de l'autre.

(a) Les adives sont très avides de cadavres, particulièrement de cadavres humains. Quand les chrétiens vont enterrer quelqu'un à la campagne, ils font une fosse très profonde, et qui n'est pas suffisante pour qu'ils ne déterrent pas les corps; c'est pourquoi l'on a coutume de fouler avec les pieds la terre que l'on jette dans la fosse, et d'y joindre des pierres et des épines qui, blessant ces animaux, les empêchent de fouiller plus avant. Le nom *adive* veut dire *loup* en langue arabe; sa figure, son poil et sa voracité sont bien analogues à ce nom; mais sa grandeur, sa familiarité et sa stupidité en donnent une idée différente. *Voyage du P. Fr. Vincent-Marie*, chap. XIII. Article traduit par M. le marquis de Montmirail.

(b) « Jackalls are in so great plenty about the gardens, that they pass in numbers like a » pack of hounds in ful cry every evening, giving not only disturbance by their noise, but » making free with the poultry and other provisions, if very good care is not taken to keep » them out of their reach. » *The Nat. Hist. of Alepo by Alex. Russel.* London. 1756. — Il y a beaucoup de chacals autour du mont Caucase; cet animal ne ressemble pas mal au renard. Il déterre les morts, et dévore les animaux et les charognes. On enterre les morts en Orient sans bière et dans leur suaire. J'y ai vu en plusieurs endroits rouler de grosses pierres sur les fosses, uniquement à cause de ces bêtes pour les empêcher de les ouvrir et de dévorer les cadavres. La Mingrélie est couverte de ces chacals; ils assiègent quelquefois les maisons, et font des hurlements épouvantables; le pis est qu'ils font de grands dégâts dans les troupeaux et les haras. *Voyage de Chardin*, p. 76.

L'ISATIS (a)

Si le nombre des ressemblances en général, si la parfaite conformité des parties intérieures suffisaient pour assurer l'unité des espèces, le loup, le renard et le chien n'en formeraient qu'une seule, car le nombre des ressemblances est beaucoup plus grand que celui des différences, et la similitude des parties internes est entière ; cependant ces trois animaux forment trois espèces non seulement distinctes, mais encore assez éloignées pour admettre entre elles d'autres espèces ; et comme celle du chacal est intermédiaire entre le chien et le loup, l'espèce de l'isatis (*) se trouve placée de même entre le renard et le chien. Jusqu'à ce jour l'on n'avait regardé cet animal que comme une variété dans l'espèce du renard ; mais la description qu'en a donnée M. Gmelin (b) ne permet plus de douter que ce ne soient deux espèces différentes.

L'isatis est très commun dans toutes les terres du Nord voisines de la mer Glaciale, et ne se trouve guère en deçà du soixante-neuvième degré de latitude : il est tout à fait ressemblant au renard par la forme du corps et par la longueur de la queue ; mais par la tête il ressemble plus au chien ; il a le poil plus doux que le renard commun, et son pelage est blanc dans un temps et bleu cendré dans d'autres temps. La tête est courte à proportion du corps, elle est large auprès du cou et se termine par un museau assez pointu ; les oreilles sont presque rondes, il y a cinq doigts et cinq ongles aux pieds de devant, et seulement quatre doigts et quatre ongles aux pieds de derrière ; dans le mâle la verge est à peine grosse comme une plume à écrire, les testicules sont gros comme des amandes, et si fort cachés dans le poil qu'on a peine à les trouver ; les poils, dont tout le corps est couvert, sont longs d'environ deux pouces ; ils sont lisses, touffus et doux comme de la laine ; les narines et la mâchoire inférieure ne sont pas revêtues de poil ; la peau est apparente, noire et nue dans ces parties.

L'estomac, les intestins, les viscères, les vaisseaux spermatiques, tant du mâle que de la femelle, sont semblables à ceux du chien ; il y a de même un os dans la verge, et le squelette entier ressemble à celui d'un renard.

La voix de l'isatis tient de l'aboiement du chien et du glapissement du renard. Les marchands qui font commerce de pelleteries, distinguent deux

(a) *Isatis,* nom que M. Gmelin a donné à cet animal, et que nous avons adopté. Jonston indique aussi ce nom. *De quad. digit.,* p. 135.

(b) *Novi Comment. Acad. Petrop.,* t. V, *ad annos 1754 et 1755.* Petropoli, 1760.

(*) *Canis lagopus* L.

sortes d'isatis, les uns blancs et les autres bleus-cendrés ; ceux-ci sont les plus estimés, et plus ils sont bleus ou bruns, plus ils sont chers. Cette différence dans la couleur du poil ne fait pas qu'ils soient d'espèces différentes ; des chasseurs expérimentés ont assuré à M. Gmelin que dans la même portée il se trouvait des petits isatis blancs et d'autres cendrés ; ainsi l'un n'est qu'une variété de l'autre.

Le climat des isatis est le Nord, et les terres qu'ils habitent de préférence sont celles des bords de la mer Glaciale et des fleuves qui y tombent ; ils aiment les lieux découverts et ne demeurent pas dans les bois ; on les trouve dans les endroits les plus froids, les plus montueux et les plus nus de la Norvège, de la Laponie, de la Sibérie et même en Islande (a). Ces animaux s'accouplent au mois de mars ; et ayant les parties de la génération conformées comme les chiens, ils ne peuvent se séparer dans le temps de l'accouplement ; leur chaleur dure quinze jours ou trois semaines ; pendant ce temps ils sont toujours à l'air, mais ensuite ils se retirent dans des terriers qu'ils ont creusés à l'avance ; ces terriers, qui sont étroits et fort profonds, ont plusieurs issues ; ils les tiennent propres et y portent de la mousse pour être plus à l'aise ; la durée de la gestation est, comme dans les chiennes, d'environ neuf semaines ; les femelles mettent bas à la fin de mai ou au commencement de juin, et produisent ordinairement six, sept ou huit petits (b). Les isatis qui doivent être blancs sont jaunâtres en naissant, et ceux qui doivent être bleu cendré sont noirâtres, et leur poil à tous est alors très court ; la mère les allaite et les garde dans le terrier pendant cinq ou six semaines, après quoi elle les fait sortir et leur apporte à manger. Au mois de septembre leur poil a déjà plus d'un demi-pouce de longueur ; les isatis qui doivent venir blancs le sont déjà sur tout le corps, à l'exception d'une bande longitudinale sur le dos et d'une autre transversale sur les épaules qui sont brunes, et c'est alors que l'isatis s'appelle *renard croisé* (c), mais cette croix brune disparaît avant l'hiver, et alors ils sont entièrement blancs, et leur poil a plus de deux pouces de longueur ; vers le mois de mai il commence à tomber, et la mue s'achève en entier dans le mois de juillet ; ainsi la fourrure n'en est bonne qu'en hiver.

L'isatis vit de rats, de lièvres et d'oiseaux ; il a autant de finesse que le

(a) C'est vraisemblablement en voyageant sur des glaçons, que les renards se sont glissés en Islande, il s'en trouve en grande quantité dans cette île ; ils ne sont point rougeâtres, il y en a peu de noirs, et communément ils sont gris ou bleuâtres en été, et blancs en hiver ; c'est dans cette dernière saison que leur fourrure est la meilleure. *Hist. nat. de l'Islande*, par Anderson, t. 1er, p. 56.

(b) *Nota.* M. Gmelin dit, d'après le témoignage des chasseurs, que ces animaux produisent quelquefois vingt ou vingt-cinq petits d'une seule portée. Je crois ce fait très suspect et le nombre très exagéré.

(c) *Nota.* Cette indication paraît assez précise pour qu'on puisse croire que le *vulpes crucigera* de Gessner, *Icon. Quad.*, fig. p. 190, et de Rzaczinski, *Hist. nat. Pol.*, p. 231, est le même animal que l'isatis.

renard pour les attraper ; il se jette à l'eau et traverse les lacs pour chercher les nids des canards et des oies, il en mange les œufs et les petits, et n'a pour ennemis, dans ces climats déserts et froids, que le glouton qui lui dresse des embûches et l'attend au passage.

Comme le loup, le renard, le glouton et les autres animaux qui habitent les parties du nord de l'Europe et de l'Asie ont passé d'un continent à l'autre, et se retrouvent tous en Amérique, l'isatis doit s'y trouver aussi, et je présume que le renard gris argenté de l'Amérique septentrionale, dont Catesby (a) a donné la figure, pourrait bien être l'isatis plutôt qu'une simple variété de l'espèce du renard.

LE GLOUTON (b)

Le glouton (*), gros de corps et bas des jambes, est à peu près de la forme d'un blaireau, mais il est une fois plus épais et plus grand ; il a la tête courte, les yeux petits, les dents très fortes, le corps trapu, la queue plutôt courte que longue et bien fournie de poil à son extrémité ; il est noir sur le dos et d'un brun roux sur les flancs ; sa fourrure est une des plus belles et des plus recherchées ; on le trouve assez communément en Laponie et dans toutes les terres voisines de la mer du Nord, tant en Europe qu'en Asie ; on le retrouve, sous le nom de *carcajou*, au Canada et dans les autres parties de l'Amérique la plus septentrionale ; il y a même toute apparence que l'animal de la baie d'Hudson, que M. Edwards a donné (c) sous le nom de *Quick-hath* ou *wolverenne*, petit ours ou louveteau, selon son traducteur, est le même que le carcajou de Canada, le même que le glouton du nord de l'Europe ; il me paraît aussi que l'animal indiqué par Fernandès, sous le nom de *tepeytzcuitli* ou *chien de montagne*, pourrait bien être le glouton, dont l'espèce s'est peut-être répandue jusque dans les montagnes désertes de la Nouvelle-Espagne (d).

(a) *Hist. nat. de la Caroline*, par Catesby, t. II, fig. p. 78.

(b) Glouton, nom que l'on a donné à cet animal, à cause de son insatiable voracité.

« Inter omnia animalia quæ immani voracitate creduntur insatiabilia, *gulo* in partibus » Sueciæ septentrionalis præcipuum suscepit nomen ubi patrio sermone *jerff*, dicitur, et » linguâ germanicâ, *wilfrass*; sclavonice, *rosomaka* à multâ commestione; latine vero non » nisi fictitio nomine *gulo*, videlicet à gulositate appellatur. » Olaï Magni *Hist. de Gent. sept.*, page 138.

(c) Edwards, *Hist. of Birds*, p. 103, fig. *ibid.*

(d) « Animal est parvi canis magnitudine, audacissimumque ; aggreditur enim cervos et » quandoque etiam interficit : corpus universum nigrum pectus ac collum candens, pili longi » et cauda longa et caninum quoque caput, unde nomen. » Fernandès, *Hist. anim. nov. Hisp.*, p. 7, cap. XXI.

(*) Le Glouton (*Gulo borealis* Briss.) est un Carnivore de la famille des Mustélides.

Olaüs Magnus me paraît être le premier qui ait fait mention de cet animal; il dit (a) qu'il est de la grosseur d'un grand chien, qu'il a les oreilles et la face d'un chat, les pieds et les ongles très forts, le poil brun, long et touffu ; la queue fournie comme celle du renard, mais plus courte. Selon Scheffer (b), le glouton a la tête ronde, les dents fortes et aiguës, semblables à celles du loup, le poil noir, le corps large et les pieds courts comme ceux de la loutre. La Hontan (c), qui a parlé le premier du carcajou de l'Amérique septentrionale, dit : « Figurez-vous un double blaireau, c'est l'image « la plus ressemblante que je puisse vous donner de cet animal. » Selon Sarrazin (d), qui probablement n'en avait vu que de petits, les carcajous n'ont guère que deux pieds de longueur de corps et huit pouces de queue ; « ils ont, dit-il, la tête fort courte et fort grosse, les yeux petits, les mâ- « choires très fortes, garnies de trente-deux (*) dents bien tranchantes. » Le petit ours ou louveteau d'Edwards (e), qui me paraît être le même animal, était, dit cet auteur, une fois aussi gros qu'un renard ; il avait le dos arqué, la tête basse, les jambes courtes, le ventre presque traînant à terre, la queue d'une longueur médiocre et touffue vers l'extrémité. Tous s'accordent à dire qu'on ne trouve cet animal que dans les parties les plus septentrionales de l'Europe, de l'Asie et de l'Amérique; M. Gmelin (f) est le seul qui semble assurer qu'il voyage jusque dans les pays chauds ; mais ce fait me paraît très suspect, pour ne pas dire faux ; Gmelin, comme quelques autres naturalistes (g), a peut-être confondu l'hyène du midi avec le glouton du nord, qui se ressemblent en effet par les habitudes naturelles, et surtout par la voracité, mais qui sont à tous autres égards des animaux très différents.

Le glouton n'a pas les jambes faites pour courir ; il ne peut même marcher que d'un pas lent, mais la ruse supplée à la légèreté qui lui manque ; il attend les animaux au passage, il grimpe sur les arbres pour se lancer dessus et les saisir avec avantage ; il se jette sur les élans et sur les rennes, leur entame le corps, et s'y attache si fort avec les griffes et les dents, que rien ne peut l'en séparer ; ces pauvres animaux précipitent en vain leur course, en vain ils se frottent contre les arbres et font les plus grands efforts pour se délivrer : l'ennemi, assis sur leur croupe ou sur leur cou, continue

(a) Olaï Magni, *de Gent. septent.*, p. 138 et seq.
(b) *Histoire de la Laponie*, par J. Scheffer, Paris, 1678, p. 314.
(c) *Voyage de la Hontan*, t. Ier, p. 96.
(d) *Histoire de l'Académie des sciences*, année 1713, p. 14.
(e) *Histoire des oiseaux*, par Edwards, p. 103.
(f) Le glouton est le seul dont on puisse dire comme de l'homme qu'il vit aussi bien sous la Ligne qu'au Pôle. On le voit partout, il court du midi au nord, et du nord au midi, pourvu qu'il trouve à manger. *Voyage de Gmelin*, t. III, p. 492 et suiv.
(g) Briss., *Règne animal*, p. 235 et 236.

(*) Le Glouton a trente-huit dents : 12 incisives, 4 canines, 10 molaires en haut et 12 molaires en bas.

à leur sucer le sang, à creuser leur plaie, à les dévorer en détail avec le même acharnement, la même avidité, jusqu'à ce qu'il les ait mis à mort (*a*) ; il est, dit-on, inconcevable combien de temps le glouton peut manger de suite, et combien il peut dévorer de chair en une seule fois.

Ce que les voyageurs en rapportent est peut-être exagéré ; mais en rabattant beaucoup de leurs récits, il en reste encore assez (*b*) pour être convaincu que le glouton est beaucoup plus vorace qu'aucun de nos animaux de proie, aussi l'a-t-on appelé le *vautour des quadrupèdes ;* plus insatiable, plus déprédateur que le loup, il détruirait tous les autres animaux s'il avait autant d'agilité ; mais il est réduit à se traîner pesamment, et le seul animal qu'il puisse prendre à la course est le castor, duquel il vient très aisément à bout, et dont il attaque quelquefois les cabanes pour le dévorer avec ses petits lorsqu'ils ne peuvent assez tôt gagner l'eau (*c*), car le castor le devance à la nage, et le glouton, qui voit échapper sa proie, se jette sur le poisson ; et lorsque toute chair vivante vient à lui manquer il cherche les cadavres, les déterre, les dépèce et les dévore jusqu'aux os.

Quoique cet animal ait de la finesse et mette en œuvre des ruses réfléchies pour se saisir des autres animaux, il semble qu'il n'ait pas de sentiment distinct pour sa conservation, pas même l'instinct commun pour son salut ; il vient à l'homme ou s'en laisse approcher (*d*) sans apparence de

(*a*) Le Glouton est un animal carnassier, un peu moins grand que le loup ; il a le poil rude, long et d'un brun qui approche du noir, surtout sur le dos ; il a la ruse de grimper sur un arbre pour y guetter le gibier ; et lorsque quelque animal passe il s'élance sur son dos, et sait si bien s'y accrocher par le moyen de ses griffes, qu'il lui en mange une partie, et que le pauvre animal, après bien des efforts inutiles pour se défaire d'un hôte si incommode, tombe enfin par terre et devient la proie de son ennemi. Il faut au moins trois des plus forts lévriers pour attaquer cette bête, encore leur donne-t-elle bien de la peine. Les Russes font grand cas de la peau du glouton, ils l'emploient ordinairement à des manchons pour les hommes et des bordures de bonnets. *Relation de la grande Tartarie.* Amsterdam, 1737, p. 8.

(*b*) « Hoc animal voracissimum est : reperto namque cadavere tantum vorat ut violento » cibo corpus instar tympani extendatur ; inventaque angustia inter arbores se stringit ut » violentius egerat : sicque extenuatum revertitur ad cadaver et ad summum usque repletur, » iterumque se stringit angustiâ priore, etc. » Olaï Magni *Hist. de Gent. sept.,* p. 138.

(*c*) Le carcajou, quoique petit, est très fort et très furieux ; et quoique carnassier, il est si lent et si pesant qu'il se traîne sur la neige plutôt qu'il n'y marche. Il ne peut attraper en marchant que le castor, qui est aussi lent que lui, et il faut que ce soit en été où le castor est hors de sa cabane, mais en hiver il ne peut que briser et démolir la cabane et y prendre le castor, ce qui ne lui réussit que très rarement, parce que le castor a sa retraite assurée sous la glace. *Histoire de l'Académie des sciences,* année 1713, p. 14.

(*d*) Les ouvriers aperçurent de loin un animal qui marchait à eux gravement et à pas comptés, que quelques-uns prirent pour un ours, et d'autres pour un glouton ; ils allèrent au-devant de cet animal, qu'ils reconnurent à la fin pour un glouton, et après qu'ils lui eurent donné quelques bons coups de perche, ils le prirent encore en vie ; ils me l'apportèrent aussitôt... D'après les rapports que les chasseurs de Sibérie m'avaient fait depuis plusieurs années sur l'adresse de cet animal, soit pour tourner les autres animaux et suppléer par la ruse à la légèreté que la nature lui a refusée, soit pour éviter les embûches des hommes, je fus très étonné de voir arriver celui-ci de propos délibéré au-devant de nous pour chercher la mort. Isbrand-Ides l'appelle un animal méchant, qui ne vit que de rapine ;

crainte ; cette indifférence, qui paraît annoncer l'imbécillité, vient peut-être
d'une cause très différente ; il est certain que le glouton n'est pas stupide,
puisqu'il trouve les moyens de satisfaire à son appétit toujours pressant et
plus qu'immodéré ; il ne manque pas de courage, puisqu'il attaque indifféremment tous les animaux qu'il rencontre, et qu'à la vue de l'homme il ne
fuit ni ne marque par aucun mouvement le sentiment de la peur spontanée ;
s'il manque donc d'attention sur lui-même, ce n'est point indifférence pour
sa conservation, ce n'est qu'habitude de sécurité : comme il habite un pays
désert, qu'il y rencontre très rarement des hommes, qu'il n'y connaît point
d'autres ennemis, que toutes les fois qu'il a mesuré ses forces avec les animaux il s'est trouvé supérieur, il marche avec confiance et n'a pas le germe
de la crainte, qui suppose quelque épreuve malheureuse, quelque expérience de sa faiblesse ; on le voit par l'exemple du lion, qui ne se détourne
pas de l'homme à moins qu'il n'ait éprouvé la force de ses armes ; et le
glouton se traînant sur la neige dans son climat désert ne laisse pas d'y
marcher en toute sécurité et d'y régner en lion moins par sa force que par
la faiblesse de ceux qui l'environnent.

L'isatis, moins fort mais beaucoup plus léger que le glouton, lui sert de
pourvoyeur ; celui-ci le suit à la chasse, et souvent lui enlève sa proie avant
qu'il ne l'ait entamée ; au moins il la partage, car au moment que le glouton
arrive, l'isatis, pour n'être pas mangé lui-même, abandonne ce qui lui reste
à manger ; ces deux animaux se creusent également des terriers ; mais leurs
autres habitudes sont différentes : l'isatis va souvent par troupe, le glouton
marche seul, ou quelquefois avec sa femelle ; on les trouve ordinairement
ensemble dans leur terrier. Les chiens (a), même les plus courageux, crai-

« il a coutume, dit-il, de se tenir sur les arbres tranquille, et de s'y cacher comme le lynx
» jusqu'à ce qu'il passe un cerf, un élan, un chevreuil, un lièvre, etc. ; alors il s'élance avec
» toute la rapidité d'une flèche sur l'animal, lui enfonce ses dents dans le corps et le ronge
» jusqu'à ce qu'il expire, après quoi il le dévore à son aise et avale jusqu'au poil et à la peau.
» Un Waivode qui gardait chez lui pour son plaisir un glouton le fit un jour jeter dans
» l'eau et lâcha sur lui un couple de chiens ; mais le glouton se jeta aussitôt sur la tête d'un
» de ces chiens, et le tint sous l'eau jusqu'à ce qu'il l'eût suffoqué..... » L'adresse dont se
sert le glouton pour surprendre les animaux (continue M. Gmelin) est confirmée par tous les
chasseurs..... quoiqu'il se repaisse de tous les animaux vivants ou morts, il aime de préférence le renne..... il épie les gros animaux comme un voleur de grand chemin, ou bien il
les surprend quand ils dorment au gîte..... il recherche tous les pièges que les chasseurs
tendent pour prendre les différentes espèces d'animaux, et il ne s'y laisse pas attraper.....
Les chasseurs de renards bleus et blancs (isatis) qui se tiennent dans le voisinage de la mer
Glaciale, se plaignent beaucoup du tort que leur fait le glouton..... On l'appelle ainsi avec
raison, parce qu'il est incroyable ce qu'il peut manger ; je n'ai jamais entendu dire, quoique
je l'aie demandé plusieurs fois à des chasseurs de profession, que cet animal se presse entre
deux arbres pour vider son corps, et y faire de la place par force pour satisfaire de nouveau
et plus promptement son insatiable voracité. Cela me paraît être la fable d'un naturaliste, ou
la fiction d'un peintre. *Voyage de Gmelin*, t. III, p. 492. — *Nota.* C'est Olaüs qui le premier
a écrit cette fable, et un dessinateur, copié dans Gessner, qui l'a mise en figure.

(a) « Via vix conceditur ut a canibus apprehendatur, cùm ungulas, dentesque adeò acutos

gnent d'approcher et de combattre le glouton ; il sedé.en l des pieds et des dents, et leur fait des blessures mortelles ; mais comme il ne peut échapper par la fuite, les hommes en viennent facilement à bout.

La chair du glouton (a), comme celle de tous les animaux voraces, est très mauvaise à manger ; on ne le cherche que pour en avoir la peau, qui fait une très bonne (b) et magnifique fourrure ; on ne met au-dessus que celles de la zibeline et du renard noir, et l'on prétend que quand elle est bien choisie, bien préparée, elle a plus de lustre qu'aucune autre, et que sur un fond d'un beau noir la lumière se réfléchit et brille par parties comme sur une étoffe damassée (c).

LES MOUFFETTES

Nous donnons le nom générique de *mouffette* (*) à trois ou quatre espèces d'animaux qui renferment et répandent, lorsqu'ils sont inquiétés, une odeur si forte et si mauvaise qu'elle suffoque comme la vapeur souterraine qu'on appelle *mouffette*. Ces animaux se trouvent dans toute l'étendue de l'Amérique (d) méridionale et tempérée ; ils ont été désignés indistinctement par les

» habeat, ut ejus congressum formident canes qui in ferocissimos lupos vires suas exten- » dere solent. » Olaï Magni *Hist. de Gent. sept.*, p. 139.

(a) « Caro hujus animalis omnino inutilis est ad humanam escam, sed pellis multum » commoda ac pretiosa. Candet enim fuscata nigredine instar panni damasceni diversis » ornata figuris atque pulchrior in aspectu redditur quo artificum diligentia et industria » colorum conformitate in quorumque vestium genere fuerit coadunata. » Olaï Magni *Hist. de Gent. sept.*, p. 139.

(b) On dit que le glouton est un animal particulier au pays du nord..... Il est de cou- leur noirâtre ; les poils comme le renard, pour la longueur et l'épaisseur, mais plus fins et plus doux, ce qui fait que les peaux en sont très recherchées et fort chères, même en Suède. Article extrait et traduit Apollon. Megabeni *Historia Gulonis*. Viennæ-Austriæ, 1681.

(c) Les goulus sont assez communs en Laponie..... La peau en est extrêmement noire, dont le poil renvoie une certaine blancheur luisante comme les satins et damas à fleurs. Quelques-uns la comparent à la peau des martes zibelines, si ce n'est que celles-ci ont le poil plus doux et délicat. Cette bête ne demeure pas seulement sur la terre, mais encore sous l'eau comme les loutres..... mais le goulu est beaucoup plus grand et plus vorace que la loutre..... Il ne poursuit pas seulement les bêtes sauvages, mais encore les domestiques, et même les poissons. *Histoire de la Laponie*, par Sheffer, p. 314.

(d) Dans les terres voisines du détroit de Magellan, nous vîmes un autre animal à qui nous donnâmes le nom de *grondeur* ou *souffleur*, parce qu'il ne voit pas plutôt quelqu'un qu'il gronde, souffle et gratte la terre avec ses pieds de devant, quoiqu'il n'ait pour toute défense que son derrière qu'il tourne d'abord vers celui qui l'approche, et d'où il fait sortir des excréments d'une odeur la plus détestable qu'il y ait au monde. *Voyage du cap. Wood. Suite des voyages de Dampier*, t. V, p. 184. — Il y a au Pérou beaucoup de petits renards parmi lesquels il faut remarquer ceux qui rendent une odeur insupportable ; ils entrent les nuits dans les villes, et, quelque fermées que soient les fenêtres, on les sent de plus de cent pas ; heureusement que le nombre en est petit, car ils empuantiraient le monde entier. *Hist. des Incas*, t. II, p. 269.

(*) Les Mouffettes (*Mephitis* Cuv.) sont des Carnivores de la famille des Mustélides.

voyageurs sous les noms de *puants, bêtes puantes, enfants du diable* (*a*), etc.;
et non seulement on les a confondus entre eux, mais avec d'autres qui sont
d'espèces très éloignées. Hernandès (*b*) a indiqué assez clairement trois
de ces animaux : il appelle le premier *ysquiepatl*, nom mexicain que nous
lui conserverions s'il était plus aisé de le prononcer ; il en donne la description et la figure, et c'est le même animal dont on trouve aussi la figure
dans l'ouvrage de Seba (*c*) ; nous l'appellerons *coase* (*), du nom *squash* qu'il
porte dans la Nouvelle-Espagne (*d*). Le second de ces animaux, que Hernandès nomme aussi *ysquiepatl*, est celui que nous appellerons *chinche*, du
nom qu'il porte dans l'Amérique méridionale. Le troisième, que Hernandès
nomme *conepatl*, et auquel nous conserverons ce nom, est le même que
celui qui a été donné par Catesby (*e*) sous la dénomination de *putois d'Amérique*, et par M. Brisson sous celle de *putois rayé* (*f*). Enfin, nous connaissons
encore une quatrième espèce de mouffette à laquelle nous donnerons le nom
de *zorille* (**), qu'elle porte au Pérou et dans quelques autres endroits des
Indes espagnoles.

C'est à M. Aubry, curé de Saint-Louis, que nous sommes redevables de la
connaissance de deux de ces animaux ; son goût et ses lumières en histoire
naturelle brillent dans son cabinet, qui est un des plus curieux de la ville de

(*a*) Une sorte de fouine qu'on a nommée *enfant du diable* ou *bête puante*, parce que
son urine qu'elle lâche quand elle est poursuivie empeste l'air à un demi-quart de lieue à la
ronde, est d'ailleurs un fort joli animal ; elle est de la grandeur d'un petit chat, mais plus
grosse ; d'un poil luisant tirant sur le gris, avec deux lignes blanches qui lui forment sur
le dos une figure ovale depuis le cou jusqu'à la queue ; cette queue est touffue comme celle
du renard, et elle la redresse comme fait l'écureuil. *Histoire de la Nouvelle-France*, par le
P. Charlevoix. t. III, p. 333. — *Nota.* Cet animal est le même que celui que nous appellerons ici *conepate*, du nom qu'il porte au Mexique.

(*b*) « *Ysquiepatl* seu Vulpecula quæ maïzium torrefactum æmulator colore. *Genus pri-
» mum*..... sunt et alia duo hujus vulpeculæ genera eâdem formâ et naturâ quorum alte-
» rum, *Ysquiepatl* etiam vocatum, fasciis multis candentibus distinguitur, alterum vero
» *Conepatl*, seu vulpecula puerilis, unicâ tantum utrinque ductâ perque caudam ipsam
» eodem modo delatâ. » Hernand. *Hist. Mex.*, p. 332, fig. *ibid.*

(*c*) Seba, vol. Ier, p. 68, tab. 42, fig. 1.

(*d*) Le squashe est un animal à quatre pieds, plus gros qu'un chat, sa tête ressemble assez
à celle du renard ; il a les oreilles courtes et des griffes aiguës qui lui servent à escalader les
arbres tout comme un chat ; il a la peau couverte d'un poil court, fin et jaunâtre, la chair
en est très bonne et fort saine. *Voyage de Dampier*, t. III, p. 302.

(*e*) *Histoire naturelle de la Caroline*, par Catesby. Londres, 1713, t. II. p. 62, fig. *ibid.*
Voici la description qu'en donne cet auteur. « Cet animal par sa taille n'est pas fort diffé-
» rent du putois commun, si ce n'est que son nez est un peu plus long ; tous ceux que j'ai
» vus étaient noirs et blancs, quoiqu'ils ne fussent pas marqués de la même manière ;
» celui-ci avait une raie blanche qui s'étendait depuis le derrière de la tête, tout du long
» du milieu du dos jusqu'au croupion, avec quatre autres raies de chaque côté qui étaient
» parallèles à la première. »

(*f*) *Mustela nigra, tæniis in dorso albis, putorius striatus.* Le putois rayé. Briss. *Règne
animal*, p. 250.

(*) C'est, d'après Cuvier, le Vison (*Mustela Vison* L.).
(**) *Mephitis Zorilla* Cuv.

IX.   38

Paris ; il a bien voulu nous communiquer ses richesses toutes les fois que nous en avons eu besoin ; et ce ne sera pas ici la seule occasion que nous aurons d'en marquer notre reconnaissance. Ces animaux, que M. Aubry a bien voulu nous prêter pour les faire dessiner et graver, sont le coase, le chinche et le zorille ; on peut regarder ces deux derniers comme nouveaux, car on n'en trouve la figure dans aucun auteur.

Le premier de ces animaux est arrivé à M. Aubry sous le nom de *pekan*, *enfant du diable*, ou *chat sauvage de Virginie ;* j'ai vu que ce n'était pas le pekan, j'ai rejeté les dénominations d'enfant du diable et de chat sauvage comme factices et composées, et j'ai reconnu que c'était le même animal que Hernandez a décrit sous le nom d'*ysquiepatl*, et que les voyageurs ont indiqué sous celui de *squash ;* et c'est de cette dernière dénomination que j'ai dérivé le nom *coase* que je lui ai donné ; il a environ seize pouces de long, y compris la tête et le corps ; il a les jambes courtes, le museau mince, les oreilles petites, le poil d'un brun foncé, les ongles noirs et pointus ; il habite dans des trous, dans des fentes de rochers, où il élève ses petits ; il vit de scarabées, de vermisseaux, de petits oiseaux ; et lorsqu'il peut entrer dans une basse-cour il étrangle les volailles, desquelles cependant il ne mange que la cervelle ; lorsqu'il est irrité ou effrayé, il rend une odeur abominable : c'est pour cet animal un moyen sûr de défense, ni les hommes ni les chiens n'osent en approcher ; son urine, qui se mêle apparemment avec cette vapeur empestée, tache et infecte d'une manière indélébile ; au reste, il paraît que cette mauvaise odeur n'est point une chose habituelle. « On m'a envoyé de
» Surinam cet animal vivant, dit Seba (*a*), et je l'ai conservé en vie pendant
» tout un été dans mon jardin où je le tenais attaché à une petite chaîne ; il
» ne mordait personne, et lorsqu'on lui donnait à manger, on pouvait le
» manier comme un petit chien ; il creusait la terre avec son museau en
» s'aidant des deux pattes de devant, dont les doigts sont armés d'ongles
» longs et recourbés ; il se cachait pendant le jour dans une espèce de tanière
» qu'il avait faite lui-même, il en sortait le soir, et après s'être nettoyé il
» commençait à courir, et courait ainsi toute la nuit à droite et à gauche
» aussi loin que sa chaîne lui permettait d'aller ; il furetait partout portant le
» nez en terre ; on lui donnait chaque soir à manger, et il ne prenait de nour-
» riture que ce qu'il lui en fallait sans toucher au reste, il n'aimait ni la
» chair ni le pain, ni quantité d'autres nourritures ; ses délices étaient les
» panais jaunes, les chevrettes crues, les chenilles et les araignées..... Sur
» la fin de l'automne on le trouva mort dans sa tanière, il ne put sans doute
» supporter le froid. Il a le poil du dos d'un châtain foncé, de courtes oreilles,

(*a*) *Ysquiepatl*, dont la couleur ressemble à celle du maïs brûlé..... sa tête ressemble à celle d'un petit renard, et son groin est à peu près comme celui du cochon ; les Américains l'appellent *quasje*. Seba. vol. 1ᵉʳ, p. 68. — *Nota*. Cette autorité prouve encore que le mot *squash* ou *coase* est le vrai nom de cet animal.

» le devant de la tête rond, d'une couleur un peu plus claire que le dos, et
» le ventre jaune. Sa queue est d'une longueur médiocre, couverte d'un poil
» brun et court ; on y remarque tout autour comme des anneaux jaunâtres. »
Nous observerons que, quoique la description et la figure données par Seba
s'accordent très bien avec la description et la figure de Hernandès, on pourrait néanmoins douter encore que ce fût le même animal, parce que Seba ne
fait aucune mention de son odeur détestable, et qu'il est difficile d'imaginer
comment il a pu garder dans son jardin, pendant tout un été, une bête aussi
puante, et ne pas parler, en la décrivant, de l'incommodité qu'elle a dû
causer à ceux qui l'approchaient, on pourrait donc croire que cet animal,
donné par Seba sous le nom d'*ysquicpatl*, n'est pas le véritable, ou bien que
la figure donnée par Hernandès a été appliquée à l'ysquicpatl, tandis qu'elle
appartenait peut-être à un autre animal ; mais ce doute, qui d'abord paraît
fondé, ne subsistera plus quand on saura que cet animal ne rend cette odeur
empestée que quand il est irrité ou pressé, et que plusieurs personnes en
Amérique en ont élevé et apprivoisé (a).

De ces quatre espèces de moufettes, que nous venons d'indiquer sous les
noms de *coase*, *conepate*, *chinche* et *zorille*, les deux dernières appartiennent
aux climats les plus chauds de l'Amérique méridionale, et pourraient bien
n'être que deux variétés et non pas deux espèces différentes. Les deux premiers sont du climat tempéré de la Nouvelle-Espagne, de la Louisiane, des
Illinois, de la Caroline, etc., et me paraissent être deux espèces distinctes et
différentes des deux autres, surtout le coase qui a le caractère particulier de
ne porter que quatre ongles aux pieds de devant, tandis que tous les autres
en ont cinq ; mais, au reste, ces animaux ont tous à peu près la même figure,
le même instinct, la même mauvaise odeur, et ne diffèrent, pour ainsi dire,
que par les couleurs et la longueur du poil. Le coase est, comme on vient de
le voir, d'une couleur brune assez uniforme, et n'a pas la queue touffue comme
les autres. Le conepate (*b*) a sur un fond de poil noir cinq bandes blanches

(*a*) Malgré l'incommode propriété de ces animaux, les Anglais, les Français, les Suédois
et les Sauvages de l'Amérique septentrionale en apprivoisent quelquefois ; on dit qu'alors
ils suivent comme les animaux domestiques, et qu'ils ne lâchent leur urine que quand on
les presse ou qu'on les bat : lorsque les Sauvages en tuent quelques-uns ils leur coupent
la vessie, afin que la chair, qu'ils trouvent bonne à manger, ne prenne pas l'odeur de
l'urine ; j'ai souvent rencontré des Anglais et des Français qui m'ont dit en avoir mangé et
l'avoir trouvée d'un très bon goût, qui approchait selon eux de celui d'un cochon de lait ;
les Européens ne font aucun cas de sa peau à cause de son épaisseur et de la longueur de
son poil, mais les Sauvages se servent de ces peaux pour faire des bourses, etc. *Voyage de
Kalm*, p. 417, article traduit par M. le marquis de Montmirail.

(*b*) Les Anglais appellent *Polecat*, une espèce d'animal que l'on trouve communément,
non seulement en Pensylvanie, mais dans d'autres pays plus au nord et au sud en Amérique ; on l'appelle vulgairement *scunck* dans la nouvelle Yorck ; les Suédois qui sont dans
ce pays, le nomment *fiskatte*..... Cet animal ressemble beaucoup à la marte ; il est à peu
près de la même grosseur, et ordinairement d'une couleur noire, il a cependant sur le dos
une ligne blanche longitudinale, et une de chaque côté de la même couleur et de la même

qui s'étendent longitudinalement de la tête à la queue. Le chinche (a) est blanc sur le dos et noir sur les flancs, avec la tête toute noire, à l'exception d'une bande blanche qui s'étend depuis le chignon jusqu'au chanfrein du nez ; sa queue est très touffue et fournie de très longs poils blancs mêlés d'un peu de

longueur ; on en voit, mais rarement, qui sont presque tout blancs..... Cet animal fait ses petits également dans des creux d'arbres et des terriers ; il ne reste pas seulement sur terre, mais il monte sur les arbres. Il est ennemi des oiseaux, il brise leurs œufs et mange leurs petits ; et quand il peut entrer dans un poulailler, il y fait un grand ravage..... Quand il est chassé, soit par les chiens, soit par les hommes, il court tant qu'il peut ou grimpe sur un arbre ; et lorsqu'il se trouve très pressé, il lance son urine contre ceux qui le poursuivent..... l'odeur en est si forte qu'elle suffoque ; s'il tombait une goutte de cette liqueur empestée dans les yeux, on courrait risque de perdre la vue ; et quand il en tombe sur les habits, elle leur imprime une odeur si forte, qu'il est très difficile de la faire passer ; la plupart des chiens se rebutent et s'enfuient dès qu'ils en sont frappés ; il faut plus d'un mois pour enlever cette odeur d'une étoffe..... dans les bois on sent souvent cette odeur de très loin. En 1749, il vint un de ces animaux près de la ferme où je logeais, c'était en hiver et pendant la nuit, les chiens étaient éveillés et le poursuivaient ; dans le moment, il se répandit une odeur si fétide, qu'étant dans mon lit, je pensai être suffoqué, les vaches beuglaient de toutes leurs forces..... Sur la fin de la même année, il s'en glissa un autre dans notre cave, mais il ne répandit pas la plus légère odeur, parce qu'il ne la répand que quand il est chassé ou pressé. Une femme, qui l'aperçut la nuit à ses yeux étincelants, le tua, et dans le moment il remplit la cave d'une telle odeur, que non seulement cette femme en fut malade pendant quelques jours, mais que le pain, la viande et les autres provisions qu'on conservait dans cette cave furent tellement infectés qu'on ne put en rien conserver, et qu'il fallut tout jeter dehors. *Voyage de Kalm*, p. 412 et suivantes, article traduit par M. le marquis de Montmirail.

(a) Cet animal est appelé *chinche* par les naturels du Brésil ; il est de la grosseur d'un de nos chats ; il a la tête longue, se rétrécissant depuis sa partie antérieure jusqu'à l'extrémité de la mâchoire supérieure qui avance au delà de la mâchoire inférieure, les deux formant une gueule fendue jusqu'aux petits canthus ou angles extérieurs des yeux ; ses yeux sont longs, et leur longueur est fort rétrécie, l'uvée est noire, et tout le reste est blanc ; ses oreilles sont larges et presque semblables à celle d'un homme, les cartilages qui les composent ont leurs bords renversés en dedans, leurs lobes ou parties inférieures pendent un peu en bas ; et toute la disposition de ces oreilles marque que cet animal a le sens de l'ouïe fort délicat ; deux bandes blanches, prenant leur origine sur la tête, passent au-dessus des oreilles en s'éloignant l'une de l'autre, et vont se terminer en arc aux côtés du ventre ; ses pieds sont courts, les pattes divisées en cinq doigts, munis à leurs extrémités de cinq ongles noirs, longs et pointus, qui lui servent à creuser son terrier ; son dos est voûté, semblable à celui d'un cochon, et le dessous du ventre est tout plat ; sa queue, aussi longue que son corps, ne diffère pas de celle d'un renard ; son poil est d'un gris obscur et long comme celui de nos chats ; il fait sa demeure dans la terre comme nos lapins, mais son terrier n'est pas si profond ; j'eus une très grande peine à faire perdre à mes habits la mauvaise odeur dont ils étaient imbus, elle dura plus de huit jours, quoique je les eusse lavés plusieurs fois, mouillés, séchés au soleil, etc. On me dit que la mauvaise odeur de cet animal était produite par son urine, qu'il la répand sur sa queue, et qu'il s'en sert comme de goupillon pour la disperser et pour faire fuir ses ennemis par cette odeur horrible ; qu'il urine de même à l'entrée de son terrier pour les empêcher d'y entrer ; qu'il est fort friand d'oiseaux et de volailles, et que ce sont ces animaux qui détruisent principalement les oiseaux dans les campagnes de Buenos-Ayres. *Journal du P. Feuillée*. Paris, 1714, p. 272 et suiv. — *Nota*. Il me paraît que ce même animal est indiqué par Acosta sous le nom de *chincille*, qui ne diffère pas beaucoup du chinche. « Les chincilles, dit cet auteur, sont petits animaux comme escurieux, qui ont un poil merveilleusement doux et lissé... et se trouvent en la Sierre du Pérou. » *Histoire naturelle des Indes occidentales*, p. 199.

noir. Le zorille (*a*) qui s'appelle aussi *mapurita* (*b*), paraît être d'une espèce plus petite; il a néanmoins la queue tout aussi belle et aussi fournie que le chinche, dont il diffère par la disposition des taches de sa robe; elle est d'un fond noir sur lequel s'étendent longitudinalement des bandes blanches depuis la tête jusqu'au milieu du dos, et d'autres espèces de bandes blanches transversalement sur les reins, la croupe et l'origine de la queue, qui est noire jusqu'au milieu de sa longueur, et blanche depuis le milieu jusqu'à l'extrémité, au lieu que celle du chinche est partout de la même couleur. Tous ces animaux (*c*) sont à peu près de la même figure et de la même grandeur que le putois d'Europe; ils lui ressemblent encore par les habitudes naturelles; et les résultats physiques de leur organisation sont aussi les mêmes. Le putois est de tous les animaux de ce continent celui qui répand la plus mauvaise odeur; elle est seulement plus exaltée dans les mouffettes, dont

(*a*) Le zorilla de la Nouvelle-Espagne est grand comme un chat, d'un poil blanc et noir, avec une très belle queue : lorsqu'il est poursuivi, il s'arrête pour pisser, c'est sa défense; car la puanteur de cet excrément est si forte qu'elle empoisonne l'air à cent pas à la ronde, et arrête ceux qui le poursuivent; s'il en tombait sur un habit, il faudrait l'enfermer sous terre pour en ôter la puanteur. *Voyage de Gemelli Careri*, t. VI, p. 212 et 213.

(*b*) Le mapurita des bords de l'Orénoque est un petit animal le plus beau et en même temps le plus détestable qu'on puisse voir : les blancs de l'Amérique l'appellent *mapurita*, et les Indiens *mafutiliqui*, il a le corps tout taché de blanc et de noir; sa queue est garnie d'un très beau poil : il est vif, méchant et hardi... se fiant sur ses armes, dont j'ai éprouvé l'effet au point d'en être presque suffoqué... il lâche des vents qui empestent, même de loin... Les Indiens cependant mangent sa chair et se parent de sa peau, qui n'a aucune mauvaise odeur. *Histoire naturelle de l'Orénoque*, par Gumilla, t. III, p. 210.

(*c*) Il y a à la Louisiane une espèce d'animal assez joli, mais qui de plus d'une lieue empeste l'air de son urine; c'est ce qui le fait nommer la *bête puante*; elle est grosse comme un chat : le mâle est d'un très beau noir, et la femelle aussi noire est bordée de blanc; son œil est très vif... elle est à juste titre nommée *puante*, car son odeur infecte... Un jour j'en tuai une, mon chien se jeta dessus et revint à moi en la secouant; une goutte de son sang, et sans doute aussi de son urine, tomba sur mon habit, qni était de coutil de chasse, et m'empesta si fort que je fus contraint de retourner chez moi au plus vite changer de vêtements, etc. *Histoire de la Louisiane*, par le Page du Pratz, t. II, p. 86 et 87. — Lorsqu'un de ces animaux est attaqué par un chien, pour paraître plus terrible, il change si fort sa figure en hérissant son poil et se ramassant tout le corps qu'il est presque tout rond, ce qui le rend étrange et affreux en même temps; cependant cet air menaçant ne suffisant pas pour épouvanter son ennemi, il emploie pour le repousser un moyen beaucoup plus efficace, car il jette de quelques conduits secrets une odeur si empestée qu'il empoisonne l'air fort loin autour de lui, si bien que, hommes et animaux, ont un grand empressement à s'en éloigner; il y a des chiens à qui cette puanteur est insupportable, et elle les oblige à laisser échapper leur proie; il y en a d'autres qui enfonçant leur nez dans la terre renouvellent leurs attaques jusqu'à ce qu'ils aient tué le putois; mais rarement dans la suite se soucient-ils de poursuivre un gibier si désagréable, qui les fait souffrir pendant quatre ou cinq heures. Les Indiens cependant en regardent la chair comme une délicatesse. J'en ai mangé et je l'ai trouvée de bon goût; j'en ai vu qu'on a apprivoisés quand ils étaient encore petits; ils sont devenus doux et fort vifs, et ils n'exerçaient point cette faculté, à laquelle la peur et l'intérêt de leur préservation les forcent peut-être d'avoir recours. Les putois se cachent dans le creux des arbres et des rochers : on en trouve dans presque tout le continent septentrional de l'Amérique; ils se nourrissent d'insectes et de fruits sauvages. *Histoire naturelle de la Caroline*, par Catesby, t. II, p. 62.

les espèces ou variétés sont nombreuses en Amérique, au lieu que le putois
est le seul de la sienne dans l'ancien continent; car je ne crois pas que
l'animal dont Kolbe parle sous le nom de *blaireau puant* (a), et qui me paraît
être une véritable moufette, existe au cap de Bonne-Espérance comme
naturel au pays; il se peut qu'il y ait été transporté d'Amérique, et il se peut
aussi que Kolbe, qui n'est point exact sur les faits, ait emprunté sa description du P. Zuchel, qu'il cite comme ayant vu cet animal au Brésil. Celui de la
Nouvelle-Espagne, que Fernandès indique sous le nom de *ortohua*, me paraît être le même animal que le zorilla du Pérou; et le *tepemaxtla* du même
auteur (b) pourrait bien être le conepate, qui doit se trouver à la Nouvelle-
Espagne comme à la Louisiane et à la Caroline.

LE PEKAN ET LE VISON

Il y a longtemps que le nom de *pekan* (*) était en usage dans le commerce
de la pelleterie du Canada (c), sans que l'on en connût mieux l'animal auquel
il appartient en propre; on ne trouve ce nom dans aucun naturaliste, et les
voyageurs l'ont employé indistinctement (d) pour désigner différents animaux, et surtout les moufettes; d'autres ont appelé *renard* ou *chat sauvage*
l'animal qui doit porter le nom de *pekan*, et il n'était pas possible de tirer
aucune connaissance précise des notices courtes et fautives que tous en ont
données. Il en est du *vison* (**) comme du *pekan*, nous ignorons l'origine de
ces deux noms, et personne n'en savait autre chose, sinon qu'ils appartiennent à deux animaux de l'Amérique septentrionale. Nous les avons trouvés,
ces deux animaux, dans le cabinet de M. Aubry, curé de Saint-Louis, et il a
bien voulu nous les prêter pour les décrire et les faire dessiner.

Le pekan ressemble si fort à la marte, et le vison (e) à la fouine, que nous

(a) *Description du cap de Bonne-Espérance*, par Kolbe, t. III, p. 86 et 87.

(b) « *Ortohula*, magnitudine tres dodrantes vix superat, nigro candidoque vestita pilo sed
» quibusdam in partibus fulvo... apud has gentes in cibi jamdiu venit usum quamvis cre-
» pitus ventris sit illi fœtidissimus : Occitucensibus versatur agris... est et altera species
» quem tepemaxtlam vocant eadem fere formâ et naturâ sed nullâ in parte fulva, et caudâ
» nigris albisque fasciis transversim discurrentibus variâ, quæ provenit quoque apud Occi-
» tucenses. » Fernand., *Hist. An. nov. Hisp.*, p. 6, cap. xvi.

(c) Noms des peaux qu'on tire du Canada, avec leurs valeurs en 1683... Les pekans, chats
sauvages ou enfants du diable, valent 1 liv. 15 sous la peau. *Voyage de la Hontan*, t. II, p. 39.

(d) Il répand une puanteur insupportable. Les Français lui donnent dans le Canada le
nom d'*enfant du diable* ou *bête puante*; cependant quelques-uns l'appellent *pekan*. *Voyage
de Kalm*, p. 412, article traduit par M. le marquis de Montmirail.

(e) Je serais assez porté à croire que l'animal indiqué par Sagard Théodat sous le nom

(*) *Mustela canadensis* L.
(**) *Mustela Vison* L.

croyons qu'on peut les regarder comme des variétés dans chacune de ces espèces ; ils ont non seulement la même forme de corps, les mêmes proportions, les mêmes longueurs de queue, la même qualité de poil, mais encore le même nombre de dents et d'ongles, le même instinct, les mêmes habitudes naturelles ; ainsi nous nous croyons fondés à regarder le pekan comme une variété dans l'espèce de la marte, et le vison comme une variété dans celle de la fouine, ou du moins comme des espèces si voisines qu'elles ne présentent aucune différence réelle : le pekan et le vison ont seulement le poil plus brun, plus lustré et plus soyeux que la marte et la fouine ; mais cette différence, comme l'on sait, leur est commune avec le castor, la loutre et les autres animaux du nord de l'Amérique, dont la fourrure est plus belle que celle de ces mêmes animaux dans le nord de l'Europe.

LA ZIBELINE

Presque tous les naturalistes ont parlé de la zibeline (*) sans la connaître autrement que par sa fourrure. M. Gmelin est le premier qui en ait donné la figure et la description ; il en vit deux vivantes chez le gouverneur de Tobolsk. « La zibeline ressemble, dit-il, à la marte pour la forme et l'habi-
» tude du corps, et à la belette par les dents ; elle a six dents incisives assez
» longues et un peu courbées, avec deux longues dents canines à la mâchoire
» inférieure, de petites dents très aiguës à la mâchoire supérieure ; de
» grandes moustaches autour de la gueule, les pieds larges et tous armés de
» de cinq ongles : ces caractères étaient communs à ces deux zibelines ; mais
» l'une était d'un brun noirâtre sur tout le corps, à l'exception des oreilles et
» du dessous du menton, où le poil était un peu fauve ; et l'autre, plus petite
» que la première, était sur tout le corps d'un brun jaunâtre, avec les oreilles
» et le dessous du menton d'une nuance plus pâle. Ces couleurs sont celles
» de l'hiver ; car au printemps elles changent par la mue du poil : la pre-
» mière zibeline, qui était d'un brun noir, devint en été d'un jaune brun ;
» et la seconde, qui était d'un brun jaune, devint d'un jaune pâle. J'ai
» admiré, continue M. Gmelin, l'agilité de ces animaux : dès qu'ils voyaient
» un chat, ils se dressaient sur les pieds de derrière comme pour se préparer

de *ottay*, pourrait être le même que le vison. « L'ottay, dit ce voyageur, est grand comme
» un petit lapin ; il a le poil très noir et si doux, poli et beau, qu'il semble de la panne.
» Les Canadiens font grand cas de ces peaux, desquelles ils font des robes. » *Voyage au pays des Hurons*, p. 308. Il n'y a au Canada aucun animal auquel cette indication convienne mieux qu'au vison.

(*) *Mustela Zibelina* L.

» au combat; ils sont très inquiets et fort remuants pendant la nuit (*a*);
» pendant le jour, au contraire, et surtout après avoir mangé, ils dorment
» ordinairement une demi-heure ou une heure; on peut dans ce temps les
» prendre, les secouer, les piquer sans qu'ils se réveillent. » Par cette description de M. Gmelin, on voit que les zibelines ne sont pas toutes de la
même couleur, et que par conséquent les nomenclateurs qui les ont désignées par les taches et les couleurs du poil ont employé un mauvais caractère, puisque non seulement il change dans les différentes saisons, mais qu'il
varie d'individu à individu, et de climat à climat (*b*).

Les zibelines habitent le bord des fleuves, les lieux ombragés et les bois
les plus épais; elles sautent très agilement d'arbres en arbres, et craignent
fort le soleil, qui change, dit-on, en très peu de temps la couleur de leur
poil, on prétend (*c*) qu'elles se cachent et qu'elles sont engourdies pendant
l'hiver; cependant c'est dans ce temps qu'on les chasse et qu'on les cherche
de préférence, parce que leur fourrure est alors bien plus belle et bien meilleure qu'en été; elles vivent de rats, de poisson, de graines de pin et de
fruits sauvages; elles sont très ardentes en amour; elles ont pendant ce
temps de leur chaleur une odeur très forte, et en tout temps leurs excréments sentent mauvais: on les trouve principalement en Sibérie, et il n'y en
a que peu dans les forêts de la grande Russie, et encore moins en Laponie.
Les zibelines (*d*) les plus noires sont celles qui sont le plus estimées; la différence qu'il y a de cette fourrure à toutes les autres, c'est qu'en quelque sens
qu'on pousse le poil il obéit également, au lieu que les autres poils pris à
rebours font sentir quelque raideur par leur résistance.

La chasse des zibelines se fait par des criminels confinés en Sibérie, ou
par des soldats qu'on y envoie exprès, et qui y demeurent ordinairement
plusieurs années; les uns et les autres sont obligés de fournir une certaine
quantité de fourrures à laquelle ils sont taxés; ils ne tirent qu'à balle seule

---

(*a*) *Nota.* Cette inquiétude et ce mouvement pendant la nuit n'est pas particulier à la zibeline, j'ai vu la même chose aux hermines que nous avons eues vivantes, et que nous avons
nourries pendant plusieurs mois.

(*b*) Des deux zibelines dont parle M. Gmelin, la première venait de la province de Tomskien,
et la seconde de celle de Beresowien; on trouve aussi, dans sa relation de la Sibérie, que
sur la montagne de Sopka-Sinaia il y a des zibelines noires à poil court, auxquelles il est
défendu de donner la chasse, qu'une semblable espèce de zibeline se trouve aussi plus avant
dans les montagnes, de même que chez les Calmouks Vrangai. « J'ai vu, dit-il, quelques-
» unes de ces peaux que des Calmouks avaient apportées; elles sont connues sous le nom
» de zibelines de Kangaraga. » *Voyage de Gmelin*, t. Ier, p. 217.

(*c*) Rzaczinsky, *Auct.*, p. 318.

(*d*) La zibeline diffère de la marte en ce qu'elle est plus petite, et qu'elle a les poils plus
fins et plus longs; les véritables zibelines sont damassées de noir, et se prennent en Tartarie; il s'en trouve peu en Laponie: plus la couleur du poil est noire et plus elle est
recherchée, et vaudra quelquefois soixante écus, quoique la peau n'ait que quatre doigts de
largeur. On en a vu de blanches et de grises. *Regnard*, t. Ier, p. 176. — *Nota.* Scheffer dit
de même qu'il se trouve quelquefois des zibelines blanches. *Histoire de la Laponie*, p. 318.

pour gâter le moins qu'il est possible la peau de ces animaux, et quelquefois au lieu d'armes à feu ils se servent d'arbalètes et de très petites flèches. Comme le succès de cette chasse suppose de l'adresse et encore plus d'assiduité, on permet aux officiers d'y intéresser leurs soldats et de partager avec eux le surplus de ce qu'ils sont obligés de fournir par semaine, ce qui ne laisse pas de leur faire un bénéfice très considérable (a).

Quelques naturalistes ont soupçonné que la zibeline était le *satherius* d'Aristote, et je crois leur conjecture bien fondée. La finesse de la fourrure de la zibeline indique qu'elle se tient souvent dans l'eau ; et quelques voyageurs (b) disent qu'elle ne se trouve en grand nombre que dans de petites îles où les chasseurs vont la chercher ; d'autre côté, Aristote parle du *satherius* comme d'un animal d'eau, et il le joint à la loutre et au castor. On doit encore présumer que du temps de la magnificence d'Athènes, ces belles fourrures n'étaient pas inconnues dans la Grèce, et que l'animal qui les fournit avait un nom ; or il n'y en a aucun qu'on puisse appliquer à la zibeline avec plus de raison que celui de *satherius*, si en effet il est vrai que la zibeline mange du poisson (c), et se tienne assez souvent dans l'eau pour être mise au nombre des amphibies.

LE LEMING (d)

Olaüs Magnus est le premier qui ait fait mention du leming (*) ; et tout ce qu'en ont dit Gessner, Scaliger, Ziegler, Jonston, etc., est tiré de cet auteur ; mais Wormius, après des recherches plus exactes, a fait l'histoire de cet animal, et voici la description qu'il en donne : « Il a, dit-il, la figure d'une
» souris, mais la queue plus courte, le corps long d'environ cinq pouces,
» le poil fin et taché de diverses couleurs, la partie antérieure de la tête
» noire, la partie supérieure jaunâtre, le cou et les épaules noires, le
» reste du corps roussâtre, marqué de quelques petites taches noires de
» différentes figures jusqu'à la queue, qui n'a qu'un demi-pouce de lon-
» gueur, et qui est couverte de poils jaunes noirâtres ; l'ordre des taches,

(a) Un colonel peut tirer de ses sept années de service à la chasse des zibelines environ quatre mille écus de profit, les subalternes à proportion, et chaque soldat six ou sept cents écus. *Voyage du P. Avril*, p. 169. — Voyez aussi la *Relation de la Moscovie*, par La Neuville. Paris, 1698, p. 217.

(b) Les chasseurs vont chercher les zibelines dans de petites îles où elles se retirent ; ils les tuent avec une espèce d'arbalète, etc. *Voyage du P. Avril*, p. 168.

(c) « In umbrosis saltibus versatur semper, insidiatur aviculis... in escam assumit mures, » pisces, uvas rubeas. » Rzaczinsky, *Auct. Hist. nat. Polon.*, p. 318.

(d) *Leming*, nom de cet animal dans son pays natal en Norvège, et que nous avons adopté.

(*) Le Leming (*Myodes Lemmus* L.) est un Rongeur de la famille des Arvicolides.

» non plus que leur figure et leur grandeur, ne sont pas les mêmes dans
» tous les individus ; il y a autour de la gueule plusieurs poils raides en
» forme de moustaches, dont il y en a six de chaque côté beaucoup plus
» longs et plus raides que les autres ; l'ouverture de la gueule est petite, la
» lèvre supérieure est fendue comme dans les écureuils, il sort de la
» mâchoire deux dents longues incisives, aiguës, un peu courbes, dont
» les racines pénètrent jusqu'à l'orbite des yeux, deux dents sembla-
» bles dans la mâchoire inférieure, qui correspondent à celles du des-
» sus, trois mâchelières de chaque côté, éloignées des dents incisives ; la
» première des mâchelières, fort large et composée de quatre lobes, la
» seconde de trois, la troisième plus petite : chacune de ces trois dents ayant
» son alvéole séparée et toutes situées dans l'intérieur du palais, à un inter-
» valle assez grand ; la langue assez ample et s'étendant jusqu'à l'extrémité
» des dents incisives ; des débris d'herbe et de paille, qui étaient dans la
» gorge de cet animal, doivent faire penser qu'il rumine ; les yeux sont
» petits et noirs, les oreilles couchées sur le dos, les jambes de devant très
» courtes, les pieds couverts de poils et armés de cinq ongles aigus et cour-
» bés, dont celui du milieu est très long, et dont le cinquième est comme
» un petit pouce ou comme un ergot de coq, situé quelquefois assez haut
» dans la jambe ; tout le ventre est blanchâtre, tirant un peu sur le
» jaune, etc. » Cet animal, dont le corps est épais et les jambes fort
courtes, ne laisse pas de courir assez vite ; il habite ordinairement les
montagnes de Norvège et de Laponie, mais il en descend quelquefois en si
grand nombre dans de certaines années (a) et dans de certaines saisons,
qu'on regarde l'arrivée des lemings comme un fléau terrible, et dont il est
impossible de se délivrer ; ils font un dégât affreux dans les campagnes,
dévastent les jardins, ruinent les moissons, et ne laissent rien que ce qui est
serré dans les maisons, où heureusement ils n'entrent pas. Ils aboient à peu

(a) On a remarqué que les lemmers ne paraissent pas régulièrement tous les ans, mais
en certain temps à l'improviste et en si grande quantité, qu'ils se répandent partout et couvrent toute la terre... Ces petites bêtes, bien loin d'avoir peur et de s'enfuir quand elles
entendent marcher les passants, sont au contraire hardies et courageuses, vont au-devant
de ceux qui les attaquent, crient et jappent presque tout de même que de petits chiens ; si
on les veut battre, elles ne se soucient ni du bâton ni des hallebardes, sautant et s'élançant
contre ceux qui les frappent, s'attachant et mordant en colère les bâtons de ceux qui les
veulent tuer. Ces animaux ont ceci de particulier, qu'ils n'entrent jamais dans les maisons
ni dans les cabanes pour y faire du dommage ; ils se tiennent toujours cachés dans les broussailles et le long des coteaux ; quelquefois ils se font la guerre, se partageant comme en
deux armées le long des lacs et des prés... Les hermines et les renards sont leurs ennemis
et en mangent beaucoup... l'herbe renaissante fait mourir ces petits animaux, il semble qu'ils
se fassent aussi mourir eux-mêmes ; on en voit de pendus à des branches d'arbres, on peut
croire aussi qu'ils se jettent dans l'eau par troupes comme les hirondelles. *Histoire de la
Laponie*, par Scheffer, p. 322. — *Nota.* Il y a bien plus d'apparence que les lemings, comme
tous les autres rats, se mangent et s'entre-détruisent dès que la pâture vient à leur manquer,
et que c'est par cette raison que leur destruction est aussi prompte que leur pullulation.

près comme de petits chiens; lorsqu'on les frappe avec un bâton, ils se jettent dessus et le tiennent si fort avec les dents, qu'ils se laissent enlever et transporter à quelque distance, sans vouloir le quitter; ils se creusent des trous sous terre, et vont comme les taupes manger les racines; ils s'assemblent dans de certains temps, et meurent pour ainsi dire tous ensemble; ils sont très courageux et se défendent contre les autres animaux; on ne sait pas trop d'où ils viennent (*), le peuple croit qu'ils tombent avec la pluie (a); le mâle est ordinairement plus grand que la femelle, et a aussi les taches noires plus grandes; ils meurent infailliblement au renouvellement des herbes; ils vont aussi en grandes troupes sur l'eau dans le beau temps, mais s'il vient un coup de vent, ils sont tous submergés. Le nombre de ces animaux est si prodigieux, que quand ils meurent l'air en est infecté, et cela occasionne beaucoup de maladies, il semble même qu'ils infectent les plantes qu'ils ont rongées, car le pâturage fait alors mourir le bétail; la chair des lemings n'est pas bonne à manger, et leur peau, quoique d'un beau poil, ne peut pas servir à faire des fourrures, parce qu'elle a trop peu de consistance.

LA SARICOVIENNE (b)

« La saricovienne (**), dit Thevet, se trouve le long de la rivière de la Plata,
» elle est d'une nature amphibie, demeurant plus dans l'eau que sur la
» terre; cet animal est grand comme un chat, et sa peau, qui est mêlée de
» gris et de noir, est fine comme velours; ses pieds sont faits à la semblance
» de ceux d'un oiseau de rivière; au reste, sa chair est très délicate et
» très bonne à manger (c). » Je commence par citer ce passage, parce que
les naturalistes ne connaissaient pas cet animal sous ce nom, et qu'ils

(a) « Bestiolæ quadrupedes, *Lemmar* vel *Lemmus* dictæ, magnitudine soricis, pelle variâ;
» per tempestates et repentinos imbres... incompertum unde, an ex remotioribus insulis et
» vento delatæ an ex nubibus fæculentis natæ deferantur. Id tamen compertum est statim
» atque deciderint, reperiri in visceribus herbæ crudæ nondum concoctæ. Hæ more locus-
» tarum in maximo examine cadentes omnia virentia destruunt et quæ morsu tantum atti-
» gerint emoriuntur virulentiâ; vivit hoc agmen donec non gustaverit herbam renatam.
» Conveniunt quoque gregatim quasi hirundines evolaturæ, sed stato tempore aut moriuntur
» acervatim cum lue terræ (ex quarum corruptione aer fit pestilens et afficit incolas vertigine
» et ictero), aut his bestiis dictis vulgariter *Lekat* vel *Hermelin* consumuntur, unde iidem
» Hermelini pinguescunt. » Ol. Mag. *Hist. Gent. sept.*, p. 142.

(b) *Saricovienne*, nom de cet animal au pays de la Plata, et que nous avons adopté. Ce mot *saricovienne* paraît être dérivé de *carigueibeju*, qui est le nom de cet animal au Brésil, et qui doit se prononcer *sarigoviou :* ce nom signifie *bête friande*, selon Thevet.

(c) *Singularités de la France antarctique*, par André Thevet. Paris, 1558, p. 107 et 108.

(*) Les Lemmings habitent les hautes montagnes de la Suède et de la Norvège.
(**) *Mustela brasiliensis* GMEL.

ignoraient que le *carigueibeju* du Brésil, qui est le même, eût des membranes entre les doigts des pieds ; en effet, Macgrave, qui en donne la description, ne parle pas de ce caractère, qui cependant est essentiel, puisqu'il rapproche autant qu'il est possible cette espèce de celle de la loutre.

Je crois encore que l'animal, dont Gumilla fait mention sous le nom de *guachi* (a), pourrait bien être le même que la saricovienne, et que c'est une espèce de loutre commune dans toute l'Amérique méridionale. Par la description qu'en ont donnée Marcgrave et Desmarchais (b), il paraît que cet animal amphibie est de la grandeur d'un chien de taille médiocre, qu'il a le haut de la tête rond comme le chat ; le museau un peu long comme celui du chien ; les dents et les moustaches comme le chat ; les yeux ronds, petits et noirs ; les oreilles arrondies et placées bas ; cinq doigts à tous les pieds, les pouces plus courts que les autres doigts, qui tous sont armés d'ongles bruns et aigus ; la queue aussi longue que les jambes de derrière ; le poil assez court et fort doux, noir sur tout le corps, brun sur la tête, avec une tache blanche au gosier. Son cri est à peu près celui d'un jeune chien, et il l'entrecoupe quelquefois d'un autre cri semblable à la voix du sagouin ; il vit de crabes et de poissons, mais on peut aussi le nourrir avec de la farine de manioc délayée dans de l'eau. Sa peau fait une bonne fourrure, et quoiqu'il mange beaucoup de poisson, sa chair n'a pas le goût de marais, elle est au contraire très saine et très bonne à manger.

UNE LOUTRE DE CANADA

Cette loutre, beaucoup plus grande que notre loutre, et qui doit se trouver dans le nord de l'Europe comme elle se trouve en Canada, m'a fourni l'occasion de chercher si ce n'était pas le même animal qu'Aristote a indiqué sous le nom de *latax*, qu'il dit être plus grand et plus fort que la loutre ;

(a) On trouve sur les rivières qui se jettent dans l'Orénoque une grande quantité de chiens d'eau, que les Indiens appellent *guachi* ; cet animal nage avec beaucoup de légèreté, et se nourrit de poisson ; il est amphibie, mais il vient aussi chercher sa nourriture sur terre ; il creuse des fosses sur le rivage, dans lesquelles la femelle met bas ses petits. Ils ne creusent point ces fosses à l'écart, mais dans les endroits où ils vivent en commun et où ils viennent se divertir. J'ai vu et examiné avec soin leurs tanières, l'on ne saurait rien voir de plus propre ; ils ne laissent pas la moindre herbe aux environs ; ils amoncellent à l'écart les arêtes des poissons qu'ils mangent, et à force de sauter, d'aller et de venir ils pratiquent des chemins très propres et très commodes. *Histoire de l'Orénoque*, par Gumilla, t. III, p. 29. — *Nota.* Ces caractères conviennent à la saricovienne, mais il nous paraît que le nom *guachi* a été mal appliqué ici, et qu'il appartient à l'espèce de mouffette que nous avons appelée *coase*.

(b) *Voyage de Desmarchais*, t. III, p. 306.

mais les notions qu'il en donne ne convenant pas en entier à cette grande
loutre, et la trouvant d'ailleurs absolument semblable à la loutre commune,
à la grandeur près, j'ai jugé que ce n'était point une espèce particulière,
mais une simple variété dans celle de la loutre. Et comme les Grecs, et surtout Aristote, ont eu grand soin de ne donner des noms différents qu'à des
animaux réellement différents par l'espèce, nous nous sommes convaincus
que le *latax* est un autre animal; d'ailleurs les loutres, comme les castors,
sont communément plus grandes, et ont le poil plus noir et plus beau en
Amérique (*a*) qu'en Europe. Cette loutre de Canada doit en effet être plus
grande et plus noire que la loutre de France; mais en cherchant ce que
pouvait être le *latax* d'Aristote (chose ignorée de tous les naturalistes),
j'ai conjecturé que c'était l'animal indiqué par Belon sous le nom de loup
marin, et j'ai cru devoir rapporter ici la notice d'Aristote sur le *latax*, et
celle de Belon sur le loup marin, afin qu'on puisse les comparer (*b*).

Aristote fait mention dans ce passage de six animaux amphibies; et de
ces six nous n'en connaissons que trois, le phoca, le castor et la loutre;
les trois autres, qui sont le *latax*, le *satherion* et le *satyrion*, sont demeurés
inconnus, parce qu'ils ne sont indiqués que par leurs noms et sans aucune
description : dans ce cas, comme dans tous ceux où l'on ne peut tirer
aucune induction directe pour la connaissance de la chose, il faut avoir
recours à la voie d'exclusion; mais on ne peut l'employer avec succès que
quand on connaît à peu près tout : on peut alors conclure du positif au
négatif, et ce négatif devient par ce moyen une connaissance positive. Par
exemple, je crois que par la longue étude que j'en ai faite je connais à très
peu près tous les animaux quadrupèdes; je sais qu'Aristote ne pouvait

(*a*) Les Loutres de l'Amérique septentrionale diffèrent de celles de France en ce qu'elles
sont toutes communément plus longues et plus noires; il s'en trouve qui le sont bien plus
les unes que les autres, il y en a d'aussi noires que du jais; celles-ci sont fort recherchées
et fort chères. *Description de l'Amérique septentrionale*, par Denys, t. II, p. 280.

(*b*) « Sunt inter quadrupedes ferasque, quæ victum ex lacu et fluviis petant, at vero a
» mari nullum, præterquam vitulus marinus. Sunt etiam in hoc genere fiber, satherium,
» satyrium, lutris, *Latax* quæ latior lutre est, dentesque habet robustos, quippe quæ noctu
» plerumqun egrediens, virgulta proxima suis dentibus ut ferro præcidat ; lutris etiam homi-
» nem mordet, nec desistit, ut ferunt, nisi ossis fracti crepitum senserit. Lataci pilus durus,
» specie inter pilum vituli marini et cervi. » Arist. *Hist. anim.*, lib. viii, cap. 5. — Le loup
marin. « D'autant que les Anglais n'ont point de loups sur leur terre, nature les a pourveus
» d'une beste au rivage de leur mer, si fort approchante de notre loup, que si ce n'étoit qu'il
» se jette plutôt sur les poissons que sur les ouailles, on le diroit du tout semblable à notre
» beste tant ravissante; considéré la corpulence, le poil, la tête (qui toutefois est fort grande)
» et la queue moult approchante au loup terrestre; mais parce que celui-cy (comme dit est)
» ne vit que de poissons, et n'a été aucunement connu des anciens, il ne m'a semblé
» moins notable que les animaux de double vie cy-dessus allégués, parquoi j'en ai bien voulu
» mettre le pourtrait. » Belon, *De la nature des poissons*, p. 18. — *Nota*. La figure est à
la page 19, et ressemble plus à l'hyæne qu'à aucun autre animal, mais ce ne peut être
l'hyæne, car elle n'est point amphibie, elle ne vit pas de poisson, et d'ailleurs elle est d'un
climat tout différent.

avoir aucune connaissance de ceux qui sont particuliers au continent de l'Amérique ; je connais aussi parmi les quadrupèdes tous ceux qui sont amphibies, et j'en sépare d'abord les amphibies d'Amérique, tels que le tapir, le cabiai, l'ondatra, etc.; il me reste les amphibies de notre continent, qui sont l'hippopotame, le *morse* ou la vache marine, les phoques ou veaux marins, le loup marin de Belon, le castor, la loutre, la zibeline, le rat d'eau, le desman, la musaraigne d'eau, et si l'on veut l'ichneumon ou mangouste que quelques-uns ont regardée comme amphibie et ont appelée *loutre d'Égypte*. Je retranche de ce nombre le morse ou la vache marine, qui ne se trouvant que dans les mers du Nord, n'était pas connue d'Aristote ; j'en retranche encore l'hippopotame, le rat d'eau et l'ichneumon, parce qu'il en parle ailleurs et les désigne par leurs noms ; j'en retranche enfin les phoques, le castor et la loutre, qui sont bien connus, et la musaraigne d'eau, qui est trop ressemblante à celle de terre pour en avoir jamais été séparée par le nom ; il nous reste le loup marin de Belon, la zibeline et le desman, pour le *latax*, le *satherion* et le *satyrion ;* de ces trois animaux il n'y a que le loup marin de Belon qui soit plus gros que la loutre : ainsi c'est le seul qui puisse représenter le *latax*, par conséquent la zibeline et le desman représentent le *satherion* et le *satyrion*. L'on sent bien que ces conjectures, que je crois fondées, ne sont cependant pas du nombre de celles que le temps puisse éclaircir davantage, à moins qu'on ne découvrît quelques manuscrits grecs jusqu'à présent inconnus où ces noms se trouveraient employés, c'est-à-dire expliqués par de nouvelles indications.

FIN DU TOME NEUVIÈME.

TABLE DES MATIÈRES

FIN DE LA TABLE DU NEUVIÈME VOLUME

Paris. — Imprimerie Vᵛᵉ P. Larousse et Cⁱᵉ, rue Montparnasse, 19.

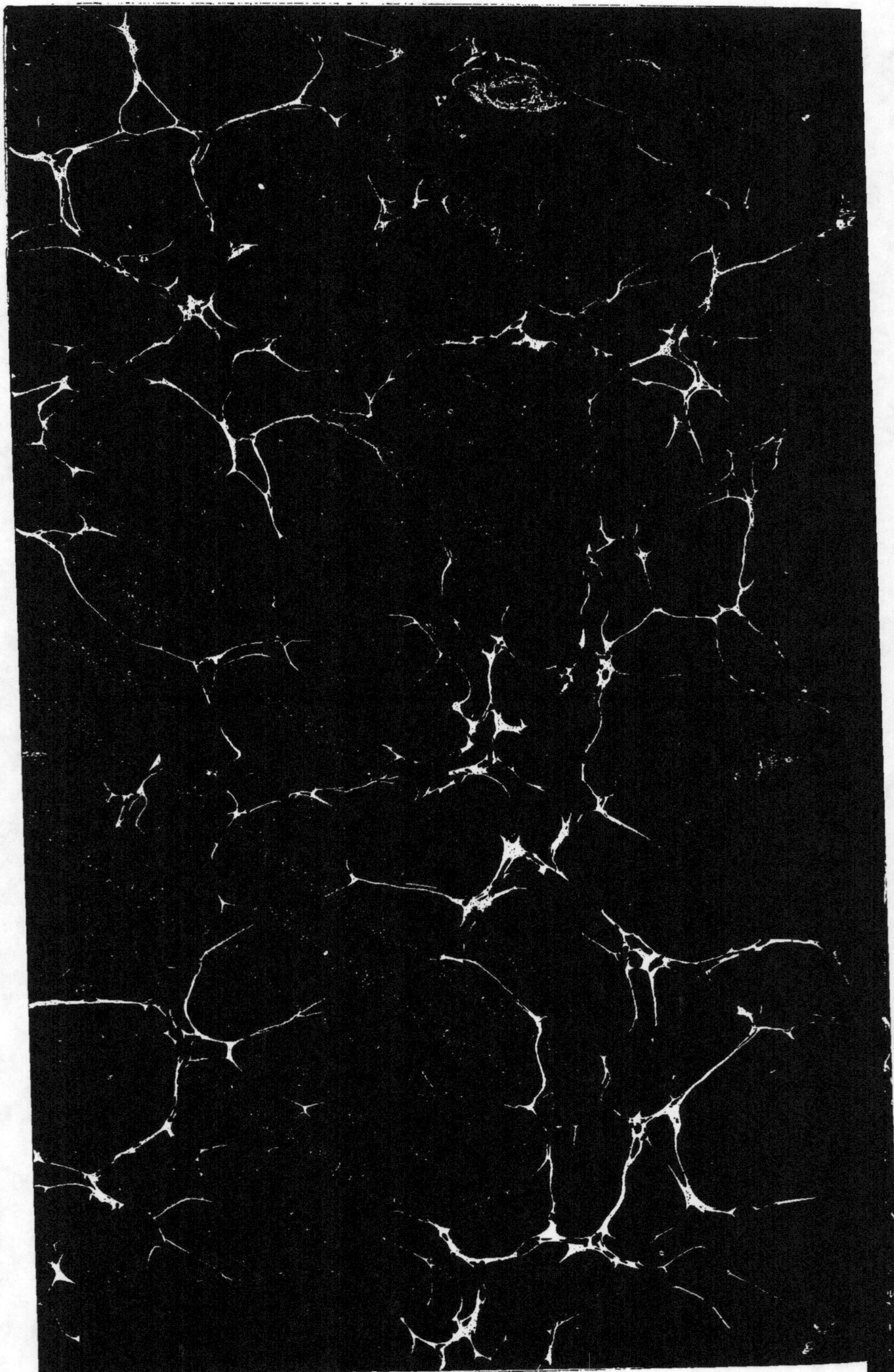

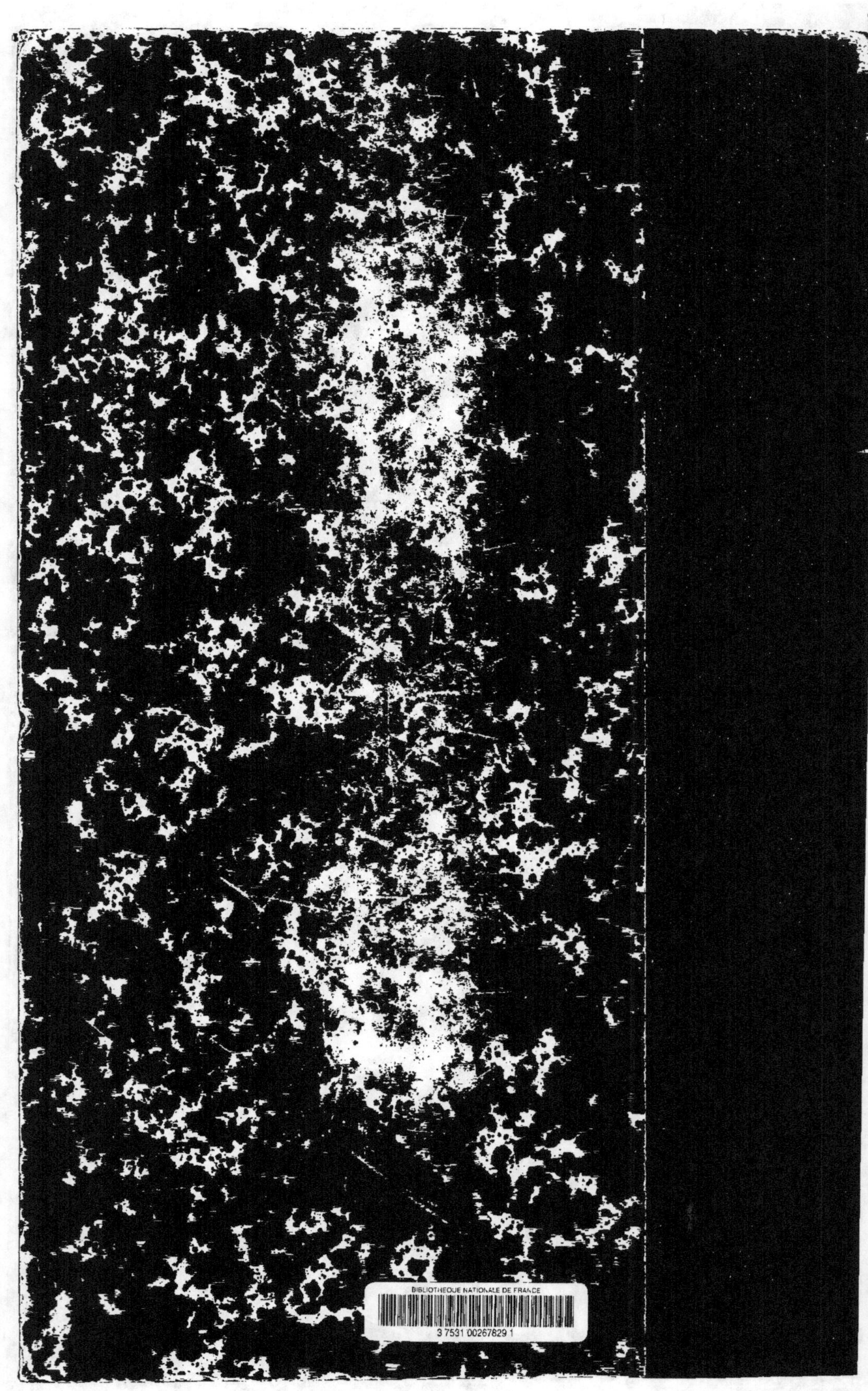